DIE PRAXIS DER FÄRBEREI

ERFAHRUNGEN REZEPTUREN UND WINKE

VON

DR.-ING. F. WEBER
WIEN
UND
DR. PHIL. F. GASSER
WIEN

MIT 347 TEXTABBILDUNGEN

Springer-Verlag Wien GmbH
1954

Ursprünglich erschienen bei Springer Verlag in Vienna 1954.
Softcover reprint of the hardcover 1st edition 1954
ISBN 978-3-7091-2385-0 ISBN 978-3-7091-2384-3 (eBook)
DOI 10.1007/978-3-7091-2384-3

Vorwort

Über das Färben existiert bereits neben zahlreichen Publikationen in Zeitschriften und den Handbüchern der Farbenfabriken eine Reihe umfangreicher Werke, die aber zum größten Teil von Theoretikern geschrieben sind und sich daher vorwiegend mit der Theorie der Färberei beschäftigen. Fragen der Praxis kommen in den meisten Fällen zu kurz; außerdem stehen oft Geheimhaltungsvorschriften einer Veröffentlichung für den praktisch arbeitenden Färber wichtiger Tatsachen entgegen. Daß die Farbenfabriken in ihren Handbüchern nur über ihre eigenen Produkte sprechen, ist selbstverständlich.

Mit unserem Buch wollen wir nun auf Grund unserer in langer Praxis erworbenen Erfahrungen ein ausschließlich für den Praktiker bestimmtes und für ihn wirklich brauchbares Werk schaffen, das *alle* wichtigen Fragen der Praxis zusammenfassend behandelt und alle notwendigen Unterlagen liefert, insbesondere Rezepturen und die genaue Beschreibung ausgearbeiteter Verfahren mit sämtlichen Arbeitsdetails, wie Apparatebedienung, Kostenberechnung usw. Bei der Beschreibung der Arbeitsweisen und Apparaturen, vor allem der — allerdings vielfach noch wenig erprobten — zur Färbung der vollsynthetischen Fasern, haben wir die neuesten Publikationen, einschließlich der amerikanischen, bis Ende 1953 berücksichtigt. Die Untersuchungsergebnisse der *Du Pont de Nemours* über die Färbung von Nylon, Dacron und Orlon sowie die von dieser Firma, der *American Cyanamid Comp.* und der *General Dyestuff Corp.* entwickelten Färbeverfahren und Apparate werden ausführlich behandelt und wichtige Tabellen in Auszügen gebracht. Bisher nur versuchsweise durchgeführte modernste Arbeitsverfahren wurden ebenfalls aufgenommen. Es schien uns aber auch wesentlich, ältere, praktisch erprobte, heute jedoch weniger ausgeübte Färbeweisen einzubeziehen; abgesehen davon, daß sie zum Bild der Entwicklung der Färberei in den letzten 30 Jahren, das wir dem Leser vermitteln wollen, gehören, kann aus älteren Methoden mancher Hinweis für neue Entwicklungen gewonnen werden. Außerdem greift man bei einem eventuellen Mangel an geeigneten Produkten gern auf alte Rezepturen zurück.

Das Buch bringt — unseres Wissens erstmalig — eine vergleichende Aufstellung von etwa 2500 derzeitigen Handelsprodukten der verschiedenen Farbstofferzeuger, bezogen auf etwa 300 Farbstoffmarken der ehemaligen IG-Farbenindustrie A.-G. Die so geschaffenen Vergleichsmöglichkeiten werden die Arbeit des Färbers wesentlich erleichtern. Insgesamt gibt das Werk etwa 5500 Handelsprodukte an; damit dürfte es allen Ansprüchen gerecht werden. Auch hier haben wir ältere Marken mit angegeben, um die Entwicklung der heute eingeführten Sortimente verfolgen und die in älteren färbetechnischen Werken angegebenen Farbstoffe mit den jetzigen in Beziehung bringen zu können. Es ergaben sich so auch Möglichkeiten, in letzter Zeit aus kaufmännischen Gründen durchgeführte Namensänderungen darzulegen und neu entwickelte Farbstoffklassen hervorzuheben. Um der erstrebten Objektivität und Internationalität so nahe als möglich zu kommen, haben wir in die Vergleichstabellen auch die Produkte amerikanischer Farbstoffhersteller, und zwar die der *American Cyanamid Comp.*, Calco Division, New Jersey, *Du Pont de Nemours & Co.*, Wilmington, Del., *General Dyestuff Corp.*, New York, und der *National Aniline and Chemical Corp.*, New York, aufgenommen, soweit wir dies an Hand der uns zur Verfügung stehenden Unterlagen tun konnten.

Besonderen Wert legten wir auf das Bildmaterial; wir bringen Abbildungen zum Großteil bisher noch nirgends gezeigter Maschinenkonstruktionen, Fabrikationsräume und Anlagen, ferner viele Arbeitsskizzen und Photos von Mustern aus der Praxis, die dem Leser sehr willkommen sein werden, da sie zum Verständnis der beschriebenen Arbeitsweisen wesentlich beitragen und es ihm ermöglichen, selbst Vergleiche anzustellen. Allen Firmen, die uns ihre Genehmigung zur Veröffentlichung von Abbildungen erteilt haben, danken wir herzlich; sie sind im Abbildungsnachweis im einzelnen angeführt.

Ein Abschnitt über Warenfehler behandelt kurz eine Reihe von fehlerhaften Ausfällen. Wir versuchten, sie teils durch Wiedergabe von Originalmustern, teils durch Zeichnungen nach mikroskopischen Untersuchungen usw. zu verdeutlichen. Es ist klar, daß hier nur eine Auswahl aus der Fülle der Möglichkeiten gegeben werden kann.

Über den Rahmen der eigentlichen Färbereipraxis hinausgehend, bringen wir das Wesentliche über die zur Färbung kommenden Textilfasern und eine Zusammenstellung der wichtigsten Gewebearten, die dem Stückfärber vorliegen können; möglichst genaue Kenntnis des Materials ist die unerläßliche Voraussetzung für richtige Durchführung der Färbung. Wir haben es ferner für nützlich gehalten, Preise und ausführliche Kalkulationen anzuführen, um dem Benützer des Buches auch auf diesem Gebiet Vergleiche zu ermöglichen. Schließlich geben wir in knappster Form Hinweise für Färbereibauten, Laboratorien, Wärmewirtschaft, Unfallverhütung und die wichtigsten Schnelluntersuchungsmethoden für Farbstoffe und Hilfsmittel.

Das Buch behandelt nur die Textilfärberei; es enthält daher nicht die Färbung von Rauchwaren, Papier, Kunststoffolien, Holz, Horn usw. Ebenso blieben die Färbung der verschiedenen Lederarten und die Färbung und Pigmentierung von Spinnmassen zur Herstellung von Fäden und Fasern für textile Zwecke unberücksichtigt.

Dank für die Unterstützung, besonders bei der Zusammenstellung der Farbstoffvergleichstabellen, schulden wir den europäischen Farbstoffherstellfirmen: *Badische Anilin- und Sodafabrik,* Ludwigshafen am Rhein (Deutschland), *Farbwerke Bayer*, Leverkusen (Deutschland), *Farbwerke Cassella*, Mainkur (Deutschland), *Ciba A.-G.*, Basel (Schweiz), *Francolor*, Paris (Frankreich), *I. R. Geigy & Co. A.-G.*, Basel (Schweiz), *Farbwerke Hoechst*, Frankfurt am Main/Hoechst (Deutschland), *Imperial Chemical Industries Ltd.*, London (Großbritannien) und *Sandoz A.-G.*, Basel (Schweiz).

Ebensolcher Dank gebührt dem Springer-Verlag in Wien für sein weitgehendes Entgegenkommen und für die Ratschläge, mit denen er uns, vor allem bei der Reproduktion der Stoffmuster, unterstützt hat.

Für die Anfertigung der Reinschrift des Manuskriptes und der Skizzen sagen wir Herrn LEO SKLENICKA, Wien, besten Dank.

Wir hoffen, daß unser Buch seinen Zweck, unseren Fachkollegen stets Aufschluß und Rat zu geben, erfüllen und ihnen somit ein brauchbarer Helfer bei ihrer Arbeit sein wird. Für alle Anregungen aus dem Leserkreis werden wir dankbar sein.

Wien, im März 1954.

Die Verfasser

Inhaltsverzeichnis

Einleitung

Die Textilfasern

Erster Abschnitt

Betrieb und Organisation

Zweiter Abschnitt

Die Färbung

Dritter Abschnitt

Warenfehler

Vierter Abschnitt

Farbstoffe und Chemikalien

Maße, Gewichte, Hohlmaße und Temperaturen (englisch-deutsch)

1 Yard = 3 Fuß (Feet) = 0,9144 m. — 1 Fuß = 12 Zoll (Inches) = 0,3048 m (30,48 cm). — 1 Zoll (Inch) = 2,54 cm. — 1 Pfund (Pound, lb.) = 16 Ounces = = 0,4536 kg. — 1 Ton = 2240 lbs. = 1016 kg. — 1 Gallon (Gall) = 4 Quarts = = 8 Pints = 4,5436 l. — 1 Quart = 1,1359 l. — 1 Pint = 0,5679 l.

°F *	°C	°F	°C	°F	°C	°F	°C
30	0	90	33,3	150	66,6	212	100
40	5,6	100	40	160	72,2	220	106
50	11	110	45	170	77,7	230	111
60	16,6	120	50	180	83,3	240	116
70	22	130	55,5	190	88,8	250	123
80	28	140	61	200	94,4	260	128

* F = Fahrenheit, C = Celsius.

Abbildungsnachweis

Folgende 24 Abbildungen sind unmittelbare Reproduktionen von Firmenkonstruktionszeichnungen, Prospektphotos und Firmenphotos und zeigen mit Genehmigung der Apparatehersteller bzw. Betriebe moderne Bauweisen oder Einrichtungen (alphabetisch):

Abb. 24, 35, 37, 38, 40, 90 Maschinenfabrik H. Krantz, Aachen, Deutschland (Werbeprospekte; für die Abb. 24, 37 und 38 hat die Firma Krantz Klischees zur Verfügung gestellt);

Abb. 277, 297 Färberei Otto Kunz, Wien, Österreich (Betriebsphotos);

Abb. 7, 8, 9, 10, 11 Dipl.-Ing. C. E. Müller bzw. Textil-Praxis, Stuttgart, Deutschland (Publikation);

Abb. 25, 29, 30, 31, 32, 33, 59, 60 Firma Obermaier & Cie., Neustadt an der Weinstraße, Deutschland (Werbeprospekte);

Abb. 240b Standfast Dyers & Printers Ltd., Lancaster, Großbritannien (Werbebroschüre);

Abb. 273 Firma Then, Schwäbisch Hall, Deutschland (Werbeanzeige);

Abb. 146 Firma Timmer, Coesfeld, Deutschland (Werbeanzeige).

Nachstehende sieben Abbildungen sind angefertigt:

Abb. 228 nach einer Photographie von Ing. Richard Bickel, vorm. Wien;

Abb. 244 nach Werbemustern der Sandoz A.-G., Basel, Schweiz;

Abb. 137, 241 nach älteren schematischen Zeichnungen der Sandoz A.-G., Basel, Schweiz;

Abb. 109 nach einem 1926 erschienenen Prospekt der Firma Sucker, Grünberg, Deutschland;

Abb. 34, 100 nach einem Werbeprospekt der Unionmatex aus dem Jahre 1927.

Die folgenden zehn Abbildungen sind schematische Darstellungen ohne Berücksichtigung technischer Einzelheiten, tatsächlicher Größenverhältnisse oder Baumaßstäbe, lediglich zum Verständnis der Arbeitsweisen (nach Literatur- und Patentangaben):

Abb. 242, 243 Benninger, Uzwil, Schweiz bzw. Schweizer Patent 170 422, s. ähnliche Ausführungen nach Jäggli, Haubold, Zittauer Maschinenfabrik usf.;

Abb. 53 nach Du Pont, Wilmington, Del., USA und Literatur;
Abb. 246 nach Unterlagen von Dr. F. Gasser, Wien;
Abb. 239 nach IG-Farben — General Dyestuff Corp. und Literaturangaben (s. Texthinweise);
Abb. 57 nach Mezzera, Milano, Italien (Werbetext);
Abb. 96a, b nach Obermaier & Cie., Neustadt an der Weinstraße, Deutschland;
Abb. 174, 240a nach Standfast Dyers & Printers Ltd., Lancaster, Großbritannien bzw. Brit. Pat. 620584, 655415, 661086 u. a. Literatur.

Alle anderen 308 Illustrationen, Maschinenzeichnungen, schematische Apparaturskizzen, Arbeitsskizzen, Photos, Gewebemuster, Zeichnungen nach mikroskopischen Prüfungen usw. wurden von F. Weber, Wien, beigebracht.

Im Text verwendete Abkürzungen der Firmennamen der Farbstofferzeuger

Acna	= Aciente Chimica Nationale Associetá, Milano, Italien
Agfa	= A.-G. für Anilinfabrikation, Berlin, Deutschland bzw. Farbwerke Wolfen, Deutsche Demokratische Republik
BASF	= Badische Anilin- und Sodafabrik, Ludwigshafen am Rhein, Deutschland
Bayer	= Farbwerke Bayer, Leverkusen, Deutschland
Cassella	= Cassella Farbwerke, Mainkur, Deutschland
Ci bzw. Ciba	= Ciba A.-G., Basel, Schweiz bzw. Ciba Company Inc., New York, USA
Cyanamid bzw. Calco	= American Cyanamid Comp. (Calco Division), New Jersey, USA
Du Pont	= E. I. Du Pont de Nemours & Co., Wilmington, Delaware, USA
Durand & Huguenin	= Durand & Huguenin A. G., Basel, Schweiz
Francolor bzw. Ku	= Francolor, Paris, Frankreich (Companie Nationale de Matières Colorantes et Manufactures de Produits Chimiques du Nord Réunis, Etablissement Kuhlmann)
Gen. An.	= General Aniline and Film Corp. bzw. General Aniline Works, New York, USA
Gen. Dyestuff Corp.	= General Dyestuff Corporation, Verkaufsorganisation der General Aniline and Film Corp., New York, USA
Gy bzw. Geigy	= I. R. Geigy & Co. A.-G., Basel, Schweiz bzw. Geigy Company Inc., New York, USA
Hoechst	= Farbwerke Hoechst vorm. Meister, Lucius und Brüning, Frankfurt am Main / Hoechst, Deutschland
ICI	= Imperial Chemical Industries Limited, London, Großbritannien
IG	= Vormals IG-Farbenindustrie A.-G., Frankfurt am Main, Deutschland
Kalle	= Kalle & Co., Biebrich am Rhein, Deutschland
Nacco	= National Aniline and Chemical Corp. (Allied Chemical and Dye Corp.), New York, USA
Sa bzw. Sandoz	= Sandoz A.-G., Basel, Schweiz bzw. Sandoz Chemical Works Inc., New York, USA bzw. Sandoz Products Limited, Bradford, Großbritannien
Schiedam	= Fabriek van chemische Producten Vondelingenplaat, Schiedam, Niederlande

Berichtigungen

S. 48, Zeile 4 von oben lies: Gußeisenschrott statt: Gaseisenschrot.
S. 109, Zeile 13 von unten lies: 1 m Zellwollmollino statt: 1 kg.
S. 109, Zeile 12 von unten lies: färben statt: entwickeln.
S. 174, Zeile 13 von oben: Die Herstellerhinweise (Sa) und (Gy) sind zu vertauschen.
S. 174, Zeile 11 von unten lies: Tinofix LW statt: GL.
S. 184, Zeile 6 von oben lies: Cibalanbordeaux 3BL statt: BL.
S. 223, Zeile 17 von oben lies: Xylenbrillantcyanin 6B statt: GB.
S. 228, Die Zeilen 21 bis 25 sind vor Zeile 13 zu setzen.
S. 253, Zeile 20 von oben lies: $^{1}/_{4}$ Stunde statt: 1 Stunde.
S. 272, Zeile 26 von oben lies: Warengewicht statt: Wassergewicht. Am Zeilenende ergänze: Heißwasser.
S. 302, Zeile 17 von unten lies: 80000 lbs. statt: 8000 lbs.
S. 304, Zeile 7 von oben lies: Direktechtgelb FF statt: F.
S. 317, Zeilen 8 und 9 von oben lies: Direktechtorange SE, Direktbraun M, Kunstseidenschwarz GN statt: Direktechtorange SL, Direktbraunschwarz GN.
S. 328, Abb. 167, 6. Spalte, 1. Feld lies: bunten statt: hinten.
S. 346, Zeile 6 von oben lies: Steelon statt: Stylon.
S. 361, Zeile 20 von unten lies: Erioechtbraun 5GL statt: 5CL.
S. 381, Zeile 26 von oben lies: Eriochrombraun KE statt: DKE.
S. 385, Zeile 10 von oben lies: Hirsbrunner statt: Hirschbrunner.
S. 443, Zeile 22 von unten lies: Bleichhilfsmittel HC statt: Bleichmittel HC.
S. 469, Zeile 20 von oben lies: teilweise aus Vertretern statt: aus Vertretern.
S. 485, Abb. 248, 4. Feld von oben lies: 2% Pyrazolorange GH (Sa).
S. 486, Abb. 249, 3. Feld von oben und S. 487, Abb. 250, 5. Feld von oben lies: Trisulfonbraun 3R statt: 2R.
S. 511, Zeile 11 von oben lies: Setacyldirektgelb R, RR statt: Setacylgelb R, RR.
S. 520, Zeile 24 von oben lies: Du Pont Anthraquinone Blue SWF statt: 8WF.
S. 544, Zeile 18 von unten lies: Erioechtblau AB statt: BB.
S. 548, Zeile 17 von oben lies: Xylenlichtgelb 2G statt: Xylenechtgelb 2G.
S. 581, Zeile 6 von unten lies: Siriuslichtorange 3R statt: 3H.
S. 588, Zeile 23 von oben lies: Siriusbraun BRL statt: BR2.
S. 608, Zeile 9 von oben lies: Trisulfonbraun 3R (Sa), Farbstoff wird nicht mehr gehandelt statt: Trisulfonbraun RR (Sa).
S. 612, Zeile 10 von oben lies: Trisulfonbraun 3R statt: RR.
S. 702, Zeile 7 von unten lies: Solidogen FFL statt: FLL.
S. 706, Tab. 20, 2. Spalte, Zeilen 18 und 19 von oben lies: IG, Sa statt: Sa.
S. 745, Tab. 35, Spalte Ciba, Nr. 2 lies: Oxyphenin GG statt: 66.
S. 748, Tab. 36, Spalte Bayer, Nr. 2 lies: Siriuslichtgelb 5G statt: Siriusgelb 5G.
S. 795, 1. Spalte, Zeile 31 von oben lies: Strängen (Stücken) statt: Strähnen.

Ergänzungen

S. 140: Geigy hat kürzlich eine Publikation über „Die färberischen Eigenschaften der Wollfarbstoffe in graphischer Darstellung“ herausgebracht.
S. 538: Nach Angaben von Du Pont dauert die Beschickung des Barotors mit der Ware, das Färben und das Abnehmen des Stückes zusammen 4½ Stunden.
S. 727, Tab. 29, Nr. 1: Anthralane Hoechst: In dieser Farbstoffreihe sind derzeit Anthralangelb G, RRT, -rot HG, HGK, BBT, -blau FR, B, G, -grün GG, B, -braun G, 3R, -grau B im Handel. — Supralane Bayer: Derzeit werden unter dem Namen Supracene folgende Marken verkauft: Supracengelb G, GR, -rot 3B, BL, BBT, G, -blau R, BN, GE.

Einleitung

Die Textilfasern*

Der Textilindustrie stehen heute für ihre Erzeugnisse Fasern zur Verfügung, die sich in eine der vier folgenden Gruppen einordnen lassen:

A. Native Fasern (natürlich gewachsen).
B. Regenerierte Fasern.
C. Synthetische (vollsynthetische) Fasern.
D. Glas- und Asbestfasern.

Wie der Name bereits besagt, handelt es sich bei den nativen Fasern um natürlich gewachsene und anschließend nicht mehr chemisch veränderte Fasern, wobei eine chemische Reinigung (Beuche, Bleiche usw.) unberücksichtigt bleibt. Bis in die jüngste Zeit spielte für die menschliche Bekleidung ausschließlich diese Fasergruppe eine Rolle und sie steht auch heute noch im Hinblick auf die erzeugte Menge an erster Stelle. In diese Gruppe gehören: Wolle, Seide, Baumwolle, Leinen, Hanf, Jute, Ramie sowie eine Reihe geringwertiger oder in der Textilindustrie nicht verwerteter Fasern, wie Sisal, Kokos, Nessel, Piassava usw.

Die regenerierten Fasern, deren erster Vertreter die im Jahre 1884 von Chardonnet erzeugte Nitroseide war, leiten ihren Namen davon ab, daß zu ihrer Herstellung natürliche Fasern einer chemischen Veränderung unterworfen, in Lösung gebracht und aus diesen Lösungen durch Verdüsen in Fällbäder oder Luft dann als Fasern wiedergewonnen (regeneriert) werden. Man unterscheidet in dieser Gruppe Vertreter, die sich von der Zellulose ableiten, sowie solche, die aus Proteinen erzeugt werden. Letztere besitzen also Wollcharakter, während erstere in den Eigenschaften der Baumwolle nahekommen. Als Sonderfall ist noch eine Fasergruppe anzuführen, die durch eine besondere chemische Behandlung der Zellulose weitgehende Eigenschaftsänderungen gegenüber den übrigen Zelluloseabkömmlingen aufweist; es handelt sich um die sogenannten Azetatseidenfasern. Eine wenig bedeutsame Untergruppe stellen die Alginfasern dar, die durch Fällung von Alginaten (Alkalialginaten) gewonnen und gegebenenfalls in die entsprechenden wasserunlöslichen Alginate übergeführt werden.

Die synthetischen bzw. vollsynthetischen Fasern (wie sie manchmal im Gegensatz zu den regenerierten Fasern genannt werden) sind Produkte, welche lediglich dem menschlichen Erfindungsgeist ihre Existenz verdanken. Dieser Fasergruppe gehören Fasern, wie die Pe-Ce-Faser, Vinyon, Vinylon, Nylon, Perlon, Orlon, die Terylen-Faser usw., an.

Glas- und Asbestfasern spielen in der Textilausrüstung derzeit wohl keine oder nur eine geringfügige Rolle, da sie meist nur für technische Artikel oder dekorative Zwecke Verwendung finden. Metallfäden kommen als Effekte in

* Vgl. die Übersichtstabellen A und B, S. 16ff. und 20f.

Geweben zwar häufiger vor, doch hat der Färber dann lediglich die passive Aufgabe, eine Veränderung (Oxydation usw.) der Fäden zu verhüten.

A. Native Fasern

a) Wolle

Unter Wolle schlechthin versteht man die Haare von Schafen, einiger Ziegenarten, des Kamels und des Lamas. Die Qualität der Wolle ist je nach der Tiergattung und Rasse, dem Herkunftsland und Gesundheitszustand der Tiere usw. verschieden. Aber auch bei ein und demselben Tier schwankt die Wollqualität. Die verschiedenen Körperteile des Schafes liefern z. B. qualitativ verschiedene Haare. Die feinste Qualität stammt von den Schultern und Flanken, die Bauchhaare sind von mittlerer Qualität, während Kopfpartie und Extremitäten die minderwertigsten Sorten liefern. In vielen Fällen, besonders dann, wenn die Schafzucht nicht „industriell“ betrieben wird, verzichtet man auf eine Sortierung.

Besonders erwähnt sei die sogenannte Sterblings- und Gerberwolle, welche von eingegangenen Tieren herrührt oder beim Kalken des Felles vor dem Gerben gewonnen wird. Beide Sorten gelten als die geringwertigsten und zeigen nicht nur eine schlechtere Verfilz- und Verspinnbarkeit, sondern haben auch an Anfärbevermögen stark eingebüßt.

Für den Wert des Wollhaares maßgebend ist seine Länge (der Stapel) und die Feinheit des Haares sowie der Grad der Kräuselung, weiters auch noch die Farbe und Weichheit. Praktisch dürften die Grenzen der Wollhaarlänge zwischen 2 und 20 cm liegen, während die Dicke zwischen 0,01 und 0,05 mm schwankt. Hauptausfuhrland für Wolle ist heute Australien, was um so bemerkenswerter ist, als das Schaf in Australien nicht heimisch war.

Die Güte einer Wollfaser drückt sich mehr in ihrem physikalischen als ihrem färberischen Verhalten aus, so daß Qualitätsunterschiede für den Färber nicht von allgemeiner Bedeutung sind. Wichtig für die Färbung ist die Wollprovenienz. So zeigt es sich meist, daß die groben, starke Epithelschuppenbildung (s. unten) aufweisenden Mohairwollen sich beim Färben anders als etwa Schaf- oder Lammwolle verhalten. Mohairwolle färbt sich rasch und benötigt meist mehr Farbstoff als andere Wollen, um gleich tief gefärbt werden zu können (vgl. S. 368). Dies hat seinen Grund darin, daß die Farbstoffe nur schwer ins Faserinnere gelangen können. Auch ist der Farbton, der mittels Kombinationen erzielbar ist, meist anders, als er auf anderen Wollarten ausfällt. Dies ist bedingt durch die Molekülgestalt der Farbstoffe, die sie gerade bei der besonderen Ausbildung der Mohairhaaroberfläche oft wenig geeignet macht, ins Faserinnere zu gelangen.

Mohair, welches rasch anfärbt, zeigt, zusammen mit anderen Wollen gefärbt, gleich zu Färbebeginn einen dunkleren Ton, da der Farbstoff *auf* der Faser sitzt, nach etwa 20 bis 30 Minuten Färben ist sie jedoch wesentlich heller als andere Wollfasern.

Bedeutungsvoll für die Färberei sind auch die sogenannten Kunst- oder Reißwollen. Hier handelt es sich um Material, welches bereits einmal Verwendung gefunden hat und durch einen Reißprozeß (Zerkleinerung von Gewebe- oder Gewirkeabfällen im sogenannten Reißwolf) wieder für eine neuerliche Verwendung aufbereitet wurde. Es ist klar, daß ein solches Fasermaterial, welches die Stufenleiter aller physikalischen und chemischen Verarbeitungsprozesse durchgemacht hat, anschließend der Gebrauchsbeanspruchung unterworfen und dann abermals durch den Reißvorgang geschädigt wurde, nur mehr eine geringwertige Faser darstellt, die auch in färberischer Hinsicht Abweichungen von dem Verhalten der

Originalfaser zeigen wird. Die Reißwolle selbst wird nach Herkunft in mehrere Qualitäten eingeteilt, z. B. ist Mungo die Reißwolle aus gewalkten Tuchen, Shoddy jene aus ungewalkter Ware, Noils sind Abfallkämmlinge, Thybet ist von geringerer Qualität als Mungo.

Das Wollhaar selbst zeigt im Mikroskop drei verschiedene Teile, und zwar die innerste Markschicht, die mehr oder minder ausgebildet ist, eine Rindenschicht, welche für die Anfärbbarkeit verantwortlich ist, und eine äußere Hornschicht, welche in Form dachziegelartig angeordneter Hornschuppen die Faser umhüllt. Diese Schuppenschicht, an welcher das Wollhaar im Mikroskop leicht von allen anderen Fasern unterschieden werden kann, ist für das Filzvermögen der Wollfaser maßgebend.

Das Wollhaar verfügt neben guten Festigkeitseigenschaften auch noch über eine hervorragende Elastizität. In einem gewissen Gegensatz zu den vorzüglichen physikalischen Eigenschaften der Wolle steht dagegen ihr Verhalten chemischen Einflüssen gegenüber. In kaltem Wasser ist Wolle unlöslich und unzersetzlich, in Wasser oder Dampf von 100° C verliert sie jedoch beträchtlich an Festigkeit und wird plastisch und formbar. Bei Temperaturen über 130 bis 140° C tritt bereits Zerstörung der Faser ein.

Verhältnismäßig widerstandsfähig ist die Wolle gegen bestimmte Säuren, auch Mineralsäuren. In stärkeren Konzentrationen tritt jedoch vollständige Zerstörung ein. Salpetersäure bewirkt Gelbfärbung der Wolle („Xanthoproteinreaktion"). Wolle vermag beträchtliche Mengen an Säure chemisch zu binden, so daß dieselbe auch durch einen intensiven Waschprozeß nicht mehr entfernt werden kann. Eine solcherart vorbehandelte Wolle kann hinterher mit Säurefarbstoffen im neutralen Bad gefärbt werden (vgl. S. 163). Interessant ist, daß Wolle bei kurzer Behandlung mit kalter konzentrierter Schwefelsäure keine äußeren Schädigungen zeigt, doch ist jede Affinität zu sauren Farbstoffen geschwunden. Ähnlich wie Schwefelsäure wird Chromsäure von Wolle aufgenommen. Dieser Vorgang ist von großer Wichtigkeit für das Färben mit Chromfarbstoffen.

So verhältnismäßig widerstandsfähig Wolle gegen Säuren ist, so empfindlich ist sie gegen die Wirkung von Alkalien. Durch eine 5%ige Natronlauge wird Wolle bei Kochtemperatur bereits in wenigen Minuten vollständig zerstört. Analog zum beschriebenen Verhalten gegen konzentrierte Schwefelsäure zeigt Wolle bei kurzer Behandlung mit kalter Natronlauge von 40 bis 50° Bé nicht nur keine Schwächung, sondern sogar eine Zunahme der Festigkeitseigenschaften. Durch die Alkaliwirkung wird das Farbaufnahmevermögen vergrößert, welche Erscheinung zur Erzielung von Effektfärbungen Verwendung fand. Soda und Ammoniak sind in ihren Wirkungen wesentlich milder als freie Alkalien, wirken jedoch in größeren Konzentrationen ebenfalls faserzerstörend. Bei Behandlung in geringen Konzentrationen tritt Gelbfärbung (Vergilbung) der Wollfaser ein. Um die schädliche Wirkung des Alkalis zu mildern, sind verschiedene Hilfsmittel (sogenannte Faserschutzmittel), wie Fettsäureeiweißkondensationsprodukte, Sulfitablaugen und andere, im Handel. In ganz besonderem Maße gefährlich für die Wolle sind Alkalisulfide, welche innerhalb kürzester Frist eine restlose Zerstörung der Faser herbeiführen. Bemerkenswert ist, daß Elektrolyte, also beispielsweise Natriumchlorid oder Natriumsulfat, die Alkaliwirkung beträchtlich verstärken können. Mit Rücksicht auf die geringe Widerstandsfähigkeit der Wolle gegen alkalische Einflüsse scheiden zur Färbung der Faser also von vornherein alle Verfahren aus, welche ein stärker alkalisches oder gar alkalisulfidhältiges Bad erfordern.

Gegen Oxydationsmittel zeigt Wolle eine gewisse Resistenz; so ist es ohne weiteres möglich, Wolle mit Peroxyden oder verdünnter Permanganatlösung zu bleichen, ohne daß eine Schädigung eintritt. Selbstverständlich muß die Behandlung im neutralen oder sauren Bade erfolgen. Falls der alkalische Bereich nicht zu umgehen ist, dann ist die Alkalität mit Natriumphosphaten, Borax oder ähnlichen Stoffen einzustellen.

Gegen Licht ist Wolle ausgesprochen empfindlich, was auf eine Oxydationswirkung des Luftsauerstoffes unter besonderer Mitwirkung des Lichtes zurückgeführt wird. Dagegen ist gefärbte Wolle beständiger, ganz besonders dann, wenn mit Chrombeizen gefärbt wurde. Es zeigen auch Eisen- und Aluminiumsalze eine gewisse Wirkung, die jedoch weit hinter der von Chromsalzen bleibt.

Reduktionsmittel haben auf die Wollfaser wenig Einfluß. So beruht auch die Wollbleichung in den meisten Fällen auf Reduktionswirkung. Als reduzierende Substanzen kommen in Frage: schweflige Säure, Natriumbisulfit, Zinnchlorür sowie verschiedene Hydrosulfite, besonders die säurelöslichen Zinkhydrosulfite. Diese letztgenannten Körper haben eine besondere Bedeutung nicht so sehr für die Bleiche als vielmehr für die Verbesserung von mißlungenen Färbungen erlangt. Während die Wolle unter dem Angriff der Hydrosulfite in saurer Flotte nur wenig leidet, ist ein Großteil der normalen Farbstoffe gegen die Reduktionswirkung sehr empfindlich und wird unter Entfärbung zerstört. Wird Hydrosulfit in Gegenwart von Neutralsalzen verwendet, so tritt eine deutliche Verstärkung der schädigenden Wirkung auf die Wollfaser ein. Sehr schonend soll man nach dem „Harristrip"-Verfahren vorgehen können[1].

Ein besonderes Verhalten zeigt Chlor zu Wolle. Überschüssiges Chlorgas zerstört die Faser. Erfolgt eine Behandlung mit Chlorlauge (Natriumhypochlorit), so wird die Faser im Griff hart, bekommt Seidenglanz, ist nicht mehr filzend, dagegen aber wesentlich aufnahmsfähiger für Farbstoffe. Von diesen Eigenschaften macht man für verschiedene Ausrüstungszwecke Gebrauch. Das Chloren der Wolle zur Erhöhung des Farbaufnahmevermögens erfordert sehr viel Umsicht und große Erfahrung, da die Wolle außerordentlich begierig Chlor aufnimmt und dadurch die Gefahr einer unegalen Chlorierung und beim Färben somit leicht eine Unegalität auftritt. In neuerer Zeit soll dies durch eine Reihe von Verfahren verhindert werden können[2]. Die Vergilbung, welche die Wolle beim Chloren leicht erleidet, kann durch Behandlung mit Natriumbisulfitlösung und Schwefelsäure wieder beseitigt werden. Für Färbungen wird die Chlorung von Wolle allerdings weniger verwendet als für Gewebe, welche zum Druck bestimmt sind. Natriumchlorit kann zum Chlorieren nicht Verwendung finden, da sich die Wollfaser damit sofort rotbraun verfärbt. Durch Behandlung mit Formaldehyd wird die Anfälligkeit der Wolle gegen Alkalien, gleichzeitig aber auch das Anfärbevermögen stark herabgesetzt. Beim Färben von loser Wolle ist die Art der Färbung oft für die spätere Verspinnbarkeit von Belang, was wohl auf die Änderung der Elastizität zurückzuführen ist.

b) Seide

Neben der Wolle spielt seit urdenklichen Zeiten die Seide für den Menschen eine wichtige Rolle. Die Seidenindustrie hat ihren Ursprung in China, wo man sie bis in das Jahr 2700 v. Chr. nachweisen kann. Seide kommt in einer geringeren

---

[1] Ewing: Text. Ind. **144**, 99 (1950).

[2] Vgl. das „Melafix"-Verfahren, Ciba, „Schollerizing", „Protonizing" usw. Hierüber: Weber-Martina: Die neuzeitlichen Textilveredlungs-Verfahren der Kunstfasern. Wien: Springer-Verlag, 1951, S. 8, 20, 373, 696.

Zahl von Abarten als die Wolle vor und war immer das Material für Luxustextilien. Die Summe ihrer Eigenschaften wird auch heute noch von keiner Faser erreicht, mögen auch die Festigkeitswerte mancher synthetischen Fäden bereits höher sein. Haupterzeugungsländer für Seide sind Japan, China und Italien. Ebenso wie die Wolle ist die Seide ein tierisches Produkt, und zwar der Spinnfaden von Raupen, im besonderen der Seidenraupe. Neben der Seidenraupe, auch Maulbeerseidenraupe genannt, kommen eine Reihe anderer Raupen im untergeordneten Maße für die Seidengewinnung in Betracht. Solche Seiden werden wilde Seiden genannt. Am bekanntesten ist die Tussahseide. Abfallseide wird zu den Bourette-Garnen versponnen. Das Spinngewebe der Raupe des Maulbeerspinners, der sogenannte Kokon, besteht aus einer einzigen Faser von 350 bis 1200 m Länge und einem Durchmesser von zirka 0,018 mm. In rohem Zustande wird die Faser aus zwei Fibroinfäden, die durch einen glänzenden Belag (das Sericin) verkittet sind, gebildet. Unter dem Mikroskop zeigt sich die Rohseide als Faden von regelmäßiger Dicke, ohne besondere Struktur und durchscheinend. Im polarisierten Licht läßt sich die Zwischenschicht der beiden Einzelfasern deutlich erkennen. Ebenso wie Wolle ist Seide stark hygroskopisch und kann bis zu 30% an Feuchtigkeit aufnehmen, ohne daß sie sich feucht anfühlt. Für den Handel gilt ein vereinbarter Feuchtigkeitsgehalt (Kondition) von 9,91% für Rohseide und 8,45% für abgekochte Seide. Für die weitere Verarbeitung der Seide ist es notwendig, sie von der äußeren Hülle, dem Sericin, zu befreien. Dies geschieht durch Abkochen in einem starken Seifenbad, wobei dann der verwertbare Seidenfaden, das Fibroin, zurückbleibt (vgl. S. 396).

Im Vergleich zu Wolle ist die Seide gegen chemische Einflüsse wesentlich widerstandsfähiger. Erst bei Temperaturen über 170° C tritt Zersetzung der Faser ein. Die Seide besitzt ein ausgesprochenes Absorptionsvermögen für Wasser und darin gelöste Stoffe. Dies bedingt besondere Vorsicht bei der Verarbeitung, da sonst leicht eine Beeinträchtigung des Glanzes und Griffes eintreten kann. Deshalb soll Seide womöglich nur mit gut enthärtetem (durch Permutit oder Wofatit gereinigtem) Wasser in Berührung kommen. Ebenso wie Wolle besitzt Seide ein starkes Aufnahmevermögen für Säuren inklusive der Gerbsäuren, wovon beim Färben der Faser mit Blauholz Gebrauch gemacht wird. Konzentrierte Salz- und Schwefelsäure zerstören Seide, während Salpetersäure die Xanthoproteinreaktion gibt.

Obwohl auch die Seide gegen Alkalien empfindlich ist, tritt ein Faserangriff doch nur in wesentlich geringerem Maße ein als bei Wolle. Noch unempfindlicher sind die wilden Seiden, welche zum Teil eine beachtenswerte Alkalibeständigkeit aufweisen. Ebenso sind die wilden Sorten der echten Seide an Elastizität und Reißfestigkeit überlegen.

Wie bereits erwähnt, wird die Seide der Behandlung mit einer kochenden Seifenlösung unterworfen, um das Sericin vom Fibroin zu trennen (Abkochen). Diese Seifenlösung bildet zufolge ihrer guten emulgierenden Eigenschaften eine wertvolle Grundlösung für Färbebäder (vgl. S. 396). Durch das Abkochen erleiden die Seiden einen Gewichtsverlust von zirka 20 bis 30%. Um diesen Verlust auszugleichen, erfolgt in vielen Fällen eine „Erschwerung" der Seide. Man macht hiebei von der erwähnten Eigenschaft der Seide Gebrauch, Metallsalze lebhaft zu absorbieren. Die Erschwerung kann durch organische Körper (Zucker, Tannin) oder durch anorganische Stoffe im Wege komplizierter und später beschriebener Ausrüstungsvorgänge (vgl. S. 396) erfolgen.

Im allgemeinen können Seiden mit den gleichen Farbstoffgruppen gefärbt werden wie Wolle, die Anfärbung erfolgt jedoch schon bei Temperaturen von 80° C und weniger farbtief. Der Verbrauch an Seide ist durch die Verarbeitung von Kunstseide und synthetischen Fasern stark zurückgegangen, es ist aber nicht ausgeschlossen, daß nach einer Zeit der Verdrängung durch die künstlichen Fasern wieder ein Verbrauchsanstieg dieses noch immer edelsten Materials für gewisse Verwendungszwecke erfolgt.

c) Baumwolle

Obwohl die Baumwolle erst Mitte des 17. Jahrhunderts in größerem Maße nach Europa gelangte, rückte sie doch innerhalb kürzester Zeit an die erste Stelle der verwendeten Faserarten auf. Maßgeblich für diesen Umstand sind neben ihrer verhältnismäßig leichten Gewinnbarkeit, auch in großen Mengen, eine Reihe von Vorzügen, die sie vor allen anderen Fasern aufweist. Diese Vorzüge liegen vor allem auf dem Gebiete der Fabrikation und bieten die Möglichkeit, die Baumwolle in industriellen Großverfahren für Massenartikel einzusetzen, wie es bei den übrigen Faserarten nirgends der Fall ist. So ist es eigentlich ein Kuriosum, daß für die verhältnismäßig billige Baumwolle wesentlich mehr und vor allem echtere Farbstoffgruppen entwickelt wurden, als es bei der Wolle oder gar der Seide der Fall ist. Ja man kann ruhig behaupten, daß die Entwicklung der Farbenindustrien hauptsächlich auf der Entwicklung der Baumwolle basiert.

Der Gebrauch der Baumwolle als Textilfaser in anderen Erdteilen geht weit ins Altertum zurück. So wissen wir, daß sie in Indien und China schon 800 v. Chr. bekannt war. Ebenso dürfte Baumwolle bereits seit langen Zeiten auf der westlichen Halbkugel gebaut worden sein, denn Kolumbus erwähnte sie schon. In der Zwischenzeit hat mit zunehmendem Bedarf die Baumwollkultur eine mächtige Ausdehnung erfahren und steht heute mengenmäßig vor allen Textilfasern an erster Stelle. Qualitativ zeigt die Faser je nach Sorte und Herkunft große Verschiedenheiten. Als wertvollste Qualitäten gelten die amerikanischen Sea-Island-Arten und dann die ägyptischen Baumwollen, welche sich in mehrere Varietäten unterteilen, wie z. B. Sakellaridis usw.; zu den minderwertigen Sorten gehören die indischen.

Die Güte der Baumwollfaser wird hauptsächlich im Hinblick auf Stapellänge, Regelmäßigkeit, Festigkeit, Farbe, Reinheit und Elastizität beurteilt. Gehandelt wird sie nach festgelegten Güteklassen. Die Länge der Faser beträgt je nach Qualität zwischen 20 und 50 mm, der Durchmesser zwischen 10 und 25 μ. Ihre Länge beträgt zirka das 1200- bis 1500fache der Breite.

Unter dem Mikroskop zeigt sich die Faser als ein flaches, meist korkzieherartig gewundenes Band, dessen Enden verdickt erscheinen. Besonders deutlich läßt sich am Querschnitt der Faser ein Kanal, das sogenannte Lumen, feststellen. Für den Färber von Bedeutung ist die sogenannte „tote Baumwolle“. Es handelt sich dabei um nicht ausgereifte Fasern, deren innerer Kanal mehr oder weniger mit Substanz gefüllt ist. Solche Fasern lassen sich schwerer verspinnen und vor allem schlecht oder gar nicht anfärben und erfordern jedenfalls eine Reihe zusätzlicher Arbeitsvorgänge, um den Fehler wenigstens teilweise zu beheben. Ein Sichtbarmachen des Reifegrades bzw. der toten Baumwolle erfolgt nach Vorschlägen von GOLDTHWAIT et al. durch die sogenannte GBS-Methode, bei welcher man die Baumwolle mit einer Lösung von 2,8% Chlorantinlichtgrün BLL (Ci) und 4,8% Diphenylechtrot 5 BL Supra (Gy) behandelt. Unreife Baumwollen färben sich grün, tote hochrot. (Text. Wld. **1947**, 105.) Hinsichtlich der Reißfestigkeit steht die Baumwollfaser zwischen Seide und Wolle, während sie in bezug auf Elastizität beiden Fasern unterlegen ist. Das Wasseraufnahmevermögen ist ebenfalls wesentlich geringer als das von Wolle und Seide. Im Durchschnitt enthält die Faser unter normalen Verhältnissen 6 bis 8% Feuchtigkeit, obwohl dieselbe in feuchter Atmosphäre beträchtlich ansteigen kann. Im Gegensatz zu anderen Faserarten wird die Festigkeit der Baumwollfaser durch einen größeren Feuchtigkeitsgehalt erhöht. Die Rohbaumwolle ist mehr oder weniger durch Begleitstoffe verunreinigt, welche erst durch alkalische Abkochungen bzw. Bleichvorgänge beseitigt werden müssen. Eine Reinigung der Baumwollfaser ist besonders dann notwendig, wenn hinterher auf lichte oder lebhafte Farbtöne gefärbt werden soll oder wenn an gewisse Eigenschaften der Färbung, wie Reibechtheit usw., erhöhte Ansprüche gestellt werden. Handelt es sich um dunkle und nicht echt verlangte Töne, begnügt man sich oft mit der Entfernung der durch die Garnschlichtung auf das Gewebe gebrachten Schlichtemassen. Gereinigte (gebeuchte) und gebleichte Baumwolle besteht beinahe aus reiner Zellulose.

Gegen Säuren, besonders Mineralsäuren, ist Baumwolle weitaus empfindlicher als Wolle. Bereits verdünnte Mineralsäuren schwächen die Faser merklich. Durch Behandlung mit stärkeren Säuren oder bei Konzentrierung verdünnter Säuren in der Faser durch Antrocknung wird vollkommene Zerstörung herbeigeführt. Es entsteht dabei ein konstitutionell noch nicht vollkommen aufgeklärter Körper, die sogenannte Hydrozellulose. Bei Einwirkung starker Schwefelsäure löst sich Zellulose zu einer zähen Flüssigkeit, welche als Amyloid bezeichnet wird. Diese Erscheinung findet technisch im Pergamentieren oder Transparentieren von Baumwollgeweben ihre Anwendung. Salpetersäure unter Zusatz von Schwefelsäure gibt eine Reihe von Substanzen (Kollodium), von welchen die Schießbaumwolle in der Sprengtechnik Verwendung findet. Essigsäure und Ameisensäure sind im allgemeinen für die Baumwollfaser harmlos.

Im Gegensatz zur Wolle ist jedoch die Baumwolle gegen Alkalien unempfindlich. Das Alkali reagiert zwar mit der Zellulose, es tritt dabei jedoch keinerlei Faserschwächung ein. Ganz im Gegenteil zeigt sich nach der Alkalibehandlung eine Erhöhung der Reißfestigkeit und des Farbenaufnahmevermögens. Auch tote Baumwolle zeigt nach stärkerer alkalischer Einwirkung eine bessere Anfärbbarkeit, weshalb eine Laugierung für solche Fälle nur von Nutzen ist. Läßt man jedoch starke Alkalilauge, etwa Natronlauge von 30° Bé, in der Kälte auf Baumwolle unter gleichzeitiger Streckung der Faser auf dieselbe einwirken, dann resultiert eine Faser von großem Glanz sowie erhöhter Festigkeit und Anfärbbarkeit. Nach dem Entdecker dieses Verfahrens, JOHN MERCER, wird dieser Vorgang Mercerisierung genannt. Die Mercerisierung (vgl. S. 241 und 244) hat für die Ausrüstung von Baumwolle größte Bedeutung erlangt.

Für den Färber ist der Vorgang von Wichtigkeit, weil er die Eigenschaften der mercerisierten Faser bei der Durchführung der Färbung berücksichtigen muß.

Es ist auch möglich, eine Behandlung mit Schwefelsäure mit einer vorausgehenden oder anschließenden Mercerisierung zu kombinieren. Diese Behandlungsmethode findet ausschließlich im Stück für Spezialartikel statt und ergibt ein steifes, durchscheinendes (transparentes) und glänzendes Gewebe, den sogenannten Organdy.

Im allgemeinen spielt die Alkalibehandlung bei Baumwolle eine große Rolle, so insbesondere bei der Reinigung der Baumwolle von Fremdsubstanzen. Die Rohbaumwolle, welche gelbe bis braune Farbe zeigt, enthält eine Reihe von Substanzen, welche entfernt werden müssen, um das Gewebe für die Färbung geeignet zu machen. Diese Substanzen, welche unter den Bezeichnungen Pektin, Baumwollwachse, Hemizellulosen, Lignin usw., zusammengefaßt werden, sind zum Teil chemisch noch nicht vollständig aufgeklärte Körper, welche durch eine Alkalikochung, meist unter Druck (Beuche, auch Bäuche genannt), von der Rohfaser entfernt werden. Die zurückbleibende weiße Faser besteht aus beinahe reiner Zellulose. Die Alkalifestigkeit der Baumwolle ist andererseits der Grund für die Anwendbarkeit zahlreicher Färbeverfahren, welche bei den alkaliempfindlichen Fasern nicht zur Anwendung gebracht werden können. Wichtig bei der Behandlung mit stärkeren Alkalien bei höherer Temperatur, also insbesondere beim Arbeiten unter Druck, ist die Abwesenheit von Luft. In Gegenwart von Luft findet Hydrolyse sowie Oxydation und damit einhergehend Zerstörung der Baumwollfaser statt. Ähnlich wie Natronlauge wirken auch Kalilauge, Kalzium-, Barium- und Strontiumhydroxyd sowie Schwefelnatrium.

Stark oxydierende Substanzen, wie Chlor, Chromate, Chlorate, Persulfate usw., greifen Baumwolle in starken konzentrierten Lösungen heftig an und bewirken Schwächung oder Zerstörung der Faser. Das entstehende Produkt, welches wahrscheinlich eine Mischung verschiedener Oxydationskörper der Zellulose darstellt und chemisch nicht ganz definiert ist, wird als Oxyzellulose bezeichnet. Diese besitzt erhöhte Affinität zu basischen Farbstoffen, ist aber brüchig und ihr Auftreten ist daher mit einer Schwächung der Faser verknüpft. Von Hydrozellulose läßt sie sich analytisch nur schwer unterscheiden. Da es eine Reihe von Ausrüstungsprozessen gibt, welche auf Oxydationsvorgängen beruhen, so ist in diesen Fällen immer die Gefahr einer Oxyzellulosebildung gegeben. Solche Ausrüstungsvorgänge sind z. B. Bleichen mit Chlor oder Hypochloriten, das Färben von Anilinschwarz, mit Indigosolen, mit Manganbasen, Behandeln mit Chromaten, Chloraten, Superoxyden usw.

Es mag an dieser Stelle bereits erwähnt werden, daß man heute im Natriumchlorit ein Oxydationsmittel zur Hand hat, welches auch unter strengen Anwendungsbedingungen fast ohne schädliche Wirkung auf die Zellulose bleibt.

Gegenüber Reduktionsmitteln ist die Baumwolle beständig. Hydrosulfite, Rongalite, Schwefelnatrium und andere reduzierende Substanzen spielen eine wichtige Rolle sowohl für verschiedene Färbeverfahren als auch für die Entfernung oder Verbesserung von Fehlfärbungen.

Gegen langdauernde Belichtung ist Baumwolle empfindlich. Sie wird langsam unter Oxyzellulosebildung zerstört. Maßgeblich für diese Schädigung sind die kurzwelligen, besonders ultravioletten Anteile des Sonnenlichtes.

Im Gegensatz zu Wolle und Seide verhält sich Baumwolle zu verschiedenen Metallsalzen sehr viel weniger aufnahmefreudig. Salze, welche in basischer Form vorliegen, kann die Baumwolle dagegen oft zersetzen und ihre Hydroxyde binden. So besitzt Baumwolle die Eigenschaft, Salze von Aluminium, Chrom, Eisen und Zink mit schwachen Säuren, also Ameisensäure oder Essigsäure, zu fällen und auf die Faser niederzuschlagen. Diese absorbierten Metallverbindungen wirken nun als sogenannte Beizen, als eine Art Brücke für die verschiedenen Farbstoffe, welche mit den betreffenden Metalloxyden unlösliche Verbindungen eingehen.

Sauer reagierende Salze, wie Aluminiumsulfat, Magnesiumchlorid und andere, können besonders bei höheren Temperaturen durch Freisetzung der Säuren ebenfalls Schädigungen der Baumwollfaser bewirken.

Im allgemeinen ist Baumwolle gegen die Einwirkung von Fermenten ziemlich widerstandsfähig, doch kann sie besonders bei Gegenwart von Stärkesubstanzen durch Bakterien und Pilze angegriffen und zerstört werden.

d) Leinen, Flachs, Hanf, Jute und Ramie

Sie haben in unseren Gegenden vor Verwendung der Baumwolle eine große Rolle gespielt, später fielen sie jedoch im Konkurrenzkampf gegen diese stark zurück, freilich ohne je ganz aus dem Textilsektor zu verschwinden. Im Gegenteil macht sich von Zeit zu Zeit immer wieder eine stärkere Nachfrage nach diesen Fasern bemerkbar, was auf einige bei der Baumwolle nicht vorhandene Eigenschaften, wie den kühlen, glatten und etwas harten Griff, zurückzuführen ist. Während die Baumwolle als Samenhaar vorliegt, stammen diese Fasern aus dem Cambium, das ist dem Bastteil des Stengels, und werden deshalb als Bastfasern bezeichnet. Auch in bezug auf den Aufbau besteht ein Unterschied gegenüber den Samenhaaren. Während diese nur aus einer einzigen Zelle bestehen, setzen sich Bastfasern immer aus vielen Zellen zusammen. Ein typisches Kennzeichen derselben unter dem Mikroskop sind eigentümliche „Verrenkungen" mit Knotenbildungen der Faser. Wie erwähnt, bestehen Bastfasern nicht aus Einzelfasern, sondern aus Faserbündeln. Die einzelnen Fäserchen, welche die *Bast*faser zusammensetzen, sind weniger als ein Zehntausendstel Millimeter dick, es gehen mithin mehrere tausend Einzelfasern auf eine Sammelfaser. Die Bastfasern stammen fast immer aus stark verholzten Zellen, das heißt, die Zellen sind durch Lignin verstärkt, welches mehr oder minder fest an die Zellulose gebunden sein kann. Je nach dem Grad der Verholzung und der damit gegebenen Schwierigkeit der Entfernung des Lignins bewegt sich der Wert der Faser. Die Länge der Rohfaser beträgt bei Flachs 20 bis 140 cm, bei Hanf 100 bis 300 cm, bei Jute 150 bis 300 cm; die Länge der Zellen schwankt von 2 bis 4 cm bei Flachs, von 0,8 bis 4 cm bei Hanf und Jute. Die Breite der Zellen liegt bei Flachs zwischen 12 und 25 μ, bei Hanf und Jute zwischen 16 und 32 μ.

Die Farbe der Rohleinenfaser ist graubraun, des Hanfes ausgesprochen braun. Die Gewinnung von Flachs und Hanf ist zur Trennung der verwendbaren Fasern von den übrigen Begleitstoffen an eine sogenannte Röste oder Rotte gebunden, welche im allgemeinen aus einem Vergärungsprozeß besteht, der in verschiedener Art ausgeführt werden kann. Unter der Bezeichnung Grünhanf bzw. Grünflachs werden die entsprechenden Fasern verstanden, welche über einen Trockenröstprozeß unter Vermeidung einer Vergärung gewonnen werden. Die Tatsache, daß die Bastfasern Faserbündel darstellen, erfordert bei deren Verarbeitung besondere Spinnmethoden und Maschinen. Werden diese Faserbündel jedoch mit starken Alkalien bei Kochtemperatur behandelt und einer anschließenden Chlorung unterworfen, so tritt Lösung der Bindesubstanz zwischen den Einzelfasern ein und dieselben können nun wie Baumwolle verarbeitet werden. Diesen Vorgang nennt man das Kotonisieren, die gewonnene Faser trägt den Namen Flockenbast. Häufig werden solche Fasern in Mischung mit Zellwolle versponnen. Im allgemeinen bedeutet jedoch die Kotonisierung eine Qualitätsverminderung einer an sich wertvollen Faser.

Die Jute ist die am stärksten verholzte Faser unter den Bastfasern. Sie stammt aus Ostindien und wird wegen ihrer starken Eigenfarbe einerseits und ihrer Preiswürdigkeit andererseits nur für grobe Artikel, wie Säcke, Packleinwand usw., verwendet. Wie Leinen und Hanf läßt sie sich grundsätzlich wie Baumwolle färben, doch ist die Färbung durch die dichtere Struktur der Faser etwas langwieriger. Jute ist infolge der starken Verholzung nicht auf weiß zu bleichen. Wird Jute gefärbt, so erfolgt dies meist mit lebhaften, unechten Farbstoffen, nicht selten auch mit Säurefarben, zu denen die Jutefaser Affinität besitzt.

Als letzte der technisch gebräuchlichen Bastfaserarten wäre die Ramie zu nennen. Dieselbe wird hauptsächlich in China gebaut. Die Länge der Einzelfaser schwankt zwischen 60 und 250 mm, die Feinheit zwischen 25 und 80 μ. Sie ist beinahe reinweiß und zeigt hohen Glanz. Wegen ihrer guten Reißfestigkeit findet sie für technische Gewebe mit hoher Zugbeanspruchung ausgedehnte Verwendung. Chemisch und färberisch verhält sie sich wie Baumwolle. Neben den Samenhaarfasern und Bastfasern spielen die Fasern aus anderen Pflanzenteilen, wie Blattfasern (Manilahanf, Sisalhanf) sowie Fruchtfasern (Kokosfaser) nur eine untergeordnete Rolle.

B. Regenerierte Fasern

a) Aus Proteinen hergestellte Fasern

Der menschliche Erfindungsgeist hat sich immer wieder bemüht, die Erzeugnisse der Natur nachzuahmen. Was mit der Kunstseide (s. d.) als Ersatz der echten Seide teilweise gelungen war, sollte mit vermehrtem Einsatz auch bei der viel wichtigeren Wolle gelingen. Es sei gleich vorweggenommen, daß die erzielten Resultate nur einen bescheidenen Erfolg brachten. Sowohl die technologischen als auch die chemischen Eigenschaften reichen in keinem Falle an die der Wolle heran. Insbesondere sind es die Naßfestigkeit und die Säurefestigkeit, die weit schlechter als bei Wolle sind. Dazu kommt noch eine größere Anfälligkeit gegen bakterielle Zerstörung. Grundsätzlich handelt es sich bei dieser Art von Kunstfasern, in USA Azlone genannt, um Eiweißstoffe, welche eine anschließende Härtung mit Aldehyden, insbesondere Formaldehyd, erfahren haben. Die Ausgangssubstanz ist verschieden und demgemäß ergeben sich gewisse Unterschiede der Eigenschaften. Geht man von dem aus Magermilch gewonnenen Kasein aus, welches aus alkalischen Lösungen (der Kasinose) durch Verdüsen in Spinnbäder mittels Säure gefällt und durch Formaldehyd gehärtet wird (ähnlich dem Galalith), so gewinnt man die sogenannten Kaseinfasern. Je nach dem Hersteller führen dieselben verschiedene Namen, so Tiolan (Deutschland), Lanital, Casolana (Italien), Aralac, Caslon (USA). Die Fasern sind gleichmäßig, vom rundem Querschnitt und selbstverständlich ohne die bei der Wolle typischen Schuppen. Demgemäß haben diese Fasern kein Filzvermögen, dagegen zeigen sie starke Quellung und können bei längerer Lagerung im feuchten Zustande fäulnisartigen Geruch annehmen. Die Naßreißfestigkeit ist gering und die Behandlung muß daher mit Vorsicht erfolgen. Die Faser ist unter bestimmten Vorsichtsmaßnahmen karbonisierbar. Allein für sich findet sie wohl nur selten Verwendung, sondern meist im Gemisch mit Wolle, oft auch Zellwolle.

Bei einer zweiten Fasergruppe dieser Art geht man von pflanzlichem Eiweiß aus, wobei nach dem Verdüsen alkalischer Lösungen ebenfalls eine Aldehydhärtung der Faser erfolgt. Solche Fasern sind aus Erdnußprotein hergestellt: Ardil (England), Sarelon (USA); aus Sojabohnenprotein besteht die Silkoolfaser bzw. Prolon (USA), aus Maisprotein gewinnt man die Vicara (USA). Diese Faser soll gegen verschiedene chemische Einflüsse widerstandsfähiger sein als die vorgenannten, zeigt jedoch einen starken Gelbstich. Es wird vorgeschlagen, denselben mit optischen Bleichmitteln zu überdecken. Er verschwindet (verbleicht) übrigens mit der Zeit im Licht.

Allen beschriebenen wollähnlichen Kunstfasern ist gemeinsam, daß sie sich wie Wolle mit sauren Farbstoffen, Chromier- und Chromkomplexfarbstoffen färben lassen. Allerdings ist bei der Dosierung der Säure des Farbbades Rücksicht auf die wesentlich größere Säureempfindlichkeit zu nehmen. Das Anfärbevermögen ist gewöhnlich größer als bei Wolle. Chromhaltige Farbstoffe wirken sich günstig auf die Quellung und die Schrumpfneigung aus. Dieses starke Schrumpfbestreben ist übrigens der Grund, daß diese Faserarten in Mischung mit Wolle das Filzen derselben begünstigen (vgl. S. 167). Nachteilig wirken sie, wenn in großer Menge mit Wolle vermischt vorhanden, in dichtgeschlagenen Wollgeweben (Gabardine), da sie hier durch ihre starke, teilweise irreversible Quellung nicht nur die Durchfärbung des Materials beeinträchtigen, sondern auch der Ware einen dicken steifen Griff geben.

b) Aus Zellulose oder Azetylzellulose erzeugte Kunstseiden

In diese Gruppe fallen die wichtigen Kunstseiden und Zellwollen. Zum Unterschied von der echten Seide werden dieselben konventionell Reyon (Rayon) genannt. Zellwollen oder Kunstspinnfasern sind Kunstseiden, welche vorerst in der Erzeugung ebenfalls als endlose Fäden anfallen, dann aber in geeignete Stapel geschnitten und in dieser Form wie andere Fasern versponnen werden. Der Gedanke zur Erzeugung solcher Fasern ist schon alt — der Franzose Reaumur (1734) scheint der erste gewesen zu sein, der sich damit beschäftigte — und knüpfte wohl an den Wunsch, die teuere und nur begüterten Kreisen zugängliche echte Seide wohlfeil zu ersetzen. Von einer richtigen Kunstfaser oder, wie sie früher genannt wurde, synthetischen Faser kann jedoch nur bedingt gesprochen werden. Ausgangsmaterial für diese Faserarten ist nämlich immer die natürlich gewachsene Zellulose in verschiedener Form. Wir unterscheiden heute vier Arten von Kunstseiden: 1. Nitrokunstseiden, 2. Kupferkunstseiden (Kupferreyon), 3. Viskosekunstseiden (Viskosereyon), 4. Azetatkunstseiden (Azetatreyon) sowie die zugehörigen Stapelfasern, welche als Zellwollen bezeichnet werden.

1. Die Herstellung der Nitrokunstseide wurde im Jahre 1883 von Hilaire de Chardonnet patentiert. Obzwar sie heute nur noch historischen Wert besitzt, war sie dennoch eine Pionierleistung, die den Auftakt zur mächtigsten Entwicklungsphase auf dem Textilgebiet gab. Die Chardonnet- oder Kollodiumseide (auch Nitro- oder Nitratseide) wird hergestellt durch Lösen von Nitrozellulose unter Druck in einer Äther-Alkohol-Mischung. Diese Lösung wird durch Spinndüsen gepreßt, in einem Heißluftkanal vom Lösungsmittel befreit und getrocknet. Die so hergestellten Fäden erwiesen sich als äußerst brennbar, ja explosiv, so daß man gezwungen war, einen sogenannten Denitrierungsprozeß einzuschalten, um dieses Übel abzustellen. Zu diesem Zwecke wird die Nitroseide mit gewissen Sulfiden behandelt, wobei sie wieder in Zellulose übergeht, aber stark an Gewicht verliert. Die Nitroseide zeigt starken Glanz, ist jedoch in ihren technologischen Eigenschaften, wie Elastizität, Trocken- und vor allem Naßreißfestigkeit, der Naturseide weit unterlegen.

2. Wesentlich größere Bedeutung erlangte die Kupferkunstseide. Der Chemiker Schweizer erkannte, daß eine ammoniakalische Kupferoxydlösung — eine tiefblaue Flüssigkeit — befähigt ist, Zellulose zu einer viskosen Masse zu lösen. Unter dem Namen *Pauly* wurde 1897 das erste Verfahren zur Herstellung von Fäden patentiert. Als Ausgangsmaterial dienen Baumwollabfälle, die sogenannten Linters. Der Spinnvorgang ist ähnlich wie bei der Nitroseide, nur daß die Erzeugung des Fadens nicht durch einen Trocknungsprozeß (Trockenspinnverfahren), sondern durch eine Fällung in einem Fällbade (Naßspinnverfahren) erfolgt. Die Fällung kann durch verdünnte Natronlauge oder auch durch Wasser bewirkt werden. Die viskose Lösung der Zellulose wird dabei durch Düsen in einen Glaszylinder gedrückt, der von Wasser bzw. der Fällflüssigkeit durchspült wird. Durch die nun eintretende Verdünnung des Lösungsmittels tritt die Ausfällung der Zellulose vorerst in Form eines plastischen Fadens ein, der sich jedoch in weiterer Folge immer mehr verfestigt. Der plastische Strang wird dabei bis zu seiner vollen Verfestigung einer Streckung unterworfen, welche sich grundsätzlich für alle künstlich hergestellten Fasern als von großer Bedeutung erweist. Durch die Verstreckung tritt nämlich eine Ordnung der Molekülketten der Fasern in der Faserrichtung, eine Ausrichtung (Orientierung) ein.

Dieser Vorgang ist für die Festigkeitseigenschaften der Faser, vor allem der Naß- und Trockenreißfestigkeit sowie den Glanz usw. ausschlaggebend. Aber auch die färberischen Eigenschaften der Faser stehen in wichtiger Beziehung zum Verstreckungsgrad. Dabei gilt ganz allgemein, daß mit zunehmender „Orientierung" der Faser die Anfärbbarkeit abnimmt.

Anschließend an den Spinnvorgang werden die Fasern mit Schwefelsäure behandelt, um das restliche Kupfer aus ihnen zu entfernen. Die Kupferkunstseide ist eine der hochwertigsten unter den regenerierten Fasern und zeichnet sich durch schönen Glanz, erhöhtes Anfärbevermögen und verhältnismäßig gute Reißfestigkeiten aus. Für den Zellwollartikel wird sie naß geschnitten und dann erst getrocknet.

3. Als weitaus wichtigstes Verfahren hat sich das Viskosespinnverfahren entwickelt. Dies wohl vor allem deshalb, weil es sowohl hinsichtlich seiner Ausgangsstoffe als auch der für die Fabrikation benötigten Chemikalien auf breiteste Basis gestellt ist. Während für die Nitro- und Kupferkunstseide Baumwolle oder wenigstens Baumwollabfälle als Grundstoffe erforderlich sind, genügt für die Viskosereyonherstellung eine Zellulose, wie sie bei der Papierfabrikation gewonnen wird. Aus der gereinigten und gebleichten Sulfitzellulose (Zellstoff) wird durch die Einwirkung von Natronlauge eine Alkalizellulose gewonnen, welche ihrerseits wieder mit Schwefelkohlenstoff zu Zellulosexanthogenat umgesetzt wird. Dieses Xanthogenat wird in verdünnter Natronlauge gelöst und durch angemessene Lagerung auf den verlangten „Reifewert" gebracht. Dann wird diese Lösung, wie beschrieben, „versponnen", wobei als Fällbad Schwefelsäure mit verschiedenen Salzzusätzen dient. Als Endprodukt resultiert ein Faden aus reiner Zellulose. Die Fäden werden durch Waschen von Säure und durch eine Natriumsulfidbehandlung vom entstehenden Schwefel befreit. Zur Gewinnung der Zellwolle wird die Faser vor dem Säuern und Entschwefeln feucht geschnitten und erst dann den beiden Reinigungsprozeduren unterzogen.

Es ist jedoch nicht so, daß Kunstseide und Zellwolle chemisch vollkommen identisch und nur in Faserlänge und Faserdicke voneinander verschieden sind. In Wirklichkeit sind zwar die Viskoseansatzlösungen grundsätzlich gleich, der Reifeprozeß des Xanthogenats wird jedoch im Hinblick auf das Endziel — Kunstseide oder Zellwolle — verschieden geführt. Auch hier spielt die Verstreckung eine wichtige Rolle.

Eine außerordentliche Bedeutung hat die Viskosezellwolle erlangt und besitzt sie noch bis heute. Sowohl als reines Zellwollgewebe als auch in Mischung mit Baumwolle und Wolle eroberte sie sich Anwendungsgebiete, aus denen sie derzeit kaum verdrängt werden kann. Maßgebend dafür ist ihre Geschmeidigkeit, welche den aus ihr hergestellten Geweben einen warmen Griff und weichen Fall erteilt.

In Mischung mit Wolle dient sie nicht nur zur Streckung derselben, sondern verbessert, in geringer Menge zugesetzt, die Spinneigenschaften wesentlich, so daß Zellwollbeimischungen zu Wolle auch in jenen Ländern getätigt werden, die an keinem Wollmangel leiden. Von ausschlaggebender Bedeutung jedoch bleibt die Zellwolle für jene Länder, die weder über Wolle noch über Baumwolle verfügen. Im Hinblick auf die grundlegende Wichtigkeit der Bekleidungsfrage ganz allgemein hat die Erfindung der Viskosekunstseide, die es erlaubt, von anderen Rohstoffen als der gewachsenen Faser auszugehen, weltwirtschaftliche und weltpolitische Wichtigkeit erlangt.

Meist bilden zahlreiche Einzelfibrillen bei schwacher Drehung derselben das Gebrauchsgarn. Aus der Anzahl der Fibrillen bzw. Einzelfasern pro Faden eines bestimmten Titers (einer bestimmten Dicke) lassen sich sehr oft gewisse Schlüsse auf den Hersteller ziehen bzw. unterscheiden sich Kunstseiden verschiedener Herkunft aber gleicher Fadenstärke vielfach durch die Anzahl der Einzelfäden, die den Faden bilden. Meist wird in neuerer Zeit diese Anzahl angegeben, es heißt also z. B.: Viskosereyon 150/20, das ist eine Viskosekunstseide vom Titer 150 den, das ist 150 g/10000 m, mit 20 Fibrillen im Faden. Derartige Unterschiede sind für den Färber von Wichtigkeit, da oft ungleiche Anfärbung, Streifigkeit usw. durch die gemeinsame Verwendung von Kunstseiden unterschiedlicher Provenienz bedingt sind.

Welche sind nun die Unterschiede der bisher besprochenen regenerierten Fasern zu den gewachsenen? Für die Trageigenschaften ist vor allem die gegenüber den Naturfasern schlechtere Trocken- und noch wesentlich ungünstigere Naßreißfestigkeit von Bedeutung. Während die Festigkeit der benetzten Baumwollfaser, gegen eine trockene verglichen, deutlich besser wird, sinkt sie bei den Fasern aus Regeneratzellulose auf ein Drittel der ursprünglichen Festigkeit und noch weiter ab. Hand in Hand damit geht eine bedeutend stärkere Quellung, als dies bei Baumwolle der Fall ist. Der Quellungsgrad ist abhängig von der Art der Kunstseide, vor allem aber von der Alkalität und Temperatur der Einwirkungsflüssigkeit sowie innerhalb kleiner Grenzen von der Zeit der Einwirkung. Die Reyonfasern (unter Reyon wird meist Viskosekunstseide verstanden) zeigen dabei, wie wir dies auch bei anderen Faserarten beobachten können, gegenüber Alkalien die Eigenschaft einer maximalen Empfindlichkeit bei einer bestimmten Konzentration. Bei Alkalikonzentrationen, welche über oder unter diesem kritischen Bereich liegen, nimmt die Alkaliwirkung wieder ab. Für Kunstseidenfasern liegt dieser kritische Alkalibereich bei Natronlauge von ungefähr 12° Bé. In diesem Konzentrationsbereich tritt bei höherer Temperatur und länger dauernder Einwirkung fast völlige Auflösung der Faser ein. Etwas weniger aggressiv als Natriumhydroxyd verhält sich Kalilauge. Ebenso tritt eine Minderung der schädigenden Wirkung bei Gegenwart von Neutralsalzen ein. Eine relativ gute Widerstandsfähigkeit besitzt Kupferreyon.

Die Gründe für dieses verschiedene Verhalten der nativen und der regenerierten Fasern liegen in einer gewissen Verschiedenheit des molekularen Aufbaus. Die Einzelbausteine der Nativfaser sind um ein Vielfaches länger und außerdem dichter gepackt, als dies bei Reyonfasern der Fall ist. Dadurch ist es den Wassermolekülen leichter möglich, in die Zwischenräume der Reyonfaserbausteine, der Molekülketten bzw. Micellen, einzudringen. Dieses Eindringen der Wassermoleküle bewirkt aber eine Entfernung der Molekülketten der Faser voneinander, was makroskopisch als Quellung in Erscheinung tritt. Gleichzeitig wird damit auch anschaulicher, daß eine Verstreckung der Fasermasse während des Spinnvorganges und die damit notwendigerweise verknüpfte bessere Orientierung und Verdichtung der die Faser aufbauenden Molekülketten bzw. Micellen eine Verbesserung der beiden Reißfestigkeiten nach sich ziehen muß.

Das unterschiedliche Verhalten der Reyonfasern im Vergleich zu den natürlichen Fasern ergibt für deren Ausrüstung und Verwendung eine Reihe einschneidender Folgerungen, was insbesondere zu Beginn der Verwendung der Kunstseiden große Schwierigkeiten und Verluste verursachte. Die geringe Naßreißfestigkeit erforderte in vielen Fällen eine Änderung der Arbeitsverfahren und der zugehörigen Maschinen. Die üblichen Rezepturen, besonders solche mit Verwendung größerer Alkalimengen, bedurften einer einschneidenden Revision.

Allerdings liegen die Reyonfasern in einer Form vor, die eine Reihe von Ausrüstungsoperationen überflüssig machen. Dies bezieht sich insbesondere auf die bei Baumwollwaren übliche alkalische Druckkochung und Chlorbleiche. Ein solches Abkochen wäre mit der Zerstörung der Reyonfaser verbunden. Eine Bleiche der Faser läßt sich dagegen leider in vielen Fällen nicht vermeiden, besonders dann nicht, wenn es sich um die Ausrüstung von weiß- oder pastellgefärbter

Ware handelt. Soferne eine Entschlichtung des Gewebes notwendig ist, wird man auf jeden Fall fermentative Methoden anwenden, das heißt mit Diastafor, Biolase usw. arbeiten. Die Reinigung von Reyongeweben wird möglichst in sodahaltigen Flotten unter Vermeidung von freiem Alkali durchgeführt, wobei die Temperatur zweckmäßig bei 80° C gehalten wird.

Für Bleichzwecke verwendet man vorteilhaft schwache stabilisierte Wasserstoffsuperoxydbäder unter Zusatz von anionaktiven Hilfsmitteln, wie Fettalkoholsulfonaten oder Fettsäurekondensationsprodukten, wobei dann Reinigung und Bleiche in einem Arbeitsgang erfolgen können.

Durch die Einführung des Natriumchlorits als Bleichmittel scheint allerdings, besonders für die Reyonfaser, der Bleichprozeß seine Gefahren einzubüßen. Die ausgesprochene Passivität des Natriumchlorits (Textone) gegen reine Zellulose und seine spezifische Wirkung auf Zellulosebegleitstoffe läßt es trotz vieler mit seiner Verwendung verbundener apparativer Schwierigkeiten als das gegebene Bleichmittel für Reyon erscheinen.

Selbstverständlich müssen alle Maschinen, welche nasse Reyonfäden oder -gewebe im endlosen Strang transportieren, möglichst spannungslos und drucklos arbeiten. Dies ist nicht nur erforderlich, um der schlechten Naßreißfestigkeit zu genügen, sondern auch notwendig, um einen einwandfreien Ausfall der Ware zu gewährleisten. Naß überbeanspruchte Reyonfasern geben Veränderungen im Anfärbevermögen, dem Glanz, der Weichheit usw. Neben der Naßreißfestigkeit ist es die starke Quellung, welche beträchtliche, oft sogar unüberwindliche Schwierigkeiten verursacht. Die Maschinen, welche unter Druck auf das Textilmaterial wirken, also vor allem Zug- und Quetschwalzen, müssen auf die Empfindlichkeit der Reyonfaser im gequollenen Zustand abgestimmt sein, besonders dann, wenn die Ware die Walzen nicht glatt, sondern in Falten durchläuft. Entwässerungen können daher nicht durch Abquetschen bewirkt werden, sondern erfolgen am besten durch Schleudern oder Absaugen. Dicht gewebtes Material kann oft überhaupt nicht im Strang behandelt werden, da das durch die Quellung oft steif gewordene Gewebe bereits bei geringer Knickung „Brüche" erhält, die, wenn schon nicht zum Faserbruch, so doch bei einer späteren Färbung zu Farb- und Glanzverschiedenheiten führen, die sich durch kein Mittel mehr beseitigen lassen. Eine wesentliche Schwierigkeit bedeutet diese starke Quellung bei der Apparatefärberei, da aufgespulte Reyonfäden (Kreuzspulen, Spinnkuchen) für die Färbeflotte vollkommen undurchlässig werden können (s. S. 59).

Eine besondere Vorsicht erfordert auch die Trocknung des Materials. Muß schon eine Zugbeanspruchung der nassen Faser vermieden werden, so ist dies in vermehrtem Ausmaße während des Trocknungsvorganges notwendig. Solcherart überspannte Fasern oder Gewebe führen zu schweren Qualitätsverlusten bei der Fertigware. Die Trocknung soll nicht durch Kontakt mit heißen Metallflächen, also etwa auf einer Zylindertrockenmaschine erfolgen, sondern am besten durch Warmluft, wobei der Faser Gelegenheit geboten werden soll, sich auf ihr natürliches Maß zu verkürzen.

Es ist verständlich, daß es in Anbetracht der Schwierigkeiten im Naßverhalten dieser Fasern nicht an Versuchen gefehlt hat, hier Abhilfe zu schaffen. Durch Verbesserungen des Streckprozesses, Einwirkung von Formaldehyd auf die Faser im Verlaufe der Herstellung, Einlagerungen von Festsubstanzen usw., wurden auch wesentliche Erfolge erzielt. Diese Verfahren haben zum Typ der sogenannten naß- und hochnaßreißfesten Kunstseiden geführt. Allerdings müssen damit gewöhnlich eine Minderung der Dehnung, des Griffs, des Anfärbevermögens usw. in Kauf genommen werden. Immerhin werden solche Reyonfasern meist in Form von Zellwolle für Spezialzwecke verwendet. Um den Veredlungsschwierigkeiten, besonders der mangelnden Anfärbbarkeit, dieser Qualitäten auszuweichen, ist man vielfach dazu übergegangen, die Fasereigenschaften verbessernde Behandlungen erst nach der Färbung, meist im Stück, vorzunehmen, was dann allerdings nur mehr der Gebrauchsfähigkeit des Gewebes und nicht mehr der Fabrikationssicherheit zugute kommt.

Im allgemeinen sind heute für diesen Zweck drei Verfahren üblich: eine Behandlung mit a) saurem Formaldehyd, b) Harnstofformaldehydvorkondensat, c) Melaminformaldehydvorkondensat. Während das erste Verfahren mehr der Verbesserung der Naßreißfestigkeit und Quellung dient, werden die beiden anderen auch zur Erhöhung der Knitterfestigkeit (Knitterechtheit) angewandt. Die Knitterfestigkeit der Reyonfaser ist zwar im allgemeinen besser als jene der Baumwolle, aber wesentlich schlechter als die Knitterfestigkeit reiner Wolle oder Seide. Dies bezieht sich sowohl auf den endlosen Kunstseidenfaden als auch auf die Stapelfaser (Zellwolle). Im Hinblick auf das ursprünglich gesteckte Ziel, durch die künstliche Seide die Naturseide zu ersetzen, ist es verständlich, daß man diesen wesentlichen Unterschied auszugleichen versuchte. Die Wirkung von Formaldehyd auf Reyon ist schon lange bekannt (ESCHALIER, franz. Pat. Nr. 374724). Der Prozeß trägt die Bezeichnung *Sthénosage*. Solcherart behandelte, insbesondere sthénosierte Gewebe, zeigen, wie erwähnt, neben verringertem Quellvermögen verringerte Anfärbbarkeit, wobei es sich als beinahe unmöglich erweist, eine egale Färbung zu erhalten.

Wenn man sich auch damit abgefunden hat, zur Verarbeitung von Reyonfasern eigene Methoden und Maschinen einsetzen zu müssen, so gibt es zusätzliche Schwierigkeiten bei der Ausrüstung und Veredlung von Baumwoll-Zellwoll-Mischgeweben. Die stark verunreinigte und bleichbedürftigere Baumwolle verlangt zur Vorbehandlung kräftigere alkalische und oxydative Prozesse, als sie die Zellwolle verträgt. Dies war bisher nur im Wege einer Kompromißlösung möglich, das heißt die Baumwolle wurde schonender als für sich allein behandelt, was auf Kosten ihrer Saugfähigkeit und ihres Weißgrades ging und die Zellwolle stärker angriff, als man wünschte. Gerade für solche Mischgewebe wird z. B. die Natriumchlorit- (Textone-) Bleiche ebenfalls eine gute Lösung des Bleichproblems bedeuten.

Der wollähnliche Charakter, den ein Zellwollgewebe hinsichtlich Weichheit und Griff besitzt, hat sicherlich zum Wunsche beigetragen, der Einzelfaser noch mehr Wolleigenschaften zu verleihen. Vor allem gingen die Versuche dahin, die Wärmehaltigkeit der Zellwolle zu erhöhen. Dies wurde einerseits durch Kräuselung der Faser, andererseits durch Einarbeiten von Luftbläschen in die Spinnmasse oder andere Methoden versucht. Solche Zellwollen sind als W-Type im Handel.

Da die Reyonfäden durchwegs einen starken Glanz aufweisen, der aber glasig und weniger edel wirkt als der Glanz echter Seide, gingen die Bemühungen dahin, diesen Schönheitsfehler zu beseitigen. Neben der Einbettung von Luft (Celtaseide) sind Verfahren in Verwendung, die eine sogenannte Mattierung der Faser durch Einlagerung von Öltröpfchen, Kunstharzen und Metalloxydpigmenten, wie Zinkoxyd und vor allem Titandioxyd, vornehmen. Besonders das letztere ist zufolge seines günstigen Brechungsindex, ganz besonders in der Rutilform, für Mattierungszwecke sehr geeignet. Leider zeigt es die unangenehme Eigenschaft, unter bestimmten, noch nicht ganz geklärten Bedingungen, bei Einfluß von Sonnenlicht die Zerstörung der Faser zu bewirken. So haben sich schon bedeutende Schäden bei der Verwendung titanmattierter Reyongewebe als Vorhangstoffe ergeben.

Titandioxydmattierungen bedingen weiters, insbesondere bei nasser Ware, für viele substantive Färbungen eine wesentliche Herabsetzung der Lichtecht-

Tab. A. *Die künstlichen*

Nr.	Name	Zusammensetzung	Spez. Gew.	Stapel- (S-) Faser oder Faden (F)
1	Caseinwolle (Lanital, Merinova, Aralac, Tiolan, Caslon usw.)	Casein	1,32	F
2	Sojabohneneiweißfasern	Sojabohneneiweiß	1,30	F
3	Ardil, Sarelon	Erdnußprotein	1,30	F
4	Vicara	Zein (Maisprotein)	1,32	F
5	Viskosereyon	Zellulosehydrat aus Viskose	1,52	F
6	Tenasco	Zellulosehydrat aus Viskose	1,50	F
7	Durafil	Zellulosehydrat aus Viskose	1,52	F
8	Fortisan	Zellulosehydrat	1,52	F
9	Zellwolle	Zellulosehydrat aus Viskose	1,50	S
10	Kupferkunstseide	Zellulosehydrat aus Cuoxam	1,60	F
11	Azetatseide, Estron	Zelluloseazetat	1,30	F
12	Azetatzellwolle	Zelluloseazetat	1,30	S
13	PC-Faser	Polyvinylchlorid, nachchloriert	1,42 bis 1,48	F
14	PCU-Faser, Rhovyl, Rhofil	Polyvinylchlorid, unchloriert	1,39	F
15	Thermovyl	getempertes Rhovyl	1,39	F
16	Fibrovyl	Rhovylstapel	1,39	S
17	Vinyon N	Polyvinylchlorid mit Polyvinylcyanid (60 : 40)	1,22 bis 1,28	F
18	Dynel	Vinyon N-Stapel	1,22 bis 1,28	S
19	Saran, PC 120	Polyvinylidenchlorid	1,65 bis 1,75	F
20	Vinylon, Cremona, Kuralon	Azetalisierter Polyvinylalkohol	1,30	F
21	Synthofil	Polyvinylalkohol		F
22	Nylon	Polyamid aus Adipinsäure und Hexamethylendiamin	1,14	F, S
23	Perlon L[1]	ε-Caprolactam Polykondensat	1,15	F, S
24	Terylen, Dacron (Fiber V)	Terephtalsäure-Glykolpolyester	1,38 bis 1,40	F
25	PAN, Orlon (Fiber A)	Polyacrylnitril	1,16 bis 1,18	F, S
26	Acrilan, Chemstrand[2]	Polyacrylnitril mit Polymethacrylnitril		F
27	Polyfiber	Polystyrol	1,05	F
28	Dienfaser	Polybutadien		F
29	Polythenfaden	Polyäthylen	0,92	F
30	Teflon	Polytetrafluoräthylen	2,20 bis 2,30	F
31	Glasfaser	Glas	2,54	F
32	Zum Vergleich: Wolle	Keratin	1,32	S
33	Zum Vergleich: Seide	Fibroin	1,36	S
34	Zum Vergleich: Baumwolle	Zellulose	1,55	S

[1] Je nach Fabrikationsland und Erzeugungsstätte auch: Furon, Silon, Mirlon, Phrilon, Nylon 6, Kapron, Grilon, Enkalon usw.

[2] Auch Akrylan, Acrylan, X 51.

Fasern (Übersicht)

Nr.	Erweichungspunkt (Schrumpfungsbeginn)	Schmelzpunkt	Brennprobe	Herstellungsweise
1	—	—	verkohlt	aus alkalischen Lösungen in saure Bäder verdüst und mit Aldehyd gehärtet
2	—	—	verkohlt	
3	—	—	verkohlt	
4	—	—	verkohlt	
5	—	—	brennt	Viskose in Müller-Bäder
6	—	—	brennt	Fällung in zinksulfathaltigen Bädern
7	—	—	brennt	Spinnen in Bäder mit einem Schwefelsäuregehalt von Pergamentierstärke
8	—	—	brennt	Verseifter Azetatseidenfaden
9	—	—	brennt	Aus Viskose in Müller-Bäder
10	—	—	brennt	Aus Cuoxamlösung
11	80°	180°	schmilzt, brennt dann	Aus Azetonlösung in Warmluft verdüst
12	80°	180°	schmilzt, brennt dann	
13	60 bis 80° [3], [5]	—	keine Verbrennung, schrumpft	Aus der Lösung in Luft
14	60 bis 90° [3], [5]	—	keine Verbrennung, schrumpft	Aus der Lösung in Luft
15	100° [3], [5]	—	keine Verbrennung, schrumpft	Aus der Lösung in Luft
16	75° [3], [5]	—	keine Verbrennung, schrumpft	Aus der Lösung in Luft
17	125 bis 130° [3], [5]	190 bis 200° [6]	keine Verbrennung, schrumpft	Aus der Lösung in Luft
18	125 bis 130° [3], [5]	—	keine Verbrennung, schrumpft	Aus der Lösung in Luft
19	115 bis 120°	—	keine Verbrennung, schrumpft	Aus der Lösung in Luft
20	—	200°	keine Verbrennung, schrumpft	Als Polyvinylalkoholfaden
21	120 bis 140°	210° [6]		Aus wäßriger Lösung
22	—	240 bis 255°	keine Verbrennung, schmilzt	Aus der Schmelze
23	—	210 bis 215°	keine Verbrennung, schmilzt	Aus der Schmelze
24	—	250 bis 255°	brennt nicht, schmilzt	Aus der Schmelze
25	190 bis 220°	235 bis 250°	schmilzt, brennt dann	Aus Lösung[4]
26	160° (?)	230° [6]	—	Aus Lösung in flüssigem Medium
27	80°	—	verbrennt langsam	—
28	—	—	verbrennt langsam	Aus Xylollösung verdüst
29	100°	105°	entzündet sich, verbrennt	Aus der Schmelze
30	200°	über 360°	—	—
31	—	—	—	Aus der Schmelze
32	—	—	schmilzt unter Verkohlung	Nativ
33	—	—	wie oben	Nativ
34	—	—	verbrennt	Nativ

[3] Vgl. MÜLLER: S. V. F. Fachorgan Textilveredlung **6**, 131 (1951).
[4] Aus Lösungen in Dimethylformamid usw. in heißes Glyzerin usw.
[5] Angaben nach *FOURNÉ*, Melliand Textilber. **33**, 639 (1952).
[6] Angaben nach GOLDMACHER, Deutscher Färberkalender 1953, 82.

Fortsetzung der Tabelle A

Nr.	Resistenz gegen		Lösungsmittel		Im UV-Licht
	Säuren	Laugen	anorganische	organische	
1	wenig	nein	NaOH	—	bläulichweiß
2	wenig	nein	NaOH	—	bläulich
3	mäßig	nein	NaOH	—	bläulich
4	mäßig	wenig	NaOH	—	grünblau
5	nur gegen org. Säuren	nicht geg. 10 % NaOH	Cuoxam	—	gelblichweiß
6	nur gegen org. Säuren	nicht geg. 10 % NaOH	Cuoxam	—	gelblichweiß
7	nur gegen org. Säuren	nicht geg. 10 % NaOH	Cuoxam	—	gelblichweiß
8	nur gegen org. Säuren	nicht geg. 10 % NaOH	Cuoxam teilweise	—	gelblichweiß
9	nur gegen org. Säuren	nicht geg. 10 % NaOH	Cuoxam	—	gelblichweiß
10	nur gegen org. Säuren	nicht geg. 10 % NaOH	Cuoxam	—	rötlichweiß
11	nur gegen org. Säuren	nein	H_2SO_4 60 %	Azeton	bläulichviolett
12	nur gegen org. Säuren	nein	—	Azeton	bläulichviolett
13	ja	ja	—	Tetrachloräthan, Azeton, Xylol	blaugrün
14	ja	ja	—	Azeton	blaugrün
15	ja	ja	—	Azeton	blaugrün
16	ja	ja	—	Azeton	blaugrün
17	ja	ja	—	Tetrachloräthan, Azeton, Methylenchlorid	gelblichgrün
18	ja	ja	—	Azeton, Tetrachloräthan, Methylenchlorid	gelblichgrün
19	ja	ja	NH_3 konz.	Dioxan, Azeton, Methylenchlorid	blaugrün
20	ja	ja	—	—	
21	ja	ja	Wasser	—	—
22	nur gegen verd. Säuren	mäßig geg. verd. Lauge	HNO_3 konz., H_2SO_4 konz., HCl 1:1, 20 % NaOH	Xylol, Phenol, konz. 90 %	—
23	nur gegen verd. Säuren (unter 10 % Mineralsäuren)	mäßig geg. verd. Lauge	HNO_3 konz., H_2SO_4 konz., HCl 1:1, 20 % NaOH	42 % HCOOH	—
24	gut	gegen verd. Lauge	—	Phenol heiß	—
25	gut gegen verd. Säuren	mäßig geg. verd. Lauge	HNO_3 konz., H_2SO_4 konz.	Malondinitril, Glykolnitril, Dimethylformamid	intensivgelb
26	gut gegen verd. Säuren	mäßig geg. verd. Lauge	—	—	gelblich
27	gut	gut	—	Tetrachlorkohlenstoff	—
28	gut	gut	—	Xylol	–
29	gut	gut	—	70° C Aromaten	—
30	sehr gut	sehr gut	—	—	—
31	gut	ziemlich gut	HF	—	—
32	ja	nein	NaOH	—	bläulichweiß
33	ja	nein	Cuoxam, NaOH usw.	—	bläulichweiß
34	gegen schwache organische ja, sonst nein	ja	—	—	gelblichweiß

heit bzw. eine Zerstörung der Färbung innerhalb kurzer Zeit. Rutil, eine besondere Form des Titandioxyds, bzw. Chrom- oder Mangansalzbehandlung des mattierten Fadens bzw. der Pigmente vor Zusatz zu den Spinnlösungen sollen hier wesentliche Verbesserungen ergeben.

Anstatt die Mattierungsmittel der Spinnmasse zuzusetzen, mattiert man zuweilen auch das fertig ausgerüstete Gewebe. Solche Mattierungen können zweibadig durch Fällung von unlöslichen Bariumsalzen auf der Faser oder einbadig durch Aufbringen substantiver Hilfsmittel, wie kationaktiver Substanzen, Kunstharzen usw. durchgeführt werden.

Spinnmattierte Fasern lassen sich schlechter anfärben als nichtmattierte. Im übrigen ist das Anfärbevermögen der Reyonfasern aus Regeneratzellulose für alle Farbstoffklassen wesentlich größer als das von nativen Fasern. Es kommt etwa dem einer mercerisierten Baumwolle gleich.

Eine Mercerisation von Zellwollgewebe ist zwar möglich, da bei Laugenkonzentrationen von zirka 40° Bé die Laugenlöslichkeit der Zellwolle wieder stark abgesunken ist, wobei man zweckmäßig Kalilauge an Stelle von Natronlauge verwendet. Eine solche Laugenbehandlung ist aber ohne besonderen Wert, da die Farbstoffaufnahme nicht mehr wesentlich gesteigert werden kann. Im übrigen stellt das Auswaschen einer so mercerisierten Zellwolle ein gewisses Problem dar, da die kritische Laugenkonzentration von 12° Bé möglichst rasch durchlaufen werden muß. Oft wäscht man dabei mit stark salzhaltigen Wässern.

Die Echtheiten direkter Färbungen, sowohl die Licht- als auch die Naßechtheiten, sind durchschnittlich auf Reyon besser als auf nativen Fasern.

4. Während die bisher besprochenen Faserarten: Nitro-, Kupfer- und Viskosereyon in ihrem chemischen Verhalten, wenn auch graduell verschieden, doch prinzipiell der Baumwollfaser gleichen, liegt in der Azetatreyon eine Faser vor, deren Herkunft sich zwar ebenfalls von der Zellulose ableitet, die jedoch in ihren Eigenschaften weitgehendste Abweichungen von den bisher besprochenen zeigt. Ebenso wie die Nitroseide ein Ester der Salpetersäure ist, so ist die Azetatseide ein Ester der Essigsäure. Bei der Nitroseide war man aus Sicherheitsgründen gezwungen, die feuer- und explosionsgefährlich machende Nitrogruppe durch eine Denitrierung wieder abzuspalten; bei der Azetatkunstseide (die Spinnmasse heißt auch Azetylzellulose oder Zelluloseazetat), die diese gefährlichen Eigenschaften nicht aufweist, ist ein solcher Vorgang nicht nötig. Dadurch bleiben aber im Molekül diejenigen Atomgruppen, die Hydroxyl- (OH-) Gruppen, blockiert, welche für die Wasseraufnahme des Zellulosemoleküls maßgeblich sind. Als besonders auffallende Erscheinung weist das Zelluloseazetat vollkommene Löslichkeit in einigen organischen Lösungsmitteln, wie Chloroform und Azeton, auf, weiters zeigt es bei höheren Temperaturen Erweichung und Schmelzbereitschaft.

Als Ausgangsmaterial zur Herstellung dieser Kunstfäden dienen meistens Baumwollinters. Zur Veresterung dienen Eisessig und Essigsäureanhydrid in Gegenwart eines Katalysators, meist eines wasserbindenden Mittels, wie Schwefelsäure, Chlorzink usw. Die erhaltene Spinnmasse wird in Azeton gelöst und dann wie die Nitroseide trocken, das heißt durch Verdampfen des Lösungsmittels nach Austritt der verdüsten Lösung in Heißluftkammern, versponnen. Es gibt zwar auch Naßspinnverfahren, doch sind dieselben beträchtlich unwirtschaftlicher und daher nicht in Gebrauch. Nach dem Verdunsten des Lösungsmittels ist der Faden bereits fertig und bedarf keiner weiteren Nachbehandlung. Für die Herstellung von Zellwollen kann Azetatreyon, ebenso wie die übrigen Fasern, in Stapel geschnitten und zu Garnen versponnen werden.

Die Azetatkunstseide besitzt einen schönen Glanz und die geringste Quell-

Tab. B. *Vollsynthetische*

Monomeres Anwendungsprodukt	Handelsbezeichnung der Faser	Hersteller	Färbung
Vinylchlorid	Pe Ce PeCeU Rhofil Rhofibre Rhovyl Fibrovyl Isovyl Thermovyl Rhovyl-Thermo Rhovil-Fibra	I. G. Farben, Wolfen Farbenfabriken Bayer, Leverkusen Reyon und Stapelfaser Société Rhodiaceta Reyon, Stapelfaser, Stapelfaser, Reyon: Rhovyl S. A. Tronville-en-Barrois (Meuse) Reyon, Stapelfaser: Deutsche Rhodiaceta A. G.	Ausgesuchte Dispergierungsfarbstoffe, Spinnfärbung, in lichteren Nuancen Küpensäure
Vinylchlorid und *Vinylidenchlorid*	PeCe 120 Saran Harlan Velon, Permalon, Bexan: nur Filme	I. G. Farben, Wolfen The Saran Yarns Comp. Lus Trus Extruded Plastics Inc., USA; The Sunlite Manuf. Co., USA Firestone Plastics, USA Firestone Plastics, USA BX Plastics Ltd., London, Engld.	Nur Spinnfärbung
Vinylchlorid und *Vinylazetat*	Vinyon Vinyon E	ST = verstreckt (Produktion eingestellt), HSt = hochverstreckt, HH = Stapelfaser, unverstreckt, American Viscose Corp., USA (gummielastisch) Carbide and Carbon Chem. Corp., USA	Spinnfärbung Ausgesuchte Säurefarbstoffe bei Gegenwart von Quellmitteln
Vinylchlorid und *Acrylnitril*	Dynel Vinyon N	Carbide and Carbon Chem. Corp., USA	Dispersionsfarbstoffe sowie ausgewählte Direkt- und Küpenfarbstoffe
Vinylalkohol	Synthofil	Monofil, Dr. A. Wacker, München, Deutschland	
Kuralon	Vinylon Cremona	Kurashiki Rayon Co., Japan	Säurefarbstoffe unter Zusatz von Quellmitteln
Acrylnitril	PAN PAN Redon Orlon 41 Stapelfaser 81 Faden Fiber A	Farbenfabriken Leverkusen, Bayer Cassella-Farbwerke, Mainkur Phrix G. m. b. H. Du Pont de Nemours, USA Imperial Chem. Ind., Ltd., London	Dispersionsfarbstoffe und Küpenfarbstoffe bei höheren Temperaturen mit Quellmitteln Thermosolverfahren Carrier-Methode (Cuproionverfahren)
Acrylnitril-Vinylazetat	Acrylan, Acrilan Creslan, Cyana	American Visc. Corp., USA (in Verbindung mit Chemstrand Corp.) American Cyanamid Co., USA	Metallkomplexfarbstoffe Ausgewählte Dispersions-, Säure- und Direktfarbstoffe
Acrylsäureester, *Acrylnitril* und *Vinylazetat*	Chemstrand, jetzt X 51 GE-Faser	Chemstrand Corp. in Verbindung mit der General Electrics Comp., USA Monsanto, Chemical Co., und American Visc. Corp.	Säurefarbstoffe, Dispersions-, Küpen- und Naphtolfarbstoffe nach besonderem Verfahren
Polyäthylen	Polythene Polyethylene Reevon Wynene Northylen	Du Pont de Nemours, USA Carbide and Carbon Chem. Corp., USA, Firestone Plastics, USA Reeves Bros., USA The National Plastics Products, USA Nordd. Seekabelwerke A. G.	Nur Spinnfärbung

Fasern

Monomeres Anwendungsprodukt	Handelsbezeichnung der Faser	Hersteller	Färbung
Diisocyanat und *Glykol*	Perlon U Polyurethan Fiber 32	I. G. Farben A. G. Farbenfabriken Bayer, Leverkusen Celanese Corp. of America, USA	Dispersionsfarbstoffe
Terephtalsäure und *Äthylenglykol*	Terylene Dacron Faser V Amilar	Imperial Chem. Inc., London Du Pont de Nemours, USA gelöschte Bezeichnungen	Ausgewählte Dispersionsfarbstoffe unter Zugabe von Quellmitteln, Thermosolverfahren, Entwicklungsfarbstoffe nach besonderem Verfahren (ICI), Küpenfarbstoffe bei Temperaturen von 120° bis 130° C
Adipinsäure und *Hexamethylendiamin* (Nylon 66)	Nylon 66 und im Versuch 610 mit Sebacinsäure Perlon T Novodur Amilan (nach USA-Lizenz) Angaben, daß Lactampolymerisat, in der Literatur anzutreffen	E. I. Du Pont de Nemours, USA, Chemstrand Corp., USA, Canadian Industries Ltd., London, British Nylon Spinners Ltd., Pontypool, England, Rhodiaceta S. A., Lyon, Soc. Electrochimica del Toce, Italien, Société de la Viscose Suisse, S. A., Schweiz I. G. Farben A. G. Tschechoslowakei Toyo Rayon Co., Japan	Dispersionsfarbstoffe, Ausgewählte Säurefarbstoffe Ausgewählte Direktfarbstoffe Metallkomplexfarbstoffe Küpenfarbstoffe nach besonderem Verfahren
Caprolactam (Sammelname Perlon), (Nylon 6)	Perlon L Bayer-Perlon Bobina-Perlon Nefa-Perlon Rhodia-Perlon Perlon Phrilon Grilon Steelon Silon Kapron Sanderit-Faden Supramid extra Mirlon Enkalon	I. G. Farben A. G. Stapelfaser, Spinnband, Reyon: Farbenfabriken Bayer A. G., Leverkusen Kunstseidenfabrik Bobingen Vereinigte Glanzstoffabriken, Wuppertal Deutsche Rhodiaceta A. G., Freiburg Spinnstoffabrik Zehlendorf G. m. b. H., Berlin, Filmfabrik Agfa, Wolfen, Thüringisches Kunstfaserwerk Wilhelm Pieck, Schwarza, Kunstseidenwerk Fr. Engels, Premnitz Phrix-Werke G. m. b. H., Hamburg Fibron A. G., Domat, Schweiz Polen Kovosvit, Tschechoslowakei Sowjetunion, Klin Fr. Sander Nachf., Wuppertal BASF-Ludwigshafen, Chirurgische Nähfaden Plabag, Romanshorn, Schweiz, Vertriebsges. für Bobina-Perlon Enka, Arnheim, Niederlande	Wie Nylon
11-Aminoundekansäure (gewonnen aus Rizinusöl) (Nylon 11)	Rilsan Polymer R	Société Organico, S. A., Paris Rehoboth Research Laboratories, Israel	

barkeit unter den regenerierten Fasern (sie nimmt nur etwa 7 bis 8% Wasser auf), ebenso zeigt sie die geringste Neigung zum Knittern. Gegenüber Säuren ist sie wesentlich widerstandsfähiger als die übrigen Kunstseiden, so daß man sie sogar in Mischung mit Wolle karbonisieren kann. Dagegen wirken schon verhältnismäßig schwache Alkalien unter „Verseifung“ auf sie ein. Die Verseifung ist die Rückbildung zur Zellulose unter Freiwerden von Essigsäure (Abspaltung der Azetylgruppen des Moleküls). Damit verliert die Azetatkunstseide aber nicht nur ihre besonderen chemischen Eigenschaften, sondern auch den Großteil ihrer Schönheit.

Entsprechend der chemischen Struktur ist Azetatreyon infolge des Fehlens freier Hydroxylgruppen nicht mit den gewöhnlichen Baumwollfarbstoffen färbbar. Es mußte für diesen Zweck eine Farbstoffgruppe entwickelt werden, welche die Färbung nach einem vollkommen anderen Prinzip bewirkte als dies für die Kunstseiden meistens der Fall ist. Die Azetatseidenfarbstoffe sind als im Farbbade feinstverteilte Pigmente in Anwendung und liegen, nach einer heute allerdings umkämpften Theorie, in der gefärbten Azetylzellulose dann in Form einer festen Lösung vor.

Zufolge ihres abweichenden färberischen Verhaltens eignet sich Azetatreyon vorzüglich für die Herstellung von Zweifarbeneffekten, indem Garne oder Gewebe in Form einer Mischung anderer Fasern mit Azetatreyon hergestellt werden. Beliebt für diesen Artikel sind besonders Kombinationen von Azetatreyon mit Viskosereyon, Azetatreyon und Reinseide sowie Azetatreyon mit Wolle. Eine besondere Rolle spielt Azetatkunstseide bei der Herstellung von Effektfäden in wollenen Anzugstoffen.

Wird Azetatreyon durch Alkali verseift, so geht sie in gewöhnliche Zellulose über und ist dann wie solche färbbar. Deshalb sind bei allen Verarbeitungsprozessen alkalische Behandlungen auszuschalten.

Wegen der geringen Neigung zur Wasseraufnahme ist Azetatreyon ein beliebtes Material für Regenmäntel, zufolge der guten Reißfestigkeit und Elastizität in manchen Ländern ein solches für Damenstrümpfe. Vielfach wird Azetatreyon zur Verminderung des hohen Glanzes mattiert. Neben der Mattierung in der Spinnmasse ist eine solche im Garn oder Gewebe durch Behandlung mit Phenolen, Kresolen u. ä. möglich.

Damit ist die Reihe der regenerierten Zellulosefasern abgeschlossen. Ihre Bezeichnungen sind häufig mit dem der Herstellerfirma verknüpft. Um einige Marken zu nennen, seien angeführt: Kunstseiden: Cuprama, Bemberg, Dormagen, Glanzstoff; Zellwollen: Flox, Glauchau, Kehlheim, Lanusa, Lenzing, Phrix, Schwarza, Vistra usw.; Azetatseiden: Aceta, Durinella, Rhodiaceta usw.

C. Synthetische Fasern

Die Azetatseide bildet in ihrem chemischen Verhalten bereits den Übergang zu einer Fasergruppe, welche tatsächlich die Erfüllung der Absicht bedeutet, künstliche Fasern ohne Verwendung von Naturstoffen herzustellen. Die Ausgangsstoffe für diese synthetischen Fasern sind nicht mehr die biologischen Naturstoffe, sondern letzten Endes die Elemente Kohlenstoff, Wasserstoff, Sauerstoff und Stickstoff. Die Erforschung des Aufbaus der natürlichen Faserstoffe hat wesentlich dazu beigetragen, hier die Entwicklung zu fördern.

Nach ihrem chemischen Aufbau kann man die Fasern dieser Gruppe in solche unterteilen, welche eine gewisse Ähnlichkeit mit der Wollfaser besitzen, und andere, deren chemische Struktur keine Analogie in der Natur aufweist. Nach dem Reaktionsmechanismus der Faserbildung teilen wir sie hingegen in Polykondensations- und Polymerisationsprodukte ein. Die vollsynthetischen Fasern werden entweder nach dem Trocken- oder nach dem Schmelzspinnverfahren gewonnen. In letzterem Falle werden sie im geschmolzenen Zustande durch die Spinndüsen gepreßt. Die Orlonfaser und gewisse Nylonqualitäten werden nach Naßspinnmethoden erzeugt. Die Verstreckung ist, ebenso wie bei den regenerierten Fasern, für die physikochemischen Eigenschaften derselben von großer Bedeutung. Im allgemeinen handelt es sich bei dieser Fasergruppe um eine junge Entwicklung, die jedoch in mächtigem Aufschwung begriffen ist.

a) Polyvinylchlorid-, Polyvinylidenchlorid- und ähnliche Fasern

Die erste derartige Faser ist die Pe-Ce-Faser. Chemisch gesehen ist sie ein Polymerisationsprodukt des Vinylchlorids, welches nach der Polymerisation noch einer zusätzlichen Chlorierung unterworfen wird. Außer dem Namen Pe-Ce-Faser führt sie noch die Bezeichnung Rhofil. Nicht chlorierte Polyvinylchloridfasern sind als Rhovyl, Thermovyl bzw. in Form von Stapelfasern unter der Bezeichnung Isovyl im Handel. Ähnlich der Pe-Ce-Faser sind die Polyvinylidenfasern, welche als PC 120 (Deutschland) und Saran (USA) erzeugt werden. Polymerisationsprodukte aus Mischungen von Vinylchlorid und Vinylazetat oder Vinylchlorid und Acrylnitril werden unter dem Namen Vinyon und Vinyon N (USA) oder als Polyvinylformal (azetalisierter Polyvinylalkoholfaden) unter dem Namen Vinylon bzw. jetzt Cremona (Japan) in den Handel gebracht. Auch als Stapelfasern werden sie hergestellt, z. B. versteht man unter der Bezeichnung Dynel (USA) die Vinyon-N-Stapelfaser. Alle diese Erzeugnisse besitzen keinerlei chemische Gruppen, welche die Wasseraufnahmefähigkeit und damit die Quellung fördern würden, daher ist ihr Feuchtigkeitsgehalt mit 1 bis 1,5 % sehr niedrig. Demgemäß besteht kein Unterschied zwischen der Trocken- und Naßreißfestigkeit. Die Reißfestigkeit ist etwas höher als die von Baumwolle.

Gegen chemische Einflüsse sind diese Fasern weitgehendst beständig. Säuren, Alkalien, Öle, Fette usw. sind ohne Einfluß, lediglich organische Lösungsmittel, wie Ketone, Ester und chlorierte Kohlenwasserstoffe quellen oder lösen. Ein großer Nachteil der Fasern ist ihre Temperaturempfindlichkeit; schon bei Temperaturen von zirka 60 bis 80° C beginnen sie zu erweichen und verlieren dann nach dem Abkühlen ihre Elastizität. Zufolge der geringen Wasseraufnahmsfähigkeit ist es verständlich, daß die Fasern nur schwierig färbbar sind. Lediglich mit Azetatseidenfarbstoffen gelingt eine gewisse Anfärbung. Eine weitgehende textile Gebrauchsmöglichkeit ist damit ausgeschlossen. Dagegen ist diese Fasergruppe vorzüglich zur Herstellung technischer Gewebe geeignet, welche einer chemischen Beanspruchung ausgesetzt sind, so beispielsweise für Filtertücher, Fischereigeräte usw.

b) Polyester- und Polyacrylfasern

Als neueste, bereits großtechnisch hergestellte Fasern sind die Terylen- (in USA Dacron, Fiber V) und die PAN-Faser (in USA Orlon, Fiber A) sowie die Acrilan- (Chemstrand-) Faser (USA) zu nennen. Die erste ist das Kondensationsprodukt der Terephtalsäure mit Glykolen (ein sogenannter Polyester), die zweite Polyacrylnitril; Acrilan besteht aus Polyacrylnitril und Polymethacrylsäure. Die Faserarten verfügen über vorzügliche technologische Eigenschaften. Überdies sind sie bakterienfest und besonders Orlon ausgezeichnet wetterbeständig, so daß dieses vorzugsweise für eine Verwendung in den Tropen einmal eine Rolle spielen könnte. Ihr Schmelzpunkt liegt mit 250° C wesentlich höher als der der Polyvinylchloridfasern. Schwierig gestaltet sich hier ebenfalls die Färbung, die eigene Methoden erfordert, wie Verwendung von Quellmittel, Färben bei höherer Temperatur, unter Druck usw. Technologische Erfahrungen mit diesen Fasern liegen noch nicht in ausreichendem Maße vor.

Der Hauptsache nach aus Polyacrylnitril bestehend, wird „*X 51*“ (Am. Cyanamid Co.) als Stapel oder Faden hergestellt. Der Querschnitt ist rund und von den anderen Acrylfasern verschieden. Das spezifische Gewicht beträgt 1,17, der Erweichungspunkt liegt bei 295° C.

c) Polyamidfasern

Vollsynthetische Fasern, welche sich bereits den Weltmarkt erobert haben, sind die Polyamidfasern. Sie werden entweder durch Kondensation von Dicarbonsäuren mit Diaminen (Nylon) oder durch Polykondensation von ε-Laktamen (Perlon) hergestellt. In ihrem chemischen Bindungssystem weisen sie Ähnlichkeit mit dem der tierischen Faser auf. Dementsprechend zeigen sie auch im Anfärbevermögen ein der tierischen Faser ähnliches Verhalten. Sie nehmen gewissermaßen eine Mittelstellung zwischen den natürlichen und den hochpolymeren, künstlichen, jedoch stark hydrophoben Fasertypen ein. Ihre Herstellung wird nach dem Schmelzspinnverfahren vorgenommen.

Der Vorgang des Schmelzspinnens von Polyamiden erfolgt derart, daß die Polyamidschnitzel in ein Rohr gefüllt werden, welches mittels eines elektrischen Rostes die diesen umgebenden Polyamidteile schmilzt, wobei die Schmelze unter dem Druck der oben nachgegebenen Füllung durch die Spinndüse ins Freie tritt. Man kann auch den in größeren Anteilen geschmolzenen Polyamidkern mittels Zahnrädern zur Düse bringen und durch diese so auspressen.

Zum Teil sind die technologischen Eigenschaften der Polyamidfaser außerordentlich gut. In Trocken- und Naßreißfestigkeit übertrifft sie alle bekannten Naturfasern. Dabei besitzt sie Elastizität, Dehnbarkeit und Scheuerfestigkeit. Der Schmelzpunkt liegt bei 215° C (für Polyamide aus Laktamen [Perlon]) bzw. 235 bis 250° C (für Polykondensate nach Art des Nylon). Gegen verdünntes Alkali ist sie gut beständig, nicht dagegen gegen konzentrierte Alkalien. Empfindlichkeit besteht auch gegen Säuren, besonders in der Hitze (Löslichkeit in konzentrierter Ameisensäure). Alkohol, chlorierte Kohlenwasserstoffe, Äther usw. sind ohne Einwirkung. Die Fasern sind motten- und fäulnis- sowie flammfest.

Wichtig ist, daß Polyamidfasern vor ihrer Ausrüstung einem Fixierungsprozeß unterworfen werden müssen (Presetting, Preboarding, Thermosetting). Dieser besteht in einer Wärmebehandlung der gespannten Ware bei 100° bis 120° C. Unterbleibt dieser Prozeß, so ist bei Naßarbeiten bei höherer Temperatur ein Schrumpfen und Welligwerden des Gewebes zu befürchten. Die Polyamidfaser aus Laktamen ist unter den Bezeichnungen Perlon (Deutschland), Grilon (Schweiz), Mirlon (Schweiz), Stylon (Polen), Silon (ČSR), Kapron (UdSSR), Phrilon (Deutschland), Nylon 6 (USA) usw. im Handel. Die Kondensationsprodukte aus Adipinsäure und Hexamethylendiamin sind unter dem Namen Nylon (Nylon 66) u. a. bekannt.

Die Polyamide finden auch, auf geeignete Stapel geschnitten, als Gespinst Verwendung. Sie haben sich innerhalb kürzester Zeit eine hervorragende Stellung unter den Fasern erobert. Auf gewissen Gebieten, wie in der Strumpfindustrie und Trikotagenindustrie, sind sie führend geworden. Für technische Gewebe und textile Erzeugnisse, wie Seide, Fallschirmstoffe, finden sie dank ihrer außerordentlichen Reißfestigkeit in steigendem Umfange Verwendung. Von großer Bedeutung wird die Mischung von Polyamiden mit Reinwolle. Bereits Mischungen von 80% Wolle mit 20% Nylon (Nylaïne) zeigen eine überraschende Verbesserung der Scheuerfestigkeit.

Tab. C. *Die Resistenz von Dynel, Orlon und Terylen*
(nach Grove, Vodonik, Casey *)

Faserart	Schwefelsäure			Salzsäure		Salpetersäure
	5%, 100° C	25%, 100° C	70%, 50° C	38%, 50° C	38%, 100° C	40%, 50° C
Dynel	—	braun	—	—	braun	bleicht
Dacron	gegen schwache Mineralsäuren heiß gute Resistenz, in heißen, konzentrierten Säuren Auflösung					—
Orlon	—	gute bis sehr gute Resistenz				—

Faserart	Königswasser	25% Chromsäure	28% Ammoniak	Natronlauge		Rhodankalzium
				25%, 100° C	50%, 50° C	
Dynel	bleicht	braun	—	dunkelbraun	—	braun
Dacron	gegen schwache Mineralsäuren heiß gute Resistenz, in heißen konzentrierten Säuren Auflösung		mäßig resistent	Auflösung beim Kochen	—	—
Orlon	—	—	mäßig bis gut resistent			—

Faserart	Kaliumbichromat	Wasserstoffperoxyd		Chlor 5% Lsg., 100° C	Essigsäure 75%, 100° C	Ameisensäure 25%, 100° C
		30%, 20° C	90%, 20° C			
Dynel	braun	leicht gebleicht		—	etwas braun	leicht gebleicht
Dacron	—	gute Resistenz		—	—	—
Orlon	—	—	—	—	—	—

* Ind. Engng. Chem. 44, 2318 (1952). Die synthetischen Fasern (mit Literaturzusammenstellung) bzw. Eigenschaften der synthetischen Fasern l. c. 2371 (1952).

Erster Abschnitt

Betrieb und Organisation

I. Bau und Anlage von Färbereibetrieben

Über den Bau von Färbereien[1] ist zu sagen, daß im allgemeinen eine Shedbauweise mit einfallendem Nordlicht zu empfehlen ist. Die Wände und Shedkanten usw. sind vorteilhaft mit wasserfestem Lack zu streichen. Der Fußboden besteht fast stets aus Klinkersteinen, wobei die Abflußkanäle der einzelnen Färbemaschinen, Kufen usw. sorgfältig dimensioniert und der Boden selbst wieder gegen Abflußgitter geneigt sein soll. Die Abflußkanäle führen wieder zu Seitenkanälen, die das von der Ware usw. auf den Boden fließende Wasser ableiten. Für die Isolierung von Färbereiwänden und die Herstellung von verkitteten Ziegelfußböden vgl. auch SEYMOUR, WORTH: Amer. Dyestuff Reporter 37[1], 10, 640, 689 (1948), 38[1], 739 (1949). S. Abb. 7, 8, 9, 10.

Für Sheddachverglasungen und -rinnen gibt es kittlose bzw. wasserdicht genietete Ausführungen, die ein Eindringen von Regen oder Schnee von oben ausschließen.

Man kann die Bauten auch mit Satteldächern ausstatten, die oftmals Entlüftungslaternen tragen (vgl. Abb. 61).

Wichtig zur Nebelfreihaltung ist die Einführung von Warmluft in die Arbeitsräume, die am besten mit einem an den Wänden der Färberei angebrachten Blechkanalsystem mit Öffnungen (vgl. Abb. 80) erfolgt.

Die Beleuchtung kann mittels Leuchtstofflampen erfolgen, die vorteilhaft quer zu den Gängen zwischen den Maschinen angeordnet sind.

Färbereien liegen am Lande meist an Flußläufen, am besten am Oberlauf derselben. In Städten beziehen sie den überaus großen Wasserbedarf aus eigenen Brunnen und den Stadtleitungen.

In der Folge werden drei Grundrisse von älteren Färbereien gebracht. Abb. 1 zeigt eine Färberei für Wollgarn, Baumwollgarn, loses Material und Stück einer großen Spinnweberei in der Provinz. Abb. 3 bringt den Plan der Färberei einer großen Buntweberei (Stadtbetrieb). In Abb. 5 ist der Grundriß einer Lohnstückveredelung (Großstadtbetrieb) ersichtlich.

Bei der Neuanlage von Färbereien ist es selbstverständlich, darauf Rücksicht zu nehmen, daß der Warenfluß ein kontinuierlicher ist und unnötige Transporte vermieden werden.

Außerdem empfiehlt es sich, die Färberei als Großdampfverbraucher nicht allzuweit vom Kesselhaus zu projektieren, um kostspielige lange Leitungen, die auch noch Druck- und Wärmeverluste bedeuten, auszuschalten.

Für die in den Abb. 1, 3 und 5 veranschaulichten (älteren) Färbereianlagen ergibt

---

[1] Vgl. MÜLLER: Textil-Praxis 5. 584 (1950).

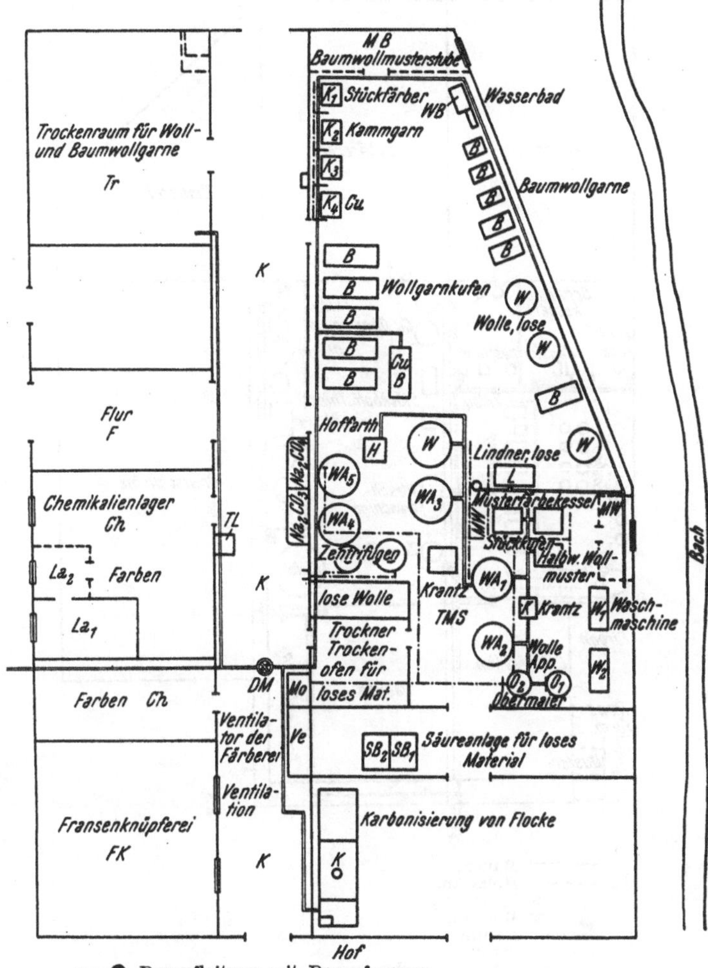

Dampfleitung mit Dampfmesser
Kraftleitung von Motoren
TMS Transmissionsanlage von Motoren

Abb. 1. Färberei einer Spinnerei und Weberei (ältere Anlage).

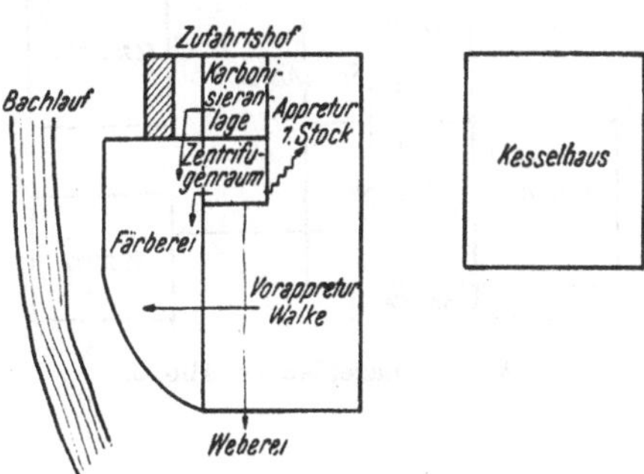

Abb. 2. Lageplan zu Abb. 1.

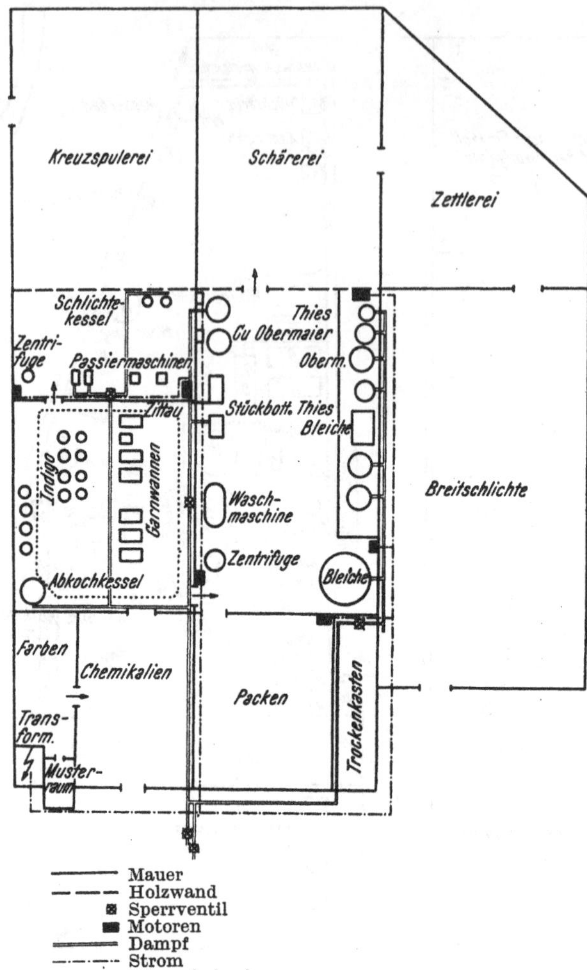

Abb. 3. Färberei einer Buntweberei (neuere Anlage).

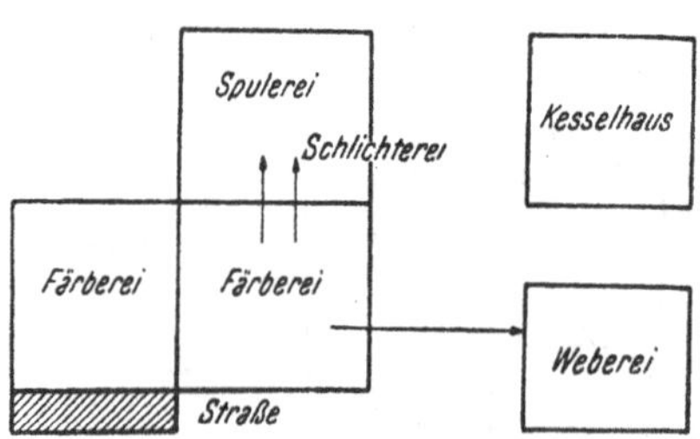

Abb. 4. Lageplan zu Abb. 3.

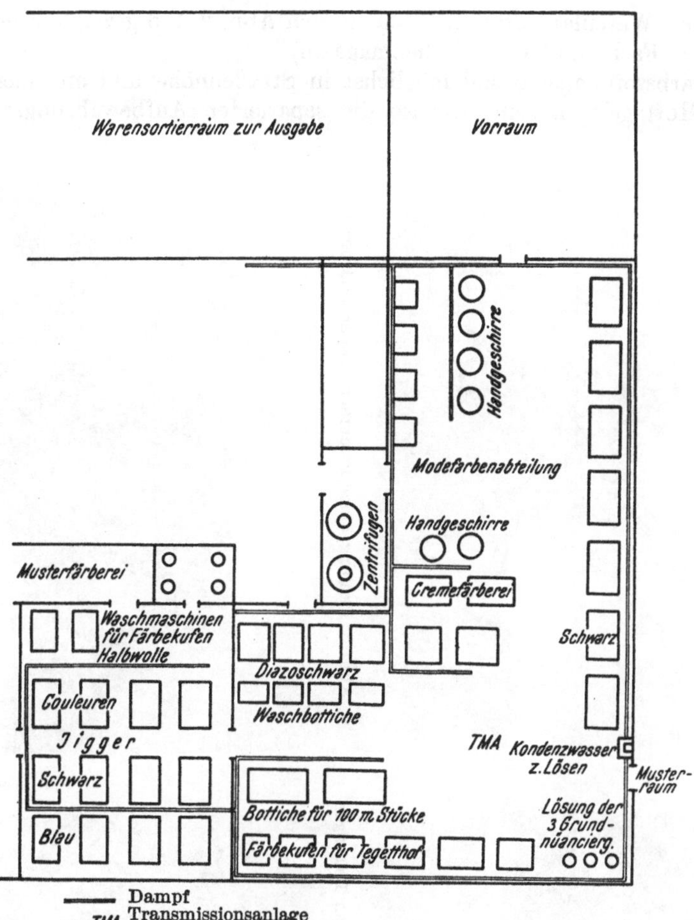

Abb. 5. Färberei eines Lohnveredelungsbetriebes (Wollstück).

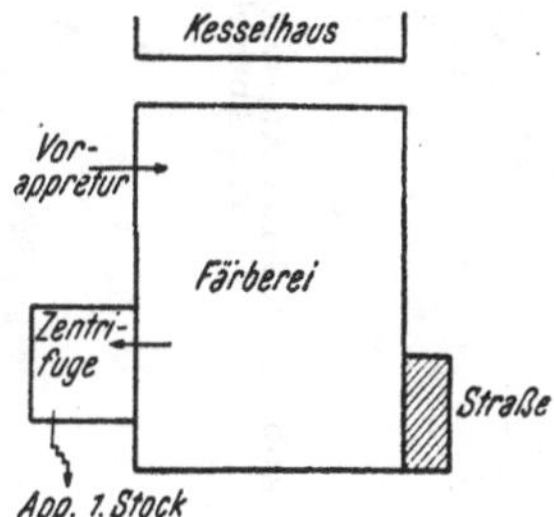

Abb. 6. Lage der Färberei in Abb. 5.

sich für den Warenlauf usw. z. B. das in den Abb. 2, 4, 6 gezeigte schematische Bild (▨ = Farb- und Chemikalienmagazin).

Das Farbstoffmagazin soll möglichst in Straßenhöhe und an einer Zufahrt (Straße, Hof) gelegen sein. Ebenso die separierten Aufbewahrungsräume für

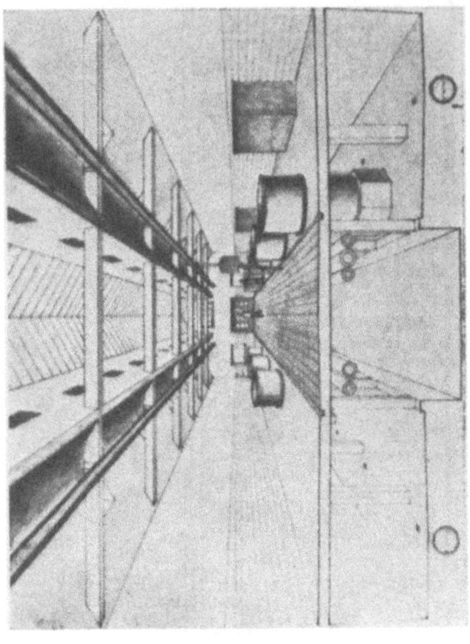

Abb. 7. Planung einer modernen Apparatefärberei.

Abb. 8. Moderne Apparatefärberei. Bedienungsraum.

Abb. 9. Moderne Apparatefärberei. Raum mit den Leitungen und Antrieben usw. (Halbstock).

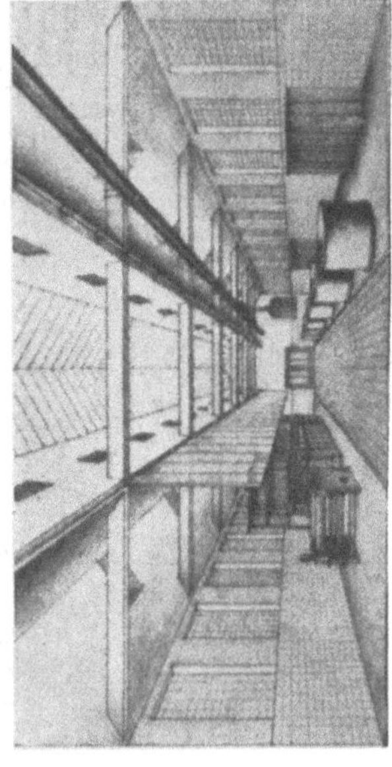

Abb. 10. Moderne Färberei.

Glaubersalz, Ätznatron, Schwefelnatron und Säuren, Hydrosulfit usw. Weinsteinpräparat (Bisulfat) lagert zweckmäßig stückig in Kellern.

Eine Isolierung des Farbstofflagers, das trocken und warm zu halten ist (Heizung), von der Färberei ist notwendig, um ein Vertragen von Farbstoffstaub und damit eine Ursache von fleckiger Ware zu vermeiden. Es muß aber umgekehrt wieder dicht bei der Färberei liegen, um lange Wegzeiten bei der Badbereitung und beim Mustern auszuschalten.

Die Musterstube liegt neben oder in der Färberei. Über die hierfür nötigen lichttechnischen Maßnahmen usw. berichtet Kapitel 1 des zweiten Abschnittes.

Es ist klar, daß über den Bau und die Anlage von Färbereien nähere Einzelheiten nicht gegeben werden können, da sie nicht in den Rahmen des Buches fallen und weit über diesen hinausgehen. Es sei nur auf einige kürzlich erschienene Publikationen verwiesen, wie etwa: RODENBERG: Textilhallen aus Stahlbetonfertigteilen, Melliand Textilber. **33,** 349 (1952); C. E. MÜLLER: Ausschnitte aus Bauten und Betriebsanlagen einer modernen Textilveredlung, Textil-Praxis 7 (1952).

Abb. 11. Alte Wollstrahnfärberei.

Moderne Färbereianlagen für Apparatefärberei zeigen in Planung und Ausführung die Abb. 7, 8 und 9, welche mit freundlicher Genehmigung des Herrn Dipl.-Ing. C. E. MÜLLER bzw. der Textil-Praxis publiziert werden.

Den Hallenbau einer Färberei, welche einerseits Färbereiapparate, anderseits eine Kontinuefärbeanlage enthält, zeigt Abb. 10 (ebenfalls mit Genehmigung der Textil-Praxis bzw. des Herrn Dipl.-Ing. C. E. MÜLLER), welche auch die Aufnahme einer alten Wollgarnfärberei (Abb. 11) als Beispiel einer ganz veralteten Anlage ermöglichten.

II. Wärmewirtschaft

Der Dampfverbrauch[2] in Färbereien ist ein sehr hoher, weshalb man meist mit Flammrohrkesseln bzw. Großraumkesseln arbeitet. Vorteilhaft wird jedoch die Erzeugung von Kraft und Wärme gekuppelt, dann sind hohe Dampfdrücke erforderlich, die nur mit Kleinwasserraumkesseln erzielbar sind. Geeignete mechanisierte Rostanlagen zur Einführung des Brennstoffes bzw. seiner Verbrennung sowie die Betriebskontrolle im Kesselhaus bzw. Prüfung des Kohlensäuregehaltes der Rauchgase usw. können den Wirkungsgrad der Dampfkesselanlage auf 80% halten. Die Haltung eines allzu großen Kohlenvorrates ist wegen der eintretenden Kohlenentgasung zu verwerfen[3]. Es ist auf eine möglichst vollständige Verbrennung des Heizmaterials zu achten. Enthalten die Rückstände einen zu hohen Anteil an brennbaren Bestandteilen, dann kann bei Ausschluß einer schlechten Feuerbedienung die Ursache an zu großen Rostspalten,

---

[2] Vgl. z. B. MÖLLER: Wärmewirtschaft in der Textilindustrie. Dresden: Steinkopff, 1926.

[3] KITTEL: Melliand Textilber. **31,** 66 (1950).

bei Wanderrosten an einer zu kurzen Rostbahn, bei Steilrosten an fehlerhafter Rostneigung liegen.

Bei allen Anlagen im Betriebe ist auf möglichst vollständige Rückführung des Kondensats in die Kesselspeisewasserbehälter zu sehen. Das Kondenswasserrückleitungsrohr muß zu diesem Zwecke in das Kondenswasser hineinragen, sonst funktionieren die Kondenstöpfe nicht richtig. Die Saughöhe der Speisewasserpumpe im Kesselhaus ist der Temperatur des Speisewassers anzupassen. Ist die Saughöhe zu groß, entsteht im Saugrohr Dampf und die Pumpe saugt nicht.

Man arbeitet heute also in den meisten Fällen derart, daß man Dampf mit hoher Spannung, z. B. 10 at, erzeugt und eine Kraftanlage (Turbine) zwischenschaltet. Mit zirka 2 bis 2½ at geht der Abdampf dann erst in die Färberei. Da diese hinsichtlich ihrer Dampfentnahme fast immer die charakteristischen Morgen-, 11-Uhr- und 1-Uhr-Spitzen zeigt (Beginn des Färbens neuer Farbpartien) und bei Kleinraumdampfkesseln natürlich keine genügende Auslastung derartiger stoßartiger Dampfverbräuche möglich ist, soll im Niederdruckgebiet stets ein Dampfsammler (Ruth-Speicher) eingebaut sein.

Die Rohrleitungen, welche in die Färberei führen, werden in den allermeisten Fällen zu klein dimensioniert, dadurch allein wird schon oftmals der viel beklagte Dampfmangel erklärt. Leitungen mit zu großem Rohrdurchmesser sind aber ebenfalls schlecht, da dann die Dampfgeschwindigkeit niedrig ist und damit Wärmeverluste entstehen. Mit Rücksicht auf den in langen Leitungen auftretenden Druckabfall, die möglichen Wärmeverluste und die Leitungskosten an sich soll die Färberei stets in unmittelbarer Nähe des Kesselhauses liegen. Selbstverständlich müssen die Leitungen gut isoliert sein. Die Dampfgeschwindigkeit soll etwa 10 bis 15 m/sec. betragen. Bei Kieselgurisolation liegt der wirtschaftlichste Wert der Isolierungsdicke nach MÖLLER bei 40 bis 80 mm, je nach Rohrdicke[4].

Die Nebelbildung, die in Färbereien, hauptsächlich im Winter, auftritt, ist eine Behinderung der Arbeit und eine gesundheitliche Gefahr. Diese Erscheinung ist verhältnismäßig leicht zu beseitigen. Nachdem man heute ja in meist geschlossenen Apparaten, auch Kufen und Jiggern färbt, ist die Dampfbildung über den Bädern sehr zurückgegangen, auch zum Vorteil der Wärmebilanz der Betriebe. Außerdem muß beachtet werden, daß die Temperatur der Färberei nicht unter jenen Wert sinken darf, bei welchem die mit Wasserdampf gesättigte Luft diesen in Form von Wassertröpfchen ausscheidet (Taupunkt). Um den Nebel zu beseitigen, öffnet man vielfach Türen und Fenster und erreicht durch die einströmende, die Temperatur erniedrigende Kaltluft nur das Gegenteil. Deshalb sind auch Dachlaternen bzw. sogar solche mit Ventilatoren von fast keinem Nutzen, da sie den Nebel nur aus der unmittelbaren Umgebung ableiten und weil durch sie ebenfalls Kaltluft einströmt, die wieder Nebel erzeugt (vgl. Kap. 5).

Man muß also der wasserhältigen Luft Wärme zuführen, um das Sinken ihrer relativen Feuchtigkeit auf Werte unterhalb 100% zu erreichen. Dies kann z. B. durch ein System an der Färbereiwand angebrachter Leitungen mit Austrittsöffnungen, die in regelmäßigen Abständen angeordnet sind, erfolgen (vgl. in Abb. 80, rechts an der Wand). Diese Leitung führt in die Innenseite von Entlüftungsschächten, aus welchen die Färbereiluft andererseits wieder mittels Ventilator abgesaugt wird. Dadurch werden unerträglich hohe Temperaturen in den Arbeitsräumen vermieden.

---

[4] Vgl. KITTEL: Melliand Textilber. **30**, 237 (1949), bzw. MÖLLER, l. c.

Über Entnebelungsanlagen finden sich neuere Hinweise auch bei HACK: Melliand Textilber. 33, 351 (1952) und BADER: Textil-Rundschau 7, 211 (1952). Nebelschürzen bei offenen Kontinueanlagen zeigt Abb. 10, S. 30 bzw. die Photos auf S. 408.

Es ist natürlich ausgeschlossen, an dieser Stelle mehr als ganz allgemeine Hinweise zu bringen[5]. Eine allgemeine Behandlung der Wärmeökonomie, der Dampfkesselanlage, der Art der Trockenanlagen, der Raumheizung usf. ist ja auch deshalb unmöglich, weil sich die Verhältnisse für jeden Betrieb anders gestalten und für Lohnveredelungen grundlegend anders sind als für Spinnwebereien mit Färberei usf. Ohne Zuziehung eines erfahrenen Wärmeingenieurs wird man kaum irgendwelche grundlegenden Projekte oder Änderungen im Betriebe durchführen.

Die kurzen Anmerkungen sollen lediglich auf gewisse, immer wieder festzustellende Umstände hinweisen, deren Kontrolle bzw. Überwachung die Grundlage für eine wärmewirtschaftliche Durchrechnung und Durchkonstruktion des Betriebes geben kann.

Über Vorschläge, mit hochgespanntem Wasser statt Dampf zu arbeiten, ist zu sagen, daß unseres Wissens die Anwendung auf Heizungen häufig, zum Kochen oder Trocknen in Färbereien jedoch kaum vorkommt.

Die in den modernen Spulereien und Webereien notwendigen Klimaanlagen zur Einstellung einer bestimmten für die Verarbeitbarkeit feuchtigkeitsempfindlicher Textilien optimalen relativen Luftfeuchtigkeit fallen nicht mehr in den Bereich des Buches und sollen daher an dieser Stelle nur erwähnt werden.

Berechnungen von Dampfkosten, der Anheizzeit und des Dampfverbrauches von Haspelkufen usf. finden sich z. B. auf S. 120.

III. Das Wasser

Zu den wichtigsten Grundforderungen der Textilausrüstung gehört eine einwandfreie Qualität des Gebrauchswassers. Beinahe alle Ausrüstungsprozesse spielen sich im wäßrigen Medium oder unter Mitverwendung von Wasser ab. Dieses spielt hiebei nicht nur die Rolle der Träger- und Vermittlersubstanz für Farbstoffe und Chemikalien, sondern es wirkt auch physikochemisch durch Quellungsvorgänge der Faser sowie durch seine ausgeprägten dielektrischen Eigenschaften. Ein Großteil der Färbevorgänge beruht auf den elektrischen Zuständen von Farbstoff und Faser in wäßriger Lösung.

Es sei erwähnt, daß man sich gerade in jüngster Zeit mit den Quellungs- und Entquellungsvorgängen der Faser, wie solche in fortlaufender Folge bei Veredlungsprozessen auftreten, befaßt hat. Es zeigt sich, daß bei wiederholter Quellung und Trocknung der Faser ein beträchtlicher Rückgang des ursprünglichen Quellungsvermögens eintritt, was wieder andere damit verknüpfte Eigenschaftsänderungen, wie im Anfärbevermögen usw., nach sich zieht. Damit erfährt die alte Erfahrungsweisheit, daß eine Warenqualität um so besser ausfällt, je weniger mit der Ware unnötigerweise geschieht, eine wissenschaftliche Bestätigung. Wenn man berücksichtigt, daß beinahe jeder Naßprozeß der Ausrüstung ein Vielfaches an Wasser, gerechnet vom Warengewicht, erfordert — insgesamt das 200- bis 300fache —, ist es verständlich, daß das Wasser eine überragende Rolle bei der Textilausrüstung spielt. Damit wird auch erklärlich,

[5] Hinsichtlich der Kesseltype, eines Dampfturbineneinbaus, des vorteilhaftesten Dampfdrucks usw. für Färbereien vgl. Textil-Praxis, Heft 8 (August 1951), das eine ganze Serie diesbezüglicher Aufsätze enthält, u. a. von FICHTNER, S. 541, WACHENDORFF 553, LANG 555, PFADT 562, UTRIKAL 576, WAGNER 579, FOURNÉ 592 u. a.

daß Arbeitsvorgänge, welche organische Lösungsmittel erfordern, so gut wie gar nicht in die Veredelungsindustrie Eingang gefunden haben. Somit ergibt sich als primäres Erfordernis eines Textilausrüstungsbetriebes die Verfügbarkeit über ausreichende und in der Beschaffenheit geeignete Wassermengen.

Leider wird diesem Umstande, besonders was die qualitative Seite betrifft, oft zu wenig Bedeutung beigemessen und spielen für die Wahl des Standortes mehr marktmäßige als technische Überlegungen eine Rolle, so daß die Wasserfrage kein ungewöhnliches Problem der Veredelungsindustrie darstellt. Andererseits haben gerade die Bemühungen zur Überwindung dieser Schwierigkeiten wesentlich zur Entwicklung der Textilhilfsmittel beigetragen.

Wenn nun die Wasserfrage einer Betrachtung unterzogen wird, soll von Verunreinigungen industrieller Herkunft abgesehen werden. Die gewerbebehördlichen Vorschriften sorgen im allgemeinen dafür, daß man solche für den Nachbenützer von Wasser störende Begleitstoffe rechtzeitig entfernt. Leider ist jedoch auch das natürliche Wasser selten von einer Beschaffenheit, die es für die direkte Verwendung geeignet erscheinen ließe. Lediglich Regenwasser würde den geforderten Ansprüchen restlos genügen, doch steht dasselbe wohl kaum irgendwo jederzeit in entsprechender Menge zur Verfügung. So ist der Ausrüstungsbetrieb auf drei Möglichkeiten der Wasserversorgung angewiesen: 1. Leitungswasser aus Wasserleitungen (in Städten und größeren Orten), 2. Fließwasser als Fluß- oder Bachwasser und 3. Grundwasser als Brunnenwasser.

Obwohl Leitungswasser meist einen hohen Grad von Reinheit an mechanisch mitgerissenen Verunreinigungen und Gleichmäßigkeit der chemischen Zusammensetzung aufweist, kommt es dennoch mit Rücksicht auf seine hohen Gestehungskosten höchstens für kleine Betriebe als Hauptwasserquelle in Frage, welche nicht in der Lage sind, die immerhin beträchtlichen Anlage- und Betriebskosten einer eigenen Fördereinrichtung zu bestreiten, oder für welche es sich auf Grund ihrer Produktionsmenge nicht lohnt, eine eigene Einrichtung zur Wasserreinigung usw. zu betreiben. Es ist jedoch auch für den Mittel- und Großbetrieb von Vorteil, einen leistungsfähigen Wasserleitungsanschluß als Reservemöglichkeit zu besitzen.

Die Verwendung von Fließwasser besitzt neben dem Vorteil der Billigkeit bei Großverbrauch noch die Gewähr einer über alle Jahreszeiten gesicherten Wasserversorgung. Allerdings ist mit der Verwendung von Flußwasser eine Reihe von Schwierigkeiten verknüpft. Das natürliche Flußwasser ist meist durch Laub, Holz, Organismen sowie durch lehmige und humöse Fremdkörper verunreinigt. Der Grad dieser Verunreinigungen ist meist abhängig vom Wasserstand, der Strömungsgeschwindigkeit usw., also indirekt von den jahreszeitlichen und Witterungsverhältnissen. Damit einher geht gewöhnlich eine Änderung der Härteverhältnisse, von denen noch später die Rede sein wird. Die Verwendung von Flußwasser erfordert also unbedingt die Benützung einer Kläranlage. Diese besteht zweckmäßig aus großen Sammel- und Absetzbehältern, wobei eine Schicht von Kies oder feinem Koks als Filter wirkt. Durch eine vorgesehene mögliche Wassergegenschaltung im Zirkulationswege des Filterwassers, wobei Dampf oder Preßluft als Gegenkraft dient, kann die Filterschicht von Zeit zu Zeit gereinigt werden. Bei den Pumpen ist unbedingt eine Reservepumpe für Eventualfälle vorzusehen. Auf diese Weise wird das Wasser von grob dispersen Bestandteilen gereinigt. Sind im Wasser jedoch lehmige Anteile, wie es besonders bei schwankender Wasserführung vorkommen kann, so sind dieselben gewöhnlich zu fein verteilt, um ohne weiteres filtriert werden zu können. In solchen Fällen greift man zu einer Ausflockungsmethode, welche in der Zugabe von Elektrolyten eines höherwertigen Metalls bestehen. Im besonderen nimmt man für diesen Zweck gewöhnlich Aluminiumsulfat, Eisen oder Kalziumchlorid (vgl. S. 47).

Von den angegebenen Verunreinigungen wesentlich freieres Wasser erhält man bei Förderung von Grund- (Brunnen-) Wasser. Leider sind die wenigsten Brunnen gleichmäßig und genügend ertragreich, wozu andererseits noch oft die hohen Bohrkosten kommen.

Eine weitere Möglichkeit zur Gewinnung hochwertigen Wassers liegt in der Ausnützung des Abdampfes vom Kessel- oder Turbinenbetrieb. Gegebenenfalls muß es von mitgerissenem Öl gereinigt werden. Für viele Zwecke wird man ein solches Wasser nicht „pur" verwenden, sondern zur Streckung von Normalwasser benützen. Eine eventuell notwendige Entölung des Kondenswassers kann auf mehrfache Weise erfolgen: Durch Filterung über geeignetes Material, im Zuge der chemischen Enthärtung oder durch Verfahren auf elektrischer Basis, indem das verschmutzte Wasser einem elektrischen Feld ausgesetzt wird, welches die Verunreinigungen zum Ausflocken bringt.

Unter den Verunreinigungen sind die lehmigen und kolloiden besonders unangenehm, da sie sich wie Farbstoffpigmente auf der Ware festsetzen können und durch keine Waschoperation mehr vollständig entfernbar sind. Bei ruhender Ware und zirkulierender Flotte können durch Filterwirkung noch besondere lokale Verschmutzungen eintreten. Immerhin ist das Problem der Wasserreinigung von mechanischen Fremdstoffen leicht zu lösen. Geeignete Anlagen werden von verschiedenen Firmen unter Berücksichtigung der örtlichen Verhältnisse gebaut.

Über die Schäden durch Nitrite in Färbereiwässern (Zerstörung von Farbstoffen) berichtet näher DRIESSEN: Bull. Int. Föder. textilchem. kolor. Vereine, Basel, III, H. 1, 43 (1938).

Ein wesentlich umfangreicheres und schwieriger zu lösendes Problem stellt die chemische Reinigung des Wassers dar. Lediglich Regen- oder Kondenswasser liegt bereits in einer für den Verwendungszweck befriedigenden Reinheit vor. Jedes andere natürliche Wasser enthält in wechselnden Mengen Stoffe gelöst, deren Gegenwart für die meisten Textilausrüstungsvorgänge unerwünscht ist. Die Art und Menge der gelösten Substanzen ist je nach Ort, Jahreszeit, Witterung usw. sehr verschieden und oft großen Schwankungen unterworfen. Als wichtigste im Wasser vorkommende Stoffe sind an gelösten Gasen anzuführen: Sauerstoff und Kohlensäure; an Kationen: Natrium, Kalium, Magnesium, Kalzium, Eisen, Mangan; an Anionen: Karbonate, Bikarbonate, Sulfate, Chloride, Silikate, daneben findet sich noch eine Anzahl anderer Stoffe von weniger Belang.

Die gelösten Gase sind hauptsächlich nur für das Kesselspeisewasser von Bedeutung. Indirekt spielt die Kohlensäure eine wichtige Rolle, da ihre Anwesenheit für den Erdalkalihaushalt des Wassers von maßgeblicher Bedeutung ist. Die Kohlensäure bewirkt nämlich eine Umsetzung der schwerlöslichen Kalzium- und Magnesiumkarbonate in die wesentlich leichter löslichen Bikarbonate. Dieselben würden jedoch bald wieder in die Karbonate zerfallen, wenn nicht ein gewisser Überschuß an Kohlensäure vorhanden wäre. Die Menge der im Wasser gelösten, in der Färberei so unangenehmen Kalzium- und Magnesiumsalze hängt also von der Menge der im Wasser gelösten Kohlensäure ab. Im Wasser können drei Wirkformen der Kohlensäure unterschieden werden: 1. Kohlensäure, als Karbonate oder Hydrokarbonate. 2. Lösungskohlensäure, das ist die Menge, die mit den Hydrokarbonaten im Gleichgewicht steht. 3. Aggressive Kohlensäure, das ist der über die Lösungskohlensäure hinausgehende Überschuß.

Während die Lösungskohlensäure für den Kesselbetrieb ungefährlich ist, führt die aggressive Kohlensäure ihre Bezeichnung von der Fähigkeit, die Kesselwandungen bei höherer Temperatur stark anzugreifen. Der Sauerstoff, der ebenfalls immer im Wasser gelöst vorkommt, spielt besonders bei Verwendung des Wassers in Hochdruckkesseln eine gefährliche Rolle. Seine vorherige Entfernung ist daher in solchen Fällen eine unbedingte Notwendigkeit. Bei den Ausrüstungsvorgängen wirkt der Sauerstoff bald günstig, bald gegenteilig. Bei der alkalischen Druckkochung von Baumwolle kann die Gegenwart von Sauerstoff durch Oxyzellulosebildung zu schweren Schädigungen derselben führen. Grundsätzlich stört der Sauerstoffgehalt auch beim Färben mit Reduktionsmitteln, wie Natriumsulfit und Natriumhydrosulfit. Doch enthalten die heißen Farbflotten nur mehr geringe Mengen an gelöstem Sauerstoff, die durch die vorhandenen Reduktionsmittel leicht vernichtet werden. Im entgegengesetzten Sinne wirkt sich gelöster Sauerstoff bei der Reoxydation von Küpen- und Schwefelfärbungen aus, wo er teilweise chemische Oxydationsmittel ersetzen kann. Eine besondere Bedeutung hat der Sauerstoffgehalt des Wassers für die Abwasserreinigung.

Von wesentlich einschneidenderer Bedeutung als die gelösten Gase sind für die textile Verwendung des Wassers die gelösten Salze, insbesondere die des Kalziums, Magnesiums, Eisens und Mangans.

Die Salze der Erdalkalien werden unter der Bezeichnung „Härtebildner", der Gehalt an solchen Salzen unter dem Namen „Härte" zusammengefaßt. Später wird darüber noch ausführlicher berichtet. Die Schwierigkeiten, welche sich durch solche Härtebildner und Schwermetallsalze ergeben, können direkter oder indirekter Art sein. Direkte Fehler können dadurch auftreten, daß sich im Zuge einer Behandlung mit nicht oder ungenügend enthärtetem Wasser auf der Ware Anreicherungen von Kalzium- und Magnesiumsalzen ergeben, wobei die Bikarbonatanteile durch längere Lagerung oder Hitzebehandlung unter Kohlensäureabspaltung wieder in die schwerlöslichen Karbonate zerfallen. Solche Anreicherungen können besonders an Strang- und Lagenköpfen bzw. -kanten auftreten. Da solche Stellen rascher trocknen, wird Flüssigkeit aus den inneren Teilen der abgelegten Ware kapillar nachgesaugt und so einer mehr oder minder starken Konzentrierung unterworfen. Eine weitere Gefahr, besonders im Baumwollbetrieb, bildet der Umstand, daß meist in alkalischen Bädern gearbeitet wird. In solchen Flotten fallen nun Erdalkalien und Schwermetallsalze als Hydroxyde und Karbonate aus und können, besonders bei ruhender Ware und bewegter Flotte, von dem Textilgut filtriert werden. Soferne die Nachbehandlung solcher Waren nicht durch einen energischen Säuerungs- und Spülprozeß unterstützt wird, ist eine Entfernung solcher Ablagerungen nicht immer gewährleistet und damit eine Möglichkeit für verschiedene später auftretende Fehler gegeben. Aber auch bei gleichmäßiger Verteilung wirken solche Ablagerungen störend, trüben den Farbton und bewirken das bekannte „Stauben" der Ware. Besonders in Erscheinung treten angereicherte Niederschläge beim Färben von Anilinschwarz, wobei sie geradezu weiß reservierte Stellen erzeugen können. Eine gefährliche Wirkung können Niederschläge von Schwermetallen als besonders wirksame Katalysatoren bei der Bleiche entfalten. Dabei spielt das Eisen in der Chlor- und Kupfer, Kobalt und Nickel in der Superoxydbleiche eine besondere Rolle. Auch Mangansalze wirken katalytisch auf Bleichbäder. Von besonderer Gefahr ist jedoch ihre Anwesenheit auf Geweben, die später gummiert werden sollen. Kupfer- und Mangansalze führen in ganz besonderem Maße durch Oxydationsbeschleunigung eine vorzeitige Zerstörung von Naturgummi herbei. Da bei der Schadensfeststellung meist schon konfektioniertes Gewebe vorliegt, erfordert das Vorhandensein von Mangansalzen von dem Veredler solcher Gewebe besondere Vorsichtsmaßnahmen (vgl. S. 428).

Eine besondere Erhöhung der Fehlermöglichkeiten durch Anwesenheit von

Erdalkali- und Schwermetallsalzen ergibt sich aber bei der Mitverwendung von Seifen oder unvollkommen härtebeständigen Textilhilfsmitteln. Beinahe alle Ausrüstungsprozesse verlangen aus verschiedenen Gründen eine Verwendung fettsaurer, wasserlöslicher Salze. Sie dienen zur Erhöhung der Netz- und Reinigungswirkung, zur besseren Egalisierung bei Färbungen, zur Dispergierung der abgelösten Schmutz- und Fremdkörper in der Wäsche usw. Die fettsauren Salze bilden nun mehr oder weniger mit den genannten Kationen unlösliche Salze. Diese sind von klebriger, mißfarbener Beschaffenheit und sind somit mehr als die kristallinen anorganischen Verbindungen geeignet, sich bei ungünstigen Bedingungen auf der Ware festzusetzen, insbesondere dann, wenn mit ruhender Ware und bewegter Flotte gearbeitet wird. Solche Kalkseifenniederschläge können demnach durch rein mechanische Einwirkung, also durch Spülen, kaum entfernt werden. Aber auch die chemische Entfernung durch Säuren muß nicht immer erfolgreich sein, da nach der Säuerung freie Fettsäuren entstehen, die, je nach Art derselben, mehr oder weniger am Gewebe haften bleiben und ihrerseits zu Störungen während der weiteren Verarbeitung des Gewebes führen können.

Neben ihren unangenehmen Eigenschaften haben diese Kalkseifen eine wasserabstoßende Wirkung, wodurch naturgemäß gerade bei einer Zwischentrocknung der Ware die Gefahr einer Fleckenbildung besonders gegeben ist. Überdies wird durch die Mißfärbigkeit der Kalkseife der Weißgrad von gebleichten Geweben beeinträchtigt.

Wurden bisher vornehmlich die indirekten Wirkungen der Härtebildner besprochen, also deren Ablagerungen verschiedener Art auf Geweben usw., wobei diese Ablagerungen ihrerseits wieder Fehlerursachen in Färberei und Appretur werden können, so kann hartes Wasser auch direkt als Fehlerquelle auftreten. Eine nicht geringe Anzahl von Farbstoffen gibt mit Ca-, Mg- und Schwermetallsalzen schwere oder unlösliche Niederschläge. Einige Farbstoffe, wie beispielsweise Chlorantinlichtgrün BLL, können geradezu als Reagens für solche Metalle dienen. Diese Niederschläge bedingen sowohl eine schlechte Ausbeute des Färbebades als auch fleckige und reibunechte Färbungen, die durch oberflächliche Auflagerung der Ca-Farbstoffverbindung entstanden sind. Es ist oft erstaunlich, in welchem Maße auch wenig hartes Wasser von 3 bis 5° D. H. noch farbstoffällend wirken kann.

Zusätzlich haben viele Farbstoffe noch die Eigenschaft, sich an ausfallenden Metallhydroxyden adsorptiv zu binden, so daß auch Farbstoffverluste und Störungen auftreten können, wenn keine schwerlöslichen Ca- oder Mg-Farbstoffmoleküle entstehen. Auch Naphtole können durch hartes Wasser unter Bildung von Ca-Naphtolaten schlechter löslich sein, bzw. zu Fällungen Anlaß geben.

In der Hypochloritbleiche bilden sich in hartem Wasser Ca-Salze der Zelluloseabbauprodukte, Verbindungen, welche die Ware vergilben; geringe Mengen an Mangan führen zu Verfärbungen der Ware. Eisenhaltiges Wasser gibt Anfärbungen, die der Ware substantiv anhaften. Es bedingt weiters in der Färberei Ausfällungen von Farbstoffen, Zerstörungen von Chromfarbstoffen oder Trübung des Farbtons derselben sowie eine katalytische Zersetzung von Diazotierungsbädern. Überdies kann Eisen sowohl in zwei- als dreiwertiger Form, auch ohne Ablagerung auf die Faser, durch seine bloße Gegenwart katalytisch zersetzend auf Hypochlorit- und Peroxydbäder wirken und auf diese Weise eine Schädigung der Zellulose herbeiführen. Als erlaubter Höchstgehalt an Fe ist eine Menge von 0,1 mg/l, an Mn von 0,05 mg/l anzusehen. Es sei in diesem Zusammenhange an die immer mehr an Bedeutung gewinnende Chloritbleiche erinnert, die im sauren Medium durchgeführt wird und daher weitgehendst unabhängig von der Härte und andererseits unempfindlich gegen katalytische Einflüsse des Eisens ist. Das Vorkommen von Eisen in den verwendeten Behandlungsflotten muß übrigens nicht so sehr als natürlicher Begleitstoff des Wassers gewertet werden. Es kann auch, und dies ist meistens der Fall, aus Rohrleitungen des Betriebes stammen. Dies ist besonders dann festzustellen, wenn die Leitungen längere Zeit ohne Durchfluß waren, wobei je nach Wasserqualität und verwendeter Eisensorte der Rohrleitungen oft ein 1- bis 2stündiger Stillstand bereits erhebliche Mengen gelösten Eisens im gestauten Wasser anreichern kann.

Als Wasserhärte bezeichnen wir die Summe der Ca- und Mg-Salze. In der Hauptsache liegen diese Salze entweder als Hydrokarbonate $M(HCO_3)_2$ (M = = Erdalkali) vor, die erst durch überschüssige gelöste Kohlensäure existenzfähig sind, oder als Sulfate, Chloride bzw. in geringen Mengen als Salze anderer anorganischer Säuren. Da durch Kochen die Hydrokarbonate (Bikarbonate) unter CO_2-Abspaltung in die wesentlich schwerer löslichen Karbonate übergehen, also nicht stabil sind, nennt man diese Gruppe der Salze temporäre Härte oder in neuerer Zeit Karbonathärte. Die Gruppe der stabilen Salze, also Sulfate, Chloride usw., wird hingegen als permanente Härte, die Summe der beiden Gruppen als Gesamthärte bezeichnet. Konventionell wird die Härte nicht in Ca- und Mg-Härte unterteilt, sondern in ihrer Gesamtheit auf Ca bezogen. Es werden also auch die Mg-Salze so berechnet, als ob sie als Ca-Salze vorliegen würden. Es sind heute folgende Härtegrade gebräuchlich:

1^0 deutsche Härte = 1 g CaO in 100000 g H_2O = 10 mg CaO in 1 Liter H_2O
1^0 französische Härte = 1 g $CaCO_3$ in 100000 g H_2O = 10 mg $CaCO_3$ in 1 Liter H_2O
1^0 englische Härte = 1 g $CaCO_3$ in 1 Gallone H_2O = 10 mg $CaCO_3$ in 0,7 Liter H_2O

Umrechnungstabelle:	Deutsch	Französisch	Englisch
	1^0	$1{,}79^0$	$1{,}25^0$
	$0{,}56^0$	1^0	$0{,}7^0$
	$0{,}8^0$	$1{,}43^0$	1^0

Das Verhältnis der Karbonat- zur Nichtkarbonathärte ist, je nach der Herkunft des Wassers, starken Schwankungen unterworfen. Im allgemeinen sind Wässer mit höherer Karbonathärte für verschiedene Zwecke günstiger als solche mit überwiegender Nichtkarbonathärte. Ebenso sind die Gesamthärten von Ort zu Ort sehr verschieden und auch hier wieder starken zeitlichen Schwankungen unterworfen. Es finden Wässer bis zu 50^0 D. H. Verwendung.

Die aufgezeigten Schädigungsmöglichkeiten durch die Wasserhärte lassen die Notwendigkeit einer Beseitigung dieser Schadensgefahr klar erkennen, dies um so mehr, wenn die große Wassermenge berücksichtigt wird, die zur Ausrüstung einer Textilware erforderlich ist. So benötigt die Vorbehandlung, Färbung und Fertigausrüstung von 1 kg Textilgut ungefähr 200 bis 300 Liter Wasser. Bei nur 10^0 D. H. gerechnet, entspricht dies 20 bis 30 g CaO auf 1 kg Ware, von welcher Menge bereits ein Bruchteil genügt, um die aufgezeigten Schäden mehr oder minder stark in Erscheinung zu bringen.

Um Härteschäden zu vermeiden, können verschiedene Möglichkeiten ergriffen werden. Welcher nun tatsächlich der Vorzug gegeben werden soll, hängt von den verschiedensten Umständen ab; z. B. von der Höhe und Art der Ausgangshärte, vom Verwendungszweck des Wassers, von der Art und Qualität des Ausrüstungsgutes, von der Kapitalsanlage und Größe des Unternehmens usw. In vielen Fällen wird man nebeneinander verschiedene Verfahren anwenden.

Grundsätzlich stehen zur sogenannten Wasserenthärtung folgende Möglichkeiten offen: 1. Enthärtung durch Fällung der Härtebildner, 2. Enthärtung durch Austausch der Härtebildner, 3. Enthärtung durch Komplexbindung mit den Härtebildnern, 4. Umgehung von Kalkseifenbildung durch synthetische Hilfsmittel.

Wenn man vom Kesselspeisewasser absieht, für welches, besonders bei Hochdruckkesseln, 0-grädiges und zudem entgastes Wasser zur Verfügung stehen muß, wird für die Ausrüstung selbst eine Maximalhärte von 2 bis 4^0 D. H. wohl kaum mehr als störend empfunden. Im Gegenteil ist von vielen Ausrüstern eine kleine Resthärte des Wassers erwünscht, schon um das übermäßig lange Klarspülen geseifter Ware abzukürzen. Bei größeren Wasserhärten als 5^0 D. H. soll jedoch unbedingt eine Enthärtung erfolgen.

Als bewährteste und älteste Enthärtungsmethoden können die Fällungsverfahren angesprochen werden. Wir unterscheiden hier folgende wichtigste Verfahren: 1. Das sogenannte Kalk-Soda-Verfahren, 2. das Ätznatronverfahren bzw. Sodaverfahren für Kleinbetrieb, 3. das Trinatriumphosphatverfahren.

Beim Kalk-Soda-Verfahren werden durch die Zugabe von Kalziumhydroxyd $Ca(OH)_2$ (Kalkwasser) und Soda sowohl die freie Kohlensäure als auch die Ca- und Mg-Salze als unlösliche Niederschläge ausgefällt. Die wichtigsten dabei sich abspielenden Reaktionen verlaufen nach folgenden Gleichungen:

$$CO_2 + Ca(OH)_2 = CaCO_3 + H_2O$$
$$Ca(HCO_3)_2 + Ca(OH)_2 = 2\,CaCO_3 + 2\,H_2O$$
$$Mg(HCO_3)_2 + 2\,Ca(OH)_2 = 2\,CaCO_3 + Mg(OH)_2 + 2\,H_2O$$
$$CaSO_4 + Na_2CO_3 = CaCO_3 + Na_2SO_4$$
$$CaCl_2 + Na_2CO_3 = CaCO_3 + 2\,NaCl$$
$$MgSO_4 + Ca(OH)_2 = Mg(OH)_2 + CaSO_4$$
$$MgCl_2 + Ca(OH)_2 = Mg(OH)_2 + CaCl_2$$

Die Ausfällung der Hydrokarbonate (Bikarbonate) sowie der freien Kohlensäure wird also durch das Kalziumhydroxyd, die Ausfällung der die Nichtkarbonathärte verursachende Salze, insbesondere des Kalziums, durch Soda bewirkt. Ebenso werden die Eisen- und Mangansalze nach folgendem Schema gefällt:

$$2\,Fe(HCO_3)_2 + 2\,Ca(OH)_2 + O = 2\,Fe(OH)_3 + 2\,CaCO_3 + H_2O + 2\,CO_2$$
$$2\,FeSO_4 + 2\,NaCO_3 + O + 3\,H_2O = 2\,Fe(OH)_3 + 2\,Na_2SO_4 + 2\,CO_2$$
$$Mn(HCO_3)_2 + O = MnO(OH)_2 + 2\,CO_2$$
$$Mn(HCO_3)_2 + Ca(OH)_2 + O = MnO(OH)_2 + CaCO_3 + CO_2 + H_2O$$
$$MnSO_4 + Na_2CO_3 + H_2O + O = MnO(OH)_2 + Na_2SO_4 + CO_2$$
$$2\,MnO(OH)_2 + Mn(OH)_2 = Mn(HMnO_3)_2 + 2\,H_2O$$

Durch die kombinierte Verwendung von Kalk und Soda werden also sämtliche schädlichen Härtebildner des Wassers entfernt. Die erforderlichen Zusätze errechnen sich gemäß Pfeifer nach folgendem Schema:

Kalk: in mg/l $CaO = 10 \times$ Karbonathärte $+ 1{,}4 \times MgO$
Soda: in mg/l $Na_2CO_3 = 18{,}93 \times$ Nichtkarbonathärte

Zur Bindung der freien sowie der im Zuge der Fällungsreaktionen freiwerdenden Kohlensäure ist noch eine zusätzliche Menge an Kalk nötig, die pro mg/l CO_2 1,3 mg CaO beträgt. Dies ist jedoch nur dann notwendig, sofern man in der Kälte arbeitet, da bei thermischer Behandlung die Kohlensäure ohnehin ausgetrieben wird. In der Praxis hat es sich als günstig erwiesen, die Sodamenge um ungefähr 20 bis 30% höher zu halten, als die Berechnung ergibt. Dies vor allem dann, wenn das Wasser auch für Kesselspeisezwecke dienen soll und getrachtet wird, die verbliebene Resthärte im Kessel als feinen Schlamm zu fällen. Dagegen ist eine Überdosierung von $Ca(OH)_2$ auf jeden Fall zu vermeiden.

Wie bereits ausgeführt, ist es möglich, das Kalk-Soda-Enthärtungsverfahren in der Kälte oder Wärme auszuführen. Bei der Durchführung in der Kälte, das heißt bei den üblicherweise gegebenen Wassertemperaturen können Resthärten bis zu 7° D. H. im Wasser verbleiben. Eine Verlängerung der Reaktionszeit oder, besser gesagt, Verweilzeit des Wassers im Reaktor sowie überschüssige Mengen an Fällungschemikalien können zwar die Resthärte herabdrücken, doch bedingen längere Verweilzeiten größere Reaktoren, um die in der Zeiteinheit notwendige Wassermenge zu enthärten. Andererseits birgt ungenügende Enthärtung die Gefahr von Nachreaktionen in sich, welche dann in den Behandlungsflotten auftreten und dort zu Störungen führen können. Das beste Mittel, um sowohl qualitativ als auch zeitlich auf den besten Nutzeffekt zu kommen, besteht in einer Erhöhung der Reaktionstemperatur. Bei einer Enthärtungstemperatur von 40° C ist eine Resthärte von 3° D. H., bei einer Temperatur von 70° C eine solche von 1,5° und bei 100° C von 0,5° zu erreichen (KEHREN). Auch die Verweilzeiten erfahren durch die Erhöhung der Reaktionstemperatur eine beträchtliche Abkürzung. Es muß allerdings überlegt werden, in welchem Verhältnis die angewandte Reaktionstemperatur zur benötigten Temperatur des Gebrauchswassers steht, um unnötige Wärme- und damit Heizmaterialverluste zu vermeiden. Soll das Wasser nur für Kesselspeisezwecke Verwendung finden, dann kann auch ohne weiteres bei 100° C enthärtet werden. Wenn es aber, was ja der häufigste Fall ist, gleichzeitig für Bleich-, Färbe-, Spül- und Appreturzwecke eingesetzt werden soll, muß eine Überlegung hinsichtlich des besten Effektes und des geringsten Wärmeverlustes angestellt werden. Wenn mit Chlor gebleicht wird, was bei der Baumwollveredelung noch immer die häufigste angewandte Methode ist, so sind kalte Bleichflotten erforderlich. Die meisten Färbungen werden bei niederen Anfangstemperaturen durchgeführt, so daß auch hier keine höheren Wassertemperaturen als 40 bis 60° C sowohl für tierische als auch pflanzliche Fasern in Frage kommen. Für Superoxydbleichen und Walkwässer können Temperaturen bis 80° C angewendet werden. Für Waschwässer sind Temperaturen von 40 bis 100° C vorzusehen. Von ausschlaggebender Bedeutung dürften jedoch für die Beurteilung der Wirtschaftlichkeit die Spülwässer sein, die bei jeder Veredelung mengenmäßig ein Mehrfaches der Behandlungsbäder ausmachen. Die Hauptmenge der Spülbäder kann oder muß kalt verwendet werden, wenn auch eine Temperatur bis zu etwa 30° C den Spülvorgang abkürzt, ohne daß eine Beeinträchtigung des Farbtones selbst empfindlicher Färbungen zu befürchten wäre. Liegt also das enthärtete Gebrauchswasser mit höherer Temperatur vor, so müßte es in der Mehrzahl der Fälle gekühlt werden, was wiederum das Vorhandensein großer Vorratsbehälter und einen großen Wärmeverlust bedeuten würde. Andererseits sind es gerade die Spülwässer, die, wie später noch ausgeführt werden wird, weitgehendst härtefrei sein sollen, wenn mit hitzeunbeständigen Hilfsmitteln gearbeitet wird. Aus diesen Gesichtspunkten heraus wird es sich empfehlen, die Kalk-Soda-Reinigung bei einer Temperatur von 40 bis 60° C vorzunehmen. Bei dieser Temperatur ist der Enthärtungseffekt bei kurzer Verweilzeit bereits für alle Veredelungsvorgänge ausreichend. Mit Ausnahme der Hypochloritbleiche von Baumwolle ist die Wassertemperatur, wenn man dabei noch die unvermeidlichen Temperaturverluste berücksichtigt, für alle Ausrüstungsprozesse sowohl für tierische als auch vegetabilische Fasern geeignet. Ob die Spülung des Textilgutes mit hartem oder enthärtetem Wasser erfolgen soll, ist eine Frage des Artikels, der verwendeten Hilfsmittel und mit Bezug auf letztere eine Frage der Kalkulation.

Jedenfalls kann bei Verwendung von warmem Wasser der Spülprozeß wesentlich abgekürzt werden, wenn auch eine letzte Kaltspülung zur möglichsten Vermeidung von Migrationen und Abblutung wasserunechter Färbungen und nasser Lagerung der Waschware von Vorteil ist. Im übrigen muß berücksichtigt werden, daß der Griff eines Textilgutes um so weicher wird, je weniger dasselbe mit anorganischen Salzen beladen ist. Bei der Kalk-Soda-Enthärtung tritt nun bei der Umsetzung der Nichtkarbonathärte ein Mol Na- an Stelle des Ca-Salzes. Die Karbonathärte jedoch wird entsprechend der Gleichung $Ca(HCO_3)_2 + Ca(OH)_2 = 2\,CaCO_3 + 2\,H_2O$ ausgefällt und durch kein Elektrolytäquivalent ersetzt. Das Wasser wird also elektrolytärmer und mithin auch in dieser Hinsicht als Spülwasser geeigneter, vor allem für solche Warenqualitäten, die mit besonders weichem Griff ausgerüstet werden sollen. Es sei in diesem Zusammenhang an die Erscheinung der sogenannten „Wassersteife" erinnert, an jenen Zustand, den eine Ware, welche mit hartem Wasser behandelt wurde, nach scharfem Trocknen auf dem Zylinder annimmt und der erst nach längerer Einwirkung der Luftfeuchtigkeit wieder verschwindet. Auch hier sind es hauptsächlich die anorganischen Elektrolyte, welche für diese Erscheinung verantwortlich sind. Am besten eignen sich Anlagen, welche bei verschiedenen Temperaturen betrieben werden können und welche den Vorteil bieten, auch bei ausnahmsweise stärkeren Beanspruchungen durch Temperaturerhöhung zu größerer Leistung herangezogen werden zu können. Erwähnt sei, daß durch mechanische, akustische oder elektrische Einwirkung eine Verkürzung der Reaktionszeit für die Enthärtung erreicht werden kann.

Die Vorteile des Kalk-Soda-Verfahrens liegen vor allem in seiner Billigkeit, die es erlauben, auch große Mengen von Wasser wirtschaftlich zu enthärten. Ein weiterer Vorteil des Verfahrens liegt in der Tatsache, daß mit der Enthärtung gleichzeitig die Entfernung von Eisen und Mangan einhergeht und neben derselben auch ein Großteil der Schwebestoffe zu Boden gerissen wird. Die Nachteile des Verfahrens sind die Notwendigkeit einer ständigen Überwachung der Enthärtung, da sonst die Resthärte starken Schwankungen unterworfen ist, und die Unmöglichkeit, auf Resthärten unter 2 bis 4° D. H. zu kommen, sowie die Gefahr von Nachreaktionen außerhalb der Reaktoren bei zu kurzer Verweilzeit. Immerhin ist trotz der geschilderten Nachteile das Kalk-Soda-Verfahren auch heute noch, selbst unter Berücksichtigung der Betriebskosten, das beste und geeignetste für die Veredlungsindustrie.

Soferne das Wasser für Kesselspeisezwecke Verwendung finden soll, insbesondere wenn es sich um einen Hochdruckkessel handelt, muß das mittels Kalk-Soda *vorenthärtete* Wasser einer Restenthärtung, am besten wohl mittels eines Basenaustauschers, unterzogen werden, an welchem sich noch eine Entgasung anzuschließen hat.

Erwähnt sei unter den Fällungsverfahren noch die Fällung mittels Ba-Karbonat oder Ba-Hydroxyd. Die Enthärtung mit letzterem ist besonders dann angebracht, wenn es sich um Wasser mit annähernd gleicher Karbonat- und Nichtkarbonathärte handelt. Das $Ba(OH)_2$ wirkt dann ähnlich der Natronlauge, nur in umgekehrter Reihenfolge. Infolge des höheren Preises der Fällungschemikalien und des Fehlens besonderer Vorteile hat die Fällungsmethode mittels Ba-Verbindungen keine ausgedehntere Bedeutung erlangt.

Als weiteres, aber selten geübtes Fällungsverfahren ist das Arbeiten mit Natronlauge zu nennen. Die Anwendung dieser Verfahrensweise ist an die Bedingung geknüpft, daß die Summe von temporärer Härte (Karbonathärte) und freier Kohlensäure größer als die Nichtkarbonathärte (permanente Härte) ist. Die sich dabei abspielenden Reaktionen sind folgende:

$$Ca(HCO_3)_2 + 2\,NaOH = CaCO_3 + Na_2CO_3 + 2\,H_2O$$
$$Mg(HCO_3)_2 + 4\,NaOH = Mg(OH)_2 + 2\,Na_2CO_3 + 2\,H_2O$$
$$MgSO_4 + 2\,NaOH = Mg(OH)_2 + Na_2SO_4$$
$$CO_2 + 2\,NaOH = Na_2CO_3 + H_2O$$
$$CaCl_2 + Na_2CO_3 = CaCO_3 + 2\,NaCl$$

Aus den Reaktionen ist ersichtlich, daß das zur Fällung der Ca-Salze notwendige Karbonat erst aus der Umsetzung der Karbonathärte und der freien Kohlensäure mit der Natronlauge gebildet wird. Der Nachteil des Verfahrens liegt in dem Umstande, daß es nur für Wasserhärten mit oben beschriebener Einschränkung vorteilhaft angewendet werden kann, also insbesondere Wässer mit stark wechselnder Zusammensetzung ausscheiden. Ein gegen diese Arbeitsweise sprechender weiterer Umstand liegt in den höheren Betriebskosten im Vergleich zum Kalk-Soda-Verfahren. Vorteile sind die leichtere Dosierbarkeit und die geringere Gefahr einer Überdosierung, da auch durch Aufnahme von Kohlensäure keine unlöslichen Niederschläge, wie etwa bei der Verwendung von $Ca(OH)_2$ entstehen können. Für die verbleibenden Resthärten gilt allerdings das gleiche wie beim Kalk-Soda-Verfahren. Obwohl das Verfahren in der Textilindustrie keine große Bedeutung erlangt hat, könnte es doch dort, wo die Härteverhältnisse den notwendigen Bedingungen entsprechen, mit einem gewissen technischen Vorteil gegenüber dem Kalk-Soda-Verfahren angewendet werden.

Unter die Fällungsverfahren zu rechnen ist auch die im Kleinbetrieb manchmal geübte Methode, das zu enthärtende Wasser mit Soda zu versetzen, aufzukochen und die gebildeten unlöslichen Verbindungen abzuschöpfen. Anschließend muß natürlich gewöhnlich wieder eine Abkühlung des Bades erfolgen. Obwohl der Enthärtungserfolg nicht schlecht ist (die die temporäre Härte verursachenden Salze fallen durch Erhitzen aus, ebenso wird dadurch die Kohlensäure ausgetrieben, während die Salze, welche die permanente Härte bilden, durch das zugesetzte Na_2CO_3 entfernt werden), kommt diese Methode zufolge des Zeit- und Wärmeaufwandes nur für den Kleinbetrieb in Frage. Heinert (s. Kehren: Wasser und Abwasser in der Textilindustrie. V. u. F. Schain 1951, S. 84) empfiehlt übrigens an Stelle von technischer Soda Bleichsoda zu verwenden, welche etwa anwesendes Fe und Mn adsorptiv binden soll.

Als weiteres technisch verwendetes Fällungsverfahren ist das Trinatriumphosphatverfahren zu erwähnen. Grundsätzlich können auch Mono- und Dinatriumphosphat Verwendung finden, sofern auf die Erhaltung der Alkalität des Enthärtungsbades geachtet wird. Die Reaktion spielt sich, wie von mehreren Autoren, neuerlich von Wesly (Kehren, l. c. S. 85), nachgewiesen wurde, nicht nach dem Schema einer Bildung von $Ca_3(PO_4)_2$ oder $Mg_3(PO\ )_2$ ab, sondern ist wesentlich komplizierterer Natur, so daß die genaue Dosierung auf Schwierigkeiten stößt. Da der Preis von Trinatriumphosphat auch heute noch sehr hoch ist, kommt es für eine Verwendung im großen kaum in Betracht. Dagegen kann es für Spezialzwecke oder für die Reinigung von Kesselspeisewasser, wenn keine Permutitanlage vorhanden ist, gute Dienste leisten. Dies insbesondere deshalb, da die Phosphatenthärtung eine Reihe bemerkenswerter Vorzüge aufweist. Allerdings ist dieselbe an die Bedingung einer höheren Temperatur geknüpft. Soll die Enthärtung vollständig verlaufen, bedarf es einer Mindesttemperatur von 70° C. Überdies ist ein Überschuß des Fällungsmittels notwendig. Das Phosphatverfahren enthärtet praktisch bis auf 0°. Der Reaktionsverlauf spielt sich in wesentlich kürzerer Zeit ab als etwa bei dem Kalk-Soda-Verfahren. Außerdem fallen die Niederschläge grobflockig aus, was ihre Filtrierbarkeit wesentlich erleichtert. Trotzdem das Verfahren also ein vorzügliches Gebrauchswasser liefert, kommt es, wie erwähnt, zufolge seiner hohen Gestehungskosten sowie der notwendigen hohen Enthärtungstemperatur, die aus beim Kalk-Soda-Verfahren erwähnten Gründen zu Wärmeverlusten führt, für die generelle Enthärtung des Gebrauchswassers nicht in Betracht. Es sind übrigens Spezialverfahren ausgearbeitet worden, welche die Wirtschaftlichkeit des Verfahrens verbessern sollen. Dies geschieht durch eine Vorreinigung des Wassers, so daß nur mehr eine Resthärte der Phosphatreinigung zufällt. In diesem Zusammenhange soll erwähnt werden, daß auch Phosphate im Färbebade die Nuance von chromkomplexen Farbstoffen, wie Neolanen usw., verändern können.

Das *Phosphatimpfverfahren*, welches zuerst in Amerika unter der Bezeichnung „Threshold Treatment", d. h. Schwellenbehandlung, bekannt wurde, basiert auf der Tatsache, daß nur wenige Gramm polymerer Phosphate pro Kubikmeter Wasser erforderlich sind, um eine Abscheidung des Kalziumkarbonats zu verhindern. Das Verfahren ist allerdings an eine Temperatur von nicht über 100^0 C und an eine Maximalhärte von 33^0 D. H. geknüpft. Eine Verwendungsmöglichkeit für Kesselspeisewasseraufbereitung besteht daher nicht.

Während die vorher beschriebenen Enthärtungsverfahren in ihrer Gesamtheit darauf basieren, daß die Ca- und Mg-Salze mittels geeigneter Chemikalien gefällt und durch eine anschließende Filtration vom Nutzwasser getrennt werden, beruhen die sogenannten Austauschverfahren auf einem wesentlich anderen Prinzip. Es sind Verfahren, welche auch im Naturhaushalt beim „Stoffwechsel" der Ackerböden eine große Rolle spielen. Die verwendeten Austauschkörper sind Produkte von verschiedener chemischer Zusammensetzung, welche aber die Eigenschaft gemeinsam haben, Kationen, bei einigen neueren Körpern auch Anionen, je nach dem bestehenden Gleichgewicht, beliebig oft auszutauschen. Unter natürlich vorkommenden Austauschkörpern sind die Zeolithe und Humuskörper zu nennen. Als Beispiel eines natürlich vorkommenden Zeoliths sei der Natrolith von der Formel $Na_2Al_3Si_3O_{10} \cdot 2\,H_2O$ angeführt, welcher die Fähigkeit besitzt, seine Na-Ionen gegen andere auszutauschen und sich bei Einwirkung geeigneter Na-Salzlösungen wieder in den ursprünglichen Körper zurückzuverwandeln. Solche Substanzen, die in den natürlichen Grünsanden vorkommen, werden durch besondere Behandlungen noch in ihrer Leistungsfähigkeit verbessert und auch Säuren gegenüber widerstandsfähiger gemacht. Neben diesen natürlichen Austauschkörpern wurden auch künstliche, auf ähnlicher Zusammensetzung beruhende, erzeugt. So von Gans durch Zusammenschmelzen von Feldspat, Kaolin, Ton und Soda. Alle diese Körper kommen als Permutite oder Neopermutite in den Handel. Sie haben den Nachteil, daß sie mehr oder minder säureempfindlich und daher nur für den Basenaustausch geeignet sind. Das Kation kann jedoch nicht in diesem Falle etwa durch Säureeinwirkung durch das Wasserstoffion ersetzt werden. Ein Ersatz ist möglich bei Körpern, welche auf Kohlebasis beruhen und durch die Einwirkung von Mineralsäuren auf Torf, Braunkohle usw. entstehen. Diese Produkte sind säurefest und besitzen die Fähigkeit, ihre Kationen nicht nur im Basenaustausch durch andere Metalle, sondern auch im Säureaustausch durch H-Ionen zu ersetzen und diese H-Ionen wiederum durch andere Metalle zu ersetzen. Solche Produkte sind unter dem Namen Zeocarbe im Handel. Von besonderer Bedeutung auf diesem Gebiet sind jedoch Austauschkörper geworden, die vollsynthetisch entwickelt wurden und auf der Basis von Kunstharzen beruhen. Derartige Austauscher sind Kondensationsprodukte von Phenolen, aromatischen und aliphatischen Sulfonkarbonsäuren mit Formaldehyd und bekannt unter dem Namen Wofatite (IG), Amberlite (Christ, Schweiz) und Jonacaustauscher (American Cyanamid Corp., New York). Die Entwicklung dieser Austauschkörper ist heute weit vorgeschritten. So ist es möglich, nicht nur einen Austausch der Kationen, sondern auch einen solchen der Anionen vorzunehmen, ja durch entsprechende Kombination der Austauscher ist es sogar möglich, vollkommen salzfreies, also der Qualität nach destilliertes Wasser zu erhalten. Um die Wirkungsweise dieser Austauschkörper zu illustrieren, seien einige schematische Reaktionen wiedergegeben:

$$Na_2Wo + Ca(HCO_3)_2 = CaWo + 2\,NaHCO_3$$
$$H_2Wo + Ca(HCO_3)_2 = CaWo + 2\,CO_2 + 2\,H_2O$$
$$Na_2Wo + CaCl_2 = CaWo + 2\,NaCl$$
$$H_2Wo + CaSO_4 = CaWo + H_2SO_4$$
$$(OH)_2Wo + H_2SO_4 = (SO_4)Wo + 2\,H_2O$$
$$Wo = Wofatit$$

Die Austauscher arbeiten in der Kälte, doch sind auch Spezialmarken entwickelt worden, welche bei Temperaturen bis nahe 100° C wirksam sind. Die Enthärtungsfähigkeit ist außerordentlich groß. Man erreicht Restwerte bis 0,08° D. H.

Die Regeneration bei den Basenaustauschern erfolgt mit Kochsalzlösung, wobei allerdings ein Mehrfaches der theoretisch notwendigen Kochsalzmengen zur Anwendung gebracht werden muß. Die Austauschfähigkeit ist, je nach Marke, ziemlich schwankend; das Bindungsvermögen von 100 g Austauscher beträgt zirka 1 bis 3 g CaO.

Die Vorteile der Basenaustauscher sind zusammengefaßt folgende: Fortfall der Fällkörper und der damit verbundenen Filtereinrichtungen sowie der notwendigen Apparaturen und Erreichung eines Enthärtungseffektes bis praktisch auf 0° D. H. Eine vollständige Reaktion, auch bei normaler Temperatur, ohne besondere Beeinträchtigung der Enthärtungsgeschwindigkeit. Gleichmäßige Enthärtung auch bei stark schwankenden Härten; dadurch Fortfall einer laufenden Kontrolle, wie diese bei den Fällungsmethoden notwendig ist. Einen weiteren Vorteil bedeutet die Einfachheit der angewandten Apparate. Nachteile der Verfahren sind die hohen Regenerierungskosten. Dieser Nachteil fällt jedoch so sehr ins Gewicht, daß an eine allgemeine Enthärtung des Betriebswassers auf diesem Wege nicht zu denken ist. Abgesehen davon, daß eine vollkommene Enthärtung, wie bereits vorher ausgeführt, für die allgemeinen Zwecke der Veredlung nicht notwendig ist, läßt der hohe Preis dieses Verfahrens seine Anwendung nur für Spezialzwecke und auch hier nur bei Vorliegen sehr harten Wassers, zweckmäßig nur in Verbindung mit einer billigeren Vorenthärtung, zu.

In erster Linie ist das Verfahren zur Aufbereitung von Kesselspeisewasser für empfindliche Kesseltypen geeignet. Hier ist es allerdings konkurrenzlos. Dies gilt in besonderem Maße für die Austauscher auf Kunstharzbasis, also Stoffe, die vollständig kieselsäurefrei sind, was bei den Permutiten nicht der Fall ist. Kieselsäure ist ja bekanntlich ein besonders gefährlicher Bestandteil im Kessel- und Turbinenbetrieb. Einzelne Permutite geben nun solche Mengen an Kieselsäure ab, daß eine besondere Entkieselung des Wassers vorgesehen werden mußte. Es wurden im übrigen eine Reihe von Kombinationsmethoden ausgearbeitet, von denen wir nur das Permutit-Wirbos-Verfahren nennen wollen, um die Wirtschaftlichkeit der Austauschverfahren zu erhöhen.

Obwohl das Wasser in der Textilveredlung, wie gezeigt wurde, eine ausschlaggebende Rolle spielt und dessen Beschaffenheit für eine ganze Reihe von offenen und versteckten Fehlern verantwortlich ist, ja überhaupt erst einen störungslosen Betrieb sichert, ist es eine Tatsache, daß eine große Anzahl kleiner, mittlerer, aber auch größerer Betriebe zwar vielleicht über die eine oder andere

Art einer Reinigung für das Kesselspeisewasser, jedoch über keine allgemeine Wasserreinigung verfügt. Die Ursache dieser merkwürdigen Erscheinung mag in den immerhin hohen Anschaffungskosten einer solchen Anlage einerseits begründet sein, weiters aber auch durch den Umstand, daß die chemische Industrie Produkte entwickelt hat, welche es gestatten, den Schäden, die durch hartes Wasser verursacht werden können, auszuweichen oder unumgänglich wichtige Hilfsmittel in ihrer chemischen Konstitution so zu variieren, daß sie ihre Funktion ungestört von den Härtebildnern ausüben können und überdies weitere Härteschäden zu verhindern in der Lage sind. Es sei jedoch an dieser Stelle bemerkt, daß in allen Fällen, bei denen härteres Wasser, also solches von mehr als 10^0 D. H., Verwendung findet, die Errichtung einer Enthärtungsanlage trotz aller Verwendung von Textilhilfsmitteln gegen Härteschäden von Vorteil ist. Kalkulatorisch errechnet sich der Vorteil aus der Einsparung von Textilhilfsmitteln, aus der Möglichkeit der Verwendung von Seife an Stelle teurer anderer Produkte, wozu noch der Vorteil einer erzielten besseren Warenqualität und der Vermeidung vieler Fehler kommt, deren Ursache häufig nicht einmal erkannt wird.

Die erwähnten Textilhilfsmittel haben nicht so sehr die Aufgabe, die Härtebildner zu beseitigen, als vielmehr deren Wirkungen auszuschalten. Bei den meisten Operationen im Zuge eines Veredlungsprozesses, also Entschlichten, Abkochen, Bleichen, Färben, Waschen, Appretieren usw., hat sich die Mitverwendung gewisser Hilfsstoffe als notwendig erwiesen. Das älteste Hilfsmittel dieser Art, dessen Eigenschaften bis in unsere Zeit nicht überboten werden konnte, ist die Seife. Durch Jahrhunderte hindurch rein empirisch verwendet, hat erst die neuere Zeit Licht in die chemischen und physikalischen Voraussetzungen gebracht, die ihren Gebrauchswert bestimmen. Es sind dies eine Reihe von Eigenschaften, wie Netzwirkung, Oberflächenaktivität, Dispersionsfähigkeit, Schmutztragevermögen bei Waschprozessen usw. Nun ist es aber gerade die Seife, welche die Frage der Wasserenthärtung in der Textilindustrie in ganz besonderem Maße zur Debatte stellt und den Ansporn zur Entwicklung der Hilfsmittelindustrie gegeben hat. Die Seife ist bekanntlich das Na- oder K-Salz einer höheren gesättigten oder ungesättigten Fettsäure, also ein Körper etwa von der Formel $NaOOC \cdot C_{17}H_{33}$. Gewöhnlich ist sie ein Gemisch der Na- bzw. K-Salze verschiedener Fettsäuren, entsprechend ihrer Herstellung durch Verseifung natürlicher Fette, die ihrerseits wieder Mischungen von Glyzeriden verschiedener Fettsäuren sind. Während die Na-Seifen fest sind, bilden die K-Seifen die Gruppe der Schmierseifen. Als besonders in der Textilindustrie geschätzte Seifenart sei die Marseillerseife erwähnt, welche aus der NaOH-Verseifung gewisser Olivenölfraktionen hervorgeht. Daneben gibt es noch die sogenannten Kolophonium- und Tallölseifen, welche durch die Verseifung harzartiger Produkte entstehen, aber in der Veredlungsindustrie keine besondere Bedeutung erlangt haben. Leider haben nun alle diese Seifen neben ihren Vorzügen den großen Nachteil einer besonderen Erdalkali- bzw. Schwermetallempfindlichkeit. Die Ca-, Mg- oder Schwermetallsalze der Fettsäuren sind nämlich, wie bereits dargelegt, wasserunlösliche, schmierige und klebende Substanzen, die eine besondere Neigung besitzen, sich am Textilgut festzusetzen. Die Schäden, die durch solche Kalkseifen entstehen, wobei man unter Kalkseifen die Gesamtmenge an unlöslichen Metallseifen versteht, sind zweierlei Art. Erstens die allgemeinen Störungen, wie sie durch die Härteniederschläge ganz allgemein entstehen können und beschrieben wurden, nur daß dieselben über den Umweg der Kalkseifenbildung ein Vielfaches der Schädigungsfähigkeit besitzen. Wenn im Wasser unter ungünstigen Verhältnissen ohne Zusatz von Seife Erdalkalikarbonate und Hydroxyde ausfallen, die sich durch Spülen oder zumindest durch nachträgliches Säuern noch verhältnismäßig leicht von dem behandelten Textilgut entfernen lassen, so erfolgt unter denselben Bedingungen bei Zusatz von Seife die Abscheidung eines Gemisches von Erdalkaliseifen und Karbonaten sowie Hydroxyden, wobei jedoch die Erdalkaliseifen weitaus überwiegen. Die Entfernung dieser Metallseifen geht nun wesentlich schwieriger vor sich. Solange noch genügend Seife in der Flotte vorhanden ist, bleibt die Kalkseife zufolge der großen Dispergierfähigkeit der Seife in Dispersion. Wenn die Ware jedoch einem Spülprozeß mit hartem Wasser ausgesetzt wird, tritt mit der Verarmung an Seife gleichzeitig eine Verstärkung der Kalkseifenbildung ein, bis die Dispergierfähigkeit der noch vorhandenen Seife nicht mehr ausreicht, die gebildete Kalkseife in Dispersion zu halten und dieselbe sich nun größtenteils auf die Ware niederschlägt bzw. bei der Behandlung in Apparaten von der Ware abfiltriert wird. Wie bereits erwähnt, ist diese Kalkseife durch bloßes Spülen kaum mehr entfernbar und auch beim Säuern können durch Fettsäurebildung noch Fehler auftreten.

Der zweite große Nachteil der Seifen bei Waschprozessen unter Verwendung von hartem Wasser liegt auf der preislichen Seite. Die im harten Wasser gebildeten unlöslichen Erdalkaliseifen haben keine Waschwirkung und sind also für den Waschprozeß verloren. 1 m^3 H_2O von 10^0 D. H. macht bereits 1600 g Seife von 65% Fettgehalt, ein solches von 20^0 D. H. bereits über 3300 g Seife wirkungslos. Dieser Seifenverlust fällt kalkulatorisch natürlich außerordentlich ins Gewicht.

Trotz dieser großen Nachteile hatte die Seife bis in die dreißiger Jahre unseres Jahrhunderts so gut wie keine Konkurrenz und erst ab diesem Zeitpunkte setzte eine geradezu staunenswerte Entwicklung auf dem Gebiete neuer Waschmittel ein. Die Bestrebungen gingen vor allem dahin, die als schädlich erkannte Karboxylgruppe des Seifenmoleküls auszuschalten und durch andere, minder empfindliche Gruppen zu ersetzen. Das erste Ergebnis dieser Bemühungen waren die Fettalkoholsulfonate und die Fettsäurekondensationsprodukte, zwei Hilfsmittelgruppen, die auch heute noch eine beachtliche Rolle spielen. Als Vertreter des ersten Typs sei das Gardinol, für den zweiten Igepon A und T genannt. In der Folgezeit wurde eine beinahe unübersehbare Anzahl von Hilfsmitteln entwickelt, die in verschiedenem Maße für eine oder mehrere der verlangten Eigenschaften verwendbar sind. Nach chemisch-physikalischen Gesichtspunkten lassen sie sich in drei große Gruppen einordnen: 1. Anionaktive Hilfsmittel, 2. kationaktive Hilfsmittel, 3. nicht ionogene Hilfsmittel.

1. Hieher gehört die Mehrzahl der verwendeten Hilfsmittel, und zwar für Netz-, Wasch-, Dispergier-, Egalisier- und andere Zwecke. Die Produkte sind mehr oder minder bis sehr gut (wie die Igepone) kalkseifenfest, bis zu einem gewissen Grade säure- und alkalifest und zeigen meist eine gewisse Substantivität zur Faser. Bekannte Vertreter dieser Gruppe sind Gardinol, Igepon, Melioran, Sandopan, Teepol, Nettol usw.

2. In dieser Gruppe finden sich weniger Waschmittel als Weichmacher, Mattierungsmittel und Körper, welche zur Verbesserung der Wasserechtheit direkter Färbungen dienen. Sie besitzen meist sehr starke Substantivität und geben mit anionaktiven Hilfsmitteln Niederschläge. Gegen Härtebildner des Wassers und Säuren sind sie sehr beständig. Vertreter sind: Sapamin, Solidogen, Zephyrol, Sandofix, Tinofix, Fibrofix, Lewogen usw.

3. Zu dieser Gruppe zählen die Äthylenoxyd- und Äthyleniminanlagerungsprodukte. Die Vertreter dieser Körperklasse zeigen hervorragende Härte-, Säure- und Alkalibeständigkeit sowie vorzügliche Wasch-, Netz-, Emulgier- und Egalisiereigenschaften. Einige Produkte dieser Reihe verfügen über ein außerordentlich starkes Retardiervermögen gegenüber zahlreichen Farbstoffen. Im Gegensatz zu den beiden anderen Gruppen ist diese Art von Hilfsmitteln

nicht substantiv. Bekannte Vertreter sind Peregal OK, Albatex PO, Igepale, Liovatin E, Dispersol VL, Albigen A, Resocol V usw.

Es würde den Rahmen dieses Buches bei weitem übersteigen, auch nur annähernd auf die Eigenschaften der zahlreichen Vertreter jeder einzelnen Gruppe einzugehen. Richtungweisend für die Herstellung der meisten von ihnen war das Bestreben, härtebeständige Produkte zu schaffen. Obwohl wir nun bei diesen Hilfsmitteln besondere Eigenschaften finden, welche Seife oft nicht besitzt, so werden sie auch heute noch vielfach nur verwendet, um den Gefahren einer Kalkseifenbildung auszuweichen.

Eine weitere Möglichkeit zur Unschädlichmachung der Härtebildner ohne direkte Wasserenthärtung beruht auf der Komplexbindung derselben. Gewisse polymere Phosphate mit den Handelsbezeichnungen Calgon, Calkex, Polyron, Polyfos usw. sowie einige synthetische organische Körper, wie Trilon A und B, besitzen die Fähigkeit, Erdalkalien, aber auch Schwermetalle komplex zu binden, ohne ihre lösliche oder zumindest dispergierbare Form zu verlieren. Wird also hartes Wasser mit der genügenden Menge eines solchen Komplexbildners versetzt, so tritt bei Zusatz von Seife keine Abscheidung ein. Ganz im Gegenteil sind solche Körper befähigt, bereits gebildete Metallseife wieder zu lösen und wirksame Natronseife rückzubilden. Dies gilt nicht nur für Metallseifen, sondern auch für Metallniederschläge von Farbstoffen. Die Wirksamkeit solcher Körper ist ausgezeichnet, leider sind sie jedoch für den Allgemeingebrauch zu teuer, so daß sie wohl nur für spezielle Zwecke verwendet werden können. Trilon B kommt jetzt als Corrigon BC in den Handel.

Damit sind die derzeitigen Möglichkeiten zur Beseitigung oder Umgehung der Härtebildner oder deren Wirkungen erschöpft, wenn man von einigen noch nicht erprobten Verfahren, die mit Magnetismus, Glimmlicht, Ultraschall usw. arbeiten, absehen will.

Die Veredlungsindustrie gehört zu den Industriezweigen, deren Abwässer einer gewissen Aufmerksamkeit bedürfen. Sie können durch die verschiedensten chemischen Körper verunreinigt sein, von denen einige, wie Chlor, Schwefelwasserstoff, Sulfite, verschiedene Metallsalze usw., giftig wirken. Daneben können aber auch durch Farbstoffe sowie Hilfsmittel, Öle, starke Färbungen und Trübungen des Abwassers vorhanden sein. Eine Rückgewinnung von Chemikalien lohnt sich nur in den seltensten Fällen, da die Kosten einer Reinigung und Trennung derselben von den übrigen Begleitstoffen in den meisten Fällen deren Wert übersteigen würden. Ist der Betrieb an eine Kanalisation angeschlossen, welche in eine Sammelkläranlage mündet, so erwachsen ihm keine weiteren Schwierigkeiten.

Anders liegt jedoch der Fall, wenn die Abwässer selbst gereinigt werden müssen. Es gibt heute eine Reihe von Verfahren, die sich gut bewährt haben. Welches davon in Frage kommt, hängt in erster Linie wohl von der Größe des Betriebes und der Art seiner Fertigung ab. In den meisten Fällen wird man sich wohl mit der Anlage von entsprechend dimensionierten Klärgruben begnügen können. Betriebe mit Wollspinnerei werden das Wollfett aus den Abwässern der Wäscherei und Walkerei rückgewinnen.

Eine biologische Reinigung der textilen Abwässer kommt durch die stark baktericide und fungicide Wirkung der Textilabwässer nicht in Frage. Da es sich bei den textilen Abwässern meist um solche mit Verunreinigungen kolloidaler Natur handelt, wobei durch härtebeständige Hilfsmittel noch zusätzliche Dispergatoren kommen können, ist es notwendig, eine Fällung solcher Kolloide zu bewirken. Dies geschieht am besten durch Zugabe von Fäll- und Flockungssubstanzen, wie Salze des dreiwertigen Eisens (Niers-Prozeß bzw. Pista-Verfahren), des Aluminiums, des Kalziums usw. Gewisse Hilfsmittel, wie beispielsweise solche nichtionogener Art, widerstehen allen Einwirkungen und sind praktisch aus den Abwässern nicht entfernbar. Nach KEHREN reinigt man Abwässer, die Farbstoffe enthalten, mit Gaseisenschrot oder Eisensulfat-Eisenchlorid, wenn ihr pH eben nur eine Eisenauflösung zuläßt. Ein Zusatz von Elektrolyten, wie Glaubersalz, wirkt günstig, ein Gehalt der Wässer an kapillaraktiven Textilhilfsmitteln hemmt. Nach dem Niers-Verfahren kostet bei einem Einstandspreis von zirka 3500 bis 4000 DM die Abwässerreinigung für eine mittlere Färberei pro Kubikmeter 2,7 bis 3,3 Pfennig.

Im allgemeinen erfordert jedoch eine richtige Abwasserreinigung ein gründliches Studium der jeweiligen Verhältnisse. Erst in Kenntnis aller Gesichtspunkte läßt sich eine zweckmäßige und wirtschaftliche Planung erstellen[5a].

IV. Die Färbeapparate und Trockeneinrichtungen

Das Bestreben nach mechanischer Färbung, also einer Färbeweise unter Benützung von maschinellen Vorrichtungen, nimmt immer mehr an Umfang zu. Auf gewissen Gebieten der Färberei ist diese Art der Färbung ja überhaupt die einzige Möglichkeit der Warenbehandlung. Dies gilt z. B. für die Färbung von Copsen, Kreuzspulen oder Kettbäumen, wie sie in Betrieben mit vertikalem Aufbau, also mit eigener Weberei, eventuell sogar Spinnerei, geübt wird.

Im gleichen Maße ist zu sagen, daß die Tendenz, in den Gesamtkosten die Lohnquote möglichst gering zu halten, auch begleitet ist von der Entwicklung sogenannter kontinuierlicher Färbeverfahren, die gleichzeitig die Produktion erhöhen. Allerdings ist hierzu die Herstellung von verhältnismäßig großen Mengen einer Warenqualität desselben Farbtones Vorbedingung. Es ist daher nicht verwunderlich, daß gerade in den USA derartige Methoden besonders intensiv studiert und maschinell durchgebildet werden. In Europa haben diese Arbeitsweisen weniger wirtschaftliche Bedeutung, da die großen Warenmengen, welche allein die Einrichtungen und Verfahren lukrativ gestalten, fehlen. In europäischen Betrieben ist, insbesondere in den Lohnfärbereien, die Partiengröße pro Farbe meist zu klein, als daß ein Kontinuefärbeprozeß interessant wäre bzw. eine Anlage, wie etwa die für die Pad-Steam-Methode notwendige, immer wirtschaftlich ausgenützt werden könnte. Während also in den USA im allgemeinen die Färbereibetriebe auf wenige Artikel und Färbungen bei größter Produktion spezialisiert sind, ist der europäische Betrieb, selbst wenn eigene Spinnereien und Webereien vorhanden sind, meist gezwungen, eine große Anzahl der verschiedenartigsten Qualitäten in den mannigfaltigsten Tönen und verschiedenen Echtheiten einzufärben und auszurüsten. Dies erfordert neben einem sehr differenzierten Maschinenpark ungleich größere Erfahrungen, Farbstoffkenntnis usw. Die Entwicklung der Färbemethoden geht also hinsichtlich Europas und der USA derzeit noch ganz verschiedene Wege.

Färbeapparate werden in großer Anzahl und von den verschiedensten, zum Teil seit Jahrzehnten an grundsätzlichen Typen festhaltenden Unternehmen, wie etwa Esser, Gerber, Krantz, Obermaier, Thies, Timmer, Zittauer Maschinenfabrik usw., um z. B. einige deutsche Firmen zu nennen[6], gebaut. Es soll nicht

---

[5a] Vgl. KUISEL und OTT: Abwässerprobleme der Textilindustrie, Textil-Rundschau 7, 217 (1952).

[6] Einige mit dem Bau von Färbeapparaten befaßte Firmen anderer Länder sind auf S. 60 angegeben.

Zweck dieser Ausführungen sein, die einzelnen Konstruktionen kritisch zu beleuchten oder beschreibend abzuhandeln. Abbildungen darüber sind teils aus den entsprechenden, die Färberei behandelnden Büchern, teils aus Zeitschriften oder Firmenprospekten bekannt; zu einem Teil werden auch Skizzen besonderer Konstruktionen im zweiten Abschnitt dieses Buches an Hand der Beschreibung der Färbeweisen der einzelnen Textilmaterialien gebracht. Die Besprechung einer Reihe von Färbeapparaturen erfolgt im Rahmen des Färbereiabschnittes deshalb, da dies sowohl zum besseren Verständnis des Färbevorganges wie der einzuhaltenden Vorsichtsmaßregeln notwendig ist und andernfalls unnütze Wiederholungen entstanden wären.

Im vorliegenden Kapitel sind lediglich bestimmte typische alteingeführte Färbeapparate und das Arbeiten mit ihnen behandelt. Auf neuere Konstruktionen kann nur kurz eingegangen werden.

Es ist auch nicht beabsichtigt, etwa eine Geschichte des Färbereiapparatebaues zu geben bzw. dessen Entwicklung zu beleuchten. Selbstverständlich werden im Laufe der Besprechungen zahlreiche ältere Modelle behandelt werden, die heute als überholt gelten. Trotzdem aber ist festzustellen, daß grundsätzliche Behandlungsregeln und Vorsichtsmaßnahmen auch für die neueren Modelle getroffen werden müssen. Es ist z. B. stets wichtig, bei einem Packapparat der gleichmäßigen Packung Aufmerksamkeit zu schenken, bei Kreuzspulen zum Durchfärben der Kanten derselben gewisse Vorsorge zu treffen, bei Kettfärbeapparaten auf eine entsprechende Herstellung der Kettbäume zu achten usw. Alle diese Maßnahmen sind auch bei neuen Färbeapparaten für einen guten Ausfall wichtig, weshalb ihre prinzipielle Besprechung, wenn auch an Hand älterer Modelle, durchaus nicht unaktuell ist. Ganz abgesehen davon, daß Färbeapparate älterer Bauart noch recht zahlreich anzutreffen sind.

Über die bauliche Aufstellung der Apparate ist zu sagen, daß sich ein für Reparaturen oder sonstige Prüfungen notwendiger Mindestabstand von 60 bis 100 cm zwischen den Apparaten als notwendig erwiesen hat. Die Anordnung der Apparate in Reihen ergibt sich schon wegen der dann einfachen Beschickungsmöglichkeit mittels Laufkatze und Antriebsmöglichkeit durch Vorgelege, von welchen aus mehrere Apparate, z. B. Stückfärbekufen angetrieben werden können. Besser allerdings, um Ausfälle auf ein Minimum herabzusetzen und auch den Kraftbedarf so gering wie möglich zu halten, ist der Einzelantrieb für den Färbeapparat. Die Kosten der Anschaffung der dazu notwendigen Motoren sind allerdings höher als die Antriebsinstallation von Vorgelegen, doch machen sie sich bezahlt[7].

Für die Garnfärbekufe als einfachste Färbeeinrichtung, also den rechteckigen, mit oder ohne Siebwand gebauten Bottich mit Auslaßventil im Boden, ist gleichwie für die Färbekufen für Stückware eine etwas versenkte Lage (Tieferliegen des Kufenbodens gegenüber dem Färbereiflur) zu empfehlen. Die Flottenablässe befinden sich dabei zweckmäßig über einem parallel zu einer Längsseite der Färberei mit Gefälle verlaufenden Abflußkanal, der genügend groß dimensioniert sein muß, um ein Überlaufen, auch bei gleichzeitigem Öffnen mehrerer Auslaufventile, zu verhindern. Eine derartige Anordnung gewährt die größte Sicherheit gegen Verbrühungen des Färbereipersonals an den Füßen durch

Abb. 12. Garnfärbekufe.

[7] Über Motoren und ihre Installation in Textilbetrieben vgl. u. a. Brown-Boveri-Revue **1949**, **36**.

ausfließende heiße Farbbäder. Die früher oft anzutreffenden einfachen Holzstopfen an Garnfärbekufen (Abb. 12), die in Flurhöhe lagen und bei schlechtem Verschluß die heiße Flotte auf die Füße Vorübergehender ergossen, sollten restlos der Vergangenheit angehören.

Auch die mit Propellerflottenumtrieb zur Färbung von losem Material versehenen Apparatkonstruktionen mit runder oder eckiger Ausführung stehen am besten versenkt, schon um ein besseres Hantieren (Packen usw.) zu gewährleisten (vgl. Abb. 7, 8, 9, 10, 13).

Abb. 13. Batterie von Thies- und Obermaier-Apparaten mit Bedienungspodest (vgl. Abb. 42).

Die Packapparate für loses Material, Kreuzspulen und Kettbäume bzw. für Kreuzspulen nach dem Aufstecksystem oder die Färbeapparaturen für Garne nach dem Hängesystem oder für Strümpfe hingegen sind, meist sogar auf einigen Ziegeln postiert, am besten an den Färbereilängsseiten über reichlich dimensionierten Flottenablaufkanälen angeordnet. Eine Laufkatze mit Flaschenzug zur Bedienung und eine genügende Anzahl an der Färbereiwand auf Winkeleisen angeordnete Hochreservoire zur Aufnahme stehender Flotten für dunkle Töne sind stets vorhanden. Derartige Apparaturen sind, wenn zahlreich, daher im allgemeinen nicht in niedrigen Shedbauten unterzubringen, welche wohl Garn- oder Stückbottiche oder Passiermaschinen bzw. einzelne Kontinueapparaturen leicht zu fassen vermögen. Zur Bedienung ist ein längs der Reihenanordnung gebautes Podest mit Treppe notwendig (vgl. Abb. 13 und S. 64).

Schwierig zu lösen ist manchmal die Frage des Antriebes. In Färbereien mit feuchter, bei schlecht funktionierendem oder nicht vorhandenem Dampfschwadenabzug, noch Wasserdampf in Tröpfchenform enthaltender Atmosphäre, tritt insbesondere beim Riemenantrieb von Vorgelegen leicht Rutschen ein.

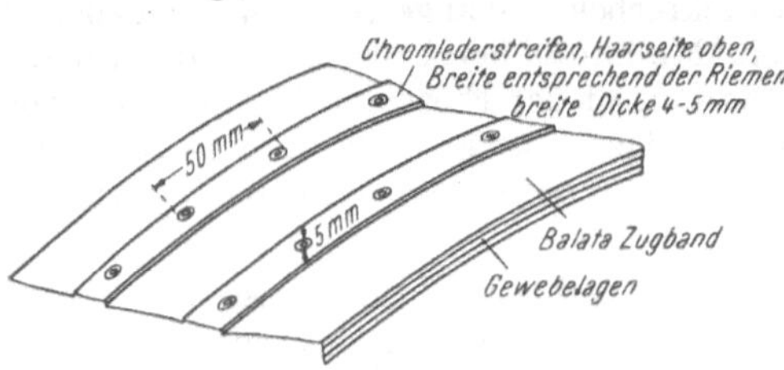

Abb. 14. Balata-Profilriemen.

Abgesehen davon, daß rutschende Riemen Antriebskraftverlust bedeuten, ist die Gefahr groß, daß derart Stückfärbehaspeln zum Stillstand kommen oder Färbebäder nicht mit voller Kraft durch das Färbebad zirkulieren. Dies kann aber in kritischen Augenblicken, auch wenn der Zustand nur kurze Zeit dauert, den nicht mehr behebbaren Schaden einer unegalen Färbung bedeuten.

Als geeignet werden, insbesondere für Färbereien, gewebte Riemen bzw. die allerdings teuren Kamelhaarriemen oder Balata-Profilriemen (Abb. 14) mit aufgenieteten Chromlederstreifen empfohlen. Lederriemen sind wenig geeignet. Im übrigen laufen derartige Chromlederriemen in den USA nicht auf der Fleischseite des Leders wie bei uns, sondern auf der viel haftfesteren Haarseite.

Das Schmieren soll nicht so erfolgen, daß man den Riemen selbst schmiert.

Man trägt das Öl bzw. Wachs auf die Auflageseite der Riemenscheibe auf. Der Riemen schmiert sich dann von selbst.

Stark rutschende Riemen (ölhaltig) können vorübergehend durch Aufstreuen von Kolophoniumpulver auf die Riemenscheiben zum Haften gebracht werden (Zwangslösung).

Wichtig für einen wirklich einwandfreien und wirtschaftlichen Betrieb der Färbeapparate ist die Dimensionierung der einzelnen Wasserzuläufe von der Leitung aus. Meist sind dieselben viel zu schwach, so daß zum Herstellen des Bades oder beim Spülen viel zuviel Zeit vergeht. Gerade beim Spülen kann die Menge des in der Zeiteinheit verfügbaren Wassers aber ausschlaggebend sein für das Gelingen des Färbevorganges (Schwefel-, Küpenfärbung).

Bei der Wahl des Materials, aus welchem der Färbeapparat besteht, ist naturgemäß auf etwaige Korrosion durch die zur Anwendung kommenden Färbeflotten Rücksicht zu nehmen.

Hypochlorit- oder Chloritflottenbehälter wählt man aus Pitchpineholz, H_2O_2-Bäder sind am besten in Betonbehältern oder solchen aus Steingut anzuwenden. Die Heizschlangen bestehen in letzterem Falle aus Blei (vgl. S. 386).

Martina und Pfeifer haben eine von der Böhler-A.-G., Kapfenberg, gebaute, aus nichtrostendem Stahl bestehende Zwillingshaspelkufe entwickelt, welche eine Kontinuebleiche von Stückware im Strang, insbesondere mit Chlorit, ermöglicht. Die Ware läuft spiralartig (vgl. S. 433) auf Breithaspeln. (Praktische Chemie, H. 7, Beilage des ÖVTCC, 1952.)

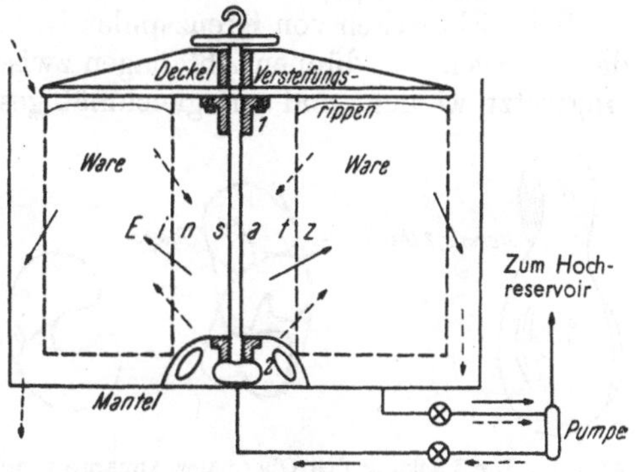

Nickelinkettbäume haben sich beim Bleichen mit Hypochlorit und H_2O_2 bewährt, V4A-Stahlapparaturen für alle Zwecke außer der Chlordioxydbleiche. Eisengefäße usw. sind beim Färben mit sauren Flotten oder bei der Chromfärbung zu meiden, Cu-Apparaturen können für basische Färbungen Anwendung finden. In der Chromfärberei werden sie nur nach Bildung eines Schutzbelages verwendet. Kufen und Bottiche für Stück und Strang werden oft auch mit Porzellanplatten ausgelegt. Diese allerdings teure Installation vermeidet jedes langwierige Auskochen von Gefäßen beim Färben stark unterschiedlicher oder in der Färbeweise verschiedener Farbtöne.

---→ beim Spülen
——→ Zirkulation beim Färben
⊗ Ventile
1 Obere Gewindebüchse
2 Untere Gewindebüchse

Abb. 15. Obermaier-Pack-Färbe-Apparat älterer Konstruktion SA 100 für 100 kg Material (loses Material, Kreuzspulen, Garn), wenn keine hohen Egalitätsansprüche gestellt werden, heute durch den ähnlich konstruierten, geschlossenen (daher bessere Durchfärbung, weil höheren Flottendruck zeigenden) Universalapparat USAG ersetzt; offene Konstruktion heute USAO.

Von den bekanntesten Typen der sogenannten Allroundkonstruktionen sind die der Firmen Obermaier[8] (für loses Material aus Zellulose, Garn und Kreuzspulen im Packsystem) sowie Thies für die Kettbaumfärberei und Cops und Kreuzspulen nach dem Aufstecksystem (Igelform) sehr verbreitet. Auch die Krantzapparate für Kreuzspulen, Kettbaum oder Garn sind oft anzutreffen.

[8] Obermaier bringt derzeit als „Type KAMG“ einen aus rostfreiem Stahl gebauten Apparat für Kettbäume, Garne und Kreuzspulen mit schleuderbarem Packzylinder.

Färbeapparate liefert noch die Fa. Clermont-Bonte in Flers-le-Lille, geschlossene Haspelkufen Vincent in Izieux bzw. Jigger Libbrecht in Roubaix (alle Frankreich). Die Skizze eines Obermaier-Apparates zeigt Abb. 15.

Der Apparat ist beim Füllen mit loser Baumwolle bis über den Rand zu beschicken (Abb. 16).

Ebenso ist bei der Füllung mit Baumwollgarn darauf zu achten, daß dasselbe fest gepackt ist, also vor Aufschrauben des Deckels etwas übersteht. Der 100 kg fassende Obermaier-Apparat wird mit zirka 220 bis 240 lbs. Garn beschickt, welches in fünf Lagen zu zirka 44 bis 46 lbs., das sind also 22- bis 23mal 2 lbs., eingelegt wird. Das Garn wird dabei zu 2 lbs. leicht eingedreht (nicht etwa fest) und dann abgebogen gegeneinander versetzt (D). Man bildet also einen schwachen Garnkopf (K) (Abb. 17).

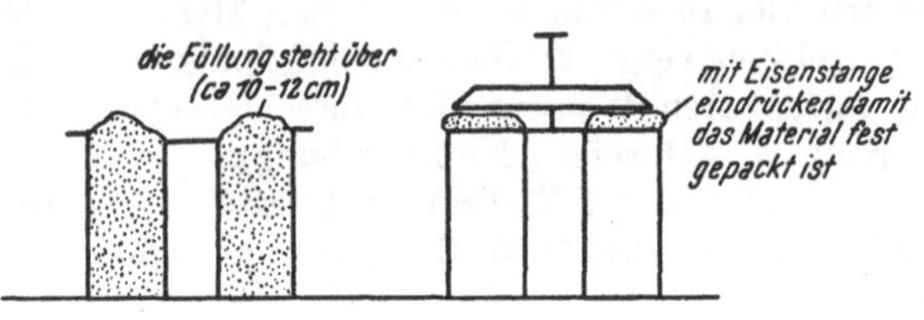

Abb. 16. Füllung mit losem Material (Obermaier SA 100) von Hand aus. (Moderne Einstampfvorrichtungen für die Füllung, die Obermaier entwickelte, ersparen die Handarbeit.)

Beim Einpacken von Kreuzspulen ist auf ein Abrunden der Kanten derselben, das Einlegen von dünnen Abfallagen zwischen den Hülsenschichten, die stehend eingesetzt werden, und auf gleichmäßiges Packen zu achten (vgl. S. 185).

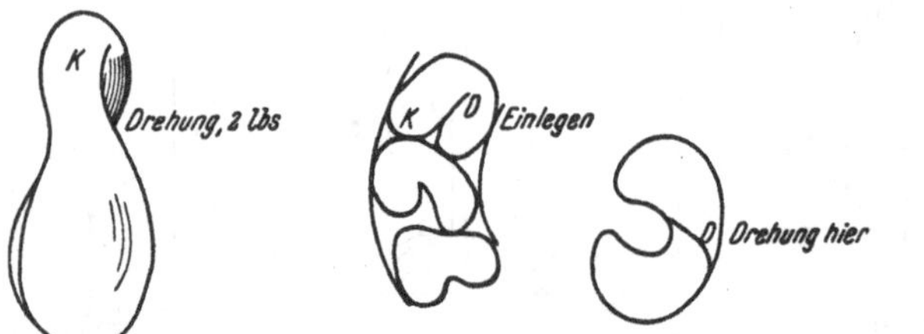

Abb. 17. Die Packung des Obermaier-Apparates mit Garn.

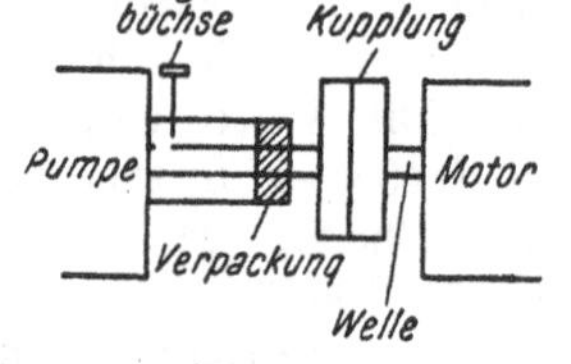

Abb. 18. Kupplung von Zirkulationspumpe und Motor (ältere Systeme).

Nach dem Neuaufstellen eines Obermaier-Apparates muß man insbesondere den in der Verpackung laufenden Wellenanteil der Pumpe tüchtig schmieren. Man zieht dazu am besten nach jeder Färbung die Staufferbüchse an. Sonst kann es leicht zum Heißlaufen kommen. Ein Pumpenstillstand ist bei dem Apparat wenig zu befürchten.

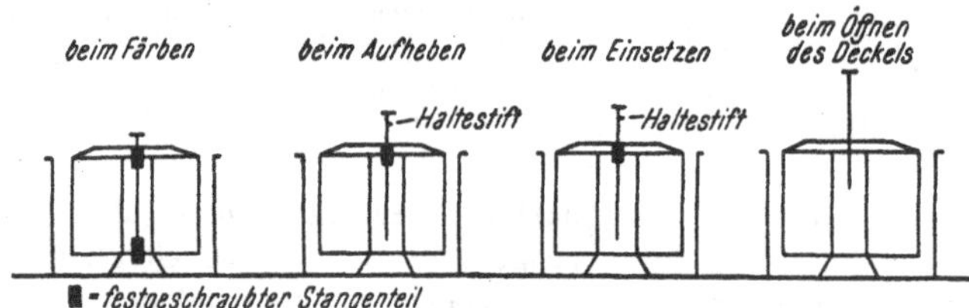

Abb. 19. Einsetzen und Lösen der Haltestangen beim Modell SA 100 (Obermaier).

Motorstillstand durch Durchschlagen der Sicherungen jedoch ist sehr häufig; er kann seine Ursache in einem Heißlaufen der Pumpenwelle haben (Befühlen derselben!) oder einem Heißlaufen der Motorwelle bzw. Festklemmen derselben. (Erst die Welle befühlen, dann bei der Kupplung mit der Hand drehen, ob sie sich bewegt, vgl. Abb. 18.) Schließlich kann auch noch ein Schaden an der Anlasserscheibe die Ursache sein.

Das Einsetzen und Lösen der Stangen beim Obermaier-Apparat ist wichtig (Abb. 19).

Es gibt lange und kurze Stangen. Die kurze Stange dient zum Festdrehen oder Festschrauben des Deckels. Man kann dann den Deckel mit dem Apparateinsatz damit heben und in den Flottenbehälter einsetzen; hernach ist die kurze Stange herauszunehmen (aufdrehen) und eine lange Stange einzusetzen, die im Boden des Flottenbehälters festgedreht wird. Dies ist mit der kurzen Stange nicht möglich! Beim Herausnehmen aus dem Boden des Behälters dreht man die lange Stange aus dem Bodengewinde (im Deckelgewinde ist sie noch fest verschraubt) und kann sie aus dem Bodengewinde ausziehen, der Splint wird eingesetzt und der Apparateinsatz an der Stange aus dem Behälter genommen; dann wird das Deckelgewinde nach Ausziehen des Splints geöffnet und der Deckel abgehoben.

Über die Ventilstellung beim Arbeiten gibt folgende Skizzenreihe Aufschluß (Abb. 20).

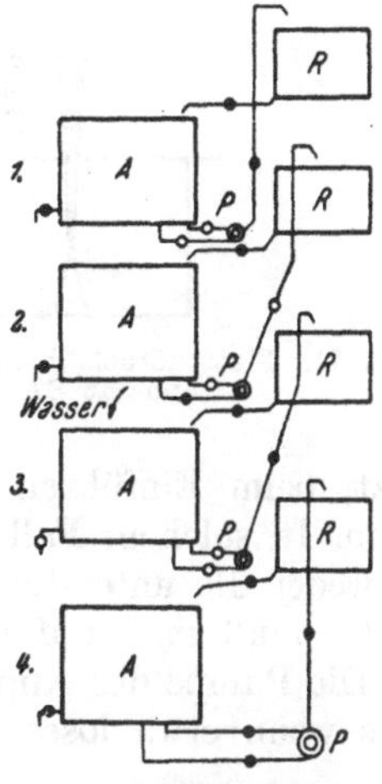

Abb. 20. Ventilstellung beim Arbeiten mit dem Obermaier-Packapparat SA 100.

1. Während des Färbens, 2. beim Aufpumpen ins Reservoir, 3. beim Waschen, wobei bei vollständiger Entleerung die Pumpe stillsteht, sonst aber der Abflußhahn nur halb geöffnet ist, 4. bei Apparatstillstand.

A Apparat, *P* Pumpe, *R* Hochreservoir, ○ Hähne in den Leitungen (● zu, ○ offen).

Beim Arbeiten am Apparat wird wie folgt vorgegangen:

In den leeren Flottenbehälter wird Wasser eingelassen. Die Pumpe steht still, alle Hähne sind geschlossen. Das Wasser wird zum Kochen gebracht und der gelöste Farbstoff zugesetzt. Hierauf wird zur besseren Verteilung der Zutaten kurz die Pumpe angesetzt und bei geöffneten Zirkulationshähnen laufen gelassen.

Dann wird die Pumpe stillgesetzt, alle Hähne zugedreht und der Materialbehälter eingebracht. Ist das Flottenvolumen so groß, daß durch das dabei vergrößerte Volumen ein Überlaufen der Flotte zu befürchten ist, so wird zuvor etwa ein Drittel derselben durch Stellung der Hähne auf Aufpumpen und Ansetzen der Pumpe in das Hochreservoir gepumpt. Hierauf wird alles abgestellt, die Stange (lang) des Materialbehälters in den Boden des Flottenbehälters geschraubt, die aufgepumpte Flotte durch einfaches Öffnen des Ablaufhahnes des Reservoirs zulaufen gelassen, dann derselbe geschlossen und die Zirkulationshähne geöffnet. Die Pumpe wird angesetzt und die Färbung begonnen. Bei eventuellem Mustern wird erst ein Teil der Flotte nach der bekannten Weise ins Reservoir hochgepumpt, dann durch Aufdrehen der Stange der Deckel gelöst und gemustert.

Der Nachsatz an Farbstoff wird bei laufender Pumpe gegeben. Die zuzusetzenden Farbstoffe sind dabei in möglichst großem Volumen gelöst. Man kann zur raschen Verteilung noch mit einem Färbestock zwischen Einsatz- und Flottenbehälterwand durchmischen. Auch kann der gelöste Farbstoff in mehreren Portionen zugegeben werden.

Nach beendetem Färben wird gespült. Entweder wird die Flotte restlos ins Reservoir hochgepumpt, wenn sie aufbewahrt werden soll, oder es wird bei abgestellter Pumpe und geschlossenen Hähnen der Ablaufhahn des Flottenbehälters geöffnet und derselbe leerlaufen gelassen.

Wird dann gespült, so wird aus der Leitung Wasser zufließen gelassen, wobei entweder der Ablaufhahn des Flottenbehälters offen ist und die Pumpe stillsteht oder es ist bei geöffneten Zirkulationshähnen und laufender Pumpe der Ablaufhahn des Flottenbehälters nur so weit offen, daß der Apparat immer normal gefüllt erscheint, also nur soviel Flüssigkeit zulaufen kann, als unten abläuft.

Hinsichtlich der laufend notwendigen Apparatekontrolle ist auf folgendes zu verweisen:

Die Gewindebüchse am Boden des Apparates ist zu überprüfen. Es kann vorkommen, daß, wenn ein Färbebehälter zu rasch eingesetzt wird oder schief

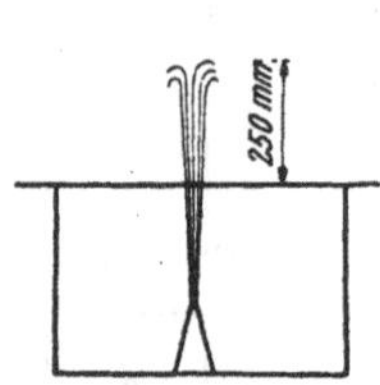

Abb. 21. Flottendruck beim Obermaier-Packapparat SA 100.

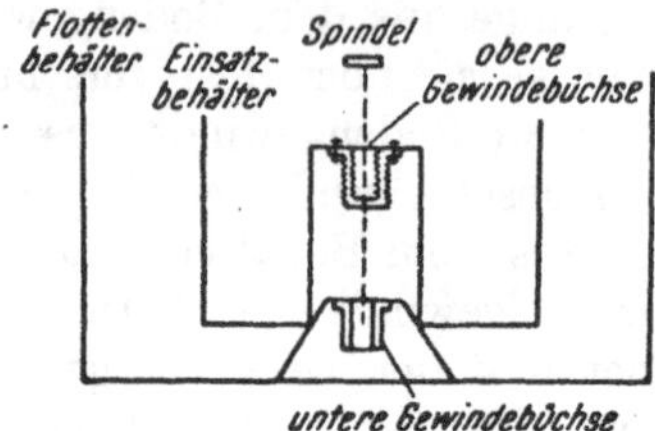

Abb. 22. Anordnung der Gewindebüchsen beim Obermaier SA 100 (ältere Konstruktion).

sitzt, beim Einführen der Befestigungsspindel diese nicht eingedreht werden kann. In solchem Fall ist der Drall der unteren Büchse beschädigt, und zwar entweder die untersten Gänge der Spindel oder die obersten der Büchse. Entweder muß man auf der Spindel nachdrehen oder in der Büchse nachfeilen.

Die Pumpe des Apparates muß von Zeit zu Zeit nachgesehen werden, besonders wenn etwa loses Material, das sehr verunreinigt ist, gefärbt wurde; alle

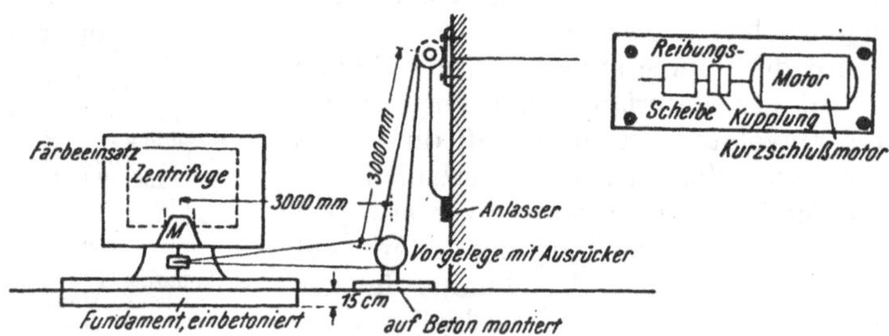

Abb. 23. Zentrifuge für Obermaier-Packapparate (älteres Modell). Vgl. Neukonstruktion PSS (Pendelzentrifuge).

drei Monate ist sie auseinanderzunehmen. Ihre gute Funktion ist ja die Vorbedingung für die Egalität der Färbung. Zur Beurteilung der guten Pumpenfunktion ist der Apparat leer laufen zu lassen und die Druckhöhe der Pumpe dabei kalt zu bestimmen. Sie soll 25 cm über dem Rand des Färbebehälters liegen (Abb. 21).

Ebenso ist die Perforation der Färbebehälter des Apparates zu kontrollieren, da es vorkommen kann, daß diese durch Flusen usw., insbesondere beim Färben von losem Material, verstopft wird und das Material dann nicht mehr durchfärbt.

Die obere Gewindebüchse (für den Deckelaufsatz und die Spindelführung) ist von Zeit zu Zeit zu kontrollieren, da sich das Gewinde abnützt und entweder nachgedreht oder eine neue Büchse eingesetzt werden muß (Abb. 22).

Zum Apparat passend empfiehlt sich die Anschaffung einer Zentrifuge mit zirka 600 Umdr./min. Sie besitzt einen Motor von 5 HP und kann bis auf zirka 80% entwässern (10 Minuten Laufzeit). Vorgelege und die Zentrifuge werden auf Beton montiert (Abb. 23).

Beim Einsetzen der Färbebehälter in die Zentrifuge muß die vorteilhaft vorhandene elektrische Laufkatze langsam gesenkt werden; auch ein schiefes Einsetzen des an der Laufkatze hängenden (oft noch schwingenden) Behälters ist zu vermeiden. Sonst bricht unweigerlich der gußeiserne Mittelteil *M* der Zentrifuge (Abb. 23), in welchen der Einsatz mittels des Langstabs (vgl. S. 52) eingeschraubt wird.

Neukonstruktionen eines Packapparates nach Krantz bestehen, wie auch die

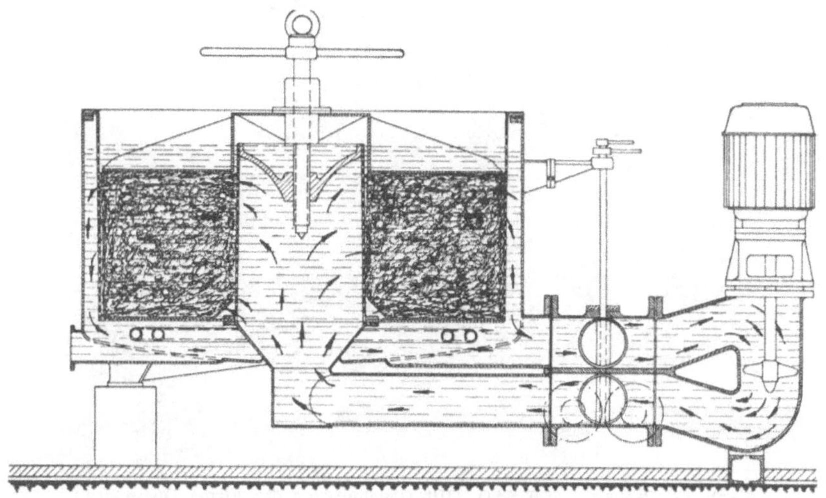

Abb. 24. Packapparat mit Radialströmung. (Mit Genehmigung der Firma Krantz, Aachen.)

von Obermaier, aus nichtrostendem Stahl. Die Flottenumwälzung erfolgt durch eine Spezial-Propellerpumpe (Abb. 24).

Zur Kontrolle des Färbeprozesses werden zwei Manometer und ein Fernthermometer mitgeliefert.

Die Apparate besitzen heute nur noch eine Gewindebüchse oben, wodurch die Konstruktion und der Gebrauch handlicher ist und auch weniger dem Verschleiße unterliegt.

Über andere Konstruktionen zum Färben von losem Material nach dem Packsystem siehe S. 172 bzw. Abb. 25, 26. Vielfach baut man derartige Typen mit durch Propellerantrieb bewirktem Flottenumlauf für 50 bis 200 kg Material. Konstruktionen aus rostfreiem Stahl (vgl. Typen der S. Pegg & Son, Leicester, England usw.) sind teuer und für die Färberei loser Wolle unnötig. Bei den aus Wollmischungen resultierenden Mischtönen kommt ein eventuelles Anschmutzen von Partienteilen durch Holzapparaturen kaum zur Wirkung. Es ist übrigens bei der meist sauren Färbeweise (Küpenfärbungen erfolgen nur in der Minderzahl) kaum zu beobachten.

Für die Färbung von Kettbäumen oder von Kreuzspulen nach dem Aufstecksystem (Igelform) sind Thies-Apparate sehr verbreitet. Die Konstruktionen vor 1929 unterscheiden sich dabei in einiger Hinsicht von der vereinfachten Ausführung späterer Apparate.

Für die Arbeitsweise auf Thies-Apparaten (Konstruktion vor 1929), die insbesondere für Kettbaumfärbungen in Frage kommen, kann folgendes gelten (Abb. 26, 27): In den leeren Apparat wird Wasser einlaufen gelassen. Es wird zum Kochen gebracht und der Farbstoff und Zutaten zugesetzt. Man öffnet den

Dreiweghahn, die Hähne *1* und *2* am Windkessel stehen wie *a*. Die Pumpe wird angesetzt und der Hahn *H* etwas geöffnet, damit die Flotte zirkuliert und sich

Abb. 25. Packapparat USAO. (Mit Genehmigung der Firma Obermaier.)

vermischt (den Hahn *H* nie zuviel öffnen, sonst tritt ein Überlaufen der Flotte ein). Hierauf wird die Pumpe abgestellt, der Hahn *H* geschlossen, der Kettbaum eingesetzt und der Deckel des Apparates verschraubt. Bei geöffnetem Probierhahn am Deckel wird nun die Pumpe angesetzt, der Dreiweghahn auf Zirkulation von innen nach außen gestellt und Hahn *H* langsam ganz geöffnet. Nun wird gefärbt. Ist alle Luft aus dem Probierhahn entwichen und kommt bereits Flotte, so wird dieser geschlossen. Beim Umschalten wird vor der Umstellung des Dreiweghahnes jedesmal die Pumpe ausgerückt und der Hahn *H* geschlossen. Hähne *1* und *2* stehen wie *b*, nach der Umschaltung wieder wie *a*.

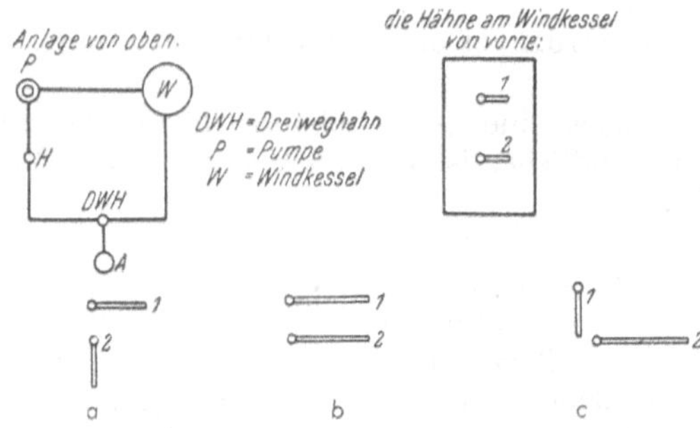

Abb. 26. Hahnstellungen beim Arbeiten am Thies-Kettbaumfärbeapparat älterer Konstruktion (vgl. Text).

Vor dem Ausheben des Kettbaumes nach beendetem Färben wird die Pumpe abgestellt, der Hahn *H* geschlossen, der Dreiweghahn geschlossen und die Hähne am Windkessel in die Stellung *c* gebracht.

Der Deckel wird aufgeschraubt und der Baum herausgehoben.

Die Thies-Apparate gemäß der Bauart nach 1929 zeigt nachfolgende Skizze (Abb. 27).

Die Arbeitsweise beim Färben auf diesen Apparatetypen ist kurz folgende:

Erst wird der Entlüfter aufgedreht, bis das Vakuum auf 40 cm zurückfällt, der Hahn *H 1* ist dabei geschlossen; dann füllt man den Apparat mit Wasser. Der gelöste Farbstoff wird in die Flotte gegeben, aufgekocht, hierauf der Dampf abgestellt, die Pumpe angesetzt und der Hahn *H 2* etwas geöffnet, damit die Flotte zirkuliert und sich vermischt. Schließlich macht man den Hahn *H 2* zu, die Pumpe wird abgestellt, der Kettbaum eingesetzt und der Deckel des Apparates zugeschraubt. Der Dreiweghahn *H* wird auf Schaltung von innen nach außen gestellt, der Probierhahn ganz und Hahn *H 2* etwas geöffnet. Die Pumpe wird eingeschaltet und laufen gelassen, bis die ganze Luft draußen ist und der Probierhahn nur noch Flotte gibt. Dann wird dieser geschlossen und Hahn *H 2* langsam weitergeöffnet, bis der Druck auf 2 at steigt; das Thermometer zeigt 85° C, das Vakuum beträgt 60 cm; es wird unter Umschalten weitergefärbt, und zwar wird beim Umschalten jedesmal vor der Verstellung des Dreiweghahnes *H* der Hahn zur Pumpe *H 2* geschlossen und der Probierhahn geöffnet, hierauf der Dreiweghahn umgestellt, *H 2* wieder geöffnet und nach Entweichen der Luft wieder geschlossen.

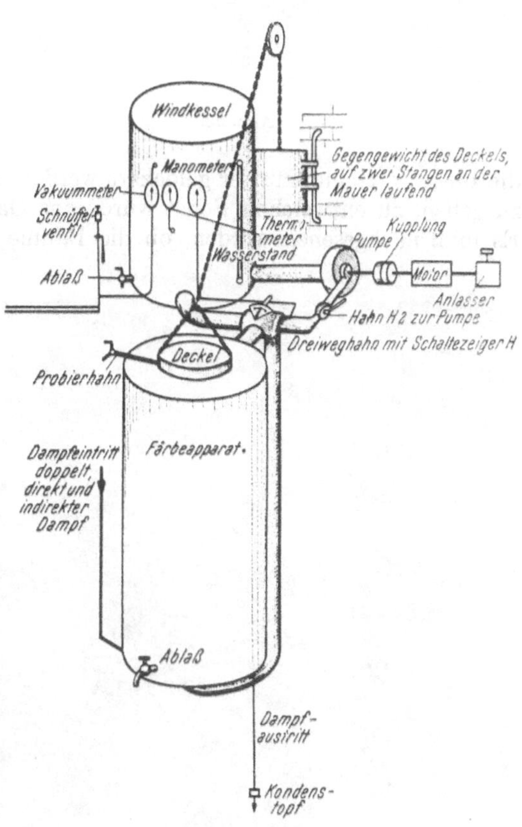

Abb. 27. **Thies-Kettbaumfärbeapparat (ältere Konstruktion).**

Beim Herausnehmen wird der Dreiweghahn zugemacht, die Pumpe abgestellt, der Hahn zur Pumpe geschlossen, der Entlüfter und Hahn *H 1* aufgemacht, bis das Vakuum auf 40 cm gefallen ist, dann wird der Baum herausgenommen.

Man färbt:	1 Minute	von	innen nach außen,	1,5 at
	5 Minuten	„	außen nach innen,	1,8 „
	5 „	„	innen nach außen,	1,5 „
	10 „	„	außen nach innen,	1,8 „
	10 „	„	innen nach außen,	1,5 „
	15 „	„	außen nach innen,	1,8 „

Bleibt der Druck beim Umschalten stehen, dann ist der Baum verstopft! Das gleiche ist der Fall, wenn der Druck beim Öffnen von *H 2* nicht ansteigt. Fällt der Druck während des Laufens, dann ist der Baum gerissen (hat sich von der perforierten Hülse gelöst).

Die Dreiweghahnstellung von oben gesehen für die verschiedenen Schaltungen ist in Abb. 28 gezeigt.

Bei der Färbung von Kettbäumen ist zu beachten, daß sowohl abgekochte als unabgekochte Bäume gefärbt werden können. Letzteres soll aber nur bei Schwarz erfolgen.

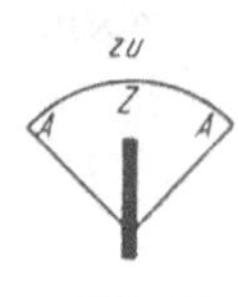

Abb. 28.

Der Farbstoff wird dem Bade gelöst zugegeben, und zwar durch ein Sieb. Beim Einsetzen des Baumes muß die obere Verschlußmutter gelockert werden, um der Luft im Garn Gelegenheit zu geben, zu entweichen. Sonst würde das Garn vom Baum abgehoben werden. Es muß nachgesehen werden, ob die Bäume nicht zu weich gezettelt sind, da sich sonst das Garn durch den Flottendruck allein von den Baumscheiben abheben kann, wenn die Flotte von innen nach außen zirkuliert.

Abb 29. Obermaier-Apparat KAMG*.

Ferner ist darauf zu achten, daß der Dichtungsgummiring gut aufsitzt, sowohl oben als unten. Eine Kontrolle derselben ist notwendig, da diese Ringe ziemlich rasch verschleißen. Der Baum ist dann an diesen Stellen oben oder unten in den mittleren Schichten nicht durchgefärbt, ein beim Schlichten auf der Breitschlichtmaschine großen Zeitverlust(Ausnehmen der Bäume und nach dem Überfärben wieder einsetzen und die Kettfäden frisch in den Teilkamm einzählen) verursachender Fehler, den man vorerst äußerlich nicht feststellen kann.

Sind die Zettelbäume (Kettbäume) zu hart, dann müssen sie ziemlich lange abgekocht werden. Dadurch werden sie meistens weicher.

Der Betriebsdruck der Apparate während des Färbens ist zirka 1,8 at.

Für die allgemeine Prüfung ist folgendes zu beachten: Die Pumpenkontrolle ist sehr wichtig, ebenso die Kontrolle der Manometer und die Kontrolle der Dampfventile. Es ist vorgekommen, daß eine in einem Apparat stehende Flotte durch schadhafte Ventile und die Dampfleitung in einen anderen Apparat übergeschlagen (gesaugt) wurde und dort die ebenfalls vorrätige Flotte vollkommen verdarb.

* Abb. 29 bis 33 mit Genehmigung der Firma Obermaier.

Eine neue Konstruktion, die auch für das Färben von Kreuzspulen im Aufstecksystem geeignet ist, bringt Obermaier als Type KAMG (Abb. 29). Sie besteht aus Nirostastahl und trägt eine direkt am Apparat aufgesetzte, vertikal stehende Pumpe. Saug- und Druckleitung sind zentral eingeführt, die Dampfanschlüsse für direkte und indirekte Heizung sind seitlich angebracht. Die geschlossene

Abb. 30. Obermaier-Spulenabdrückapparat.

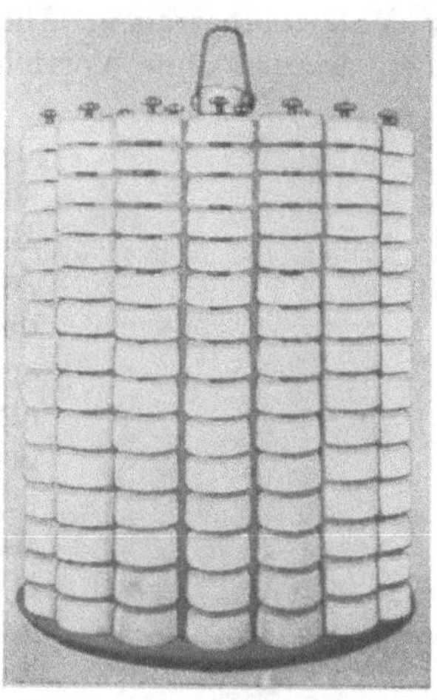

Abb. 31. Obermaier-Einsatz für Barber-Coleman-Spulen.

Bauart (mit Automatik zum Heben und Senken des Deckels) ermöglichte auch die Entwicklung eines Modells für Hochtemperaturfärbung. Ein Bedienungs-

Abb. 32. Obermaier-Spulenabdrück- und Trockenapparat.

schaltbrett kann mitgeliefert werden, welches unter anderem auch die Einstellung einer bestimmten Färbetemperatur erlaubt. Die Zirkulationsumstellung kann automatisch reguliert werden, Manometer usw. sind vorhanden. Kettbaumfärbeapparate dieser Art können mit der Flottenabdruck- und Heißlufttrockenanlage ADLT kombiniert werden, die Kettbäume vollständig trocknet (Abb. 32, 33).

Auf dem Apparat können auch Spulen nach Art der Barber-Coleman-Spulen gefärbt werden, allerdings ist hierzu ein Spezialeinsatz notwendig (Abb. 31).

Kettbaumfärbeapparate, insbesonders für Küpenfärbungen, bauen unter anderem auch Baldwin & Heap, Burnley, England. Die Beschickung kann bis 150 kg Material betragen. Alle Operationen, wie Dämpfen, Entwässern und Trocknen, werden ohne Vorrichtungswechsel durchgeführt.

Abb. 33. Obermaier - Kettbaumtrockner ADLT.

Neben dem Färben von Kreuzspulen, Kettbäumen, losem Material und Garnen in den beschriebenen Apparaturen oder solchen ähnlicher Bauart werden in den zuletzt behandelten Thies-Apparaten und auch solchen von Obermaier, der Zittauer Maschinenfabrik usw. auch die Kreuzspulen, auf gelochte Spindeln aufgesteckt, die von einem vertikal stehenden Träger aus radial angeordnet sind, gefärbt. Derartige sogenannte „Igel" (Aussehen!) haben den Nachteil, daß das Aufstecken der Spulen lange dauert, die Materialträger sehr empfindlich sind und unegale Ausfälle leicht dadurch entstehen, daß die Spindeln verbogen werden, die Perforation Schäden erleidet, Spindelverschlüsse nicht halten oder zu groß im Durchmesser hergestellte Spulen sich an den in geringer Entfernung am Vertikalzylinder abzweigenden Spindelansätzen zu dicht berühren. Ansonsten ist die Arbeitsweise der Apparate die gleiche wie vorher beschrieben.

Für die Spindelfärbung von Kreuzspulen wurde späterhin eine Konstruktion entwickelt, die von einer hohlen Bodenplatte aus in gleichmäßigen Entfernungen senkrecht aufsteigende perforierte Spindeln mit der Farbflotte versorgt, die dann die auf diesen Spindeln sitzenden Spulen durchströmt. Fallen auch eine Reihe von Mängeln weg, so sind doch diese Apparate noch nicht ideal. Ihre Bedienung gleicht etwa der des Obermaier Packapparates. Die Abb. 34 zeigt eine Maschine versenkter Flottenbauweise der Zittauer Fabriks A. G. mit Pumpe und Zirkulationsleitung. Da beim Färben von Kreuzspulen in Aufsteckapparaten (Krantz usw.) der Druckfall in den Spindelsäulen groß ist, verlegen einige Konstruktionen die Spindelplatte in die Apparatmitte bzw. benützen deren zwei, übereinander angeordnet. Kürzlich wurden derartige, insbesondere zum Färben von Viskosespinnkuchen entwickelte Typen derart modifiziert, daß man die Flotte in beiden Teilen des Packraums stets unterhalb der Materialsäulen eintreten läßt bzw. alternierend mit dem Flottenlauf durch eine Kammer Dampf drückt. Erfahrungen mit derartigen Apparaten stehen aus[9].

Ähnlich sind die von Krantz u. a. gebauten spindellosen Apparaturen, bei welchen die Kreuzspulen, senkrecht aufeinandergesetzt, durch zentrisch durchbohrte Porzellanscheiben getrennt und die Säulen oben durch eine Scheibe ohne Bohrung abgeschlossen sind. Das System zeigt den Mangel verschiedener Säulen-

[9] Vgl. Kohorn: brit. Pat. 623620, Anicq, brit. Pat. 624441, *Mellor Bromley Co.*, brit. Pat. 611870, und BIOS 1775, Deutsche Färbeapparate, FD 676/49.

höhen in einer Beschickung und eines starken Bruchanfalles bei den Porzellantellern (Abb. 35). Man stattet heute die Apparate mit selbsttätigem Wechsel der Flottenrichtung aus. Größere Apparate für das „Scheiben-" und „Spindellos"-System bzw. für Packung baut Krantz offen mit Propellerantrieb. Die Platten gelangen einzeln in den mitvorgesehenen Schleuderapparat. Eine Universalkonstruktion von Obermaier (USA OPR) besteht aus nichtrostendem Stahl und gestattet das Färben von losem Woll-, Baumwoll- oder Zellwollmaterial sowie die Färbung von Woll- und Zellwollkreuzspulen oder Bobinen auf Spindeln. Das Material kann in einer entsprechenden Zentrifuge ohne Umpacken entwässert werden.

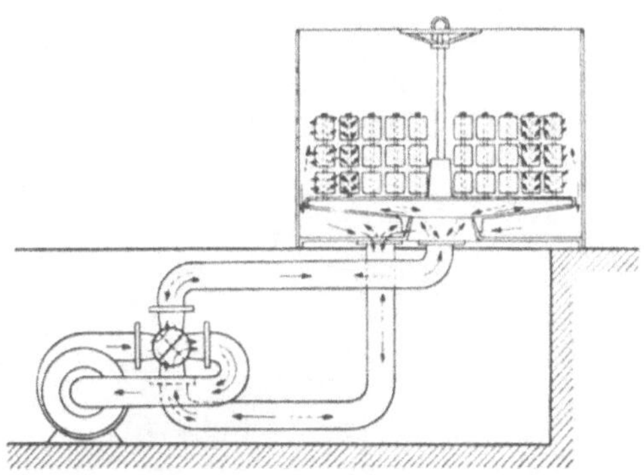

Abb. 34. Zittauer Kreuzspulfärbeapparat (ältere Bauart).

Die neueste Bauart des Krantz-Spindellos-Kreuzspulfärbeapparats mit Ein- oder Zweikammersystem zeigt einen Flottenbehälter aus rostfreiem Stahl. Im Innern ist die Flottenmisch- und Heizkammer mit Dampfrohr zur direkten Heizung und Schutzsieb. Die Entleerung erfolgt durch ein oder zwei große Ablaßventile. Zur bequemeren Bedienung der Anlage ist seitlich eine Ablage für die Porzellanteller angebracht. Kleinere Apparate besitzen einen waagrechten

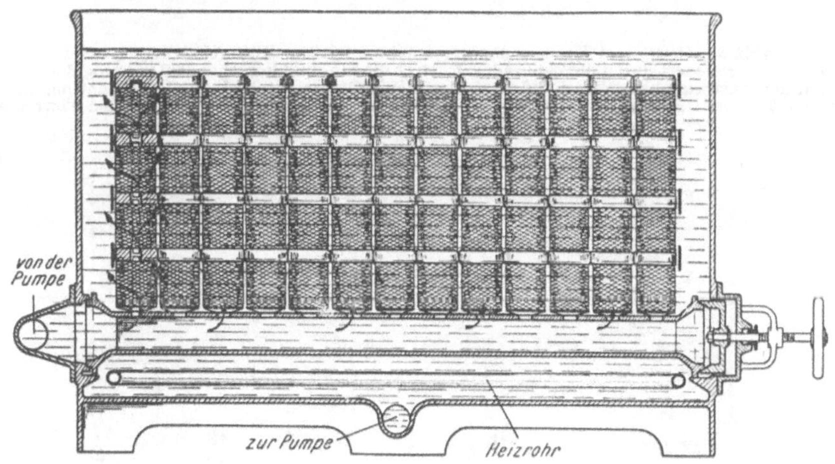

Abb. 35. Krantz-Kreuzspulfärbeapparat, spindellos (ältere Bauart). Mit freundlicher Genehmigung der Firma Krantz.

Propeller, größere einen Schrägpropeller für die Flottenzirkulation. Der Motor ist direkt mit dem Propeller verbunden (Abb. 37).

Eine Kreuzspulfärbeapparatur „Hülsenlos" von Krantz (vgl. die eigene Arbeitsweise beim Färben von Wollkreuzspulen S. 181) färbt die hülsenlosen Spulen auf Materialträgern, wobei die Garne, auf schwach konische Holzdorne aufgespult, von diesen auf die gelochte Färbespindel abgeschoben werden. Die mit sechs Spulen besetzte Spindel wird in den Materialträger eingesetzt. Nach dem Färben werden die Spulen wieder von den Spindeln auf konische Holzdorne abgeschoben. Um ein kontinuierliches Arbeiten zu gewährleisten, benötigt man zwei Materialträger.

Sehr gut arbeitende Apparate bringt auch Zofingen (Schweiz) heraus.

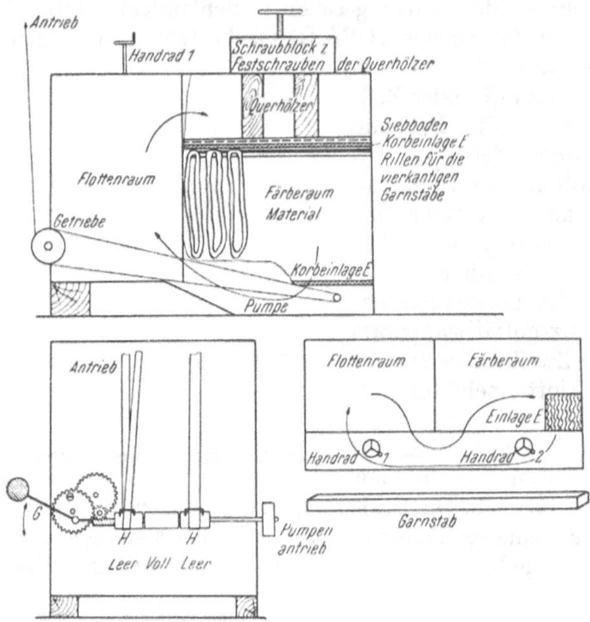

Abb. 36. Garn- und Kreuzspulenfärbeapparat, System Hoffarth (ältere Bauart). Der Zapfen *Z*, gesteuert durch die Zahnräder, bewirkt die hin- und hergehende Bewegung des Hebels *G*, der, mit den Ausrückgabeln *H* verbunden, so eine alle 8 Minuten wechselnde Flottenrichtung einstellt. Handrad *2* öffnen: Flotte in den Färberaum. Handrad *1* öffnen: Flotte geht in den Flottenraum. ⟶ Flottenbewegung. Inhalt: Zirka 20 kg Garn.

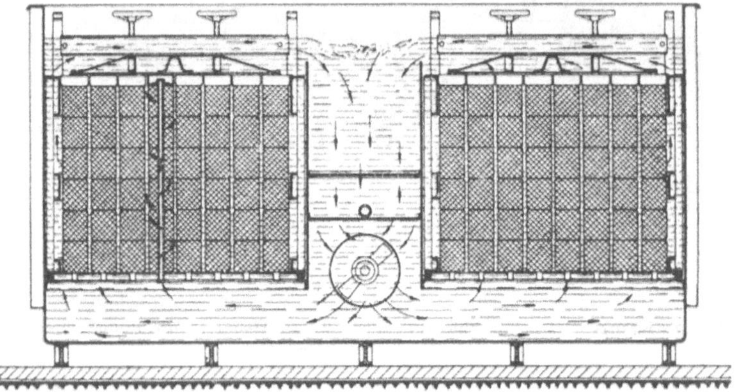

Abb. 37. Moderner Zweikammer-Kreuzspulfärbeapparat. (Mit Genehmigung der Firma Krantz, Aachen.)

Die Art der für die Kreuzspulenfärberei gewisser Materialien noch geeigneten Spulengrößen wird durch die Angabe der Materialmenge (Gramm pro Kubikdezimeter, g/dm³) definiert. Für Kunstseide kommen maximal 280 g/dm³ in Frage, um auch auf den modernsten Apparaten noch eine sichere Durchfärbung zu erreichen.

Die Färbung von Garnen ist außer nach dem Packsystem nach Obermaier und Thies in Apparaten nach dem Hängesystem, wie sie Hoffarth usw. bauen (s. Abb. 40), sehr verbreitet. Derartige in V 4 A ausgeführte Apparate kosten

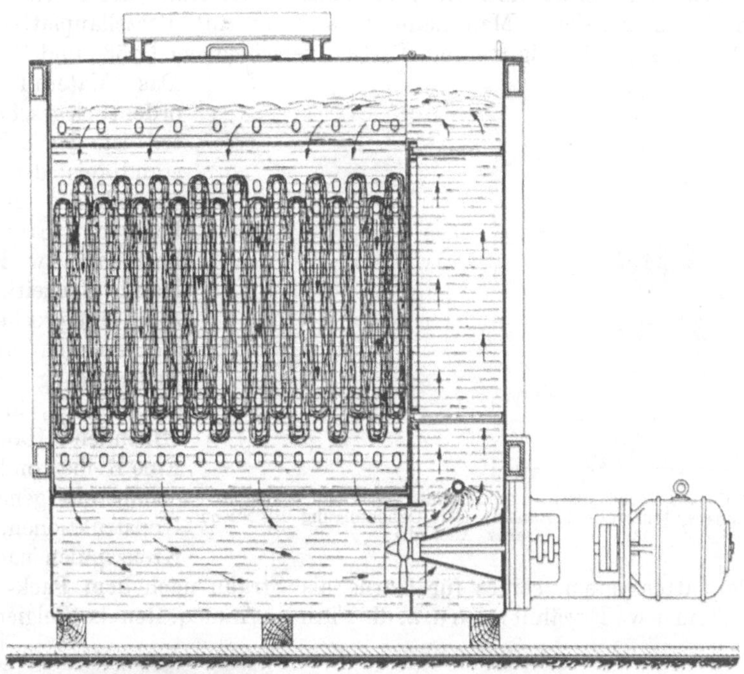

Abb. 38. Moderner Garnfärbeapparat. (Mit Genehmigung der Firma Krantz, Aachen.)

derzeit für 50 kg Beschickung zirka 15000 DM (1951). Nach Krantz arbeitet man nach dem Reitersystem mit geschlitzten Stabhölzern (s. Abb. 38, 39). Der Flottenkreislauf kann dabei mittels Pumpe oder Propeller erfolgen.

Bei nach unten strömender Färbeflotte wird das Garn gestreckt, ohne daß dabei an den beiden Auflagestellen des Strähns ein so großer Druck entsteht, daß eine Durchfärbung verhindert würde. Eine Aufwärtsbewegung des Bades treibt den Strähn unter Lockerung und Abheben vom Stab bis zum gelochten Deckel.

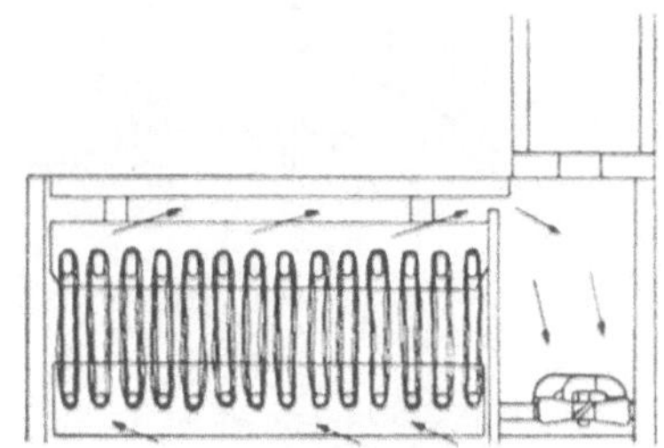

Abb. 39. Obermaier - Garnfärbeapparat.

Das neue Garnfärbeapparatmodell von Krantz in Ein- oder Zweikammerausführung sieht die Flottenbewegung durch Propeller vor. Das Garn hängt im Zweistabsystem bei versetzten oder nicht versetzten Färbestäben und einer Weifenlänge von 420 bis 820 mm. Die Vorrichtung besitzt zwei Siebböden (Verteilungs- und Beruhigungsboden) und ist ganz aus rostfreiem Stahl hergestellt (Abb. 38).

Für Naphtolrotfärbungen auf Stranggarnen dienen die sogenannten „Passiermaschinen“ (Timmer, Zittau usw.), und zwar sowohl für die Grundierung mit dem Naphtol als auch zur Entwicklung mit der Diazolösung. (Näheres hierüber s. S. 268; vgl. Abb. 145.)

Das Färben von Kunstseidengarnen erfolgt auf den bekannten Gerber-Maschinen mit einzeln angetriebenen Porzellanhaspeln, deren Achsantrieb etwas exzentrisch angebracht liegt, um ein Rutschen des Strähnes zu vermeiden. Die Maschinen werden in beliebiger Größe, beidseitig beschickbar und mit einer den jeweiligen Erfordernissen entsprechenden Unterteilung der Flottenbehälter durch Schotten geliefert. Man kann so auf der mit Porzellanplatten ausgelegten Maschine gleichzeitig mehrere Partien verschiedener Größe und Farbe einfärben. Das Material wird außerordentlich geschont. Ein Nachteil ist der sehr hohe Einstandpreis der Anlage. Die Vorteile des schonenden Färbens, der Ersparnis an Arbeitslohn usw. liegen auf der Hand. Neuzeitlichen Tendenzen entsprechend werden die Anlagen auch mit die Beobachtung des Materials erlaubenden, in Sektoren zu öffnenden Hauben gebaut. Eine Reihe von Firmen, außer den bereits genannten, liefert Konstruktionen, sei es für Kreuzspulen nach dem Spindelplattensystem, sei es für Garne als Strähn nach dem Pack- bzw. Hängesystem usw. Erwähnt seien u. a. die Firmen: Annicq, Renaix (Belgien), Benninger,

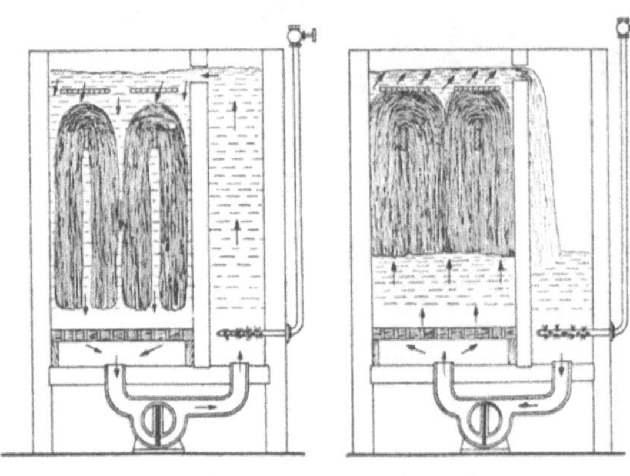

Abb. 40. Färbeapparat von Krantz. Garn im sogenannten Reitersystem (ältere Bauart). (Mit Genehmigung der Firma Krantz, Aachen.)

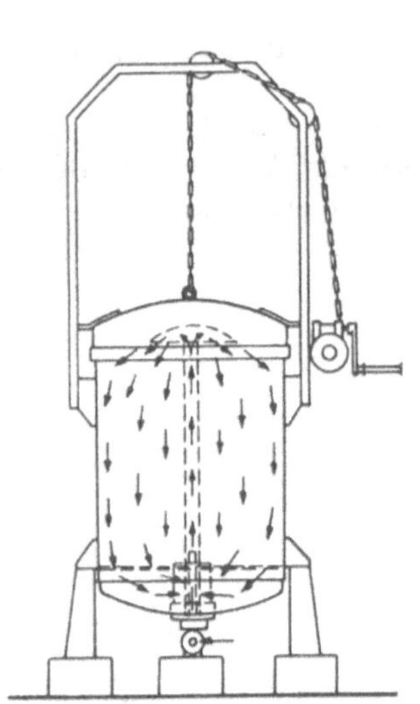

Abb. 41. Garnabkochkessel.

Abb. 42. Garnabkochkessel.

Uzwil (Schweiz), Bieren & Zonen, Tilburg (Holland), Franklin Proc. Co., Providence RT (USA), Longclose Eng. Co., Leeds (England), S. Pegg & Son, Leicester (England) usw. Garnfärbeapparate für 500 kg Beschickung aus V4A-Stahl baut neuerdings Figmann in Essen (Deutschland) sowie Mezzera, Mailand (Italien).

Für das Färben von Garnen im Hängesystem haben sich in Amerika auch die Apparaturen nach Buhlmann bzw. die Smith-Drum-Apparate eingeführt. Die Flotte wird hierbei durch das auf gelochten Trägern hängende Garn gepreßt, wobei der übrige Strähnanteil von Flotte umgeben ist. Die Auflagestelle der Strähne auf den gelochten Spindeln wechselt.

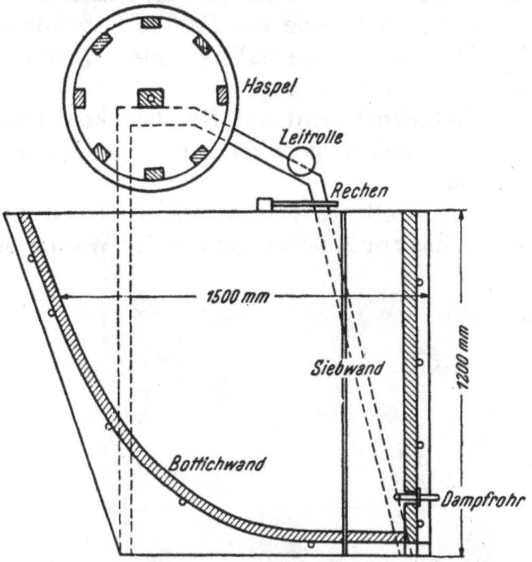

Abb. 43. Wollstückkufe. Kompletter Stückfärbebottich aus 70 mm starkem Ia Lärchenholz für 1000 Liter mit perforierter Heizkammerwand, Ablaßventil aus Phosphorbronze, Heizschlange aus Kupfer, die Haspel nach einem patentierten Verfahren ohne Schrauben und Nieten, in Kugellagern laufend, Fest- und Leerscheibe. [Exklusive Verpackung ab Brünn 5400,— Kč (1938).]

Die Färberei der Garne von Hand aus (also nicht maschinell), die für verschiedene Zwecke und aus verschiedenen Gründen (Farbstoffwahl, Partiengröße usw.) auch heute noch vorgenommen wird, erfolgt durchwegs auf den hiezu geeigneten, nicht zu hohen Holzwannen mit Siebboden oder meist nur rückwärtiger Siebwand. Je nach der Bauweise erfolgt im ersten Falle die Beheizung der Flotte gleichmäßig durch direkten bzw. besser indirekten Dampf unterhalb des Siebbodens, im anderen Falle durch ein mittels Bajonettverschluß an die Dampfzufuhrleitung angeschlossenes (gegebenenfalls während der Färbung entfernbares) Heizrohr hinter der Siebwand. Da dabei die Temperatur der Flotte insbesondere bei längerem Anwärmen vom Dampfeintritt zum Vorderende der Kufe stark abfällt, erfolgt ein oftmaliges „Versetzen" der auf Stöcken befindlichen Strähne. Man setzt meist nach einmaligem „Umziehen" der Strähne um. Es werden zwei Stock Garn von vorne nach rückwärts gesetzt. Das Umziehen erfolgt von Hand aus oder mittels des „Pickers" oder „Stechers", eines kurzen, runden, an einem Ende rund zugespitzten Stabes, den man, dem Stocke folgend, an welchem das Garn umgezogen werden soll, durch die Strähne steckt, so daß seine Spitze dann vom anderen Arbeiter ergriffen werden kann. Durch Hochheben und Schwenken bei gleichzeitigem Heben des Stockes können die Strähne am Färbestock von den beiden Arbeitern gedreht werden. Beim Strähnfärben von Hand aus arbeiten zwei Mann, jeder auf einer Seite der Wanne, die Färbestöcke sind mit je 1 lb. Garn beschickt. Beim Umziehen ist darauf zu achten, daß die Fitzbänder (starke Fäden, die den Strähn in mehrere Teile unterbinden) sich nicht schief verziehen und

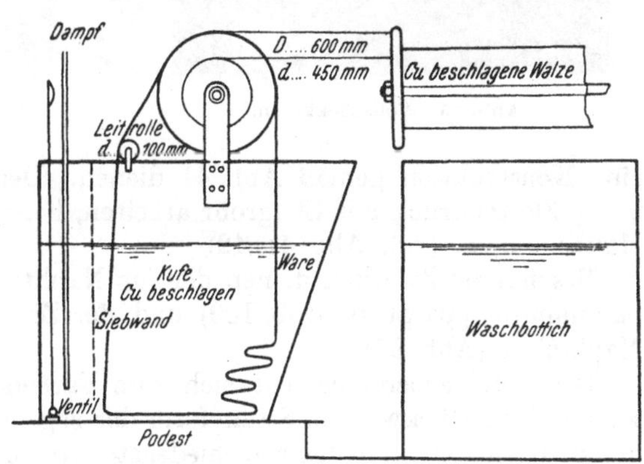

Abb. 44. Stückfärbekufe. Touren 38/min (für saure Färbung).

dadurch Teile des Strähns abbinden, die sich dann nicht oder heller einfärben (vgl. S. 301).

Die Färbewannen sind maximal 0,80 m hoch, 0,90 m breit und variieren in der Länge von 1,00 bis 1,90 m, fassen also etwa 600 bis 1200 l Flotte.

Auf einer Wanne von 1900 l Flotte können zirka 60 bis 90 lbs. gefärbt werden.

Die Färbestöcke haben ovalen Querschnitt, 40 × 70 mm, sind aus Hartholz und zirka 1,30 m lang.

Getrocknet wird auf Rundstöcken derselben Länge mit 35 mm ∅.

Der Stecher hat eine Länge von 1,00 m und einen Durchmesser von 25 bis 30 mm.

Baumwollgarn wird vor dem Färben meist abgekocht. Stets erfolgt dies für Garn, das zur Ausfärbung auf der Wanne bestimmt ist. Hierzu kann vorteilhaft

Abb. 45. Wollstückkufen.

Abb. 46. Stückkufe mit Ovalhaspel.

eine Konstruktion gemäß Abb. 41 dienen. Derartige Abkochapparaturen, die unter Flottendruck mit Steigrohr arbeiten, liefern die Zittauer Maschinenfabrik, Haubold u. a. (vgl. Abb. 41, 42).

Besonderen Zwecken dienen der für Naphtolrotfärbungen entwickelte Kettbaumumrollapparat (s. Abb. 109) und der Zittauer Kreuzspulfärbeapparat für Naphtolrot (Abb. 97).

Die Stückfärberei bedient sich zum Färben von Woll-, Baumwoll-, Kunstseiden- usw. Stückware in Strangform der sogenannten Stückkufen (vgl. Abb. 43 bis 46). Diese werden in den verschiedensten Ausführungen gebaut. Die Haspelform ist dabei rund (vgl. Abb. 45) oder oval (vgl. Abb. 46); letztere, die Krefelder Form, dient hauptsächlich zur Färbung von Reinseiden- und Reyonware, da sie ein Scheuern der Stücke am Haspel weitgehend vermindert und die Ware bereit in die Flotte ablegt. Allerdings ist aus letzterem Grunde bei zum Schäumen neigenden Flotten ein langes Aufschwimmen von Gewebeanteilen zu beobachten, welches bei allen Färbungen mit oxydationsempfindlichen Flotten zu unegalem Ausfall führt. Außer dem Haspel sind meist kleine Leitrollen zur Führung der Warenstränge vorhanden. Diese Stücke werden durch Rechen oder Teilstäbe getrennt gehalten. Die Dampfzufuhr erfolgt meist durch direkte Zuleitung in einen durch eine Siebwand von der Ware getrennten schmalen Kufenteil, in dessen Bereich sich im Boden auch das Abflußventil, das mit Zugdraht bedient wird, angeordnet ist.

Eine neue Haspelform für Stückfarbkufen wird von der Hunter Machine Co. vorgeschlagen: "No Lap". Ein Scheuern soll ausgeschlossen sein. Der „Haspel" besteht aus Stahl.

Das Kufenmaterial ist Pitchpine- oder Lärchenholz, in vielen Fällen sind die Kufen innen mit Kupferblech ausgekleidet. Die Eisenteile (Haspelachse) sind, wenn vorhanden, durch Holz verkleidet. Auch Monelmetall oder rostfreier Stahl wird für teurere Ausführungen derartiger Kufen verwendet. Es ist klar, daß derartige Maschinen sehr kostspielig sind[10]. Rostfreier Stahl bzw. Maschinen aus demselben zeigen an Schweißstellen Rostflecken. Auch sonst können sie sich bilden, insbesondere greifen Na-chlorit- (Textone-) Lösungen das Material an. Die Entfernung derartiger Rostflecken geschieht mit Stahlwolle (rostfrei) durch Abscheuern. Die Stelle wird dann mit 40%iger Salpetersäure passiviert und kalt gespült.

Die Korrosion von Edelstählen durch Chloritbleichlaugen wurde in neuester Zeit eingehend studiert. Neben der Zugabe von Nitraten oder Sulfaten [vgl. HUNDT: Melliand Textilber. **32**, 943 (1951)] bzw. Phosphorsäure [S. V. F. Fachorgan Textilveredlung **6**, 379 (1951)] haben die Farbwerke Hoechst die Verwendung von Säuren der Stickstoffoxyde oder deren Salze als korrosionsverhindernd zum Patente angemeldet [vgl. S. V. F. Fachorgan Textilveredlung **7**, 122 (1952), E 450/8i, 2, von WAIBEL, ERLENBACH und SIEGLITZ]. Hoechst bringt seit geraumer Zeit zu diesem Zwecke das Bleichhilfsmittel HC in den Handel. Es ist wahrscheinlich eine Nitrat-Nitrit-Mischung. Wie MEYBECK und IVANOV [Bull. Inst. Text. France Nr. 25,45 (1951)] feststellen, sind Legierungen, die reich an Si und Mo sind, aber kein Ni oder Cr enthalten, widerstandsfähiger.

Zwecks Dampfeinsparens (bis 30%) baut man die Stückkufen nun sehr oft mit abhebbaren oder hochschiebbaren, an Gegengewichten hängenden Deckeln, die Fenster aus durchsichtigem Material enthalten[11]. Der Nachteil derartiger Konstruktionen ist die meist schlechte Sicht auf die laufende Ware und die Verzögerung in der Behebung von Verknotungen, die insbesondere bei großen Partien, also eng beschickten Kufen und schweren Waren (Wolle, Halbwolle usw.), vorkommen. Auch bei stark schwimmenden, durch den Ovalhaspel gelegten Qualitäten tritt eine derartige Verschlingung der Stränge leicht ein.

In jüngster Zeit werden für das Färben von Kunstseidenstück Kufen mit Behältern angeboten, die wie flache Wannen (abgerundet) konstruiert sind. Der Farbmischraum ist am Kufenboden, der zu einem Teil siebartige Lochung zeigt. Durch das günstige Flottenverhältnis (1 : 14 bis 1 : 20 gegen 1 : 30 bis 1 : 40 bei anderen Stückfärbekufen) tritt bei dieser Bauart „System Schetty" eine erhebliche Ersparnis an Wasser, Anheizdampf und Farbstoff ein. Die Maschinen werden von O. Funke & Co. in Wuppertal in Lizenz gebaut. Die Kufe besteht aus V4A-Extrastahl.

Für empfindliche Gewebe stellt Mezzera in Milano neuerdings Haspelkufen

---

[10] Einfluß verdünnter Säuren auf rostfreien Stahl, POE, MALCOLM, Ind. Engng. Chem. **43**, 2572 (1951).

[11] FICHTNER: Melliand Textilber. **30**, 115 (1949). — Vgl. Konstruktionen von Then, Schwäbisch-Hall (Deutschland), S. Pegg & Son, Leicester (England) usw. — Siehe auch LAURIE: J. Soc. Dyers Colour. **66**, 225 (1950), bzw. KLOPFER: Magyar Textiltechnika III, Nr. 9, 266 (1950), zit. Zentralbl. d. ung. Technik, Nr. 5 (1951).

geschlossener Bauart aus nichtrostendem Stahl her, die eine Flottenzirkulation und Badüberlauf ermöglichen.

Baumwollene oder Baumwolle-Kunstseiden-Qualitäten schwerer Art werden breit am Jigger gefärbt. Der Vorteil dieser Anordnung ist neben der breiten Warenfärbung, welche die Ausbildung von Falten und Brüchen verhindert, das beim Arbeiten wirtschaftliche kurze Flottenverhältnis. Im wesentlichen wird dabei die Ware von einer Rolle durch das möglichst kurz gehaltene Färbebad auf eine zweite Walze geführt. Eine eventuell vorhandene Quetschvorrichtung vor dem Auflauf auf die zweite Walze kann vorgesehen sein, ebenso Breithalter (auch gebogener Ausführung) in der Flotte. Der Behälter der Farbflotte ist meist aus Holz und kann für empfindliche Ware und oftmaligen Farbtonwechsel auch aus Monelmetall oder rostfreiem Stahl bestehen. Auch mit Porzellan ausgekleidete Jiggerwannen werden verwendet. Die Walzen sind meist aus Eisen. Die Ware läuft mit zirka 2 bis 3 m langen sogenannten Vorläufern auf beiden Seiten, die wegen der erforderlichen Musterung und Tongleichheit von Enden und Stückmitte möglichst aus dem gleichen Material bestehen sollen wie die zu färbende Ware. Die Jiggerwalzen sollen leicht in den Lagern laufen, um unerwünschte Verstreckungen der Ware zu vermeiden, ebenso sollen die Breithalterollen glatt sein, um im Stück keine Schiebestellen (verzogene Schußfäden) hervorzurufen. Bekannt sind hier neben den vielen anderen Konstruktionen z. B. die von Benninger, Uzwil (Schweiz), gebauten spannungslosen Jigger. Die Verwendung von Maschinen, die automatisch die Laufrichtung wechseln, wenn die Warenlänge abgelaufen ist, dürfte heute allgemein sein.

Jigger mit Ausgleich der Laufgeschwindigkeit (Differentialjigger) durch ein Differentialgetriebe werden in einer neuen Bauart, die statt der 2 bzw. 3 Walzen im Flottenraum nur eine hohle Walze aufweist, von Taschener, Krefeld, hergestellt. Rüti in Zürich bzw. die Soc. alsac. de Constr. mécan. in Mulhouse bringen mit dem Modell DFA ebenfalls Jigger mit Differentialgetriebe, also gleichbleibender Warengeschwindigkeit, wobei die Umschaltung selbsttätig erfolgt, der Jigger nach der Erreichung der eingestellten Passagenzahl selbständig stehen bleibt und die Breithalter ihre Lage derart verändern, daß ihr Abstand gegenüber dem Oberrand der auflaufenden Warendocke stets gleichbleibt.

Bei Schwefel- und Küpenfarbstoffen wird oft mit dem sogenannten „Unterflottenjigger" gearbeitet, bei welchem sich die Ware auch auf den Walzen unterhalb des Flottenmeniskus befindet. Dadurch wird die Gefahr einer vorzeitigen Reoxydation der Färbung sehr wirkungsvoll verhindert.

Neuerdings wird die Apparatur durch Halbrundhauben geschlossen ausgeführt. Bei den Neukonstruktionen geschlossener Jigger ist neben dem Bestreben, Dampf zu sparen, noch maßgebend, daß die Ware während des Färbeprozesses eine ziemlich einheitliche Temperatur besitzt. Da beim Färben am Jigger ja größtenteils das Textilgut auf der Walze außerhalb des Färbebades ist, kann beim geschlossenen Jigger auch die imprägnierte Ware außerhalb des Bades Farbstoff aufziehen. Außerdem sind diese Typen für das Hochtemperaturfärben insbesondere bei synthetischen Fasern geeignet[12]. Auf Modelle mit Saugvorrichtungen sei bloß verwiesen.

Für billige Ware in substantiver Färbung unter gewissen Vorsichtsmaßregeln, aber auch für andere Farbstoffklassen bewähren sich Konstruktionen, bei welchen sich die Färbeflotte zwischen den Warentransportwalzen befindet.

---

[12] Vgl. AATCC, Amer. Dyestuff Reporter **30**, 138 (1949), bzw. LAURIE: J. Soc. Dyers Colour. **66**, 225 (1950).

Hiezu gehören der „Fibe"-Apparat und die Konstruktion von Gruschwitz und Haubold (vgl. Abb. 47).

Der „Fibe"-Apparat (Fischer, Hronow und Benninger, Uzwil) besitzt vier sich anpressende Walzen, dazwischen die Farbflotte. Im Raum zwischen den Walzen sind auch noch zwei Leitwalzen und ein Dampfrohr angebracht. Die Walzen haben Gummiräder, seitliche Nickelplatten sind genau angepaßt. Die Apparatur ist mit Flottenablaufrohr, Zulaufrohr und Entlüftungsrohr ausgestattet.

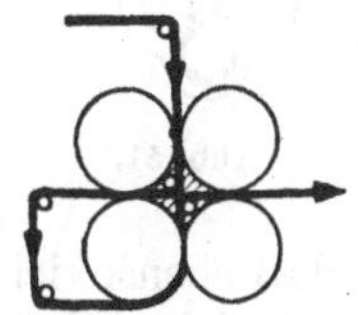

Abb. 47. „Fibe"-Apparat.

Die Ware nimmt 0,6 bis 1 kg per kg an Flotte auf, die Färbegeschwindigkeit beträgt 30 m/min, das Textilgut ist gut durchgefärbt.

Gruschwitz, Olbersdorf, baut einen Färbefoulard, der auch als Jigger mit drei Walzen verwendet werden kann. Er arbeitet mit bis 4000 kg Druck, der Kraftbedarf ist 3 PS. Auch schwere Gewebe sind zu färben.

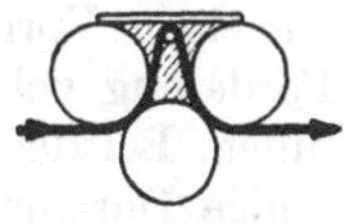

Abb. 48.

Haubold, Chemnitz, bringt eine regulierbare Anordnung von drei Quetschwalzen (1000 bis 3500 kg Druck). Die Farbflotte befindet sich innerhalb der drei Walzen, zwei Rakeln oberhalb der mittleren Stahlwalze beheben das Mitreißen von Flotte und Faser (Abb. 47, 48). Einen Drei-Walzen-Färbefoulard zur Färbung tiefer Töne baut auch Gerber in Krefeld.

Bei allen diesen Konstruktionen ist wegen der kurzen Flotte darauf zu achten, daß sich die zur Herstellung eines gewissen Farbtones (insbesondere dunkle Töne) notwendigen Farbstoffmengen auch tatsächlich lösen.

Für ganz billige Färbungen in hellen Tönen (vgl. S. 448), aber auch für das Aridye-Verfahren des Färbens mit anorganischen Pigmenten und Bindemitteln

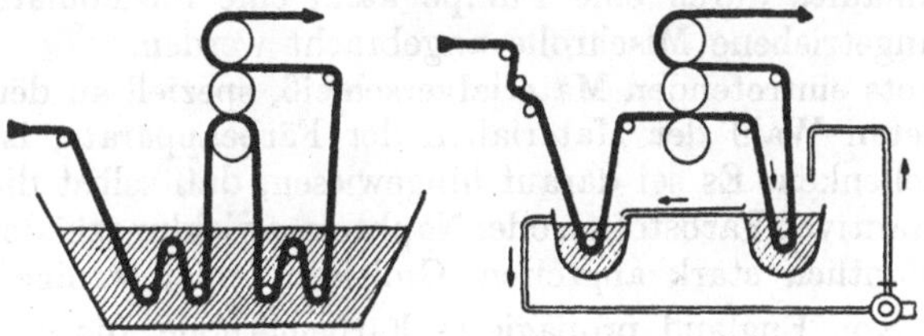

Abb. 49. Padding Mangles.

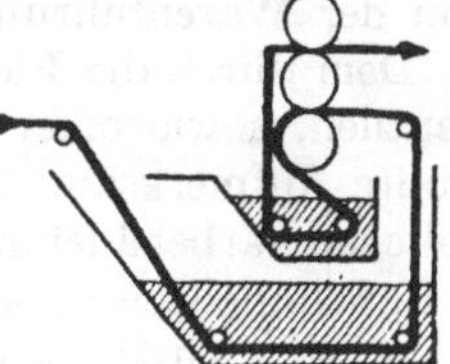

Abb. 50. Konstruktion „Deck".

sowie bei den modernen Kontinuemethoden der Küpenfärberei, dem Pad-Steam-Prozeß von Du Pont, dem Prästabitölverfahren der IG.-Farben usw. für dichte Gewebe und allen Klotzmethoden, gleichgültig ob kontinuierlich oder nicht, kommt die Foulardierung der breit geführten Ware mit einer zur besseren Haftung meist mit etwas Verdickungsmittel versehenen Farbflotte in Frage.

Für diesen Zweck sind verschiedene Foulard-Konstruktionen in Verwendung, die eine einmalige oder mehrmalige Tränkung und Abpressung der Ware vorsehen.

In England werden die sogenannten Padding Mangles verwendet. Mather Platt baut eine derartige Maschine mit drei Quetschwalzen. Auch vier Walzen und drei Tröge sind möglich. Die Ware wird dreimal imprägniert, mit 60 % Pressung abgequetscht; die Warengeschwindigkeit ist 40 m/min (Abb. 49).

Das S. A. Etablissements Deck, Mulhouse, kombiniert einen Jigger mit einem Foulard (Abb. 50).

Dieselbe Fabrik baut eine Breitimprägniervorrichtung. Eine im Färbebad schwimmende Al-Walze kann gegen die beiden Quetschwalzen angepreßt werden.

Oben befindet sich eine Druckwalze bis 4000 kg. Warengeschwindigkeit 25 m/min (Abb. 51).

Bei allen Maschinenkonstruktionen ist es wichtig, daß die Abquetschung bzw. Tränkung der Ware gleichmäßig erfolgt und daß die Ware tatsächlich stets eine Färbeflotte gleicher Konzentration aufnimmt. Nur so sind gleichmäßige, egale Färbungen zu erzielen. Abgesehen von der Warengeschwindigkeit, mit deren Variation man es in der Hand hat, dafür Sorge zu tragen, daß das Textilgut vermöge seiner Saugkraft genügend Flotte beim Passieren derselben aufnehmen kann, muß durch geeignete Einrichtungen dafür gesorgt werden, daß ebensoviel Flotte zufließt, wie die Ware bei der Passage durch das Färbebad mit sich nimmt, und daß andererseits keine stagnierenden Schichten oder Bereiche verschiedener Farbstoff- oder Chemikalienkonzentration im Klotzbade entstehen.

Abb. 51.

Während ersterem Umstand durch geregelten gleichmäßigen Flottenzulauf aus einem Vorratsbehälter leicht Rechnung getragen werden kann, ist die andere Forderung vollkommen nur durch Einbau einer Flotten-Umlauf-Pumpe zu erfüllen. Bei der ständigen Flottenzirkulation, die dann vorhanden ist, wird eine innige Durchmischung von Zusatzlösung und Standbad erzielt. Allerdings besitzen die den Flottenkreislauf fördernden Einrichtungen den Nachteil, daß sie bei öfterem Wechsel des Färbebades bei kleinen Farbpartien sehr viel Zeit zur Reinigung in Anspruch nehmen. Die Kontrolle des gleichbleibenden Flottenspiegels im Foulardbehälter erfolgt durch Schwimmer, die den Nachteil haben, daß sie Raum brauchen, leicht verschmutzen und einer Niveauänderung nachhinken. Nach einer Konstruktion der Textilwerke Sochor wird der Foulardbehälter sozusagen selbst als Schwimmer benützt und kippt bei Veränderungen seines Inhaltes, wobei er das Flottenzubringerventil steuert (Spartrog).

Als Ersatz des Flottenumlaufes durch eine Pumpe kann eine im Foulard von der Warenführung mitangetriebene Mischrolle angebracht werden.

Dem durch die Flotten stets eintretenden Materialverschleiß, speziell an den Ventilen, sowie einer geeigneten Wahl der Materialien der Färbeapparate, ist größte Aufmerksamkeit zu schenken. Es sei darauf hingewiesen, daß selbst die üblichen Färbebäder mit substantiven Farbstoffen oder Naphtolentwicklungsbäder z. B. Schmiedeeisen außerordentlich stark angreifen. Gußeisen leidet weniger.

Eine in allerjüngster Zeit von England propagierte Färbemethode, die sich für Baumwolle, Kunstseide- und Mischgewebe aus beiden Fasern beim Färben mit Küpenfarbstoffen, sei es in der Küpe oder nach der Pigmentklotzmethode, sehr gut bewährt haben soll, ist der *Standfast Molten Metal Dyeing Prozeß* (Brit. P. 620584). Bei diesem Färbeverfahren werden die Erhitzung und das Einpressen der Farbflotte in das Innere des Gewebes durch die Passage einer geschmolzenen erhitzten Metallegierung erzielt. An sich ist die Verwendung von Metallegierungen (etwa nach Art des Woodschen Metalls) nicht neu. Man machte nach einem Vorschlag der IG-Farben davon Gebrauch, um beim Knitterfestmachen die mit dem Kunstharzvorkondensat imprägnierte Ware rasch und gleichmäßig auf hohe Temperatur zu bringen und so eine Härtung des Vorkondensates ohne schädliche örtliche Überhitzungen zu erreichen (ähnliche Vorschläge stammen aus USA und der UdSSR)[13].

---

[13] McFall: Cotton Trade J. **28**, 163, 173 (1948/49). Benediktov: Tekstil Prom. **8**, (6), 44 (1948). Beide referiert in: Review of Textile Progress, J. Soc. Dyers Colour. und J. Textile Inst., Manchester 1950 bzw. Boardman, J. Soc. Dyers Colour. **66**, 397 (1950). Über die hohen Kosten der Metallbäder (2 t = 40000 DM) vgl. Melliand Textilber. **32**, 473 (1951), s. a. Ziegler: Melliand Textilber. **32**, 626 (1951).

Die maschinelle Anordnung (vgl. Abb. 240 b, S. 440) sieht vor, daß die breitgeführte Ware nach Passage von fünf Vorwärmzylindern, die sie auf ca. 70 bis 80° C erwärmen, das eigentliche Färbebad (verküpten Farbstoff) passiert, welches auf einem Schenkel des in einem U-förmigen Behälter angeordneten Metallbades aufschwimmt. Eine Umpumpeinrichtung sorgt für die ständige Durchmischung der Flotte mit der aus einem Vorratsbehälter zugepumpten Ergänzung, die so bemessen ist, daß das Flottenvolumen konstant bleibt. Nachher tritt die Ware in das heiße Metallbad und passiert auf der anderen Seite kurz ein Salzbad, um dann in den üblichen Breitwaschmaschinen mit Rollenführung gewaschen, oxydiert, neuerlich gewaschen, geseift und gespült zu werden. Die Bereitung der Färbeflotten erfolgt in Gefäßen neben der Anlage. Ein Wechsel der Farbbäder ist rasch vollzogen. Die Erhitzung des Färbebades und Metallbades erfolgt elektrisch, Schaustreifen registrieren Temperatur und Laufgeschwindigkeit, ein Zählwerk die Metrage der Ware. Zufolge des Einquetscheffektes, den das Metallbad auf die Farbflotte ausübt, und des Luftabschlusses durch dasselbe sollen eine gute Durchfärbung und ruhiger, egaler Ausfall gewährleistet sein. Wichtig ist die genügende Vorwärmung des trockenen Materials vor Einlauf in die Farbflotte bzw. das Metallbad. Bei zu hohen Temperaturen des letzteren sollen durch entweichende Dampfblasen ein Abschmieren des Metalls auf der Ware sowie Ausscheidungen im Färbebad eintreten. Beim Pigmentfärbeverfahren, bei welchem die Ware einmal eine Küpenfarbstoffdispersion, in einer anderen Anlage aber die Alkali-Hydrosulfitküpe passiert, welche die eigentliche Färbung bewirkt, soll die Warengeschwindigkeit eine viel zu hohe sein, um eine Fixierung des Farbstoffes zu ermöglichen. Von anderer Seite wird darüber Klage geführt, daß die Färbungen stumpf und unrein ausfallen, da Anteile von zersetzten Chemikalien im Material verbleiben (festbrennen).

Um die Bildung von Schlamm an der Grenzfläche Küpenbad-Metallbad zu verhindern, werden dem Küpenbade reduzierend wirkende Stoffe, wie Glukose, Dextrin usw., beigemengt. Auch Gerbsäure, Benzaldehyd usw. werden vorgeschlagen (vgl. DP 834400). Um eine Deshalogenierung usw. empfindlicher Küpenfarbstoffe zu verhindern, muß, da man ja eine einheitlich hochliegende Imprägniertemperatur anwendet, der Zusatz von Dextrin (nach Du Pont) oder Nitrit (nach Am. Cyanamid Co., Calcothermprozeß) vorgenommen werden. Der Quetscheffekt des Metallbades ist nur 130% (gerechnet auf trockene Ware) gegenüber 60% beim Foulardieren, daher können nur leichtere Waren einwandfrei gefärbt werden (vgl. Müller: Melliand Textilber. **1953, 214**). Bei der Verwendung von Schwefelfarbstoffen müssen diese mittels Lauge und Hydrosulfit gelöst werden, da bei Verwendung von Schwefelkali Metallsulfidbildung im Metallbade eintreten würde.

Die General Dyestuff Corp. (USA) verwendet statt des Metallbades ein solches aus Paraffinöl (*Heißölverfahren*). Maschinen dafür baut die Morrison Machine Co., USA.

Man klotzt mit dem Küpenpigment in Dispersion, führt durch die Hotflue, nimmt durch eine Williams-Unit-Vorrichtung mit blinder Küpe und dann durch eine solche mit 102° C heißem Weißöl (Mineralöl). Hernach passiert die Ware zur Entfernung von Ölresten ein Igepal-C-Bad, wird gespült, oxydiert und dann gewaschen. Bei Schwefelfarbstoffen wird mit dem reduzierten Farbstoff geklotzt und ins Weißölbad eingefahren. Hernach wird fertiggestellt. Wie bereits erwähnt, erfolgt die Farbstoffreduktion hier ebenfalls mit Lauge und Hydrosulfit.

In Fortbildung des für dichte Gewebe seinerzeit von der IG-Farben entwickelten *Prästabitölverfahrens*, bei welchem Baumwollgewebe mit der Dispersion eines unverküpten Küpenfarbstoffes geklotzt und hernach durch Passage eines Hydrosulfit-Laugenbades der Farbstoff reduziert und in die Faser gebracht und dort schließlich oxydiert wurde, entwickelte Du Pont in USA für die Einfärbung großer Metragen den *Pad-Steam-Prozeß*, der dann gegebenenfalls unter Verwendung der „Williams Unit" (Abb. 52, 53) von Williams (General Dyestuff Co.), gebaut von der Morrison Machine Co. in Patterson, N. Y., zu dem bekannten Kontinue-Färbeverfahren ausgebaut wurde.

Bei der *Williams*-Unit handelt es sich im wesentlichen um eine platzsparende, außerordentliche Turbulenz der Behandlungsflüssigkeiten aufweisende Breitwaschvorrichtung, die in genügender und beliebiger Anzahl gereiht bzw. in Färbe- oder nach Färbe- bzw. Trockenapparaturen usf. eingebaut, Kontinuefärbeprozesse erlaubt. Im Prinzip gemäß Abb. 52 gebaut, kann z. B. die Apparatur sowohl für den Kontinuefärbeprozeß nach Williams als auch für den Pad-Steam-Prozeß von Du Pont gemäß Abb. 53 durch Fortfall der Hotflue und Einschalten eines Dämpfapparates gestaltet werden[14]. Die „*Williams*-Einheit" besteht aus rostfreiem Stahl.

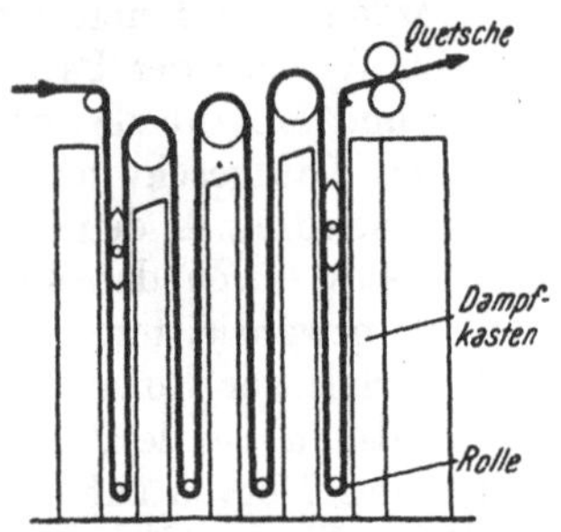

Abb. 52. Williams Unit. (Die hier skizzierte Ausführung ist die gemäß brit. Pat. 609728 mit vom Wareneintritt zum -austritt ansteigender Teilwandhöhe. Wasserumlauf pro Minute 2000 l, mögliche Warengeschwindigkeit 60 m pro Minute.)

Ähnliche Färbeapparaturen für die Kontinuefärbung von Stückware nach dem Pigmentklotz- oder Küpensäureverfahren liefern Gerber-Wansleben in Krefeld bzw. Haas in Lennep (vgl. Hagen: Melliand Textilber. **1953**, 202).

Als zusätzliche Färbeeinrichtung wird, insbesondere beim Färben von vollsynthetischen Fasern, vielfach Ultraschall empfohlen. Erfahrungen über den Erfolg solcher Vorrichtungen sind kaum vorhanden, es besteht jedoch kein Zweifel, daß die Beschallung von nativen Fasern zu unter Umständen schweren Faserschädigungen führt. Die notwendige Einrichtung ist überdies außerordentlich kostspielig[15]. Es wurde gefunden, daß die Beschallung bei Wolle- und Seidefärbevorgängen kaum Vorteile bietet, außerdem bei der Stückfärbung am Haspel fast unwirksam ist, da nur die direkt beschallten Teile Effekte zeigen. Bei Perlonfäden bzw. -geweben zeigten die affinen Küpenfarbstoffe unter Beschallung eine wesentliche Steigerung der Affinität.

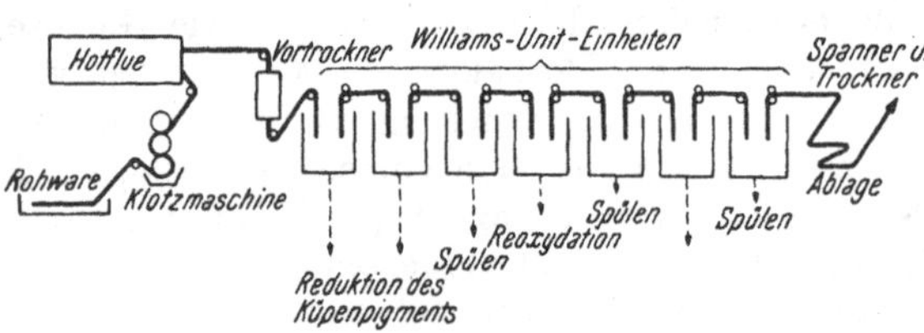

Abb. 53. Pad-Steam-Prozeß.

Das Färben bei hohem Druck und Temperaturen über 100° C (120 bis 130° C) in geschlossenen Färbeapparaten wird ebenfalls für vollsynthetische Kunstfäden vorgeschlagen. Erfahrungen, auch hinsichtlich Faserschädigung, liegen hier noch nicht in genügender Menge vor, um ein abschließendes Urteil zu geben. Die von der Uxbridge Co. entwickelten maschinellen Konstruktionen befinden sich noch im Entwicklungsstadium.

---

[14] Amer. Dyestuff Reporter **1948**, 304, **1947**, 256, bzw. Du Pont, Techn. Bull. **2**, 133 (1946), vgl. auch Ziegler: Melliand Textilber. **32**, 626 (1951).

[15] Vgl. Bräuer: Melliand Textilber. **32**, 701 (1951).

Steverlynck in Courtrai bzw. die Groningsche Ververij färben Fasern in Apparaten mit statischem Druck (static process), d. h. bei Temperaturen über 100° C.

Maschinen für derartige Färbungen, insbesondere also für die Färbung von synthetischen Fasern, bauen die Rodney Hunt Machine Co., Orange, Mass., Riggs, Lombard, Lowell, Mass., und die Hunter Machine Co., North Adams, Mass., USA. Vgl. HERRMANN: Melliand Textilber. **33,** 1110 (1952) bzw. die Obermaier-Konstruktion KAMG.

Besondere Färbeapparaturen werden für die Färbung gegen Brüche und Falten empfindlicher Stückware sowie von Samten verwendet. Die Naßbehandlung derartiger Ware, auch die Färbung, erfolgt auf sogenannten Sternreifen (vgl. S. 386). Dieselben bestehen aus radial von einer Platte ausgehenden Metallbändern mit Haken, in welchen die Bordüren oder Stücklisieren eingehakt werden können. Das Material, aus welchem die Sternreifen bestehen, ist meist V4A-Stahl, seltener Cu. Für empfindliche Samte sind Doppelsterne mit Mittelachse in Verwendung. Die Färbung erfolgt auf auf- und niedergehenden, durch Exzenter (vgl. S. 400) gesteuerten Hängebalken in Beton-, Holz- oder Metallrundbottichen (vgl. S. 425).

Die Färbung von Strümpfen wird noch immer für viele Qualitäten von Hand aus auf Holzwannen vorgenommen, die denen für die Garnfärbungen gleichen. Lediglich die Höhe ist der Ware angepaßt und beträgt 1 bis 1,1 m. Die Wannen sind oftmals mit Cu ausgeschlagen. Das Färben von Kunstseiden- und Seidenstrümpfen erfolgt auch, auf Stöcken hängend, in Kufen, wobei die Ware bzw. die auf Leisten ruhenden Stöcke von Ketten bzw. Rollen hin- und herbewegt werden. Beim Zusetzen genügt das Vermischen durch Aufdrehen des Dampfes, die Ware bleibt in der Flotte. Das Einführen der Zusatzmenge mittels Dampfes (zu beiden Seiten der Kufe) bedingt eine besonders gute Vermischung, hat aber den Nachteil, daß durch die Strömung die Ware aufgewirbelt wird und leicht Schlingenbildung auftritt.

Sehr bewährt haben sich für die Strumpffärberei (Perlon, Nylon) die Smith-Drum-Apparate mit rotierenden, in Fächer untergeteilten Trommeln, wobei die Ware in Netzen verpackt ist.

Eine ältere Methode ist das Färben von in Säcken verpackter Ware in Bottichen, wobei das Material mittels Injektors (Dampf oder Druckluft) in Bewegung gehalten wird. Die verwendeten Kufen sind durch Deckel verschlossen.

Obermaier bringt einen Strumpffärbeapparat nach dem Hängesystem Strumet heraus, die Röchling Stahl G. m. b. H., Wetzlar, baut einen Strumpffärbeapparat nach dem Rotorprinzip. Die Flotte wird also nicht mittels Propellers oder Pumpe, sondern mittels Rotors bewegt.

Interessant ist, daß aus kürzlich veröffentlichten Untersuchungen von Du Pont (Papers, presented at the technical conference on dyeing of "Orlon" and "Dacron", 1952) hervorgeht, daß man dort Gewebe aus den betreffenden Fasern im „Barotor" unter Druck färbte. Es handelt sich um eine vollständig neue, nach dem Rotorprinzip arbeitende Maschine.

Gewisse Sorten von Strumpfwaren (Kinderstrümpfe und billige Kommerzware) können im Packapparat gefärbt werden. Für Kunstseiden-, Reinseiden- und Nylonstrümpfe ist die Färbung in eigenen Apparatekonstruktionen üblich, von denen mit bestem Erfolg alle Typen empfohlen werden können, die der Bauart Weise (Abb. 54) ähneln. Hoffarth hat Strumpffärbeapparate mit bewegter Flotte und bewegtem Färbegut entwickelt, die ebenfalls gut arbeiten. Veraltet sind die raumfressenden Färberäder, in die eingesetzt die auf Stöcken hängenden Strümpfe durch die Flotte bewegt wurden. Then in Schwäbisch-Hall-Hessental baut einen

Apparat für Perlonstrümpfe (50 × 50 × 50 cm) für 1200 Paare (100 Dtz.). Die Ware liegt über Stäben. Ein Aufhängen ist unnötig[16].

Die Einbringung in die Färbeapparate erfolgt mittels Kran und vier Haken.

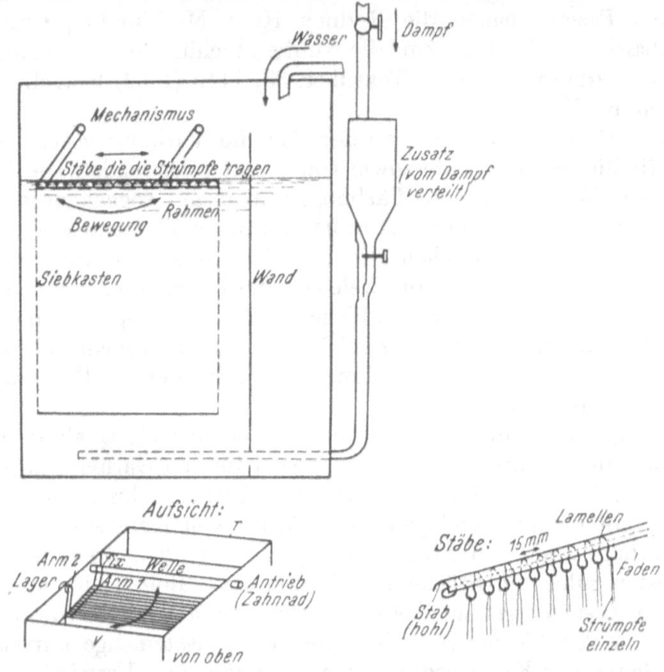

Abb. 54. Färbeapparat für Strümpfe nach dem Hängesystem. System Weise, betriebsmodifiziert. Der Einzelantrieb zeigt drei Schnelligkeiten, die langsamste beträgt zirka 15 × 1 m ⇄. Die Verteilung des Zusatzes erfolgt durch den einströmenden Dampf. Beschickung: 50 Dutzend, per Stab zirka bis 1¾ Dutzend. 1 Stab zirka 38 Lamellen. 35 Stäbe = eine Füllung. Bewegung nach vorne gleichmäßig (v), Bewegung nach rückwärts (r) mit Ruck (damit Spitzen besser untertauchen!).

Die Flottenbehälter sind vielfach aus V4A-Stahl oder mit diesem ausgekleidet. Der Rahmen, der die Ware trägt, besteht ebenfalls aus V4A-Stahl.

Es gibt selbstverständlich eine Unzahl nur in konstruktiven Kleinigkeiten abweichender Modelle, die ihre besonderen Meriten haben. Eine für alle Qualitäten gleich gut brauchbare Ausführung gibt es unserer Meinung nach nicht.

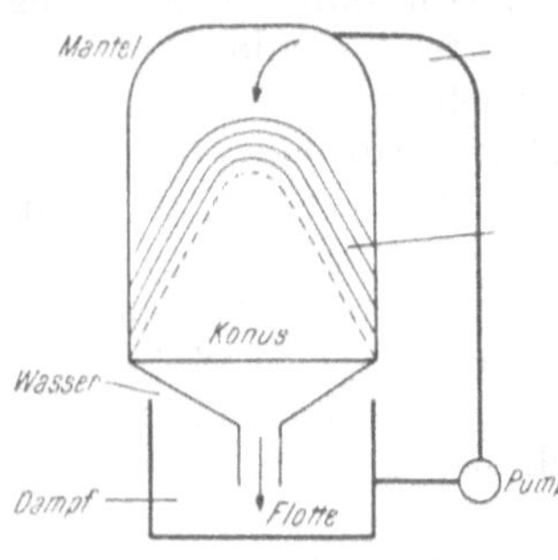

Abb. 55. Konusfärbeapparat für Hutstumpen.

In der Färbung von Hutstumpen hat ebenfalls eine Reihe von Färbeapparaturen Eingang gefunden. Am besten hat sich jene italienische Bauart bewährt, die als „Konustype" bekannt ist (vgl. Abb. 55). Die „Konustype" verhindert die Bildung von Falten in den Stumpen, die beim losen Färben eintreten.

Beschickung: Stumpen (18 bis 20 Stück für Damen), (7 bis 12 Stück für Herren).

Im nachfolgenden sind bekannte Typen schematisch skizziert, wie die von Hoffarth (Brünn, ČSR) zur Zeit gebaute und die von Obermaier (Neustadt, Deutschland). S. Pegg & Son (Leicester, England) liefert eine aus rostfreiem

[16] Vgl. Lint: Melliand Textilber. **32**, 959 (1951).

Stahl hergestellte Rundtype nach dem Schwimmsystem. Obermaier baut die bekannte „Dohup“-Type. Das Baumaterial ist V4A-Stahl (auch Haweg-Metall). Nickelin gibt Zn-Flecken. Wenn man V4A-Stahl verwendet, darf kein anderes Metall (Cu usw.) anwesend sein, da sonst eine Spannungsreihe entsteht, Metall in Lösung geht und die Farbtöne trübt.

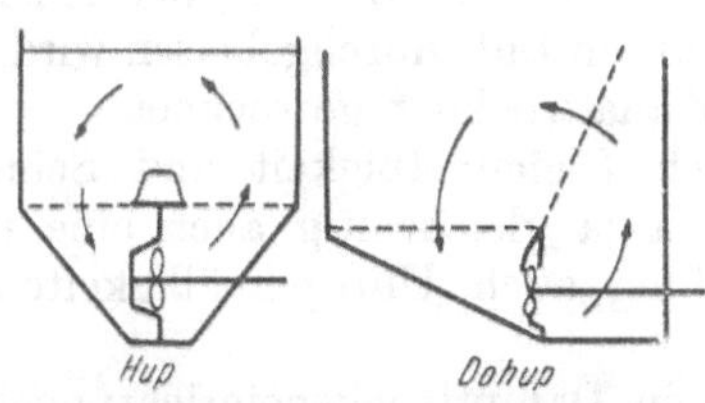

Abb. 56. Die Hup- und Dohup-Apparate von Obermaier für Hutstumpenfärbung (Propellerumdrehungen 1200/min).

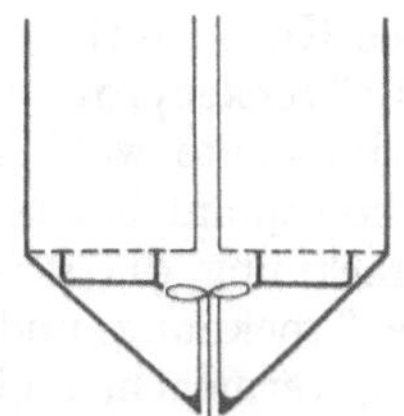

Abb. 57. Stumpenfärbeapparat nach Mezzera.

Im Apparat nach Mezzera, Milano, saugt ein drehender Propeller die Luft durch einen Siebboden nach unten und drückt sie durch ein rotierendes Siebsegment wieder hoch. Dadurch erfolgt ohne Richtungswechsel des Propellerumlaufs ein Abheben der Stumpen vom Boden und Einwirbeln in die Flotte. Propellerumdrehungen 1400 pro Minute (Abb. 57).

Eine Holzverkleidung von V4A-Teilen ist schlecht. Zufolge der verschieden großen Ausdehnung entstehen in der Holzverkleidung Risse, die Farbstoffflottenreste festhalten und neue Flotten verschmutzen.

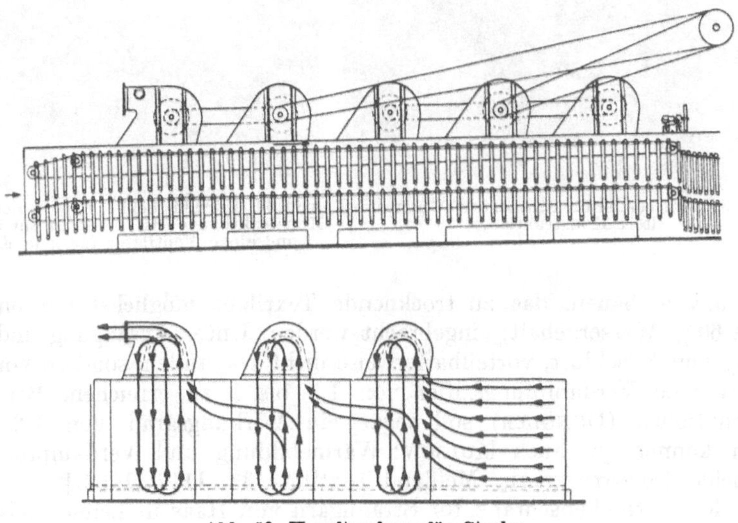

Abb. 58. Kanaltrockner für Strahn.

Einen speziellen Hinweis erfordern die in der Färberei verwendeten Einrichtungen zum Trocknen von Kreuzspulen, losem Material und Strahngarn. Stückware kommt als Crepe oder Trikot in Wanderhängen zum Trocknen, die andere Ware wird in der Appretur weiterbehandelt. Eine Ein-Etagen-Kurzschleifenhänge mit rotierenden Stäben, damit die Gewebe keine Stabmarke zeigen, hat Haas in Lennep entwickelt. Wird zum Trocknen von Garnen Dampf verwendet, so ist entweder eine Konstruktion anwendbar, in welcher das Strahngarn durch den

Trockner wandert (Abb. 58) (Kanaltrockner) oder in Abteilungen in Gestellen hängt (Abb. 59) und durch Luftzirkulation getrocknet wird. Loses Material kann in Hürden oder auf Wanderrosten getrocknet werden, Kreuzspulen kommen gleich Viskose-Spinnkuchen in Hürden zur Trocknung (s. Abb. 60). Für Kreuzspulentrocknung baut auch The Spooner Drying and Engineering Co. in Ilkley (England) ein neues leistungsfähiges Modell.

Neue Konstruktionen für loses Material sehen Bänder vor, bei denen zu Beginn des Trockenprozesses von oben nach unten Luft durchgeblasen wird. Stranggarn wird heute wohl ausnahmslos im Kanaltrockner getrocknet.

Viskosespinnkuchen geben hinsichtlich Gleichmäßigkeit und Schnelligkeit der Trocknung die größten Probleme, da ja gleichzeitig auch eine ungleichmäßige Trocknung und damit Entquellung auch Unregelmäßigkeiten in der Färbung verursachen können[17].

Für den thermischen Wirkungsgrad von Dampftrockeneinrichtungen ist die Verdampfungsziffer, das Verhältnis von kg Dampf zu kg verdampftem Wasser, maßgebend. Vor allem muß in den Kasten- und Kanaltrocknern, wie sie Obermaier, Haas in Lennep, die Zittauer Maschinen-

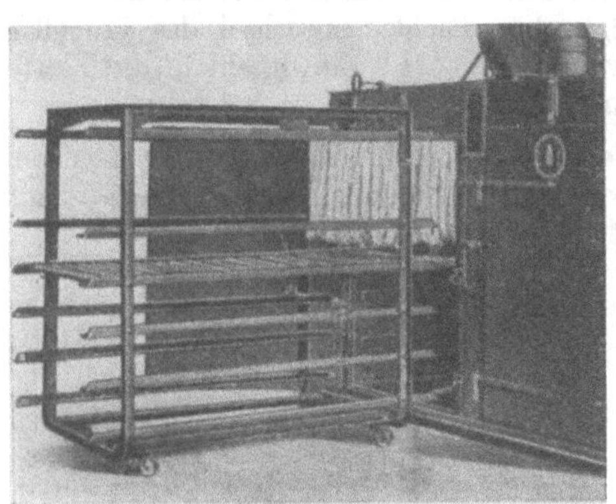

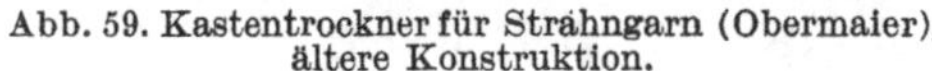

Abb. 59. Kastentrockner für Strähngarn (Obermaier), ältere Konstruktion.

Abb. 60. Hürdentrockner (Obermaier). Neueste Konstruktionen (RH) besitzen ein Heizsystem und einen Ventilator für jede Kammer.

fabrik u. v. a. bauen, das zu trocknende Textilgut möglichst gut entwässert (50 bis 60% Wassergehalt) eingebracht werden. Unter Ansaugung und Durchführung von Frischluft, vorteilhafterweise nicht von außen, sondern von Raumluft, ist eine Verdampfungsziffer von 1,5 bis 2 zu erreichen. Bei neueren Konstruktionen (Dungler) soll sogar ein Wirkungsgrad von 1,2 erreicht werden können [s. auch Mulsow: Wärmebildung und Verdampfungsziffern an Hochleistungstrocknern, Melliand Textilber. **33,** 1117 (1952)].

Ein Kastentrockenschrank für Strahngarn von Haas in Lennep leistete mit einer Verdampfungsziffer von 2,2 pro Tag 960 lbs. Garn pro Einsatz zu 240 lbs., also viermalige Beschickung bzw. zwei Stunden Trockendauer. Die Bedienung erfolgte durch zwei im Akkord entlohnte Arbeiter, die das Garn auch schwellierten und zu 20 lbs. packten und bezettelten. Im Modell ADLT hat Obermaier einen

---

[17] Best-Gorden: Textile Manufacturer **77,** 188 (1951). Vgl. Weltzien: Vortrag VTCC-Tagung 1951, referiert Melliand Textilber. **32,** 474 (1951); s. a. Sennhauser: Modern heat supply plant in the textile industry, Combustion Engineering, Oktober 1951, 285 ff., vgl. Clegg: Dyer **51,** 7 (1951).

Färbeapparat für Woll- und Zellwollkreuzspulen entwickelt, der nach Absaugen der gefärbten Spulen diese am Färbe-Materialträger zu trocknen gestattet.

Außer der Hochfrequenzheizung, über die nur spärliche Mitteilungen vorliegen, ist die Infrarottrocknung seit 1949 großtechnisch in Anwendung. Ihre Vor- und Nachteile sind noch in lebhafter Debatte[18]. Nach Angaben von PAUL und WILHELM sind bei Hochfrequenz- bzw. Infrarottrocknung zur Verdampfung von 1 kg Wasser zirka 1,5 kWh nötig[19].

Die Erwärmung der Textilien erfolgt mittels Strahlungskörper oder Lampen, die in gewisser Entfernung vom Textilgut und in gewisser Anordnung vorhanden sind. Bei Geweben beobachten manche Autoren eine Farbstoffmigration[20] durch zu rasche Trocknung der Oberfläche und damit ein Reibunechtwerden der Ware. Andere wieder loben die ausgezeichnete Tiefenwirkung der Infrarottrocknung und damit das rasche Trocknen.

Bewährt scheint sich die Anordnung einer Infrarotgewebevortrocknung zu haben, die an Krantz-Spannrahmen angebracht wurde. Sie gestattete für Reinwollgewebe eine Laufgeschwindigkeitserhöhung um 74 %, für Zellwolle um 31,7 %. Die Anlage besitzt etwa 100 bis 120 Strahler.

Bei der Trocknung von losem Material in einer sogenannten Tunnelanlage ist der Abstand der Strahler untereinander und der Abstand der Strahler vom Material wichtig.

Nach FOURNÉ ist die Infrarottrocknung nicht wirtschaftlich. Es kostet das Trocknen mit Dampf (1951) 10 pf pro kg entferntes Wasser, die Infrarottrocknung zirka 20 bis 25 pf und die Hochfrequenztrocknung (mit Tiefenwirkung, also günstig bei Textilgut, in welchem Farbmigration eintritt) 25 bis 70 pf.

Kürzlich wurden in eingehenden Untersuchungen von ALEXANDER und MEEK[21] die Vorteile der Hochfrequenztrocknung gegenüber der Infrarottrocknung durch Messung des Energieverbrauchs beim Trocknen von Wolle, Ardil, Lanital, Baumwolle, Reyon, Nylon, Terylen usw. hervorgehoben.

Die Migration von Flüssigkeiten während des Trockenvorganges, die vielfach die Wanderung von Farbstoffen, Pigmenten oder Harzeinlagerungen mitbedingt, kann durch eine weitgehende Entwässerung des Textilgutes vor dem Trocknen und Vermeidung zu hoher Trocknungstemperaturen außerordentlich erschwert werden. Nach PRESTON und BENNET [J. Soc. Dyers Colour. **67**, 101 (1951)] liegen die gefährlichen Werte für Wolle bei 36 % Flüssigkeitsgehalt und mehr; Viskosereyon 40 %, Baumwolle 21 % und Nylon etwa 10 %.

---

[18] BERLEPSCH-VALENDAS: Melliand Textilber. **31**, 710 (1950), oder Skinners Silk Rayon Record August 1951. SCHNEIDER: Melliand Textilber. **31**, 284 (1950) bzw. Kunstseide und Zellwolle **28**, 264 (1950).

[19] PAUL, WILHELM: Textile Research J. **18**, 573 (1948).

[20] SPEKE: Dyer **105**, 365 (1951).

[21] J. Soc. Dyers Colour. **66**, 530 (1950), vgl. THOMAS: J. Textile Inst. **42**, 703 (1951).

V. Unfallverhütungsmaßnahmen

Abgesehen von den für alle Betriebe hinreichend bekannten Maßnahmen, die das Bedienungspersonal von Maschinen gegen Körperschäden und Unfälle schützen (Riemenschutz, Schutz bei Motoranlassern usw.), ist in der Färberei die Gefährdung der Gesundheit durch Nässe bzw. ständige Wasserdampfeinwirkung auf den Körper sowie durch Chemikalien gegeben[22].

Vor allem ist der Klinkerfußboden der Färbereien stets naß. Deshalb tragen die Beschäftigten vielfach Pantoffel mit dicken Holzsohlen und umwickeln die Füße mit Fußtüchern. Lederschuhe sind meist bald durchnäßt, Schuhe mit Gummisohlen wegen der Gefahr des Ausgleitens nicht geeignet. Ein Belegen des Klinkerbodens mit Holzrosten verhindert, daß die Belegschaft direkt auf dem oft überfluteten Boden gehen muß. Die Roste müssen auf morsche Stellen geprüft werden, um Stürze zu vermeiden. Bei Waschmaschinen Tätige, die oft Ware, von welcher das Wasser abfließt, tragen oder bewegen müssen, schützt man am besten durch ölgetränkte oder Gummischürzen, die Ober- und Unterkörper bedecken und hohe Stulpstiefel (Kanalräumerstiefel). Arbeiter an Kaskadenwaschmaschinen oder Spritzrohren werden mit Gummianzügen ausgerüstet.

Gegen Verbrennungen oder Verbrühungen mit heißen Flotten gibt es natürlich als hauptsächlichsten Schutz nur die Selbstvorsicht und genügend große Abflußkanäle.

Beim Abfüllen von Säuren oder Laugelösungen tragen die Arbeiter stets Schutzbrillen, eventuell sogar Gummihandschuhe. Die Säuren oder Laugen befinden sich in Glasballons auf Kippwagen. Ein Abfüllen aus Korbflaschen ohne Kippvorrichtung ist unbedingt gefahrenbringend.

Wichtig sind die Schutzbrille und der Gummihandschuh für jene Leute, die erschwerte oder zu erschwerende Reinseide in die ätzenden Pinken einlegen müssen. Der Pinkraum, dessen Luft stark säurehaltig ist, soll ständig gut ventiliert werden. Am Verschleiß der Ventilatoren erkennt man im übrigen die ätzende Wirkung der Atmosphäre derartiger Arbeitsräume.

Schutzbrille und Gummihandschuhe sind auch für jene Arbeiter notwendig, die Ätznatron oder konzentriertes Schwefelnatrium, welche, in Trommeln eingegossen, in die Färberei geliefert werden, durch Hämmer in der Trommel zerschlagen und für den Gebrauch vorbereiten.

Respiratoren sind notwendig für die mit der Farbstoffausgabe beschäftigten Leute, um eine Verlegung der Atemwege mit Farbstoffstaub zu vermeiden. Eine entsprechende dicht schließende Schutzkleidung und Kopfbedeckung ergänzt hier die Ausrüstung.

Bei der Naphtolrotfärberei wurde darauf hingewiesen, daß bei einer gewissen Empfindlichkeit Hautausschläge auftreten. Sie lassen sich durch Vorfetten bzw. Einschmieren mit Pellidolsalbe (s. S. 192) beseitigen. Jetzt wird Casantinsalbe (Cassella), ein N-Diäthylaminoäthylphenthiazinchlorhydrat, empfohlen. Allergisches Asthma durch Diazoniumsalze kommt vor. Auch Respiratoren geben hier keinen Schutz.

Wichtig sind die Beobachtungen der Vorsichtsmaßnahmen bei Zentrifugen. Vor allem muß das oft geübte Hineingreifen in noch rotierende Zentrifugenkörbe oder die Beschleunigung der Abbremsung desselben von Hand aus abgestellt werden.

---

[22] Vgl. Rothmund: Textil-Praxis **6**, 328 (1951) bzw. Kohl: Textil-Praxis **6**, 338 (1951), und Wagner: Textil-Praxis **6**, 357 (1951).

Rheumaerkrankungen sind unter der Berufsklasse von Färbereiarbeitern sehr verbreitet und führen sich auf den ständigen Aufenthalt in nassen Räumen zurück. Man kann den in den Wintermonaten eintretenden Nebel bzw. die Dampfschwadenbildung in der Färberei wesentlich einschränken, indem man mit geschlossenen Kufen oder Jiggern bzw. Färbeapparaten arbeitet und Warmluft in die Arbeitsräume einbläst. Die früher sehr viel gebrauchten Laternen (Abb. 61) nützen wenig. Durch sie dringt nur kalte Luft in den Raum, die zur Nebelbildung Anlaß gibt.

Bei entsprechender Umluft, Einführung von vorgewärmter Luft und moderner Apparatur sind die früher zu vielfachen Unfällen durch Unsichtigkeit Anlaß gebenden Dampfschwaden verschwunden.

In neuerer Zeit wird die Kondensationswärme bei derartigen Anlagen zur Vorwärmung der Frischluft verwendet.

In vielen Laboratorien sind Untersuchungslampen (Quarzlampen) mit UV-Strahlern in Betrieb. Auch Hg-Dampf-Stablampen in Fabrikräumen zur Kontrolle von Gewebebehandlungen sind vorhanden. Bei längerem Schauen in die Lichtquellen, bei empfindlichen Personen auch schon nach kurzer Zeit, werden oft Schwellungen der Augen usf. festgestellt[23]. Eine entsprechende Abschirmung und eingehende Belehrung des Bedienungspersonals ist nötig, um gesundheitliche Schäden zu vermeiden.

Abb. 61. Dachlaterne.

Noch ein Rat: Es ist Sitte, daß sich die Färbereiarbeiter ihre durch Farbstoff beschmutzten Hände mit Chlorkalklösung waschen und säubern. Diese Art der Reinigung hilft zwar radikal, aber eben so radikal, daß sie die Epidermis angreift und zu übermäßiger Schweißabsonderung der Hände führt. Man soll dies daher nicht zulassen.

Es ist selbstverständlich, daß man noch aus verschiedensten Anlässen zu Schutzmaßnahmen greifen muß: z. B. gegen das Einatmen nitroser Gase beim Diazotieren von Entwicklungsfarbstoffen, beim Mercerisieren mit starker Natronlauge, Anilinschwarzfärbung usw.

Aus Raumgründen konnten hier nur wichtigste Hinweise gegeben werden. Über die Verhütung von Bränden vgl. S. 128 bzw. SUTER: Textil-Rundschau 7, 222 (1952).

VI. Betriebswirtschaft und Kalkulation

Alle Betriebe, insbesondere jedoch Färbereien, können durch strenge Betriebsüberwachung und genaue Kalkulation wesentliche Ersparnisse erzielen.

Gehört die Färberei einem vertikal gegliederten Unternehmen an, dann ist es für die Wirtschaftlichkeit derselben unbedingt notwendig, soviel Material wie möglich auf Apparaten zu bleichen und zu färben. Dies gilt hauptsächlich für Buntwebereien, welche Baumwolle, Zellwolle oder Kunstseide verarbeiten. Der Gebrauch stehender Bäder ist für dunkle Töne obligatorisch. (Naturgemäß ist die Anzahl der Färbungen am Standbad begrenzt.) In welcher Weise, ohne Berücksichtigung der durch die kurzen Flotten bedingten Einsparungen an Farbstoff und Chemikalien, Dampf und Wasserkosten, allein das Färben auf Apparaten durch die Verwendung nicht gehaspelter Rohware bzw. Arbeitslohneinsparung billiger ist als das Färben im Strahn, zeigt für eine Buntweberei die Tab. 1, S. 85.

[23] S. a. Umschau 1951, Heft 24, 744.

Abb. 62 gibt einen Überblick, wieweit die Mechanisierung der Färbung vorgetrieben werden kann. Vom Schuß wurden nur 8%, von der Kette lediglich 10% im Strahn von Hand aus gefärbt.

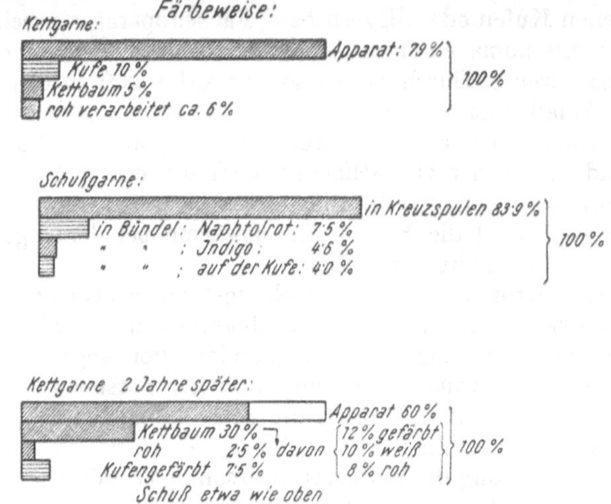

Abb. 62. Färbeweise des Materials in einer großen Buntweberei.

Eine weitere Aufstellung zeigt die Lohn-, Strom- und Dampfkosten eines derart weitgehend mechanisierten Färbereibetriebes.

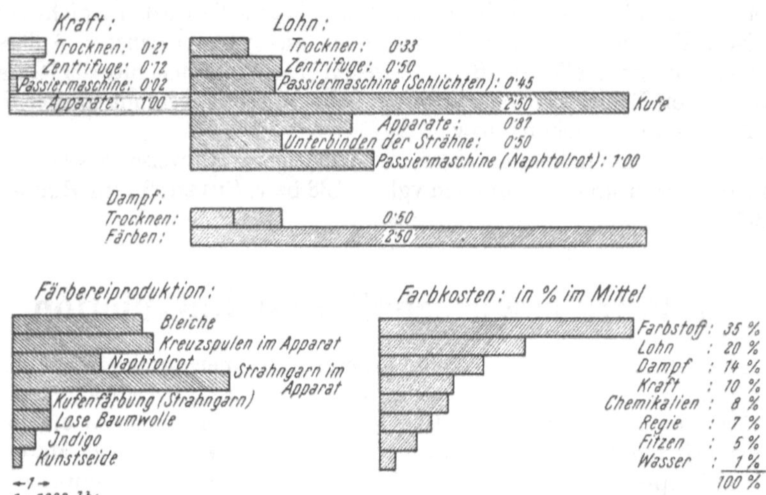

Abb. 63. Durchschnittskosten in der Färberei einer großen Buntweberei (holl. fl. 1930). Mittlere Dampf-, Kraft- und Arbeitskosten für die verschiedenen Färbeweisen (Standardwerte).

Für die Kalkulation wichtig ist die Beigabe einer Drucksorte zu jeder in die Verarbeitung gehenden Partie, in der der Vorarbeiter oder Meister jeweils Arbeitszeit, Maschine, Chemikalien- und Farbstoffverbrauch usw. einträgt. Ein Ausfallmuster wird angeheftet. Bewährte „Partiezettel" sind illustriert (Abb. 64). Auf Grund derartiger Unterlagen ist es dann leicht möglich, Färbekosten für bestimmte Partien oder Zeiträume festzustellen.

Partiezettel (der mit der Ware läuft) für die Erschwerung

Partie Nr. 810	Stück: 25	Rohgewicht: 47,2 kg

Farbe:

Erschwerung: 30/40

	Datum	Stunde	Name
Übernommen:			
Ausgefertigt:			
Tambouriert:			
Geheftet:			
Abgekocht:			
Vom Abkochen übernommen (Waschmaschine):			
Charge (eingelangt):			
I. Zinn			
I. Phosphat			
II. Zinn			
II. Phosphat			
III. Zinn			
III. Phosphat			
Wasserglas:			

	Sn Cl_4
	Phosphat
	Seife
	Lauge
	Wasserglas Bé
	Ammoniak
	Soda

Auf der umstehenden Seite findet sich die genaue Aufstellung der einzelnen Stücke nach folgender Liste:

Datum... Firma... Farbe... Qualität Nr. ... Qualitätsname... Fabriksnummer... Stückgewicht, Farbe, Erschwerungssatz.

Zum Beispiel:

18. III.	1788, 1266,	Georgette,	456765, 1,67	schwarz	30/40
18. III.	1876, 1265,	„	456766, 1,64	blau	30/40

Unten: Stücke 25. 47,2 kg.

Abb. 64a. *Partiezettel für Färberei und Appretur*

Ring Nr. Masch. Nr. Jigger Nr.	Inhalt:	Bad: Frisch alt	Temperatur		Ausgabe:	Beginn:	Waschen:	Fertig:

Farbstoffe:	Muster	lt.	kg	Preis	Summe
Gefärbt mit 2. Masch. Nr. Bemerkungen:		Farbstoffverbrauch			

Chemikalien	Preis	Summe
Seife		
Soda		
Glaubersalz		
Ameisen-/Essig- Säure		
Weichöl		
Salmiak		
Chemikalienverbrauch		

Kalkulation	S	g
Manipulationsquote		
Abkochquote		
Bleichquote		
Färberei, Std. à ...... g		
Appretur, Std. à ...... g		
...... % Regie		
Farbstoffverbrauch		
Chemikalienverbrauch		
Appreturmater.		
Summe		
Kosten	per kg:	
	per m:	

Abb. 64 b. *Partiezettel für Färberei und Appretur*

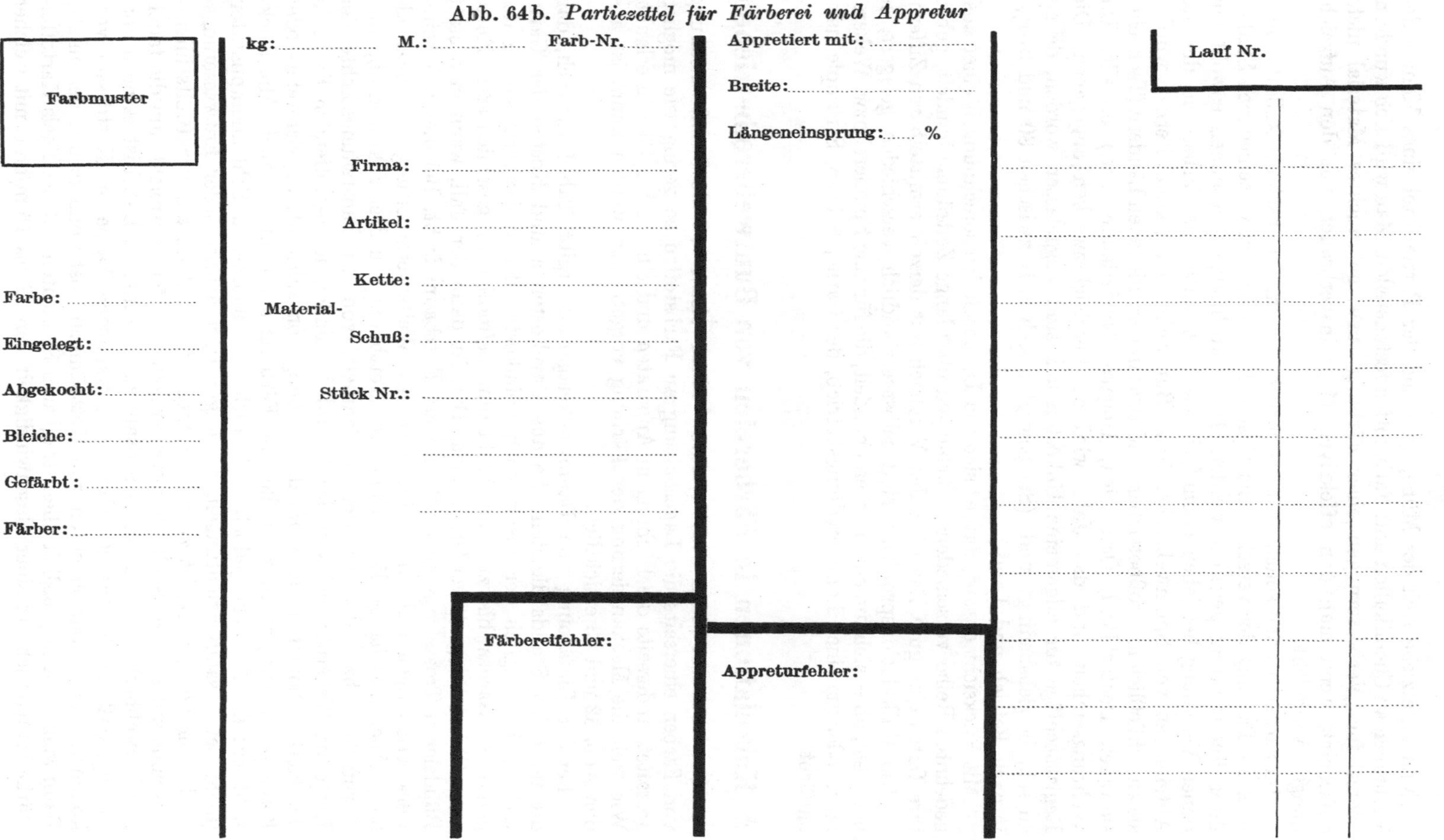
Farbmuster

Farbe:

Eingelegt:

Abgekocht:

Bleiche:

Gefärbt:

Färber:

kg: M.: Farb-Nr.

Firma:

Artikel:

Material- Kette:

Schuß:

Stück Nr.:

Färbereifehler:

Appretiert mit:

Breite:

Längeneinsprung: %

Appreturfehler:

Lauf Nr.

Man unterziehe sich der Mühe, an Hand der Partiezettel eines Monats den Verbrauch an Chemikalien und Farbstoffen festzustellen. Man wird sich wundern, wieviel für „Verbesserungen einer Färbung" usw. gebrauchtes Material nicht aufscheint, wenn man den effektiven Magazinsverbrauch mit den Aufzeichnungen vergleicht.

Im nachstehenden sollen in übersichtlicher Form Durchschnittskalkulationen über die Färbung der verschiedenartigsten Textilfasern in verschiedenen Stadien ihrer Verarbeitung gegeben werden. Die Berechnungen stammen sowohl aus reinen Veredlungsbetrieben (Lohnfärbereien) als auch aus Färbereien, die nur Abteilungen von Spinnwebereien bzw. Buntwebereien waren. Ferner wurden sie ausschließlich in Großbetrieben, und zwar in verschiedenen Ländern (Tschechoslowakei, Deutschland, Österreich, Ungarn, Niederlande usw.) erstellt. Die Währungseinheit und das Jahr wird zu Vergleichszwecken angegeben. Die Regiezuschläge für allgemeine Unkosten usf. sind weggelassen worden, da sie zu sehr betriebsbedingt sind. (Sie bewegten sich z. B. zwischen 80 und 270%, je nach Betrieb und Land.)

Mit Rücksicht darauf, daß es sich um Durchschnittsberechnungen einer ausgedehnten Reihe verschiedener Färbungen über lange Zeiträume handelt, geben ihre Daten eine gute Basis für den Vergleich mit derzeit ermittelbaren Ziffern.

Die Kalkulationsprobleme sind selbstverständlich verschieden gelagert, je nachdem, ob es sich um eine Färberei handelt, die für eine Spinnerei bzw. Weberei färbt, oder um einen Lohnveredlungsbetrieb, der Garne, Stücke, Strümpfe usw. einfärbt.

A. Kalkulationen in Färbereien von Buntwebereibetrieben

Hier ist es vor allem wichtig, darauf hinzuweisen, daß die Standardisierung von Farben einerseits die Lagerhaltung an Farbstoffen so gering wie möglich gestaltet, anderseits die Färbung in Apparaten und ein rasches Färben erlaubt. Wie weit die Mechanisierung der Färbung vorgetrieben werden kann, ist aus den Abb. 62 und 63 ersichtlich.

Bei der Einfärbung von Baumwollkettgarnen ergibt Tab. 1 deutlich, daß die normalen Standardkosten, die aus Garnkosten a und Kosten der Garnfärbung b zuzüglich der zusätzlichen Lohnkosten der Weiterverarbeitung des gefärbten Garnes bis zur am Webbaum befindlichen, geschlichteten Kette wesentlich verringert werden können. Dies ist dann der Fall, wenn man statt Bündelgarn Trosselcops einkauft und am Kettbaum färbt. Bei dieser Arbeitsweise erniedrigen sich die Lohnkosten der Weiterverarbeitung um mehr als 50%. Allerdings hängt die Färbung am Kettbaum von drei Faktoren ab, vom Garnfarbton bzw. der geforderten Echtheit, von der Einstellungsdichte der Kette am Webstuhl und von der Anzahl der Fäden der betreffenden Farbe in der Kette. Handelt es sich um die Färbung von substantiven, Schwefel- oder Küpenfarbstoffen, so ist zweifellos die Färbung am Baum möglich. Mit Rücksicht auf die Tatsache jedoch, daß auch bei modernsten Schleuderapparaten (nicht bei Absaugvorrichtungen, die ungünstiger arbeiten) der Entwässerungseffekt um 120% liegt, ist zu untersuchen, ob der dann auf der Breitschlichtmaschine mit starken Schlichteflotten erzielbare Effekt ausreicht, um die tadellose Verwebbarkeit der Ketten am Stuhl zu garantieren. Dabei ist es noch notwendig, daß mindestens 300 Fäden der fraglichen Farbe im Kettdessin vorkommen. Beim Breitschlichten von Kettbäumen, insbesondere mit den in der Baumwollindustrie preislich allein tragbaren Schlichten auf der Basis Kartoffelstärke ist nämlich bei einer Geschwindigkeit von 12 bis 15 m/min, mit welcher

Tabelle 1. *Vergleichsweise Gestehungskosten gefärbter Ketten- oder Schußgarne auf Webbaum oder Schußcops (Kannetten) je nach Verarbeitung und Färbung (alles in holl. cts 1929)*

1. Standard. Garnfärbung für Kette (für Garn Nr. 16 metrisch):

Einkauf	Bündelgarn →	färben →	Schlichten a. d. Passiermaschine →	Kreuzspulen →	schären	Total:	a + b + 8,7 (zusätzl. Kosten: 8,7; S = a + b)
Preis:	a	b	5,0	2,5	1,2		

2. Kettbaumfärbung:

Einkauf	Trosselcops →	Kreuzspulen →	Zetteln →	färben →	breitschlichten	Total:	a + b + 4,1
Preis:	a — 3,5	1,6	1,0	b — 1,0	6,0		

3. Einkauf Bündelgarn → färben → Kreuzspulen → zetteln → breitschlichten

Einkauf	Bündelgarn →	färben →	Kreuzspulen →	zetteln →	breitschlichten	Total:	a + b + 7,6
Preis:	a	b — 1,0	1,6	1,0	6,0		

4. Schuß im Bündel: via Leesonamaschine kannettiert:

Einkauf	Bündelgarn →	färben →	Kreuzspulen →	kannettieren	Total:	a + b + 4,5
Preis:	a	b	2,5	2,0		

5. Wie oben, via Schlafhorstmaschine kannettiert:

Einkauf	Bündelgarn →	färben →	kannettieren	Total:	a + b + 8,0 (S = a + b)
Preis:	a	b	8,0		

6. Einkauf Trosselcops → Kreuzspulen → färben → kannettieren

Einkauf	Trosselcops →	Kreuzspulen →	färben →	kannettieren	Total:	a + b — 0,4
Preis:	a — 3,5	1,6	b — 0,5	2,0		

a = Preis des Garns im Bündel.

b = Färbekosten des Bündels aus der Wanne.

die Ketten den Trog passieren, oft nur eine Tauchzeit von 1 Sekunde vorhanden. Diese reicht dann oft nicht aus, dem Faden Gelegenheit zu geben, genügend Schlichte aufzunehmen. Insbesondere naphtolrot gefärbte Ketten, die an sich schon Spezialschlichten benötigen, können kaum vorteilhaft so eingefärbt werden, ganz abgesehen davon, daß die Färbung am Baum oder in der Kette selbst wieder eine gewisse Substantivität des Naphtols verlangt.

Einsparungen, die man hier nämlich nur auf Kosten der Verwebbarkeit machen kann, sind keine, da der Verlust bei schlechtem Abweben ein Vielfaches der eingesparten Kosten in der Vorbereitung beträgt.

Beim Einfärben von Schußgarn hingegen fällt die Schwierigkeit der Beurteilung des Schlichteeinflusses weg, da das Schußgarn ja unpräpariert verarbeitet wird. Hier ist die Entscheidung lediglich auf Grund des verlangten Farbtons, der Echtheit und des zu färbenden Materials zu treffen. Bei modernen Anlagen lassen sich hier bis 100% der zusätzlichen Lohnkosten einsparen.

Auch die Garnnummer ist selbstverständlich von Einfluß auf die Kosteneinsparungsmöglichkeiten, insbesondere in der Kettfärbung, wie die gezeigte Tab. 1 ebenfalls veranschaulicht.

	1. Kette Standard	S	= 100%		
Einsparung:	2. „	S — 4,6	= 54%	der zusätzlichen Kosten (Kosten über a + b)	
	3. „	S — 1,1	= 13%	„ „ „	
	5. Schuß Standard	S	= 100%		
	4. „	S — 3,5	= 44%	der zusätzlichen Kosten	
	6. „	S — 8,4	= 100%	„ „ „	

für Garn Nr. 28 betragen die Werte:

1. a ——→ b —→ 5 —→ 6 ——→ 2,5	Total	a + b + 13,5	= Standard S
2. a — 6,5 → 2 —→ 1,5 —→ b — 1 —→ 6,0	„	a + b + 2,0	
3. a ——→ b —→ 2 —→ 1,5 ——→ 6,0	„	a + b + 9,5	
4. a ——→ b —→ 6 —→ 4	„	a + b + 10,0	
5. a ——→ b —→ 12	„	a + b + 12,0	= Standard S_1
6. a — 6,5 → 2 —→ b — 0,5 —→ 4	„	a + b — 1,0	

	1. Kette Standard	S	= 100%	
Einsparung:	2. „	S — 11,5	= 80%	der zusätzlichen Kosten
	3. „	S — 9,5	= 70%	„ „ „
	5. Schuß Standard	S_1	= 100%	
Einsparung:	4. „	S — 2,0	= 20%	der zusätzlichen Kosten
	6. „	S — 11,0	= 110%	„ „ „

Im Anschluß daran wird die Jahreskalkulation einer Färberei gebracht, welche einer niederländischen Buntweberei angegliedert war, die für den Inlandsmarkt, aber auch für die Kolonien arbeitete.

Abgesehen davon, daß die Aufstellung wieder die außerordentlich starke Mechanisierung des Färbereibetriebes zeigt, werden die Färbereileistung und Kosten auf ein Jahr verteilt und ergeben daher einen guten Durchschnittswert.

Die Regien erstrecken sich nur auf die anteilmäßige Belastung der Färberei mit den Dampfkosten.

Allgemeine Regien wurden, um das Bild nicht zu verwischen, nicht aufgeschlagen.

Jahreskalkulation der Färberei einer Buntweberei und Appretur

(Preise in holl. Gulden vor 1937)

Verteilung der Färbeweise:	Kette im Strahn am Apparat	79%
	im Kettbaum am Apparat	10%
	auf der Wanne	11%
		100%
	Schuß im Strahn am Apparat	84%
	Naphtolrot im Strahn	8%
	an der Handküpe und Wanne ..	8%
		100%

Also zirka 85% auf Färbeapparaten und nur 15% händisch.

Verarbeitete Mengen (in engl. lbs.):

Baumwolle, lose	77409 lbs.
Schlauchcops für Decken ..	7695 „
Bleiche (Baumwolle)	168225 „
Couleuren (Baumwolle)	512584 „
Kunstseide im Strahn	23125 „
	789038 lbs. = 357916 kg

Farbstoffe und Chemikalien	60664,70 holl. fl.
Arbeitslöhne der Färberei und Trocknerei .	18850,53 „ „
60% vom Heizerlohn (1658,72 holl. fl.) und vom Kohlenverbrauch (21272,29 holl. fl.)	13758,60 „ „
	93273,83 holl. fl.

Daher per lbs.:	Farbstoff und Chemikalien	7,92 holl. ct.
	Lohn	2,39 „ „
	Dampf	1,75 „ „
		12,06 holl. ct. = 0,12 holl. fl./lbs.
per kg:	Farbstoff und Chemikalien	1,70 holl. ct.
	Lohn	0,53 „ „
	Dampf	0,39 „ „
		2,62 holl. ct. = 0,262 holl. fl.

B. Kalkulationen der Färberei eines Vertikalbetriebes (Spinnerei, Weberei, Färberei)

Ein Betrieb, der neben den losen Materialien auch Garne und fertige Stückware (Tücher, Damen- und Herrenstoffe usw.) einfärbte, gibt ein gutes Bild einer Färberei, die in den verschiedensten Echtheiten und Partiengrößen ausrüstet. Die Kalkulation wurde teils in Schweizer Franken, teils in tschechoslowakischen Kronen (čK) vorgenommen. Auch hier wurden Jahresmittelkosten erfaßt und nur die der Färberei effektiv anfallenden Dampf- und Kraftkosten aufgeschlagen. Die Angabe der jeweiligen mittleren Farbtiefe bzw. Färbeweise soll die festgestellten Kosten noch besser illustrieren.

Wie schon bei der Kalkulation vorher, ist auch hier eine Berechnung über einen größeren Arbeitszeitraum erfolgt. Dies ist deshalb wichtig, weil die so ermittelten Ziffern etwas von der Zufälligkeit verlieren, die die Durchrechnung bestimmter Färbepartien zeigen. Es kommt nämlich bei letzterer Art dann allzusehr auf den Farbton bzw. die Kunst des Färbers an und die ermittelten Werte geben oft ein falsches Bild. Es ist daher, abgesehen von bestimmten Färbevorgängen (Küpenfärbungen, Bleiche usw.) stets versucht worden, Mittelwerte zu geben, da allein diese eine vorsichtige Schätzung künftiger Kosten bzw. einen Vergleich von Betrieben untereinander zulassen.

Preisberechnung der Farbkosten in einer Färberei mit Spinnerei und Appretur

I. Reinwollstückware

a) Reinwollcachenez mit Chromschwarz gefärbten, eingewebten Randstreifen in den Farben: Marine, blau, dunkelgrün, schwarz, scharlach, bordeauxrot und saftgrün:
Gefärbt auf der offenen Haspel-Kufe, Flotte 1 : 30.
Mittlere Farbtiefe: Schwarz 10%, Couleuren 3,2 bis 8%.
Partiengröße 9 bis 27 kg = 60 bis 180 Tücher.
Mittelpreis in Schweizer Franken (1934), (nur für Farbstoffkosten) schwarz 0,375, Couleur 0,30.

b) Damenstückware, Reinwolle in Modefarben:
Gefärbt auf der offenen Kufe, mittlere Licht- und Tragechtheit, Flotte 1 : 25.
Partiengröße 20 kg.
Mittlere Farbtiefe 2,5 bis 4%.
Mittelpreis in Schweizer Franken (1934), (nur für Farbstoff) 0,60.

c) Kammgarnstückware, bessere Echtheit (Radiofarbstoffe):
Gefärbt auf offener Kufe, Flotte 1 : 25%.
Mittlere Farbtiefe 4 bis 7%, Farben: Dunkelbraun, marine, dunkelgrün.
Partiengröße 20 bis 40 kg.
Farbstoffmittelpreis in Schweizer Franken (1926) 0,60.

d) Kammgarnstückware, nachchromiert, echt:
Gefärbt auf offener Kufe, Flotte 1 : 30 %.
Schwarz, mittlere Farbtiefe 6,6%, Couleur, mittlere Farbtiefe 4 bis 8% (dunkle Töne).
Farbstoffmittelpreis in Schweizer Franken (1926) 0,58 schwarz, 0,65 Couleur.

e) Melton- und Velourstückware, saures Schwarz:
Gefärbt auf offener Kufe, Flotte 1 : 30.
Mittlere Farbtiefe 13,5% (schwarz).
Partiengröße 50 bis 80 kg.
Preis in Schweizer Franken (1926) 0,53.
Preise für 1 kg Ware.

II. Halbwollstückware

a) Lambergains, einbadig, am offenen Haspel gefärbt:
Mittlere Partiengröße 30 kg. Flotte 1 : 30.
Blau, rot, grün. Mittlere Farbtiefe 3,7% (2,2 bis 5,2).
Mittlerer Farbstoffpreis in Schweizer Franken (1926) 2,70.

b) Halbwollponchos (Südamerikaexport), drap bis braun einbadig, grasgrün zweibadig.
Offener Haspel. Flotte 1 : 30. Mittlere Partiengröße zirka 30 bis 40 kg.
Mittlere Farbtiefe: 2,5 bis 3%.
Mittlerer Farbpreis in Schweizer Franken (1926) 0,90 (drap bis braun)

c) Halbwollcachenez, zweibadig, in offener Haspelkufe.
Mittlere Partiengröße 10 kg. Flotte 1 : 40.
Mittlerer Farbstoffpreis in Schweizer Franken (1926) 0,75.

d) Damenkleiderstoffe, zweifärbig, zweibadig, auf offener Haspelkufe.
Mittlere Partiengröße 20 kg. Flotte 1 : 35.
Farbstoffpreis im Mittel in Schweizer Franken (1926) 0,45.
Preise für 1 kg Ware.

Kalkulation in tschechoslowakischen Kronen (čK.) 1927

Material	Farbton	Farbstoffe	Lohn	im Mittel, Monatskosten, aufgeteilt auf kg Ware Dampf, Kraft	Summe kg
Wollcachenez	Couleuren	3,90	0,80	1,55	6,25
Halbwolltücher	schwarz	2,90	1,20	1,55	5,65
Halbwolltücher	Couleuren	1,60	1,20	1,55	4,35
Halbwolltücher	dunkle Töne	5,90	1,20	1,55	8,90
Kammgarne,	chromgefärbt	8,20	1,00	1,55	10,75
Kammgarne, Apparat	sauer	4,80	0,50	1,55	6,85
Kammgarne, Apparat	schwarz	3,50	0,50	1,55	5,55
Velour	schwarz	3,70	0,70	1,55	5,95
Wollgarn	walkecht	2,50	0,92	1,55	4,97
Effektgarne	hell	2,30	0,92	1,55	4,77
Effektgarne	mittel	3,60	0,90	1,55	6,05
Effektgarne	dunkel	4,70	1,00	1,55	7,25
Wollgarne, Kammgarn					
28/1 Apparat		4,80	0,40	1,55	6,75
16/2 Kufe	dunkel	3,00	1,00	1,55	5,55
Baumwolle 2½	dunkel	4,30	1,20	1,55	7,06
Baumwolle 3½	dunkel	6,50	1,00	1,55	9,05
Jute	dunkel	1,60	1,00	1,55	4,15
Wolle, lose, Apparat	hell	0,70	0,50	1,55	2,75
Wolle, lose, Apparat	mittel	3,00	0,50	1,55	5,05
Wolle, lose, Apparat	dunkel	4,70	0,50	1,55	6,75
Baumwolle, lose, Apparat	hell	1,50	1,20	1,55	4,25
Baumwolle, lose, Apparat	mittel	11,20	1,20	1,55	13,95
Baumwolle, lose, Apparat	dunkel	14,00	1,20	1,55	16,75

III. Wollgarnfärbung
(Preise pro kg)

1. Kammgarne, saure Färbung mittlerer Echtheit:
   Apparatfärbung (Hoffarth), mittlere Farbtiefe 5%, dunkle Töne (grau, braun, marine).
   Mittelpreis in Schweizer Franken (1926) 1,00 (nur Farbstoff).
2. Effektgarne für Tücher, walkecht:
   Partiengröße 20 bis 30 kg. Färbung auf der Kufe.
   Mittlere Farbtiefe 3,30%.
   Mittelpreis in Schweizer Franken (1926) 0,70.
3. 7/2 Wollgarne für Wollstoffe, buntgewebt, Walkware:
   Kufenfärbungen, mittlere Partiengröße 20 bis 30 kg.
   Rot, gelb, orange, bordeauxrot, pfaublau, grau, dunkelblau.
   Mittlere Farbtiefe: 1,6% (teilweise nachchromiert).
   Farbkosten im Mittel in Schweizer Franken (1926) 0,40.
4. Streichgarn, walkecht (alles nachchromiert):
   Kufenfärbung. Mittlere Partiengröße 10 kg.
   Mittlere Farbtiefe 4%.
   Farbstoffkosten im Mittel in Schweizer Franken (1926) 0,40.
5. Mohairgarne für Effekte:
   Mittlere Partiengröße 20 kg. Kufenfärbung.
   Mittlere Farbtiefe 2,5% (giftgrün, blau, gold, rot).
   Mittlere Farbstoffkosten in Schweizer Franken (1926) 0,30.

IV. Baumwollgarnfärbung

1. Gardinenstoffgarne (lichtecht):
   Mittlere Partiengröße 30 kg. Kufe.
   Mittlere Farbtiefe 5% (gold, rosa, grün, dunkelrot, blau, drap).
   Farbstoffkosten im Mittel in Schweizer Franken (1926) 0,30 pro kg.

C. Kalkulationen einer Lohnfärberei für Stückware

Die im nachfolgenden gezeigte Monatskalkulation zeigt deshalb interessante Einzelheiten, weil es sich um einen Betrieb handelt, der außerordentlich variable Qualitäten, auch hinsichtlich des Materials, veredelte.

Eingehende Bemerkungen über Lohnzuschläge, Partiengröße, Farbverteilung sowie eine spezielle Kalkulation der einzelnen Betriebsabteilungen geben voraussichtlich auch ein deutliches Bild der verschiedenen Faktoren, die die Kalkulation beeinflussen.

Die Berechnungen basieren auf den gemäß Partiezettel angegebenen Chemikalien- und Farbstoffverbrauchsmengen, zuzüglich des durch Magazinvorratskontrolle ermittelten „Schwundes", das ist der Differenz auf den tatsächlichen Verbrauch, sowie den Lohnkosten zuzüglich der auf ihnen ruhenden sozialen Lasten. Allgemeine Regien wurden auch hier keine eingesetzt.

Hiernach findet sich eine Tabelle über die Übernahms-, Abkoch-, Färbe-, Chemikalien- und Lohnkosten einer Reihe von Kreppqualitäten, ohne Regieaufschlag, sowie zwei Tabellen über verschiedene andere Qualitäten.

Am Schlusse wird eine Zusammenstellung einiger wichtiger Qualitäten gegeben hinsichtlich ihrer Färbekosten, wobei ein allgemeiner Regiezuschlag von 200%, wie er sich aus den Berechnungen ermittelte, aufgeschlagen wurde.

Kostenberechnung der verschiedenen Abteilungen, Arbeitsverfahren usw. einer Lohnveredlung (Stückfärberei)

(in österreichischen Schilling [1935])

Kalkulatorisch erfaßt wurden 12935,30 kg Ware.

* Ks-KsBw-Mischgewebe	8363,57 kg	64,3%	der Gesamtleistung
Ks-Trikot (Charmeuse)	1999,71 „	15,6%	„ „
Ks-Az-Trikot	539,07 „	4,1%	„ „
Ks-Az- und andere Mischgewebe	567,01 „	4,4%	„ „
Ganzseidengewebe	363,80 „	2,8%	„ „
Erschwerte Ware	614,68 „	4,7%	„ „
Samte	487,46 „	4,1%	„ „
Summe:	12935,30 kg		

Die färberei-kalkulatorisch günstigen Artikel nehmen nur 16% der Gesamtleistung ein.

Von den Ks-KsBw-Mischgeweben waren unter den Sondertarif fallend 5400 kg.

Das sind im Rahmen der genannten Artikel über 60%.

Auf Gesamtleistung bezogen immerhin noch etwa 41%.

Was die Gliederung in Schwarz, Weiß und Farben anlangt, so waren:

Weiß:	755 kg	zirka 6%	der Gesamtmenge
Schwarz:	3233 „	„ 25%	„ „

Weitaus den größten Anteil am Schwarz hat die Kategorie Ks-KsBw, und zwar etwa 30% der in Frage kommenden Ware.

Nach einigen Vorbemerkungen sollen die einzelnen Färbereiabteilungen, die Abkocherei, die Charge sowie die anderen Arbeitsvorgänge getrennt angeführt werden.

---

* Ks = Kunstseide (Reyon), Az = Azetatkunstseide, Bw = Baumwolle, Az-Bw = Azetatseide-Baumwollmischgewebe usw.

Vorbemerkungen

Löhne: Als Lohnbelastung wurden nur die effektiv geleisteten Stunden festgehalten.

Stunden, welche Färbereiarbeiter usw. bei Räumungsarbeiten, in der Appretur, Legerei oder Samtabteilung gearbeitet haben, scheinen nicht auf. Ebenso ist unberücksichtigt, daß bei 40 Stunden Arbeitszeit 42 Stunden ausbezahlt werden müssen. Um dieses Plus zu erfassen, wurden die aus der Stundenzeit und den Stundenlöhnen errechneten Lohnsummen der einzelnen Abteilungen in ihrer Gesamtheit mit den ausbezahlten Lohnsummen ohne Urlaube, Krankengelder usw. verglichen.

Rechnerisch ergab sich:

Färberei	5347,74 S	
Hänge, Magazin	1953,87 „	
Charge	525,55 „	
Strumpfabteilung	620,73 „	
Übernahme	755,18 „	
Professionisten der Reparaturwerkstätten	300,00 „	zirka
Leute in Appretur, Samt usw.	350,00 „	
Errechnet	9853,07 S	
Tatsächlich ausbezahlt	10298,43 „	

Differenz: 440 S, das ist zirka 4,4%.

Diese wären auf den Lohn aufzuschlagen.

Ferner wurde der Aufschlag auf den Lohn, welcher die Firmenabgaben, Entgelt, Urlaube usw. berücksichtigt, zu 13% (im Mittel) für die in Betracht kommenden Löhne festgestellt.

Es ist also für Berücksichtigung aller der genannten Umstände ein Lohnzuschlag von zirka 17% ermittelt worden, welcher dann bei der Kalkulation der einzelnen Artikel auch zugeschlagen werden wird.

Farbstoffe und Chemikalien: Ihre wertmäßige Feststellung erfolgte durch Summierung aller auf dem Farbzettel von den Meistern und Vorarbeitern angegebenen Mengen.

Die Kontrolle geschah durch genaue Aufschreibung der ausgegebenen Farbmengen in der Farbküche bzw. der Chemikalien von den mit der Ausgabe betrauten Personen durch genaue Listenführung sowie Inventur zu Monatsbeginn und Monatsende.

Bei den Chemikalien ergab sich zwischen errechnetem Verbrauch (nach den Zetteln) und tatsächlich verbrauchten Mengen eine Differenz von etwa 10% des Gesamtwertes. Bei den Farbstoffen betrug diese Differenz im allgemeinen etwa 20%.

Bezüglich des allgemeinen Schwundes von 10% Chemikalien ist zu sagen, daß es sich hauptsächlich um Glaubersalz handeln dürfte, welches mit dem Schöpfer verbraucht, ungenau genommen wird, und um Weichöl, welches allerdings nicht selten überhaupt nicht auf dem Farbzettel aufscheint.

Bei den Farben ergibt sich der Schwund in der Rechnung notgedrungen durch die kleinen Zusätze, welche, löffelweise in Lösungen gegeben, nicht erfaßt werden, sowie durch Maßungenauigkeiten, Verluste usw.

Spezielle Kalkulation der einzelnen Abteilungen

(in österreichischen Schilling)

I. Abteilung (Sch)

		Gefärbt: Ks-KsBw	3476,22 kg
		Reinseide	166,54 „
		Chappe-Ks	84,37 „
		Sondertarif davon	1453,18 „ .. 40 %
Mittlere Partiengröße	13 kg	Lohnsumme	936,41 S
Partienzahl	165	Farbstoffe	2103,78 „
Partien per Kopf und Tag von 8 Stunden	1,8	Chemikalien	219,08 „

Per kg Ware:	schwarz	weiß	Mittel (mit Couleur)
Farbstoff	0,80	—	0,56
Chemikalien	0,02	0,06	0,06
Löhne	0,12	siehe Bleiche	0,25

II. Abteilung (Ob)

		Gefärbt: Ganzseide	133,02 kg
		Erschwerte Ware	614,68 „
			747,70 kg
Mittlere Partiengröße	7 kg	Lohnsumme	766,51 S
Partienanzahl	113	Farbstoffe	478,25 „
Partien pro Kopf und Arbeitstag	0,8	Chemikalien	327,20 „

Per kg Ware:	Ganzseide	erschwert	Mittel
Farbstoff	0,34	0,71	0,64
Chemikalien	0,56	0,42	0,44
Löhne	1,20	0,98	1,03

III. Abteilung (Sch)

		Gefärbt: Ks-KsBw	3118,40 kg
		Mischgewebe	10,70 „
		Reinseide	6,00 „
			3135,10 kg
Mittlere Partiengröße	15 kg	Lohnsumme	739,49 S
Partienanzahl	235	Farbstoffe	1271,04 „
Partien pro Kopf und Arbeitstag	2,5	Chemikalien	373,70 „

Per kg Ware:	Mittel
Farbstoff	0,41
Chemikalien	0,12
Löhne	0,24

IV. Abteilung (Bu)

		Gefärbt: Ks-KsBw	1768,95 kg
		Ganzseide	58,24 „
			1827,19 kg
Mittlere Partiengröße	13 kg	Lohnsumme	790,79 S
Partienanzahl	147	Farbstoffe	726,27 „
Partien pro Kopf und Arbeitstag	1,6	Chemikalien	240,06 „
Ausbessern und Retouren	24%		

Per kg Ware:	Mittel
Farbstoff	0,40
Chemikalien	0,14
Löhne	0,44

V. Abteilung (Wo)

Gefärbt:	Mischgewebe	471,94 kg
	Trikot (Charmeuse)	1999,71 „
	Trikot (Mischfasern)	539,07 „
	Samte	487,46 „
		3498,18 kg

Mittlere Partiengröße	10 kg	Lohnsumme	971,89 S
Partienanzahl	344	Farbstoff	2116,77 „
Partien pro Kopf und Arbeitstag	2,5	Chemikalien	1397,95 „

Per kg Ware:	Mischgewebe	Samte	Trikot	Trikot (Mischfasern)	Mittel
Farbstoff	1,78	1,19	0,14	0,64	0,61
Chemikalien ...	1,79	0,50	0,15	0,33	0,40
Löhne	0,64		0,14		0,28

VI. Abkochen und Entschlichten

A. Abteilung (Ma) Abgekocht: Zirka 6600 kg Ware

Chemikalienverbrauch und Seife......	1018,80 S
Lohnsumme	756,56 „

		Mittel
Per kg Ware:	Chemikalien ..	0,154
	Lohn.........	0,115

B. Abteilung (Ku) Abgekocht: zu erschwerende Ware* 481,68 kg
Unerschwerte Ware 2636,47 „
Chemikalienverbrauch:

Ware für Erschwerung	176,40 S
unerschwerte Ware	694,30 „
Lohnsumme	386,03 „

		erschwert	unerschwert	Mittel
Per kg Ware:	Chemikalien ...	0,37	0,26	0,28
	Löhne	0,13	0,13	0,13

VII. Übernahme

Lohnsumme auf	Gewebe	475,82 S	
	Trikot	195,77 „	
	Samte	2,98 „	
	Diverse	80,61 „	(unproduktive Arbeit)

	Gewebe	Trikot	Samte	mittel (total)
Übernahmelohn	0,048	0,08	0,01	0,06 S

VIII. Hänge, Saugen, Farbküche, Magazin usw.

Lohnsumme total 1953,87 S
Per kg Ware daher Lohn 0,15 S
Die Summe aus VII und VIII beträgt etwa 0,21 S per kg Ware. (Hier ergibt die Berechnung natürlich einen Mittelwert aus 0,18 S und 0,25 S, den beiden in den Kalkulationen angewandten Werten).

* Es handelt sich um zu erschwerende Naturseide.

IX. Abteilung Strumpffärberei (Me)

Für diese Abteilung wird monatlich berichtet.

Gefärbt wurden:	Ks-Strümpfe	1,5 Dtzd.
	Mattseidenstrümpfe	802 „
	Reinseidenstrümpfe	195 „
	Seide-Baumwollstrümpfe	102,5 „
	Summe	1101 Dtzd., etwa 650 kg

Der Fakturenwert der Ware ist zirka 3500 S.

Farbpartien 120.

Per Arbeitstag und Doppelkopf (zum Färben sind zwei Mann notwendig) daher 2,2 Partien.

Lohnsumme 620,73 S.

Farbstoffe und Chemikalien 748,37 S.

Kalkulation:	Material	748,37 S
	Löhne	620,73 „
	17% Aufschlag	105,00 „
Fakturenwert 3500 S,	Kosten	1474,10 S

*X. Abteilung Charge**

gleichzeitig Monatsbericht

Erschwert:	Zugkilogramm	1784
	Zugstücke	695
	Kilogramm, effektiv	543
	Stücke, effektiv	207

22 Arbeitstage. Arbeitsstunden: männliche 279,5 ... 15 per 100 Zugkilogramm
weibliche 279 ... 15 per 100 Zugkilogramm

Phosphatverbrauch: 1830 kg .... 1000 g per Zugkilogramm (zweimal regeneriert)

Zinnverbrauch: 1 Faß .. 110 g per Zugkilogramm.

Am Ringphosphat wurden gearbeitet 180 Ringe, das sind 6 Ringe per Tag zu zirka 5 Stück mit 13 kg.

Wasserglasverbrauch: 1 Faß, 350 kg.

Silikatiert wurden 115 Stück mit 269,9 kg, daher Wasserglasverbrauch per kg Ware ...... 1,3 kg.

Silikatiert wurden 25 Ringe mit zirka 4 Stück zu 10 kg.

Kalkulation: Erschwert 543 kg
Zugkilogramm 1784, daher im Mittel 3,3 Züge per kg Ware.

Lohnsumme 525,55 S.

Chemikalien:	400 kg Chlorzinn à 3,50 S	1400,00 S Handelswert
	Phosphat, 1830 kg à 0,705 S	1290,15 „
	Salzsäure	26,40 „
	Soda, 40 kg	11,20 „
	Wasserglas, 350 kg	54,24 „
	Salmiak, 40 l	22,40 „
		2804,39 S

Per kg Ware reine Erschwerung daher:	Chemikalien	5,17 S
	Löhne	0,97 „
	17% auf Lohn	0,17 „
		6,31 S

Per Zug daher 6,31 : 3,3 = 1,95 S.

---

* Seidenerschwerung (vgl. Sonderberechnung S. 117).

XI. Blauholzschwarzfärberei

Chemikalienbedarf 640 S.
Gefärbt 268,4 kg.
Per kg erschwerte Ware im Durchschnitt zirka 0,60 kg Blauholz.

Kalkulation: Chemikalien:	Blauholz usw.	2,45 S
	Öl usw.	0,10 „
	Lohn	0,40 „
	17% Aufschlag	0,07 „
		3,02 S

Erschwerungsstufe 30/40, Ausfall aber meist über 45% ü. p. gewünscht.

XII. Chlorbleiche

Gebleicht wurden 644,75 kg.
Chemikalienverbrauch: 228 l Hypochloritlauge
135,5 kg Antichlor.
Lohnsumme 247,38 S.
Chemikalien 158,94 S.

Chlorbleiche per kg: { Chemikalien 0,24 g
Bleichlohn 0,35 g.

XIII. Wasserstoffsuperoxydbleiche

Gebleicht wurden:	Erschwerte Ware und andere Gewebe	153,74 kg
	Samte	11,92 „
Verbrauch an Superoxyd:	Erschwerte Ware und andere	174 l
	Samte	33 l

	Erschwert usw.	Samt
Superoxydbleiche per kg: Chemikalien	2,70 S	6,80 S

Lohnverteilung:

1. Art der verarbeiteten Ware:

	1932	1934
Ks-KsBw	8340,70 kg	8363,57 kg
Halbseide	90,37 „	101,50 „
Ganzseide, unerschwert	898,00 „	363,80 „
Mischgewebe mit Azetat	4265,81 „	466,49 „
Trikot	3766,60 „	2538,80 „
Samte	307,40 „	487,46 „
Erschwerte Ware	3780,00 „	614,68 „

2. Verteilung der Löhne:

Ausbezahlt wurden laut Liste:	Färberei	10298,43 S
	Appretur	8042,73 „
	Samte usw.	2809,23 „
	Unproduktive Professionisten	6700,05 „
	Taglöhner (für Umbauten)	2377,27 „

Sieht man von den Taglöhnern ab, die ja eine wieder verschwindende Post sind, so ist der Auszahlungsrest wie folgt verteilt:

Färberei usw.	37%
Appretur	29%
Samte usw.	10%
Unproduktiv usw.	24%

Es ist in die Augen springend, daß der Lohnanteil der Appretur und auch der der unproduktiven Arbeiter unverhältnismäßig groß ist.

Zusammenfassung

Farbstoff im Durchschnitt per kg	0,66 plus	20%*	0,78 S
Chemikalien im Durchschnitt per kg	0,08 „	10%	0,09 „
Durchschnittsfarbtiefe		6%	
Durchschnittsfärbelohn	0,32 „	17%**	0,37 „
Standardwerte: Färbereilohn für Gewebe Ks-KsBw	0,28 „	17%	0,33 „
Trikot	0,14 „	17%	0,16 „
Erschwerte Ware	1,00 „	17%	1,17 „
Samte, Mischgewebe	0,64 „	17%	0,73 „
Abkochmaterial (Ma)	0,15 S		
Abkochmaterial (Ku)	0,26 „		
Abkochlohn (Ma)	0,11 plus	17%	0,13 S
Abkochlohn (Ku)	0,13 „	17%	0,15 „
Übernahme: Trikot	0,08 „	17%	0,09 „
Gewebe	0,05 „	17%	0,06 „
Hänge, Saugen usw.	0,15 „	17%	0,17 „
Bleichlohn	0,35 „	17%	0,41 „
Chlorbleichchemikalien	0,24 S		

D. Die Regieberechnung und Preiserstellung in Lohnbetrieben

(Auszug aus einem Bericht über Rentabilitätserhöhung)

1. Prinzipielles

Es steht immer die Frage offen, in welcher Form der Regieaufschlag erfolgen soll. So wie er derzeit gemacht wird, nämlich als perzentueller Aufschlag auf die Lohnsumme, ist er sicherlich zu verwerfen. Grundsätzlich kann die Regie perzentuell auf die Lohnsumme aufgeschlagen werden, wobei der Vorteil vorhanden ist, daß Waren, welche einer zeitraubenderen Behandlung unterzogen werden müssen, gegenüber Waren, welche nur kurz behandelt werden, eine höhere Regie bekommen, was ja meist zutreffend ist. Oder man kann die Regie als Aufschlag auf die Warenverrechnungseinheit machen, also im vorliegenden Fall als berechneten Wert auf die Kilokosten, was alle Waren, kompliziert zu arbeitende und einfache, gleich belastet, was falsch ist, aber umgekehrt wieder den Vorteil hat, daß der Beschäftigungsgrad der Fabrik in dieser Art der Regieaufteilung sich auswirkt. Gerade dieser Faktor wird aber bei der erstangeführten Art des Regiezuschlages gar nicht berücksichtigt, ja er wird sogar falsch berücksichtigt. Denn das durchbesprochene Beispiel der Lohnkürzung nach dem Streik zeigt, daß die Regie nur dadurch allein, daß die Löhne gleich um 15% fielen, die Regie aber gleich blieb, doch, perzentuell auf die neuen Löhne gerechnet, gestiegen ist, was ein ganz falsches Bild gibt. Angenommen, die Regie war, wie es der Fall war im guten Jahr 1928, 200% auf Lohn, dann war sie nach dem Streik durch die gesunkenen Löhne 300%, die reine Regiesumme in Schilling aber war:

1928: auf 100 S Lohn .... 200 S Regie
1932: auf 85 S Lohn .... 255 S Regie.

Aus der perzentuellen Steigerung der Regie würde man eine Zunahme derselben um rund 50% annehmen, während in Wirklichkeit nur eine Steigerung um etwa 27 % eingetreten war.

* = Schwund.
** = Lohnaufschlag.

Ein schwerwiegender Nachteil des Regieaufschlages in Form eines gewissen Zuschlages per Kilogramm ist der, daß man nur den Aufschlag des unmittelbar durchkalkulierten Monates nehmen kann, ohne zu wissen, ob der Beschäftigungsgrad des laufenden Monates denselben rechtfertigt.

Man wird im allgemeinen wie immer beide Arten des Regieaufschlages kuppeln müssen, das heißt:

Auf die Arbeitslöhne per Kilogramm wird man aufschlagen müssen:

Einen perzentuellen Regieanteil für die unproduktiven Arbeiter, bestimmt aus der Verhältniszahl aus Lohnquote produktiv und unproduktiv.

Einen Aufschlagswert für Kohle und Wasser, errechnet aus dem Beschäftigungsgrad, also Kohlen- und Wasserkosten im Monat, geteilt durch die geleisteten Kilo.

Schließlich einen Aufschlagswert: Gehalte, Zinsen, Amortisationen usw., errechnet ebenfalls aus den Kosten, dividiert durch die gearbeiteten Kilo.

Damit wird der Beschäftigungsgrad der Fabrik gebührend in der Regie berücksichtigt werden.

2. Spezielles zur Fabrikslage

Rechnet man die Durchschnittswerte dieser Aufschläge auf die Kilokosten aus, so zeigt sich meist die schon oft festgestellte Tatsache, daß die Leistung der Fabrik für den Umfang ihrer Regien, was Gehalte, Zinsen usw. anlangt, viel zu tief ist. Im Durchschnitt werden per Monat 20000 kg Ware ausgerüstet, man müßte diese Ziffer auf das Doppelte, also mindestens 40000 kg per Monat erhöhen. Dies würde bedingen, daß der Regiekostenanteil per Kilogramm auf die Hälfte sänke. Denn bei dieser gesteigerten Leistung werden aller Voraussicht nach die Regieanteile: Gehalte, Zinsen, Amortisationen, Bürospesen, Autospesen usw. ganz gleich bleiben. Die Regiepost unproduktive Löhne wird sich ebenfalls kaum erhöhen, da sie in Relation zum Lohnanteil steht und dieser sich per Kilogramm Ware auch kaum erhöhen wird, er ist ja für 1932 und 1934 derselbe, 1932 für die Färberei 28 g ohne soziale Abgaben, 1934 33 g mit sozialen Abgaben, das ist 28 g plus 17%. Erhöht hat sich nur der Lohnanteil der Übernahme und der Hänge und Schleuder, was mit dem schlechten Beschäftigungsgrade des Kalkulationsmonates August 1934 innigst zusammenhängt.

Der Kohlenkosten- und Wasserkostenanteil per Kilogramm ist mit etwa 70 g anzusetzen und schwankt nur wenig. Im Monat August war er höher wegen der geringen Leistung. Interessanterweise hat sich der absolute Betrag an Kohlenkosten im September bei weitaus gesteigerter Leistung gegenüber dem vom August gar nicht erhöht. Dies zeigt wieder, daß die Erzeugung in dem breiten Gürtel steckt, wo sich Mehrleistungen oder Minderleistungen wegen der besseren oder schlechteren Ausnützung fast kaum bemerkbar machen. Etwas, was neuerlich darauf hindeutet, daß die Leistung unbedingt erhöht werden muß, da diese Leistungserhöhung wahrscheinlich nur in ganz geringem Maße eine solche des Kohlenkontos bedingen wird, so daß sich neben der Senkung der allgemeinen Regien, bezogen auf das Kilo, der Kohlenanteil von etwa 70 g per Kilogramm Ware ebenfalls vermindern wird.

Es entsteht nun die Frage, in welcher Weise kann die Leistung der Fabrik auf 40000 kg gebracht werden, besser gesagt, wie kann man derartige Warenmengen von dem Kunden bekommen. Abgesehen von Arbeitsfehlern, welche die Einholung derartiger Warenmengen hemmen, ist dazu zu sagen, daß für die Berechnung, ob die von der Konkurrenz gemachten Preise noch die Selbstkosten decken, von der bisherigen Kalkulation mit dem bekannten 300%-Regieaufschlag auf den Lohn, der alles erschlägt, vollkommen abgegangen werden muß. Man wird zu rechnen haben:

Materialkosten,
Arbeit,
Kohle und Wasser,
Regiekostenanteil, wie er bei einer Leistung von 40000 kg per Kilogramm errechnet würde.

Der sich ergebende Kilopreis wäre dann als Grundlage der Beurteilung zur Konkurrenzfähigkeit anzunehmen.

3. Preiserstellung bei der Kundschaft

Die Preiserstellung wird bei der Kundschaft ziemlich ohne Berücksichtigung der vorliegenden zahlreichen Kalkulationen gemacht. Es wäre vor allem eine Liste der durchkalkulierten Qualitäten anzulegen. Bei allen diesen Qualitäten wären: a) der Meter- oder Kilogrammpreis nach der bisherigen Kalkulation, b) der Meter- oder Kilogrammpreis nach Art der unter Punkt 2 beschriebenen Berechnung und schließlich c) der Meter- oder Kilogrammpreis, wie ihn der Kunde gegenwärtig zahlt oder wie ihn die Konkurrenz hält, anzuführen.

Es ergeben sich für den Entschluß, eine Ware auszurüsten, dann zwei Möglichkeiten: Der gezahlte Preis liegt über dem, der nach Berechnung 2, also Zugrundelegung einer Leistung von 40000 kg per Monat, resultiert, dann ist die Ware zu übernehmen, oder der Preis liegt darunter, dann treten Fragestellungen des Abschnittes 4 auf. (Siehe diesen.)

Bei neuen Waren wäre dem Vertreter eine Liste mitzugeben, in der Art, daß er den Selbstkostenpreis per Kilogramm der verschiedenen in Betracht kommenden Warengattungen erhält. Nach den Angaben des Kunden, wieviel Laufmeter auf das Kilo gehen und welcher Längeneinsprung verlangt ist, könnte der Vertreter dann sofort einen Fertigmeterpreis machen. Vorausgesetzt, daß er auch den fixen Appreturzuschlag per Meter weiß.

Nach diesem Schema wurde versucht, eine Reihe Artikel in ihren Kosten zu bestimmen:

1. Ks-Ks- oder Ks-Bw-Moiré, 60 cm. Bisher 2,00 S, davon 1,25 Regie.

Material und Lohn	0,75 S	aus früheren Kalkulationen
Kohlen	0,70 „	
Regieaufschlag	0,25 „	aus dem Regierest (Regie minus Kohle geteilt durch 2)
Kilokosten	1,70 S,	etwa 11 m per kg .... Meter 0,16 g

2. Ks-Ks- oder Ks-Bw-Crêpe oder Satin de Chine. Bisher 3,25 S, davon 2,00 S Regie.

Material und Lohn	1,20 S
Kohlen	0,70 „
Regieaufschlag	0,65 „
Kilokosten	2,55 S

das ist für Mongol und Crêpe de Chine	zirka	12 m pro kg,	10% LE*,	pro Meter 0,23 S
Marocain	„	8 „ „ „	15% „	„ „ 0,37 „
Mooskrepp	„	7 „ „ „	20% „	„ „ 0,44 „
Serge usw.	„	5 „ „ „	....	„ „ 0,51 „

* = Längeneinsprung.

3. Ks-Az-Crêpe. Bisher Farben....... 5,60 S, davon 2,00 S Regie
Schwarz........ 7,10 „ „ 2,00 „ „
Durchschnitt . 6,35 „ „ 2,00 „ „

Material und Lohn	4,35 S
Kohle..................	0,70 „
Regieaufschlag...........	0,65 „
Kilokosten	5,70 S

das ist für Mongol und Crêpe de Chine	12 m pro kg,	10%	LE ...	pro Meter	0,51 S
Marocain	8 „ „ „	15%	„ ...	„ „	0,80 „
Mooskrepp	7 „ „ „	20%	„ ...	„ „	0,97 „

4. Ks-Trikot. Bisher 2,00 S, davon 1,70 S Regie.

Material und Lohn	0,30 S
Kohle..................	0,70 „
Regieaufschlag...........	0,15 „
Kilokosten	1,15 S

5. Ks-Bw-Trikot. Bisher 2,60 S, davon 1,70 S Regie.

Material und Lohn	0,90 S
Kohle..................	0,70 „
Regieaufschlag...........	0,15 „
Kilokosten	1,75 S

6. Ks-Az-Trikot. Bisher 2,80 S, davon 0,70 S Regie.

Material und Lohn	1,95 S
Kohle..................	0,70 „
Regieaufschlag...........	0,15 „
Kilokosten	2,80 S

4. Ergänzung des Erzeugungsprogramms

Zeigt sich nun, daß trotz einer derartigen Kalkulation der Preis der Konkurrenz noch immer niedriger ist als der eigene, dann ist anzunehmen, daß derselbe aus irgendwelchen Gründen unterkalkuliert ist.

Entweder ist bei einem solchen effektiven Verlustpreis auf das Geschäft zu verzichten oder es ist der Kampfpreis anzunehmen. Dies geht aber auf die Dauer nur dann, wenn die Fabrik gleich der Konkurrenz neben dem derzeitigen Erzeugungsprogramm, welches, wie schon mehrere Male gesagt, die hochwertigen Artikel ganz verloren hat und zum größten Teil aus Kampfartikeln mit gedrücktem Preis besteht, ein solches aufnimmt, welches noch gewinnbringend erscheint. Im vorliegenden Falle wäre das in erster Linie das Färben und Rüsten von Wolltrikot.

5. Berechnung der Appreturkosten per Meter

Nachdem die Kohlenkosten der gesamten Fabrikation bereits in der Färberei kalkuliert worden sind, erscheint für die Appretur nur mehr die Erfassung der Löhne, des Gasverbrauches und der Appreturmaterialien wichtig. Die Lohnquote per Meter wurde mit etwa 6 g angegeben, unter Zurechnung der 17 % Lasten ergibt das etwa 7 g.

Der Gaskostenanteil wurde, basierend auf einer Monatsleistung von etwa 17000 Meter, mit 2 g berechnet.

Der Anteil an Appretur wurde unter Wegrechnung des für die Grobleinen- und andere Artikel verbrauchten Leimes mit etwa 2,5 g für die Futterstoffe usw. bestimmt, unter der Annahme, daß etwa 20 % der Leistung auf diese Artikel fallen.

Es ergeben sich somit folgende Meterzuschläge:
Crêpe Ks-Ks oder Ks-Az, Appretur per Meter 9 g ohne, 16 g mit Regiezuschlag.
Futterstoffe usw., Appretur per Meter 11,5 g ohne, 18,5 g mit Regiezuschlag.

Die letzteren Werte mit Regiezuschlag, welche einem solchen von etwa 100 % auf den Lohn entsprechen, sind reichlich hoch. Im allgemeinen ist der Lohn von 7 g ein nicht niedriger und ist zu sagen, daß die Höhe des Regiezuschlages hier separat festgestellt werden müßte. Hier würde sich eine Erhöhung der Leistung in einem sehr starken Sinken der Lohnquote per Meter äußern, so daß sicherlich auch bei einem Regiezuschlag gewohnte Werte resultieren würden.

Anhang

Gewinn- und Verlustrechnung einer Stückfärberei (Lohnveredelung) für Kunstseiden- und Seidenstück (Monatsübersicht)

In österreichischen Schilling (1935)

Gefärbt wurden:

Einnahmen:

600 kg	Reinseide abkochen à 5,10 S	3060 S
70 „	Halbseide färben à 7,10 S	ca. 500 „
268 „	Ganzseide färben à 7,10 S	ca. 1900 „
838 „	Baumwolle-Kunstseiden-Tuch färben à 8,40 S	7040 „
3650 „	Mischtrikot färben	18250 „
3650 „	Charmeuse	9125 „
477 „	erschwerte Seidenstückware färben	5500 „
3257 „	Kunstseidenkrepp (Sondertarif) färben à 2,20 S	7165 „
1750 „	Futterstoffe (Sondertarif) färben à 1,50 S	2700 „
5260 „	verschiedene Kunstseidenstückware	15780 „
840 „	Reinseiden- u. Kunstseidenstrümpfe färben	4000 „
20600 kg	total	75020 S

Eigenkosten im Mittel:

Farbstoff und Chemikalien	0,80 S
Kohle	0,75 „
Lohn	0,60 „
Wasserreinigungskosten und Wasserverbrauch	0,17 „
	2,32 S

20600 kg Ware je 2,32 S = 47792 S.
Bruttogewinn 27230 S.
Hiervon ab zirka 24000 S allgemeine Regie = 3230 S = 5%.

Halbjahrsbilanz zur Berechnung der allgemeinen Regien, Kontrolle der Lohn- und Materialkosten usw. (Lohnfärberei, Stückware)

In österreichischen Schilling (1935)

Farbstoffe, Chemikalien usw.	693000 S	
Löhne und Lohnnebenkosten (einschließlich Gehalte)	477977 „	1170977 S
Abzüge, Rabatte	173096 S	
Betriebsregien	208203 „	
Ersatz für Warenschäden	81059 „	
Lizenzgebühren (allgemeine Ausgaben)	71206 „	
Kreditzinsen	23023 „	
Sonstige Unkosten	335023 „	891610 „
	Summe	2062587 S

Farbstoffe ..... 35% der Gesamtausgaben
Löhne .... 25% „ „

rund 69%

Farbstoffe ..... 0,868 pro kg Ware
Löhne .... 0,597 „ „ „ } Bei einer Leistung von 79150 kg Ware.

Allgemeine Ausgaben, bezogen auf Löhne = 187% = rund 200%.

E. Verschiedene Kalkulationen über Färbekosten

Im Nachstehenden folgt eine Reihe von Spezialkalkulationen. Die Tafeln bringen zuerst eine Zusammenstellung der Färbekosten von verschiedenen Kunstseidenkrepp- und Kunstseiden- bzw. Reyon-Baumwollgeweben, wobei lediglich die Kosten für Manipulation, Entschlichten, Kreppen und Färben aufscheinen. Da es sich um Waren handelt, die in den verschiedensten Farbtönen eingefärbt wurden, gibt ein Hinweis Auskunft, aus wieviel Farbpartien sich der Mittelwert der Chemikalien- und vor allem Farbstoffkosten ableitet.

Eine weitere Aufstellung bringt die Kosten verschiedener Artikel, wobei als allgemeine Regie ein errechneter Zuschlag von 200 % aufscheint.

Es folgen Kalkulationen für Trikotagen- und Reinwollestückfärbungen sowie Küpenfärbungen und Schwarzfärbungen auf Mischgeweben.

Verschiedene Kalkulationen über die Färbung von Wollstück- und Zellwollgeweben wurden angereiht.

Eine Kostenermittlung für die Bleiche, Nebenarbeiten, Prämienbestimmungen für das Brühen und Pressen von Wollstückware und die Kalkulation von Strumpffärbungen beschließen den Abschnitt.

Kalkulationen für verschiedene Artikelkategorien

	Ks-KsBw	Ganzseide	Erschwerte Ware	Mischgewebe
Farbstoff	0,44	1,17	0,71	1,78
20% Schwund	0,09	0,23	0,14	0,36
Chemikalien	0,09	0,32	0,42	1,39
10% Schwund	0,01	0,03	0,04	0,14
Abkochen, Material	0,15	0,26	0,37	0,15
Abkochlohn	0,13	0,15	0,15	0,13
Färbelohn	0,33	0,33	1,17	0,73
Übernahme usw.	0,23	0,23	0,23	0,23
200% Regie* auf Lohn	1,37	1,43	3,45	2,18
S per kg	2,84	4,15	6,68	7,09

	Charmeuse-Trikot	Trikot (Mischfasern)	Samte
Farbstoff	0,14	0,64	1,19
20% Schwund	0,03	0,13	0,24
Chemikalien	0,15	0,33	0,50
10% Schwund	0,02	0,03	0,05
Färbereilohn	0,16	0,16	0,73
Übernahme	0,26	0,26	0,01
200% Regie auf Lohn	0,84	0,84	1,52
S per kg	1,60	2,39	4,24

* Die Regie wurde mit etwa 200% (hoher Wert) ermittelt, wie die Aufstellung auf S. 101 oben ergibt.

Tabelle 2. *Kalkulation für Kunstseidenkreppqualitäten*

in österreichischen Schilling (1935), ohne Kohle, Wasserkosten, Regieaufwand, Appretur

Qualität	Übernahme 0,21—0,23 usw. Vorpressen 0,04	Abkochen L = Lohn, M = Material	Farbstoff	Chemikalien	Lohn	Kosten pro kg bzw. pro m/roh E = Einsprung %
Ks-Mongol* .... 12,6 m = 1 kg	0,25	L = 0,11, M = 0,20	im Durchschnitt aus 10 Partien (206,8 kg) 0,35	0,04	0,27	E = 10% 1,23 pro kg 0,10 pro m
Ks-Azetatseide*-Mongol 9,2 m = 1 kg	0,25	L = 0,11, M = 0,20	im Durchschnitt aus 8 Partien (160 kg) 2,56	0,14	0,27	E = 12% 3,53 pro kg 0,39 pro m
Ks-Maroccain* .... 8,3 m = 1 kg	0,25	L = 0,11, M = 0,20	im Durchschnitt aus 10 Partien (60 kg) 0,40	0,09	0,27	E = 10% 1,32 pro kg 0,16 pro m
Ks-Crêpe de Chine .... 11,6 m = 1 kg	0,25	L = 0,10, M = 0,15	im Durchschnitt aus 8 Partien (40 kg) 0,73	0,03	0,27	E = 7% 1,53 pro kg 0,14 pro m
Toile de Soie* .... 15,5 m = 1 kg licht- und wasserecht	0,23	—	im Durchschnitt aus 8 Partien (12,74 kg) 1,06	0,47	0,26	2,02 pro kg 0,15 pro m
Ks-Mongol .... 11,3 m = 1 kg	0,25	L = 0,11, M = 0,20	im Durchschnitt aus 5 Partien (97,5 kg) 0,27	0,06	0,27	E = 10% 1,18 pro kg 0,11 pro m

Ks-Crêpe de Chine . . . . 11,5 m = 1 kg wasser- u. vulkanisier- echt	0,23	L = 0,10, M = 0,15	im Durchschnitt aus 7 Partien (54 kg), dunkel, Farben diazotiert, 1,51	0,60	0,26	E = 7,2%	2,27 pro kg 0,20 pro m
Ks-Maroccain* . . . . 8 m = 1 kg	0,25	L = 0,11, M = 0,20	im Durchschnitt aus 3 Partien (15,54 kg) 0,66	0,13	0,27	E = 11%	2,18 pro kg 0,27 pro m
Ks-Mongol* . . . . 13 m = 1 kg	0,23	L = 0,13, M = 0,15	im Durchschnitt aus 6 Partien (86,9 kg) 0,32	0,03	0,33	E = 12%	1,19 pro kg 0,09 pro m
Ks-Satin* . . . . 9,5 m = 1 kg	0,23	L = 0,15, M = 0,10	im Durchschnitt aus 5 Partien (48 kg) 0,09	0,12	0,33	E = 5%	1,02 pro kg 0,10 pro m
Ks-Flamisol* 12,4 m = 1 kg	0,23	L = 0,13, M = 0,15	im Durchschnitt aus 27 Partien (340 kg) 0,35	0,08	0,33	E = 15%	1,27 pro kg 0,10 pro m
Aze-Crêpe-Phosphor* 5,1 m = 1 kg	0,23	L = 0,13, M = 0,15	im Durchschnitt aus 12 Partien (62 kg) 1,17	0,70	0,33	E = 15%	2,71 pro kg 0,57 pro m
Ks-(matt)Mooskrepp* 7,3 m = 1 kg	0,23	L = 0,13, M = 0,15	im Durchschnitt aus 6 Partien (135 kg) 0,54	0,07	0,33	E = 15%	1,45 pro kg 1,20 pro m
Ks-Crêpe Hercules . . . . 18,5 m = 1 kg	0,23	L = 0,13, M = 0,15	im Durchschnitt aus 31 Partien (232 kg) 0,13	0,14	0,33	E = 10%	1,11 pro kg 0,06 pro m

* Färbungen am Sternreifen.

Tabelle 3. *Kalkulation verschiedener Qualitäten* (*Haspelfärbung*)
in österreichischen Schilling (1935)

Qualität	m/kg	Übernahme	Abkochlohn	Abkochmaterial	Bleiche	Farbstoff	Chemikalien	Färbelohn	Kosten pro kg	Kosten pro m	Anmerkung
Miederatlas .... Bw, mercerisiert, 140 cm	4,9	0,18	0,20	0,08	0,26	0,01	0,12	0,27	1,12	0,22	Mittelwert aus 4 Partien (40 kg)
Deckendamaste .. Ks, matt, 150 cm	5,4	0,18	—	—	—	0,08	0,05	0,27	0,48	0,08	Mittelwert aus 5 Partien (44 kg)
Brokat .... Ks, matt, 150 cm	2,6	0,18	—	—	—	0,48	0,20	0,27	1,13	0,43	Mittelwert aus 7 Partien (56,5 kg)
Deckenbrokat .... Ks, 150 cm	6,4	0,18	0,20	0,08	—	0,14	0,05	0,27	0,92	0,14	Mittelwert aus 4 Partien (38 kg)
Brokat .... Ks-Bw, 150 cm	4,1	0,18	0,20	0,08	—	0,01	0,18	0,27	0,92	0,21	Mittelwert aus 4 Partien (38 kg)

Tabelle 4. *Kalkulation für Färbungen am Jigger* in österreichischen Schilling (1935)

Qualität	m/kg	Übernahme	Abkochen Material	Abkochen Lohn	Bleichen	Farbstoff	Chemikalien	Färbelohn	Kosten/kg	Kosten/m	Anmerkung
Ks-Moiré .... 120 cm	6,5	0,18	—	—	—	0,16	0,06	0,27	0,67	0,10	Jigger vorreinigen, färben. Mittelwert aus 12 Partien (124 kg)
Ks-Futterserge .... 140 cm	5,7	0,18	—	—	—	0,15	0,05	0,27	0,65	0,11	Jigger vorreinigen, färben. Mittelwert aus 8 Partien (161 kg)
Ks-Chappe .... Gloria-Futterstoff	6,86	0,18	—	—	—	0,88	0,90	0,40	2,36	0,32	Jigger vorreinigen, färben. Mittelwert aus 12 Partien (81 kg)
Ks (matt), Futtertaft .... 140 cm	7,18	0,18	—	—	—	0,30	0,38	0,27	1,13	0,16	Jigger vorreinigen, färben. Mittelwert aus 9 Partien (62 kg)
Ks-Moiré .... 120 cm	7,80	0,18	—	—	—	0,03	0,05	0,27	0,50	0,06	Jigger vorreinigen, färben. Mittelwert aus 11 Partien (173 kg)
Ks-Bw-Moiré .... 120 cm	7,00	0,18	—	—	—	0,11	0,07	0,27	0,63	0,04	Jigger vorreinigen, färben. Mittelwert aus 10 Partien (78 kg)
Ks-Bw-Moiré .... 120 cm	6,20	0,18	—	—	—	0,20	0,15	0,27	0,80	0,13	Jigger vorreinigen, färben. Mittelwert aus 20 Partien (222 kg)
Ks-Futterstoff .... 150 cm	15,8	0,18	0,20	0,08	—	0,32	0,04	0,27	1,09	0,07	Mittelwert aus 3 Partien (70 kg)

Trikotagenkalkulation

In österreichischen Schilling (1935)

1. Baumwolle-Kunstseide, plattiert. Mittelwert aus 9 Partien (185 kg).

Übernahme und Nähen	0,26	S
Farbstoffe	0,75	„
Chemikalien	0,06	„
Lohn	0,16	„
	1,23	S

2. Baumwolle-Kunstseide-Azetatseide (weiß). Mittelwert aus 2 Partien (29 kg).

Übernahme und Nähen	0,26	S
Farbstoff	1,60	„
Material	0,20	„
Lohn	0,32	„
	2,38	S

Kalkulation für Baumwollstück

In österreichischen Schilling (vor 1937)

1. Baumwollrips in hellen Tönen (64-kg-Partien).

Sengen	0,02	S
Abkochen	0,02	„
Bleichen	0,15	„
Färben	0,05	„
Lohn	0,18	„
Übernahme	0,01	„
Schleudern	0,02	„
Dampf usw. (Regie)	0,75	„
pro kg	1,20	S

2. Baumwollmollino in 100-kg-Partien (8 m pro kg).

Abkochen:	Material	0,03	S
	Lohn	0,02	„
Bleichen:	Material	0,12	„
	Lohn	0,06	„
Färben:	Material	0,02	„
	Lohn	0,03	„
Schleudern usw.		0,03	„
20% Regie		0,38	„
	pro kg	0,69	S
	= pro m	0,086	„

Baumwolltrikot, küpenfärbig

In österreichischen Schilling (vor 1938)

1. Kornblumenblau (Haspelkufe), 1 : 30 Flotte.

Material	3,00	S
Lohn	0,90	„
Übernahme	0,16	„
200% Regie auf Lohn	2,12	„
pro kg	6,18	S

2. Weinrot (Haspelkufe), 1 : 30 Flotte.

Material	8,00	S
Lohn	0,90	„
Übernahme	0,16	„
200% Regie auf Lohn	2,12	„
pro kg	11,18	S

Kalkulation für direkte und diazotierte Schwarz auf Mischgeweben (bzw. Krepps) aus Viskose-Azetatkunstseide

1. Auf der Basis:

6,2% Cibacetschwarz BN grünl. (Ci)
0,8% Setacyldirektblau 2 GS (Gy)
0,2% Cibacetgelb GN (Ci)
9,0% Reservedirektschwarz C (Ci)

Mittelwert aus Färbungen von 2062 kg Material = 13338 m (1 kg Ware = 6 m).

Magazin usw.		0,26	S
Abkochen:	Material	0,15	„
	Arbeit	0,13	„
Farbstoff		4,87	„
Chemikalien		0,15	„
Färbelohn		0,50	„
Regie 200%		1,78	„
	pro kg	7,84	S
	= pro m	1,30	S

2. Auf der Basis:

2% Cibacetdiazoschwarz (Ci)
1% Cibacetgelb 5 G (Ci)
5% Kunstseidenschwarz G (IG)

Diazotiert und entwickelt mit β-Oxynaphthoesäure. Wert einer Färbung von 95,6 kg auf 3500 l Flotte.

Magazin usw.	0,26	S
Abkochmaterial	0,15	„
Abkochlohn	0,13	„
Farbstoff	1,12	„
Chemikalien	1,17	„
Färbelohn	0,68	„
200% Regie	2,14	„
pro kg	5,65	S
= pro m	0,95	S

3. Auf der Basis:

3% Cellitazol ST (IG)
5% Kunstseidenschwarz G (IG)

Diazotiert und entwickelt wie oben mit Entwickler ON.
Wert einer Färbung von 16,8 kg.

Magazin usw.	0,26 S
Abkochmaterial	0,15 „
Abkochlohn	0,13 „
Farbstoff	1,50 „
Chemikalien	1,39 „
Färbelohn	0,61 „
200% Regie	2,00 „
pro kg	6,04 S
= pro m	1,00 S

Kosten verschiedener Bleichverfahren von Stückwaren

In österreichischen Schilling (1935)

1. Bleichen mit Hypochlorit (Stückbleiche) am Bleichjigger.
Mittelwert pro 1 kg Ware: Material .... 0,14 S
Arbeitslohn .... 0,26 „

2. Bleichen mit Superoxyd in Buchform auf der Wanne.
Mittelwert pro 1 kg Ware: Material .... 1,10 S
Arbeitslohn .... 0,40 „

3. H_2O_2-Bleiche am Sternreifen (erschwerte Seidenstückware).
Mittelwert pro 1 kg Ware: Material .... 1,40 S
Arbeitslohn .... 0,30 „

4. Bleiche mit Superoxyd am Doppelstern (Samtbleiche).
Mittelwert pro 1 kg Ware: Material .... 8,30 S
Arbeitslohn .... 0,45 „

Lohnkostenberechnung für das Vorprägen von Rohkrepps vor deren Naßbehandlung

In österreichischen Schilling (1935)

Es standen hierfür drei Prägekalander in Betrieb, deren theoretische Leistung pro Stunde betrug:

Kalander 89	316 m pro Stunde	mittlere Kalanderleistung: 1042 m
Kalander 82	414 „ „ „	
Kalander 80	312 „ „ „	

Laut Leistungsbuch (Warenstück-Nummernverzeichnis) betrugen die Leistungen der drei die Maschinen bedienenden Arbeiter P, D, M:

P: 12050,3 m in 57 Stunden (inklusive Nebenarbeiten)
D: 13923,9 „ „ 57 „ „ „
M: 11740,0 „ „ 57 „ „ „

37714,2 m in 57 Stunden

Mittlere Stundenleistung daher: 60% der Theorie.
Totale Arbeitszeit: 171 Stunden je 0,80 S = 136,80 S.
Kosten daher pro Meter: 0,004 S, pro kg daher (Mittel: 10 m pro kg) = 0,04 S.

Ermittlung der Kostenverteilung mittlerer Farbtiefe usf. für eine Stück- (Kunstseiden-, Seiden-) Färberei

In österreichischen Schilling (1935)

Material: Gesamtkosten Färberei: Farbstoffe .... 19485,08 S (pro Monat)
Chemikalien ... 16058,46 „

Summe 35543,54 S

	Farbstoffe	Chemikalien
Kunstseidenkrepps, Futterstoffe usw.	3248,06	2166,44
Trikotagen: Viskose, Viskose-Azetatseide	8630,75	1982,89
Reinseidenstück, erschwert und unerschwert	1753,71	3186,39
Reinseidenstück, Blauholzschwarz	4852,56	638,22
Wasserstoffsuperoxydbleiche (Seide)		2426,43
Chlorbleiche (Baumwolle-Kunstseide)		292,94
Abkochen: Seide, für Erschwerung		2547,52
Abkochen: Kunstseidenkrepp		2763,63

	Lohnanteile
Kunstseidenkrepps, Futterstoffe usw.	0,27
Trikotagen: Viskose, Viskose-Azetatseide	0,30
Reinseidenstück, erschwert und unerschwert	0,50
Reinseidenstück, Blauholzschwarz	0,10
Wasserstoffsuperoxydbleiche (Seide)	0,40
Chlorbleiche (Baumwolle-Kunstseide)	0,15
Abkochen: Seide, für Erschwerung	0,20
Abkochen: Kunstseidenkrepp	0,15
Lohnanteil für Hänge, Übernahme, Magazin usw.	0,18

Selbstkostenberechnung für die Färbung von Zellwollgeweben (1952)

Zellwollmollino 12,2 kg per 100 m diazobordo gefärbt
Zellwollköper 18,0 kg per 100 m schwefelblau gefärbt
Zellwollmollino 12,2 kg per 100 m naphtolrot gefärbt
Zellwollmollino 12,2 kg per 100 m dunkelvariamin gefärbt.

Materialkosten

1. *Diazobordo:*

a) Bleiche: für 120 Werk = 14400 m 12,2 kg pro 100 m = 1757 kg.

25 kg Diastafor	à 12,75 S	318,75 S
16 kg Wasserstoffsuperoxyd 40%	à 7,43 „	118,88 „
22 kg Wasserglas	à 0,88 „	19,36 „
2 kg Fettalkohol-Sulfonat	à 8,70 „	17,40 „
		474,39 S

1 kg Zellwollmollino entschlichten und bleichen kostet an Material 0,27 S
1 m Zellwollmollino entschlichten und bleichen kostet an Material 0,0329 „

b) Färberei: für 6 Werk = 720 m 12,2 kg pro 100 m = 87,84 kg

2000 g Bordeaux diazamine lumiere 2B	à 82,46 S	164,92 S
90 g Diazoindigoblau RB extra	à 89,29 „	8,04 „
4000 g Salzsäure 21 Bé	à 0,78 „	3,12 „
1200 g Natrium Nitrit	à 4,39 „	5,27 „
1200 g Betanaphtol	à 14,75 „	17,70 „
2000 g Natronlauge	à 1,17 „	2,34 „
100 g Fettalkohol-Sulfonat	à 11,00 „	1,10 „
8000 g Glaubersalz krist.	à 0,30 „	2,40 „
		204,89 S

1 kg Zellwollmollino diazobordo färben kostet an Material 2,3325 S
1 m Zellwollmollino diazobordo färben kostet an Material 0,2848 „

2. *Schwefelblau:* für 5 Werk = 600 m 18 kg pro 100 m = 108 kg

800 g	Diastafor	à 12,75 S	10,20 S
2000 g	Soda Ammoniak	à 1,11 „	2,22 „
2500 g	Bleu sulfanol solide A	à 65,44 „	163,60 „
6000 g	Schwefelnatrium krist.	à 3,20 „	19,20 „
2000 g	Soda Ammoniak	à 1,11 „	2,22 „
800 g	Chromnatron krist.	à 6,80 „	5,44 „
2000 g	Ameisensäure 85%	à 7,00 „	14,00 „
10000 g	Glaubersalz krist.	à 0,30 „	3,00 „
100 g	Fettalkohol-Sulfonat	à 11,00 „	1,10 „
			220,98 S

1 kg Zellwollköper schwefelblau färben kostet an Material 2,0461 S
1 m Zellwollköper schwefelblau färben kostet an Material 0,3683 „

3. *Naphtolrot:*

Bleiche: wie bei Zellwollmollino diazobordo gefärbt.

Hotflue, Präparation: für 6 Werk = 720 m 12,2 kg pro 100 m = 87,84 kg

1500 g	Naphtol AS	à 67,32 S	93,48 S
1500 g	Natronlauge	à 1,17 „	1,76 „
1500 g	Lawonal AS	à 12,95 „	19,43 „
100 Liter			114,67 S

1 kg Zellwollmollino AS15 präparieren kostet an Material 1,3054 S
1 m Zellwollmollino AS15 präparieren kostet an Material 0,1592 „

Eisrotmaschine. Entwicklung: für 6 Werk = 720 m 12,2 kg per 100 m = 87,84 kg

3200 g	Echtrot KB Base	à 87,98 S	281,54 S
7000 g	Salzsäure 21° Bé	à 0,78 „	5,46 „
1800 g	Natrium Nitrit	à 4,39 „	7,90 „
4500 g	Essigsaures Natron	à 5,10 „	22,95 „
200 Liter			317,85 S

1 kg Ware AS15 mit Echtrot KB entwickeln kostet an Material 3,6185 S
1 kg Zellwollmollino AS15 mit Echtrot KB entwickeln kostet an Material 0,4414 S
1 m Zellwollmollino AS15 mit Echtrot KB entwickeln kostet an Material 0,6006 S

Wäscherei:

1mal waschen: für 20 Werk = 2400 m

6000 g	Soda Ammoniak	à 1,11 S	6,66 S
2000 g	Kernseife	à 6,10 „	12,20 „
7000 g	Teepol hochkonzentriert	à 7,50 „	52,50 „
			71,36 S

2mal waschen: für 20 Werk = 2400 m

25000 g	Salzsäure 21° Bé	à 0,78 S	19,50 S
5000 g	Teepol hochkonzentriert	à 7,50 „	37,50 „
			57,00 S

Insgesamt Wäscherei .... *128,36 S*

1 m Zellwollmollino naphtolrot gefärbt, waschen kostet an Material 0,0535 S

4. Dunkelvariaminblau

Bleiche: siehe wie bei Zellwollmollino diazobordo gefärbt.

Hotflue. Präparation: für 6 Werk = 720 m 12,2 kg pro 100 m = 87,84 kg

700 g Naphtol AS	à	62,32 S	43,62 S
700 g Natronlauge	à	1,17 „	0,82 „
700 g Lawonal AS	à	12,95 „	9,07 „
100 Liter			53,51 S

1 kg Zellwollmollino AS7 präparieren kostet an Material 0,6091 S

1 m Zellwollmollino AS7 präparieren kostet an Material 0,0743 „

Variaminblaumaschine. Entwicklung: für 6 Werk = 720 m à 12,2 kg pro 100 m = 87,84 kg

3000 g Sel pour bleu solide BL	à	88,75 S	266,25 S
400 g Sel pour bleu solide R	à	114,26 „	45,70 „
1500 g Natriumbisulfit	à	3,97 „	5,96 „
5000 g Salzsäure 21° Bé	à	0,78 „	3,90 „
200 Liter			321,81 S

1 kg Zellwollmollino AS7 — Variaminblau entwickeln kostet an Material 3,6636 S

1 m Zellwollmollino AS7 — Variaminblau entwickeln kostet an Material 0,4469 S

1 m Zellwollmollino AS7 präparieren und mit Variaminblau entwickeln kostet an Material 0,5212 S.

Wäscherei: 1mal mit Bisulfit behandeln: für 20 Werk = 2400 m

5000 g Natriumbisulfit	à	3,97 S	19,85 S

2mal waschen: für 20 Werk = 2400 m

6000 g Soda Ammoniak	à	1,11 S	6,66 S
6000 g Fettalkohol-Sulfonat	à	8,70 „	52,20 „
			58,86 S
		Insgesamt Wäscherei	78,71 S

Zusammenstellung der Materialkosten

	pro Meter			
	Diazobordo	Schwefelblau	Naphtolrot	Dunkelvariaminblau
Bleiche	0,0329 S	—	0,0329 S	0,0329 S
Färberei	0,2848 „	0,3683 S	—	—
Hotflue	—	—	0,1592 „	0,0743 „
Eisrotmaschine	—	—	0,4414 „	—
Variaminblaumaschine	—	—	—	0,4469 „
Wäscherei	—	—	0,0535 „	0,0328 „
Materialkosten insgesamt	0,3177 S	0,3683 S	0,6870 S	0,5869 S

Zusammenstellung der Lohnkosten

Rohwarenlager	0,0104 S	0,0104 S	0,0104 S	0,0104 S
Bleiche	0,0195 „	—	0,0195 „	0,0195 „
Färberei	0,0607 „	0,0607 „	—	—
Weißzylinder	0,0109 „	—	0,0109 „	0,0109 „
Farbzylinder	—	0,0112 „	—	—
Vorbereitung	0,0328 „	—	0,0328 „	0,0328 „
Hotflue	—	0,0233 „	0,0233 „	0,0233 „
Eisrotmaschine	—	—	0,0375 „	—
Variaminblaumaschine	—	—	—	0,0375 „
Wäscherei	—	—	0,0133 „	0,0133 „
Hänge	0,0315 „	—	0,0315 „	0,0315 „
Appretur	0,0596 „	0,0596 „	0,0596 „	0,0596 „
Kalander	—	0,0262 „	—	—
Legerei	0,0407 „	0,0407 „	0,0407 „	0,0407 „
Expedit	0,0161 „	0,0161 „	0,0161 „	0,0161 „
Lohnkosten insgesamt.....	0,2822 S	0,2482 S	0,2956 S	0,2956 S

Kostenberechnung einer Stückfärberei (Lohnveredlung)

Färbereikosten pro kg Ware ohne Regiezuschläge
In österreichischen Schilling (1952)

	Farbton	Material	Farbstoffe	Chemikalien	Dampfkraft	Löhne	Summe
Normale Echtheiten	d'blau	Halbwolle	2,80	0,02	2,90	6,00	11,72
	bordeaux..	Halbwolle	4,90	0,15	2,80	5,90	13,75
	s'grau	Halbwolle	0,20	0,21	2,60	6,00	9,01
	stahlblau .	Halbwolle	3,44	0,20	2,80	6,00	12,44
	h'blau	Halbwolle	0,61	0,19	2,70	6,10	9,60
	türkis.....	Halbwolle	1,56	0,21	2,90	6,30	10,97
	kornblau .	Halbwolle	3,68	0,20	2,80	6,10	12,78
	terra	Halbwolle	1,47	0,15	3,30	6,60	11,52
	rosenholz..	Halbwolle	1,45	0,15	5,90	6,10	1360
	d'grün	Halbwolle	4,74	0,34	3,00	5,90	13,98
	hochrot ...	Halbwolle	3,18	0,14	2,90	5,90	12,07
	drapp.....	Halbwolle	0,63	0,41	3,10	6,40	10,54
Mittlere Echtheiten	d'blau	Wolle	3,48	0,13	2,60	6,40	12,61
	d'braun ..	Wolle	2,04	0,20	2,70	6,10	11,04
	türkis.....	Wolle	0,65	0,19	2,70	6,10	9,64
	h'beige....	Wolle	0,04	0,15	2,70	6,20	9,29
	h'drapp ..	Halbwolle	0,18	0,46	2,70	5,90	9,24
	m'blau ...	Halbwolle	3,63	0,60	3,20	6,30	13,73
	d'grau	Halbwolle	2,41	0,60	3,50	6,60	13,11
	drapp.....	Halbwolle	0,94	0,49	3,00	6,20	10,63
	grau	Halbwolle	1,24	0,46	3,20	6,20	11,10
GuteEchtheiten	drapp.....	Wolle	0,39	0,55	2,90	6,50	10,34
	d'grün	Wolle	0,84	0,57	2,90	6,10	10,41
	d'braun ..	Wolle	2,29	0,35	3,10	6,60	12,34
	d'blau	Wolle	4,71	0,58	3,20	6,50	14,99

Ermittlung der Lohnkosten pro kg für einige Nebenarbeiten (Lohnveredlung)

In österreichischen Schilling vor 1937

Monatsdurchschnitt bei einer Warenleistung von 23000 kg

1. Übernahme (Buchen, Schreibkraft usw.)	0,08 S
2. Durchsehen der Rohwaren	0,01 „
3. Aufhaspeln von Kunstseidenkrepps bzw. „fünferln“ (Abmessen von 5 m Rohware und Anbringen eines Fadenzeichens am Stückrand)	0,02 „
4. Saugen bzw. Zentrifugieren der Ware	0,02 „
5. Kosten der Hänge (Trockenhänge, Wanderhänge für Kreppartikel usw.)	0,05 „

Somit ergeben sich an reinen Lohnkosten:

für Trikotware	0,16 + Z = 0,20	= 0,20 S
„ Kreppware	0,17 + Z = 0,21 + N* = 0,25	„
„ Ks-Bw-Ware	0,15 + Z = 0,18	= 0,18 „
„ erschwerte Ware	0,15 + Z = 0,18	= 0,18 „

Z = 17 %

Prämienausmittlungsbeispiele für eine Wollstücklohnfärberei

Brüherei: a) Kontinue-Brühmaschine (Wollstückware):

1. 100-m-Stücke:

Die theoretische mittlere Arbeitszeit setzt sich zusammen aus:

6,8 Minuten abhängige Arbeitszeit (Handarbeit)
2,4 Minuten unabhängige Arbeitszeit (Maschinengeschwindigkeit usw.)

Sa. 9,2 Minuten pro Stück.

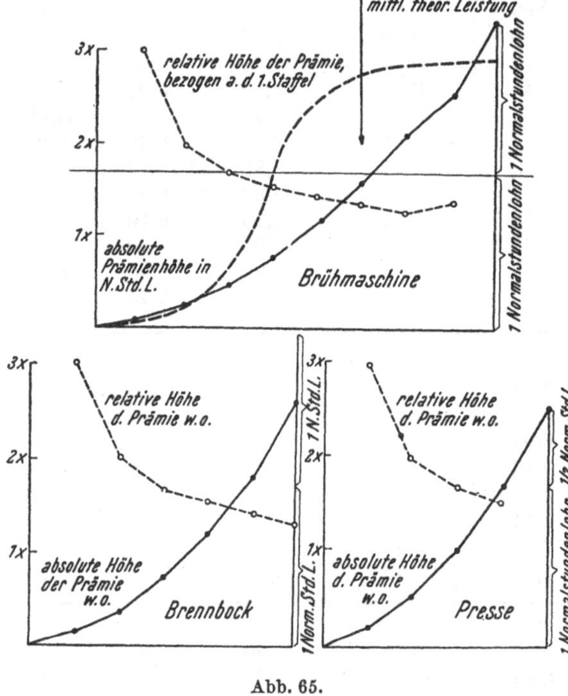

Abb. 65.

Bei 8½ Stunden können 510 Minuten für produktive Arbeit ausgenützt werden (Vorbereitung usw. außerhalb der Arbeitszeit, da Arbeiter 10 Minuten vor Beginn bereits am Platze, Ankleiden nach der Arbeitszeit): 510 : 9,2 ... 55 Stücke à 100 m ... 5500 m.

Würde die abhängige Arbeitszeit um 1 Minute verkürzt werden, so könnten 510 : 8,2 ... 62 Stücke à 100 m = 6200 m erzeugt werden. Als praktisch erreichbare Pflicht sind 44 Stück festgestellt, das ist 4400 m, daher ist die Erzeugung bis 6200 m zu prämiieren, und zwar gestaffelt in Mehrerzeugungen von je 200 m. Für die Gesamtprämienverteilung werden 2 Normalstundenlöhne angesetzt, die sich wie folgt auf die Leistungen verteilen:

* N ist ein Zuschlag, der für das Vorpressen (Vorgaufrieren von Ks-Krepp-Artikeln) anzusetzen ist.

1—4400 m		Normallohn
4400—4600 „	0,045	Normalstundenlohn als Prämie
4601—4800 „	0,133	„ „ „
4801—5000 „	0,270	„ „ „
5001—5200 „	0,445	„ „ „
5201—5400 „	0,667	„ „ „
5401—5600 „	0,934	„ „ „
5601—5800 „	1,245	„ „ „
5801—6000 „	1,510	„ „ „
6001—6200 „	2,000	„ „ „

Für 50-m-Stücke auf derselben Maschine ist die Pflichtleistung mit 3200 m errechnet und wird bis auf 5200 m bei Staffelung für je 200 m Prämie nach dem obigen Schlüssel verteilt.

Die Arbeiterin beim Einführen der Ware bekommt bloß die halbe Prämie. (Hilfskraft.)

b) Brennbock:

1. 50-m-Stücke: Die theoretische mittlere Arbeitszeit ist 2,0 plus 10,5 Minuten, das ist 12,5 Minuten per Arbeitstag, 510 : 12,5 ... 40 Stück à 50 m ... 2000 m. Bei Verminderung der abhängigen Arbeitszeit um 1 Minute können erreicht werden: 510 : 11,5 ... 2250 m.

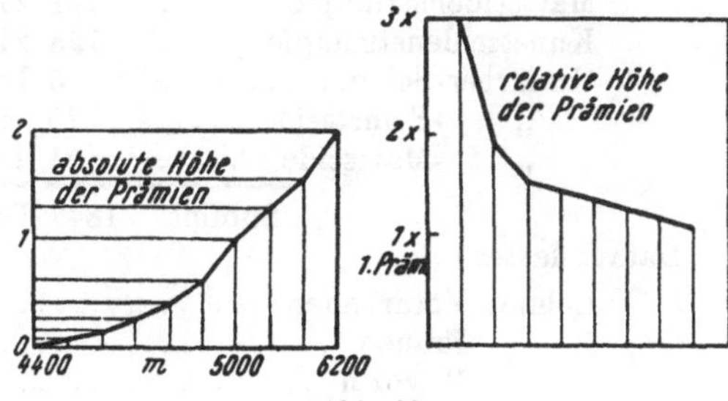

Abb. 66.

Wird als Pflicht 1550 m angesetzt (erfahrungsgemäß), so können also 700 m prämiiert werden.

2. 100-m-Stücke. Theoretische Arbeitszeit: 2 plus 15 Minuten ... 17 Minuten. Per Tag 3000 m. Bei Verminderung der abhängigen Arbeitszeit um 1 Minute .... 3200 m. Pflichtleistung 2500 m erfahrungsgemäß, daher zu prämiieren 700 m. Beidemal wird zu 100 m gestaffelt und zwei Normallöhne ausgeworfen. Die Verteilung ist folgende:

100-m-Stücke:			50-m-Stücke:		
1—2500 m		Normallohn	1—1550 m		Normallohn
2501—2600 „	0,071	vom Normalstundenlohn	1551—1650 „	0,071	vom Normalstundenlohn
2601—2700 „	0,214	„ „	1651—1750 „	0,214	„ „
2701—2800 „	0,430	„ „	1751—1850 „	0,430	„ „
2801—2900 „	0,710	„ „	1851—1950 „	0,710	„ „
2901—3000 „	1,070	„ „	1951—2050 „	1,070	„ „
3001—3100 „	1,540	„ „	2051—2150 „	1,540	„ „
3101—3200 „	2,000	„ „	2151—2250 „	2,000	„ „

Presse:

Reine Handarbeit.

50-m-Stücke, schmal: 1 Stück wird mit allen Nebenarbeiten von einer Arbeiterin in 10,2 bis 11 Minuten in die Preßspäne gebracht. Folglich kann eine Person in einer Stunde rund 250 m einspänen. Dies ist als theoretische Höchstleistung anzusehen. In 8,5 Stunden, wovon 2,5 Stunden zum Ausspänen gebraucht werden, können in den verbleibenden 6 Stunden daher 6 × 250 m oder 1500 m theoretisch eingespänt werden.

50-m-Stücke, breit: Die Arbeiterin spänt sie in 14 bis 15 Minuten ein. In einer Stunde daher rund 200 m, per Tag von 6 Stunden also 1200 m.

Setzt man als Pflichtleistung im ersten Falle 1250 m, im zweiten Falle 950 m, so sind in beiden Fällen 250 m zu prämiieren, und zwar in Staffeln von 50 m, wobei als Gesamtsumme 1,5 Normalstundenlohn ausgeworfen wird.

Die Verteilung ist dann die folgende:

schmal	breit	Prämie
1—1250 m	1— 950 m	—
1251—1300 „	951—1000 „	0,1 vom Normalstundenlohn
1301—1350 „	1001—1050 „	0,3 „ „
1351—1400 „	1051—1100 „	0,6 „ „
1401—1450 „	1101—1150 „	1,0 „ „
1451—1500 „	1151—1200 „	1,5 „ „

Kalkulation einer Lohnstrumpffärberei (Abb. 67)

Gefärbt wurden:

Ganzseidenstrümpfe	246 Dutzend	
Mattseidenstrümpfe	721 21/24 Dutzend	
Kunstseidenstrümpfe	728 21/24 „	
Umfärber-Seide	5 Dutzend	
„ -Kunstseide	76 6/24 Dutzend	
„ -Mattseide	71 18/24 „	
Summe	1847 Dutzend	Fakturenwert 3740,00 S

Darauf lasten:

Löhne:	Vorarbeiter	258,20 S	
	Frauen	641,10 „	
	Magazin	50,00 „	
	Übernahme	12,00 „	961,30 S
Material:	Farbstoffe	734,85 „	
	Chemikalien	139,11 „	
	Abkochmaterial	40,04 „	
	Mattierung	33,00 „	
	Avivagematerial	19,60 „	966,60 „
		Summe	1927,90 S

Schattierte Strümpfe
Kalkulation per 8 Dutzend pro Farbe

A. Mattseide. Farbe grau:

Farbstoff		2,20 S	
Lohn:	1 Mann	11,07 „	(9 Stunden)
	2 Frauen ...	10,80 „	(9 Stunden)
Dampf:	Wasser ...	8,00 „	(4 m³ Wasser)
Strom		4,00 „	(6 Formen 9 Stunden)
		36,07 S	

Fakturenwert 72,00 S

Farbe rotbraun:

Farbstoff	5,80 S
anderes	33,87 „
	39,67 S

Farbe braun:

Farbstoff	13,80 S
anderes	33,87 „
	47,67 S

Wert 96,00 S

B. Echtseide.

Farbe grau:

Farbstoff	4,20 S
anderes	33,87 „
	38,07 S

Farbe rotbraun:

Farbstoff	9,20 S
anderes	33,87 „
	43,07 S

Farbe braun:

Farbstoff	10,30 S
anderes	33,87 „
	44,17 S

Durchschnittsgewinn per Dutzend:

Mattseiden- oder Netzstrümpfe	0,40 g, das ist 55%	des Preises
Echtseidenstrümpfe	0,56 „ „ „ 56%	„ „

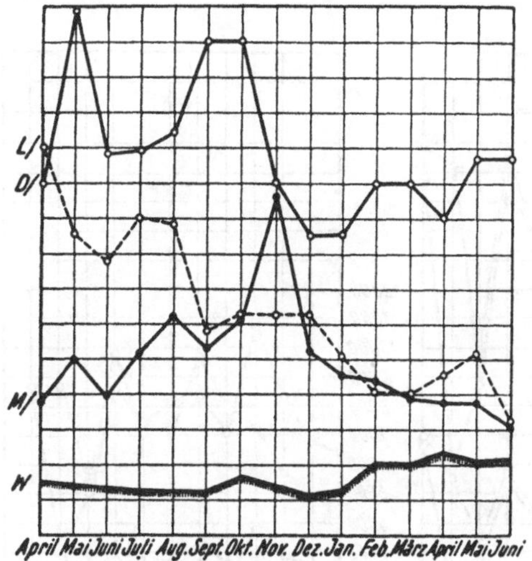

Abb. 67. Strumpffärberei. *L* Lohn in S Partie (1 = 1 S), *M* Farbstoff + Chem. in S Partie (1 = 1 S), *D* Mittlere Partiengröße in Dutzend (1 = 1 Dtz.), *W* Fakturenwert (geschätzt). Wert in österr. S vor 1937 (1 = 2500 S).

F. Kalkulation der Seidenstückerschwerung und Färbung

Die folgende detaillierte Kalkulation umfaßt alle Arbeitsvorgänge, wobei vorab die damaligen Lohnkosten, Chemikalienkosten sowie die betrieblich-variablen Dampf-, Strom- und Wasserkosten angegeben werden. (Abb. 68.)

Eine Berechnung des Färbens erschwerter Seidenstückware beschließt den Abschnitt.

Erschwerung für Reinseide (Kalkulation)

Vorarbeiter	1,54 S pro Stunde
Arbeiter	0,96 bis 1,30 S pro Stunde
Arbeiterinnen	0,77 „ 0,82 „ „ „
Vorarbeiterin	0,97 S pro Stunde

Preise der Chemikalien

Chlorzinn, wasserfrei	3,80 S pro kg
Phosphorsaures Natron	0,69 „ „ „
Wasserglas	0,155 „ „ „
Seife, grün	1,32 „ „ „
Seife, weiß	1,50 „ „ „
Ammoniaksoda	0,28 „ „ „
Salzsäure	0,18 „ „ „
Ammoniak 25%	0,52 „ „ „

Sonstiges:

Dampfverbrauch	7000 kg pro Stunde
Kohlenverbrauch	1300 „ „ „

360 m² Heizfläche, keine Kondenswasserrückleitung, kein Economiser

Kg Dampf inklusive Amortisation usw. ..... 0,8 g

Kilowattstunde elektrischer Strom, Gemeinde .	26 g
1 m³ Hartwasser, Hochquelle	18 „
1 m³ Hartwasser, Brunnen	12 „
1 m³ Weichwasser	24 „

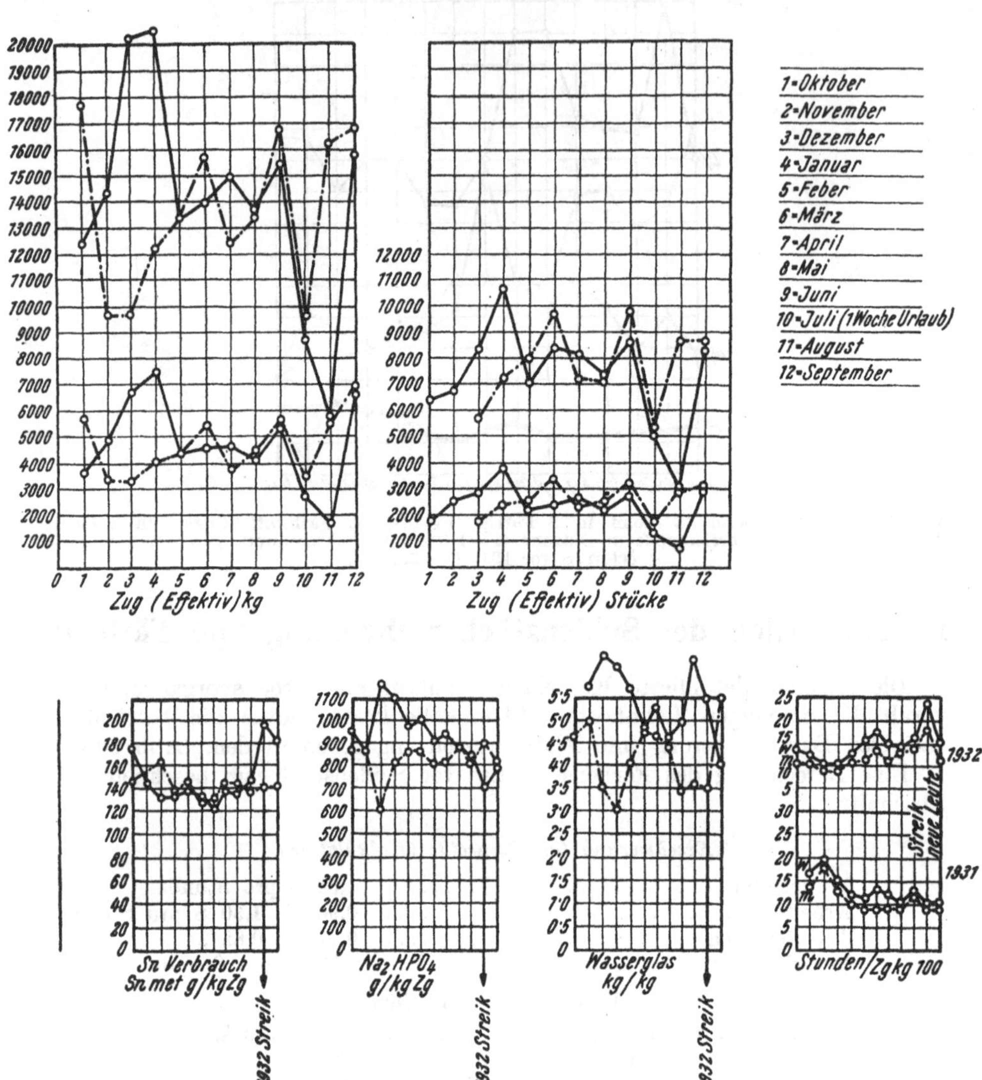

Abb. 68. Chargenleistung und Chemikalienverbrauch.

Preisberechnung für chargierte Ware

Materialien und Arbeit auf Grund des Monatsdurchschnittes

Per Zugkilo:	140 g Sn met. . . . 302 g $SnCl_4$	à 4,00 . . .	1,208 S
	1,10 kg Phosphat	„ 0,69 . . .	0,759 „
	0,04 kg HCl	„ 0,18 . . .	0,072 „
	0,04 kg Soda	„ 0,29 . . .	0,112 „
			2,151 S

Per Warenkilo:	für 3 Züge, wie oben, also		6,45 S
	1 l Ammoniak	à 0,52	0,52 „
	8 kg Wasserglas	„ 0,155	1,24 „
	3 m³ Hartwasser	„ 0,12	0,36 „
	3 „ Weichwasser	„ 0,24	0,72 „
			9,29 S
	0,20 Arbeitsstunden, männl.	à 1,10	0,22 S
	0,40 Arbeitsstunden, weibl.	„ 0,80	0,32 „
	0,05 Überstunden	„ 1,50	0,08 „
			Summe 9,91 S

Die Arbeits- und Materialkosten stellen sich beim Erschweren von 1 kg Ware auf durchschnittlich 9,91 S.

Kosten der einzelnen Teilprozesse:

Berechnung für 100 kg Ware

In österreichischen Schilling (1935)

Abkochen:

Arbeit zirka 15 Stunden, männlich	à 1,10	16,50 S
Dampf zirka 1000 kg	„ 0,008	8,00 „
Weichwasser zirka 4 m³	„ 0,24	0,96 „
Seife 50 kg	„ 1,30	65,00 „
Soda 3 kg	„ 0,28	0,84 „
Salmiak 3 kg	„ 0,52	1,56 „
Kraft ½ kWh	„ 0,26	0,13 „
		92,99 S

Waschen auf der Kaskade (s. Abb. 69):

Arbeit 2 Stunden, männlich	à 1,10	2,20 S
Arbeit 4 Stunden, weiblich	„ 0,80	3,20 „
Wasser, weich, 2½ m³	„ 0,24	0,60 „
HCl 15 kg	„ 0,18	2,70 „
Dampf 500 kg	„ 0,008	4,00 „
Kraft 2 kWh	„ 0,26	0,52 „
		13,22 S

Waschen auf der Waschmaschine W 6 (breit):

Arbeit 1 Stunde, männlich	à 1,10	1,10 S
Arbeit 1 Stunde, weiblich	„ 0,80	0,80 „
Weichwasser 1½ m³	„ 0,24	0,36 „
HCl 6 kg	„ 0,18	1,08 „
Dampf 300 kg	„ 0,008	0,24 „
Kraft 2 kWh	„ 0,26	0,52 „
		4,10 S

Legen von Hand aus:

Arbeit, weiblich, 4 Stunden	à 0,80	3,20 S

Schleudern:

Arbeit 1½ Stunden, männlich	à 1,10	1,65 S
Kraft 2½ kWh	„ 0,26	0,65 „
		2,30 S

Pinken per Zug:

Arbeit 3 Stunden, männlich	à 1,10	3,30 S
HCl 0,5 kg	„ 0,18	0,09 „
Zinnchlorid, wasserfrei, 30,6 kg	„ 4,00	122,40 „
Weichwasser 0,5 m³	„ 0,24	0,12 „
Kraft 4 kWh	„ 0,26	1,04 „
		126,95 S

Abrollen der gepinkten Bücher:
Arbeit 2 Stunden, weiblich .... à 0,80 ... 1,60 S

Terrassenwäsche (s. Abb. 69):
Arbeit 2½ Stunden, männlich .... à 1,10 ... 2,75 S
Arbeit 2 Stunden, weiblich .... „ 0,80 ... 1,60 „
Hartwasser 100 m³ .... „ 0,12 ... 12,00 „
Kraft 10 kWh .... „ 0,26 ... 2,60 „

18,95 S

Haspeln der Bücher für die Phosphatmaschine P II bzw. Silikat (s. Abb. 69):
Arbeit 4 Stunden, weiblich .... à 0,80 ... 3,20 S
Kraft 2 kWh .... „ 0,26 ... 0,52 „

3,72 S

Phosphatieren auf der Maschine A III (breit):
Arbeit 1 Stunde, weiblich .... à 0,80 ... 0,80 S
Arbeit 2 Stunden, männlich .... „ 1,10 ... 2,20 „
Phosphat 1,100 kg/kg ... 110 kg .... „ 0,69 ... 69,00 „
6,90 „
Soda 3,5 kg .... „ 0,28 ... 0,98 „
HCl 10 kg .... „ 0,18 ... 1,80 „
Weichwasser 3 m³ .... „ 0,24 ... 0,72 „
Hartwasser 70 m³ .... „ 0,12 ... 8,40 „
Dampf 1000 kg .... „ 0,008 .. 8,00 „
Kraft 10 kWh .... „ 0,26 ... 2,60 „

101,40 S

Phosphatieren auf der Maschine P II (s. Abb. 69):
Arbeit 2½ Stunden, männlich .... à 1,10 ... 2,75 S
Phosphat 110 kg .... „ 0,69 ... 75,90 „
Soda 3,5 kg .... „ 0,28 ... 0,98 „
HCl 12 kg .... „ 0,18 ... 2,16 „
Weichwasser 10 m³ .... „ 0,24 ... 2,40 „
Dampf 800 kg .... „ 0,008 .. 6,40 „
Kraft 30 kWh .... „ 0,26 ... 7,80 „

98,39 S

Silikatieren (Stern, s. Abb. 69):
Arbeit 15 Stunden, weiblich .... à 0,80 ... 12,00 S
Arbeit 8 Stunden, männlich .... „ 1,10 ... 8,80 „
Weichwasser 40 m³ .... „ 0,24 ... 9,60 „
Silikat 800 kg .... „ 0,155 .. 124,00 „
Dampf 1000 kg .... „ 0,008 .. 8,00 „

162,40 S

Errechneter Chargierungspreis für Georgette .... per kg 10,11 S
Errechneter Chargierungspreis für Crêpe de Chine-Ware . per kg 8,75 „
Durchschnitt aus beiden Werten .... per kg 9,43 „

Es ist also im allgemeinen mit einem Wert von zirka 10 S per kg Ware beim Chargieren zu rechnen. (Abb. 69.)

Färbung erschwerter Seide (Stück)

Weiß und Couleuren

In österreichischen Schilling (1936)

Im Monatsdurchschnitt:
Abkochen (Entbasten): Material a. d. Barke .... 0,87 S pro kg
Material a. d. Sternreifen .... 0,30 „ „ „
Lohn a. d. Barke .... 0,11 „ „ „
Lohn a. d. Sternreifen .... 0,20 „ „ „

Superoxydbleiche a. d. Wanne: Material .... 0,58 S pro kg
(80 Partien, 561 Stück, 741,33 kg)
Superoxydbleiche a. d. Sternreifen: Material .... 0,45 „ „ „
(26 Partien, 102 Stück, 260,10 kg)
Superoxydbleiche a. d. Wanne: Lohn .... 0,42 „ „ „
Superoxydbleiche a. d. Sternreifen: Lohn .... 0,25 „ „ „
Couleuren (Haspelkufe): Material .... 1,10 „ „ „*
(251 Partien, 717 Stück, 1069,28 kg)
Couleuren (Sternreifen) Material .... 1,58 „ „ „**
(310 Partien, 967 Stück, 1994,67 kg)

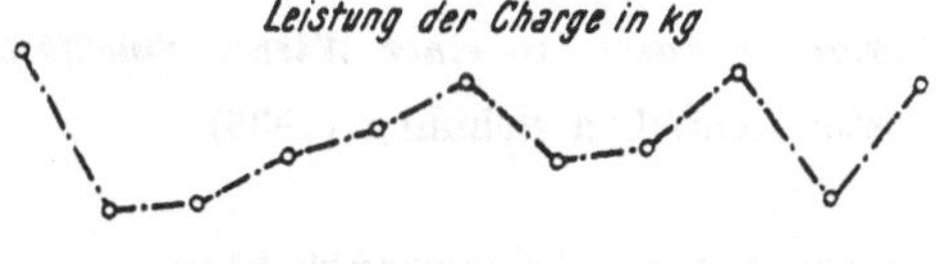

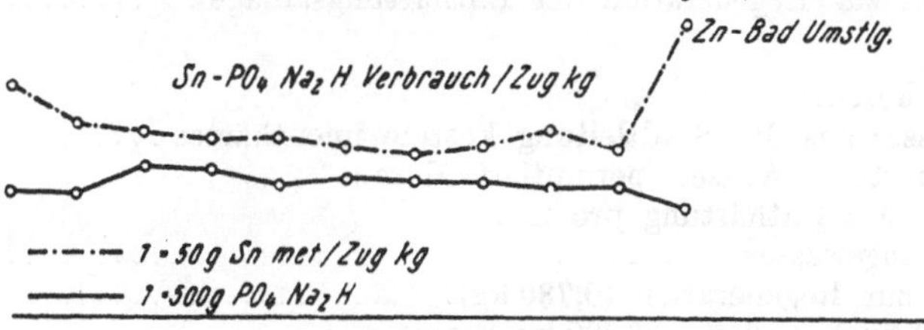

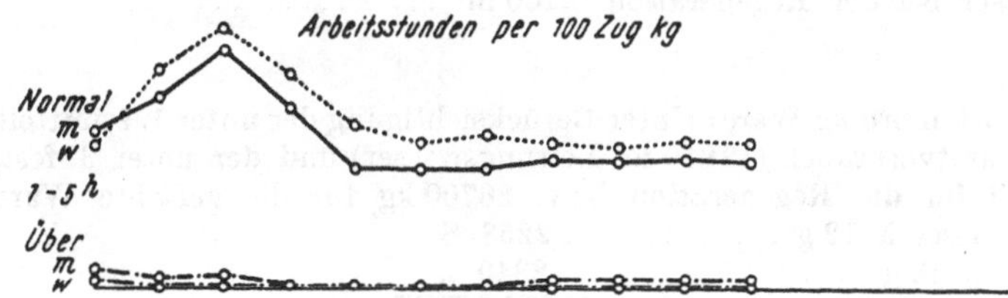

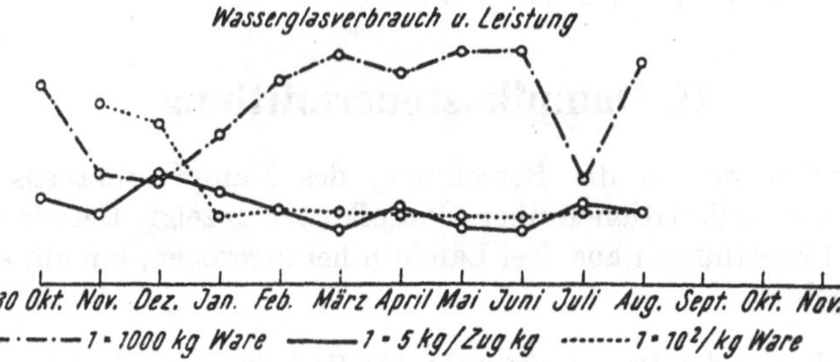

Abb. 69. Chargenleistung (graphisch).

Mittelwert aus beiden Farbarten: 1,42 kg, davon 0,72 Farbstoff und 0,70 Chemikalien.

---

* Farbstoff davon 0,10, Chemikalien 1,00.
** Farbstoff davon 0,79, Chemikalien 0,79.

Schwarz (Blauholz) Durchschnitt aus Kufen- und Sternreifenfärbungen: 2,58 S pro kg (145 Partien, 921 Stück, 2147,45 kg).

Mittlere Farbtiefe der erschwerten Ware: 2063,95 kg Ware = 214,20 kg Farbstoff (Couleuren) = 7%.

Mittlerer Verbrauch an Blauholzextrakt: N = 40%, O = 16%: Sa = 56%.

G. Wasserkosten in Färbereien

Die Kosten von städtischem Nutzwasser und die Enthärtungskosten werden im Nachstehenden an einem Beispiel illustriert.

Preisermittlung für Verbrauchswasser in einer Wiener Stückfärberei

In österreichischen Schilling (1935)

Monatsmittelwerte:

1. Totalverbrauch an Wasser aus der Trinkwasserleitung	18819 m³
Davon Färberei (permutiert und unenthärtet, zusammen)	14160 „
Kesselspeisewasser	2333 „
Spülwasser zur Regeneration der Enthärtungsanlage	2326 „
	18819 m³
2. Wasserkosten:	
1 m³ Wasser aus der Stadtleitung kostete unenthärtet	0,12 S
1 m³ enthärtetes Wasser (permutiert) daraus	0,272 „
3. Kosten der Enthärtung pro m³:	
1 m³ Leitungswasser	0,12 S
Kochsalz zur Regeneration (0,780 kg).......... (13000 kg à 0,18 für 26700 kg Ware)	0,14 „
Spülwasser bei der Regeneration 0,100 m³	0,012 „
	0,272 S

Wasserkosten pro kg Ware: Unter Berücksichtigung der unter 1. ermittelten Werte für den Gesamtverbrauch (18819 m³ Leitungswasser) und der unter 3. festgestellten Menge NaCl für die Regeneration bzw. 26700 kg für die gefärbte Warenmenge:

18819 m³ Wasser à 12 g	2258 S
13000 NaCl à 18 g	2340 „
	4598 S
26700 kg pro kg Ware	0,17 S

H. Dampfkostenermittlung

Im Folgenden werden die Berechnung des Dampfverbrauchs an Färbemaschinen sowie Kalkulationen über Dampfkosten gezeigt. Gerade in letzterem Falle wurden Ermittlungen aus drei Ländern herangezogen, um ein entsprechendes Bild zu geben.

Berechnung des Dampfverbrauchs für Färbeapparate, Kufen usw.

1. Indirekte Heizung: Erhitzung einer Kufe von 1000 l Inhalt mit Heizschlange, die den Dampf wieder abführt (seltener Fall). Wassertemperatur: 15° C. Zur Verfügung steht Dampf von 4 atü mit 657 kal. Zur Erhitzung der Flotte auf 100° C sind notwendig 1000 × (100 — 15) = 85000 kal. Flüssigkeitswärme des Dampfes 152 kal (als Kondensat). Der Dampf gibt zirka 537 kal an das Wasser ab. Notwendig sind daher: 85000 : 537 = 158 kg Dampf. Die Abkühlung der Flotte würde in 1 Stunde etwa 25° C betragen (zu hoher Wert, s. unten), daher zum Weiterkochendhalten

$1000 \times 25 = 25000$ kal. $25000 : 537 = 46{,}6$ kg Dampf. Es sind also insgesamt 204,6 kg Dampf notwendig, wenn man zum Kochen bringen und 1 Stunde am Kochen erhalten will.

2. Direkte Dampfheizung (Regelfall): Man braucht wie oben 85000 kal, um 1000 l von 15° C auf 100° C zu erwärmen. Der Dampf gibt hier $657 - 15 = 642$ kal ab. Man benötigt daher 132 kg. Zum Kochendhalten sind $25000 : 642 = 38$ kg notwendig, insgesamt 170 kg Dampf.

3. Anheizversuch: 1000 l. Die Wassertemperatur betrug 10° C. Das Zumkochenbringen erfordert daher 90000 kal. Dampf von 6 atü hat bei 180° C einen Wärmeinhalt von 617 kal. Man benötigt daher zum Erwärmen auf 100° C 138 kg Dampf. Bei einer zweistündigen Färbezeit beträgt die Flottenabkühlung 20° C. Dies bedingt die Zufuhr von 20000 kal. Dazu sind 32,4 kg Dampf notwendig. Der Gesamtdampfverbrauch beträgt daher 170,4 kg.

Kalkulation über Dampfkosten und Kosten des Dampfverbrauches für Färbebäder

In österreichischen Schilling (1935)

I. Veredlungsbetrieb in Österreich

Jahresverbrauchssumme an Kohle: 171000 S
Verdampftes Wasser: 20000 m³.
1 m³ verdampftes Wasser kostet 0,80 S.
1 kg Dampf kostet 0,008 S.
Verarbeitete Ware: zirka 240000 kg, auf 1 kg Ware zum Färben daher zirka 0,70 S.

Die obigen Werte beziehen sich auf eine Stückfärberei. Dampf wurde mittels moderner Anlagen (Wanderroste) in zwei liegenden Siederohrkesseln mit Nußkohle und Economiseranlage erzeugt. Keine Abdampfverwertung oder Kondensatrückleitung. Betriebsdruck 6 atü.

II. Weberei — Färberei — Appretur in den Niederlanden

3 Stück Zweiflammrohrkessel, Betriebsdruck 8 atü.
Kein Economiser, keine Abdampfverwertung oder Kondensatrückleitung.
Heizmaterial Nußkohle, 1000 kg 15 hfl. (vor 1938).
Pro Tag: Kohlenverbrauch 5600 kg mit einem Heizwert von 6000 kal/kg = = 33600000 kal.
Speisewasserverbrauch: 32600 l.

Die Dampfbildung daraus verbraucht zirka 32600×700 kal $= 22820000$ kal. Daher beträgt die Ausnützung des Heizwertes der Kohle etwa 63%.
Erzeugter Betriebsdampf: 32600 kg.

Kohlenkosten	84,00 hfl.	94,44 hfl. . . . 32600 kg
Heizeranteil (1 Tag)	5,40 „	Dampf, d. h. 1 kg Dampf
Kohlentrimmeranteil	3,20 „	kostet 0,3 Cent.
Kesselreinigung (anteilmäßig)	1,00 „	
Amortisation 10%	0,84 „	
	94,44 hfl.	

Von der erzeugten Gesamtdampfmenge verbrauchte die

Färberei	zirka 50%	
Heizung	zirka 25 „	(Wintermonat)
Trocknerei	zirka 10 „	
Appretur	zirka 10 „	
Schlichterei	zirka 5 „	
	100%	

Die Färberei muß pro Tag zirka 15000 l Wasser auf Kochtemperatur bringen, das sind 10000000 kal oder 15000 kg Dampf (Apparatefärberei).

Nach dem Dampfpreis gerechnet sind das pro Tag zirka 45,00 hfl. bei einer Produktion von zirka 1000 kg.

1 kg Ware (Strähngarn, Kreuzspulen, Kettbäume usw. aus Baumwolle oder Kunstseide) kosten als 0,045 hfl. an Dampfkosten.

III. Spinnerei — Weberei — Färberei — Appreturbetrieb in der Tschechoslowakei

Hier liegen Daten über Kohlenverbrauch (mengen- und wertmäßig) nicht vor. Lediglich der mittlere Anteil an Dampfkosten pro kg Ware als Jahresdurchschnitt ist mit 1,30 Kč (1930) angegeben.

(Kufen, Apparate: Wolle und Baumwolle im Stück, Flocke, Strähn und in der Kreuzspule.)

Die Hochdruckkesselanlage lieferte den Dampf für eine Turbine zur Krafterzeugung. Der Abdampf erst ging mit etwa 2,5 atü in die Färberei.

I. Kalkulationen über das Färben synthetischer Fasern

Über die Kosten von Färbungen von Orlon bei Kochtemperatur und bei höherer Temperatur berichtete Rhoads: Du Pont, Papers on Dyeing of Orlon and Dacron Fibers, presented at the Techn. Conf. Aug. 1952. Es berechnen sich die Farbkosten wie folgt:

Kochende Färbung (100° C) (je 100 lbs. Garn)	Hochtemperaturfärbung (125° C)
1. Schwarz:	
3,1% Quinoline Yellow PN	1,25% Quinoline Yellow PN
3,3% Orange RO	6% Pontacyl Fast Black N2B konz. 200%
0,3% Pontacyl Fast Red AS extra konz.	
8,0% Anthraquinone Blue SWF 150% konz.	
Materialkosten: Dollar 46,00	Dollar 16,00
2. Marineblau:	
0,6% Quinoline Yellow PN	6,0% Pontacyl Navy Blue M4B
2,0% Orange RO	
7,5% Anthraquinone Blue SWF	
Materialkosten: Dollar 36,00	Dollar 12,00
3. Braun:	
2,4% Quinoline Yellow PN	3,0% Roracyl Dark Brown B
1,5% Pontacyl Fast Red AS extra konz.	
2,4% Anthraquinone Blue SWF	
Materialkosten: Dollar 18,75	Dollar 7,75

Hinsichtlich der Kosten für sogenannte „Carrier"-Färbungen von Orlon und Dacron vgl. bei Färbung von Geweben aus synthetischen Fasern.

VII. Das Laboratorium

Die Ausrüstung und Veredlung von Textilien erfordert eine große Anzahl chemischer und technologischer Vorgänge. Eine ständige Kontrolle derselben erscheint für den ungestörten Ablauf der Arbeitsprozesse unerläßlich. Darüber hinaus müssen die verwendeten Rohstoffe und Hilfsmittel, Farbstoffe und Chemikalien sowohl aus Gründen der Betriebssicherheit als auch Wirtschaftlichkeit untersucht und verglichen werden. Ebenso spielt die Erkennung und Aufdeckung aufgetretener Fehler sowie deren Beseitigung oft eine wichtige Rolle. Neue Verfahren bedürfen meist einer laboratoriumsmäßigen Vorprüfung. Neben chemischen Untersuchungen sind auch technologische Prüfungen für die Veredlungsvorgänge von Wichtigkeit. Obwohl die Farbstoff- und Hilfsmittelhersteller ihre Erzeugnisse gewöhnlich mit mehr oder minder genauen Anwendungsvorschriften versehen, ist bis zum unmittelbaren Gebrauch derselben noch ein weiter Schritt. Diese Lücke zu überbrücken ist zum Teil Aufgabe des Laboratoriums. Die besondere Eigenart des Betriebes, die Vielfalt der Ansprüche an eine textile Ausrüstung bieten dem Anwendungstechniker ein ausgedehntes Arbeitsfeld. Es ist daher selbstverständlich, daß jede Ausrüstungsanstalt, die auf eine wirtschaftliche und geordnete Abwicklung ihres technischen Betriebes Wert legt, über ein geeignetes Labor verfügen soll. Wie groß dasselbe sein soll und welche Wichtigkeit man demselben beimißt, hängt sowohl von der Art und Größe des Betriebes wie von den Aufgaben ab, welche dem Labor zugedacht sind. Demgemäß können das Ausmaß und die Einrichtung eines Laboratoriums für ähnliche Betriebe innerhalb eines weiten Spielraumes schwanken. (Abb. 70.)

Abb. 70. Färbereilabor (ältere Installation).

Es sollen bei unseren Betrachtungen jene Verhältnisse einer Laboratoriumstätigkeit zugrunde gelegt werden, wie sie dem normalen Fabrikationsbetriebe entsprechen, ohne auf etwaige spezielle Aufgaben Rücksicht zu nehmen. Diese allgemeinen Aufgaben sind:

1. Betriebsanalysen,
2. Überprüfungen von Hilfsmitteln und Chemikalien,
3. Beurteilung von Farbstoffen,
4. Untersuchungen aufgetretener Fehler,
5. sonstige Arbeiten.

Da über die Untersuchungen selbst im vierten Abschnitt berichtet wird, werden an dieser Stelle nur die dazu notwendigen Einrichtungen behandelt.

Die Laboratoriumsräume sollen so gelegen sein, daß sie genügend Tageslicht erhalten. Daher sind die Räume möglichst mit Ausblick nach Süden zu wählen. Soferne für das Laboratorium ein Neubau geplant ist, wird diese Frage verhältnismäßig leicht zu lösen sein, in weitaus den meisten Fällen wird man sich jedoch in ein bereits bestehendes Gebäude einpassen müssen. Wenn es sich nur einigermaßen ermöglichen läßt, soll das Laboratorium nicht in einem einzigen Raum untergebracht werden, sondern entsprechend dem Verwendungszweck in Einzelräume unterteilt sein. Unbedingt notwendig ist ein Einzelraum für die Aufstellung der Waagen, da es ausgeschlossen ist, die empfindlichen analytischen Waagen in einer feuchten und säurehaltigen Atmosphäre vor einer Schädigung zu schützen. Womöglich soll auch das koloristische Laboratorium vom analytischen getrennt sein, da die verschiedene Art der Tätigkeit zu Behinderungen des Betriebes führen kann. Wenn das Laboratorium über keinen eigenen Stinkraum verfügt, so muß zumindest eine wirksame Absaugmöglichkeit vorhanden sein. Ebenso soll dafür gesorgt sein, daß die Bibliothek in einem geschützten Raum untergebracht ist. Gegebenenfalls kann die Bibliothek mit dem Waagenraum kombiniert werden, sofern eine Raumersparung notwendig ist. Die Räume sind miteinander in zweckmäßiger Weise verbunden, so daß lange Wege vermieden werden.

Der Waagenraum: Der Raum oder Platz, in welchem die Waagen untergebracht sind, soll hell und geschützt vor Chemikalien- und Feuchtigkeitseinwirkung sowie vor größeren Temperaturschwankungen sein. Der Fußboden besteht vorteilhaft aus Holz (Parketten) oder ist mit Gummi oder Linoleum belegt, um weitgehendst Erschütterungen der Instrumente auszuschalten.

Die Aufstellung der Waagen hat so zu erfolgen, daß Erschütterungen möglichst vermieden sind. Dies kann am besten durch in die Wände eingelassene Konsolen oder zumindest durch die Verwendung schwerer Tische geschehen. Die Tischbeine stellt man zweckmäßig auf Hartgummiplatten, ebenso die Metallfüße der Waagen. Die Auflagefläche der Tische oder Konsolen soll sich in einer Höhe von etwa 80 cm befinden. Links von der Waage ist soviel Raum freizulassen, daß Exsikkatoren und andere Behelfe aufgestellt werden können. Ebenso sind neben, jedoch nicht unter der Waage kleine Kasten mit Fächern vorzusehen, worin notwendige Gerätschaften untergebracht werden können. Sie sollen nicht direkt mit der Waage-Tragplatte in Verbindung stehen, um Erschütterungen beim Öffnen und Schließen der Türen oder Schubladen zu vermeiden. Der Einfall von direktem Sonnenlicht auf die Waage ist zu vermeiden, der Lichteinfall soll möglichst von links erfolgen. Bei künstlicher Beleuchtung ist ebenfalls dafür zu sorgen, daß der Lichteinfall in ausreichender Stärke und im richtigen Einfallswinkel zur Wirksamkeit kommt. Der Waagenraum kann auch für die Aufbewahrung von Mikroskopen sowie mikroskopische Arbeiten verwendet werden.

Laboratoriumsräume: Dieselben sollen licht und luftig und genügend geräumig sein, um ein einwandfreies ungestörtes Arbeiten zu ermöglichen. Die Fenster sind möglichst groß zu halten. Andererseits soll dafür gesorgt werden, daß der Eintritt direkten Sonnenlichtes vermieden werden kann; dies geschieht am besten durch die Verwendung von Selbstrollern. Vor einzelnen oder allen Fenstern kann man eventuell abklappbare Tragflächen anbringen lassen, auf denen Arbeiten mit großem Lichtbedarf durchgeführt werden können. Die Türen sollen nicht zu klein und auf jeden Fall nach außen zu öffnen sein, um im Gefahrenfall ein rasches Verlassen der Räume zu gewährleisten. Eine gute Durchlüftung der Laboratorien sowie gegebenenfalls eine notwendig werdende Schnellentlüftung ist durch die Anbringung leistungsfähiger Ventilatoren sicherzustellen. Die Frage, aus welchem Material die Fußböden bestehen sollen, ist umstritten. Holzböden sind an sich geeignet, auch Asphaltbetonböden haben sich gut bewährt, sofern die Räume genügend warm sind. Trotz entgegengesetzter Meinungen haben die Verfasser auch mit Holzzementböden sehr gute Erfahrungen gemacht. Dieselben haben sich vollkommen ausreichend säure- und alkalifest erwiesen und sich im Gebrauch bestens bewährt. Voraussetzung ist allerdings eine entsprechende pflegliche Behandlung (Ölung). Auch Linoleum- und Gummibeläge kämen in Frage, doch sind sie meist zu teuer. Wichtig ist jedenfalls, daß der Boden möglichst fugenlos ist, um das Eindringen verschütteter Chemikalien unmöglich zu machen. Dies gilt nicht zuletzt für Quecksilber, welches auch in kleinen, aber ständig verdampfenden Mengen zu schweren gesundheitlichen Störungen der im Raume Beschäftigten führen kann. Die Wände werden zweckmäßig bis in eine Höhe von 1,6 bis 1,8 m gekachelt. Sofern dies aus Kostengründen nicht möglich ist, sollten die Wände bis zur gleichen Höhe mit Ölfarbe gestrichen und mit einer einfachen Linie vom restlichen Wandanstrich abgesetzt sein. Als Anstrichfarbe hat sich ein säurefester Anstrich in hellbraunem Ton auch für das Auge bestens bewährt. Dasselbe gilt für den Deckenanstrich. Reinweiße Anstriche wirken nicht nur kalt, sondern sind auch unzweckmäßig, da die im Laborbetrieb unvermeidbaren Verschmutzungen wesentlich schneller in Erscheinung treten. Selbstverständlich müssen alle im Laboratorium verwendeten Anstrichfarben und Lacke vollkommen bleifrei sein, da dieselben sonst durch den immer vorhandenen Schwefelwasserstoff der Laboratoriumsatmosphäre in kurzer Zeit dunkeln und unansehnlich werden. Tapeten kommen naturgemäß für Laboratoriumsräume nicht in Frage. Ein unentbehrlicher Bestandteil der baulichen Inneneinrichtung eines Labors ist der Abzug (Kapelle, Digestorium). Dessen Aufgabe ist es, giftige oder schädliche Gase von den übrigen Räumen fernzuhalten oder den Arbeitenden zu schützen. Der Abzug besteht im wesentlichen in einem an eine Wand angebauten, mit Glasscheiben versehenen Kasten, der eine Entlüftungsvorrichtung besitzt. Die Boden- und Arbeitsfläche des Abzuges soll sich in Tischhöhe befinden und möglichst mit Fließen oder säurefestem Material, wie Bleiplatten, belegt sein, ebenso die Wandseite des Digestoriums. Die Vorderwand des Abzuges ist vertikal verschiebbar auszubilden und deren Gewicht durch über Rollen laufende Gegengewichte auszugleichen. Die Glaswände sind durch Sprossen in kleinere Einheiten zu unterteilen. An Stelle von Fensterglas kann mit Vorteil Sicherheitsglas oder Plexiglas Verwendung finden. Das Dach des Abzuges soll pyramidenförmig gegen die Wandseite zusammenlaufen. An der höchsten Stelle innerhalb des Digestoriums befindet sich die Abzugsöffnung, welche in den Kamin münden muß. Zur Erhöhung der Saugwirkung wird in der Abzugsöffnung eine sogenannte Lockflamme (Gasflamme) oder auch ein motorisch angetriebener Lüfter angebracht. Die Absperrvorrichtung für die Lockflamme soll sich in leicht erreichbarer Höhe befinden. Bei Benützung des Abzuges soll die bewegliche Vorderwand ungefähr 3 cm hoch geöffnet bleiben. Der Abzug soll Gas- und Wasseranschlüsse besitzen und über eine ausreichende Beleuchtung verfügen, die außerhalb desselben womöglich in beweglicher Art anzubringen ist.

Die grundsätzlichsten Arbeitsmittel für ein Labor sind Wasser und Wärme. Das Wasser wird wohl ausschließlich, mit Ausnahme destillierten Wassers, aus Leitungen entnommen; ebenso in den meisten Fällen das zur Wärmeerzeugung meist verwendete Gas. Lediglich Betriebe, die an kein Gasleitungsnetz angeschlossen sind, müssen zu anderen Versorgungsquellen greifen. Doch auch in diesem Falle wird sich eine Zentrallieferquelle mit angeschlossener Verteilerleitung empfehlen. Als Ersatz für Leuchtgas kommt Propangas (Flaschengas), Benzingas u. a. in Frage. Nötigenfalls können auch Spiritusbrenner benützt werden. In steigendem Maße finden heute auch elektrische WärmequellenVerwendung und erfreuen sich für manche Zwecke, wie feuergefährliche Destillationen, großer Beliebtheit. Die Verlegung der Leitungen soll erst nach gründlicher Planung erfolgen, da spätere Umänderungen erfahrungsgemäß mit Schwierigkeiten verbunden sind. Für ein normales Textillabor werden Leitungen für Wasser, Gas und Strom meist genügen. Sollten zusätzlich noch Leitungen für Dampf und Vakuum usw. vorhanden sein, so sind dieselben unbedingt durch einen Anstrich zu kennzeichnen. Als konventionelle Farbtöne sind vorgesehen: Wasser grün; Dampf rot; Gas gelb; Vakuum grau. Bei der Anlage des Leitungsnetzes mache man es sich zur Norm, lieber mehr Anschlüsse als vorausgesehen anzulegen, da erfahrungsgemäß später immer zu wenig sind. Als Arbeitsplätze empfehlen sich schwerere, mit Schubladen und Schiebetüren versehene, als Kasten ausgebildete Tische. Der untere Teil des Kastens kann mit Fächern unterteilt sein. Die Tischfläche soll an der Wandseite einen zweietagigen Aufbau tragen, der zum Abstellen der Reagenzien dient. Es muß darauf geachtet werden, daß dieselben leicht erreichbar sind, um Gefahrenmöglichkeiten durch Fallenlassen gefährlicher Chemikalien auszuschalten. Die Tischhöhe soll 90 cm, die verfügbare Tischbreite 60 bis 65 cm betragen. Die Tische müssen aus gut getrocknetem Holz verfertigt sein, um ein Verziehen und Reißen des Holzes zu vermeiden. Als Holz empfiehlt sich astfreies Kiefernholz. Die Tische sind ohne Sockel auszuführen. Einer besonderen Beachtung bedarf die Tischplatte, die sowohl gegen Chemikalien als auch gegen starke Oberhitze unempfindlich sein soll. Über die Wahl des Tischbelages gehen die Meinungen auseinander. Empfohlen werden Anstriche mit Anilinschwarz, Zementbeläge mit verschiedenen Zusätzen, Linoleum und Kunststoff, Glas- und Metallbeläge. Zu beachten ist, daß der Belag gegen Säuren und Alkalien sowie überhaupt gegen chemische Einwirkung möglichst unempfindlich sein soll. Verhältnismäßig gut bewährt haben sich bis heute Bleibeläge, welche zweckmäßig an den Bordseiten etwas aufgebördelt sind. Ein großer Vorteil der Bleibeläge ist die Weichheit des Materials, welche sich schonend auf die Haltbarkeit der Glas- und Porzellangeräte auswirkt. Allerdings ist die Verwendung von Bleiplatten an eine erhöhte Vorsicht hinsichtlich gesundheitlicher Gefahren geknüpft. Die Arbeitsplätze müssen in ausreichender Menge mit Gas-, Wasser- und elektrischen Anschlüssen versehen sein. Die Zuleitungen sollen waagrecht etwa 20 cm über Tischhöhe an der Wand oder bei Doppelarbeitstischen zwischen dem Zusammenstoß verlaufen. Beiden Gaszapfstellen empfehlen sich im Winkel gestellte Doppelhähne. Für jeden Wasserauslaß, der am besten in Form eines gekrümmten Rohres erfolgt, ist eine Abflußmöglichkeit vorzusehen. An den Stirnseiten der Arbeitstische sind größere Wasserzapfstellen und Abflußbecken anzubringen. An diesen Stellen können Wasserstrahlpumpen fix montiert sein. Bestens bewährt haben sich Wasserstrahlpumpen aus nichtrostendem Metall mit Rückschlagventileinrichtung. Die Absperrhähne für Wasser und Gas müssen verschiedengestaltig sein, um Verwechslungen zu vermeiden. Wasserzapfstellen am Tische selbst empfehlen sich auch deshalb, um lange Schlauch-Zu- und Rückleitungen zu vermeiden. An der Stirnseite der Arbeitstische, bei langen Tischen in einer geeigneten Unterbrechung auch in der Mitte derselben, sind verschließbare Abfallgefäße vorzusehen. Die Schubfächer sind so zu unterteilen; daß die Unterteilungen den unterzubringenden Geräten, wie Pipetten, Büretten, Kühler, Thermometer usw., angepaßt sind. Fächer, welche bruchempfindliche Geräte enthalten, werden vorteilhaft ausgepolstert. Es empfiehlt sich, Schubfächer nicht mit Knöpfen, an denen Kleider hängenbleiben können, sondern mit Handgriffen zu versehen. Da häufig einzelne Schubfächer zur Aufbewahrung von Büchern, Heften usw. benutzt werden, sollen solche verschließbar sein. Die Arbeitstische sind so auszurichten, daß sie über möglichst gutes Licht verfügen, direktes Sonnenlicht ist jedoch auch hier zu vermeiden, insbesondere muß verhindert werden, daß leichtflüchtige Reagenzien, wie Äther, Petroläther, Azeton usw., einer direkten Lichtwirkung ausgesetzt sind. Für die Beschäftigten sind Hocker in verschiedener Höhe oder Drehstühle vorzusehen.

Die Spülbecken sind groß und zirka 30 cm tief zu halten und der Boden mit einem bleibeschwerten Holzraster auszulegen. Die Abflußöffnung soll mit einem durch eine Kette festgehaltenen Stopfen verschließbar sein. Dadurch kann das Ausgußbecken gegebenenfalls als Kühlbad benutzt werden. Als Rohrleitungsmaterial für die Abwässer kommt nur Blei in Frage. Die Becken selbst können ausgebleit oder emailliert sein. Email ist zwar an sich günstig, doch kommt es nach Abblättern von Emailteilchen rasch zur Korrosion der darunterliegenden Eisenschicht.

Als Anstrich für die Laboratoriumsmöbel wähle man am besten einen Naturfarbenanstrich mit mehrfachem Lacküberzug. Soferne weißer oder cremefarbener Lack verwendet wird, ist natürlich Bleifreiheit Bedingung.

Sehr zweckmäßig ist ein Warmwasserdurchlauferhitzer, der besonders im koloristischen Teil des Laboratoriums für das schnelle Ansetzen von Färbebädern sowie für Wasch-, Seifen-, Spülzwecke u. dgl. eine wertvolle und vor allem zeitsparende Hilfe leistet. Für den Ansatz der Färbebäder ist allerdings die Wasserbeschaffenheit zu berücksichtigen, soferne man nicht durch geeignete Textilhilfsmittel die Auswirkungen einer zu großen Wasserhärte umgehen will. Recht bequem erweist sich ein separater kleiner Raum, der zum Reinigen der anfallenden Schmutzgeräte dient. Ein vierfach unterteiltes Waschbecken mit Boiler gestattet die Geräte einzuwässern, heiß zu waschen, anschließend mit gewöhnlichem und abschließend mit destilliertem Wasser zu spülen. Ein schräg gestelltes, mit eingelassenen runden Holzstäben versehenes Ablaufbrett dient zum Aufstülpen der Glasgefäße und erleichtert deren Trocknung. Die oberen Enden der Holzstäbe werden mit kurzen Gummischlauchstücken so überzogen, daß der Gummi etwas über das Stabende hinausragt. Dadurch sollen Beschädigungen der Gefäße verhindert werden.

Für die Aufbewahrung von Chemikalien und Farbstoffen soll womöglich ebenfalls ein separater Raum vorhanden sein. Es ist dabei zu unterscheiden zwischen Hand- und Standvorräten. Zu den letzteren gehören alle jene, welche in größeren Mengen auf Vorrat liegen, sowie die seltener gebrauchten Chemikalien. Für die Aufbewahrung sind am besten geschlossene Schränke geeignet. Chemikalien, die in größerer Menge vorrätig sind, vor allem auch Flüssigkeiten in Glasgefäßen, werden etwas erhöht über dem Boden auf starken, genügend breiten Holzbrettern gelagert. Die Chemikalien, welche im Laboratorium selbst untergebracht werden, sollen ebenfalls in verschließbaren Holzkästen, vorzugsweise solchen mit Glasfenstern, aufbewahrt werden. Entsprechend den gesetzlichen Vorschriften ist ein ausdrücklich gekennzeichneter, sicher abschließbarer Schrank für giftige Substanzen vorzusehen.

Eines der wichtigsten Erfordernisse für einen klaglosen und gesicherten Laboratoriumsbetrieb ist eine absolute Ordnung in der Haltung der vorhandenen Chemikalien. Es ist darauf zu achten, daß jedes Gefäß mit der vollen Originalbezeichnung des Inhaltes mit unverwischbarer Farbe beschriftet ist. Über die Etiketten wird eine Kollodiumlack- oder Wasserglaslösung gestrichen. Unabhängig davon ist an einer anderen Stelle des Gefäßes ebenfalls mit unabwaschbarer Farbe eine laufende Nummer anzubringen. Unter dieser Nummer ist das Produkt zu katalogisieren. Es empfiehlt sich, die Ordnung der Chemikalien nach bestimmten Gesichtspunkten durchzuführen, so beispielsweise in organische und anorganische und diese wieder nach Kationen usw. Farbstoffe und Textilhilfsmittel sind getrennt von den Chemikalien unterzubringen und zu verzeichnen. Farbstoffe werden am besten nach Farbstoffgruppe und hier wieder nach dem Farbton geordnet und ebenso katalogisiert. Hilfsmittel werden zweckmäßig nach einer laufenden Nummer geordnet und alphabetisch katalogisiert. Es sei nochmals unterstrichen, daß nur eine musterhafte Ordnung nicht allein vor Gefahren schützt, sondern erst eine wirksame Laboratoriumstätigkeit sichert.

Die künstliche Beleuchtung eines Laboratoriums muß der Bedingung allerbester Lichtverhältnisse angepaßt sein. Derzeit setzt sich immer mehr die Beleuchtung mittels Leuchtstoffröhren durch, welche bei sparsamem Stromverbrauch eine hohe Lichtausbeute ergeben. Durch die richtige Anordnung mehrerer Leuchtkörper kann weitgehende Schattenlosigkeit erreicht werden. Bei Leuchtröhren mit Wechselstrombetrieb empfiehlt sich eine zusätzliche Normalbeleuchtung, um das störende Flackern des Lichtes auszuschalten. Das Licht soll möglichst tageslichtähnlich gewählt werden, dies sowohl aus psychologischen Gründen als auch, um die vielen vorkommenden Farbreaktionen richtig zu beurteilen. Zusätzlich müssen Möglichkeiten vorhanden sein, Objekte bei hellster Beleuchtung, also in unmittelbarer Nähe der Lichtquelle, betrachten zu können.

Von ganz besonderer Wichtigkeit ist die Beleuchtung für die Beurteilung von Färbenuancen. Für diesen Zweck kommen besondere Lichtquellen in Frage, über die später noch gesprochen werden soll.

Zu den allgemeinen Einrichtungsgegenständen gehören ausreichende Feuerschutz- und Unfallshilfsmittel. In den Räumen selbst, zweckmäßig in der Nähe der Ausgänge, aber auch auf den Zuführungsgängen, müssen sich einwandfreie, überprüfte Feuerlöschgeräte befinden. Vor allem die Löschgeräte in den Räumen sollen handlich und nicht zu schwer sein. Dagegen können die Löschgeräte auf den Gängen größere Dimensionen aufweisen. Bei den unterschiedlichen Möglichkeiten, die ein Laboratorium für die Entstehung eines Brandes bietet, muß die Art des Löschmittels gut gewählt sein. Von universellster Verwendung ist noch der Kohlensäureschnee- und Tetralöscher. Letzterer birgt allerdings bei Verwendung in engen Räumen durch die Entwicklungsmöglichkeit von Phosgen gewisse Gefahren. Zweckmäßig wird man beide Arten von Feuerlöschern bereit halten. Da Laboratoriumsbrände meist durch Entzündung von hochbrennbaren organischen Lösungsmitteln entstehen, kommen gewöhnliche Naßlöscher für die Verwendung meist nicht in Frage. Die Trockenlöscher bieten gegenüber Naßlöscher noch den zusätzlichen Vorteil, daß beim Löschen brennender Büchereien, Aktenschränke u. dgl. keine Naßschäden zu befürchten sind.

Weiters muß jedes Laboratorium über einen Sanitätskasten mit den notwendigen Hilfsmitteln verfügen. Für Unfälle durch Verätzungen der Augen infolge Säuren- oder Alkalieneinwirkung sind deutlich gekennzeichnete Gegenmittel griffbereit an geeigneter Stelle vorrätig zu halten. Für Laugenverätzung ist dies eine 3%ige Zitronensäure oder Borsäurelösung, für Säureverätzungen eine 2%ige Natriumbikarbonatlösung. Bei Laboratoriumsunfällen spielen noch Verbrennungen eine größere Rolle. Die Geschwindigkeit der Hilfeleistung ist aber meist nirgends so für den Erfolg entscheidend, als dies für Augenunfälle zutrifft. Akute Vergiftungen kommen erfahrungsgemäß selten vor, doch ist zumindest die Kenntnis der ersten Hilfeleistung notwendig. Eine Tafel mit Anweisungen über Erste-Hilfe-Leistung ist an einer leicht zugänglichen Stelle an der Wand fix zu befestigen. Zweckmäßig zusammengestellte Sanitätskästen sind in allen Fachgeschäften erhältlich.

In jedem Laboratorium soll eine Anzahl optischer Geräte für entsprechend abgestufte Vergrößerungsmöglichkeiten vorhanden sein. Diesem Zweck dienen Lupen mit 3- bis 15facher Vergrößerung, wobei solche mit möglichst großem Gesichtsfeld zu bevorzugen sind. Für stärkere Vergrößerungen dient das Mikroskop. Dasselbe soll zumindest eine 600fache Vergrößerung besitzen und mit Revolver ausgestattet sein. Als wichtige Zusatzeinrichtung ist ein Mikrometerokular sowie eine Polarisationsapparatur empfehlenswert. Von Zukriegel und Dangl wurde ein Kondensorzusatzgerät patentiert, welches auf einfache Weise gestattet, jedes Normalmikroskop für Fluoreszenzbeobachtungen zu benützen.

Besonders nützlich erweist sich der Besitz eines Stereomikroskopes mit Auflichtbetrachtung. Fehler an Textilien, die meist oft nur mühsam oder nicht erkannt werden, können bei Auflichtbetrachtung oft im Augenblick aufgedeckt werden. Bei Auflichtmikroskopen bewährt sich am besten ein solches mit ruhendem Objekt und beweglicher Optik. Die Bewegung erfolgt durch Koordinatenverschiebung, was besonders beim systematischen Absuchen eines Flächenstückes von großem Wert ist. Eine 100- bis 200fache Vergrößerung kann bei einem Auflichtmikroskop als benötigter Maximalwert angenommen werden.

Die Behandlung der Mikroskope muß mit großer Sorgfalt erfolgen. Bei Nichtbenützung müssen sie in ihren Behältern aufbewahrt werden. Die Hilfsgeräte für die mikroskopischen Untersuchungen, wie Präpariernadeln, Skalpell, Mikrotom usw. sowie die chemischen Reagenzien sind in einem besonderen Schrank in Mikroskopnähe zu verwahren.

Für Untersuchungen an Textilien sind manchmal Fadenzähler notwendig. Zur genaueren Bestimmung von Gewebeeinstellungen ist ein Fadenzähler mit größerem Zählbereich, also beispielsweise von 2×2 cm, empfehlenswert. Sehr bequem sind Fadenzähler, welche es gestatten, mittels eines Schneckengetriebes eine im Gesichtsfeld liegende Haarlinie den gezählten Gewebefäden nachzuführen, wodurch die große Aufmerksamkeit erfordernde Zählarbeit erleichtert wird.

Für Laboratorien mit vorwiegender Ausrichtung auf Farbstoffuntersuchungen ist der Besitz eines optischen Gerätes für kolorimetrische Bestimmungen von großer Wichtigkeit. Es gibt eine Reihe solcher Apparate bis zu den hochempfindlichen, aber etwas teuren lichtkolorimetrischen Geräten. Praktisch in Frage kommt ein Kolorimeter nach Bürker, Dubosque oder das vielseitiger verwendbare Stupfenphotometer nach Pulfrich. Das letztgenannte Instrument gestattet neben kolorimetrischen Prüfungen von Flüssigkeiten auch Färbemessungen an festen Proben, Trübungsmessungen, Glanz- und Farbmessungen nach Ostwald u. a. Wertvolle Dienste leistet auch oft ein Zusatzgerät zum Mikroskop für die Herstellung von Mikroaufnahmen.

Eine sehr praktische Ausführung eines solchen Gerätes liefert die Firma *Leitz*. Immerhin ist für manche Zwecke die Benützung eines Lichtphotometers, da frei von subjektiver Beurteilung, nicht zu umgehen.

Von steigender Einsatzfähigkeit erweisen sich Analysenquarzlampen. Dieselben leisten nicht nur für viele chemische Analysen wertvolle Dienste, sondern können oft zur raschen Erkennung von Flecken und Fehlern auf Textilien herangezogen werden. Es gibt zahlreiche, oft auch kostspielige Ausführungen solcher Lampen. Behelfsmäßig leistet jedoch eine Osram- oder eine Glimmlichtröhre denselben Dienst. Stufenphotometer und Analysenlampe werden am besten in einem verdunkelten Raum verwendet.

Das Laboratorium soll je nach der geforderten Empfindlichkeit über mehrere Arten von Waagen verfügen. Zur Durchführung analytischer Aufgaben dient die Analysenwaage. Dieselbe soll bis auf $^{2}/_{10000}$ g Genauigkeit wiegen und nicht zu langsam schwingen. Eine sehr schöne Ausführung einer Analysenwaage stammt von *Sartorius*, Göttingen. Die Gewichtsauflage der kleinen Gewichte erfolgt von außen mittels eines Drehknopfes. Durch eine sinnreich konstruierte Luftdämpfung tritt keine Pendelbewegung der Waagschalen ein, sondern die Waage bleibt nach einem Durchgang in Ruhestellung. Mittels einer Optik können die mg-Bruchteile entsprechend dem Zeigerausschlag direkt von einer Skala abgelesen werden, während die höheren aufgelegten Gewichtswerte am Drehknopf ersichtlich sind. Nach Entfernung der Luftdämpfeinrichtung kann die Waage wie eine normale Analysenwaage mit Pendelablesung benützt werden. Diese Sartorius-Waage ist nicht nur sehr genau, sondern gestattet auch ein schnelles Arbeiten und vermeidet Irrtümer durch falsche Gewichtsablesung. Es ist wohl selbstverständlich, daß die Analysenwaage einer sorgfältigen Wartung bedarf. Neben der Analysenwaage wird für weniger genaue Wägungen eine Präzisions- oder Apothekerwaage notwendig sein. Solche Waagen haben eine Empfindlichkeit von 10 mg und können unter anderem zur Abwaage von Farbstoffen für Probeausfärbungen dienen. Im übrigen können dort, wo es sich um Reihenuntersuchungen handelt, Waagen benutzt werden, bei denen wie bei Briefwaagen das Gewicht direkt ablesbar ist. Verhältnismäßig empfindlich (3 bis 30 mg), jedoch nicht immer praktisch sind Hornschalenwaagen. Neben jeder Waage sollen Glanzpapier zum Wiegen staubiger Substanzen, Porzellan- oder Bleischrot sowie ein Pinsel vorhanden sein.

Die Reagenzflaschen sollen einen Inhalt von 300 bis 400 cm³ fassen und mit Schliffstopfen versehen sein. Lediglich Flaschen, welche alkalische Flüssigkeiten enthalten, müssen mit Gummistopfen verschlossen sein, um ein „Einfrieren" des Glasstopfens zu verhindern. Die Bezeichnungen sind auf den Flaschen in Ätzschrift angebracht. Die Reagenzflaschen sollen nicht direkt auf Holzleisten, sondern auf unterlegten Glas- oder Keramikplatten stehen. Feuergefährliche Reagenzien, wie Äther, Alkohol, Azeton usw., müssen möglichst entfernt von Heizflammen aufgestellt werden. Spezialreagenzien, welche eine Lagerung vertragen, sind in kleinen, dunkel gefärbten Flaschen in einem besonderen Kasten unter Katalogisierung der Reagenzien unterzubringen. Es spart Mühe, wenn auf dem Fläschchen neben der Bezeichnung der Verwendungszweck vermerkt ist, z. B. Titangelb — Reagenz auf Magnesium. Besonders streng ist darauf zu achten, daß Chemikalienflaschen keinen falschen Inhalt bergen.

Zur Ausführung von Maßanalysen bedient man sich am besten automatischer Büretten mit selbsttätiger Nullpunkteinstellung. Zumindest für die häufiger benötigten Maßflüssigkeiten sollten solche Büretten in Verwendung sein. Es sind dies $^{n}/_{10}$ Lösungen von Salzsäure, Natronlauge, Thiosulfat, Kaliumpermanganat, Jod und Natriumkarbonat. Der Faktor sowie Logarithmus sind mittels Etikette in deutlicher Schrift auf die Flasche aufzukleben. Die Meßgeräte sind nebeneinander auf einer glasierten weißen Platte unter guten Lichtverhältnissen aufzustellen. Die Indikatoren befinden sich am praktischesten in Fläschchen mit Gummistopfen und durchgeführtem, zur Spitze ausgezogenem Glasrohr, dessen oberes Ende durch einen fingerähnlichen Gummiball abgeschlossen ist. Die Dosierung des Indikators läßt sich mit dieser Art von Fläschchen einfacher und schneller erreichen als mit den ewig nichtfunktionierenden Tropfflaschen. Die Maßflüssigkeiten sollen immer in größeren Mengen angesetzt werden und an einem kühlen, staub- und fremdgasfreien Ort gelagert sein.

Als Trockenschrank kommt am besten ein solcher mit elektrischer Heizung und einstellbarer Trocknungstemperatur bei einer Toleranz von $\pm$ 2° C in Frage. Die Firma *Heraeus* hat einige sehr gebrauchstüchtige Modelle auf den Markt gebracht.

An Gasen werden in Laboratorien Schwefelwasserstoff, Kohlendioxyd und manchmal Wasserstoff benötigt. Die bequemste Methode ihrer Herstellung geschieht durch KIPPsche Apparate, sofern nicht Kohlendioxyd und Wasserstoff in Stahldruckflaschen bezogen wird. Bei Verwendung von Stahldruckflaschen ist für deren Sicherung gegen Umfallen durch Anketten Sorge zu tragen.

Ein häufig gebrauchtes Gerät ist das Viskosimeter. Für die meisten praktischen Untersuchungen genügt das ENGLER-Viskosimeter.

Als unbedingt notwendig erweist sich der Besitz eines genauen pH-Wert-Meßinstrumentes. Für textillaboratoriumsmäßige Untersuchungen scheiden die meisten auf Farbreaktionen beruhenden pH-Bestimmungsapparate aus. Es kommt daher nur ein Instrument auf elektrometrischer Basis in Frage. Eine geeignete Ausführung wurde von der Firma *Hartmann & Braun* entwickelt.

Derzeit bringt auch die Firma *Seibold* ein Gerät mit automatischer Temperaturreduktion auf den Markt.

Ein etwas erweitertes Laboratorium kann noch über einige zusätzliche Apparate, wie eine Kalorimeterbombe für Verbrennungswertbestimmungen bzw. ein Polarimeter, verfügen.

Zur Ausrüstung eines Arbeitsplatzes gehört ein Wasserbad, mehrere Dreifüße von verschiedener Höhe, ein Bunsen- oder Teclubrenner, ein Sparbrenner, ein Gestell für Reagenzgläser, ein Pipettengestell mit Pipettensatz, Waschflaschen, Glasstäbe und kleine Pipetten, Tiegelzangen usw.

Selbstverständlich ist daneben das allgemeine Rüstzeug des analytischen Chemikers, wie Bechergläser, Erlenmeyer- und Rundkolben, Maßkolben, Saugflaschen, Kühler, Abdampfschalen, Glühtiegel, Reibschalen aus Achat und Porzellan, Wiegegläser, Kjeldahlkolben, Trichter, Nutschen, zusätzliche Büretten mit Schellbachstreifen, Glas- und Porzellanfrittentiegel, Thermometer, Aräometer, Pyknometer, Scheidetrichter usw. notwendig.

Extraktionen spielen im Textillaboratorium öfters eine Rolle, deshalb sind einige gut funktionierende Soxhlet-Apparaturen nötig. Sämtliche Soxhlet-Apparate sind in Schliff-, am besten Normalschliffausführung zu verwenden. Man erspart sich überhaupt viele Fehlerquellen, wenn man, soweit dies möglich ist, Schliffgeräte benützt.

Ebenso erweist sich eine kleine Laboratoriumszentrifuge mit zirka 3000 bis 5000 Touren/Minute für viele Untersuchungen, die mit Fragen einer Textilprüfung im Zusammenhang stehen, von Vorteil; so z. B. bei Hilfsmitteluntersuchungen. Ebenso soll das Laboratorium über eine Mühle verfügen; am zweckmäßigsten ist eine Kugelmühle, nicht zuletzt wegen der leichten Reinigungsmöglichkeit.

Für Schnellprüfungen und Serienprüfungen auf spezifische Gewichte, für welche das Aräometer zu grob ist, eignet sich die Mohr-Westphal-Waage. Für denselben Zweck dient auch ein sinnreich erdachter Dichtenbestimmungsapparat von Zukriegel, welcher in Umkehrung des archimedischen Prinzips bei Eintauchen eines Körpers nicht dessen Auftrieb, sondern den entstehenden Bodendruck mißt. Zur Durchführung der Bestimmung kann jede analytische Waage herangezogen werden. Auch dieses Gerät ist besonders für Serienuntersuchungen geeignet.

Die Exsikkatoren sind am vorteilhaftesten mit Kieselgel als Trocknungsmittel gefüllt. Es soll wenigstens ein Vakuumexsikkator vorhanden sein.

Es ist arbeitsparend und den Untersuchungen förderlich, wenn genügend Meßpipetten mit einem Volumen von 1 bis 5 cm^3 zur Verfügung stehen. Die tropfenweise Dosierung einer Flüssigkeit, die so oft mühsam mit den Glasstäben vorgenommen wird, kann durch eine griffbereite Pipette wesentlich sicherer und kürzer gestaltet werden. Zum Ansaugen gefährlicher Flüssigkeiten verwende man eine Saugpipette, die im oberen erweiterten Teil der Pipette mit einem gläsernen Saugkolben versehen ist. Die Verwahrung von Büretten und Pipetten soll nie liegend, sondern immer hängend erfolgen; die obere Öffnung kann durch ein aufgesetztes Papierhütchen vor Staub geschützt werden.

Einer besonderen Wartung bedürfen die Platingeräte. Der größere Teil der gewichtsanalytischen Verfahren läßt sich unter Zuhilfenahme von Platinschalen und Tiegeln meist wesentlich schneller und sicherer gestalten. Da Betriebsanalysen meist schnell erledigt werden müssen, wird man auch im technischen Laboratorium gerne zu Platingeräten greifen. Es ist darauf zu achten, daß Platingeräte nicht mit rußenden Flammen, legierenden schmelzenden Metallen, wie Blei, Zinn, sowie Karbiden, Phospiden, Siliciden, schmelzenden Ätzalkalien und leicht reduzierenden Substanzen in Berührung kommen. Die Reinigung von Platingeräten darf nicht mit Königswasser oder Chlor erfolgen, die ebenfalls Platin angreifen. Eine mechanische Reinigung erfolgt am besten mit feinem Seesand. Sofern Platingeräte nicht benötigt werden, sind dieselben diebs- und einbruchsicher zu verwahren. Platingeräte sollen nur gegen Bestätigung an den Benützer ausgefolgt werden.

Als weitere Hilfsmittel für den Laborbetrieb sind jene anzuführen, welche zur Herstellung von Apparaturen benötigt werden. Dazu gehören Glasröhren in verschiedenen Dimensionen, Glasmesser, Spezialbrenner oder Brenneraufsätze, wie Schlitz- und (Schmetterlingsbrenner) Punktbrenner usw., die für die Bearbeitung von Glassachen notwendig sind; weiters Korkpressen und Bohrer. Die letzteren bestehen meist aus einem Satz Handbohrer und erfüllen, je nach der Geschicklichkeit des Benützers, mehr oder minder ihren Zweck. Besonders das Bohren von Gummistopfen ergibt oft ungenügende Resultate. Wenn man bedenkt, daß nicht nur die Sauberkeit und Sicherheit einer Apparatur, sondern auch die Genauigkeit einer Analyse oft von einem gut sitzenden Glasröhrchen abhängt, sollte man auf jeden Fall von dieser so gebräuchlichen Handbohrmethode abgehen und eine Bohrmaschine mit Stopfenfixierung und auswechselbaren Bohrhülsen verwenden.

In jedem Laboratorium soll eine Wanduhr angebracht sein. Von großem Nutzen erweist sich eine Signaluhr, die nach Ablauf einer einstellbaren Zeit ein Läutezeichen gibt oder automatisch einen elektrischen Kontakt löst oder schließt. Die Betriebssicherheit vieler Untersuchungen, deren Durchführung an eine bestimmte Zeitspanne gebunden ist, wird dadurch gewährleistet. Daneben benötigt man noch für einzelne Prüfungen eine Stoppuhr. An physikalischen Registrierapparaten soll grundsätzlich ein Luftdruckmesser (Barometer) sowie ein Feuchtigkeitsmesser (Hygrometer) vorhanden sein.

Es wurden nun in großen Umrissen die Apparate und Geräte angeführt, über welche ein Färbereilaboratorium verfügen soll, obwohl der größte Teil davon zum allgemeinen chemischen Rüstzeug schlechthin gehört. Es soll nun auf einige Apparate eingegangen werden, die zum speziellen Bestand gehören. Je nach der Art des zur Ausrüstung kommenden Materials, ob man also loses Material, Garn oder Gewebe verarbeitet, wird man bestrebt sein, laboratoriumsmäßige Voraussetzungen zu schaffen, die es ermöglichen, den technischen Färbevorgang nicht nur chemisch, sondern auch technologisch möglichst getreu zu imitieren. Freilich lassen sich nun nicht immer alle Vorgänge einfach durch Verkleinerung der Apparatur auf den Laboratoriumsmaßstab übersetzen. Immerhin wird man bemüht sein, die wichtigsten Faktoren eines Färbeprozesses, wie Temperatur und Flottenlänge beim Laborgerät beizubehalten. Die Größe solcher Laboratoriumsapparate kann stark schwanken und sogar halbtechnischen Maßstab erreichen. Es kommt natürlich darauf an, ob es sich bei den Prüfungen um Musterfärbungen schlechthin, wie beispielsweise bei Farbstoffvergleichen usw. handelt, oder um Färbungen, bei welchen die besonderen Verhältnisse der Färbemaschine mit berücksichtigt werden müssen. Auch für den letzteren Fall wird es genügen, die grundsätzlichen Verhältnisse zu imitieren, ohne jeden technischen Färbeapparat nun genau en miniature nachzubauen. Zur Imitation der Apparatefärberei eignen sich sehr gut zwei als Universalfärbeapparate entwickelte Modelle der Firma Obermaier & Cie., Deutschland. Das Modell Ma, welches in geschlossener Ausführung geliefert wird, erlaubt die Bleichung und Färbung sowie Vor- und Nachbehandlung aller vegetabilischen Fasern in Form von losem Material, Spinnkuchen, Stranggarn, Kreuzspulen jeder Art usw. bis zu einem Gewicht von zirka 500 g. Modell „NUAKOPR/2“ liegt in offener Ausführung vor und ist besonders für die Naßbehandlung von Wolle in Form von losem Material, Kammzug, Stranggarn oder Kreuzspulen gedacht. Beide Modelle sind aus rostfreiem Stahl hergestellt und ahmen die Verhältnisse der Apparatefärberei weitgehendst nach.

Einer gewissen Schwierigkeit begegnen wir bei dem Bemühen, die Verhältnisse der Jiggerfärberei laboratoriumsmäßig zu imitieren. Es ist zwar verhältnismäßig einfach, Flottenverhältnis, Durchlaufzeit und Temperatur des Farbbades den großtechnischen Bedingungen anzugleichen, aber die Wirkungen durch den Warendruck, wie sie beim wirklichen Jigger vorliegen, bleiben unberücksichtigt. Immerhin zeigen auch hier Laboratoriumsmodelle, wie sie beispielsweise von der Fa. Franke, Aargäu, Schweiz, geliefert werden, genügende Übereinstimmung mit den gleichartigen technischen Färbungen. Gute Konstruktionen liefert auch die Benteler-Werke A.-G. in Bielefeld.

Wie bereits erwähnt, erstreckt sich die laboratoriumsmäßige Prüfung von Farbstoffen häufig auf deren färberische Qualitäten ganz allgemein, ohne Rücksicht auf die technologische Art der Verwendung. Gewöhnlich handelt es sich für diesen Fall um die Gegenüberstellung von Konkurrenzprodukten, also um Reihenuntersuchungen. Für solche Zwecke eignet sich am besten das nachstehend beschriebene Färbeaggregat, welches auch im großen und ganzen den Verhältnissen bei der Gewebestrangfärberei entspricht und somit als laboratoriumsmäßige Imitation dieser Färbeart dienen kann, obwohl es für diesen Zweck spezielle Laborapparate gibt.

Der hierfür in Frage kommende Apparat kann fix eingebaut oder auch transportabel sein. Im wesentlichen besteht er aus einer quaderförmigen Wanne, deren Deckel eine Anzahl kreisrunder Öffnungen besitzt. Jedes dieser Rundlöcher ist mit einer Anzahl ineinander passender Ringe von abnehmendem Durchmesser verschlossen. Die Wanne, welche ein Abflußventil besitzt, ist mit einer geeigneten Heizflüssigkeit bis nahe an den oberen Rand gefüllt. Als Heizflüssigkeit dient gewöhnlich ein Wasser-Glyzerin-Gemisch oder Glyzerin allein. Auch Glykole bzw. Glykol-Wasser-Mischungen können Anwendung finden. Das Heizbad muß auf geeignete Weise indirekt erhitzt werden können. Dies geschieht entweder durch Gas- oder elektrische Heizung. Als Material für die Wanne kann rostfreier Stahl oder Kupfer benutzt werden. Zur Ausführung der Musterfärbungen dienen Färbebecher aus Porzellan oder rostfreiem Stahl, meist mit einem Inhalt von 350 bis 1000 cm^3. Die Form der Becher ist gewöhnlich schwach konisch, wobei in etwa zwei Drittel der Höhe ein Wulst um den Becher herumführt. Dieser Wulst dient als Auflager beim Einhängen des Färbebechers in einen passenden Einsatzring der Wannenoberseite. Da manchmal Färbungen Kochtemperatur erfordern, ist es zum Ausgleich der großen Wärmeverluste, welche durch Abstrahlung und Hantieren mit der Ware entstehen, in solchen Fällen notwendig, die Badtemperatur bis auf 120° C und darüber zu halten. Die Größe eines solchen Färbeapparates wird von den gestellten Aufgaben abhängen. Es wird jedoch von Vorteil sein, mehrere und darunter auch kleinere Apparate zur Verfügung zu haben, da dadurch bei Vorliegen einer kleineren Anzahl von Probefärbungen Zeit und Geld für unnötigen Brennstoff gespart werden kann. Im allgemeinen wird für Laboratoriumszwecke ein Apparat mit zwölf und ein zweiter mit sechs Einsatzöffnungen den Bedürfnissen genügen. Die Oberseite der Färbeapparate soll in zirka 90 cm Höhe liegen, damit mit den Prüfmustern bequem hantiert werden kann. Da der Färbeapparat während des Betriebes beträchtliche Mengen an Dampf abgibt, ist dieser Raum mit einer besonders guten Belüftungsmöglichkeit auszustatten.

Wie bei der Färberei im allgemeinen, spielt die Abmusterung von Färbungen auch im Laboratorium eine große Rolle. Für diesen Zweck ist die Art der Beleuchtung wichtig. Zur Beurteilung der Färbungen eignet sich am besten Nordlicht. Schwierig gestaltet sich das Abmustern bei künstlichem Licht. Es muß festgestellt werden, daß es bis heute keine künstliche Lichtquelle gibt, die eine einwandfreie Wiedergabe des Tageslichtes ermöglichen würde. Als für diese Zwecke bisher bestes Kunstlicht erwies sich das MOORE-Licht, eine Kohlensäure-dampf-Entladungslampe. Mit der Entwicklung der Leuchtstoffröhrentechnik ist man allerdings auch der Nachahmung des Tageslichtes nähergekommen. So werden heute von verschiedenen Firmen, wie z. B. Philips (Eindhoven), Tageslichtlampen erzeugt, die sich zur Abmusterung von Färbungen im großen und ganzen eignen. Es handelt sich allerdings nicht um die sogenannten Tageslichtlampen schlechthin, wie sie allgemein in Schaufenstern usw. Verwendung finden, sondern um wohlabgestimmte Lichtquellen, die meist durch Mischung von blauem und gelbem Licht zur Wirkung gebracht werden. Es gibt jedoch auch Einzelröhren, die durch die Wahl eines geeigneten Leuchtstoffes sowie des Füllgases bereits tageslichtähnliches Licht ausstrahlen. Immerhin empfiehlt es sich, die Abmusterung empfindlicher Nuancen soweit als möglich bei natürlichem Lichte vorzunehmen. Eine einfache Vorrichtung, die auch aus eigenen Mitteln leicht herstellbar ist und welche für die Identitätsbestimmung von Färbungen oft gute Dienste leistet, ist folgende: Auf einem Brett werden nebeneinander eine Kohlenfaden- und eine Blaulichtlampe montiert. Es ist eine Wechselschaltung vorzusehen, die es erlaubt, je eine der beiden Lampen ein- oder auszuschalten. Scheinbar gleichfärbige Muster ergeben, wenn sie mit verschiedenen Farbstoffen gefärbt wurden, bei abwechselnder Prüfung unter den beiden Lampen oft überraschende Farbverschiebungen. Diese Lampenanordnung kann auch zur Feststellung der sogenannten „Abendfarbe“ dienen.

Gute Resultate, insbesondere auch bei Lichtechtheitsbestimmungen, wurden nach REIN mit den Philips-Niederspannungsröhren und Filtern gemacht [Melliand Textilber. **31**, 278 (1950)].

Ein weiteres wichtiges Gerät im Textillaboratorium ist der Reißfestigkeitsprüfer. Es gibt ungezählte Fälle, bei welchen die Reißfestigkeit eines Garnes oder Gewebes überprüft werden muß, deshalb darf ein solches Gerät nicht fehlen. Die bekanntesten Ausführungen stammen von der Firma *Schopper* und sind von Hand aus, pneumatisch oder elektrisch zu betätigen. Auf einem anderen Prinzip beruht der Kugelprüfer der Firma Inglomarck, Zürich.

Für Wasserdruckprüfungen (also zur Feststellung der Hydrophobität bzw. des Wasserdichteffektes), die besonders während des Krieges eine große Rolle spielten, ist ebenfalls der SCHOPPERsche Prüfapparat sehr geeignet. Ein einfaches Gerät für den gleichen Zweck ist der ALSHER-Prüfer. Recht bequem ist ein neuentwickeltes Bügeleisenmodell der Firma Reichhertzer, Wien, welches gestattet, für verschiedene temperaturempfindliche Qualitäten die jeweilig notwendige Temperatur einzustellen.

Obwohl es grundsätzlich möglich ist, Garngewichte auch auf der analytischen Waage zu bestimmen, ist bei Reihenuntersuchungen dennoch die Verwendung einer einfachen Garnwaage von Vorteil. Für ganz empfindliche Wägungen, z. B. der Gewichtsbestimmung von Einzelfasern, bei denen auch die analytische Waage versagt, kommt eine Torsionswaage in Betracht.

In einzelnen, wenn auch seltenen Fällen ist eine Schnellbestimmung des Feuchtigkeitsgehaltes von Textilmaterial notwendig. Dafür eignen sich mehr oder weniger gut elektrische Geräte auf Basis der Leitfähigkeitsmessung. Es wurden für spezielle technologische Textilprüfungen noch die verschiedensten Apparate entwickelt, so Scheuerfestigkeits-, Garndrehungs-, Bewetterungs- usw. Prüfgeräte. Die meisten von ihnen dienen jedoch einem speziellen Zweck oder Forschungsaufgaben, so daß sie im normalen Textillabor nur fallweise benötigt werden.

Zweiter Abschnitt

Die Färbung

I. Allgemeines, der Färbevorgang, die Farbstoffwahl, Färbeweisen, das Mustern

Das Färben von tierischen und pflanzlichen Fasern ist uralt. Auf Erfahrungsgrundsätzen aufgebaut, bestand die frühere Färberei in der Behandlung der Naturfasern mit den verschiedenen vegetabilischen Farbstoffen, die Naturstoffe, wie Blauholz, Rotholz, Gelbholz usw. lieferten oder färbten die Alten den Purpur der Antike als Vorläufer der Küpenfärber von heute als Produkt einer Schneckenart. Noch bis über die Jahrhundertwende hinaus, als die künstlichen sogenannten „Teerfarbstoffe", mit dem PERKINschen Mauvein beginnend, die alte Färbereirezeptik überall verdrängt hatten, war z. B. der Cochenillescharlach[1] ein Farbton, der an Leuchtkraft und blaustichiger „Übersicht" („handover" im Englischen) — wie man es nennt, wenn man entlang der gefärbten Stoffoberfläche hinwegblickt — von keinem der Wollscharlachtöne so richtig erreicht werden konnte. Auch die Indigofarbe ist bis auf unsere Tage geblieben, wenn auch der Farbstoff hierzu seit langem synthetisch gewonnen wird. Nicht mehr anzutreffen dagegen ist das Alizarinrot, welches früher aus der Krappwurzel, später aus synthetischem Alizarin hergestellt wurde bzw. das alte Türkischrot und Neurot. Naphtolrotkombinationen von größerer Brillanz und einfacherer Herstellungsweise haben seinen Platz eingenommen.

Die Färbung der Textilien erheischt auch heute noch, wie in früheren Zeiten, eine große Erfahrung, wenn auch, insbesondere im letzten Dezennium, ausgedehnte wissenschaftliche Untersuchungen über den Aufbau des zu färbenden Materials einerseits sowie über die beim Färbevorgang sich abspielenden chemischen und physikalischen Vorgänge andererseits der Praxis manche Anregung und Erleichterungen gebracht haben. Trotzdem ist auch jetzt noch die Färbung irgendeines

---

[1] Kermes (aus dem Arabischen, gleich „Würmchen") bezeichnet das Weibchen einer Schildlaus; Cochenille eine mexikanische Schildlaus. Beide ergaben, auf Zinnbeize gefärbt, leuchtende Ponceautöne. Das färbende Prinzip hat nach DIMROTH folgende Zusammensetzung:

CH_3 OH CO $COCH_3$ OH OH CO COOH OH bzw. CH_3 OH CO $C_6H_{11}O_5$ OH OH CO COOH OH

vgl. auch BROWN: Rayon Textile Monthly **29**, Nr. 2, 92, Nr. 8, 97, Nr. 8, 89 (1948).

Materials, auch unter Zuhilfenahme der im übrigen auf der Sammlung vieler technischer Details und zahlloser Einzeluntersuchungen beruhenden Ratgeber, Musterkarten und sonstiger Unterlagen, die der Farbstofferzeuger dem Verbraucher zur Verfügung stellt, eine Erfahrungssache und stets irgendwie Neuland, zum mindesten, wenn man jenes Teilgebiet der Färberei im Auge hat, das immer und mit Recht als besondere Kunst gegolten hat, die Färbung „auf Muster". Schon allein die nur in jahrelanger Übung erwerbbare Abschätzung der Zusatzmenge der meist aus zwei bis drei Farbstoffen bestehenden Nuancenkorrektur, um die Vorlage zu erreichen, ist hier weder durch Anleitungen noch Lehrbücher vermittelbar.

Jeder Färber weiß, daß, selbst wenn er sich genaue Farbrezepturen anlegt, die Verschiedenheit des nativen und auch künstlich hergestellten Fasermaterials immer wieder von neuem zu verschiedenen Farbausfällen führt. Eine Nuancenkorrektur ist fast stets notwendig, es sei denn, es handle sich um Stapelfarben in einfachen Tönen oder nach Belieben der Fabrikation herstellbare Nuancen. In Zeiten, in welchen der Konkurrenzkampf seine üppigen Blüten treibt, hat dann der Färber, der im Lohn veredelt, seine größten Sorgen. Die Abnehmer der Ware versuchen oft, unter manchen Vorwänden den Preis zu drücken, weisen bereits gefärbte Waren unter Hinweis auf mangelnde Mustertreue zurück usw. Und dies trotz des Umstandes, daß die beanstandeten winzigen Nuancendifferenzen, die oft allein auf Lichtunterschiede oder individuelle Sehverschiedenheiten zurückzuführen sind, von dem Kunden gar nicht beachtet werden. Derartige Auswüchse führen dann dahin, daß es im Laden zwar unter Umständen dreißig verschiedene, das heißt, für den Laien in ihrer Verschiedenheit kaum erkennbare, am Bein gleichwirkende Rosétöne in Damenstrümpfen gibt, die oft nur unter effektiver Materialschädigung eingefärbt werden konnten, da sie eventuell ein- oder zweimal zur Verbesserung gelangten oder ihr Färbeprozeß über Gebühr lange dauerte, trotzdem aber der Absatz der Ware zu wünschen übrig läßt.

Begrüßenswerterweise wird auch heute sowohl von seiten der Faserhersteller, als auch der Farbstoff- und Textilhilfsmittelerzeuger weniger Geheimniskrämerei getrieben, sondern der Färber oft chemisch und technologisch weitgehend über die notwendigen Arbeitsweisen, die Schwächen und Vorzüge der Produkte aufgeklärt. Es wäre sehr zu wünschen und würde bestimmt beiden Teilen nur zum Vorteil gereichen, wenn der hier zu bemerkende ersprießliche Anfang mehr und mehr ausgebaut werden würde. Es sei z. B. darauf hingewiesen, daß in den USA diesbezüglich viel viel mehr Offenheit vorhanden ist als etwa in unseren Landstrichen. Wie oft hat ein Färber mit einem ihm empfohlenen Farbstoff nur deshalb schlechte Erfahrungen gemacht, weil man aus preislichen Gründen nicht das chemisch idente Produkt des von ihm bisher gebrauchten, sondern ein anderes empfahl. Nicht immer sagt oder weiß der Verbraucher, welche Sondereigenschaften, die normalerweise sein Farbstoff besitzt, auch vom empfohlenen Produkt verlangt werden. Zum Beispiel reserviert der von ihm benützte Farbstoff in einigen selten vorhandenen Fällen Azetatseide. Die Fälle sind Sonderfälle und werden normalerweise nicht ins Kalkül gezogen. Der „bessere" oder „gleich gute, billigere" andere Farbstoff kommt, kann zufriedenstellen und nun ist zufällig eine Ware mit Azetatseideneffekten zu färben. Der Schaden ist da. Der Verbraucher beschuldigt den Techniker der Farbenfabrik bzw. diese, die das neue Produkt empfahl, doch sie erklärt sich für unschuldig und vermag ja darzulegen, daß von Azetatseidenreserve nie die Rede war — trotzdem, der Käufer ist mißtrauisch und wird sobald keine Umstellung mehr vornehmen. Nicht nur bei dem einen Produkt, sondern bei allen. Den Schaden haben auf diese Weise beide Teile.

Immer zahlreicher werden die Publikationen, die dem Techniker brauchbare und wertvolle Hinweise für seine Arbeit geben und die sich auf wissenschaftliche, ausgedehnte Forschungen stützen. Es ist zu hoffen, daß die textilchemischen Untersuchungsreihen in enger Anlehnung an in der Praxis vorliegende Verhältnisse und nicht in rein chemisch-theoretischer Weise, in größtem Umfange weitergeführt werden. Gerade jetzt, wo eine Menge künstlich erzeugter Textilrohstoffe den Färber und Techniker zwingt, sich auch mit dem Rohstoff selbst auseinandersetzen zu lernen, seinen strukturellen Aufbau usw. bei der Färbung ins Kalkül zu ziehen, könnte diese Zusammenarbeit von ungeahnter Nützlichkeit sein.

Wenn sich der Praktiker die Frage vorlegt, wieso eigentlich die Färbung eines Materials zustande kommt, so ist diese heute, ohne auf theoretische Einzelheiten einzugehen, im wesentlichen wie folgt zu beantworten: Die Vorgänge der Färbung sind für die Faserarten und Farbstoffarten verschieden. Protein- (Eiweiß-) Fasern, also Wolle, Seide sowie künstliche Proteinfasern (Azlone), wie Lanital, Tiolan, Aralac, Caslon, Vicara usw. werden der Hauptsache nach mit sauren Farbstoffen gefärbt. In manchen Fällen wird diese Färbung dann durch Behandlung mit Chromkali (Kaliumbichromat) nachchromiert. Die Färbung des Materials kommt derart zustande, daß im sauren Färbebade die Proteinfaser Säure aufnimmt, wobei sich an die sogenannten Aminogruppen (NH_2-), die am Anfang und Ende einer als fadenförmig gedachten Molekülkette stehen, aber auch in den von dieser Molekülkette abzweigenden Resten vorhanden sind, ein Wasserstoffion anlagert. Durch diesen Vorgang, der sich, wie neuere Forschungen ergeben, innerhalb weniger Minuten abspielt, wird die Faser elektrisch, und zwar positiv aufgeladen ($-NH_2 + H^+ = -NH_3^+$). Im Färbebade befindet sich der saure Farbstoff. Er ist gewöhnlich ein sogenannter „Azofarbstoff", das heißt, weist die Bindung $-N=N-$ auf. Um ihn löslich zu machen, enthält er eine oder mehrere sogenannte „Sulfonsäuregruppen" im Molekül: $-SO_3H$. Diese Farbstoffe sind in Form der Natriumsalze dieser Sulfonsäuren anwesend, also: [Farbstoffrest $-SO_3Na$]. Die sulfonsauren Salze sind in der Lösung disoziiert in [Farbstoffrest $-SO_3'$] und Na^+. Der die Sulfonsäuregruppe tragende Farbstoffrest ist also negativ aufgeladen.

Die elektropositiv aufgeladene Wollfaser fällt also die elektronegative Farbsäure auf ihrer Oberfläche. Diese Fällung kann durch Zugabe von Salz (Glaubersalz) oder die Säure langsam freisetzende saure Salze (Weinsteinpräparat des Handels = Na-bisulfat) verlangsamt werden. Der in der Faseroberfläche ringförmig vorhandene Farbstoff wandert nun, je nach Molekülgestalt, schnell oder langsam in das Faserinnere, dort die H^+ der aufgenommenen Säure durch den Farbstoffsäurerest ersetzend. Am schnellsten wandern die sogenannten „Egalisierungsfarbstoffe", weniger schnell Farbstoffe mit „verästelter" Molekülgestalt. Da die Wolle z. B. eine sehr schwer durchdringbare Epithelschichte (Schuppen!) besitzt, muß eben eine gewisse Zeit gefärbt werden, ehe die Farbstoffe ins Innere gewandert sind. Aus diesem Grunde färbt sich auch Wolle bei Temperaturen unter 60° C kaum an. Obwohl die Seide eine mehr kristalline Struktur zeigt als Wolle, das heißt also obwohl im Seidenfaden die einzelnen Molekülketten näher und ausgerichteter sind, so daß also die Intermizellar- und Intermolekularräume, die der Wanderung des Farbstoffes offen sind, kleiner sind als bei der die sogenannte amorphe Struktur weitaus stärker zeigenden Wolle, färbt sich Seide wegen des Fehlens der das Eindringen der Farbstoffe hemmenden Epithelschichte schon bei Temperaturen von 50 bis 60° C an und kann befriedigend unter Kochtemperatur gefärbt werden. Wolle dagegen bedarf zur einwandfreien Färbung längerer kochender Behandlung mit der Farbstofflösung und eine Färbung unterhalb 80° C ist nicht möglich. Da nach dem vorher Gesagten die Farbstoffsäuren also an den freien Aminogruppen des Wollmoleküls gebunden werden, kann man die Farbstoffaufnahmefähigkeit, das sogenannte Äquivalentgewicht, der Wolle berechnen. Es beträgt etwa 1200 g pro Mol Farbstoff. Bei mittlerem Molekulargewicht des Farbstoffes entspricht dies etwa einer möglichen Farbstoffaufnahme von 30 bis 35%. Innerhalb der Rezepturen der praktischen sauren Wollfärbung wird diese Grenze niemals erreicht, da selbst bei Schwarzfärbungen mit stark sauren Farbstoffen nur maximal 12% Farbstoff, bezogen auf Wolle, benötigt werden.

Die schwach sauer ziehenden, im Essig- oder Ameisensäurebad zu färbenden Produkte oder Chromfarbstoffe befinden sich ebenfalls zu Beginn der Färbung an der Oberfläche der Proteinfaser und dringen von dort im Verlaufe des Färbeprozesses in das Faserinnere. Die Farbstoffmoleküle haben meist einen ziemlich komplizierten Bau, weshalb auch die Egalisierung zu wünschen übrigläßt. Durch zu große Salzzugabe kann es bei diesen Farbstoffgruppen zu Aussalzung des Farbstoffes kommen. Eine gleiche Wirkung zeigt der Zusatz von starken organischen Säuren oder gar Mineralsäure. Der Farbstoff, dann auf der Oberfläche des Textilgutes sitzend, verursacht stark abreibende (rußende) Färbungen.

Künstliche Proteinfasern, vor allem die Kaseinfaser, besitzen einen amorphen Bau. Sie färben sich daher leicht dunkler als Wolle oder Seide. Hinsichtlich der anderen künstlichen Eiweißfasern wie Ardil- bzw. Sarelon- (Erdnußprotein) und Vicara- (Zein-) Fasern liegen wirklich großtechnische Angaben in genügendem Maße noch nicht vor, um allgemein und praktisch erwiesene Aussagen machen zu können.

Einen ähnlichen Bau wie die Proteinfasern weist die Polyamidfaser (Perlon, Nylon usw.) auf. Durch die starke Orientierung des Moleküls und den damit verbundenen kristallinen Aufbau, die geringe Wasseraufnahme und die wenigen freien Aminogruppen im Fasermolekül ist nicht nur die Anfärbbarkeit mit sauren Farbstoffen vom Streckungsgrad abhängig und schwierig, sondern auch die Farbtiefe beschränkt. Es werden im Mittel nur bis 3% Farbstoff aufgenommen, also ein Wert, der nicht allzu tiefe Färbungen ermöglicht. Ferner zeigt die Polyamidfaser die Eigenschaft, von Farbstoffgemischen mit verschiedener Anzahl Sulfogruppen im Molekül die Monosulfosäuren bis zur Sättigungsgrenze aufzunehmen. Die anderen Farbstoffe ziehen nicht auf (sind „blockiert"). So kann es vorkommen, daß aus Mischungen von Blau und Gelb allein die Blaukomponente aufgenommen wird. Es zieht z. B. aus einer Kombination von Anthralanblau G und Anthralangelb G nur ersteres. Für Grüntöne ist daher die Rezeptur mit Anthralangelb GG und Anthralanblau G zu erstellen (Blocking). Es ist auch möglich, gefärbtes Polyamidgut in einem Färbebade zu behandeln, derart, daß ein Farbstoffaustausch erzielt wird, also z. B. ein Farbstoff mit einer Sulfosäuregruppe aus dem Bade aufzieht und der zwei Sulfosäuregruppen aufweisende, die Faserfärbung verursachende, ins Bad wandert.

Die Färbung mit Direktfarbstoffen (die sogenannte „substantive Färbung") von Zellulose und Regeneratzellulose ist im Gegensatz zu der eben behandelten Färbung von Proteinfasern ein rein adsorptiver Vorgang. Direktfarbstoffe zeigen meist eine gewisse Agglomeration der Farbstoffmoleküle im Färbebad, welche erst die Substantivität bewirkt. Sie gibt die Möglichkeit, daß die sogenannten van der Waalschen Kräfte der OH-Gruppen des Zellulosemoleküls den Farbstoff einerseits binden können, andererseits zeigen die zwischen den Molekülketten bzw. in den Mizellarräumen befindlichen Farbstoffmoleküle genügend Agglomeration, um nicht mehr durch die Fasersporen ins Bad zurückzuwandern. Da Salzzusatz die Agglomerierung der Moleküle steigert und die negative Faseraufladung vermindert, so erhöht er die sogenannte Substantivität, das heißt das Ziehvermögen der Bäder. Elektrische Kräfte kommen hier der Faserfärbung nicht zu Hilfe, da Faser und Farbstoffsäure gleich, nämlich negativ, aufgeladen sind.

Daß allzu starke Molekülagglomeration das Aufziehvermögen wieder hindert, ist an farbstoffreichen, stehenden alten Gebrauchsbädern zu sehen. Sie liefern trotz großen Salzgehaltes nur wenig tiefe und rußende Färbungen.

Auf Grund der Teilchengröße der Farbstoffe im Färbebade gibt es solche, die bereits bei tiefer bzw. solche, die erst wieder bei hoher Temperatur ziehen. Im Zusammenhang damit steht das Egalisiervermögen der Produkte.

Den Einfluß der Faserstruktur auf die Auffärbbarkeit zeigen hier die Reyonfäden. Zufolge Streckung orientiert und daher viel stärker kristallin als die Zellulosefaser, färben sie sich erst bei höheren Temperaturen als diese. Die Farbstoffaufnahme ist dann aber größer als bei Baumwolle, da der desagglomerierte Farbstoff aus den Poren der Zellulose leicht in die Färbebäder wandert bzw. aus den wesentlich engeren Mizellarzwischenräumen der Reyonfaser nicht mehr zurück kann.

Die Regulierungsmöglichkeit des Aufziehens der Direktfarbstoffe beim Färben von Baumwolle-Kunstseiden-Gemischen durch die Färbetemperatur ist etwa in dieser Weise zu erklären.

Die Färbungen von Azetatseidenfarbstoffen auf Azetatkunstseide (Azetat-Reyon) stellt nach einer früheren Ansicht[2] die feste Lösung des Farbstoffes in der Faser vor. Heute jedoch neigt man zur Auffassung, daß ebenfalls eine Bindung des Farbstoffes an die Faser, etwa nach Art der Direktfärbung vorliegt. Die Färbungen von Polyamiden und anderen synthetischen Fasern mit Azetatfarbstoffen[3] geben abweichende Töne. Die auftretenden Tonverschiedenheiten, und zwar in der Regel eine Blauverschiebung gegenüber Färbungen auf Azetatseide, können vielleicht daraus hergeleitet werden, daß nur die kleinsten Teilchen der Dispersion des Azetatseidenfarbstoffes in die strukturell außerordentlich stark kristallinen synthetischen Fäden einwandern können. Damit steht vielleicht auch die wesentlich geringere Lichtechtheit derartiger Färbungen in Zusammenhang.

Für Schwefel- und Küpenfärbungen auf Zellulose und Zellulosehydrat gilt das für die substantive Färbung Gesagte. Es ist lediglich darauf hinzuweisen, daß es hier die Leukoverbindung des Farbstoffes ist, die in die Faser einwandert. Durch Oxydation bildet sich das unlösliche Pigment, die guten Naßechtheiten derartiger Färbungen erklärend.

Naphtolrotfärbungen gehören zum Großteil ebenfalls hierher. Das erzeugte Pigment sitzt nach dem kochenden Seifen grobkristallin im Lumen bzw. unter der Faseroberfläche (HALLER, RUPERTI[4] usw.).

Dieser nur kurze Hinweis auf einige Feststellungen beim Färbevorgang möge in der den praktischen Fragen der Färbung zugedachten Arbeit genügen. Eine Reihe von Werken behandelt die Theorie der Färbung eingehend und umfassend. Klarerweise sind neben den angeführten Faktoren wie Faseraufbau, Struktur derselben, Molekülgestalt des Farbstoffs, Dissoziation desselben in Lösung bzw. Agglomerierung von Farbstoffmolekeln im Bade usw. noch eine ganze Reihe anderer Erscheinungen zu berücksichtigen. Der Färbevorgang setzt

---

[2] Vgl. WITT bzw. VALKO: Kolloidchemische Grundlagen der Textilveredelung, 1937, S. 453ff.

[3] Z. B. den Perlitonfarbstoffen der BASF u. a.

[4] HALLER, RUPERTI: Melliand Textilber. 6, 644 (1925).

sich also meist aus einer großen Anzahl gleichzeitig verlaufender physikalischer und chemischer Prozesse zusammen. Daher ist seine restlose Deutung schwierig und nicht nach allgemeinen Richtlinien möglich.

Immerhin haben gerade in letzter Zeit wieder umfassende Arbeiten sehr interessante Aufschlüsse vermittelt. Hier sind vor allem die Untersuchungen von Boulton, Elöd, Vickerstaff, Whittaker u. f. anzuführen.

Die Farbstoffwahl bei der Färbung ist natürlich in erster Linie von dem zu imitierenden Farbton und der Faserart bestimmt. Liegt kein Fasergemisch vor, so ist weiters auf die im allgemeinen an die Ware gestellten Echtheitsanforderungen Rücksicht zu nehmen. Schließlich ist bei den ersten Faktoren der Farbstoffwahl fast immer auch der Preis der Färbung in Betracht zu ziehen. Ist auf Grund dieser Überlegungen die Farbstoffklasse, die für die Färbung in Frage kommt, mehr oder weniger festgelegt, dann ist — in zweiter Linie — zu prüfen, ob die zweckmäßige Färbeweise, das heißt etwa eine Färbung in Apparaten nicht gegen die gewählte Gruppe von Farbstoffen spricht. Dann ist innerhalb der in Frage kommenden Gruppe von Farbstoffen die Kombination zu wählen, die gestattet, das vorliegende Muster zu imitieren, wobei darauf zu achten ist, daß die ausgewählten Komponenten tunlichst gleiche Affinität zur Faser (nicht zu verschiedenes Ziehvermögen) besitzen. Hierauf ist eine entsprechende Färberezeptur festzulegen, wobei, möglichst an Hand ähnlicher Färbungen unter möglichst gleichen Umständen (Material, Färbeapparat, Flottenverhältnis usw.) der sogenannte Färbeansatz festgelegt wird. Wird von der Färbung große Echtheit (Chromfärbung, walkechte Färbung) verlangt, oder macht es die Färbeweise (Apparat bzw. Naphtolrot) unmöglich, viel oder überhaupt nuancieren zu können, also den erreichten Ton hinsichtlich des verlangten zu korrigieren, dann muß dieser Färbeansatz an Hand von Rezepturen oder anderen Unterlagen derart gestaltet werden, daß er so nahe wie möglich an die verlangte Unterlage herankommt. Aus dem Gesagten ist zwangsläufig zu folgern, daß vorteilhafterweise Unterlagen über Betriebsfärbungen angelegt werden müssen, die neben dem Farbstoffverbrauch, der so genau als möglich zu erfassen ist, auch die Färbeweise (Salz-, Säurezusätze usw.), die Art des Materials (nicht nur Wolle, Baumwolle, sondern Wollgabardine, Baumwollmollino 6 m/1 kg usw.), das Flottenverhältnis, die Färbedauer usw. enthalten müssen, um hier brauchbare Unterlagen bilden zu können. Bei Färbungen von losem Material, Garn und Kreuzspulen usw. auf Apparaten mit kurzem Flottenverhältnis ist auch die Löslichkeit der Farbstoffe in Betracht zu ziehen. Die zur Imitation des Farbtons notwendige Farbstoffmenge muß sich in der Farbflotte einwandfrei lösen, auch in Anwesenheit der zur Färbung nötigen Mengen an Salz oder anderen Chemikalien, da es sonst zu Niederschlägen auf dem Material kommt. Insbesondere gilt das für das kurze Flottenverhältnis beim Arbeiten am „Fibe“-Apparat (Abb. 47) und ähnlichen Vorrichtungen. Ferner ist auf den Einfluß des Metallmaterials auf die Farbstoffe Rücksicht zu nehmen (Beeinträchtigung der Farbtöne von Chromfarbstoffen durch Fe und Cu sowie der Färbungen von substantiven Farbstoffen durch Cu usw.) und schließlich auch eventuelle Korrosionsmöglichkeiten saurer Farbbäder usw. auf die Apparate selbst.

Ist nun unter Bedachtnahme auf alle diese Umstände die Farbauswahl getroffen worden, so kann im allgemeinen noch folgendes angeraten werden: Man färbe Modetöne wie Drap, Beige, Taupe, Rosé, Reseda in der Regel mit der sogenannten Dreifarbenkombination: Gelb, Rot und Blau, soferne es sich um Färbungen mit sauren oder direkten Farbstoffen handelt. Derartige Färbungen sind leicht nuancierbar und gestatten bei einiger Erfahrung ein rasches Auf-Muster-Kommen.

Beim Vergleichen der Vorlage mit der Imitationsfärbung, dem Mustern, ist folgendes Grundsätzliche zu beachten: Es soll getrachtet werden, daß man eine Vorlage erhält, die aus denselben Fasermaterialen besteht, wie die zu färbende Ware. Daher sollen z. B. nicht etwa Wollmuster für Baumwollfärbungen gegeben bzw. angenommen werden, da es selbstverständlich fast nie gelingt, die Brillanz eines sauer gefärbten Wolltones durch Ausfärbung von Baumwolle oder Kunstseide auch nur annähernd zu erreichen. Die Vorlage und die Imitation sind sowohl in auffallendem Tageslicht („Aufsicht") als auch in Augenhöhe bei flach über die Gewebestücke streifendem Blick („Übersicht") zu vergleichen. Gibt die Aufsicht in der Regel den Farbton und die Farbtiefe an, so ermittelt die Übersicht das „Feuer", den Stich einer Färbung und damit öfters die Art der fehlenden Zusätze (Nuancierungen). Insbesondere bei Rot, Dunkelgrün, Braun, Marine- und Schwarztönen ist die Übersicht mit zugehörig zum genauen Treffen des Musters bzw. wird der praktische Färber vielfach schon aus der Art der Übersicht auf die zu wählende Farbstoffkomposition schließen können. Bei der Imitation der vorgenannten Farbtöne wird im Gegensatz zur Einfärbung von Modetönen so vorgegangen, daß man das „Feuer" der Brauntöne, je nachdem ob Rot- oder Gelbstich vorhanden, mit Beimischung von Orangemarken bzw. Tartrazin zur Dreifarbenkombination erzielt. Bei Grüntönen wird starker Gelbstich durch Verwendung von grünstichigem Gelb, in mittlerer Echtheit von Chinolingelb erreicht. Füllige Marineblau werden mit Marineblau eingefärbt, welchen Grün und Rot beigemischt werden. Abgedunkelt wird vorteilhaft mit Orange. Schwarztöne werden bei Verwendung von Blauschwarz mit blauer Übersicht in der Aufsicht mit wenig Orange vertieft.

Etwas anders ist die Ausfärbung von Chromfarbstoffen aufzubauen. Hier sind Modetöne vorteilhafter und leichter in der Egalität durch Kombination von Rotbraun, Gelb und Blauschwarz zu erzielen. Hinsichtlich der Rot-, Braun-, Grün-, Marine- oder Schwarztöne ist in weitgehender Anlehnung an Musterkarten von Füllfarbstoffen saurer Natur nur ausnahmsweise Gebrauch zu machen.

Bei substantiven Färbungen in Modetönen kann eine Dreifarbenkombination in Gelb, Rot und Blau zwar Anwendung finden, meist, insbesondere für Kunstseide, baut man die Rezeptur auf Gelborange oder Rotorange, Braun und Grau auf. Es fällt die Nuancierung leichter und auch die Egalität derartiger Kombinationen ist befriedigender. Hinsichtlich zu imitierender Rot-, Grün-, Braun-, Marine- und Schwarztöne ist man mehr als bei der sauren Färbung auf die Musterkarten angewiesen. Ein Füllen des Tones wie beim Färben mit Säurefarbstoffen ist hier nicht möglich.

Für das Färben mit Schwefelfarbstoffen kommen für Modetöne Kombinationen von Gelb mit Braun und Schwarz (für Grau) in Frage. Andere Töne, wie Grün und Blau und Braun sind an Hand der Musterkarte mit den entsprechenden Farbstoffen, eventuell unter Zusatz von nuancenkorrigierenden anderen Vertretern des Sortiments auszufärben.

Für die Färbung von Küpenfarbstoffen ist vor allem die Kombination derart zu wählen, daß nur solche Farbstoffe vereint werden, die sich hinsichtlich Verküpungsschwierigkeit und Färbeweise (Verfahren IK, IW, IN) gleich verhalten. Allgemeine Regeln für die Kombination lassen sich hier deshalb nicht aufstellen.

Ausfärbungen mit Naphtolkombinationen sind, aus ähnlichen Gründen, wenn kombiniert werden muß, an Hand der Musterkartentypen zu wählen, wobei hier die Substantivität und Löslichkeit der Grundkomponenten und die Art der Färbung (Apparat), das Material (Strähn, Stück usw.) das bestimmende Moment bilden. Eine Kombination ist bekanntlich nur in den zur Grundierung verwendeten Naphtolen, nicht aber in den Entwicklungsansätzen möglich.

Wesentlich schwieriger als die Farbstoffauswahl für Materialien aus einer Faserart ist die Färbung von Fasermischungen. Da es hier naturgemäß außerordentlich zahlreiche Varianten gibt, sind auch keine allgemeinen Regeln aufzustellen. Es ist lediglich darauf hinzuweisen, daß für den Fall, daß nur eine Faser gefärbt und die andere Faserart weiß bleiben soll, nur ausgesuchte Farbstoffe, welche an sich die andere Faser gut reservieren, zur Verwendung kommen und der Färbevorgang so zu gestalten ist, daß er die beabsichtigte Reservierung unterstützt. In Halbwollen wird man also die Wolle stark sauer färben, wenn eine Baumwollreserve gewünscht wird. Eine besondere Auswahl der sauren Farbstoffe wird sich nur in jenen Fällen ergeben, wenn z. B. aus Echtheitsgründen die Färbung mit schwach sauer ziehenden Produkten vorgenommen wird. Dabei kann eine eventuell eingetretene Anschmutzung der Zellulose meist dadurch behoben werden, daß dem Färbebade etwas Ameisensäure zugesetzt wird. Dieser Zusatz erfolgt gegen Ende der Färbung, wenn die Hauptmenge der Farbstoffe bereits aufgezogen ist.

Eine Färbung der Zellulose unter Reserve der Wollfaser ist bei wesentlich geringeren Ansprüchen an die Reinheit der reservierten Faser dadurch möglich, daß mit ausgesuchten, die Wolle bei Temperaturen von zirka 50° C nicht anfärbenden substantiven Farbstoffen in Anwesenheit sogenannter Wollreserven [Katanol WS (IG), Thiotan RS (Sa) usw.] gearbeitet wird. Beim Färben von Mischgeweben, die Azetatseide enthalten und wo diese reserviert bleiben soll, darf das Färbebad keine Alkalizusätze enthalten, da dieselben, etwa beim Färben von Zellulose- oder Regeneratzellulose — Azetatseidemischungen eine Verseifung der Azetatseide bewirken könnten, wobei selbstverständlich Anfärbung derselben eintritt. Wolle mit Azetatseideeffekten ist mit ausgesuchten Farbstoffen [z. B. Typ „ACS“ (Sa) usw.], die Azetatseide rein lassen, einzufärben. Übrigens ist auch für Direktfarbstoffe ein derartiger Typ zu verlangen, da der Verschnitt des Farbstoffes mit Soda hier durchaus im Bereich der Möglichkeit liegt.

Die Färbung von Azetatseide mit Dispersionsfarbstoffen aus Seifenbade gestattet meist die Reservierung von Zellulose und Zellulosehydrat ohne besondere Schwierigkeit. Eine eventuelle Anschmutzung bei tiefen Färbungen ist durch schwaches Nachseifen immer behebbar. Reserven von Polyamiden in Mischgeweben aus Zellulose oder Zellulosehydratfasern und Nylon sind bei Zugabe von Katanol WS (IG) bzw. Nylotan M (Sa) als Nylonreserve unter Ausfärbung mit Direktfarbstoffen zu erzielen.

In der Praxis wichtiger als derartige Effektreserven sind Unifärbungen von Mischgeweben, die oft mehr als nur zwei Faserarten enthalten können.

Bei derartigen Fasermischungen, die im wesentlichen als Gewebe, Gewirke oder Strümpfe vorliegen, kann es sich entweder darum handeln, Mischungen von sauer färbbaren Fasern in Unitönen einzufärben oder Fasermischungen einfärbig herzustellen, die mit sauren und substantiven Farbstoffen gefärbt werden müssen.

Schließlich ist es auch noch möglich, Mischungen mit sauren, direkten und Azetatseidenfarbstoffen zu tönen.

Für besondere Arten der angeführten Mischgewebe usw. ist folgendes zu sagen: In Mischungen aus Wolle und Kaseinfasern werden beim Arbeiten mit sauren Farbstoffen letztere tiefer angefärbt. Im Verlaufe der Färbung jedoch wandert Farbstoff von der Kaseinfaser auf die Wolle.

Wolle-Polyamidfaser-Mischungen (Nylaine = 80% Wolle und 20% Nylon usw.) werden in der Regel schwach sauer gefärbt, wobei die Nylon- bzw. Perlonfaser usw. heller bleibt. Im Verlaufe der Färbung geht jedoch Farbstoff von der Wolle auf die Polyamidfaser[5]. Die Farbwerke Bayer bringen hierfür ihr Telonlicht- bzw. Telonechtsortiment in Vorschlag. Ebenso sind die Lanaperl- (Höchst) bzw. Perlaminfarbstoffe (Cassella) zu verwenden.

In Halbwollen kann man entweder bei der Färbung der Faser zweibadig (für beste Echtheiten) oder einbadig arbeiten. In der zweibadigen Arbeitsweise wird die Wolle sauer oder nach dem Metachrom- (Einbadchrom-) Verfahren vorgefärbt, die Baumwolle dann, unter Zusatz von Wollreservierungsmitteln [Katanol SL (IG), Thiotan RS (Sa), Albatex WS (Ci) usw.] mit substantiven Farbstoffen nachgedeckt, wobei die Direktfärbung entweder diazotiert und entwickelt oder mit Solidogen B (IG), Levogen WW (Bayer)[6], Sandofix (Sa), Tinofix (Gy), Liofix (Ci) u. a. in der Naßechtheit verbessert wird.

Die einbadige Färbung arbeitet entweder mit Halbwollfarbstoffen: Universal- (IG), Tetramin- und Tetraminlichtfarben (Sa) bzw. Cotolan-, Cotolanecht- und Cotolanchromfarben (Bayer), also Mischungen aus neutral ziehenden sauren und substantiven Farbstoffen bzw. wie Halbwollgelb C (Universalgelb C) mit beide Fasern gleichmäßig anfärbenden Direktfarbstoffen (Chrysophenin G) usw. In besserer Echtheit wird beim Halbwolleinbadchromverfahren mit neutral bis schwach sauer ziehenden sauren Farbstoffen und chrombeständigen substantiven Produkten gleich eingefärbt. Auch die Halbwollcuprofixfarbstoffe (Sa) usw. sind hier vorteilhaft verwendbar.

Baumwolle-Reyon-Mischungen sind schwierig zu färben, vor allem, wenn die Baumwolle nicht mercerisiert vorliegt. Eine gewisse Farbstoffwahl und Regelung der Temperatur (Nachziehenlassen bei tiefen Temperaturen) gestatten hier manchmal eine wesentliche Verbesserung des Resultats. In Fällen, wo die Kunstseide (Viskose) als Effekt vorliegt, also die Baumwolle überwiegt, wurde bei Modetönen durch vorsichtigen Zusatz von ganz wenig organischer Säure (verdünnt), auch in Fällen, wo starker Tonunterschied bestand, Verbesserung erreicht. Voraussetzung ist hier beim Mustern das gute Auswaschen der gezogenen Muster zur Beseitigung eines etwaigen Farbumschlages.

Zur Unmöglichkeit wird die tongleiche Einfärbung von Mischungen von Kupfer-Reyon und unmercerisierter Baumwolle, da die Affinität zu den in Frage kommenden substantiven Farbstoffen zu verschieden ist. Die Kupferkunstseide wird in fast allen Fällen wesentlich tiefer anfärben als die Baumwolle. Nachziehenlassen oder Zusatz organischer Säure (stets fast am Ende der Färbung) helfen kaum etwas. Für Schwefelfärbungen ist in einer Anzahl von Fällen (es kommen nur tiefe Töne in Frage) eine Tongleichheit erreichbar.

Reyon und Azetatseide werden in Mischungen leicht Ton in Ton gefärbt. Man arbeitet im Seifenbad einerseits mit Azetatseidenfarbstoffen für die Azetatseide, andererseits mit substantiven Farbstoffen für die Viskose. (Für Schwarzfärbung vgl. Rezeptur S. 565).

Wolle-Azetatseiden-Mischungen können zweibadig oder einbadig hergestellt werden. Ein Anschmutzen der Wolle durch die Azetatseidenfarbstoffe ist beim Nuancieren stets zu berücksichtigen.

---

[5] Siehe GRUNDY: J. Soc. Dyers Colour. **67**, 7 (1951), bzw. HEES, Melliand Textilber. **32**, 542 (1951), oder FLUSS: Textil-Praxis **6**, 61 (1951). Über die Färbung von Viskose- usw. -Perlon-Mischungen vgl. NEUBERT: Melliand Textilber. **32**, 708 (1951).

[6] Vgl. WEBER: Melliand Textilber. **31**, 494 (1950).

Nylon-Azetatseide-Mischungen sind nicht unifarben einfärbbar. Mit Azetatseidenfarbstoffen gefärbt, treten stets Tonunterschiede auf, da die Farbstoffe auf Nylon anders (meist blaustichiger) färben als auf Azetatseide.

Sonstige bestehende Möglichkeiten werden beim Färben von Trikotagen oder in der Strumpf- bzw. Stückfärberei behandelt.

In neuester Zeit wird die Färbung der Textilien auch derart vorgenommen, daß die physiologischen Erfordernisse des Menschen bei ihrem Gebrauche Berücksichtigung finden. Dies gilt vor allem hinsichtlich der Kühle von Sommerkleidungsstücken. Auch gefärbte Ware kann hier bereits durch geeignete Auswahl der Farbstoffklasse bzw. der Farbstoffe besonders geeignet gestaltet werden. Verschiedentliche Untersuchungen [vgl. WOJATSCHEK: Textil-Praxis 4, 337 (1949); SSEREBRJAKOW: Tekstil. Prom. Nr. 12, 37 (1950), zit. C. A. 1950, 3266, sowie *Du Pont*, s. u.] haben festgestellt, daß z. B. Schwefelfarbstoffe die Wärmestrahlen (Infrarot) wenig reflektieren. Sie sind also für Sommerkleidung ungeeignet. Sehr gut reflektieren Azetatseidenfarbstoffe sowie Direktfarbstoffe und Naphtolkombinationen. Verschiedene Reflexion besitzen saure, Chrom- und Küpenfarbstoffe.

Nach Untersuchungen von *Du Pont:* Techn. Bull. 4, Nr. 1 (1948) ergeben sich z. B. für eine Reihe von Färbungen folgende Reflexionswerte für Infrarot:

I. Azetatseidenfarbstoffe [( ) ist Färbetiefe]: Acetamingelb N (2%) 94,5%, Acetamingelb RR (6%) 90,3%, Acetaminorange 3R (3%) 94,3%, Acetaminbraun SR (3,75%) 79%, Acetaminrot CR (1%) 92%, Acetaminrubin B (1%) 92,7%, Acetaminscharlach (1%) 93%, Celanthrenebrillantrot (1,8%) 88,2%, Celanthrenerot 3B konz. (1%) 84,6%, Acetaminviolett 2R (1,4%) 86%, Celanthrenerotviolett R (1%) 84,9%, Celanthrenebrillantblau FFS (2%) 89%, Celanthrenemarineblau bPS (3%) 70,8%, Acetaminschwarz CBS (10%) 57,2%, Acetamindiazoschwarz RB (5%) 77,5%.

II. Säurefarbstoffe: Metanilgelb (0,75%) 79,8%, Walkgelb 5G konz. (2%) 74,4%, Walkgelb GN (2%) 74,8%, Chinolingelb (1,5%) 78%, Pontacyllichtgelb GG konz. (2%) 78,7%, Pontacyllichtgelb 3G (2%) 82%, Walkorange R konz. (2%) 76,3%, Orange II konz. (1%) 73,3%, Anthrachinonrubin R konz. (3%) 2,8%, Walkrot B (2%) 78,3%, Walkrot 3B (2%) 79,1%, Walkrot R (2%) 81,4%, Pontacylcarmine 6B extra konz. (1,5%) 85,3%, Pontacylcarmine 2G konz. (2%) 82,3%, Pontacylechtrot BL konz. (2%) 79,1%, Pontacylviolett 4BSN konz. (1,5%) 76,6%, Anthrachinonblau BGA (1,25%) 81,4%, Anthrachinonblau AB (2%) 81,3%, Pontacylbrillantblau A (1,5%) 77,6%, Pontacylbrillantblau V (1%) 82,3%, Pontacylwollblau BL konz. (1,5%) 78,6%, Pontacylwollblau GL (1,5%) 79,6%, Pontacylechtblau 5R konz. (1,5%) 79,2%, Anthrachinongrün G (1%) 80%, Chromacylschwarz W (8%) 23%, Pontacylechtschwarz BBN (5,6%) 68,1%.

III. Chromfarbstoffe: Pontachromechtgelb R konz. (1,5%) 83,1%, Pontachromorange RL (1%) 76,2%, Chromatbraun EBN (1%) 55%, Pontachrombraun HN konz. (1%) 55%, Pontachrombraun RH konz. (1,5) 53,5%, Pontachromechtrot E (2,5%) 76,2%, Pontachromblau ECR konz. (1%) 82,7%, Pontachromschwarz B konz. (6%) 25,7%, Pontachromschwarz PV konz. (8%) 23,8%, Pontachromschwarz TA (6%) 18,7%.

IV. Direkte und Entwicklungsfarbstoffe: Das Reflexionsvermögen der Ausfärbungen in einer Tiefe von 1,5 bis 2,5% liegt durchwegs dicht bei 90%, bei einigen Braun- und Schwarzmarken in Tiefen von 6% noch über 70%!

V. Küpenfarbstoffe: Sie zeigen ein recht unterschiedliches Verhalten. Während die Gelb-, Orange-, Rot- und Violettmarken in den Färbungen einer Tiefe von 2,5 bis 6% ein Reflexionswert von durchschnittlich 80 bis 90% aufweisen, besitzen einige Blaumarken recht tiefe Werte, so Ponsolblau BCS doppelt Paste (12%) 74%, Ponsolblau doppelt Paste (12%) 69,3%, Ponsolblau 3G plv. (10%) 51,7%, Sulfanthrenblau RNN doppelt Paste (15%) 25%, GR-Paste (15%) 32,8%. Olivemarken schwanken ebenfalls, auch die Grünmarken, die Schwarzmarken zeigen ein sehr geringes Reflexionsvermögen in Schwarzfärbungen (um 23%).

VI. Schwefelfarbstoffe. Es ist die Klasse mit den niedrigsten Reflexionswerten. Sie schwanken von Braun 60% über Grün 55%, Blau 20 bis 40%, Marineblau 20%, nach Schwarz 3 bis 8%!

VII. Die Naphtolkombination: Hier liegen die Reflexwerte durchwegs über 88%, sind also als sehr gut zu bezeichnen.

Aus eben diesen Gründen mußten unseres Wissens z. B. im vergangenen Kriege Verdunklungsvorhänge usw. mit der Marke Schwefelschwarz L (IG) gefärbt werden, da diese eine besonders niedrige Reflexion für Infrarotstrahlen hatte und daher geeignet war, Radarsuchgeräte der Flugzeuge unwirksamer zu gestalten.

Das Ziehen der Muster beim Färben ist zeitlich abhängig von der Färbeweise, der Größe des Farbstoffzusatzes und dem Farbstoffziehvermögen. Bei sauren, kochend ausgeführten Wollfärbungen ist vom Beginn des in der Regel kalt oder bei 50° C begonnenen Färbeprozesses mindestens 3/4 Stunden, also vom Beginn des Kochens des Färbebades mindestens 1/2 Stunde zu färben, bevor man ein Muster zieht. Wird aus Gründen der besseren Egalisierung der Säurezusatz anteilweise gegeben (in den meisten Fällen ist es viel besser, mit der ganzen benötigten Säure vom Beginn an zu arbeiten) oder färbt man mit Ammonazetat, welches die Essigsäure langsam abspaltet, dann ist das erste Abmustern nach etwa 3/4stündigem Kochen bzw. 30 Minuten nach dem letzten Säurezusatz vorzunehmen.

Über das Ziehen der Muster ist zu sagen, daß man beim Färben von losem Material in Packapparaten naturgemäß wenig Wahl hat und die Muster aus der Musteröffnung holt. Besser kann man ein Durchschnittsmuster der Färbung erhalten, wenn man die in der Regel ungleichmäßig getönten Bestandteile der Mischung (Kunstwolle) etwa im Verhältnis zieht, wie sie vorliegen; das ist natürlich nur beim Färben in Kufen von Hand aus möglich, oder bei Unterbrechung der Färbung im Apparat durch Öffnen des Deckels bei unterbrochenem Propeller- oder Pumpenlauf. Zu derartigen Maßnahmen greift man jedoch nur in sehr wenigen besonderen Fällen. Das Ziehen von Mustern bei Kettbäumen oder Kreuzspulen ist einfach. Man schneidet von den Fadenenden bzw. zieht von der Oberfläche der Spule eine entsprechende Menge Garn. Garnmuster werden derart erhalten, daß man dem Strähn durch Lösen der Unterbindung einen Schneller entnimmt. Ebenso wird im Apparat gearbeitet. Der zum Mustern bestimmte Schneller (Strähnteil) wird unter die Musteröffnung gehängt bzw. sonst irgendwie leicht greifbar befestigt. Das Mustern von Stückware erfolgt derart, daß man beim Arbeiten auf der Haspelkufe an der Stücknaht mittels eines kleinen Messers eine Fläche von etwa 3×6 cm herausschneidet. Enthält die Partie Stücke verschiedener Qualität (insbesondere hinsichtlich der

Wollart) so ist von jedem Stück zu mustern, da meist mit verschiedenen Tönungen zu rechnen ist. Ein mehrfaches Musterziehen ist natürlich auch bei Schwarzfärbungen von bereits gefärbten Stücken (Umfärben) notwendig, insbesondere beim gleichzeitigen Umfärben verschiedener Töne (grüner oder roter Nuancen).

Beim Musterziehen am Jigger ist zu beachten, daß in vielen Fällen die Stückenden, teils durch die Färbeweise, teils durch die notwendigen Vorläufer bedingt, einen tieferen bzw. anderen Farbton zeigen können als das Stück. Beim Färben nur eines Stückes ist zu erwägen, dieses (eventuell mit Zustimmung des Kunden) zu teilen und mittlings zu nähen. Man zieht das Muster dann an dieser Mittelnaht. Bei mehreren Stücken wird stets an den vorhandenen Innenähten gemustert.

Bei Teppichgarnen wird das Muster „im Schnitt" ausgeführt. Zu diesem Zweck wird ein Garnfaden durchgeschnitten und dieses Innere gemustert. Mit Rücksicht auf die Garnqualität ist das Innere meist voller als die Aufsicht bzw. Übersicht der Garnaußenseite. Da die Teppichfarbe durch Einknüpfen der Garne und Abschneiden bzw. Bildung eines Flors aus den abstehenden Garnenden bestimmt wird, hat sich dieses Verfahren für mustergetreue Imitationen als notwendig erwiesen.

Der Musterraum soll sein Licht durch ein nach Norden gerichtetes Fenster erhalten; direktes Sonnenlicht usw. ist gänzlich ungeeignet. Möglichst zu achten ist, daß mit dem einfallenden diffusen Licht keine Reflextöne ins Auge des Musternden gelangen, wie etwa Grünkomponenten durch Bäume oder Rot durch eine unmittelbar vor dem Fenster sich erhebende, beleuchtete Ziegelmauer. Am besten ist eine weiße Wand als Gegenüber.

Ein Mustern im direkten Sonnenlicht ist bei Färbungen mit sogenannten phototropen Farbstoffen (Azetatseidenfarbstoffe, aber auch Vertreter des schwach sauer ziehenden Sortiments) zu vermeiden, da die Töne röter werden und der Farbtonumschlag erst durch längeres Verweilen im Dunkeln zurückgeht.

Beim Mustern im Winter oder bei Nachtbetrieb ist die künstliche Beleuchtung möglichst dem Tageslicht anzupassen. Es gibt zahllose sogenannte Tageslichtlampen, vom MOORE-Licht (mit CO_2 gefüllte Röhren) bis zur blau gestrichenen Glühlampe. Vielfach verwendet man Kombinationen von Leuchtstoffröhren und Glühlampen[7]. Keines der bisher auf den Markt gebrachten Erzeugnisse entspricht den Erfordernissen der Praxis vollständig. Ein entsprechender Vergleich der Spektren ergibt oft wesentliche Unterschiede gegenüber dem Tageslicht. Eine weitgehende Annäherung ist durch die HNT-Tageslichtröhre[7a] erzielt worden.

Nach HOFFMANN: Anlage zur Prüfung der Lichtechtheit von Färbungen, Melliand Textilber. **33**, 1040 (1952) ist die Verteilung der Farbanteile (Blau = 100) in verschiedenen Lichtquellen die folgende:

	Tageslicht	Sonne	Leuchtstofflampen			Glühlampe	Hanau-Lampe	Xenon-Lampe
			Weiß	Warmton	Rot			
Blau...	100	100	100	100	103	100	100	100
Grün .	71,5	89	86	124	121	140	70	83
Rot....	60	150	52	110	153	300	4	60

[7] TRIOEN: Fluoreszenzlampen, Textilwesen **7**, 21 (1951), bzw. HARRISON: J. Textile Inst. **40**, P 1025 (1949); s. a. Bumix-Mischlampen (parallel geschaltete Glühwendel- und Quecksilber-Hochdruckstrecken usf.). Vgl. HENDERSON: Fluoreszenzlampen und Tageslichtlampen. J. Soc. Dyers Colour. **67**, 362 (1951) bzw. DAVIDSON: Amer. Dyestuff Reporter **41**, 1 (1952) und P 15 (1952).

[7a] THOMAS: Melliand Textilber. **82**, 936 (1951), s. a. WEBER: Melliand Textilber. 1952, H. 12.

Die Farbwerke Hoechst besitzen z. B. eine kombinierte Glühlampen-Quecksilberdampflichtanlage und filtern kurzwelliges UV-Licht ab. Diese Anlagen sind auch für Lichtechtheitsbestimmungen brauchbar.

Unterschiede in der Lichtzusammensetzung auch guter Tageslichtlampen ergeben sich in krassem Maße bei der Imitation von Färbungen, hauptsächlichst Modetönen, Grün oder Braun, welche unter Mitverwendung von Orange und Violett hergestellt wurden, wenn deren Imitation auf der Dreifarbengrundlage mit Gelb, Rot und Blau usw. aufgebaut werden soll. Derartige Farbmischtöne sind bei künstlichen Tageslichtquellen, da sie meistens außerordentlich stark nach Rot oder Blau umschlagen, nicht zu imitieren.

Solche Farbtöne werden nach OSTWALD als metamer[7b] bezeichnet. Sie haben trotz verschiedener Zusammensetzung bei gleichem Licht gleiches Aussehen, sind daher nur bei Betrachtung unter einer bestimmten Lichtquelle gleich.

Beispiele derartiger metamerer Färbungen sind z. B.:

Vorlage Grau, ausgefärbt mit: 0,38% Erioanthrazenreinblau 3 G (Gy)
0,18% Eriofloxin 2 G (Gy)
0,20% Erioflavin 3 G konz. (Gy)

Imitation a: 0,36% Erioanthrazenreinblau 3 G (Gy)
0,12% Eriofloxin 2 G (Gy)
0,10% Erioflavin 3 G konz. (Gy)

Gegenüber dem Typ zu rein, blaustichig. Mit 0,06% Säureorange 2 G krist. (Gy) nuanciert.

Schon bei Tageslicht zeigt sich eine unruhige, bei verschiedener Tagesbeleuchtung (deutlich in der Übersicht) merklich rotgelberer Ton. Bei Kunstlicht: rotgelber Ton.

Imitation b: 0,265% Erioanthrazenreinblau 3 G (Gy)
0,195% Eriofloxin 2 G (Gy)
0,160% Erioflavin 3 G konz. (Gy)

Gegenüber dem Typ zu rot. Mit 0,11% Wollgrün S (Gy) nuanciert.

Schon bei Tageslicht wesentlich blauer, bei manchem Lichteinfall besonders stark (deutlich in der Übersicht). Bei Kunstlicht: blauer.

Einer Farbkarte von Bayer Leverkusen (1924) entnommen sind folgende Beispiele:

Vorlage Drap:	0,036%	Alizarinsaphirol B	Imitation:	0,05%	Alizarinsaphirol B
	0,29%	Echtlichtgelb G		0,07%	Echtlichtgelb G
	0,12%	Azogrenadin S		0,012%	Orange II
Vorlage Grün:	0,8%	Wollechtblau BL	Imitation:	2,0%	Wollgrün BS
	1,75%	Echtlichtgelb 3 G		0,55%	Echtlichtgelb 3 G
				0,37%	Echtlichtorange G
Vorlage Taupe:	0,40%	Alizarinsaphirol B	Imitation:	0,6%	Alizarinsaphirol B
	0,56%	Echtlichtgelb G		0,11%	Echtlichtgelb G
	0,41%	Azofuchsin 6 B		0,28%	Echtlichtorange G
Vorlage	0,8%	Alizarinrubinol R	Imitation:	1,2%	Wollechtviolett B
Braundrap:	0,5%	Brillantsäureblau A		4,0%	Sulfongelb R
	1,1%	Sulfonorange G			

Bei künstlichem Licht ergeben sich bei den im diffusen, aus Norden fallenden Tageslicht ziemlich genau übereinstimmenden Färbungen krasse Tonunterschiede. Diese können bei verschiedenem Tageslichteinfall zum Teil in Erscheinung treten.

[7b] MOLNÁR: s. Klepzigs Textil-Z. 1930, Nr. 30, MARA: Z. f. gesamte Textilind. 35, 587, bzw. Musterkarte von Bayer, Leverkusen, und BECKERAD: Melliand Textilber. 32, 923 (1951).

Im Kunstlicht bzw. bei schlechten sogenannten Tageslichtlampen kann also an Hand des auftretenden Tonunterschiedes auch auf die Eignung der Beleuchtung für Musterungszwecke ein direkter Schluß gezogen werden.

Derartige Färbungen zur Prüfung von Tageslichtlampen brachten die Farbenfabriken Bayer, 1950, in einem Zirkular, wie folgt:

Gelb:	1. 0,036%	Alizarinsaphirol B	2. 0,055%	Alizarinsaphirol B
	0,29%	Echtlichtgelb G konz.	0,07%	Echtlichtgelb G konz.
	0,12%	Azogrenadin S	0,12%	Orange II
Grün:	1. 0,83%	Wollechtblau BL	2. 2,00%	Wollgrün BS
	1,85%	Echtlichtgelb 3 G	0,55%	Echtlichtgelb 3 G
			0,37%	Echtlichtorange G
Graugrün:	1. 0,4%	Alizarinsaphirol B	2. 0,63%	Alizarinsaphirol B
	0,4%	Echtlichtgelb G konz.	0,12%	Echtlichtgelb G konz.
	0,17%	Azofuchsin 6 B	0,29%	Echtlichtorange G
Violett:	1. 0,4%	Echtlichtgelb G konz.	2. 0,6%	Alizarinsaphirol B
	0,81%	Säureviolett BWN	0,55%	Azofuchsin 6 B
	0,06%	Chromotrop RR	0,4%	Echtlichtorange G
Braun:	1. 0,8%	Anthralanrot 3 B	2. 1,5%	Wollechtviolett B
	0,5%	Brillantsäureblau A	4,1%	Sulfongelb R
	1,1%	Sulfonorange G		

Im übrigen zeigt sich bei Vorliegen derartiger Färbungen beim Mustern weiters, daß ältere Leute[8] dazu neigen, selbst im Tageslicht die Imitation mit einem (bloß individuell gesehenen) Rotstich vorzunehmen, wie ihn die Vorlage gegenüber dem auf der Dreifarbengrundlage erzielten, im Tageslicht gleichfärbigen Muster, bei Kunstlicht (elektrischem Licht usw.) aufweist. Selbstverständlich wird dann die Vorlage derart rotstichig imitiert, daß normalsichtige Beurteiler nicht die entfernteste Ähnlichkeit mit dem Muster feststellen. Diese Tatsache ist die Quelle zahlloser innerbetrieblicher Debatten und Kundenreklamationen. Sie ist aber, auch für den Fall, daß derartige, im Kunstlicht ins Rot schlagende, Kombinationen ausgefärbt werden, Ursache von Qualitätsverminderung und Beanstandungen.

In diesem Zusammenhang scheint es ferner notwendig, darauf hinzuweisen, daß Mischfasertextilien hinsichtlich ihres Verhaltens bei Kunstlicht eingehend zu prüfen sind. Es ist z. B. bei Reinseidenstrümpfen mit Baumwollferse und Sohle, die mit sauren und Direktfarbstoffen Ton-in-Ton gefärbt sind, oft der Fall, daß sie dann im Kunstlicht der Schaufenster eine häßliche Zweifärbigkeit zeigen, indem etwa die Seidenfärbung nach Rot, die der Baumwolle nach Grün umschlägt.

Wichtig ist die sogenannte „Abendfarbe", insbesondere für Blautöne des sauren Sortiments, besonders der Alizarinblauklasse. Sie führte zur Korrektur von Rotumschlägen der Handelsmarken, die dafür vom Hersteller zum Teil Zusätze von Grün enthalten (Echtwollgrün B), also keine reinen Produkte darstellen.

Auch im Kunstlicht gleichbleibende Nuancen liefern z. B. Chromechtgelb ME, Chromechtorange ML, Alizaringrün CG extra konz. und Chromechtgrau GL der Ciba usf.

Das Trocknen der gezogenen Muster erfolgt meist (nicht günstig) durch Auflegen oder Anpressen auf blanke Cu-Dampfrohre, wobei unter Umständen Nuancenveränderungen eintreten können. Strümpfe werden auf elektrisch oder mit Dampf geheizten Formen aufgezogen. Die getrockneten Muster sind vor

---

[8] Die Macula-Pigmentierung des Augenhintergrundes soll dafür verantwortlich sein. Nach Kravkov haben Menschen mit hellen Augen beim gelben Fleck ein grünlicheres Pigment als solche mit dunklen.

dem Vergleich mit der Vorlage gut zu verkühlen, um den in der Hitze umschlagenden Farbstoffen (insbesondere substantiven) die Rückkehr zur normalen Tönung zu ermöglichen. Insbesondere ist ein derartiges Verkühlen nach der Trocknung bei der Verwendung des früher gerne verwendeten Pegubraun G (IG), das in der Hitze einen ausgesprochenen Rotton ergibt, unerläßlich.

Manchmal wird, um den Färbevorgang zu beschleunigen, das erstemal „naß gemustert". Dies ist bei sauren Färbungen möglich, die man im Garn durch Durchziehen des Fadens zwischen Daumen und Zeigefinger von der größten Menge Wasser befreit. Die Nuance ist im allgemeinen gegenüber dem getrockneten Muster unverändert, die Farbtiefe nimmt beim Trocknen etwas ab. Kunstseide und Baumwolle werden beim Trocknen viel heller und unterliegen manchmal auch Tonveränderungen. Wenig verändert wird im Ton und der Farbtiefe (geringe Wasseraufnahme) Azetatkunstseide. Dunkler im Ton werden alle spinnmattierten Reyonqualitäten. Auch die Nuance wird meist grauer. Unter Berücksichtigung dieser allgemeinen Hinweise ist es sehr wohl möglich, das erste Muster, hauptsächlich bei Färbungen ohne genügende Unterlagen für den Färbeansatz, das heißt also mit wahrscheinlich zu gebenden größeren Zusatzmengen an Farbstoff, naß zu vergleichen.

Es ist selbstverständlich, daß beim Mustern von Schwefel- oder Küpenfarbstoffen die gezogenen Muster nach Spülen einer Luftoxydation bzw. durch kurzes Eintauchen in Perborat-Essigsäurelösung künstlicher Oxydation unterworfen werden, um den Farbstoff vorher voll zur Entwicklung zu bringen.

Das Mustern von Chromfärbungen nach dem Metachromverfahren oder Färbungen im Halbwolleinbad-Chromverfahren kann direkt während des Färbens erfolgen. Nachchromierte Färbungen, diazotierte und entwickelte Töne oder substantive nachgekupferte Ausfärbungen sind erst zur Abmusterung reif, wenn die entsprechende Nachbehandlung, also der Chromier-, Diazotier- und Entwicklungsprozeß bzw. die Kupferung stattgefunden haben.

Wie schon erwähnt, erfolgt das Vergleichen der Vorlage mit dem gezogenen Muster nicht nur hinsichtlich des Tones in der Aufsicht, sondern auch in der Übersicht (also in der Augenebene). Bei der Beurteilung des Farbtones und der Farbtiefe im auffallenden Licht sind bei Geweben usw. die Muster so übereinanderzuhalten, daß plastische Effekte, die den Ton optisch beeinflussen können, nicht wirksam werden (Webart, Dessin, Zwirnung bei Garnen usw.). Vielfach wird bei Gewebestückchen daher sowohl mit dem Muster auf der Vorlage liegend als auch umgekehrt geprüft.

Nach Beurteilung der Übersicht wird dann der notwendige Zusatz an Farbstoffen erfahrungsgemäß festgestellt. Dabei ist insbesondere zu beachten, daß bei Modetönen insbesondere saurer Färbung die Blaukomponente „nachzieht", das heißt im allgemeinen länger zum Aufkochen braucht. Auch Graukomponenten bei Kompositionen mit substantiven Farbstoffen usw. setzt man erst zu, wenn die Farbtiefe und Nuance nur mehr eine derartige Korrektur erfordert und selten beim ersten Mustern. Man gibt daher niemals beim ersten Muster die volle Menge dieses Anteils, der vergleichsmäßig zum Erreichen des Tones der Vorlage fehlt, sondern nur jene Gelb- und Rotmengen, welche zur Erzielung der Farbtiefe an sich fehlen. Selbstverständlich werden dabei gleichzeitig zu rot ausgefallene Nuancen durch vermehrte Gelbzugabe oder umgekehrt korrigiert. Zeigt es sich, daß das Muster im Ton zu „voll", das heißt zuviel Farbstoff auf der Faser ist, dann ist vor der Tonkorrektur ein teilweises Abkochen (Abziehen) der Färbung, also eine Abschwächung derselben, vorzunehmen. Dies kann derart erfolgen, daß man auf frischem Bade weiterfärbt, was praktisch nur für substantive Färbungen von Erfolg ist. Es kann auch bloß ein Teil des Bades durch

Frischwasser ersetzt werden, was zu einer geringeren Abschwächung der Fülle (Tiefe) der Färbung führt.

Bei Wollstückfärbungen bedient man sich gerne zum Abkochen zu satt ausgefallener Färbungen der Methode des Einhängens eines Stückes ungefärbter Ware (für Schwarz bestimmte Stücke), um so die Färbung leicht und schnell aufzuhellen.

Zur Gelb- oder Rotkorrektur von zu rot bzw. zu gelb ausgefallenen Modetönen ist zu sagen, daß dieselbe einmal versucht wird, wenn anzunehmen ist, daß dabei die Völle bzw. Farbtiefe nicht die des Musters übertrifft. Als Farbtiefe ist dabei nicht der Ton selbst, auch nicht die durch Blauzugabe zu erreichende Abdunkelung (der „Graugehalt“ im Sinne der Farbenlehre), sondern die Fülle desselben, die sich beim Vergleich insbesondere in der Übersicht ergibt, zu verstehen. In krassen Fällen arbeitet man so, daß zu starker Rotton mit einem grünstichigen Gelb bzw. zu gelbe Färbung mit einem violettstichigen Rot „gedrückt“ werden.

Bei Grün-, Marine- und Brauntönen ist, wie bereits erwähnt, bei sauren Färbungen in vielen Fällen zum Erreichen der Vorlage ein „Füllen“ notwendig. Diese „Tonfüllung“ bzw. ihre Auswirkung, die sich in der Übersicht als „Feuer“ oder „Blume“ bemerkbar macht, beeinflußt naturgemäß weitgehend den Aufbau des Färbeansatzes bzw. die Aufsicht der Färbung vor Abdunkelung. Daß dieselbe bei Marine und Schwarz durch Orange, bei Braun am besten durch Blauzugabe erfolgt, sei hier wiederholt.

Während es bei Schwefel- oder Küpenfarbstoffen möglich ist, größere Tonkorrekturen mit Farbstoffen gleicher Echtheit vorzunehmen, ist dies bei diazotierten und entwickelten Färbungen auf Zellulosematerialen nicht der Fall. Da derartige Färbungen jedoch meist gemäß Musterkarte für bestimmte Töne gewählt werden, keinesfalls für Modetöne usw. (Gelb, Rot, Schwarz), kommt eine derartige Korrekturnotwendigkeit praktisch nie vor. Häufig jedoch anzutreffen ist bei der Wollfärbung eine größere Korrektur nachchromierter Färbungen nach deren Chromierung. Man kann hier nun ohne weiteres mittels chrombeständigen schwach sauerziehenden Farbstoffen eventuell nach Abschrecken (Abkühlen des Bades) arbeiten, doch setzen derartige Zugaben, wenn sie in größerer Menge erfolgen, naturgemäß die Echtheit der Färbung herab. In derartigen Fällen bleibt nichts übrig, als die Bäder wegzulassen und zu hell usw. ausgefallene Stücke mit Chromfarbstoffen neu gegen das Muster zu bringen. Gerade bei dieser Art von Färbung ist es notwendig, sich Unterlagen des unchromierten Tones einer Färbung aufzubewahren, da hier ja bekanntlich die primär erhaltenen Färbungen meist rotbraun, rotdrap oder rotviolett sind und die entsprechenden Braun-, Grün-, Blau- oder Schwarztöne erst nach dem Chromieren erhalten werden.

Das weitere Abmustern (Ziehen eines zweiten Musters) erfolgt je nach der zugesetzten Farbstoffmenge bei sauren Färbungen in zirka 20 Minuten bis zu einer halben Stunde, bei Direktfärbungen nach einem etwa ebenso großen Zeitraum. Beim zweiten Mustern sollten im allgemeinen nur geringfügige Nuancenkorrekturen erforderlich sein, die in schwefelsauren Bädern der Wollfärbung durch Zugabe bereits gelöster Egalisierungsfarbstoffe, deren Menge unter Berücksichtigung des Lösungsansatzes von meist 20 bis 25 g/l in Hohlmaßen bemessen wird ($^1/_4$ l, $^1/_8$ l, $^1/_{16}$ l, 3 Löffel), erfolgen. Auch Färbungen mit schwach sauren Farbstoffen können in geringsten Mengen ohne weiteres mit derartigen Egalisierungsfarbstoffen, die man dem kochenden Bade zusetzt, nuanciert werden. Für Chromfärbungen wird bei derartigen geringen Tonverbesserungen die Reihe der chrombeständigen schwach sauer ziehenden Produkte benützt.

Zu stumpf ausgefallene Direktfärbungen sind leicht mit kleinen Mengen basischer Farbstoffe zu schönen, ebenso kann diese Arbeitsweise auch bei Schwefelfärbungen angewendet werden, wobei der Schwefelfarbstoff als Beize wirkt.

Bei der Einfärbung von Reinseide ist ein Nuancieren auf Muster noch am Avivagebad (es enthält sulfoniertes Öl und Essig- oder Ameisensäure, letztere des Griffes wegen) ebenfalls mittels basischer Produkte möglich.

Beim Abmustern spezieller Artikel ist noch zu beachten, daß mit Craquanteffekt (Seidengriff) herzustellende Ausfärbungen auf Zellulose oder Reyon, soweit dieselben im Seifenbade mit nachherigem Schleudern und Säuern erzeugt werden, vor dem Vergleich der Färbung mit der Vorlage durch schwache organische Säurelösungen gezogen werden müssen, da auch bei der Verwendung sogenannter avivierechter Farbstoffe, das heißt substantiven Farbstoffen, die mit organischen verdünnten Säuren keinen Farbtonumschlag geben, kleine Nuancenveränderungen möglich sind. Dies ist insbesondere dann wichtig, wenn, wie bei der Erzeugung eines permanenten Craquant-Effektes Weinsäure- oder Milchsäurelösungen in Anwendung kommen, da bei denselben die organische Säure nicht allmählich verdunsten kann, wobei Farbumschläge zurückgehen, sondern die Säure in der Ware verbleibt.

Beim Mattieren von Textilien mit Pigmentemulsionen ist das Mattpigment stets von Einfluß auf den Aspekt des Musters. Man mustert daher nach Eintauchen in Pigmentdispersionen. Gerade bei jenen Vertretern, die kationaktive Mittel beigegeben haben, kommt es oft zu bedeutenden Farbumschlägen bei der Mattierungsbehandlung, die beim Mustern berücksichtigt werden müssen.

Weiteres Mustern erfolgt in der Regel in Abständen von zirka 15 Minuten, wobei zu bemerken ist, daß bei erfahrenen Färbern mehr als zwei Muster, maximal drei Musterungen, selbst bei schwierigsten Tönen, nicht vorkommen.

Nach der Beurteilung des letzten Musters, also der Fertigstellung der Färbung, ist sofort zu spülen, damit nicht etwa noch kleine Nuancenveränderungen eintreten können, welche die Färbung gegenüber der Vorlage ändern.

Nach diesen grundsätzlichen, die Schwierigkeiten und Erfahrungen der Musterfärberei natürlich keinesfalls erschöpfend aufzeigenden Hinweisen soll doch nicht verabsäumt werden, nochmals eindringlichst festzustellen, daß es auch dem erfahrensten tüchtigsten Färbereifachmann in vielen Fällen nicht gelingen wird, gegebene Vorlagen genau zu imitieren. Dies ist vor allem dann der Fall, wenn die Vorlage nicht von derselben Faserbeschaffenheit ist wie die Ware, also etwa verlangt wird, ein sauer gefärbtes Giftgrün auf Zellulose usw. echtfärbig zu imitieren. Ebenso wird es unmöglich sein, basisch gefärbte Vorlagen, auch wenn dieselben auf Zellulose oder Reyon eingefärbt wurden, auf denselben Materialien etwa lichtecht nachzufärben. Zahlreiche weitere Fälle sind denkbar, wo allzugroße Strenge an Mustergetreuheit nicht gestellt werden kann[8a].

[8a] Über eine Berechnung der Farbzusätze bzw. der Komponenten einer Mischung im Hinblick auf die Imitation einer Vorlage, wobei Vorlage und Muster im Tageslicht und bei künstlicher Beleuchtung (Wolframfadenlampe) gleich sind, vgl. DAVIDSON: Amer. Dyestuff Reporter **41**, 1 (1952).

Vielfach werden bei Kontinueapparaten (Standfast Dyers Metal Dyeing) oder für andere Apparate Laboratoriumsmodelle empfohlen, die es gestatten sollen, eine Rezeptur zu finden, die dann im großen den gewünschten Farbton ergeben soll. Unserer Erfahrung nach kann es sich hier nur um dunkle Töne bei geringen Ansprüchen an Mustertreue handeln, niemals um Modetöne. Eine absolute „mathematische" Rezeptur gibt es nicht, da der Farbton von zu vielen Variablen abhängig ist.

Hinsichtlich der Reihenfolge der Zusätze bzw. der Art der Aufmusterfärbung ist natürlich keine Regel aufzustellen, da jeder Färber hier individuell vorgeht. Im allgemeinen jedoch wird bei aller sonstigen Verschiedenheit so gearbeitet, daß man für Braun oder Drap erst mit den Gelb-Rot-Komponenten die Farbtiefe einstellt und mit der Abdunkelungskomponente, hier das Blau, zurückhält. Bei Grünfärbungen oder Resedatönen usw. wird erst mit Gelb und Grün oder Gelb und Blau die Farbtiefe und Übersicht eingestellt und mit Rot abgedunkelt. Taupefärbungen sind sofort auf der Gelb-Rot-Blau-Kombination aufzubauen. Marineblautöne erhalten neben dem Blaugrund das Feuer (Grün-, Rotzusatz) bzw. die Nuance und erst in letzter Linie mit Orange oder Schwarz die Abdunkelung.

Beim Ansatz der Färbung können bei der Gelb-Rot-Blau-Kombination hinsichtlich der Farbstoffmengenverhältnisse folgende Faustregeln gelten:

1 Teil Gelb 1 Teil Rot 1 Teil Blau	Schlamm (gelbstichig)	3 Teile Gelb 1 Teil Rot 1 Teil Blau	Gelbdrap
3 Teile Gelb 1 Teil Rot 3 Teile Blau	Reseda	1 Teil Gelb 3 Teile Rot 1 Teil Blau	Bordo (blaustichig)
1 Teil Gelb 1 Teil Rot 3 Teile Blau	Blaugrau	3 Teile Gelb 3 Teile Rot 1 Teil Blau	Drap-Holzbraun
1 Teil Gelb 3 Teile Rot 3 Teile Blau	Stumpfviolett		

In neuester Zeit ist es möglich geworden, auch gelbstichiges Material in einer reinblauen Nuance ohne bisher notwendiges Vorbleichen einzufärben. Man setzt dem Färbebade eines der Produkte zu, die als optische Aufhellmittel (Weißtöner) angesprochen werden. Es sind dies im Tageslicht stark fluoreszierende, an sich ungefärbte bzw. die Faser nicht färbende Stoffe, welche durch eine grünblaue bis violettblaue Fluoreszenz den Gelbton ungebleichter Fasern für das Auge zum Verschwinden bringen. Die Textilien sehen daher nach Behandlung mit solchen Mitteln „weißer" aus. Es ist nun ohne weiteres möglich, durch Zugabe solcher Stoffe, die Affinität für tierische oder pflanzliche Fasern aufweisen, den Ton der Faser aufzuhellen und sogenannte Pastelltöne auf Wolle usw. ohne Schwefelung oder Vorbleiche herzustellen. Es genügen minimale Mengen derartiger Produkte (0,1 g/l), um solche Wirkungen zu erzielen. Ihre Auswahl ist mit Hinblick auf ihre Affinität, Licht-, Naß-, Alkali- oder Säureechtheit zu treffen. Insbesondere letztere ist in entsprechenden Fällen zu prüfen, da nicht säureechte Vertreter zu einer eigelben Verfärbung der behandelten Ware und damit zum Gegenteil des erstrebten Effektes führen[9].

Bezüglich der Bestimmung der Farbstoffmenge beim Zusetzen usw. ist zu sagen, daß die Badansätze auf einer empfindlichen Waage (Bereich 5 g bis 1000 g) ausgewogen werden. Größere Mengen bestimmt man auf einer kleinen Dezimalwaage. Die Farbstoffe sind in Fässern oder Büchsen gelagert. Es ist selbstverständlich, daß genügend Holzschaufeln vorhanden sind, um eine Verschmutzung oder Verunreinigung von Farbstoffen untereinander zu verhüten. Kleine Mengen aus Dosen können vorteilhaft mit dem zum Verschluß der Dose

---

[9] Derartige Produkte sind als Tinopale (Gy), Uvitex-Marken (Ci), Leukophore (Sa) bzw. Ultraphore (BASF) im Handel. Vgl. Weber: Melliand Textilber. **32**, Mai (1951).

dienenden Dosenschieber manipuliert werden. Trockene Lagerung der Farbstoffe ist eine Selbstverständlichkeit. Für geringe Mengen empfiehlt sich eine Apothekerwaage mit einer Empfindlichkeit von $^1/_{10}$ bis 50 g. Noch kleinere Mengen werden volumetrisch zugesetzt. Es handelt sich dabei entweder um die als geringe Nuancierung verwendeten Egalisierfarbstoffe, die in Fässern zu 100 l zu 20 bis 25 g/l kochend gelöst werden, oder man löst eine bestimmte kleine Menge Farbstoff in einer gemessenen Menge Flüssigkeit und verwendet Teile der Lösung.

Erhält der Färber pulverförmige Farbstoffe zum Ansetzen des Färbebades, so müssen dieselben in der entsprechenden Menge Wasser (am besten im Holzschaffe zu 6 bis 10 l) gelöst werden. Man teigt mit kochendem Wasser an, eventuell unter Zusatz von Spiritus, Tetrakarnit usw., basische Farbstoffe auch vielfach mit Essigsäurezusatz, kocht am sauberen blanken Cu-Rohr mit Direktdampf auf und setzt gegebenenfalls durch ein Sieb oder Tuch dem Färbebad zu. Das Rohr zum Aufkochen der Lösung ist vor Gebrauch jedesmal durch Übergießen mit Wasser und Ausströmenlassen von etwas Dampf zu säubern.

Küpenfarbstoffe usw. werden nach den in den Farbstofftabellen oder Handbüchern angegebenen Vorschriften gelöst.

Zur Vermeidung von Farbstoffflecken in der Ware ist — vor allem beim Wechsel der Farbstoffklasse — also etwa beim Färben von Wolle nach der Bereitung eines Bades für Zellulosefärbung peinlichste Reinlichkeit hinsichtlich der zur Farbstofflösung verwendeten Geschirre usw. zu beachten.

Bei schwer löslichen Produkten, welche dem Färbebade in größerer Menge zugegeben werden sollen, muß eventuell in mehreren Anteilen gelöst werden.

Weinsteinpräparat ($NaHSO_4$, auch „Sud" genannt) oder Glaubersalz sollen stets in separaten Gefäßen gewogen und zum Bade gebracht werden. Beim Ansetzen desselben ist ein vorheriges Auflösen dieser Chemikalien nicht notwendig. Schwefelnatrium krist. oder konz. soll dem Bade stets gelöst durch ein Tuch zugegeben werden. Zusätze an Säuren mache man, gleichgültig ob Ansatz oder Zusatz, nur in sehr verdünntem Zustande (1: 10 bis 1: 30). Chemikalienzusätze während des Färbens oder der Ansatz des Bichromatbades bei der Nachchromierung, die Kupferungszusätze bei Coprantin- usw. Färbungen usf. erfolgen stets so, daß die Chemikalien gelöst zugesetzt werden.

Der Einfluß des Flottenverhältnisses („liquor ratio") — das heißt des pro Kilogramm Ware zur Verwendung kommenden Badevolumens — auf die Wirtschaftlichkeit liegt auf der Hand, insbesondere bei jenen Färbemethoden, bei welchen ein Ausziehen der Gebrauchsbäder nicht stattfindet.

Bei Stückfärbungen auf der Kufe beträgt das Verhältnis von Warenmenge zu Badvolumen etwa 1: 25 bis 1: 40. Bei sauren Färbungen ist dies ohne Belang für die Preisgestaltung der Färbung, da die Bäder praktisch ausgezogen werden, Wollstückfärbungen sollen unter einem Flottenverhältnis von 1: 20 nicht erfolgen, da sonst die Ware zu dicht in der Kufe liegt und zu Knittern und Brüchen neigt.

Färbungen am Jigger können mit Flottenverhältnissen von 1: 6 bis 1: 15 durchgeführt werden. Ein günstiges Flottenverhältnis ist hier meist wichtig, da es sich um Färbungen handelt, bei welchen die Bäder nur teilweise ausziehen.

Am „Fibe"-Apparat beträgt die Verhältniszahl 1: 4. Man muß hier bereits untersuchen, ob die in Frage kommenden Farbstoffe und Chemikalien genügende Löslichkeit besitzen.

Für Garnfärbungen auf der Wanne sind Flottenverhältnisse von zirka 1: 25 bis 1: 40 die Regel.

Auf mechanischen Apparaten (Kreuzspulen, Kops, Kettbäumen) ist das Badverhältnis etwa 1 : 15 bis 1 : 25, in Packapparaten 1 : 8 bis 1 : 10. Apparate zum Färben von losem Material arbeiten mit Flottenverhältnissen von 1 : 10 bis 1 : 20; Garnfärbeapparate weisen eine Relation von 1 : 20 auf. Dasselbe gilt auch für Strumpffärbeapparate nach dem Hängesystem, auf der Wanne entfallen meist 30 Teile Flotte auf 1 Teil Ware.

II. Das Färben von losem Material

1. Das Färben von loser Wolle (und Lanital bzw. Tiolan, Aralac usw.)

Die Färbung „in der Flocke", also das Färben von loser Wolle oder Baumwolle, wird nur in Betrieben vorgenommen, die selbst „manipulieren". Derartige Unternehmen besitzen eigene Spinnereibetriebe, in welchen durch Mischen verschiedener Wollen, auch Abfallwollen, jene Garnqualitäten ausgesponnen werden, die zur Erzeugung der entsprechenden Webware oder des Tuches zweckentsprechend und kalkulativ tragbar sind. Lose Wolle färben auch die Erzeuger von Hutstumpen, deren Farbe durch entsprechendes Mischen verschiedener Nuancen als Melée- oder auch Uniton hergestellt wird. Beim Verfilzen tritt eine so innige Vermischung der Einzelfasern ein, die durch das Walken der Stumpen noch erhöht wird, daß es gelingt, auch Unitöne herzustellen. Es ist klar, daß die so erzeugten farbigen Stumpen qualitativ besser sind als in Weiß erzeugte Ware, die nachher eingefärbt wird.

Andererseits muß man bedenken, daß im ersteren Falle eben die Farbe „auf Vorrat" liegt, im anderen jede Tönung „nach Bedarf" hergestellt werden kann. Meléetöne sind natürlich nur nach der ersten Arbeitsweise erhältlich, außer man verarbeitet Wolle mit verschiedenem Ziehvermögen für Farbstoffe, etwa gechlorte und ungechlorte Fasern, wie dies in der Weberei bei der Herstellung von Camaïeu-Ware erfolgt. Das Melieren ist dann aber nur Ton-in-Ton möglich.

Die Herstellung manipulierter Garne aus gefärbter Flocke hat den Vorteil, einen Faden mit egaler Färbung zu ergeben. Bedenkt man, daß zur Herstellung oft fünf bis sechs verschiedene Wollqualitäten in verschiedenen Anteilen Anwendung finden, darunter Abfallwollen, Wollen aus gerissenen Lumpen (Shoddy), die unter Umständen noch Spuren der früheren Färbung zeigen, so ist es klar, daß ein Färben der fertigen Garne niemals ein egales Ergebnis liefern würde, ganz abgesehen davon, daß die Qualität des Garnes durch die Färbung selbst um so mehr leiden würde, je mehr minderwertiges Material das Garn enthält. Beim Krempeln und Kardieren tritt eine innige Vermischung der einzelnen Fasern, die verschiedenen Stapel und Farbton haben können, ein. Es ist nun nicht nur die Kunst des Färbers, den vorgeschriebenen Ton der einzelnen Partien zu treffen (bei Shoddy usw. ja überhaupt nur unter gewissen Voraussetzungen möglich), sondern auch des Manipulanten, die Farbvorschreibungen an die Färberei so zu machen, daß bei der aus qualitativen und preislichen Gründen ins Auge gefaßten Mischung der Komponenten auch im Farbton das richtige Ergebnis erzielt wird. Ein enges Zusammenarbeiten der beiden Faktoren ist hier am Platze und liefert einzig und allein befriedigende Resultate.

Aus dem Gesagten ist ersichtlich, daß die Mengen des zur Färbung gelangenden losen Materials außerordentlich schwanken. Sie können in entsprechenden Betrieben zwischen 10 und 300 kg liegen. Nun ist es natürlich ausgeschlossen, sich für entsprechende Partiengrößen die notwendigen Färbeapparate anzuschaffen, da deren Ausnützungsgrad ein geringer wäre. Weiters muß bedacht werden, daß es gerade bei der Färbung von loser Wolle oft von außerordentlicher

Wichtigkeit ist, den Egalitätsgrad der Ware zu kennen. Dies nicht etwa deshalb, um unegales Garn zu vermeiden – Ungleichmäßigkeiten des Farbtons verschwinden beim Spinnen vollständig – sondern um abschätzen zu können, welcher mittlere Farbton sich beim Krempeln und Kardieren der Partie ergeben wird. Wichtig ist das beim Wiederauffärben abgezogenen Shoddys, wo ja die verschiedenst gefärbten Wollabfälle auch sehr unterschiedlich getöntes Material zum Auffärben ergeben. Schon bei mittleren Tönen resultieren daraus sehr nuancenreiche Farbpartien, aber auch dunkle Töne ergeben oft einen unegalen Ausfall, da das Material verschiedene Affinität zu den Farbstoffen zeigt. Soll eine derartige Partie „auf Muster" gefärbt werden, dann behilft sich der Färber derart, daß er sich, etwa entsprechend dem Anteil, verschieden getönte Muster zieht, diese auf Handkratzen reißt und mischt und so etwa den Ausfallton erhält, der beim Spinnen bzw. der Verarbeitung auftreten wird (Abb. 71, 72).

Aus den geschilderten Umständen ergibt sich klar, daß es fast stets von Vorteil ist, den Verlauf der Färbung derartiger Färbepartien laufend verfolgen zu können und man daher sehr gerne in offenen Bottichen färbt, wobei das Material von einem bis drei Mann je nach Partiengröße von Hand aus mit Rundhölzern umgearbeitet wird. Die Zusätze erfolgen in diesem Falle in gut gelöster Form (eventuell durch ein Tuch) direkt auf die Ware. Derartige Zusätze können natürlich aus diesem Grunde nur gut egalisierende Farbstoffe umfassen. Es ist daher notwendig, wie dies überhaupt beim Färben von losem Material wünschenswert ist, beim Ansatz des Färbebades möglichst dicht an das verlangte Muster heranzukommen, weshalb ausgedehnte Erfahrungen auf diesem Gebiete erst die bestmöglichen Ergebnisse liefern. Das Nuancieren, das natürlich meist mit etwas weniger echten Farbstoffen erfolgt, soll so geringe Farbstoffmengen wie möglich aufbringen. Oft wird loses Material chromgefärbt und soll in der Färbung walkechte Töne liefern. In diesen Fällen ist es besser, eventuell schwach sauer ziehende, schwerer egalisierende Farbstoffe, die den gestellten Anforderungen genügen (Walk-, Polarfarben usw.) beim Nuancieren zu wählen, trotzdem wahrscheinlich die Unegalität der Ware erhöht wird oder egale Färbungen bunt werden. Beim Spinnprozeß gleichen sich, wie bereits erwähnt, derartige Unregelmäßigkeiten, soferne sie nicht allzu kraß sind, vollkommen aus. Ist jedoch beim Färbeansatz der Tonunterschied gegenüber dem Muster so groß, daß ein starkes Nuancieren mit großer Wahrscheinlichkeit zu ausgeprägter, schwerer Unegalität führen mußte, dann ist es besser, mit dem Manipulanten zusammen zu überlegen, ob nicht eine Komponente seiner Mischung im Ton anders gehalten werden könnte, um, zusammen mit allen Mischungskomponenten, und zwar der im Ton abweichenden Komponentenpartie doch den entsprechenden Endton zu liefern.

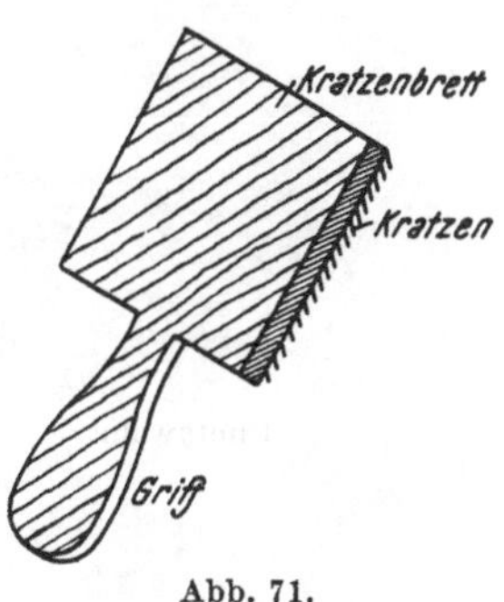

Abb. 71.

Abb. 72.

Als Material, welches zum Färben kommt, sind im wesentlichen folgende Qualitäten zu nennen:

a) Streichwolle: 30 – 9 mm Stapel (Merino, Elektorialwolle).

b) Kammwolle: – 500 mm Stapel, schwach gekräuselt.

Als Qualitätsbezeichnung dient: SE = super electa, E = electa, P = prima, S = secunda, T = tertia, Q = quarta.

Die Feuchtigkeit beträgt konditioniert: 17% bei Tuch- (Streich-) Wolle.
18% bei Kammwolle.

Lammwolle Vlieswolle Wolle, fein

Puntawolle C-Kämmlinge Wickel

Stücke, fein Botany Noils Gestricktes

Abb. 73. Loses Wollmaterial für die Färbung.

Bei den Merino- und Crossbredwollklassen unterscheidet man:
Australklassen: AAA, AA, A, AAAA/AA, AA/A.
Laplataklassen: AA, A.
Crossbredklassen: B, C1, C2, D1, D2, E1, E2.

Andere Wollarten sind:
Mohairwolle (Angoraziege), Tibet-, Kaschmirwolle, Alpaka- (Südamerika) und Kunstwolle.
Mungo: durch Zerfaserung tuchartig gewalkter Gewebe gewonnen.
Shoddy: aus reinwollenen gewalkten Geweben bestehend.
Alpaka: aus gemischten Geweben nach Karbonisation derselben hergestellt.
Wollabfälle sind Wollflug, Ausputz, unreiner Flug, Vorgarnenden, Spinnkettenenden.
Lammwolle: Erstlingsschur von Tieren, die weniger als ein Jahr alt sind.
Hautwolle: vom Fell geschlachteter Tiere gewonnen.
Gerberwolle: vom Fell getöteter Tiere, nicht ganz gesunde Wolle.
Sterblingswolle: von eingegangenen Tieren stammend.
Thybet: Reißwolle feiner Trikotagen.
Noils: Abfall aus den Krempeln der Wollspinnerei. (Vgl. Abb. 73, 74.)

Das in die Färberei kommende Wollmaterial wird in der Wollwäscherei gründlichst gewaschen (Seifenlösung oder Seife-Igepon T bzw. allein Igepon T) und vor allem auf vollständige Entfernung des Wollschweißes und des Schmutzes gesehen. Nach dem Waschen muß ausreichend gespült werden, insbesondere

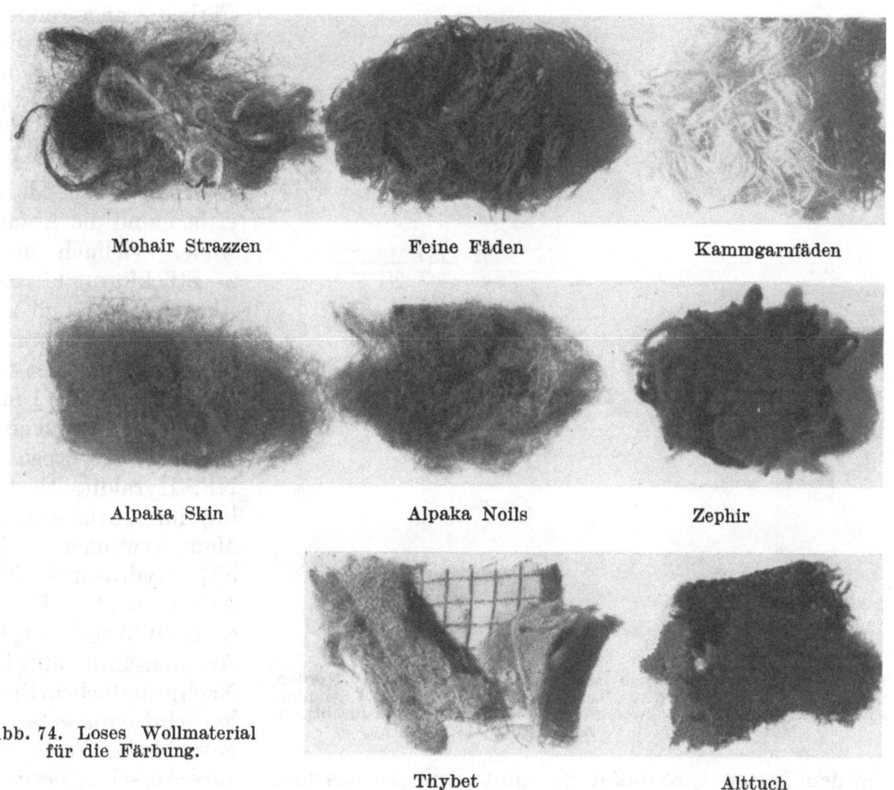

Abb. 74. Loses Wollmaterial für die Färbung.

wenn der Waschprozeß mit Seifen usw. erfolgte, die in der Färberei zur Ausfällung von Fettsäuren usw. führen können. Diese Fällungen sind dann wieder Anlaß zu bunten Färbungen, die nicht nur durch ihre Unegalität in der Garnerzeugung stören, sondern verklebte Stellen im Material besitzen, welche die Kratzen der Krempel verschmutzen und auch auf diese Weise fabrikatorisch ungünstig und hemmend wirken.

Besonderes Augenmerk ist der Reinigung von Schurwolle mit Pechspitzen zu schenken. Hier ist zur vollständigen Entfernung der Verunreinigungen meist ein Arbeiten mit Lösungsmitteln in den Waschflotten unbedingt notwendig.

Von den abgegebenen Materialien, die bereits in gewaschenem Zustande in die Färberei gelangen, werden alle Reißwollen, insbesondere aber Alpaka, Thybetwolle usw. vor dem Färben karbonisiert. Die Karbonisierung bezweckt bekanntlich die Entfernung von in der Wolle etwa vorhandenen Anteilen an Zellulosematerial (Baumwolle, Rayon, Reyon) und erfolgt mit Mineralsäure bei höherer Temperatur. Die Einrichtungen für loses Material sind recht verschieden. Einen sogenannten Karbonisierofen (Schilde) zeigen die Abb. 75, 76 77 nach Originalphotos. Im wesentlichen werden die Materialien mit 6⁰ Bé H_2SO_4 getränkt und feucht mit dem Säuregehalt in Hürden in den Ofen geschoben, wo sie zirka 3 bis 4 Stunden bei 80⁰ C karbonisiert werden. Hernach wird das Material ausgebracht und in großen Waschholländern säurefrei gewaschen. Für Farbtöne, die mit Egalisierfarbstoffen erzielt werden können oder Neolan- bzw. Palatinechtfarbstoff-Färbungen wird das Material mit der Karbonisiersäure in den Färbebottich bzw. Apparat gebracht. Die zum Färben angewendete Menge an Säure wird entsprechend reduziert. Eine Skizze des Ofens zeigt Abb. 75, S. 158.

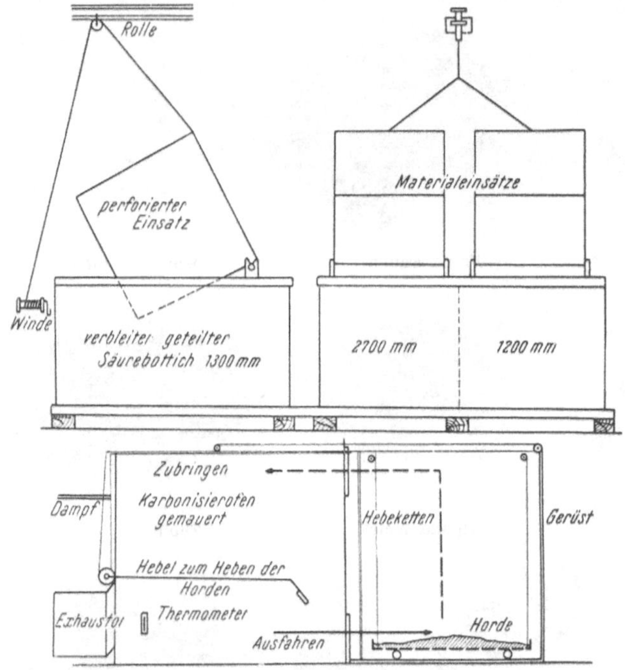

Von diesen Materialien sind die Abfallwollen vielfach noch in Stückform (kleinen Flicken usw.) und gefärbt und müssen entfärbt werden. Dies erfolgt in der Regel mit Hydrosulfitmarken (Burmol, Hydrosulfit NF, Hyraldit, Decrolin) im Färbebottich. Man verwendet z. B. 5% Hydrosulfit NF und 3 bis 4% Essigsäure 30%ig oder 1½% Ameisensäure 80%ig. Nach gründlichem Spülen wird dann gefärbt. Meist bleiben Farbreste auf dem Material, so daß dieses ein uneinheitliches und buntes Aussehen besitzt. Auf die Schwierigkeiten der Färbung derartiger Chargen wurde bereits hingewiesen (s. S. 155 bzw. Abb. 80).

Abb. 75. Karbonisierofen von Benno Schilde, Hersfeld. 10 Horden. Dampf: 3 at, Temperatur: 80°, Karbonisationsdauer: 3 bis 4 Stunden, Karbonisierflüssigkeit: Schwefelsäure von 6° Bé, Exhaustorantrieb: Motor 13,5 A, 500 V, AEG-Union, 965 Touren.

Abb. 76. Säuretröge der Schilde-Karbonisierung.

Es ist auch möglich, die Abfälle, insbesondere wenn sie mit Chromfarbstoffen gefärbt sind, durch Abkochen mit 3 bis 6% Chromkali und 5 bis 12% Schwefelsäure zu entfärben. Es verbleibt stets ein grünlichgelber Ton, der aber bei Grün-, Braun-, Olivetönen usw., die aufgefärbt werden sollen, nicht stört. Der Chromgehalt der Ware ermöglicht dann ein direktes Ausfärben mit Beizenfarbstoffen. Auch saure Farbstoffe werden derart aufgefärbt und ergeben interessanterweise walkechtere Töne als ohne Chromgrund.

Das früher bei sauer gefärbten Tönen geübte Abziehen der Färbung mit Soda (8 bis 10%ige Lösung von Soda sicc.) bei 40 bis 45° C ist trotz Zugabe von Wollschutzmitteln [Protectol (IG) oder Eiweißabbauprodukten (Grünau) bzw. Levana (Sa)] verlassen, da es die Faser chemisch doch stark angreift.

Nach dem OGDEN-Prozeß ist Wolle gleichzeitig abzuziehen und zu färben (auch im Stück) indem man dem kalten Bade erst den zur Färbung notwendigen Farbstoff, dann die Säure und dann das Abziehmittel zusetzt, innerhalb einer Stunde zum Kochen bringt und 30 Minuten kocht. Dann werden 10% kalz. Glaubersalz zugegeben und weitere 45 Minuten gekocht. Die zum Färben verwendeten Farbstoffe müssen selbstverständlich gegen die Abziehmittel (Formaldehydsulfoxylat) resistent sein.

Abb. 77. Schilde-Karbonisierofen.

Das Färben selbst erfolgt entweder bei kleinen Partien (10 bis 30 kg) im Bottich von Hand aus, wobei das Material mittels eines Rundholzes durchgearbeitet wird. Vorteilhafterweise werden jedoch hier, wenn möglich, insbesondere für größere Partien, Färbeapparate für loses Material angewendet. Entweder kommen Obermaier-Apparate (des bekannten Typs, vgl. S. 52) in Cu-Ausführung in Frage oder aber Apparate des Propellersystems. Derartige Typen sind z. B. der Lindner-Apparat, den die Abb. 79 und Abb. 80 zeigen.

Es gibt naturgemäß noch zahlreiche Varianten der Apparate-Ausführungen, wobei jedoch für Flocke stets das Prinzip des ruhenden Materials bei bewegter (durch Pumpe oder Propeller in Umlauf gesetzter) Färbeflotte beibehalten erscheint. Auch Esser bringt Apparate mit Propellerbewegung der Flotte für loses Material (Wolle, Baumwolle, Zellwolle) heraus (s. Abb. 78).

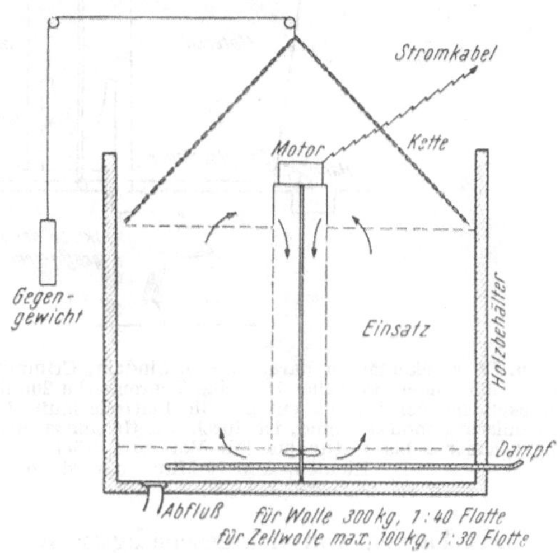

Abb. 78. Esser-Färbeapparat für loses Material.

Lose Wolle wird auch auf der „Pear-Shaped"-Maschine gefärbt. Sie hat einen kreisförmigen Färberaum mit anschließender Kammer für den Propeller. Der Antriebsmotor sitzt direkt auf diesem. Das lose Material wird während der Färbung zwischen zwei perforierten Platten gehalten. Die Beschickung und Entleerung erfolgt vom Apparatboden aus. Die Chargengröße beträgt 200 bis 400 kg bzw. 80 bis 140 kg. (Vgl. Text. Mercury Argus **124**, 333, Februar 1951.)

Für das Färben von loser Wolle im Apparat werden angegeben:

a) für die saure Färbung in bester Lichtechtheit:

(IG) Alizarinblauschwarz B
Säurealizaringrau GN
Alizarinirisol RL
Säureanthracenrot 3 BL

Alizarinlichtblau FB
Alizarinlichtbraun GL
Anthracyaninbraun BL

oder

(Sa) Alizarinlichtgrau BS
Sulfoningrau G
Alizarinlichtbraun BL
Alizarinlichtviolett 2 RS

Sulfoninrot G
Alizarinlichtblau FFR
Säurelichtscharlach GL, färbt bei nicht vorsichtiger Arbeitsweise leicht unegal, da rasch ziehend

oder

(Ci) Chromblauschwarz B

Tuchechtrot B

oder

(Gy) Eriochromgrau AB
Polarrot G usw.

Polarrot R usw.

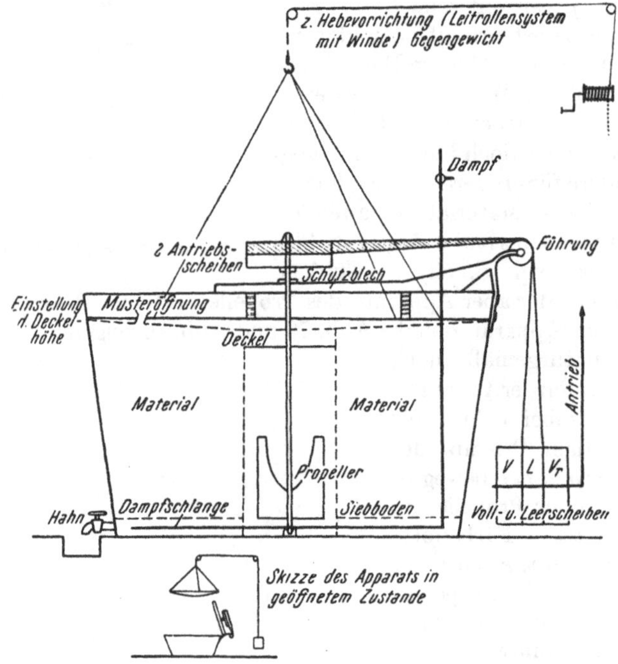

Abb. 79. Flockenfärbeapparat von O. Lindner, Crimmitschau (ältere Konstruktion). Für saure und Chromfärbungen. Propeller 7flügelig, Touren zirka 200 pro Minute. 2 Antriebsscheiben, damit, je nach Deckelhöhe, der Riemen gut auf die Leitrolle läuft. Das Schutzblech, auf welchem Leitrollen und Schmierung montiert sind, ist durch ein Gelenk zu heben. Fassung: Zirka 100 bis 150 kg Material. Färbedauer 3 bis 4 Stunden. Für Vor- und Rückwärtslauf zwei Vollscheiben, eine mit gekreuzten Riemen. Alle 10 Minuten wird von Hand aus umgestellt.

Das Färben von lichtgeschädigter Wolle, die gerne schipprig färbt (tippy dyeing), kann unter Verbesserung der ungleichmäßigen Anfärbung so erfolgen, daß man das Material mit Hydrosulfitlösungen vorbehandelt und saure Farbstoffe statt mit Schwefelsäure mit Ameisensäure gefärbt werden. Die Ciba empfiehlt für Brauntöne z. B. Kitonbraun R oder eine Kombination von Kitonechtgelb AE (Amidogelb E der IG) mit Kitonlichtrot 4BLN, Orange II und Tuchechtblau (vgl. S. 166). Auch eine Verwendung der Irgalanfarbstoffe (Gy) usw. ist möglich.

Eine ausgedehnte Untersuchung über die Eignung zahlreicher saurer usw. Farbstoffe hat die AATCC [Amer. Dyestuff Reporter **36**, 486 (1947)] durchgeführt.

b) Nachchromierungsfarbstoffe (insbesondere auch walkecht) sind

(IG)	Säurechromgelb 3 GL Säurealizarinflavin R Alizaringelb GD Säureanthracenrot 3 BL Säurealizarinrot B, G Salicinbordo R (Säurealizarin-bordo B) Echtbeizenblau B Anthracenchromatbraun EB Säureanthracenbraun RH extra	Chromogengrün B Metachromgrün WL Alizarinlichtgrau BBL Säurealizarinblauschwarz R konz. Metachromschwarzblau B Diamantschwarz F, PBB, PV, PVT (echteste Marken) Chromogenschwarz ETOO, ET Salicinschwarz C, konz. (etwas weniger echt, preislich günstig) oder
(Sa)	Omegachromflavin CL E Alizaringelb GD Omegachromrot G, D Alizarinblau OCR Omegachromechtblau B Omegachrombraun EB	Omegachrombraun RR Omegachromechtgrün G (schwer löslich, Vorsicht) Omegachromschwarzblau G Omegachromschwarz S, P, PPV*, BTN konz., PA** oder
(Ci)	Chromechtflavin A Chromechtgelb O Chromechtbraunmarken Chromechtrot G, BB	Chromechtblau BB Chromblauschwarz B Pottingchromschwarz C, B, PVN oder
(Gy)	Eriochromflavin A konz. Eriochromgelb 2 G Eriochromflavin 2 R konz. Eriochromrot G, B Eriochromblau SE	Eriochromatbraun AEB Eriochromverdon S Eriochromblauschwarz AB Eriochromschwarz TSS Supra, A, P konz.

Im nachfolgenden sollen einige Färbungen aus der Praxis angegeben werden.

a) Saure Färbungen auf Wolle (Lamm-, Vlieswolle usw.)

1. Fraise: 113 kg, Kämmlinge, fein.
   0,25 kg Walkrot 4BA (IG)
   0,35 „ Walkrot G (IG)

2½ l 30%ige Essigsäure, 3½ kg Glaubersalz, krist., zum Farbstoff anteigen 0,4 kg Tetrakarnit. Gefärbt im Lindner-Propellerapparat. Die Färbedauer betrug zirka 1½ Stunden, der Zirkulationswechsel in der ersten halben Stunde alle 5, in der Restzeit alle 10 Minuten.

2. Kaliblau: 120 kg (im Lindner-Propellerapparat gefärbt; Abb. 79).
   1,2 kg Wollechtblau 5B (IG)
   2,0 „ Formylviolett S4B (IG)

3 l 30%ige Essigsäure, 10 kg Glaubersalz, Nachsatz nach zirka 1 Stunde färben, zirka 0,5 kg H_2SO_4 85%ig in verdünntem Zustande. Arbeitsweise etwa wie oben, der Schlußzusatz an Schwefelsäure erfolgte auf drei Portionen bei jedesmaligem Wechsel der Zirkulationsrichtung innerhalb 30 Minuten.

---

* Ersetzt Omegachromschwarz S, welches beim Liegen alkalisch gewalkter Ware blutet und Weiß angilbt.

** PA ersetzt Omegachromschwarz P, da bessere Abendfarbe. Der zugesetzte Schönungsfarbstoff blutet in der Walke.

3. Hochrot: 18 kg Wolle (kleiner Bottich).
   0,5 kg Walkrot 4BA (IG)
   0,1 „ Walkrot G (IG)

0,4 kg 30%ige Essigsäure, 2 kg Glaubersalz, nach ¾ Stunden in drei Portionen 0,1 kg 85%ige Schwefelsäure auf das Zehnfache verdünnt. Zu Beginn der Färbung und beim Schwefelsäurezusatz flüssig hantieren.

4. Rosenholz: 165 kg Laps.
   0,9 kg Neolangelb G (Ci) *
   0,5 „ Neolanrosa G (Ci)
   0,1 „ Neolanrot B (Ci)
   0,7 „ Neolanorange R (Ci)

3 kg Schwefelsäure 66° Bé, 1 kg Peregal, 0,15 kg Glaubersalz. Man färbt 1½ Stunden kochend.

Es sind auch Säurewalkrot G (Sa), Säurewalkrot G konz. (Gy), Polarrot B (Gy), Sulfoninrot B (Sa), Säureviolett 4B (Gy), Säureviolett 4BNS (Sa) bzw. Palatinecht- (BASF), Inochrom- (Ku), Ultralan- (ICI) usw. Farbstoffe anwendbar.

Für walkechte Töne (kamelhaar oder drap), die eine hohe Lichtechtheit aufweisen, verwendet man mit Vorteil Alizarinlichtbraun BL, eventuell nuanciert mit Sulfoningrau BWL (Sa), gefärbt unter Zusatz von 1 bis 3% Ammonsulfat und 5% Glaubersalz.

Abb. 80. Färbeapparat für lose Wolle von Lindner (ältere Bauart).

In letzter Zeit sind in den Metallkomplexe darstellenden Cibalanen (Ci), Irgalanen (Gy) oder Lanasynen (Sa) neutral oder schwach sauer (p_H 6 bis 7) färbbare Produkte auf den Markt gekommen, die hochlichtechte und gut naßechte Färbungen liefern. Sie egalisieren gut. Die Palette ist zwar etwas klein, jedoch ständig im Ausbau. Es handelt sich um Chrom-, aber auch Kobaltkomplexe, mit je einem Atom Metall auf zwei Moleküle damit verbundenem Azofarbstoff.

Vielfach stellen die oben angegebenen Farbstoffe, insbesondere in Brauntönen, Mischungen dar.

Nach Rattel erfolgt bei den verschiedenen Färbemethoden im allgemeinen das saure Färben mit Egalisierungsfarbstoffen bei p_H 1,8 bis 2,8. Die Walk- bzw. Xylenechtfarbstoffe (Sa) werden bei p_H 4 bis 6 bzw. 5,6 bis 5,8 gefärbt. Schlecht egalisierende Produkte, die rasch ziehen, färbt man mit Ammonazetat oder -sulfat bei p_H 6,5 bis 7,5. Die Neolane usw. ziehen am besten bei p_H 3 bis 4, weniger gut in neutralem Gebiet. Aus Gründen der Egalität (sie egalisieren nur in stark sauren Flotten gut) müssen sie aber bei p_H2 gefärbt werden, wo ihre Affinität zur Faser geringer ist. (Dyer **107**, 641 [1952].)

b) Chromierte Färbungen auf Wollmaterial

1. Dunkelbraun: Fäden (Spinnabfall) 135 kg.
   0,90 kg Anthracensäurebraun G (IG)
   0,60 „ Säurealizarinschwarz B (IG)
   0,16 „ Salicinorange RK (IG)
   0,30 „ Tuchechtschwarz (Ci)
   0,14 „ Formylviolett S4B (IG)

---

* Alte Bezeichnung.

4 l 30%ige Essigsäure, 1 l NH_3 30%ig, 10 kg Glaubersalz; die Zugabe von Ammoniak verzögert das Aufziehen der Farbstoffe (die Essigsäure wird langsam aus dem Azetat frei). Nach der Färbung, die mit zwei Zusätzen innert 1½ Stunden stattfand, wird gespült und mit 1,4 kg Bichromat und 3½ l 30%iger Essigsäure entwickelt. Man arbeitet zirka 30 bis 40 Minuten.

2. Dunkelrotbraun: 110 kg Wolle.
1,0 kg Alizarinrot IWS (IG)
1,4 „ Anthracenchromschwarz R (IG)
0,3 „ Formylviolett S4B (IG)

4 l 30%ige Essigsäure, 1 l NH_3 30%, 12 kg Glaubersalz. Nach dem Färben (1 Stunde) am Lindner-Apparat wird gespült und auf frischem Bade mit 1½ kg Bichromat und 1½ l Ameisensäure 85%ig chromiert (30 Minuten).

3. Bordo: 120 kg Wolle, Lindner-Apparat.
3,0 kg Salicinbordo R (IG)
2,5 „ Säurealizarinrot G (IG)
0,3 „ Säureanthracenbraun RH extra (IG)

10 kg Glaubersalz krist., 3 l 30%ige Essigsäure, eingehen bei 40° C, kochend färben ½ Stunde (insgesamt 1 Stunde), dann in drei Portionen 0,5 kg 85%ige Schwefelsäure zehnfach verdünnt zugeben. Schließlich wird das Bad abgeschreckt auf 50° C, 1,4 kg Chromkali gelöst zusetzen und ½ Stunde chromieren.

Hinsichtlich der angegebenen Rezepturen für nachchromierte Färbungen sind unter anderem noch folgende Farbstoffe interessant:

Omegachrombraun 2RNN (Sa), Chromechtbraun TV (Ci), Eriochrombraun R (Gy), Omegachromflavin CLE (Sa), Eriochromorange R (Gy), Chromechtrot 2B (Ci), Eriochromrot B (Gy), Omegachromrot G (Sa), Chromechtrot G (Ci), Eriochromrot G (Gy), Säureviolett 4BNS (Sa) usw.

Chromfarbstoffe für lose Wolle und Haare, die zur Herstellung von Melangen in der Hutfabrikation geeignet erscheinen, sind unter anderem (Sa):

Omegachromgelb ME, Xylenwalkorange 2G, Säurelichtscharlach GL neu, Brillantalizarinwalkblau BL, GL, G, Alizarinwalkblau SL, Alizarinwalkgrau B, Omegachromechtgrün G, Omegachrombraun 3GL, Alizarinlichtgrau GLL, Omegachromschwarz S.

c) Wollabfallmaterial, karbonisiert usw.

1. Kaliblau: 90 kg Gestricktes, karbonisiert, Lindner-Apparat.

Zur teilweisen Neutralisation der in der Ware vorhandenen Säure wird das Färbebad bestellt mit 6 kg Glaubersalz und 1 kg Soda sicc. Es wird 25 bis 30 Minuten laufen gelassen und dann auf 40° C erhitzt. Zugegeben werden
0,3 kg Benzylblau B (IG)
0,3 „ Benzylviolett 5BN (IG)
und langsam zum Kochen gebracht. Nach ¾ Stunden kochen ist die Färbung beendet.

2. Mode: 120 kg Fäden, karbonisiert, Lindner-Apparat.

Die Ware wird mit 2 kg Bichromat unentsäuert abgekocht (Abziehen der alten Färbungen). Hernach wird gewaschen und im frischen Bade mit 3 kg H_2SO_4 66° Bé, 1 kg Palatinechtsalz O (IG) bzw. Sel d'Inochrome O (Francolor) und 10 kg Glaubersalz mit
0,16 kg Neolangelb GR (Ci)
0,06 „ Neolangrau G (Ci)
0,03 „ Neolangrün BL (Ci)
¾ Stunden kochend gefärbt. Hernach wird gespült.

3. Dunkelbraun: 102 kg Cheviot, karbonisiert, Lindner-Apparat.

Die Ware wird unentsäuert mit Zusatz von 0,5 kg Soda zur teilweisen Neutralisation der Säure und 8 kg Glaubersalz gefärbt mit

1,0 kg Anthracensäurebraun G (IG)
0,7 „ Anthracensäurebraun B (IG)
1,8 „ Omegachromschwarz S (Sa)
0,5 „ Salicingelb GD
0,4 „ Neolanrot BD*

Man läßt erst zirka 25 Minuten (5 Minuten Zirkulationswechsel) laufen, setzt dann den Farbstoff zu und wärmt langsam innerhalb einer Stunde auf 100° C, kocht 3/4 Stunden, schreckt ab und chromiert ohne Säurezusatz mit 2 1/2 kg Kaliumbichromat 30 Minuten kochend. Hierauf wird gründlich gespült.

In den vorhergehenden Beispielen wurden verschiedene mögliche Varianten der Arbeitsweise beim Färben von Wollflocke gezeigt. Im wesentlichen handelt es sich meist um die Herstellung von Wolle zur Streichgarnerzeugung in walkechten Tönen, die manchmal (Kaliblau usw.) des Tones wegen keine besonders hohe Lichtechtheit aufweisen können. Entweder wird in schwach sauren Bädern gefärbt, zum Teil werden die Färbungen aber auch mit Nachchromierungsfarben hergestellt, die einer Bichromat-Säurebehandlung zur Entwicklung des Farbtons bedürfen. Unter den Rezepten findet sich auch eines mit den stark sauer zu färbenden Neolanfarbstoffen (Ci) [bzw. Palatinechtfarbstoffen (IG)] oder Inochromfarbstoffen (Francolor) in hellen Tönen, die hervorragende Lichtechtheit aufweisen. Reißwollen oder Wollabfälle werden vor dem Färben stets karbonisiert und immer mit der Karbonisiersäure gefärbt. Unter Umständen ist es notwendig, gefärbte Ware abzuziehen, was in diesen Fällen durch Abkochen der die Karbonisiersäure enthaltenden Ware mit Chromkali erfolgt. Hernach wird ausgefärbt. Sind die zur Erreichung eines bestimmten Farbtones notwendigen Farbstoffe gegen zu hohen Säuregehalt der Flotte empfindlich bzw. ziehen sie dann unegal auf, wird der Säuregehalt der von der Karbonisierung kommenden Ware teilweise durch Soda neutralisiert.

Das Neutralisieren kann auch mit Ammoniak erfolgen, wenn man eine potentielle Säuremenge im Bade haben will. Eine solche Abstumpfung der Karbonisiersäure ist z. B. beim Färben mit Irgalanen (Gy) usw. üblich.

Das Nachchromieren von Chromfarbstoffen kann entweder auf frischem Bade oder im Färbebade selbst erfolgen. In letzterem Falle arbeitet man natürlich ökonomischer. Das Bad wird vor der Zugabe des Chromkali auf zirka 50° C abgekühlt (abgeschreckt).

Beim Färben mit Chromfarbstoffen ist auf deren Metallempfindlichkeit, insbesondere Eisenempfindlichkeit, zu achten. Die Dampfzuleitungen oder mit der Flotte in Berührung stehende Apparatteile können zu einer starken Farbtontrübung führen. Ein Zusatz von Trilon B (Corrigon BC) soll hier nützen. Den Einfluß von Kupfer verringert man dadurch, daß man vor der Färbung etwas Rhodankali in die Flotte bringt. Die Metallteile erhalten so einen Überzug aus Rhodankupfer. Am besten ist naturgemäß die Vermeidung des Kontaktes der Flotte bzw. des Farbgutes mit dem den Farbton ändernden Metall.

Auf die Möglichkeit des Verkochens von Chromkomplexfarbstoffen [Neolan- (Ci), Palatinecht- (IG), Ultralan- (ICI) bzw. Inochrom- (Francolor) bzw. Palatin Fast- (Gen. Dyest. Corp.) Farbstoffen], insbesondere der grünen Vertreter dieser Farbstoffreihe wird auf S. 224 hingewiesen. Bei längerem Kochen tritt, wahrscheinlich unter dem reduzierenden Einfluß von Wollspaltprodukten, eine Abspaltung des Chroms aus dem Farbmolekül statt, wobei der Farbton trüb und grau wird. Gemäß AP. 2422586 (Am. Cyanamid) bzw. Oe. P. 167095 (Ci) kann

* Zusatz.

durch Zusatz von Aldehyden eine vollständige Zurückdrängung dieses Übelstandes erzielt werden.

In Anlehnung an das zitierte österreichische Patent bringt die Ciba das im Gegensatz zu den Marken B und BL verkochechte Neolangrün BF in den Handel.

Auch Reste von Wasserenthärtungsmitteln (Phosphate) können den Farbton des Chromkomplexes ändern. Insbesondere sind empfindlich Palatinechtblau GGN (Palatin Fast Blue GGNA), Palatinechtgelb ELN (Palatin Fast Yellow ELNA) und Palatinechtgrün BLN (Palatin Fast Green BLNA).

Hinsichtlich des Färbens auf Muster und der Beigabe von Zusätzen ist folgendes zu sagen: Die verwendeten Chromfarbstoffe sind wegen ihrer geringen Egalisierungsmöglichkeit als Zusätze nicht geeignet. Von den bei der sauren Färbung angegebenen Vertretern kann eine Anzahl dem kochenden Färbebade zur Tonkorrektur zugegeben werden. Wichtig ist vor allem, daß die Menge des Nuancierfarbstoffes bei chromierten Färbungen, die selbstverständlich erst nach dem Chromieren korrigiert werden können, gering bleibt, da sonst die erzielte Echtheit der Färbung leidet. Die angewendeten Nuancierungsfarbstoffe, die ins kochende, chromhaltige Bad kommen, müssen chrombeständig sein. Sind zu große Tonunterschiede gegenüber dem Muster vorhanden, so empfiehlt es sich, wie bereits auf S. 155 gesagt, den Endton des Garnes, das aus Mischungen von losem Material erzeugt wird, durch andere Toneinstellung der Garnkomponenten zu manipulieren oder aber das Färbebad abzulassen und auf frischem Bade mit den entsprechenden Zusätzen an Chromierfarbstoffen, Säure und Salz neuerlich zum Kochen zu bringen.

Beim Nuancieren wird der notwendige, gut gelöste Farbstoff auf ein möglichst großes Lösungsvolumen gebracht (zirka 50 l) und dem Bade an mehreren Stellen der Flüssigkeitsoberfläche zugegeben. Knapp nach dem Zusatz wird im Apparat alle zwei Minuten die Zirkulationsrichtung geändert. Größere Mengen an Nuancierungsfarbstoffen setzt man, entsprechend verdünnt gelöst, in mehreren Portionen der Färbung zu. Zwischen den einzelnen Zugaben (in Abständen von zirka 10 Minuten) soll beim Apparatefärben die Zirkulationsrichtung mindestens dreimal verändert worden sein. Derartige größere Zugaben werden bei sauren Färbungen mit Walkfarbstoffen usw. vorkommen und vorgenommen werden können.

Als Nuancierungsfarbstoffe kommen für die Apparatfärberei bei Zugabe ins kochende Bad folgende Produkte in Betracht:

Walkgelb H5G (IG), HG, Walkscharlach G, Alizarinreinblau B, Formylviolett S4B, Alizarincyaningrün G. Diese Farbstoffe geben, in geringen Mengen angewendet, walkechte Töne. Sie färben durch Chrom meist trüber als die Standardfärbung, jedoch nicht echter. In ähnlicher Weise lassen sich Tuchechtgelb R (Ci), Tuchechtrot G, Tuchechtblau B, Alizarinechtgrün G, Sulfoningelb PG (Sa), Säurewalkrot G, Alizarinlichtblau AR, Säureviolett 4BSN, Alizarinlichtgrün GS, Eriowalkgelb O (Gy), Säurewalkrot G, Erioanthracenreinblau B, Erioviolett 4BN, Echtcyaningrün G anwenden.

d) Einbadchromfärbung

Diese Färbeweise hat sich für Nachchromierungsfarbstoffe, insbesondere für tiefere Töne, deshalb einbürgern können, weil sie eine schonendere, da kürzere Kochbehandlung der Wolle gestattet. Die hierfür in Frage kommenden Metachromfarbstoffe (IG), Metomegachrom- (Sa), Synchromat- (Ci), Eriochromal- (Gy) bzw. Solochrom- (ICI) Farbstoffe usw. sind aus dem Sortiment der Nachchromierungsfarbstoffe ausgesuchte Vertreter. Bei dieser Färbeweise kommt es, insbesondere bei der Herstellung dunkler Töne, oft vor, daß die erhaltenen Färbungen eine unbefriedigende Reibechtheit zeigen. Der Grund dieser Erscheinung liegt darin, daß es bereits im Farbbade und an der Faseroberfläche zur Bildung des Chromlackes der verwendeten Farbstoffe kommt, der dann nicht mehr in das Faserinnere dringt bzw. an der Faseroberfläche abfiltert. Ein Vorschlag der American Cyanamid geht nun dahin, bei solchen Färbungen Mg-Salze ($MgSO_4$) zu verwenden, und das p_H im Verlaufe der kochenden Färbung eine Zeitlang bei 7 einzustellen. Hernach wird langsam angesäuert, wenn bereits der weitaus größte Teil des verwendeten Farbstoffs auf die Faser gezogen ist, es tritt dann ein Zerfall der angenommenen Mg-Komplexbildung ein, so daß die entsprechenden Farbstoffgruppen zur Bildung des Chromlackes freiwerden. (Calcomet-Verfahren, vgl. A. P. 2,520081, 2,520105/6). Die Färbung erfolgt am besten in Anwesenheit oberflächenaktiver Mittel mit knapp gehaltenen Bichromatmengen und die Bäder sollen einen p_H-Wert von 5,0 nicht unterschreiten.

Zum Nuancieren von Einbadchromfärbungen können in das Bad die Xylenecht-P-Farbstoffe von Sandoz Anwendung finden, wobei bei den Blaumarken bei größeren Gaben in der Apparatfärberei auf die maximale Löslichkeit (15 g/l) Bedacht genommen werden muß. Die Farbstoffe sind weniger walkecht als die normalen Walkfarbstoffe, egalisieren aber besser. Auch der Salzgehalt des Metachrombades schlägt sie nicht nieder. Vgl. oben.

Ein vielfach bei der Färbung von Vlieswolle auftretender Übelstand ist das unegale Färben der Spitzen der Haare und der Haarbasis. Diese färben sich, je nach verwendetem Farbstoff, verschieden an. Oftmals ist zu bemerken, daß die Spitzen dunkel, die Haarbasis hell oder gar nicht angefärbt wird, oder umgekehrt. Bei Farbmischungen kommt es vor, daß ein Farbstoff die Haarspitzen, der andere die Haarbasis anfärbt. Diese Erscheinung hat ihre Ursache in einer Lichtschädigung des Haares am lebenden Schafe. Insbesondere im Metachromverfahren liefern derart geschädigte Wollen oft schlechtere Ergebnisse als sauer oder nachchromiert gefärbte. MILLSON und TURL[10] konnten durch Auflegen von unter Zusatz von Salzen von radioaktivem Kobalt hergestellten Färbungen zeigen, daß Metallsalze in die geschädigten Haarspitzen gehen.

e) Färbungen für Melangen für Hutstumpen

Färbungen auf loser Wolle für Melangen mit Weiß, für Hutstumpen in walkechten Tönen werden vorteilhafterweise nicht mit Chromfarbstoffen gefärbt. Die Wolle wird sauer eingefärbt und dadurch geschont. Ihre Walkfähigkeit ist besser als bei chromierten Färbungen der Fall ist. Liegen Haare zum Einfärben vor, so ist darauf zu achten, daß die darin vom Beiz- (Carrotier-) Prozeß etwa noch vorhandenen Reste an $Hg(NO_3)_2$ gründlich ausgewaschen werden. Man wäscht erst sauer, dann kalt. Hg-Reste fällen manche Farbstoffe auf der Faser aus. Die Wolle für Stumpen, die für Melangetöne mit Weiß zum Färben kommt, wird in der Karbonisiersäure gefärbt. An die Egalität werden in diesen Fällen weniger große Anforderungen gestellt als an die Walkechtheit. Die Töne dürfen nicht ausbluten, da sonst das Weiß angefärbt werden würde. Außerdem muß die Lichtechtheit eine sehr gute sein (5 bis 6). Im nachstehenden sind einige Rezepturen für Färbungen von 10 kg Material auf Cu-Geschirren angegeben. Um die Wolle zu schonen, wurde ein Eiweißabbauprodukt zugesetzt [Levana (Sa)]. Man behandelt 15 Minuten lauwarm mit 0,5 g/l Levana und 20% Glaubersalz krist. pro Ware, treibt dann langsam zum Kochen und kocht 45 Minuten. Schließlich

[10] Amer. Dyestuff Reporter **39**, P 647 (1950).

setzt man noch etwas Ameisensäure 1,5% zu, um die Bäder auszuziehen und mustert. Walkgelb GG braucht sehr viel Säure zum Ausziehen, Xylensäurewalkbraun ist vorsichtig aufzufärben, da es sehr schnell zieht. Bayer empfiehlt die Verwendung der Supraminfarbstoffe.

1. Dunkelbraun:	0,75 kg	Alizarinlichtbraun BL (Sa)
	0,10 „	Alizarinwalkblau SL (Sa)
	0,10 „	Xylensäurewalkgelb GG (Sa)
2. Dunkelrotbraun:	0,41 „	Alizarinlichtbraun BL (Sa)
	0,10 „	Xylensäurewalkgelb GG (Sa)
	0,03 „	Alizarinwalkblau SL (Sa)
	0,14 „	Säurelichtscharlach GL (Sa)
3. Dunkelgrün:	0,30 „	Alizarinwalkblau SL (Sa)
	0,04 „	Xylensäurewalkgelb GG (Sa)
	0,17 „	Alizarinlichtbraun BL (Sa)
4. Gelb:	0,50 „	Xylensäurewalkgelb GG (Sa)

Statt eines Zusatzes von 1½% 85%iger Ameisensäure wurden 2% Schwefelsäure 66° Bé (verdünnt 1 : 20) zugesetzt, um das Bad zu erschöpfen.

5. Scharlachrot:	0,50 kg	Säurelichtscharlach GL (Sa)

Für nicht zu schwere Walken werden sich auch die Cibalanfarbstoffe (Ci) usw., die neutral oder schwach sauer färbbar sind (vgl. S. 162, 184), verwenden lassen.

f) Färben von Wolle-Lanital-Gemischen für Hutstumpen

Vielfach werden in der Hutindustrie Mischungen von 70% Wolle mit 30% Lanital (Tiolan, Aralac, Caslon usw.) verwendet. Auch reine Kaseinwolle kommt zur Färbung. Beim Färben derselben ist zu beachten, daß die Faser leicht zusammenbackt und beim Färben plastisch wird. Färbt man im Apparat, dann ist daher nicht vorzunetzen. Zirkuliert wird die Flotte im Packapparat stets von innen nach außen, ohne Flottenwechsel. Die Faser ist kochempfindlich, daher ist Kochen zu vermeiden. Der Pumpendruck beim Packapparat muß niedrig sein, der perforierte Mittelzylinder usw. ist mit Baumwolle zu umkleiden, damit die kurzstapeligen Fäserchen nicht in die Leitungen kommen und die Pumpe verstopfen. Die Affinität der Kaseinfaser zu den verschiedenen Farbstoffen ist etwas größer als die von Wolle. Beim Färben von Lanital-Wollgemischen wird jedoch nach längerem sauren Färben die Lanitalfaser heller, die Wolle dunkler im Ton. Gefärbt wird in den für Wolle üblichen Bädern mit nicht zuviel Säure, nach beendetem Färben läßt man die Flotte bei zufließendem Spülwasser ab, um das Material in Schwebe zu halten.

Als Farbstoffe ist z. B. das Casealfarbensortiment (Sa) anzuführen:

Casealechtg lb G, S, R, Casealechtorange R, Casealechtrot G, O, L, 5B, Casealviolett RB, Casealechtblau RS, GR, FBR, Casealbrillantechtgrün 8BS, Casealgrün BG, Casealechtmarineblau W extra konz., R extra konz., B extra konz., Casealechtbraun S, Casealechtgrün S, Casealechtschwarz S extra konz., SCN extra konz.

Statt der Casealfarbstoffe, welche ausgewählte Vertreter des Sortiments der sauren Farbstoffe umfassen, kann man auch folgende Farbstoffe der Sandoz A.-G. verwenden:

Sulfoningelb PG, Xylenwalkgelb G, Seidenechtgelb S, Sulfoninorange GS, Xylenechtorange R, Sulfoninrot G, Säurewalkrot R, Chloraminrot 3B, Sulfoninrot RS, B, 3B, Azorubinol 6B, Sulfoninbrillantrot BG, Säureviolett 4BNS, Xylenbrillantwalkviolett B, Xylenechtblau BL, GL, Xylenbrillantcyanin G,

Brillantalizarinwalkblau G, Alizarinwalkblau SL, Xylenwalkblau 6G, Alizarinlichtgrün GS, Sulfoninblau R, Sulfoninblau 5R extra, Alizarinlichtbraun BL, Alizarinlichtgrau G, Sulfoninschwarz B konz., Viskolanschwarz B konz.

Als ähnliche Farbstoffe anderer Erzeuger können z. B. verwendet werden:

(IG) Walkgelb O, Supraminorange R, Walkorange R, Säureanthrazenrot G, Brillantwalkrot R (Formylviolett S4B), Wollechtblaumarken, Alizarincyaningrün G, Sulfoncyanine, Alizarinlichtbraun GL (weniger walkecht), Säurealizaringrau G, Supraminschwarz usw.

(Ci) Tuchechtgelb R, Tuchechtorange R, Tuchechtrot G, Tuchechtblaumarken, Benzylechtblaumarken, Brillanttuchechtblau B, Alizarinechtgrün G usw.

(Gy) Eriowalkgelb O, Polarorange 3R, Säurewalkrot G konz., Polarrot G, Wollechtblaumarken, Wollreinblaumarken, Polarbrillantblau GAW, Erioechtcyaningrün G usw.

Es handelt sich um gut lichtechte Farbstoffe, die auf der Kaseinfaser auch eine größere Wasserechtheit als auf Wolle zeigen sollen.

Für Walkmischungen werden die schwach sauer ziehenden walkechten Säurefarbstoffe verwendet, doch färbt man, der Kochempfindlichkeit wegen, lieber die Casealfaser und Wollfaser getrennt und mischt dann im entsprechenden Verhältnis. Das Walken findet meist sauer statt, da die Färbungen weniger bluten und die Ware mehr geschont wird. Lose Wolle wird manchmal mit Küpenfarbstoffen gefärbt. Das Alkali der Färbeflotte muß so gering wie möglich gehalten werden, um Faserschädigungen zu vermeiden. Nach dem Färben wird zwischen zwei Quetschrollen abgequetscht, gespült und dann eventuell unter Verwendung vor Perborat reoxydiert. Ein Zusatz von Wollschutzmittel ist stets vorteilhaft. Eine entsprechende Vorrichtung zeigt die Abb. 81.

Die Lanitalfaser kann mit Küpenfarbstoffen gefärbt werden. Sie ist gegen Alkali weniger empfindlich als die Wolle.

g) Färbung der Wolle mit Küpenfarbstoffen

Das Färben von Wolle mit Küpenfarbstoffen ist wegen der Gefahr des Faserangriffs durch die stark alkalischen Färbeflotten weniger in Gebrauch, als nach der erzielten Farbechtheit und dem gegenüber einer Chromfärbung wesentlich weniger harten Griff erwartet werden kann. Mit Reduktion des Alkalis und seinem teilweisen Ersatz durch Triäthanolamin, Ammoniak usw. ist unter Leimzusatz eine Färbung möglich (Abb. 81).

Das Färben von losem Wollmaterial kann auch mit Helindonfarbstoffen vorgenommen werden. Um die Wolle dabei nicht zu schädigen, empfahl die IG, das Färbebad mit 1 bis 3% Ammoniak und Hydrosulfit konz. pur. anzusetzen und nur den Farbstoff unter Verwendung von Lauge und den entsprechenden Hydrosulfitmengen getrennt vom Färbebade (Stammküpe) zu reduzieren. Das Färben erfolgt bei 50 bis 60° C etwa 50 Minuten, wobei ein Zusatz von 2% Leim zum Bade das Aufziehen des Farbstoffs verzögert und einen Schutz der Wolle gegen den Angriff des Alkalis bedingt.

Nach neueren Mitteilungen der General Dyestuff Corp. sind für tiefe Töne Ammoniakzusätze ins Bad nicht notwendig, da zum Verküpen der Farbstoffe ja erhöhte Laugenmengen erforderlich sind. Das Ausziehen des Bades kann gegen Ende des Färbeprozesses durch Zusatz von 4% Ammoniaksulfat erfolgen. Nach der Färbung wird entwässert, an der Luft oxydiert, gespült, mit 1% Essigsäure 60%ig gesäuert (70° C), um jedes Alkali aus der Faser zu entfernen, dann gespült, oxydiert und gespült.

Es können folgende Helindone Anwendung finden:

Helindon Yellow 6GD, WD, Orange RD, Scarlet GGD, Pink RD, Red RD, BBD, Red Violet RD, Brillant Blue 4BD, Blue BD, Turquoise Blue G, Green BD, Yellow Brown CGD, Brown RRD, Grey BLD, alles pulverisiert. Der Ansatz der Stammküpe erfolgt in der üblichen Art durch Anteigen des Farbstoffs mit Monopolbrillantöl und Zugabe von 2 bis 4 g NaCl fest bzw. 4 bis 8 g Hydrosulfit konz. plv. auf etwa 10 l Flüssigkeit, wobei man bei Temperaturen von 50 bis 70° C, je nach Farbstoff, verküpt und die vollständige Reduktion des Farbstoffs durch die Fensterglasprobe überprüft wird.

Nach Empfehlung der General Dyestuff Corp. kann man lose Wolle vorteilhaft mit Algosolen (Leukoküpenfarbstoffestern) färben. Diese besitzen eine große Affinität zur Wolle, die sich bei erhöhter Temperatur noch steigert. Man färbt am besten in saurem Milieu mit 2 bis 10% Ammonsulfat unter Zusatz von 10% Glaubersalz. Eine Erschöpfung des Bades mit Essigsäure ist meist nicht nötig.

Die brillante Blaufärbung mit Algosol O4B erfolgt unter Zusatz von NH_3 (Ammoniak), um das rasche Aufziehen der Farbstoffe zu bremsen. Die Farbstoffe sind zum Teil auf Wolle echter als auf der Zellulosefaser. Die Entwicklung erfolgt mit Kaliumbichromat (0,4 bis 2,5%) unter Zusatz von 1% Ammonrhodanid, welches eine Überoxydation verhindert. Ein Zusatz von Schwefelsäure (10 g/l) ist notwendig.

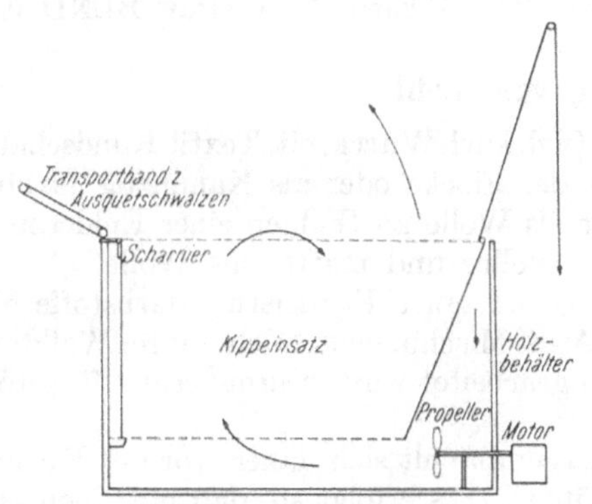

Abb. 81. Apparat für die Küpenfärbung loser Wolle, Flotte 1 : 40, 40 bis 50 kg Beschickung.

Abb. 82. Obermaier SA 100-Packapparateeinsatz mit Zentrifuge dafür.

Die Färbeweise mit Algosolen unter Beigabe von Nitrit und Entwicklung der Färbung durch verdünnte Schwefelsäure liefert gelbstichige Färbungen. (Vergilben des Wollmaterials.)

Es können Anwendung finden:

Algosol Blue O, Blue OR, Blue O4B, Blue O6B, Blue JBC, Direct Blue GG, Olive Green IB, Brillant Green JBW, Brown JRR, JRRD, Golden Yellow IGK, Golden Yellow IRK, Orange HR, Brilliant Orange IRKL, Brilliant Pink I3B, Brilliant Pink IR extra, Red IFBB, Red Violet IRH, Brilliant Violet I4R, Scarlet B. Diese Ester entsprechen der Reihe nach folgenden Farbstoffen: Indigo, Dibromindigo, Brilliantindigo 4B, Hexabromindigo, Indanthren Blue BCSA, Direct Blue GG, Olive Green BA, Brilliant Green BN, Brown BRA, Brown RRA, Golden Yellow GKA, Golden Yellow RKA, Algol Orange RFA,

Indanthren Brilliantorange RK, Brilliant Pink 3B, Brilliant Pink RA, Red FBBA, Red Violet RHA, Brilliant Violet 4RA, Scarlet BA.

h) Färbung gechlorter Wolle

Man kann hierfür, nach General Dyestuff Corp., folgende Farbstoffe verwenden: Palatin Fast Yellow GRNA, Orange GENA, GNA, Red RNA, Rose BNA, Bordeaux RNA, Navy Blue LF, RENA, GGNA, Brown GRND, Black WANA, nur für alkalisch chlorierte Wolle. Für saure Chlorierung: Sulfon Yellow RS, Milling Yellow O, Supranol Yellow RA, Supramin Green BA, Supranol Blue RA, Supranol Red P, RA, Supranol Brilliant Red RA, BA, Wool Fast Blue GLA, BLD, FFGA.

Für gechlorte oder nachzuchlorierende Wolle (Schrumpffest- bzw. Filzfreimachen) können folgende Farbstoffe (General Dyestuff Corp.) in Frage kommen (s. entsprechende BASF bzw. Ciba-Marken usw.) Palatin Fast Yellow GRNA, Orange GENA, GNA, Red RNA, Rose BNS, Bordeaux RNA, Navy Blue LF, RENA, GGNA, Brown GRND, Black WANA, allerdings nur für alkalisch chlorierte Wolle. Ferner können noch verwendet werden: Sulfon Yellow RS, Milling Yellow O, Supranol Yellow RA, Supranol Orange RA, Supranol Red P, RA, Supranol Brilliant Red BA, Wool Fast Blue GLA, BLA, FFGD, Brilliant Indocyanine 6BA, GA, RA, Supramin Green BA, Alizarin Fast Gray BLND usw.

i) Färbung von Ardil

Nach jüngst gegebenen Mitteilungen [vgl. auch White, cit. Textil-Rundschau 7, 12 (1952)] ist Ardil vorteilhaft nur in der Flocke oder als Kammzug färbbar. Die Faser färbt sich erst etwas dunkler als Wolle an (Fehlen einer Epidermis!), insbesondere in hellen Tönen bleibt sie voller und matter als Wolle.

In mittleren und dunkleren Tönen geben saure Egalisierungsfarbstoffe eine gute Ton-in-Ton-Färbung von Wolle-Ardil-Mischungen, auch saure Walkfarbstoffe sind anwendbar, wobei wie üblich gearbeitet wird. Chromierungsfarbstoffe sind gleichfalls gut geeignet.

Ardil absorbiert Alkali sehr stark. Es empfiehlt sich daher, vor der Färbung auf einen Alkaligehalt der Faser zu prüfen. Dies erfolgt so, daß mit Coomassie Milling Scarlet 5B der ICI eine kleine Probe gefärbt wird. Zieht der Farbstoff nicht oder schlecht aus neutralen Bädern, dann ist das Material vor der sauren Färbung mit essigsauren Flotten zu neutralisieren. Die Färbung ist bei 85° C möglich.

2. Das Färben von loser Baumwolle und Zellwolle

Als Apparate stehen der Obermaier-Apparat (Abb. 82) für 100 kg Fassung, der Lindner-Apparat (Abb. 84) bis zirka 200 kg, eventuell der Esser-Apparat (insbesondere für Zellwolle) für zirka 100 kg (Abb. 78) zur Verfügung. Kleinere Partien werden auf der Kufe, von Hand aus hantiert, gefärbt (vgl. Abb. 24, S. 55).

Beim losen Material unterscheidet man:

Lintbaumwolle: vom Samen befreit.

Linters: an den Samen sitzende kurze Härchen.

Hinsichtlich der Farbe gibt es:

Good color: weiß.

Tinged: gelblichweiß.

High color: stark gelbrötlich.

Stained: rostgelbe Flecken.

Gemessen an der Festigkeit ist die Klassifizierung:

N. A. Sea Island: ordinary, common, medie, good medium, medium fine, extra fine.

N. A. Baumwolle: ordinary, good ordinary, low middling, middling, good middling, middling fair.

Brasilianische Baumwolle: middling, middling fair, fair, good fair, good, fine.

Ägyptische Baumwolle: ordinary, middling fair, good fair, good, fine, extra fine.

Westindische, afrikanische Baumwolle: ordinary, middling faire, good, fine.

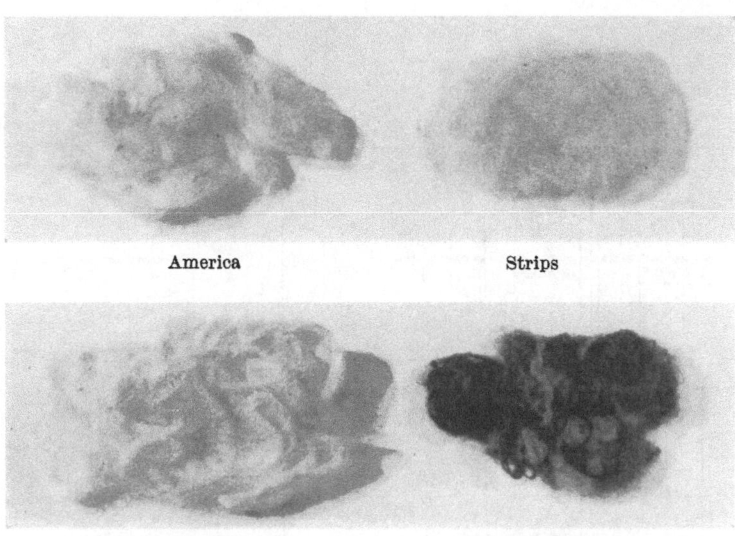

America Strips

Flyerfäden Strazzen

Abb. 83. Loses Baumwollmaterial für die Färbung.

Ostindische Baumwolle: wie brasilianische.

1/4 Grade: strict; 1/2 Grade: fully; 3/4 Grade: barely.

Die Feuchtigkeit beträgt laut Kondition 8,5%.

Bei den Baumwollabfällen gibt es:

Pickings: Beim Seetransport infolge Platzens der Umhüllung, schmutzig gewordene Anteile.

Blowings: Beim Putzen der Öffner oder in der Schlagmaschine zurückbleibende Flügelwolle.

Bodenflug: Er wird aus dem Staubkanal der verschiedenen Maschinen abgezogen.

Trommelabfall.

Deckelputz (Strips): Der von den Kardendeckeln abgestreifte Baumwollrückstand, mit geschontem Stapel, doch durch Samenschalen verunreinigt (60% Rohstoffwert) (s. Abb. 83).

Das Material liegt lose als Flocke (meist Amerika), Strips (minderwertigeres Gut) und als Flyerfäden (Abfall von der Spinnerei) vor. Vielfach werden Schwefelfarbstoffe bzw. nachbehandelte Direktfarbstoffe aufgefärbt. Reine Blau (eventuell auf vorgebleichtem Material) werden mit Siriusfarbstoffen (IG) bzw. Chlorantinlicht- (Ci), Solar- (Sa) oder Diphenylechtfarbstoffen (Gy) erhalten. Küpenfarbstoffe werden aus preislichen Gründen nur für höchste Anforderungen eingefärbt.

Dunkle Töne im Standardtyp (Schwarz bzw. Braun oder Marineblau) sollen womöglich mit Standbädern gefärbt werden. Diese Bäder werden in Hochreservoiren bei den Apparaten aufbewahrt. Sie können zirka vier- bis fünfmal verwendet werden.

Es folgen Rezepte aus der Praxis:

1. Rosé: 120 kg Strips, Lindner-Apparat; Flotte zirka 1 : 20.
   6,00 kg Immedialbordo GF (IG)
   0,06 „ Immedialpurpur C (IG)
   0,02 „ Immedialorange KC (IG)

12 kg Schwefelnatrium krist., 12 kg Glaubersalz krist., 2 kg Soda sicc.

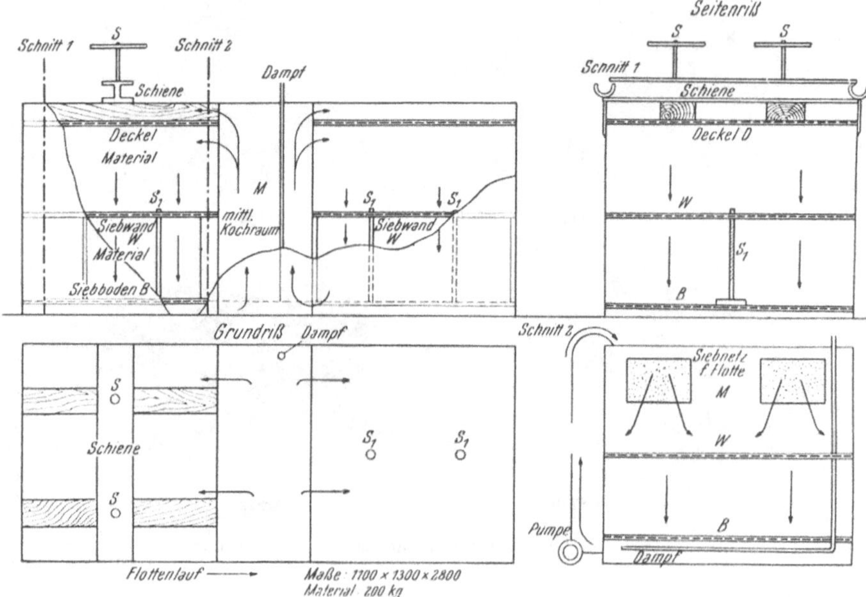

Abb. 84. Apparat zum Färben von Baumwolle in der Flocke (Lindner, Crimmitschau). Ältere Konstruktion.

Gefärbt wurde nach Auflösen des Farbstoffes im gelösten Schwefelnatrium, Aufkochen und Zugabe durchs Sieb in das mit Soda versetzte heiße Bad, erst ½ Stunde kochend, dann ¾ Stunden bei 80° C. Hierauf wurde abgelassen, wobei kaltes Wasser zulief, und klar gespült. Auf reinem Spülwasser wurde dann ½ Stunde laufen gelassen, in Horden entleert und zum Schleudern gebracht.

2. Mittelgrau: 100 kg Flyerfäden, Obermaier; Flotte 1 : 10.
   0,52 kg Immedialdunkelblau B (IG)
   0,48 „ Immedialschwarzbraun D (IG)
   0,24 „ Immedialkarbon B (IG)

3,5 kg Schwefelnatrium konz., 2,5 kg Glaubersalz, 0,2 kg Soda sicc. Nach dem Färben wird die Flotte bei gleichzeitigem Spülbad, Zulauf und Zirkulation ablaufen gelassen, dann auf reinem Wasser ½ Stunde zirkuliert, hierauf im Apparat in der Zentrifuge geschleudert, auf Horden ½ Stunde verlagert und dann getrocknet.

3. Braun: 22 kg Strips, Wanne; Flotte 1 : 30.
   4,00 kg Immedialviolett C (IG)
   0,25 „ Immedialindon RR (IG)

16 kg Schwefelnatrium krist., 10 kg Glaubersalz krist., 0,6 kg Soda.

4. Reseda: 15 kg, Amerika, Wanne; Flotte 1 : 30.
1,25 kg Immedialgelb GG (IG)
1,65 „ Immedialgrün GG (IG)
3,5 kg Schwefelnatrium konz., 2,5 kg Glaubersalz calc., 0,3 kg Soda sicc.

5. Dunkelbordo: 32 kg, Amerika, Wanne; Flotte 1 : 30.
4 kg Immedialviolett C (IG)
4 „ Immedialpurpur C (IG)
16 kg Schwefelnatrium krist., 10 kg Glaubersalz krist., 0,3 kg Soda sicc. Die Färbungen auf der Wanne wurden nach Abschrecken gespült, gut im letzten klaren Spülbad hantiert, dann auf Horden gebracht, ½ Stunde stehen gelassen und dann geschleudert. Man kann nach dem letzten Spülbade vor dem Ausbringen der Ware ein 25 bis 30° C warmes Bad mit zirka 0,2% Perborat zur Unterstützung der Reoxydation des Farbstoffes geben.

Als besonders lebhafte Schwefelfarbstoffe werden jetzt von Cassella Immedialgelb F4R extra, -braun FR extra, -bordo FR extra und -prüne FS extra gehandelt.

6. Hellblau: 90 kg Strips, vorgebleicht, Obermaier; Flotte 1 : 10.
0,40 kg Benzolichtblau 2 GL (IG)
0,35 „ Diaminreinblau FF (IG)
10,00 „ Glaubersalz krist.
Man geht in das kochende Bad mit der ungenetzten Ware ein, färbt zirka ¾ Stunden, läßt ab, spült zweimal mit Zirkulation, schleudert im Apparat und trocknet auf Horden.

Man kann auch auf Schwefelfarbstoffgrundlage mit Direktfarbstoffen schönen:

7. Rostbraun: 25 kg, Amerika, Wanne; Flotte 1 : 30.
4 kg Immedialorange C (IG)
3 „ Immedialmarron B (IG)
14 kg Schwefelnatrium krist., 14 kg Glaubersalz, 0,5 kg Soda sicc. Man färbt wie üblich. Nach dem Spülen und Oxydieren wird mit
0,25 kg Diamingelb 3G (IG)
0,06 „ Diaminbraun M (IG)
übersetzt. Man arbeitet kochend, ohne Glaubersalz.

Diazotierte und entwickelte Töne für echtere Scharlach- und Bordonuancen sind wie nachstehend illustriert.

8. Scharlachrot: 28 kg Flyerfäden, Wanne; Flotte 1 : 30.
4 kg Rosanthren RN (Ci)
1 „ Rosanthren BN (Ci)
6 kg Glaubersalz krist., 0,6 kg Soda sicc., kochend eingehen, ½ Stunde kochend färben, dann ½ Stunde ziehen lassen bei abgestelltem Dampf. Hierauf wird gründlich gespült, kalt mit einer Flotte, die 0,5 kg Na-Nitrit und 1½ l HCl 30%ig enthält, diazotiert. Dann wieder gründlich spülen und mit 0,5 kg Entwickler A (β-Naphtol [IG]) gelöst unter Zusatz von 0,5 l NaOH 40° Bé entwickelt. Dann wird neuerlich gespült.

9. Bordo: 24 kg Flyerfäden, Wanne; Flotte 1 : 30.
2,40 kg Rosanthren RN (Ci)
1,00 „ Rosanthren BN (Ci)
0,55 „ Diaminbraun M (IG)
0,25 „ Diaminbraun B (IG)
3,5 kg Glaubersalz krist., 0,4 kg Soda sicc. Gefärbt wird wie oben mit 0,6 kg $NaNO_2$ und 1,8 l HCl 30%ig diazotiert und mit 0,8 kg Entwickler A und 0,7 kg NaOH 40° Bé entwickelt.

An Stelle der angegebenen Immedialfarbstoffe können z. B. folgende Thionalfarbstoffe (Sa) angewendet werden: Thionalgrün 2G, Thionalorange G, Thionaldunkelblau G, Thionalindon R usw. bzw. folgende Pyrogenfarbstoffe (Ci): Pyrogengrün 3G, Pyrogengelb O, Pyrogendirektblau GRL usw.

Statt Benzolichtblau 2GL und Diaminreinblau FF (IG) sind mit gleichem Erfolge Siriusblau GG (IG), Chlorantinlichtblau 2GL (Ci), Solarblau GG (Sa), Diphenylechtblau GLN (Gy) bzw. 2GLN konz. (Gy) oder Direkthimmelblau grünlich (Ci), Diphenylreinblau FF (Gy), Chloraminreinblau FF (Sa) zu verwenden.

An Stelle von Rosanthren BN bzw. RN (Ci) kann man auch Diazophenylrotmarken (Gy), Diazaminrot- (Sa) bzw. Diazaminlichtrotmarken (Sa) oder die Diazobrillantscharlach- bzw. -lichtbordomarken (IG) heranziehen.

Diaminbraun M (IG) bzw. Diamingelb 3G (IG) sind durch Chloraminbraun 2R (Sa), Direktbraun M, Chlorantingelb 2G (Ci), Diphenylbraun MB, Direkttiefbraun R, (Sa), Sonnengelb 3G (Gy) vertretbar.

Direktfärbungen in normaler Echtheit am Obermaier auf Baumwollflocke folgen nachstehend:

10. Grün: 95 kg Strips; Flotte 1 : 10.
0,5 kg Trisulfonbronze G (Sa)
0,8 „ Direktgrün B (IG)
0,4 „ Chrysophenin G (IG)

Man färbt ohne Soda (Direktgrün B ist bekanntlich sodaempfindlich) unter Zusatz von 10 kg NaCl denat. kochend und läßt ½ Stunde nachziehen.

11. Braun: 100 kg, Amerika; Flotte 1 : 10.
1,3 kg Trisulfonbronze G (Sa)
3,3 „ Trisulfonbraun 2B (Sa)
20,0 „ NaCl, 2 kg Soda sicc.

12. Dunkelrot: 100 kg, Amerika; Flotte 1 : 10.
1,8 kg Benzopurpurin 10B (IG)
1,5 „ Trisulfonbraun 2B (Sa)
20,0 „ NaCl
2 „ Soda sicc.

Statt der angegebenen Farbstoffe sind verwendbar:
(IG) Diaminbronze G, Triazolbraun BB.
(Sa) Direktgrün B, Direktgelb CV, Chloraminrot 10B.
(Ci) Direktgrün B, Direktbraun 2BN, Baumwollgelb CH, Direktrot 10B.
(Gy) Diphenylgrün B, Diphenylbraun TB, Diphenylchrysoin 3G, Diphenylrot 10B.

Bei dieser Nachbehandlung direkter Färbungen mit kationaktiven Stoffen, wie Tinofix, Sandofix, Lyofix usw. ist zu beachten, daß Glaubersalz Tinofix fällt. Da ja substantive Färbungen, insbesondere dunkle Töne, die in erster Linie zur Nachbehandlung kommen, in stark salzhaltigen Bädern gefärbt werden, ist dem guten Spülen vor der Behandlung mit den Fixiermitteln größte Aufmerksamkeit zu schenken. Die neue Marke Tinofix GL ist glaubersalzbeständig.

Nach Paulus-Gyöngyössy [De Tex 10, 64 (1951)] sind die Mengen an Nachbehandlungsmitteln, die eine vollständige Fixierung einer Färbung gestatten, folgende:

Färbung mit:	Tinofix (Gy)	Lyofix (Ci)	Sandofix (Sa)
Chlorantinlichtgelb 4GLL....	0,82	0,54	0,44
Direkthimmelblau, grünlich .	1,00	0,80	0,48
Chlorantinlichtbraun BRLL..	1,10	0,62	0,76

Schwarzfärbungen werden mit Indocarbon Cl konz., Schwefelschwarz FAG extra (IG), Pyrogentiefschwarz B (Ci), Thionaltiefschwarz D konz. (Sa), Eclipsschwarz S konz. (Gy) hergestellt.

Zur Färbung 6. ist anzumerken:

Durch die nunmehr mögliche Färbung von reinblauen Phtalocyaninpigmenten können nun auch reinblaue Tönungen guter Lichtechtheit auf Baumwolle hergestellt werden. Man arbeitet mit z. B. dem als Alcianblau 8GS (ICI) bekannten Produkt, welches durch kationaktive Zusätze faseraffin hergestellt ist bzw. sogenannte „Onium"-Gruppen enthaltenden Phtalocyaninen, die löslich sind. Nach der Färbung wird die löslichmachende Gruppe wieder abgespalten (vgl. EP. 633602 bzw. 633160).

Kürzlich beschäftigte sich BOULTON[11] mit der Herstellung licht-, walk- und naßechter Töne auf Fibro (Viskose-Reyon-Stapelfaser der Courtaulds), die zusammen mit Wolle verarbeitet werden können. Als Farbstoffklassen kommen substantive Farbstoffe, Resofix-, Coprantin- bzw. Cuprophenylfarbstoffe (Gy), nachbehandelt mit Fibrofix (Courtaulds), Sandofix, Solidogen usw. in Frage. Schwefelfärbungen, eventuell mit den Eclipsolen (Gy), den ähnlichen löslichen Thionolmarken (ICI) oder Küpenfarbstoffen.

Die Wolle ist mit Nachchromierungsfarbstoffen oder Metachromfarbstoffen zu färben. Man arbeitet in Bädern mit Ammonsulfat oder organischer Säure und vermeidet beim Überfärben der Wollfaser Konzentrationen von mehr als 3% Schwefelsäure, weil diese die Reyonstapelfaser bereits merklich schädigen. Insbesondere gilt dies für Schwefelsäuremengen von 8%, wie solche in der Neolan- bzw. Palatinechtfarbstoffanwendung üblich sind.

Die Echtfärbung von Blautönen in guter Licht- und guter Naßechtheit kann nach BOULTON etwa wie folgt durchgeführt werden:

a) mit Küpenfarbstoffen: 4,0% Caledon Blue XRCS Paste (ICI)
5,0% Caledon Dark Blue BM150 Paste (ICI)
3,0% Caledon Olive Green B200 Paste (ICI)

b) mit Schwefelfarbstoffen: 5,0% Thionol Direct Blue RLM200 (ICI)
4,0% Sulphol Green B konz. (JR)

c) mit Coprantinen: 10,00% Coprantinblau RLL300 (Ci)
0,02% Coprantinorange 2BRL (Ci)

d) mit Cuprophenylen: 1,0% Cuprophenylmarineblau RL (Gy)
0,5% Cuprophenylmarineblau GL (Gy)

e) mit Resofixfarbstoffen: 4,0% Resofixmarineblau GL (Sa)
0,3% Resofixmarineblau SL (Sa)

Die Nachbehandlung von substantiven Färbungen, insbesondere solchen des Resofix-Sortiments, erfolgt jetzt mit dem Cu-haltigen Resofix CU (Sandoz).

Naphtolrot auf loser Baumwolle kann im Packapparat mit hochsubstantiven Naphtolen gefärbt werden (vgl. S. 190). Zur Vermeidung eines das Verspinnen des Materials erschwerenden harten Griffes verwendet man zum Entwickeln keine Salze, sondern ausschließlich diazotierte Basen.

3. Das Färben von Halbwolle

Die Färbung von Halbwolle in losem Zustand ist erst in neuerer Zeit weniger selten, da einbadige Färbungen nur eine mäßige Echtheit ergeben. Meist handelt es sich um Mischungen von Reißwolle mit Baumwolle.

Man färbt die Wolle mit Metachromfarbstoffen und Metachrombeize (Ammonsulfat und Kaliumbichromat). Die Baumwolle wird dann nachgedeckt und die

[11] J. Soc. Dyers Colour. **67**, 401 (1951).

substantive Färbung eventuell mit Levogen WW (Bayer), Solidogen BS (Cassella), Lyofix SB (Ci), Sandofix (Sa) usw. nachbehandelt.

Schwarzfärbungen können z. B. mit Halbwollschwarzmarken gefärbt werden, z. B. Halbwollchromschwarz BA (Sa). Man färbt unter Zusatz von Chromkali.

Wolle-Zellwoll-Mischungen, die mit Weiß versponnen werden und für Walkware gehören, können einbadig, sofern nur eine leichtere Walke in Frage kommt mit Autazolchromschwarz R (Hoechst) gefärbt werden. Man verwendet 8 bis 10% Farbstoff, auf Ware gerechnet, und färbt auf dem Apparat mit 5 bis 8% Ammonsulfat und 20 g Glaubersalz kalz. pro Liter. Nach dem Eingehen bei 40° läßt man einige Zeit zirkulieren, bringt auf 90 bis 92° C und läßt dann nach 50 Minuten 1 Stunde bis auf 70° C absinkend nachziehen. Nach gründlichem Spülen chromiert man mit 4,5 bis 5% Autazolchromsalz R (Hoechst) und 3% Essigsäure 30% 1 Stunde kochend, spült, entwässert und trocknet.

Über das Färben von Wolle-Fibromischungen, das heißt also Melangen aus Viskose-Reyon-Stapelfasern von Courtaulds und Wolle berichtete kürzlich erst wieder Boulton[12] (s. S. 175).

4. Das Färben von synthetischen Fasern

Das Färben von Dacron-Stapelfaser in der Flocke wird derzeit meist nach dem Thermosolverfahren vorgenommen. Man imprägniert das Fasermaterial mit der Farbstoffdispersion in Wasser, zentrifugiert oder saugt ab bis zum gewünschten Farbstoff- bzw. Feuchtigkeitsgehalt, trocknet und erhitzt 1 bis 3 Minuten auf Temperaturen von 175° C. Nachher wird gewaschen, um an der Faseroberfläche restierende Farbstoffe zu entfernen. (Du Pont: Notes on the Dyeing of Dacron Polyester Fiber 1952.)

Die Färbung von Dacronstapel in der Flocke kann auch mit Naphtolen erfolgen derart, daß man in Zirkulationsapparaten mit Hochtemperatur (125° C) unter Druck *ohne* Quellmittel („Carrier") arbeitet. Man arbeitet mit der Naphtanilbase bei 125° C, spült heiß und behandelt mit Acetamine Developer AD bei 95 bis 100° C. Andere Entwickler werden vorteilhaft ebenfalls bei 125° C einwirken gelassen. Das am Schlusse der Arbeitsweise vorgenommene Diazotieren mit Natriumnitrit und Schwefelsäure erfolgt in allen Fällen bei 90° C. Bei sehr geringem Flottenverhältnis sind die dabei angewandten Mengen Nitrit und Schwefelsäure zu reduzieren.

III. Das Färben von Kopsen, Kammzug, Kreuzspulen und Kettbäumen

Diese Art von Färbung wird durchwegs auf Apparaten vorgenommen. Das Flottenverhältnis ist dabei oft ein recht günstiges (1 : 10), wie es sonst bei Färbeprozessen nur selten erreicht werden kann. Dies ist namentlich für die Färbung mit Direkt- und Schwefelfarbstoffen wichtig. Grundsätzlich ist festzustellen, daß Wolle nur in Form von Kammzug oder Kreuzspule, nicht aber in Kops- oder Kettbaumform zur Färbung gelangt, wenn vorerst von der Wollgarnfärberei abgesehen wird. Baumwolle wurde früher vielfach auf Kopsen gefärbt, heute jedoch meist in Form von Kreuzspulen und Kettbäumen. Kunstseide (Reyon) wird in Form von Kreuzspulen gefärbt, in der Fabrik auch als Spinnkuchen. Bei der Kunstseidenfärbung bereitet die durch die Flotte, insbeson-

---

[12] J. Soc. Dyers Colour. **67**, 401 (1951).

dere alkalische Bäder auftretende außerordentlich starke Fadenquellung eine große Schwierigkeit. Unter ihrem Einfluß kann es zur vollständigen Verhinderung der Flottenzirkulation kommen, da die hier vorkommenden Apparateformen stets ein ruhendes Gut bei umlaufender Farbflotte vorsehen. Eine Ausnahme dieses Prinzips macht nur der Zittauer Färbeapparat für Kreuzspulen auf Naphtolrot, bei welchem die Kreuzspulen und die Färbeflotte bewegt werden.

Die Färbungen der zu besprechenden Art, also hauptsächlich Kammzugfärbung und Kreuzspulfärbung für Wolle bzw. Kreuzspul- und Kettbaumfärbung für Baumwolle, kommen nur für Betriebe in Frage, die im ersten Falle eigene Spinnereien und Webereien, im anderen eine Weberei angegliedert haben. Insbesondere Buntwebereien bedienen sich dieser rationellsten Art von Färbung auf Apparaten, deren kalkulatorische Einsparungsmöglichkeiten allein im Lohnsektor die Aufstellung auf S. 80, 85 zeigt.

A. Das Färben von Kopsen

Was vorerst das Färben der Baumwollgarne auf Kopsen anlangt, so erfolgte dieses stets nach dem sogenannten „Aufstecksystem". Diese Färbeart hat ihren Namen von dem Umstande erhalten, daß das Färbegut auf gelochte Spindeln aufgesteckt wurde, deren Enden verschlossen wurden. Dies ergab für Kopsfärbeapparate einen zylindrischen Einsatz, welcher mit den Spindeln für die Kopse versehen war („Igel"). Abgesehen davon, daß diese dünnen perforierten Spindeln sehr empfindlich waren, leicht verbeulten und dadurch unbrauchbar wurden, war die Beschickung zeitraubend und die Materialmenge, die mit einem Apparat gefärbt werden konnte, wesentlich kleiner als etwa für Kreuzspulenfärbeapparate gleicher Dimension bzw. gleichen Flotteninhalts. Man hat daher das Färben auf Kopsen verlassen und färbt Baumwollschußgarne für Buntwebereien usw. hauptsächlich auf Kreuzspulen. Von diesen wird dann auf modernen Maschinen kannettiert.

Abb. 85. Packskizze für Kopssäcke.

Schlauchkopsfärbung für Deckenschuß (ohne Hülse).

Es handelt sich durchwegs um Direktfärbungen. Die Schlauchkopse kommen in Jutesäcken eingelegt zum Färben. Zwischen den Kopspaketen wird mit Abfall ausgestopft (Abb. 85).

Packung: Obermaier-Apparat SA 100, 3 Säcke Jute (60 × 60 × 25) dick. Material in diesen Säcken je zirka 17,5 kg, total also zirka 55 kg.

Schleudern im Einsatz auf der Zentrifuge, Sacknaht öffnen und von Hand aus (Mädchen) in die Trockenhorden in Schichten von drei Kopsen übereinander einlegen und trocknen. Das Trocknen in Säcken ist nicht zu empfehlen. Vorsichtig hantieren, da lose Enden leicht abgewickelt werden und dann viel Abfall entsteht. Es ist darauf zu sehen, daß die Säcke wirklich gut und fest gepackt sind und beim Einbringen in den Materialträger nicht etwa eingeklemmt werden.

1. Gobelin: 0,600 kg Benzokupferblau B (IG)
0,200 „ Benzoreinblau B (IG)
0,200 „ Nekal BX (IG)
Es wird ¾ Stunden kochend gefärbt. Hernach wird gespült und mit 1 kg $CuSO_4$ und 2000 l CH_3COOH 30%ig nachgekupfert (60° C, 30 Minuten).

2. Flieder:	0,200	kg	Brillantbenzoechtviolett BL (IG)
	0,200	„	Soda sicc.
	2,000	„	Glaubersalz kalz.
3. Zitrongelb:	1,200	„	Chloramingelb FF (Sa)
	0,500	„	Soda sicc.
	2,000	„	Glaubersalz kalz.
4. Mittelgrau:	0,480	„	Benzoechtschwarz L (IG)
	0,085	„	Brillantbenzoechtviolett BL (IG)
	0,030	„	Pegubraun G (IG)
5. Rotorange:	0,700	„	Direktechtorange SE (Ci)
	0,950	„	Benzoechtscharlach 4BA (IG)
	1,000	„	Soda sicc.
	6,000	„	Glaubersalz kalz.
6. Braun:	0,750	„	Plutobraun GG (IG)
	0,750	„	Columbiabraun R (IG)
	0,500	„	Soda sicc.
	8,000	„	Glaubersalz kalz.

7. Giftgrün: Abkochen mit 0,5 kg Nekal BX (IG)
1,0 „ Soda sicc.
Spülen.
Beizen mit 2,0 kg Katanol ON (IG)
1,5 „ Soda sicc.
15,0 „ NaCl
½ Stunde spülen.
Färben mit 0,95 kg Rhodulingelb 6G (IG)
0,65 „ Brillantgrün krist. (IG)
2,00 „ CH_3COOH 30%ig

Den Farbstoff dreimal kalt zusetzen, je 15 Minuten laufen lassen, dann langsam auf 40° C erwärmen. Hernach spülen und gegebenenfalls nachtannieren.

Achtung: Kupfernen Apparat benützen!

Statt der angegebenen Farbstoffe können mit gleich gutem Erfolg benützt werden:

(IG) Siriusviolett BB, Benzoechtorange S, Chloramingelb FF usw.

(Ci) Chlorantinlichtviolett BB, Direktechtschwarz B, Oxyphenin GG, Direktechtscharlach SE, Direktbraun 2BN usw.

(Gy) Diphenylechtblau RL, Diphenylechtorange SE, Diphenylgelb FF, Diphenylechtscharlach SE, Diphenylbraun TB usw.

(Sa) Solarviolett BB, Chloramindunkelblau S konz., Chloraminechtschwarz B, Chloraminechtorange SE, Solargelb BG, Chloraminechtscharlach SE, Trisulfonbraun B, GG usw.

In derselben Weise können auch Schlauchkopse aus Zellwolle gefärbt werden.

B. Das Färben von Kammzug

Das Färben von Kammzug wird auf sogenannten Kammzugbobinen vorgenommen. Die Wolle liegt dabei in vom Schmälzöl gereinigter Form als ungleichmäßiges, kreuzgewickeltes, auf Bobinen aufgebrachtes Band vor. Das Entfernen der Schmälze erfolgt in Seifenbädern (auf der Lisseuse). Vorzugsweise werden neuerdings nichtionogene Hilfsmittel verwendet.

Die Kammzugfärberei hat den Vorteil gegenüber dem Färben von losem Material, daß das Kardieren und Kämmen weniger Abfall liefert. Der Nachteil ist der, daß ein ungleichmäßiger oder nicht mustergetreuer Ausfall nicht korrigiert werden kann. Als Farbstoffe kommen, je nach verlangter Echtheit der Garne,

Walkfarbstoffe oder Nachchromierungsfarbstoffe, seltener Küpenfarben in Frage. Das Färben von Kammzug erfolgt in hoher Echtheit in hellen Tönen vorteilhaft nach dem Metachromverfahren. Dunkle Nuancen färbt man wegen der schlechten Reibechtheit im Nachchromierprozeß (GAUNT)[13]. Hinsichtlich brauchbarer Packapparate ist ebenfalls eine Reihe von Konstruktionen gegeben, wobei es vorzuziehen ist, eine Apparatzentrifuge, die das Entwässern des gefärbten Packs ohne Umpacken ermöglicht, zu projektieren[14]. Kammzug soll auch mit Algosolen (Leukoküpenfarbstoffester) gefärbt werden können, indem man laufend klotzt, dann 4 bis 6 Minuten dämpft und mit Phosphorsäure entwickelt[15]. Die Färbung erfolgt wie bei den Kreuzspulen nach dem Aufstecksystem oder Tellersystem, wobei aber kein Materialträger mit radial abstehenden perforierten Aufsteckspindeln, sondern die Bauart in Frage kommt, bei welchen die Bobinen auf Horizontalböden an senkrecht aufsteigenden Spindeln angebracht werden. Das Tellersystem vermeidet die Spindeln und setzt die Bobinen unter Zwischenschaltung von in der Mitte durchlochten Tellern aufeinander, welche die Flottenzirkulation ermöglichen. Der oberste Teller als Abschluß entbehrt natürlich der Mittelöffnung (vgl. Abb. 35, 86).

C. Die Färbung von Kreuzspulen und Kunstseidespinn-Kuchen

Das Färben der Kreuzspulen, die sowohl zur Herstellung von Garnketten, aber auch zur Verarbeitung auf Schußkops (Kannetten) dienen können, kann auf Aufsteck- oder Packapparaten erfolgen. Das zu färbende Material ist Wolle, Baumwolle, aber auch Viskosekunstseide, die zur Anwendung kommenden Farbstoffgruppen, je nach Echtheit Walkfarbstoffe, Nachchromierungsfarbstoffe, substantive, Schwefel-, Küpenfarbstoffe oder auch Vertreter der Naphtolreihe. Für letztere sind eigene Färbeverfahren entwickelt.

Die Nacco[16] empfiehlt zum Färben von Kammzug usw. folgende Thioindigo- bzw. Indigoderivate:

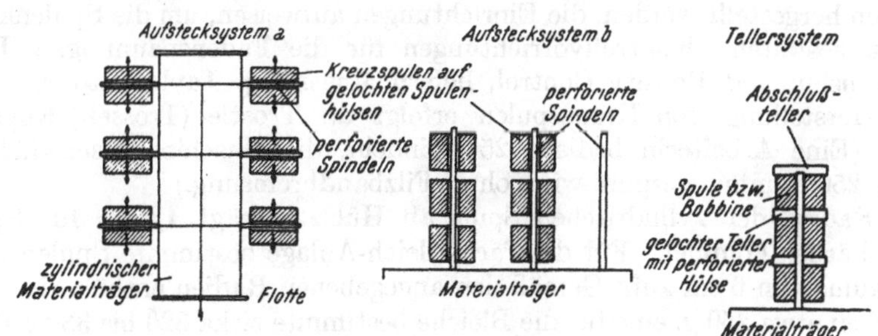

Abb. 86. Die Kreuzspulfärbesysteme.

Vat Pink FF, Vat Red Violet RH, Vat Red Violet 6R, Vat Orange R, Vat Brown G bzw. Brilliant Indigo 4BR und KMR sowie die Anthrachinonküpenfarbstoffe Carbanthrene Red G2B, FBB, BN, Brilliant Violet RK, Violet 2R, Blue 3G, GCD, BCF, Blue Green FFB, Brilliant Green, Olive Green B, Khaki GG, Olive R,

[13] Vgl. auch Textile Manufacturer **77**, 568 (1951).
[14] Siehe auch RINNEBERG: Textil-Praxis **6**, 748 (1951).
[15] LUTTRINGHAUS: Amer. Dyestuff Reporter **39**, P 464 (1950).
[16] A. E. WEBER: Amer. Dyestuff Reporter **40**, P 78 (1950), bzw. AP 2508203.

Brown BR, AR, AG, Flavine GL, Yellow 3R, AR, Golden Orange RRT, G, 3G, Black BF.

Man arbeitet im Spindelapparat bei einem Pumpendruck von etwa 12 kg nach der Stammküpenmethode, wobei man, je nach dem Flottenverhältnis und dem Typ des angewendeten Farbstoffs (IN, IK, IW), das Färbebad mit folgenden Mengen NaOH (fest) und Hydrosulfit konz. plv. in Prozent bezogen auf das Gewicht der Ware vorschärft: 1 : 10, 3,7% NaOH, 5,6% Hydrosulfit, 1 : 40, 6,5% NaOH, 10,0% Hydrosulfit für IN-Farbstoffe bzw. 3,0% NaOH und 5% Hydrosulfit oder 4,8% NaOH und 9% Hydrosulfit für IW-Farbstoffe und 2,4% NaOH und 4,8% Hydrosulfit oder 3,9% NaOH und 7,8% Hydrosulfit für IK-Farbstoffe. Die Vornetzung erfolgt unter Zusatz von 2% Leim und etwas Netzmittel, dann wird die Stammküpe in das mit Lauge und Hydrosulfit versetzte Bad gegeben und bei 45° C gefärbt. Nach 25 Minuten Laufen läßt man Kaltwasser zu (Überlauf), bis der Ablauf klar und farblos ist, nimmt 15 Minuten auf ein Bad von 1% Soda sicc. und 2% Wasserstoffsuperoxyd bei 45 bis 50° C, spült und säuert kurz mit 2% Essigsäure bei 40° C. Die Behandlungsdauer soll 2½ Stunden nicht überschreiten. Wollschäden sollen trotz des Alkalis nicht auftreten. Man kann auch mit Küpenpigmentdispersionen vornetzen oder dort, wo Küpensäuren in fein verteiltem Zustande erhaltbar sind, mit diesen arbeiten.

Um ein einwandfreies Durchfärben der Spulen, gleichgültig welche Apparate Verwendung finden, zu gewährleisten, ist bei der Herstellung der Spulen zu beachten, daß sie nicht zu fest gespult werden (der auf die Spule laufende Faden also keine zu große Spannung besitzt) und daß ihre Größe beschränkt ist. In den allermeisten Fällen kommen zylindrische Kreuzspulen zur Färbung. Konische Kreuzspulen können nur auf Apparaten nach dem Aufstecksystem (also auf perforierten Spindeln) gefärbt werden. Es ist hier außerordentlich schwierig, die Fadenspannung im engen und breiten Spulenteil so gleichmäßig zu halten, daß die Farbflotte, die stets den Weg des geringsten Widerstandes nimmt, überall gleiche Durchströmungsmöglichkeiten findet und eine egale Färbung ermöglicht[17].

Konische Kreuzspulen können z. B. auf Schweiter- oder Leesona-Spulmaschinen hergestellt werden, die Einrichtungen aufweisen, um die Spulenkanten weich zu gestalten. Kontrollvorrichtungen für die Fadenspannung, z. B. die Kidde Tension und Density Control, liefern Muschamp Taylor Ltd.[18].

Die Herstellung von Kreuzspulen erfolgt ab Trostle- (Trossel-) Kops und Strahn. (Eine Arbeiterin bedient 25 Spindeln, die Maschinengeschwindigkeit ist etwa 250 m/min., gespult wird ohne Filzbandbremsung.)

Der Radius der zylindrischen Spule ab Hülse beträgt 4,5 cm für Spulen, die zum Färben kommen. Für die Pack-Bleich-Anlage bestimmte Spulen weisen einen Radius von 6 cm auf. Gemäß den angegebenen Radien enthält eine Spule zum Färben etwa 250 g, eine für die Bleiche bestimmte zirka 320 bis 330 g Baumwollgarn[19].

Als billigstes Hülsenmaterial (die Spulhülsen müssen natürlich perforiert sein) ist Pappe (präpariert, lackiert usw.) in Gebrauch. Weitaus besser sind Nickelinhülsen bzw. für die Bleiche Niro-Hülsen aus rostfreiem Stahl. Für Kunstseidenspulen sind jetzt auch vielfach Kunststoffhülsen oder bloße Spiralen (zylindrisch oder konisch) in Gebrauch. Der Anschaffungswert der Kreuzspulhülsen aus

[17] Vgl. Apparaturen der Foster Machine Corp., Text. Merc. **125,** 3248, S 18/19 (1951).

[18] Vgl. Rayon Revue (Breda und Enka, engl. Ausgabe 1951).

[19] Siehe auch CASWELL: Amer. Dyestuff Reporter **40,** P 257 (1951).

Metall oder Kunststoff ist ein weitaus höherer als der für Papierhülsen, doch macht sich derselbe bezahlt. 1936 kosteten z. B. perforierte präparierte Papierhülsen von 6 g per Kilogramm 0,56 holl. fl., das ist per 1000 Stück 3,36 holl. fl. Nickelinhülsen kosteten (bei Abnahme von 5000 Stück) pro 1000 Stück 148,80 holl. fl. (180 RM), Nirohülsen, zu denselben Bedingungen pro 1000 Stück 280 holl. fl., also das 40- bis 65fache. Dabei gelten als Hülsenmaße: 148 mm Länge, 11,5 bis 12 mm Durchmesser. Es ist bei der endgültigen Beurteilung der Wirtschaftlichkeit jedoch einmal darauf hinzuweisen, daß Papphülsen höchstens zwei- bis dreimal verwendet werden können, da beim Packen die Hülsenkanten verbogen werden. Ferner bleibt aus eben diesem Grund beim Kannettieren (Herstellung der Schußspulen) stets ein kleiner Garnrest auf der Hülse, da beim Abspulen desselben der Faden über den rauhen Hülsenrand läuft und reißt. Nachfolgende kurze Berechnung (holl. fl. vor 1937) möge hier als Illustration dienen:

Produktion: 130000 lbs. Kreuzspulen = 200000 Stück im Jahr, dazu nötig 1400 kg Papphülsen à 0,56 holl. fl.	784 holl. fl.
Durch Deformation der Hülse (Ränder) verbleiben im Durchschnitt 2 g Baumwolle unabspulbar als Abfall = 400 kg à 2,00 holl. fl.	800 „ „
Mehrkosten beim Abspulen der letzten Spulanteile	38 „ „
	1620 holl. fl.

10000 Nickelinhülsen	1488 holl. fl.
2% Jahresverlust	30 „ „
6% Zinsen des Anschaffungskapitals	90 „ „
	1608 holl. fl.

In einem Jahr ist also die Anschaffung der Hülsen amortisiert.

Beim Spulen auf gebrauchte Hülsen ist darauf zu achten, daß etwa noch vorhandene Fadenreste entfernt werden, da sie Wulstbildungen verursachen können, die dann die gefärbten Kreuzspulen in ihren letzten Anteilen trotz Verwendung von Metall- oder Kunststoffhülsen schwer abspulbar machen.

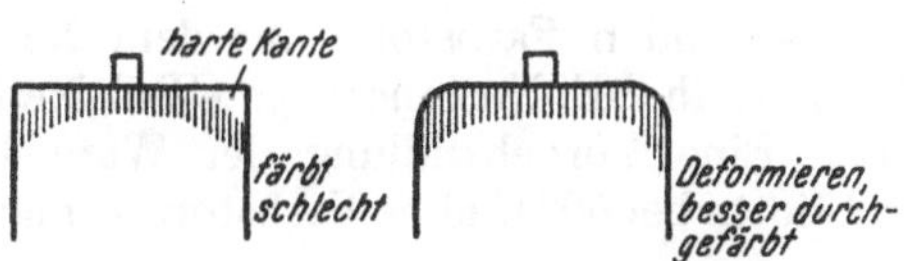

Abb. 87. Abrunden der Spulenkanten.

Abb. 88. Kreuzspule ohne Hülse.

Vor Ablieferung in die Färberei müssen die scharfen Kanten der Spulen abgerundet werden, da sie sich sonst schwer durchfärben, trotz weicher Spulung. Das Abrunden erfolgt von Hand aus durch Herabschieben der Fadenlagen. Es gibt aber auch Spulenformen dafür. Kreuzspulmaschinen mit Fachvorrichtung spulen weichere Kanten, doch ist die Abrundung auch hier empfehlenswert.

Das Färben von Kreuzspulen aus Wollgarnen erfolgt am besten in Packapparaten, wie sie beim Färben loser Wolle besprochen sind, also etwa Lindner usw. Beim Färben von Nachchromierungsfarbstoffen sind Metall- (Fe-) Teile, die den Farbton trüben, zu vermeiden. Nach dem Aufstecksystem wird daher nicht gefärbt. Ein Zusatz von Nitrilotriessigsäure (Trilon A) wird empfohlen, doch ist sein Schutz nur ein sehr bedingter. Mehr als beim Färben von losem Material ist auf beste Egalität zu achten. Hierzu ist neben richtiger Spulenweiche auch noch Erfahrung beim gleichmäßigen Packen der einzelnen Spulenlagen notwendig. Es dürfen keine dichtgepackten „Nester" in der Lage sein, umgekehrt natürlich auch wieder keine „Kanäle", durch die die Flotte zirkulieren und einen Großteil der Spulen innen ungefärbt oder hell lassen würde. Vielfach wird das Kreuzspulmaterial auch in Apparaten nach dem Tellersystem (s. Abb. 35, 86) gefärbt.

Um zu verhindern, daß das Garn der inneren Spulenteile durch die Metallhülse verfärbt wird, spult man vielfach so, daß man die Kreuzspule von der Hülse abheben kann. Ein Verwirren oder Zusammenfallen der Garnlagen tritt

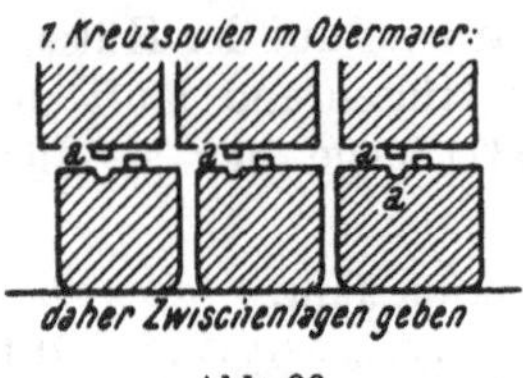

Abb. 89.

Abb. 90.

nicht ein. Zum besseren Schutz (beim Herausnehmen zusammengepreßter Spulen) bindet man mittels einer Schnur, wie die Skizze (Abb. 88, 92) zeigt, ab.

Besitzen die Spulen Hülsen, so wird beim Arbeiten in Packapparaten, um ein Einpressen des überstehenden Hülsenendes in die Spule der unteren Lage und damit wieder das Entstehen einer ungefärbten Stelle zu verhindern, zwischen jeder Spulenlage eine dünne (1,5 cm) Lage loses Material gegeben (Abb. 89, 90, 95). Es dient auch zum Ausgleich der Packung als Ganzes gegen Unregelmäßigkeiten in der Durchdringbarkeit für die Flotte. Bei den Apparaten nach dem Tellersystem kommt dieser Übelstand an sich nicht vor. Hier besteht die Gefahr der Ausbildung von „Kanälen" durch Verschiebung der Materialsäulen beim Ansetzen der Zirkulationspumpe.

1. Wolle

Bei der Farbstoffauswahl ist neben der gewünschten Echtheit vor allem die Egalisierung und das Durchfärbevermögen der Farbstoffe wichtig. Für saure Färbungen empfehlen sich die gut egalisierenden Farbstoffe aus dem Neolan- oder Palatinechtfarbstoffsortiment (Neolangelb BE, Neolanorange GRE, Neolanrot BRE, GRE und Neolanblau GG). Eine Vorbehandlung der Ware bzw. Vorzirkulierenlassen mit der sauren Farbflotte bei 50° C ohne Farbstoff ist manchmal von Vorteil.

Nach Wojatschek [Melliand Textilber. **33**, 430 (1952)] erfolgt die Färbung von Wollkreuzspulen vorteilhaft mit Supramingelb R, Supracenrot BL, BBT und Supracenblau GE in Kombination in saurer Färbung, wobei man die Säure mit etwas Ammoniak abstumpft, um ein allzu rasches Aufziehen zu verhindern. Bei Verwendung von Chromfarbstoffen nuanciert man mit Supramingelb R, -orange R, -rot 6B, bzw. Supracenrot BBT, 3B und -blau R bzw. BN.

Für Marinetöne verwendet man mit gutem Erfolg Chromoxanmarineblau RRN, für Schwarz Chromogenschwarz ETOO (alle Farbstoffe Bayer).

Lindner-Apparat: 40 kg 48/2 Kammgarn auf Kreuzspulen.
300 l H_2SO_4, 4 kg Glaubersalz, krist.
Rotdrap: 0,14 kg Neolangelb G (Ci)
0,12 „ Neolanblau GG (Ci)
0,08 „ Neolanorange R (Ci)
0,07 „ Neolanrosa G (Ci)

Man geht mit der Ware in die kalte, ein Drittel der Säuremenge enthaltende Flotte, bringt sie zum Kochen (alle 5 Minuten Zirkulation wechseln) und setzt dann innerhalb 1½ Stunden den Rest der Säure verdünnt in 2 Portionen zu. Hernach wird gemustert und wenn nötig nuanciert. Die Menge Farbstoff wird, in möglichst viel Wasser gelöst, zugegeben.

Der früher zum Färben von Streichgarn verwendete Lindner-Garnfärbeapparat wurde für Kreuzspulfärberei umgebaut. Von einer Verwendung von rostfreiem Stahl wurde bei der Änderung bis auf die Verwendung dieses Materials für die Boden- und Deckelplatten zum guten Abdichten des Spindelkanals der Flottenzirkulation wegen Fleckenbildung abgesehen. Ebenso wurden statt Nickelinhülsen, die immer fleckige Spulen ergaben, solche aus präparierter Pappe genommen, die den Färbeprozeß zirka fünf- bis sechsmal aushalten. Selbstverständlich sind sie perforiert. Die Spulen selbst hatten eine Dicke von zirka 7 cm, mit Hülse zirka 9 cm. Sie enthalten zirka 350 g Garn. Es wurden neben Färbungen mit Neolanfarbstoffen und Egalisierungsfarben auch Chromfarbstoffe nach dem Nachchromierungsverfahren gefärbt. Die Resultate waren als gut zu bezeichnen.

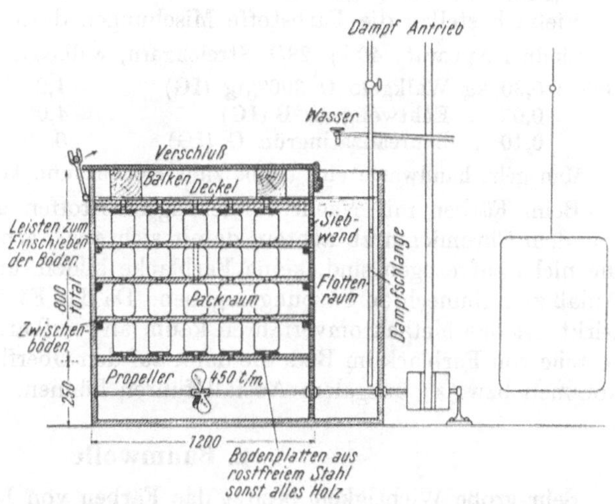

Abb. 91. Betriebskonstruktion (Umbau Lindner-Apparat). Apparat aus Holz, Höhe 900 mm, Breite 1200 mm, Tiefe 650 mm. Fassung: 6 Lagen Kreuzspulen, zirka 25 kg.

Für saure, gut naßechte und vor allem hochlichtechte Färbungen empfiehlt Geigy letztlich sein Erioechtbraun 5GL, insbesondere in Kombination mit Erioechtrot 2BL und Erioanthracenreinblau 4GL.

Von den neuen Neolanmarken können ins kochende Farbbad zugesetzt werden (Ciba):

Neolangelb BE, GR, 8GE, Neolanorange G, GRE, Neolanrot BRE, GRE, Neolanbordo BE, RM, BM, Neolanblau GG, RR, Neolangrün BL.

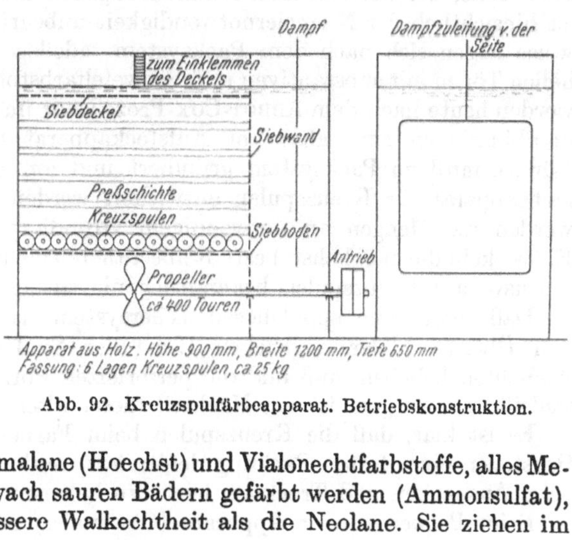

Abb. 92. Kreuzspulfärbeapparat. Betriebskonstruktion.

Die Irgalane (Gy), Cibalane (Ci), Lanasyne (Sa), Remalane (Hoechst) und Vialonechtfarbstoffe, alles Metallkomplexe, welche aus schwach sauren Bädern gefärbt werden (Ammonsulfat), besitzen in der Regel eine bessere Walkechtheit als die Neolane. Sie ziehen im

Gegensatz zu diesen auch in ihrer Endnuance auf die Faser, wodurch das faserschädliche lange Kochen entfällt.

Ihrer Zusammensetzung nach stellen sie Chrom- oder Kobaltkomplexe dar (vgl. z. B. Österr. Patent 173520).

Die Ciba empfiehlt: Cibalangelb GRL, 2BRL, -orange RL, -braun 2GL, BL, TL, -scharlach GL, -bordeaux BL, -blau BL, -khaki GL, -grau BL, 2GL.

Geigy nennt: Irgalangelb GL, -orange RL, -braun 2RL, 3BL, 2GL, -olive BGL, -grau BL (früher Polargrau BL), -bordeaux RL.

Sandoz besitzt derzeit: Lanasynorange RLN, -braun RL (einheitlich), GL, VL, -grau BL, -blaugrün BL.

Vielfach stellen die Farbstoffe Mischungen dar.

Lindner-Apparat: 40 kg 28/1 Streichgarn, walkecht, auf Kreuzspulen.

Grün:	0,30 kg	Walkgelb O 300%ig (IG)	1,20 l	Ameisensäure 85%ig
	0,05 „	Echtwollgrün B (IG)	4,00 kg	Glaubersalz, krist.
	0,10 „	Säurealizaringrün G (IG)	0,50 „	Tetrakarnit

Man geht handwarm ein, treibt zum Kochen und kocht $^3/_4$ Stunden.

Beim Färben mit Nachchromierungsfarbstoffen ist auf gründliches Spülen vor dem Chromieren zu achten, damit sich aus Farbstoffresten in den Spulen, die nicht aufgezogen sind, keine Farblacke bilden, auf der Spule absetzen und Anlaß zu reibunechten Färbungen geben. Da das Färbegut wie ein dichtes Filter wirkt, ist das Metachromverfahren kaum anwendbar. Es liefert immer gewisse Anteile von Farblack im Bad, die dann auf den Oberflächen der Spulen zu sitzen kommen bzw. zu unegalem Ausfall führen können.

2. Baumwolle

Sehr große Wichtigkeit besitzt das Färben von Kreuzspulen für die Baumwollindustrie, insbesondere die Buntwebereien. Hier wird ebenfalls, da wenig Material auf die Aufsteckapparate geht, meist nach dem Packsystem gefärbt.

Nach vielfach geäußerten Meinungen sind Packapparate nur für direkte und dunkle Schwefelfarbstoffe bzw. vor allem Standardfarben, die kein Nuancieren erfordern, geeignet. Helle Direktfarben sowie alle Küpen- und Naphtolfarben sollen in Apparaten nach dem Aufstecksystem hergestellt werden, insbesondere aber Töne, bei welchen man Nuancierzugaben machen muß. Diese Zweiteilung ist hinsichtlich der Nuanciernotwendigkeit unbegründet. Bei geeigneter Arbeitsweise lassen sich nach dem Packsystem tadellose egale Ausfärbungen auch in hellen Tönen mit substantiven und Schwefelfarbstoffen machen. Küpenfärbungen werden heute nach dem Abbot-Cox-Prozeß nur im Packsystem gefärbt. Naphtolkombinationen sind aber am Aufsteckapparat nur umständlich herstellbar. Für sie muß im Packsystem grundiert und am besten am Zittauer Naphtolfärbeapparat für Kreuzspulen entwickelt werden. Nur bei dieser Arbeitsweise werden die Mengen an notwendigem Grundierbad klein gehalten und beim Entwickeln die möglichst beste Reibechtheit erzielt. Ganz reibecht ist Naphtolrot usw. auf Kreuzspulen bekanntlich nie zu erzielen.

Daß man beim spindellosen Tellersystem nach Krantz (s. Abb. 93) meist den Übelstand der ungleichen Höhe der Spulensäulen durch zeitraubendes Abdichten beheben muß und die perforierten Porzellanteller einem großen Verschleiße unterliegen, ist ein Nachteil dieser alten Konstruktionen.

Es ist klar, daß die Kreuzspulen beim Färben im Packapparat durch das Herstellen einer festen Packung deformiert werden. Diese Deformation ist aber beim Auspacken und Trocknen leicht zu beheben bzw. geht von selbst zurück.

Beim Packen runder Apparate (Obermaier) ist darauf zu achten, daß der äußere Ring an Spulen nicht zu weich gepackt wird, da sonst leicht nicht durchgefärbte Stellen erhalten werden (s. Abb. 94). Man packt erst den Außen- und den Innenring und dann erst die Zwischenlage.

Es werden fünf Lagen zu 76 Stück gepackt, im Außenring liegen zirka 32 Stück. Es gehen zirka 380 Stück in den Apparat. Das Gewicht des Materials beträgt zirka 95 kg.

Zwischen die einzelnen Lagen der Spulen, wo die Nickelinhülsen vorstehen und sich in die andere Spulenlage gerne einpressen und zu weißen, nicht durchgefärbten Stellen Anlaß geben könnten, werden entweder alte Deckenteile oder schwache Lagen Abfall gebracht, um das zu verhindern. Etwas muß zwischengelegt werden, da die reinen fünf Spulenlagen den Apparat der Höhe nach nicht vollkommen ausfüllen: Abb. 95.

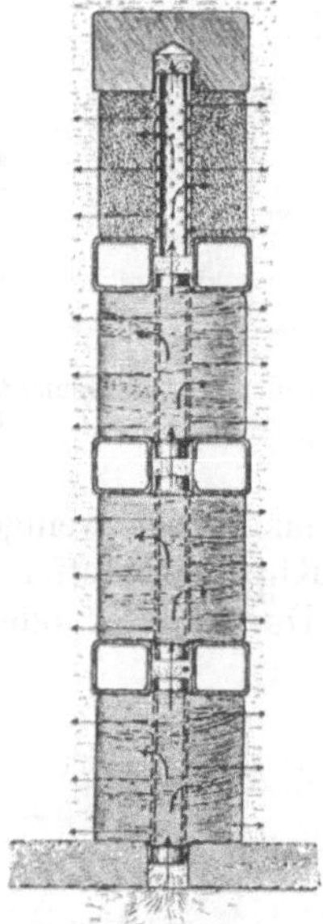

Abb. 93. Krantz-Spindel (ältere Konstruktion).

Harte Spulen sind vor dem Färben abzukochen, ebenso lichte Farben. Dunkle Farben werden meistens direkt ohne Abkochen gefärbt.

Der Durchmesser der zu färbenden Spulen muß möglichst gleichmäßig sein (siehe auch Spulerei). Zu weiche Spulen sind abzulehnen, da sich zwischen ihnen durch leichte Deformation beim Einpacken leicht Kanäle bilden und Anlaß zu nicht durchgefärbten Spulen geben. Hartkantige Spulen sind in der in Abb. 87 gezeigten Art zu deformieren, sonst wird die Kante beim Färben nicht durchgefärbt.

Am häufigsten tritt in der obersten Lage der Fehler ein oder über den ganzen Apparat in den äußeren Lagen, daß die Kanten der dort befindlichen Spulen nicht durchgefärbt sind. In solchen Fällen muß man eine 3 cm dicke Schicht loses Material über den Apparat geben, etwas Netzmittel zusetzen und bei erhöhter Temperatur noch mindestens ½ Stunde laufen lassen. Meistens gelingt es dadurch, den Fehler zu beheben.

Bei hellen Farben ist vor dem Färben die Apparatfüllung immer abzukochen, wobei Nekal BX (IG) oder Monopolbrillantöl (Stockhausen) usw. neben etwa

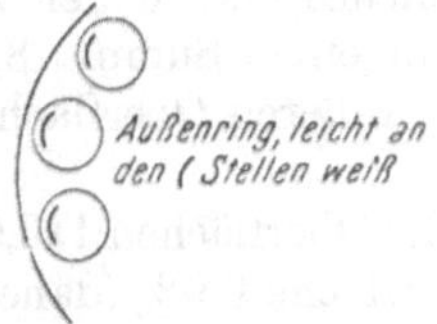

Abb. 94. Packen der Außenlage einer Kreuzspulenbeschickung am Obermaier-Packapparat.

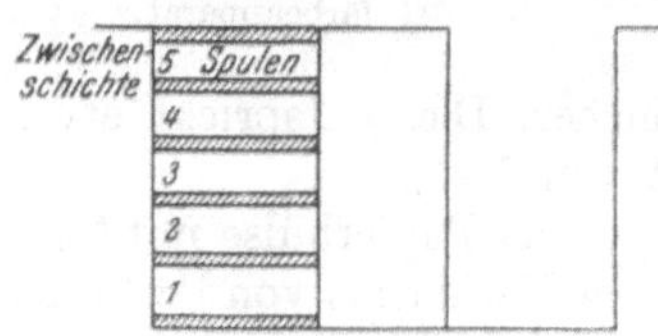

Abb. 95.

3 bis 5 g Soda sicc. angewendet wird. Dabei ist zu beachten, daß man am besten in der ersten Zeit der Abkochbehandlung die Zirkulationsrichtung nicht ändert, sondern 30 Minuten von außen nach innen zirkulieren läßt. Dabei soll, um eine starke Verschmutzung des Warenblocks zu verhindern, der Apparateinsatz, also Materialträger, mit dichtem Mollino ausgekleidet sein.

Entweder färbt man am Obermaier-Apparat, der mit seinem Flottenverhältnis von 1 : 12 besonders günstig liegt, oder man arbeitet mit Apparaten nach dem Tellersystem. Über die Kreuzspulen (zylindrische) wurde bereits ausführlich gesprochen (s. S. 181 ff.). Sie sind zylindrisch, an den Kanten abgerundet und auf perforierte Nickelin- oder Kunststoffhülsen gespult. Die auf ihnen befindliche Materialmenge beträgt 250 bis 300 g. Die Durchfärbung der Spulen ist für stärkere Garne leichter erreichbar als für feinere Nummern.

Abb. 96 a. Kreuzspulenfärbeapparat, System Obermaier (Schema).

Zum Färben von Kreuzspulen im Packsystem empfiehlt man in USA Papierhülsen (präpariert) mit $^{5}/_{8}''$ Durchmesser, Metallhülsen mit $^{5}/_{8}''$ Durchmesser oder Franklin-Federhülsen.

Die Papierhülsen, die man heute gegenüber früher weniger gebraucht (sie kosteten etwa 1 Cent), sind wegen des weiten Abstandes der Perforation usw. und wegen des Umbiegens des Hülsenrandes für das Färben weniger geeignet. Man verwendet insbesondere für das Färben von Küpenfarbstoffen und hochaffinen mercerisierten Garnen Metallhülsen mit $^{5}/_{8}''$ Durchmesser oder Spiralfedern, die auch keinen Abfall geben. Die Franklinspiralen, die mit einer Trikothülle versehen werden, stellen sich nach Angaben von CASWELL[20] auf zirka 20 Cent (USA).

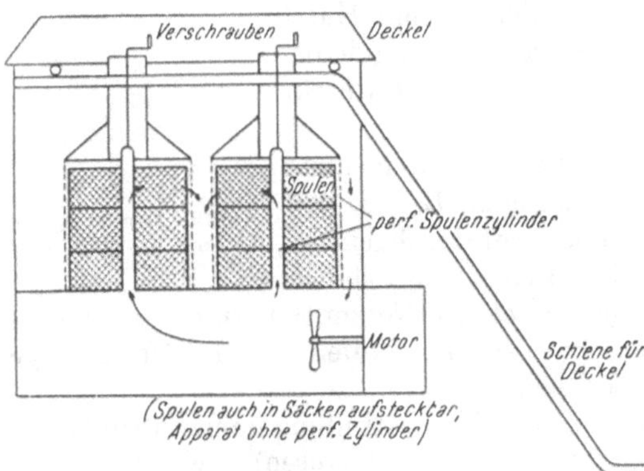

Abb. 96 b. Obermaier-(Lindner-)Kunstseiden-Kreuzspulenfärbeapparat.

CASWELL vergleicht nun die Garnoberfläche mit der Hülsenperforation und findet etwa folgende Werte:

Eine Metallhülse mit $^{5}/_{8}''$ Durchmesser und einer Garnauflage von 560 g (also wesentlich höher als die vorhergenannten Ziffern) besitzt eine äußere Oberfläche von 122,62 Quadratinches, eine solche innen von 30,62 Quadratinches und in der Hülse an Öffnungen in Summa 8,83 Quadratinches. Dies entspricht etwa, genommen an der äußeren Oberfläche, einem Wert von 7,2%.

Bei einer Papierhülse mit $^{5}/_{8}''$ Durchmesser sind die Oberflächen 116,02, 11,78 bzw. das Verhältnis von Perforation zur äußeren Oberfläche 0,9% (daher die auf $^{5}/_{8}''$ bzw. kleinere Hülsendurchmesser abgestimmten vorherigen wesentlich niedrigeren Angaben über den Spulenbelag an Material).

Bei einer Feder aber sind die Werte: 78,42, 26,55 bzw. 13,15%. Man kann dann die Materialdicke wesentlich erhöhen, um denselben Radialabstand zu haben wie bei der Metallhülse. Für Baumwolle, für welche alle diese Überlegungen gelten, sind auf der Franklin-Feder bis zu 700 g Material noch färbbar. Der Flottendurchstrom soll 10 l pro Minute pro Spule von 560 g betragen.

Beim Packen ist dieselbe Vorsicht zu üben, wie bereits unter Wolle gesagt. Zwischen zwei Spulenlagen packt man eine dünne Schichte Baumwollabfall,

[20] CASWELL: Amer. Dyestuff Reporter 40, P 257 (1951).

der vielmals (allerdings unter Berücksichtigung des zu färbenden Tones) verwendet werden kann. Das Trocknen der Ware erfolgt in Trockenhorden.

Nachstehend einige Rezepturen aus einer Buntweberei mit Übersee-Export. Die Färbungen sind durchwegs am Obermaier-Apparat SA 100 mit 100 kg Fassung und 1000 l Flotte hergestellt. Verwendet wird Rohgarn ohne Abkochung.

a) Direktfärbungen

1. Rotbraun: 3,000 kg Chlorantinlichtbraun RL (Ci)
   1,000 „ Plutobraun GG (IG)

1 kg Soda sicc., 8 kg Glaubersalz, kalz. Ohne Vornetzen auf Kochtemperatur gebracht und bei abgestelltem Dampf zirka $3/4$ Stunden gefärbt. Die Flottenzirkulationsrichtung wird anfangs alle 5 Minuten, nach 15 Minuten alle 10 Minuten geändert.

2. Dunkelgrün: 3,500 kg Benzogrün FF (IG)
   3,500 „ Glaubersalz kalz., ohne Soda.
3. Hellgrau: 0,100 „ Diaminbronze G (IG)
   0,035 „ Chloramingelb FF (Sa)

Ohne Zusatz. Es wird erst mit 0,5 g Nekal BX abgekocht und ohne Spülen auf frischem Bad gefärbt.

4. Bordo: 1,600 kg Benzobordo 6B (IG)
   0,720 „ Benzobraun MC (IG)
   0,200 „ Benzoechtschwarz L (IG)

0,5 kg Nekal BX in Färbeflotte, 0,75 kg Soda. Nach $1\frac{1}{4}$stündigem Färben werden 2 kg Glaubersalz krist. gelöst zugesetzt und noch $1/2$ Stunde gefärbt.

5. Blaugrau: 0,200 kg Chlorantinlichtblau 2 GL (Ci)
   0,025 „ Benzoechtviolett BL (IG)
   0,300 „ Nekal BX, ohne Abkochen
6. Olivgrün: 0,450 „ Benzoechtschwarz L (IG)
   0,300 „ Diaminbronze G (IG)
   0,040 „ Chloramingelb FF (Sa)

Aufstecksystem im Thies-Apparat. Warenmenge 180 lbs. = 85 kg, Flotte 1200 l. Man kocht mit 2 kg Soda sicc. und 0,5 kg Nekal BX $1/2$ Stunde ab, spült und färbt unter Zusatz von 0,2 kg Nekal BX, kalt beginnend und innert $1/2$ Stunde zum Kochen bringend, $3/4$ Stunden bei zirka 95° C.

Über Hochtemperaturfärbungen mit substantiven Farbstoffen vgl. S. 200.

b) Diazotierte Direktfärbung

(Obermaier aus Kupfer; die normale Ausführung des Apparates ist aus Eisen.)

Scharlach: 4,5 kg Diazobrillantscharlach ROR (IG)
0,9 „ Diazobrillantscharlach 6B extra (IG)

1 kg Soda sicc., 3 kg Glaubersalz, kalz. Man färbt wie gewöhnlich. Nach gründlichem Spülen wird auf 2,5 kg $NaNO_2$ in 1000 l Wasser kalt laufen gelassen, 10 Minuten (viermal Zirkulationswechsel). Dann werden 7 l HCl 30%ig mit Wasser verdünnt auf dreimal zugegeben (je 10 Minuten), 30 Minuten laufen gelassen und nach gründlichem Spülen mit einer Lösung von 1,2 kg β-Naphtol und 1,2 l NaOH 40° Bé in 1000 l 30 Minuten entwickelt.

c) Basische Färbungen

Diese für Exportware nach Übersee wichtigen Tönungen wurden auch für breite Webestreifen in guter Reibechtheit und Egalität in folgender Weise hergestellt (Obermaier-Apparat aus Kupfer).

Das Färbegut wurde mit Katanol O bzw. ON, Soda sicc. und entsprechenden nicht zu hohen NaCl-Mengen bei 60° C 30 Minuten gebeizt. Hernach wurde gründlich gespült (eventuell ins Reservoir hochgepumpt) und dann das letzte Spülwasser mit etwas CH_3COOH versetzt, zirka 20 Minuten laufen gelassen. Der mit Säurezusatz angeteigte, gut gelöste und aufgekochte basische Farbstoff wird durch ein Tuch auf mehrere Male zugesetzt. Es wird in der Regel kalt gefärbt, nur in besonderen Fällen bis etwa 40° C erwärmt. Nach dem Färben und gründlichem Spülen wird mit 2 g Seife pro Liter kochend geseift und hernach warm und kalt gewaschen.

Ohne Nachseifen werden Färbungen mit geringerer Reibechtheit erhalten; doch können sie ohne weiteres gespult und verwoben werden.

1. Giftgrün. Stehendes Katanol-ON-Bad (IG).

a) 1. Beize: 7,0 kg Katanol ON, 5,0 kg Soda sicc., 25 kg NaCl
2. „ 4,5 „ Katanol ON, 3,0 „ Soda sicc., 15 „ NaCl
3. „ 3,8 „ Katanol ON, 2,8 „ Soda sicc., 10 „ NaCl

Jeweils 1 Stunde bei 60° C. (Über das Spülen nach dem Beizen s. oben.)

Gefärbt mit: 1,3 kg Brillantgrün krist. (IG)
2,0 „ Rhodulingelb 6 G (IG)
3,5 l Essigsäure konz.

Nachbehandelt mit 2 kg Tannin bei 60° C, dann spülen und kochend seifen.

b) 5 kg Katanol ON (IG)
4 „ Soda sicc.
20 „ NaCl

1 Stunde gebeizt, dann gespült, gesäuert und gefärbt mit
0,90 kg Rhodulingelb 6 G (IG)
0,43 „ Rhodulinblau 6 G (IG)
3 l Essigsäure 30%ig

Farbstoff auf einmal zugeben, nach ½ Stunde Kaltlaufen langsam innert ½ Stunde auf 40° C erwärmen, ½ Stunde laufen lassen, gründlich spülen.
Packung: 200 Kreuzspulen, in 5 Lagen.

Für lichte Farben: Ansatz: 4 kg Katanol O
3 „ Soda sicc.
ohne Salz (NaCl) jedesmal frisch

Für dunkle Nuancen (heikle Farben)

Ansatz:	Nachsatz:
6 bis 7 kg Katanol O	4 bis 5 kg Katanol O
4 „ Soda sicc.	3 „ Soda sicc.
5 bis 10 „ Salz (NaCl)	2 bis 4 „ Salz (NaCl)

oder für weniger heikle Töne (violett, rosa)

Ansatz:	Nachsatz:
5 kg Katanol O	3 kg Katanol O
4 „ Soda sicc.	2 „ Soda sicc.
20 „ NaCl	5 „ NaCl

oder die neue Marke Katanol ON (läßt die Baumwolle weiß), während Katanol O einen schwach-gelblichen Ton verursacht. Die Löslichkeit von Katanol ON bzw. Thiotan MS (Sa) beträgt bei Anwesenheit von 20 g NaCl pro Liter Bad etwa 10 g/l. Bei hartem Wasser von etwa 10° D. H. verringert sich diese Menge auf 8 g/l. Dies ist bei Apparatfärbungen mit kurzen Flotten bei der Ausfärbung dunkler Töne hinsichtlich der Vorbeize zu berücksichtigen. Statt Katanol ON ist auch Thiotan MS (Sa) oder Tannotex S (Ci) bzw. Trifol A (Schiedam) anwendbar.

d) Schwefelfärbungen

Dunkle Töne werden stets am Standbad gefärbt. Um das Auftreten von bronzigen Stellen an der Oberfläche der Spulen zu vermeiden, ist der Gebrauch von Na_2S krist. anzuraten. Na_2S konz. (in Trommeln eingeschmolzene Ware) enthält viel FeS usw., welche Verunreinigungen trotz Tuchsiebung in die Flotte kommen und sich an der Spulenoberfläche absetzen. Dies gilt insbesondere für das Färben von Schwefelschwarz oder Schwefelblau. Das Schwefelalkali ist in genügenden Mengen vorhanden, wenn der Schaum der Bäder weiß ist.

1. Schwarz. Ansatz: 12 kg Schwefelschwarz FAG extra (IG)
12 „ Na_2S konz.
2 „ Soda sicc.
15 „ Glaubersalz kalz.

Gefärbt wird unabgekocht und ungenetzt, 1 Stunde kochend.

2. Bad: 11 kg Farbstoff und 11 kg Na_2S konz., 5 kg Glaubersalz kalz.
3. Bad: 10 kg Farbstoff und 10 kg Na_2S konz., 5 kg Glaubersalz kalz.
4. Bad: 8 kg Farbstoff und 8 kg Na_2S konz., 5 kg Glaubersalz kalz.

Nachher weglassen, da das Bad durch Verunreinigungen aus der Baumwolle dazu neigt, rußende Färbungen zu liefern. Ist ein Hochreservoir vorhanden, kann man immer zirka 50% des Bades nach vier Färbungen erneuern.

2. Marineblau. 4,5 kg Pyrogendirektblau RLN 400%ig (Ci)
18,0 „ Na_2S krist.
3,0 „ Soda sicc.

Der Farbstoff wird mit dem Schwefelnatrium kochend gelöst und durch ein Tuch dem Bade zugegeben. Es wird ungenetzt und unabgekocht gefärbt.

3. Hellgrau. 0,7 kg Katigenschwarzbraun N extra (IG)
0,7 „ Katigenolive G (IG)

Es wird in 4 kg Na_2S krist. gelöst unter Zusatz von 1,5 kg Soda sicc. und 1 kg Türkischrotöl, dann filtriert und nach Zusatz von 10 kg Glaubersalz krist. gefärbt. Nach der Färbung wird gründlich gespült und auf 0,3 kg Perborat bei 35° C ½ Stunde reoxydiert.

Die Färbung von Schwefelfarbstoffen wird zur Ausschaltung der schädlichen Einwirkung des Luftsauerstoffs stets in geschlossenen Apparaten vorgenommen.

Statt der unter a) und d) angegebenen Farbstoffe sind gleich vorteilhaft:

(IG) Direkte Farbstoffe: Siriusbraun BRL, Chloramingelb FF;
Schwefelfarbstoffe: Immedialdunkelblau R konz.

(Ci) Direkte Farbstoffe: Direktdunkelgrün S, Direktechtschwarz B, Direktbraun 2R E.
Schwefelfarbstoffe: Pyrogentiefschwarzmarken.

(Sa) Direktfarbstoffe: Solarbraun PL, Trisulfonbraun G, Chloramindunkelgrün, Chloraminbraun 2R, Chloraminechtschwarz B, Solarviolett R, Trisulfonbronze G;
Schwefelfarbstoffe: Thionaldunkelblau RL konz., Thionalbraun B, Thionalolive G, Thionaltiefschwarzmarken.

(Gy) Direkte Farbstoffe: Diphenylchlorgelb FF, Direkttiefbraun R, Diphenylechtbraun BRL, Diphenyldunkelgrün B konz.;
Schwefelfarbstoffe: Eclipsbronze, Eclipsdirektblau RLP, Eclipstiefschwarz S konz.

e) Naphtolrotkombinationen

Das Färben von Naphtolrot auf Kreuzspulen ist nur mit substantiven Naphtolmarken möglich, da sonst die an sich nicht gute Reibechtheit der Färbung zu sehr verschlechtert wird. Zufolge der Filterwirkung der Spule ist auch ein Seifen nur schwer möglich. Der Herstellung der Lösung der diazotierten Base muß größte Aufmerksamkeit geschenkt werden. Oft entstehende teerige Abscheidungen sind sorgfältig zu entfernen.

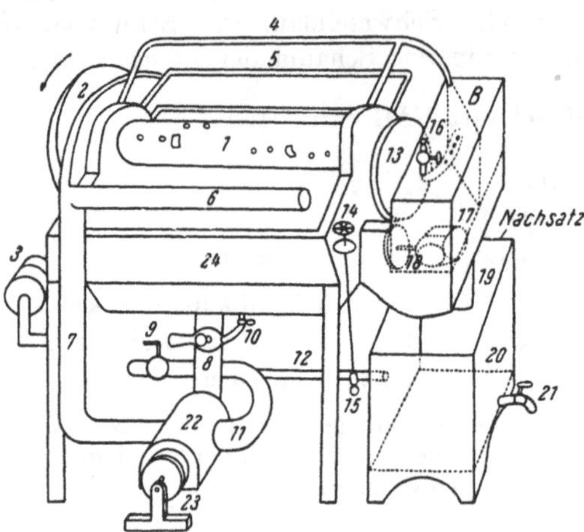

Abb. 97. Zittauer-Kontinueapparat zum Färben von Naphtolrot auf Kreuzspulen. Type UW, 800 Stück Kreuzspulen per Stunde, 150 Touren 0,2 HP, Scheiben 250 mm D, 60 mm B, Kraftbedarf 0,2 HP, Welle *1* des Vorgeleges *3* 150 Touren, Färbetrog 50 l, Arbeitsvolumen 80 l, Pumpenförderung 1200 l per Stunde. Ohne Luftstation, Anschluß an bestehendes Vakuum der Thies-Färbeapparatur. *1* Rotierende Achse mit den Ansteckansätzen für die Kreuzspulen, konische. — *2* Zahnrad zu deren Antrieb, mittels Schnecke von *3* aus bewegt. — *3* Voll- und Leerscheibenantrieb des Apparates. — *4* Saugleitung nach dem Windkessel *17*. — *5* Flottensaug- und Druckleitung von der Pumpe *22*. — *6* Flottenrückspritzrohr von der Pumpe *22* aus dem Gefäß *20*. — *7* Leitung zur Pumpe *22*. — *8* Abfluß bzw. Leitung des Flottenbehälters *24* zur Pumpe. — *9* Ausfluß. — *10* Zweigleitung vom Flottentrog. — *11* Verbindung Pumpe—Flottentrog. — *12* Verbindung Pumpe—Vorratsgefäß. — *13* Zahnrad zum Antrieb des Windkesselventils *18*. — *14* Hebel zum Drehen des Hahnes *15*, der die Nachsatzzufuhr einstellt. — *15* Hahn für *14*. — *16* Anschlußrohr und Ventil zur Luftpumpe. — *17* Windkessel mit Schutzblech *B*. — *18* Windkesselventil, um die Saugwirkung und Zeit zu regeln. — *19* Abfluß der abgesaugten Flotte aus den Spulen ins Vorratsgefäß und von da zum Trog. — *20* Vorratsgefäß. — *21* Auslaß. — *22* Pumpe. — *23* Vorgelege zur Pumpe. — *24* Färbeflottentrog.

Das Grundieren erfolgt meist im Packapparat (Obermaier usw.), das Entwickeln entweder nach dem Aufstecksystem oder im Zittauer-Naphtolrot-Kreuzspulfärbeapparat (vgl. Abb. 97). Ein Grundieren im Aufstecksystem wird ungern angewendet, da man zur gründlichen Entwässerung der Spulen (auf zirka 50% Feuchtigkeit) diese abnehmen, zentrifugieren und wieder aufstecken muß. Abgesehen von der Mehrarbeit bringt diese Arbeitsweise die Gefahr mit sich, daß beim Abnehmen oder Transportieren Flecken usw. in der Ware entstehen. Über die anzuwendenden Naphtol- bzw. Echtrotbasen oder Salzmengen gibt die Broschüre der IG Farben Nr. 133/A, 1928, Auskunft; sie zeigt neben Rezepten und Aufziehkurven auch Apparateskizzen, allerdings ohne nähere Details.

Im nachstehenden sind drei Färbeweisen für Naphtolrottöne aus der Kombination Naphtol AS-TR, Echtrot-TR-Base, aus der Praxis stammend, beschrieben. Es handelte sich um die Färbung von Kreuzspulen zur Herstellung von Schußkopsen für Waren mit großen Rotfondanteilen.

1. 200 lbs. = 95 kg Kreuzspulen werden im mit Tüchern ausgelegten Obermaier-Packapparat grundiert. Vorerst wird mit 3 kg Soda sicc. und 1,5 l NaOH 40° Bé sowie 0,5 kg Nekal BX ¾ Stunden abgekocht und gründlich gespült. Man setzt zu 500 l Flotte im Apparat eine Lösung von 3,6 kg Naphtol AS-TR (2, 3-Oxynaphthoesäure-5 chlor-o-toluidid), welches mit 1,8 l Sprit denaturiert und 3,6 kg Türkischrotöl 50%ig angeteigt und in 3,6 kg NaOH 34° Bé gelöst wurde und gibt 3,6 l Formaldehyd 40%ig zu. Dann wird auf 1000 l Flotte aufgefüllt. (Wassergehalt der Spulen!) Man grundiert 30 Minuten bei 40° C.

Bekanntlich wird aus dem Naphtol und der NaOH ein Naphtolat gebildet, welches löslich ist, aber schon durch die Kohlensäure der Luft abgeschieden werden würde, wenn man nicht zu seiner Stabilisierung Formaldehyd zusetzte. Nach anderen Ansichten soll die hydrolytische Spaltung des Na-Salzes in der Lösung die Schuld an deren Unstabilität besitzen. Wichtig ist für die Apparatfärberei, daß die verwendeten Naphtole faseraffin sind, da sie andernfalls durch die Diazolösung beim Entwickeln von der Faser gespült werden würden und dadurch im Spuleninneren hellere Färbungen entstünden. Man hilft durch Salzzugabe zur Basenlösung nach, um dem Herunterlösen des Naphtols vorzubeugen. Die Diazoverbindungen der Basen müssen hinwieder eine rasche Kupplung zulassen.

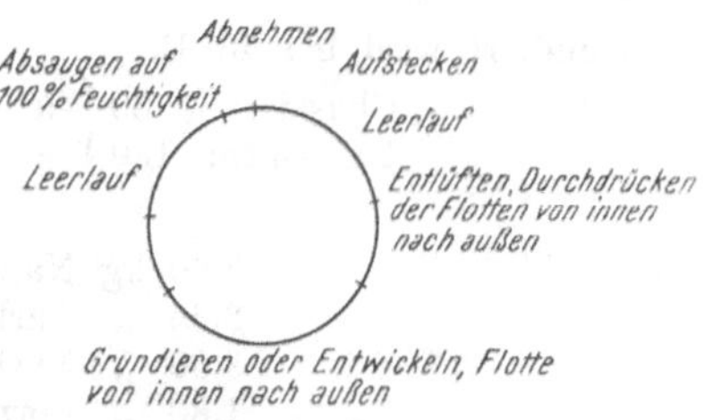

Abb. 98. Schema der Arbeit am Zittauer Kreuzspulen-Naphtolrotfärbeapparat.

Nach dem Ausschleudern in der Zentrifuge (das Material bleibt im Materialbehälter des Obermaier-Apparates) auf zirka 60% Wassergehalt wurde dann am Zittauer Kontinueapparat entwickelt (Abb. 97).

Herstellung der diazotierten Kupplungslösung von Echtrot TR-Base (5-Chlor-o-toluidin).

Chassis:	80 l à 3 g/l	= 0,24 kg
Nachsatz:	130 l à 18 g/l	= 2,34 „
		2,58 kg Echtrotbase TR

2,58 kg Base TR in 50,000 l Wasser lösen, 2,58 kg HCl 40° Bé zugeben, durchrühren und bei 10° C langsam 1,1 kg Nitrit, in 10 l H_2O gelöst, einrühren, 30 Minuten stehen lassen, 1,9 kg Na-Azetat zugeben und 0,65 l CH_3COOH 50%ig. Nach Zugabe

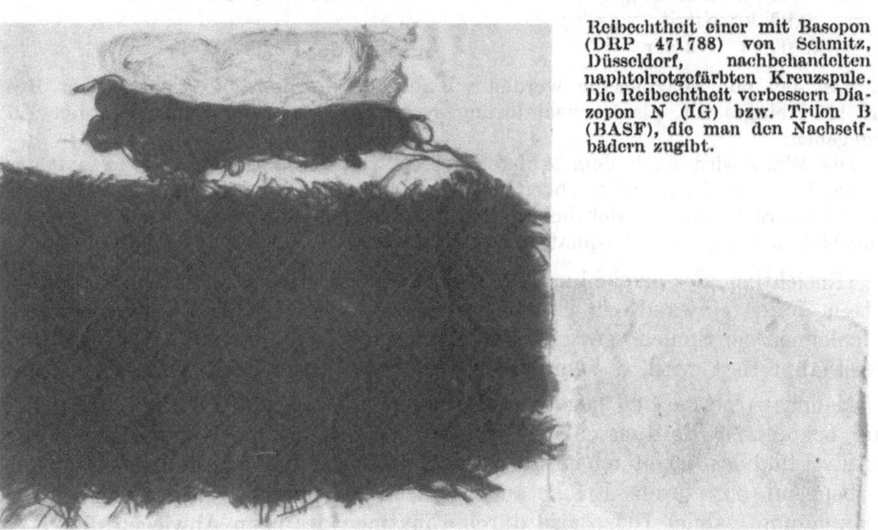

Reibechtheit einer mit Basopon (DRP 471788) von Schmitz, Düsseldorf, nachbehandelten naphtolrotgefärbten Kreuzspule. Die Reibechtheit verbessern Diazopon N (IG) bzw. Trilon B (BASF), die man den Nachseifbädern zugibt.

Abb. 99. Die Reibechtheit von am Zittauer Apparat gefärbten Kreuzspulen (Naphtolrot).

von 25 kg NaCl prüft man, ob die Lösung nicht mehr kongosauer ist (sonst neuerlich Azetatzusatz).

Von der erhaltenen Stammlösung von 50 l werden 5 l, auf 80 l verdünnt, als Chassis verwendet und der Rest auf 130 l eingestellt, welche Menge als Nachsatz dient. Auf je vier Spulen werden 1,5 l Nachsatz gegeben.

2. Man kocht 200 lbs., das sind 95 kg 22er Garn auf Kreuzspulen im Obermaier-Packapparat mit 1 l NaOH 40° Bé, 3 kg Soda sicc. und 0,3 kg Nekal BX 3/4 Stunden ab, spült und schleudert kräftig. Hierauf wird am Zittauer Kontinueapparat (Abb. 97) grundiert. Dieser gestattet jeweils alle 96 Sekunden das Aufstecken von vier Spulen. Über seine Arbeitsweise gibt die Abb. 97 Auskunft. Schematisch arbeitet er wie in Abb. 98 dargestellt.

Grundiert wird bei 40° C.

Chassis:	80 l à 8 g	Naphtol ASTR	= 0,64 kg
Nachsatz:	130 l à 15 g	Naphtol ASTR	= 1,96 „
			2,60 kg

2,60 kg	Naphtol ASTR
2,65 „	Türkischrotöl 50%ig
3,00 „	NaOH 40° Bé
1,80 „	Formaldehyd 40%ig
in 100 l	

Davon werden 30 l auf 80 l Chassislösung verdünnt, der Rest, auf 130 l eingestellt, wird als Nachsatz verwendet.

Die naphtolierten Spulen (95 kg, 380 Stück) werden in mit der Naphtollösung getränkte und wieder ausgewrungene Tücher gelegt und dann geschleudert (Schleuder mit den Tüchern auslegen).

Die Entwicklung erfolgt wieder am Zittauer Kontinueapparat mit

Chassis:	80 l à 3 g	Echtrot TR-Base	= 0,24 kg
Nachsatz:	130 l à 16 g	Echtrot TR-Base	= 2,10 „
			2,34 kg

2,40 kg	Echtrotbase TR	2,00 kg	Na-Azetat
50,00 l	Wasser	0,60 „	Essigsäure 50%ig
2,40 „	HCl 20%ig	25,00 „	NaCl
0,96 kg	Nitrit		
10,00 l	Wasser		

Von den 60 l Diazolösung werden 6 l auf 80 l verdünnt als Chassis, der Rest, auf 130 l eingestellt, als Nachsatzlösung verwendet. Pro vier Spulen werden 1,5 l zugegeben.

Die Ware wird nach dem Aufstecksystem mit Soda-Igepon (2 g bzw. 0,5 g/l) kochend behandelt, gespült, abgenommen, geschleudert und in Horden getrocknet. Noch bessere Erfolge hinsichtlich Reibechtheit erzielt man, wenn den Nachbehandlungsbädern 0,5 g Pyrophosphat beigegeben wird.

Hinsichtlich der erreichbaren Reibechtheit ist darauf hinzuweisen, daß bei satten Tönen einwandfreie Ergebnisse nicht zu erzielen sind. Ein schwaches Nachleimen der Spulen usw. gibt manchmal gute Ergebnisse. Da die Fertigware meist appretiert wird, ist eine nicht zu große Reibunechtheit nicht kritisch.

Manche Arbeiter sind gegen das Arbeiten mit Naphtol AS usw. empfindlich und bekommen Hautausschläge. Da der Gebrauch von Gummihandschuhen lästig ist und das Arbeiten hemmt, wurde die von der IG hergestellte Pellidolsalbe vorbeugend mit gutem Erfolg angewendet. Allergische Naturen können bei Verwendung stabiler Diazosalze durch Einatmen des beim Abwiegen und Hantieren desselben entstehenden Staubes Asthmaanfälle bekommen, die Wochen anhalten. Auch der Gebrauch von Atemmasken schützte solche Leute nicht. Sie müssen aus der Abteilung versetzt werden.

Jetzt wird statt Pellidolsalbe die *Casantinsalbe* von Cassella (N-Diäthylaminoäthyl-phenothiazinchlorhydrathaltig) empfohlen.

Hinsichtlich der Arbeitsweise mit Naphtolen wird in Erinnerung gebracht, daß die einzelnen Vertreter verschiedene Substantivität aufweisen. Zu große

Substantivität ist für Apparatefärbungen ebensowenig zu gebrauchen wie ein geringes Aufziehvermögen. Kondenstropfen von Rohrleitungen ergeben auf grundierter Ware Flecken. Man schlägt daher stets in naphtolierte Tücher ein und installiert die Apparate nicht unter Shedrinnen oder Rohrleitungen. Formaldehydzusatz ist notwendig zum Stabilisieren der Naphtolatlösung, welches sonst durch die Luftkohlensäure gefällt wird.

Beim Diazotieren ist der Zulauf der Nitritlösung langsam vorzunehmen, da sonst Stickoxyd entweicht und die Base nicht vollständig diazotiert wird. Die Stickoxyde sind auch gesundheitsschädlich.

Nach fertiger Diazotierung ist eventuell aufschwimmender brauner Schlamm (Base, verunreinigt) mit Filterpapier abzuschöpfen. Die Diazolösung ist vor Sonnenlicht zu schützen und am selben Tage noch zu verarbeiten. Nach der Zugabe von Azetat und Essigsäure darf sie Kongopapier nicht mehr bläuen. Nicht genügend abgestumpfte Lösungen ergeben helle, streifige Färbungen, die unbrauchbar sind.

Statt der hier angegebenen Naphtol-ASTR- bzw. Echtrot-TR-Base (IG) können Verwendung finden:

(Ci) Cibanaphtol RCT, Rotbase IX.
(Sa) Celcot RCT, Devolrot K.
(Gy) Irganaphtol RCT, Irga Rotbase IX.
(Ku) Naphtazol NTR.

Die Reibechtheit der Färbungen aus Kombinationen von Naphtol-ASTR-Echtrot-TR-Base lassen sich verbessern, wenn in das Entwicklungsbad ein Zusatz von Diazopon A erfolgt (IG). Das Mittel hält den beim Kuppeln anfallenden, in die Behandlungslösung gehenden Anteil an Farblack in kolloidaler Lösung, so daß er sich bei der Apparatfärberei nicht am Material abfiltriert. Nach der Färbung und Spülung wird kochend mit 0,5 kg Igepon T (IG) und 2,5 kg Soda sicc. nachbehandelt (Abb. 99).

Die Menge von Salz in den Entwicklungsbädern ist zu verringern (ca. 20 kg), da ja das Salz auf die kolloidale Lösung fällend wirkt oder mit neutralen (statt essigsauren) Bädern, die durch Zugabe von $NaHCO_3$ erhalten werden, zu arbeiten. Allerdings ist hier die Menge an Base zu erhöhen. Man nimmt einen um 30% erhöhten Wert des aus den Tabellen entnommenen Faktors. Diese Faustregel gilt allgemein. Im gegenständlichen Falle entsprechen 1 Teil Naphtol ASTR 0,85 Teile Echtrot-TR-Base, also erhöht 1,10 Teilen.

Über die Herstellung von grünen und braunen Tönen vgl. die Hinweise S. 209.

Ein besonders lebhaftes Rot auf Kreuzspulen und Garn läßt sich mittels Kombination von Naphtol AS-SW und der neuen Echtrotbase SW spezial erzielen. Seine Reibechtheit ist gut und kann verbessert werden, wenn man zwischenbehandelt, d. h. vor dem Entwickeln mit 2 g NaOH 40 Bé und 30 g NaCl-haltigem Wasser kurz spült, um den Naphtolüberschuß (aufsitzend) zu entfernen.

f) Chromgelb

Für gewisse Exportwaren (Indien) wird manchmal der Echtheit und Fülle wegen Chromgelb verlangt. Es wird vom Käufer durch Auflegen fauler Eier geprüft (PbS, Schwarzfärbung). Nachdem es an sich nur im Garn oder Stück färbbar ist, wurde hinsichtlich der Färbung des Schusses getrachtet, Kreuzspulen chromgelb zu färben. Dies gelang in der Weise, daß man mit Direktgelb grundierte und dann entsprechend verdünnte Lösungen von Pb-Salzen und

Chromat anwenden konnte, die die Spulen nicht verlegten und einwandfreie Ergebnisse zeitigten. (F. WEBER.)

Sehr weich gespulte Kreuzspulen wurden im Obermaier-Apparat (95 kg Ware) gefärbt mit 1,8 kg Chrysophenin G (IG) und 5 kg Glaubersalz sicc.

Hernach wird gründlichst gespült und gekalkt mit 3 kg $CaCl_2$ in 1000 l bei 60° C, 30 Minuten laufen lassen, dann spülen und mit 3 l NaOH 40° Bé kalt 40 Minuten behandeln. Hierauf wird 30 Minuten eine Lösung von 10 kg Bleizucker einwirken gelassen, kurz gespült und wieder mit NaOH 40° Bé 30 Minuten laufen gelassen. Dann wird gespült und bei 30° C mit 5 kg Kaliumbichromat und 2,5 l HCl 40%ig 30 Minuten behandelt. Es wird sehr gut gespült (Säureentfernung), geschleudert und in Horden getrocknet.

g) Küpenfärbungen

Dunkelblau: Packsystem, 95 kg, Obermaier-Apparat.

5,2 kg Indanthrenblau BCS pulv. (IG)
1,5 „ Indanthrendunkelblau BGO pulv. (IG)

Die Ware wird vor dem Färben mit 1,5 l NaOH 40° Bé und 2 kg Soda sicc. sowie 0,5 kg Nekal BX ½ Stunde abgekocht, dann wird gründlich gespült. Man füllt den Apparat zu einem Drittel mit Wasser, setzt 6 l NaOH 40° Bé und 1 kg Hydrosulfit konz. sowie 0,6 l Peregal O (IG) zu, bringt den Wareneinsatz ein, füllt auf und läßt bei 30° C laufen. Der Farbstoff wird indessen verküpt mit 3 kg Hydrosulfit konz. und 14 l NaOH 40° Bé und dann dem Färbebade zugesetzt. (Man kann auch im Färbeapparat, der zu einem Drittel voll ist, verküpen, die nasse Ware einbringen und auffüllen.) Es wird auf 60° C erwärmt und zirka ¾ Stunden gefärbt, wobei nach 25 Minuten 0,5 g Hydrosulfit konz. gelöst zugesetzt wird. Nach beendeter Färbung wird bei zulaufendem Spülwasser und ablaufender Flotte weiter zirkuliert, bis der Ablauf farblos ist; dann wird zweimal gewaschen und dann mit 2 kg Soda sicc. kochend 30 Minuten nachbehandelt.

Die Reibechtheit der Spulen war genügend. Eine gute Echtheit in dieser Hinsicht kann nur durch Absaugen des Warenblocks vor der Färbung erzielt werden. Eine besonders günstige Färbeweise bieten die geschlossenen Apparaturen, die die oxydative Wirkung des Luftsauerstoffs während des Färbeprozesses ausschalten. Allerdings ist darauf zu achten, daß Musterungseinrichtungen vorhanden sind. Für helle Färbungen ist ein Peregal O (IG) bzw. Liovatin E (Sa) oder Albatex PO (Ci) Zusatz dringend anzuraten. Über die retardierende Wirkung derartiger Produkte auf Küpenfarbstoffe gibt die Tabelle auf S. 454 Auskunft. Auch Dispersol VL (ICI) und Eganal (Anorgana) sind zu empfehlen.

Der „ABBOT-Cox-Prozeß“ wird von der ICI auch für Baumwollkreuzspulen[21] und Kettbäume empfohlen.

Man soll die Küpenfarbstoffpigmentdispersion mit 5 g Dispersol VL (ICI)/l herstellen und mit der Pigmentierung des Materials bei 30 bis 40° C beginnen. Stufenweise soll dann die Temperatur auf 80 bis 90° C gebracht werden. Das Ausziehen kann dann durch Salzzusatz geregelt werden. Dieser ist von der Art des zu färbenden Materials abhängig. Je dichter die Wicklung der Spulen, desto größer das Ausziehen, je härter gezwirnt die Garne sind, desto geringer. Mercerisierte oder harte, also glatte Garne werden in den Oberschichten weniger stark pigmentiert als lockere, rauhe. Die Zirkulation soll von innen nach außen sein. Die Reduktion des Farbstoffs kann bei Baumwolle in vielen Fällen nicht wie bei Viskose im ausgezogenen Pigmentbade stattfinden, da Dispersol VL

[21] ICI, techn. Zirkular, RICHARDSON u. WILTSHIRE, J. Soc. Dyers Colour. **63**, 244 (1947).

retardiert, gebildeten löslichen Farbstoff oft von der Faser zieht und vielfach nur schwache Färbungen erhalten werden. Man spült daher nach der Pigmentierung und bringt dann ins Reduktionsbad. Da bei der Pigmentierung die Außenflächen der Garnwickel weniger Pigment festhalten als die inneren Anteile, muß zur Erzielung einer egalen Färbung eine gewisse Egalisierung des Farbstoffs bei der Reduktion eintreten. In dieser Hinsicht verhalten sich nun die Farbstoffe sehr verschieden. Die Tabelle unten bringt Hinweise der bestgeeigneten Marken der ICI (Caledongruppe). Die Reduktion erfolgt mit den für den betreffenden Farbstoff üblichen Mengen an Hydrosulfit und Lauge bei der üblichen Temperatur. Ihre Dauer richtet sich nach dem Verküpungsvermögen, der Egalisiertendenz und dem Material. Sie beträgt 60 bis 90 Minuten im Mittel. Nachher läßt man ablaufen, fällt mit kaltem Wasser, läßt zirkulieren und vervollständigt die Oxydation in einem frischen, perborathaltigen Bade. Für Caledongelb GNS und Caledonrot GNS, die nach der Chromatmethode oxydiert werden, wird zum Spülbad, das auf das Reduktionsbad folgt, Essigsäure und Bichromat gegeben.

Bestgeeignete Farbstoffe für alle Baumwollgarne nach ICI

Farbstoffe	Reduktion im Pigmentbad möglich	Reduktionszeit	Anmerkung
Caledongelb 4GS	ja	60	wenig rasch anfärbend
Caledongelb GNS	ja	90	rasch anfärbend
Caledongelb 5GNS	ja	60	wenig rasch anfärbend
Caledongelb 2RS	ja	60	„ „ „
Caledonbrillantorange 6RS	nein	60	„ „ „
Caledongoldorange GS	ja	60	„ „ „
Caledongoldorange 3GS	ja	60	„ „ „
Caledonorangebraun 2GS	ja	60	„ „ „
Caledonbraun GS	nein	60	„ „ „
Caledonbraun RS	nein	60	„ „ „
Caledonbraun 3RS	ja	60	„ „ „
Caledondunkelbraun 2GS	nein	60	„ „ „
Caledongelbbraun 3G	nein	60	„ „ „
Caledonkhaki 2GS	nein	60	„ „ „
Caledonkhaki RS	nein	60	„ „ „
Caledonrot BNS	ja	60	„ „ „
Caledonrot 2GS	ja	60	„ „ „
Caledonrot 5GS	ja	60	„ „ „
Caledonbrillantrot 3BS	ja	60	„ „ „
Caledonrosa RS	nein	60	„ „ „
Caledonbrillantviolett RS	ja	60	„ „ „
Caledonbrillantviolett 3RS	ja	60	„ „ „
Caledonbrillantviolett 2BS	ja	60	„ „ „
Caledonbrillantblau RNS	ja	60	rasch anfärbend
Caledongrün 7GS	ja	60	wenig rasch anfärbend
Caledonolivgrün BS	nein	60	„ „ „
Caledonolive RS	nein	60	„ „ „

Beim Färben von Kreuzspulen usw. nach dem Abbot-Cox- bzw. Pigmentierprozeß können nach Bräuer [Melliand Textilber. 34, 54 (1953)] vorteilhaft die Küpenfarbstoffe in Form der „Colloisole“ angewendet werden. Als Retardierungsmittel kann Peregal OK (die ICI empfiehlt Dispersol VL) verwendet werden, beides sind Äthylenoxydanlagerungsprodukte nichtionogener Natur. Wichtig ist, daß man sich darüber klar ist, daß ihre Löslichkeit in Wasser durch den vorgesehenen allmählichen Zusatz größerer Salzmengen zur Erschöpfung des den dispergierten Farbstoff enthaltenden Bades abnimmt. Peregal OK zeigt bereits bei 60 bis 70° C und etwa 3 g Glaubersalz pro Liter den Trübungspunkt, d. h. fällt in Form kleinster Flüssigkeitströpfchen aus und am Material an. Man erspart sich daher den Zusatz so großer Salzmengen wie etwa 20 g Glaubersalz pro Liter, wie bei manchen Rezepturen englischer Provenienz angegeben wird. Dies ist nur vorteilhaft, da dann die Egalisierung des auf dem Material sitzenden Küpenpigmentes in der Blindküpe nicht ungünstig beeinflußt wird.

3. Reyon

Kunstseide wird in Kreuzspulen ohne Vornetzen gefärbt. Die Spulen dürfen nicht zu groß im Durchmesser sein. Ferner müssen sie weich gespult werden. Allerdings dürfen sie auch nicht zu weich sein. Hier ist zufolge der starken Quellung, welche die Faser durch die Flotte erfährt, die Gefahr, daß der Warenblock für die Flottenzirkulation unpassierbar wird, außerordentlich groß. Es gibt eine Reihe von Vorschlägen, die diesen Übelstand verringern sollen, doch hilft in den allermeisten Fällen nur ein sorgfältiges, nicht zu hartes Packen, die Verwendung von Zwischenlagen aus Baumwollabfall und das ungenetzte Einbringen der Ware in die Färbeflotte, wobei ein Zusatz von Glaubersalz sich als quellungsverzögernd gut auswirkt. Die Zirkulation soll im ersten Stadium der Färbung von innen nach außen erfolgen und deren Richtung nicht zu rasch gewechselt werden.

Für Zellwolle-Kreuzspulfärbungen sind nach Zons[22] wegen der Quellungseigenschaften des Fadens auf die Hülse maximal 300 g Garn aufzuspulen, wobei man weite Spiralhülsen benützt. Man beginnt das Färben von außen nach innen bei geringem Pumpendruck. Es soll nie mit nassem Material eingegangen werden. Dies ist wichtig, weil nasses Garn bereits gequollen ist und dem Flottendurchlauf großen Widerstand entgegensetzt. Insbesondere ist das Färben von trockenem Material in der Küpenfärberei wichtig.

Außer Färbungen mit Direktfarbstoffen kommen noch solche mit Küpenfarbstoffen in Frage. Der hohe Alkaligehalt letzterer Färbebäder bedingt eine solche Faserquellung, daß eine Durchfärbung einwandfrei nicht erzielt wird.

Man färbt Küpenfarbstoffe bei Temperaturen von 60 bis 65° C und verwendet stets Stammküpen. Es wird mit so wenig wie möglich an Lauge und Hydrosulfit verküpt. Beim Arbeiten wird von Zeit zu Zeit Hydrosulfit beigegeben.

In jüngster Zeit soll man, da das versuchte Färben nach dem Küpensäureprozeß angeblich keinen Erfolg hatte, nach der Methode von Abbot-Cox gute Resultate erzielt haben.

Das Färben von Reyon in Kreuzspulen nach dem Abbot-Cox-Prozeß geht im wesentlichen so vor sich, daß die auf Spindeln befindlichen zylindrischen oder konischen, weichhergestellten Spulen mit einem Warengewicht von 180 bis 300 g (je nach dem Spulmaschinensystem) in geschlossenen Apparaten mit Küpenfarbstoffen gefärbt werden. Dabei erfolgt zuerst eine Behandlung mit Dispergiermittel enthaltenden Flotten, wobei als wirksame Mittel Dispersol VL (ICI), Tinegal ON (Gy), Albatex PO (Ci), Liovatin E (Sa) bzw. Peregal OK (IG) usw. verwendet werden. Man zirkuliert bei dreimaligem Richtungswechsel, von innen nach außen beginnend, 15 Minuten bei 85 bis 90° C. Hierauf wird der kochend

[22] Zons: Kunstseide, Zellwolle 28, 121 (1950).

dispergierte Küpenfarbstoff in unreduzierter Form in die Flotte gebracht und eine Stunde gefärbt. Man soll nach HAMPSON[23] dabei Produkte verwenden, deren Teilchengröße zwischen 2 und 3 μ liegt. Man wechselt im Anfang alle 5 Minuten (von innen nach außen beginnend) die Zirkulationsrichtung, um nach 30 Minuten nur alle 10 Minuten umzustellen. Nach einstündigem Färben wird im Verlaufe von 2 bis 3 Stunden unter Richtungswechsel durch Zugabe von NaCl ausgesalzen. Ist der dispergierte Küpenfarbstoff auf der Ware niedergeschlagen, wird auf 60° C abgekühlt und mit den notwendigen Mengen an NaOH 40° Bé und Hydrosulfit konz. pur versehen. Man färbt bei 60° C zirka 1 Stunde, wobei nachher noch auf 90° C gesteigert werden kann. Wichtig ist, um die Materialquellung so niedrig wie möglich zu halten, nur gerade so viel Lauge zuzugeben, als zur Verküpung des Farbstoffs notwendig ist. Natürlich ist nur die Färbung in Stapeltönen möglich, da ein Nuancieren ausgeschlossen ist. Beim Färben mit Indigosolen sind unter Restriktion der Laugenmenge auf ein Minimum Farbstoffkombinationen zu benützen, die bei gleicher Temperatur gleich stark ziehen. Man färbt bei 60° C.

Naphtolrotfärbungen werden mit geringsten Laugenmengen im Grundierbad bei 60° C unter Abfall der Temperatur auf 30° C grundiert (3/4 Stunden), gesaugt und entwickelt (30 Minuten), hierauf gesaugt, gespült, geseift, gespült usw. Beide Operationen erfolgen im Aufstecksystem.

Lichtechte substantive Färbungen oder Färbungen von Direktfarbstoffen mit Nachbehandlung (Kupferung) usw. sind möglich.

Schwefelfarbstoffe werden nur als Schwarz gefärbt, es sei, man verwendet für gewisse Töne die Eclipsol-S- (Gy) bzw. Immedialsolfarben, die ohne Schwefelnatrium löslich sind.

Zur Verbesserung des Durchfärbevermögens wurden zahlreiche Vorschläge gemacht. Neben der Behandlung des zu färbenden Gutes mit Dampf, Heißluft usw. wurde kürzlich ein Vorschlag gemacht (Ö. P. 162582), nach welchem mit Dampf 2,75 at behandelt werden soll. Hernach kann eine sofortige Färbung stattfinden, da die Behandlung im Färbeapparat selbst erfolgen kann. Allerdings können nur geschlossene Apparattypen verwendet werden.

Im allgemeinen ist festzustellen, daß sich Zellwollgarne viel leichter durchfärben als Kunstseidenfäden.

Immer größere Bedeutung für Kunstseidenfabriken gewinnt die Färbung der Spinnkuchen in mechanischen Apparaten. Im Zusammenhang damit stehen die Bestrebungen, daß ungleichmäßige Affinität der verschiedenen Kuchenanteile, die ihren Grund wieder in ungleichmäßiger Streckung der entsprechenden Fäden haben, vermieden wird.

Die moderne Entwicklung der Färbung von Kunstseide in Form von Spinnkuchen wurde von der Manchester Sect. der Soc. Dyers Colourists 1952 [Text. Recorder **70**, Nr. 830, 99 (1952)] diskutiert. Es wird in Packapparaten gefärbt, von welchen sich die Type von Courtaulds, die stets in einer Richtung zirkuliert, für mangelhafte Durchfärbung am empfindlichsten zeigen soll. Konstruktionen der Enka, Obermaier bzw. Longclose sollen bessere Ergebnisse ergeben (FLANAGAN, MARSH usw.).

Viskosespinnkuchen können, wie dies in Amerika üblich ist, im Packsystem nach dem Pigmentierverfahren gefärbt werden. Man läßt die Pigmentdispersion bei Raumtemperatur zirkulieren und gibt dann allmählich Peregal O (IG), Lauge und Hydrosulfit zu, während man die Temperatur auf die erforderliche Höhe

[23] HAMPSON: J. Soc. Dyers Colour. **67**, 369 (1951).

treibt. Als billigstes Retardierungsmittel ist in der Küpenfärberei eine Mischung von 3 Teilen Natriumligninsulfat und 1 Teil Glaubersalz bekannt. Man kann bei obiger Arbeitsweise erst mit 3 % Soda sicc. und 5 % Hydrosulfit im Bad arbeiten, bei 30 bis 60° C laufen lassen und dann nach Zugabe von 5 % NaCl 40° Bé auf die gewünschte höhere Temperatur bringen. Gegenüber der genannten Arbeitsweise soll der ABBOT-COX-Prozeß keine Vorteile bringen und den Nachteil besitzen, lange zu dauern.

Nach RINNEBERG [Textil-Praxis **7**, 142 (1952)] kann man Kunstseidespinnkuchen mit dem feinstteiligen Hydronblau R f. Sol (Cassella) färben. Man dispergiert den Farbstoff in der Flotte mit Dekol.

Z. B. arbeitet man im Apparat bei einem Flottenverhältnis von 1 : 15 bis 1 : 20 mit 5% Hydronblau R f. Sol und 15 cm³ Dekol und 1 cm³ Humectol pro Liter Flotte bei 65° C. Man läßt etwa 20 Minuten laufen und gibt dann, unter jedesmaligem 10 Minuten langem Zirkulieren zu:

0,4	cm³/l	NaOH	38° Bé	+ 0,4	g/l	Hydrosulfit	conc. pur
0,8	„	„	38° „	+ 0,5	„	„	„ „
1,2	„	„	38° „	+ 0,5	„	„	„ „
1,6	„	„	38° „	+ 0,5	„	„	„ „
2,0	„	„	38° „	+ 0,6	„	„	„ „

Hernach wird nochmals 20 Minuten bei 65° C zirkuliert, abgesaugt und kalt und heiß gespült.

Über das Färben von Kunstseidenspinnkuchen in Form der sogenannten Barber-Coleman-Cheeses und die Apparatur hierzu vgl. JACKSON: Text. Merc. Argus 123, 1012, 105 (1951).

Das Färben von Viskosereyonspinnkuchen mit Küpenfarbstoffen [HAMPSON: J. Soc. Dyers Colour. **67**, 369 (1951)] kann durch Temperaturregelung erfolgen. Während bei niedriger Temperatur der Farbstoff rasch anfällt, tritt ein Egalisieren erst bei hoher Temperatur ein, insbesondere wenn Egalisiermittel, wie Dispersol VL, Sulfitlauge und Magnesiumsulfat oder Butylcarbitol (Diäthylenglykolmonobutyläther) verwendet werden. Beim ABBOT-COX-Verfahren werden die Spinnkuchen unegal angefärbt, weil beim Aussalzen des Pigmentes aus der Dispersion eine Teilchenvergröberung des Farbstoffs stattfindet, die selbstverständlich eine, meist unegale, Filterwirkung des Materialblocks begünstigt.

Die Färbung nach dem Küpensäureprozeß hat große Ähnlichkeit mit dem Prästabitölverfahren der IG. Dort behandelte man das zu färbende Textilgut mit Dispersionen unverküpten Küpenfarbstoffs und behandelt dann in einem Bade von Hydrosulfit und Natronlauge, um den fein verteilt am Material sitzenden Farbstoff zu verküpen und die Färbung zu bewerkstelligen.

Beim Küpensäureverfahren wird zuerst eine möglichst feine und stabile Dispersion der gegenüber der Textilfaser wenig affinen freien Leukofarbstoffsäure hergestellt. Dies erfolgt derart, daß man die Küpe des Küpenfarbstoffs mit Essigsäure vorsichtig neutralisiert, eventuell in Gegenwart dispergierend wirkender Mittel, oder, was zu noch feineren Dispersionen führt, indem man die Küpe des Farbstoffs in verdünnte Essigsäure laufen läßt.

Obwohl nicht allgemein anwendbar, da nicht alle Farbstoffe geeignete Dispersionen liefern und sie für dunkle Töne meist wenig geeignet sind, lassen sich nach dem Verfahren helle Töne und gewisse, stets zu Unegalitäten führende Grün-Gelb-Mischungen vorteilhaft einfärben.

Am Packapparat wird derart gearbeitet, daß die Suspension der Säure in zwei Anteilen innerhalb 20 Minuten der Flotte zugegeben wird, wobei man ein Netzmittel anwendet. Nachdem man mindestens 15 bis 20 Minuten zirkulieren ließ, gibt man die zur Verküpung des Farbstoffs notwendigen Mengen an Hydrosulfit und Lauge in drei bis vier Anteilen in Abständen von 15 Minuten zu, wobei man die Behandlungstemperatur, die beim Arbeiten mit der Küpensäuredispersion 36 bis 40° C beträgt, langsam auf etwa 55° C steigert. Nach beendeter Zugabe, also vollständiger Verküpung läßt man 15 Minuten laufen, bringt dann rasch auf 75 bis 80° C und färbt in 20 Minuten fertig. Die Flottenumlaufrichtung soll während der ganzen Arbeitszeit alle 2½ Minuten geändert werden.

Nach BRÄUER kann man Küpenfärbungen im Apparat nach dem *Stammküpenausziehverfahren* vornehmen [vgl. Melliand Textilber. **33**, 623 (1952)]. Diese Methode, die von den verschiedenen Verfahren, wie Küpensäuremethode, Pigmentfärbeverfahren, Temperaturstufenprozeß usw., gewisse Arbeitsweisen übernimmt, besteht im wesentlichen darin, daß man den Küpenfarbstoff als Stammküpe herstellt, wobei mit der Stammküpe nicht mehr als 0,5 bis 1 cm^3 NaOH 38° Bé pro Liter Lauge im Färbebad kommen sollen. Diese Stammküpe setzt man der Färbeflotte zu, welche 0,5 g Hydrosulfit, 1 bis 2 g Setamol WS und 1 g Nekanil LS (Oxyäthylierungsprodukt) enthält. Man beginnt bei 20 bis 25° C und einem Durchsatz von 1 l Flotte pro Minute zu zirkulieren (Kontrolle durch Strömungsmesser in der Saugleitung des Färbeapparates) und erschöpft das Bad durch Erhitzen auf 80 bis 90° C. Dem erschöpften Bade wird dann die ganze notwendige Menge Lauge und nach 15 Minuten das nötige Hydrosulfit zugesetzt.

Ist die Aufziehgeschwindigkeit beim Aufbringen des Pigmentes durch Temperaturerhöhung zu groß, so bremst man sie durch 0,3 bis 0,5 g pro Liter Albigen A (Polyvinylpyrrolidon) ab. Eine Beschleunigung erfolgt durch Zugabe von 2 bis 5 g pro Liter Salz (ähnlich ABBOT-Cox-Verfahren).

Für die Arbeitsmethode sind *nicht* geeignet Indanthrenorange 4R, -brillantrosa BBL, -blau GCN, -türkisblau 3GN, -blau 5G, -grün BB, GT, -schwarz R. Die Stabilität des „Grundierbades", also der zum Pigmentieren verwendeten Dispersion des Farbstoffes muß besonders überwacht werden (nicht zu hoch erhitzen) bei: Indanthrenbrillantorange GR, -blau 3GN, -brillantblau 3G, -schwarz GG.

Die Spinnkuchenfärbung von Kunstseide mit direkten Farbstoffen richtet sich nach WOODRUFF[24] nach den Eigenschaften (der Klasse) des substantiven Farbstoffes. Diese wurden von WHITTAKER seinerzeit in drei Klassen A, B und C eingeteilt, je nach Salzempfindlichkeit und Aufziehvermögen. Farbstoffe der Klasse A, wie z. B. Chrysophenin (IG), Chloraminblau 2B (Sa), Brillantbenzogrün B (IG), Diphenylechtrot 5BL (Gy) usw. färbt man ohne Salz so heiß wie möglich und setzt dann langsam bei fallender Temperatur Salz zu. Vertreter der Klasse B werden kurz bei hoher Temperatur gefärbt (15 bis 30 Minuten) und hierauf unter steigendem Salzzusatz bei gleich hoher Temperatur weitergefärbt. Zu den derart anzuwendenden Farbstoffen gehören: Coprantingelb 2 G (Ci), Chlorantinlichtorange GL, 4GL, T4RLL, Coprantinorange 2BRL (Ci), Solophenylorange GL (Gy), Chlorantinlichtrot 6BLL (Ci) usw. Farbstoffe der Klasse C werden bei 40 bis 55° C beginnend gefärbt, wobei man innert einer Stunde zum Kochen treibt und dann beim Kochpunkt langsam Salz zugibt. Hierher gehörende Farbstoffe sind z. B. Thioflavin S (IG), Benzoechtorange WS (IG), Benzoechtscharlach 4BS (IG), Coprantinbordo BGL (Ci), Benzopurpurin 4B (IG),

[24] WOODRUFF: Amer. Dyestuff Reporter **37**, 691 (1948).

Viscoblau GE (Sa), Coprantinviolettbraun BL, Chlorantinlichtbraun 2RLL, BRLL (Ci), Rigangrau G (Ci), Chlorantinlichtgrün BLL (Ci), Chlorantinlichtblau 2GLL (Ci), Chloraminblau 3B (Sa) usw.

Vor ganz kurzer Zeit berichtete HERRMANN [Melliand Textilber. **33,** 1110 (1952)] über Versuche hinsichtlich der Färbung von Kreuzspulen, aber auch Spinnkuchen aus Viskosereyon und Zellwollen bei Temperaturen über 100° C in Einrichtungen, wie sie etwa von Steverlynk in Courtrai gebaut werden. Dabei ergab sich, daß die Egalität auch bei schwer egalisierenden Farbstoffen gut war, und zwar deshalb, weil die Farbstoffe bei den in Frage kommenden Temperaturen von 120 oder 130° C eine verringerte Affinität zur Faser zeigen. Auch streifig färbende Viskosekunstseide färbt sich gleichmäßig an, ohne besondere Farbstoffwahl.

Die in Anwendung kommenden substantiven Produkte sind nicht alle für diesen Zweck geeignet und müssen vorerst auf ihre Beständigkeit untersucht werden. Insbesondere zum Verkochen neigende Farbstoffe scheiden meistens aus, wenn auch HERRMANN gefunden hat, daß ein Zusatz von 1 g pro Liter Farbflotte Metachrombeize das Verkochen einer Reihe von Produkten (Siriuslichtgrün BB und Siriuslichtviolett BL) hintanhält. Allerdings fallen wieder manche Nuancen trüber aus.

Das Verhalten der Farbstoffe, besonders ihre Beständigkeit, richtet sich nicht nur nach dem Produkt, also der chemischen Konstitution des Farbstoffs, sondern auch nach der Färbedauer und Temperatur, der etwaigen Alkalinität der Flotte, der Färbetiefe, also der Menge Farbstoff im Bad und — was wichtig ist — nach dem Material! Am wenigsten beständig sind die Farbstoffe beim Färben von roher Baumwolle mit allen ihren Verunreinigungen, am beständigsten bei abgekochter, gebleichter Baumwollfaser, dazwischen reihen sich die Viskoseseiden und Zellwolle, wobei deren etwaiger Schwefelgehalt eine Rolle spielt.

Als beständig werden unter anderem angegeben (alle Marken Bayer): Siriuslichtgelb 5G, RR, RT, FGRL, -orange F3G, 7GL, RRL, -rot 5B, -blau GL, RL, FBGL, -braun 5G, R, RT usw. Ferner Siriusscharlach B, -rot 4B, BB, -violett BB und Benzolichtgelb TRL, -orange G, GS, RFS, -scharlach 5B, 5BS, -echtrot F, -brillantgeranin B, -rubin R, 6BS, -rhodulinrot 3B, -violett FFR, -azurin GS, -blau FGS, 3BS, -kupferblau CVBS, BBS, TRS, -schwarzblau BH, -dunkelgrün B, -braun M, 3G, -orangebraun D3G, -lichtgrau BGV, Benzonerol ABS, Benzotiefschwarz RW, TN extra usw.

Angegeben werden die Marken mit den besten Resultaten hinsichtlich Beständigkeit, was nicht ausschließt, daß auch andere Produkte Anwendung finden können. Sie sind vorher eben auszuprobieren. Wie HERRMANN sehr richtig andeutet, ist naturgemäß ein Aufhören der Färbung bei 120° C nicht möglich. Beim Abkühlen des Bades durchläuft dessen Temperaturbereich wieder das Ziehoptimum, so daß über eine Egalitätsverschlechterung usw. noch Erfahrung gesammelt werden muß.

Unseres Erachtens wäre es konstruktionell und färbetechnisch jedoch durchaus möglich, die Färbung bei 120° C zu beenden. Man müßte nur die Flotte, die dann viel unausgezogenen Farbstoff enthält, in ein Reservoir drücken und für den Zulauf entsprechend heißen Wassers, etwa solchem von 70° C usw. sorgen, um eine zu rasche Verkühlung der Fasern, die für deren physikochemische Eigenschaften nicht gut ist, so verhindern.

Ein Färben auf Muster ist bei dieser Färbeweise ausgeschlossen, auch sind die Festigkeitseinbußen der Fasern nicht untersucht worden. Solche treten bei Viskosereyon und Baumwolle beim Färben in offenen Gefäßen bei 115° C (unter

Zusatz von Kalziumchlorid zur Siedepunkterhöhung) nach Versuchen von GASSER nach einiger Zeit ein.

Die Färbung von Garnen aus Mischfasern auf Kreuzspulen kommt nur für Wolle-Polyamid-Mischungen oder solche aus Wolle-Azetatkunstseide bzw. in lezter Zeit in USA aus Wolle-Vicara in Betracht.

Die hierfür zu wählenden Farbstoffe sind im wesentlichen den Angaben unter Mischgeweben zu entnehmen.

Für Wollstra-Kreuzspulen sind Ein- oder Zweibadmethoden üblich. Man färbt die Vistra z. B. mit Immedialsol- bzw. Immedialleukofarben vor und die Wolle mit Metachrom- oder Palatinechtfarbstoffen nach (vgl. S. 165, 170). Wolle-Zellwolle-Garne kann man, wenn eine leichte Walke neben Weiß in Frage kommt, mit Autazolchromschwarz R (Hoechst) färben (vgl. S. 176).

Es ist auch möglich, den Zelloluseanteil mit Sambesischwarz V (Bayer) vorzufärben und die Wolle nach der Diazotierung und Entwicklung der substantiven Färbung (Entwickler H) mit Salicinschwarz HC extra konz. (Hoechst), welches wenig Säure und Chromkali erfordert, einzufärben.

Echtfärbungen, insbesondere in Marine und Schwarz, sind auch mit Halbwollcuprofixmarken möglich.

D. Die Färbung von Kettbäumen

Die Färbung von Kettbäumen ist in Färbereien mit angeschlossener Weberei aktuell. Dort ist ihre Anwendung außerordentlich wirtschaftlich, da sie nicht nur die preislichen Vorteile[25] der mechanischen, also lohnquotenniedrigen Färbung mit sich bringt, sondern auch noch die Schlichtung auf Breitschlichtmaschinen ermöglicht, wodurch das Spulen vom Strahn auf Kreuzspulen und das Schären auf Webbäume überflüssig gemacht wird. Gleichzeitig bleibt, da vor dem Weben keine Arbeitsoperation mit dem geschlichteten Faden erfolgt, der aufgebrachte Schlichtefilm intakt.

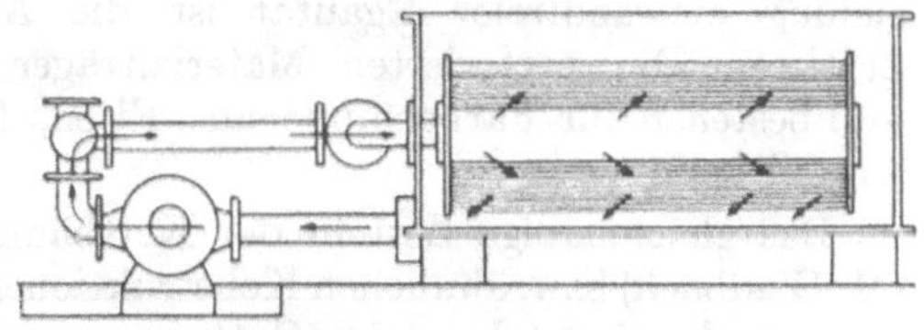

Abb. 100. Kettbaumfärbeapparat, liegende Bauart (Zittauer Masch.-Fabr.-A.-G.).

Die Färbung von Kettbäumen ist (im allgemeinen) nur für Baumwolle und lose Zellwollgarne, bei letzteren jedoch nur bei nicht allzu großer Baumdicke möglich. Während für die Färbung von Zellwolle vorzugsweise nur substantive oder Küpenfärbungen in Frage kommen, kann Baumwolle auch noch mit Schwefelfarbstoffen, eventuell Naphtolrot, ja sogar mit basischen Farbstoffen gefärbt werden. Der eine von uns hat solche Färbungen auf Kettbäumen mit durchaus egalem Ausfall für Exportware in allen für basische Färbungen in Frage kommenden Tönen eingeführt. Selbstverständlich kann Baumwolle auch am Kettbaum gebleicht werden[26].

Für die Färbung von Kettbäumen kommen Apparate stehender oder liegender

[25] Vgl. MÜLLER: Melliand Textilber. 32, 504 (1951). An Hand eines Dessinationsbeispiels wird der Vorteil der Kettbaumfärbung und -schlichtung gegenüber der Garnfärbung und -schlichtung erörtert. Vgl. Tab. 1, S. 85.

[26] Die Kettbaumwollfärberei, schon 1935 versucht, soll nun auf neukonstruierten Apparaten doch befriedigend gelingen. Vgl. ERNST: Textil Rundschau 7, 412 (1952).

Bauart in Verwendung. Sehr verbreitet sind hierfür die Konstruktionen der Firma Thies in Coesfeld, die in mehreren Bauarten anzutreffen sind (s. Abb. 101, 102). Doch sind die Konstruktionen von Obermaier, Krantz, der Zittauer Maschinenfabrik usw. beziehungsweise englischer Firmen durchaus gleichwertig (Abb. 100).

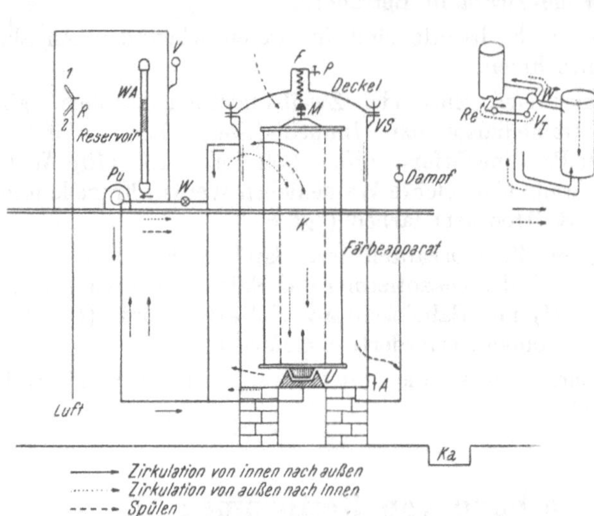

Abb. 101. Thies-Kettbaumfärbeapparat, altes Modell. Motor (gekuppelt mit der Pumpe) 330 V; 16 A; 1440 T; cos φ 0,85; 7,4 bis 10 kW; *1, 2* Hähne zur Regelung des Vakuums im Reservoir. Betriebsdruck der Flotte 1,5 At. Vakuum 60 cm. — *WA* Wasserstandsanzeiger. — *Re* Reservoir. — *Pu* Pumpe. — *W* Dreiweghahn zum Schalten der Zirkulation. — *K* Kettbaum. — *A* Ablaßhahn. — *Ka* Kanal. — *M* Baummutter. — *V* Vakuummeter. — *P* Probierhahn. — *F* Feder im Deckel zum Halten des Baumes. — *U* Unterlage des Baumes. — *R* Reservoir, *VS* Verschraubung — V_I Ventil zur Pumpe.

Die liegende Bauart hat sich jedoch aus Platzgründen und färbetechnischen Ursachen nicht durchsetzen können.

Neuerdings propagieren Baldwin & Heap Ltd.[26a], Burnley, Großbritannien, eine Kettbaumfärbemaschine für zwei Bäume, die in horizontaler Stellung behandelt (abgekocht, gebleicht oder gefärbt) werden, wobei sich der Baum in der Behandlungslösung dreht und eine Pumpe die Flotte durch das aufgewickelte Material schickt. Die Bäume sind die üblichen perforierten, sie fassen bis 300 lbs. Material. Die Durchfärbung soll ausgezeichnet sein.

Wichtig für die Erzielung einwandfreier Egalität ist die Anfertigung des Kettbaumes in der Zettlerei. Die perforierten Materialträger sind zylindrisch mit Endscheiben und bestehen für Färbebäume aus Eisen, für zum Bleichen bestimmte Bäume aus Nickelin.

Das gleichmäßige Zetteln der Kettbäume ist nur bei Schlafhorstmaschinen (M. Gladbach) bzw. ähnlichen Konstruktionen möglich, bei welchen die konischen Kreuzspulen feststehend im Gatter angeordnet sind. Zettelmaschinen, die mit rollenden zylindrischen Kreuzspulen im Gatter arbeiten (Müller, M. Gladbach usw.) werden kaum mehr benützt, da sie ungleiche Fadenspannung ergeben. Trotz aller Kompensationseinrichtungen ist bei dieser Art von Zettlerei die Spannung vom Gewicht der Spule abhängig und nimmt mit demselben ab. Außerdem sind, da oft Spulen ungleicher Größe im Gatter stehen, die Spannungen nebeneinanderliegender Fadenlagen verschieden. Alle diese Umstände aber verursachen Unregelmäßigkeiten in der Wicklung des Materialblocks und damit Gefahren für ungleichmäßiges Durchfärben und Egalität (s. Abb. 103).

Beim Zetteln der für die Färberei und Bleicherei bestimmten Bäume ist folgendes zu beachten:

Für die Herstellung von Kettbäumen auf Nickelinträgern zur Bleiche ist um den zylindrischen Mittelteil Jute in zwei Lagen zu wickeln. Sie hält etwa

[26a] Vgl. Text. Manufacturer **1950**, 299 bzw. Rinneberg: Textil-Praxis **6**, 889 (1951).

ein halbes Jahr. Die Aufbringung geschieht so, daß man durch die Perforation eine Naht für den Anfang der Lage zieht (Abb. 104) und das Lagenende dann an der Lage selbst festnäht.

Das Halten der Baumränder, wo das dichte Anliegen der Garnlagen an den Randscheiben wichtig ist, wird verbessert, wenn man echtfärbige oder rohe Stoffreste (*a*) an den Kanten aufwickelt (2 bis 3 Lagen) und festheftet. Dann erst wird das Garn aufgebracht (Abb. 105).

Es sollen nicht zu volle Bäume gezettelt werden, da sonst beim Schlichten der Faden an den Baumkanten schlecht abläuft bzw. die Bäume in der Färberei leicht beschädigt werden (Abb. 106).

Die Zettelbäume müssen rund sein. Ganz abgesehen davon, daß nur so das Material egal aufgewickelt ist, ist auch nur bei runden Bäumen ein klagloses Laufen auf der Schlichtmaschine möglich. Kantige Bäume entstehen durch Schlingern des Baumes beim Zetteln zufolge krummer Achsen. Die Achsen werden beim Einheben schwerer Bäume auf der Schlichtmaschine verbogen, wenn keine Baumhebemaschine vorhanden ist, sondern der Kettbaum an den vorstehenden Achsenenden mittels kleiner Rohrstücke von Hand aus in das Baumgestell eingehoben wird.

Angeknüpfte Fäden müssen Weberknoten haben. Andere Knoten sind zu groß und ihre abstehenden Enden, die beim Schlichten an die Nebenfaden geklebt werden, reißen im Expansionskamm der Schlichtmaschine oft 10 und mehr Fäden. (Es gibt hierzu Vorrichtungen, wie englische Fadenknüpfmaschinen usw.)

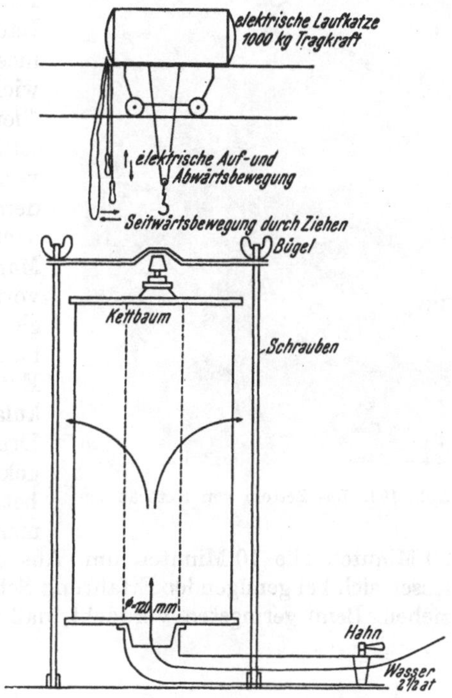

Abb. 102. Kettbaumspül- und -absaugapparat. Wasser vom Hochreservoir, eventuell unter Zwischenschaltung einer Pumpe. Spüldauer: 150-lbs.-Baum zirka 3 Minuten (subst. Färbung), zirka 6 Minuten (Schwefelfärbung). Vorteile: Bessere Spülwirkung als im Apparat, Apparat zum Färben frei.

Die Baumscheiben der eisernen Färbebäume sollen nicht aus Blech, sondern Temperguß sein. Blech verbiegt sich leicht. Das Garn fällt an den krummen Stellen ab und die Flotte dringt, ohne das Bauminnere zu färben, durch die entstehenden Materialspalten (s. Abb. 107).

Die Zettelgeschwindigkeit beträgt 60 y/min bis zirka 150 y/min (55 bis 90 m/min), je nach Maschinensystem, das ist pro 8 Stunden zirka 43000 Yards bzw. 8000 bis 40000 m bei zirka 60%igem Nutzeffekt, wie er durchschnittlich festgestellt wurde. (Es muß auch das zirka 3 Stunden dauernde Aufstecken der Spulen in das Gatter, das in der Zeit mehrmals erfolgt, berücksichtigt werden.)

Die Lohnsätze betrugen (vor 1937) z. B. 0,29 holl. fl. per Stunde + 1,5 Cent Prämie für eine Einheit zu 126000 Yards, das ist

$$\frac{\textit{Fadenzahl der Bäume} \times \textit{Länge}}{126000}.$$

Die Zettelbreite (Baumbreite) beträgt 1125 mm, die Fadenzahl je nach Garnnummer 300 bis 625. Ein Kettbaum für die Bleiche faßt maximal 180 lbs = = 90 kg. Für die Färberei soll man über 160 lbs nicht hinausgehen.

Abb. 103. Das Zetteln von Kettbäumen.

Beim Zetteln der Kettbäume für Färbezwecke, insbesondere solcher aus Zellwolle, ist darauf zu achten, daß die Zellwolle im Färbebade stark quillt. Man wähle deshalb Bäume mit mindestens 280 mm Rohrdurchmesser und großer Perforation. Die Garnwicklung darf nicht zu dick sein. Bei einer Vier-Baumfärbeanlage müssen die eingesetzten Kettbäume, um Färbeschwierigkeiten von vornherein zu vermeiden, auf ein und derselben Maschine gezettelt sein. Stets wird nach dem Vornetzen des Baumes gedämpft. Manchmal ist es vorteilhafter, ungenetzt vorzudämpfen, um eine zu starke bzw. ungleichmäßige Quellung des Hydratzellulosefadens zu vermeiden. Nach vollständiger Entlüftung färbe man erst mit einem Zirkulationswechsel von 3 Minuten, wobei der Druck von außen nach innen 1,5 at, in umgekehrter Richtung nicht mehr wie 0,5 at betragen soll. Nach zirka 20 Minuten schaltet man alle 5 Minuten und nach weiteren 20 Minuten alle 10 Minuten um. Aus den Druckangaben der Apparatur usw. lassen sich bei genügender Erfahrung Schlüsse auf die Beschaffenheit des Baumes ziehen. Beim geringsten Verdacht, daß eine schlechte Durchfärbung vorhanden

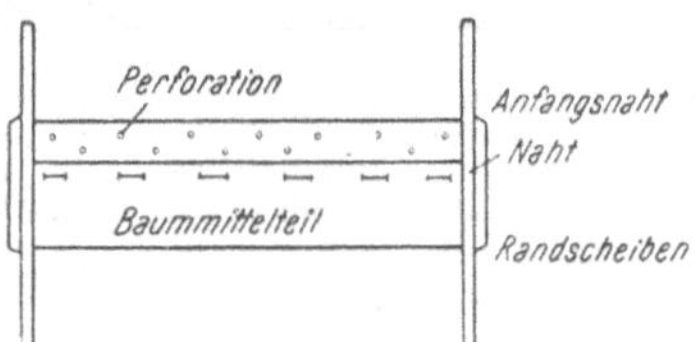

Abb. 104. Befestigung der Jutelage.

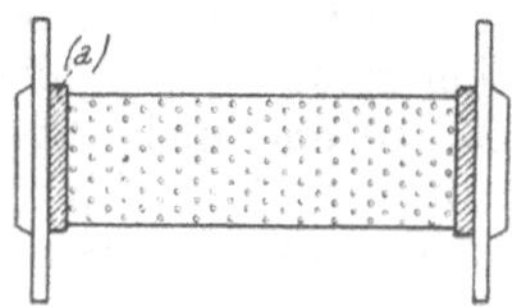

Abb. 105. Kettbaum.

ist, bäume man vorsichtig um, um sich davon zu überzeugen. Das Umbäumen ist zwar zeitraubend, kostet aber weniger als das Abschneiden und Auslaufenlassen der Kette auf der Breitschlichtmaschine samt Abheben der anderen Bäume.

Die Kettbäume werden in eigens geformten Rollwagen zum Färben in die Färberei gebracht (Abb. 108).

Zum Färben wird der Baum mittels Kran oder Laufkatze in den Apparat, der mit der Färbeflotte beschickt ist, eingesetzt. Für die Apparatur nach Thies gilt bei stehendem Baum folgendes: Die am oberen Ende der Baumachse sitzende

Mutter *M* (s. Abb. 101) wird vor Inbetriebnahme der Zirkulationspumpe gelockert, damit die Luft entweichen kann, da sonst die Garnlage vom Baum abgehoben würde. Dann wird der Apparatdeckel zugeschraubt und das Vakuum im Reservoir durch die Hähne *1* und *2* korrigiert. Bei geöffnetem Probierhahn ist nun die Pumpe laufen zu lassen, bis Flotte austritt, der Apparat

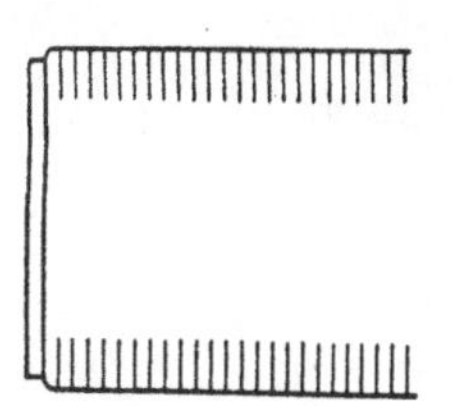

Abb. 106. Zu voller Kettbaum.

Abb. 107. Verbogene Kettbaumrandscheiben.

also luftleer ist. Dann wird der Probierhahn geschlossen und die Flottenzirkulation mittels des Dreiweghahns alle 10 Minuten gewechselt. Im Anfang wird alle 2½ bis 5 Minuten umgeschaltet.

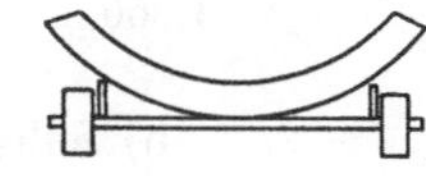

Abb. 108. Kettbaumtransportwagen.

Im nachstehenden seien nun einige Färberezepturen angegeben:

a) Substantive Färbungen

(Alle Färbungen erfolgten am Thies-Kettbaumfärbeapparat stehender Bauart.)

1. Helldrap:	140 lbs. Nach Abkochen mit 3 kg Soda sicc. und
	0,300 kg Nekal BX wird gespült und unter Zusatz von
	0,300 „ Nekal ausgefärbt mit
	0,100 „ Plutobraun GG (IG).
2. Hellgrau:	130 lbs. Abkochen wie oben. Gefärbt wird mit
	0,080 kg Benzoechtschwarz L (IG)
	0,020 „ Benzoechtviolett BL (IG)
	ohne Zusätze.
3. Flieder:	80 lbs. Nach Abkochen gefärbt mit
	0,080 kg Benzoechtviolett 2RL (IG)
	0,035 „ Benzoechtviolett BL (IG)
	0,500 „ Nekal BX
	1,000 „ Glaubersalz kalz.
4. Dunkelrot:	130 lbs. Unabgekocht wird gefärbt mit
	6,000 kg Benzoechtscharlach 4 BA (IG) unter Zugabe von
	12,000 „ Glaubersalz kalz.
5. Fuchsinrot:	160 lbs. Unabgekocht färben mit
	2,800 kg Brillantgeranin B (IG)
	0,500 „ Benzoechtviolett 2 RL (IG) unter Zusatz von
	8,000 „ Glaubersalz kalz.
6. Mittelbraun:	180 lbs. Unabgekocht, mit 1 kg Soda sicc. und
	10,000 kg Glaubersalz kalz. unter Verwendung von
	0,800 „ Plutobraun GG (IG)
	0,400 „ Chlorantinlichtbraun BRLL (Ci).
7. Gelb:	102 lbs. Unabgekocht
	2,000 kg Chloramingelb FF (Sa)
	1,000 „ Soda sicc.
	5,000 „ Glaubersalz kalz.

8. Dunkelgrau: 140 lbs. Ohne Abkochen färben mit
0,400 kg Benzoechtschwarz L (IG)
0,070 „ Pegubraun G (IG)
0,400 „ Soda sicc.
2,000 „ Glaubersalz kalz.

9. Mittelgrau: 70 lbs. Abkochen, färben mit
0,080 kg Benzoechtschwarz L (IG)
0,015 „ Benzobraun MC (IG)

10. Violett: 110 lbs. Ohne Abkochen färben mit
0,550 kg Benzoechtviolett BL (IG)
0,450 „ Benzoechtviolett 2 RL (IG)
0,500 „ Nekal BX und
1,000 „ Glaubersalz kalz.

b) Substantive, nachbehandelte Färbungen

(Die Färbung erfolgte auf Thies-Kettbaumfärbeapparaten.)

1. Mittelblau: 140 lbs. Unabgekocht
0,540 kg Benzokupferblau B (IG)
0,270 „ Benzoechtblau G (IG)
0,400 „ Soda sicc.
4,000 „ Glaubersalz kalz.

Nach dem Färben gut spülen und hernach mit 0,9 kg Kupfersulfat krist. und 1,8 l CH_3COOH 30%ig 30 Minuten bei 60° C nachbehandelt (Lichtechtheitsverbesserung).

2. Scharlachrot: 100 lbs. Gefärbt wird mit
3,80 kg Benzoformscharlach B (IG)
3,00 „ Benzoformrot 2GF und (IG)
4,00 „ Glaubersalz kalz.

Nach dem Färben wird mit 3 l Formaldehyd 40%ig 30 Minuten bei 60° C nachbehandelt, um die Naßechtheiten zu verbessern.

3. Dunkelgrün: 150 lbs. Gefärbt wird mit
3,60 kg Benzogrün B (IG) und
5,00 „ Glaubersalz kalz.

Nach dem Färben wird mit 0,45 kg Sandofix (Sa) kalt 30 Minuten nachbehandelt.

c) Schwefelfärbungen

1. Schwarz: Es wird auf stehendem Bade gefärbt. Bäume von 170 bis 180 lbs. (Thies-Apparat.)
1. Bad: 12,5 kg Schwefelschwarz FAG extra (IG)
15,0 „ Glaubersalz kalz.
2. „ 11,5 „ Farbstoff, 8 kg Glaubersalz kalz.
3. „ 11,0 „ Farbstoff, 5 „ Glaubersalz kalz.
4. „ 10,5 „ Farbstoff, 5 „ Glaubersalz kalz.

Der Farbstoff wird mit der gleichen Menge Schwefelnatrium konz. und 1 kg Soda sicc. gelöst und durch Tücher filtriert ins Färbebad gegeben. Besser noch ist es, mit der doppelten Menge kristallisiertem Schwefelnatrium zu lösen, da im geschmolzenen Schwefelnatrium Verunreinigungen enthalten sind, die leicht die ersten Anteile der Kettbäume bronzierend und reibunecht gestalten.

2. Dunkelblau: Stehendes Bad, Bäume von 170 bis 180 lbs. (Thies-Apparat.)
1. Bad: 4,5 kg Pyrogendirektblau RLN 400%ig (Ci)
10,0 „ Glaubersalz kalz.
3,0 „ Soda sicc.

Man löst in 10 kg Schwefelnatrium konz. beziehungsweise besser in 20 kg Schwefelnatrium krist. Wegen des ungünstigen Einflusses des Luftsauerstoffes wird im geschlossenen Apparat gearbeitet (Thies-Apparat).

Hinsichtlich der Anwendbarkeit von Farbstoffen anderer Erzeugerfirmen gilt das auf S. 187 bzw. 189 Ausgeführte.

d) Färbung mit basischen Farbstoffen

Um egale und durchgefärbte Kettbäume zu erhalten, ist die Garnmenge pro Baum nicht über 80 bis 100 lbs. zu bemessen. Unseres Wissens hat außer F. Weber die basische Färbung von Kettbäumen wenigstens bis 1940 niemand durchgeführt.

1. Fuchsin: 100 lbs. (Thies-Kettbaumfärbeapparat.)
Beizen mit 4 kg Katanol ON (IG)
3 „ Soda sicc.
20 „ NaCl

Bei 60° C, 30 Minuten. Dann wird gespült, schwach gesäuert und die notwendige Farbstoffmenge auf dreimal in Intervallen von 15 Minuten gesiebt zugesetzt.

1,5 kg Rhodamin B (IG)
1,5 „ Rhodamin 6 GDN (IG)
3,0 l CH_3COOH 30%ig

2. Violett: 25 lbs.
3 kg Katanol ON (IG)
2 „ Soda sicc.
10 „ NaCl

Beizen wie oben, färben mit 0,4 kg Kristallviolett 5BO (Ci), 0,5 l CH_3COOH 30%ig. Man färbt nach Zusatz des Farbstoffes in 3 Teilen kalt 20 Minuten und erwärmt dann auf 40° C.

3. Giftgrün: 25 lbs. Gebeizt wie oben, gefärbt wie oben mit
0,4 kg Rhodulingelb 6G (IG)
0,6 „ Brillantgrün krist. (IG)

Die Färbungen sind naturgemäß weniger reibecht als normal, da die Katanolmengen tiefer gehalten werden müssen, um ein egales Durchfärben zu ermöglichen. Färbungen dieser Art wurden hauptsächlich für Webketten in Exportartikeln verwendet. Sie können durch Nachbehandlung mit Wolframsalzen (Auxanin B) in der Lichtechtheit verbessert werden (teuer). Eine Schlichtung bei 50° C bzw. eine Appretur bei 35° C ergab keine Schwierigkeiten, lediglich die Bombagen der Foulardwalzen wurden bei Verwendung von sulfonierte Öle enthaltenden Bädern angeschmutzt und mußten dann ausgewechselt werden.

e) Küpenfärbungen

1. Flieder: 80 lbs. Vorgebleichter Baum (Thies-Kettenbaumfärbeapparat).
0,6 kg Indanthrenbrillantviolett RR pulv. (IG)
0,5 „ Peregal O (IG)
nach Verfahren IN.

Man verküpt den gut angeteigten Farbstoff mit 2,5 kg Hydrosulfit konz. und 24 l NaOH 40° Bé im Apparat in 400 l bei 60° C (Küpe blau), füllt auf 800 l, setzt den Baum ein, füllt dann voll auf und färbt ohne Hydrosulfitzusätze 1 Stunde, zuerst bei 30° C, dann steigert man langsam. Nachher wird der Kettbaum abgesaugt, im Apparat gespült und schließlich mit 0,5 g Natriumperborat bei 30° C oxydiert. Statt Peregal O (IG) sind auch Liovatin E (Sa) bzw. Albatex PO (Ci) usw. anwendbar. Die Retardierung verschiedener Küpenfarbstoffmarken zeigt Tab. 11, S. 454.

f) Naphtolrot auf Kettbäumen

Die Färbung von Kettbäumen mit Naphtolrotkombinationen krankt an dem Übelstande, daß bei nicht stark substantiven Naphtolgrundierungen die Diazolösungen einen Teil des Naphtols im Bauminneren herausspülen, in der Flotte Farbstoffniederschläge verursachen, welche die Reibechtheit ungenügend gestalten, der Flotte die Zirkulation erschweren und natürlich die an Naphtol ärmeren Stellen der Materiallagen heller gefärbt werden.

Man konstruierte daher Kettbaumumbäum-Färbeapparate (Abb. 109) (Gebr. Sucker in Grünfeld), bei welchen die Kette vom grundierten Baum auf einen anderen Baum unter Passage des Entwicklungsbades aufläuft. Die Laufgeschwindigkeit der Kette betrug zirka 70 m/min und wurde derart reguliert, daß sie unabhängig ist von der Baumdicke.

Abb. 109. Kettbaumumbäum-Färbeapparat für Naphtolrot der Firma Sucker in Grünfeld.

Wegen der Gefahr von Fadenbrüchen usw. hat sich die Färbeweise nicht recht einführen können. Naphtolrotkombinationen werden daher auf Kettbäumen auf diese Weise selten gefärbt.

Die Bildung von Farblacken in den Entwicklungsbädern, die zu reibunechten Färbungen führen, kann durch das Arbeiten mit neutralen Lösungen von diazotierten Basen unter Zusatz von Diazopon A vermieden werden. Der Fehler des Ablösens von Naphtol im Bauminneren ist nur für jene Kombinationen zu vermeiden, bei welchen rasch kuppelnde Diazoverbindungen Anwendung finden. Dies um so mehr, als der Salzzusatz in den Entwicklungsbädern, der einem Ablösen des Naphtols hinderlich ist, wegen seiner fällenden Wirkung auf den durch das Diazopon in Lösung gehaltenen Farblack verringert werden muß.

Auf die für echte blaugrüne Töne oder, wenn preislich tragbar, schwarze Töne anwendbare Naphtol-AS-GR-Echtblau-BB-Base bzw. AS-SG- in Kombination mit AS-SR- und Echtrot-B-Base sei hier verwiesen (vgl. S. 275). Ebenso auf die durch Verwendung von Naphtol-AS-LB- mit Echtrot-B-, -RC-Base usw. erzielbaren Brauntöne. Diese Färbungen sind im Apparat wegen der hohen Substantivität des Naphtols in guter Reibechtheit zu erzielen. Dies schon deshalb, weil sich naphtolgefärbte Ketten erfahrungsgemäß auf der Breitschlichtmaschine schlecht behandeln lassen. Insbesondere für fein eingestellte Ware wird keine einwandfreie Schlichtung erzielt. Das hängt zum Teil mit dem Umstande zusammen, daß Fällungen aus den Behandlungsbädern auf der Faseroberfläche sitzen, aber auch damit, daß das Türkischrotöl, welches bei der Grundierung angewendet wird, zu einer Faserquellung Anlaß gibt, die feine, kurze Stapelhaare aus dem Garne heraustreten läßt, welche die Bildung einer glatten Oberfläche verhindern.

Das Färben von Kettbäumen mit Naphtolen kann unter entsprechenden Vorsichtsmaßnahmen derart erfolgen, daß man mit substantiven Naphtolen, die ein nachheriges Spülen des Garnes mit 20 % NaCl-hältigem Wasser gestatten, grundiert und nach dem Spülen entwickelt. Dabei ist, um ein Abheben des Baumes vom Zylinder zu verhindern, die Apparatzirkulation stets von außen nach innen zu belassen. Beim Naphtolieren ist das Aufziehen des Naphtols zu kontrollieren. Kombinationen von rasch und weniger rasch ziehenden Naphtolen sind zu vermeiden, das Kochsalz, welches Anwendung findet, muß kalk- und magnesiafrei sein, sonst tritt eine Zersetzung des Na-Naphtolates ein (Bildung der entsprechenden Ca- und Mg-Verbindungen). Die Entwicklung erfolgt vorteilhaft mit Diazoniumsalzen.

g) Kettbaumbleiche

Für die Kettbaumbleiche kommen eine ganze Anzahl von Apparaturen in Frage. Es ist vielleicht ganz interessant, zwei bekannte Systeme (Obermaier und Thies) kalkulativ zu vergleichen. Die Angebote lauteten in RM (vor 1933) wie folgt:

Obermaier-Anlage (Flottenzirkulation mit Pumpe):

Abkochapparat für 2 Kettbäume	2150	RM
Bleichapparat in Lärchenholz für 2 Bäume mit Pumpe	3250	„
Absaugvorrichtung	400	„
Nachbehandlungsapparat (1 Baum)	1200	„
4 Nickelinbäume à 400 RM	1600	„
1 elektrische Laufkatze, komplett	1200	„
	9800	RM

Thies-Anlage (arbeitet mittels Vakuum):

Doppelabkochapparat (2 Materialträger, 2 Flottenfänger)	1780	RM
Bleichapparat für 2 Bäume	1525	„
Absaugvorrichtung	375	„
Nachbehandlungsapparat (Pitch pine)	1190	„
4 Nickelinbäume à 360 RM	1440	„
4 Bronzehebevorrichtungen à 165 RM	660	„
4 Lager à 62 RM	248	„
1 Elektrolaufkatze mit Motor	1450	„
	8668	RM

Beispiel einer Bleiche von zwei Bäumen à 186 lbs., 16er Garn. Gezettelt ist das Material auf Nickelinbäumen mit Juteunterlage (vgl. S. 204), die Gummidichtungsringe sind mit Verbandgaze umwickelt. In die beiden Abkochapparate für je einen Baum werden, nachdem deren Verbindung mit dem Vakuum (60 bis 62 cm) mittels entsprechender Hähne am Zentralverteiler hergestellt wurde, die beiden Bäume eingesetzt. Sie werden so dirigiert, daß sie fest am Sitz angesaugt werden. Die Muttern an den Bäumen oben sind gelockert, um der Luft den Austritt zu gestatten, da es sonst zum Abheben der Garnlage vom Materialträger kommt. Das Abkochbad (bis etwa 25 cm vom Apparatrand reichend) wird beschickt mit 15 l NaOH 40° Bé, 3 kg Soda sicc. und 15 l Wasserglas. Man erwärmt auf 80° C und kontrolliert die Außenthermometer an den Apparaten mit einem in die Flotte eingebrachten Instrument. Sind Verschiedenheiten, so ist die Differenz stets zu berücksichtigen. Man läßt nun $^3/_4$ Stunden laufen, der Flüssigkeitsmeniskus pendelt um 35 cm vom Rande, es wird von außen nach innen zirkuliert. Nach der angegebenen Zeit wird der Baum herausgeholt. Er ist tiefbraun. Auf der Abspritzvorrichtung (s. Abb. 102) wird er mittels eines Reihenstrahls gereinigt, wobei er in Drehung versetzt wird. Er trägt oft eine $1^1/_2$ cm dicke Schmutzschicht. Hernach wird er ins alte Abkochbad gebracht und neuerlich eine Stunde behandelt. Dann wird abgespritzt, bei zugedrehter Mutter gespült, auf der Absaugvorrichtung abgesaugt und ins Bleichbad eingebracht. Die Abkochbäder werden viermal benützt und der Nachsatz beträgt jedesmal 3 l NaOH 40° Bé, 1 kg Soda sicc., 1 l Wasserglas. Der Ansatz für das Bleichbad für zwei Bäume (6000 l) ist 70 l Na-Hypochloritlösung (150 g Aktivchlor pro Liter), 6 kg Monopolbrillantöl (Stockhausen) und 5 l NaOH 40° Bé. Das Bad soll 3,5 g wirksames Chlor pro Liter enthalten und besitzt eine Temperatur von 25° C. Die Bäume bleiben bei gelockerter Mutter $2^1/_2$ Stunden im Bleichbade. Der Meniskus der Flotte liegt bei 60 bis 62 cm Vakuum (am Vakuummeter ablesen) zirka 40 cm vom Rande des Zementbottichs etwa 5 cm über dem Kopf der Baumstange (Achse). Die Flüssigkeitsbewegung unter dem Vakuumeinfluß beträgt 12 cm (Absinken des Meniskus bei Einschaltung der Anlage in das Vakuum). Nachher wird abgespritzt und bei zugedrehter Mutter abgesaugt. Nach Lockerung der Mutter oben am Baum wird derselbe im Nachbehandlungsgefäß mit $1^1/_2$ kg Blankit I und $1^1/_2$ kg Soda sicc. $^3/_4$ Stunden bei 80° C behandelt, dann gespült, abgespritzt und abgesaugt (Mutter fest andrehen). Der Nachsatz für den zweiten Baum beträgt 1 kg Blankit I, 1 kg Soda sicc. Hernach wird die Flotte laufen gelassen.

Der Nachsatz in die Bleichlösung beträgt für zwei Bäume 1 l NaOH, $^1/_2$ l Monopolbrillantöl und 10 l Hypochloritlösung. Von Zeit zu Zeit ist der Chlorgehalt der Flotte zu überprüfen. Dies kann titrimetrisch nach PENET mit As_2O_3 geschehen. Man bereitet sich eine Lösung von $\frac{n}{10}$ As_2O_3, in der man 9,9 g As_2O_3 und 30 g Soda sicc. mit 300 ccm Wasser aufkocht und auf 2 l auffüllt.

Man nimmt eine gemessene Probe (Pipette) der Chlorlösung, setzt Indigokarminlösung (15 g Indigokarmin, 10 ccm Schwefelsäure konz. in 1 l Wasser) zu und titriert mit der $\frac{n}{10}$-As_2O_3-Lösung in einer weißen Schale von Blau auf Braun.

Am besten arbeitet man für den Chlorgehalt eine Tabelle aus, die besagt, daß 10 oder 50 ccm Bleichlösung soundsoviele Kubikzentimeter an As_2O_3-Lösung verbrauchen müssen. Ist dies nicht der Fall, das heißt, tritt schon früher der Farbumschlag ein, dann ist eben noch Hypochloritlösung zuzusetzen.

Sind Bäume sehr verschiedenen Gewichts zu bleichen, dann würde die Flotte durch den dünneren Baum bevorzugt strömen. Man bleicht in solchem Falle einen Baum und setzt auf die zweite Seite eine leere Baumspindel (blind arbeiten).

Das Bleichbad kann vier bis sechs Wochen benützt werden. Steht es dazwischen zu lange, ist zu prüfen, ob keine saure Reaktion eingetreten ist (Lackmuspapier).

Manchmal wird Klage darüber geführt, daß die inneren Anteile der Kettbäume (zirka 500 m Fadenlagen) ganz verschmutzt sind, obwohl die Materialträger mit Baumwollmollino umwickelt sind. Diese Erscheinung tritt bei Anlagen mit Pumpenbetrieb ein, wenn man beim Abkochen von innen nach außen zirkulieren läßt. Dies ist beim Vakuumbetrieb (Thies) nicht der Fall, da hier die Flotte von außen nach innen zirkuliert, so daß sich der Schmutz außen am Kettbaum absetzt. In den Windkessel gelangt also nur „filtrierte" Flüssigkeit, welche an den Innenenden des Baumes bei der Zirkulation von innen nach außen keine Schmutzablagerungen verursachen kann.

Der Vorteil der Kettbaumbleiche ist der gleiche wie der der Färbung. Neben den wesentlich geringeren Einstandkosten des Materials in Trosselkopsform ist das Spulen von Kreuzspulen viel billiger als z. B. von gebleichter Strahnware. Das Packen für die Bleiche, wie es für Kreuzspul- und Strahnbleiche notwendig ist, entfällt, ebenso der größere Arbeitsanteil beim Schlichten von Strahngarn auf Passiermaschinen und Abschären der gespulten Garne auf Sektionalschärmaschinen.

Auf den Umstand, daß der durch die Schlichtung erzeugte Schutzfilm vor dem Weben nicht mehr durch andere Arbeitsoperationen beansprucht und eventuell zerstört wird, wurde bereits verwiesen.

Teste von am Kettbaum gebleichtem Garn am Schopper (5 cm):

20er Water:	Reißfestigkeit, roh	354	358	352	355	354
	Dehnung in %	9,2	9,1	9,0	9,4	9,2
	Reißfestigkeit, gebleicht .	325	320	321	318	323
	Dehnung in %	8,9	8,7	8,8	8,5	8,9

E. Kontinue-Kettenfärbung

In USA werden, statt die Baumwollketten auf Kettbäumen zu färben, Färbeweisen angewendet, bei welchen die Ketten als Fadenscharen (in einer Ebene geordnet), etwa wie beim Breitschlichten, in Kontinuefärbeeinrichtungen, wie sie z. B. zum Färben von Stückwaren angewendet werden, gefärbt werden. Diese Methode ist in Europa wegen der ungenügenden Metragen nicht in Gebrauch.

Die Färbung von Baumwollketten mit Naphtol erfolgt nach THOMBER[27] im Kontinueverfahren in zirka 18 m langen, 7 Behälter aufweisenden Anlagen. Die ersten 2 Behälter (für die Naphtollösung und die Lösung der diazotierten Base) fassen zirka 25 l. Die trockene Kette passiert das heiße Naphtolbad, wird dann zweimal ausgequetscht und verkühlt, auf Rollen laufend, in einer Luftpassage. Hierauf wird nochmals abgequetscht und dann durchs Kupplungsbad genommen. Dann wird abgequetscht und warm und kalt gespült. Das Seifen und Spülen nachher erfolgt anschließend in einer ebenfalls 7 Behälter zu je 120 l aufweisenden ebenso langen Apparatur. 5 Behälter enthalten kochende Seifenlösung (3 g Seife, 1 g Lissapol N (ICI) pro Liter neben 2 g Soda sicc.), die anderen sind mit kochendem Wasser beschickt. Die Anlagen laufen mit einer Geschwindigkeit von 900 m pro Stunde, also 15 m pro Minute, und können pro Stunde etwa 700 kg Kette fertigstellen.

---

[27] Textile Manufacturer 77, 562 (1951).

Die kontinuierliche Färbung von Ketten bei kontrollierter Spannung soll in der Unistel-Batchelder Machine vorteilhaft möglich sein[28]. Die Ketten laufen bei der Küpenfärbung von Zettelbäumen durch die Küpenpigmentdispersion auf dem Klotzfoulard, dann werden sie mit den zur Reduktion nötigen Chemikalien imprägniert, gedämpft, gründlich gespült und oxydiert, auf Trockenzylindern getrocknet und nach der Passage eines Fadenaufteilers auf die Webbäume aufgebäumt. Auch die Färbung nach dem Pad-Steam-Prozeß (vgl. S. 469) ist möglich, wobei von 15000 Yards fassenden Zettelbäumen weggearbeitet wird.

IV. Die Garnfärbung

Die Färbung der Garne, die sogenannte „Färbung im Strahn", erfolgt zu einem hohen Prozentsatz auch heute noch auf offenen Holzwannen von Hand aus, weil vielfach die Größe der Partie (Garnmenge) pro Farbton nicht ausreicht, um mechanische Apparate damit zu beschicken. Die außerordentlich empfindlichen Wollgarne, insbesondere feine Kammgarne, werden aber durch das Hantieren auf der Wanne (das Umziehen der Strähne am Stock) leicht verfilzt oder in ihrer Lage im Strahn verwirrt.

Man hat daher Apparate konstruiert, in welchen das Garn, auf Stöcken hängend, von der umlaufenden Farbflotte durchströmt wird. Der Flottenumlauf wird dabei durch Propeller oder seltener Pumpen bewirkt. Derartige Konstruktionen sind von allen Maschinenfabriken, die Färbeapparate bauen, entwickelt worden (vgl. Obermaier, Hoffarth, Esser, Krantz usw. beziehungsweise Abb. 38, 110). Beim Arbeiten von Hand aus hängt das Garn auf Hartholzstöcken (Hickory, Haselnuß usw.) in die Flotte. Auch mit Hartgummi überzogene Stöcke sind in Verwendung. Die Stöcke werden

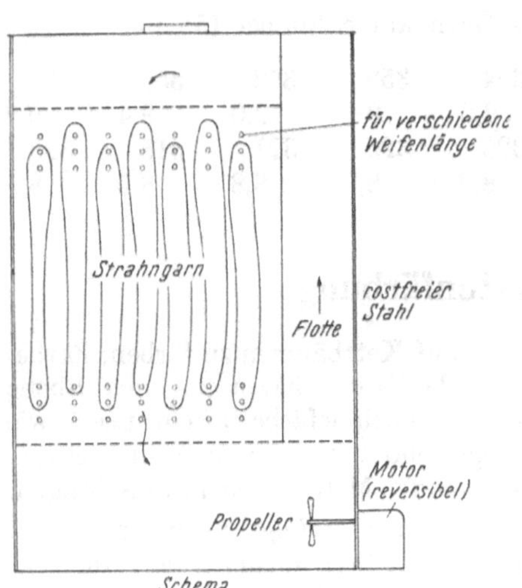

Abb. 110. Garnfärbeapparat (Krantz, Obermaier).

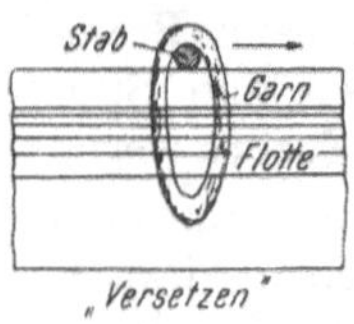

Abb. 111.

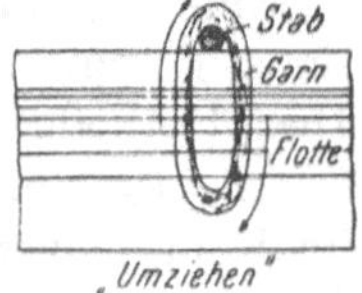

Abb. 112.

nicht nur verschoben („versetzt"), sondern zwischendurch mittels des „Stechers" oder von Hand aus in der Flotte umgezogen.

Der „Stecher" oder „Picker" ist ein kurzer Stock, der zwischen Strahn und Tragstock geschoben und dann beidseitig gehoben wird. Dadurch dreht sich der Strahn am Stock bzw. in der Flotte, seine nicht im Färbebade gewesenen Anteile kommen in dieses, andere Teile aus dem Bade heraus. Die Färbestöcke für Baumwolle oder manchmal auch für Wolle (diese wird vielfach noch von Hand

[28] Vgl. Scott: Text. World **100,** 94 (1950), Clark: Amer. Dyestuff Reporter **40,** P 321 (1951).

aus umgezogen) haben einen ovalen Querschnitt. Beim Umziehen wird der das Garn tragende Stock leicht gehoben und ein Mann schiebt den Stecher bei quergestelltem Stock (Abb. 116) längs der Stockoberfläche durch den Strahn (nur so ist eine Beschädigung des Strahns vermeidbar). Der gegenüberstehende Arbeiter ergreift die Pickerspitze und beide ziehen nun mit dem „Stecher" die Strähne um, indem sie erst die Strähne vom Färbestab hochheben und dann etwas schräg seitlich ziehen (Abb. 116). Dann wird der Picker wieder herausgezogen und der Vorgang beim nächsten Färbestock wiederholt.

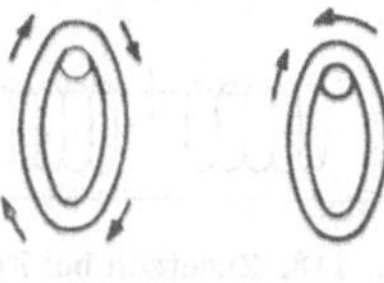

Abb. 113. Abb. 114.

Zum Arbeiten auf der Wanne sind daher stets zwei Mann, bei heiklen Farben und großen Färbepartien aber mitunter vier Mann nötig. Es wird insbesondere beim Aufstellen der Partie auf das Bad rasch umgezogen. Dies erfolgt bei vier Mann von den beiden Partienenden gegen die Mitte (Abb. 115), bei zwei Mann vom Partienende unter Versetzen gegen rückwärts (Abb. 115). Das Umziehen und Versetzen erfolgt in den ersten 30 Minuten stetig. Dann wird bloß versetzt und von Zeit zu Zeit umgezogen. Dadurch kommt das Textilmaterial gleichmäßig mit der Flotte in Berührung und gewährleistet ein gleichmäßiges Aufziehen auch rasch ziehender Farbstoffe. Es ist selbstverständlich, daß das Umziehen der Strähne stets in einer Richtung, also wie Abb. 113 und nie etwa wie Abb. 114, erfolgt.

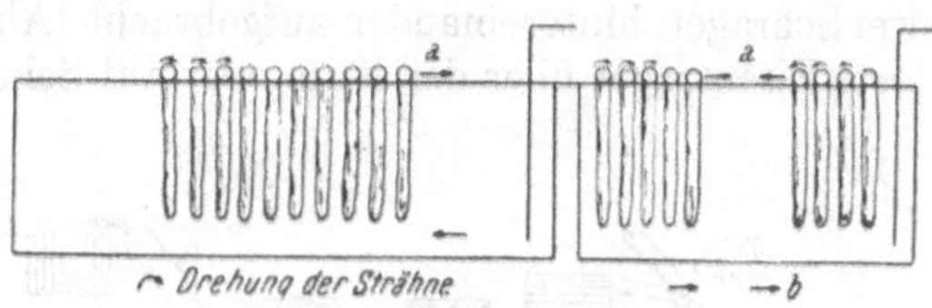

Abb. 115. Umziehen gegen die Mitte —➤. *a*) Versetzen, *b*) andere Richtung.

Wegen des Temperaturabfalls in der Färbewanne, die meist nur eine direkte Dampfheizung an einem Kopfende besitzt, sind die Stöcke auch noch so zu versetzen, daß beim jeweiligen horizontalen Versetzen die entgegengesetzt zum

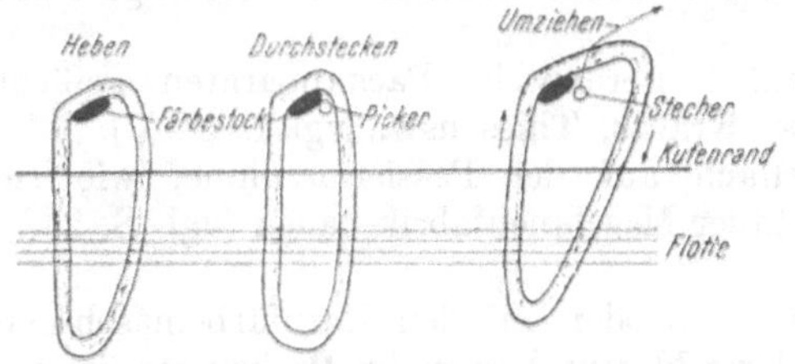

Abb. 116. Umziehen der Strähne mittels des Stechholzes.

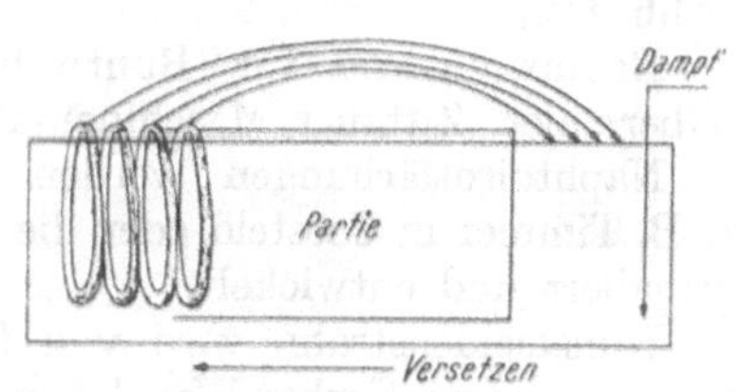

Abb. 117. Versetzen einer großen Garnpartie im Geschirr.

Dampfrohreintritt gelegenen zwei bis 4 Stöcke (über die Partie hinweg) an das andere Ende gegeben werden (Abb. 117).

Die gleichmäßige Anfärbung und Schonung des Materials hängt, neben der Auswahl der Farbstoffe, bei der Handarbeit in erster Linie auch von der Erfahrung der Arbeiter ab.

Beim Aufstellen von trockenem Baumwollgarn (selten bei Wolle, nie bei Kunstseide) kommt es bei Bädern, die zur Schaumbildung neigen (konzentrierte substantive Bäder mit Seife, Küpen- oder Schwefelfarbstoffbäder), vor, daß die Garne beim Einbringen in die Flotte trotz Netzmittelzusatz aufschwimmen.

Da immer gleichzeitig etwa vier bis fünf Stöcke zusammen aufgestellt werden, wird hier solange hin- und hergezogen, bis das Garn in die Flotte gesunken ist. Eventuell wird von dritter Seite oder von den beiden Arbeitern mit einem Stock (breit, nie Stockende bzw. wenn, dann mit Stoff umwickeln) untergetaucht.

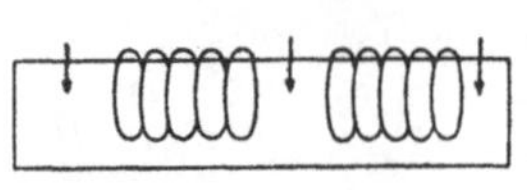

Abb. 118. Zusetzen bei Färbepartien in der Wanne.

Das Zusetzen von Farbstoff in die Flotten beim Färben von Garn von Hand aus erfolgt derart, daß man bei tiefen Tönen und kleinen Partien sowie großem Flottenverhältnis den Zusatz drittelt und vorne, in der Mitte und rückwärts in die Kufe den gut gelösten Farbstoff beigibt, den Dampf aufdreht und tüchtig versetzt und umzieht (Abb. 118).

Ein derartiges Vorgehen ist nur bei Baumwollfärbungen mit direkten oder Schwefelfarbstoffen möglich.

Bei allen anderen Färbeweisen wird die Garnpartie aufgeworfen, das heißt, auf einem Holzschragen überhalb der Kufe gelegt, wobei bei großen Partien auf zwei Schragen hintereinander aufgebracht (Abb. 119) oder auf in die Mauer montierte Eisenträger über der Kufe oder auf Schragen vor derselben abgehängt wird

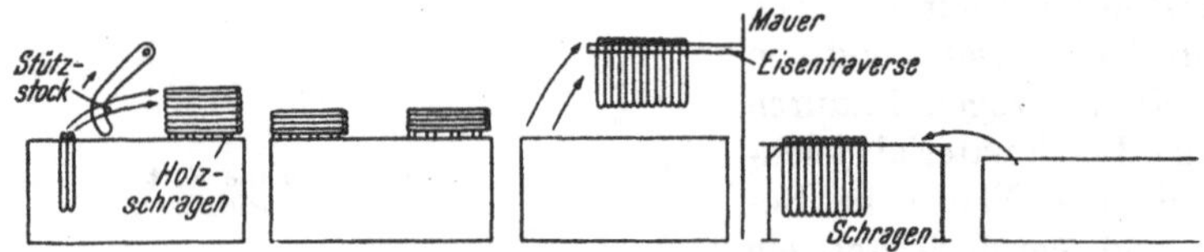

Abb. 119. Das „Aufschlagen" von Färbepartien beim Zusatz (Herausschlagen).

(Abb. 119). Letztere Arbeitsweise ist für heikle Wollgarne und Kunstseide am vorteilhaftesten. Die Nachteile der letzteren Methode sind die unvermeidlichen Verluste an Farbflotte (bis zirka 20%). Man läßt daher das Garn über dei Kufe gut ablaufen, bevor man es auf den Schragen hängt.

Beim Herausbringen der Stöcke auf Schragen wird, um ein Ablegen derselben zu erleichtern, der untere, in der Flotte befindliche Anteil mittels Stock gestützt (Abb. 119).

Baumwollgarne für Buntwebeartikel werden in Packapparaten gefärbt (Obermaier, Zittauer Maschinenfabrik, Krantz, Thies usw., vgl. S. 51 ff.).

Naphtolrotfärbungen werden vielfach auf der Passiermaschine, wie sie z. B. Timmer in Coesfeld oder die Zittauer Maschinenfabrik bauen (vgl. S. 268), grundiert und entwickelt.

Kunstseidenstrahn wird von Hand aus oder auf den Garnfärbemaschinen gefärbt, wie sie Gerber-Wansleben in Krefeld usw. bauen. Im Packsystem ist ein Färben von Kunstseidengarnen wegen der starken Quellung derselben, die den Materialblock für die Flotte undurchdringlich macht, nicht möglich. Die versuchte Unterteilung durch Siebböden hat das Arbeiten umständlich und die Apparatur teuer gemacht. Es führt auch nicht immer zum Erfolg. Kleine Partien können im Packsystem in Standardfarben derart eingefärbt werden, daß man sie in einzelnen Strähnen einlagig zwischen Baumwollgarnen mitfärbt. Bei dieser Arbeitsweise wurden sowohl in direkten Tönen als auch in der Ausfärbung von Schwefelfarbstoffen gute Erfahrungen gemacht. Schlechtere Resultate ergaben sich, der Tonunterschiede wegen, bei Küpenfärbungen.

Die Wahl der für das Färben von Strahngarn verwendeten Farbstoffe richtet sich in erster Linie nach der Art des Textilmaterials und dann nach der Echtheit.

Für Buntwebereien wird Kammgarn in chromierten Färbungen oder in

Färbungen mit den chromhaltigen komplexen Farbstoffen (Neolanen, Palatinecht-, Inochrom-, Ultralanfarbstoffe usw.) eingefärbt. Nur erstere Färbungen besitzen genügende Echtheit für den Walkartikel. Lebhafte Töne müssen mit den schwach sauer ziehenden, walkechten Produkten erzielt werden. Für Modenuancen ist beste Farbstoffwahl hinsichtlich Egalisierung Voraussetzung. Teppichgarne werden chromfärbig oder mit Neolanen usw. gefärbt. Für Trikotagengarne usw. werden saure Farbstoffe, eventuell solche walkechter Art gewählt.

Kunstseide wird, je nach Echtheit, direkt oder mittels Küpenfarbstoffen, weniger gerne mit Schwefelfarbstoffen gefärbt. Diese Färbung macht das Garn leicht strohig. Naphtolrot kommt nur in wenigen Fällen in Frage. Es tritt bei tiefen Tönen oft ein „Blindwerden" der Faser ein. (Mattierung durch das Farbpigment.)

Baumwollgarne geben als Stick-, Effekt- und Besatzgarne küpenfärbig, waschecht mit Coprantin- oder den Resofixfarbstoffen, nachbehandelt mit Coprantinentwickler K oder Resofix CU, in Schwefelfärbung und in großen Mengen mit Naphtolkombinationen (Celcot, Brenthol usw.) gute Resultate.

Für den Export sind basische Farbstoffe auf Kunstseide und Baumwolle bei Buntwebeartikeln noch immer in Gebrauch. Auch indigofärbige Baumwolle hat sich auf diesem Gebiete für den Blau-Weiß-Artikel in manchen Gebieten gehalten.

Die Garnfärberei setzt, wie bereits gesagt, außerordentlich große Erfahrung in der Wahl der Farbstoffe und beim Arbeiten, insbesondere von Hand aus, voraus. Der Färbeprozeß soll so kurz wie möglich sein, was insbesondere beim Färben auf Muster das vorher Gesagte unterstreicht. Das Material muß für den folgenden Schlicht- bzw. Spül- und Webprozeß geschont und der Zustand der Fadenlagen im Strahn derart belassen werden, daß ein klagloses Abspulen (ohne Fadenbrüche usw.) möglich ist. Insbesondere empfindlich sind feine Wollgarne (gegen Verfilzen bei langem Färben) und Reyon (Reißen von Fäden, Verziehen der Strähne, der Unterbindbänder [Fitzbänder] usw.).

Im folgenden wird die Färbung der einzelnen Faserarten getrennt besprochen.

1. Die Färbung von Wollgarnen

Dieselbe ist einwandfrei (egal und reibecht) nur bei entsprechender Vorreinigung des Garnes möglich. Die Entfernung der Schmälzöle in Kammgarn erfolgt, je nach der weiteren Verarbeitung, auf der Wanne oder am Wollgarnfärbeapparat. Über das Arbeiten auf der Wanne oder Garnkufe selbst wurde im einleitenden Abschnitt das Wesentliche gesagt. Für das Färben von Wollgarnen ist insbesondere zu beachten, daß die Flotte auf Kochtemperatur gehalten wird. Dies kann nur durch stetige schwache Dampfzufuhr gewährleistet werden. Dabei ist es vorteilhaft, die Heizung der Flotte unterhalb eines Siebbodens mit Cu-Schlangen vorzunehmen, da so die verfilzende Wirkung des direkten Dampfeintritts in die Flotte wegfällt und auch die Temperatur vergleichmäßigt ist. Wenn dies nicht möglich ist, ist die Dampfzufuhr hinter einer Siebwand mittels eines an die Dampfleitung anschließbaren oder fix montierten (schlechter) Kupferrohres vorzunehmen.

Die Reinigung der Wolle erfolgt in Ammoniak- und Igeponbädern (IG), welchen bei Gefahr mineralhaltiger Schmälze Fettlöser bzw. Öldispergatoren zugesetzt sind (Laventin HW [IG], Medialan AL [IG] usw.). Bei Kammgarnen, die verhältnismäßig leicht geschmälzt und gegen Verfilzen und Alkaliangriff sehr empfindlich sind, ist die Reinigung, wenn sie auf der Kufe vorgenommen werden muß, sehr vorsichtig durchzuführen. Temperaturen über 50° C sind zu vermeiden. Man behandelt am besten am Apparat bzw. auf der Kufe mit 1 g Igepon oder Fettalkoholsulfonat und 1 ccm NH_3 28%ig pro Liter etwa 20 Minuten bis ½ Stunde. Dann wird laufen gelassen, gründlich gespült (handwarm) und auf das Färbebad gestellt bzw. das Färbebad bereitet.

Bei der Apparatefärbung, welche mit den bekannten Typen der Firmen Krantz, Obermaier, Zittauer Maschinenfabrik, Hoffarth usw. (vgl. Abb. 38 und Abb. 110) vorgenommen werden, ist auf beste Löslichkeit der Farbstoffe zu sehen.

Abb. 120. Wollstrahnkufenfärberei.

Das Aufbringen der Ware auf die Stöcke ist schon beim Reinigen (Entfetten) derselben derart vorzunehmen, daß enge Filzbänder zerrissen oder neu eingebunden werden. Stark verlegenes Garn ist eventuell am Garnbock (einem glatten Holz, vgl. Abb. 122) auszuklopfen.

Streichgarne (aus Abfallwolle usw.) sind stark geschmälzt. Ihre Reinigung erfordert daher mehr Alkali. Man arbeitet mit 1 bis 3 g Waschmittel und 1 bis 2 g Soda pro Liter bei 45° C und setzt zum Faserschutz eventuell etwas Lamepon A (Grünau) oder Levana (Sandoz), das sind Eiweißkondensationsprodukte, zu. Speziell hier ist die Gefahr groß, daß mit Mineralöl geschmälzte Ware vorliegt. Falls das Schmälzen des Garnes ohne geeignete oder genügende Menge Emulgatoren stattgefunden hat, ist auch die restlose Entfernung des Mineralöls aus dem Garne, selbst wenn dem Reinigungsbade größere Mengen an Fettlösern (2 bis 3 g pro Liter) zugesetzt werden, fast unmöglich. Es ist in solchen Fällen anzuraten, die Färbung in Bädern vorzunehmen, die schwach sauer ziehende Farbstoffe und entsprechend beständige Netzmittel, unter Umständen auch Emulgatoren, enthalten [Igepal C (IG)].

Abb. 121. Pendelzentrifugen für Strahngarn.

Während Streichgarn stets kurzweifig ist, können Kammgarne oder Effektgarne langweifig vorliegen. Beim Arbeiten auf der Kufe ist dabei zu achten, daß das Garn nicht am Boden schleift (Beschädigung und Unegalität). Man benützt hochwandige Kufen oder setzt an den Kufenseitenkanten Bohlen auf. Beim Arbeiten auf Apparaten ist ein Doppelhängen, das heißt Einschlagen des Strahns, notwendig und nach System Krantz (Abb. 123) günstig. Allerdings ist bei manchen Konstruktionen dann darauf zu sehen, daß die Strähne von der Flotte nicht abgehoben werden. Neuere Ausbildungen der Apparate (Abb. 110) sehen Einsatzmöglichkeiten der Stöcke für verschiedene Garnlängen bzw. Weifendurchmesser vor.

Neben der notwendigen guten Reinigung des Garnes ist beim Färben auf Apparaten auf Färbebäder zu sehen, die frei von jeder Fällung sind. Diese wird durch die Wasserhärte (beim Kochen der Flotte ausfallendes Karbonat), Verunreinigungen der Badchemikalien oder gar durch ungenügend gelösten bzw. löslichen Farbstoff verursacht.

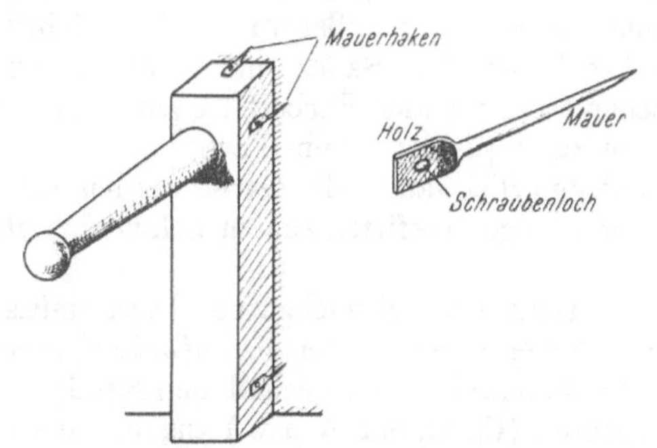

Abb. 122. Garnbock (Polholz).

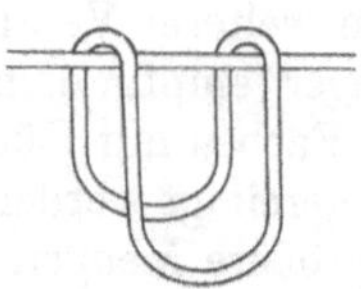

Abb. 123. Strahnauflage nach Krantz.

Ferner ist auf tadelloses Funktionieren der den Flottenumlauf bewerkstelligenden Einrichtung (Propeller, Pumpe) zu sehen.

Für das Färben selbst sind, je nach der gewünschten Echtheit, die ent-

Abb. 124. Hoffarth-Wollgarnfärbeapparat in Betrieb.

Abb. 125. Hoffarth-Wollgarnfärbeapparat (ältere Konstruktion), geöffnet.

sprechenden Farbstoffe zu wählen. Abgesehen von der Prüfung ihrer Eignung für die Apparatefärberei, in Hinblick auf die Löslichkeit, ist darauf zu achten, daß keine Metallteile der Färbeapparatur mit der Flotte in Berührung kommen, die den Farbstoff zerstören könnten. Schließlich ist das Egalisiervermögen der Farbstoffe von eminenter Wichtigkeit. Ist es für den Färbeansatz, also das erste

Bad, möglich, auch schlechter egalisierende Produkte zu wählen, so kann ein Zusatz, auch unter Abkühlen der Flotte, nur mit gut egalisierenden Farbstoffen stattfinden. Färbt man walkechte Töne oder gar chromfärbig, so geht daraus klar hervor, daß die Farbzusätze, da sie nur mit gegenüber der Grundfärbung wesentlich unechteren Produkten vorgenommen werden können, mengenmäßig so gering wie möglich zu halten sind. Dies aber bedingt wieder die Ausarbeitung sorgfältiger Rezepturen für Stapelnuancen bzw. eine außerordentliche Erfahrung für Färbungen nach Muster. Das Weglassen des Bades und Ansetzen einer frischen, neuerlich langsam zum Kochen zu treibenden Färbeflotte zur Korrektur von Tönen ist in den wenigsten Fällen zu empfehlen. Beim Färben von Kammgarnen dehnt sich der Färbeprozeß ungebührlich lange, die Garne werden außerordentlich beansprucht und mehr oder weniger verfilzt, was zu Schwierigkeiten bei deren weiterer Verarbeitung führt.

Weniger empfindlich in dieser Hinsicht sind Streichgarne. Diese müssen vor dem Färben mit Rücksicht auf den hohen Ölgehalt, den sie aufweisen, besonders gut gereinigt werden. Meist sind sie mineralölhaltig, weshalb den Reinigungsbädern größere Mengen von Dispergatoren (Emulphor A usw.) zuzugeben sind. Vielfach verwendet man statt NH_3 der größeren Garnverschmutzung wegen auch etwas Soda. Man behandelt ebenfalls bei zirka 50° C. Die Reinigung von Hand aus auf der Wanne ist intensiver als die im Apparat, da die Materialbewegung in stehender Flotte zur Entfernung der vorhandenen starken Verunreinigungen viel wirksamer ist als das Zirkulieren der Flotte durch das unbewegte Garn. Dies ist bei Streichgarn aber von wesentlichem Vorteil, während bei den empfindlichen Kammgarnen die an sich geringen Präparationsmengen schonender und ohne Gefahr, ein Verfilzen der einzelnen Fäden zu verursachen, eben im Apparat entfernt werden.

Für die Färbung ist die Regel, daß man, sei es beim Arbeiten von Hand aus, sei es beim Färben am Apparat, gleichgültig, welches Material vorliegt, stets bei maximal 40° C eingeht und langsam auf Kochhitze treibt. Während beim Färben auf der Wanne dabei ständig umgezogen und versetzt wird, ist beim Arbeiten auf Färbeapparaten häufiger Wechsel der Flottenzirkulationsrichtung erforderlich. In keinem Falle darf, nach Erreichen des Kochpunktes, weiter soviel Dampf zugeführt werden, daß die Flotte zu wallen beginnt. Insbesondere ist dies beim Färben von Kammgarnen hintanzuhalten. Dauert die Färbung bei letzterem Material zu lange oder hat zu starke Materialbewegung ein Verfilzen eingeleitet, so merkt man das deutlich an der Tendenz des Garnes, auf der Badeoberfläche aufzuschwimmen. In solchen Fällen ist beschleunigt fertigzustellen, eventuell auf Kosten der Mustertreue.

Heikel zu färben sind sogenannte Effekt- oder Schlingengarne („Loop“ usw.). Sie werden, da meist bunt verlangt, in der allergrößten Zahl der Fälle mit Walkfarbstoffen von Hand aus eingefärbt, da so eine bessere Kontrolle der Färbung auf etwaige Garnschäden möglich ist. Da es sich meist um leicht zu imitierende Töne handelt, kann der Forderung nach möglichst kurzer Färbezeit fast stets nachgekommen werden.

Vielfach kommen auch derartige Garne bereits mit schwarz gefärbten Anteilen zur Einfärbung. Es ist selbstverständlich, daß es sich um chromschwarzfärbige Garnanteile handelt, die den sauren Färbeprozeß ohne Aus- oder Abbluten überstehen. Eine Handprobe ist trotzdem empfehlenswert, um eventuelle Irrtümer der Zwirnerei festzustellen.

Im nachstehenden folgen nun einige Rezepturen für Garnfärbungen der verschiedensten Art, wobei auch das unterschiedlichste Material und Hand- und Apparatefärbungen aufscheinen.

Als Färbeapparate sind die verschiedensten Konstruktionen in Gebrauch. Die Abb. 124, 125 zeigen z. B. die Beschickung eines Hoffarth-Apparates und denselben Apparat in Betrieb (vgl. S. 217).

Sämtliche Beispiele stammen aus der Praxis. Wie in allen Teilen dieses Buches sind die zur Färbung verwendeten Farbstoffmarken der damaligen Markt- und Preislage entsprechend gewählt worden und die Rezepturen daher nicht etwa als Gütebewertung aufzufassen. Gleichwertige bzw. chemisch identische Produkte sind den Angaben der Herstellerfirmen bzw. den entsprechenden Hinweisen, die im Texte dieses Kapitels bzw. im Abschnitt 4 gegeben werden, zu entnehmen.

a) Färbung mit sauren Farbstoffen

Für Kommerzfärbungen, zum Teil ohne besondere Echtheit auf lose gezwirnten Kammgarnen, die teilweise für Trikotagenherstellung dienen, seien nachstehende Rezepturen angegeben.

Hellgrau: 50 kg Kammgarn 16/2, 1800 l Flotte, Kufenfärbung. Das Garn ist zu 1,5 kg aufgestockt, zum Eingehen und nach dem Zusatz wird von vier Mann (Partienenden gegen Mitte) umgezogen bzw. versetzt.
0,100 kg Hessischechtschwarz (Bayer)
0,003 „ Hessischechtgelb (Bayer)
0,002 „ Hessischechtrot (Bayer)
3,000 „ Glaubersalz krist., gegen Ende der Färbung
0,250 l Essigsäure 30%ig

Gobelin: 50 kg, 1900 l Flotte, Weinsteinpräparat 8 kg.
1,000 kg Erioechtblau AB (Gy)
0,005 „ Flavazin L (IG)

Terrakotta: 50 kg, wie oben.
1,750 kg Flavazin L (IG)
1,350 „ Guineaechtrot GG (IG)
0,040 „ Algaminblau B (Kalle)

Rosa: 10 kg Strickgarn 8/2, 2000 l Flotte, 6 kg $NaHSO_4$ (Weinsteinpräparat). (20 Schneller à 6 Fitzen pro Pack à 10 lbs.)
0,130 kg Sulforhodamin G (IG)
0,130 „ Sulforhodamin B (IG)

Dunkelweinrot: 10 kg Strickgarn 8/2, 2000 l Flotte, 6 kg $NaHSO_4$.
0,600 kg Eriofloxin 2B (Gy)
0,050 „ Säureviolett 4BNS (IG)
0,020 „ Flavazin S (IG)

Dunkelblau: 10 kg Strickgarn 8/2, 2000 l Flotte, 6 kg $NaHSO_4$.
0,480 kg Algaminblau B (Kalle-IG)
0,030 „ Eriofloxin 2B (Gy)
0,025 „ Flavazin S (IG)

Kamelhaar: 4 kg Strickgarn 16/2, 800 l Flotte.
0,080 kg Alizarinlichtbraun BL (Sa)
1,000 „ Glaubersalz krist., später 0,5 l Essigsäure 30%ig

Olivegrün: 40 kg Strickgarn 16/2, 2000 l Flotte, 6 kg Weinsteinpräparat.
1,200 kg Tartrazin O (IG)
0,400 „ Algaminblau B (Kalle)
0,050 „ Orange II (IG)

Lachs: 30 kg Strickgarn 16/2, 2000 l Flotte, 6 kg $NaHSO_4$.
0,260 kg Sulforhodamin 6G (IG)
0,140 „ Sulforhodamin G
0,080 „ Rhodamin B (IG)

Das Rhodamin als Schönungsmittel schmierte ab. Man wäscht 35° heiß und brennt in einem Bade mit 10% H_2SO_4 konz. ein.

Lederbraun: 30 kg Strickgarn 16/2, 2000 l Flotte, 6 kg Weinsteinpräparat.
0,200 kg Naphtolgelb S (IG)
0,100 „ Orange II (IG)
0,100 „ Patentblau V (IG)
0,550 „ Lanafuchsin B (IG)

Smaragd: 40 kg Strickgarn 16/2, 2000 l Flotte, 6 kg Weinsteinpräparat.
1,000 kg Säuregrün G konz. (Kalle)
0,280 „ Patentblau V (Azurblau V) (Kalle)

Schwarz: 30 kg Strickgarn 16/2, 2000 l Flotte.
2,700 kg Patentschwarz S (Kalle)

Man färbt ½ Stunde aus Na_2SO_4-Bad (6 kg krist.) kochend und erhält eine braune Färbung, die bei ¾stündigem Kochen mit 3 kg $NaHSO_4$ in ein schönes Tiefschwarz übergeht.

Färbungen, an welche die Forderungen von hoher Lichtechtheit und vorzüglicher Egalität gestellt werden, färbt man im Garn auf der Kufe oder am Apparat mit Vertretern des Anthralansortiments (ausgesuchte Säurefarbstoffe der IG, vgl. S. 359) bzw. Säurefarbstoffen, die gut egalisieren und genügend lichtecht sind.

Teppichgarne, Strickgarne usw. werden daher (meist auf Apparaten) mit oben genannten Produkten eingefärbt. Für Mischtöne ist z. B. eine Kombination von Anthralanrot G, -blau G und -gelb G zu empfehlen. Auch das etwas weniger lichtechte Amidonaphtolrot GL ist als Röte verwendbar. Blaue Töne färbt man mit Anthralanblau G, nuanciert mit -violett 3R; Grüntöne sind am besten aus Anthralangrün 2G oder B mit -gelb G, RRT oder -blau G herstellbar.

Für die Färbung von Strickgarnen ist auch das Xylenecht-P-Sortiment (Sa) gut geeignet. Modetöne sind in der Dreifarbenkombination Xylenechtgelb P, Xylenechtrot P und Xylenechtblau P leicht herstellbar. Das Egalisiervermögen der Produkte, die schwach sauer aufgefärbt werden, ist gut, die Lichtechtheit sehr gut, ebenso die Naßechtheiten (vgl. S. 389 und 384).

Dunkelgrüne Töne sind aus etwa 5%, Braun aus 4,5%, ein Schwarzton (rötlich) aus 2,5% Xylenechtgelb P, 2,2% Xylenechtrot P und 1,8% Xylenechtblau P erhältlich. Babyblau wird mit zirka 0,5 bis 0,7% Xylenechtblau PR eingefärbt, Marinetöne mit 2,5 bis 3%, Xylenechtblau PR und 1 bis 1,2% Xylenechtrot P, eventuell einer kleinen Menge Gelb.

Billigere tiefe Brauntöne setzt man mit Tartrazin O, Amidonaphtolrot BB und Alizarindirektblau E3B an (alle IG). Die Gilbe egalisiert nicht gut, Zusätze an Gelb werden daher mit Flavazin S gemacht. Gaben von Echtlichtorange G oder Patentblau V (letzteres sehr lichtunecht) machen den Ton im Kunstlicht nach Grün umschlagend. Marineblau werden mit Amidoblau GGR (etwas schlecht egalisierend) als Grundlage gefärbt (vgl. Stückfärberei S. 368). Sulfoncyanine schlagen um (Reduktionswirkung von Abbauprodukten der Wollfasern), daher gibt man den Bädern etwa 1 bis 4% Chromkali bei. Man vermeide starkes Kochen und färbe schwach sauer (vgl. S. 361). Größere Ansprüche an Teppichgarne z. B. bedingen die Verwendung von Supramingelb R, -rot 2G, -blau FB in Kombination.

Mit gleichgutem Resultate sind zu gebrauchen u. a.:
(Sa) Xylenlichtgelb GG, Azorubinol 2GS, Alizarinlichtblau GG, Alizarindirektbraun GL, RL, Echtsäuremarineblau GGR, Xylenbrillantcyanin G, 6B bzw.
(Ci) Kitongelb 3GL, Tartrazin, Kitonlichtrot 3BL, Alizarinsaphirblau 2G, Echtsäuremarineblau GRL konz. usw. oder
(Gy) Erioflavin 3G, Erioechtbraun RL, Erioanthracenbraun GL, Eriofloxin 2G, Erioanthracenreinblau 2GL, Eriomarineblau GGR usw.

Statt Alizarindirektblau E3B (IG) ist das lichtechtere und gleich wasserechte Alizarindirektblau 2B (Sa) verwendbar. Allerdings ist es nicht so schweißecht.

Beige: Kammgarn 48/2, 10 kg, 1200 l Flotte.
0,03 kg Echtlichtgelb 3G (IG)
0,01 „ Erioechtfuchsin 2B (Gy)
2,00 „ $NaHSO_4$

Karmoisin: 10,00 kg, wie oben.
0,38 „ Tolanechtrot 2GL (Kalle)
2,00 „ Weinsteinpräparat ($NaHSO_4$)

Walkechte Effektgarne, wie Knicker und Schlingen sind oft mit chromschwarz gefärbten Wollfäden derart verzwirnt, daß sie im Zwirne Nester bilden (Abb. 164).

Die Partien werden meist auf der Kufe gefärbt; nachstehend Rezepturen derartiger, naturgemäß meist brillante Töne umfassender Färbungen:

Kaliblau: 10,000 kg, 1000 l Flotte.
0,220 „ Benzylblau B (Ci)
0,160 „ Benzylviolett 5BN (Ci)
1,500 „ Glaubersalz krist., 0,5 kg Essigsäure 30%ig
0,200 „ Tetrakarnit

Karmoisin: 40,000 kg, 2000 l Flotte.
0,300 „ Walkrot 4BA (IG)
0,650 „ Echtviolett 618
4,000 „ Glaubersalz krist., 3 l Essigsäure 30%ig

Orange: 14,000 kg, 1000 l Flotte.
0,280 „ Walkrot G (IG)
0,025 „ Walkgelb O (IG)
1,500 „ Glaubersalz, 0,8 kg Essigsäure 30%ig

Kaisergelb: 45,000 kg, 2000 l Flotte.
4,500 „ Walkgelb 300% (IG)
4,000 „ Glaubersalz krist., 4 l Essigsäure 30%ig

Dunkelweinrot: 20,000 kg, 1000 l Flotte.
0,400 „ Walkrot G (IG)
0,400 „ Walkrot 4 BA (IG)
0,080 „ Formylviolett S4B (IG)
2,000 „ Glaubersalz krist.
0,200 „ Tetrakarnit, 1,25 l Essigsäure 30%ig

Giftgrün: 20,000 kg, 1000 l Flotte.
0,100 „ Brillantindoblau 5G (IG)
0,030 „ Walkgelb H5G (IG)
2,000 „ Glaubersalz krist., 2 kg essigsaures Ammon, nach ½ Stunde 0,5 kg Essigsäure 30%ig

Türkischblau: 10,000 kg, 1000 l Flotte.
0,150 „ Brillantindoblau 5G (IG)
1,000 „ Glaubersalz krist., 1 kg essigsaures Ammon, 1 kg Essigsäure in 2 Anteilen

(Brillantindoblau 5G hat die Nuance des Patentblaus, ist aber walkechter.)

Walkechte Loopgarne:

Kaliblau:	25,000 kg, 1000 l Flotte.
	0,600 „ Formylblau B (IG) [entspricht dem Benzylblau B]
	0,100 „ Formylviolett S4B (IG) [entspricht dem Benzylviolett 5BN]
	2,500 „ Glaubersalz krist., 1200 l Essigsäure 30%ig
Olive:	25,000 kg, wie oben.
	0,500 „ Echtwollgrün B (IG)
	0,100 „ Walkgelb 300% (IG)
	0,050 „ Formylviolett S4B (IG)
	Sonst wie oben.
Giftgrün*:	25,000 kg, wie oben.
	0,400 „ Brillantwalkgrün G (IG)
	0,035 „ Walkgelb 300% (IG)
	Sonst wie oben.
Rot:	25,000 kg, wie oben.
	0,400 „ Diaminscharlach B (IG)
	0,250 „ Walkgelb 300% (IG)
	Sonst wie oben.

Auch walkechte Streich- und Mohairgarne werden so gefärbt.

Bei der Verwendung der schwach sauer färbbaren Vertreter der walkechten Vertreter der Säurefarbstoffe ist streng zu beachten, daß zur Erreichung einer Reibechtheit vor allem der Färbeprozeß mindestens gute ¾ Stunden geführt werden muß. Untersuchungen der neueren Zeit[29] haben ergeben, daß die Walkfarbstoffe nur langsam in die Faser eindringen und vorerst ringförmig (und reibunecht) an der Faseroberfläche sitzen. Bei Stapelnuancen (Gelb, Rot, Grün, Blau), wie sie in vielen Unternehmen mit fixem Rezept gefärbt werden, sind oft reibunechte Färbungen darauf zurückzuführen, daß man zu schnell auf Muster ist, ohne daß dem Farbstoff Gelegenheit gegeben wird, in die Faser einzudringen. Oftmals werden auch bei zu kurzer Färbezeit zu volle Färbungen erhalten, der an der Faseroberfläche sitzende Farbstoff täuscht die Tiefe bloß vor. Es ist auch darauf zu achten, daß zu große Salzzusätze oder ein Mineralsäurezusatz auf die Farbstoffe im Bade fällend wirken und sie reibunecht auf der Faseroberfläche niederschlagen.

Für diese Färbungen werden neben den brillante Töne liefernden Walkfarbstoffen für gedeckte Nuancen und tiefe Färbungen insbesondere die Nachchromierungsfarbstoffe herangezogen (s. S. 165).

Garne für seewasserechte reinwollene Bade- und Strandanzüge werden z. B. mit folgenden Säurefarbstoffen gefärbt (IG):

Gelbe Töne: Walkgelbmarken, insbesondere Walkgelb O, neben H3G, H5G (weniger seewasserecht sind Sulfongelb 5G, R).

Orange: Kombinationen von Supranolscharlach G, Supranolrot RX mit Walkgelb oder Supranolorange RR.

Rot, Bordo: Supranolfarben, Säureanthracenrot 3BL, 5BL, weniger lichtecht sind Walkscharlach G, B.

Blau: Brillantindocyanin G, 6B (Lichtechtheit weniger gut). Stumpfere Blau werden mit den Sulfoncyaninmarken gefärbt, zum Nuancieren von hellen

---

* S. Nuancenrezeptur S. 221.

[29] Watkins, Millson, Royer: Amer. Dyestuff Reporter **36**, 3 (1947).

Farben werden oft auch Wollechtblau BL, GL genommen. Die Sulfoncyanine dürfen nicht verwendet werden, wenn die damit behandelte Ware mit geschwefelter Wolle zusammenkommt (werden zerstört).

Grün: Lebhafte Töne werden mit Walkgelb H5G und Brillantindocyanin G gefärbt. Bei besserer Lichtechtheit wird Alizarincyaningrün G extra oder eventuell mit Walkgelb H5G abgetönt, verwendet.

Schwarz: Sulfoncyaninschwarz BB, eventuell Chromogenschwarz ETOO oder Diamantschwarz PBB.

Für Modefarben empfehlen sich die Palatinechtfarbstoffe bzw. Irgalane, Cibalane usw. (s. S. 184).

Mit dem gleichen Resultat werden für Wollgarne für seewasserechte Trikots folgende Produkte empfohlen (Sa):

Xylenlichtgelb 2GP, Xylenechtorange PO, Xylenechtrot 2GP, BPN, Brillantalizarinlichtrot B, 4B, Xylenechtgrün 6B, Alizarinlichtblau FF.

Die Farbstoffe werden normal sauer gefärbt und egalisieren gut. In schwach sauren Bädern und weniger gut egalisierend färbt man:

Sulfoninorange GS, Sulfoninrot G, RS, Xylenbrillantcyanin G, GB, Xylenechtblau FF, Alizarinlichtbraun GP, Alizarinlichtgrau G, Sulfoninschwarz B (mit nachherigem Schwefelsäurezusatz),

Oder z. B. (Ci):

Tuchechtmarken (schwach sauer), stark sauer: das Fullacidsortiment.

Beziehungsweise (Gy):

Für stark saure Färbung die Eriosolidfarbstoffe oder schwach sauer: die Polarfarbstoffreihe.

Wasserechte Färbungen auf Wollgarnen können mit dem Aquamin-Sortiment (Sa) ausgeführt werden; sie sind auch von guter Lichtechtheit:

Aquamingelb 2GL, -gelb G konz., -gelb R, -orange G, -rot GG, -rot SB, -rot B, -rot EBL, -rosa BB, -rot VP, -bordo 3BL, -blau BR, -blau FFR, -blau GL, -marineblau B, -grün GL, -braun G, -braun R, -grau G, -carbon BB.

Mit gleichem Erfolg können auch verwendet werden (Sa):

Xylenlichtgelb 2GP, -lichtgelb R, -lichtgelb RP, -echtorange PO, -echtrot 2GP, -echtrot BPN, -echtrot BL, Azorubinol 3GP, Brillantalizarinlichtrot 4B, Xylenechtrot VP, Azorubinol 6B, Alizarinlichtblau BR, -lichtblau FFR, -lichtblau GG, Xylenechtmarineblau B, Alizarinlichtgrün GS, -direktbraun GP, Xylenecht braun RG, Alizarinlichtgrau G, Sulfoninschwarz N4B.

Oder (IG):

Supramingelb 3GL, -gelb S, -gelb R, -orange G, -rot GG, -rot B, -rot BL, Anthralanrot B, Radiorot VP, Supraminrot 6BL, Supraminblau FFB, Alizarindirektblau A2G, Radiomarineblau B, Supraminbraun R, Supraminschwarz.

Lissamine Flavine FFS der ICI, ein grünstichiges, reines Gelb, welches gut egalisiert, gibt mit Lissamine Rhodamine GS, BS, brillante Orange oder Rosa, mit Disulphine Blue VNS ein lebhaftes Grün, wobei die erhaltenen Töne, insbesondere bei mittlerer Lichtechtheit, für Strickgarne interessant sind.

Als neue saure walkechte Farbstoffe bringt Hoechst die Remalane (Komplexe).

b) Das Färben mit chromkomplexen Farbstoffen

Kammgarne für Buntwebereien werden entweder chromfärbig (nachchromiert) oder, in Modenuancen, mit Inochrom- (Francolor-) bzw. Ultralan- (ICI), Neolanfarbstoffen (Ci) oder Palatinechtfarbstoffen (IG) gefärbt. Letztere Klassen sind bekanntlich chromhaltige Farbstoffe. Insbesondere bei den grünen Vertretern dieser Reihe tritt der Übelstand des „Verkochens“ der Färbung auf. Der Farbton wird bei längerem Färben stumpf und trüb. Diese Erscheinung wird auf eine Entmetallisierung der Produkte durch Abbaustoffe der Wolle, die sich durch Hydrolyse der Faser bei längerer Behandlung mit den stark sauren Bädern bilden, zurückgeführt. Die American Cyanamid Comp.[30] hat vorgeschlagen, diesen Übelstand dadurch zu verhindern, daß man den Färbebädern Aldehyd (Formaldehyd) zugibt. Nachdem Formaldehyd flüchtig ist, verbessert die Ciba die Arbeitsweise derart, daß sie Aldehyde mit ionisierbaren Gruppen[31] (Aldehydsulfosäuren) bzw. aldehydgruppenhaltige Gelbfarbstoffe zusetzt[32].

Die Ciba bringt z. B. statt des empfindlichen Neolangrüns B bzw. BL bereits die Marke BF heraus.

Neolanfarbstoffe werden auch gerne für Teppichgarne verwendet. Eine Anzahl der Farbstoffe dieser Reihe liefert Färbungen, die der Hypochlorit- bzw. Chlorkalkbehandlung zum Antikisieren von Teppichen widerstehen. Diese Behandlung wird, wie der Name sagt, vorgenommen, um fertigen, modernen Teppichen das Aussehen alter Ware zu geben[33]. Durch das Hypochlorit erhält die Wolle auch einen großen Glanz. Vielfach werden für derartige Teppichgarne entsprechende Nachchromierungsfarbstoffe verwendet (vgl. S. 165).

Für die Teppichgarnfärberei empfiehlt die Ciba aus der Neolanklasse folgende Produkte:

Neolangelb BE, -orange G, -braun GRM, -rot BRE, REG, -rosa BE, -bordeaux BM, RM, BE, -violett RM, 3R, 5RF, -blau 2R, 3R, -marineblau 2RLB und -schwarz 2G, WA extra N.

Gefärbt wird mit Neolanen (Ci), Palatinecht- (BASF) oder Chromacyl- (Du Pont) Farbstoffen am Apparat derart, daß man das Garn vorerst bei 60 bis 70° C gut netzt und dann 10 Minuten zirkulieren läßt. Hierauf wird zum Kochen erhitzt und langsam 4% H_2SO_4 66° Bé (verdünnt mit Wasser) zugesetzt. Bei Kochtemperatur werden weiter 2 bis 4% H_2SO_4 konz. (verdünnt) langsam zulaufen gelassen und 1½ bis 2 Stunden gekocht.

Wird mit Neolansalz II (Ci), (Palatinechtsalz O) (IG) gearbeitet, dann setzt man beim Netzen des Garnes die Gesamtsäuremenge, die dann nur 5% beträgt, zu und läßt ¼ Stunde zirkulieren. Dann wird zum Kochen erhitzt und 1% Neolansalz II zugesetzt. Man kocht 1½ bis 2 Stunden zur Entwicklung der Nuancen.

Nach dem Färben muß gut gespült werden. Es empfiehlt sich, da die Ware hartnäckig Säure festhält, dem letzten Bade 0,5 g Azetat zuzugeben[33a].

Zum Nuancieren im kochenden Bad werden folgende Farbstoffe (Ci) empfohlen:

Neolangelb BE, 8GE, -orange G, GRE, Neolanrot GRE, REG, BRE, -bordo BE, RM, BM, -violett 5RF, -blau 2G, 2R, -grün BL konz., BG.

Einige Rezepturen seien angegeben. Die Färbeweise entspricht der vorhin beschriebenen.

Grau:	25,000	kg	Kammgarn 48/2, Hoffarth-Apparat.
	0,020	„	Neolanblau 2G (Ci)
	0,005	„	Neolanrosa BA (Ci)
	0,002	„	Neolangelb BE (Ci)

[30] Vgl. US-Patent 2422586.
[31] Vgl. Österreichisches Patent 166226.
[32] Vgl. Österreichisches Patent 167095.
[33] Vgl. auch Melliand Textilber. **13**, 224, 279 (1932).
[33a] Casty: Melliand Textilber. **33**, 950 (1952).

Reseda: 18,000 kg, wie oben 48/2.
0,050 „ Neolangrün BL konz. (Ci)
0,050 „ Neolangelb BE (Ci)
0,005 „ Neolanrot GRE (Ci)

Terracotta: 12,000 kg, wie oben 48/2.
0,600 „ Neolanorange G (Ci)
0,500 „ Neolanbordo BE (Ci)

Dunkle Töne stellen sich mit Neolanen meist preislich wesentlich ungünstiger als chromfärbig.

Marine: 20,00 kg, wie oben 48/2.
0,80 „ Neolanblau 2G (Ci)
0,05 „ Neolanbordo BE (Ci)

Neuerdings empfiehlt die Ciba für lichtechte Marineblau, die auch reib- und naßecht sein müssen, das gut lösliche Neolanmarineblau 2RLB konz., nuanciert mit Neolanorange G, GRE bzw. Neolanrosa BE oder Neolanblau 2G, 3R.

Schwarz: 25,00 kg, 48/2.
2,20 „ Neolanschwarz WAN extra (Ci).

Man färbt hier so, daß man mit dem Farbstoff bei 60° C netzt, wobei das Bad 0,5 H_2SO_4 66° Bé enthält. Es wird innerhalb von 40 Minuten zum Kochen getrieben, 30 Minuten gekocht, dann 3% H_2SO_4 66° Bé zugesetzt (verdünnt) und wieder 1½ Stunden gekocht.

Man kann mit demselben Erfolg auch mit den Palatinechtfarbstoffen (BASF) färben. Das Färbebad wird mit 5 bis 10 kg Schwefelsäure 66° Bé per 100 kg Material beschickt (je nach der Farbtiefe), dann wird der gut gelöste Farbstoff zugegeben. Man geht handwarm ein und treibt in ½ Stunde zum Kochen. Dann wird 1½ Stunden gekocht.

Bei dunklen Tönen setzt man erst zwei Drittel der Säuremenge zu, das restliche Drittel wird erst bei Erreichung der Kochtemperatur beigegeben. Die Säure ist 1 : 20 verdünnt. Es werden folgende Palatinechtfarbstoffmarken empfohlen:

Palatinechtgelb 6GEN, Palatinechtgelb GRN, Palatinechtorange GEN, Palatinechtorange RN, Palatinechtrot RN, Palatinechtrosa G, Palatinechtrosa BN, Palatinechtbordo BN, RN, Palatinechtblau GGN, Palatinechtblau RRN, Palatinechtblau BN, Palatinechtmarineblau RDN, Palatinechtmarineblau RRN, Palatinechtbraun GRN, BRRN, Palatinechtgrün GN, Palatinechtgrün BLN konz., Palatinechtschwarz WAN extra, SRN extra.

Zum Nuancieren ins kochende Bad verwendet man Palatinechtgelb GRN, Palatinechtorange GN, Palatinechtbordo RN, Palatinechtblau GGN, RRN und Palatinechtgrün BLN konz. Kombinationen von Palatinechtfarbstoffen sind:

Für Modetöne: Palatinechtgelb ELN, -bordo BN, -blau GGN.
Lebhafte Grüntöne: Palatinechtgelb 6GEN und -grün BLN konz.
Rot: Palatinechtbordo RN, BN, -rot BEN, RN, -orange GEN.
Dunkelbraun: Palatinechtbraun GRN, GGN.
Marine: Palatinechtmarineblau RDN.
Schwarz: Palatinechtschwarz WAN extra.

Das Egalisiervermögen der Palatinechtfarbstoffe bzw. Neolane ist erst bei hohen Säuremengen ein gutes. Zusatz von Palatinechtsalz O (IG) bzw. Neolansalz II (Ci) fördert die Egalisierung weiter. Zu dunkle Töne oder unegale Färbungen kann man, falls der Effekt nicht zu kraß ist, daher durch Einhängen von ungefärbtem Textilgut und Behandeln auf frischen H_2SO_4- und Palatinechtsalz-O- usw. -haltigen Bädern korrigieren.

Für lebhafte Grün empfiehlt die BASF neuerdings ihr Palatinechtgelb 6 GEN.

In den neuen Metallkomplexen der Cibalane (Ci), Irgalane (Gy) bzw. Lanasyne (Sa) hat der Wollgarnfärber nun die Möglichkeit, echte Töne in schwach sauren oder neutralen Bädern zu erzielen, wobei die Farbstoffe gut egalisieren. Die Nuancen ergeben sich ohne langes Kochen, die Ware wird geschont. Die Paletten sind noch nicht reich, doch sind Modetöne leicht zu erzielen. Man färbt am besten mit 3 bis 4% Natriumazetat und 1 bis 2% Essigsäure 40%, geht bei 45° C ein und treibt nach 10 Minuten innerhalb 40 Minuten zum Kochen. Man kocht 30 Minuten und mustert. Ein Glaubersalzzusatz ist zu vermeiden.

Permutierte Wässer, die stets etwas alkalisch sind, sollen mit Essigsäure korrigiert werden. Meist stellen Braunmarken eine Mischung dar. Einheitlich ist z. B. Lanasynbraun RL (Sandoz). Da Rot-, Gelb- und Blaumarken in den verschiedenen Sortimenten fehlen (Irgalane, Lanasyne usw.), ist nach Geigy eine Nuancierung durch Irganolrot BLS, Irganolblau BS und Irganolgrün BLS möglich. Heiß kann man mit Eriosolidgelb R, -rot 2G, Erioanthracenrubin R, -anthracengrün G -anthracencyanin RL, -reinblau B, BFF usw. arbeiten, während man die Irganole nur den Ansätzen zugeben kann oder das Bad auf 70° C abschrecken muß.

c) Die Färbung mit Nachchromierungsfarbstoffen

Für Färbungen mit großer Echtheit und insbesondere in tiefen Tönen sowie für walkechte Nuancen sind die Nachchromierungsfarbstoffe in Gebrauch. Für die Apparatefärberei, die wegen der Gefahr des „Anfilzens" der hier vielfach zur Färbung kommenden empfindlichen Garnqualitäten sehr zu empfehlen ist, wird eine sorgfältige Auswahl der zu verwendenden Produkte nötig (vgl. S. 162).

Wo nach chromentwickelter Färbung eine Tonkorrektur notwendig ist, kann sie mittels der angegebenen Nuancierungsfarbstoffe erfolgen. Allerdings sind die Mengen derartiger Produkte, um die Echtheit der Färbung nicht allzu sehr zu mindern, so gering wie möglich zu halten.

Die für die Apparatefärberei geeigneten Chromentwicklungsfarbstoffe sind innerhalb des szt. IG-Sortiments folgende Marken:

Säurechromgelb 3GL: Licht: sehr gut, kupferempfindlich, Eisen nicht verwenden, Walke: sehr gut, Schweiß: sehr gut.

Anthracengelb BN: Licht: gut, Walke: gut, Tragecht: gut, ähnlich: Beizengelb O, Salicingelb DN, Chromgelb DF, Chromechtgelb RT.

Säurealizarinflavin R: Licht: sehr gut, Walke: gut, ähnlich: Säurechromgelb RL extra.

Chromorange GR. plv.: Licht: mittel, Walke: gut, Tragecht: gut, ähnlich: Wollechtorange G, Anthracenorange G.

Säureanthracenrot 3BL: Licht: gut, Walke: gut, ähnlich: Walkscharlach 4R konz., Echtsäurerot B, Brillantwalkrot R.

Säurealizarinrot G: Licht: sehr gut, Walke: gut, für Kunstwolle ist besser Alizarinrot IWS zu verwenden.

Säurealizarinrot B: Licht: sehr gut, besser als die G-Marke. Walke: gut.

Salicinbordo R: Licht: sehr gut, Walke: sehr gut, ähnlich: Säurealizarinrot 3B, Anthracenchromrot B.

Diamantrot G, 3B: Licht: gut, Walke: gut.

Anthracenchromrot A: Licht: sehr gut, Walke: gut, ähnlich: Säurealizaringranat R, RE.

Säureanthracenbraun KE: Licht: vorzüglich.

Säureanthracenbraun RH extra: Licht: sehr gut, Walke: sehr gut.

Anthracenchrombraun SWN: Licht: gut, ähnlich: Säurealizarinbraun CR, Salicinchrombraun CS konz., Chromechtbraun R, Palatinchrombraun GGX, Anthracenchrombraun KDR extra konz.

Chromogenviolett B, 3R: Licht: befriedigend, Walke: gut, ähnlich: Chromoxanbrillantviolett SB, SR.

Anthrachinonviolett plv.: Licht: sehr gut, Walke: sehr gut.

Chromoxanreinblau B,

Chromogencyanin R: Licht: befriedigend, Walke: sehr gut, ähnlich: Chromogenazurin B.

Chromogenindigo B: Licht: ziemlich gut, Walke: gut, ähnlich: Chromogenindigo BG, Radiochromblau B.

Echtbeizenblau B, EG, BC,

Säurechromblau RR, 3G: Licht: sehr gut, Walke: hervorragend, ähnlich: Anthracenchromblau F, Anthracensäureblau ER, EB.

Alizarinblauschwarz B plv.,

Säurealizarinblauschwarz R: Licht: gut, Walke: sehr gut, ähnlich: Salicinblauschwarz B, Anthracenblauschwarz VB.

Alizarinlichtgrau BBL plv.: Licht: vorzüglich, Walke: sehr gut, ersetzt obiges bei großem Anspruch an Lichtechtheit.

Chromogengrün B,

Isochromgrün BF: Licht: ziemlich gut, Walke: sehr gut, ähnlich: Radiochromgrün B, Säurechromgrün G, Isochromgrün 3BF.

Diamantschwarz F: Licht: gut, Walke: gut, ähnlich: Salicinschwarz D, Anthracensäureschwarz DSN, DSF.

Chromogenschwarz ET spezial: gut lichtecht, gut walkecht, ähnlich: Diamantschwarz ET, Anthracenchromschwarz PT extra, PPTX, Palatinchromschwarz ETX, Salicinschwarz C konz. Die Chrom- und Säuremengen sind, insbesondere bei kurzer Flotte (Apparat) knapp zu halten, da sonst der Farbton leidet.

Diamantschwarz PV, PBB, PVT: Licht: sehr gut, Walke: sehr gut, Pottingechtheit sehr gut, echteste schwarze Farbstoffe, ähnlich: Säurealizarinschwarz PBB, PV, PVT, Chromechtschwarz PV, PVT, Salicinschwarz PVT.

Von den angeführten Farbstoffen sind für das Zusetzen ins kochende Färbebad geeignet:

Anthracengelb BN, Säurealizarinflavin R, Säurechromgelb RL extra, Säurechromgelb 3GL, Säurealizarinrot G, Salicinbordo R, Alizarinblauschwarz B plv., Säurealizaringrau G.

Als saure Hilfsfarbstoffe (zum Nuancieren) kommen in Frage:

Walkgelb HG, H5G, O, Walkscharlach G, Alizarinrubinol R plv., Patentblau A, Alizarinreinblau B plv., Brillantindocyanin 6B, G, Wollechtblau BL, GL, Wollechtviolett B, Formylviolett S4B, Alizaringeranol B plv., Echtsäureviolett R, Alizarincyaningrün G extra plv., Alizarindirektgrün 5G, Brillantwalkgrün B.

Und zwar ist folgendes zu bemerken:

Walkgelb HG, H3G: Lichtechtheit: gut, Walkechtheit: recht gut, Walkgelb O ist etwas lichtechter, durch Chromieren wird die Farbe trüber, doch nicht echter; ähnlich: Sulfongelb R, 5G.

Walkscharlach G: wie oben.

Alizarinrubinol R: Lichtechtheit vorzüglich, Walkechtheit verhältnismäßig gut; ähnlich: Alizarindirektrot BB, Alizarincyanolrot B.

Echtsäureviolett R: Lichtechtheit: ziemlich gut, Walkechtheit: ziemlich gut; ähnlich: Echtsäureviolett ARR, Echtwollviolett 3RL.

Alizaringeranol B plv.: Lichtechtheit: vorzüglich, Walkechtheit: mittel.

Formylviolett S4B: Lichtechtheit: nicht besonders, Walkechtheit: gut, lebhafte Nuance; ähnlich: Guineaviolett S4B, Säureviolett 5BK, Säureviolett 4BC, Säureviolett 4B extra.

Wollechtviolett B: Lichtechtheit: gut, Walkechtheit: gut.

Wollechtblau BL, GL: Lichtechtheit: sehr gut, Walkechtheit: sehr gut; ähnlich: Wollechtblau KBL, Echtsäureblau BL.

Brillantindocyanin 6B, G: Walkechtheit sehr gut, Lichtechtheit mäßig.

Alizarinreinblau B: Lichtechtheit: sehr gut, Walkechtheit: sehr gut; ähnlich: Alizarindirektblau B.

Patentblau A: Lichtechtheit: mäßig, Walkechtheit: befriedigend; ähnlich: Tetracyanol A, Brillantsäureblau A.

Bei der Einfärbung von Teppichgarnen, die antikisiert werden (vgl. S. 224), deren Färbung also gegen etwa 6 g/l aktives Chlor enthaltende Chlorkalklösung und vorherige kurze Behandlung mit 1% NaOH beständig sein soll, eignen sich z. B. folgende Nachchromierungsfarbstoffe (Sa):

Alizaringelb GD, BN, Omegachromgelb ME, Omegachromorange G, Omegachromrot GM, Omegachromrot G, Alizarinblau OCR, Omegachromechtblau 2G (beide in marine), Omegachromechtgrün G, Alizarinchromgrün VSNN, Alizarinlichtbraun BL, Omegachrombraun 3GL, Omegachromschwarz P, S, VS. usw.

Brillantwalkgrün B: Lichtechtheit: mäßig, Walkechtheit: befriedigend; ähnlich: Brillantsäuregrün 6B.

Alizarincyaningrün G extra plv.,

Alizarindirektgrün 5G: Lichtechtheit: hervorragend, Walkechtheit: befriedigend; ähnlich: Alizarindirektgrün G, Alizarincyaningrün 5G plv.

Einige Rezepturen aus der Praxis sind folgende:

Dunkelbraun:	20,00 kg	Kammgarn 48/2, Hoffarth-Apparat (Hängesystem), s. Abb. 125.
	0,40 „	Anthracensäurebraun GS (Cassella)
	0,30 „	Anthracenblauschwarz KC (Cassella)
	0,25 „	Salicingelb DN (Kalle)
	0,18 „	Salicingrau G (Kalle)
	1,80 „	Essigsäure 30%ig, 2 kg Glaubersalz krist., 0,4 kg Kaliumbichromat krist.
Marine:	20,00 kg,	wie oben.
	1,00 „	Salicinindigoblau B (Kalle)
	0,80 „	Anthracenchromschwarz PC (Cassella)
	2,00 „	Glaubersalz krist., 0,8 kg Essigsäure 30%ig, 0,25 kg Ameisensäure 80%ig, 0,1 kg H_2SO_4 66° Bé, 0,8 kg Kaliumbichromat krist.
Leder:	20,00 kg,	wie oben.
	0,10 „	Anthracensäureschwarz B (Cassella)
	0,08 „	Anthracensäureschwarz G (Cassella)
	0,10 „	Anthracenblauschwarz KC (Cassella)
	2,00 „	Glaubersalz krist., 1,5 l Essigsäure, 0,2 kg Bichromat krist.
Grau:	20,00 kg,	wie oben.
	0,10 „	Salicingrau G (Kalle)
	0,40 „	Anthracensäurebraun B (Cassella)
	0,01 „	Salicingelb DN (Kalle)
	2,00 „	Glaubersalz krist., 1,5 l Essigsäure 30%ig, 0,2 kg Bichromat krist.

Mit gutem Erfolg werden auf Apparaten auch folgende Produkte gefärbt:

(Sa) Alizaringelb GD, Omegachromorange G, Omegachromrot G, Omegachrombraun RR, Omegachromviolett B, Alizarinblau OCR, Omegachromechtblau B (für Garn werden besser die Marken FB, FBA verwendet), Alizarinlichtgrau BS, Alizarinchromgrün SNN, Omegachromschwarz P (die Marke S ist schwer löslich), oder

(Gy) Eriochromgelb 2G, Eriochromorange R, Eriochromrot G, Eriochromviolett B, Eriochromblauschwarz RSS, Eriochromblau SE, Eriochrombraun R, Eriochromblau AB, Eriochromverdon S, Eriochromschwarz A usw. bzw.

(Ci) Chromechtgelb O, Chromechtrot G, Chromechtviolett O, Chromechtblau 2B, Chromechtbraun TV, Chromblauschwarz B, Pottingchromschwarz B usw.

d) Indigo und Indigosol auf Wollgarnen

Man verwendet die Hydrosulfit-Alkaliküpe oder auch die Ammoniakküpe (neu)

Ansätze: 1000 l.	Stark:		Mittel:	Schwach:
	5 kg	Indigo BASF 20%	2,5 kg	1,0 kg
	2 „	NaOH 25° Bé	1,0 „	0,5 „
	30 „	Hydrosulfit konz. 18° Bé	20,0 „	12,5 „

Gefärbt wird bei 45 bis 50° C. Auf der Wanne erhalten die Seitenwände zwei Leisten zur Führung der Garnstöcke unter der Flotte. Das lose aufgesteckte Garn wird beim Hantieren bloß verschoben, 30 bis 50 Minuten färben. Dann wird gewrungen (Wringmaschine) und schnell Stock für Stock auf kaltes Wasser gestellt und umgezogen (4 Mann).

Die angesetzte Küpe soll erst bei 50° C eine Stunde stehen. Dann wird mittels der Fensterglasprobe gesehen, ob alles gelöst ist (ungelöste Anteile sind dunkle Punkte). Es darf sich kein Indigoweißniederschlag zeigen, sonst sind zirka 100 ccm

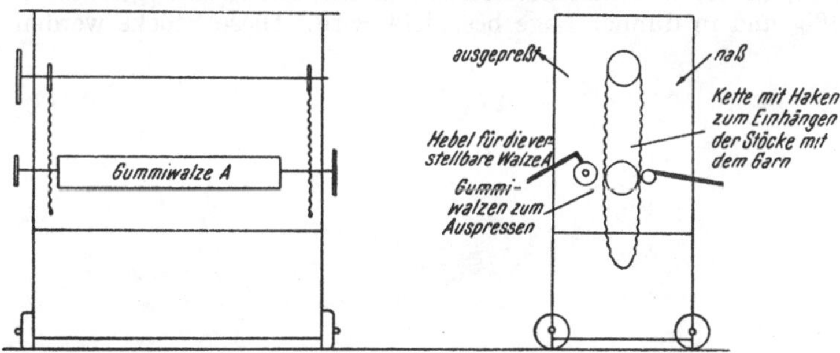

Abb. 126. Ältere Maschinenkonstruktion zum Färben von Wollgarn mit Indigo.

NaOH zuzugeben. Auf einer Maschine kann Indigo auf Wollgarn ebenfalls gefärbt werden (Abb. 126).

Helle Farben bis 50 kg egal, anders nicht möglich. Zum Passieren der Stöcke Gummiwalzen auseinanderheben. Die Maschine hat Kurbelantrieb.

Die Algosolfärbung (Indigosolfärbung) von Garnen für Strickwaren am Apparat kann wegen des Angriffs, den alle Metalle durch die HNO_2, die aus dem verwendeten Nitrit entsteht, erleiden, nur in aus rostfreiem Stahl bestehenden Vorrichtungen erfolgen. Man färbt in Farbflotten, die das Indigosol und Alkali enthalten, bei 70° C, setzt langsam (zweimal) 15 bis 30% der Ware an kristallisiertem Glaubersalz zu und behandelt insgesamt $^3/_4$ Stunden. Hieraufwird auf frischem Bade mit 0,5% Nitrit behandelt, dann die notwendige Schwefelsäure zugesetzt, auf 80° C erwärmt, 5 Minuten gefärbt, kalt gespült, mit 2% Soda sicc. bei 70° C gewaschen, geseift und warm und kalt gespült.

e) Ombrée-Garnfärbung

Eine modisch bedingte Art der Farbgebung für Ziertrikotagenerzeugung bestimmter Wollgarne ist die sogenannte Ombrée- (Schatten-) und die Flammé-Färbung. Bei dieser handelt es sich um die Färbung von Wollgarnen derart, daß die einzelnen Strähne zu gleich großen oder ungleich großen Anteilen in einem an Tiefe steigenden Farbton oder in verschiedenen Tönen eingefärbt werden. Die einzelnen Strahnanteile können im letzteren Falle noch durch schmale weiße Ränder (durch Abbinden des Strahns an den betreffenden Stellen beim Färben gebildet) getrennt sein. Gewöhnlich übergreifen sich die einzelnen Farbtöne etwas. Dieser Umstand ist aus der Art der Färbung und durch die Faserkapillarität erklärlich. Während er bei echten Ombréefärbungen (Ton-in-Ton) nicht von Belang ist, kann er bei Flamméfärbungen usw. durch Ausbildung von häßlichen Mischtönen zwischen Kontrastfarben in der fertigen Ware außerordentlich stören.

Die Einfärbung der Garnsträhne, die stets langweifig sein müssen (vgl. unten), erfolgt entweder so, daß jeweils die halbe oder ein Viertel der Strahnlänge denselben Farbton erhält.

Dabei können im Falle 1 der Farbton b, im Falle 2 oder 3 die Töne b, c und d in der Nuance dem Farbton a entsprechen und nur dunkler bzw. mit ansteigender Farbtiefe gehalten sein oder vollkommen andere Farbtöne bedeuten (vgl. die beispielsweise gegebenen Rezepturen).

Um nun eine derartige, möglichst genaue Teilfärbung des Strahns erzielen zu können, wird wie folgt vorgegangen:

Die Strähne werden auf Vierkantstöcke aufgestockt, derart, daß die ganze Stockbreite, die der Kufeninnenbreite entspricht, auf welcher gefärbt werden soll, gleichmäßig und in dünner Lage beschickt wird. Diese Stöcke werden in Holz-

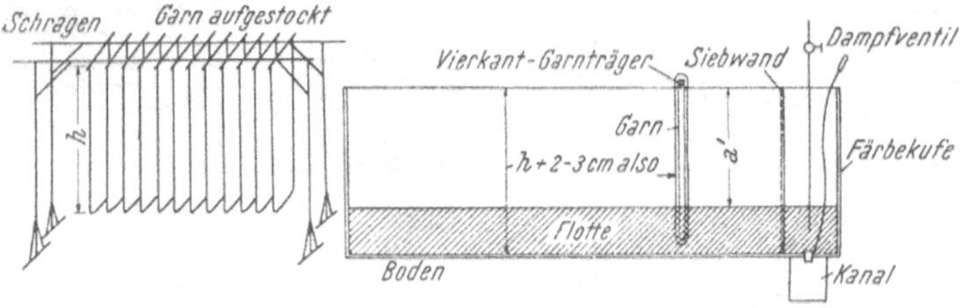

Abb. 127. Färbeeinrichtung zur Herstellung von Ombréegarn.

schragen, die unmittelbar vor der Wanne stehen, eingehängt (Abb. 127). Die Färbekufe (Wanne) wird nun in solcher Höhe mit Wasser beschickt, daß die Eintauchtiefe des Strahns dem einzufärbenden Anteil desselben entspricht. Dies stellt man so fest, daß man mittels Maßstock vom Unterteil des Vierkantstockes, auf welchem das Garn hängt, bis zu jenem Punkte mißt, der die Höhe bzw. obere Tongrenze der einzufärbenden Tönung anzeigt. Hierauf wird (entweder an der gemachten Kerbe oder in Zentimeter) in der Kufe, gemessen vom Oberrand derselben, festgestellt, wieviel Bad vorhanden bzw. wie groß die Badhöhe sein muß, um die Stockkerbe bzw. Zentimeterzahl eben zu erreichen. Dabei ist zu bedenken, daß die obere Grenze des Farbtones so bestimmt werden muß, daß der Strahn an beiden Seiten in der Flotte hängt. Will man also die halbe Strahnlänge einfärben, so heißt das, daß etwas weniger als ein Viertel zu beiden Seiten in die Flotte tauchen muß (Abb. 127).

Hinsichtlich des verwendeten Färbegefäßes ist auf folgende zwei wichtige Punkte zu achten: seine Höhe muß um 2 bis 3 cm größer sein als die Strahnlänge, da das Garn nicht am Boden aufliegen darf. Ansonsten würden beim Verschieben der Stäbe (ein Umziehen oder Versetzen [Verschieben mit Schwung] ist ja ausgeschlossen) die am Boden schleifenden Garnanteile leicht beschädigt oder zu Unruhigkeiten im Badmeniskus führen. Ist die Färbekufe nicht hoch genug, so kann sie eventuell durch Auflegen von Holzbohlen auf die Seitenwandränder erhöht werden. Dies ist jedoch stets nur als Notlösung zu betrachten.

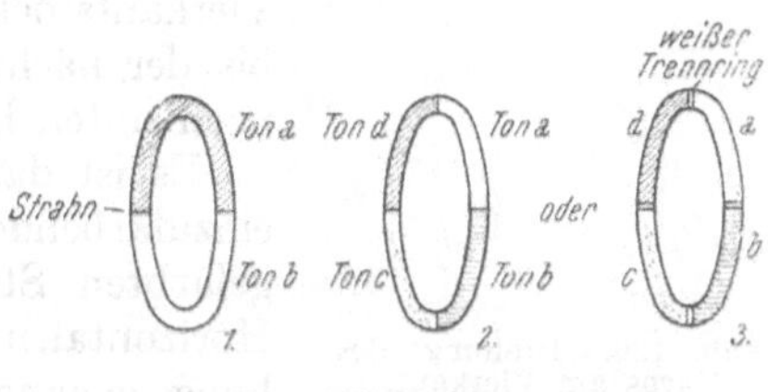

Abb. 128.

Auch die Kufenlänge muß beachtet werden. Die einzige Möglichkeit, das Material im Farbbade schwach zu bewegen, um eine gewisse Egalisierung und eine Durchfärbung zu erzielen, ist ja hier nur ein langsames und vorsichtiges Verschieben der Stöcke, derart, daß es dabei zu keinen größeren Schwankungen des Flüssigkeitsspiegels und damit zu ungleich hoher oder stark übereinandergreifender Färbung kommt. Daher muß in der Kufe genügend Raum sein, um

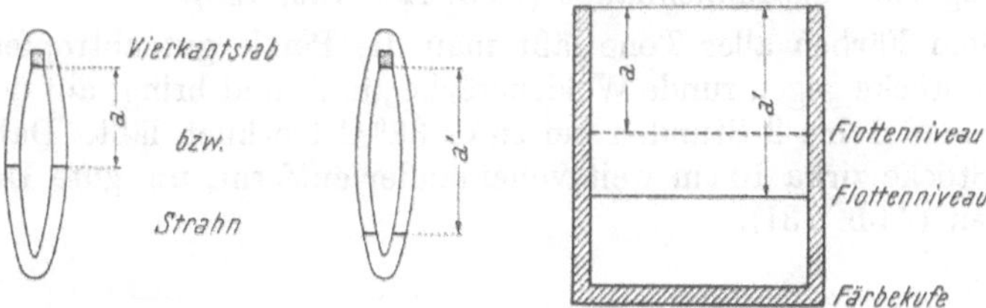

Abb. 129. Bestimmung der Flottenhöhe in der Färbekufe. *a* Abstand für zweifärbige, *a'* für vierfärbige Ausfärbung.

die Stöcke der Partie weit genug verschieben zu können. Im allgemeinen rechnet man mit ebensoviel freiem Raum als das zu färbende Garn in Anspruch nimmt. Eingegangen wird mit dem Material in die auf 100° C mittels Anschlußrohr erhitzte Flotte. Daher kommen nur ausgesuchte Farbstoffe in Frage, die bei dieser Temperatur nicht allzu rasch und unegal ziehen und ferner keine Handelsprodukte, die Mischungen sind, da ihre Komponenten zufolge unterschiedlicher Kapillarwirkung verschieden hoch am Färberand steigen und häßliche Tonüberlagerungen verursachen. Man färbt nur mit jeweils einem Farbstoff. Die Bäder sollen, eben zur Verhinderung des Aufsteigens der Färbeflotte in nicht in dieser befindliche Garnanteile, auch kein Netzmittel enthalten.

Es ist nach dem Gesagten klar, daß die Vorreinigung der Garne, wenn nötig, für sich erfolgt und diese nachher getrocknet werden müssen. Zu Färbungen der geschilderten Art kann nur trockenes Material verwendet werden.

Nach dem Erreichen der gewünschten Farbtiefe, wobei kleinere Unegalitäten in der Verarbeitung nicht stören, da sie im Fertigprodukt verschwinden, wird vorsichtig zweistockweise herausgenommen. Einerseits soll dieses Aus-dem-Bad-Bringen nicht zu lange dauern, um nicht dazu zu führen, daß die am längsten in der Flotte befindlichen Anteile dunkler ausfallen, andererseits muß ein Bespritzen oder Anschmutzen der trockenen Garnanteile der Nachbarstöcke vermieden werden. Nach Ablassen der Flotte wird die Partie am Schragen gut abtropfen gelassen, eventuell gewaschen, wobei die Waschflüssigkeit etwas tiefer steht als die Farbtongrenze, nochmals abtropfen gelassen und von Hand aus an den untersten Strahnstellen, an welchen sich die absickernde Flüssigkeit sammelt, von Hand aus stockweise ausgepreßt. Dann werden die Vierkantstöcke so lange gedreht (Umdrehungen zählen), bis der nächste Strahnanteil, zur Färbung vorbereitet, nach unten hängt (Abb. 130).

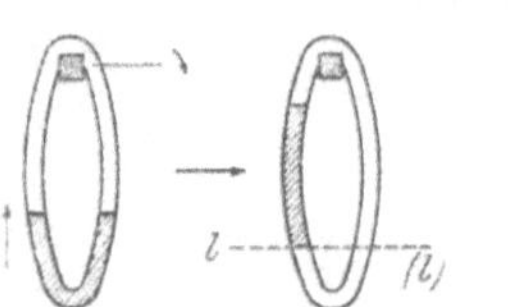

Abb. 130. Drehung des Garns am Vierkant.

Es ist darauf zu achten, daß die obere Grenze des einzufärbenden, das heißt die untere Begrenzung des gefärbten Strahnanteiles bei allen Strähnen in einer Horizontalen liegen, was am Hängeschragen vor der Färbung genauest zu prüfen ist. Eventuell sind einzelne Strähne von Hand aus zurechtzurücken.

Beim Ausfärben des zweiten Tones ist darauf zu achten, daß die Flotte einerseits hoch genug steht, um scharf an den erstgefärbten Anteil anzufärben, anderseits kein Übergreifen der Töne stattfindet. Da man ja kaum nach jeder Färbung zwischentrocknen kann und der erste gefärbte Garnteil noch naß ist, so wird er gegenüber der Farbflotte eine gewisse Kapillarität entwickeln. Man hält daher den Badmeniskus 2 bis 3 mm tiefer als die Grenzlinie erfordert. Genaue Angaben sind hier kaum zu machen, da dies alles mit der Art des Materials, der Garndrehung usw. zusammenhängt (Abb. 128, 129, 130).

Nach dem Färben aller Töne läßt man die Partie gut abtropfen, „steckt“ die Vierkantstöcke gegen runde Weidenstöcke „um“ und bringt auf den Trockenboden, wo man 1 bis 2 Stunden bei zirka 38° C trocknen läßt. Dabei sind die einzelnen Stöcke zirka 10 cm weit voneinander entfernt, um gute Durchlüftung zu gewähren (Abb. 131).

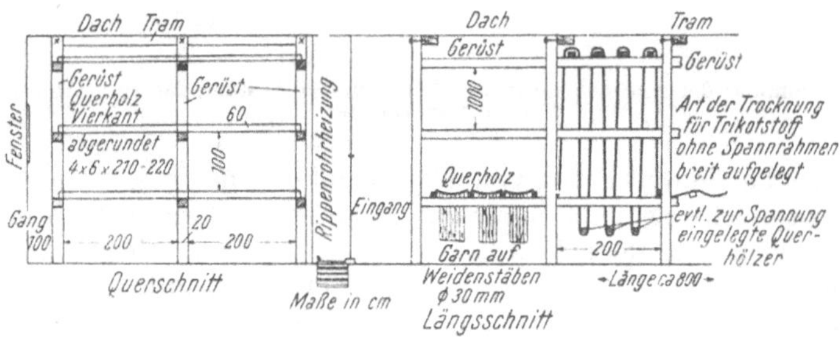

Abb. 131. Trockenbodenschema.

Beim Ausfärben der Ombréegarne sind folgende Punkte zu beachten:

1. Möglichst in alten Bädern arbeiten, also die Reihenfolge der Farben darnach einrichten.

2. Sich nach der Stärke des Bades bzw. der nach der Ausfärbung eines Tones im Bade verbleibenden Farbstoffmengen richten.

Gelb und Rot werden ziemlich vollständig ausgezogen, unvollständig jedoch das Blau, ebenso manche Rotmarken, und zwar um so schlechter, je tiefer der Ton ist.

Daher kommt es dann leicht vor, wenn eine helle Farbe (Gelb usw.) oder gar Weiß nach einem nachziehenden Rot folgt, daß beim Drehen der Weifen für die neue Ausfärbung und nicht sehr langem Abtropfenlassen der Garne, welches ja sehr zeitraubend und störend wirkt, die Farbe in diese Nuance einfließt (Kapillarwirkung der Wolle) und das Weiß verdirbt bzw. helle Töne vollkommen verändert (rotstreifiges Gelb, Blau, Grün). Darum werden solche Rotnuancen tunlichst als letzte ausgefärbt (Abb. 132a).

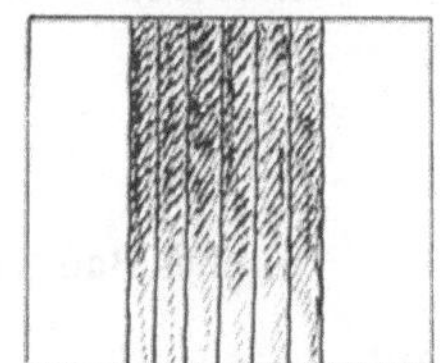

Abb. 132a. Fließende Farbe.

3. Man achte darauf, daß, da man ja die Abgrenzung der Ombréenuancen gegeneinander nicht scharf ziehen kann, Teile einer gelben Nuance nicht in eine für klares Blau bestimmte Farbflotte einhängen, etwas Farbstoff abgeben und die Farbe verschmutzen (grünblau usw.).

4. Ferner ist darauf zu sehen, daß braune Nuancen tunlichst nicht aus Gelb-Rot-Grün bzw. Gelb-Rot-Blau gemischt werden, da sonst an der Begrenzungsfläche eine nach Art der Kapillareanalyse von Goppelsröder stattfindende Trennung der Farbkomponenten entsteht und unschöne, störende Übergangsfarben hervorruft. Man verwendet daher Direktbraun oder einheitliche Säurebraunmarken. (Meistens sind die Braunfarbstoffe allerdings Mischungen.) (Abb. 132b.)

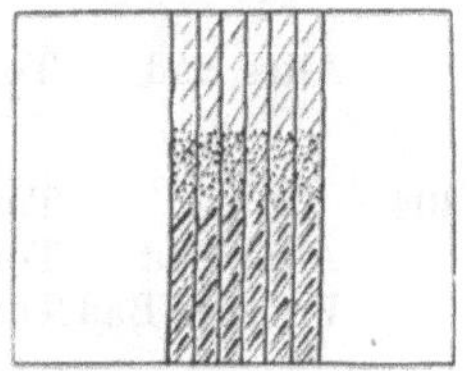

Abb. 132b. Unschöne Übergänge bei braunen Tönen.

5. Der Flottenmeniskus sinkt bei längerem Hantieren um 1 bis 2 cm, bei öfterem Zusatz muß also Ersatz des H_2O stattfinden, da sonst Nuancierungsstreifen auftreten.

6. Man hänge höchstens 15 Schneller à 5 dkg pro Stock, da das Garn sonst übereinanderliegt und die inneren Teile schlecht angefärbt werden, insbesondere bei größeren Partien. Es sollen keinesfalls mehr als 60 kg gefärbt werden; mindestens $1/2$ Stunde am 90° C heißen Bade halten und mit zirka 1 kg $NaHSO_4$ anfärben, bis das Bad fast erschöpft ist, dann den Rest $NaHSO_4$ zusetzen und noch 30 Minuten hantieren.

Einige Rezepturen für Drei- und Vierfarbenombrées

Material jeweils: 30 kg Kammgarn, gewaschen; Färbebad 300 l

Muster-Nr.							
401		Ton 1 (Gelb)	0,050 kg	Hydrazingelb LEG	Griesheim	sauer	gefärbt
			0,001 „	Patentblau V	„	„	„
	Frisches Bad	Ton 2 (Hellblau)	0,020 „	Echtsäuregrün 2G	„	„	„
			0,005 „	Patentblau V	„	„	„
	Altes Bad	Ton 3 (Grün)	0,100 „	Echtsäuregrün 2G	„	„	„
			0,005 „	Patentblau V	„	„	„
402		Ton 1 (Gelb)	0,150 „	Hydrazingelb LEG	„	„	„
			0,010 „	Alizarinindol	„	„	„

Nr.	Bad	Ton	Menge	Farbstoff	Firma	Färbeweise
	Altes Bad	Ton 2 (Grün)	0,100 kg	Hydrazingelb LEG	Griesheim	sauer gefärbt
			0,150 „	Echtsäuregrün 2G	„	„ „
			0,050 „	Alizarinindol	„	„ „
	Frisches Bad	Ton 3 (Rot)	0,200 „	Scharlach SB5R	„	„ „
			0,020 „	Tolanechtrot 2BL	Kalle	„ „
403		Ton 1	0,020 kg	Pegubraun G	Bayer	ganz schwach essigsauer
			0,015 „	Hydrazingelb LEG	Griesheim	
			0,005 „	Orange II	„	
	Altes Bad	Ton 2	0,040 „	Pegubraun G	Bayer	wie oben
			0,010 „	Orange II	Griesheim	
	Altes Bad	Ton 3	0,140 „	Pegubraun G	Bayer	wie oben
			0,025 „	Hydrazingelb LEG	Griesheim	
			0,025 „	Orange II	„	
404		Ton 1	0,010 „	Algaminblau B	Kalle	weinsteinsaures Bad
	Altes Bad	Ton 2	0,030 „	Algaminblau B	„	„ „
	Frisches Bad	Ton 3	0,030 „	Viktoriablau R	„	essigsaures Bad
	Altes Bad	Ton 4	0,200 „	Algaminblau B	„	weinsteinsaures Bad
			0,010 „	Hydrazingelb LEG	Griesheim	„ „
405		Ton 1	0,025 „	Hydrazingelb LEG	„	saure Färbung
	Altes Bad	Ton 2	0,050 „	Hydrazingelb LEG	„	„ „
	Altes Bad	Ton 3	0,100 „	Hydrazingelb LEG	„	„ „
			0,020 „	Orange II	„	„ „
	Altes Bad	Ton 4	0,150 „	Orange II	„	„ „
408		Ton 1	0,150 „	Orange II	„	„ „
			0,050 „	Hydrazingelb LEG	„	„ „
	Altes Bad	Ton 2	0,300 „	Hydrazingelb LEG	„	„ „
			0,060 „	Säurekarmin B	BASF	„ „
			0,010 „	Algaminblau B	Kalle	„ „
	Frisches Bad	Ton 3	0,030 „	Viktoriablau R	„	essigsaure Färbung
	Altes Bad	Ton 4	0,250 „	Algaminblau B	„	saure Färbung
409		Ton 1	0,100 „	Hydrazingelb LEG	Griesheim	„ „
			0,010 „	Tolanechtrot 2BL	Kalle	„ „
			0,002 „	Algaminblau B	„	„ „
	Altes Bad	Ton 2	0,300 „	Tolanechtrot 2BL	„	„ „
			0,040 „	Säureviolett 4B	„	„ „
	Frisches Bad	Ton 3	0,030 „	Viktoriablau R	„	„ „
			0,030 „	Algaminblau B	„	„ „
410		Ton 1	0,010 „	Hessischechtschwarz	Bayer	neutral
	Altes Bad	Ton 2	0,020 „	Hessischechtschwarz	„	„
	Altes Bad	Ton 3	0,050 „	Hessischechtschwarz	„	„
	Frisches Bad	Ton 4	0,600 „	Patentschwarz S	Kalle	„

Abb. 133. *Effektgarnreserve mit Wollreserve C (Cassella)*

Färbung mit	Muster	
	Vor der Behandlung	Nach der Behandlung
Walkgelb O	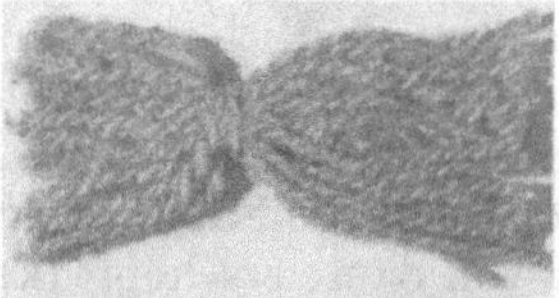	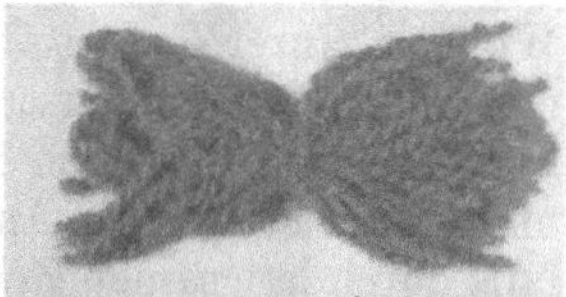
Walkrot G		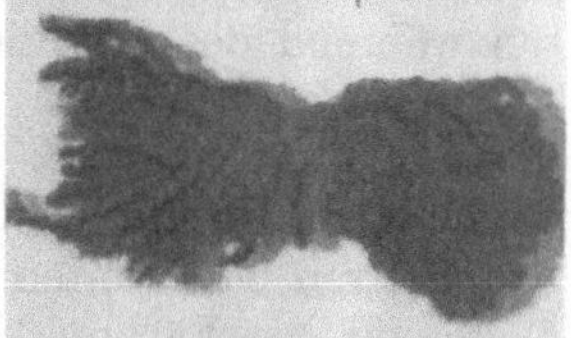
Walkblau B + Kitonblau V		
Walkblau B		
Links: Effekte, Fond überfärbt mit 10 % Naphtylaminschwarz EFF	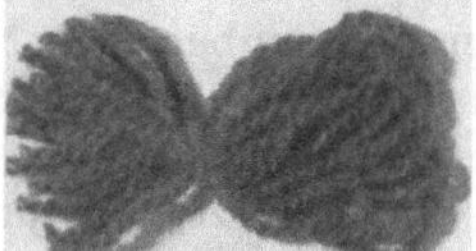 	 
Rechts: Effekte, Fond überfärbt mit Lanacylmarineblau RL	 	 

f) Das Chloren gefärbter Wollgarne

Wollgarn wird heute zur Vermeidung des Schrumpfens der daraus erzeugten Gewebe vielfach gechlort. Das Chloren kann trocken (das heißt in organischem Lösungsmittel) nach dem Drisol- bzw. Negafelprozeß vorgenommen werden. Die Ware kann aber auch mit wäßrigen Hypochloritlösungen alkalisch oder schwach sauer behandelt werden. Letztere Arbeitsweise erhöht die Affinität der Wolle zu sauren Farbstoffen außerordentlich stark und kann, wenn die Einwirkung des Chlors auf die Faser nicht gleichmäßig vorgenommen wurde, zu unegalen, irreparablen Färbungen führen. Dem raschen Aufziehen der Farbstoffe begegnet man durch Färbung in Ammonazetat- und Glaubersalzbädern, die man gegebenenfalls durch langsamen Zusatz von Säure erschöpft (keine Säurezugabe in Apparaten während des Zirkulierens der Flotte).

Öfters werden auch gefärbte Wollgarne der Chlorbehandlung unterworfen (etwa, um die Wolle filz- und schrumpffest zu machen). Man muß dann für deren Färbung Farbstoffe wählen, die chlorechte Töne ergeben. (Ähnlich den für das Antikisieren bestimmten Teppichgarnfärbungen, vgl. S. 224.) Kürzlich empfiehlt Geigy für die Färbung brillanter gelb- bis blaustichiger Rottöne seine Polarbrillantrotmarken 3BN, 5B, 10B, B, G, alle konz.

Beim Melafix-Verfahren der Ciba arbeitet man in Gegenwart von Kunstharzvorkondensaten, welche die Cl-Einwirkung regeln. Vorteilhaft werden dabei gefärbte Garne behandelt.

Das Behandlungsbad ist 1 bis 2% Lyofix CH (Melaminharzvorkondensat), 6 bis 8 % HCl 30%ig, 1 bis 1,5% Cl in Form von Hypochlorit, Flotte 1 : 40, 16 bis 18° C (% auf Wollgewicht). Erst wird die genetzte Ware mit der Säure-Harz-Vorkondensatlösung behandelt und dann Hypochloritlösung zugesetzt. Es wird, eventuell am Apparat, 1 bis 1½ Stunden behandelt. Nachher wird das Bad mit 6 bis 10% 40%iger Na-Bisulfitlösung versetzt und dann gespült.

Die Tuchechtfarbstoffe zeigen keine Veränderungen des Farbtons. Nur Tuchechtgelb R, -orange G, -braun G, -braun 5R, -brillantrot 2B, 4BN, -rot B, 2BL, 3B, -echtblau B, GTB, R werden in den Färbungen schwächer, die Rottöne gelber, die blauen grüner und trüber. Die Neolanmarken (Ci) bleiben im wesentlichen unverändert, ebenso die Chromechtfarbstoffe, von welchen die Blau- und Olivemarken sowie einige Brauns etwas schwächer werden. Von den Säurefarbstoffen (Ci) bleiben unverändert: Kitongelb S, Tartrazin, Fullacidbordo B, -rot 2B, 3B, 2G, Kitonechtrot BL, R, Kitonlichtrot 2BLE, 3BL, 4BLN, Kitonrot 2B, 6B, G, Ponceau S, Säurerhodamin R, Kitonechtviolett 10B, Kitonviolett 12B, Kitonreinblau V, Kitonechtgrün V, A, Fullacidschwarz B. Brillantcyanin 6B, G, Echtsäuremarineblau GRL konz., Benzylechtblau BL, GL werden schwächer, die Cyanine auch trüber. Die Alizarinblaumarken trüben sich ebenfalls und zeigen nach der Behandlung einen schwächeren Ton.

g) Wolleffektgarne

Für die Herstellung von färbigen Wolleffekten in Wollstückware wurde früher die Wollreserve C (Cassella) angeboten. Dieses Produkt sollte gestatten, färbige Wolleffektgarne in Rohware einzuweben, um diese dann in beliebiger Grundfärbung disponieren zu können. Beim Überfärben der behandelten Wollgarne sollte sich deren Ton (meist grelle Nuancen, wie Kaisergelb, Scharlachrot, Grün und Blau) möglichst wenig trüben oder ändern.

Die Färbung der Effektgarne erfolgte mit: Walkgelb O, H5G, Walkorange G, GR, Brillantwalkrot R, G, B, Wollrot B, Diaminechtrot F, Diaminscharlach 3B, B,

Lanazurin KB, K2R, Formylviolett S4B, 6B, 10B, Tetracyanol A, Patentblau V, Brillantwalkblau B, FF, Brillantwalkgrün B, Anthracensäurebraun G, B, Anthracenchrombraun SWN, DW.

Zur Herstellung der Grundtöne für die Stückware, die obige Effekte enthalten sollten, verwendete man:

Normale Echtheit: Lanacylmarineblau RL, nuanciert mit Säuregelb RT, Azowollviolett 7R und Echtorange G bzw. Orange II, Naphtylaminschwarz EFF, Naptholgrün B, Säuregrün G, Säuregelb RT, Ponceau, Azorubin, Lanafuchsin SG, Alizarincyanolmarken.

Für Herrenkonfektion in bester Echtheit: Alizarincyanol KG, B, 2B (helle Töne), Anthracenchromblau, Anthracenchromschwarz R, Anthracenchromrot B, -orange G, -gelb BN, -chromblau F, Radiogrün C, Alizarinbrillantgrün G.

Zur Reservierung ist es notwendig, die Farbflotten gut zu erschöpfen; Chromfärbungen auf Stückware werden derart ausgeführt, daß auf frischem Bad chromiert wird.

Die vorgefärbten Garne wurden mit 90% Wollreserve C vom Gewicht des Garnes 8 Stunden kochend behandelt, gespült und mit 2% Zinnsalz, 10% essigsaurem Chrom 20° Bé und 10% Essigsäure 30%ig ¾ Stunde bei 90° nachbehandelt und gespült. Die Behandlung mit Wollreserve C trübt die Nuancen der Effektgarne. Es ist weiches Wasser, das eisenfrei ist, zu verwenden.

2. Die Naturseidenfärbung

Zur Färbung von unerschwerter Seide (über diese s. S. 385) dienen basische, saure und substantive Farbstoffe. Küpenfarbstoffe bzw. Indigosole werden selten aufgefärbt.

Die Färbung des sehr empfindlichen Materials (abgekochte Seide) erfolgt im Seifenbade, meist im „gebrochenen Bastseifenbade", also einer Flotte, die von der Seidenentbastung mittels Seife herrührende serizinhaltige Marseiller Seife und organische Säure enthält. Meist arbeitet man auf Färbeapparaten, die das Garn auf drehbaren Haspeln tragen (Gerber usw.). Das empfindliche Material wird dadurch außerordentlich geschont. Für lebhafte Pastelltöne kann man die Seide mittels Schwefeldioxyd aufhellen (schwefeln), vgl. S. 432, oder mit Superoxyd bleichen (s. S. 386). In letzter Zeit werden auch optisch wirkende Aufhellmittel (Weißtöner) hierfür verwendet.

Für die Herstellung zweifärbiger Effektgarne bzw. von dunkel gefärbten Effektgarnen in Wollstückwaren können folgende Nachchromierungsfarbstoffe dienen (Sa):

Omegachromgelb ME, Chromechtrot FB, Sulfoninrot RS, Omegachromviolett R, Brillantalizarinwalkblau G, Alizarinwalkgrün B, Omegachromechtgrün G, Alizarinlichtgrau RLL, Omegachromschwarz S bzw. nach dem Einbadchromverfahren (s. S. 165) gefärbt: Metomegachromgelb ME, -cyanin RLL, -chromgrün G, -chromgrau BLC.

Meist wird in schwachsauren Bädern mit 2 bis 4% Essigsäure 40%ig oder 1 bis 2% Ameisensäure 85%ig überfärbt, wobei Xylenechtgelb P, Xylenechtrot P und Xylenechtblau P als Kombinationsfarbstoffe in Frage kommen.

Mit Ausnahme von Omegachromgelb ME bzw. Metomegachromgelb ME und Metomegachromgrau BLC sind die oben angegebenen Farbstoffe in ihren Färbungen auch mit 2 bis 4% Schwefelsäure haltigen Bädern, wie sie für die normale saure Färbung in Frage kommen, ebenfalls geeignet.

Basische Farbstoffe ziehen rasch und intensiv, besitzen jedoch den Nachteil der Unechtheit. In besserer Licht-, aber oft ungenügender Naßechtheit sind die Säurefarbstoffe zu färben. Direktfarbstoffe geben verhältnismäßig naßechte Färbungen, deren mangelnde Lebhaftigkeit durch das sogenannte „Schönen" oder „Übersetzen" mit basischen Farbstoffen verbessert werden kann.

Das Färben mit basischen Farbstoffen erfolgt so, daß man etwa 5 bis 8 g Seife pro Liter Flotte verwendet (man vermischt $1/4$ Teile Bastseife mit $3/4$ Teilen Weichwasser) und setzt 2% Essigsäure 30%ig zu. Der vorher eventuell mit etwas Essigsäurezusatz unter Aufkochen gelöste Farbstoff wird durch ein Sieb der Flotte zugegeben. Man kann auch — ohne Seife — mit etwas Glaubersalz krist. 5% anfärben, setzt erst die halbe Essigsäuremenge und später, wenn der Farbstoff fast ausgezogen ist, den Rest zu. Beim Eingehen hat das Bad 30° C, später wird es auf 60° C erwärmt. Das Egalisierungsvermögen des Seifenbades ist natürlich größer. Als Farbstoffe sind Rhodamin, Brillantgrün, Methylviolett, Rhodulingelb und -blau auf Salzbad zu färben, die anderen Vertreter sind nur auf Seifenbädern egal zu erhalten.

Saure Farbstoffe, die auf Seide rasch aufziehen, sind mit wenig Ameisensäure im Bastseifenbad bei 60° C zu färben. Es darf nicht gekocht werden. Schon bei 60° C ist die Affinität eine hohe. Wasserechte Färbungen werden aus neutral bis schwach essigsauren Bastseifenbädern mit Walk-, Supranol- (IG), Polar- (Gy), Sulfonin- (Sa), Tuchecht- (Ci) usw. Farbstoffen hergestellt. Eine besonders gute Gilbe ist Seidenechtgelb S (Sa) bzw. auch Echtjasmin (Gy). Für Schwarz kann Supraminschwarz B (IG) dienen. Auch auf Eisenbeize mit Blauholz können Schwarztöne hergestellt werden (vgl. S. 395).

Substantive Färbungen zeigen gute Wasserechtheit. Man verwendet vorerst Bastseifenbäder, denen man in mehreren Portionen nach und nach etwas Essigsäure zusetzt (verdünnen). Diazotierte Färbungen werden wenig gebraucht.

Schwefel- und Küpenfarbstoffe werden — in seltenen Fällen — nach Spezialrezepten mit Mindestmengen an Schwefelnatrium bzw. Alkali ausgeführt.

Auch Neolan- (Ci) oder Palatinecht- (IG), Inochrom- (Francolor) bzw. Ultralan- (ICI) Farbstoffe sind auf Seide färbbar.

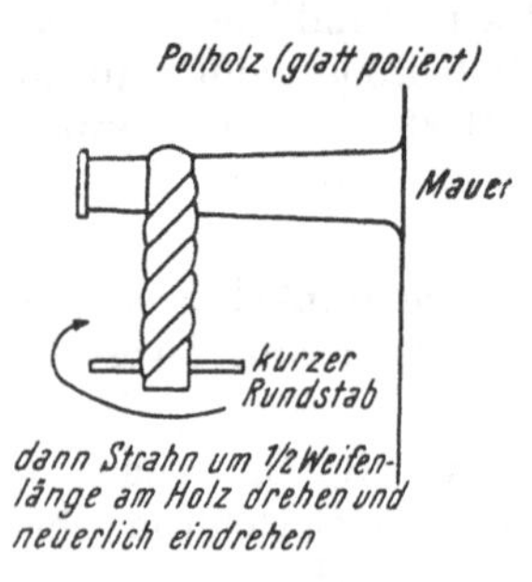

Die gefärbten und gespülten Seidensträhne werden getrocknet und chevilliert. Unter letzterem Vorgang versteht man ein Eindrehen des Strahns am Polholz und Wiederholung des Vorganges nach Umziehen des Strahns (s. Abb. 134). Ein Lüstrieren (Strecken) kann auf eigenen Maschinen erfolgen.

Polholz (glatt poliert)
Mauer
kurzer Rundstab
dann Strahn um 1/2 Weifenlänge am Holz drehen und neuerlich eindrehen

Abb. 134. Chevillieren von Seidenstrahn.

Im nachfolgenden seien einige illustrative Rezepte aus der Praxis bzw. empfohlene Farbstoffe angegeben. Allgemein kann auf folgende Farbstoffe hingewiesen werden (Sa):

Seidenechtgelb S (Gilbe), Xylenechtgelb P (Gilbe), Solarflavine (waschechter [Gilbe]), Seidenechtorange SG (Braunfülle), Ponceau acide (billige Rot), Sulfoninrot GB (etwas SO_2-empfindliche, wasserechte Röte), Sulfoninbrillantrot BG, 3B (Cerise, lichtecht), Sulfoninbraun RR (für Braun, mit Gelb getönt), Alizarinlichtblau ARN (Blautöne), Xylenechtblau FF (egalisiert schlechter, waschechter), Alizarinlichtviolett RS (für violette Töne gut), Solarviolett 4RL, BL (waschechte Violett), Alizarinlichtgrün GS (lichtechte Grün), Alizarinlichtgrau G (lichtechte Grau).

Garnfärbungen aus der Praxis:

Braun: 15,000 kg, 1200 l, Handfärbung auf Kufe,
Bad: 8 kg Glaubersalz krist.
0,490 kg Supranolorange BR (IG)
0,850 „ Sulfongelb 5G (IG)
0,200 „ Wollreinblau GL (Gy)
oder
0,550 kg Seidenechtorange SG (Sa)
0,420 „ Seidenechtgelb S (Sa)
0,100 „ Sulfoninrot G (Sa)
0,210 „ Xylenechtblau FF (Sa)

Dunkelgrün: 20,000 kg, 1200 l Flotte, Kufenfärbung.
0,500 „ Wollreinblau GL (IG)
0,700 „ Sulfongelb 5G (IG)
10,000 „ Glaubersalz krist.

Krawattenseide (Bourette):

10,000 kg, 500 l Flotte, Seifenbad, 1 kg Glaubersalz krist.

Rot: 0,380 kg Siriusrot 4B (IG)
0,100 „ Siriusrot 2B (IG)

wasserechter:
0,400 kg Supranolrot R (IG)
0,050 „ Säureanthracenrot 3BL (IG)
0,200 l Essigsäure 30%ig, Bastseife

Gelb: 10,000 kg
0,300 „ Sulfongelb 5G (IG)
0,350 l Essigsäure 30%ig, Bastseife

Weinrot: 10,000 kg, 500 l Flotte
0,350 „ Supraminbordo B (IG)
0,050 „ Sulforhodamin B extra (IG)
0,150 l Ameisensäure 80%ig, Bastseife

Kaliblau: 10,000 kg, 500 l Flotte
0,400 „ Brillantindocyanin 6B
Wie oben, jedoch 0,15 l Essigsäure 30%ig.

Bouretteseide für Effekte

(Schwefelsäure-Glaubersalz-Bad)

Hellbeige: 12,000 kg, 600 l Flotte.
0,100 „ Naphtolgelb S (IG)
0,015 „ Orange II (IG)
1,000 „ Glaubersalz krist., 0,6 H_2SO_4 60° Bé

Bronze: 40,000 kg, 1000 l Flotte.
1,300 „ Naphtolgelb S (IG)
0,200 „ Citron R 300% (IG)
0,200 „ Lanafuchsin SG (IG)
0,100 „ Algaminblau B (IG)
3,000 „ Schwefelsäure 66° Bé, 6 kg Glaubersalz krist.

Olive: 25,000 kg, 1000 l Flotte.
0,300 „ Citron R 300% (IG)
0,200 „ Algaminblau B (IG)
0,300 „ Cyanol FF (IG)
0,200 „ Säuregrün G (IG)
Erst mit 0,6 kg Ameisensäure 80%ig und 3 kg Glaubersalz krist., dann 1,4 kg Schwefelsäure 66° Bé auf 3 Portionen.

Rot: 50,000 kg, 1200 l Flotte.
3,500 „ Lanafuchsin SG (IG)
0,700 „ Orange II (IG)
0,250 „ Algaminblau B
6,000 „ Glaubersalz krist., 3 kg Schwefelsäure 66° Bé

Marine: 50,000 kg, 1200 l Flotte.
1,500 „ Cyanol BSB (IG)
2,000 „ Naphtylaminschwarz 4BK (IG)
0,950 „ Säureviolett 5BK (IG)
0,350 „ Orange II (IG)
0,350 „ Säuregrün G (IG)

Für Seidenfärbung geeignet sind weiters z. B.:

(IG) sauer: Echtlichtgelb E2G, Chinolingelb S, Sulfongelb 5G, Supramingelb G, R, Walkgelb H5G, Orange II, Echtlichtorange G, Sulfonorange G, Guineaechtrot BL, Brillantcrocein 3B, Säureanthracenrot 3BL, Seidenscharlach N, Supraminrot 3B, 2G, Supranolrot R, 2B, Echtsäureviolett A2R, Formylviolett S4B, Alizarindirektblau A2G, AR, Brillantindocyanin 6B, G, Patentblau A, Sulfoncyanin 5R extra, Wollechtblau BL, GL, Alizarincyaningrün G extra, Supramingrün BL, Wollgrün BS, Supraminbraun G, R, Säurealizaringrau G, Seidenschwarz BS, Sulfoncyaninschwarz BB.

substantiv: Chrysophenin G, Siriusgelb G, 5G, RT, Benzoechtorange S, Benzolichtorange G, Siriusorange 5G, 3R, Benzoechtscharlach 4BS, Benzolichtscharlach GG, Diaminechtrot F, Siriusbordo 5B, Siriusrosa BB, G, Siriusrot 4B, Brillantbenzoechtviolett 5RH, Siriusrotviolett B, R, Siriusviolett BL, Benzoblau BX, Diaminreinblau FF, Diaminschwarz BH, Siriusblau BRR, G, 6G, Diamingrün B, Siriusgrün BL, Benzolichtbraun GL, RL, Diaminbraun M, Pegubraun G, Siriusbraun G, BR, RT, T, Benzoechtschwarz L, Sambesischwarz D, Direkttiefschwarz E extra, RWK extra, Siriusgrau G, R.

basisch: Auramin, Rhodulingelb 6G, Chrysoidin, Rhodamin 6GDN, Rhodamin B extra, Methylviolett, Viktoriablau B, Methylenblau B, Methylenblau BB, Diamantgrün BX, GX,

oder

(Ci) sauer: Kitonechtgelb 2G, Chinolingelb, Fullacidgelb R, Tuchechtgelb R, Orange II, Kitonechtorange G, Tuchechtrot G, Fullacidrot 2G, Alizarinsaphirblau 2G, Brillantcyanin G, 6B, Kitonreinblau A, Alizarinechtgrün G, Wollgrün S.

direkt: Baumwollgelb CH, Oxyphenin GG, R, Direktechtorange SE, Direktscharlach SE, Direktechtrot F, Chlorantinlichtviolett 2RLL, Chlorantinlichtviolett 4BLL, Direktblau BX, Direkthimmelblau grünlich, Melantherin BH, Direktgrün B, Chlorantinlichtgrün BLL, Direktbraun RR, Direktechtschwarz B, Carbidschwarz E, Chlorantinlichtgrün BLN,

oder

(Gy) sauer: Erioflavin 2G, Chinolingelb, Echtjasmin konz., Eriosolidgelb R, Eriowalkgelb O, Orange II, Erioechtorange G, Roccelin L, Polarrot G, Eriosolidrot 2G, Erioechtfuchsin BL, Erioanthracenblau 2G, Säurebrillantcyanin G, 6B, Erioglaucin A, Wollechtcyaningrün G, Wollgrün S.

direkt: Diphenylchrysoin 3G, Diphenylchlorgelb FF, B, Diphenylechtorange SE, Diphenylechtscharlach SE, Diphenylechtrot BB, Diphenylechtviolett 2RL, Diphenylblau BX, Diphenylreinblau FF, Diphenylblauschwarz, Diphenylechtblau FB, Diphenylgrün B, Diphenylechtgrün BL, Diphenylbraun M, Formalschwarz C, Diphenylechtgrau BL.

3. Die Baumwollfärbung

Baumwollgarne kommen stets abgekocht zur Färbung. Das Abkochen erfolgt in Druckkesseln (vgl. Abb. 28 sowie Abb. 135) mit zirkulierender Flotte. Die Abkochflüssigkeit enthält 1% NaOH und 3% Na_2CO_3 sicc. (auf Ware gerechnet), eventuell wird ein Netz- und Dispergiermittel zugesetzt. Ist hartes Wasser vorhanden, so muß dieses, um Fällungen auf dem Garn zu vermeiden, erst durch Aufkochen mit Soda und Abschöpfen des ausgeschiedenen Kalkes teilweise enthärtet werden. Flußwasser kann zu Fleckenbildung Anlaß geben, indem Erde oder Schlammteilchen, die im Wasser suspendiert waren, am Garn zur Ausfällung kommen. Am vorteilhaftesten ist die Verwendung weichen Wassers bzw. eines enthärteten Wassers. Das nach dem Abkochen und Ablassen der meist dunkelbraun gefärbten Beuchbrühe von Verunreinigungen und Wachsen befreite Garn wird im Kessel durch Überlaufen mit kaltem Wasser kurz verkühlt und sodann am besten auf Waschmaschinen nach Art der Haubold-Konstruktion gewaschen. Diese Maschinen tragen an einem zentrisch gelagerten, an Zahnkreuzen rotierenden Mittelstück vierkantige Holme, an welchen das Garn hängt. Eine Drehung dieser Holme bewirkt eine langsame Wanderung des Strahns (etwa nach Art des Umziehens von Hand aus) in der Waschflüssigkeit, die durch Zu- und Ablauf während des Betriebs ständig erneuert wird. Die Maschine ist so konstruiert, daß von Zeit zu Zeit eine kurze Rückwärtsdrehung des Mittelstückes erfolgt, wodurch die Holme zurückgehen und das Garn eine schwingende Bewegung in der Flotte vollführt. Die Maschinen sind außerordentlich leistungsfähig, haben jedoch einen hohen Wasserverbrauch.

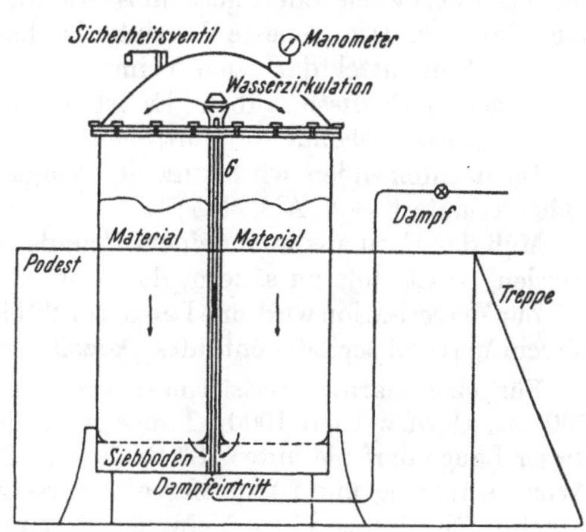

Abb. 135. Garnabkochkessel. *G* Zirkulationsrohr.

a) Das Mercerisieren

Vielfach werden die Garne nach dem Abkochen mercerisiert. Die Mercerisation besteht in einer Behandlung der am Schrumpfen verhinderten, durch Walzen gestreckten Garnsträhne mit NaOH von 30° Bé, worauf ein Waschen, Säuern und Waschen erfolgt. Die Verfahren werden auf vollautomatischen Garnmercerisiermaschinen vorgenommen. Eine der ältesten und bekanntesten Konstruktionen war die sogenannte Niederlahnsteiner Bauart mit zwei Walzenpaaren an jeder Maschinenseite. Später kamen andere Erbauer dazu und die Zittauer Maschinenfabrik schuf in ihrer Revolvermercerisiermaschine ein Modell, das acht Walzenpaare aufweist, die, um eine Mittelachse rotierend, kontinuierlich die einzelnen Phasen des Mercerisiervorganges durchlaufen[34].

Mercerisiert werden meist Zwirne, wobei die aus langstapeliger Baumwolle hergestellten (Sakellaridis), den höchsten Glanz erhalten.

Kurzstapelige Baumwollgarne bzw. -zwirne daraus müssen zur Erzielung eines guten Effektes zweimal mercerisiert werden. Wichtig für den Glanz sind die Wasserverhältnisse, da Fällungen am Garn selbstverständlich die Mercerisierwirkung wesentlich beeinflussen können.

Vielfach wird Garn roh mercerisiert, wobei zur Erzielung egaler Effekte der Mercerisierlauge Netzmittel beigegeben werden. Diese müssen eine in maximal 10 Sekunden eintretende Totalnetzung der Garne mit Lauge ermöglichen. Die ersten dieser Produkte, wie Mercerol C* (Sa), waren auf Kresolbasis hergestellt. Vielfach wurde die Geruchsbelästigung bemängelt, weshalb späterhin Marken, die geruchschwach oder geruchlos waren, hergestellt wurden, z. B. Mercerol GS (Sa) usw. Das neueste Produkt ist hier die Marke QW.

Das Netzmittel darf sich beim Stehen der benutzten Laugen weder verflüchtigen noch diese trüben. Es ist darauf zu achten, daß bei Laugenrückgewinnung entsprechende Netzmittelmarken verwendet werden (Mercerol BP u. a.).

Im nachfolgenden wird kurz der Vorgang einer Mercerisation von Rohgarn näher erläutert (vgl. Abb. 137)[35].

Muß das Garn aus irgendeinem Grunde nach der Rohmercerisation abgekocht werden, so ist stets zu säuern, da sonst Abkochflecken eintreten können.

Zur Mercerisation wird eine Lauge von 28 bis 30° Bé verwendet, welche mindestens 20 ccm Mercerol per Liter enthält. (Derzeit nimmt man 5 bis 10 g von konz. Marken.)

Für eine Garnmercerisiermaschine mit einer normalen Tagesleistung von 500 lbs. Garn werden 1000 l Lauge in Zirkulation gehalten. Die Konzentration dieser Lauge darf nie unter 28° Bé sinken. Die Laugenmenge wird zu Beginn der Arbeit sorgfältig mit 20 kg Mercerol versetzt. Die Verteilung desselben ist sehr wichtig. Die Pumpe C wird eingeschaltet und dadurch die Lauge in Zirkulation gerbracht. Vom Sammelreservoir B aus wird sie durch das Rohr G in das Hochreservoir R gepumpt. Von hier aus fließt sie durch das Überlaufrohr F in das Sammelreservoir zurück, geht aber auch durch die Leitung E zu den Mercerisiermaschinen. Hier werden die Regulierhähne r_1 und r_2 eingestellt, so daß ein regelmäßiger Laugenstrom die Laugenbecken L durchfließt. Die Pumpe C muß soviel Lauge befördern, daß durch den Abfluß vom Reservoir R auf die Maschinen C_1 und C_2 die Lauge konstant durch das Überlaufrohr Z in das Sammelreservoir B zurückfließt. Zirkuliert die Lauge nun einwandfrei, so gibt man in das Sammelreservoir nach und nach die nötige Menge Mercerol. Wenn man die Lauge während der Zirkulation beobachtet, so wird man eine allmähliche Klärung derselben durch das sich verteilende Mercerol feststellen. Nun beginnt man mit der Mercerisation. Die rohen, vorher an der Docke etwas ausgeschlagenen Baumwollgarne werden auf die Spannwalzen H aufgelegt. Alle weiteren Funktionen gehen automatisch vor sich. Es kommt in der Praxis vor, daß die zu Anfang noch durchhängenden Garne in das aufsteigende Laugenbecken tauchen und bereits ohne

---

[34] Vgl. SCHWERTASSEK: Melliand Textilber. **15**, 73 (1933).
[35] Vgl. VENDOR: Monatsschrift für Textilindustrie **51** (1936).
*C ist gegenüber der illustrierten Marke viel stärker.

Streckung Lauge aufnehmen. Man muß dann die Exzenterscheiben so abändern, daß das Laugenbecken weniger rasch hochkommt. Die Lauge darf das Garn erst berühren, wenn es durch die auseinandergehenden Walzen *H* gestreckt ist. Die mit Weichgummi überzogene Quetschwalze muß tadellos sein. Ein wichtiger Umstand ist das Einstellen der richtigen Spannlänge. Garnqualitäten bis Nr. 60 sollen etwa 1 bis 2 cm über die ursprüngliche Rohlänge gespannt werden. Feinere Nummern spannt man auf die Rohlänge. Gezwirnte Garne und gröbere kann man 3 bis 4 cm über die Rohlänge spannen. Die Lauge wirkt durchschnittlich 2 bis 2,5 Minuten auf das Garn ein. Hierauf wird dieses ausgequetscht, die Quetschwalze muß egal auspressen (abdrehen). Hierauf wird das Spülbecken vorgerollt und aus den Spritzrohren mit etwa 60° heißem Wasser gespült.

Abb. 136. Mercerisiermaschine, Type Hahn, für Garne.

Die mercerisierten Garne enthalten noch Lauge. Sie werden vorteilhaft warm abgesäuert, dadurch bekommt man den klaren, hellen Ton. Müssen sie mehr die Rohfarbe haben, dann kalt absäuern. Pro 50 lbs. Garn etwa 3 bis 5 l konz. HCl verwenden, 10 bis 15 Minuten hantieren, dann kalt spülen und schließlich ein Bad von 40° mit 1 bis 1,5 l Ammoniak geben. Dann trocknen.

Dem Laugenkreislauf ist stets Frischlauge zuzuführen. Diese Frischlauge muß

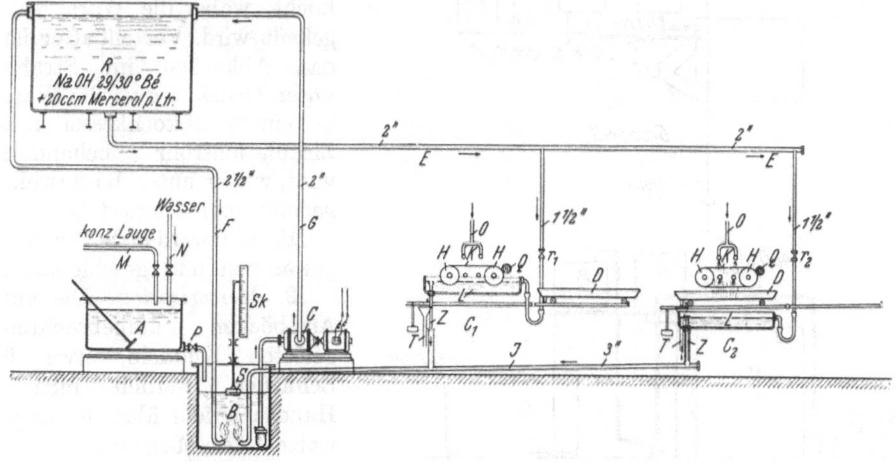

Abb. 137. Niederlahnsteiner Mercerisieranlage für Strahngarnrohmercerisation.
A Ansatzbassin. — *B* Sammelreservoir. — C_1 und C_2 Maschine 1 und 2 (nach Niederlahnstein). — *D* Spülbecken. — *E* Zulaufrohr der Lauge. — *F* Überlauf. — *G* Zirkulationsrohr. — *H* Spannwalzen. — *J* Rückflußrohr der Lauge. — *K* Baumwollgarn. — *L* Laugenbecken. — *M* Konzentrierte Lauge. — *N* Wasserleitung. — *O* Spülwasserrohr. — *P* Hahnen. — r_1 und r_2 Regulierhähne. — *Q* Quetschwalze (Weichgummiüberzug). — *R* Laugenreservoir. — *S* Schwimmer. — *Sk* Skala. — *T* Spüllaugeabfluß. — *Z* Überlauf.

in der Konzentration höher gehalten werden. Denn durch das Rohmercerisieren führt man zwar kein Wasser zu wie bei abgekochten Garnen, aber durch die sich etwas bildende Natronzellulose und die Karbonatation der Lauge nimmt deren spezifisches Gewicht ständig ab. Man muß daher die Frischlauge auf etwa 34° Bé einstellen. Sie wird vor dem Zusatz zur Zirkulationslauge mit der Mercerolmenge versetzt. Die Kufe zur Bereitung der Frischlauge steht meist neben dem Sammelreservoir *B*. Man läßt aus dem Laugenbehälter mit der aufgelösten Rohlauge von 38° Bé in den Frischlaugenbehälter fließen, setzt etwas Wasser zu, bis die Lauge 34° Bé spindelt, rührt hierauf die notwendige Mercerolmenge gut ein. Während der Mercerisation, bei welcher die Laugenmenge natürlicherweise ständig abnimmt, läßt man nun durch den Hahn *P* Frischlauge in das Sammelreservoir zufließen, damit erstens die Konzentration der Zirkulationslauge stets 29 bis 30° Bé beträgt, zweitens deren Menge stets gleich bleibt. Die Abnahme der Lauge ist an der Skala *Sk* des Schwimmers *S* ersichtlich. Man kann die Regulierung auch automatisch vornehmen. (Schwimmerventil.)

Mercerisiermaschinen für Garne werden von den verschiedensten Firmen gebaut. Eine bekannte alte Konstruktion war die Niederlahnsteiner Ausführung (s. Abb. 136). Heute sind außer der beschriebenen Bauart Jäggli- (Schweiz) oder Gerber- (Deutschland) (s. Abb. 139) usw. Maschinen in Gebrauch; die Revolverbauart von Zittau mit acht Walzenpaaren statt zwei gestattet eine größere Leistung, erfordert jedoch aufmerksame Bedienung.

Der Mercerisationsprozeß von abgekochtem Baumwollgarn auf der Niederlahnsteiner Maschine, Patent Hahn (Abb. 138.)

1. Vorbehandlung: Die Baumwolle, in Bündeln zu 10 lbs., wird zu je drei Schnellern geteilt und in die Form von Knudeln gebracht. Diese werden in einem mit Siebboden und Heizschlange versehenen Bottich in einem Flottenverhältnis von etwa 1 : 15 3 bis 4 Stunden mit 3% Soda sicc. gekocht, wobei die Ware festgekeilt wird. Vorteilhafter ist das Abkochen im Strahn unter Druck, wobei die Ware in einem Abkochkessel mit Zirkulationsrohr behandelt wird, wie er unter Baumwollgarnfärberei skizziert ist.

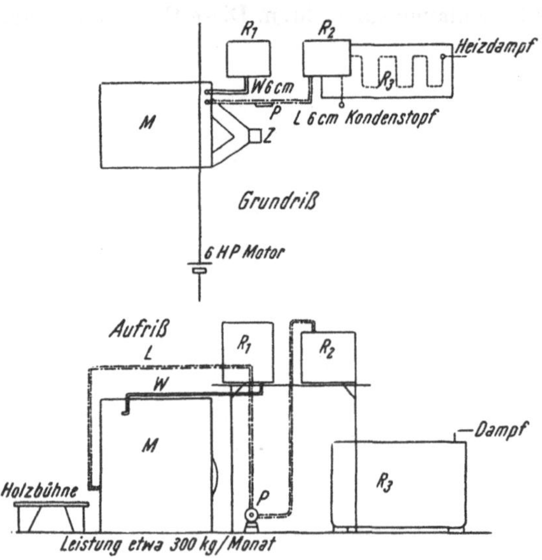

Abb. 138. Mercerisiermaschine. Modell Niederlahnstein Type 5 G, Patent Hahn. Motorantrieb etwa 4 HP, Tourenzahl der Maschinenantriebsscheibe etwa 116 pro Minute. R_1 Wasserreservoir 1000 l, gespeist von einem Pulsometer im Heizhaus. — R_2 Laugenhochreservoir 500 l. — R_3 Laugenansatzkessel 1500 l. — *W* Wasserzufluß. — *L* Laugenzufluß. — *P* Laugenpumpe. — *M* Mercerisiermaschine. — *Z* Abfluß von Maschine.

Hierauf werden die Strähne gewaschen und geschleudert.

2. Mercerisation: Die auf Armböcken aufgebrachten gelösten Knudeln, etwa 6 Schneller, werden mittels Handschaufeln über die Leitwalzen der Maschine gelegt, diese angelassen und der Hebel zur Betätigung der Exzenter eingeschaltet.

Die Maschine vollführt nun selbsttätig folgende Arbeitsprozesse:

a) Durch Auseinandergehen der Leitwalzen wird die immer nur in gleichmäßiger und dünner Schichte aufzubringende Baumwolle gespannt. Die Einstellung dieser Spannung muß je nach Garnqualität vorgenommen werden und wird am Abstand der Leitwalzenmittelpunkte gemessen. Einstellen kann man sie auf das gewünschte Maß mittels eines Hebels mit Skala.

b) Der Laugenbehälter (Wanne) hebt sich und das Garn wird langsam an der Oberfläche der Lauge durch diese geführt, wobei die Maschine einmal die Drehungsrichtung der Leitwalzen wechselt. Die Stärke der verwendeten Lauge beträgt 30° Bé und wird durch Spindeln von Zeit zu Zeit kontrolliert bzw. stärkere NaOH, wie sie durch Ansetzen von festem NaOH 125 bis 130% im

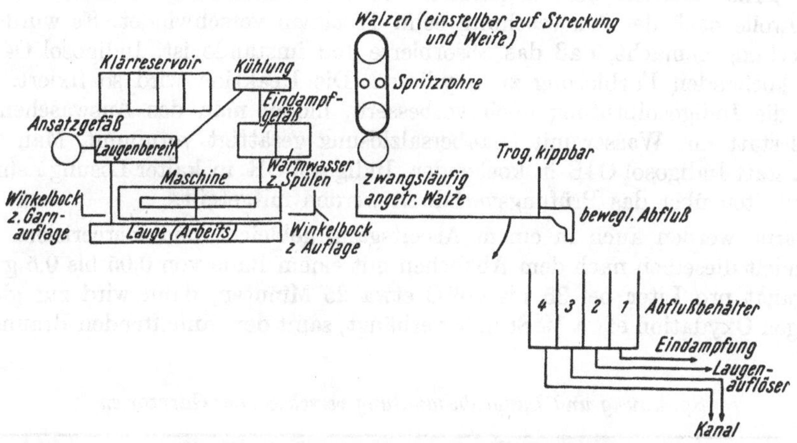

Abb. 139. Gerber-Mercerisieranlage für Strahngarn.

Reservoir R_3 erhalten wird, zugegeben. Die Dauer der Laugeneinwirkung hängt von Garnstärke und Material sowie vom gewünschten Effekt ab und ist genau einstellbar.

c) Es erfolgt nun das Waschen des Garnes im gespannten Zustande aus Wasserrohren. Das Waschwasser wird durch eine zu Beginn dieses Prozesses über den Laugenbehälter gerollte Waschwanne in den Kanal geführt.

d) Schließlich nähern sich die Leitwalzen wieder und das Garn, welches nunmehr lose hängt, kann abgenommen werden.

Es wird nun in Partien zu 3 kg auf Weidenstöcke gehängt und durch Hantieren in einer Barke auf zwei Waschwassern (je 25 Minuten) ausgewaschen. Hierauf wird in einem Bade von 0,2% Schwefelsäure oder Salzsäure bei gutem Umziehen gesäuert (wenn hartes Wasser zur Verfügung steht, wegen der eventuellen Gipsabscheidungen HCl gebrauchen), mit zwei Wassern nachgewaschen und schließlich im schwachen Seifen-Soda-Türkischrotölbade behandelt (1% Seife, 0,5% Soda, 2% Monopolöl auf Material).

Dann wird nochmals gründlich geschleudert und getrocknet.

Garn zum Färben wird am besten ohne Zwischentrocknung in die Färberei gebracht, wobei man es direkt in Arbeit nehmen muß. Wenn es antrocknet, bleiben die angetrockneten Stellen gern beim Färben heller.

Laugenansatz: 350 kg NaOH fest ... 1000 l Wasser.

Per 1 kg Garn werden etwa 0,5 kg 30° Bé Lauge verbraucht.

Das Zerkleinern der festen Lauge vor dem Lösen ist notwendig und erfolgt mittels Meißel und Spitzhacke. Die Arbeiter tragen Schutzbrillen und Handschuhe[36].

---

[36] Über die Mercerisation s. SCHWERTASSEK, l. c., bzw. MARSH: Mercerizing. London: Chapman & Hall, 1941. Es gibt eindampfbeständige und kresolfreie Mercerole (GS).

Der Mercerisationsgrad kann an der Quellung des Faserquerschnittes mit großer Genauigkeit (mikroskopisch) studiert werden. Zu diesem Zwecke werden Querschnitte in Glyzeringelatine gemacht und 100 Querschnitte gewertet. Bei guter Mercerisation müssen 80% der Fasern völlig gequollen sein, also einen runden Querschnitt besitzen. Längsschnitte müssen glatt und ohne Drehung sein. Eine chemische Prüfung geben LANGE und HÜBNER an. Sie beruht auf der unterschiedlichen Jodaufnahme von mercerisierter und unmercerisierter Baumwolle[37]. Als Nachteil wird angeführt, daß die Blaufärbung der mercerisierten Baumwolle nach der Auswaschung beim Trocknen verschwindet. Es wurde die Entdeckung gemacht, daß das absorbierte Jod imstande ist, Indigosol O4B in einer kochenden Farblösung zu oxydieren. Die Reaktion wird so fixiert. Man kann die Indigosolprüfung noch verbessern, indem man das Auswaschen des Jodes statt mit Wasser mit Glaubersalzlösung gesättigt vornimmt. Man kann dann, statt Indigosol O4B in kochender, Indigosol OR in kalter Lösung nehmen. Einzelheiten über das Prüfungsverfahren werden mitgeteilt.

Garne werden auch in einem Arbeitsgang gebleicht und mercerisiert. Man behandelt dieselben nach dem Abkochen mit einem Bade von 0,05 bis 0,5 g Permanganat pro Liter bei 35 bis 40° C etwa 25 Minuten, dann wird zur gleichmäßigen Oxydation etwa ½ Stunde verhängt, samt dem anhaftenden Braunstein

Spannung und Laugenbehandlung verschiedener Garnsorten

Garn	Weifenlänge in cm	Spannung nach Skala	tatsächl. Spannung in cm	in Lauge Minuten	Weifenlänge nach Mercerisation in cm	Resultat
Macco 70/2	66,0	40,00	60,0	7	64,0	Glanz mäßig Qualität sehr gut
Macco 70/2	66,0	41,00	61,0	7	65,5	Glanz gut Qualität gut
Macco 50/2	66,0	41,00	61,0	7	65,0	Glanz gut Qualität gut
Macco 20/2 ..... Vinciguerra ungasiert	66,0	41,00	61,0	7	65,0	Glanz sehr gut Qualität sehr gut
Halbamerika 20/2 Paravicini gasiert	66,0	41,00	61,0	7	65,0	Glanz gut Qualität sehr gut
„Mefra“ 18/3 .... Lohn	65,5	42,00	62,0	7	67,0 naß 65,5 trocken	Glanz sehr gut Qualität sehr gut
„Mefra“ 18/3 .... Lohn	65,5	41,00	61,0	7	64,0	Glanz mäßig Qualität gut
„Mefra“ 20/3	65,5	42,75	64,0	7	67,0 naß 65,5 trocken	Glanz sehr gut Qualität gut
Halbamerika ungasiert						äußerste Spannung Lauge 32° Bé
Macco 30/2 ..... Sakellaridis Mefra	66,0	42,00	64,0	7	67,0 65,5	Glanz sehr gut Qualität sehr gut
120/2 gased ..... carded	65,0	40,00	62,0 (zulässig auch 41)	7	65,0	Glanz mittel Qualität sehr gut

[37] Vgl. auch ERMEN: Text. Col. **1932**, 227, bzw. SCHWERTASSEK: Melliand Textilber. **15**, 73 (1933), TSCHILIKIN: Melliand Textilber. **14**, 655 (1932) u. a.

mercerisiert und dann in schwefligsaurem Bade mit oder ohne Zusatz von HCl neutralisiert. Man muß das Bad schwach sauer verlassen und setzt dem zweiten Spülbade dann zur vollständigen Neutralisation etwas Soda zu.

Als Einrichtung einer modernen Baumwollspinnerei (1935) diente:

Weife: Carl Hamel.
Mercerisiermaschine: Jäggli.
Laugenkühler: Sulzer.
Zentrifuge T 950: Fleischner in Asch.
Streckmaschine für Garn: Gerber-Wansleben, Krefeld.
Hängetrockner (automatisch): Mohr, Zwickau, Reichenberg.
Mettler: Sengemaschine für Garne.

Jäggli: Mercerisiermaschine für Strahn (Auflage je 7 Pfund Garn, zweiseitig)

Die Maschine kann auf Zeit eingestellt werden, ebenso auf Schrumpfung und Endstreckung. In Arbeit sind fallweise 900 l Lauge, dazu für jede Seite ein Klärgefäß zum Absetzen der Lauge. Die Walzen sind horizontal, der Trog kippbar, das erste warme Waschwasser geht zur Eindampfung. Die eingedampfte Lauge läuft durch Sulzer-Kühlung (Ammoniak) zum Laugenreservoir. Die Mercerisierdauer beträgt 5½ Minuten. Die Entlaugung mit 75° C warmem Wasser ist sehr weitgehend.

Maschinen bzw. Einrichtungskosten 30000 sfr.

Nach der Arbeit wird lauwarm gespült, dann bei 40° C gesäuert (6 l HCl), 1000 l für 90 Pfund, dann dreimal gewaschen (erstes Bad: 0,5 l Ammoniak). Hierauf avivieren, schleudern und bei 60° C trocknen.

Das Nichterreichen der Rohweifenlänge bei der Jäggli-Maschine: Die Erscheinung kann nur bei Maschinen auftreten, wo es möglich ist, die Hauptspannung beim Entlaugungsprozeß (Abspritzung) vorzunehmen, statt wie bei den anderen Maschinen während der Laugenbehandlung. Jäggli ermöglicht eine Arbeitsweise nach beiden Systemen, doch ist die erste Spannung beim Entlaugen zufolge der hier größeren Garnelastizität, da die Schrumpfung bereits vorüber ist, viel besser, da Fadenbrüche fast ausgeschlossen sind.

Eine Gesamtspannung 138 cm und Vorspannung 4 cm bedingen eine Laugenspannung von 134 cm, also 2 cm weniger als die Weife. Daher bleibt die schließlich erreichte Weifenlänge hinter der Rohweifenlänge zurück.

Man erhöht die Gesamtspannung oder erniedrigt die Vorspannung, beides ist möglich. Der erstere Weg ist vielleicht besser.

„White Finish" bei mercerisiertem Strumpfgarn[38]

Nach dem Mercerisieren für Garne der Strumpfindustrie kann nach einem Verfahren, das nach den Angaben der Mercerisiermaschinenfabrik Jäggli ausgeführt wird, die Aufhellung des dunklen Tones der Maccogarne vorgenommen werden. Diese Garne färben sich tadellos gleichmäßig und vor allem in Strümpfen mit Viskosekunstseide auch mit der Viskosereyon gleich. Dies hat seinen Grund erstens in dem hellen Ton, der auch bei hellen Nuancen eben eine Trübung der Färbung nicht hervorruft und zweitens auch in der oxydativen Reinigung des Garnes.

Das Verfahren besteht in einer Bleiche des Garnes mit Permanganatlösung, wobei der gebildete Braunstein dann in einem Bade mit Bisulfit und Säure ent-

[38] Siehe auch MERTENS: Melliand Textilber. **15**, 21 (1933).

Abb. 140. *Garnmercerisationsmuster*

Muster	Garn	Weife vorher cm	Spannung (Skala)	Weife nachher cm
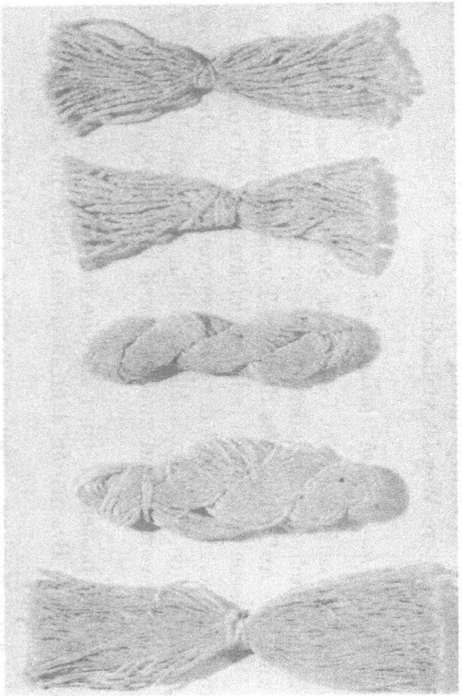	Baumwollgarn 12/3	66	41	$65^1/_2$
	Baumwollgarn 12/3	66	41 und dann 42	$65^1/_2$
			doppelt mercerisiert	
	Halbamerika 20/3	66	42	67 gleich $64^1/_2$
	Halbamerika wie oben	65	$42^3/_4$	$67^1/_2$ $65^1/_2$
	neuerlich mercerisiert, 32^0 Bé Lauge, äußerste Spannung, hie und da Fadenrisse			
	30/2 Macco, Sakellaridis	66	42	66

fernt wird. Es tritt auch bei langem Lagern kein Nachdunkeln der so erzielten Aufhellung ein. Leider sind die entstehenden Schwefeldioxyddämpfe für die Arbeiter trotz Ventilation und Gasmaske sehr unangenehm.

Eine Behandlung mit Blankit I kommt nicht in Frage, da das Garn zu leicht nachdunkelt, denn die Aufhellung erfolgt auf reduktivem Wege, außerdem steht kein Dampf, sondern nur Heißwasser von etwa 45° C zur Verfügung. Es wurde daher weiter mit Permanganat gebleicht und der Braunstein dann bei 45° C durch eine Behandlung in einem Bade von 1 ccm Wasserstoffsuperoxyd·30% und 1ccm Schwefelsäure 66° Bé entfernt, was leicht ging. Im Gegensatz dazu wird eine Temperatur von 80° C empfohlen, welche immerhin wegen Faserschwächung durch Karbonisierwirkung gefährlich ist. Interessanterweise ist bei Verwendung von Salzsäure, welche wegen der Gefahr der Gipsfällung bei Verwendung harter Wässer und Schwefelsäure (Glanztrübung) besser wäre, eine Entfernung des Braunsteins aus der Faser, insbesondere im Innern der Stränge, sehr schwierig. Es tritt hier dasselbe ein wie bei der Titration von Wasserstoffsuperoxyd mit Kaliumpermanganat. Diese geht glatt nur in schwefelsaurer Lösung.

Das Verfahren ist teurer als das erste, das noch billigere Chlorbleichverfahren hat den Nachteil, daß die von der Mercerisation kommenden Garne je nach Spülprozeß verschieden stark Laugenreste enthalten, welche jedoch, je nachdem sie mehr oder weniger vorhanden sind, den Chlorbleichprozeß dirigieren. Je weniger Lauge, desto größer die Bleichwirkung, was umständlich für einen stets gleichbleibenden Tonausgang ist und zu einem direkten umständlichen Abmustern bzw. Variation der Bleichdauer usw. zwingen würde.

b) Die Bleiche

Die Bleiche der Garne erfolgt mit Hypochloritlaugen üblicher Konzentration. Einen Bleich- und Abkochbottich nach Thies zeigt Abb. 141.

Die Arbeitsweise erfolgt wie nachstehend:

1. Vorkochen des Wassers im Kessel zur Füllung des Bottichs. Zweimal nötig, ½ Stunde. Der Kessel ist über dem Rundbottich (Abb. 141).
2. Einlegen der Ware in den Bottich (2 Mann zirka 5 bis 7 Stunden).
3. Abkochen mit Soda, Lauge und Nekal BX: 15% Lauge, 40° Bé, 1% Soda sicc., 0,5 g pro Liter Nekal BX (IG). Es dauert 4 bis 5 Stunden.
4. Spülen des abgekochten Gutes nach Leerlauf des Bottichs. Erst mit Wasser von zirka 70° C, das man sich herstellt, indem man den Kessel mit Wasser zum Kochen bringt und das Wasser dann heiß auf die Ware unter gleichzeitigem Zulauf von kaltem Wasser fließen läßt, bis der Bottich voll ist. Hierauf wird die Pumpe angesetzt und 20 Minuten laufen gelassen. Dann wird sechsmal kalt gespült.
5. Bleichen bei einer Temperatur von 35° C mit einer Konzentration von 1,5° Bé, das heißt unter Zugabe von zirka 150 l Chlorbleichlauge von 150 g Chlor im Liter auf den Bottichinhalt von zirka 6000 l, durch 4 Stunden. Das Chlor wird fast vollkommen verbraucht.
6. Viermal nach Ablaufen der Bleichflotte mit Wasser spülen unter Zirkulation der Pumpe, jedesmal zirka 20 Minuten.
7. Säuern mit 8 l Salzsäure 35%ig ½ Stunde bei laufender Pumpe.
8. Zirka sechs- bis siebenmal mit Wasser spülen, die ersten dreimal mit laufender Pumpe, jedesmal 20 Minuten, dann nur Voll- und Leerlaufenlassen (45 Minuten).
9. Auspacken des Gutes, Waschen der Strähne auf der Waschmaschine, Schleudern und Trocknen.

Der Bottich ist so schnell wie möglich auszupacken, da sonst die Ware durch das Liegen in ihm vom Holz gelb wird[39].

[39] Vgl. Kornreich: Melliand Textilber. **19**, 304 (1937); Elöd, Vogel: Melliand Textilber. **19**, 65 (1937).

Kalkulation über die Bleiche auf der Thies-Vorrichtung

3600-lbs.-Partie:

150 kg Bleichlauge	à 0,068	10,20 holl. fl. (1930)
250 „ Natronlauge 40° Bé	„ 0,100	2,50 „ „
50 „ Soda sicc.	„ 0,060	3,00 „ „
4 Stunden Dampf 12500 kg	„ 0,300 ct.	37,50 „ „
2 kg Nekal BX	....	4,00 „ „
8 „ HCl	....	0,24 „ „
Arbeit zirka 30 Stunden	à 42 ct.	12,60 „ „
		70,04 holl. fl.

per lbs.	2,00	Bleichkosten aus der vorherigen Berechnung
	0,50	Fitzen
	0,94	Schleudern
	0,05	Waschmaschine
	0,98	Trocknen
	1,00	Wasser
	5,47	= rund 6 ct. per lbs. (holl. fl. 1930)

Eine andere Apparatur hat das Osmosebleichverfahren (Patent KIESER).

Die Apparatur des Bleichosmotors ist im Grunde genommen ziemlich einfach. Sie besteht aus einem Holzbottich mit durchlöchertem Boden und aus zwei durchlöcherten Röhrenarmen, die auf einem Querbrett oben am Bottich montiert sind. In der Mitte der Arme befindet sich eine Art Trichter, durch den die Flotte ihren Weg zu den Röhren nimmt. Wird nun die Flotte eingeleitet, so beginnen die Röhrenarme nach physikalischen Grundgesetzen sich zu drehen, wobei die Flüssigkeit über das im Bottich befindliche Bleichgut in gleichmäßiger Strahlung gesprüht wird. Die ganze technische Anordnung erinnert an einen Berieselungsapparat, wie er zum Besprengen von Gartengelände (SEGNERsches Wasserrad) oder zur Herstellung von Eis auf Holzlagen im Winter verwendet wird. Außer dem Bottich mit Röhrenaufsatz ist noch eine Pumpe erforderlich, die die nach unten getropfte und dort angesammelte Bleichflüssigkeit wieder nach oben hebt, um sie aufs neue in die Röhren zu befördern. Die Flotte ist also in dauernder Zirkulation, so daß sich der Sprengler während des ganzen Arbeitsganges in Bewegung befindet und das Bleichgut berieselt.

Abb. 141. Bleichanlage für Garne und Kreuzspulen (Packsystem) nach Thies.

Die Erklärung für den auffallend schnellen Bleichvorgang findet sich darin, daß die rasch bewegte Flüssigkeit schnell und wiederholt an das Bleichgut gelangt und daß auf diese Weise die chemische Tätigkeit der Flotte beschleunigt wird. Während sich beim gewöhnlichen Bleichapparat die Flüssigkeit den Weg wählt, bei dem sie den geringsten Widerstand antrifft und so ein dichtgepacktes Material möglichst umgeht, kommt beim Osmotor durch das dauernde Berieseln die Bleichflotte in innigste Berührung mit den einzelnen Fasern des Materials. Auch trägt die große Oberfläche der tropfenden Flüssigkeiten zur raschen Wirkung wesentlich bei, da bekanntlich die Reaktionsflächen in direktem Verhältnis zur Reaktionsgeschwindigkeit stehen.

Was nun die Osmose anbetrifft, die das ganze Verfahren charakterisiert, so ist diese spezielle Wirkung etwa folgendermaßen aufzufassen: Die zunächst auf das Bleichgut tropfende Flotte dringt in die Faser ein, wirkt bleichend, verliert dabei ihren Gehalt an Aktivchlor und bleibt als ziemlich wirkungslose Lösung in der Faser. Nun kommt von oben durch den Sprengler neue unverbrauchte Flotte auf das Bleichgut, die sicherlich eine andere Dichte aufweist als die teilweise verbrauchte Lauge, die noch in der Faser sitzt. Der Vorgang ist nun vermutlich so, daß durch das Bestreben, die verschiedenen Dichten möglichst auszugleichen, sich die beiden Flüssigkeiten bis zur vollständigen Homogenität durchmischen. Dieser physikalische Prozeß hat den praktischen Effekt zur Folge, daß die mit mehr aktivem Chlor beladene Flotte in die Faser hineingesogen wird und daß dadurch eine wirksame Fortsetzung des Bleichprozesses gewährleistet ist. Der Vorgang wiederholt sich nun dauernd, so daß dem Bleichgut kontinuierlich stets neue wirksame Lauge zugeleitet wird. Dadurch ist auch eine sichere Durchdringung und ein restloses Durchbleichen des Materials möglich. Beim Bleichapparat wird ein Ausgleich von verbrauchter und frischer Bleichflüssigkeit im Innern des Bleichgutes in sehr geringem Maße stattfinden, da die neu zugepumpte Flotte naturgemäß den leichter passierbaren Weg nimmt, das heißt, daß die Flotte möglichst um das Bleichgut herum sich bewegt. Nicht zuletzt dürfte der Grund für die günstige Wirkung der Osmotorbleiche darin zu suchen sein, daß das Bleichgut nicht unter der Flotte liegt, wie es beim Apparat der Fall ist. Der Austausch der Flüssigkeiten ist ein äußerst feiner Vorgang, da der Unterschied zwischen den spezifischen Gewichten nur ganz minimal sein kann. Dementsprechend sind natürlich auch die den Austausch bewirkenden Diffusionskräfte derart gering, daß sie durch den Druck der über dem Material stehenden Flüssigkeitssäule vernichtet werden würden. Die ganzen physikalischen Vorgänge, auf der die Osmotorbleiche beruht, dürften auch in gewissem Sinne auf die Bleiche des Flachsgarnes anzuwenden sein. Hier dürfte das physikalische Verhalten zwischen Flotte und Fasergut eher ausschlaggebend sein als die chemische Tätigkeit der Luftkohlensäure, die aus dem Hypochlorit die freie bleichende unterchlorige Säure in Freiheit setzen kann.

Die Apparatur ist auch an Abkochbottiche usw. leicht anzubringen. Die Rohre (Sprenglerrohre) bestehen vorteilhaft aus rostfreiem Stahl.

Die Bleiche von Baumwollgarnen in Apparaten aus rostfreiem Stahl, Pitchpineholz usw., nach dem Packsystem konstruiert, kann auch mit Wasserstoffsuperoxyd erfolgen. Die Bleichoperation ist teurer, liefert aber ein dauerhafteres Weiß als die Chlorbleiche. Man netzt mit 0,5- bis 1%-Netzmittel bei 50° C vor, wobei das Bad noch 2% Soda sicc. und 2,5% Wasserglas enthält. Dann werden etwa 4,5% Wasserstoffsuperoxyd (100 Vol.-%) zugegeben, langsam auf 80° C gebracht (die Erhitzung erfolgt indirekt durch Bleischlangen) und 2 bis 3 Stunden zirkuliert. Hernach wird warm und kalt gewaschen.

In neuerer Zeit gewinnt speziell für synthetische Fasern, aber auch für Kunstseide, ja sogar Baumwolle das Bleichen mit Chlorit (Textone) immer mehr Raum. Obwohl teurer als alle anderen Bleichverfahren, ist es das für synthetische Fasern einzig anwendbare. Es ergibt auch für Kunstseide hervorragende Ausfälle und ist „fool proof", d. h. ohne Risiko einer Faserschädigung auch bei Anwendung starker Bäder usw. In der Baumwollbleiche liefert es eine besonders saugfähige Ware, die bei den heutigen modernen Kontinueverfahren mit schnellem Warenlauf notwendig ist. Beim Bleichen mit Chlorit ist durch gute Ventilation für den Abzug des toxischen Chlordioxyds zu sorgen. Die Bleichgefäße bestehen aus Steinzeug, Holz oder Nirostastahl besonderer Sorten, dessen Korrosion man durch Passivierung oder den Zusatz von Bleichmittel HC (Hoechst) verhindert.

Es dürfte sich nach dem Österreichischen Patent 173427 um Nitrate bzw. Salze von Säuren der Stickoxyde handeln, welche nicht nur korrosionsverhütend, sondern auch stabilisierend wirken sollen.

Vielfach werden zur Weißverbesserung auch sogenannte optische Bleich- und Aufhellmittel verwendet; es handelt sich um blau bis grünblau fluoreszierende Körper, die einen schwachen Gelbton des Weiß drücken. Die Lichtechtheit derart geschönter Textilien ist beschränkt. Im Kunstlicht ist die Schönung wirkungslos.

Allerdings ist ihr Gebrauch in der Färberei, da er zu metamerer Färbung führt, nicht gerade empfehlenswert und auch sonst hört man manchmal über ein Verbräunen von mit Weißtönern behandelten Gut in Schaufenstern mit ungeeigneter Stablampenbeleuchtung.

Das Färben der Garne erfolgt auf Kufen von Hand aus, wie dies beim Färben von Wollgarnen bereits dargelegt wurde (S. 212), oder besser in Packapparaten. Strahnfärbemaschinen (Gerber usw.) sind für Kunstseiden- oder Seidenstrahn vorteilhaft. Für Baumwolle ist das Flottenverhältnis ungünstig und die Anschaffungskosten hoch. Für Packapparate sind eine Reihe von Typen möglich (s. erster Abschnitt). Vielfach trifft man Obermaier-Apparate mit zirka 100 kg Fassung. Das Einpacken des Garnes und die Apparatebedienung ist bereits beschrieben worden (S. 52).

Mercerisierte Baumwolle besitzt bekanntlich eine viel größere Farbstoffaffinität als die unbehandelte Faser. Darauf ist bei der Färbung zu achten, insbesondere auf Apparaten. (Weniger Salzzusatz, Farbstoffwahl, Färbetemperatur.)

Die Färbung der Baumwolle kann je nach dem verlangten Ton bzw. der Echtheit mit basischen (lebhaft, lichtunecht), substantiven (billig) -lichtechten Direktfarbstoffen: Sirius-(IG), Solar-(Sa), Chlorantinlicht-(Ci), Diphenylecht-(Gy) usw. Farbstoffen oder mit den licht- und waschechten neuen Produkten der Coprantin- (Ci), Cuprofix- (Sa), Neocupran- (Ci) bzw. Resofix- (Sa) Reihe erfolgen. Schließlich können in hoher Echtheit Naphtolrot- bzw. Variaminblautöne und dann Küpenfarbstoffe gefärbt werden.

Im nachstehenden sind eine große Anzahl von Rezepturen aus der Praxis für die verschiedensten Färbungen mit den aufgezählten Farbstoffklassen beschrieben.

c) Das Färben mit basischen Farbstoffen

Baumwollgarn wird in Buntwebereien für Exportzwecke noch manchmal mit basischen Farbstoffen eingefärbt. Als Beize dient nur noch ganz selten die alte Tannin-Brechweinsteinbehandlung, da sie viel zu zeitraubend ist. Man beizt bequemer mit den sulfurierten Phenolen, wie sie im Katanol ON (IG) (das gegenüber der Marke O keinen Gelbstich verursacht, der bei reinen Tönen Trübung bedingt), bzw. Thiotan MS (Sa) usw. vorliegen. Die Zugabe von Kochsalz (bis 30%, je nach Katanolmenge) muß am Apparat sehr verringert werden. Desgleichen sind diese Zugaben beim Färben von mercerisiertem Garn wesentlich herabzusetzen. Die von der IG ausgearbeitete Nachbehandlung basischer Färbungen mit Auxanin B*, welche deren Lichtechtheit wesentlich erhöhte, ohne den Farbton zu ändern, konnte sich des Preises wegen nicht durchsetzen. Auch deshalb, weil sie nicht wasser- und waschbeständig ist.

Die Tannin-Brechweinsteinbeize arbeitet derart, daß man das Garn ½ Stunde auf einem 60 bis 80° C heißen Bade, welches 2 bis 6% Tannin, auf Ware gerechnet,

---

* komplexes Phosphorwolframmolybdänsalz.

enthielt, (je nach Farbtiefe) umzog, dann 2 bis 4 Stunden untersteckt, das heißt, die Färbestöcke samt Garn unter die Flotte schob und dort durch Beschwerung (Keilholz usw.) festhält. Dann wird geschleudert und auf ein kaltes, 1 bis 3% brechweinsteinhaltiges Bad gebracht und ½ Stunde hantiert. Hernach wird gespült.

Über das Beizen mit Katanol O bzw. ON auf Apparaten (Allgemeine Bemerkungen):

Man färbt und beizt auf Kupferapparaten. Vorsicht mit dem Zusatz von Kochsalz, im allgemeinen weniger nehmen als die Vorschrift der IG angibt. Gebeiztes Garn vor dem Färben immer sodafrei spülen. (Prüfung mit Phenolphthalein.) Nach dem Beizen von Bündelgarn, gleichgültig ob mercerisiert oder nicht, wird dasselbe vor dem Ausfärben mit basischen Farbstoffen grundsätzlich umgepackt. Ein Unterlassen des Umpackens hat verschmierte und bunte Färbungen zur Folge. Das Färben basischer Farben auf Apparaten führt nur bei energischer Nachbehandlung mit Tannin und Abseifen zu brauchbaren Resultaten. Die Farben sind immer reibunecht und in einer gewissen Farbtiefe, insbesondere bei Violett und auch Blau, immer bronziert. Dieser Übelstand ist in der kurzen Flotte gelegen und unbehebbar. Der Farbstoff muß bei der Zugabe immer filtriert werden. Der Farbstoff muß restlos gelöst sein und ist daher immer mindestens 1 Stunde kochend zu lösen. Viel Dextrin enthaltende Farbstoffe, die in der Fabrik stark verschnitten sind, sind noch länger unter schwachem Kochen zu lösen.

Ansatzangabe der IG für die Apparatfärbung (per Flotte 1 : 12):
6% Katanol O,
4% Soda,
30% NaCl (maximale Löslichkeit 40/1000). Nachsatz 50% dieser Mengen, beim Salz jedoch nur 15%.

Eigene Rezepturen am Apparat:

Obermaier-Apparat aus Kupfer, Flotte 1100 bis 1200 Liter.

Material: Bündelgarn, unmercerisiert, 210 lbs. (Nie mehr, da beim Umpacken das nasse Garn nicht mehr in den Apparat geht.)

a) Für tiefe Färbungen 1 bis 2,5% Farbstoff.

Ansatz:		Nachsatz:	
5,0 bis 6 kg	Katanol O	2,5 kg	Katanol O
3,5 „ 4 „	Soda sicc.	1 bis 5,0 „	Soda sicc.
10,0 „ 20 „	Kochsalz	5,0 „	Kochsalz

2 Stunden bei zirka 80° C beizen.

b) Unmercerisiertes Garn für lichte Farben 0,5 bis 1% Farbstoff.

Ansatz:		Nachsatz:	
4 kg	Katanol O	2,5 kg	Katanol O
3 „	Soda	2,0 „	Soda
5 bis 10 „	Salz	—	Salz

Das Garn wird eingepackt, ohne es einzustampfen; im Apparat wird in das kochende Wasser (halbe Apparatfüllung) zuerst die Soda eingebracht, hierauf wird das Katanol eingestreut und einige Zeit gekocht. Eine Probe der Lösung muß vollkommen durchsichtig sein, das Katanol muß vollkommen gelöst sein. Ist das nicht der Fall, dann ist noch Soda beizugeben und nochmals etwas zu kochen. Schließlich ist das Salz beizugeben, nochmals etwas zu kochen und dann der Materialträger einzusetzen. Man läßt bis zur Völle des Apparates Wasser zufließen und beizt bei ungefähr 80 bis 90° C 2 Stunden.

Hierauf wird die Beizflotte in das Hochreservoir zurückgepumpt und mit kaltem Wasser bei geöffnetem Ablaßhahn, später einige Zeit wiederholt mit frischem Wasser laufengelassen bei geschlossenem Hahn, bis die Soda und das Katanolat vollkommen herausgespült sind (Prüfung mit Phenolphthalein). Dann wird der Apparat einmal mit

Wasser gefüllt, 1 l Essigsäure 40%ig zugegeben und ¼ Stunde laufengelassen. Hierauf wird noch kurz mit Wasser nachgespült, der Einsatz herausgehoben und in der Zentrifuge schwach zentrifugiert.

Das Garn wird sorgfältig übergepackt und ist fertig zum Ausfärben. Das Ausfärben erfolgt zunächst in kalter Flotte, unter Zugabe von 2 bis 3 l Essigsäure 40%ig, wobei der Farbstoff durch ein Filtertuch auf dreimal bei abgestellter Pumpe beigegeben wird. Jedesmal wird vor Ansetzen der Pumpe mittels eines Stockes der Zusatz möglichst gut in der Flotte verteilt.

Achtgeben beim Ansetzen der Pumpe, ob der Farbstoff zu schnell aufzieht. Ist die Zugabe innerhalb 1 Minute erschöpft, dann war das Material zu stark gebeizt und ist die Gefahr, daß das Garn nicht durchgefärbt ist, vorhanden. Am besten kontrolliert man das, indem man die Pumpe abstellt, den Deckel abschraubt und sich die obersten Garnlagen an der Innenseite ansieht.

Material: 200 lbs. Bündel, mercerisiertes Garn.

a) Für tiefe Färbungen 1 bis 2,5% Farbstoff.

Ansatz:		Nachsatz:	
4 kg	Katanol O	2,0 kg	Katanol O
3 „	Soda sicc.	1,5 „	Soda sicc.
0—5 „	Kochsalz		

b) Für helle Färbungen 0,5 bis 1% Farbstoff.

Ansatz: 2,0 bis 3 kg Katanol O
1,5 „ 2 „ Soda sicc.
Ohne Salz.

Jedesmal frisches Bad.

Beim Einsetzen des Apparates in die Beize ist darauf zu achten, daß der sich bildende dichte Schaum vollständig abgeschöpft wird, da er sonst zu Verunreinigungen des Garnes Anlaß gibt.

Beim Spülen der gebeizten Ware ist so zu verfahren:

Wird das Beizbad weggelassen, dann ist dies nicht sofort zu tun, sondern erst läßt man kaltes Wasser zu, bis der Schaum, der sich während des Beizens gebildet hat, über den oberen Apparatrand abgelaufen ist. Hierauf wird die Wasserzufuhr gedrosselt und der Hahn des Apparates geöffnet. Hierauf wird dieser vollständig leer laufengelassen und dann tüchtig gespült.

Wird das Beizbad bewahrt, so läßt man doch zuerst etwas Wasser zulaufen, um den Schaum zum Ablaufen zu bringen. Erst dann pumpt man das Bad in das Reservoir. Wird das nicht so gemacht, so sammelt sich der schmutzige Schaum auf der Ware und jene Stellen ergeben beim Ausfärben stets bronzige Flecken.

Es sei darauf hingewiesen, daß beim Vorbeizen mit Tannin selbstverständlich eine Berührung der Ware mit Eisen hintangehalten werden muß. Es tritt sonst eine schwarze bzw. blauschwarze Verfärbung ein. Auch eisenhaltiges Wasser kann bereits zu einer Verfärbung des Garnes führen, die es dann, abgesehen davon, daß Fleckenbildung eintreten kann, unmöglich macht, reine Töne zu erhalten.

Auch bei Verwendung geschwefelter Phenole ist die Berührung der Ware mit Eisenteilen von Apparaten usw. auszuschalten.

Das Umpacken der am Cu-Apparat katanolierten Ware erfolgt so, daß man sie im Materialträger erst entwässert und dann die Köpfe der Strähne öffnet und neu packt.

Kaliblau: 210 lbs. Bündelgarn, 20/1, am Cu-Obermaier-Apparat.

Mit 6 kg Katanol ON, 4 kg Soda sicc., 10 kg Kochsalz vorgebeizt. Gefärbt mit

1,0 kg Viktoriablau BA (IG)

und 3 l Essigsäure 30%ig. Man beginnt mit einem Drittel der Säure und der halben Farbstoffmenge bei 40° C, setzt dann alle 15 Minuten dasselbe Quantum Säure und Farbstoff zu und erwärmt bis auf 100° C.

Hernach wird bei 60° C mit 2 kg Tannin 30 Minuten nachbehandelt und schließlich nach Spülen mit 2 g Seife pro Liter kochend geseift; hernach wird warm und kalt gespült. Die Egalität war für Buntwebereizwecke (1-cm-Streifen) genügend, der Farbton etwas heller und brillanter.

Dieselbe Nuance kann gefärbt werden auf 210 lbs., 32/1.

Vorbeizen mit 4 kg Katanol ON und 3 kg Soda sicc. ohne Salz. Färben mit

1,5 „ Viktoriablau BA (IG)

und 3 l Essigsäure 30%ig. Man erwärmt bis 100° C. Die Egalität ist besser als beim vorstehenden Rezept.

Cerise: 200 lbs., wie oben.

Vorgebeizt mit 6 kg Katanol ON, 4 kg Soda sicc. und 15 kg Salz. Gefärbt wurde mit

1,3 kg Rhodamin B (IG)
0,9 „ Rhodamin 6GDN (IG)

und 4 kg Essigsäure 30%ig. Man erwärmt beim Färben langsam auf 40° C.

Dieselbe Nuance wird auf 36/2 mercerisiertem Garn, 200 lbs., hergestellt, wie folgt: Beizen mit 4 kg Katanol O, 3 kg Soda sicc. ohne Salz. Färben mit

1,70 kg Rhodamin B (IG)
0,75 „ Rhodamin 6GDN (IG)

3 l Essigsäure 30%ig bis auf 40° C erwärmen.

Eine weitere Partie wurde mit derselben Farbstoffmenge gefärbt, nachdem das Garn im alten Beizbade nach Zugabe von 2,8 kg Katanol O und 2 kg Soda sicc. vorbehandelt wurde.

Blauviolett: 190 lbs., 22/2, Cu-Obermaier-Apparat.

Vorgebeizt mit 6 kg Katanol O, 4 kg Soda sicc. und 10 kg NaCl. Gefärbt wurde mit

0,90 kg Marineblau BNX (IG)
0,36 „ Kristallviolett 5BO (CI)

Zuerst wird ohne Farbstoff mit 1 l Essigsäure 30%ig laufen gelassen, dann der Rest an Säure zugegeben. Die Farbstoffzugabe erfolgt auf dreimal. Nachher wurde bis auf 60° C erwärmt.

Dunkelcerise: 210 lbs., 36/2, am Cu-Obermaier-Apparat.

Vorbeizen mit 6 kg Katanol O, 4 kg Soda sicc. und 10 kg Kochsalz. Färben mit

1,60 kg Rhodamin B (IG)
1,50 „ Rhodamin 6GDN (IG)
0,55 „ Safranin MN konz. (IG)

3 l Essigsäure 30%ig, kalt.

Grün: 210 lbs., 20/1, am Cu-Obermaier-Apparat.

Man beizt mit 7 kg Katanol O, 5 kg Soda sicc. und 20 kg Kochsalz. Hernach wird mit 2,3 kg Brillantgrün krist. (IG)

1,3 „ Rhodulingelb 6G (IG)

3 l Essigsäure 30%ig, kalt ausgefärbt.

Eine nächste Partie wird im alten Beizbade unter Nachsatz von 5 kg Katanol O, 4 kg Soda sicc. und 10 kg NaCl behandelt und mit der gleichen Farbstoffmenge gefärbt.

Gelbgrün: 200 lbs., 20/1, am Cu-Obermaier-Apparat.

Es wird mit 7 kg Katanol O, 5 kg Soda sicc. und 15 kg Kochsalz vorgebeizt. Hernach färbt man mit

1,8 kg Rhodulingelb 6G (IG)
0,3 „ Brillantgrün krist. (IG)

und 4 l Essigsäure 30%ig, kalt.

Violett: 210 lbs., 20/1, am Cu-Obermaier-Apparat.

Es wird mit 6,5 kg Katanol O, 4,5 kg Soda sicc. und 20 kg Kochsalz gebeizt (2 Stunden bei 90° C). Hernach färbt man mit

1,65 kg Kristallviolett 5BO (Ci)

und 4 l Essigsäure 30%ig und erwärmt bis 40° C.

Eine weitere Partie wird unter Nachgabe von 4,5 kg Katanol O, 3,5 kg Soda sicc. und 12 kg Kochsalz gebeizt und mit derselben Farbstoffmenge eingefärbt.

Denselben Farbton auf 200 lbs., 50/2 Baumwollzwirn mercerisiert, beizt man erst auf frischem Bad mit 4,5 kg Katanol O, 3,5 kg Soda sicc. und 10 kg Kochsalz und färbt mit 1,45 kg Kristallviolett 5BO (Ci)

und 3 l Essigsäure 30%ig, wobei man dann allmählich auf 60° C erhitzt.

Basische Färbungen auf der Kufe wurden wie folgt ausgeführt:

Grün: 16/1, 20 kg, 1200 l Flotte.

Man beizt mit 3 kg Tannin und nachher 1,5 kg Brechweinstein (s. S. 252) und färbt mit 0,28 kg Brillantgrün krist. (IG)
0,4 l Essigsäure 30%ig und 0,4 kg Alaun. Denselben Ton auf 10 kg, 30/2, mercerisiert, erzielt man durch Vorbeize mit 1 kg Tannin und 0,5 kg Brechweinstein, ausfärben mit
0,15 kg Brillantgrün krist. (IG),
0,2 l Essigsäure 30%ig und 0,2 kg Alaun.

Rotblau: 30/2, mercerisiert, vorgebleicht, 10 kg, 1200 l Flotte.

Gebeizt wird mit 1 kg Tannin und 2 kg Brechweinstein. Man färbt mit:
0,06 kg Viktoriablau 4R (Ci)
und 0,2 l Essigsäure 30%ig unter Erwärmen auf 70° C sowie Nachbehandlung mit 0,2 kg Alaun.

Giftgrün: 200 kg, 60/2, mercerisiert, am Cu-Obermaier-Apparat.

(Die Egalität ist besser als bei Brillantgrünfärbungen, doch ist die Färbung wesentlich teurer.)

Vorgebeizt wird mit 5 kg Katanol O, 4 kg Soda, 15 kg Kochsalz, gefärbt mit
0,5 kg Rhodulinblau 6G (IG)
0,2 „ Rhodulingelb 6G (IG)
3 l Essigsäure 30%ig. Man erwärmt langsam bis auf 90° C.

Blau: 60 lbs., 80/2, mercerisiert, 1500 l Flotte. Gebeizt wie oben, gefärbt mit
0,3 kg Viktoriablau BA (IG).
1 l Essigsäure 30%ig, 0,6 kg Alaun. Es wird bis 60° C erhitzt.

Kaliblau: 60 lbs., 80/2, mercerisiert, 1500 l Flotte.

Vorgebeizt wurde am Apparat mit 6% Katanol, 4% Soda sicc., ohne Salz. Gefärbt wird mit 0,300 kg Viktoriablau BA (IG)
0,055 „ Kristallviolett 5BO (Ci)
1,000 „ Alaun
Es wird bis auf 40° C erhitzt.

Türkis: 60 lbs., 80/2, mercerisiert, 1500 l Flotte.

Gebeizt wie vorher, gefärbt mit
0,30 kg Rhodulinblau 6G
1,25 „ Essigsäure 30%ig.

Mit ebenso gutem Erfolg sind die meistens unter gleichlautendem Namen gehandelten Farbstoffe anderer Firmen in Anwendung zu bringen*.

d) Die substantive Färbung

Die direkte (substantive) Färbung von Baumwollgarnen wird mit zirka 0,5 bis 1% Soda sicc. und 5 bis 20% Glaubersalz krist. je nach Farbtiefe vorgenommen. Färbt man am Apparat, so wird meist Netzmittel zugesetzt und die Glaubersalzmenge verringert. Manche substantiven Farbstoffe vertragen keinen Sodazusatz (gewisse Grünmarken usw.) oder sind kalkempfindlich (Pyrazolorange G (Sa), daher ersetzt durch die Marke GH).

Gefärbt wird, indem man bei zirka 40 bis 50° C eingeht, zum Kochen treibt und dunkle Töne bei abgestelltem Dampf weiterfärbt. Die substantiven Farbstoffe können in Kalt- oder Heißfärber eingeteilt werden. Die neuen Musterkarten der Firmen Geigy oder Sandoz illustrieren ihre Affinität durch Angabe von Ausziehkurven mit und ohne Salz. Whittaker[40] bzw. Lemin, Vickers und Vickerstaff[41] haben die Farbstoffe in Klassen eingeteilt, die die Ziehgeschwindig-

* Bayer bringt nun die basischen Farbstoffe unter dem Namen Astra-Farbstoffe in den Handel.

[40] J. Soc. Dyers Colour. 58, 253 (1942).

[41] Amer. Dyestuff Reporter 26, 431 (1946).

keit und das Egalisiervermögen berücksichtigen. Boulton[42] führt hiefür die Färbehalbwertzeit ein, jene Zeit, in welcher die Hälfte des im Bade befindlichen Farbstoffes aufgezogen ist.

Direkte Färbungen von Baumwollgarn am Apparat illustrieren folgende Beispiele. (Es handelt sich, wo nicht anders vermerkt, um abgekochtes Material.)

Tieforange:	220 lbs., 20/1, am Obermaier-Apparat. 2,0 kg Chloraminorange G (Sa) 2,0 „ Benzoechtorange S (IG) 1,0 „ Soda sicc., 5 kg Glaubersalz kalz.
Gobelin:	180 lbs., 20/1, am Thies-Apparat. 1,4 kg Benzoechtblau G (IG) 0,4 „ Nekal BX, 0,3 kg Soda sicc. 2,0 „ Glaubersalz kalz.
Hellgrau: (Lichtechte Färbung)	220 lbs., 50/2, mercerisiert, am Obermaier-Apparat. Das Garn wird mit 0,5 kg Nekal BX bei 50° C vorgenetzt. 0,20 kg Chlorantinlichtblau 2GLL (Ci) 0,03 „ Chlorantinlichtviolett 4BLL (Ci) ohne Zusätze.
Rosa:	210 lbs., 50/2, mercerisiert, vorgebleicht, am Cu-Obermaier-Apparat. 0,30 kg Nekal BX (IG) 0,25 „ Geranin G (IG) Kalt beginnen, zum Kochen treiben.
Sand:	180 lbs., 28/1, Thies-Apparat. 0,25 kg Pegubraun G (IG) Ohne Zusätze.
Kaisergelb:	240 lbs., 28/1, Obermaier-Apparat. 3,0 kg Chloramingelb FF (Sa) 1,0 „ Soda sicc., 3 kg Glaubersalz kalz. oder 220 lbs., 36/2, mercerisiert, Obermaier-Apparat. 3,5 kg Chloramingelb FF (Sa) 0,4 „ Nekal BX nach 30 Minuten 2 kg Salz krist., nach 20 Minuten 1,0 kg Salz krist.
Terrakotta:	210 lbs., 28/1, Obermaier-Apparat. 3,30 kg Chloraminorange G (Sa) 0,85 „ Direktechtorange SE (Ci) 0,04 „ Chlorantinlichtbraun RLL (Ci) 0,50 „ Soda sicc., 5 kg Glaubersalz kalz.
Hellgrau:	200 lbs., 36/2, Obermaier-Apparat. 0,10 kg Pegubraun G (IG) 0,06 „ Benzoechtschwarz L (IG) 0,02 „ Benzoechtviolett BL (IG) 0,20 „ Nekal BX
Lederbraun:	240 lbs., 32/1, Obermaier-Apparat. 2,0 kg Diaminbraun M (IG) 0,2 „ Diaminrot B (IG) 0,3 „ Nekal BX, 0,5 kg Soda sicc., 3 kg Glaubersalz kalz.
Braundrap: (Lichtecht)	200 lbs., 36/2, Obermaier-Apparat. 3,0 kg Chlorantinlichtbraun 3GLL (Ci) 0,3 „ Chlorantinlichtblau 2GLL (Ci) 0,1 „ Chlorantinlichtgelb 2RLL (Ci) 3,0 „ Glaubersalz kalz.

[42] J. Soc. Dyers Colour. 60, 5 (1944).

Lichtrosé:	220 lbs., 50/2, mercerisiert, vorgebleicht, Obermaier-Apparat.
(Lichtecht)	0,1 kg Chlorantinlichtbraun RLL (Ci)
	0,5 „ Nekal BX, kalt beginnen.

Färbungen auf der Kufe sollen wie folgt illustriert werden:

Hellgrün:	90 lbs., 50/2, mercerisiert, vorgebleicht, 1200 l Flotte.
(Lichtecht)	0,125 kg Benzolichtgelb 4 GL (IG)
	0,030 „ Chlorantinlichtblau 2GLL (Ci)
	Ohne Zusatz.
Dunkelolive:	30 lbs., 36/2, 1200 l Flotte.
(Lichtecht)	0,95 kg Chlorantinlichtblau 2GLL (Ci)
	0,33 „ Chlorantinlichtgelb 2RLL (Ci)
	0,05 „ Chlorantinlichtbraun 3GLL (Ci)
	4,00 „ Glaubersalz kalz.
Gold:	60 lbs., 6/1, 1200 l Flotte.
(Lichtecht)	1,2 kg Chlorantinlichtgelb 2RLL (Ci)
	4,0 „ Glaubersalz kalz.
Terrakotta:	60 lbs., 6/1, 1200 l Flotte.
(Lichtecht)	1,6 kg Chlorantinlichtbraun RLL
	4,0 „ Glaubersalz krist.
Drap:	95 lbs., 22/2, 1200 l Flotte.
(Lichtecht)	0,24 kg Chlorantinlichtbraun RLL (Ci)
	0,11 „ Chloramingelb FF (Sa)
	0,05 „ Chloraminlichtblau 2GLL (Ci)
	0,60 „ Nekal BX, 0,8 kg Soda sicc.
Rosa:	70 lbs., 36/2, mercerisiert, 1200 l Flotte.
(s. S. 257)	0,25 kg Geranin G (IG)
	0,10 „ Nekal BX
Braun:	50 lbs., 36/2.
(Lichtecht)	0,98 kg Chlorantinlichtbraun 3GLL (Ci)
	0,90 „ Chlorantinlichtblau 2GLL (Ci)
	0,03 „ Chlorantinlichtgelb 2RLL (Ci)
	5,00 „ Glaubersalz kalz.
Rotbraun:	80 lbs., 80/2, mercerisiert, 1200 l Flotte.
	1,0 kg Plutobraun GG (IG)
	0,8 „ Diaminbraun M (IG)
	Ohne Zusätze.
Blaugrau:	30 lbs., 30/1, 1000 l Flotte.
	0,10 kg Brillantreinblau 8GL extra (IG)
	0,01 „ Brillantgelb 4GL (IG)
	0,50 „ Glaubersalz, 50 ccm Essigsäure 30%ig.
Grünblau:	30 lbs., 60/1, 1000 l Flotte.
(Lichtecht)	1,60 kg Benzolichtblau 8GL (IG)
	0,05 „ Chloramingelb FF (Sa)
	4,00 „ Glaubersalz krist.
Crême:	70 lbs., 22/2, 1200 l Flotte.
(Lichtecht)	0,020 kg Chlorantinlichtbraun 3GLL (Ci)
	0,009 „ Chloramingelb FF (Sa)
	0,600 „ Nekal, BX, 0,8 kg Soda sicc.

Mit gleichem Erfolg sind anwendbar:

(IG) Benzobrillantechtviolett BL (Siriusviolett BB, Siriusviolett BL), Chloramingelb FF, Siriuslichtgelb FRL, Benzoechtorange S, Siriuslichtblau FF, 2 GL, Siriusorange G usw.

(Ci) Chlorantinlichtviolett RLL, Chlorantinlichtviolett BLL, Oxyphenin GG, Direktechtorange SE, Chlorantinlichtorange TGLL, Direktechtschwarz B usw.

(Gy) Solophenylviolett BL, Solophenylgelb 2 RL, Diphenylchlorgelb FF, Diphenylechtorange SE, Diphenylechtorange EG, Diphenylechtbraun 3 GL, Solophenylbraun RL, Diphenylechtschwarz L usw.

(Sa) Solarviolett R, Solarviolett BL (Chloraminlichtviolett 4 BL), Chloraminbraun RR, Chloraminechtorange SE, Chlorantinlichtorange G = Solarorange 4 GA, Solarblau 3 GL, Chloraminechtschwarz B usw.

Für lichtechte Färbungen auf Viskosereyon bzw. Baumwolle kommen auch die Fastusolfarbstoffe der Gen. Dyestuff Corp. in Frage, welche den Chlorantinlichtfarbstoffen usw. entsprechen. Die Herstellerin empfiehlt, eventuell unter Zusatz von Peregal OK (einem Polyäthylenglykol), die Färbung mit Fastusol Yellow LRRA konz., Fastusol Yellow LRTF extra konz., Fastusol Orange L3RA, L 7 GLCF, Fastusol Red 4 BA, Fastusol Red Violet LRLA, Fastusol Blue LGA extra, Fastusol Blue LBRRA, extra konz., L 5 GA Fastusol Brown LRLA, Fastusol Brown LBRA bzw. Benzo Fast Black LA, letzteres nur als Schwarz. Insbesondere für Mischgewebe aus Baumwolle und Viskosereyon ist der Zusatz von Peregal OK zum Ausgleich der verschiedenen Faseraffinität günstig (s. S. 454).

Weitere zum Teil chromkomplexe Farbstoffe der substantiven, zum Färben von Baumwolle oder Viskosereyon usw. bestimmten Klasse sind wie die Solar- (Sa), Siriuslicht- (IG), Diphenylecht- jetzt Solophenyl- (Gy), Chlorantinlicht- (Ci) oder Durazolsortimente (ICI) auf dem Substrat unter Umständen wesentlich lichtunechter als sonst.

Abgesehen von der Herabsetzung der Lichtechtheit durch eine Knitterfestausrüstung (s. S. 449) ist eine Verminderung auch bei Färbungen auf spinnmatten Viskosekunstseiden, insbesondere bei nassem Material, im Sonnenlicht gegeben. Smith* zeigte, daß insbesondere Durazol Blue 2 GNS und Durazol Violet 2 BS sich hier sehr ungünstig verhalten, während Durazol Blue GS oder Durazol Helio BS eine nur geringe Beeinträchtigung ihrer Lichtechtheit aufweisen. In Kombination mit Durazol Yellow GS und Durazol Yellow GRS bewirken diese Gelbmarken eine starke Verminderung der Lichtechtheit anderer Komponenten der Mischung, wie Durazol Blue 2 GNS, Durazol Violet 2 BS, Durazol Brown 3 RS, Durazol Brown BRS, Durazol Grey VGS, Durazol Scarlet 2 GS (kein Cu-Komplex). Man kombiniert mit Durazol Flavine RS oder Durazol Yellow 6 GS, wobei der Effekt nicht auftritt (ICI).

Ein außerordentlich lebhaftes hochlichtechtes Direktgrün bringt Sandoz als Solargrün 3LB (Lichtechtheit 7) in den Handel. Ebenso echt ist das neutral getönte Solargrau 3LB. Letzteres kann mit Resofix CU nachbehandelt werden und gibt so außerordentlich naßechte Färbungen.

Ein großer Nachteil der substantiven Färbungen ist deren Naßunechtheit. Man kann diesen Übelstand verbessern, indem man mit kationaktiven Mitteln, wie Solidogen B (IG), Levogen WW (Bayer), Sandofix WE (Sa) usw. in frischen Bädern nachbehandelt. Die vielfach dabei auftretenden Veränderungen des Farbtones und manchmal eintretende Lichtechtheitsverschlechterung muß beachtet werden (vgl. S. 449).

Über das Färben mit Coprantinen vgl. S. 262.

* Amer. Dyestuff Reporter **39**, 520 (1950) bzw. J. Soc. Dyers Colour. Dezember 1949. Vgl. F. Weber: Textil-Praxis 8, H. 3 (1953).

e) Das Färben in der Schlichte

Für billige Baumwolldecken oder sogenannte Jaspéartikel, Exporthosenstoffe, die in Kette und Schuß aus mit Schwarz verzwirnten, in hellen Tönen einzu-

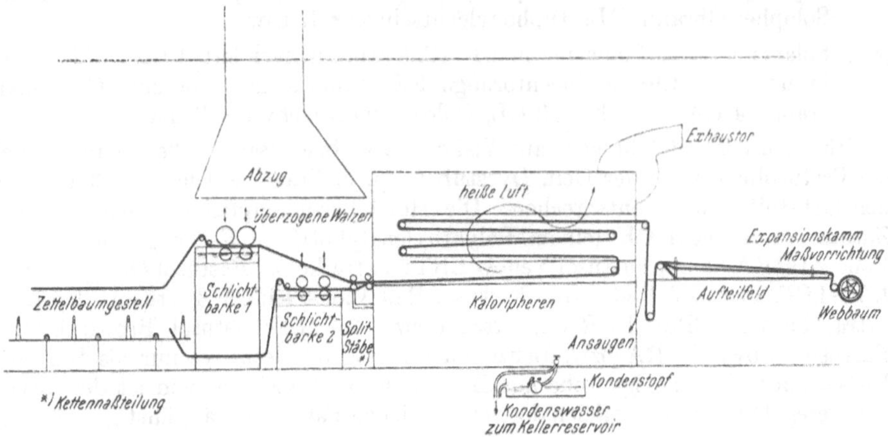

Abb. 142. Breitschlichtmaschine.

Abb. 143. Kettenschlichtmaschine.

färbenden Baumwollgarnen bestehen, kann das Färben der Kettgarne auf der Breitschlichtmaschine (Sucker, Tattersall) erfolgen. Derartige Maschinen besitzen meist zwei Schlichtetröge (Abb. 142). Man setzt den gut gelösten Farbstoff der Schlichte (meist abgebaute Kartoffelstärke mit etwas Fett bzw. Öl und einem Netz- und Emulgiermittel zu) und führt die Kette mit der geringstmöglichen Geschwindigkeit (13,5 m/min) für das gezeigte Modell der Tattersall-Holdworth-Breitschlichtmaschine (s. Abb. 142, 143) durch die zirka 60° C heiße Schlichtelösung. Die Ansätze müssen empirisch bestimmt werden und sind in Gramm Farbstoff pro Liter Schlichte festzuhalten. Den Jaspégarnartikel färbt man, der verlangten Lichtechtheit wegen, mit Chlorantinlicht- (Ci), Siriuslicht- (IG), Solar- (Sa) usw. Farbstoffen.

Die Kette von Baumwolldecken, welche Buntstreifenschuß erhalten, wird meist mit billigsten Schwarzmarken grau, bzw. mit Braun- oder Rotfarbstoffen gedeckt.

Einige Rezepturen seien angegeben:

Moulinégarn (schwarz/weiß): auf 500 l Schlichte:

Hellgrau:	60 g	Benzoechtschwarz L (IG)
	45 ,,	Benzoechtblau B (IG)
	15 ,,	Brillantbenzoechtviolett BL (IG)
Dunkelgrau:	1000 ,,	Benzoechtschwarz L (IG)
	200 ,,	Plutobraun GG (IG)

Mittelgrau: 700 g Benzoechtschwarz L (IG)
100 „ Brillantbenzoechtviolett BL (IG)

Hellgrün: 500 „ Benzogrün C (IG)

f) Entwickelte Färbungen

Waschechte Färbungen können mit diazotier- und entwickelbaren Farbstoffen erzielt werden. Derartige Produkte werden wie substantive Farbstoffe aufgefärbt und die erhaltenen Färbungen dann nach Diazotieren mit Nitrit und HCl mittels β-Naphtol und anderen sogenannten „Entwicklern" behandelt. Dabei wird die echte, im Ton wesentlich verschiedene Färbung erhalten.

Der Prozeß läßt sich auch auf Apparaten ausführen, doch greift die bei der Nitrit-HCl-Behandlung entstehende salpetrige Säure alle Metalle stark an. Am besten widersteht noch rostfreier Stahl.

Im nachstehenden Rezepturen für Kufenfärbungen und solche am Cu-Obermaier-Apparat oder aus rostfreiem Stahl.

Altgold: 220 lbs., 22/1, Obermaier-Apparat.
3,5 kg Diazobraun 3G (IG)
10,0 „ Kochsalz
diazotiert mit: 2,5 kg $NaNO_2$ (Nitrit)
7,5 „ HCl 30%ig (Salzsäure)
kalt, 30 Minuten, gut spülen.
entwickelt mit: 1,5 kg Entwickler Z (IG)*
kalt, 30 Minuten, dann gut spülen und kochend seifen, oder
50 lbs., 22/1, 1200 l Flotte, Wannenfärbung.
1,0 kg Diazobraun 3G (IG)
0,5 „ Soda sicc., 6 kg Glaubersalz kalz.
0,5 „ $NaNO_2$
1,5 „ HCl
0,5 „ Entwickler Z

Dunkelbordo: 50 lbs., 22/1, 1200 l Flotte.
0,96 kg Diazorubin FBD (IG)
0,16 „ Sambesischwarz G (IG)
6,00 „ Glaubersalz kalz.
0,95 „ $NaNO_2$
3,00 „ HCl
0,30 „ β-Naphtol, gelöst in 0,3 l NaOH 40° Bé

Weinrot: 90 lbs., 28/1, 1200 l Flotte.
2,80 kg Diazobrillantscharlach 5BLN extra (IG)
0,34 „ Diazobrillantscharlach 3BL extra (IG)
0,50 „ Soda sicc., 6 kg Glaubersalz kalz.
0,80 „ $NaNO_2$
2,30 „ HCl
0,40 „ β-Naphtol in 0,4 kg NaOH 40° Bé gelöst

Scharlachrot: 50 kg, 40/1, 1200 l Flotte.
3,60 kg Diazobrillantscharlach BA** (IG)
0,12 „ Diazobrillantscharlach 6B (IG)
10,00 „ Glaubersalz krist.
0,65 „ $NaNO_2$
2,00 „ HCl
0,40 „ β-Naphtol in 0,4 kg NaOH 40° Bé gelöst

---

* vgl. S. 262.

** Alte Marke.

Rotorange: 20 kg 40/1, 1200 l Flotte.
2,0 kg Rosanthrenorange H (Ci)
0,5 „ Rosanthren RN (Ci)
0,5 „ Soda sicc., 6 kg Glaubersalz kalz.
0,5 „ $NaNO_2$
1,5 „ HCl
0,3 „ Gelbentwickler C
0,3 „ NaOH 40° Bé

Entwickler (IG):

Entwickler G: Amidonaphtolsulfosäure G
Entwickler H: m-Toluylendiaminchlorhydrat
Entwickler C: m-Phenylendiaminchlorhydrat
Entwickler E: m-Phenylendiamin
Entwickler B: Äthylbetanaphtylaminchlorhydrat
Nerogen D: Naphthylaminäther
Oxaminentwickler R: wie Entwickler B: Äthylnaphthylamin(alpha)chlorhydrat
Entwickler A: β-Naphtol
Entwickler Z: Methylphenylpyrazolon

Beim Färben von Diazotierungsfarbstoffen auf der Wanne ist streng darauf zu sehen, daß die diazotierte (mit Nitrit und Salzsäure behandelte) Ware nicht dem Sonnenlicht ausgesetzt wird, da diese Lichteinwirkung die auf der Faser gebildete Diazoverbindung zersetzt und die Garnfärbung an diesen Stellen nicht entwickelbar ist (nicht „kuppelt"). Es entstehen so fleckige Färbungen, für die keine Verbesserungsmöglichkeit besteht, es sei denn, man zieht die Färbung ab.

Beim Diazotieren und Entwickeln im Apparat ist darauf hinzuweisen, daß die vorgefärbte Ware nicht umgepackt wird. Um ein Anflecken der am Metall des Materialträgers anliegenden Garnteile zu verhindern, färbt man zweckmäßig so, daß der Träger mit Mollino ausgelegt ist. Das Diazotieren erfolgt im Apparat stets derart, daß man erst eine Zeitlang (5 Minuten) mit der das notwendige Nitrit enthaltenden Flotte zirkulieren läßt, um die Packung vollständig und gleichmäßig mit Nitritlösung zu tränken und erst dann, zweckmäßig in drei Anteilen (je 5 Minuten) die notwendige Salzsäure (in starker Verdünnung) zugibt.

g) Die Färbung mit Coprantinfarbstoffen usw.

Für Baumwollgarne, an welche höhere Licht- und Waschechtheitsansprüche gestellt werden und welche aus preislichen Gründen nicht küpengefärbt werden können, kommen die Coprantinfarbstoffe (Ci) bzw. das Cuprofix- bzw. Resofixsortiment (Sa) sowie die Cuprophenylfarbstoffe (Gy) in Frage. Es handelt sich dabei hauptsächlich um die Färbung von Stick- und Nähgarnen oder Webgarnen in der Buntweberei.

Die genannten Vertreter sind substantive Farbstoffe, welche nach dem Coprantinverfahren (bei welchem ein organisches Kupfersalz, Coprantinsalz II, dem Farbbade nach Ausziehen des Farbstoffes zugegeben wird) gefärbt werden oder die unbehandelte Färbung mit Coprantex A (einem ein Kunstharzvorkondensat und Kupfersalz enthaltenden Produkt) nachbehandelt wird. Cuprofix- bzw. Resofixfarbstoffe sind mit Cuprofix bzw. Resofix VF nachzubehandeln.

Die erhaltenen Färbungen zeigen neben guter Lichtechtheit sehr gute Waschechtheit (bis 75° C), die „C"-Marken bzw. die mit Coprantex A oder Resofix VF behandelten Vertreter ergeben eine solche bis 90° C. Letztlich wird Resofix CU verwendet.

Die in Frage kommenden Vertreter sind zum Teil auch dem Chlorantinlicht- bzw. Solarsortiment entnommen.

Die Säureechtheit ist bei vielen Marken gering. Man achte daher darauf, daß insbesondere nicht nachbehandelte Ware nicht in Säuredämpfe gerät (Färberei). Die Farbstoffe sind manchmal nicht gut löslich, so daß man z. B. bei Coprantinreinblau 4 GLL, Coprantinbraun 5 RLL, Coprantinrubin RLL, Coprantinrot 2 G, RLL, Coprantinschwarzbraun GL pro 1 kg Farbstoff etwa 100 ccm NaOH 36° Bé zur Lösungsverbesserung zugesetzt werden muß. Bei Coprantinbordo CBLL und Coprantinmarineblau CBLL, C 3 RLL sind 500 ccm NaOH 36° Bé notwendig.

Selbstverständlich kann statt der Coprantin- (Einbad-) Methode auch mit Kupfersulfat/Essigsäure nachbehandelt werden, wobei man auf frischem Bade arbeitet (mit 1 bis 3% Kupfersulfat und 1 bis 3% Essigsäure, ½ Stunde bei 70° C behandelt).

Gefärbt wird mit 1 bis 3% Soda kalz. und 10 bis 40% Glaubersalz krist. je nach Farbtiefe, wobei für helle Töne ein Egalisiermittel wie Albatex PON (Ci), Peregal O (IG), Liovatin E (Sa) Dispersol VL (ICI) usw. zugesetzt wird (0,2 bis 0,5 g/l). Der Sodazusatz wird für helle Töne von Coprantinreinblau 2 GLL und 4 GLL unterlassen. Man geht bei 50 bis 60° C ein (Zellwolle bei 70 bis 80° C) und bringt innerhalb einer ½ Stunde zum Kochen. Das Salz soll in zwei Anteilen zugegeben werden. Nach ¾ Stunden Kochen wird gemustert. Bei fertiger Färbung wird die halbe Menge Coprantinsalz II (vom Farbstoffgewicht) zugegeben und 30 Minuten bei abgestelltem Dampf hantiert. Coprantinmarineblau CBLL benötigt pro kg 0,750 kg Salz II.

Sind die Farbbäder nicht gut ausgezogen, so entstehen bei der Einbadmethode reibunechte, rußende Färbungen.

Die Farbstoffe ziehen rasch, weshalb insbesondere bei Zellwolle ein Zusatz von einem Egalisiermittel ratsam ist. Gemustert wird durch Behandlung des Musters in einer kleinen Menge Flotte, der man Coprantinsalz II zugegeben hat.

Coprantinfärbungen auf Baumwolle oder Kunstseide sind als Effektfäden für zum Überfärben bestimmte Wollgewebe usw. nicht verwendbar, da sie nicht echt gegen kochendes saures Überfärben sind und auch einer sauren Walke nicht standhalten.

Für die Apparatfärberei sind die Produkte nur bei Stapelfarben und sorgfältigster Arbeitsweise geeignet, da man leicht unegale, vor allem aber rußende Färbungen erhält.

Für Kombinationstöne und helle Nuancen werden empfohlen:

Coprantingelb GRLL, 3 RLL, -gelbbraun GLL, -braun GRLL, 5 RLL, 8 RLL, -rot 2 G, RLL, -bordo 2BLL, BGL,2 RLL, -violett BLL,-reinblau 2GLL, 4 GLL, -grün 5 GLL, 3 GLL, -grau G, 2 GL, 2 RLL.

Hinsichtlich der anderen Vertreter vgl. die Farbkarten von Sandoz bzw. Geigy.

h) Die Schwefelfärbung

Ausgedehnte Verwendung für billige waschechte Färbungen, an welche keine besonderen Lichtechtheitsansprüche gestellt wurden, fanden die Schwefelfarbstoffe. Die Arbeitsweise mit ihnen hat an Bedeutung verloren. Garn für Frottéewaren usw. wird jedoch noch viel damit gefärbt. Schwefelschwarz findet für waschechte Effektgarne einen großen Anwendungsbereich.

Man reduziert den Farbstoff in Bädern mittels Na_2S und Soda oder bedient sich auch der Farbstoffpräparate, die bereits vorreduzierten Farbstoffe enthalten Immedialleukofarbstoffe, Immedialsole (IG), Eclipsole (Gy), Immedial spezial Farbstoffe (Cassella) usw. Letztere Präparate finden Verwendung beim Färben von alkaliempfindlichen Fasern.

Wichtig ist, daß beim Färben mit Schwefelfarbstoffen der Luftzutritt zum Färbegut auf ein Minimum eingeschränkt wird, um ein Bronzieren zu vermeiden. Arbeitet man nicht in Apparaten, so werden bei der Garnfärbung auf der Wanne U-förmig gebogene Eisenstäbe benützt, um das Garn unter der Flotte zu halten (s. Abb. 144). Besonders beim Spülen ist auf rasche Entfernung der Farbflotte aus der Ware zu sorgen. Man kann rasch zweistockweise herausheben und in einer nebenstehenden Wanne mit kaltem Wasser, das 2 g/l Na_2S krist. enthält, untertauchen und dann erst die Stöcke auf die Barke aufsetzen oder durch eine an der Färbewanne angebrachte Quetschvorrichtung mit beweglicher oberer Walze nehmen (damit der Stock durch die Walzenspalte geht). Letztere Vorrichtung empfiehlt sich, wenn die Färbebäder bei Kufenfärbungen als Standbäder längere Zeit benützt werden sollen, zum Vermeiden großer Flottenverluste.

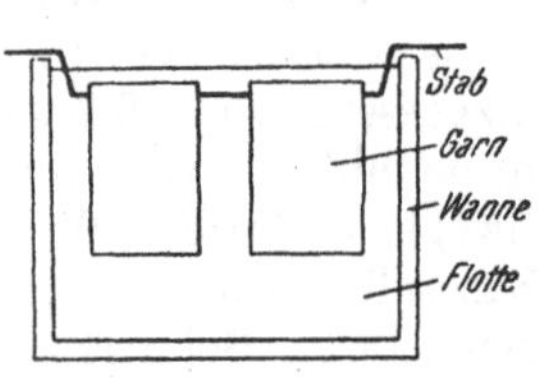

Abb. 144. Färbung mit Schwefelfarbstoffen.

Schwefelfarbstoffbäder müssen genügend große Mengen an Schwefelnatrium enthalten, um nicht zu bronzieren. Ein sicheres Merkmal eines „gut stehenden“ Bades ist ein weißer Schaum auf der Flotte.

Verwendet man (bei Schwarz- oder Marinetönen) zum Lösen des Farbstoffes konz. Na_2S, so ist dieses kochend zu lösen und der Farbstoff mit dem Schwefelalkali und der Soda durch ein Baumwolltuch dem Bade zuzugeben. Für andere Töne, insbesondere helle Farben, kommt zur Reduktion des Farbstoffes nur kristallisiertes Schwefelnatrium in Betracht, das allerdings wesentlich teurer kommt. Zugaben von Ä-O-Produkten (Äthylenoxydkondensaten) oder Trilon usw. sollen das Bronzieren sehr zurückdrängen.

Bei der Apparatefärberei ist in Eisengefäßen die Ware in Mollino gepackt zu färben. Cu-Apparaturen sind wegen der Cu-Sulfidbildung und damit auftretender Flecken auf der Ware zu vermeiden.

Die Oxydation der Schwefelfärbung kann durch schwache Perborat-, H_2O-Bäder oder Verhängen der gespülten Ware an der Luft vorgenommen werden.

Schwefelfärbungen, welche nicht lebhaft genug sind, kann man „schönen“. Man „übersetzt“ sie mit direkten oder basischen Farbstoffen, letztere eventuell in schwach saurem Milieu, die dann oft eine wesentlich bessere Naßechtheit aufweisen, als für sich gefärbt.

Blau:	30 kg, 30/2, mercerisiert, 1200 l Flotte.
	4,5 kg Immedialindon BBF (Cassella)
	9,0 „ Na_2S krist.
	0,5 „ Soda sicc.
	8,0 „ Glaubersalz kalz.
Drap:	20 kg, 40/1, 1200 l Flotte.
	0,35 kg Immedialschwarzbraun D (Cassella)
	1,00 „ Na_2S krist., 1 kg Glaubersalz kalz., 0,25 kg Soda sicc.
Violett:	10 kg, 40/1, 1000 l Flotte.
	0,5 kg Immedialviolett C (Cassella)
	0,8 „ Immedialpurpur C (Cassella)
	3,2 „ Na_2S krist., 3 kg Glaubersalz krist., 0,2 kg Soda sicc.
Perlgrau:	20 kg, 16/1, 1200 l Flotte.
	0,140 kg Immedialdirektblau B (Cassella)
	0,012 „ Immedialcarbon B (Cassella)
	0,020 „ Immedialprune S (Cassella)
	0,500 „ Schwefelnatrium krist., 1 kg Glaubersalz krist.
	0,200 „ Soda sicc.

Olive: 10 kg, 8/1, 1000 l Flotte.
0,3 kg Immedialgrün GG (Cassella)
0,4 „ Immedialgelb GG (Cassella)
2,0 „ Schwefelnatrium krist., 0,1 kg Soda sicc.
2,0 „ Glaubersalz krist.

Terrakotta: 20 kg, 16/1, 1200 l Flotte.
4 kg Immedialorange KC (Cassella)
8 „ Na_2S krist., 1 kg Soda sicc., 8 kg Glaubersalz kalz.

Beige: 10 kg, 16/1, 1200 l Flotte.
0,16 kg Immedialorange KC (Cassella)
0,18 „ Immedialmarron B (Cassella)
1,00 „ Na_2S krist., 0,1 kg Soda sicc., 1,2 kg Glaubersalz krist.

Apparatefärbungen wurden ausgeführt wie folgt:

Rotbraun: 240 lbs., 50/2, mercerisiert, Obermaier-Apparat.
8 kg Katigenrotbraun 6R (IG)
4 „ Katigengelbbraun R extra (IG)
24 „ Na_2S krist., 1 kg Soda sicc., 10 kg Glaubersalz kalz.
(Das Salz wird erst nach 20 Minuten zugesetzt.) Nachher wird mit 2 l CH_3COOH 30%ig aviviert
oder

Kufenfärbung: 50 lbs., 80/2, mercerisiert, 1200 l Flotte.
3,0 kg Katigenrotbraun 6R (IG)
1,5 „ Katigengelbbraun R extra konz. (IG)
8,0 „ Na_2S krist., 3 kg $NaSO_4$ kalz.
Man aviviert mit 100 ccm HCOOH 80%.

Braundrap:* 240 lbs., 28/1, Obermaier-Apparat.
5,00 kg Katigengelbbraun R extra (IG)
1,65 „ Katigencatechu BF (IG)
13,00 „ Schwefelnatrium krist., 3 kg Soda sicc., 7 kg Glaubersalz kalz.

Tiefgrau: 240 lbs., 42/1, Obermaier-Apparat.
3,0 kg Schwefelschwarz FAG extra (IG)
1,1 „ Katigenrotbraun 6R (IG)
8,0 „ Na_2S krist., 1 kg Soda sicc., 10 kg Glaubersalz kalz.

Dunkelmarineblau: 200 lbs., 8/1, Obermaier-Apparat.
4,8 kg Pyrogendirektblau 250%ig (Ci)
18,0 „ Na_2S krist., 1 kg Soda sicc., 8 kg Na_2SO_4 kalz.
Nach dem Spülen mit 0,8 kg Perborat bei 60° C oxydiert.

Dunkelgrün: 240 lbs., 50/2, mercerisiert, Obermaier-Apparat.
12 kg Katigenbrillantgrün G (IG)
3 „ Immedialgelb GG (IG)
1 „ Schwefelschwarz FAG (IG)
30 „ Na_2S krist., 2 kg Soda sicc., 10 kg Glaubersalz kalz.

Kufenfärbungen waren nachstehende Rezepturen:

Blau: 80 lbs., 50/2, mercerisiert. 1200 l Flotte.
4,4 kg Immedialindon BBF (IG)
8,0 „ Na S krist., 0,5 kg Soda sicc., 5 kg Glaubersalz kalz.
Nach dem Färben wird ohne Säure mit 0,1 kg Rhodulinblau 6G (IG) übersetzt.

Negerbraun: 90 lbs., 50/2, mercerisiert, 1200 l Flotte.
4,8 kg Katigenschwarzbraun N (IG)
4,8 „ Na_2S konz., 0,5 kg Soda sicc., 6 kg Glaubersalz kalz.

---

* Vgl. Rezeptur weiter unten für Kufe.

Braundrap: (vgl. Apparatefärbung S. 265)
80 lbs., 50/2, mercerisiert, 1200 l Flotte.
2,4 kg Katigengelbbraun 3RL (IG)
0,8 „ Katigenbronze GL (IG)
6,0 „ Na_2S krist., 1 kg Soda sicc., 7 kg Glaubersalz krist.
(Nachbehandelt mit 0,65 kg Na-Perborat bei 60° C wird die Nuance wesentlich rotstichiger.)

Reseda: 30 lbs., 50/2, mercerisiert, 1000 l Flotte.
1,50 kg Katigenbrillantgrün G (IG)
0,65 „ Katigengelb G (IG)
4,50 „ Na_2S krist, 0,5 kg Soda sicc., 4 kg Glaubersalz kalz.
übersetzt mit:
10 g Brillantgrün krist.

Dunkeldrap: 90 lbs., 28/1, 1200 l Flotte.
2 kg Katigenschwarzbraun N konz. (IG)
4 „ Na_2S krist, 0,5 kg Soda sicc., 3 kg Glaubersalz kalz.

Mit demselben Erfolg sind anwendbar:

(Ci) Pyrogendirektblau G, Pyrogengrün GG, Pyrogengelb G, Pyrogentiefschwarz B, Pyrogenschwarzbraun BS usw.

(Gy) Eclipsdirektblau B grünlich, RLP, Eclipsschwarzbraun DN, Eclipsgelb GP, Eclipsdunkelbraun B, Eclipsgrün 2 GP usw.

(Sa) Thionaldunkelblau RL, G, Thionalgrün GG, Thionalgelb G, Thionaldunkelbraun D, Thionalgelbbraun G usw.

i) Die Alizarinrotfärbung

Echte Färbungen, insbesondere rote, gelbe, braune und blaue Töne, werden in Form von unlöslichen Azofarbstoffen auf der Faser erzeugt.

Die Vorläuferin einer derartigen Rotfärbung ist in der Alizarinrotfärberei mit Türkischrot zu sehen. Die Arbeitsweise war dabei wie nachstehend:

Altrot: Verwendet wird Tournanteöl (ranziges, viel freie Ölsäure enthaltendes Olivenöl).

1. Abkochen des Garnes mit 3% Soda kalz.

2. Erstes Ölen: Nasses, geschleudertes Garn wird mit einer Flotte von 100 g Tournanteöl pro Liter, die mit Pottasche auf 6° Bé gestellt ist, behandelt und dann 4 Stunden an der Luft getrocknet.

3. Zweites Ölen: Die von der ersten Passage übrige Öllösung wird auf 3° Bé verdünnt. Das Garn wird damit behandelt und dann 4 Stunden an der Luft und weiters bei 60° C getrocknet. Das Garn wird dann trocken in Pottaschelösung von ¼° Bé eingelegt (3 Stunden bei 30° C), dann geschleudert und bei 60° C getrocknet.

4. Sumachieren (60 g Sumachblätter auf 1 lbs. Garn): Das in warmes Wasser (3 Stunden) gelegte Garn wird geschleudert und in die 40° C warme Sumachlösung eingelegt, nach 6 Stunden herausgenommen und sofort gebeizt.

5. Beizen: 4 kg eisenfreie schwefelsaure Tonerde werden in 16 l Wasser gelöst, dann nach Erkalten 400 g Soda kalz. in 4 l Wasser gelöst zugegeben und auf 3° Bé eingestellt. Das Garn wird hantiert, 2 Stunden eingelegt und dann gut gewaschen.

6. Färben: Gefärbt wird mit 9% 20%iger Alizarinmarke, für ganz bleichechte Ware mit Alizarin I ½ Stunde kalt, dann in 1 Stunde zum Kochen bringen, ½ Stunde kochen.

7. Avivieren: Für 100 lbs. Garn (für Gelbstich) werden 500 g Soda sicc., 500 g Seife und 100 g Zinnsalz verwendet, für Blaustich wird ohne Zinnsalz gearbeitet.

Man kocht 4 Stunden bei 1 at im Kessel, wäscht und wiederholt für reib- und bleichechte Waren die Operation.

Neurot: Das Abkochen erfolgt mit 3% Soda kalz. oder Wasserglas von 40° Bé bei 2 at im Kessel durch 4 Stunden, dann wird gewaschen und getrocknet. Hierauf wird Garn mit 150 g Türkischrotöl (50%) pro Liter bei 65° C geölt. 4 kg Tonerde werden mit 16 l Wasser, nach dem Erkalten mit 450 g Soda sicc. in 4 l Wasser gelöst versetzt, dann 100 g Kreide zugegeben, nach Aufhören der Kohlendioxydentwicklung mit 300 ccm Essigsäure 50%ig versetzt und auf 8° Bé eingestellt. Das Garn wird bei 30° C behandelt, über Nacht eingelegt, geschleudert und unterhalb 45° C getrocknet. Hierauf wird das Material bei 50° C ½ Stunde behandelt und auf einem Bade von 5 g Kreide oder 2,5 g Kreide und 2,5 g saurem Natriumphosphat umgezogen und dann gewaschen. Das Färben erfolgt mit Alizarinrot 20% in Wasser von 6° D. H. mit 10% essigsaurem Kalk von 18° Bé und 3% Tannin, beides auf Alizarin bezogen, ½ Stunde kalt; dann wird in 1 Stunde bis 90° C erhitzt, ½ Stunde bei 90° C behandelt, dann gespült, geschleudert und getrocknet. Zur Erhöhung der Lebhaftigkeit setzt man dem Bade vielfach bis 2% vom Garn Türkischrotöl zu. Hierauf wird bei 2 at Druck gedämpft, geseift, bei 90° C mit 2 g Seife pro Liter gewaschen und getrocknet. Gelbstichige und lebhafte Nuancen behandelt man im Avivierkessel bei 1 at mit 2 g Seife, 0,3 g Soda und 0,1 g Zinnsalz pro Liter.

Gemischtrot: 600-lbs.-Partie. Abkochen mit 3% Soda kalz. 5 Stunden bei 2 at waschen und schleudern. Ölen: 3 kg Rhizinusöl und 5,75 kg Schwefelsäure 66° Bé unter 35° C mischen, 36 Stunden stehen lassen, 1 l Ammoniak 25% zugeben, 12 Stunden stehen lassen, 150 l warmes Kondenswasser zugeben und mit 5 l Ammoniak 25% neutralisieren. Die neutrale und klare Lösung mit 40 l Pottaschelösung von 35° Bé gibt 230 l Ölbeize von 5° Bé. Man passiert bei 40° C, schleudert und trocknet bei 60° C. Die vom ersten Ölen restierende Flüssigkeit plus 40 l Pottaschelösung von 35% und Wasser bringt man auf die zum Passieren nötige Menge, passiert bei 40° C und trocknet bei 60° C. Nachher laugt man 4 Stunden bei 30° C in Wasser aus, schleudert und trocknet. 50 kg Tonerde eisenfrei in 375 l Wasser lösen, 1 kg Tannin und 5 kg Kreide zugeben, absitzen lassen, klar abziehen und auf 5° Bé einstellen. Passieren, einlegen, waschen und schleudern. Färben mit 8 bis 10% Alizarinrot 20% per 100 lbs. Garn, 200 g Tannin wie oben zusetzen. Das gefärbte Garn mit Wasser kochen und waschen. Avivieren mit 5 kg Seife, 1 kg Soda und für Gelbstich mit 500 g Zinnsalz per Flotte bzw. Materialmenge 2 Stunden bei 1 at im Kessel waschen, schleudern und trocknen.

k) Die Herstellung von Naphtolrot

Statt der umständlichen Arbeitsweise bei der Färbung des Alizarinrotes führte sich später durch Herstellung unlöslicher Färbungen auf der Faser, das sogenannte Naphtolrot oder Eisrot ein. Bei dieser Arbeitsweise wurde die Baumwolle mit der alkalischen Lösung von β-Naphtol getränkt, abgequetscht und mittels eines diazotierten aromatischen Amins ein Rotton, der wasserunlöslich war, hergestellt. Der Name „Eisrot" leitete sich davon ab, daß die Diazotierung der zur Herstellung des Farbstoffes verwendeten Basen erstmalig in die Färbereien verlegt wurde und dieser Vorgang stets bei niedriger Temperatur vor sich geht, so daß Eis zur Kühlung des Diazotierungsgemisches erforderlich wurde. Da β-Naphtol nicht faseraffin ist und die erzielten Färbungen damit keine besondere Echtheit aufwiesen, verbreitete sich die Arbeitsweise erst, als mit der Auffindung der 2, 3-Oxynaphtoesäure bzw. ihres Anilides substantive Naphtole zur Verfügung standen, die mit einer Reihe von Basen hochwertige, wasch-, chlor- und zum Teil hochlichtechte Färbungen ergaben. Als erster Vertreter dieser, vorerst nur Orange- und Rottöne liefernden Reihe ist das Naphtol AS (Griesheim, später IG), das 2, 3-Oxynaphtoesäureanilid[43] zu nennen.

[43] Über die chemische Konstitution verschiedener Naphtole und Basen vgl. Diserens: Neueste Fortschritte und Verfahren in der chemischen Technologie der Textilfasern, Basel: Birkhäuser, 1946, I. Teil, Bd. 1, 342, 423, sowie die ausführlichen Vergleichstabellen S. 277.

Späterhin wurde auch die Erzeugung von Braun-, Blau-, Marine- und Schwarztönen ermöglicht (Variaminblau).

Das Färben von Baumwollgarnen wird bei der Herstellung von Naphtolkombinationen am besten auf Apparaten vorgenommen. Dabei kann man die Behandlung des Garnes mit der Naphtolatlösung, das „Grundieren", entweder auf der sogenannten Passiermaschine (vgl. Abb. 145, 146 s. auch S. 281) oder am Packapparat (Obermaier usw.) vornehmen. Die „Entwicklung", das heißt die Behandlung des grundierten Garnes, erfolgt auf der Passiermaschine. Selbstverständlich kann man auch auf der Wanne (Kufe) arbeiten. Dies macht man dann, wenn es sich um die Herstellung von Kombinationen auf mercerisiertem Garn, kleine Mengen einer Färbung oder um die Verwendung von Naphtolen handelt, die eine zu große Substantivität besitzen, um auf der Passiermaschine arbeiten zu können. Allerdings kann, genügende Materialmengen vorausgesetzt, das Grundieren mit derartigen stark faseraffinen Naphtolen mit Vorteil auch am Apparat stattfinden.

Abb. 145. Passiermaschine von Timmer (älteres Modell).

Abb. 146. Passiermaschine von Timmer, moderne, geschlossene Bauart.
1 Geschlossene V4A-Haspel. — *2* Dampfanschluß. — *3* Abgedichtetes Wälzlager. — *4* Flottenablaß im Chassis. — *5* Ölstand. — *6* Hauptschalter. — *7* Bosch-Zentralschmierung.
(Mit Genehmigung der Firma Timmer, Coesfeld.)

Die Herstellung des Azofarbstoffes erfolgt bei der Färbung mit Naphtolen grundsätzlich verschieden von dem Vorgang der sogenannten Diazotierungsfarbstoffe der Direktklasse. Während dort erst die Faser mit einem Farbstoff, der diazotiert werden kann, vorgefärbt, die Färbung diazotiert und dann mit einem Entwickler, etwa β-Naphtol, „gekuppelt" bzw. entwickelt wird, ist beim Färben mit den Naphtolen der Weg direkt entgegengesetzt. Das Garn wird erst mit dem Entwickler (dem Naphtol) behandelt und die Färbung erst dann mit dem diazotierten Kupplungskomponenten erzeugt.

Das Baumwollgarn wird vielfach vor der Färbung mit Lauge und Soda wie üblich abgekocht. Arbeitet man auf der Wanne oder am Packapparat, so wird das abgekochte und gut gespülte Garn zentrifugiert und dann ins Grundierbad gebracht. Beim Arbeiten auf der Passiermaschine muß entweder unabgekochtes Garn zur Grundierung kommen oder abgekochtes Material zwischengetrocknet werden. Ansonsten würde das nasse Garn soviel Flüssigkeit in das vorgelegte Grundierbad (Chassis) einbringen, daß ein Nachsatz von Naphtollösung zur

Ergänzung des dem Bade bei der Passage entzogenen Naphtols nicht möglich wäre.

Hinsichtlich der Grundierbäder ist zu sagen, daß fast alle Naphtolate (die sich aus dem Naphtol und der zugesetzten Lauge bilden) luftempfindlich sind. Die Kohlensäure der Luft zerlegt sie und setzt das Naphtol unter Karbonatbildung in Freiheit. Dieses Naphtol ist dann nicht mehr gelöst, sondern in der Grundierflüssigkeit nur dispergiert; es hat daher seine Substantivität zur Faser verloren, sitzt bloß auf ihr drauf und führt daher zu farbschwachen, rußenden Färbungen. Um dieser Luftempfindlichkeit abzuhelfen, setzt man den Grundierflotten Formaldehyd zu. Allerdings ist darauf hinzuweisen, daß Naphtol-AS-G-Grundierbäder durch Formaldehydzusatz zerstört werden, weshalb er hier zu unterbleiben hat. Ebenso unterläßt man den Aldehydzusatz bei Grundierungen mit Naphtol AS-BR, da dieses mit Formaldehyd eine stabile Verbindung eingeht, die nicht mehr kupplungsfähig ist. Napthol AS-BO gelatiniert in der Grundierungslösung leicht, daher setzt man 1 bis 2 g/l Leim zu und erhöht so die Haltbarkeit der Flotten. Die Herstellung der Grundierungsbäder erfolgt unter Beachtung der von den Farbstofferzeugern hierfür herausgegebenen Vorschriften derart, daß man die Naphtole mit der angegebenen Menge Türkischrotöl und Natronlauge anteigt. Das verwendete Türkischrotöl muß ammoniakfrei sein[44]. Die Paste nimmt durch die Bildung des löslichen Naphtolates eine grünliche bis bräunliche Färbung an. Hierauf wird mit heißem, enthärtetem oder Kondenswasser verdünnt, um die Fällung unlöslicher Kalkseifen zu vermeiden. Naphtol AS-SW und AS-TR ergeben mit kalkhaltigem Wasser trübe Lösungen. Man überzeugt sich von der einwandfreien Auflösung des Naphtoles derart, daß man ein Stück Fensterglas in diese taucht. Es muß die Lösung, sofort betrachtet, klar und ohne Trübung zeigen. Das zuzugebende Wasser ist heiß bzw. wird zusammen mit der Paste, die sich darin löst, eventuell noch aufgekocht, um klare Lösungen zu erhalten. Der Grundierungslösung kann zum besseren Ausziehen der Naphtole Glaubersalz oder Kochsalz zugegeben werden. Kochsalz fällt stark, daher ist Glaubersalz vorzuziehen, um nicht Gefahr zu laufen, durch überhöhten NaCl-Zusatz Naphtol auszusalzen. Derartige Salzzusätze gibt man nur, wenn die Grundierungsbäder nicht laufend benützt werden sollen oder bei den stark substantiven Naphtolen AS-SW und AS-BR, die dann so weitgehend auf die Faser ziehen, daß man jedesmal Frischbäder verwenden kann, was rezepturenmäßig bzw. hinsichtlich des gleichtonigen Ausfalls Vorteile bietet. Bei Naphtol AS-G, welches wenig affin ist, gibt man bei Kufen- und Apparatfärbung stets Salzzusätze beim Grundieren.

Die Grundierungstemperatur beträgt 25 bis 30° C, bei unabgekochtem Material des besseren Netzens wegen 35 bis 40° C. Eventuell setzt man in letzterem Falle, wenn man auf der Passiermaschine arbeitet, der Grundierflotte noch 1 g/l Netzmittel (Nekal BX [IG], Dekol usw.) zu.

Sehr variabel ist die Affinität von Naphtol AS-SW bei Wechsel der Grundiertemperatur. Naphtol AS-BO zieht in der Wärme stärker als in der Kälte. Im allgemeinen nimmt das Aufziehvermögen der Naphtole bei steigender Temperatur ab, so daß dieser Vertreter eine interessante Ausnahme bildet. Die Substantivität der Naphtole schwankt von 12% bei Naphtol AS bis 75% bei Naphtol AS-S.

Türkischrottöne[45] werden auch erhalten, wenn man Naphtol AS-ITR oder Naphtol AS-S mit Echtrot-ITR-Base kombiniert. In England imitiert man sie

---

[44] Vgl. Solunaphtole, J. Soc. Dyers Colour. **55**, 477 (1939).

[45] ADAMS: Textile Recorder **68**, Nr. 815, 108 (1951).

mit Brenthol CT und Echtrot-TR-Base (ICI) oder Brenthol BN und Echtrot-KB-Base.

Nach der Grundierung muß das Garn gründlich entwässert werden. Man zentrifugiert es in mit Naphtollösung ausgespülten Zentrifugen, in naphtolierte Tücher gehüllt. Tropfwasser, nasse Hände, Sonnenlicht, Chlor- und Säuredämpfe bewirken eine fleckige Färbung beim nachfolgenden Entwickeln. Man soll das grundierte Garn auch nicht zu lange liegen lassen.

Arbeitet man nur auf der Passiermaschine, so grundiert man auf einer Apparatur mit zwei Mann, läßt eine Partie von zirka 40 bis 60 lbs. zusammenkommen, schleudert und entwickelt sofort auf einer zweiten Maschine. Grundiert man am Apparat und entwickelt auf der Passiermaschine, die wirtschaftlichste Form des Arbeitens, so schleudert man die 100-kg-Füllung im Materialträger und entwickelt eventuell auf zwei Maschinen. Jede Passiermaschine liefert pro 2 Minuten 2 kg grundiertes oder entwickeltes Material.

Der Entwässerungseffekt beim Zentrifugieren des grundierten Garnes soll 50% betragen, das heißt, das naphtolierte Material soll 50% Wasser enthalten.

Die meisten Fehlererscheinungen beim Färben mit Naphtolen treten im Grundierungsbad auf, wo durch ungelöstes Naphtol und Kalkseifenausscheidungen meist mangelnde Reibechtheit verursacht wird. Das Ausfallen des Naphtols in Naphtolklotzbädern kann nach Cassella (DBP Nr. 818932, 1951) dadurch verhindert werden, daß man Polyäthylenpolyglyzin zusetzt. Nach den alten Anwendungsvorschriften wird auch heute noch viel unter Zusatz von Türkischrotöl gearbeitet. Dieses läßt sich jedoch nur anwenden, wenn man Kondenswasser zum Ansatz der Grundierungsflotte verwenden kann. Liegt hartes Wasser vor, dann bilden sich mit Türkischrotöl flockige Ausscheidungen, die nicht nur die Bäder trüben und zu Verlusten an Naphtolen führen können, sondern auch gleichzeitig auf der Ware Ausscheidungen ergeben, die nicht nur späterhin leicht abreiben, sondern auch die Fixierung des Farbstoffes auf der Faser beeinträchtigen. Die Verwendung kalkbeständiger Öle muß daher unbedingt vorausgesetzt werden, wenn man eine gute Reibechtheit erzielen will. Sehr günstig hat sich hier Avirol KM extra gezeigt, das man entweder dem Grundierungsbad direkt zusetzen kann oder zweckmäßig vorher gleichzeitig zum Anteigen der Naphtole benutzt. Bei der Verwendung von Hilfsmitteln in der Naphtolgrundierung sollte man ferner darauf achten, daß nicht zu stark schäumende Produkte in Anwendung kommen, da sich bei derartigen Produkten sehr häufig ein starker Schaum bildet, der sich zwischen die einzelnen Fasern setzt und ein vollständiges Durchtränken mit der Grundierungsflotte verhindert.

Nicht zu vergessen ist auch die richtige Dosierung der Formaldehydzusätze. Ein zu geringer Zusatz hat leicht beim späteren Schleudern und Lagern des grundierten Materials eine Fleckenbildung zur Folge. Richtige Grundierung ist ausschlaggebend für eine gute Reibechtheit.

Bei der Entwicklung der Naphtole muß vor allen Dingen darauf geachtet werden, daß die Entwicklungsbäder restlos neutralisiert sind, da sonst leicht ein Abschmieren der Färbungen eintritt.

Der wichtigste Faktor in der gesamten Naphtolfärberei ist das gründliche Seifen der gefärbten Waren.

Die Entwicklung erfolgt auf der Kufe oder der Passiermaschine. Im Packapparat besteht die Gefahr unegaler Ausfälle und reibunechter Färbungen (Filterwirkung des Materialblocks).

Die Entwicklungsbäder werden entweder in der Weise hergestellt, daß man die Farbbasen mit Hilfe von Na-Nitrit und Salzsäure bei tiefer Temperatur (eventuell Eiskühlung, insbesondere in den Sommermonaten) diazotiert, wobei man, wenn die Base in verdünnter Salzsäure löslich ist, die salzsaure Lösung der Base in eine Lösung von Nitrit langsam einfließen läßt oder die Base, falls sie sich nicht in Salzsäure löst, mit Nitrit und Wasser anteigt und langsam in mit der entsprechenden Menge Salzsäure versetztes Wasser einträgt. In beiden Fällen ist vorsichtig vorzugehen, um die Entwicklung von nitrosen Dämpfen und damit Nitritverlust zu vermeiden. Während des Diazotierungsprozesses muß die Lösung freie Salzsäure und überschüssiges Nitrit enthalten. Kongopapier muß also blau gefärbt werden (HCl) und ebenso muß Jodkaliumstärkepapier eine Blaufärbung zeigen.

Ist die Diazotierung richtig vor sich gegangen, dann sollen keine ungelösten oder teerigen Anteile an der Oberfläche der Lösung aufschwimmen (aufschwimmende Base, die in HCl nicht löslich ist). In den Fällen, bei welchen man die salzsaure Lösung der Base in die Nitritlösung einträgt, ist der Endpunkt der vollständigen Diazotierung nicht direkt zu erkennen. Man stumpft dann eine Probe der Lösung mit essigsaurem Na oder basischem Tonerdesulfat bis zur kongoneutralen Reaktion ab. Die Lösung muß klar bleiben und darf sich nicht trüben. Tritt Trübung ein, dann enthält das Diazotierungsgemisch noch überschüssige undiazotierte Base und man gibt noch etwas Nitrit (gelöst) und Salzsäure (verdünnt) hinzu. Zur Stabilisierung der Bäder können Zusätze von Diazopon AN (IG) in Mengen von 2 bis 5 g/l erfolgen.

Vor Gebrauch der Lösung der Diazoverbindung ist diese mit Natriumazetat, basischem Tonerdesulfat oder Schlämmkreide abzustumpfen, bis sie kongoneutral ist. Freie Salzsäure enthaltende Bäder geben keine oder schwache, streifige Färbungen. Die Neutralisation der Diazolösungen soll erst kurz vor deren Verwendung erfolgen, da sie mineralsauer wesentlich haltbarer sind. Diazolösungen sollen nicht über Nacht stehenbleiben.

Als Abstumpfmittel wählt man die nach den Vorschriften der Farbstoffabrik angegebenen. Die Zusätze von schwefelsaurer Tonerde bzw. Essigsäure zu den Diazotierungsbädern binden das im Grundierbad bzw. auf der Ware befindliche Alkali. Würde die Entwicklungslösung nämlich alkalisch, so würde sie rasch unwirksam werden. Es soll nicht unerwähnt bleiben, daß Echtrot bzw. Echtscharlach-TR-Base, Echtrot-KB-Base und Echtrot-RC-Base, in Gegenwart von großem Überschuß an Essigsäure oder Tonerde, nur träge, Variaminblaumarken und Echtviolett B überhaupt nicht kuppeln und schwache Färbungen liefern.

Statt der Basen sind auch Lösungen der Färbesalze verwendbar. Diese enthalten die diazotierte Base in stabilisierter Form. Obwohl teurer, sind sie überall dort vorzuziehen, wo die Diazotierung auf Schwierigkeiten stoßen würde.

Beim Färben von mercerisiertem Garn mit Färbesalzen ist die Ware vorher (vor dem Grundieren) gründlich abzusäuern und zu spülen, da sonst durch den Färbeprozeß der Glanz leiden könnte.

Die Lösungen der Farbsalze werden durch Anrühren der Salze mit der fünffachen Menge Wasser von 30° C und Verdünnen mit kaltem Wasser auf das notwendige Volumen gebracht. Man setzt dann pro Liter Lösung zirka 20 bis 50 g NaCl zu. Lösungen von Echtrotsalz AL oder Echtschwarzsalz erhalten keinen Salzzusatz. Die Färbesalze reagieren neutral. Ein Abstumpfen mit essigsaurem Na usw. ist nicht erforderlich. Bei einer Kombination von Färbesalzen mit Naphtol AS-G ist der Salzlösung Essigsäure zuzusetzen. Echtblausalz-B-Lösung wird beim Färben Bikarbonat zugegeben. Echtrotsalz GG wird in Kombination mit Naphtolen mit 1 g schwefelsaurer Tonerde pro 3 g Färbesalz versetzt. Die Färbesalze sind 20%, Echtrotsalz 3 GL ist 40% und Echtscharlachsalz R 25% (vgl. Tabellen S. 279).

Nach der Färbung wird am besten auf einer Garnwaschmaschine mit fließendem Kaltwasser gewaschen. Bei Färbungen, deren Entwicklungsbäder schwefelsaure Tonerde enthielten, ist dem ersten Spülbad zur Zerstörung der Al-Seifen Säure zuzugeben. Nach dem Spülen behandelt man auf der Wanne kochend ½ Stunde mit 1 bis 2 g Soda sicc. und 2 bis 3 g/l Marseillerseife, spült heiß und kalt und trocknet.

Die Reibechtheit von Naphtolfärbungen ist sehr gut, wenn die Seifung der Färbung mit mindestens 10 g/l Seife erfolgt. Leider sind Kreuzspulen dann nochmals kochend zu spülen, da sonst Seifenreste in den Spulen bleiben. Mechanische Bearbeitung des Färbegutes beim Seifen, wie etwa das Umziehen auf der Barke, die Behandlung auf den Rollen der Passiermaschine oder des Gewebes auf der Breitwaschmaschine begünstigt das Resultat.

Die Nachbehandlung erhöht die Reibechtheit der Färbungen und verbessert durch Teilchenagglomeration des Farbstoffs dessen Licht- und Chlorechtheit.

Die Lichtechtheit von Färbungen mit Echtblau-B-Base können durch ½stündige kochende Behandlung in einer Flotte, die pro Liter 2 g Kupfersulfat und 2 ccm Essigsäure 50% pro Liter enthält, verbessert werden. Man benutzt dazu Holzkufen oder Kupferwannen. Eisengefäße sind ausgeschlossen. Auch eine Druckkochung mit Wasser (0,5 at) verbessert die Lichtechtheit.

Die Reibechtheit[46] von Garnfärbungen, die mit Naphtolen unter Verwendung von Packapparaten hergestellt wurden, kann durch eine Reihe von Faktoren beeinflußt werden. Als sehr gut geeignete Kombinationen werden jene aus Naphtol AS-SW und Echtrot-KB-Base bzw. Naphtol AS-SW und Echtrot-RN-Salz angegeben. (Garn: 30/2 mercerisiert.) Man beschickt das Färbebad mit 0,15% Türkischrotöl, 0,02% Na-Hexametaphosphat und 0,33% NaOH (auf die Flotte berechnet). Man mischt durch Zirkulation 5 Minuten und setzt dann 2% vom Wassergewicht Naphtol AS-SW, welches mit der doppelten Menge angeteigt wurde und mit derselben Menge von 25% NaOH-Lösung gemischt ist, zu. Das Bad hat eine Temperatur von 40° C. Es wird das Material eingebracht und 20 Minuten zirkuliert, wobei alle fünf Minuten die Zirkulationsrichtung geändert wird. Hierauf setzt man, berechnet auf das Garngewicht, 15% Glaubersalz kalz. (gelöst) zu und läßt weiter 30 Minuten laufen. Hierauf läßt man die Flotte ab und spült zweimal mit Lösungen von 30% Glaubersalz kalz. (vom Garngewicht).

2% Echtrot-KB-Base (vom Garngewicht) werden mit 0,1% Diazopon AN und kochendem Wasser (7 l pro 4,54 kg Base) angeteigt. Man setzt langsam unter Rühren HCl (0,565 g pro 4,54 kg Base) zu. Man gießt in Eiswasser (7 l pro 4,54 kg Base) und rührt. Dann werden 0,115 g Nitrit pro 4,5 kg Base, in Wasser gelöst, zugegeben. Man läßt 20 Minuten stehen, gibt dann zum Abstumpfen Na-Azetat zu und prüft mit Kongopapier. Man füllt den Apparat mit der Diazolösung unter Zugabe von 20% Glaubersalz kalz. (vom Warengewicht), setzt noch pro 0,454 kg KB-Base dieselbe Menge Essigsäure zu und läßt unterhalb 10° C bei jedesmaligem Wechsel nach 5 Minuten ½ Stunde zirkulieren. Hierauf wird abgelassen, dreimal gespült, bei 50° C mit Seife-Soda geseift, neuerlich bei 90° C geseift und dreimal warm (75° C) gespült.

Man kann die Entwicklung nach der Grundierung mit Naphtol AS-SW auch mit 7% Echtrotsalz RN (auf Ware) vornehmen, indem man dieses in Wasser löst, 0,25 l Essigsäure 50% auf 450 l Bad sowie 20% Glaubersalz kalz. (auf Ware) zusetzt und unterhalb 10° C 30 Minuten behandelt. Dann wird gespült und geseift wie angegeben.

---

[46] Vgl. Amer. Dyestuff Reporter **30**, P 787 (1949), South Central Section des AATCC.

Das Färben von Garn im Packapparat erfolgt mit entsprechend substantiven Naphtolmarken wie Naphtol AS-SW, AS-SG usw. auch nach folgender Verfahrensweise: Man naphtoliert nach Abkochen der Apparatfüllung (100 kg, 1000 l Flotte) mit Netzmittel und Soda bei 45 bis 50° C. Nach dem Vorschärfen des Bades mit 3 kg NaOH fest (zirka 9 l NaOH 40° Bé) und etwas Soda sowie nach 10 Minuten Zirkulierenlassen wird das gut gelöste Naphtol eingebracht und je 5 Minuten von außen nach innen und umgekehrt zirkulieren gelassen. Hierauf werden 10 kg Kochsalz (gelöst) zugegeben, wobei der Zusatz auf dreimal erfolgt, und zwar in Abständen von je 10 Minuten bei jedesmaligem Wechsel der Flottenlaufrichtung innerhalb 5 Minuten. Dann wird das Bad abgelassen und mit 20%iger Kochsalzlösung gespült. Man beachte, daß beim Hochheben des Badeinsatzes mit der Ware und dem Zulaufenlassen des Spülwassers in den Apparat nichts auf die Ware spritzt, da dies zu Fleckenbildung führt. Erst nach Zugabe des Salzes und kurzem Vermischen von Hand aus wird der Wareneinsatz eingebracht und laufen gelassen. Dem ersten Spülbad wird eine kleine Menge NaOH (0,2%) zugegeben. Nach 15 Minuten Spülen läßt man ab und wiederholt den Vorgang. Schließlich wird das Entwicklungsbad mit Echtrotsalz bereitet und nach Zugabe von 8 l Essigsäure 56% bei 25° C behandelt. Hernach wird gespült, zweimal kochend geseift und warm und kalt gespült.

Für die Reibechtheit ist die vollständige Lösung des Naphtols und die Verhinderung einer eventuellen Fällung desselben wichtig. Der zum Anteigen verwendete Alkohol soll mengenmäßig eher erhöht werden, ebenso ist die Stabilität der Naphtollösung größer, wenn man sie in der gleichen Menge 33% NaOH löst. Es ist gut, die Naphtollösung beim Zugeben zum Bad zu filtrieren. Jedes Naphtol hat eine optimale Aufziehtemperatur, hier 45° C. Zu hohe Salzkonzentration gibt Reibunechtheit durch Naphtolfällung. Formaldehydzugabe erwies sich als überflüssig. Wichtig ist die Filtration der Diazolösung bei Zugabe ins Bad und das zweimalige Seifen. Ein Zusatz von 1% ligninsulfosaurem Natrium zum Seifenbad erwies sich günstig für dessen reibechtheitverbessernde Wirkung. Um beste Reibechtheit zu erzielen, soll man nicht zu heiß naphtolieren, möglichst wenig Salz beim Grundieren verwenden und keine kationaktiven Weichmacher benützen. Die Reibechtheit ist auf vorgebleichtem Garn besser als auf abgekochtem, auf diesem aber besser als auf Rohgarn.

Paranitroanilinrot ergibt durch Behandlung mit Kupfersulfat (essigsauer) einen schönen Braunton.

Beim Färben von Naphtolkombinationen treten öfter bei empfindlicher Haut Ausschläge auf. Insbesondere sind manche Menschen gegen Diazolösungen empfindlich (Jucken, Hautausschlag). Beim Arbeiten auf der Passiermaschine sollen die Arbeiter daher Gummihandschuhe benützen (die sie allerdings wegen der beeinträchtigten Beweglichkeit meist bald wieder ablegen). Als Vorbeugungs- und Heilmittel ist ein Baden der Hände in heißer Seifenlösung und nachheriges Einreiben mit Pellidolsalbe (Kalle), Quimbo (Frommsdorf, Aachen), Carboren (Sander, Emden) zu empfehlen. Jetzt wird Casantinsalbe (Cassella) empfohlen (vgl. S. 78).

Bekanntlich stellt sich bei allen Absorptionserscheinungen, und dazu ist die Grundierung mit Naphtolen infolge des kolloiden Charakters dieser Verbindung in den Lösungen ihrer Na-Salze, ähnlich wie bei der Verteilung eines Stoffes in zwei Lösungsmitteln nach bestimmten Gesetzmäßigkeiten ein Gleichgewichtszustand ein. Er ist, wie FREUNDLICH nachgewiesen hat, abhängig von der Konzentration der im Dispersionsmittel zurückbleibenden Menge des Stoffes einerseits und der vom Adsorbens aufgenommenen Menge andererseits. Beim Grundieren von Baumwolle stellt sich ein Endzustand zwischen der Endkonzentration des Grundierungsbades

Tab. 5. *Die Lichtechtheit verschiedener gebräuchlicher Naphtolkombinationen*

Base ↓ Naphtol →	AS	AS-D	AS-OL	AS-RL	AS-BG	AS-BS	AS-TR	AS-BO	AS-SW	AS-BR	AS-G	
Echtgelb GC	5	5	4—5	6	5	4	5	5	5	4	5	
Echtorange GC	4—5	5	6	6	6—7	4	6	4—5	5	4	4	
Echtorange GR	5	6	6	7	7	4	5—6	6	5—6	4	4—5	
Echtorange R	4	4—5	5	5	6	3	4—5	5—6	4—5	4—5	4	
Echtscharlach GGS	6	6	6	6—7	7	4	5—6	6	5—6	5	5—6	mit Naphtol AS-OL, lichtechtes Scharlach
Echtscharlach G	4	4—5	6	5	6	4	5	6	5	4—5	3	
Echtscharlach GR	5	5	5—6	5—6	5—6	4	5	5	5	5	3	
Echtscharlach TR	4	5	5	5	5—6	3—4	5—6	5—6	5—6	4	4	
Echtrot GG	5	5	6—7	5—6	5—6	3	6—7	5	5	4—5	4	
Echtrot KB	4	5—6	6	5—6	6	4	5—6	5	5	4—5	5—6	
Echtrot TR	4	5	5	5—6	4—5	4	5	4—5	4	4	4	
Echtrot 3GL spezial	6—7	5—6	7	7	6—7	4	6	6	5	5	4	mit AS Echtes Rot echte Rottöne mit AS-RL
Echtrot GL	6	6	6—7	6—7	6—7	4	4—5	6	5	4	4	
Echtrot AL	5—6	7	7	7	7	6	7	7	6	6	5—6	
Echtrot RL	5	5—6	6—7	7	6—7	4	6	6	4—5	5	4—5	
Echtrot RC	4	4	5	5	4—5	4	4	4—5	4	4	5	
Echtrot B	5	5—6	6	7	6—7	4	5—6	6—7	5	5	4—5	mit AS BO echte Rottöne (blaustichig)
Echtbordo GP	5	5	6—7	6—7	6—7	4—5	6—7	6—7	6—7	4	3	
Echtgranat GC	4	4	4—5	5	5	4	4	4—5	4	4	4	
Echtgranat GBC	4	4	4—5	4—5	5	4	5	4—5	4	4	4	
Echtblausalz B, gekupfert	4	3	4	4	4	3	3	4	3	2	2	
Echtschwarz LB	5—6	6	5	5—6	6—7	6	6	6	6	5	3	
Echtschwarz K	—	—	—	—	6	—	—	—	5—6	—	—	
Variaminblausalz FG	—	—	—	—	—	7	—	—	—	—	—	

und der auf die Faser gezogenen Naphtolmenge her. Dieses Gleichgewicht ist unabhängig von dem Flottenverhältnis. Sobald nur die Endkonzentration gleich ist, resultieren bei den verschiedensten Flottenverhältnissen gleich tiefe Färbungen. Diese Feststellung ist wichtig für die Berechnung der Ansatz- und Nachsatzbäder.

Bestimmt man bei festliegendem Flottenverhältnis die auf die Faser gezogene Menge und ermittelt man die Endkonzentration, dann läßt sich aus diesen einmal festgelegten Daten die Färbung auf jedes andere Flottenverhältnis übertragen. Zum Beispiel beträgt bei dem bekannten Naphtol AS bei einer Anfangskonzentration von 7 g und einem Flottenverhältnis von 1: 20 die Endkonzentration 6,3 g. Die auf die Faser gezogene Menge Naphtol ist daher bei einem Volumteil Flotte 0,7 g oder bei 1 kg Ware, in 20 l Flotte grundiert, 14 g.

Will man nun eine gleichstarke Lösung bei einem Flottenverhältnis von 1 : 8 herstellen, dann setzt sich der Ansatz zusammen aus achtmal Endkonzentration 6,3, das ist 50,4 g, und der auf die Faser aufziehenden Menge, einmal 14 g, zusammen also 64,4 g. Während man also bei einem Flottenverhältnis von 1 : 20 eine Anfangskonzentration von 7 g/l hat, ist diese bei einem solchen von 1 : 8 8,05 g/l (64,4 dividiert durch 8). Im ersten Falle beträgt die notwendige Menge Naphtol für die Flotte 140 g, im zweiten Falle nur 64,4 g. Man sieht zugleich, daß man bei einem kleinen Flottenverhältnis viel wirtschaftlicher arbeitet als bei einem großen[47].

Einige häufiger angewendete Kombinationen

Naphtol AS gibt mit Variaminblau-B ein tiefes Dunkelblau, schöne Marineblau mit Echtblau BB, BR. Mit Echtrot 3 GL spez. erzielt man einen der echtesten Rottöne.

Naphtol AS-OL gibt mit Echtorange-GC-Base lichtechte Gelborange, grünstichiges Marine mit Variaminblau B, ein lichtechtes Scharlach mit Echtscharlach G-GS sowie ein echtes Rot mit Echtrot 3 GS spezial.

Mit Naphtol AS-RL erzielt man lichtechte Rottöne mit Echtrot RL, B, GL und ein grünstichiges tiefes Marine mit Variaminblau B.

Naphtol AS-BS mit Variaminblausalz FG gibt ein grünstichiges sehr lichtechtes Blau.

Die Kombination von AS-TR-Echtrot-TR liefert ein koch- und chlorechtes Rot. Naphtol AS-BO gibt mit Echtrot B blaustichige echte Rottöne.

Chlorechte Schwarztöne ergeben sich aus Naphtol ASSW mit Echtschwarz GSLB, Druckkoch- und chlorechte Scharlachtöne liefert Echtrot KB.

Naphtol AS-BG erzeugt mit Echtscharlach GGS oder GG sehr echte Braunnuancen.

Naphtol AS-ITR mit Echtrot I-TR gibt den besten Türkischrotersatz, ein lebhaftes, blaustichiges Rot, das sehr lichtecht ist.

Naphtol AS-GR gibt mit Echtblau BB, RR ein jedoch sehr blaustichiges Grün, auch mit Variaminblau B.

Naphtol AS-SG liefert mit Echtrot B ein sehr echtes Schwarz, ebenso Naphtol AS-SR; letzteres Schwarz von rotstichigem Ton. Naphtol AS-BT mit Echtrot TR und Echtkorinth LB kombiniert, ergeben licht- und waschechte Brauntöne. Sehr echte Töne in Braun liefert Naphtol ASLB und Echtrot B.

Dunkle Blautöne erzielt man vorteilhaft durch Beigabe von Variaminblau RT zu Variaminblau B, beim Kuppeln auf Naphtol-AS-Grund. Das neue Naphtol AS-PH (Naphtol-Chemie) gibt mit Echtrot KB, RL und 3GL spec. sehr lebhafte und echte Scharlach- und Röttöne.

---

[47] Über die Bestimmung des Gehaltes an Naphtol- oder Entwicklungsbädern vgl. Gasser: Österr. Chem. Ztg. 51, 206 (1950).

Heute gebräuchliche indanthrenechte Naphtolkombinationen

(nach Naphtol Chemie Offenbach Z. Nr. NC 135)

AS-L4G	Echtorangesalz RD	Gelb
AS	Echtgoldorangesalz GR	Gelborange
AS	Echtorangesalz GGD	Orange
AS	Echtorangesalz RD	Rotorange
AS	Echtscharlachsalz VD	Dunkelrot
AS	Echtrot 3GL Base spezial	Gelborange
AS-D	Echtgoldorangesalz GR	Gelborange
AS-D	Echtorangesalz GGD	Gelborange
AS-OL	Echtorangesalz GGD	Gelborange
AS-OL	Echtorangesalz LG	Gelborange
AS-OL	Echtorangesalz RD	Rotorange
AS-OL	Echtscharlach GGS Base	Rotscharlach
AS-OL	Echtrot 3GL Base spezial	Blaustichig rot
AS-VL	Echtbraunsalz VA	Dunkelbraun
AS-RL	Echtorangesalz RD	Orange
AS-RL	Echtorange RG Base	Rot
AS-RL	Echtrot GL Base	Rot
AS-RL	Echtrot RL Base	Rot
AS-RL	Echtrot B Base	Weinrot
AS-RL	Echtkorinth LB Base	Violett
AS-RL	Echtbraunsalz VA	Braun
AS-LT	Echtorangesalz LG	Orange
AS-LT	Echtscharlach LG Base	Scharlach
AS-LT	Echtrot TR Base	Rot
AS-LT	Echtrot 3GL Base spezial	Bordo
AS-LT	Echtkorinth LB Base	Violett
AS-GB	Echtscharlach GGS Base	Orangebraun
AS-ITR	Echtrot FR Base	Scharlachrot
AS-ITR	Echtrot GTR Base	Scharlachrot
AS-ITR	Echtrot ITR Base	Türkischrot
AS-ITR	Echtbordosalz BD	Bordo
AS-BO	Echtrot B Base	Violett
AS-E	Echtscharlachsalz VD	Rot
AS-SW	Echtgoldorangesalz GR	Gelborange
AS-LG	Echtgoldorangesalz GR	Stumpfes Gelborange
AS-LG	Echtorangesalz GGD	Stumpfes Orange
AS-LG	Echtscharlach GGC Base	Orangebraun
AS-LG	Echtrot FR Base	Lebhaftes Rot
AS-LB	Echtorange GL Base	Olivebraun
AS-LB	Echtrot RL Base	Olivebraun
AS-LB	Echtscharlach TR Base	Gelblichbraun
AS-LB	Echtrot RL Base	Rötlichbraun
AS-LB	Echtrot B Base	Rötlichbraun
AS-BT	Echtkorinth LB Base	Gelblichbraun
AS-BT	Echtrot TR Base	Braun
AS-BT	Echtscharlach GGS	Braun
AS-S	Echtrot FR Base	Scharlachrot
AS-S	Echtrot RL Base	Weinrot
AS-S	Echtbordosalz BD	Weinrot
AS-LG	Echtscharlach GGS Base	Gelb
AS-L3G	Echtscharlach GGS Base	Zitron
AS-SG	Echtrot B Base	Schwarz
AS-SR	Echtrot B Base	Schwarz

Tab. 6. *Naphtole, Übersichtstafel*

IG-Farben, jetzt Naphtol-Chemie Offenbach	Ciba	Geigy	Sandoz	Francolor	ICI	DuPont	ACNA
Naphtol AS	Cibanaphtol RF	Irganaphtol RF	Celcot RF	Naphtazol NA	Brenthol AS	Naphthanil AS-SH	Naftolo Acna C
,, AS-BG.	,, RDM				,, FO	,, jetzt A1	
,, AS-BO.	,, RN	,, RN	,, RN	,, N3B	,, AN	,, BO	,, ,, P
,, AS-BR.					,, DA		
,, AS-BS	,, RM	,, RM	,, RM	,, NB	,, MN	,, B1	,, ,, M
,, AS-BT							
,, AS-D	,, RTO	,, RTO	,, RTO	,, ND	,, OT	,, A2	,, ,, E
,, AS-GR					,, NG		
,, AS-G	,, AG	,, AG	,, AG	,, NJ	,, AT	,, G	,, ,, G
,, AS-ITR				,, NSTR			,, ,, SS
,, AS-E	,, RC	,, RC	,, RC		,, BB		,, ,, PC
,, AS-LB					,, BT		
,, AS-LC							
,, AS-LG							
,, AS-L3G							
,, AS-L4G							
,, AS-LT					,, MA		
,, AS-OL	,, RK	,, RK	,, RK	,, NF	,, FR	,, OL	,, ,, O
,, AS-RL	,, RBL	,, RBL	,, RBL	,, NRL	,, PA	,, RL	
,, AS-SG					,, GB		
,, AS-SK					,, RB		
,, AS-SW	,, RA	,, RA	,, RA	,, NSW	,, BN	,, SW	,, ,, D
,, AS-TR	,, RCT	,, RCT	,, RCT	,, NTR	,, CT	,, TR	,, ,, T
	,, RCA	,, RCA	,, RCA	,, NEL			
	,, RPH	,, RPH	,, RPH				
	,, RT	,, RT	,, RT				
	,, RP	,, RP	,, RP				
	,, SB	,, SB	,, SB				
	,, SD	,, SD	,, SD				
,, AS-PH	,, ST	,, ST	,, ST				

IG-Farben, jetzt Naphtol-Chemie Offenbach	Ciba	Geigy	Sandoz
Echtgelb GC Base	–	–	–
Echtgelbbase G	Gelbbase Ciba I	Gelbbase Irga I	–
Echtorange GC Base	Orangebase Ciba IV	Orangebase Irga IV	Devolorange C
Echtorange GR Base	Orangebase Ciba II	Orangebase Irga II	Devolorange B
Echtorange R Base	Orangebase Ciba I	Orangebase Irga I	Devolorange R
Echtorangesalz LG, RD, GGD 20 %	–	–	–
Echtgoldorangesalz GR	–	–	–
Echtscharlach GG Base	Scharlachbase Ciba I	Scharlachbase Irga I	Devolscharlach A
Echtscharlach G Base	Scharlachbase Ciba II	Scharlachbase Irga II	Devolscharlach B
Echtscharlach R Base	Scharlachbase Ciba III	Scharlachbase Irga III	Devolscharlach F
Echtscharlach RC Base	Braunbase Ciba IV	Braunbase Irga IV	–
Echtscharlach TR Base	–	–	–
Echtscharlach B Base	–	–	–
Echtscharlach LG Base	–	–	–
Echtscharlachrot FG Base	Scharlachbase Ciba R	Scharlachbase Irga R	Devolscharlach C
	Braunbase Ciba I		
	Scharlachbase Ciba IV	Scharlachbase Irga IV	Devolscharlach D
Echtrot FR Base	Scharlachbase Ciba V	Scharlachbase Irga V	Devolscharlach E
	Braunbase Ciba II		
Echtrot 3GL Base spez.	Rotbase Ciba VI	Rotbase Irga VI	Devolrot F
Echtrot GG Base	–	–	–
Echtrot GL Base	Rotbase Ciba VII	Rotbase Irga VII	Devolrot G
Echtrot KB Base	–	–	–
Echtrot TR Base	Rotbase Ciba IX	Rotbase Irga IX	Devolrot K
Echtrot RL Base	Rotbase Ciba X	Rotbase Irga X	–
Echtrot GTR Base	–	–	–
Echtrot RC Base	Braunbase Ciba III	Rotbase Irga I	Devolrot J
	Rotbase Ciba I		
Echtrot B Base	Rotbase Ciba V	Rotbase Irga V	Devolrot E
Echtrot BB Base	Rotbase Ciba IV	Rotbase Irga IV	–
Echtrot ITR Base	–	–	–
	Rotbase Ciba VIII	Rotbase Irga VIII	Devolrot H
Echtbordo Base GP	Bordobase Ciba IV	Bordobase Irga IV	Devolbordo B
	Bordobase Ciba III	Bordobase Irga III	Devolbordo A
Echtgranat GB Base	–	–	–
Echtgranat GBC Base	Bordobase Ciba II	Bordobase Irga II	–
Echtgranat B Base	–	–	–
Echtkorinth B Base	–	–	–
Echtkorinth Salz V	–	–	–
Echtkorinth LB Base	–	–	–
Echtviolett B Base	Violettbase Ciba IV	Violettbase Irga IV	–
	Violettbase Ciba III	Violettbase Irga III	Devolviolett A
Variaminblau B Base	–	–	–
Echtblau RR Base	–	–	–
Echtblau BB Base	Blaubase Ciba IV	Blaubase Irga IV	–
Echtblau B Base	–	–	–
Echtdunkelblausalz R	–	–	–
Echtschwarzsalz G	–	–	–
Echtschwarzsalz K, KN	–	–	–
Echtschwarzsalz B Base	–	–	–
Echtschwarzsalz LB Base	–	–	–
Variaminblausalz RT RTA	–	–	–
Variaminblausalz R	–	–	–
Echtrotsalz AL	–	–	–
Echtbraunsalz VA	–	–	–

* Die Salze werden durch Ersatz des Wortes Base durch das Wort Salz, Sel, Salt bezeichnet. Lediglich lassung des Wortes Base das Wort „Diazo" ein, also Naphthanil Diazo Blue RR als Salz der Naphthanil

Francolor	ICI	ACNA	Du Pont	Salz in %*
Base de Jaune solide NJS	Brentamine Fast Yellow GC Base	–	Naphthanil Yellow GC Base	20
–	–	–	–	–
Base d'Orange solide NJS	Brentamine Fast Orange GCBase	Base per Arancio solido MC	Naphthanil Orange GCH Base	20
Base d'Orange solide NJR	Brentamine Fast Orange GR Base	–	Naphthanil Orange GR Base	20
Base d'Orange solide NR	Brentamine Fast Orange R Base	–	Naphthanil Orange R Base	20
Base d'Ecarlate solide N3J	–	–	–	20
–	–	–	–	–
Base d'Ecarlate solide N2J	Brentamine Fast Scarl. GGS Base	–	Naphthanil Scarlett GG Base	20
Base d'Ecarlate solide NJ	Brentamine Fast Scarl. G Base	–	Naphthanil Scarlett G Base	20
Base d'Ecarlate solide NR	Brentamine Fast Scarl. RC Base	–	–	25
Base d'Ecarlate solide NRS	–	Base per Scarlatto solido 3NA	Naphthanil Scarlett R Base	–
Base d'Ecarlate solide NTR	–	–	Naphthanil Scarlett TR Base	–
Base d'Ecarlate solide B	–	–	–	–
–	–	–	–	–
–				20
–	–	–	–	20
–	–	–	–	20
Base de Rouge solide N3JL	Brentamine Fast Red 3GL Base	Base per Rosso solido 2CN	Naphthanil Red 3G Base	40
Base de Rouge solide N2J	Brentamine Fast Red GG Base	–	Naphthanil Red 2G Base	20
Base de Rouge solide	Brentamine Fast Red GL Base	Base per Rosso solido 3NT	Naphthanil Red G Base	20
Base de Rouge solide ND	Brentamine Fast Red KB Base	Base per Rosso solido 4CT	Naphthanil Red KBH Base	20
Base de Rouge solide NTR	Brentamine Fast Red TR Base	Base per Rosso solido 5CT	Naphthanil Red TR Base	20
Base de Rouge solide NRL	Brentamine Fast Red RL Base	Base per Rosso solido 5NT		20
–	–	–		–
Base de Rouge solide NRC	Brentamine Fast Red RC Base	–	Naphthanil Red RCH Base	20
Base de Rouge solide NB	Brentamine Fast Red B Base	Base per Rosso solido SNA	Naphthanil Red PO Base	20
Base de Rouge solide N2B		–	–	–
Base de Rouge solide NSTR	Brentamine Fast Red LTR Base	–	–	–
–	–	–	–	–
Base de Bordeaux solide NJ	Brentamine Fast Bordeaux GP Base	Base per Bordo solido 3NA	Naphthanil Bordeaux GP Base	20
–	–	–	–	20
Base de Grenat solide N3B	–	–	–	–
–	Brentamine Fast Garnet GBC Base	–	Naphthanil Garnet GBCH Base	20
Base de Grenat solide NB	–	–	–	–
Base de Corinthe solide NB	–	–	–	–
–	Brentamine Fast Corinth V Base	–	–	–
Base de Violet solide NB	–	–	–	20
–	Brentamine Fast Violet B Base	–	–	20
–	–	–	–	30
Base de Bleu solide NBL	Brentamine Fast Blue VB Salt	Base per Blue solido Acna V	–	50
–	–	–	Naphthanil Blue RR Base	40
Base de Bleu solide N2B	Brentamine Fast Blue BB Base	–	Naphthanil Blue BE Base	40
Base de Bleu solide NB	Brentamine Fast Blue B Base	–	Naphthanil Blue Base	20
–	–	–	–	–
Sel de Noir solide NJ	–	–	–	–
–	Brentamine Fast Black K Salt	–	–	–
–	–	–	–	–
–	–	–	–	–
Sel de Bleu solide NR	Brentamine Fast Blue RT Salt	Sale per Blue Acna RT	–	–
–	–	Sale per Blue Acna V	–	–
	Brentamine Fast Red Al Salt	–	Naphthanil Diazo Red Al	–
–	–	–	–	–

die Firma Du Pont fügt zwischen dem Wort Naphthanil und der weiteren Bezeichnung, unter Weg-
Blue RR Base usf. Die Prozentwerte bezeichnen die Stärke des Salzes gegenüber der Base.

Vorschriften für das Lösen von wichtigen Naphtolmarken und das Diazotieren von oft verwendeten Basen (nach dem Naphtolratgeber der IG)

Lösungsvorschrift für Naphtol-AS-TR

1,0 kg Naphtol AS-TR wird mit Türkischrotöl 50%ig (zirka 1,5- bis 2fache Menge vom Naphtolgewicht) und
1,0 l Natronlauge 34° Bé gut angeteigt, die Paste mit
30,0 „ weichem, kochend heißem Wasser übergossen und durch Aufkochen klar gelöst. Die Lösung wird mit kaltem, weichem Wasser, das mit
1,0 „ Natronlauge 34° Bé vorgeschärft ist, auf
50,0 „ gestellt und bei 45° C
0,5 „ Formaldehyd 33%ig zugegeben.

Nach ½ Stunde stellt man diese Lösung auf das gewünschte Volumen ein und setzt noch 0,5 l Formaldehyd zu.

Grundierungstemperatur: 25 bis 30° C.

Diazotierungsvorschrift für Echtrot- und Echtscharlach-TR-Base

1,0 kg Echtrot bzw. Echtscharlach-TR-Base wird mit zirka
20,0 l kaltem Wasser gelöst. Der erhaltenen Lösung setzt man
1,0 l Salzsäure 20° Bé zu, rührt gut durch und läßt unter kräftigem Rühren
0,4 kg Natriumnitrit 98%ig, gelöst in
2,0 l kaltem Wasser, einfließen. Die Diazotierung ist nach 30 bis 40 Minuten beendet.

I. Für Terrine, Passiermaschine und Wanne sind für den Ansatz und Nachsatz folgende Mengen Soda und Tonerde, berechnet auf 1 kg Base, zu verwenden:

a) für die Ansatzlösung löst man:

0,3 kg Soda kalz. in
1,0 l Wasser und läßt diese Lösung in
0,5 kg Tonerde, gelöst in
1,5 l Wasser, einfließen.

b) für die Nachsatzlösung löst man

0,30 kg Soda kalz. in
1,00 l Wasser und läßt diese Lösung in
1,25 kg Tonerde, gelöst in
5,00 l Wasser, einfließen;

a) für die Ansatzlösung:

Dieses Gemisch trägt man in die Diazolösung ein. (Prüfen auf kongoneutrale Reaktion, eventuell noch etwas Sodalösung zugeben),

b) für die Nachsatzlösung:

Dieses Gemisch trägt man in die Diazolösung ein.

II. Für Apparatefärbungen stumpft man pro 1 kg Base mit

0,75 kg essigsaurem Natron, gelöst in
1,50 l Wasser, ab und gibt

a) in die Ansatzlösung pro 1 kg Base

0,15 l Essigsäure 50%ig,

b) in die Nachsatzlösung pro 1 kg Base

0,25 l Essigsäure 50%ig.

Schließlich stellt man auf das gewünschte Volumen ein und beschickt das Bad mit 50 g Kochsalz pro Liter. Diazotierungstemperatur 10 bis 12° C.

Tabellarische Übersicht über die Stärke der Entwicklungsbäder

Terrine Passiermaschine (Jigger) Ansatz g pro Liter bei Färbungen		Apparatefärbungen bei einem Flottenverhältnis 1 : 20 und Wannenfärbungen. Ansatz g pro Liter bei Färbungen			Apparatefärbungen Flotte 1 : 5 Ansatz g pro Liter bei Färbungen		
stark	mittel	stark	mittel	schwach	stark	mittel	schwach
4	2,6	2	1,4	1	2,5	1,7	1,4

Apparatefärbungen, Flotte 1 : 10, Stickgarn- und Kunstseidefärbungen Ansatz g pro Liter bei Färbungen			Foulardfärbungen Ansatz g pro Liter bei Färbungen	
stark	mittel	schwach	stark	mittel
			16 g	10 g
			(Naphtol AS-TR per kg Ware)	
3	2	1,5	13,5	8,5

Beim laufenden Färben ist das Verhältnis des Naphtolnachsatzes zum Basenachsatz folgendes:

1 Teil Naphtol-AS-TR entspricht 0,95 Teilen Echtrot- bzw. Echtscharlach-TR-Base. Bei Kombinationen von Naphtol AS-TR mit den anderen Basen gelten für den Basennachsatz die für Naphtol AS-BO gegebenen Verhältniszahlen.

Rot aus Naphtol AS-TR/Echtrot- (Echtscharlach-) TR-Base auf Bündelgarn, gefärbt in 100-kg-Partien auf der Garnpassiermaschine

1. Vorbehandlung: Die Garne werden mit Soda und Natronlauge ausgekocht, gespült und getrocknet.

2. Grundierung: Ansatz: 2 Chassis mit je 30 l Flotte mit je 6 g Naphtol AS-TR pro Liter.

	Ansatz:	Nachsatz (für 1 kg grundiertes Material sind 15 g Naphtol AS-TR nachzusetzen) für 100 kg:
Naphtol AS-TR	0,36 kg	1,5 kg
Türkischrotöl 50%	1,20 l	2,0 l
Natronlauge 34° Bé	0,36 l	1,5 l
Natronlauge 34° Bé	0,36 l	1,5 l zum Vorschärfen
Formaldehyd 33%	0,36 l	1,5 l
Einstellen auf	60 Liter	100 Liter Flotte. Temp. 25 bis 30° C.

Der Formaldehyd ist der Klotzlösung bei 45° C und einer Naphtolkonzentration von 20 g pro Liter zuzugeben und nach ½ Stunde die Lösung auf das gewünschte Volumen einzustellen.

Die Garne werden kiloweise einmal passiert (zirka 45 Sekunden); nach jeder Passage ist 1 Liter Nachsatzlösung zuzugeben. Die grundierten Garne werden aufgestapelt und 10 Minuten geschleudert.

3. Entwicklung: Ansatz: 2 Chassis mit je 30 Liter Flotte mit je 4 g Echtrot-(Echtscharlach-) TR-Base pro Liter.

	Ansatz:	Nachsatz: für 100 kg sind 1,28 kg Echtrot-(Echtscharlach-) TR-Base nachzusetzen
Echtrot-(Echtscharlach-) TR-Base	0,240 kg	1,280 kg
Kaltes Wasser	5,000 l	25,000 l
Salzsäure 20° Bé	0,240 l	1,280 l
Natriumnitrit 98%	0,096 kg	0,512 kg
Soda	0,072 kg	0,390 kg
Schwefelsaure Tonerde	0,120 kg	1,600 kg

Soda und schwefelsaure Tonerde werden getrennt gelöst, zusammengegossen und der Diazolösung zugefügt.

Kochsalz	3 kg	5 kg
Einstellen auf	60 Liter	50 Liter Flotte. Temp. 12 bis 15° C.

Die grundierten Garne werden in Bündeln von 1 kg einmal passiert. Für je 1 kg Garn ist 0,5 Liter Nachsatzlösung zuzusetzen.

4. Nachbehandlung: Nach dem Entwickeln spült man zwei- bis dreimal kalt, wobei man dem ersten Spülbad 2 bis 3 cm Salzsäure 20° Bé pro Liter zusetzt. Alsdann spült man einmal heiß mit 1 g Soda pro Liter, seift ½ Stunde kochend mit 1 g Soda und 3 g Seife pro Liter auf der Wanne, spült heiß und kalt und trocknet.

Rot aus Naphtol-AS-TR 5 g pro Liter/Echtrot- (Echtscharlach-) TR-Base 2 g pro Liter auf Bündelgarn, gefärbt in 25-kg-Partien auf der Wanne

1. Vorbehandlung: Die Garne werden mit Soda und Natronlauge ausgekocht und geschleudert.

2. Grundierung: Wanne 500 Liter mit 5 g Naphtol AS-TR pro Liter.

	Ansatz:	Nachsatz: für 25 kg Material sind 0,5 kg Naphtol AS-TR nachzusetzen
Naphtol AS-TR	2,5 kg	0,5 kg
Türkischrotöl 50%	5,0 l	0,5 l
Natronlauge 34° Bé	2,5 l	0,5 l
Natronlauge 34° Bé	2,5 l	0,5 l zum Vorschärfen
Formaldehyd 33%	2,5 l	0,5 l
Einstellen auf	500 Liter	500 Liter mit gebrauchter Flotte. Temperatur 25 bis 30 ° C.

Der Formaldehyd ist der Klotzlösung bei 45° C und einer Naphtolkonzentration von 20 g pro Liter zuzugeben und nach ½ Stunde die Lösung auf das gewünschte Volumen einzustellen.

Das Garn wird ½ Stunde grundiert, aufgestapelt und zirka 10 Minuten geschleudert.

3. Entwicklung: Wanne, 500 Liter mit 2 g Echtrot- (Echtscharlach-) TR-Base pro Liter.

	Ansatz:	Nachsatz: für 25 kg entwickeltes Garn sind 0,425 kg Echtrot- (Echtscharlach-) TR-Base nachzusetzen
Echtrot- (Echtscharlach-) TR-Base	1,0 kg	0,425 kg
Kaltes Wasser	20,0 l	10,000 l
Salzsäure 20° Bé	1,0 l	0,425 l
Natriumnitrit 98%	0,4 kg	0,170 kg
Soda	0,3 kg	0,128 kg
Schwefelsaure Tonerde	0,5 kg	0,530 kg

Soda und schwefelsaure Tonerde werden getrennt gelöst, zusammengegossen und der Diazolösung zugefügt.

Kochsalz	25 kg	2,5 kg
Einstellen auf	500 Liter	wieder einstellen auf 500 Liter Flotte.

Temperatur 12 bis 15° C.
Entwicklungsdauer 30 Minuten.

4. Nachbehandlung: Nach dem Entwickeln spült man zwei- bis dreimal kalt, wobei man dem ersten Spülbad 2 bis 3 ccm Salzsäure 20° Bé pro Liter zusetzt. Alsdann spült man einmal heiß mit 2 g Soda pro Liter, seift ½ Stunde kochend mit 1 g Soda + + 3 g Seife pro Liter, auf der Wanne, spült heiß und kalt und trocknet.

Rot aus Naphtol AS-TR/Echtrot-TR- (Echtscharlach-TR-) Base, gefärbt auf Kops oder Kreuzspulen im Apparat

Naphtol-AS-TR-Rot läßt sich auf Kops und Kreuzspulen nur in Aufsteckapparaten färben oder nach dem Packsystem grundieren und nach dem Aufstecksystem entwickeln. Wenn auf Apparaten des letzteren Systems grundiert wird, so empfiehlt es sich, nach dem Naphtolieren die Ware von den Hülsen herunterzunehmen, zu schleudern und hierauf wieder aufzustecken.

1. Vorbehandlung: Die Ware wird mit Soda und Natronlauge ausgekocht und geschleudert. Man kann das trockene Material auch direkt grundieren, wenn man das Naphtolbad auf zirka 40° C hält.

2. Grundieren: Packsystem bzw. Aufstecksystem für 50 kg Material und 1000 l Flotte, 5 g Naphtol AS-TR pro Liter Ansatz.

	Ansatz:	Nachsatz für 50 kg Material:
Naphtol AS-TR	5 kg	1 kg
Türkischrotöl 50%	5 l	1 l
Natronlauge 34° Bé	5 l	1 l
Formaldehyd 33%	5 l	1 l
Natronlauge 34° Bé	5 l	1 l zum Vorschärfen
Einstellen auf	1000 Liter	1000 Liter Flotte.
		Temperatur 30 bis 35° C.
		Grundierungszeit: 30 bis 40 Minuten.

Der Formaldehyd ist der Klotzlösung bei 45° C und einer Naphtolkonzentration von 20 g pro Liter zuzugeben und nach ½ Stunde die Lösung auf das gewünschte Volumen einzustellen.

Das grundierte Material wird bestmöglich von der anhaftenden Grundierungsflotte befreit und dann sofort auf einem Apparat nach dem Aufstecksystem entwickelt.

3. Entwicklung: Ansatz 2 g Echtrot- (Echtscharlach-) TR-Base pro Liter.

	Ansatz:	Nachsatz für 50 kg Material:
Echtrot-(Echtscharlach-)TR-Base	2,0 kg	1,100 kg
Kaltes Wasser	40,0 l	20,000 l
Salzsäure 20° Bé	2,0 l	1,100 l
Natriumnitrit, gelöst	0,8 kg	0,440 kg
Essigsaures Natron, gelöst	1,5 kg	0,830 kg
Kochsalz	50,0 kg	5,000 kg
Essigsäure 50%	0,3 l	0,275 l
Einstellen auf	1000 Liter	auf 1000 Liter Flotte.
		Temperatur 12 bis 15° C.

Die Entwicklungsflotte läßt man ½ Stunde von außen nach innen zirkulieren.

4. Nachbehandlung: Die gefärbten Spulen werden gründlich kalt und einmal heiß gespült. Anschließend behandelt man die Spulen ½ Stunde mit einer kochenden Flotte, die 2 g Soda und 1 ccm Natronlauge 34° Bé pro Liter enthält.

Rot aus Naphtol AS-TR/Echtrot- (Echtscharlach-) TR-Base auf Kettbäumen, 50 kg Material, gefärbt in einem offenen oder geschlossenen Färbeapparat

1. Vorbehandlung: Das Material wird ½ bis 1 Stunde mit Soda und Natronlauge ausgekocht, gespült und entwässert.

2. Grundierung: Ansatz: Flottenbehälter zirka 800 Liter mit 5 g Naphtol AS-TR pro Liter, zweifache Menge Natronlauge 34° Bé.

	Ansatz:	Nachsatz für 50 kg Material:
Naphtol AS-TR	4 kg	1 kg
Türkischrotöl 50%	4 l	1 l
Natronlauge 34° Bé	4 l	1 l
Natronlauge 34° Bé	4 l	1 l zum Vorschärfen
Formaldehyd 33%	4 l*	1 l
Einstellen auf	800 Liter	800 Liter Flotte.
		Temperatur 30 bis 35° C.

Man läßt die Grundierungsflotte 30 bis 40 Minuten zirkulieren. Es ist zweckmäßig, den Flottenlauf nach der halben Grundierungszeit wechseln zu lassen. Nach dem Grundieren muß das Material gründlich entwässert werden. Dies geschieht entweder durch Abdrücken oder Absaugen oder Schleudern des Kettbaumes in der Kettbaumschleuder von Obermaier.

Die nachstehenden Rezepturen illustrieren Färbungen aus der Praxis:

Scharlachrot auf der Wanne (200 Liter) 10 kg.

Grundierung: 1,6 kg Naphtol AS (8 g pro Liter)
1,6 „ Monopolöl
2,5 „ NaOH 34° Bé
1,6 „ Formaldehyd
Entwickelt: auf 160 Liter Flotte.
1,2 kg Echtrotsalz GL
8,0 „ Viehsalz, bei 5° C, ½ Stunde

Nachbehandlung wie üblich.

Dunkelrosa auf 36/2 mercerisiert auf der Wanne. 50 kg, 1000 Liter.

Grundierung: 2,5 g pro Liter Naphtol AS-D.
Entwicklung: 1,5 g pro Liter Echtrot-RL-Base (wie in den Vorschriften)

Hellbordo für Bademäntel

10mal 20 lbs. auf einer Wanne von 200 Liter.

a) Grundierung:		Gesamt für 200 lbs.:
1 kg	Naphtol AS-RL	2,35 kg
3 „	NaOH 34° Bé	7,00 „
1 „	Monopolöl	2,35 „
1 „	Formaldehyd 40%	2,35 „

2. — 10. Partie (Zusätze).

0,15 kg Naphtol AS-RL
0,15 „ Monopolöl
0,45 „ NaOH 34° Bé
0,15 „ Formaldehyd 40%

b) Entwicklung:		Gesamt für 200 lbs.:
1,5 kg	Echtrotsalz GL	6,20 kg
10,0 „	NaCl	16,75 „

2. – 10. Partie (Zusätze).

0,525 kg Echtrotsalz GL
0,750 „ NaCl

Nachbehandlung: Kalt spülen mit 200 ccm HCl (30%), heiß spülen mit 250 g Soda sicc., kochend mit 1 g Soda und 3 g Seife pro Liter behandeln, kalt spülen.

* Der Formaldehyd ist der Klotzlösung bei 45° C und einer Naphtolkonzentration von 20 g pro Liter zuzugeben und nach ½ Stunde die Lösung auf das gewünschte Volumen einzustellen.

Naphtolrot I

Auf Bündelgarn auf der Passiermaschine, beiderseitig je 2 lbs., roh, ungenetzt, unabgekocht.

Grundierung: Ansatz für eine Menge von 600 lbs. (gesamt).

6 kg Naphtol AS	auf 320 Liter
9 „ Natronlauge 34° Bé	
8 „ Türkischrotöl 50%	
4 „ Formaldehyd 40%	

Chassis 25 Liter: Vorlegen 8 Liter Stammlösung und 12 Liter Wasser, zugeben nach jeder Passage pro 2 lbs. 1 Liter.

Die Passagendauer beträgt eine halbe Minute.

Entwicklung nach Schleudern (12 Minuten) und Aufklopfen am Pfahl: Ansatz für die Gesamtmenge:

4,0 kg Echtrotbase GL	
8,0 „ HCl 30%	
2,0 „ $NaNO_2$	
2,8 „ Kreide	2 Stäbe Eis
4,1 „ schwefelsaure Tonerde	
12,0 „ Kochsalz	

Chassis 25 Liter: Vorlegen 8 Liter Stammlösung und 12 Liter Wasser, ferner 500 g Kochsalz.

Nach jeder Passage von 2 lbs. 1 Liter Stammlösung zugeben. Die Passage dauert eine halbe Minute. Schließlich auf der Waschmaschine (Haubold) spülen, danach einmal säuern, spülen und kochend auf der Wanne zu 100 lbs. mit Soda und Seife behandeln. Schließlich kalt spülen.

Dauer des Prozesses ohne Nachbehandlung mit 5 Mann, je 2 pro Maschine, ein Schleuderer und 4 Stunden der Nachbehandlung mit 4 Mann, 2 Stunden.

Naphtolrot, wie vorher am Apparat grundiert, auf der Passiermaschine entwickelt.

Material: abgekochtes Garn.

Grundieren am Obermaier-Apparat, in Tücher gepackt, ½ Stunde bei 30° C. 1000 Liter, 220 lbs. Material.

Ansatz:
8 kg Naphtol AS
12 „ NaOH 40° Bé
10 „ Türkischrotöl
6 „ Formaldehyd 40%

Der Nachsatz für gleiche Mengen nach Ausheben des Einsatzes und Rückgewinnung der Schleuderflüssigkeit und Zugabe von zirka 250 Liter Wasser beträgt:

1,8 kg Naphtol AS
3,6 „ Natronlauge 40° Bé
0,5 „ Türkischrotöl
1,0 „ Formaldehyd 40%

Das grundierte Material wird auf der Passiermaschine mit Salz entwickelt.

Es werden drei Füllungen des Obermaier-Apparates (660 lbs.) hintereinander entwickelt. Der Ansatz beträgt die normale Menge in 360 Liter Flüssigkeit gelöst.

22 kg Echtrotsalz GL
15 „ Kochsalz

Vorlegen 8 Liter Stammlösung und 12 Liter Wasser, nach jeder Passage von 2 lbs. 1 Liter Stammlösung zugeben. In die Vorlage noch 500 g Kochsalz. Entsprechende Eismenge in den Grundieransatz ins Chassis geben.

Das Garn muß hier auf jeden Fall vor dem Entwickeln auf dem Pfahl breit ausgeschlagen werden, eine Arbeitsweise, welche bei vorsichtigem Arbeiten beim Grundieren auf der Passiermaschine für das nachfolgende Entwickeln eventuell erspart werden kann. Grundbedingung ist, daß das Garn nicht zu straff gefitzt ist und insbesondere feine Garne mit vielen Strähnen nicht strahnweise, sondern je zwei Strähne zusammen unterbunden werden. Sonst entstehen durch das unvermeidliche Zusammenziehen der Unterbänder weiße Stellen im Garn.

Diverse verwendete Naphtolkombinationen:

(Alles auf der Passiermaschine gefärbt.) 600 lbs. Material, ungekocht, ungebleicht und in Stammlösungen von 320 Liter. Die Verteilung ist dieselbe wie bei Naphtolrot I.

Dunkelbordo:	4 kg Naphtol AS	4,8 kg Echtrot-B-Base
	1 „ Naphtol AS-BS	2,1 „ Nitrit
	8 „ Türkischrotöl	8,2 „ Salzsäure 30%
	8 „ NaOH 40° Bé	6,2 „ Natriumazetat krist.
	4 „ Formaldehyd	4,1 „ Schwefelsaure Tonerde
		oder
		20 kg Echtrotsalz B
		10 „ Kochsalz

Blaustichiges Scharlachrot:	Ansatz: 6,5 g Naphtol AS pro Liter	Nachsatz: 11,7 g
	4,0 g Naphtol AS-BS	6,3 g
	11,5 g Echtrotsalz-RC	20,0 g
Gelbstichiges Scharlach:	4,6 kg Naphtol AS	32,0 kg Echtscharlachsalz R, anderes
	1,6 „ Naphtol AS-BS	nach Vorschrift.
Scharlach:	6,0 kg Naphtol AS	27,0 kg Echtrotsalz 3GL spezial
		oder
		10,8 kg Base, alles andere nach Vorschrift.
Hellrot:	Ansatz: 8,4 g Naphtol AS pro Liter	Nachsatz: 14 g
	15,0 g Echtscharlachsalz GG	26 g

Eine interessante Kombination von Naphtolfärbungen in Brauntönen, die mit Küpenblau abgetönt sind, geben folgende Rezepte:

Mercerisiertes Baumwollgarn:

Celcot SD	4 g	6 g pro Liter
Sandothrenblau NG	– 0,1% 0,2% 0,3%	– 0,1% 0,2% 0,3%
	und 20 g Kochsalz pro Liter	
Devolrot J	2 g	3 g und 30 g Kochsalz pro Liter

Natriumbikarbonat neutral.
Färbegrundierungszeit: ¾ Stunden, 40 bis 50° C.
Entwicklung: ½ Stunde, 18 bis 20° C.

Mercerisiertes Baumwollgarn, gebleicht:

Celcot SD	4 g	6 g pro Liter
Sandothrenblau NG	– 0,1% 0,2% 0,3%	– 0,1% 0,2% 0,3%
	und 20 g Kochsalz pro Liter	
Devolrot J	2 g	3 g und 30 g Kochsalz pro Liter

Natriumbikarbonat neutral.
Färbegrundierungszeit: ¾ Stunden, 40 bis 50° C.
Entwicklung: ½ Stunde, 18 bis 20° C.

Braunkombinationen auf Perlgarn:

Celcot ST	2,5 g	2 g pro Liter	und 20 g Kochsalz
Sandothrenblau NG	–	0,4%	
Devolbraunsalz A	20 g pro Liter und 30 g Kochsalz		

Celcot ST	0,8 g pro Liter	und 20 g Kochsalz pro Liter
Sandothrenblau NG	0,1%	
Devolbraunsalz D	10 g pro Liter und 30 g Kochsalz	
Celcot SB	0,6 g pro Liter	und 20 g Kochsalz pro Liter
Sandothrenblau NG	0,04%	
Devolbraunsalz A	10 g pro Liter und 30 g Kochsalz pro Liter	
Färbegrundierungszeit:	3/4 Stunden, 40 bis 50° C.	
Entwicklung:	1/2 Stunde, 18 bis 20° C.	

Die angewandte Arbeitsmethode ist folgende: Das Färbebad wird normal vorbereitet wie für Sandothrenblau NG üblich:

1,0 Liter Flotte (Kondenswasser)
16,0 ccm Natronlauge 36° Bé
2,5 g Hydrosulfit konz.

Sandothrenblau NG wird in der Stammküpe gelöst, hierauf wird die Stammlösung dem Färbebad zugesetzt. Das in Frage kommende Celcot wird ebenfalls normal gelöst. Die Celcot-Stammlösung wird der obigen Küpe zugefügt. Hierauf wird das Garn 3/4 Stunden bei 40 bis 50° C gefärbt (grundiert). Nachher wird mit besonderer Sorgfalt gleichmäßig entwässert, durch Abwinden, Abpressen oder Zentrifugieren; sehr vorteilhaft ist, hierauf das Garn etwas zu verhängen, zirka 5 bis 10 Minuten. Darauf wird in normaler Weise mit Devolsalz oder Devolbase entwickelt. Bei Anwendung von Devolrot J ist an Stelle von Natriumazetat mit Natriumbikarbonat zu neutralisieren.

Wir bemerken, daß eine einwandfreie Egalität mit diesen Braunkombinationen nicht erreichbar ist, infolge der etwas langsamen Kupplung der Celcot-SB-, -SD-, -ST-Marken. Die erhaltenen Färbungen genügen jedoch für Effektgarne und Buntwebeartikel. Die Färbungen werden nach der Kupplung normal fertiggestellt und erfordern 1/2 Stunde kochendes Seifen. Wird von der Färbung die maximale Lichtechtheit der Braunkombinationen verlangt, so darf der Celcotgehalt bei nicht mercerisierter Baumwolle nicht unter 2 bis 3 g pro Liter sinken.

l) Küpenfärbungen

Küpenfärbungen auf Baumwollgarnen, die für Buntwebereien, Effektgarne usf. bestimmt sind, können auf der Wanne (Kufe) oder nach dem Packsystem ausgeführt werden. In letzterem Falle kann man nach der Pigmentmethode arbeiten, indem man erst mit Pigmentdispersion zirkulieren läßt und dann erst das zur Verküpung notwendige Alkali und Hydrosulfit zusetzt.

Die Färbung von Garnen im Packapparat nach Verfahren, die in USA üblich sind, erfolgt nach CLARK derart, daß 50 kg Garn mercerisiert in einem Flottenbehälter (Flottenverhältnis 1 : 10) bei 85° C mit der Küpenfarbstoffdispersion ohne Vornetzen 15 Minuten behandelt wird. Hierauf gibt man zum Bad 10% NaOH gelöst und 8 % Hydrosulfit konz. pur. Man läßt 3/4 Stunden bei 85° C laufen; hierauf wird kaltes Wasser zulaufen gelassen (daß die Maschine überläuft) und dabei von innen nach außen zirkuliert. Hierauf wird der Kaltwasserzulauf abgestellt, mit 1% Wasserstoffperoxyd 100 Volumprozent und 1% Essigsäure 56% behandelt, wobei man auf 55° C erhitzt. Sonach wird gespült und mit 3% Seife und 3% Soda kalz. bei 85° C 20 Minuten geseift, dann abgelassen, mit Heißwasser von innen nach außen zirkuliert. Bei Zulaufeinrichtungen für Heißwasser dauert der Färbeprozeß 2 1/2 Stunden (ohne Mustern!).

Nach dem ABBOT-COX-Prozeß[48] wird ähnlich gearbeitet, doch beansprucht der Färbevorgang eine wesentlich längere Zeit.

---

[48] ABBOT-COX-Verfahren, J. Soc. Dyers Colour. **64**, 127 (1948) bzw. Dyer **95**, 403 (1946) oder RICHARDSON, WILTSHIRE: J. Soc. Dyers Colour. **63**, 224 (1947) u. a.

Für gewisse Zwecke wird auch noch das billige Hydronblau gefärbt (Effektgarne). Exportware wird noch indigofärbig verlangt. Bekanntlich ist eine echte Indigofärbung daran zu erkennen, daß sie, auch nach vielen Wäschen, reinblau abfärbt, eine Probe, die die Händler in Tropengebieten benützen, um die Tatsache des Vorliegens einer Indigofärbung zu prüfen (vgl. S. 289). Man färbt auf der Vitriol-Kalkküpe in mehreren Zügen bis zu tiefen, leicht bronzierenden Blautönen (vgl. Rezeptur S. 289).

Über den Zusatz von Egalisiermitteln zu Küpenbädern und deren retardierende Wirkung geben die Tabellen S. 454 Aufschluß.

Nach der Färbung wird gut abgepreßt und dann gespült, oxydiert, gespült, geseift, warm und kalt gespült und getrocknet. Das Abpressen erfolgt mangels anderen Einrichtungen durch Durchziehen des aufgestockten Garnes zwischen zwei leeren Stöcken über dem Bad. In der Apparatefärberei wird im Materialträger nach dem Spülen geschleudert und nachher oxydiert.

Dunkelblau: 90 lbs., 28/2, 1200 l Flotte.
1,2 kg Hydronblau G (IG)
1,2 „ Hydronblau R (IG)
6,0 „ Hydrosulfit konz. pur, 6 l NaOH 40° Bé
Es wird bei 60° C gefärbt.

Marine: 90 lbs., 32/1, 1200 l Flotte.
5 kg Hydronblau R (IG)
5 „ Hydrosulfit konz. pur, 10 l NaOH 40° Bé
Es wird bei 60° C gefärbt.

Rosa: 30 lbs., 500 l Flotte.
0,5 kg Indanthrenrot BK (IG)
Nach Verfahren IK, doch bei 50° C gefärbt. Es muß gut verhängt werden.

Terrakotta: 30 lbs., 500 l Flotte.
0,5 kg Indanthrenbraun FFR (IG)
Gefärbt wird nach Verfahren IW.

Die Egalisierung von Küpenfärbungen wird erleichtert durch Zugabe von Peregal O (IG) und ähnlichen Polyäthylenoxydprodukten. Diese bilden mit dem Farbstoff eine lackartige Verbindung und bremsen so das Aufziehen desselben auf die Faser (vgl. Tab. S. 454). Das gebildete große Molekül vermag nicht mehr in die Poren der Zellulosefaser zu dringen. Durch Zugabe anionaktiver Produkte kann (Nekal BX) diese Wirkung wieder aufgehoben werden.

Diese Zugabe von Nekal BX muß allmählich erfolgen und zerlegt die gebildete Farbstoffverbindung.

Peregal O später OK (IG) wurde im Verein mit $MgSO_4$ auch zum Abziehen mißlungener Küpenfarbstoffe vorgeschlagen.

Die BASF bringt nun mit dem Albigen A[49], einem Pyrrolidonalkylpolyglykoläther, ein schwach kationaktives Produkt, welches zum Abziehen von Färbungen weitaus besser geeignet ist als die bisherigen Produkte, die ioneninaktiv sind. Es blockiert das Aufziehen überhaupt. Das Abziehen erfolgt mit Flotten von 2 bis 4 ccm Albigen A pro Liter, 10 bis 15 ccm NaOH 40° Bé und 5 g pro Liter Hydrosulfit konz. pur bei 75 bis 80° C. Man bringt erst die Lauge, dann das Hydrosulfit, dann Albigen ein. Es wird 20 Minuten am Haspel laufen gelassen oder vier Touren am Jigger gegeben.

Ein gleichwertiges Produkt, welches den Vorteil aufweist, nach Zugabe von

[49] Vgl. Bräuer: Melliand Textilber. **32**, 53 (1951).

anionaktiven Hilfsmitteln die retardierende Wirkung zu verlieren, ist Resocol V (Sandoz).

Kombinationen von Caledon Yade Green XNS (ICI) mit Caledon Yellow 5 GS oder Yellow 5 GKS zur Herstellung von giftgrünen Tönen verschießen statt nach dem echteren Blaugrün nach Gelb[50]. Es setzen also die weniger lichtechten Gilben die hohe Lichtechtheit des Grüns unter den Wert der eigenen Echtheit herab. Dieselbe Erscheinung zeigen Caledon Orange 2 RTS und Caledon Orange 4 RS, wobei gesagt werden muß, daß alle vier Gelb- bzw. Orangemarken zu den Küpenfarbstofferzeugnissen gehören, die als bei Belichtung ihrer Färbungen faserschädigend bekannt sind. Caledon Golden Yellow GKPS, ebenfalls faserschädigend, setzt dagegen in Kombination mit Caledon Yade Green XNS dessen Lichtechtheit nicht herab.

Über die Indigofärberei

Die Indigofärbung von Baumwollgarn auf der Vitriol-Kalk-Küpe wird wie folgt vorgenommen: Man arbeitet mit Indigo rein, BASF 20%.

$$FeSO_4 + Ca(OH)_2 = Fe(OH)_2 + CaSO_4$$

$$2\,Fe(OH)_2 + 2\,H_2O + C_{16}H_{10}N_2O_2 = 2\,Fe(OH)_3 + C_{16}H_{12}N_2O_2.$$

Indigoweiß gibt mit Kalk in der Küpe eine lösliche Kalkverbindung. Als Färbegefäße dienen Holzbütten, die unter Umständen auszementiert sind. Maße: 65 cm, 80 cm, 160 cm (Höhe), damit sich der Küpenschlamm gut absetzen kann.

Die Temperatur der Küpe ist zirka 20° C und soll auch im Winter nicht sinken (Heizrohre im Küpenraum). Sonst ist ein schlechtes Besinken (Absetzen des $Fe(OH)_3$) der Küpe zu konstatieren.

Das Garn wird erst abgekocht und dann in 5 bis 8 Zügen fertig gefärbt. Es kommt zuerst auf eine schwache Küpe, dann auf mittlere und zuletzt auf die Starkküpe. Je langsamer der Farbton aufgefärbt wird, desto echter in seiner Reibechtheit ist er. Nach dem Färben wird mit 200 ccm Schwefelsäure per 100 Liter Spülwasser abgesäuert und fertig gewaschen.

Starke Küpe:

15 kg Indigo 20% in 25 l Wasser anteigen,

18 kg Kalk werden zu einem dünnen Brei gelöscht und warm zu obigem dazugeben.

15 kg Ferrosulfat, in 50 l Wasser bei 50° C aufgelöst, zugeben und das Ganze unter Rühren auf 300 l auffüllen.

4 bis 6 Stunden verschlossen halten; die Küpe muß rein gelb mit blauer Blume sein, dann wird verdünnt und der Niederschlag absetzen gelassen.

Die Küpe ist bei dreimaligem täglichem Gebrauch zirka 10 Tage zu benützen. Vor jedem Zug ist sie aufzurühren.

Mittelküpe:	8 kg Indigo	Schwache Küpe:	4 kg Indigo
	10 „ Sulfat		6 „ Sulfat
	10 „ Kalk		6 „ Kalk

Ist die Küpe nicht gut abgesetzt, dann verschmutzt das Eisenhydroxyd die Farbe. Der Indigoverlust beträgt zirka 20 bis 25%; er ist nicht mehr zurückgewinnbar. Ein Teil ist als unlösliches Eisensalz in der Küpe.

Wird vor dem Absäuern getrocknet, so erhält man dunklere Töne, wird gedämpft, dann wird die Nuance röter.

Gezogen wird in Partien zu 60 lbs., jeweils per lbs. auswringen und vergrünen lassen.

[50] SMITH: J. Soc. Dyers Colour. 1949 Dezember bzw. Am. Dyest. Rep. **39,** 520 (1950).

Küpenfärbung auf mercerisiertem Garn am Packapparat

Flotte 1 : 10, 100 lbs. Garn

Gefärbt wird in der Weise, daß man im Apparat 15 kg Küpenschwarz (Paste) bei 95° C dispergiert, den mit trockenem Garn beschickten Materialträger einbringt und etwa 15 Minuten zirkulieren läßt. Dann werden 4,5 kg NaOH und 3,6 kg Hydrosulfit konz. pur gelöst eingebracht und ¾ Stunden laufen gelassen. Man spült dann unter Überlauf mit Zirkulation von innen nach außen, stellt den Zufluß ab und gibt zum Kaltwasser, das vollkommen klar sein muß, 0,45 kg Superoxyd 100 Vol% sowie 0,45 kg Essigsäure 50%ig. Man zirkuliert und erwärmt auf zirka 50 bis 55° C. Dann wird abgelassen, gespült, mit Soda und Seife kochend 20 Minuten nachbehandelt und dann heiß und kalt je 10 Minuten gewaschen. Die gesamte Behandlungsdauer beträgt etwa 2½ Stunden.

Nach dem Calcothermprozeß[51] färbt man vorerst im Apparat bei 85° C mit
3,63 kg Küpenblau BLD dopp. Paste (Cyanamid) pro 100 lbs. Material, Flotte 1 : 10
0,23 „ Küpenviolett 4 RP extra Paste (Cyanamid)
1,00 „ Seifenflocken.

Nach 10 Minuten Zirkulieren gibt man 3,63 kg $NaNO_2$[52] und 3,63 kg NaOH 40° Bé zu, läßt 5 Minuten laufen, dann werden 2,3 kg Hydrosulfit konz. pur zugefügt und 30 Minuten bei 90° C laufen gelassen. Man spült von innen nach außen, oxydiert und seift und spült wie oben angegeben.

Als billige Dispergatoren werden Ligninsulfosäuren in Vorschlag gebracht. Über den Abbot-Cox-Prozeß[53], der insbesondere beim Färben von Kunstseidenspinnkuchen angewendet wird, vgl. S. 196.

Pigmentiert wird im Packsystem mit der Dispersion des Küpenfarbstoffs und 5 g Dispersol VL (ICI) pro Liter. Eingegangen wird bei 30 bis 35°, dann allmählich auf 90° C erhitzt (20 Minuten). Man zirkuliert von innen nach außen. Nachdem man 15 Minuten bei 90° C gefärbt hat, wird NaCl oder Glaubersalz gelöst zugegeben, bis alles Pigment gefällt ist. Hierauf wird das Bad ausgelassen und gespült, dann mit der für die Farbstoffmenge notwendigen Menge an NaOH und Hydrosulfit bei der erforderlichen Temperatur etwa 60 bis 80 Minuten reduziert, hierauf gespült und oxydiert mit Perborat. Für gewisse Farbstoffe oxydiert man nach der Reduktion mit Bichromat und Schwefelsäure. Dann wird gespült, kochend geseift und heiß und kalt gewaschen.

m) Pigmentierung von Fasern. Chromgelb (V)

Anorganische Pigmentfärbungen werden derzeit auf Baumwollgarn kaum hergestellt. Für lebhafte Gelb bei Buntgeweben für den Export (Sarongstoffe für Indien) wurden von den dortigen Händlern Chromgelb verlangt. Die Prüfung darauf wurde nach Art der Heparprobe durch Bildung von braunen oder schwarzen Flecken von Bleisulfid bei den Abnehmern z. B. durch faule Eier gemacht. Die Färbung von Chromgelb wird auf der Wanne (Holzkufe) durchgeführt, wobei darauf gesehen werden muß, daß die einzelnen Schneller des Strahns nicht zu fest unterbunden werden, um eine Durchführung auch an den Stellen der Filzbänder zu erreichen. Aus Gründen der Verbilligung und um etwaige schlechte Durchfärbung zu vermeiden, wurde nach F. Weber ein gemischtes Verfahren ausgearbeitet, bei welchem Rohgarn im Apparat nach dem Packsystem mit 1% Chloramingelb FF (Sa) oder für rotstichigeres Gelb mit Chrysophenin G (IG)

[51] Calco-Division der American Cyanamid Co., N. Y.

[52] Das $NaNO_2$ stabilisiert das Küpenblau bei der hohen Färbetemperatur von 90° C.

[53] Siehe auch ICI Techn. Zirkular Richardson; Wiltshire bzw. J. Soc. Dyers Colour. **63**, 244 (1947).

vorgefärbt und dann in Partien zu 100 lbs. (zwei Partien pro Apparatfüllung) auf der Kufe mit Chromgelb überfärbt wurde.

Die Rezepturen der Chromfärbung bzw. der Modifikation lauten:

50 lbs. Garn, 1000 Liter Flotte (Flottenverhältnis 1 : 20).

10 kg Bleizucker } Man schüttet zusammen, gießt etwas kaltes Wasser darauf, rührt
10 kg Bleiglätte } gut um und läßt mindestens 24 Stunden stehen.

Dann kocht man schnell auf, läßt erkalten, filtriert und legt das Garn über Nacht in die auf 12 bis 15° Bé eingestellte Flüssigkeit. Hiernach wird das Garn gut abgewrungen und auf ein Kalkbad von 2,5 kg vorher gelöschtem Kalk gesetzt (filtriert), einige Male umgezogen und gut gespült. Das Garn setzt man hierauf auf ein Bad mit 2,5 kg Chromkali und 3 Liter Essigsäure 56%ig, zieht ½ Stunde bei 30° C gut um und spült.

200 lbs. Garn werden unabgekocht im Obermaier-Apparat grundiert. Das Ansatzbad beträgt 1,3 kg Chrysophenin G (IG) und 10 kg Glaubersalz kalz., der Nachsatz für die zweite Partie ist 1 kg Chrysophenin und 3 kg Salz. Das gespülte Garn kommt direkt auf die Wannen zum Chromfärben.

In Partien zu 100 lbs. wird das grundierte Garn auf Kalkmilch von 0,5° Bé ½ Stunde hantiert, aufgestockt per 3 lbs. per Stock, dann aufgeschlagen, ohne zu spülen auf ein Bad von Bleizucker und Natronlauge gebracht und dort ebenfalls ½ Stunde in der Kälte hantiert.

Das Bleizuckerbad wird durch Zusammenkochen von 8 kg Bleizucker, 10 kg Natronlauge und 20 l Wasser bereitet und das Ganze auf 1200 l aufgefüllt bzw. in das kalte Bad gegeben. (Der erste Nachsatz ist 6 kg Bleizucker, 5 l Lauge, der weitere ist 5 kg Bleizucker, 4 l Lauge und dann so fort.) Das Bad kann bis zu zehnmal benützt werden. Hierauf kommt das Garn ohne zu spülen wieder auf das alte Kalkbad zurück und wird dann gut zweimal gespült. Schließlich kommt das Garn auf ein Bad von 6 g Kaliumbichromat krist. und 3 g HCl 40% pro Liter, wo es ½ Stunde hantiert wird. Beachte, daß bei diesen großen Partien das Umziehen sehr sorgfältig erfolgen und das Garn bis in das Schnellerinnere die Färbung des Bleichromates annehmen muß. Bei sehr dicken Garnen ist es daher besser, nur mit Partien von 70 bis 80 lbs. zu arbeiten, da sonst das Innere der Schneller rotgelb bleibt. Schließlich wird das Garn dann zweimal sehr gut gespült und, falls die Farbe etwas röter sein muß, bei 60° C auf reinem Wasser behandelt.

Die Herstellung von Phtalocyaninen auf der Faser, auch im Stück, durch Klotzen, mit Phtalogenbrillantblau IF3G (Bayer) ist kürzlich von Schmitz, SVF Fachorg. Textilveredlg. 7, 515 (1952), besprochen worden. Leider beeinflussen kleine Unregelmäßigkeiten beim Arbeitsverfahren den Farbton der erhaltenen Färbung merklich, welche sonst außerordentlich brillant und echt ist. Bei Garnen für Buntwebereien können für viele Zwecke die schwankenden Tonausfälle, die im Druck und der Stückfärbung Schwierigkeiten verursachen, Vernachlässigung finden. Man kann etwa auf der Passiermaschine imprägnieren und dann den Farbstoff auf der Faser bilden.

n) Fließfarben (Bleeding colours — Vloeikleuren)

Es sind Farben, die zur Erzielung eines gewissen eigentümlichen Effektes im fertigen Gewebe unter Behandlung im feuchten Dampf zum Ausfließen gebracht werden. Dies geschieht dadurch, daß man einer echten Farbe einen wasser- bzw. naßunechten Aufsatz gibt. Der Effekt ist bedingt durch die Stärke des Aufsatzes, des verwendeten Farbstoffs, der Dauer der Behandlung, der Art der Warenvorbehandlung usw. Das Dämpfen erfolgt im Fließkasten (Vloeikast).

Beim Abmustern solcher Farben, die nach feststehenden Rezepten gefärbt werden, ist unbedingt im Laboratorium eine Fließprobe im kleinen zu machen, welche mit der angegebenen Rezeptur ohne Schwierigkeiten in kurzer Zeit hergestellt werden kann (Abb. 148, 149).

Im allgemeinen laufen die Fließfarben schlecht in der Weberei, da der Aufsatz auf den echten Untergrund eine Überladung des Fadens mit Farbstoff bedingt, so daß eine nachfolgende Schlichtung nur oberflächlich, fast nie aber bis ins Innere des Fadens hinein, erfolgen kann. Insbesondere bei Kombinationen aus Naphtolrot und Aufsätzen aus unechten Farben ist dies der Fall. (Siehe auch Naphtolrotschlichtung.)

Dem Behandeln im Fließkasten geht eine völlige Durchnässung der Ware voraus, die

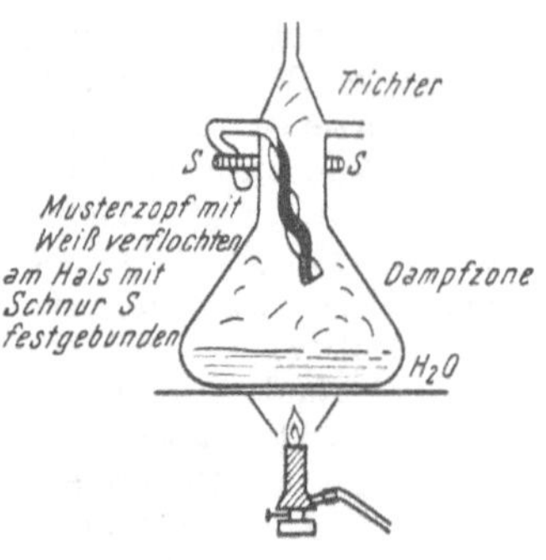

Abb. 147. Dämpfer (Vloeikast) mit Foulard und Spannrahmen.

Abb. 148. Fließprobe.

am besten und gleichmäßigsten im Foulard erfolgt, wie überhaupt der Fließkasten vorteilhaft an einen Spannrahmen angeschaltet wird (Abb. 147). Dabei kann die Ware gleichzeitig appretiert werden, nur ist eine Beschwerungsappretur mit Bittersalz nicht möglich, da dieses die Farben fixiert und einem Fließeffekt entgegenwirkt. Auf jeden Fall ist dem Bade, durch welches die Ware vor der Kastenpassage läuft, ein Zusatz von mindestens 1 l Türkischrotöl per Foulardflotte (30 l) zu geben, da dieses das Fließen wie alle oberflächenaktiven Stoffe begünstigt.

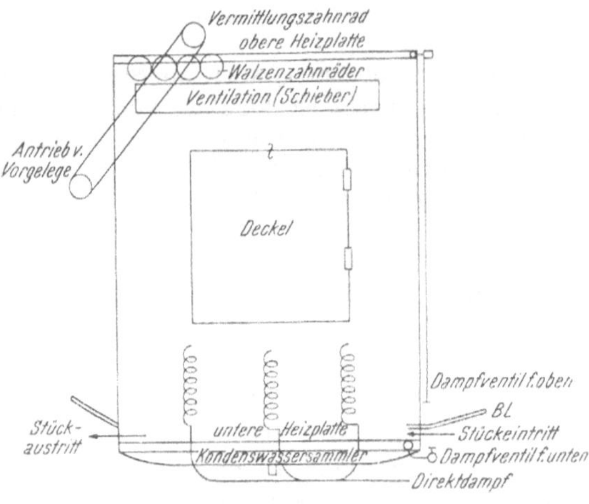

Abb. 149. Fließkasten (Dämpfkasten) im Querschnitt. *BL* Schutzblech.

Über das Arbeiten beim Fließen ist zu bemerken:

Wichtigstes Gebot ist, daß die Stücke faltenlos in den Kasten einlaufen und auch faltenlos herauskommen, da sich sonst in den Falten Abdrücke der geflossenen Dessins bilden und die Ware verschmieren.

Diese Falten können ihre Ursache haben:

a) In schlecht hergestellten Sektoren auf der Sektionalschärmaschine, so daß die Stückbreite unter verschiedener Spannung gewebt wurde. (Daher solche

Artikel besonders vorsichtig schären.) Oder es ist das Stück im Kasten zu stark oder nur sehr wenig gespannt. Man reguliere den Lauf des Kastens und Foulards.

β) Durch Anwesenheit von Putzbrettern, welche beim Reinigen über die horizontalen Riffelwalzen des Kastens gelegt zu werden pflegen, um dieselben vor Beschädigung zu schützen, und dann im Kasten vergessen wurden. Sie drängen die Ware dann nach der Seite ab. Schließlich können die Falten auch in einer Schiefstellung des Kastens ihre Ursache haben (selten).

γ) Wichtig ist ferner auch, daß die Warenränder einzelner Stücke genau aneinandergenäht werden, und zwar glatt. Ist dies nicht der Fall, dann legen sich die Ecken der Stücke beim Lauf um und über das ganze Stück zieht sich dann eine Randfalte hin. Selbstverständlich ist es dann hier verschmiert.

Die Flotte im Foulard, die zur Benetzung der Ware dient, gleichgültig ob es sich um eine Türkischrotöllösung oder eine Appreturflotte handelt, ist ständig auf mindestens 60 bis 80° C zu halten, da sonst die Ware zu kalt in den Kasten kommt, dessen Temperatur bei etwas schnellerem Lauf herabdrückt, was zu Kondensattropfen (siehe diese) Anlaß geben kann und auch den Fließeffekt, der niedrigen Temperatur halber, beeinträchtigt.

Die Pressung am Foulard darf nicht zu stark sein, da sonst die Stücke nicht genügend feucht in den Kasten kommen, sie darf aber auch nicht zu gering sein, da sonst die Ware zufolge zu starken Fließens total verschmiert wird.

Die zu fließende Ware muß gut gebürstet zur Verarbeitung gelangen (Bürstmaschine), da sonst durch Faden, Staub usw., der auf der Ware sitzt, diese in ihren Farben verschmutzt wird und außerdem, da ja eventuelle Faden aus der Weberei auch fließen, dann ein Abdruck der Unreinigkeiten auf der Ware entsteht. Auch werden die Riffelwalzen im Kasten verschmutzt, so daß bei sehr großer Verschmutzung der Fall eintreten kann, daß sich die verschmutzten Riffel bei jeder Umdrehung durch einen Streifen auf der Ware abzeichnen.

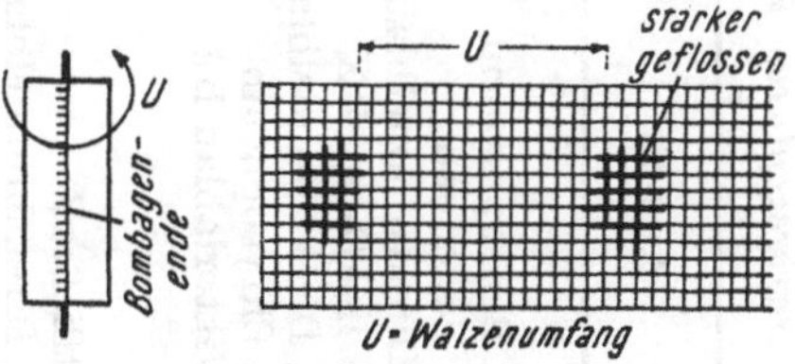

Abb. 150. Unregelmäßige Foulardquetschung beim Fließen.

Die Foulardwalzen bestehen für diesen Artikel am besten aus Gummi, da sich eine Baumwollbombage fast immer abdrückt. Arbeitet man mit bombierten Walzen, so ist unmittelbar vor dem Ende der Bombagenwicklung, das ja immer etwas erhöht ist, ein Streifen weniger ausgequetschter Stellen. Unmittelbar unter den Enden der Bombage, wo die Pressung etwas schwerer ist, befindet sich ein lichterer Streifen, da die Ware hier weniger feucht ist und daher auch weniger fließt. Dadurch werden Meter und Meter Ware unbrauchbar (Abb. 150).

Über den Fließkasten oder Dämpfkasten ist zu sagen:

Er muß stets in sorgfältig gereinigtem Zustande vorliegen. Zum Reinigen sind über die unteren Riffelwalzen zu deren Schutz mehrere Holzbretter zu legen. Schließlich ist zur Erreichung der oberen Walzen eine kleine passende Leiter notwendig.

Der Kasten muß möglichst bis auf die seitlichen Türen zur Kontrolle und zur Reinigung isoliert sein, und zwar zweckmäßig mit Kieselgur. Sonst entstehen große Wärmeverluste, die es unmöglich machen, bei halbwegs rationeller Warengeschwindigkeit die Temperatur auf der zum Fließen notwendigen Höhe von 100° C zu halten. Die Isolationskosten stellten sich per Quadratmeter Fläche auf zirka 9 holl. fl. (1930). In den Kasten gehen etwa 48 Meter Ware. Eine kleinere Ausführung ist sehr zu empfehlen, da sich herausgestellt hat, daß ein weniger langer Warengang zur Erzielung des gewünschten Effektes auch ausreicht

Tab. 8. *Allgemeine Farbrezepturen inklusive der Versuche*

Farbe Kasten	fließend	Grund	Aufsatz	gespült	Öl 1/100 Kasten	Effekt	Öl 2/100 Kasten
rot	rot, mittel	Naphtolrot I	1,5% Benzopurpurin im Seifenbad	ja	—	—	—
dunkelblau	hellrotblau	Schwefelblau 15	2% Direkthimmelblau 1% Direktblau BX	ja	—	—	—
dunkelblau	grünblau	Schwefelblau 15	1,5% Direkthimmelblau 0,2% Chrysophenin	ja	—	—	—
blau	reinrotstichig blau	Baumwollblau N 1%	1% Viktoriablau BA	ja	—	—	4′, 12 m
braun	hellbraun	Plutobraun GG	selbstfließend	nein	4′, 12 m	sehr stark	—
dunkelblau	reinblau neutral	Schwefelblau 15	1,5% Direkthimmelblau	ja	—	—	—
orange	schwach lichtorange	Chloraminorange G	selbstfließend	nein	—	—	—
dunkelrot	lichtweinrot	Naphtolrot 7793	0,5% Diaminrot 12 B	ja	4′, 12 m	sehr gut, fast zu stark	—
goldgelb	goldgelb	Chrysophenin G	selbstfließend	ja	4′, 12 m	sehr gut	—
magenta	magenta	basisch Rhodamin 6G, B	selbstfließend	ja	4′, 12 m	sehr gut	—
dunkelrot	lichtweinrot	Benzoechtschrl. 4BA Direktrot 12B	selbstfließend	ja	—	—	—
scharlachr.	scharlachrot hell	Benzoechtschrl. 4BA	selbstfließend	ja	—	—	—
grün	grün	Benzogrün FF Chrysophenin G	selbstfließend	ja	—	—	—
dunkelblau	reinblau	Benzoschwarz L Benzokupferblau B Benzoviolett 2RL	Rhodulinblau 6G 0,5% Rhodulinblau B 1%	ja	—	—	—

dunkelblau	rötlich-brillantblau	Schwefelblau 15	1% Viktoriablau B	ja	—	—	—
rot	fast nicht	Diazorot 7642	—	—	—	—	—
dunkelrot	hellweinrot	Naphtolrot 7618	0,25% D'rot 12B	ja	—	—	4', 12 m
dunkelblau	reinblau	Benzokupferblau Benzoschwarz L	1% Viktoriablau BA	ja	—	—	4', 12 m
dunkelblau	brillantblau	Carbidschwarz D diazot.	1,5 g Methylenblau G/1 l	ja	—	—	—
rot	rot	Naphtolrot I	4% Benzopurpurin 4B	nein	—	—	4', 12 m
dunkelblau	licht	Schwefelblau 15	2,5% Direkthimmelblau 1,5% Benzolichtblau 8GL	ja nein	—	—	4', 12 m
dunkelblau	reinblau	Schwefelblau 15	3% Diaminreinblau	nein	—	—	—
dunkelbraun	braun	Benzoechtschwarz L Benzobraun MC	selbstfließend	ja	4', 12 m	gut	—
schwarzblau	lichtgrünblau	Schwefelschwarz	100 g/10 ½ kg 400 l Wasse Benzolichtblau 8GL	ja	—	—	¾'=¼
dunkelrot	rotrosa	Naphtolrot 7793	10 g 4B 10 g 10B } 20 kg/500 l*	ja	—	—	¾'=¼
dunkelblau	reinblau	6% Diaminogenblau NA diazotiert	1 g Methylenblau G pro Liter Flotte	ja	—	—	¾'=¼
dunkelrot	rosa	Rot 7793	80 g 10/B 20 kg/500 l	ja	—	—	¾'=¼
rot	rot	Rot I (AS, GL)	100 g Benzopurpurin 4 B, 3(kg Salz kochd. 30 Min. 100 l	ja	4', 12 m	schwach	—
dunkelblau	rötlichblau	Schwefelblau 15	70 Methylenblau RR kalt, 0,5 l	nein	4', 12 m	schwach	—

* 4B, 10B = Benzopurpurin 4B, 10B.

Fortsetzung der Tabelle 8

Farbe	Effekt	Öl $^{3}/_{100}$	Effekt	gleichzeitiger Appret	Effekt	Kette und Schuß	Ergebnis
rot	—	×	schwach, nicht sehr stark	mit	keiner	—	gut
dunkelblau	—	4′, 12 m ×		$MgSO_4$	keiner	gleich schwach	nicht gut
dunkelblau	—	4′, 12 m		$MgSO_4$	keiner	gleich schwach	schlecht
blau	mittel stark, doch noch zu schwach	—	—	$MgSO_4$	etwas	ziemlich gleich	mittel
braun	—	—	—	$MgSO_4$	etwas	ziemlich gleich	gut
dunkelblau	—	4′, 12 m	ziemlich stark	$MgSO_4$	fast nichts	Kette viel schwächer	gut
orange	—	4′, 12 m	sehr schwach	Dextrin + $^{2}/_{100}$ Öl Dextrin + $^{2}/_{100}$ Öl	gut, mittel nichts	—	—
dunkelrot	—	—	—	—	—	—	gut
goldgelb	—	—	—	Stärke + Öl	sehr gut	—	gut
magenta	—	4′, 12 m	etw. verschmiert	—	—	—	gut
dunkelrot	—	—	—	Stärke + Öl	sehr gut mittelstark	—	gut
scharlachr.	—	—	—	Stärke + Öl	sehr gut mittelstark	—	gut
grün	—	—	—	Stärke + Öl	sehr gut mittelstark	—	gut
dunkelblau	—	—	—	Stärke + Öl	schwach	—	zu violett

dunkelblau	—	—	—	Stärke + Öl	schwach		Nuance gut, doch zu schwach
rot	—	—	—	Stärke + Öl	nichts	—	gut
dunkelrot	stark	—	—	—	—	—	gut
dunkelblau	schwach	4′, 12 m	verschmiert	—	—	—	zu rot und schwach
dunkelblau	—	4′, 12 m	stark etw. verschmiert	Dextrin + $^2/_{100}$ Öl	gut	—	Ton gut, doch nicht laut Muster
rot	stark	—	—	Dextrin + $^2/_{100}$ Öl	sehr stark	—	gut
dunkelblau	mittel	—	—	—	—	—	gut
dunkelblau	—	4′, 12 m	sehr stark	—	—	—	gut
dunkel-braun	—	—	—	mit $^3/_{200}$ Öl	sehr gut	—	gute Farbe
schwarz-blau	—	× ½	zu wenig übersetzt	30 Dextrin + $1^1/_2/_{100}$ Öl	—	—	nichts
dunkelrot	—	—	—	30 Dextrin + $1^1/_2/_{100}$, ¾ ¼ K	—	—	gut
dunkelblau	—	—	—	30 Dextrin + $1^1/_2/_{100}$, ¾, ¼ K	—	—	gut
dunkelrot	—	4′, 12 m	zu wenig	30 Dextrin + $1^1/_2/_{100}$, ¾, ¼ K	zu wenig	—	gut
rot	—	4′, 12 m	zu wenig mittel schmutzig	30 Dextrin + $1^1/_2/_{100}$, ¾, ¼ K	zu wenig schmutzig	Schuß ungleich. Garn?	stärker übersetzen
dunkelblau	—	—	—	—	—	Schuß besser als Kette	auf Diazogrund färbig

und oft nur mit dem halben Kasten gearbeitet wurde. Ein kleinerer Kasten hat aber den Vorteil einer kleineren Dampfverbrauchsmenge und außerdem ist, falls Fehler in der Ware vorkommen, und man ist beim Fließen nie ganz sicher, weniger Ware verdorben, bis man den Mangel merkt, denn selbstverständlich sind erst immer 48 Meter verdorben, bis man beim Herauskommen der Ware aus dem Dämpfer gewahr wird, daß etwas nicht in Ordnung ist.

Der Dämpfkasten ist an seinen oberen Heizplatten mit Asbest abzudichten und die Heizplatten obenauf zu isolieren, das wird meistens vergessen und der Kasten auch unisoliert geliefert.

Die Dampfzufuhr für direkten Dampf, die immer in kleinem Ausmaße nötig ist, muß vorne, um ein Verrosten der Welle und des Antriebes zu verhindern, gegen den Boden gedreht werden (s. Abb. 151). Dies ist bei gelieferten Kasten nicht der Fall und mußte erst nachträglich erfolgen.

Die Heizung des Kastens mittels der Heizplatten (indirekter Dampf) muß so dimensioniert sein, daß dieselbe genügend groß ist, um bei isoliertem Kasten diesem eine Temperatur von 100° C zu geben. Der direkte Dampf darf nur zum Feuchthalten der Ware im Innern des Kastens dienen bzw. zur Erhaltung einer genügend feuchten Atmosphäre, ohne welche ein Fließen ausgeschlossen ist. Ist dies nicht der Fall, so muß die Temperatur mittels direkten Dampfes auf 100°C gehalten werden, da der indirekte Dampf dazu nicht ausreicht und dazu sind die Temperaturverhältnisse bei gefülltem Kasten und laufender Ware zu prüfen. Sie liegen hier viel ungünstiger, da die Ware aus dem Kasten viel Wärme wegführt. Die Folge davon ist, daß infolge der großen Mengen Dampf, die in den Kasten gelangen, leicht eine Übersättigung der Luft in ihm mit Wasserdampf eintritt und sich Kondensat an den Walzen bildet oder von der Decke innen herabtropft. Ein solcher Tropfen oder eine solche nasse, „schwitzende“ Walze geben aber Anlaß zu einem Ausfließen der überfeuchten Warenstellen und damit zu der Erscheinung der so gefürchteten („Druppels“) „Tropfen“. Ist diese einmal bei laufendem Arbeitsgange eingetreten, dann versucht man durch weiteres Öffnen der oberen Lüftungsklappe diesen Dampfüberschuß wegzuziehen. Die Klappe soll immer etwas offen stehen. Die Größe richtet sich nach Warengeschwindigkeit, Kastentemperatur und Direktdampfmenge, am besten bleibt sie während eines Arbeitsganges konstant. Gleichzeitig ist darauf zu achten, daß die Temperatur im Kasten, die durch den vermehrten Zug natürlich die Tendenz hat, zu fallen, ja nicht unter 95° C fällt, da sonst diesmal durch zu große Abkühlung des Direktdampfes im Kasteninnern Kondensation eintreten kann. Der Direktdampf wird beim Eintreten dieser Übelstände am besten ganz geschlossen, was jedoch nur ohne die Gefahr der Abkühlung des Kastens möglich ist, wenn der indirekte Dampf die Temperatur auf 100° C halten kann. Für diesen Zweck ist ebenfalls die Wichtigkeit der eingangs erhobenen Forderung ersichtlich. Ist dies nicht der Fall, dann drossele man den Direktdampf soviel als möglich und stelle, im Falle in den nachfolgenden 50 Metern der Ware keine Besserung zu konstatieren ist, durch Abschneiden und Auslaufenlassen das Fließen ein.

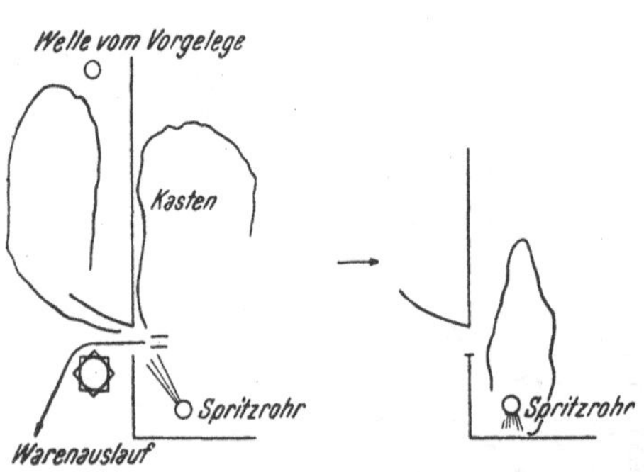

Abb. 151. Warenauslauf beim Dämpfkasten.

Ein weiteres Augenmerk ist beim Arbeiten auf das gute Funktionieren des Kondenstopfes des Kastens zu richten, den man immer vor Beginn der Arbeit mittels der Umgehungsleitung durchblasen soll.

Ferner ist die Temperatur des Kastens ständig zu beobachten.

Über das Einlaufen der Ware in den Spannrahmen (aus dem Fließkasten) ist folgendes anzumerken: Am besten läßt man vor Beginn des Fließens ein trockenes Stück Ware gleicher Breite durch den leeren Foulard und den geheizten Kasten passieren und führt dieses Stück in den Spannrahmen ein. Das Stück muß natürlich mindestens 70 Meter lang sein, am besten jedoch so lang, daß das vordere Ende den Spannrahmen bereits passiert hat, wenn das rückwärtige Ende noch einige Meter vor dem Foulard einläuft. In dieser Weise erreicht man, daß die zu fließende Ware, die man unmittelbar an dieses Stück anschließt, nicht etwa wegen Schwierigkeiten im Ein- oder Auslauf des Spannrahmens im Kasten unter Dampf stehenbleiben muß, da sonst die Gefahr besteht, daß diese 48 Meter infolge längerer Einwirkung feuchter Hitze mehr geflossen sind als die anderen.

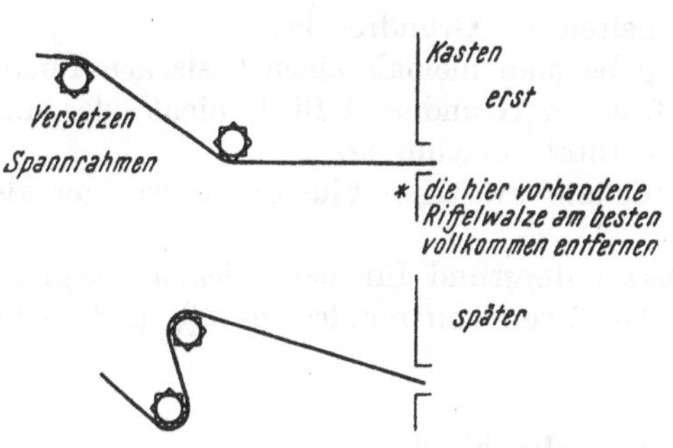

Abb. 152. Der Wareneinlauf in den Dämpfer.

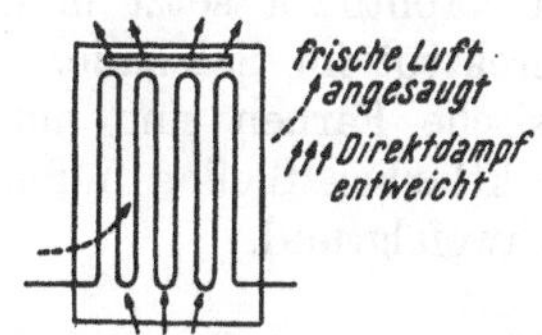

Abb. 153. Zirkulation im Fließkasten.

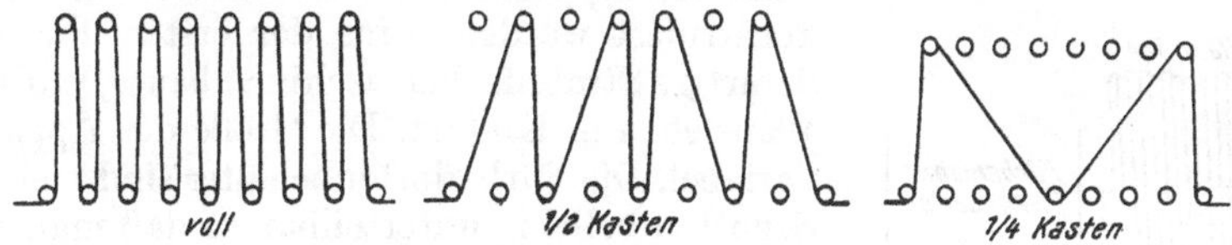

Abb. 154. Warenlauf im Dämpfkasten.

Die Heizung der oberen Heizplatten ergibt eine Innentemperatur von 54° C, bei Heizung mit den unteren Platten dazu 100° C.

Beim Stückeintritt muß durch ein breites Stück Blech gesorgt werden, daß auf die Ware keine Tropfen Kondenswasser fallen, welche bei stärkerem direktem Dampf gern an der Rückwand des Kastens ablaufen sowie an der Decke des Lokals sich bilden und dann auf die Ware fallen. Da sie den ganzen Kasten durchwandern, fließen sie sehr stark aus und geben Flecken. Beim Stückaustritt, wo diese Tropfen sich gerne an der Decke bilden, ist die Sache nicht zu gefährlich, da die Ware dann schon den Kasten passiert hat und die Temperatur außen nicht hoch genug ist, um ein Fließen eintreten zu lassen. Das Schutzblech ist am besten doppelwandig und dampfgeheizt. Es muß während des Laufens ein genügender Vorratssack hinter dem Rahmen zum Dämpfer sein.

Achte beim Einschalten des Dämpfkastens und des Foulards auf gleitende Riemen. Oft fallen diese ab, die betreffenden Maschinen stehen still und der laufende Spannrahmen scheuert das Stück entzwei.

Die Funktion der Lüftungsklappe oben ist aus Abb. 153 ersichtlich.

Achtung auf ausgelaufene Gummiwalzen im Foulard. Sie verursachen ebenfalls Stellen mit stärkeren Fließeffekten an den ausgelaufenen Stellen. Sie äußern sich als durchlaufende Streifen (Abb. 152).

Der Fließkasten besitzt innen acht Walzen, oben und unten neun, so daß die Ware im ganzen 16mal auf und ab läuft.

Wird nur der halbe oder gar nur ein Viertel des Kastens benützt, wie das bei basischen Fließfarben der Fall ist, dann ist die entsprechende Anordnung wie in Abb. 154.

Bei einer Laufgeschwindigkeit von 12 m im Durchschnitt beträgt die Zeitdauer des Fließens im Kasten 4 Minuten voll, 2 Minuten halb, 1 Minute bei $\frac{1}{4}$ Kasten (Abb. 154).

Für die Rezeptur der Färbungen gelten als Grundregeln:

Auf schwefelfärbigem Untergrund gebe man niemals einen basischen Fließaufsatz. Der Aufsatz haftet viel zu fest am Grund und fließt nicht oder nur sehr wenig. Außerdem ist die Nuance total verschmutzt.

Auf Naphtolrot setzt man zur Erzielung kräftigen Flusses nie weniger als 2% Direktrot im Salzbade.

Basische Farben sind nur auf Diazountergrund für das Fließen geeignet.

Direktfarben fließen nur stark in Aufsätzen von mindestens 2% und nicht auf Schwefelgrund.

4. Kunstseidenstrahnfärbung

Das Färben der Kunstseide im Strahn (Strang) wird wegen der Empfindlichkeit des Materials und der bei Viskosekunstseide (Reyon) außerordentlich stark herabgesetzten Naßfestigkeit meist auf Maschinen vorgenommen. Dabei hängen die Kunstseidensträhne auf mechanisch angetriebenen Haspeln, deren Drehachse exzentrisch angeordnet ist oder die ovale Form besitzen. Die hierfür verwendeten Apparate sind in zahlreichen Varianten konstruiert worden. Eine der ersten Firmen, die derartige Strahnfärbemaschinen baute, war Gerber-Wansleben in Krefeld. Die Größe der Apparate ist variabel. Die Färbeflottenbehälter sind meist durch Schotten beliebig unterteilbar, so daß man mehrere kleine Partien verschiedener Farbe gleichzeitig behandeln kann. Die Maschine ist für zweiseitigen Betrieb gebaut. Das Färben der Kunstseide in Packapparaten ist nicht möglich, da die starke Quellung des Materials im Wasser einen für die Flotte undurchdringlichen Materialblock bildet, der nicht durchfärbbar ist. Versuche nach WEBER, Kunstseidensträhne im Packapparat derart zu färben, daß die Strähne flach jeweils einlagig zwischen Baumwollgarn eingepackt wurden, führten bei der Herstellung von Standardfarbtönen zu vollkommen einwandfreien Ergebnissen. Die Strähne waren noch besser abspulbar als auf der Gerber-Maschine gefärbte.

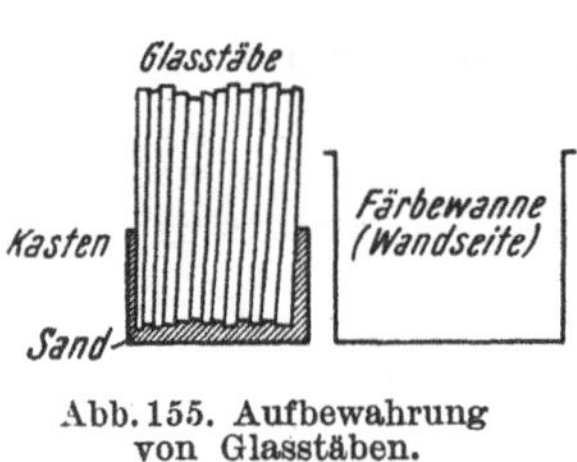

Abb. 155. Aufbewahrung von Glasstäben.

Das Färben der Kunstseide erfolgt grundsätzlich auf glattesten Stöcken oder Glasstäben, deren Ränder an den Enden schräg angeschliffen sind. Bei Aufbewahrung derselben in sandgefüllten Kästen, in welchen sie standen (s. Abb. 155), konnten sie sogar beim Trocknen des Garnes verwendet werden. Der Bruch betrug nur etwa 3 bis 5% im Jahr.

Zum Abhängen auf Schragen legt man die Stöcke mit den Strähnen, nachdem man über dem Bad hat abtropfen lassen, auf Schragen, die an der Stirnwand der Kufe stehen. Den eintretenden Badverlust muß man in Kauf nehmen, da ein Abhängen an über der Wanne angeordneten, in der Mauer verankerten Balken sich wegen der Höhe des erforderlichen Hebens als unpraktisch erwiesen hat. Sitzen die Balken tief, so muß man sie drehbar machen, damit sie das Arbeiten auf der Kufe nicht erschweren. Allerdings ist das Aufheben der Stöcke über das Bad dann leicht.

Die Färbetemperatur kann bis auf 80° C gesteigert werden. Dem Bad wird Türkischrotöl und etwas Nekal BX zugesetzt und erst einige Male auf leerer Flotte umgezogen, damit gut genetzt ist, bevor man dann bei 50° C auf das Farbbad geht. Bedingung für ein gutes Abspulen der Kunstseide ist, beim Färben die Gesamtoperationen soviel als möglich zu beschleunigen. Eine Farbpartie soll nicht länger als höchstens 40 Minuten umgezogen werden.

Beim Umziehen ist zu beachten, daß die Fitz- (Unterbinde-) Bänder (die Kunstseide ist vorteilhaft vor dem Färben zu fitzen, und zwar möglichst lose und nicht mehr als drei Originalsträhne zusammen) sich nicht verschieben, da sonst ein gutes Abspulen verhindert wird. Auch die Durchfärbung ist erschwert.

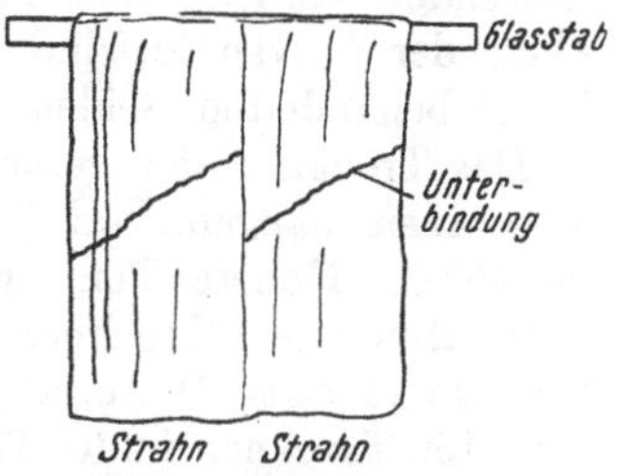

Abb. 156. Verziehen von Unterbindungen.

Gefärbt wird am liebsten ohne Salzzusatz, ist dieser aber aus Ökonomiegründen bei dunklen Farben nicht zu vermeiden, so soll er erst nach dem Hantieren auf der Farbflotte erfolgen und nicht etwa zugleich mit dem Farbstoff auch das Salz ins Farbbad kommen.

Am besten bewährt hat sich das Färben der Kunstseide auf Kupferbarken, indem die Strähne auf zwei Glasstöcken hängen. Das Umziehen erfolgt derart, daß jeweils einer der Glasstäbe mit den anhängenden Strähnen in die Höhe gezogen wird und der andere den Strahn dann an einer tiefer liegenden Stelle unterstützt, während der erst hochgezogene dann gesenkt wird. Dadurch wird fast bei jedem Male eine Drehung der Strähne von einem Drittel ihres Umfanges bewirkt, und das Garn wird, dadurch daß ein Arbeiten mit der Hand vermieden wird, geschont. Fadenbrüche und ein etwaiges Verwirren der Strähne werden vermieden. Erfolgt nun dieses Umziehen nach je viermal in der umgekehrten Richtung (nach jedem Male wäre das nicht gut, nachdem der Strahn nicht um ganze 180° gewendet wird, so daß es vorkommen könnte, daß er teilweise weniger oft mit der Flotte in Berührung kommt), so ist auch ein Verziehen der Fitzbänder ausgeschlossen, da diese sich, wenn sie etwa etwas verzogen sein sollten, durch das Ziehen in der anderen Richtung nun wieder ausgleichen (Abb. 156, 157).

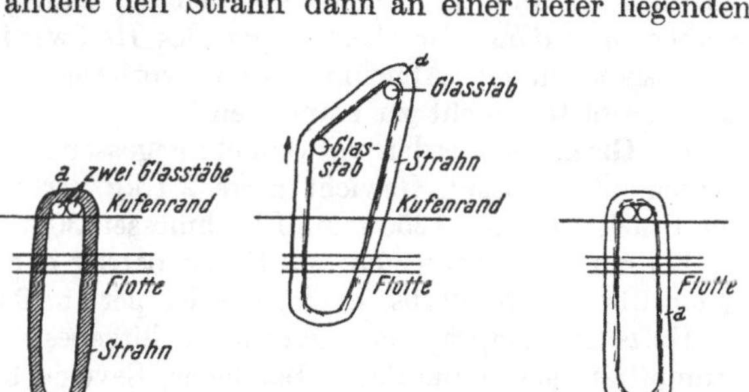

Abb. 157. Das Umziehen im Reyon auf Glasstäben. a oberer Strangteil.

Die Arbeiter müssen aufmerksam auf etwaige zu enge Fitzen der Fabrik achtgeben. Es kommt häufig vor, daß in einzelnen Strähnen die Fitzen der Fabrik so fest sitzen, daß ein Durchfärben des Strähns an diesen Stellen nicht erfolgt. In diesen Fällen ist ein vorsichtiges Durchschneiden der Unterbindung das einzige zum Erfolg führende Mittel.

Eine geeignete Farbstoffwahl unterstützt die Erzielung gleichmäßiger Färbungen wesentlich. Der Nachweis besonders unegaler Qualitäten in bezug auf färberisches Verhalten ist mit Diaminreinblau FF sehr leicht zu führen. Es sind auf diese Art die kleinsten Unregelmäßigkeiten in der Qualität der Kunstseide sichtbar. Beim Färben ist daher von einer Verwendung dieses Farbstoffes Abstand zu nehmen.

Das Abhängen der Partien erfolgt, wie bemerkt, beim Eingehen, Zusetzen usw. auf Holzschragen. Finden Glasstäbe Verwendung, so muß aufmerksam gemacht werden, daß zur Vermeidung von Sprüngen durch jähen Temperaturwechsel vor dem Spülen der Partie dieselbe auf den Schragen erst etwas zu verkühlen ist. Eine Nachbehandlung mit einem guten Avivieröl (Viskoflerhenol A [Flesch] oder Prästabitöl [Stockhausen]) ist unbedingt anzuraten. Vom Avivieröl ist nicht mehr als 2 g pro Liter zu nehmen, da sonst die Fäden beim Abspulen zu sehr kleben. Bei gereinigtem Wasser kann eventuell das billigere Türkischrotöl verwendet werden; auch Monopolbrillantöl, beide allerdings in der doppelten Menge der Avivieröle, sind gut, doch ist hier die klebende Wirkung des Öls bei derart behandelten Seiden in der Spulerei deutlich zu bemerken.

Das Trocknen der gefärbten Garne geschieht auf glatten Holzstöcken oder Glasstäben hängend im Trockenkasten bei niedriger Temperatur, höchstens bei 50° C. Höhere Temperatur macht die Kunstseide spröde. Auch ist das Material vor dem Trocknen, in Tücher gehüllt, mindestens $\frac{1}{4}$ Stunde zu schleudern, da zu nasse Ware, abgesehen von der Dauer des Trocknens, ebenfalls hart wird. Ein Trocknen in der Trockenkammer bei 35° C ist gut, doch langwierig. Ein Trocknen im gespannten Zustand durch Einhängen eines zweiten Stabes, der durch sein Gewicht die Seide gespannt hält, ist zeitraubend; das Einhängen dieses Stabes bildet ein großes Gefahrenmoment für das eventuelle Verwirren der Strähne bei nicht sehr sorgfältiger Arbeitsweise. Die Verwendung von Glasstäben auch beim Trocknen ist wegen der häufig eintretenden Sprünge in den Stäben, und dann vor allem wegen des Heißwerdens der Stäbe, das nach dem Herausnehmen ein Abnehmen ohne vorheriges Verkühlen am Schragen fast nicht gestattet, nicht zu empfehlen.

Als Glasstäbe werden verwendet: gegossene Stäbe mit abgeschliffenen Endkanten, also massiv, Gewicht zirka 2,1 kg per Stab, Preis 1,50 holl. fl. (1928) per Stück. Länge: 1250 mm, Durchmesser 30 mm.

Bei einem Bestand von 500 Stück betrug der Bruch per anno 5% auf eine Quantität von 8000 lbs. Seide, das ist per lb. 0,034 Cent (1928).

Holzstäbe, imprägniert, garantiert hitzebeständig und nicht rauhwerdend, krumpffrei, lieferte die Firma Bendgens, Sevelen bei Köln, Durchmesser 25 mm, zu 0,51 holl. fl. (1928) per Meter.

Aluminiumstäbe zum Trocknen: Maße: 27 mm dick, 1185 mm lang, 99,5% Al, 1,30 holl. fl. (1928) per Stück. Lieferant: Berg-Heckmann-Selve A. G., Werdohl, D. R.

Wie bereits erwähnt, können auch mit Hartgummi überzogene Stäbe verwendet werden.

Nach dem Trocknen werden die einzelnen Strähne in der bestimmten Anzahl der Originalpackung in Papier zu 10 lbs. in Packeten verpackt.

Ein Ausschlagen der Strähne in der Färberei vor dem Packen fand nicht statt.

Eine Kunstseidenschlagmaschine, federnd, wurde auf Anfrage mit 2200 holl. fl (1928) offeriert. (Gerber-Wansleben, Zittauer Maschinen Fabriks A. G.)

Bei großen Partien und großer Produktion ist die Anschaffung einer Kunstseidenfärbemaschine von Gerber-Wansleben in Krefeld zu empfehlen.

Der Preis einer solchen Maschine für 160 kg pro Tag betrug 6000 holl. fl., für 500 kg pro Tag 10000 holl. fl. (1928).

Zur Färbung der Viskosekunstseide (Reyon, Rayon) können alle für die Färbung von Zellulosematerialien in Frage kommenden Farbstoffklassen herangezogen werden. Es ist jedoch beim Färben darauf Rücksicht zu nehmen, daß die Affinität der Farbstoffe zu regenerierter Zellulose (Hydratzellulose) im allgemeinen eine wesentlich höhere ist als zu Baumwolle und das rasche Aufziehen der Farbstoffe leicht zu einem unegalen Ausfall der Färbung Veranlassung geben kann. Färbungen mit basischen Farbstoffen werden nur vereinzelt vorgenommen, wobei man auf Katanol-ON-(IG)-Beizen (Thiotan MS [Sa] usw.) arbeitet. Beim Vorbehandeln des Materials sind die Katanolmengen bzw. vor allem die Kochsalzmengen wesentlich herabzusetzen. Es kann vorkommen, daß in der Kunstseidenfabrikation schlecht entschwefelte Anteile beim Beizen durch eisenhaltiges Wasser eine schwärzliche, unregelmäßige Verfärbung zeigen, die beim nachherigen basischen Färben stören kann. Auch ist es möglich, daß zufolge unregelmäßiger Streckung oder durch einen anderen Reifungsgrad der Kunstseidenchargen derart verschieden erzeugte Viskosekunstseiden in einer Färbepartie vereinigt vorliegen. Sie färben sich dann unegal bzw. nehmen die Beize ungleich stark auf. Diese Unegalitäten unterscheiden sich von durch unvorsichtiges Arbeiten verursachten grundlegend dadurch, daß stets ganze Strähne oder Bündel eine tiefere oder hellere Färbung zeigen. Während bei Direktfärbungen usw. der Fehler durch Farbstoffwahl usw. verringert werden kann, ist dies bei der basischen Färbung nicht möglich. Man kann derartige im Ton ungleich ausgefallene Partien nur sortieren und getrennt verarbeiten.

Eine Verbesserung der Gleichmäßigkeit des Anfärbevermögens kann auch durch eine Vorbehandlung mit 0,75 g pro Liter Sandozin NJ (Sandoz) in 1,5 Bé Natronlauge und Behandlung bei Kochtemperatur erzielt werden.

Eine große Anwendung finden in der Kunstseidenfärberei die substantiven Farbstoffe, und zwar sowohl die geringe Echtheit aufweisenden normalen Vertreter dieser Klasse als auch die hochlichtechten Produkte.

Das Aufziehvermögen und die optimale Färbetemperatur der von Bayer gehandelten Siriusfarbstoffe wird wie folgt angegeben. Heißfärber, bei 80 bis 100° C ziehende Produkte sind: Siriuslichtgelb RT, RR, -orange 7GL, RLL, -scharlach GG, -rot 4BL, -violett BL, -blau 3RL, F3R, BRR, BBL, FBGL, -grün 6B, BB, BTL, die -braun- und -graumarken. Ferner Siriusrot F3B, -blau FG, 6G, -grau GB, G. Kaltfärber, mithin schon bei 25° C ziehend und optimal auf die Faser bei 50 bis 60° C gehend (Halbwolle!) sind: Siriuslichtgelb 5G, RK, FRRL, -rubin B, -blau RL. Ferner Siriusgelb GG, G, GC, -rot BB, 4B, -bordo 5B, -rosa BD, G, -violett BB, 3B, -schwarz L, VE.

Bei mittleren Temperaturen und gleichmäßig bis zu 100° C ziehen: Siriuslichtgelb RDA, -orange F3G, 5G, 3R, -rot 5B, -rotviolett RL, BBL, -blau GL, 3G, sowie Siriusorange G, -scharlach B, -grün G, B, -braun GT, -grau RR.

Durch Salzzugaben regulierbar, also salzunempfindlich, sind im Ziehvermögen Siriuslichtgelb 5GR, -orange 7GL, 5G, RRL, -scharlach GG, -rot 4BL, -rubin B, -rotviolett RL, BBL, -blau BRR, RL, B, BL, GL, 3G, -grün 6B, BB, -braun R, -grau GG, R, sowie Siriusgelb GC, -orange G, -rot BB, 4B, -rosa BB, -bordo 5B, -blau FG, 6G, -grau G, GB.

Schon in kleinen Salzzugaben empfindlich und rasch aufziehend, im Ziehvermögen also nur durch die Färbetemperatur zu regeln, sind u. a.: Siriuslichtgelb FRRL, -blau 3RL, FBGL, -grün 3G.

Für streifig färbende Viskose sind besonders folgende Farbstoffe geeignet:

(IG) Direktgelb 5G konz., Siriusgelb 5G, G, Chrysophenin G, Benzoechtorange S, Toluylenorange GL, Siriusrot 2B, Siriusrubin B, Diaminscharlach B, Brillantbenzoechtviolett 2RL, Siriusviolett 2B, Siriusbraun BRL, Plutobraun 2G, Diaminbraun 33, Brillantbenzogrün BX, Kunstseidenschwarz G, Sambesischwarz D.

(Ci) Chlorantinlichtgelb 5GLL, 4GLL, RLL, Baumwollgelb CH, Direktechtgelb F, Chlorantinlichtorange G, Direktechtorange SE, Chlorantinlichtrot 5B, 7B, Chlorantinlichtviolett RLL, Chlorantinlichtbraun BRLL, Kunstseidenschwarz GN usw.

(Sa) Direktgelb CV, Chloramingelb FF, Chloraminlichtorange G, Chloraminechtorange SE, Pyrazolorange GH, Solarrot B, Solarrot 3B, Solarviolett R, Solarbraun PL, Viskoschwarz N usw.

(Gy) Diphenylchrysoin 3G, Diphenylchlorgelb FF, Polyphenylorange SP, Diphenylechtorange SE, Diphenylechtrot 5BL, 7BL, Diphenylgrün G, Diphenylechtbraun BRL usw.

(Bayer) Siriuslichtgelb 5G, R, -blau RL, 3G, Siriusgelb G, -rot BB, 4B, -bordo 5B, -violett BB, 3B, -schwarz L, VE.

Blautöne, die man mit den normal gebrauchten Farbstoffen nicht egal bekommt (über die Reaktivität von Diaminreinblau FF auf Viskoseunregelmäßigkeiten s. S. 490), erzielt man mit den Riganblau- (Ci), Viskoblau- (Sa) oder Benzoviskoseblaumarken (IG). Sie dienen auch zur Herstellung von Grüntönen.

Als Röte kann man mit Vorteil Diazorotmarken nehmen, die nicht diazotiert werden, z. B. Rosanthren RB, Rosanthrenbrillantrot BR (Ci) usw.

In letzter Zeit sind die Coprantin- bzw. Cuprofixmarken zufolge ihrer durch entsprechende Nachbehandlung guten Wasser- und Waschechtheit, insbesondere für die als Stapelfaser versponnene Viskosekunstseide, also Zellwolle, wertvoll geworden, dies deswegen, weil Zellwolle vielfach mit Baumwolle und Wolle in licht- und naßechten Tönen verarbeitet wird.

Naphtolrot wird auf Kunstseide nicht häufig gefärbt. Der Grund liegt darin, daß ein wirtschaftliches Arbeiten nur mit wenigen Kombinationen möglich wäre. Grundieren am Apparat ist ja unmöglich, aber auch das Arbeiten auf der Passiermaschine gibt bei dem empfindlichen Material nur Fehlresultate durch die vielen Manipulationen, die zum Reißen von Fäden, Verwirren der Strähne usw. führen.

Schwefelfarbstoffe finden in der Kunstseidenfärberei auch selten Anwendung. Dies hat seinen Grund darin, daß die stark alkalischen Bäder meist einen strohigen Griff des Materials verursachen, der eine teure Präparation vor dem Spulen und Verarbeiten notwendig macht.

Küpenfarbstoffe werden auf Kunstseidenstrahn ebenfalls nicht in dem Maße gefärbt, als sie etwa in der Baumwollgarnfärberei Anwendung finden. Beim Arbeiten auf mechanischen Apparaten des Hängesystems haben in letzter Zeit vorgenommene Untersuchungen ergeben, daß die oft auftretenden schweren Faserschädigungen ihre Ursache darin haben, daß beim mehrmaligen Luftgang des Textilgutes die Leukoverbindungen der Farbstoffe hochaktive Peroxyde bilden, welche die Faser angreifen[54]. Der Lichteinfluß spielt hierbei keine Rolle. Diese Peroxyde werden immer nachgebildet. Einen Schutz gegen ihren schädigenden Einfluß bildet die Zugabe von aromatischen Polyoxyverbindungen (1 g/l) zum Färbebad. Auch die Zugabe feinverteilter Silikate DBF 864858 (Hoechst) wird empfohlen.

---

[54] SCHÖNBERGER: Vortrag VTCC-Kongreß 1951, ref. Melliand Textilber. 32, 473 (1951).

Besondere Vorsicht ist beim Färben von spinnmattierter Viskoseseide zu beobachten, da hier zufolge der Anwesenheit des Titandioxydpigmentes spontane Lichtschädigungen an Färbung und Faser auftreten. Näheres darüber s. S. 317.

Neben der Viskosekunstseide kommt auch, viel seltener allerdings, Kupferkunstseide zur Färbung. Im wesentlichen gilt das vorher Gesagte auch für dieses Material. Es muß bloß noch betont werden, daß die Affinität dieser Kunstseidenart zu Farbstoffen außerordentlich viel größer ist als die von Reyon, so daß die Vorsichtsmaßnahmen zum Erzielen einer egalen Färbung nur noch mehr beobachtet werden müssen.

Azetatkunstseide kommt im Strahn ebenfalls selten zur Färbung, meist nur, wenn es sich um Material für Effektfäden handelt.

Man färbt diese azetylierte Zellulose mit dispergierten Azetatseidenfarbfarbstoffen: Celliton-, Cellitonecht- (IG), Setazyldirekt- (Gy), Artisildirekt- (Sa), Cibacet- (Ci), Azetaminefarbstoffen (Du Pont) usw., oder den löslichen Astrazonen. Die Färbungen auf Azetatseide zeigen, insbesondere bei Verwendung blaufärbender Anthrachinonderivate das Gas-Fading, das heißt ein Ausbleichen in SO_2- oder säurehaltiger Atmosphäre. Durch Behandlung mit einer Reihe von Stoffen (s. Patentliteratur bzw. WEBER-MARTINA, Die neuzeitlichen Textilveredlungs-Verfahren der Kunstfasern, l. c. S. 281) kann diese Erscheinung behoben werden.

Beim Färben von Azetatseide zeigt sich auch oft, daß eine Mischung von Farbstoffen tiefer färbt als die einzelnen Komponenten für sich in derselben Konzentration („mixed effect").

Eine Färbung der Azetatkunstseide im Packapparat ist trotz der geringen Faserquellung deshalb nicht möglich, weil das Material gegenüber der Farbstoffdispersion als Filter wirkt. Nach Untersuchungen der BASF geben unter Mitverwendung von Nekanil SC spezial (einem Ä-O-Produkt) folgende Farbstoffmarken nach Aufkochen am Stechrohr fast klare Lösungen:

Cellitonechtgelb 3G, RR, 5R, -braun 3R, 5R, -scharlach R, -rot BB, -marineblau BN, BGN, -blau B, FFG, -schwarz BTNU, 3G. Für sie scheint, des hochkolloidalen Lösungszustandes wegen, eine Färbung am Packapparat durchführbar.

Obwohl nicht direkt zur Färberei gehörig, sollen doch einige Hinweise zur Spulerei der Kunstseide gegeben werden. Während für Ketten die Spulung der Strähne auf Kreuzspulen, das Zetteln und das Breitschlichten der Ketten auf Spezialmaschinen für Kunstseide (ohne Spannung) vorgenommen wird und nur mechanisch-technologische Probleme aufwirft, ist das Schußspulen (Kannettieren) der Kunstseide doch vielfach von der Behandlung der Strähne in der Färberei abhängig. Zu stark geölte (avivierte) Seide klebt beim Spulen meist, zu wenig geölte gibt mehr Abfall.

Die Behandlung von gefärbter und gespülter Ware mit Paraffinemulsionen soll besser unterbleiben. Das dadurch erstrebte „gute Laufen" beim Spulen führt meist zu weichen Kannetten, die leicht beim Weben „abschlagen". Man überlasse das Paraffinieren schlecht laufender Garne der Spulerei. Lediglich bei basischen Farben kann die Färberei bereits eine schwache Behandlung mit Ramasit K (IG) oder einer anderen der käuflichen Paraffinemulsionen durchführen.

Das Kannettieren der gefärbten Kunstseide erfolgt entweder direkt vom Strang auf die Kannette oder vom Strang auf Scheibenspulen (Bobinen) und dann von diesen auf die Schußhülsen. Der zweite Weg ist langwieriger, aber besser, da bei der ersten Arbeitsweise die geringsten Unregelmäßigkeiten im Strahn infolge der größeren Abspulgeschwindigkeit sehr ins Gewicht fallen und vor allem durch Hängen des Strahns vor dem Reißen leicht eine Überstreckung der Kunstseide stattfindet. Diese Überstreckung äußert sich im gewebten Stück durch Streifen größeren Glanzes in der Schußrichtung, den „shining picks".

Beim Arbeiten mit der Zwischenform der Bobine ist die Spulgeschwindigkeit beim Abwinden des Strahns eine viel kleinere und daher auch viel weniger Gefahr zum Fadenbruch, zur Überdehnung, da der Zug ein kleinerer ist. Außerdem wird ein schlechter Strahn dann auch viel weniger verzogen und lose Windungen in ihm nicht noch mehr verwirrt, denn dieses Verwirren fliegender Enden oder loser Windungen ist um so größer, je schneller die Haspel rotiert.

Beim Kannettieren von der Bobine ist dann eine sehr hohe Geschwindigkeit zulässig, denn der Faden sitzt geordnet auf der Bobine, schwache Stellen in ihm sind durch den ersten Spulprozeß ausgemerzt und der Ablauf erfolgt bei guter Bobinenwicklung fast ungehemmt.

Was schließlich die Leistung und Kosten anlangt, so ist die Produktion per Arbeiterin beim zweiten Prozeß im Vergleich zum ersten derart hoch, daß die Kosten bei entsprechender Entlohung für das „Umspulen", also den Weg über die Bobine in zwei Arbeitsgängen, sich nicht höher stellt als der direkte Weg des Spulens vom Strahn auf die Kannette, abgesehen von der größeren Sicherheit.

Was den Maschinenpark anlangt, so sind für den zu besprechenden zweiten Fall nötig:

a) Maschinen zum Spulen der Kunstseide vom Strahn auf Bobinen:

Hier sei die Maschine der Universal Winding Co, Paris, per Stück 680 holl. fl. (1928), beschrieben, welche seither weiter entwickelt wurde.

Die Maschine ist zweiseitig gebaut mit je 30 Spindeln, der Antrieb per zwei Maschinen ist durch Motor von 2,5 HP 900 Touren. Die Tourenzahl der oberen Welle der Maschine, auf welcher die Treibräder zum Antrieb der Bobinen mittels Reibung sitzen, ist 320. Die Umdrehungszahl der Haspeln bzw. die Laufmeter im gebremsten Zustande (die Haspeln werden durch kleinere Gewichte an Lederriemchen gebremst) ist zirka 80 Meter per Minute. Das Bremsgewicht beträgt zirka 25 g.

Eine Arbeiterin bedient 30 Spindeln, die Leistung pro 48 Arbeitsstunden beträgt pro Maschine, zweiseitig, 180 kg.

Die Maschine ist im Unterbau sehr leicht gebaut und von spezifisch amerikanischer Konstruktion. Der Preis beträgt in englischen Pfund 55,—.

Über die Konstruktion ist folgendes zu sagen: Die Hauptwelle treibt, durch Motor und Stufenantrieb für drei Geschwindigkeiten angetrieben, mittels Treibrädern Klötze aus Buchsbaumholz, die auf den Spindeln, auf welche die Bobinen geschoben werden, sitzen. Auf der anderen Seite der Maschine befindet sich ein Doppelzahnrad, welches zwei Zahnräder in Bewegung setzt. Ein Rad davon bewegt einen Exzenter, an welchem die zwei Zugstangen zur seitlichen Verschiebung der zwei Holzleisten auf Kantwalzen laufen; die Holzstangen tragen die Porzellanfadenführer, die mittels Drahtschlingen, verschiebbar, an ihr befestigt sind. Dadurch wird die Aufwicklung des Fadens auf die Bobine bewirkt. Die Länge der Aufwicklung kann reguliert werden durch entsprechende Einstellung der Zugstangen mittels Schrauben, die Endpunkte sowie das korrekte Nebeneinanderliegen der Faden auf der Bobine werden geregelt durch eine Nocke des zweiten Zahnrades und die Tatsache, daß dieses, obwohl mit dem ersten auf einer gemeinsamen Zahnradantriebsfläche laufend, um einen Zahn weniger besitzt als das, welches den Exzenter in Bewegung setzt.

Die Lager für die Haspeln sind zweiteilig, das heißt es kann der Haspel näher oder entfernter von der Bobinenachse eingesetzt werden. Dies ist gedacht für den Fall, daß der Strahn sich in schlechtem Zustande befindet. Dann wird die Einlage näher der Achse gewählt, da in diesem Falle der Zug der Bobine auf dem Faden nicht so stark ist durch den kürzeren Abstand vom Angriffspunkt des Abzuges als bei der weiteren Einstellung. Die Gefahr des Fadenbruches und damit des zeitraubenden Endensuchens ist damit verringert.

Der Stufenantrieb gestattet eine Einstellung der Fadengeschwindigkeit des Ablaufes von 74, 90 und 120 Metern pro Minute.

Betrachtet man die in Versuchen ermittelte Leistung bei den verschiedenen Geschwindigkeiten, so ergibt sich folgendes Bild:

Maschinengeschwindigkeit	Anzahl der bedienbaren Spindeln	kg/Std./Arb.
120 m	15	1,3 (150 den)
90 „	15	1,0
74 „	15	0,8
74 „	30	1,6

Es erweist sich also die Einstellung der kleinsten Geschwindigkeit neben der Bedienung der größtmöglichen Haspelzahl schon rein rechnerisch als die beste Konstellation, abgesehen davon, daß bei größerer Geschwindigkeit auch die Bruchhäufigkeit und damit der Zeitverlust durch Endensuchen steigt. Außerdem sind die im letzteren Falle in die Spule kommenden Knoten, die zu Brüchen am Riet des Webstuhles führen können, und dies ist meistens der Fall, viel zahlreicher.

Als Lohnsätze an dieser Maschine wurden in Holland bezahlt:

Für	1	kg	150	den	(weiß	oder	gefärbt)	18	Cent (1928)
„	1	„	250	„	„	„	„	15	„
„	1	„	300	„	„	„	„	14	„
„	1	„	600	„	„	„	„	6	„
„	1	„	800	„	„	„	„	4	„

Was die Form der Haspel anlangt, so handelt es sich um Haspel, die für jede praktisch vorkommende Haspelung (Weife) durch einfaches Drehen an dem Mittelpunkt des Haspels einstellbar sind. Die Auflagen sind aus starkem Draht, der wellenartig gebogen ist, um den Strahn während des Laufens möglichst breit zu halten und ein Zusammenschießen desselben durch die Zugwirkung zu verhindern. Dadurch ist auch hier für ein möglichst gutes, störungsloses Ablaufen gesorgt.

Es ist darauf zu achten, daß die Kunstseide mit nicht zu großer Spannung auf die Bobine gespult wird, da sie dann schlecht umspulbar ist und die Gefahr der Überstreckung groß ist. Diese wird dann durch die weitere Dehnungsbeanspruchung bei dem Umspulen auf Kannetten noch vergrößert. Daher keine zu großen Bremsgewichte an den Haspeln anwenden.

Die Exzenterfadenführung muß tadellos auf die Weite der Bobine eingestellt sein. Ist die Aufwicklung im Verhältnis zur Bobine zu kurz, dann fallen die Endwicklungen in sich zusammen und die Bobine läuft schlecht ab. Ist die Einstellung jedoch zu groß, erfolgt ein Überlaufen der Kunstseide in den obersten Lagen der Wicklung über den Bobinenrand (über die Flanschen). In den unteren Lagen erfolgt ein Auflaufen gegen den Scheibenrand, wodurch die Regelmäßigkeit der Wicklung und damit des Ablaufes leidet.

Es ist beim Montieren der Maschine darauf zu achten, daß die Haspel und Bobinen sich gegenüberstehen und der Ablauf gerade, nicht etwa seitlich schief erfolgt, da sonst die Strähne auf dem Haspel seitlich verzogen werden, sich verwirren und der Faden schlecht abläuft.

Die Bobinen sind aus Fibre, werden von der Universal Winding Co. geliefert und kosten pro Stück 3,10 franz. Fr. (1928). Sie fassen, weich gewickelt, zirka 86 bis 88 g Material von 150 den Kunstseide, das sind zwei Strähne von je 2700 m, also 5400 m. Inzwischen sind Bobinen aus Kunststoff in Gebrauch.

Die Enka bringt Holzbobinen mit starkem, abgerundetem Rande zum besseren Abspulen in den Handel, die nutzbare Menge aufspulbaren Materials ist jedoch hier bedeutend kleiner (um zirka 40%) und daher ist ein viel größeres Bobinenmaterial und Kapital notwendig. Der Preis ist zirka 25 Cent pro Stück, während die der Universal Winding auf zirka 16 Cent (1929) kommen.

b) Maschine zum Kannettieren von Kunstseide ab Bobinen nach dem „Over end"-System, das ist mit stehender Bobine:

Type Universal Winding Co., Leesona M 90. Preis zirka 100 Pfund, das ist 1250 holl. fl. (1929).

Die Maschine ist zweiseitig, mit je 10 Spindeln, zum Antrieb sind sechs Maschinen zu einem Motor von 10 HP, 7,5 kW, 1500 t, 220 V, 27 A, gekuppelt. Der theoretische Kraftbedarf pro Maschine ist 1 HP.

Die Tourenzahl der Antriebswelle ist 700, der Spindeln selbst 2400 max., im praktischen Falle jedoch nicht höher als 2000.

Die Maschinengeschwindigkeit ist zirka 128 m pro Minute. Verwendete Disken (die Dicke und Form der Kannette beeinflussend) für Seide: 5; verwendete Windungskombination 7 W (für Baumwolle Diskus 1, Windungskombination 11 W).

Eine Arbeiterin bedient zirka 20 Spindeln.

Eine Kannette faßt 1350 Yard Seide, es gehen 3½ Kannetten zirka aus einer Bobine. Der Nutzeffekt schwankt zwischen 86 und 88%.

Die Lohnsätze betrugen in Holland:

Per kg 150 den	....	14 Cent (1929)
„ „ 250 „	....	12 „
„ „ 300 „	....	12 „
„ „ 600 „	....	4 „
„ „ 800 „	....	3 „

Die Leistung pro 20 Spindeln in einer Stunde ist zirka 1,6 bis 1,7 kg. 150 den.

Der Antrieb der Maschine läuft ganz in Öl. Bei laufender Maschine sind die Deckel der Ölkästen nicht abzuheben, da sonst das Öl herausspritzt. Zu dickflüssiges Öl darf, der großen Reibung halber, in diesen schnell laufenden Getrieben nicht verwendet werden.

Über die Kannetten: Zuerst wurden gewöhnliche lange Kannetten aus Pappe der Firma Adolff, Reutlingen, verwendet (Kannettengewicht zirka 7 g, Preis per Kilogramm 1,02 holl. fl.). Die Menge des aufgespulten Materials betrug in diesem Falle 1600 Yards. Die Kunstseide läuft von diesen langen Kannetten allerdings weniger leicht ab als von kurzen, weshalb sie auch später durch andere ersetzt wurden.

Bei den verwendeten Kannetten ist zu beachten, daß ihr Vorderteil, über welchen das Abgleiten des Fadens im Schützen erfolgt, tadellos und unbeschädigt ist. Beschädigte Kannetten sind von den Spulerinnen direkt auszusortieren. Wichtig ist für die Erzielung guter Erfolge in der Weberei auch, daß die Kannetten nicht abschlagen. Dazu ist erforderlich, daß sie hart gespult sind und ferner ist für den Halt des glatten Seidenfadens eine kleine Kanälierung der Kannette notwendig. Schließlich ist auch das Verhältnis zwischen Auflage in Yard oder Gramm und der dazugehörigen Kannettenoberfläche wichtig für die Haltfestigkeit.

Bei der Kannette von Obourg beträgt die aufgespulte Länge 1350 Yard von 150 den. Die Oberfläche ist 42 cm². Daher sitzen per Quadratzentimeter 30 Yard auf (kurze Kannette). Bei der langen Kannette von Adolff, welche erst benützt wurde, sitzen 1600 Yard auf einer Oberfläche von 35 cm², daher 48 Yard per Quadratzentimeter. Die Haftfläche ist also bei der kurzen Kannette um zirka 50% größer.

Als Kannettenlieferanten kommen z. B. in Betracht:

Lückgens & Dörner, Odenkirchen bei Rheydt .... per kg 1,20 holl. fl. (1930)
Adolff, Reutlingen .... per kg 1,15 holl. fl. (1930)
Christ. Friedrichs G. m. b. H., M. Gladbach .... per kg 1,00 holl. fl. (1930)
(alles imprägnierte Kannetten).

Die Bobinen stehen bei der Maschine unten auf einem Holzbrett auf Drahtspitzen.

Die Bobinen sind auf dem Brett so zu ordnen, daß ihre Mitte genau der Einlaufmitte der Fadenführung der Spulvorrichtung entspricht. Am besten ist dies durch Benützung eines kleinen Lotes aus einem Faden, der beschwert wird, festzustellen.

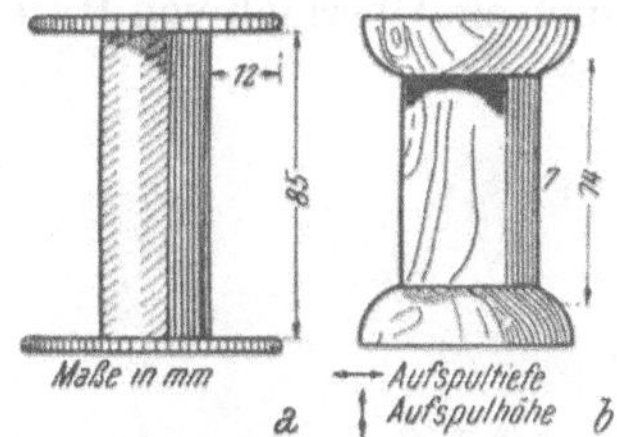

Abb. 158. Bobinenformen.

Ferner ist die richtige Höhe der Bobine wichtig: Der beim Fadenablauf entstehende Ballon (Bahn des Fadens) ist so zu halten, daß er nicht zu eng ist (Brett nicht zu tief). Sonst streicht der Faden über die vorstehenden Flanschen der Bobine und kann, wenn diese schon fast abgelaufen ist, durch Hängenbleiben reißen. Aus diesem Grunde sind überhaupt die Kanten der Flanschen möglichst vor Beschädigung zu schonen. Dies wird erreicht durch sorgfältiges Schichten der Bobinen, durch Vermeidung von Herumwerfen derselben usw. Ist der Ballon jedoch zu groß (steht die

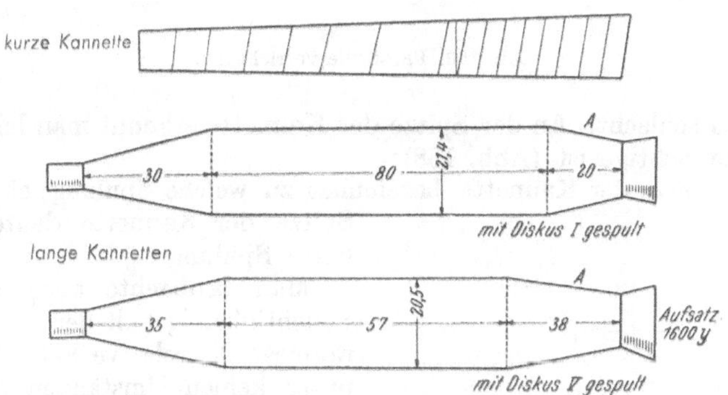

Abb. 159. Kannettenformen.

Bobine zu hoch), so schlingt sich die Seide beim Ablauf ein, es wird dadurch der Drall des Fadens gelöst, die Festigkeit an diesen Stellen dann verkleinert, so daß einzelne Kapillarfäden reißen und die Kunstseide dann rauh wird. Die gewonnenen Kannetten sind stacheligen Aussehens und unverwendbar (Igel). Bei schlecht laufender Ware (basische Färbungen) empfiehlt sich die Verwendung fingerförmiger Fadenführer, die eine geringere Reibung besitzen. Ein Paraffinieren soll nicht vorgenommen werden, da trotz großer Bremsgewichte dann leicht durch zu große Glätte des Fadens weiche Kannetten erzielt werden, die in der Weberei abschlagen. Für ganz spröde Seiden ist eventuell eine Paraffiniervorrichtung, bestehend aus einer auf einer blanken Unterlage sich mit dem Faden drehenden Paraffinscheibe, zu gestatten.

Was die Belastung bei den einzelnen Qualitäten zur Erzielung einer guten Kannette betrifft, so betrug diese Ausprobe:

Für Enka	150 den,	Weiß C	10,0 g
„ „	150 „	gefärbt	4,5 „
„ „	150 „	Weiß OGS	20,0 „
„ „	150 „	gefärbt OGS	10,0 „
„ „	250 „	Weiß C	25,0 „
„ „	250 „	gefärbt C	12 bis 15,0 „
„ „	300 „	Weiß C	30,0 „
„ „	300 „	gefärbt C	20,0 „
„ „	800 „	Weiß OGS	50,0 „

Man hüte sich, die Kannetten zu hart zu spulen. Ebenso wie zu weich, ist auch ein Übermaß von Härte schlecht. Die Kunstseide wird andauernd überdehnt

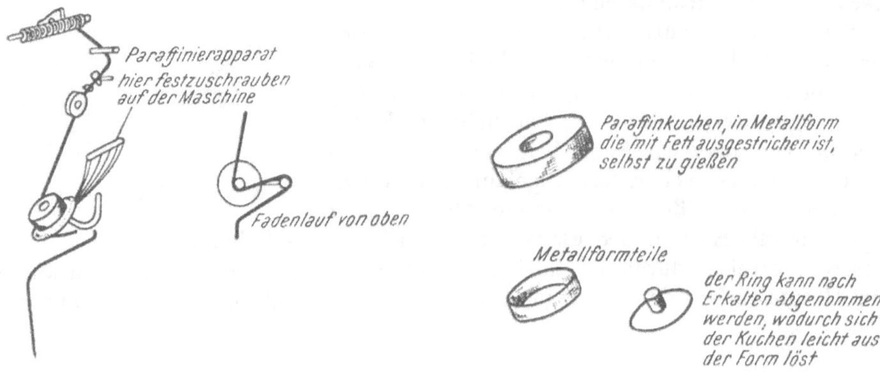

Abb. 160. Paraffiniervorrichtung.

und webt sich schlecht. An der Spitze der Kannette erkennt man leicht, ob die Bremsung die richtige ist (Abb. 158):

Konkave Spitze der Kannette bezeichnet zu weiche Spulung; eine konvexe Spitze der Kannette deutet auf zu harte Spulung.

Man beobachte auch genau den Feuchtigkeitsgehalt der Luft des Spulraumes. Die relative Feuchtigkeit darf unter keinen Umständen größer sein als 60%. Andernfalls ist durch Heizung oder bei zu wenig Feuchtigkeit durch Sprengung des Bodens mit Wasser dieser Zustand konstant einzuhalten, um jeden Tag ein gleichbleibendes Kannettenmaterial zu erhalten. Werden die Kannetten unter verschiedenen Umständen gespult, dann ist nur zu häufig ein Abschlagen großer Posten in der Weberei zu beobachten. Außerdem ist dafür zu sorgen, daß die Feuchtigkeit im Aufbewahrungsraum der Kannetten nicht größer ist als in der Spulerei, da es vorkommen kann, daß dann Kannetten, die ordnungsgemäß hart gespult wurden, nach längerem Aufenthalt in dem Raum durch Einwirkung der größeren Feuchtigkeit, die eine Zunahme der Dehnungsfähigkeit bewirkt, ganz weich werden.

Abb. 161. Das Spulen von Reyon ab Kreuzspulen. Für schlecht laufendes Garn wird bei *XX* ein Paraffinierapparat (vgl. Abb. 162) montiert oder auch der Fadenführer neben dem Diskus statt in der Form I in einer Form II (Fingerform) gewählt (vgl. Abb. 163).

Am besten ist die Anordnung einer ständigen Feuchtigkeitsüberwachung oder des Aufbewahrens der Kannetten im selben Raum, in welchem sich die Spulerei befindet. Zu große Lager an kannettierter Kunstseide sind immer schädlich. Die Einrichtung von Klimaanlagen ist sehr nützlich.

Den Abfall, der normalerweise hier nicht höher als 1% sein soll und in günstigen Fällen sogar nur 0,5% beträgt, lasse man in kleine Kistchen geben, um

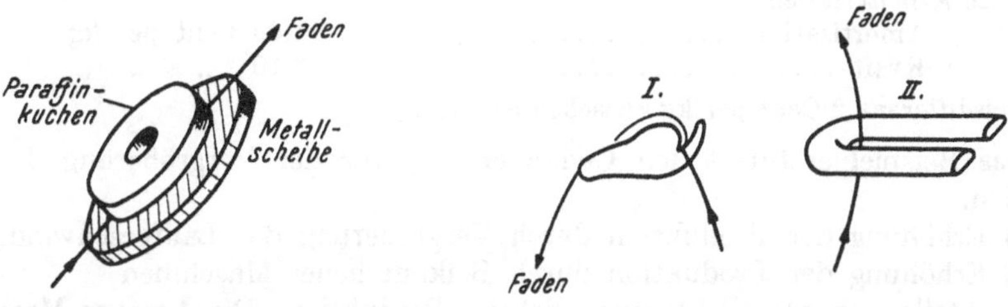

Abb. 162. Paraffiniervorrichtung. Abb. 163.

ein Verschmutzen drehender Achsen und Wellen, der Spindeln, der Spulvorrichtung und der Fadenführer zu verhindern.

Die Porzellanbestandteile der Fadenführung sind von Zeit zu Zeit zu kontrollieren und beschädigte oder durch den Fadenlauf uneben gewordene Teile sind auszutauschen. Durch das fortwährende Durchlaufen des Fadens unter Spannung wird mit der Zeit das Porzellan aufgerillt und die scharfen Kanten schneiden dann den Faden bei weniger leichtem Lauf leicht kaputt.

Die Kannetten lasse man von einer verläßlichen Person in bezug auf Festigkeit ständig überwachen. Man spart so viel Zeit (durch Vermeidung etwaigen Umspulens), Ärger und Verlust durch Abschlagen von weichen Kannetten in der Weberei, das Abfall bedingt, eventuell ganze Kettenteile durchschlägt usw.

Die Kunstseidenkannetten bewahre man in Papp- oder besser Blechdosen zur Vermeidung von Beschädigungen. Keine Holzkistchen wegen der Unebenheiten.

Preis eines Kartons für zirka 120 Kannetten.............. 16 Cent
,, ,, Blechkistchens für zirka 120 Kannetten, dünn.... 1,20 holl. fl. (1930)
stark.... 2,25 holl. fl. (1930)
(gelötet)

Die Veränderung der Konizität der Kannetten ohne Änderung des Diskus erfolgt im Gehäuse der Spindeln.

Kalkulationsbeispiel für die Kunstseidenspulerei bei verschiedener Spulgeschwindigkeit (1930)

a) Universal Winding, 110 m.

Produktion, theoretisch .... 950,40 kg
praktisch 80% ...... 760,00 ,,
per 15 Spindeln 1 Arbeiterin .... 63,3 kg = 11,40 holl. fl. per Woche (48 Std.)

Leesona 90, 130 m.

Produktion, theoretisch .... 1123,20 kg
praktisch 80% .... 896,00 ,,
per 15 Spindeln 1 Arbeiterin .... 75,6 kg = 10,58 holl. fl. per Woche,
24 Arbeiterinnen.

Amortisation .... 9,00 Cent per kg
Kraft .... 2,64 ,, ,, ,,

b) Universal Winding, 67 m.

Produktion, theoretisch .... 964,00 kg
praktisch 80% .... 771,00 „
per 30 Spindeln 1 Arbeiterin..... 77,1 kg = 13,56 holl. fl. per Woche.
Leesona 90, 130 m.
Produktion 65% der Theorie ... 748,00 kg
per 30 Spindeln 1 Arbeiterin .... 74,8 kg = 10,5 holl. fl. per Woche,
20 Arbeiterinnen.
Amortisation .... 11,00 Cent per kg
Kraft .... 3,10 „ „ „
Preisdifferenz 2 Cent per kg zwischen a) und b).

Das Beispiel erläutert den Gedankengang vor der Vergrößerung der Produktion.

a) Erhöhung der Produktion durch Vergrößerung der Laufgeschwindigkeit.

b) Erhöhung der Produktion durch Beikauf neuer Maschinen.

Nachteile von a): Nicht ausgeglichene Produktion. Die Leesona-Maschinen leisten viel mehr als die Windemaschinen. Große Gefahr der Überdrehung der Kunstseide. Zu geringer Verdienst der Bobinenspulerinnen (Erhöhung der Löhne).

Nachteile von b): Größere Bedarfsfläche, etwas höhere Amortisation und Kraftspesen, etwas kleinerer Wirkungsgrad, Kapitalbedarf.

Im ersteren Fall ist die Amortisation berechnet auf drei Universal-Windemaschinen und neun Leesona M 90. Im zweiten Falle sind gedacht fünf Universal-Winder und zehn Leesona M 90.

Der Bedarf an Kunstseide war mit wöchentlich 750 kg verlangt.

Es wurde die zweite Möglichkeit, der Ankauf neuer Maschinen, gewählt. Gleichzeitig wurde als äquivalente Maschinenkombination (Spulkammerelement) die Kombination: 1 Windemaschine = 2 Leesona-Maschinen festgelegt.

Kalkulation für 1 kg Kunstseide färben und kannettieren inklusive aller Regien und der Amortisation (1930)

1 Spulelement	3180 holl. fl.
700 Bobinen	200 „ „
	3380 holl. fl. (1930)
Zinsendienst per Jahr 6%	202 holl. fl.
Amortisation 20%	676 „ „
	878 holl. fl.
Fitzen (2000 lbs. per Woche zu 13 holl. fl. Lohn)	1,30 Cent per kg
Farbpreis im Mittel (inklusive aller Regien)	36,00 „
Aufhängen, abnehmen	1,20 „
Spulen auf Bobinen	18,00 „
Spulen auf Kannetten	14,00 „
Gesamtabfall (1%)	4,20 „
Kraft, 2,5 kW für 3,6 kg zu 6 Cent	4,00 „
Meisteranteil 50% vom Jahreslohn von 1560 holl. fl.	3,00 „
Zinsen und Amortisationsanteil von 878 holl. fl. per 8000 kg	11,00 „
Kartonkosten, 16 Cent bei dreimaligem Lauf zu 3 kg Kunstseideninhalt	2,00 „
	94,70 Cent per kg (1930) 150 den

Es kommt also das Kilogramm Kunstseide im Totalpreis auf 94,70 Cent.

c) Maschine zum Kannettieren von Kunstseide nach dem „Unrolling"-System, mit liegender Bobine (Abrollen).

Type „Paris" der Universal Winding Co., montiert auf Maschine Leesona M 90.

Manche Unternehmungen geben dieser Art des Kannettierens den Vorteil, daß sie die Ungleichheiten in der Spannung der aufgewickelten Bobine noch besser ausgleichen. Dies ist auch tatsächlich der Fall.

Dazu kommt noch folgendes: Wenn bei der Bobinenspulmaschine aus irgendeinem Grunde schlechte Bobinen erzeugt worden sind, z. B. durch Verschleiß der Buchsbaumrollen ein langsamer Lauf der Bobine eintritt, wodurch sich die Fadenwindungen statt nebeneinander auf der Bobine in weitausholender Spirale aufwickeln, so ist beim Abspulen „over end" zu sehen, daß diese Bobine schlecht abläuft, und zwar deshalb, weil der Faden an den Schlingen der drunter liegenden Schichte beim Abzug hängen bleibt. Sind ferner die Flanschen der Bobinen beschädigt, haben sie Kerben oder gar Sprünge, so bleibt hier beim Abspulen „over end" der Faden gern hängen und es kommt zum Bruch desselben.

Die Nachteile der Vorrichtung sind jedoch bedeutend: Bei gebrochenem Faden ist die Manipulation zum Verknüpfen der losen Enden eine ungleich kompliziertere als bei dem „Over-end"-Ablauf. Die höchstmögliche Spindelzahl per Arbeiterin, die noch einen guten Nutzeffekt der Maschine verbürgt, sinkt auf maximal 15. Dadurch ist eine ungleich höhere Belegschaft zur Bedienung nötig und die Akkordlöhne sind außerdem viel höher anzusetzen, das Spulen wird viel teurer. Die Reibung durch den Anzug über eine ziemlich stramm federnde Spiralfadenführung ist eine sehr große, so daß bei minderen Seidenqualitäten sehr leicht ein Bruch der Kapillarfäden eintritt und die Kannetten rauh und stachelig werden, also unbrauchbar für die Weberei (Igel).

Die Möglichkeit der Spannungskontrolle durch die Feder, deren jeweilige Spannung nur gefühlsmäßig einstellbar ist, ist eine weniger präzise als mit der durch Gewichte festzulegenden Spannungsspülung durch „Over-end"-Spulen. Außerdem ist natürlich dadurch ein leichteres Überdehnen der Kunstseide und damit eine schlechte Fabrikation, durch Shining picks beim Weben hervorgerufen, bedingt.

Die Montage dieser Vorrichtung an der Leesona M 90 ist außergewöhnlich einfach und erfolgt oben an den Ölkästen der Maschine. Zwecks allmählichem Anlauf bei Inbetriebsetzung ist der Einbau von Zahnrädern in das Getriebe der Spindeln nötig, der bei jeder Spindel erfolgen muß. Er ist nötig, da anders die plötzliche Einwirkung der Schnelligkeit von 120 Minutenmetern auf die in Ruhe befindliche und außerdem ja noch über 90 g schwere Bobine sofort zu Fadenbruch führt.

Die Kosten dieser Vorrichtung sind nicht sehr hoch (zirka 340 holl. fl., 1928) per 20 Spindeln.

Es lief versuchsweise eine Maschine mit beiderseits 10 Spindeln mit dieser Vorrichtung, doch waren die erzielten Resultate bei allerdings dritter Qualität Kunstseide gegenüber der „Over-end"-Spulung geradezu kläglich.

Auch der Weg über die Kreuzspule („Over end" und „Unrolling") wurde eingeschlagen.

Soweit die Anmerkungen über die Schußspulerei, welche uns für den Färber wichtig dünken, da sie ihm zeigen, welche wesentlichen Ansprüche an das Kunstseidengarn gestellt werden.

Im nachstehenden werden eine Reihe von Kunstseidenstrahnfärbungen in ihrer Rezeptur angegeben. Dabei handelt es sich meist um laufende Standardfarben für die Zwecke einer großen Buntweberei, so daß auch stehenden Bädern eine gewisse Berücksichtigung zukommen konnte.

a) Basische Färbungen

Das Beizen basisch zu färbender Kunstseide erfolgt wenn möglich auf Standbädern. Für Strahngarn in Partien von 50 bis 60 lbs. auf der Wanne von 1000 l Fassung beträgt der Ansatz für tiefe Farben (von 1 bis $1\frac{1}{2}$%)

	der nächste Zusatz:
5 kg Katanol ON (IG)	3 kg Katanol ON (IG)
4 „ Soda sicc.	2 „ Soda sicc.
20 „ Kochsalz	10 „ Kochsalz

die weiteren Zusätze: 2 kg Katanol ON (IG)
2 „ Soda sicc.
10 „ Kochsalz

Das Bad soll man aber nicht länger benützen wie vier- bis fünfmal. Man läßt 2 Stunden auf der Beize; erst 15 Minuten umziehen, dann stehen lassen und alle 20 Minuten umziehen und versetzen. Hierauf wird kalt gespült (auf 1000 l wird 1 l Essigsäure gegeben) und behandelt, bis der gelbe Farbton der Seide vollkommen verschwunden ist. Achtgeben, daß nicht etwa gelbe Streifen in der Seide bleiben, denn diese geben beim Färben bronzige Flecken.

Nach der Säure wird noch einmal mit Wasser gespült und dann vor dem Färben neuerdings auf 1 l Essigsäure 40%ig genommen. Es wird einige Zeit umgezogen und dann am selben Bade durch Zugabe des gut gelösten Farbstoffes durch ein Sieb in drei Portionen kalt begonnen, auszufärben.

Giftgrün: 60 lbs., 250 den Reyon, 1200 l Flotte.

Man beizt auf einem Bade von 5 kg Katanol ON (IG), 4 kg Soda sicc. und 15 kg NaCl 2 Stunden bei 70° C vor und färbt dann nach gutem Spülen und Umziehen in dem mit 1 l Essigsäure versetzten 50% Färbebade mit 0,8 kg Rhodulingelb 6G (IG), 0,12 kg Brillantgrün krist. (IG), wobei man die Temperatur langsam steigert bis 60° C.

Kaliblau: 70 lbs., Reyon, 1200 l Flotte.

Es wird mit 5 kg Katanol ON (IG), 4 kg Soda sicc. und 20 kg NaCl 2 Stunden bei 70° C gebeizt. Nach dem Spülen wird auf einem Bade, welches 1 l Essigsäure enthält, behandelt und nach 10 Minuten in drei Anteilen 0,4 kg Viktoriablau B extra (IG) und 1 l Essigsäure in drei Anteilen innert ½ Stunde zugesetzt. Schließlich wird auf 40° C erwärmt und noch 15 Minuten gefärbt.

b) Substantive Färbung

Goldgelb:	60 lbs., 1200 l Flotte. 1,00 kg Chrysophenin G (IG) 4,00 „ Glaubersalz kalz.	
Rotorange:	60 lbs., 1200 l Flotte. 1,40 kg Chloraminorange G (Sa) 0,95 „ Chloraminorange SE (Sa) 5,00 „ Glaubersalz kalz.	
Flaschengrün:	60 lbs., 1200 l Flotte. 1,60 kg Benzogrün FF (IG) 2,00 „ Glaubersalz kalz.	Standbad, 2. Partie: 1,00 kg Benzogrün FF 0,50 „ Glaubersalz kalz.
Rotbraun:	80 lbs., 1200 l Flotte. 1,20 kg Diaminbraun M (IG) 0,10 „ Benzorot 12B (IG) 3,00 „ Glaubersalz kalz.	

Mittelgrau:	50 lbs., 1200 l Flotte. 0,36 kg Benzoechtschwarz L (IG) 1,00 ,, Glaubersalz kalz.
Scharlach:	80 lbs., 1200 l Flotte. 2,50 kg Benzopurpurin 10B (IG) 0,24 ,, Benzorot 12B (IG) 8,00 ,, Glaubersalz kalz.
Rosa:	40 lbs., 1200 l Flotte. 0,80 kg Brillantgeranin B (IG) 3,00 ,, Glaubersalz kalz. auf frischem Bade geschönt mit 0,2 kg Rhodamin 3GO (IG)
Marineblau:	60 lbs., 1200 l Flotte. 1,60 kg Oxydiaminblau PB (IG) 3,00 ,, Glaubersalz kalz.
Schwarz:	10% Kunstseidenschwarz G (IG) Flotte 1 : 40, 15% Glaubersalz kalz.
Champagne:	20 lbs., 1200 l Flotte. 0,004 kg Chlorantinlichtgelb RLL (Ci)
Lindengrün:	60 lbs., 1200 l Flotte. 0,10 kg Benzolichtgelb 4GL (IG) 0,08 ,, Siriusgrün BL (IG)
Fraise:	50 lbs., 1200 l Flotte. 0,11 kg Benzolichtscharlach GG (IG) 0,10 ,, Chlorantinlichtrot 7BLL (Ci)
Flieder:	50 lbs., 1200 l Flotte. 0,06 kg Brillantbenzoechtviolett 2 RL
Hellblau:	60 lbs., 1200 l Flotte. 0,09 kg Chlorantinlichtblau 2GLL (Ci)
Violett:	60 lbs., 1200 l Flotte. 0,34 kg Chlorantinlichtviolett BLL (Ci) 0,20 ,, Chlorantinlichtblau 2GLL (Ci)
Tieforange:	100 lbs., 1200 l Flotte. 2,00 kg Benzolichtscharlach GG (IG) 0,50 ,, Chlorantinlichtgelb RLL (Ci) 1,00 ,, Glaubersalz konz.

c) Schwefelfärbung

Mittelblau:	70 lbs., 1200 l Flotte. 4,50 kg Immedialindon BBF (IG) 4,50 ,, Schwefelnatrium konz. 0,30 ,, Soda sicc. 10,00 ,, Glaubersalz kalz. 1,00 ,, sulfoniertes Öl
Russischgrün:	100 lbs., 1200 l Flotte. 7,00 kg Katigenbrillantgrün G (IG) 1,00 ,, Immedialgelb GG (IG) 1,00 ,, Schwefelschwarz F AG extra (IG) 9,00 ,, Schwefelnatrium konz. 1,00 ,, Soda sicc. 10,00 ,, Glaubersalz kalz. 2,00 ,, sulfoniertes Öl

Gelbbraun:	100 lbs., 1200 l Flotte
	5,00 kg Katigencatechu BF (IG)
	1,00 „ Katigenrotbraun 6R (IG)
	1,00 „ Katigenschwarzbraun N extra konz. (IG)
	7,00 „ Schwefelnatrium konz.
	0,50 „ Soda sicc.
	6,00 „ Glaubersalz kalz.
	1,00 l sulfoniertes Öl
Dunkelrotbraun:	70 lbs., 1200 l Flotte.
	4,80 kg Katigenrotbraun 6R (IG)
	2,00 „ Katigengelbbraun R extra konz. (IG)
	0,60 „ Immedialgelb GG (IG)
	8,00 „ Schwefelnatrium konz.
	10,00 „ Glaubersalz kalz.
	1,00 „ Soda sicc.
	1,00 „ Öl

d) Naphtolfärbungen

Bei der Naphtolierung von Kunstseide ist darauf zu achten, daß diese stärker als mercerisiertes Garn zieht, so daß man im allgemeinen die Grundierung noch schwächer hält als bei mercerisiertem Garn. Dieser erhöhten Substantivität wegen sind Färbungen auf Kunstseide daher, wenn einwandfrei durchgeführt, gut reibecht.

Die Kunstseide wird auf Wannen oder Strahnfärbemaschinen 20 Minuten bei 25 bis 30° C grundiert und, in naphtolierte Tücher gehüllt, gut geschleudert.

Werden schwache Grundierungen vorgenommen, so nimmt man trotzdem so viel NaOH, daß die Gesamtmenge nicht weniger als 1 ccm NaOH 34° Bé pro Liter Grundierbad beträgt. Die Türkischrotölmenge wählt man so, daß im Bade 2 g pro Liter vorhanden sind. Beim Entwickeln der Kunstseide ist darauf zu achten, daß, wie bei mercerisiertem Garn, überall dort, wo schwefelsaure Tonerde zum Abstumpfen der Diazolösung vorgesehen ist, Essig- oder Ameisensäure genommen wird.

Nach dem Entwickeln wird mehrmals kalt gespült, dann ein 50 bis 90° C heißes Spülbad gegeben und schließlich zweimal mit 4 g Marseiller Seife pro Liter bei 50 bis 90° C geseift. Dann wird neuerdings zweimal warm, dann kalt gespült und eventuell mit einer Ölemulsion aviviert. Bei einer Reihe von in mittleren Tönen und tiefen Tönen ausgefärbten Naphtolkombinationen darf die Temperatur der Nachbehandlung 50 bis 60° C nicht überschreiten, da sonst die Färbung blind wird (Siegellackglanz).

Z. B. Echtgelb-GL-Base — Naphtol AS, AS-RL, AS-BS
Echtorange-BC-Base — Naphtol AS-D, AS-OL, AR-L, AS-OG, AS-TR
Echtscharlach-GG-Base — Naphtol AS-RL
Echtscharlach-TR-Base — Naphtol AS, AS-RL, AS-OG
Echtrot-KB-Base — Naphtol AS, A-SD
Echtrot-TR-Base — Naphtol AS, AS-D, AS-RL, AS-BG
Echtrot-3GL-Base — Naphtol AS, AS-RL
Echtrot-B-Base — Naphtol AS, AS-RL
Echtrot-GL-Base — Naphtol AS, AS-BG

e) Küpenfärbungen

Hinsichtlich der Färbung von Küpenfarbstoffen wird auf das Kapitel Küpenfärberei von Stückware verwiesen. Im allgemeinen ist mit Egalisiermitteln und bei höherer Temperatur zu färben.

Auf die oft eintretende Tendenz zur Faserschwächung bei der Färbung von Kunstseidenstrahn auf Maschinen, wie Gerber usw., wird hier wieder aufmerksam gemacht (vgl. S. 304).

f) Mattseide

Für Reyongarne, die mit TiO_2 spinnmattiert sind, also insbesondere naß die Lichtechtheit der Farbstoffe sehr herabsetzen, empfiehlt die Ciba folgende substantiven Farbstoffe:

Baumwollgelb CH, Direktechtgelb FF, Direktechtorange SL, Direktbraunschwarz GN usw.

Chlorantinlichtgelb 4GLL, -lichtorange 2RL und 3RLL, -lichtbraun BRLL, RL, 2RLL, -lichtscharlach BNL, -lichtrot 7BLL, 5BLL, -lichtviolett 2RLL, -lichtblau GLL, RLL, 4GL, -lichtgrün BLL, 5GLL, -lichtgrau 2BLL, RLN, -lichtschwarz L usw.

Coprantingelb 2G, -orange 2BRL, -braun 8RLL, -rot BLL, -rubin RLL, -bordeaux 2BLL, -blau BLL, GLL, -reinblau 4GLL, -grün G, -grau 2GLL, 2RLL, -schwarz VNG, -marine CBLL usw.

Die entsprechenden Produkte der anderen Farbstofferzeuger sind selbstverständlich mit dem gleichen guten Erfolg brauchbar.

5. Kokos- und Sisalfasern

Kokosfasern können mit sauren, substantiven und basischen Farbstoffen gefärbt werden. Für die leuchtenden Rottöne nimmt man z. B. Kokosscharlach GX (Bayer). Bei der Verwendung lichtechter Direktfarbstoffe ist darauf Bedacht zu nehmen, daß die Faserverunreinigungen die Lichtechtheit herabsetzen.

Sisal kann man in lebhaften Tönen billig ohne Beize (wegen des hohen natürlichen Tanningehaltes) basisch färben. Diese Art der Färbung ist häufig.

Lebhafte Töne färbt man mit 1 bis 3% Ameisensäure 85% unter Verwendung saurer Farbstoffe, wie: Kokosorange G, Kokosscharlach GX, Supramingelb R, -grün FB, -braun BR, Supranolblau BL, -cyanin G, -braun R, B, Supranolechtscharlach GN, -rot RX, Acilanbrillantblau FFR, -echtgrün 3G, -brillantgrün 6B usw. (alle Bayer). Auch die substantiven Farbstoffe in normaler und hoher Lichtechtheit sind verwendbar (vgl. S. 303).

6. Mischgarne

Halbwollgarne werden entweder mit den entsprechenden Halbwollfarbstoffen gefärbt (auch mit Kunstseidenbeimischung), wobei einbadig gearbeitet wird. Man kann auch nach dem Halbwolleinbadchromverfahren arbeiten. Näheres über die verschiedenen Färbeweisen s. Mischgewebe-Stückfärbung.

Größere Bedeutung hat das Färben von Wolle-Vicara-Mischgarnen für Strickereizwecke in USA erlangt[55].

Da die Vicara- (Zein-) Faser stark gelblich ist und es derzeit keine gute Bleichmethode für sie gibt, setzt man den Färbebädern, insbesondere für brillante Töne, Blankophor AW hoch konzentriert (Gen. Dyest. Corp.) zu.

Für verschiedene Nuancen empfiehlt die Gen. Dyest. Corp. (USA) folgende Rezepturen (die Farbstoffbezeichnungen sind bis auf den Buchstaben A = Amerika im allgemeinen die der ehemaligen I.-G.-Farbenindustrie A.-G.):

Gelb: 0,160% Echtlichtgelb GGXN konz. (Fast Light Yellow GGXN konz.)
0,008% Echtlichtorange GA konz. (Fast Light Orange GA konz.)

[55] LUTTRINGHAUS: Amer. Dyestuff Reporter 40, P 436 (1951).

Bordorot:	1,600%	Azophloxin GA extra konz.
	0,500%	Echtlichtrubin BLA (Fast Light Rubin BLA)
	0,500%	Echtlichtorange GA konz. (Fast Light Orange GA konz.)
Rosa:	0,160%	Alizarinrubinol R
Blau:	3,000%	Cyananthrol RXO
Braun:	1,600%	Echtlichtgelb GGXN konz. (Fast Light Yellow GGX N konz.)
	0,700%	Azophloxin GA extra konz.
	0,700%	Alizarinblau SAE (Alizarinblue SAE)

Man färbt mit 10% Glaubersalz kalz. und 3% Schwefelsäure (auf Ware) kochend 3/4 Stunden.

Schwarz kann mit 8% Naphtylaminschwarz 10 BA konz., nuanciert mit Orange und Rot, hergestellt werden. Bei Graunuancen ist zum Drücken des hier stark störenden Gelbstiches der Vicarafaser Säureviolett 4BLD in geringen Mengen vorteilhaft.

Wolle-Nylon- bzw. -Perlon-Gemische liegen fast ausschließlich als Stückware vor. Es wird deshalb auf die entsprechenden Hinweise im Stückfärbekapitel aufmerksam gemacht. Die Säurefärbung von Strickgarn findet mit dem Telonlicht- oder -echtsortiment statt (Bayer). Auch die Lanaperlfarbstoffe[56] (Hoechst) oder Neonyle (Ci), letztere nur in hellen Tönen, sind verwendbar. Garn kann auch auf Apparaten gefärbt werden.

Baumwolle-Zellwolle-Gemische sind sehr häufig anzutreffen. Hinsichtlich einer eventuellen Mercerisierung derartiger reyonhaltiger Garne ist zu sagen, daß man mit KOH bzw. mit einer überwiegend KOH statt NaOH enthaltenden Lauge arbeitet. Vielfach wird ein Salzzusatz zur Mercerisierlauge empfohlen (Na_2SO_4), der jedoch den Glanz beeinträchtigt. Beim Spülen muß das für die Festigkeit der Reyonfaser gefährliche Bereich von 10% rasch durchlaufen werden. Gespült wird mit glaubersalzhaltigem Wasser, um die große Quellung der Viskosefaser zu vermeiden.

Zum Färben echterer Töne haben sich die Coprantin- (Ci) bzw. Cuprofix- (Sa) Sortimente wegen der guten Naßechtheiten bewährt. Man färbt normal, die schlecht löslichen Marken Coprantinreinblau 4GLL, -rubin RLL, -bordo 2RLL, -violett BLL, -grün 5GLL, -grau 2GLL, 2RLL verlangen 100 ccm NaOH 36° Bé pro kg Farbstoff als Zugabe, die „C“-Marken 500 ccm Lauge. Das Bad wird ansonsten mit 1 bis 3% Soda sicc. (nicht bei Reinblau) und 10 bis 40% Glaubersalz krist. bestellt, bei 50° C eingegangen und langsam zum Kochen gebracht. Man beläßt 40 Minuten am Kochen und setzt dann bei abgestelltem Dampf in das gut ausgezogene Bad die halbe Menge (auf Farbstoff bezogen) Coprantin-II-Salz. Es wird 30 Minuten behandelt und dann gespült.

Ist das Bad nicht gut ausgezogen, so arbeitet man mit dem Kupferungsmittel auf frischem Bad, um die Reibechtheit nicht zu verschlechtern. Es empfiehlt sich dabei eine Vorbehandlung mit Trilon bzw. ähnlichen, mit Metallen Komplexe bildenden Stoffen.

Das Abziehen der mißlungenen Färbungen kann so erfolgen, daß man mit 1 bis 2 ccm NaOH 36° Bé und 1 bis 3 g Hydrosulfit konz. pulv. pro Liter arbeitet. Vorher wird mit Essigsäure zur Entkupferung vorbehandelt.

Ein Arbeiten mit Chlorkalk ist wegen des Kupfergehaltes der Färbung unmöglich. Das Textilgut könnte vollkommen unbrauchbar werden (Faserschwächung).

Mischgarne aus Kunstseide-Polyamid-Fasern[57] sind verschieden zu behandeln. Für Cuprama-Perlon-Mischungen gilt das folgende: Viele Farbstoffe, wie rote

---

[56] Vgl. Schleicher: Melliand Textilber. **32**, 779 (1951).

[57] Neubert: Melliand Textilber. **32**, 709 (1951).

oder violette Vertreter, geben Nuancenverschiedenheiten auf beiden Fasern (färben Perlon gelber bzw. röter). Ton in Toneffekte erzielt man mit:

Siriuslichtgelb 5G, RK, -gelb GG, Toluylenechtbraun 3G, Diamin- (Benzo-) Echtrot F, Siriusbordo 5B, Plutobraun R, Diamin- (Benzodunkel-) Braun B, Benzolichtgrau BGL.

Chrysophenin zieht stärker auf Perlon als auf Cuprama, Benzogrün B, GN (Diamingrün B, G) ziehen nur aus Ammonazetat- bzw. essigsauren Bädern gleichtief auf beide Fasern.

Gefärbt wird mit 0,5 bis 2% Levapon T (Bayer) = Igepon T und 2 bis 15% Glaubersalz kalz., indem man bei 40° C eingeht und langsam auf 90 bis 95° C erhitzt.

Als Tiefschwarz kann Telonechtschwarz PE (Bayer) angewendet werden.

Perlonreserve unter eventueller Zugabe von Katanol WL (Mesitol WL) zeigen in neutralem Glaubersalzbad aber auch in Ammonazetatbädern:

Siriuslichtorange 7GL, 5G, F3GL, RRL, 3R, S, -orange G, -lichtscharlach GG, -lichtrot 4BL, -rot F3B, -rosa BB, G, -lichtrubin B, -lichtrotviolett RL, BBL, -lichtviolett BL, -lichtblau F3R, BRR, B, BL, -blau G, -lichtgrün BB, B5L, -lichtolive GL, -lichtbraun R, -lichtgrau VGL, R. Perlon wird mit neutralziehenden Telonlicht- bzw. -echtfarbstoffen gefärbt, wie: Telonechtgelb GN, -echtrot GN, Telonlichtrot G, BL, -lichtblau RR, B, -echtblau GN, L, -echtgrün EG, -echtviolett EF, -echtmarineblau R und -lichtbraun GR. Man soll die Färbung des Perlonanteils mit möglichst einem Farbstoff durchführen, da sonst die Regelung zu schwierig ist.

Bei tiefen Tönen muß man gegen Ende der Färbung den neutralen Igepon-Glaubersalz-Bädern zirka 2 bis 5% Ammonazetat zugeben, um den Telonfarbstoff auf die Polyamidfaser zu treiben.

Für Baumwolle- bzw. Zellwolle-Perlon-Mischungen liegen die Verhältnisse einfacher. Außer den bereits genannten Produkten sind hier für Ton-in-Ton-Färbungen geeignet: Chrysophenin G (Benzolichtgelb G), Benzolichtorange G, Benzoscharlach 5B (Diaminbrillantscharlach S), Benzoviolett N, Benzoblau RWS (Benzoblau RW), Benzodunkelgrün B, Oxaminbraun 3G (Benzoorangebraun 3GF), Benzobraun MC.

Man geht bei 30 bis 40° C in das allein mit 2 bis 20% Glaubersalz beschickte Bad und färbt bei 92 bis 95° C zu Ende (vgl. S. 570).

Levapon T retardiert das Aufziehen auf Perlon, Levegal K bremst das Anfärben des Viskoseanteils und vertieft eher die Färbung von Perlon. Auch in tiefen Tönen wird hier kein Ammonazetat zugesetzt.

Die Naßechtheit der substantiven Färbungen kann durch Behandlung mit Levogen WW (Solidogen FFL) erhöht werden. Echtfärbungen mit Diazotierungs- oder Kupferungsfarbstoffen sind schwierig, aber möglich.

In letzter Zeit hat die Verarbeitung von Zellwolle aus Azetatkunstseide zugenommen. Ihr Vorzug ist weicher Griff. Um Mischgarne aus Wolle und Azetatzellwolle gleichmäßig zu färben, kombiniert man neutral oder schwach sauer ziehende Wollfarbstoffe von entsprechender Echtheit mit den Cellitonechtfarbstoffen. So färbt man z. B. (IG):

Hellgrau auf Mischgarn aus 70 Teilen Wolle, 30 Teilen Azetatzellwolle.

0,018%	Cellitonechtblau FFB
0,011%	Cellitonechtgelb G
0,025%	Cellitonechtscharlach R
0,060%	Cellitonechtblau BF konz.
0,018%	Anthralanblau R
0,016%	Supraminrot GG.

Reseda auf Mischgarn aus 70 Teilen Wolle, 30 Teilen Azetatzellwolle.

0,100% Cellitonechtblau FFB
0,160% Cellitonechtgelb 5R
0,010% Cellitonechtscharlach R
0,100% Wollechtblau FBL
0,004% Supraminrot 6BL
0,008% Supramingelb R

Kornblumenblau auf Mischgarn aus 70 Teilen Wolle, 30 Teilen Azetatzellwolle.

3,000% Cellitonechtblau FFB
1,000% Alizarinbrillantreinblau R

Dunkelblau auf Mischgarn aus 70 Teilen Wolle, 30 Teilen Azetatzellwolle.

6,000% Cellitonechtmarineblau B
1,500% Cellitonechtschwarz B
0,800% Sulfoncyanin GR extra Flotte zirka 1 : 30

Dunkelbraun auf Mischgarn aus 70 Teilen Wolle, 30 Teilen Azetatzellwolle.

3,500% Cellitonechtbraun BT
3,500% Guineabraun GRL
0,350% Wollechtblau FBL

Bordo auf Mischgarn aus 70 Teilen Wolle, 30 Teilen Azetatzellwolle.

1,500% Cellitonechtscharlach R
1,000% Cellitonechtrubin 3B
0,100% Cellitonechtblau FFB
1,600% Supranolbrillantrot G
0,500% Supranolorange GS
0,120% Wollechtblau FBL

Das Färben erfolgt in der Weise, daß man unter Zusatz von 10% Glaubersalz krist., 5% Essigsäure 30%ig bei 50 bis 60° C anfärbt, auf 75° C erwärmt, hierbei ½ Stunde arbeitet, auf 95° C erwärmt und 1 Stunde fertigfärbt. Eventuell setzt man 1 bis 2% Palatinechtsalz O zu, welches das Aufziehen der Cellitone regelt.

Das Färben von Strickgarnen aus Wolle-Azetatseide (meist 70 : 30) erfolgt einbadig. Da die Reibechtheit wichtig ist, muß der Färbeprozeß entsprechend geführt werden. Es genügt nicht etwa, solche Azetatseidenfarbstoffe zu verwenden, die Wolle am wenigsten anschmutzen, da diese angefärbten Wollanteile die Gesamtreibechtheit der Färbung nicht beeinflussen. Wichtig ist vielmehr, die zum Färben notwendige Dispersion des Azetatseidenfarbstoffes einwandfrei herzustellen, indem man nicht etwa durch Übergießen mit heißem Wasser lösen will. Dadurch würde die Dispergierung (Verteilung des an sich wasserunlöslichen Pigmentes in der Flotte) gestört werden. Man streut vielmehr den Azetatseidenfarbstoff unter Rühren in die 10- bis 15fache Menge Wasser, das nicht heißer als 40° C sein soll, verdünnt dann mit der doppelten Menge 50° C heißen Wassers und gibt durch ein feines Sieb der Färbeflotte zu.

Die besten Reibechtheiten werden erhalten, wenn man neutral färbt, leider fällt dann der Griff der Wolle strohig aus und das Garn läßt sich schlecht verarbeiten. Man arbeitet daher schwach sauer, muß aber, um Agglomeration der Azetatseidenfarbstoffe (Fällung) zu vermeiden, ein Dispergiermittel zusetzen. Hierzu ist Leonil O (IG) geeignet, das allerdings sehr stark schäumt, wodurch das Garn auf der Kufe aufschwimmt und kaum egal gefärbt werden kann. Man arbeitet daher vorteilhaft auf Färbeapparaten des Hängesystems. Die Färbeflotte wird mit 1 bis 2% Leonil-O-Lösung, 3 bis 7% Essigsäure 30%ig (je nach Farbtiefe) und 5% Glaubersalz kalz. angesetzt, Woll- und Azetatseidenfarbstoff getrennt eingebracht und das ausgenetzte Garn bei 40° C beginnend, gefärbt. Die Temperatur der Flotte steigert man langsam auf 75° C, färbt 1 Stunde und schließlich, wenn nötig, nach 20 Minuten bei 95° C (zur tieferen Anfärbung des Wollanteils). Reibunechte Färbungen behandelt man bei 40° C mit 1 bis 2 g Leonil-O-Lösung in 2 ccm Essigsäure 30%ig pro Liter nach. Z. B. arbeitet man nach Angaben der IG mit:

Perlgrau:	Anthralanblau R
	Supraminrot GG
	Cellitonechtblau FFB
	Cellitonechtscharlach RN
Scharlach:	Supranolscharlach FG
	Cellitonechtscharlach RN
Babyblau:	Alizarinbrillantreinblau SB
	Cellitonechtblau FRG
	Cellitonechtblaugrün B
Dunkelmarine:	Sulfoncyanin GR extra
	Cellitonechtmarineblau GTN

7. Vicarafärbung

Vicara kann nach neueren Angaben gut gebleicht werden, indem man Chlorit einwirken läßt und nachher mit Perborat behandelt. Dann wird optisch geschönt (mit Weißtönern behandelt). Auch kann man mit Hydrosulfit und Essigsäure behandeln und mit optischen Aufhellmitteln den Weißgehalt verbessern. Das erzielte Weiß neigt im Sonnenlicht rasch zum Vergilben.

Nach Roy [Amer. Dyestuff Reporter 41, 37 (1952)] kann die Vicarafaser gut gebleicht werden, wenn man mit 4 bis 6% Sulfoxite S konz. und 5% 28%iger Essigsäure ½ bis ¾ Stunden bei 70° C behandelt, wäscht und mit Weißtönern (im Waschwasser) spült (angegeben ist „Calsofluorwhite"). Die Färbung erfolgt wie für Wolle angegeben.

8. Das Färben von synthetischen Fasern in Garnform (Orlon, Nylon, Dacron)

a) Nylon

Als bestlichtechte neutralziehende saure und Direktfarbstoffe zum Färben von Nylon gibt Du Pont an (1949, Papers, presented at the Wilmington Conference of Nylon Dyers and Finishers) (für mittlere und dunkle Töne, Lichtechtheit im Fadeometer gemessen): Milling Yellow 5G 4, Pontamine Fast Yellow 4GL 5, Pontamine Yellow CH 5, Neutral Brown 2RS 3, Neutral Brown BGL 3, Milling Red SWG, SWB 4, Milling Red 3B 4, Pontamine Scarlet B 4, Pontamine Fast Red FCB 5, Pontacyl Fast Blue 5R 4, Anthraquinone Blue 2GA 4, Anthraquinone Blue SKY 3, Anthraquinone Green G 4, Neutral Gray L 4, Pontacyl Fast Black N2B (als Schwarz) 4. Die Wasch-, Schweiß- (sauer und alkalisch), Reib- und Walkechtheiten sind als durchwegs mit 4 bis 5 zu bezeichnen.

Azetatseidenfarbstoffe weisen folgende Lichtechtheit auf: Acetamine Yellow N 5, Acetamine Orange 3R 4, Acetamine Scarlet B3, Celanthrene Brilliant Red konz. 4, Celanthrene Brilliant Blue FFS 4, Celanthrene Violet CB 4, Acetamine Diazoblack 3B als Schwarz 4. Die Waschechtheit ist meist mit 3, die Schweiß- (sauer, alkalisch) und Reib- sowie Walkechtheit mit 5 zu bezeichnen.

Lichtechtheit 1: 1,25 bis 2,5 Stunden, Lichtechtheit 2: 2,5 bis 5 Stunden, Lichtechtheit 3: 5 bis 10 Stunden, Lichtechtheit 4: 10 bis 20 Stunden, Lichtechtheit 5: 20 bis 40 Stunden, Lichtechtheit 6: 40 bis 80 Stunden, Lichtechtheit 7: 80 bis 160 Stunden, Lichtechtheit 8: 160 bis 320 Stunden bis zu einer bemerkenswerten Änderung.

Die Vialonechtfarbstoffe (BASF), metallhaltige Dispersionsfarbstoffe, sind für die licht- und walkechte Färbung von Polyamiden wertvoll (Walke von Wolle-Nylon-Mischungen). Man färbt sie mit 2 cm^3 Ammoniak 25% und 2 cm^3 Unipol PN pro Liter Flotte bei 50° C an, bringt zum Kochen und setzt dann 2 g pro Liter Ammonsulfat in 3 Portionen zu. Derzeit gibt es im Handel: Vialonechtgelb G, R, -orange R, -rot G, B, -violett B, -blaugrau B, -grün FFG, -olive B, -braun R, GR, -schwarz R, G.

b) Dacron, Orlon

Das Färben von Dacron kann nach drei grundlegend verschiedenen Methoden erfolgen, abgesehen von der Art der gewöhnlichen Färbung aus kochenden wäßrigen Flotten, welche aber nur hellste Töne liefert.

1. Nach der Methode der Druckfärbung, also bei Temperaturen über 100° C. Sie kann in geeigneten Packapparaten mit Flottenzirkulation vor sich gehen, wie sie einige Apparatebauer (Steverlynck, Smith-Drum usw.) bauen. Man benützt zur Färbung meist Azetatseidenfarbstoffe und arbeitet nach Du Pont vorteilhaft wie folgt:

Man netzt das Material in der Badflüssigkeit bei 60° C, läßt das Bad dann laufen, setzt ein Bad mit dem dispergierten Farbstoff an, zirkuliert 15 Minuten bei 90 bis 100° C, hierauf 45 Minuten bei 120° C, dann kühlt man unter 100° C ab, spült durch Kaltwasserzufluß bei überfließendem Apparat, seift 20 Minuten bei 90° C, spült wieder durch Kaltwasserzufluß mit Überlauf, zentrifugiert und trocknet. Dunkle Töne sollen zweimal geseift werden.

Die Aufnahme von Dacron Filament (Nähgarn) wurde von Du Pont wie folgt bestimmt (Notes on the Dyeing of Dacron Polyester Fiber):

Aufnahme aus Bädern, welche 8% des Warengewichtes an Farbstoff enthalten

Farbstoff	Aufnahme in % bei 100° C	bei 100° C mit Benzoesäure als Carrier (Faserquellmittel)	bei 120° C
Acetamine Yellow CG	0,92	3,2	4,3
Celanthrene Fast Yellow GL ...	0,70	1,3	1,9
Acetamine Fast Yellow 4RL	3,62	5,5	8,0
Celanthrene Orange extra	0,63	7,6	7,1
Celliton Fast Pink RFD-CF	1,80	3,6	6,6
Celanthrene Fast Pink 3B	1,15	4,0	4,4
Acetamine Scarlet B	0,72	3,6	6,6
Celanthrene Red 3BN konz.	0,24	4,8	6,4
Acetamine Rubine B konz.	1,55	4,9	7,5
Celanthrene Violet BGF	3,01	7,4	7,1
Artisil Direct Blue GFL	0,89	2,2	2,2

2. Das Färben mit „Carriers“. Hierunter versteht man die Färbemethode, den Bädern Quellmittel für die Faser zuzugeben. Als solche Quellmittel kommen bei Dacron in Frage: Benzoesäure oder Salicylsäure, wobei man diese als Natriumsalze benützt und Mengen von 20 g pro Liter anwendet. Nachdem das Färbebad auf etwa 65° C erwärmt ist, muß man die Salze wieder in die freien Säuren umwandeln. Dies erfolgt durch Zugabe von Schwefelsäure.

Auch o- und p-Phenylphenole sind anwendbar. Man verwendet 2 bis 2,5 g pro Liter. Bei Verwendung von Monochlorbenzol (20 g pro Liter), einem sehr wirkungsvollen Mittel insbesondere zur Erzielung dunkler Töne, muß bedacht werden, daß das Produkt sehr flüchtig ist und außerordentliche Giftigkeit zeigt. Dasselbe gilt für o-Dichlorbenzol. Beide Verbindungen werden daher von Du Pont nicht empfohlen. Tetralin kann angewendet werden, ebenso Phenol, doch ist beim Ablassen von phenolhaltigen Abwässern größte Vorsicht geboten. Nach dem Färben muß getrachtet werden, den verwendeten „Carrier" so vollständig als möglich aus der Ware zu entfernen, weil er meist die Lichtechtheit der Färbung ungünstig beeinflußt. Man wäscht daher stets kochend aus, wobei den letzten heißen Waschbädern zur Entfernung der Säuren oder von Phenol Alkali zugesetzt werden muß. Du Pont gibt eine sehr illustrative Aufstellung über die Vor- und Nachteile der verschiedenen Carrier wie folgt (Notes of the Dyeing of Dacron Polyester Fiber):

Benzoesäure Salizylsäure	Nicht giftig; wenn nicht vollständig entfernt, wenig Beeinträchtigung der Lichtechtheit. Nicht flüchtig.	Teuer. Nicht für Strümpfe. Freie Säure gibt, wenn ungelöst, Flecken auf der Ware.
o- und p-Phenylphenol	Verhältnismäßig ungiftig. Billig. Im wesentlichen nicht flüchtig. Bei alkalischer Behandlung läßt sich das o-Isomer leichter entfernen als p-Isomere.	Die Lichtechtheit wird ungünstig beeinflußt. Das p-Isomere geht schlecht aus der Ware.
Monochlorbenzol o-Dichlorbenzol	Billig, leicht aus dem Material entfernbar. Beeinflussen die Lichtechtheit nicht. Man arbeitet bei 80 bis 85° C.	Sehr flüchtig und außerordentlich giftig!
Tetralin	Billiger als Benzoesäure.	Sehr giftig! Sehr flüchtig! Beeinflußt die Echtheitseigenschaften!

3. Der „Thermosol"-Prozeß wird fast ausschließlich für Dacron-Stapelfaser in der Flocke verwendet (vgl. dort).

Die Herstellung von Schwarz auf Dacron kann mittels Entwicklungsfarbstoffen in Bädern erfolgen, welche Quellmittel (Carrier) enthalten. Für Garne arbeitet man dabei in Zirkulationsapparaten, Gewebe aus Stapelfasern färbt man auf der Haspelkufe (Du Pont).

Man behandelt mit dem Bade, welches keinerlei Zusätze erhält, vor und erhitzt dabei auf 50° C. Hierauf setzt man 5% Acetamin Diazo Black RB konz. 150% sowie 2,5 g pro Liter p-Phenylphenol als Quellmittel und 2% Alkanol DW als Netzmittel. Man teigt den Farbstoff und das Netzmittel mit einer kleinen Menge heißem Wasser an, setzt ihn dann hinter der Siebwand oder dem Füllbehälter der Apparatur zu. Dann erst wird das Quellmittel direkt in den Färbebehälter gegeben. Man erhitzt zum Kochen und hält 1 bis 1½ Stunden kochend. Man läßt hierauf durch Kaltwasserzufluß überlaufen und das Bad auslaufen unter Wasserzufluß. Hierauf wird auf frischem Bade laufen gelassen, bis die Temperatur 50° C erreicht. Dann wird neuerlich bei Kaltwasserzulauf laufen gelassen, bei ablaufendem Bad gespült und das Bad hierauf weggelassen. Schließlich wird in einem Bade, welches 0,5 g NaOH (fest) und 0,6 g Natriumhydrosulfit enthält, bei

60 bis 65° C gewaschen und gut gespült. In einem frischen Bade sind 2,5% Acetamin Developer AD extra zu lösen, zum Kochen zu bringen und 1 Stunde laufen zu lassen. Hierauf wird unter Überlauf gespült. Neuerlich wird ein frisches Bad bereitet, welches 10% Natriumnitrit enthält. Man läßt 5 Minuten laufen, setzt dann 20% Schwefelsäure zu, erhöht die Temperatur des Bades auf 75° C und läßt eine ½ Stunde laufen (Vorsicht vor nitrosen Dämpfen, gute Ventilation!). Hierauf wird das Bad laufengelassen, einmal kalt gespült und dann mit 0,5 g pro Liter NaOH und 0,10 g pro Liter Duponol-D-Paste gewaschen und wieder gespült.

Für Marineblautöne verwendet man, nach derselben Methode gefärbt, Acetamine Diazo Black 3B.

Ein tiefes Marronbraun wird erhalten durch Färbung mit Acetamine Orange GR 175% konz., eventuell in Mischung mit der Marke 3R, und Entwicklung mit Acetamine Developer AD extra, in der entsprechenden Menge angewendet.

Naphtole können auf Dacronfasern (Garn) in Anwesenheit von Faserquellmitteln kochend aufgebracht werden, worauf man, nach zweimaligem heißem Waschen mit der undiazotierten Base behandelt und auf frischem Bade mit Natriumnitrit und Schwefelsäure diazotiert und gleichzeitig kuppelt. Gutes Spülen und heiße Nachbehandlung mit sodahaltigen Bädern vollenden den Arbeitsprozeß. Manchmal kann man die Naphtolbase und das kuppelnde Amin gleichzeitig, oder erst den Entwickler und dann die Base, aufbringen. Für Naphtanilfarben ist es nicht notwendig, das p-Phenylphenolisomere zu verwenden. Wichtig ist, daß man, um die volle Nuance zu erhalten, ebensoviel Base wie Entwickler anwenden muß.

V. Die Gewebefärbung

Kurze Übersicht der gangbarsten Gewebearten

Ein Textilgewebe entsteht durch die Verflechtung rechtwinkelig gekreuzter Fadensysteme.

Die Stärke und Dichte der Kett- und Schußfäden, die Art der Verkreuzung sowie die Art der verwendeten Garne, gegebenenfalls mit besonderen Effekten, bestimmen den Charakter eines Gewebes.

Sein Aufbau läßt sich also immer auf einige einfache Elemente zurückführen (Dekomposition); diese sind:

1. Bindungsart,
2. Garndichte,
3. Garnstärke,
4. Garnart.

1. *Die Bindungsarten* werden meist nach den auf ihnen beruhenden Grundqualitäten benannt. Sie lassen sich in drei grundsätzliche Bindungsarten einordnen:

a) Kattun- (Leinwand-, Tuch- oder Taft-) Bindung.
b) Köperbindung in den verschiedenen Variationen.
c) Atlas- oder Satinbindung.

2. *Die Garndichte* (Einstellung) wird in verschiedenen Maßsystemen ausgedrückt, aber immer in Fadenanzahl/Längeneinheit. So werden als Meßeinheit unterschieden: englische, französische, Wiener usw. Zoll.

In der letzten Zeit waren Bestrebungen im Gange, das metrische Maßsystem, also Fadenanzahl/Zentimeter, einzuführen.

Abb. 164. *Muster von Garnen*

Muster	Bezeichnung	Muster	Bezeichnung
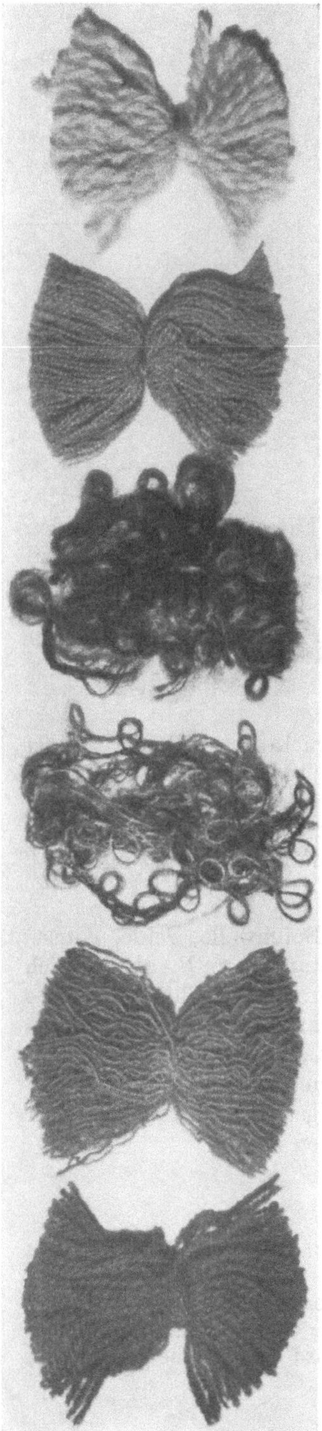	8/2 Strickgarn Wolle	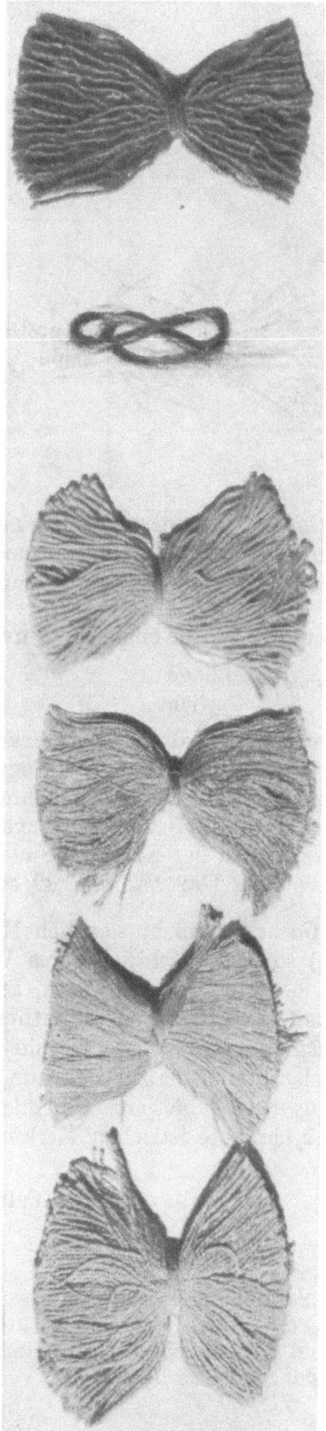	7/1 Streichgarn Wolle
	48/2 Kammgarn Wolle		Mohair
	Effektgarn (Loop) Wolle		8/1 Baumwolle
	wie oben zweifarbig		30/2 merc. Sakellaridis Baumwolle
	15/1 Streichgarn Wolle		50/2 merc. Baumwolle
	16/2 Streichgarn Wolle		22/2 Baumwolle

Abb. 165. *Garnmuster*

Muster	Garn	Muster	Garn
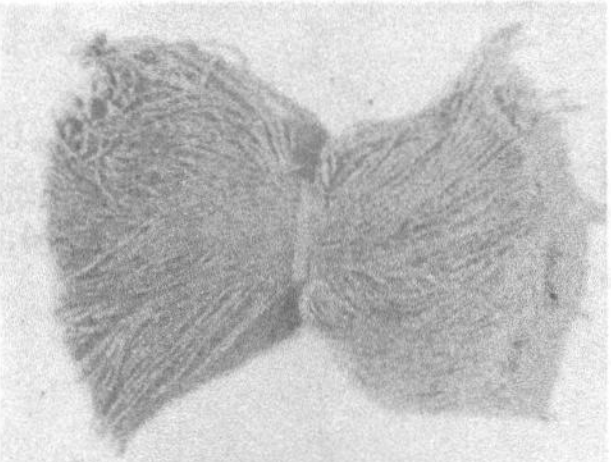	32/1 Baumwollkettgarn	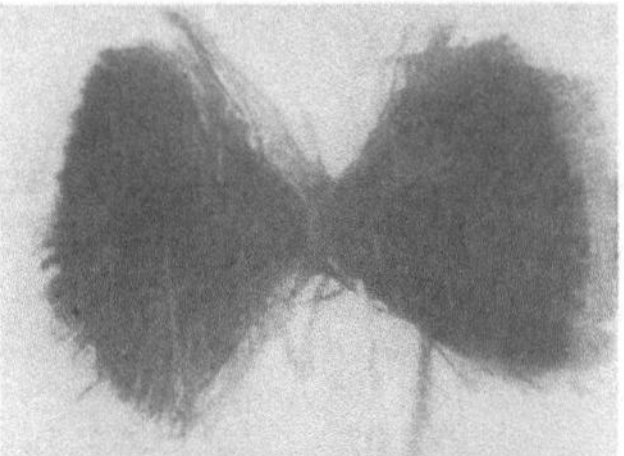	150 den Rayon für Schuß
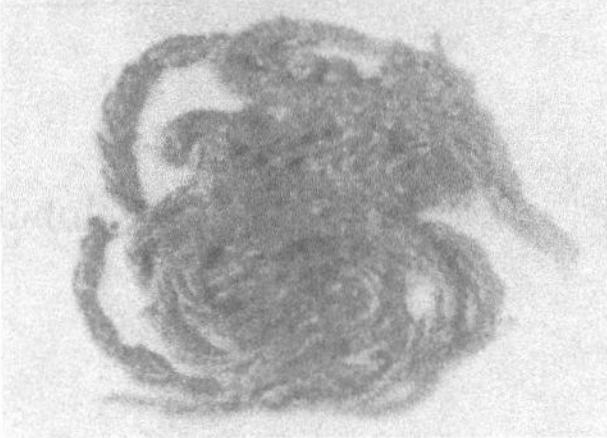	Bourette-seide	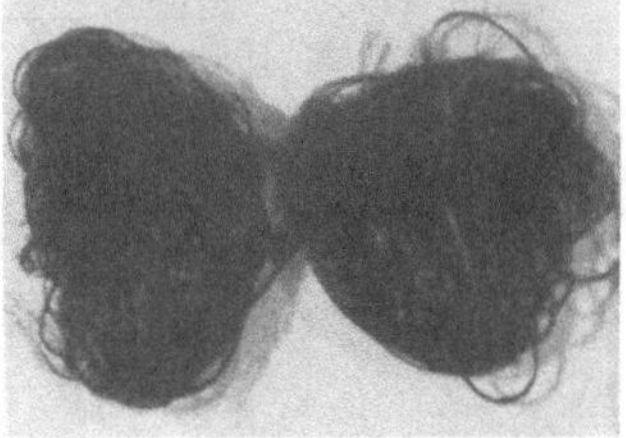	120 den Rayon für Schuß

3. *Die Garnstärke* wird angegeben als Garnnummer. Mit Ausnahme von Seiden und Reyon bezeichnet die Garnnummer Kilometer/Kilogramm in verschiedenen Maßsystemen. Je feiner der Faden, um so höher die Garnnummer.

So bedeutet z. B.: die englische Nummer (Ne) $\frac{\text{Länge (m)} \times 0{,}59}{\text{Gramm}}$; die metrische Nummer Nm .. $\frac{\text{Länge}}{\text{Gewicht}}$.

Bei den Seiden wird die Garnstärke (Titer) ausgedrückt durch Denier, das ist das Garngewicht von 9000 m. Im Gegensatz zur übrigen Garnnumerierung steigt hier also die Numerierung mit zunehmender Stärke des Garnes. Einstellung und Dichte werden oft in Bruchform angegeben, z. B. bedeutet 19/17 aus 36/42 ein Gewebe, welches in der Kette 19 Fäden von der Garnnummer 36 und im Schuß 17 Fäden von der Garnnummer 42 enthält.

4. *Die Garnart* muß hinsichtlich Material (Wolle, Baumwolle, Seide, Kunstseide usw.) sowie hinsichtlich ihres Verarbeitungszustandes, z. B. ob schwach oder stark gedreht, gezwirnt usw., angegeben werden. — Der Charakter eines Gewebes kann außerdem durch bestimmte Arbeitsoperationen am fertiggewebten Stück, beispielsweise Walken, Rauhen, Chintzen u. a., beeinflußt werden. Für den Handelsgebrauch haben sich nun für die einzelnen Webequalitäten Trivialbezeichnungen eingebürgert, von denen die wichtigsten nachstehend unter Angabe der charakteristischen Merkmale wiedergegeben sind.

Futterstoffe

Ärmelfutter: Baumwoll- und Zellwollgewebe in Satinbindung. Einstellung: 36/24 aus 36/42.

Eisengarn: Satinbindiges Baumwollgewebe mit sehr harten, gebürsteten Kettgarnen.

Poceting: Leinwandbindung. Gewebe aus Baumwolle oder Zellwolle mit mittelfeiner Kette und grobem Schuß. Durch starkes Kalandern wird das Gewebe geschlossen. Verwendung für Taschenfutter.

Abb. 166. *Buntgewebte Artikel*

Muster	Bezeichnung	Färbung des Garnes	Muster	Bezeichnung	Färbung des Garnes
	Inlandware 22/14—28/21 100 cm breit Baumwolle	Schwefelblau	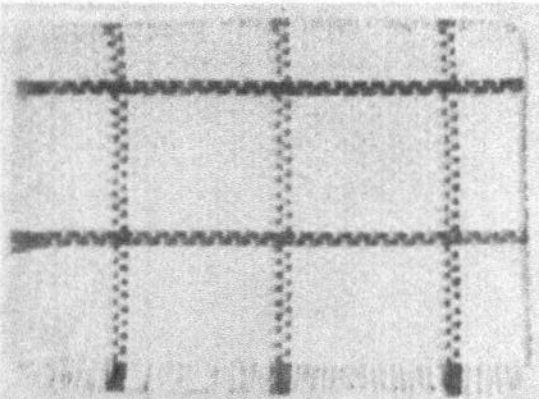	Inlandware 28/2/8—28/2/12 48″ × 48″ Baumwolle	Hydronblau Naphtolrot
	Boerahs (Afrika) 16/10—28/12 46″×76″ Tücher mit 10 cm Fransen Baumwolle	Schwefelblau Schwefel- schwarz Direktgelb Naphtolrot		Poolbont (Nied. Guayana) 26/2/12—28/18 90 cm breit Baumwolle	Diazotierte Couleuren (gelb, orange, grün) Schwefelschwarz Naphtolrot
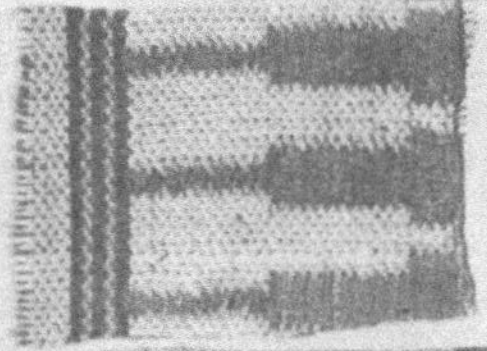	wie oben (mit Zierrand) Baumwolle	Schwefel- schwarz Naphtolrot Direktgelb		Sarong, Java 50/2 men/14— 150 den/25 150 cm breit K-Seide-Baumwolle	Naphtolrot Schwefelfärbig Direkt- (Licht- echt-) färbung
	Inlandware 20—28 50 cm × 40 m Baumwolle	Naphtolrot	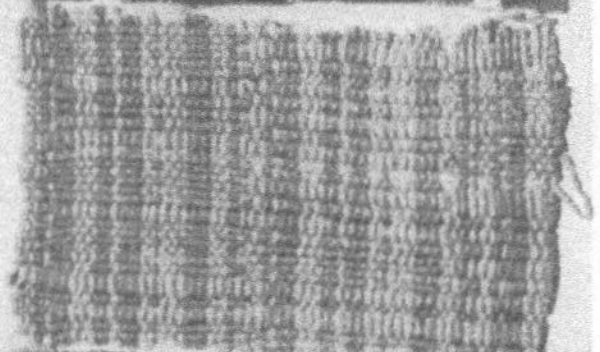	Vorhangstoffe, Inlandware Kette 36/2, Schuß 6/1 und 150 den	Alles lichtechte Direktfärbung
	Inlandware 82/2—28/2 76″ breit Baumwolle	Indigo Chlorantin- lichtblau		Inlandware Kette 8/1, Schuß 7/1	Indigo Naphtolrot Hydronblau

Abb. 167. *Buntgewebte Exportartikel*

Muster	Bezeichnung	Färbung des Garnes	Muster	Bezeichnung	Färbung des Garnes
	Sarong (Indien), Tücher 117×200 cm Baumwolle 26/16—42/30	Naphtolrot, Chromgelb, Schwefelschwarz etc.		Hemdenstoff (Export) 42/15—150 den Baumwolle Kunstseide	Weiß mit hinten indanthrenfarbigen Streifen
	Wie oben, Baumwolle-Reyon 42/13—250 den	Substantive und basische Färbungen		Tropical (Export) Mouliné, 20er-Baumwolle 140 cm breit	Schwefelschwarz, nachgekupferte Direktfärbungen
	Thick dutch gumsha 20/2/13—22/20, Baumwolle	Naphtolrot, Schwefelschwarz, Schwefelgrün, Direktgelb		Inland Baumwolle schwarz-weiß	Schwefelschwarz
	Sarong (Indien) 36/2 merc.—150 den Baumwolle Kunstseide	Substantive und basische Färbungen	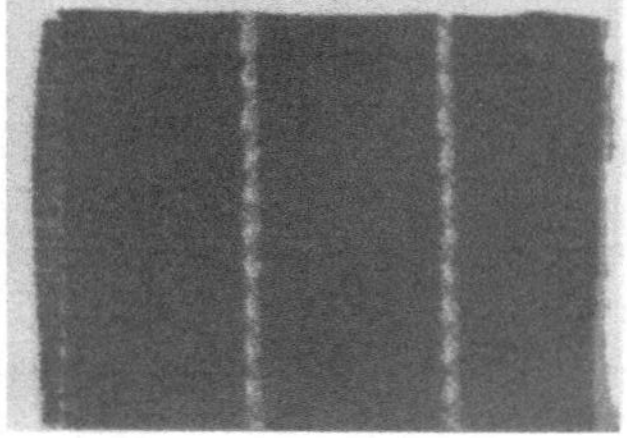	Regatta (Export) 30/2 merc.—28, Baumwolle	Früher im Fond meist indigofarbig

Abb. 168a. *Wichtige Gewebearten, I*

Muster	Bezeichnung	Muster	Bezeichnung	Muster	Bezeichnung
	Gabardine Reinwolle		Kreppe Reinwolle		Mouliné (Wolle-Baumwolle)
	Serge Reinwolle		Atlas Reinwolle		Wolltrikot
	Marocain Reinwolle		Möbelrips Reinwolle		Skiloden (Halbwolle)
	Rips Reinwolle		Damentuch Reinwolle		Halbwoll-Kaschmir
	Musselin Reinwolle		Loden Reinwolle		Halbwollserge

Abb. 168b. *Wichtige Gewebearten, II*

Muster	Bezeichnung	Muster	Bezeichnung	Muster	Bezeichnung
	Tücher Halbwolle/ Reyon	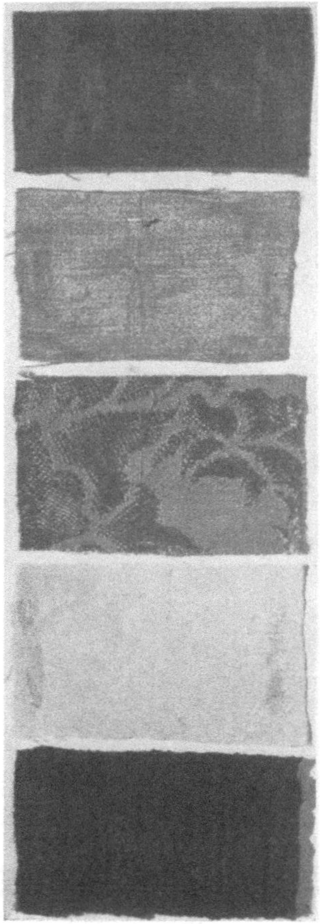	Gloriafutterstoff Halbseide	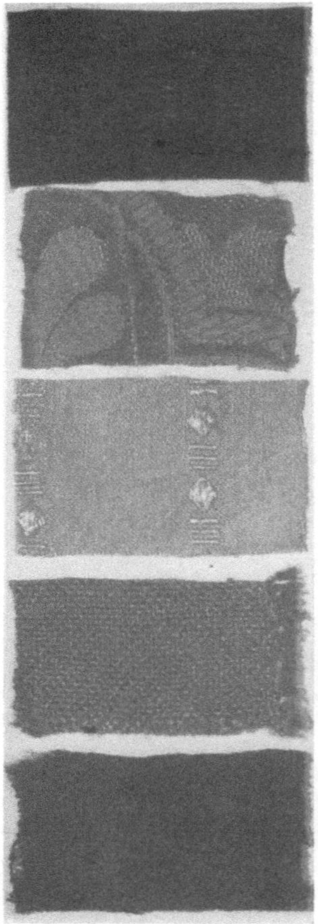	Trikot Reyon
	Crêpe de Chine Reinseide erschwert		Atlas Halbseide		Brokat Reyon/ Baumwolle
	Crêpe Georgette Reinseide erschwert		Deckendamast Chappeseide-Reyon		Tücher Baumwolle Reyon-Effekt
	Crêpe Marocain Reinseide erschwert		Lavable Chappeseide		Bouclé Vistra (Zellwolle)
	Japantwill buntgeätzt		Borkenkrepp Wolle/ Azetatreyon		Bouclette Zellwolle

Abb. 168c. *Wichtige Gewebearten, III*

Muster	Bezeichnung	Muster	Bezeichnung	Muster	Bezeichnung
	**Trikot** Azetatseide/ Reyon	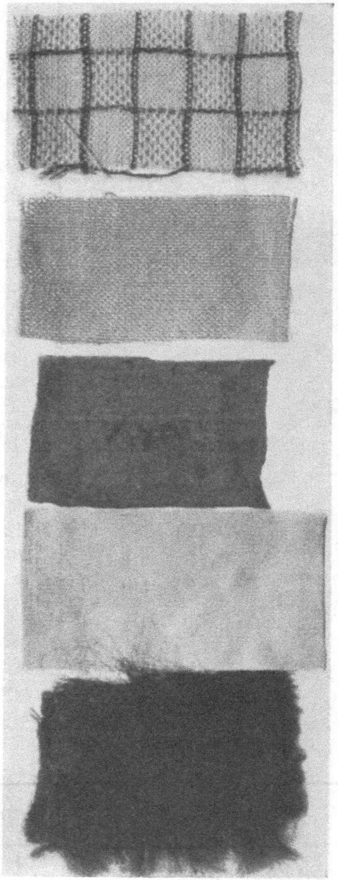	**Phantasie** Baumwoll/ Reyon	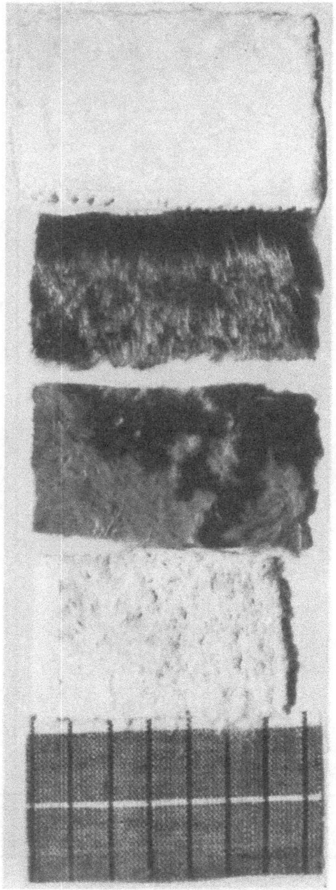	**Velourchiffon** Reyon, matt/ Reinseide
	Voile Kupfer-kunstseide		Baumwoll/ Reyon		**Wollsamt** Wolle/ Baumwolle
	Trikot Baumwolle/ Reyon, plattiert		**Pongi** Reinseide		**Velour** Reyon/ Baumwolle Fellimitation
	Grenadine Reyon, matt		**Ballonstoff** Baumolle, merc.		**Velourchiffon** Azetat, matt/ Reinseide Fellimitation
	Trikot Azetatseide/ Reyon		**Mohairplüsch** Mohair/ Baumwolle		**Camboys (Madras)** (Fließfarben) Baumwolle

Abb. 168d. *Wichtige Gewebearten, IV*

Muster	Bezeichnung	Muster	Bezeichnung	Muster	Bezeichnung
	Crêpe Phosphor Azetat matt/ Viscose Reyon		Taffet Reyon		Crêpe Mongol Reyon
	Crêpe Moos Azetat matt/ Viscose Reyon		Serge Reyon		Crêpe Flamisol Wolle/ Azetatseide matt Reyon matt
	Crêpe Satin Azetatseide/ Reyon		Hutfutter Reyon		Crêpe Marocain Reyon
	Crêpe Pabrilla Azetatseide matt/ Viscose Reyon		Crêpe de Chine Reyon		Satin Baumwolle/ Reyon
	Piqué Reyon matt		Crêpe Phosphor Reyon		Duchesse Baumwolle/ Reyon

Abb. 168e. *Wichtige Gewebearten, V*

Muster	Bezeichnung
	Cheviot, Wolle, grob
	Kammgarn (schwer), Wolle, feinst
	Mantelstoff, Wolle, manipuliert
	Damenstoff (dessiniert), Wolle, fein
	Tuch, Wolle, eingewalkt

Hänselroßhaar: Sammelbegriff für verschiedenste Roßhaargewebe der Firma Hänsel & Co.

Lüsterfutter: Leinwandbindige Gewebe mit Mohairschuß.

Serge: Sammelname für köperartige Futterstoffe. Als Material dient Baumwolle, Zellwolle, Wolle, Kunstseide und Reinseide.

Wäschestoffe

Barchent: Sammelbegriff für dichte, einseitig gerauhte Gewebe, Köper- oder Atlasbindung.

Batist: Feinfädiges Gewebe in Leinwandbindung, Kette und Schuß 35 bis 70 Fd. aus 50 bis 80 (Ne) Baumwolle, Leinen, Zellwolle, Kunstseide.

Mako-Batist	22/24 aus 50/60		Perkal (fein)	40/52 aus 60/60
oder	28/28 „ 50/60			
	28/30 „ 50/60			

Croisé finette: Köperbindiges Gewebe, Rückseite gerauht, Innenseite kleines Köperbild. Baumwolle, Zellwolle.

Flanell: Sammelbegriff für zweiseitig gerauhte Gewebe in Tuch- oder Köperbindung. Material: Baumwolle, Zellwolle, Halbwolle und Wolle.

Glasbatist oder auch Organdy genannt: Wie Batist, die Ware wird jedoch einer Lauge- und Schwefelsäurebehandlung unterworfen.

Inlett: Baumwollgewebe in Köper- oder Atlasbindung, hauptsächlich rot gefärbt, dient zur Aufnahme von Federn. Gute Gewebe haben die Einstellung 44/32 aus 48/40.

Cretonne: Sammelbegriff für leinwandbindige Gewebe aus Baumwolle, Zellwolle und Mischfasern;

Rohnessel, grob,	Einstellung	12/12	aus	14/14
„ fein,	„	16/16	„	18/18
Mollino	„	14/14	„	20/20
		16/16	„	20/20
Dirndlzephir ...	„	16/16	„	20/20
Oxford	„	16/16	„	20/20
Hemdenstoff ...	„	18/18	„	20/20
	„	18/16	„	20/20

Kattun, auch *Cotton:* Sammelbegriff für leinwandbindige Baumwoll- und Zellwoll-Mischgewebe, in feinerer Einstellung als Cretonnegewebe.

Madapolam	Einstellung	18/14	aus	36/42
	„	22/28	„	36/42
Schirting	„	18/16	„	36/42
Fahnentuch	„	19/21	„	36/42
Musselin	„	15/18	„	36/42
	„	16/20	„	36/42
fein	„	18/18	„	36/42

Matratzengradl, Matratzendrell: Baumwoll- oder Halbleinengewebe in Köper- oder Atlasbindung in Einstellung von 42/27.

Opalbatist: Batist mit eigentümlichem, milchigem Schimmer, erzielt dadurch, daß die Vormercerisation mit Spannung, die Nachmercerisation ohne Spannung durchgeführt wurde.

Popeline: Leinwandbindung. Gewebe aus mercerisierter Baumwolle, auch Zellwolle, Kunstseide. Kette oft gezwirnt und dicht eingestellt. Schuß wesentlich schwächer eingestellt. Es entsteht dadurch ein Ripscharakter. Kettgarne können bis 12/2 Ne gehen. Verwendung für Hemden und Blusen.

Panama: Baumwollgewebe mit gemusterter Oberfläche.

Renforcé: Leinwandbindung, aus Baumwolle oder Zellwolle in den Einstellungen 18/18 aus 30/30 bis 20/16 aus 28/28.

Zephir: Mittelfeines bis feines leinwandbindiges Gewebe (Baumwolle und Zellwolle), welches einen Übergang zu den Popelinen bildet. Zephir kommt auch in Köperbindung vor. Verwendung für Hemden.

Damen- und Kinderkleiderstoffe

Bourette: Gewebe, die aus Garnen bestehen, welche ihrerseits aus Abfallseide gesponnen werden.

Cheviot: Köperbindiges Gewebe aus kräftigem Cheviotkammgarn.

Cloqué: Gewebe mit Oberflächenerhöhungen als Musterung. Entsteht durch wirkungsvolle Verbindung von normalen und überdrehten Kett- und Schußgarnen.

Flausch: Doppelgewebe oder Gewebe in Köperbindung, stark gerauht, Verwendung für Wintermäntel.

Foulard; Leichte Reinseidenstoffe mit keiner oder nur geringer Beschwerung. Die Qualität dient für Krawattenseide. Halbseidene, schwarz-weiß gestreifte, aber auch karierte Stoffe.

Lavable: Feine Kunstseiden- und Seidengewebe oft mit schwerem Kreppcharakter. Meist als Waschseide für Wäsche, jedoch auch für leichte Sommerkleider.

Pongé: Feine, glatte Reinseidengewebe in Taftbindung. Einstellung in Kette und Schuß zwischen 50 und 60 Fäden pro cm. Verwendung für Blusen, Lampenschirme, schwerere Qualitäten für Kleider.

Kreppgewebe

Es gibt zwei Möglichkeiten, Krepp zu erzeugen: durch
a) die Bindung,
b) die Garndrehung.

Es gibt Kreppgewebe aus Kunstseide, Baumwolle, Zellwolle, Seide und auch Wolle.

Kristalline: Sehr feinfädige Baumwollvoiles, mercerisiert, Garnnummer 110/2 oder 120/2 Ne.

Mattkrepp: Kunstseidengewebe mit körniger Oberfläche und spinnmattierter Kette. Schuß: Stark überdrehte Kunstseide.

Rayé: Sammelbegriff für Damenkleiderstoffe mit sehr oder weniger breiten Streifen.

Seidenkreppgewebe: Gewebe aus Reinseide oder Reyon mit stark oder minderkörniger Oberfläche durch Verwendung von überdrehten Garnen in Schuß oder Kette oder beiden Fadenrichtungen.

	Kette:	Schuß:	Bindung und Aussehen:
Crêpe de Chine.......	schwach gedreht	stark gedreht, 2 S + 2 Z	Taft, feinkörnig
Crêpe Satin..........	schwach gedreht	stark gedreht, 2 S + 2 Z	Satin, eine Seite glänzend, die andere matt
Crêpe Marocain......	schwach gedreht	stark, 2 S + 2 Z	Taft, feine Rippen in Schußrichtung
Crêpe Romain........	stark gedreht	stark, 2 S + 2 Z	Panama, Würfelmuster
Crêpe Georgette......	stark gedreht	stark, 2 S + 2 Z	Taft, gitterartig, harter Griff

Taft: Sammelname für tuchbindige Reinseidengewebe mit festem Griff. Meist stark beschwert. Heute wird auch Reyon verwendet (Ripstaft, Streifentaft, Schottentaft usw.).

Herrenkleiderstoffe

Man kann grundsätzlich vier Ausrüstungssparten bei Herrenkleiderstoffen unterscheiden, und zwar:

	Kahl appretiert	Meltonware	Streichware	Velours
Gewebebild ...	klar	verschleiert	Bindung nicht sichtbar	Bindung nicht sichtbar
Haardecke	glatt	verfilzt	rechts Haardecke in eine Richtung gelegt	wirre Haardecke
Material	Kammgarn	Kammgarn, Cheviot-Streichgarn	feine Streichgarne	Streichgarn
Färbeart	hauptsächlich Wollstückfärbig	hauptsächlich Wollstückfärbig	hauptsächlich in der Wolle	in der Wolle und im Stück

Cheviot: Gewebe, meist in Köperbindung, aus derber, kräftiger Wolle. Oberfläche entweder glatt oder leicht verfilzt. Bei Imitationen Kette aus Baumwollgarnen.

Cord: Gewebe mit stark ausgeprägtem Rippencharakter. Geeignet für Strapazkleidung. Kette: Kammgarnzwirn oder Kammgarn mit Baumwolle. Schuß: Einfaches Streichgarn.

Covercoat: Material: Wolle oder, bei billigen Sorten, Baumwolle. Entweder Köperbindung oder richtiger verstärkte Schußatlasbindung. Kette: Kammgarn gezwirnt. Schuß: Kammgarn oder Streichgarn. Entweder Kahlappretur oder Meltonausrüstung. Verwendung hauptsächlich für Mäntel.

Diagonal: Wollgewebe in Köperbindung mit trikotähnlichem Charakter.

Flausch: Grobes, tuchartiges Wollgewebe, langhaarige Streichgarne. Nicht sehr strapazfähig.

Foulé: Hochwertige, im Stück schwarz gefärbte Ware.

Fresko: Wollgewebe in Tuch- oder Panamabindung aus hart gedrehten Kammgarnen. Verwendung als Sommeranzüge.

Gabardine: Gewebe mit klarem Warenbild und steil verlaufenden Köpergraden. Dichte Kette- und lose Schußeinstellung. Kettdichte: 56, Schußdichte: 42 Fäden pro Zentimeter. Weniger gute Ware enthält Baumwollzwirn (Herrenanzüge, Herrenmäntel, Damenmäntel, Damenkostüme).

Homespun: Gewebe aus groben, unegalen, noppenartigen Garnen, mit weicher Drehung. Verwendung für Sportanzüge.

Jaspé oder *Mouliné* werden Zwirne mit verschieden gefärbten Einzelfäden bezeichnet. Allgemein werden damit Stoffe bezeichnet, welche solche Garne enthalten.

Kammgarn: Sammelname für Wollgarne, die auf bestimmte Art versponnen werden, wobei die Haare ungleich parallel ausgerichtet werden. Daher haben sie ein glattes Aussehen. Heute wird die Bezeichnung oft fälschlich für Baumwolle und Zellwolle angewendet.

Loden: Gewebe aus melierten, rauhen Wollgarnen, welche einer kräftigen Walke unterworfen werden. Die Bindung ist Tuch oder Trikot, jedoch nicht sichtbar. Verwendung findet diese Art von Gewebe für Trachten-, Jagd- und Sportanzüge.

Patin: Aus Streichgarn hergestelltes Doppelgewebe für Wintermäntel. Mittels einer besonderen Maschine wird die Oberfläche knötchenartig gemustert.

Shetland: Leichtes Wollgewebe, aus derber Wolle, in Köperbindung. Verwendung für Mäntel, Kostüme usw.

Streichgarn: Sammelname für Garne aus groben, kurzen, wirr durcheinander hängenden Haaren. Gewebe aus solchen Garnen werden fast immer gewalkt. Die Reiß- und Scheuerfestigkeit ist allerdings geringer als bei Kammgarnen. Reißwolle wird gerne in Streichgarnen verwendet.

Trikot: Wollgewebe in Köperbindung mit doppeltem Schuß und deutlichen Diagonalen. Meist Streichgarnkette, seltener Kammgarn. Verwendung: Dienst- und Sportkleidung.

Tweed: Wollgewebe mit kleinen Effektbindungen aus Streichgarnen. Verwendung: Anzug- und Mantelstoff.

Twill: Köperbindiges Wollgewebe aus feinen Kammgarnen, kahl geschoren. Meist blau gefärbt.

Tuch: Sammelname für Wollgewebe, die sowohl in Kette als auch im Schuß Streichgarne enthalten. Man unterscheidet: Feintuche, mittelfeine und grobe Tuche.

Velour: Sammelname für Wollgewebe, die stark gerauht und mäßig geschoren wurden. Je nach der Lage der Haare unterscheidet man Steh- und Strichvelour.

Unechte Samte, bei denen der Flor durch einen Rauhprozeß erzielt wurde

Baumwollgewebe mit Zwirnkette und grobem Schuß. Atlasbindung. Verwendung für Sportkleidung.

Duvetine: Gewebe mit Baumwollkette und Zellwoll- oder Schappeseidenschuß. Atlasbindung. Verwendung für Jacken.

Cordsamt: Gewebe mit vertieften Längsstreifen und erhöhten mit dichten Faserbüscheln.

Genuacord: Breitrippiger Schußsamt in Köperbindung. Verwendung für Strapazkleidung.

Kettensamt: Kettensamte werden vielfach als Fellimitationen verwendet, wie Astrachan.

Muschelsamt: Feinrippiger Samt in braun, schwarz, grün, grau und blau.

Seidensamt: Gewebe, dessen Flor aus gehaspelter oder gesponnener Seide besteht.

Velourchiffon: Sehr schöner Samt mit dünnem Gewebe. Der Flor besteht aus Schappe oder Azetatreyon. Verwendung für Abendkleider.

Waschsamt: Sammelname für Rippensamt, der so echt in Färbung und Noppenfestigkeit ist, daß er waschbar ist.

Andere Gewebe

Brokatgewebe: Schwere Seiden- und Halbseidengewebe mit Jacquardmusterung. Kette und Schußfäden häufig mit Metallfäden umsponnen. Verwendung: Dekorationsstoffe.

Drehergewebe: Sammelname für Baumwolle und Zellwollgewebe, bei denen sich mindestens zwei Kettfäden gegenseitig verdrehen. Die Schußgarne gehen durch die Dreheraugen durch und können so nicht mehr verschoben werden.
Verwendung: Vorhangstoffe, Siebtücher usw.

Etamin: Drehergarne aus Baumwolle und Zellwolle für einfache Vorhangstoffe.

Frotté: Baumwollgewebe mit Schlingeneffekten der Gewebeoberfläche, hergestellt durch Verwendung einer gespannten und ungespannten Kette. Verwendung: Wasch- und Badeartikel.

Kanevas: Gewebe aus Baumwolle oder Zellwolle und Leinen mit sehr aufgelockerten Leinwandbindungen. Verwendung: Handarbeitsstoffe.

Tüll: Sammelname für Baumwoll- und Zellwollgewebe, die auf der Bobinet-Maschine hergestellt sind.

Die Stücke, welche ja vor dem Färben entschlichtet bzw. entölt, häufig auch der Karbonisation oder Walke bzw. Bleiche unterworfen oder zur Fixierung der Wolle gebrüht (gekrabbt) werden, sind meist mittels Elzitfarbe an den Stückenden numeriert und bezeichnet. Die Farbe, mit dem Elzitstift aufgetragen, muß allen Veredlungsprozessen standhalten. Sie ist meist braun oder schwarz. Da die Originalfarbe verhältnismäßig teuer ist, wurden verschiedene Mischungen erprobt, die gute Resultate gaben. Die Stücke können auch mittels Nähmaschine „tambouriert" werden und tragen dann die Nummern in Schlingennaht.

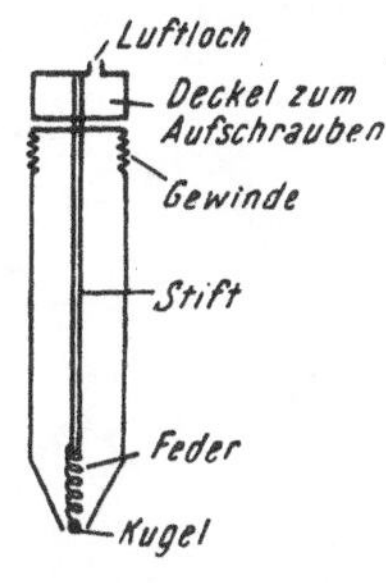

Abb. 169. Elzitstift.

Das Elzit-Stift-Verfahren („Elzit", Ernst Loewe, Zittau) eignet sich besonders für Baumwoll- und Wollwaren, die nicht gewalkt werden. Die Ware wird mit dem Stift schwarz oder gelbbraun beschrieben (Ersparnis des Ausnähens). Die schwarze Farbe ist auch auf schwarz gefärbter Ware sichtbar! 1 kg Elzitfarbe kostete 131,60 tschech. Kronen (1926), dagegen 1 kg Farbe nach untenstehendem Rezept nur 19,95 tschech. Kronen (Abb. 169). Ähnliche Kugelschreiber liefern heute Wunschel, Reutlingen, Deha Chemie, Ebersbach u. a.

Rezept: 160 g amerikanischer Lampenruß
360 „ Azeton
480 „ Serikoselösung LC 10% Bayer (Serikoselösung LC 100 g mit 900 g Azeton verdünnt)

1000 g

oder 100 g Ölruß
420 „ Azeton
480 „ Serikoselösung 10%

Die Farbe darf nicht zu dick sein, sonst dringt sie nicht in die Ware ein, eventuell muß man mit Azeton verdünnen;

oder 40 g Benzylzellulose in 200 ccm Trichloräthylen
40 „ Chlorkautschuklack in 200 ccm Trichloräthylen getrennt ansetzen, dann mischen;

hierauf 50 g Hansagelb (IG) und
25 „ Titanweiß einrühren und mit
240 „ Trichloräthylen oder Diäthyläther nach Bedarf verdünnen; das Ganze vor Gebrauch vermahlen.

Andere Rezepte für Elzitstiftersatzfarbe sind:

Material:		Preis pro kg	Preis (1935)
Serikose LC (IG)	55 g	17,54 S	0,94 S
Azeton	830 „	4,50 „	3,73 „
* Serikosol N (IG)	15 „	12,40 „	0,18 „
Ocker	100 „	1,20 „	0,12 „
			4,97 S pro kg
	oder		
Serikose LC (IG)	55 g		0,94 S
Azeton	870 „		3,91 „
* Serikosol N (IG)	15 „		0,18 „
Ruß	60 „	7,30 S	0,44 „
			5,47 S pro kg

* Ohne Serikosol N ist die Farbe zu spröde.

Die Original-Elzitstiftfarbe „Palme" (Paulke, Reichenberg) kostete per kg 26,00 S.

Die Arbeitsweisen bei der Stückfärbung sind, abgesehen vom Verwendungszweck, von den Textilmaterialien abhängig, aus welchen die Gewebe oder Gewirke bestehen. Wolle wird im Stück nur auf der Haspelkufe gefärbt, ebenso Reinseide. Wenn die Naturseide erschwert ist, kann das Färben auch am Haspel oder Sternreifen erfolgen. Baumwolle wird kaum am Haspel gefärbt, man benutzt hierzu den Jigger oder klotzt die Gewebe am Foulard, Küpenfärbungen stellt man auch auf Kontinue-Klotzeinrichtungen her. Kunstseidenartikel können am Haspel, Foulard oder Sternreifen ausgerüstet werden, Halbwolle oder Halbseide werden am Haspel oder Jigger, Mischgewebe aus Wolle-Kunstseide am Haspel oder Sternreifen gefärbt. Nylon-Viskose-, Nylon- oder Nylon-Woll-Mischungen sind am Jigger färbbar, Trikotagen können naturgemäß nur auf der Haspelkufe gearbeitet werden.

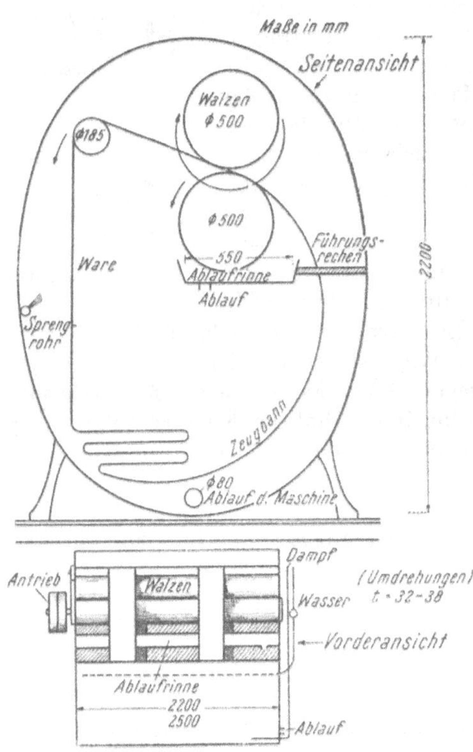

Abb. 170. Breitwaschmaschine.

Sämtliche Stückware wird vor dem Färben gereinigt. Bei Baumwollstücken erfolgt dies in Form einer Beuche- bzw. eventuell Bleichoperation, manchmal wird auf der Färbemaschine (Jigger, Haspelkufe) selbst abgekocht. Eventuell wird die Ware mercerisiert. Diesbezügliche Angaben, insbesondere über die Mercerisierung, finden sich im Kapitel, das die Baumwollstückfärbung behandelt.

Wollstückware durchläuft eine unter Umständen komplizierte Vorappretur. Sie wird gewaschen, gebrüht, karbonisiert und eventuell gewalkt.

Die dazu verwendeten Maschinen bzw. Verfahren, deren unrichtige Durchführung den Färbeprozeß stören kann, werden aus diesem Grunde im wesentlichen besprochen.

Die Entschlichtung und Bleiche von Reyon- (Rayon-) Ware usw. findet fast stets in der Färberei statt und ist bei den entsprechenden Färbekapiteln angegeben.

In Abb. 170 ist eine Breitwaschmaschine skizziert, auf welcher die Entschlichtung und Reinigung der Wollware erfolgt. Vielfach wird hernach in die Walke genommen (Tuch usw.). Daher wird nun Grundsätzliches über die Konstruktion der dazu verwendeten Maschinen gebracht.

Das Walken und die Walkschäden

Das Walken bezweckt, die Oberfläche der Gewebe zu verfilzen, der Ware aber Schluß und Kraft im Innern zu geben und sie vor späterem Eingehen zu schützen. Die Operation besteht in der Ausübung eines Druckes auf das Gewebe bei gleichzeitigem Aufbringen von Lösungen schwacher Alkalien.

Die Filzfähigkeit kommt mehr oder weniger allen keratinhaltigen Stoffen zu. Dabei beruht die Walkfähigkeit hauptsächlich darauf, daß die Wollfaser schuppenartig gebaut und gekräuselt ist.

Als Walkflüssigkeit wird im Betrieb eine 20%ige Seifenlösung aus neutraler oder ganz schwach-alkalischer Kernseife oder Lösung türkisch-rotölähnlicher Körper verwendet. Bei weniger empfindlichen Waren wird ein Teil dieser Lösung durch eine 20%ige Sodalösung ersetzt. Das Walköl (Seife) wird, mit Soda und Wasser vermischt, als gute Walkflüssigkeit gebraucht. Auch Säuren (Ameisen-, Essigsäure) finden als Walkingredienzien Verwendung, meistens bei wollfarbigen Sachen. In diesem Falle spricht man von saurer Walke, die vorzugsweise in der Filz- und Hutindustrie anzutreffen ist.

Zu viel, besonders fetthaltige Flüssigkeit steht dem Wareneinsprunge im Wege; der Walkprozeß geht wenig oder gar nicht vor sich. Zu wenig Flüssigkeit bewirkt, daß die Ware scheuert, sie wird hart und mürbe, es stoßen sich viele Wollflocken ab. Zusätze von nichtionogenen Hilfsmitteln sollen nach Sandoz die Dauer des Walkprozesses abkürzen.

Die Temperatur im Walkraum soll konstant sein und die angewandte Flüssigkeit eine optimale Temperatur von 20 bis 25° C haben.

Die meisten Waren werden vor dem Walken gewaschen (entgerbert), Damentuch nur genetzt und im Fett gewalkt.

Sehr leichte Stoffe können unter Umständen ohne Zusatz mit Wasser allein gewalkt werden.

Die Walkmaschinen. Es werden darunter Maschinen verstanden, welche durch Stoßen, Stampfen oder Reibung das Filzen der Ware bezwecken:

1. Hammerwalken (Kurbelwalken).
2. Zylinderwalken (Walzenwalken).

1. Hammerwalken. Die Ware wird paketweise in einen Zylinder gegeben, welcher aus Holz oder Metall besteht, und ein hammerartiges Instrument mittels Hebel oder Kurbel wirkt durch Stoß ein. Soll auf die Länge eingewirkt werden, so wird die Ware so gelegt, daß die Leisten an die beiden Seiten der Maschine zu liegen kommen. Soll auf Breite eingewalkt werden, so wird die Ware von rechts nach links und umgekehrt eingefaltet. Die Hammerwalken werden heute nur noch für das Kreppen von Musselin angewendet, Doppelkurbelwalken für dicke Gewebe: Decken, Flanell, Paletotstoffe.

2. Zylinderwalken. Die hauptsächlich arbeitenden Teile sind Walzen. Der Walkprozeß wird durch Reibung und Stauchung hervorgerufen.

Nach der Zahl und Stellung der Zylinder unterscheidet man:
einroulettige: Normalwalken,
zweiroulettige: Zentralwalken,
dreiroulettige: Lacroixwalken,
doppeleinroulettige: Tandemwalken;
am meisten benützt wird heute die einwalzige Normalwalke, System Hemmer, Aachen.

Beschreibung der Hemmer-Walke. Die Riemenscheibe, die mit dem zentralen Zylinder unten (Tambour) und dem Triebrad für die oberen Zylinder (Roulette) verbunden ist, auf einer zentralen Welle aufgekeilt, wird durch Kreuzriemen in Bewegung gesetzt. Die Kraft vom Tambour auf Roulette wird mittels Riemen übertragen. Der Druck der Roulette auf den Tambour wird durch verstellbare Druckfedern, welche vermittels einer Schraube eines Drehrades gespannt werden kann, geregelt. Die Entfernung der beiden vertikalen Backen kann man mittels eines Handrades regulieren, die Übertragung erfolgt durch zwei Zahnräder. Eine Ausrückvorrichtung, die mit der Leitwalze in Verbindung steht, wird später beschrieben. Mit einem Aussetzer, der drehbar ist, wird der Riemen durch die Riemengabel von der Leer- auf die Festscheibe gebracht und die Maschine in Gang gesetzt. Durch Senken eines Hebels oder durch vollständiges Ausrücken wird der Ausrücker durch eine Feder zurückgezogen und der Riemen auf die Leerscheibe gebracht.

Mittels eines Hebelsystems wird die Klappe des Stauchkanals gehoben oder niedergedrückt. Ein Hebel wird durch einen Handgriff je nach Wunsch eingestellt, im Kanal ist ein Abflußloch für überschüssiges Walköl.

Der eigentliche Mittelpunkt der Normalwalke ist der Tambour; über ihm ist die Walkroulette in Hebeln gelagert. Ehe der Warenstrang zwischen die Walkorgane gelangt, passiert er einen Rechen, von welchem die Ware über die Leitwalzen zwischen die Backen gelangt. Diese sind verstellbar angeordnet, dadurch kann ein mehr oder weniger starker Druck erzielt werden, der auf das Einwalken in die Breite wirkt. Dieser Druck darf nicht zu stark werden, da dadurch zwischen den Backen und den Hauptwalzen eine Streckung stattfinden würde, was dem Einwalken in der Länge entgegenwirken würde. Die Ware passiert nun die Hauptwalzen. Diese haben einen dreifachen Zweck: 1. Fortbewegung der Ware, 2. Walkprozeß, 3. Bewegung der übrigen Mechanismen. Tambour und Roulette sind in der Regel aus Buchen- oder Eichenholz. Der obere Teil der Klappe und der untere Teil des Stauchkanals bilden die Abnehmer. Sie sind meistens aus Eichenholz, die Kanten sind mit Messing- oder Kupfernasen oder Spitzen versehen. Man stellt sie so nahe als möglich, etwa 1 mm an die betreffenden Walzen heran. Läßt man einen zu großen Abstand, so kommt es vor, daß die Ware sich zwischen einer Zunge einzwängt und Risse oder Quetschungen entstehen. Die Abnehmer haben den Zweck, die Ware, die durch Seife oder Flüssigkeit mehr oder weniger am Tambour klebt, loszulösen und sie dem Stauchkanal zuzuführen. Der untere Abnehmer ist festgeschraubt. Der obere muß sich heben und senken können, das heißt, er muß mit der Roulette, je nachdem ob die Maschine voll oder leer läuft, sich heben und senken, da sonst beim Heben der Roulette der Abnehmerabstand zu groß werden würde. Daher steht auch der Abnehmer durch das Verbindungsstück mit dem Roulettelager in Verbindung. Soll die Ware in der Länge eingewalkt werden, so läßt man die Klappe auf das Gewebe drücken. Die Ware wird genötigt, sich zu falten und zu knicken. Die Falten werden in der Längsrichtung des Gewebes übereinandergeschoben. Soll die Ware ausschließlich in der Breite eingewalkt werden, so wird der Stauchkanal vollends geöffnet. Nach Verlassen des Stauchkanals fällt die Ware verhältnismäßig glatt auf die bogige Rückwand des Walktroges, um durch den Rechen zu den Walzen zurückgeleitet zu werden.

Fängt sich das Stück, verwirrt es sich oder bilden sich Knoten, so läßt sie der Rechen nicht passieren. Er hebt sich und rückt selbsttätig aus. Wurde zuviel Walkflüssigkeit auf die Ware gegeben, so erzeugen Tambour und Roulette nicht mehr die nötige Reibung, die Leitwalze dreht sich nicht mehr und die Maschine rückt aus.

Bevor der Walker ein Stück Ware in die Walke nimmt, soll er:

1. dasselbe genau durchsehen, ob es fehlerfrei ist,
2. in Länge und Breite messen,
3. Einsicht in die ihm gegebenen Walkvorschriften nehmen.

Die Ware wird in die Walke gebracht, zusammengenäht und die Walkflüssigkeit langsam aufgegossen, damit die Ware gleichmäßig angefeuchtet wird. Nach 5 bis 10 Minuten überzeugt man sich, daß die Ware genug Feuchtigkeit hat.

Falls längere Zeit gewalkt werden muß, ist nach einiger Zeit die Ware aus der Maschine zu ziehen und zu recken, um ihr eine andere Faltenlage zu geben. Gegebenenfalls ist dieser Vorgang zu wiederholen.

Ungefärbte Ware läßt sich leichter walken, da dem Material noch seine volle Filzfähigkeit innewohnt, färbiges Material hat beim Beizen und Färben schon gelitten.

Ist die Ware 140 cm breit und 36 m lang zu liefern, so ist darauf Rücksicht zu nehmen, daß beim Waschen usw. sich alle Waren in der Länge um etwa 2 bis 4% ausdehnen, dagegen springt sie in der Breite ein. Daher muß bei einer neuen Qualität vorsichtig zu Werke gegangen werden.

Der Walker soll mit dem ihm vorgeschriebenen Einwalken in die Länge und Breite nicht allzu lange warten und nicht denken, er könne die Ware vorerst aufs Geratewohl laufen lassen.

Ware, die in der Länge und Breite eingewalkt werden muß, soll gleichzeitig auf beides Einwalken beansprucht werden.

Die Ware soll nach der Walke sofort gewaschen werden.

Walkschäden. Eine der hauptsächlichsten Erscheinungen sind die *Walkfalten* (Quetschen). Sie haben ihren Grund in der zu langen Laufzeit der Stücke in derselben Faltenlage. Daher Ausrecken des Stückes von Zeit zu Zeit. Dies ist besonders wichtig bei schweren, steifen sowie Cheviotwaren. Gut ist es, derartige Stoffe nach einiger Zeit aufzutrennen und in der umgekehrten Richtung in der Walke laufen zu lassen.

Ferner kann der Grund darin gelegen sein, daß die Ware zu lange trocken lief, hauptsächlich bei Streichware!

Auch kann die Ware zu dicht und breit eingestellt gewesen sein, daher der Walkprozeß auf die gewünschten Maße ein zu langer sein muß. Der Walzendruck gegen die Ware kann zu stark gewesen sein.

Wenn man allein auf Breite einwalkt, so daß das Stück immer in derselben Lage durch die Walzen läuft.

Bei Cheviotwaren sind den Anfangs- und Endnähten Sorgfalt zu widmen. Sind hier die Stiche zu groß, so entstehen leicht Falten, die sich vom Ende aus meterweit in das Stück hineinziehen.

Schwere Kammgarnstücke läßt man am besten im Schlauch laufen. Auf diese Art bläht sich die Ware selbst etwas, die Stiche dürfen nur nicht zu klein sein, damit die Luft entweichen kann, sonst platzt das Stück! Am besten läßt man in der Naht hie und da größere Öffnungen.

Fleckenbildung. Flecken zeigen sich: wenn man helle und dunkle Stücke miteinander wäscht oder walkt.

Wenn man bei unechten Farben mit zu stark alkalischen Seifen oder Sodalaugen behandelt.

Wenn beim Waschen zu rasch gearbeitet wird. Ist der Schmutz gelöst und gibt man gleich zu reichlich Wasser, so wird der oberflächlich sitzende Schmutz fortgeschwemmt, während der in der Ware sitzende bleibt. Dies gibt dann zu Flecken- und Wolkenbildung beim Färben Anlaß.

Wenn in der Ware Seifenreste bleiben!!!

Bei Unreinigkeiten aus der Maschine und von der Transmission.

Scheuerstellen, Löcher. Erstere haben vielfach ihren Grund in übermäßiger Stauchung oder einem speziellen Maschinendefekt, wenn Roulette oder Zunge

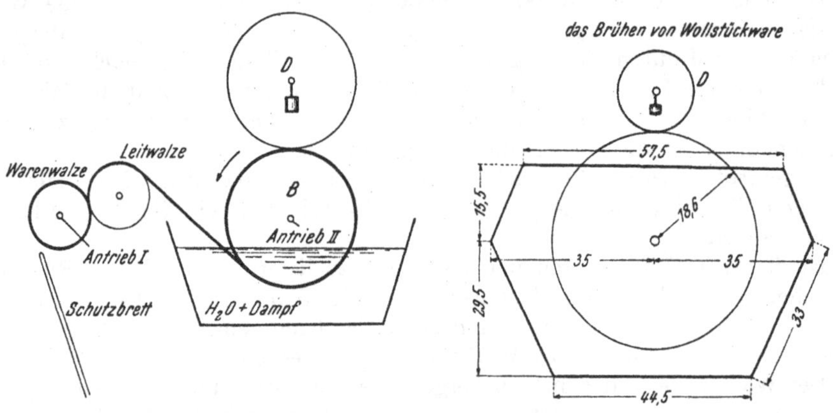

Abb. 171. Brühmaschine.
B Brühwalze. — *D* Druckwalze.

Abb. 172. Brühmaschine (Brennbock).

zu scharf sind. Auch wenn am Tambour oder der Roulette eine von dem Kempen gebrochen ist. Löcher entstehen unter anderem, wenn in der Walkflüssigkeit Steine und Nägel sind, wenn Splitter oder Äste an Tambour oder Roulette sind.

Rutschstellen entstehen auch bei zuviel Walkflüssigkeit, unter Umständen sogar Löcher. Hervorstehende Nägel und Schrauben sind die Ursache von Warenbeschädigungen. Oft ist ferner die Stücklänge zu groß. Geht nun die Ware in zwei Strängen, so kann sie sich unten in der Maschine überwerfen, passiert den Rechen nicht. Versagt nun die Ausrückvorrichtung oder wird der Riemen zu langsam auf die Leerscheibe gebracht (bei Antrieb mit Kreuzriemen der Fall), so sind Löcher oder Risse die Folge.

Ware, die gereinigt (entschlichtet und gewaschen) ist, wird vor dem Färben in feineren Qualitäten fixiert (gekrabbt, gebrüht). Die dazu benutzten Anlagen zeigt Abb. 171 bzw. 172.

Beim Brühen ist darauf zu achten, daß die Behandlungstemperatur möglichst hoch ist, also tatsächlich 100° C erreicht. Je geringer der Unterschied zwischen der Fixiertemperatur des Fadens gegenüber der nachherigen Färbetemperatur, d. h. also gegenüber einem kochenden Färben, ist, um so reiner im Dessin bzw. weniger filzig ist der Gewebeausfall. Um unegale Färbungen zu vermeiden, ist das Brühen beidseitig vorzunehmen.

Der Gang der sogenannten „Vorappretur", das sind die Behandlungen, die die Rohware vor dem Färben erfährt, wird nachstehend für eine Reihe wichtiger Qualitäten kurz angegeben. (Über Stückkarbonisation vgl. S. 349.)

Die Vorappretur von verschiedenen Woll- und Halbwollstückwaren (vgl. Abb. 173)

Möbelstoff: Gebrüht, breitgewaschen mit 5% Soda ½ Stunde. Dann 1,5% Waschmittel, ½ Stunde, gebrüht, nachspülen. Werden in der Breitwaschmaschine mit der Rumpel gewaschen! (Rumpelwalze!)

Weft: Werden auf der rechten Seite mit zwei Flammen gesengt, Wefte mit Kunstseide nur mit einer Flamme. Dabei auf 12mal 50 m zusammengenäht, hierauf à 100 m an beiden Enden mit Decken versehen und vor dem Brühen auf den Keil gewickelt. Sie werden mit Druck gebrüht (Druckwalze läuft mit). Beim Ausgehen aus der Brühmaschine werden die Decken abgetrennt und die Ware aufgebäumt. Am nächsten Tag 5 Schnüre à 100 m mit 3% Soda und 1% NH_3 1 Stunde gewaschen, geschleudert und gleich gefärbt. Ist in der Ware Krepp- („C"-) Schußmaterial, so werden sie vor allen Operationen gedämpft, damit der Faden fixiert wird und beim Sengen und Brühen nicht einspringt.

Rips: Je nach verlangtem Aussehen wird er vorher gesengt auf der rechten Seite (zwei Flammen). Sonst ist es gut, den Rips mit Diastafor zu entschlichten, 60° C, sechsmal hin und her am Jigger, über Nacht stehenlassen. — Brühen und kühlen, eventuell mit Mitläufer, wenn heikel, dann breit waschen mit 5% Soda und 3% Seife oder Öl. Schließlich brühen mit Mitläufer (eventuell zweimal) und verkühlen.

Marocain: Gebrüht, breitgewaschen mit Soda 5% und 3% Seife oder Walköl. Auf eine Partie 3 Stück à 50 m $^5/_4$ Stunden. Leichter Marocain wird auch im Strang gewaschen, wobei man durch Gewichte den Druck der oberen Walze der Maschine vermindert (3% Soda, 2% Seife oder Öl). Fertigbrühen, breitwaschen.

Feiner Kammgarn (*Herrenstoff*): Gebrüht, geschleudert, nicht gewaschen, im Schlauch genäht. Rechte Seite innen. Wenn im Strang gewalkte Ware, dann unbedingt waschen mit 3% Soda ½ Stunde vorher! Walke mit 5 bis 6% Seife, nicht zu trocken, aber auch nicht zu naß. Gangzeit 2½ Minuten ohne Druck. Breite ist vorgeschrieben. Etwas breiter lassen, da beim Färben noch eingeht. In der Länge zirka 8 bis 9% Eingang. Auswaschen nachher mit 3% Soda und 1% Waschmittel 10 Minuten, dann spülen, auftrennen, schleudern und, wenn auf dunkle Farben, zum Karbonisieren. Nach dem Karbonisieren mit 3% Na_2CO_3 spülen bis keine saure Reaktion, waschen, schleudern und zum Färben.

Leichter Kammgarn: Brühen mit nicht allzu großer Spannung. Waschen (5 Strang à 100 m). Vorwaschen mit 1% Soda 15 Minuten, dann auslassen und mit 3% Soda 1 Stunde waschen, wobei nach ½ Stunde 1% Waschmittel zugegeben wird. Man spült mit warmem Wasser, wobei man vor dem Anstellen der Maschine etwas zufließen läßt, um die Waschflotte zu vergrößern. Dann öffnet man bei laufender Maschine den Ausfluß und spült, bis das Wasser rein ist (½ Stunde). Hierauf mit kaltem Wasser abkühlen. Herausschlagen, aufstoßen, zum Brühen geben, über Nacht am Keil belassen, abziehen, schleudern, färben.

Reinwollsatin: Zuerst sengen, um nachher glatt zu sein, locker brühen, nicht stark spannen dabei, waschen mit 2% Seife und 3% Soda. Auswaschen wie oben und dann nochmals brühen.

Gabardine: Brühen, waschen mit 2% Seife, 3% Soda. Gabardine mit Cheviotschuß möglichst mit Seife waschen, damit die Ware weicher wird.

Damentuch (Schuß Streichgarn): Nicht brühen! In warmem Wasser zirka 20 Minuten netzen, schleudern, walken. Die einzelnen 50-m-Stücke werden zu zweit übers Kreuz in die Walke genommen. Die beiden Stücke a und b werden in die Walkmaschine eingeführt und das Ende von a mit dem Anfang von b und umgekehrt zusammengenäht. Die seitlichen Backen werden gestellt, um die Ware in der Breite etwas einzuwalken. Anfangs ohne Druck ½ Minute per laufenden Meter Längeneinsprung etwa 8%. Waschflüssigkeit Walköl, Auswaschen mit 3% Soda und 1% Waschmittel. Vom Walköl werden genommen 6 l Öl und 12 l Sodalösung auf 50 l verdünnt. Davon 8 l auf 100 m Ware.

Krepon: In einer reinen Färbekufe in zirka 4 bis 5 Schnüren einhängen, Maschine in Gang setzen, Wasser langsam auf 70° C erhitzen, 2 bis 3 Stunden laufen lassen, bis Krepon vollendet ist. Dann brühen, eventuell gleich mit 2% Soda ½ Stunde waschen und 1 bis 1½ Minuten walken ohne, ¼ Minute mit Druck. Dann brühen und schleudern nach Waschen. Leichte Ware nur krepen, waschen mit Seife und Soda, waschen, schleudern und färben.

Cheviot, schwer: Muß mit Spannung gebrüht werden, um den Faden gut zu fixieren. An beiden Enden Decken annähen. Die Naht nicht zu groß, da sonst durch das Abdrücken Glanzstreifen entstehen. Zweimal brühen, Partie von zirka 100 kg mit 4% Soda, nach ½ Stunde mit 1,5% Waschmittel, dann nochmals brühen, schleudern, karbonisieren.

Rockloden: Gewaschen mit 4% Soda. Meistens auf Strang gewalkt, da die Ware bis zu 30% in der Länge eingehen kann. Wird mit Druck 3 bis 4 Minuten gewalkt; als Walkflüssigkeit 20%ige Seife zirka 4% und etwas 4 bis 5% Sodalösung. Erst die Seifenlösung langsam mit Gießkanne auftragen, dann die Sodalösung. Auswaschen 10 Minuten mit 3% Soda und 1% Waschmittel, gespült mit warmem Wasser bis Wasser klar, dann kalt absäuern, wenn nicht zum Färben, schleudern und zum Spannen.

Cheviot: Gebrüht, gewaschen mit Soda, 1½ bis 2 Minuten übers Kreuz gewalkt mit 2,5% Walköl, ¾ Minuten ohne Druck, auswaschen mit 2,5% Soda und 1% Waschmittel, 10 Minuten spülen, brühen und schleudern.

Burburry: Sehr heikel, moiriert leicht. Bei 80° C brühen, ohne Spannung, schleudern, im Schlauch walken, ½ Minute ohne Druck, ¼ Minute mit Druck (10% Eingang). Auswaschen mit Soda und Waschmittel, 10 Minuten brühen, dann nochmals mit Decken brühen, schleudern und zum Färben.

Modekammgarn: Im Schlauch nähen, waschen ½ Stunde mit 3% Soda, schleudern, walken 1½ Minuten ohne Druck, mit Seife und Soda. Auswaschen mit 3% Soda und 1% Waschmittel 10 Minuten, dann spülen, absäuern mit 1% Schwefelsäure und zum Spannen.

Covercoat: Im Schlauch vorwaschen mit 2% Soda, dann 3% Soda und 2% Seife 2 Stunden waschen, nochmals frisches Bad, selber Ansatz 2 Stunden, dann waschen (spülen), absäuern mit 1% Schwefelsäure, schleudern, spannen.

Um das Färben auf den einzelnen Maschinen eingehender zu besprechen, wird das Arbeiten auf der Haspelkufe bei der Färbung von Wollstück, das am Jigger bei der Baumwollfärbung, ebenso die Foulardierung (Klotzen) und die Kontinuefärbung dort behandelt. Das Arbeiten am Sternreifen wird beim Färben bzw. Erschweren von Naturseide eingehend besprochen. Es ist also wegen Einzelheiten jeweils immer an den entsprechenden Stellen nachzuschlagen. Nur so können ermüdende und raumraubende Wiederholungen vermieden werden. Um dem Leser ein möglichst einprägsames Bild von der Fülle der verschiedenen Gewebearten, die dem Stückfärber vorliegen können, zu geben und um gleichzeitig die in den verschiedenen Unterabschnitten des Kapitels „Gewebefärbung" bezeichneten Qualitäten der Hauptsache nach zu illustrieren, dienen die folgenden Übersichtstabellen mit Abbildungen der charakteristischen Gewebe (vgl. Abb. 168). Sie enthalten neben der Bezeichnung auch kurze Angaben über die Art des verwendeten Textilmaterials. Ihre Färbung ist in den entsprechenden Unterabschnitten besprochen.

Außer den normalen Färbungen und der bekannten Prästabitölklotzmethode für dichtgeschlagene Baumwolle sind noch die für den Kontinuefärbeprozeß in USA von Du Pont und Williams entwickelten „Pad-Steam"- bzw. „Williams"-Verfahren sowie das Färben mit Pigmenten und Bindemitteln, die sogenannte „Aridyemethode" zu nennen. Dieser Methode entsprechen neuerdings das Färben mit Acraminen (Bayer), Helizarinen (BASF) und den Printofixmarken (Sa) usw. Auf die Schwierigkeiten, die zufolge unregelmäßiger Foulardierung bzw. durch Migration auftreten können, wird hier wieder hingewiesen.

Beim Prästabitölklotzverfahren wird bekanntlich dicht geschlagene Baumwollware mit der Dispersion eines unverküpten Küpenfarbstoffes in Anwesenheit

Abb. 173. *Muster verschiedener Woll- und Halbwoll-Qualitäten*

Nr.	Muster	Nr.	Muster	Nr.	Muster
1	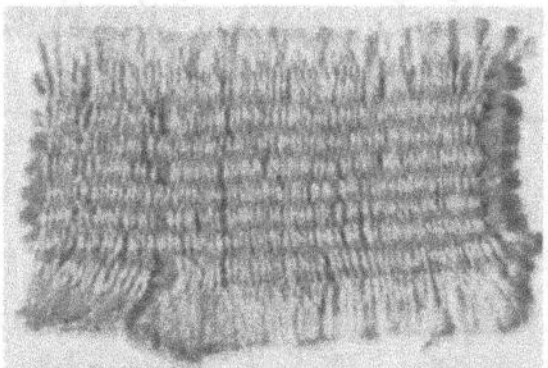	2		3	
4		5		6	
7		8	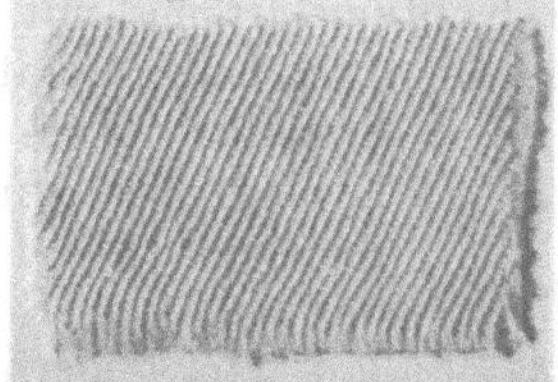	9	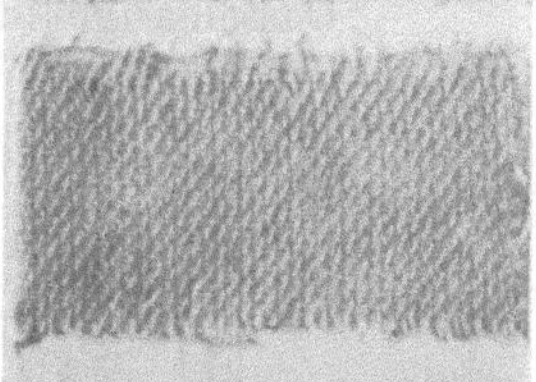
10	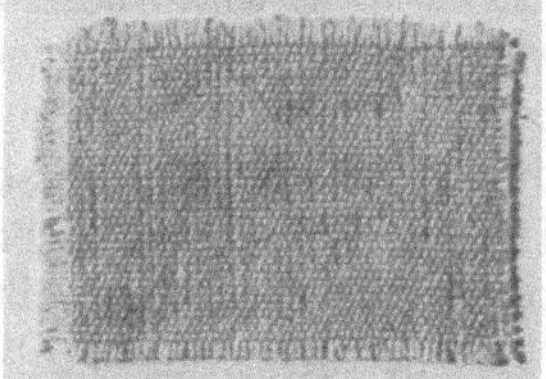	11	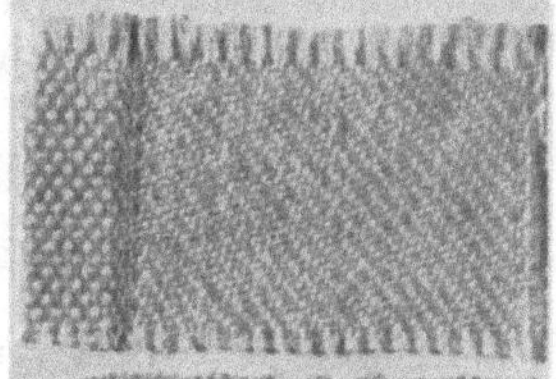	12	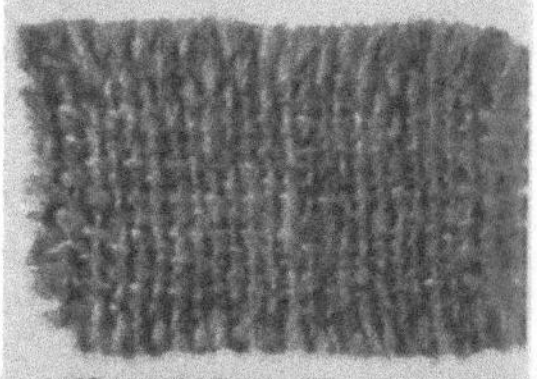
13	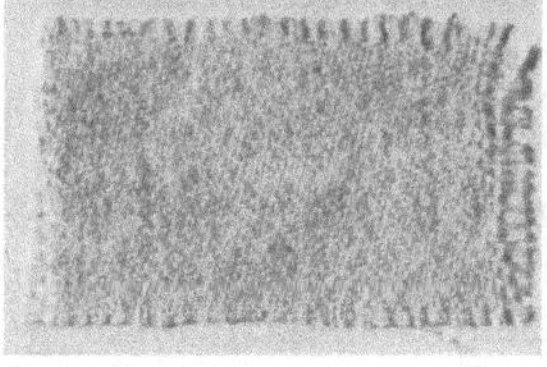	14		15	

nennenswerter Mengen an Prästabitöl geklotzt, getrocknet und die Färbung der Baumwolle nachträglich derart vorgenommen, daß man durch Bäder von Hydrosulfit und Alkali nimmt, welchen den auf der Faser sitzenden Farbstoff verküpen und zum Aufziehen bringen.

Die technologische Ausgestaltung und Verbesserung dieses Gedankens der Behandlung mit Dispersionen von Küpenfarbstoffen und nachherigen Verküpung ist im „Pad-Steam-Prozeß“ gegeben.

Das „Aridyeverfahren“ färbt mit Pigmenten organischer oder anorganischer Art, ohne daß diese eine Affinität zur zu färbenden Faser zu besitzen brauchen. Man fixiert das verwendete Pigment dabei durch Bindemittel, meist Kunstharze. Da ein kontinuierlicher Harzfilm das Material steif und im Griff unbrauchbar machen würde, arbeitet man mit Emulsionen (Wasser in Öl), die als solche beim Trocknen einen diskontinuierlichen Film bilden. Das Verfahren hat sich allerdings in der Färberei kaum eingeführt, wird jedoch in großem Maßstabe in der Druckerei angewendet[58].

Vollkommen neue Wege in der Färbung von Geweben geht das „Thermosolverfahren“ für Stücke aus synthetischem Fasermaterial, insbesondere aus Polyacrylnitril- (Orlon, PAN), Polyamid- (Perlon L, Nylon, Enkalon, Grilon, Stylon, Silon usw.) und Polyesterfäden (Terylen, Fiber V, Dacron). Die Ware wird nach dieser von Du Pont entwickelten Methode mit der Farbstofflösung oder -dispersion mechanisch imprägniert und kurze Zeit (2 bis 60 Sekunden) auf Temperaturen von 180 bis 250° C erhitzt. Sie passiert dabei zwischen zwei erhitzten Platten. Besonders gute Resultate erhält man so mit Terylenfasern bei Anfärbung mittels Azetat- oder unreduzierten Küpenfarbstoffen. Orlon wird mit Azetatseidenfarbstoffen oder Indigosolen koloriert. Bei Azetatseidenfarbstoffen arbeitet man mit Dispersionen von 50 g Farbstoff und 20 g/l Seife bei 60° C und erhitzt 2 Sekunden auf 225° C. 25 bis 50% des Farbstoffes wird aufgenommen. Auf Nylon erzielt man mit dieser Arbeitsweise trübere Töne als bei der Färbung. Es ist klar, daß technische Einzelheiten und die geeignete Anzahl von Erfahrungen noch nicht vorliegen[59].

Dasselbe gilt für die Kontinuefärbung mit Küpenfarbstoffen, wobei die Fixierung usw. bei der Passage durch heiße Metallbäder erfolgt. Diese, von den Standfast Dyers & Printers als „Molten Metal Dyeing“ bezeichnete Arbeitsweise wird im allgemeinen wie folgt gehandhabt: Nach Vorwärmen der Stückware aus Zellulose über Trockenzylindern auf zirka 70° C wird dieselbe durch ein Färbebad, welches einen regulär verküpten Farbstoff enthält, geführt und gelangt sodann unmittelbar in das heiße Metallbad, welches die Flotte bei 95 bis 100° C mit einem Druck von zirka 1,4 kg/cm² in die Ware preßt. Das Textilgut passiert dann ein Salzbad und wird hierauf in Rollenaggregaten, wie sie in der Küpenkontinuefärberei üblich sind, gespült, oxydiert, gespült, geseift und gewaschen.

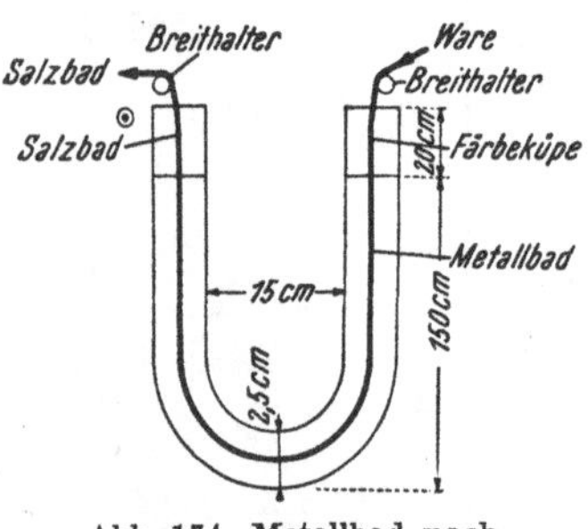

Abb. 174. Metallbad nach Standfast Dyers (Schema).

Das Metallbad befindet sich in einem U-förmigen Behälter (Abb. 174), unmittelbar auf der in den Schenkeln des Bades befindlichen Metallsäule ruht das Färbebad bzw. Salzbad, welche zirkulieren, um Konzentrationsschwankungen auszuschalten. Bei einer Breite der Gefäße von zirka 150 cm beträgt also die Färbeflotte nur zirka 45 l (vgl. S. 70).

Die Ware läuft mit einer Geschwindigkeit von 30 bis 90 m/min. je nach Farbtontiefe, das heißt, bleibt 0,1 bis ½ Sekunde im Färbe- und 1,7 bis 6½ Sekunden im Metallbad. Großtechnische Erfahrungen liegen noch nicht vor.

Es ist lediglich zu bemerken, daß gewisse trockene Warenqualitäten in 0,5 Sekunden ohne Pressung und bei unverdickt fließender Flotte nach unseren Erfahrungen kaum genügend Farbflotte mit sich führen werden (bzw. unter Umständen vielleicht nicht einmal genügend gleichmäßig angenetzt werden), um einwandfreie *Durch*färbung und nicht nur oberflächliche *An*färbung

[58] Beim Klotzen mit Pigmentdispersionen tritt beim Trocknen meist eine Migration des Pigmentes ein. Durch Zusatz von Alkylzellulosen, die in der Hitze gefällt werden, oder Polyacrylderivaten soll diesem Übelstande abgeholfen werden. (Brit. Patent Nr. 603871 und 631882.)

[59] Vgl. S. 523.

erreichen zu können. Aus dem einfachen Grunde, weil sie in der kurzen Passagezeit nicht genügend Farbflotte aufsaugen konnten. Sicherlich ist das für heikle Töne *nicht* bei 0,1-Sekunden-Passagen der Fall. Gerade bei hellen Tönen ist aber das Auftreten unegal gefärbter Ware viel deutlicher zu bemerken. Mit Rücksicht auf die Gefahr zu großer Schaumbildung dürfte auch den Netzmittelzusätzen eine obere Grenze gezogen sein. Schließlich sei darauf hingewiesen, daß naturgemäß bei Verwendung derart kleiner Flottenmengen die Gefahr besteht, daß eventuelle Oxydationsprodukte des Hydrosulfits in der Ware und mit ihr noch während der Färbepassage bleiben und die Färbung in Ton und Echtheit beeinflussen.

Um eine Oxydation bzw. Schlammbildung zu verhindern, werden bekanntlich reduzierend wirkende Mittel, wie Dextrin, Glukose usw., zugesetzt (vgl. S. 71).

Jedenfalls ist — so unbestritten die Vorteile des Vorschlages sind — eine große Erfahrungsreihe zu sammeln, die sich über das Küpenfarbstoffsortiment einerseits und die Warenqualitäten andererseits erstreckt. Das Verfahren kann ja leicht variiert werden, indem man durch Vergrößerung der auf der Metall- bzw. Legierungsschmelze ruhenden Farbflottenmenge einerseits und Verringerung der Passagenschnelligkeit andererseits die optimalen Werte zu erreichen trachtet. Zur Entfernung von eventuellen Zersetzungsprodukten aus dem Hydrosulfit durch Lufteinfluß usw. könnte unseres Erachtens noch vor dem Oxydationsbad leicht eine Passage durch strömendes reines Wasser eingeschaltet werden. Interessant wird die Feststellung sein, inwieweit sich bei tiefen Färbungen die notwendigen Farbstoff- und Chemikalienmengen zur gleichmäßigen Durchfärbung der ganzen Ware in der vom passierenden Stück oberflächlich aufgenommenen Badmenge lösen bzw. wie hoch die Menge des vom passierenden Stücke aufgenommenen Bades ist, wenn mit derartigen Geschwindigkeiten und trockener Ware gearbeitet wird. Dies ist an Blindbäderversuchen für die verschiedensten Warenqualitäten ja leicht feststellbar. (Passage des trockenen Stückes und Wägung der Zunahme bzw. Beobachtung der Gleichmäßigkeit der Annetzung durch die Küpe.)

Wichtig wird auch die Feststellung sein, ob sich im Färbebade bei so kurzen Verweilzeiten nicht die Ausbildung von stagnierenden Schichten bemerkbar macht bzw. ob, zeitlich gemessen, die Saugfähigkeit 70° C warmer Baumwollware bzw. Baumwolle verschiedener Qualitäten tatsächlich die Aufnahme der für die spätere Durchfärbung des ganzen Stückes notwendigen Flüssigkeitsmenge gestattet. Soweit aus den uns vorliegenden Unterlagen über den Standfast Molten Metal Continuous Dyeing Process der Standfast Dyers & Printers Ltd., Lancaster, entnommen werden kann, ist die Färbevorrichtung an sich weitgehend einfach zu bedienen. Die Rezepturen für die verschiedenen Nuancen werden auf einer kleinen Probeanlage im Labor eingestellt. Die Ware wird, um Erstarrung der Metalloberflächenbäder zu vermeiden, auf Zylindern vor Eintritt in das Färbe- bzw. Metallbad vorgewärmt (vgl. Abb. 240 b bzw. S. 440).

Eine Vorrichtung zeigt die Laufgeschwindigkeit (Zeiger), bisherige Leistung (Zählwerk) und Badwechsel und Temperatur (Trommel mit graphischem Anzeiger).

Neben Küpenfarbstoffen in gelöster Form kann auch mit Küpenpigmenten behandelt, getrocknet und auf der Maschine dann mit Hydrosulfitlauge entwickelt werden (60 yd./min.).

Musterfärbungen illustrieren auf Baumwollbrokat (mercerisiert) 39 lbs/61 yds. ein: Hellweinrot mit Caledonrot X5BS und Caledonbraun RS. Laufgeschwindigkeit 40 yds./min.

Gold: Baumwolle-Viskose-Brokat (27 lbs./61 yds.), Caledonorange 3GS, Caledonbraun GS und RS 60 yds./min.

Mittelresedagrün (mercerisierte Baumwolle) 41 lbs./120 yds. Man imprägniert mit unverküptem Caledonjadegrün XNS, Caledonolivgrün BS und Caledongelb GNS und entwickelt nach Zwischentrocknung. Die Farbstoffe sind Produkte der ICI.

Die Preisfrage, das heißt, die unverhältnismäßig hohen Kosten der Legierungsmenge, die benötigt wird, wurden bereits erwähnt (s. S. 70).

Es muß auch darauf hingewiesen werden, daß seitens der IG-Farben (bzw. General Dyestuff Corp.) bereits vor Jahren ein Verfahren vorgeschlagen wurde, dessen Arbeitsweise der des „Standfast"-Prozesses entspricht. Als Bad sollte heißes Mineralöl dienen (Heißölverfahren). Augenblicklich sind insbesondere in USA großangelegte Versuche mit Paraffinölen und Paraffin im Gange. Während hier das Bad dem Erhitzen dient, verweist Standfast auf den „Einquetscheffekt" der Legierung.

Der neueste Vorschlag einer sauren Färbung, der im übrigen nicht auf Stückware beschränkt ist, ist gegenwärtig unter dem Namen „Schock-Methode" in der Fachpresse. Man imprägniert Textilien mit den Farbstofflösungen und führt nach Abquetschen durch heiße saure Bäder (EP 637 665 Ciba 1950). Eine derartige Färbeweise, die einen leisen Anklang an das sogenannte „Einbrennen" reibunechter saurer Färbungen hat (das „Einbrennen" ist eine heiße Behandlung in starken Säurebädern), könnte bei Erfolg zu einer Kontinue-Wollstück-Färbung saurer Art führen. Selbstverständlich liegen keinerlei Erfahrungstatsachen vor, die ein Urteil über die technischen Möglichkeiten dieser Arbeitsweise erlauben würden. Eine Färbung wäre natürlich nur in Standardtönen möglich.

Umstritten hinsichtlich der Faserschädigung, hinsichtlich Wolle und Kunstseide ist das „Hochtemperaturfärben", das Arbeiten mit wässerigen Farbstofflösungen unter Druck und Temperaturen über dem Kochpunkt.

Bei unseren Versuchen einer Hochtemperaturfärbung in offenen Gefäßen (115° C) durch Verwendung von Chlorkalzium als Siedepunktsverzögerer ergaben sich bei Baumwolle sofort eine rapide Faserschwächung, bei Kunstseide erst ein Ansteigen des Festigkeitswertes und dann erst ein schnelles Absinken. Über die Affinitätseigenschaften von direkten Farbstoffen bei der Hochtemperaturfärbung in geschlossenen Gefäßen vgl. HERRMANN, l. c.

Nach DRIJVERS [Amer. Dyestuff Reporter **41**, 533 (1952)] wird die Festigkeit von Wolle bei der Hochtemperaturfärbung nicht geschädigt.

Bei Hochtemperaturfärbungen betrug die Reißfestigkeitsabnahme von Gummifäden ohne „carrier" 36 %, bei Verwendung von Benzoesäure 94 % und in Anwesenheit von p-Phenylphenol 64 %. Die Wichtigkeit eines entsprechenden Überzuges der Fäden ist damit klargestellt. (Du Pont, Notes on the dyeing of Dacron polyester fiber 1952.)

Ebenso fehlen Urteilsmöglichkeiten über die insbesondere bei der Färbung von synthetischen Fasern vorgeschlagene Ultraschall- oder Hochfrequenzbehandlung. Faserschädigungen bei der Beschallung sollen an Wolle auftreten[60]. Als Vorschlag ist auch eine Wollkontinuefärbung in Breitbehandlungsapparaten[61] anzumerken.

Obwohl bisnun keinerlei nähere Mitteilungen erschienen sind, ist Wollstück auch nach dem Standfast-Molten-Metal-Dyeing-Prozeß[62], der auf eine Idee von NESTELBERGER (IG-Farben) zurückgeht, mit sauren Farben in schwach sauren Bädern im Kontinueverfahren gefärbt worden[63].

---

[60] AATCC, Philadelphia Section, Amer. Dyestuff Reporter **38**, P 9 (1949).

[61] CADY, KRAEHENBUEHL: J. Soc. Dyers Colour. **65**, 381 (1949).

[62] Vgl. S. 346.

[63] WEIDMANN: Amer. Dyestuff Reporter **40**, 422 (1951).

1. Das Färben von Wollstück

Alle besseren Wollstückqualitäten, insbesondere aber Damentuche, Herrenkammgarne oder dichte Wollfilze werden nach ihrer Reinigung in der Wäsche und bester Spülung karbonisiert. Diese Behandlung mit Mineralsäure bei hoher Temperatur bezweckt die restlose Entfernung von sogenannten Kletten oder Baumwollhärchen, die im Zuge der Verarbeitung des Wollmaterials in das Gewebe gelangten. Diese Zelluloseanteile verkohlen durch die Behandlung und können durch Klopfen der Ware (z. B. Behandlung im „Klopfwolf") leicht entfernt werden. Bleiben sie im Stück, so erscheinen sie nach dessen Färbung als weiße, sogenannte „Noppen", und können nur mit dem Noppeisen auf dem Durchschautisch von Hand aus entfernt oder mit „Noppenfarbe" gedeckt werden. Beides sind naturgemäß außerordentlich kostspielige Behandlungsarten.

Das Karbonisieren

Die Karbonisation[64] erfolgt im allgemeinen derart, daß die Wollstückware am Dreiwalzenfoulard mit verdünnter H_2SO_4 von zirka 5 bis 7% getränkt wird. Der Holztrog des Foulards ist meist verbleit. Hernach wird im Karbonisierofen erst bei niedriger Temperatur vorgetrocknet und stufenweise bis auf 100 bis 110° C erhitzt. Die Ware wird nach dem Verlassen des Ofens geklopft und dann entweder sofort ausgefärbt oder, wenn der hohe Säuregehalt beim Färben stören würde (Unegalität bei der Färbung mit schwach sauren Farbstoffen), erst teilweise oder ganz mit NH_3 neutralisiert. Ein reines Auswaschen reicht nicht hin, da ein Teil der Säure fest an die Wollfaser gebunden ist. Bei der Imprägnierung der Stücke ist auf eine vollkommen gleichmäßige Aufnahme der Karbonisiersäure zu achten, weshalb man eines der für diesen Zweck angebotenen Netzmittel [etwa Leonil SBS, Igepal W (IG), Resolin NCP (Sa), Invadin C (Ci), Tinovetin CA (Gy) u. a.] benützt. Eine ungleichmäßige Verteilung der Säure in der Ware oder ein ungleichmäßiges Trocknen oder Erhitzen bedingt beim nachherigen Ausfärben Unegalitäten, die schwer oder gar nicht entfernbar sind, da die heiße Säurebehandlung die Wollfaser hinsichtlich ihrer Affinität zu Farbstoffen verändert.

Die Randleisten aus bunter oder weißer Baumwolle, welche die Wollstücke fast stets zeigen, müssen naturgemäß vor der Zerstörung durch die Säure geschützt werden. Man bestreicht sie daher vor dem Einlauf der mit Säure foulardierten Stücke beidseitig mit dicken Pasten aus Ammonkarbonat und Walkerde bzw. Soda, welche die Schwefelsäure neutralisieren. Selbstverständlich ist hierbei wieder zu beachten, daß dieses Bestreichen nur die Baumwollränder umfaßt und nicht auf die benachbarten Wollanteile übergreift.

Die Karbonisation mit $AlCl_3$-Lösungen bzw. mit gasförmigem HCl findet in größerem Umfange nicht statt. Erstere wird eventuell bei der Behandlung gefärbter Waren durchgeführt.

Es ist selbstverständlich, daß ungenügend gespülte Ware, die noch Seifenreste enthält, beim Foulardieren mit Säure unter Abscheidung von Fettsäure fleckig wird. Die Fettsäure verhindert den Angriff der Karbonisiersäure. An derartigen Stellen kann keine Karbonisation der Baumwolle stattfinden, sie bleiben noppig, außerdem färben sie sich im Ton anders als die mit Säure behandelten Stückteile. Während foulardierte und nicht direkt im Karbonisierofen behandelte, sondern geschleuderte und schwach angetrocknete Ware durch

---

[64] Vgl. Dyer **103**, 210 (1950), Karbonisieranlage der Spooner Dyer Co., s. a. Dyer **106**, 731 (1951), Kontinuekarbonisation von Whiteley, Leeds.

Migrationserscheinungen der Säure in den Fasern wolkig im Farbausfall ist, sind effektive Seifen- oder Sodaflecken als mehr oder weniger große, begrenzte Stellen im gefärbten Stück zu erkennen. Auch das Liegenlassen gesäuerter Ware im grellen Tageslicht ist schädlich. Es ist ferner darauf hinzuweisen, daß die Verwendung von kalkhaltigem Wasser Gipsflecken in der Ware hervorrufen kann.

Beim Brennen, also in jenem Teil des Karbonisierofens, der auf 100 bis 110° C erhitzt wird, ist auch zu vermeiden, daß die Ware vollkommen austrocknet. Dadurch kann leicht eine Faserschädigung entstehen. Es werden also vorteilhaft Mittel beim Imprägnieren zugesetzt, die etwas Feuchtigkeit binden (Fettalkoholsulfonate usw.).

Eine neue Konstruktion einer Gewebekarbonisiermaschine bringen Riggs & Sons, Lowell, Mass., USA heraus. Das Gewebe wird in einem innen mit Gummi ausgekleideten, aus SMO- (säurefestem) Stahl bestehenden Troge mit Säure behandelt. Die Foulardierwalzen sind aus Gummi. Der Troginhalt wird durch Druckluft in Bewegung gehalten, um eine gleichmäßige Säurekonzentration zu gewährleisten. Auch der Karbonisierofen besteht aus SMO-Stahl. Zwischen dem Imprägnierfoulard und dem Ofen befindet sich ein aus mehreren Walzen bestehender Luftgang, um die Einwirkungsdauer der Schwefelsäure in der Kälte zu verlängern.

Einige Daten über die Karbonisation von Wollgeweben gibt Tab. 9, S. 353.

Das Färben von Wollstückware erfolgt ausschließlich auf der Haspelkufe. Die Bauart derselben ist sehr verschieden, das Kufenmaterial meist Pitchpineholz, Lärchenholz, seltener Havegmaterial oder rostfreier Stahl. Hin und wieder sind die Kufen mit Kupferauskleidung versehen. Diese besitzt den Nachteil, daß Chromfärbungen erst nach Bildung eines Schutzbelages von Cu-rhodanid (durch Einfüllen verdünnter Rhodankaliumlösungen) vorgenommen werden können, um im Ton nicht zu leiden. Neuestens baut die Kerachemie Siershan (Deutschland) Färbekufen, die vollständig aus Kunststoff bestehen, einschließlich Haspel usw.

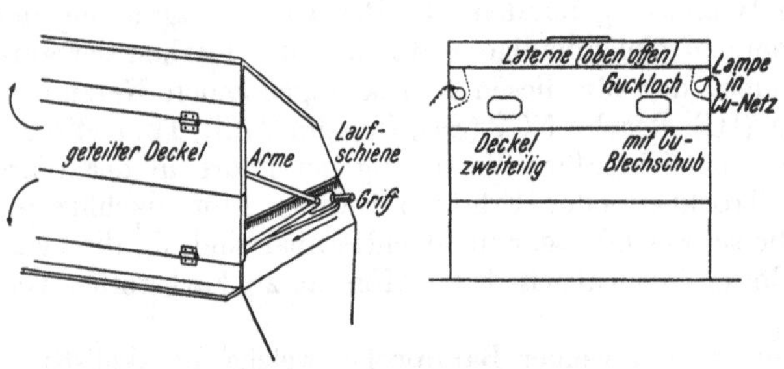

Abb. 175. Geschlossene Stückfärbehaspelkufe.

Während früher die Färbung der Stücke zur besseren Überwachung ihres Laufes und ihrer Anfärbung in offenen Kufen vorgenommen wurde, werden heute, aus Ersparnisgründen an Dampf, vielfach geschlossene Färbekufen verwendet, die den Stückverlauf durch Fenster beobachten lassen. Meist ist eine Dampfersparnis bis zu 50% festzustellen (vgl. S. 68)[65].

Der weitere Vorteil ist die Verringerung der Nebelschwadenbildung in den Färbereiräumlichkeiten in der kalten Jahreszeit. Ein Nachteil der geschlossenen Kufe liegt darin, daß bei auftretenden Verschlingungen der Stücke, wobei der Warenknoten am Rechen mit den Teilstäben hängen bleibt und das Stück am Haspel scheuert und nicht weiter läuft, diese Erscheinung nur schlecht und nicht sofort wahrgenommen wird. Dadurch können bereits schwere Warenfehler entstanden sein, ehe man eingreift. Ferner dringt beim Abheben, Aufklappen

[65] Siehe LAURIE: J. Soc. Dyers Colour. **66**, 225 (1950).

oder Hochschieben des Kufendeckels der den Kufenraum erfüllende Dampf als heiße, vorerst jede Sicht raubende Schwade dem Arbeiter ins Gesicht.

Bei geschlossenen Konstruktionen ist eventuell für eine seitliche Beleuchtung des Gesichtskreises der Schaufenster zu sorgen (Abb. 176), wenn die Deckel nicht genügend Fensterraum aufweisen. Neuere Konstruktionen lassen den oberen Haspelteil mit den Strängen frei laufen (Abb. 176). Dies hat wieder den Nachteil, daß Kondenswasser aus Rohrleitungen oder Sheddachrinnen auf die Ware tropfen kann. Außerdem wird dadurch die Sicht auf die Ware nicht gewährleistet, es sei denn, man bringt die Bottiche versenkt an, was beim Wareneinoder -ausbringen Nachteile mit sich trägt. Nach dem Füllen der Haspelkufe mit der vorgesehenen Wassermenge wird die Ware einzeln eingebracht. Die Stücke werden am Kufenvorderbordrand aufgelegt, ein Ende durch den Teilrechen gezogen und um den Haspel geschlungen und dann mit dem anderen Stückende vernäht, nachdem das zwischenliegende Warenstück, das vom Waschen in der Breitwaschmaschine im Strang gelegt ist, in die Flotte geschoben wurde. Das Nähen der Enden erfolgt mit grober Nadel von Hand aus in großen Stichen.

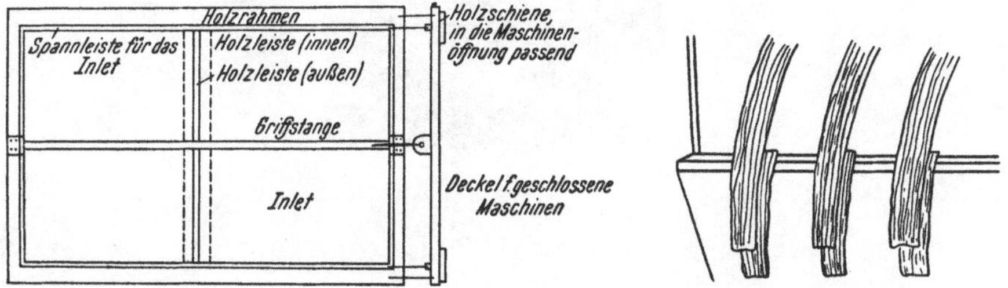

Abb. 176. Deckel der geschlossenen Haspelkufe ohne Fenster.

Abb. 177. Vernähen der Stückenden.

Die Enden des dicken Nähzwirns werden nicht vernäht, sondern z. B. in mehreren Lagen über den Daumen geschlungen, der entstehende Zwirnring abgezogen, zwischen Daumen und Zeigefinger gedreht und zusammengeschoben. Es bildet sich ein großer Knoten, der nicht aufgeht. Auch mit fahrbaren Nähmaschinen kann das Nähen der Stückenden erfolgen, die, aufeinandergelegt, auf dem Kufenbord liegen (Abb. 177).

Das Nähen mit der Maschine dauert, wie Zeitstudien festgestellt haben, pro Ende, inklusive Anfahrzeit und Legen usw., für zirka 80 bis 100 cm breite Stücke 1,8 Minuten im Durchschnitt. Es bietet gegenüber dem groben Zusammenheften von Hand aus nicht sehr viel Zeitgewinn (zirka 36%) und kostet eine Arbeitskraft mehr.

Ein 1928 gemachter Vorschlag, Wollstücke auf gelochten, perforierten Zylindern nach Art der Kettbaumfärberei für Baumwolle zu färben, führte technologisch nicht zum Ziele[66].

Sind die Stücke alle an den Enden vernäht und durch den Teilkamm getrennt, dann läßt man den Rundhaspel (für Wollstückfärbung kommen nur Rundhaspel in Frage) laufen. Die Stücke passieren zweimal das Bad, wobei etwaige, jetzt auftretende Strangverschlingungen („Bären") sofort und leicht behoben werden können. Nach dem Durchlaufen haben sich die einzelnen Stränge, vorausgesetzt, daß die Flottenmenge nicht zu gering ist (kein Herausstehen von Stranganteilen), derart gelegt, daß ein Ineinanderlaufen der Einzelstränge nur bei sehr dichter Kufenfüllung befürchtet werden muß.

---

[66] Fehrmann: Melliand Textilber. 1928, 682.

Abb. 178. Muster der karbonisierten Gewebearten. Linke Reihe Muster 1 bis 7, mittlere Reihe Muster 8 bis 14, rechte Reihe Muster 15 bis 21.

Die Umlaufgeschwindigkeit der Maschine beträgt für zirka 45 m lange Stücke etwa 30 m pro Minute (für USA werden die entsprechenden Werte mit 40 bis 60 yds. für 100-yds.-Stücke genannt). Zu große Schnelligkeit fördert das Verfilzen der Ware, zu geringe erschwert die Erzielung egaler Färbungen.

In den seltenen Fällen, in welchen es erforderlich ist, Wollstück zu bleichen, kann dies auf der Haspelkufe oder, wirtschaftlicher, am Bleichjigger mit Superoxydbädern geschehen (4 g O_2 pro Liter) und etwas NH_3 (¼ l NH_3 28 % auf 200 l). Man behandelt bei 55° C und nachher mit 2½ g Blankit I pro Liter bei 60° C. Dann wird gewaschen, gesäuert und nochmals gespült. Eventuell wird mit etwas wollaffinem Aufhellmittel [Blankophor WT (IG), Uvitex WS (Ci), Tinopal WR (Gy), Leukophor W (Sa), Ultraphor WT (BASF)] im Bleich- oder Spülbad behandelt.

Ein Schwefeln der Stücke, wie es früher öfter erfolgte (vgl. S. 432) ist heute kaum mehr üblich. Der Prozeß ist umständlich, das Weiß nicht permanent und gewisse Farbstoffe, z. B. Sulfoncyanin R sind auf der so behandelten Ware nicht färbbar.

Die Behandlung der Ware mit optisch wirkenden Aufhellmitteln oder deren Zugabe ins Färbebad vermag eine Schwefelung des Materials hinsichtlich Aufhellungseffekt mehr als zu ersetzen.

Bei der Färbung von Wollstückwaren muß in letzter Zeit auch darauf geachtet werden, daß das Textilmaterial im gefärbten Zustand durch Chlorbehandlung schrumpfecht gemacht wird. Es müssen daher für Gewebe, die dieser Behandlung unterzogen werden, Farbstoffe gewählt werden, die chlorechte Färbungen liefern.

Tab. 9. *Die Karbonisation von Wollgeweben* (vgl. Abb. 178)

Meter	kg	° Bé im Imprägnierbad (H_2SO_4) eingangs	Auslauf	Touren d. Maschine	Gang des Ofens	Leistenschutz mit Ammonkarbonat (Bé-Zahl)	Muster
52	7,9	5,3	4,2	12	I	9	1
81	18,9	5,5	4,8	12	II	9	2
51	9,2	5,3	4,5	12	II	9	3
71,2	19	5	4,5	12	II	9	4
51,2	19,4	5,5	4,5	12	II	9	5
25,5	7,7	5	4,4	8	II	9	6
53,8	26	5,6	4,4	12	II	9	7
55,2	15	5,5	4,5	12	II	12 % essigs. Na	8
46,5	10,8	4,8	4,3	8	I	7,5	9
54	24,2	5,3	4,5	10	II	12 % essigs. Na	10
49,7	22,8	5,3	4,4	8	II	8,5	11
48,2	18,3	5,6	4,8	12	II	9	12
59,5	21	5,5	4,9	12	II	9	13
53	11,1	5,3	4,4	12	I	8	14
51	15,5	4,8	4,3	8	II	9	15
51,4	16,4	5,3	4,8	12	II	—	16
53	11,7	5,5	4,9	12	II	—	17
72,2	24,5	5,3	4,6	8	II	8	18
		Nekal A 0,5/1000					
52,5	20,7	5,5	4,8	8	II	8	19
50	16	5,3	4,4	8	II	7,5	20
46	6	5	4,5	12	I	12 % essigs. Na	21

a) Die Färbung mit sauren Farbstoffen

Bei einer Stückkufenbreite von 1,4 m (Abb. 179) kann man bis zu 6 Stück in Modetönen usw. färben, eine solche von 2 m gestattet das Ausfärben von 10 Stücken [für Schwarzfärbungen (Abb. 176)]. Die Rundhaspel haben Holzholme, die Haspelachse aus Eisen ist holzverkleidet. Weniger gut und nur für saure Färbung geeignet sind Cu-beschlagene Vollhaspel, die allerdings beim „Hängenbleiben" des Stücks am Teilrechen weniger leicht zu Schäden durch das Scheuern des hängenden Stücks am laufenden Haspel führen. Auch Haspel aus nichtrostendem Stahl in Färbekufen aus eben diesem Material stehen in Verwendung.

Das Einbringen der Ware erfolgt Stück für Stück, wie auf S. 177 geschildert, indem die am Bordbrett der Kufe aufgelegten Stückenden zusammengenäht werden.

Da die meist gelegte Ware beim Einwerfen in die vorerst mit Wasser gefüllte Kufe stürzt, ist es beim Färben von mehr als zwei Strängen notwendig, stückweise

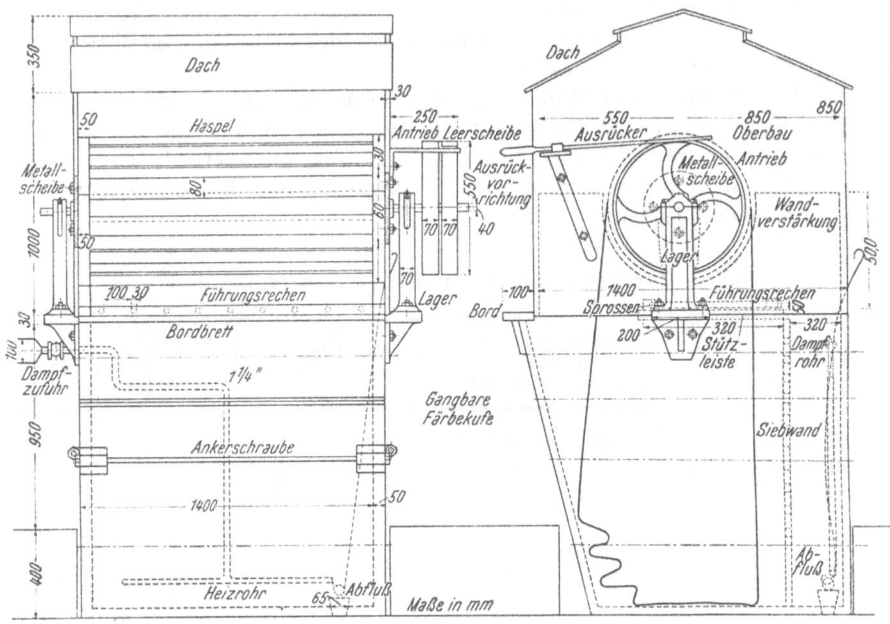

Abb. 179. Stückfärbekufe, Betriebskonstruktion, offene Bauart.

laufen zu lassen, damit sich der Strang im Bad richtig ablegt. Es bilden sich dann Legefalten, die sich nicht übergreifen usw., so daß die Gefahr des Hängenbleibens beim Ingangbringen der Maschine eine außerordentlich geringe ist. Man läßt dann etwa 5 Minuten ohne weitere Badzugabe laufen. Dann wird nach dem Zusatz von Weinsteinpräparat ($NaHSO_4$), auch „Sud" genannt, bzw. der notwendigen Menge Schwefelsäure oder organischer Säure und Glaubersalz, die Dampfzufuhr geöffnet. Der Farbstoff für die Färbung wird im Holzschaff von zirka 6 bis 10 l Inhalt gut gelöst (aufkochen) und hinter der Siebwand bei einer Badtemperatur von etwa 30 bis 40° C zugesetzt (über die ganze Kufenbreite verteilen und mit Holzstock im Siebraum durchmischen). Der in die Flotte einströmende Direktdampf und die laufenden Stücke sorgen dann für eine gleichmäßige Vermischung im Bad. Man erhitzt bis zum Kochen und hält die Flotte am schwachen Kochen. Nach zirka 30 bis 45 Minuten, je nach der Tiefe des Farbtons und Anzahl der Stücke sowie dem Aussehen der laufenden Stränge hinsichtlich Egalität, wird nun bei sauren Färbungen ein Muster gezogen („gemustert") und der „Zusatz", die Nuancenkorrektur, bestimmt. Dieser Zusatz erfolgt je nach der verlangten Echtheit der Färbung in Egalisierungsfarbstoffen oder, nach Abschrecken der Flotte durch Kaltwasser, falls eine größere Korrektur notwendig ist, mit schwach sauer ziehenden Farbstoffen, gegebenenfalls unter Beigabe von essigsaurem Ammoniak. Chromfärbungen bleiben vorderhand außer Betracht. Hier wäre das Mustern ja erst nach Chromierung der Färbung möglich. Die Zusätze für Färbungen in mittlerer Echtheit erfolgen durchwegs ins kochende Bad mit Egalisierungsfarbstoffen. Um kleinste Mengen (Gramme und weniger) zugeben zu können, ohne erst umständlich auszuwiegen, sind ein gelber, blauer und roter Egalisierfarbstoff in zirka 100-l-Holzgefäßen zu 20 g pro Liter gelöst. (Flavazin S, Azokarmin GX, Patentblau V z. B.) Man bestimmt den Zusatz jeder einzelnen Komponente dann in Volumsmaßen ($\frac{1}{4}$ l Blau, $^1/_8$ l Gelb, $^1/_{16}$ l Rot), wobei die Arbeiter bei den gelösten Farbstoffen, und zwar zweckmäßig für jeden einzelnen, kleine Cu-Maße dafür

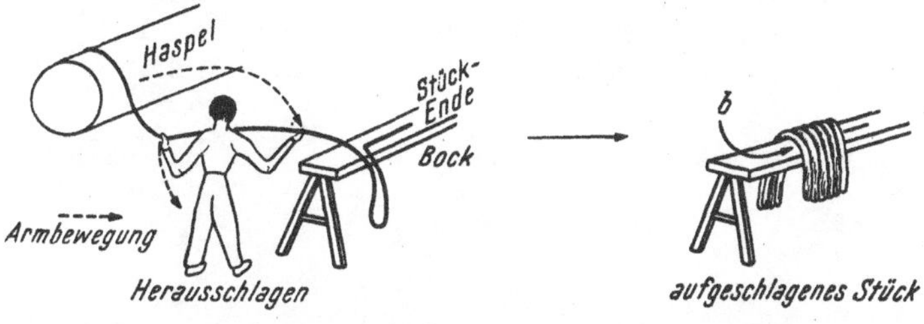

Abb. 180. Das Herausschlagen der Stücke nach dem Färben.

vorfinden. Die letzten Zusätze können oft „1 Löffel" betragen. Einen solchen besitzt jeder Färber. Nach vollzogenem Farbzusatz wird zirka 15 bis 20 Minuten laufen gelassen und dann wieder gemustert. Nur bei Zugabe wesentlicher Mengen dehnt man die Zeit auf $\frac{1}{2}$ Stunde aus. In der Regel wird bei Erfahrung kaum mehr als zweimal zugesetzt. Ist die Färbung mustergetreu, dann wird das Dampfventil zugedreht und von der Kaltwasserleitung mittels eines Rohrstückes Kaltwasser zulaufen gelassen, wobei das Ventil der Kufe aufgezogen wird. Die Ware läuft dabei. Man hüte sich, bei stehender Ware Spülwasser zulaufen zu lassen oder etwa gar die Flotte bei laufender Ware abzulassen. Ware, die zum Knittern neigt, bekommt unter ihrem Eigengewicht (im gefalteten Strangteil) und der Hitze „Hitzefalten", die nicht mehr entfernbar sind. Auch Farbunegalitäten können sich bei dieser Arbeitsweise einstellen. Ist die Ware vollständig verkühlt und gut gespült, dann wird auf einen vor die Kufe gestellten Holzbock geschlagen. Dies geschieht am besten so, daß man, beim ersten Stück anfangend, die genähten Enden löst, das heißt so lange laufen läßt, bis die Stücknaht kommt, den Haspel abstellt (Leerscheibe) und auftrennt. Das vom Haspel ablaufende Ende wird (durch kurzes Einschalten des Antriebs) etwa 2 m ablaufen gelassen und zirka 1 m lang auf das Bockholz gelegt. Dann stellt man sich quer zum Bottich und „schlägt das Stück heraus", bei laufendem Haspel mit der rechten Hand stets hoch den ablaufenden Stückteil ergreifend, ausschwingend und über das Bockholz quer legend, während indessen die linke Hand nachgreift (Abb. 180) und die rechte neuerdings den abgelaufenen Stückteil nachlegt. Das anfangs ausgelegte Stückende wird jetzt um den Stückpack gelegt und bei *b* durchgezogen. So kann der ganze Stückpack leicht in die Zentrifuge gelegt werden, wenn alle Stücke, parallel am Bock liegend, auf diesem von zwei Mann zur Zentrifuge getragen werden. Oder man schlägt die Stränge in mit Tücher ausgelegte Wagen und führt die Partie in den Zentrifugenraum. In vielen Fällen (saure Färbebäder erschöpfen sich insbesondere bei hellen Färbungen fast ganz) kann man Dampf und Chemikalien sparen, wenn man auf gebrauchten Färbebädern weiter färbt. Dies ist insbesondere dann leicht möglich, wenn dunklere

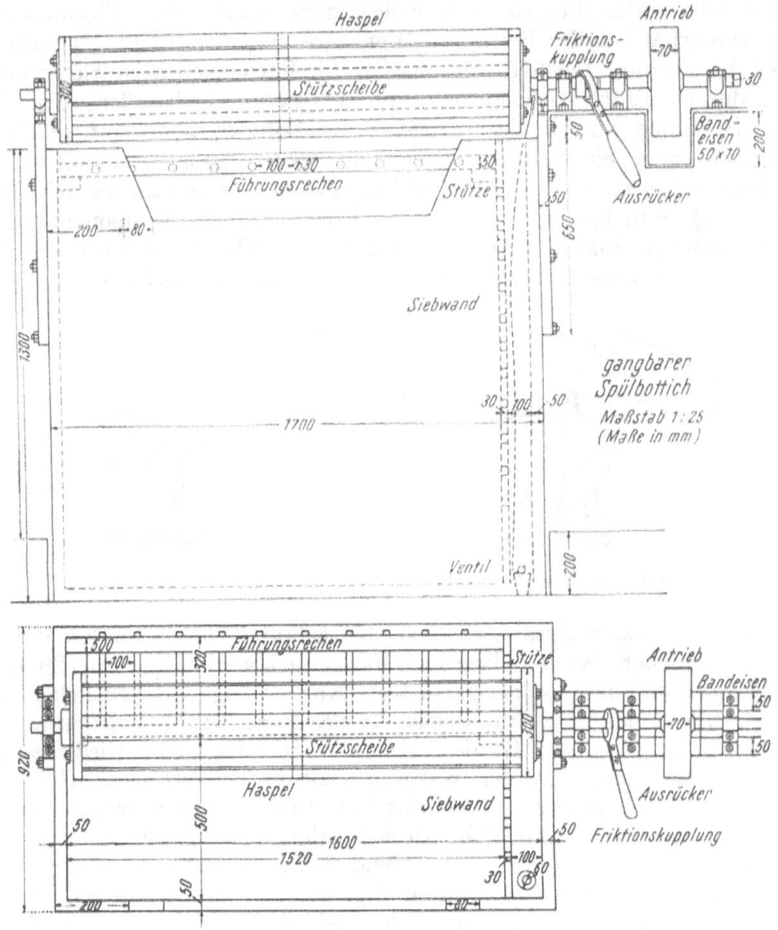

Abb. 181. Waschmaschinenkonstruktion.

auf hellere Färbungen folgen. In solchen Fällen kann man die gefärbte Ware nicht auf der Kufe, in der sie gefärbt wurde, spülen. Man löst die Enden, vom ersten Stück beginnend, zieht es unter dem Haspel durch und legt es auf den Kufenbord. Dies wiederholt sich, schnellstmöglich für jedes Stück. Die gelösten Enden werden dann auf den Haspel eines vor der Kufe stehenden Waschbottichs (Abb. 181) gezogen und die Stücke aus der Kufe gemeinsam in das laue Waschwasser gedreht. Der Vorgang muß schnell erfolgen, um auch hier die Knitterbildung bei der in der heißen Flotte ruhenden Ware auszuschalten.

Wichtig ist beim Färben von Wollstück nach Muster das rasche Treffen des

Tones, nicht nur aus wirtschaftlichen Gründen. Die kochende Behandlung bedingt immer eine Beeinflussung der Warenqualität. Es kommt zu Abbauerscheinungen der Wollfaser, Eiweißabbauprodukte gehen ins Färbebad. Empfindliche Waren zeigen auch bei längerem Färben unter dem Einfluß der Bewegung in der heißen Flotte, insbesondere wenn nur schwach sauer gefärbt werden kann, die Tendenz zu filzen. Dabei verschwindet das Webdessin, die Ware wird unansehnlich und schrumpft in der Länge. Diese Erscheinung tritt insbesondere dann auf, wenn der Haspel in bezug auf die Stücklänge zu rasch rotiert. Am vorteilhaftesten ist es, wenn man 50-m-Stücke bei zirka 40 bis 50 Touren färbt, also die Ware in 3/4 bis 1 Minute einmal umläuft. Zu langsame Umdrehung ist ja wegen der Gefahr unegalen Ausfalls nicht möglich. Leicht filzen Kammgarngewebe, weniger solche aus Mohair- oder Cheviotgarnen, also Gewebe, die aus gröberen Faserarten bestehen.

Der Wollabbau, der bei der sauren Färbung eintritt, ist bei stark sauren Flotten, wie sie bei Neolan-(Ci) oder Palatinechtfarbstoffen (IG) angewendet werden müssen, groß. Es war daher ein bedeutender Fortschritt, unter Anwendung von Palatinechtsalz O (IG) usw. mit der normalen Schwefelsäuremenge färben zu können. Außerdem ist eine etwaige Verfärbung des Tones von grünen Chromkomplexfarbstoffen [Neolanen (Ci), Palatinecht- (IG) bzw. Inochrom- (Ku), Ultralan- (ICI) Farbstoffen usw.] durch Zusatz von formaldehyd- bzw. aldehydgruppenhältigen Verbindungen oder Gelbfarbstoffen behebbar (vgl. S. 224). Ein besonders starker Faserangriff erfolgt bei der neutralen Wollfärbung, bei welcher es oft zu einem „Verkochen" der substantiv erzielten Töne kommt, das seine Ursache in Reduktionswirkungen der Abbauprodukte der Wollfaser hat. Die in die Flotte gehenden Anteile an Wollabbauprodukten haben eine egalisierende Wirkung beim Färbeprozeß, in dem sie das Aufziehen der Farbstoffe verlangsamen. Alte Wollfärbebäder egalisieren daher besser als frisch angesetzte Flotten. Die Wirkung ist im Prinzip mit jener zu vergleichen, die das Serizin (der Seidenbast) im Bastseifenbade bei der Seidenfärberei mit sauren Farbstoffen zeigt.

Zum Schutze der Wollfaser beim Färben kommen meist Eiweiß-Fettsäure-Kondensate (Lamepon usw.) oder gereinigte, entfärbte Sulfitzelluloseablauge (Protectol) in den Handel. Eine Mischung beider Stoffe war Levana (Sandoz). Das derzeit gehandelte Levana ist in seiner Zusammensetzung verändert und nach unseren Versuchen außerordentlich wirksam. Es ergibt auch bei empfindlichen Warenqualitäten und langem Kochen ein klares Gewebebild, verhindert also auch weitgehend ein oberflächliches Anfilzen der Ware.

Wolle soll unterhalb von 100° C sauer gefärbt werden, um den Faserabbau zurückzudrängen, wobei Preßluft durch feine Düsen in das Bad geblasen wird (British Dyestuff Corporation[67]). Während des Krieges wurden eine Reihe von schon bei tieferen Temperaturen ziehenden Farbstoffen, als Igelane bezeichnet[68], ermittelt, und ihr Färben, gegebenenfalls unter Zusatz von Phenol als Quellmittel angeregt. Der Vorschlag, in Unterdruckapparaturen zu arbeiten (Forschungsinstitut für die Textilindustrie, M. Gladbach), ist bislang nicht weiter verfolgt worden.

Über die Arbeitsleistung einer Wollstückfärberei bzw. Einzelleistung an der Kufe sind folgende Erfahrungsdaten sicher von Interesse:

Maximalleistung pro Maschine in Couleur 250 kg pro Tag.

---

[67] Vgl. D. P. 651675 bzw. 667989, bzw. BAUDOUIN: Melliand Textilber. **20**, 650 (1939).

[68] Vgl. Textile Manufacturer **73**, 375 (1947) bzw. BIOS Final Report 1239.

Haspeltouren 28/30 pro Minute bei einer mittleren Stücklänge von 30 bis 40 m (Maschine mit Flotte 1500 l).

Arbeitszeiten pro Partie, 5 Stück, zirka 50 kg:

Einlegen und Nähen	30 Minuten
Anheizen des Bades und Vorkochen mit dem Ansatz	40 ,,
Muster, 2 bis 3 Zusätze	45 ,,
Kühlen und Waschen	30 ,,
Naht lösen, Herausschlagen	30 ,,
	2 Stunden und 55 Minuten

per 8 Stunden 2, per 9 Stunden 3 Partien.

Die Arbeitszeit für Schwarz (altes Bad), 4 Partien (Maschine für 100 kg mit 2500 l Flotte).

Die Tagesleistung einer Stückfärberei für Wolle, Halbwolle und Baumwolle, 34 Haspelkufen und 12 Jigger betrug bei einer Arbeitszeit von

	Wolle	Halbwolle	Baumwolle	Summe
7 bis 5 Uhr	1400 kg	400 kg	400 kg	2200 kg
7 bis 6 Uhr	1800 ,,	500 ,,	500 ,,	2800 ,,
im Monatsdurchschnitt	40000 ,,	16000 ,,	14000 ,,	70000 ,,

Die Halbwolle wurde auf der Kufe in der Wolle sauer vorgefärbt und die Baumwolle am Jigger gedeckt.

Für die Temperaturverhältnisse in den offenen Holzfärbekufen wurden folgende Werte ermittelt:

Anheizdauer auf 100° C für eine Kufe (s. Abb. 179) 20 Minuten. Im Mittel stieg ab 45° C durch Zufuhr von Direktdampf die Badtemperatur um 5° C pro Minute. Wird die Ware aus der Kufe in die Spülwanne gedreht, sinkt die Badtemperatur in der Kufe von 100° C auf 85° C, wenn man den Badverlust ergänzt.

Wird ein halbes Bad frisch aufgefüllt (bei zu tiefen Tönen zur Tonkorrektur), so fällt die Temperatur von 100° C auf 65° C.

Steht ein 100° C heißes Bad über Nacht, mißt es morgens 43° C.

Die Warenazidität bzw. Azidität der Spülwässer ergab nach Untersuchungen folgende Werte:

Eine Partie von 82 kg Marineblau, die in 1500 l Flotte mit 10,5 kg $NaHSO_4$ = = 12,8% auf Ware gefärbt wurde, ergab, aus der Kufe in eine Spülwanne mit 1800 l gedreht, eine Spülazidität, die zirka 4,035 kg $NaHSO_4$ entsprach. Ein zweites Mal gespült, hatte das zweite Spülbad (1800 l) einen Säuregehalt, der 0,198 kg $NaHSO_4$ entsprach.

Vergleichende Untersuchungen der Ansätze verschiedener Färbebäder und der Chemikalienabsorption der Ware führten zu folgenden Ergebnissen:

1. Färbebad mit Ameisensäure (HCOOH) 34%.

Gefärbt: 23 kg Wollstück mit 50 m, Bad 6 l HCOOH 34% = 2040 g HCOOH. Flotte 1000 l. 2 kg Na_2SO_4.

In der Flotte (940 l) verblieben nach dem Herausdrehen der gefärbten Ware nach erfolgter Färbung 1556 g HCOOH (1,656 g pro l).

Die Ware führte daher mit sich: 484 g HCOOH, das ist pro Kilogramm 20 g HCOOH (2%).

2. Färbebad mit Essigsäure (CH_3COOH) 30%:

In die Flotte, zirka 800 l, kamen 5 l CH_3COOH 30% = 1500 g.

1 kg Na_2SO_4.

Gefärbt wurden 18 kg Wollstück mit 150 m!

Nach dem Färben und Herausdrehen des Farbgutes in die Spülwanne verblieben im Bade (776 l) 1177 g CH_3COOH.

Die Ware führte daher mit sich 23 g CH_3COOH pro Kilogramm Ware.

3. Färbebad mit Weinsteinpräparat ($NaHSO_4$):
In die Färbeflotte für 45 kg Stückware mit 260 m kamen 10 kg $NaHSO_4$ und 1 kg Glaubersalz krist. Nach dem Färben verblieben im Restbade 5,8 kg Sud.
Die Ware führte mit sich 93 g $NaHSO_4$ pro Kilogramm = 9,3%.
Preislich verhielten sich die von den Waren mitgeführten Mengen an azidifizierenden Chemikalien pro Kilogramm wie 92 : 115,5 : 160,6 Währungseinheiten.

Für die Wollstückfärberei werden, entsprechend der Unzahl der in Frage kommenden Artikel und deren nachheriger Appretur und Verwendung sowohl Säurefarbstoffe normaler Echtheit, saure Produkte hoher Lichtechtheit, Walkfarbstoffe und Nachchromierungsfarbstoffe verwendet. Letztere färbt man in ausgesuchten Vertretern häufig nach der Einbadchrommethode (Metachromverfahren). Um eine bessere Reibechtheit zu erzielen, wird beim Metachromprozeß durch Zugabe von Mg-Salzen zur Färbeflotte (Calcometverfahren) die vorzeitige Bildung von Farblack im Bad verhindert (s. S. 383). Eine Küpenfärbung von Wollstück wird kaum vorgenommen. Sie erfolgt hauptsächlich bei loser Wolle oder Kammzug für höchste Echtheiten.

Die saure Färbung von Wollstück, insbesondere für Damenware in Modetönen und leichter Ware, wird auch jetzt noch in vielen Fällen den anderen Färbeweisen vorgezogen. Vor allem gestattet die Arbeitsweise genau zu mustern, wobei man trachten muß, gut egalisierende, lichtechte und schweißechte Produkte zu wählen. An die Wasch- bzw. Walkechtheit werden in der Regel keine besonderen Ansprüche gestellt. Gefärbt wird im Schwefelsäure-, besser aber Weinsteinpräparatbad ($NaHSO_4$) unter Zusatz von Glaubersalz. In Frage kommen für höchste Ansprüche Vertreter des Anthralansortiments (IG), die allerdings nicht alle gut egalisieren. Genannt seien:

Flavazin E3GL, Anthralangelb 2G (Echtlichtgelb E3G), Anthralangelb RRT (Amidogelb E), Anthralanorange G (Echtlichtorange G), Anthralanrot G (Guineaechtrot BL), Anthralanrot 3B (Alizarinrubinol R), Anthralanviolett 3B (Alizarinirisol R), Anthralanblau B (Alizarindirektblau AR) Anthralanblau G (Alizarindirektblau A2G) Anthralangrün GG, Anthralangrün BL (Alizarincyaningrünmischungen), Anthralanbraun 3R (Mischung), Anthralangrün G (Mischung mit Anthralancyaningrün GL).

Hier wären auch die Carbolane der ICI anzuführen.

Mit durchaus entsprechendem Resultat arbeitet man z. B. mit:

(Ci) Kitonechtgelb 3GN, Kitonechtorange G, Kitonechtrot BL, Kitonlichtrot 2BLE, Alizarinechtrubin R, Alizarinechtviolett R, Alizarinsaphirblaumarken, Alizarinechtgrün G usw.

(Gy) Erioflavin 3G, Erioechtorange G, Erioechtfloxin BL, Erioanthracenrubin R, Eriovioletti RL, Erioanthracenblaumarken, Echtcyaningrün G usw., Erioanthracengrau BL usw.

(Sa) Xylenlichtgelb 3GS, Xylenechtorange G, Azorubinol 3GS, Alizarinlichtrot R, Alizarinlichtviolett RS, Alizarinblaumarken, Alizarinlichtgrün GS, Alizarindirektgrau GL usw.

Für weniger große Ansprüche genügen folgende erprobte Kombinationen:

Tegetthoff: 4- bis 5%ig.

Grundlage: 3% Amidoblau GGR (IG) oder (unechter)
3% Eriomarineblau JB (Gy) oder
2% Amidoblau GGR und 1% Patentblau V

Füllung: 0,5% eines Säureschwarzes oder (besser)
0,3 bis 0,5% Säuregrün G konz. (IG) und
0,3 bis 0,5% Eriofloxin 2B (Gy)

Abdunkelung: 0,05 bis 0,2% Orange IV (Gy)
besondere rote Blume: 0,25 bis 0,50% Azowollviolett 7R (IG)
0,25% Echtsäureviolett ARR (IG) echt
besondere blaue Blume: 0,3 bis 0,4% Patentblau V (IG), wenig echt

Lichtblau: Türkis: Cyanol FF (IG), Patentblau superfein (IG) oder echter Erioechtblau AB (Gy)
Reinblau, rotstichig: Patentblau RBN, eventuell mit Sulforhodamin B
Gobelin: Erioechtblau AB (Gy) mit etwas Rot und Gelb, wenn zu gelb, drücken mit Azowollviolett 7R (IG)

Rot: Rosa: Sulforhodamin B (IG) 0,02 bis 1%
Lachs: Sulforhodamin B (IG) mit Tartrazin (IG) 3 : 1. Vorsicht, wird leicht unegal!
Hochrot: Viktoriascharlach 3R (IG), Palatinscharlach 3R (IG), Azogrenadin S (IG)
Fraise, weinrot: Eriofloxin 2B (Gy), Azosäurerubin (IG), Chromazonrot A (IG)
Azogrenadin S (IG)

Gelb: Citron: Chinolingelb S, Tartrazin O (IG)
Gelb, rotstichig, wenig Blume: Flavazin S (IG)
feurige Blume: Tartrazin O (IG)
Orange, Gold usw.: Orange II, IV (IG)

Braun: Grundlage: 1% Tartrazin O (IG), 0,5% Eriofloxin 2G, 2B (IG), 0,5% Erioblau AB (Gy)
Füllung: Orange IV: rote Übersicht, 0,25 bis 0,5%
Tartrazin O: feurig gelbe Übersicht.
Wenn Orange IV verwendet wird, nie mehr als 0,5%, sonst schmiert die Färbung ab.
Zu rote Übersicht mit Chinolingelb S (IG) (0,5%) drücken!

Drap: Kombinationen aus Flavazin S (IG), Eriofloxin 2B (Gy) und Erioechtblau AB (Gy)
Echter mit Chromotrop 2R (IG), Alizarinsaphirol B (IG) und Tartrazin O (IG)

Grün: Giftgrün: Säuregrün (IG) mit Tartrazin (IG)
sonst: Erioblau AB (IG) mit Tartrazin (Blume!) oder Flavazin S (IG). Zu schmutzige Töne mit Patentblau superfein oder Cyanol FF (IG) korrigieren! (Unecht.)

Dabei ist zu sagen, daß die Marineblautöne ohne die sogenannte „Füllung", die ihnen das „Feuer" oder die „Blume" gibt, „mager", das heißt leer und unansehnlich ausfallen. Selbstverständlich ist Säuregrün sehr unecht, doch lassen sich viele Muster ohne Grün-Rot-Füllung nicht imitieren. Das gleiche gilt für die unechte, aber außerordentlich große rotviolette Brillanz des Azowollvioletts 7R bzw. des teuren Echtsäurevioletts A2R. Abdunkelung mit Schwarz erfordert sehr viel Farbstoff, viel wirkungsvoller ist eine solche mit Orange. Eventuell ist ein echterer Vertreter als Orange IV zu nehmen.

Das „Ankochen" der Ware mit Amidoblau GGR, eine der preiswertesten Marinegrundlagen für nicht zu hohe Ansprüche, muß vorsichtig erfolgen, da der Farbstoff nicht zu den Egalisierungsfarbstoffen gehört und leicht unegal anfällt. Man verbessert in solchen Fällen durch Zugabe von Ammonazetat, eventuell unter Ablassen eines Teiles des Bades oder Einhängen eines Rohstückes und nachherigem vorsichtigem Wiederauffärben unter Zugabe von Ammonazetat.

Zu den Hinweisen über das Färben von Brauntönen bedarf es keiner Erläuterung. Bei zu rotem Ausfall einer Brauntönung, die sich nicht mit einem geringen Zusatz von Gelb „drücken" läßt, versuche man nicht, größere Gelbmengen aufzufärben, da bei der genannten Kombination dabei oft noch mehr Rot aufzieht und das Gelb im Bade läßt. Man hängt einige Zeit ein Rohstück ein (kocht also einen Teil der Färbung ab) und färbt nach Herausnehmen des beigegebenen Stückes auf.

Mit gleichem Erfolge sind folgende Farbstoffe anderer Farbstofferzeuger anwendbar:

(Ci) Echtsäuremarineblau GRL, Kitonreinblau V, A, Kitonrot 2B, Orange II, IV, Kitongelb S, Chinolingelb, Tartrazin usw.

(Gy) Erioglaucin supra, Eriomarineblau GGR, Orange II, IV, Eriogelb S, Chinolingelb, Tartrazin usw.

(Sa) Echtsäuremarineblau GRX, Xylenblau A, V, FF, Tartraphenin, Azorhodin 2B, Orange II, IV, Xylengelb S, Chinolingelb O usw.

(IG) Alizarinsaphirol B usw.

Carpenter[69] machte kürzlich auf die preislichen Vorteile aufmerksam, die das Färben von Marineblau unter Verwendung von Sulfonyancin (5) R (IG), entsprechend dem Coomassie Navy Blue 2RSN (ICI), Tuchechtblau (5) R (Ci), Erioechtblau 5R (Gy) bzw. Sulfoninblau 5R (Sa) bietet. Die erhaltenen blumigen Färbungen besitzen gute Echtheiten. Bekanntlich zersetzt sich der Farbstoff beim Arbeiten leicht und liefert dann olivgrüne Töne. Schuld an dieser Erscheinung sind entweder mangelhaft gewaschene geschwefelte oder mit Sulfit behandelte Wolle, Alkalireste in der Ware oder zu langes Kochen und damit einsetzende Reduktionswirkung von Wollabbauprodukten. Man färbt ohne Säure mit Ammonazetat, Glaubersalz und Peregal O (IG) oder Dispersol VL (ICI), die den Farbstoff stabilisieren. Man kann dem Bade auch etwas Bichromat zugeben. Schlechte Durchfärbung stammt von Ölresten (Mineralölschmelzen!) in der Ware.

Sulfoninblau 5R ist beim Färben von Halbwollstück auf Marine nach dem Einbadchromverfahren von uns in einem späteren Kapitel illustriert.

Für Beigetöne, aber auch Brauntöne, die höchsten Lichtechtheitsansprüchen genügen sollen und annähernd gleichmäßig verschießen, wird zum Färben von leichter Damenware in letzter Zeit auch die Dreifarbenkombination (Gy) Erioechtbraun 5CL, Erioechtrot 2BL und Erioanthracenblau 4GL empfohlen.

Während der Jahre 1940 bis 1944 kamen als „Igelansortiment" von der IG jene sauren Farbstoffe in Frage, die bereits bei 60 bis 70° C auf Wolle aufzogen, um Dampf zu sparen. Um die Anfärbung der Wolle zu erleichtern, die bekanntlich außerordentlich von der Faserquellung abhängt, wurde der Zusatz von Faserquellmitteln, wie z. B. Pentachlorazeton, chlorierten Phenolen usw., vorgeschlagen.

Für die saure Färbung bezüglich höheren Ansprüchen, insbesondere hinsichtlich Wasser- und Schweißechtheit genügenden Herrenqualitäten, kommen neben den noch sehr gute Lichtechtheit aufweisenden Neolan- (Ci) bzw. Palatinechtfarbstoffen (IG), das Radiosortiment (IG) bzw. die entsprechenden Marken Radiomarineblau B oder Radiobraun-B-, S-Marken oder Radiogrün C in Frage. Die Fullacid- (Ci) bzw. Eriosolidrotmarken entsprechen hier den Vertretern des Radiosortiments. Hierher können also das Fullacidgelb, -orange und -bordo der Ciba, das Eriosolidblausortiment, Eriosolidbraun GLS, R, -orange GS, die Eriosolidgelbmarken und Eriosolidgrün G (Gy) gezählt werden. Desgleichen sind die Aquaminmarken (Sa) hier anzugeben bzw. (Sa): Xylenlichtgelb 2GP, Xylenechtorange PO, Xylenechtrot 2GP, Alizarinlichtblau BRP, Xylenechtmarineblau B, Xylenechtbraun RG, Alizarinlichtgrün GL usw.

Schließlich werden höchsten Ansprüchen an Tragechtheit usw. genügende Stückwaren mit Nachchromierungsfarbstoffen hergestellt. Dabei ist es bei

[69] Textile Recorder 68, Nr. 816, 109 (1951).

Färbung auf Muster notwendig, sorgfältigst zu rezeptieren, da Nuancierungen in zu hohem Prozentsatz die Echtheit der Färbung naturgemäß sehr verringern. Zum Nuancieren kommen nur chrombeständige Farbstoffe in Frage, da das Färbebad ja Chromat enthält und ein Nuancieren etwa auf frischem Bad aus Gründen der Wirtschaftlichkeit und Warenschonung nicht in Frage kommt. Für Chromfärbung kommen insbesondere stückfärbige Uniformtuche in Frage. An Nuancen fallen in erster Linie Marine, Schwarz und Grau an. Beim Ausfärben der Chromierungsfarbstoffe ist darauf zu achten, daß ein Großteil derselben metall- (Cu, Fe) empfindlich ist.

Es sind also Fe- bzw. Cu-Teile in der Färbekufenkonstruktion, soweit sie mit dem Färbebad in Berührung kommt, zu vermeiden. Der zerstörende Einfluß derartiger Metalle auf insbesondere Blau-, Grün- und Schwarzmarken kann dadurch weitgehend ausgeschaltet werden, daß dem Bad Trilon B zugegeben wird oder Farbstoffe Anwendung finden, die nach der Metachrommethode (s. S. 382) färbbar sind. Trilon B entfernt nur zweiwertiges Eisen [Schoenberger, Melliand Textilber. **34**, 589 (1953)]. Man muß Ferrisalze vorerst mit Hydrosulfit reduzieren. Die Trilonlösung wirkt nur alkalisch, nicht sauer.

Die Färbung mit Chromfarbstoffen wird später ausführlich behandelt (S. 378).

Im nachstehenden sollen für verschiedene Wollstückqualitäten Färberezepturen zur Erzielung verschiedener Farbtöne angegeben werden. Dabei sind nur mittlere Lichtechtheiten berücksichtigt. Besondere Naßechtheit oder Schweißechtheit liegt ebenfalls nicht vor. Soweit nichts Besonderes bemerkt, wurden die Färbungen laut Muster in Weinsteinpräparat- ($NaHSO_4$-) Bädern vorgenommen, wobei bei zirka 30° C eingegangen wird und nach $^3/_4$ Std. Kochen innert je 15 Minuten mit etwa 2 bis 3 Mustern (Zusätzen) fertiggefärbt wurde. Die Zusätze sind gelöste Farbstoffe, die im Hohlmaß angegeben (Literteile: $^1/_8$, $^1/_{16}$, $^1/_4$, 1 Löffel) werden. Dabei sind aufgelöst: Flavacin S, Patentblau V und Azokarmin GX. Die Menge an derartigen Zusätzen, die nur als letzte Korrektur des Tones gegeben werden sollen, darf bei hellen Tönen nie mehr als maximal 0,05% vom Warengewicht betragen. Braun, Rot, Marine, Fraise usw. werden derart gemustert, daß der fehlende Farbstoff pulverförmig angeteigt und mittels kochenden Wassers gelöst, hinter der Kufensiebwand zugesetzt und weitergekocht wird. Bei den verwendeten Farbstoffen ist außer bei Amidoblau GGR eine Abkühlung des Färbebades beim Zusatz größerer Farbstoffmengen auch anderer Farbstoffe als der oben angegebenen Egalisierungsprodukte nicht notwendig.

Für ausgesprochene stärkere Kleiderstoffe (Damen- und Herrenware) sind u. a. folgende Kombinationselemente oder Selbstfarben in Frage zu ziehen:

Für Damenstückwaren werden z. B. folgende Marken (Sa) in Frage kommen: (Mittlere Echtheit).

Tatraphenin, Xylengelb S, Azorubinol 2GS, Alizarindirektblau 3FL, Alizarinlichtblau AR, Xylenblau VS, Xylencyanol FF, Säureviolettmarken, Säureschwarz 4BK usw., Azosäureschwarz FL, Echtsäuremarineblau GRX, GGR.

Für Damenstoffe werden die gute Naßechtheiten bei sehr guten Lichtechtheiten zeigenden Xylenecht-P-Farbstoffe (Sa) oft verwendet. Sie färben sich aus essigsauren Bädern, wobei sie Viskosereyoneffekte rein lassen, Baumwolle eine Spur anschmutzen. Ihre Walkechtheit ist geringer als die der ausgesprochenen Walkfarbstoffe (vgl. S. 382).

Lichtechter: Tragechtere Marine und Braun:

(Sa) Xylenlichtgelb GG, Alizarinbrillantlichtrot B, Alizarinlichtblau GG, Azorubinol 3GS, Xylenechtmarineblau B, Alizarindirektbraun GP.

In gleicher Weise sind die entsprechenden Produkte anderer Farberzeuger geeignet:

(IG) Tartrazin O, Flavazin S, Amidonaphtolrotmarken, Azokarmin GX, Alizarinsaphirol SES, Alizarinreinblau B, Patentblau V, Säureviolett, Formylviolettmarken, Naphtylaminschwarz EFF, Amidoblau GGR bzw. Echtlichtgelb 2GN, Alizarinrubinol R, Alizarindirektblau A2G und Radiomarineblau B, Radiobraun S, B.

(Ci) Tartrazin, Kitongelb S, Kitonrot 2B, Kitonreinblau FF, Kitonreinblau V, Säureviolettmarken, Säureschwarzmarken, Echtsäuremarineblaumarken bzw. Kitonechtgelb 3GN, Alizarinechtrubin 4B, Kitonechtrot BL, Alizarinsaphirblau GG.

(Gy) Tartrazin, Eriogelb S, Eriofloxin 2G, Erioechtcyanin 3FL, Erioanthracenreinblau B, Erioglaucin, Erioglaucin FF, Säureviolettmarken, Säureschwarzmarken, Eriomarineblau JB bzw. Erioflavin 3G, Erioanthracenrubin R, Erioechtfloxin BL, Erioanthracenreinblau 2GL und Wollechtmarineblaumarken.

Die Ciba empfiehlt für besonders echte Modekombinationen Kitonlichtgelb 3GRL[70], Kitonlichtrot 2BLE und Alizarinsaphirblau 2GG.

Herrenware kann mit nachfolgenden Farbstoffen (Sa) eingefärbt werden:

Sauer mit guter Licht- und Tragechtheit:

(Sa) Xylenechtgelb RP, Xylenechtrot 2GP, Alizarindirektbraun GP, Xylenechtmarineblau B, Echtsäuremarineblau GGR, Azosäureschwarz FL.

Nachchromiert:

(Sa) Alizaringelb GD, Omegachromrot G, B, Omegachrombraun RRN, Omegachromechtblau B, Omegachromblau FB, FBA, Omegachromschwarz S konz., Alizarinchromgrün SNN, Alizarinlichtgrünmarken, Alizarinlichtgrau BS, Alizarinlichtblaumarken.

Andere Produkte mit gleich guten Ergebnissen sind u. a.:

(IG) Supramingelb R, Supraminrot 2G, Radiobraun PS bzw. Chromgelb R extra, Salicinbordo B, Radiomarineblau B, Radioschwarz ST, Echtbeizenblau B, Anthracenchromrot B&G, Säureanthracenbraun R, Chromotrop FB, Chromogenschwarz ETOO, Alizarincyaningrün G, Alizarinblauschwarz B, Alizarinlichtblaumarken.

(Ci) Fullacidgelb R, Fullacidrot 2G bzw. Chromgelb O, Chromechtrot G, B, Chromechtbraun 2R, Chromechtblau 2B, Chromechtblau 2RB, Pottingchromschwarz CL, Chromblauschwarz B, Alizarinechtgrün S, Brillantalizarinechtblau B.

(Gy) Eriosolidgelb R konz., Eriosolidrot 2G, Eriosolidbraun GLS, R, Eriosolidblaumarken, Eriosolidschwarz B bzw. Eriochromgelb 2G, Eriochromrot G, B; Eriochrombraun R, Eriochromblau SE usw., Eriochromschwarz EVT, T, Erioechtcyaningrün G, Eriochromgrau AB, Erioanthracenreinblau B.

(Ku) (Francolor) Jaune au chrome acide, Rouge au chrome acide NJ, NBB, Brun au chrome acide N2R, Chromotrop NFB, Noir Néochrome NT, NTS, Bleu marine Néochrome NB.

Auch die Neolan- bzw. Palatinechtfarbstoffe usw. sind mit gutem Erfolg verwendbar.

---

[70] Kitonlichtgelb 3GRL besteht aus drei Komponenten, die im UV-Licht und papyrometrisch getrennt werden können, vgl. ZAHN: Textil-Praxis 6, 127 (1951).

Von der BASF werden besonders die den Neolanen der Ciba ähnlichen, chromkomplexe Farbstoffe darstellenden Palatinechtmarken genannt, insbesondere: Palatinechtgelb ELN, GRN, -orange GEN, -rot BEN, -rosa BN, -braun GGN, -blau GGN, -grau BLN, -violett 3RN, -schwarz WAN.

Auch hier ist wieder auf die Klasse der ein Metallatom (Cr, Co) auf zwei Farbstoffmoleküle enthaltenden Metallkomplexe der Cibalane (Ci), Irgalane (Gy), Lanasyne (Sa) bzw. die Vialonechtfarbstoffe (BASF) und Remalane (Hoechst), die auch Metallkomplexe darstellen, hinzuweisen, welche aus neutralen oder schwach sauren Bädern gut egalisierend gefärbt werden können (vgl. S. 382).

Die Cibalane (Ci) und die ihnen entsprechenden Farbstoffmarken ergeben trübe Töne. Um z. B. auf Wollgeweben lebhaftere Nuancen erzielen zu können, ohne die gute Lichtechtheit und Naßechtheit zu beeinträchtigen, empfiehlt die Ciba (vgl. Ciba-Rundschau Nr. 109, S. 4014, 1953) die Mitverwendung von Tuchechtgelb GW, RLE, Tuchechtbrillantrot 3BW, Brillantalizarinechtblau B und Alizarinechtgrün 2GW. Weniger gut egalisieren Brillanttuchechtblau G und R, weshalb man diese Produkte zum Färben von losem Material und Kammzug verwendet.

Die folgenden Rezepturen verschiedener Wollstückqualitäten in gangbaren Tönen mit unterschiedlichen Echtheiten stammen aus der Praxis. Hinsichtlich der Farbstoffwahl ist zu sagen, daß dieselbe lediglich aus der damaligen Einstandshöhe abzuleiten ist. Eine Gütebewertung ist damit nicht getroffen. Ähnliche oder gleichwertige Farbstoffe anderer Firmen sind den vorangegangenen Hinweisen ohne Mühe zu entnehmen.

Die Färbungen selbst wurden teils in Lohnveredlungsbetrieben, teils in Fabriken mit eigener Spinnerei und Weberei hergestellt. Dementsprechend ist der Umfang der zur Illustration herangezogenen Qualitäten ein großer. Absichtlich wurde vermieden, heute nicht mehr gangbare Waren wegzulassen, da gerade darunter meist Qualitätswollwaren fallen.

Um den Einfluß der Wollart auf die verbrauchte Farbstoffmenge und damit den Farbpreis zu illustrieren, wurden, wo es möglich war, Gegenüberstellungen tongleicher Färbungen mit gleichen Farbstoffen auf Kammgarn oder Mohair bzw Cheviot durchgeführt.

Auch der Einfluß der Spinnmischung (Hellfarben aus Rohware oder Dunkelmelée aus Shoddy usw.) bei dunklen Tönen konnte vereinzelt aufgezeigt werden.

Die gewählten Färbungen sind aus hunderten gleichartiger ausgewählt. Dabei wurde eine erarbeitete Stammrezeptur mit möglichst niedriggehaltenen Zusatzmengen (maximal ein bis zwei Muster bzw. ohne Muster fertig) gewählt. Ohne Muster- bzw. Nuancenkorrektur ist beim Färben laut Muster auch bei größter Erfahrung und bester Rezeptur bekanntlich nie auszukommen, da Materialverschiedenheiten nie auszuschalten sind. Nur dunkle Töne, wie gewisse Braun-, Marine- und Schwarzfärbungen, bilden hierin eine Ausnahme. Schwankungen, des Flottenverhältnisses spielen wenig Rolle, da die Bäder bei den normalstark sauren Färbungen praktisch vollkommen ausgezogen werden.

α) Wollkrepp und Wollkrepon

Sie werden in heißer Seife im Strang gekreppt und gleichzeitig entschlichtet, hierauf gewaschen und kommen nach gründlichem Spülen zum Färben.

Gold: 30 kg, Haspelkufe, zirka 1000 l Flotte (5 Stücke).
0,040 kg Flavazin S (IG)
0,005 „ Azokarmin GX (IG)
2,500 „ Weinsteinpräparat

Leder: 14 kg, wie oben, zirka 500 l Flotte (2 Stücke).
0,100 kg (Hydrazingelb S) = Flavazin S (IG)
0,090 „ Eriofloxin 2B (Gy)
0,020 „ Erioechtblau AB (Gy) (Deckname für Alizarinsaphirol B — Erioanthracenblau BGA)
1,400 „ $NaHSO_4$

Olive: 30 kg, 1000 l Flotte (5 Stücke), sonst wie oben.
0,600 kg Erioechtblau AB (Gy)
0,300 „ Tartrazin O (IG)
0,150 „ Eriofloxin 2B (Gy)
3,000 „ Weinsteinpräparat

Giftgrün: 30 kg, Haspelkufe, 1000 l Flotte (5 Stücke).
0,250 kg Säuregrün konz. (IG)
0,015 „ Tartrazin O (IG)
3,000 „ Weinsteinpräparat

Die verwendete Gilbe (Tartrazin O) egalisiert viel weniger gut als etwa Flavazin S oder Hydrazingelb S. Es ist daher beim Auffärben (Erhöhung der Temperatur) Vorsicht zu gebrauchen und vor allem genügend lange zu kochen.

Grünblau: 30 kg, wie vorher (5 Stücke).
0,005 kg Cyanol FF (IG)
0,005 „ Erioglaucin superfein (Gy)
0,001 „ Flavazin S (als gelöster Farbstoff gemessen)
1,200 „ H_2SO_4, 3 kg Glaubersalz krist.

Himmelblau: 30 kg, wie sonst (5 Stücke)
0,015 kg Alizarindirektblau L3B (IG)
0,0003 „ Flavazin S (IG) } aus Lösungen.
0,0002 „ Azokarmin GX (IG) } Nuancierungszusatz.
3,000 „ Weinsteinpräparat

Fraise: 12 kg, 500 l Flotte (2 Stücke).
0,040 kg Sulforhodamin B (IG)
0,010 „ Palatinscharlach 3R (IG)
0,0025 „ Flavazin S (IG)
1,000 „ Weinsteinpräparat

Mittelblau: 12 kg, 500 l Flotte (2 Stücke).
0,320 kg Anthracyanin BL (IG)
0,055 „ Eriofloxin 2B (Gy)
1,500 „ Weinsteinpräparat

Cerise: 18 kg, 600 l Flotte (3 Stücke).
0,120 kg Chromazonrot A (Gy)
0,100 „ Sulforhodamin B (IG)
0,060 „ Palatinscharlach 3R (IG)
1,750 „ Weinsteinpräparat

β) Popeline, Voile, Mousseline

Drap: 30 kg, 1000 l Flotte (5 Stücke).
0,0155 kg Flavazin S (IG)
0,0095 „ Azokarmin GX (IG)
0,0044 „ Patentblau V (IG)
3,000 „ Weinsteinpräparat

3 Nuancierungen, nur mit ausgesprochenen Egalisierungsfarbstoffen gefärbt, ohne besondere Echtheit, speziell Lichtechtheit.

Marineblau: 20 kg, 600 l Flotte (4 Stücke).
0,600 kg Eriomarineblau JB (Gy)
0,180 „ Säuregrün konz. (IG)
0,005 „ Azowollviolett 7R (IG)
0,040 „ Eriofloxin 2B (IG)
0,010 „ Orange IV
2,000 „ Weinsteinpräparat

Lila (Flieder): 28 kg, 1000 l Flotte (5 Stücke).
0,0350 kg Sulforhodamin B (IG)
0,0080 „ Cyanol FF (IG)
0,0006 „ Flavazin S (IG)
2,500 „ Weinsteinpräparat

Cerise: 18 kg, 600 l Flotte (3 Stücke).
0,180 kg Viktoriascharlach 2R (IG)
0,090 „ Sulforhodamin B (IG)
0,030 „ Flavazin S (IG)
1,500 „ Weinsteinpräparat

Weinrot: 76 kg, 1600 l Flotte (12 Stücke).
1,500 kg Azosäurerubin R (IG) — Brillantlanafuchsin BB (IG)
0,400 „ Eriogrenadin B (Gy) — Azogrenadin S (IG)
0,200 „ Tartrazin O (Gy)
0,160 „ Cyananthrol BGA (IG)
7,000 „ Weinsteinpräparat

Schwarz: 4,0% Agalmaschwarz 4BG (IG)
0,1% Orange IV
10% Weinsteinpräparat

Ohne Mustern nach 1 Stunde Kochen waschen. Der Farbstoff egalisiert nicht sehr gut, daher Vorsicht beim Ankochen der Ware!

Braun: 20 kg, 500 l Flotte (4 Stücke).
0,230 kg Tartrazin O (IG)
0,120 „ Orange II (IG)
0,100 „ Cyananthrol BGA (IG)
0,090 „ Eriofloxin 2B (IG)
2,000 „ $NaHSO_4$

γ) Marocain, Rips usw.

Drap: 44 kg, 1200 l Flotte (4 Stücke).
0,015 kg Flavazin S (IG)
0,015 „ Guinearot G — Amidonaphtolrot G (IG)
0,005 „ Cyananthrol BGA (IG)
4,000 „ Weinsteinpräparat

Kupfer (Rips):
20 kg, 600 l Flotte (2 Stücke).
0,060 kg Eriofloxin 2B (Gy)
0,080 „ Flavazin S (IG)
2,000 „ Weinsteinpräparat

oder (Marocain):
30 kg, 1000 l Flotte (3 Stücke).
0,090 kg Tartrazin O (IG)
0,100 „ Orange G (IG)
0,085 „ Eriofloxin 2B (IG)
3,000 „ Weinsteinpräparat

Reseda (Rips):
48 kg, 1200 l Flotte (4 Stücke).
0,105 kg Erioechtblau AB (Gy)
0,050 „ Flavazin S (IG)
0,010 „ Eriofloxin 2B (Gy)
5,000 „ Weinsteinpräparat

oder (Marocain):
44 kg, 1200 l Flotte (4 Stücke).
0,200 kg Erioechtblau AB (Gy)
0,100 „ Flavazin S (IG)
0,028 „ Eriofloxin 2B (Gy)
5,000 „ Weinsteinpräparat

δ) Gabardine

Reseda (Gabardine):	oder (Gabardine):
(S. obigen Farbton!) 29 kg, 1000 l Flotte.	45 kg, 1200 l Flotte.
0,10 kg Erioechtblau AB (Gy)	0,20 kg Erioechtblau AB (Gy)
0,05 „ Hydrazingelb S = Flavazin S (IG)	0,10 „ Flavazin S (IG)
0,02 „ Eriofloxin 2B (Gy)	0,03 „ Eriofloxin 2B (Gy)
3,00 „ Weinsteinpräparat	5,00 „ Weinsteinpräparat

(Die Rezepte beziehen sich auf denselben Farbton, nämlich reseda wie auf S. 366.)

Taupe (hell): 25 kg, 1000 l Flotte (4 Stücke).
0,105 kg Erioechtblau AB (Gy)
0,075 „ Eriofloxin 2B (Gy)
0,038 „ Flavazin S (IG)
2,500 „ $NaHSO_4$

Taupe (dunkel): 26 kg, 1000 l Flotte (4 Stücke).
0,113 kg Hydrazingelb S* (Flavazin S) (IG)
0,130 „ Eriofloxin 2B (Gy)
0,115 „ Erioechtblau AB (Gy)
0,020 „ Eriogrenadin B** (Gy) = Echtsäurefuchsin B (IG), entspricht im Ton Lanafuchsin 6B (IG)
2,600 „ Weinsteinpräparat

Tegetthoff:	oder
12 kg, 500 l Flotte (2 Stücke).	84 kg, 1500 l Flotte (12 Stücke).
0,360 kg Eriomarineblau JB (Gy)	2,520 kg Säurecyanin BD (IG)***
0,050 „ Säuregrün konz. (IG)	0,530 „ Eriofloxin 2B (Gy)
0,050 „ Eriofloxin 2B (Gy)	0,390 „ Säuregrün (IG)
0,005 „ Orange IV (IG)	0,080 „ Orange IV
1,200 „ Weinsteinpräparat	9,000 „ Weinsteinpräparat

Dunkelgrün: 18,5 kg, 1000 l Flotte
0,044 kg Palatinechtgelb GRN (BASF) (vgl. S. 384)
0,052 „ Neolanrosa BE (Ci)
0,140 „ Palatinechtblau 2GN (BASF)
2,000 „ Glaubersalz krist.
0,750 „ Schwefelsäure
0,350 „ Neolansalz (Ci)

Marineblau: 52 kg, 1000 l Flotte.
2,000 kg Neolanmarineblau 2RLB (Ci)
0,350 „ Neolanbordo RM (Ci)
0,050 „ Palatinechtgelb GRN (BASF)
5,000 „ Glaubersalz krist.
2,600 „ Schwefelsäure
1,000 „ Neolansalz (Ci)

Braun: 23,8 kg, 1000 l Flotte.
0,200 kg Palatinechtbraun 2GN (BASF)
0,200 „ Palatinechtbraun GRN (BASF)
0,040 „ Neolanbordo RM (Ci)
0,020 „ Palatinechtblau 2GN (BASF)
2,500 „ Glaubersalz krist.
1,000 „ Schwefelsäure
0,250 „ Neolansalz (Ci)

* Griesheim, entspricht dem heute allein gangbaren Flavazin S in Stärke und chemischer Zusammensetzung.

** Entspricht etwa im Ton dem gehandelten Lanafuchsin 6B (IG).

*** Ist ein sehr gut egalisierender, früher viel gebrauchter Farbstoff für billige Marine (Agfa).

ε) Mohair

Drap (Sand):	14 kg, 500 l Flotte (3 Stücke),	Krepp: dasselbe Gewicht (3 Stücke).
	0,0680 kg Flavazin S (IG)	0,046 kg Flavazin S
	0,0490 „ Eriofloxin 2B (Gy)	0,040 „ Eriofloxin 2B
	0,0275 „ Erioechtblau AB (Gy)	0,020 „ Erioechtblau AB
	1,4000 „ Weinsteinpräparat	1,400 „ Weinsteinpräparat

(Beachte den Mehrverbrauch an Farbstoff für denselben Ton)

oder Rips: 82 kg, 1600 l Flotte (12 Stücke).
0,280 kg Flavazin S
0,225 „ Eriofloxin 2B
0,140 „ Erioechtblau AB
8,500 „ Weinsteinpräparat

Mohair, Tegetthoff:	12 kg, 500 l Flotte (2 Stücke), oder	Rips: 16 kg, 600 l Flotte,
	0,360 kg Eriomarineblau JB (Gy)	0,480 kg Eriomarineblau JB (Gy)
	0,040 „ Eriofloxin 2B (Gy)	0,060 „ Guineagrün (IG)
	0,040 „ Säuregrün (IG)	0,040 „ Eriofloxin 2B (Gy)
	0,005 „ Orange IV (IG)	0,002 „ Orange IV (IG)
	1,500 „ Weinsteinpräparat	0,040 „ Eriogrenadin B (Gy)

oder Marocain, wie vorher: 84 kg, 1600 - Flotte.
2,520 kg Säurecyanin BD (Agfa, IG)
0,300 „ Chromazonrot A (Gy)
0,300 „ Säuregrün (IG)
0,150 „ Eriofloxin 2B (Gy)
0,060 „ Orange IV (IG)
8,500 „ Sud

(Vergleiche auch hier den Farbstoffverbrauch der verschiedenen Wollen)

Nilgrün: Der Ton wird leicht unegal, man färbt mit Säure und Weinsteinpräparat trotz der Regel, reine Töne auf 4% H_2SO_4 zu färben.
46 kg, 1200 l Flotte.
0,0600 kg Säuregrün (IG)
0,0030 „ Flavazin S (IG)
0,0005 „ Azokarmin GX (nuanciert)
0,8000 „ Schwefelsäure, 1½ kg Weinsteinpräparat
6,0000 „ Glaubersalz krist.

Reseda: 70 kg, 1500 l Flotte.
0,053 „ Hydrazingelb S (IG)
0,050 „ Eriofloxin 2B (Gy)
0,060 „ Erioechtblau AB (Gy)
7,000 „ Weinsteinpräparat

Erbsengrün: 46 kg, 1200 l Flotte.
0,035 kg Flavazin S (IG)
0,035 „ Erioechtblau AB (Gy)
0,020 „ Eriofloxin 2B (Gy)
4,500 „ Weinsteinpräparat

Dunkelgrün: 23 kg, 1600 l Flotte.
0,460 kg Erioechtblau AB (Gy)
0,180 „ Tartrazin O (IG)
0,150 „ Eriofloxin 2B (Gy)
2,500 „ Weinsteinpräparat

Grau:	60 kg, 1500 l Flotte.					
	0,030	kg	Erioechtblau AB (Gy)			
	0,020	„	Eriofloxin 2B (Gy)			
	0,005	„	Hydrazingelb S (IG)			
	6,000	„	Weinsteinpräparat			
Braun:	22 kg, 1600 l Flotte.					
	0,100	kg	Tartrazin O (IG)			
	0,140	„	Eriofloxin 2B (Gy)			
	0,125	„	Erioechtblau AB (Gy)			
	0,080	„	Orange II (IG) } Füllfarbstoffe			
	0,080	„	Orange IV (IG) } Füllfarbstoffe			
	2000	„	$NaHSO_4$			
Bordo:	34 kg, 1000 l Flotte.					
	1,700	kg	Brillantbordo S			
	3,500	„	Weinsteinpräparat			
	36 kg wie oben.					
Rosa:	22 kg, 1000 l Flotte.					
	0,040	kg	Sulforhodamin B			
	1,200	l	H_2SO_4, 4,5 kg Glaubersalz krist.			
Cerise:	22 kg, 1000 l Flotte.					
	0,125	kg	Eriofloxin 2B (Gy)			
	0,080	„	Sulforhodamin B (IG)			
	0,065	„	Palatinscharlach 3R (IG)			
	0,005	„	Eriogrenadin B (Gy)			
	2,500	„	Weinsteinpräparat			
Türkis:	36 kg, 1000 l Flotte.					
	0,090	kg	Cyanol FF (IG)			
	0,070	„	Erioechtblau AB (Gy)			
	0,040	„	Erioglaucin supra (Gy)			
	0,007	„	Flavazin S (IG)			
	3,500	„	Weinsteinpräparat			
Blau:	11 kg, 500 l Flotte.					
(rotstichig)	0,030	kg	Erioechtblau AB (Gy)			
	0,005	„	Azowollviolett 7R (IG)			
	1,500	„	Weinsteinpräparat			
Taupe:	100 kg, 2000 l Flotte, oder Marocain 26 kg, 600 l Flotte.					
	0,445	kg	Eriofloxin 2G (Gy)	0,120	kg	Eriofloxin 2G
	0,300	„	Hydrazingelb S (IG)	0,105	„	Hydrazingelb S
	0,320	„	Erioechtblau AB (Gy)	0,110	„	Erioechtblau AB
	0,020	„	Azowollviolett 7R (IG)	0,020	„	Eriogrenadin B
	10,000	„	$NaHSO_4$, 2,5 kg Weinsteinpräparat			

ζ) Kammgarne

Drap (Serge):	44 kg, 1500 l Flotte.		
	0,0513	kg	Flavazin S (IG)
	0,0310	„	Eriofloxin 2B (Gy)
	0,0038	„	Patentblau V (IG)
	4,5000	„	Weinsteinpräparat
Olive (Kammgarn):	18 kg, 600 l Flotte.		
	0,2600	kg	Tartrazin O (IG)
	0,1900	„	Erioechtblau AB (Gy)
	0,0465	„	Eriofloxin BB (Gy)
	0,0300	„	Orange G (IG)
	2,0000	„	Weinsteinpräparat

Schwarz (Gabardine): 80 kg, 2000 l Flotte.

2,0% Palatinschwarz SSX (IG)
4,0% Naphtylaminschwarz EFF (IG)*
0,2% Orange IV (zum Abdunkeln)

Nach 1½ Stunden Kochen ohne Mustern fertig und nach Lösen der Stücknähte in den Waschbottich drehen.

Nachstehend sind nun nicht die Summenrezepte, sondern Beispiele einiger Färbungen angegeben.

Grau, Kammgarn: 24 kg, 600 l Flotte, angesetzt mit 2,5 kg Weinsteinpräparat. Es wird zum Kochen getrieben.

Badansatz: Erioechtblau AB (Gy) 0,0090 kg, Azokarmin GX (IG) 0,0033 „, Flavazin S (IG) 0,0008 „ } in der Farbküche gewogen, kochend gelöst (aus der Standardlösung)

1. Zusatz nach halbstündigem Kochen, mustern
Erioblau AB 0,0020 kg
Azokarmin GX 0,0030 „
Flavazin S 0,0010 „
20 Minuten kochen, mustern.
2. Zusatz: Azokarmin GX 0,0005 kg
Flavazin S 0,0005 „
20 Minuten kochen, mustern, fertig.
Sofort spülen (Dampf abstellen, Kaltwasser zulaufen lassen, Abflußventil auf).

Weinrot, Kammgarn: 18 kg, 600 l Flotte.
Das Bad wird angesetzt mit 2 kg Weinsteinpräparat und

0,36 kg Azosäurerubin R (IG)
0,15 „ Eriogrenadin B (Gy)
0,05 „ Erioechtblau AB (Gy)
0,01 „ Tartrazin O (IG)
} in der Farbküche gewogen, kochend gelöst und dem kalten Bade zugesetzt.

Man erhitzt zum Kochen und läßt 45 Minuten laufen. Zusatz nach dem Mustern:

0,025 kg Erioechtblau AB
0,100 „ Säureviolett 4B (IG)
} in der Farbküche gewogen, kochend gelöst.

Der Dampf wird abgestellt, die kochend gelöste, auf zirka 15 l verdünnte Farbstoffmischung des Zusatzes wird dem Bade hinter der Siebwand beigegeben, verteilt, die Dampfzufuhr aufgedreht und 20 Minuten gekocht.

Es wird gemustert. Der Ton ist getroffen, man beginnt bei abgestelltem Dampf sofort zu spülen. (Ein Nachziehen von Blau und Violett ist in geringem Ausmaße möglich, wenn nicht rasch gemustert und gespült wird.)

Violett, Cheviot: Diese aus rauher Wolle hergestellte Ware färbt sich schlecht durch. Das Bad wird für 52 kg angesetzt, mit 5 kg Weinsteinpräparat und zum Kochen gebracht. Es wird 1 Stunde gekocht mit

0,30 kg Säureviolett 6BN (IG)
0,30 „ Chromazonrot A (Gy)
0,18 „ Erioechtblau AB (Gy)
} in der Farbküche gewogen, gelöst und dem kalten Ansatzbad zugesetzt.

Nach 1 Stunde wird gemustert. Zusatz (aus der Farbküche)
0,20 kg Erioechtblau AB (Gy)
Nach 20 Minuten Kochen neuerlich mustern.
Zusatz aus der Stammlösung 0,002 kg Azokarmin GX.
Nach 20 Minuten fertig.

* Die Mischung erfolgte wegen der allzu blauen Blume von EFF, das wegen der Baumwollränder, die reinweiß bleiben, verwendet wird.

Tegetthoff, Kammgarn: 90 kg, 2500 l Flotte. Man bestellt das Bad mit 9 kg Weinsteinpräparat und setzt den gutgelösten Farbstoff (auf 20 l aufgefüllt) zu:

2,70 kg Echtsäurecyanin BD (IG)
0,80 „ Chromazonrot A (Gy)
0,20 „ Eriofloxin 2B (Gy)
0,06 „ Säuregrün (IG)

Man kocht 1¼ Stunden (wegen der Partiengröße) und mustert.

Zusatz: 0,10 kg Patentblau V (da zu rot)
0,02 „ Orange IV (zum Abdunkeln)

(aus der Farbküche). Es wird weitere 30 Minuten gekocht, dann wieder gemustert. Die Partie kann in die Waschwanne gedreht werden.

η) Wollatlas

Diese Qualitäten sind äußerst empfindlich und verlangen eine so kurz wie nur möglich gehaltene Färbezeit. Eventuell können breite Stücke mit der gegen Scheuern nicht resistenten Atlasseite nach innen doubliert werden.

Gold: 30 kg, 100 l Flotte.
0,250 kg Tartrazin O (IG)
0,035 „ Eriofloxin 2B (Gy)
0,010 „ Erioechtblau AB (Gy)
3,000 „ Weinsteinpräparat

Lachs: Diese Tönung, in der Feurigkeit nur durch Kombination von Sulforhodamin B mit Tartrazin O zu erreichen, ist leicht unegal im Ausfall. Äußerste Aufmerksamkeit beim Ankochen der Ware ist notwendig, damit nicht etwa „Knotenbildung in der Schnur“ (im laufenden Strang) die Anfärbungsegalität verhindert.
46 kg, 1600 l Flotte.
0,100 kg Sulforhodamin B (IG)
0,045 „ Tartrazin O (IG)
4,500 „ $NaHSO_4$

Man kocht ¾ Stunden. Allzulanges Kochen, obwohl der Egalität förderlich, trübt die Leuchtkraft der Färbung.

Flieder: 16 kg, 500 l Flotte, oder in Mohair, 25 kg, 1000 l Flotte.
0,020 kg Sulforhodamin B (IG)
0,002 „ Cyanol FF (IG)
0,600 „ Schwefelsäure konz., 3 kg Glaubersalz

Ciel: 27 kg, 1000 l Flotte.
0,030 kg Cyanol FF (IG)
3,000 „ Weinsteinpräparat

Hellkaliblau: 27 kg, 1000 l Flotte.
0,270 kg Cyanol FF (IG)
0,055 „ Sulforhodamin B (IG)
3,000 „ Weinsteinpräparat

ϑ) Leichte Damentuche, Bauernjankerloden usw.

Letztere enthalten in Chromschwarz garngefärbte Karodessins, Streifen usw.

Damentuch, Fraise: 9 kg, 500 l Flotte	oder Kammgarn: 20 kg, 600 l Flotte.
0,060 kg Sulforhodamin B (IG)	0,170 kg Sulforhodamin B (IG)
0,003 „ Palatinscharlach 3R (IG)	2,000 „ Weinsteinpräparat
1,000 „ Weinsteinpräparat	

Hochrot: Bad wie oben.
0,090 kg Sulforhodamin B (IG)
0,080 „ Viktoriascharlach RR (IG)

Pfaublau: 45 kg, 1200 l Flotte.
0,690 kg Erioechtblau AB (Gy)
0,076 „ Eriofloxin 2B (Gy)
0,060 „ Flavazin S (IG)
4,500 „ $NaHSO_4$ (Sud)

Mittelgrau: 12 kg, 600 l Flotte.
0,030 kg Erioechtblau AB (Gy)
0,015 „ Eriofloxin 2B (Gy)
0,005 „ Hydrazingelb S = Flavazin S (IG)
1,000 „ Weinsteinpräparat

Taupe: 22 kg, 1000 l Flotte.
0,100 kg Flavazin S (IG)
0,120 „ Amidonaphtolrot BB (IG)
0,100 „ Erioechtblau AB (Gy)
2,000 „ Weinsteinpräparat

Tabak: 9 kg, 500 l Flotte.
0,080 kg Tartrazin O (IG)
0,043 „ Eriofloxin 2B (Gy)
0,040 „ Erioechtblau AB (Gy)
0,016 „ Orange II (IG)
1,000 „ Weinsteinpräparat

Maigrün: 9 kg, wie oben.
0,010 kg Tartrazin O
0,010 „ Säuregrün konz.
Vorsichtig ankochen, nuanciert wurde mit 0,3 g Azokarmin GX nach ¾stündigem Kochen.

Schwarz: 4,0% Agalmaschwarz 4BG (IG)
0,1% Orange IV (zum Abdunkeln)
10% Weinsteinpräparat
Schwach blaustichiges Schwarz.

Tiefschwarz: 6% Säurealizarinschwarz R (IG)
10% Weinsteinpräparat
Neutrales Tiefschwarz.

Dunkelgrün für Bauernjanker: 13 kg, 600 l Flotte.
0,260 kg Erioechtblau AB (Gy)
0,060 „ Flavazin S (IG)
0,040 „ Eriofloxin 2B (Gy)
1,500 „ Weinsteinpräparat

Grün für Bauernjanker: 22 kg, 800 l Flotte.
0,150 kg Erioechtblau AB (Gy)
0,040 „ Tartrazin O (IG)
0,010 „ Säuregrün konz. (IG)
2,000 „ Weinsteinpräparat

Rot für Bauernjanker:
11 kg, 600 l Flotte.
0,120 kg Chromazonrot A (Gy)
0,050 „ Palatinscharlach 3R (IG)
0,006 „ Eriogrenadin B (Gy)
0,002 „ Erioechtblau AB (Gy)
1,000 „ Weinsteinpräparat

oder einfacher, jedoch nicht ganz so lichtecht,
50 kg, 1600 l Flotte.
1,000 kg Viktoriascharlach 2R (IG)
0,250 „ Sulforhodamin B
5,000 „ Weinsteinpräparat

Scharlach für Bauernjanker:	6 kg, 600 l Flotte.
	0,040 kg Viktoriascharlach 2R (IG)
	0,020 „ Sulforhodamin B (IG)
	0,005 „ Tartrazin O (IG)
	0,500 „ Weinsteinpräparat
Olive für Bauernjanker:	8 kg, 600 l Flotte.
	1,200 kg Tartrazin O (IG)
	0,070 „ Erioechtblau AB (Gy)
	0,010 „ Eriofloxin 2B (Gy)
	1,000 „ Weinsteinpräparat
Giftgrün für Bauernjanker:	60 kg, 2000 l Flotte.
	0,300 kg Säuregrün G konz. (IG)
	0,120 „ Tartrazin O (IG)
	6,000 „ Weinsteinpräparat
Hellblau für Bauernjanker:	15 kg, 600 l Flotte.
	0,100 kg Tartrazin O (IG)
	0,040 „ Orange IV (IG)
	1,500 „ Sud

ι) Wolltuche*

Billardtuch, Grün*:	20 kg, 600 l Flotte.
	0,200 kg Erioechtblau AB (Gy)
	0,050 „ Säuregrün (IG)
	0,040 „ Tartrazin O (IG)
	2,000 „ Weinsteinpräparat
Olivegrün**:	20 kg, 600 l Flotte.
	0,200 kg Erioechtblau AB (Gy)
	0,300 „ Säuregrün (IG)
	0,090 „ Tartrazin O (IG) (starke, gelbe Blume)
	2,000 „ Weinsteinpräparat

Dicke Wolltuche (2 mm) werden 1 Stunde in kochendem Wasser am Jigger gewaschen, dann einige Touren ohne Dampf laufen gelassen, hierauf mit Essigsäure 2 Stunden bei 60 bis 70° C ohne Dampf laufen gelassen (Sodaneutralisation im Innern der Walke). Hernach wird gut gespült.

Gefärbt wird breit am Jigger, kochend, zuerst (50 bis 80 kg Ware) mit 1 bis 1,5 l HCOOH 80% + 2 bis 3 l NH_3 28% (Lackmusprobe!) + 3 kg Glaubersalz krist. Später werden 3 bis 5 kg Sud zugegeben, um das Bad auszuziehen.

Wegen der notwendigen Durchfärbung und einer gewissen Lichtechtheit ist die Ware mit folgenden Kombinationen, die leicht zu den verlangten Modetönen führen, zu färben:

Alizarinsaphirol B (IG), Amidonaphtolrot BB (IG), Flavazin S (IG).

Drap:	50 kg.	Grau:	50 kg.
	0,017 kg Alizarinsaphirol B		0,095 kg Alizarinsaphirol B
	0,030 „ Amidonaphtolrot BB		0,075 „ Amidonaphtolrot BB
	0,035 „ Flavazin S		0,060 „ Flavazin S

ϰ) Möbelstoffe (Wolldamast, Möbelrips)

Bei dieser Stückware ist auf größere Lichtechtheit zu sehen als auf die bisher gefärbten Stoffqualitäten usw.

Man verwendet als Gilbe Tartrazin bzw. besser Echtlichtgelb 2G (Anthralan-

* Vgl. J. Soc. Dyers Colour. **66**, 50 (1950).

** Beide Färbungen betreffen nicht das heute vielfach anzutreffende brillante Blaugrün.

gelb G), als billige Röte Chromotrop 2R bzw. besser Guineaechtrot BL oder Amidonaphtolrot BB (Anthralanrot B) und als Blaukomponente Alizarinsaphirol B oder im Zweitfalle Alizarinlichtblau A2G (Anthralanblau G).

Einige Rezepturen sollen folgen:

Gold: 53 kg, 2000 l Flotte.
1,000 kg Tartrazin O (IG)
0,050 „ Chromotrop 2R (IG)
0,020 „ Alizarinsaphirol B (IG)
5,000 „ Weinsteinpräparat

Dunkeldrap: 21 kg 600 l Flotte.
0,100 kg Tartrazin O (IG)
0,050 „ Chromotrop 2R (IG)
0,040 „ Alizarinsaphirol B (IG)
2,000 „ Weinsteinpräparat

Dunkelgobelin: 20 kg 600 l Flotte.
0,080 kg Anthralanblau G (IG)
0,016 „ Anthralanrot B (IG)
0,005 „ Anthralangelb G (IG)
2,000 „ Weinsteinpräparat

Kornblau: 50 kg, 1600 l Flotte.
0,460 kg Anthralanblau B (IG)
0,120 „ Anthralanrot B (IG)
0,012 „ Anthralangelb G (IG)
5,000 „ Weinsteinpräparat, ausziehen mit
0,500 l H_2SO_4 konz. (verdünnt zugeben)

Reseda: 40 kg, 1500 l Flotte.
0,100 kg Alizarinsaphirol B (IG)
0,050 „ Chromotrop 2R (IG)
0,010 „ Tartrazin O (IG)
4,000 „ Weinsteinpräparat

Olive: 24 kg, 600 l Flotte.
0,120 kg Tartrazin O (IG)
0,090 „ Alizarinsaphirol B (IG)
0,015 „ Chromotrop 2R (IG)
2,500 „ Weinsteinpräparat

Terrakotta: 22 kg, 600 l Flotte.
0,440 kg Tartrazin O (IG)
0,350 „ Chromotrop 2R (IG)
0,050 „ Alizarinsaphirol B (IG)
2,000 „ Weinsteinpräparat

Leder: 40 kg, 1600 l Flotte.
0,900 kg Tartrazin O (IG)
0,120 „ Chromotrop 2R (IG)
0,070 „ Alizarinsaphirol B (IG)
4,000 „ Weinsteinpräparat

Weinrot: 50 kg, 1600 l Flotte.
1,800 kg Anthralanrot B
0,250 „ Anthralangelb G
0,100 „ Anthralanblau B
5,000 „ Sud

λ) Damenkleiderstoffe, im Webdessin

Drap: 20 kg, 600 l Flotte.
0,038 kg Lanafuchsin SG = Kalle
0,025 „ Algaminblau B (IG) = Kalle
0,017 „ Flavazin S (IG)
2,000 „ Weinsteinpräparat

in lichtechter und naßechter Ausführung (Modetöne) mit Neolanen: zum Beispiel

Draprosé: 12,2 kg, 600 l Flotte.
0,030 kg Neolangelb GR
0,016 „ Neolanrosa G
0,012 „ Neolangrau BE
0,350 „ Palatinechtsalz O
0,600 „ H_2SO_4 konz. (vgl. S. 384)

Beige: 26 kg, 1000 l Flotte.
0,011 kg Eriogelb S (Gy) (Flavazin S)
0,004 „ Eriofloxin 2B (Gy)
0,002 „ Erioechtcyanin 3FL (Gy)
3,000 „ Glaubersalz krist.
5,000 „ Sud

Türkis: 34,6 kg, 1000 l Flotte.
0,300 kg Erioechtcyanin 3FL (Gy)
0,044 „ Eriogelb S (Gy)
4,000 „ Glaubersalz krist.
7,000 „ Sud

Bei den Neolanfarbstoffen (Inochrom- (Ku), Palatinecht- (IG), Ultralan- (ICI) usw. Farbstoffen) handelt es sich um Farbstoffe, die Chrom enthalten und die zu ihrer vollständigen Entwicklung auf der Faser mindestens $^3/_4$ Stunden gekocht werden müssen. Ein eventuelles „Verkochen" (Abspaltung des Chroms aus dem Farbstoffmolekül) kann unter dem Einfluß von durch den längeren Kochprozeß zufolge Hydrolyse ins Färbebad gelangten Faser- (Woll-) Abbauprodukten eintreten. Über sein Verhüten durch Formaldehydzusatz s. S. 357. Über die gute Walk- und Naßechtheiten bei sehr guter Lichtechtheit und guter Egalisierung zeigenden Cibalane (Ci), Irgalane (Gy) usw., ebenfalls Metallkomplexe, wurden bereits Angaben gebracht (vgl. S. 384).

Die Färbung der Neolan- bzw. Chromkomplexfarbstoffe hat sich für Modetöne auf Damenware auch preislich bewährt. Dunkle Töne auf Herren- und Damenware sind vorteilhaft chromfarbig herzustellen. Derzeit werden für Modekombinationen Färbungen mit Neolanflavin GFE, Neolanrosa BE, Neolanviolett 5RF und Neolangrün 8G oder BF von der Ciba empfohlen. Das Neolangrün BF ist bereits die aldehydhaltige Form der früheren Marken Neolangrün B bzw. BL.

μ) Cachenez

Kurz angewalkte Wollware mit Chromschwarzeffekten und kleinen Baumwollnoppen.

Diese Qualitäten, hauptsächlich für den Export (Halstücher), in grelleren Farben wurden in mittlerer Echtheit mit Farbstoffen gefärbt, die die Noppeneffekte reinweiß lassen müssen.

Hochrot: 36 kg, 800 l Flotte, 4 Muster, 240 Tücher.
0,700 kg Tolanechtrot BL (IG) = Eriofloxin BB (Gy)
0,400 „ Lanafuchsin SG (IG) = Kitonrot S (Ci)
4,500 „ Weinsteinpräparat

Weinrot: 36 kg, 800 l Flotte, 4 Stück, 240 Tücher.
1,100 kg Chromazonrot A (Gy)
0,650 „ Lanafuchsin SG (IG)
0,500 „ Viktoriascharlach 2R (IG)
wie oben

Grün: 18 kg, 600 l Flotte, 2 Stücke, 120 Tücher.
0,400 kg Flavazin S (IG)
0,400 „ Säuregrün G konz. (IG)
0,004 „ Lanafuchsin SG (IG)
2,500 „ Weinsteinpräparat

Dunkelgrün: 600 l Flotte, 1 Stück, 60 Tücher.

	18 kg dunkelgrauer Fond	9 kg hellgrauer Fond	36 kg heller Fond
Cyanolechtgrün B (IG)	0,450	0,730	2,000 kg
Algaminblau B (IG) (Alizarinsaphirol B)	0,050	0,140	0,140 „
Lanafuchsin SG (IG)	0,025	0,065	0,230 „
Flavazin S (IG)	0,010	0,100	0,100 „
Weinsteinpräparat	3,000	1,500	3,500 „

(Beachte den Farbstoffverbrauch bei verschieden manipulierter Ware!)

Kaliblau: 18 kg, 600 l Flotte.
0,240 kg Säureviolett 4BN (Sa)
0,185 „ Cyanol FF (IG)
2,000 „ Weinsteinpräparat

Marineblau: 18 kg, 600 l Flotte.

a) mittelgrauer Fond (Rohware)	b) heller Fond (Rohware)
0,540 kg Eriomarineblau CYI (Gy)	0,600 kg Eriomarineblau
0,030 „ Eriofloxin 2B (Gy)	0,030 „ Tolanechtrot BL
4,000 „ Weinsteinpräparat	

Hellmarine: 9 kg, 600 l Flotte / 18 kg

a) mittelgrauer Fond	b) weiß
0,180 kg Algaminblau B (IG)	0,480 kg Algaminblau B (IG)
0,020 „ Tolanechtrot Bl (IG)	0,060 „ Tolanechtrot BL (IG)
0,020 „ Säurefuchsin B (IG)	0,050 „ Säureviolett 5BK (IG)
2,000 „ Weinsteinpräparat	3,000 „ Weinsteinpräparat

Dunkelbraun:

27 kg, 1000 l Flotte a) mittelgrauer Fond	10 kg, 600 l Flotte b) heller Fond
0,520 kg Orange II (IG)	0,250 kg Orange II (IG)
0,430 „ Lanafuchsin SG (IG)	0,100 „ Tartrazin O (IG)
0,190 „ Algaminblau B (IG)	0,260 „ Lanafuchsin SG (IG)
4,000 „ Sud	0,090 „ Algaminblau B (IG)
	2,000 „ Sud

Schwarz: 18 kg, 600 l Flotte.
10,0% Naphtylaminschwarz EFF (IG)
3,5 kg Weinsteinpräparat

Es muß zur Weißhaltung der Baumwollnoppen scharf sauer gefärbt werden (15 bis 18% Weinsteinpräparat!), eventuell ist ein Zusatz von etwas HCOOH notwendig!

ν) Tücher mit Schlinggarneffekten

Drap: 18 kg, 600 l Flotte.
0,010 kg Flavazin S (IG)
0,007 „ Lanafuchsin SG (IG)
0,008 „ Algaminblau B (IG) = Alizarinsaphirol B
2,000 „ Weinsteinpräparat

Goldbraun: 20 kg, 600 l Flotte.
0,750 kg Tartrazin O (IG)
0,650 „ Orange II (IG)
0,430 „ Lanafuchsin SG (IG)
0,055 „ Algaminblau B (IG)
2,000 „ Weinsteinpräparat

Türkis: 20 kg, 600 l Flotte.
0,260 kg Algaminblau B (IG)
0,080 „ Tetracyanol V — Patentblau V (IG)
2,000 „ Weinsteinpräparat

Kaliblau: 20 kg, 600 l Flotte.
0,300 kg Algaminblau B (IG)
0,150 „ Cyanol FF (IG)
2,000 „ Sud

Weinrot: 20 kg, 600 l Flotte.
0,025 kg Algaminblau B (IG)
0,002 „ Lanafuchsin SG (IG)
0,001 „ Flavazin S (IG)
2,000 „ Sud

Schwarz: 20 kg, 600 l Flotte.
2,200 kg Naphtylaminschwarz EFF
2,000 „ Sud

ξ) Herrenstückware

Melton, schwarz: 44 kg, 1600 l Flotte.
12,000% Naphtylaminschwarz EFF (IG)
0,150% Cyanolechtgrün GG (IG)
0,025% Orange II
6,000 kg Weinsteinpräparat

Velours, schwarz: 87 kg, 2000 l Flotte.
14,00% Naphtylaminschwarz EFF (IG)
0,25% Cyanolechtgrün GG (IG)
0,15% Orange II (IG)
10,00 kg Weinsteinpräparat

Kammgarn, schwarz: 12,00% Naphtylaminschwarz EFF (IG)
0,14% Cyanolechtgrün GG (IG)
0,02% Orange II (IG)
10,00% Weinsteinpräparat

Kammgarn, marine: 19 kg, 600 l Flotte.
3,5% Erioechtmarineblau CYI (Gy)
0,8% Alizarinsaphirol B (IG)
0,3% Cyanolechtgrün GG (IG)
0,1% Orange II (IG)
wie oben
5,4% Echtsäuremarineblau GRL konz. (IG)
0,5% Lanafuchsin SG (IG)
0,5% Cyanolechtgrün GG (IG)
0,5% Algaminblau B (IG)
0,1% Orange II (IG)

Taupe: 10 kg, 600 l Flotte.
0,140 kg Algaminblau B (IG)
0,068 „ Lanafuchsin SG (IG)
0,020 „ Tartrazin O
1,500 „ Weinsteinpräparat

Dunkelbraun: 18 kg, 600 l Flotte.
0,280 kg Tartrazin O (IG)
0,200 „ Orange II (IG)
0,250 „ Lanafuchsin SG (IG) = Kitonrot S (Ci)
0,320 „ Algaminblau B (IG)
0,120 „ Cyanolechtgrün 2G (IG)
2,000 „ Weinsteinpräparat

In besserer Tragechtheit werden eingefärbt:

Dunkelbraun: 8,4 kg, 500 l Flotte.
0,640 kg Radiobraun S (IG)
nuanciert wurde mit 0,060 kg Algaminblau B (IG)
0,040 „ Flavazin S (IG)
0,040 „ Tolanechtrot BL (IG, Kalle)
0,500 kg Essigsäure, 1 kg Glaubersalz. Nach dem Zusatz und ¼stündigem Kochen 0,2 kg HCOOH (verdünnt zugegeben).

Mantelstoff (mittelgraue Melange),
Tegetthoff: 30 kg, 1200 l Flotte.
1,200 kg Radiomarineblau B (IG)
0,470 „ Azosäureviolett A2R (IG)
0,150 „ Algaminblau B (IG)

2 l Essigsäure 30%, 4 kg Glaubersalz krist. Nach ¾ Stunden Ankochen ausgezogen mit 1 l HCOOH 85%, ½ Stunde gekocht.

Kammgarn, marine: 17 kg, 600 l Flotte.
0,650 kg Radiomarineblau B (IG)
0,120 „ Radiorot B (IG)
0,130 „ Radiogrün C (IG)
0,140 „ Algaminblau B (IG)

1 l Essigsäure 30%, 2 kg Glaubersalz krist., ¾ Stunden kochen, dann mit 0,5 l HCOOH 85% ausziehen (½ Stunde kochen).

Ätzartikel

Gemäß Angaben der ICI sind folgende saure Farbstoffe genügend weiß ätzbar (Zusatz von Weißpigment zur Ätzpaste): Lissaminechtgelb 2G 125, Tartrazine K 200, N 200, Coomassieechtgelb GS, Naphtalinechtorange GS, Coomassieechtorange G 150, Coomassieechtscharlach BS, Coomassierot PG 150, R 150, Naphtalinrot EAS, Lissaminechtrot B 200, Azogeranin 2G 200, Lissamineviolett 2R 125, Coomassiegrün T 150, Naphtalindunkelgrün A 200, Naphtalinschwarz 12B 200.

b) Färbungen mit Chromierungsfarbstoffen

Diese Art von Färbungen ist für licht- und tragechte Töne auf Stückware eingeführt. Man kann entweder auf Chrombeize färben oder sauer färben und durch Nachbehandeln mit Bichromat den Chromlack bilden. Die Chrombeize für Wolle (Beizung vor dem Färben) wird kaum mehr angewendet, da der Färbeprozeß umständlich ist und leicht zu unegalem Ausfall führt. Man beizt z. B. nach diesem Arbeitsverfahren Wolle mit Bichromat in Anwesenheit von Ameisensäure, die das gesamte verfügbare Chrom des Bichromats zu reduzieren und auf der Wolle zu fixieren vermag. Es genügen daher für die stärksten in Betracht kommenden Beizungen 1,5 bis 2% Bichromat. Für 1,5% Bichromat werden 1,5%

HCOOH, 85%, verwendet. Die Reduktion des Chroms erfolgt langsam, dieses wird daher gleichmäßig in der Faser eingelagert. Dieser Beizprozeß ist der Beize mit Bichromat und $NaHSO_4$ überlegen, da man größere Mengen (4% Bichromat) des Chromates braucht und zufolge des raschen Reduktionsverlaufes leicht eine unegale Chromierung der Faser eintritt.

Die Färbung von Herrenstückware erfolgt jedoch jetzt vornehmlich mit Nachchromierungsfarbstoffen in essigsauren Bädern bei nachheriger Chromierung. Auch besseres Damentuch, insbesondere in Schwarz, wird so eingefärbt, ebenso Uniform- (Mantel-) Tuch in Marineblau oder Schwarz.

Die Färbung erfolgt im allgemeinen derart, daß die Nachchromierungsfarbstoffe aus Bädern, die 3 bis 5% CH_3COOH 30% (je nach Farbtiefe) und 10 bis 20% Glaubersalz krist. enthalten, vorsichtig aufgefärbt werden. Hernach wird, um die beste Reibechtheit zu erzielen, auf frischem Bade chromiert. Man verwendet für dunkle Färbungen 1,5 bis 2% $K_2Cr_2O_7$ krist. und 1,5 bis 2% H_2SO_4 konz. kochend zirka 3/4 Stunden. Als Faustregel gilt, an Chromkali die halbe Farbstoffmenge anzuwenden, doch sollen 0,2% nicht unterschritten werden. Nach der Entwicklung des Farbtons kann mittels chrombeständigen sauren Farbstoffen (vgl. S. 381) nuanciert werden, wobei am besten bei deren Zugabe das Bad durch Zulaufenlassen von etwas H_2O „abgeschreckt" wird. Eine allzugroße Korrektur des Farbtones beeinträchtigt selbstverständlich die Echtheit der Färbung. Es ist für gewisse Nachchromierungsfarbstoffe möglich, sie dem Färbebad (vor der Chromierung) zuzugeben und trotzdem egale Ausfärbungen zu erhalten, doch ist dies nur bei vorheriger Abkühlung des Bades möglich und z. B. bei Standardtönen, die bei unchromierten Mustern schon zeigen, daß die erwünschte Farbtiefe nicht erreicht wird. Die Arbeitsweise ist jedenfalls nicht ohne Risiko und daher nicht empfehlenswert.

Ferner wurde früher vielfach so gearbeitet, daß nach Auffärbung des Farbstoffs in das Färbebad 1 bis 2% Schwefelsäure 66° Bé (verdünnt) zugegeben und noch einige Zeit bis zum Erschöpfen des Bades weitergekocht wurde. Dann gab man das zur Entwicklung notwendige Chromkali (Kaliumbichromat) gelöst zu und kochte 3/4 Stunden. Diese Arbeitsweise spart Zeit und Dampf, hat jedoch den Nachteil, daß sie bei einer Reihe schwach sauer ziehender Produkte Unegalitäten hervorruft, wenn noch zuviel Farbstoff unausgezogen im Bade war, als der Schwefelsäurezusatz erfolgte. Es kann sogar zu einer Fällung des Farbstoffes oder der Faser kommen und im Zusammenhang damit zu abreibenden Endfärbungen. Speziell bei tiefen Tönen ist hierauf zu achten.

Schließlich muß nochmals darauf verwiesen werden, daß eine große Anzahl von Farbstoffen eisen- und kupferempfindlich sind. In Kufen usw. gefärbt, in welchen das Färbebad mit derartigen Metallen in Berührung kommen kann (insbesondere Fe), tritt Zersetzung des Farbstoffes ein. Es entstehen unansehnliche oder trübe Färbungen. Bei Cu-Teilen ist durch die Ausbildung einer Cu-rhodanidschichte die schädliche Wirkung des Metalls zu beseitigen. Die zersetzende Wirkung von Fe kann durch Zugabe von Trilon B (IG), Corrigon BC (Cassella) zum Färbebad verhindert werden.

Rezepturen für verschiedene Wollstückqualitäten, nach dem Nachchromierungsverfahren gefärbt:

Dunkelmarineblau: 64 kg, 2000 l Flotte, Herrenkammgarn, schwere Qualität.
5,6% Chromblau CKR (Gy)
0,5% Eriochromschwarzblau B (Gy)
3 l Essigsäure 30%, 4 kg Glaubersalz kalz.
Unchromiert: Rotvioletter Ton. Nachchromiert mit 1,5 kg $K_2Cr_2O_7$ + 3 l Essigsäure 30%

Marineblau: 21 kg, 1400 l Flotte, Qualität wie oben, sehr blaue Übersicht.
6,5% Anthracensäureblau EB (IG)
0,5% Anthracensäureblau ER (IG)
1,0% Anthracenchromschwarz PC (IG)
1 l Essigsäure 30%, ¼ kg Glaubersalz kalz.

Unchromiert: Rotvioletter Ton. Nachchromiert 0,35 l Schwefelsäure 66° Bé, 0,6 kg Bichromat.

Dunkelgrün: 18 kg, Herrenkammgarn, schwere Qualität, 1400 l Flotte.
5% Alizarinbrillantgrün B (IG) — Eriochrombrillantgrün BL
2% Salicindunkelgrün CE (IG)
1 l Essigsäure 30%, 1 kg Glaubersalz kalz.

Unchromiert: Rötlichblauer Ton, 0,6 kg Bichromat, 0,6 l H_2SO_4 konz.

Lederbraun: 19 kg, 1400 l Flotte, Herrenkammgarn, schwere Qualität.
0,45 kg Salicingelb R (Säurealizarinflavin R) (IG)
0,38 „ Säureanthracenbraun KE (IG)
0,19 „ Anthracenchromschwarz PC (IG)
1 l Essigsäure 30%, 2 kg Glaubersalz kalz.

Unchromiert: Rotbraun. 0,5 kg Bichromat, 0,25 H_2SO_4, 66° Bé.

Tabakbraun: Damentuch, 1400 l Flotte, zirka 10 bis 20 kg Material.
0,4% Anthracenchrombraun SWH (IG)
0,2% Alizarinblauschwarz B
3,5% Essigsäure, 10% Glaubersalz krist.
0,3% Chromkali, 0,3% Schwefelsäure konz.

Dunkelbraun: Wie oben.
0,70% Anthracenchrombraun SWH (IG)
0,70% Alizarinblauschwarz B
3,00% Essigsäure 30%, 10% Glaubersalz krist.
0,75% Chromkali, 0,75% Schwefelsäure konz.

Dunkelweinrot: Wie oben.
3,8% Anthracenchromrot B
1,2% Anthracenchromatbraun EB (IG) *
3,0% Essigsäure 30%, 10% Glaubersalz krist.
2,0% Chromkali, 2% H_2SO_4 konz.

Bordo: Wie oben.
3,5% Anthracenchromrot B
1,5% Anthracenchrombraun SWH
3,0% Essigsäure, 10% Glaubersalz krist.
2,5% Chromkali, 6,5% Essigsäure 30%

Taupe: Wie oben.
0,5% Anthracenchrombraun SWH
0,4% Alizarinblauschwarz B
3,0% Essigsäure, 10% Glaubersalz krist.
0,6% Chromkali, 0,6% H_2SO_4 konz.

Khaki: Herrencheviot.

Diese schwere, beim Färben zur Unegalität neigende Ware wird, von der Wäscherei kommend, am Jigger breit bei 35° C mit 1 Liter NH_3 28° Bé, 400 l Flotte, 54 kg Ware, gereinigt. Dann gibt man bis zur sauren Reaktion Essigsäure 30% zu, treibt dann zum Kochen und kocht ½ Stunde, eventuell mit Zusatz von 1 kg $NaHSO_4$. Hierauf wird gekühlt und auf der Haspelkufe gefärbt.

---

* Achtung, der Farbstoff löst sich schwer!

Man setzt 0,34 kg Chromgelb DF, 0,33 kg Alizarinblauschwarz B und 0,15 kg Säureanthracenbraun RH, das Salz und ein Drittel der Säure zu, treibt zum Kochen, kocht ½ Stunde und setzt innerhalb je 15 Minuten je ein Drittel der Restsäure zu. (Unchromiert: Rotdrap.) Dann wird mit 1% Chromkali (gelöst) nach Abschrecken des Bades versetzt und 2% Essigsäure (verdünnt) zugegeben. Nach ½ Stunde Kochen wird verkühlt (gespült).

Schwarz, Damentuch:
6,0% Säurealizarinschwarz R (IG)
4,5% Essigsäure 30%, 15% Glaubersalz krist.
3,5% Chromkali, 3% H_2SO_4 konz.

Schwarz: Herrenkammgarn, 8 kg, 1200 l Flotte.
10% Eriochromschwarz EVT (Gy)

0,3 kg Essigsäure 30%, 1 kg $NaSO_4$ krist. mit 0,2 kg HCOOH ausgezogen. Nachchromiert mit 0,280 g Bichromat im Färbebade.

Smokingstoff: 11 kg, 100 l Flotte.
6,60% Salicinschwarz C extra konz.
0,75% Essigsäure 30%, 0,5 kg Glaubersalz kalz.

½ Stunde kochen, dann 0,25 l HCOOH 8% (verdünnt) zusetzen, ¼ Stunde kochen und 0,3 g Bichromat (gelöst) beifügen. Nach ½ Stunde kochendem Chromieren spülen (unchromierter Ton: rotviolett).

Statt der angegebenen Nachchromierungsmarken können mit demselben Resultat verwendet werden:

(Ci) Chromechtgelb O, Chromechtrot BB, G, Chromechtbraun TV, Chromblauschwarz B, Pottingchromschwarz CL usw.

(Gy) Eriochromgelb 2G, Eriochromrot B, PE, Eriochromverdon S, Eriochrombraun AEB, DKE konz., R, Eriochromgrau AB, Eriochrommarineblau BRL, Eriochromschwarz T usw.

(Sa) Alizaringelb GA, Omegachromrot G, SB, Alizarinchromgrün SNN, Omegachrombraun EBL, Omegachrombraun DCL, Omegachrombraun 2RNN, Alizarinlichtgrün BS, Alizarinblau OCR, OCB, Omegachromschwarz PPV, S usw.

(IG) Säurealizarinblaugrün L, Anthracenchromatbraun EB, Säureanthracenbraun KE usw.

Für Marineblau billiger Art kann vorteilhaft z. B. Omegachromblau FB (Sa) Verwendung finden. Man kann hier am besten mit Patentblau A, auch in größeren Mengen, nuancieren. Die Töne verschießen nach grün und es wird eine wesentlich bessere Lichtechtheit vorgetäuscht.

Chromotrop 2R (IG) war, mit Patentblau nuanciert, als Chromotropblau A, mit Säureviolett 4BNS gestellt, als A extra im Handel. Die Marke AGL enthielt das Violett neben Triphenylengrün.

Die sauren Zusatzfarbstoffe nach der Chromierung dienen entweder zur Nuancenkorrektur, und zwar nur in geringsten Mengen, da sonst die Echtheit der Chromfärbung verschlechtert wird. Man verwendet sie aber auch, um die etwas stumpfen Töne einer nachchromierten Färbung lebhafter zu gestalten, zu schönen.

Als Nuancierungsfarbstoffe, die sich insbesondere als Zusatz in kochende Bäder (Färbeapparate) eignen, werden neuerdings empfohlen (Sa):

Xylenlichtgelb 2GP, Xylenechtgelb RPN, Azorubinol 3GP, Brillantalizarinlichtrot B, Xylenblau AS, Alizarinlichtblau 2G, 4GL, Xylenechtgrün B.

Mit gleichem Erfolg können unter anderem angewendet werden:

(IG) Supramingelb 3GL, Anthralanrot B, Patentblau A, Wollechtgrün B, ausgesuchte Alizarindirektblaumarken.

(Ci) Alizarinechtrubin 4B, Kitonblau A, Kitonechtgrün V usw.

(Gy) Eriosolidgelb 2GL, Eriosolidrot 3BL, Erioanthracenrubin BL, Erioglaucin A, Eriogrün B usw.

Als Schönungsfarbstoffe dienen bei guter Egalisierung und geringerer Echtheit (Sa):

Xylenechtgelb P, Xylenechtrot P, Alizarinlichtviolett 2RC, Säureviolett 4BNS, Xylenblau AS, Alizarinlichtgrün GS.

Ähnlich verhalten sich:

(IG) Walkgelb O, Supranolrot BB, Säureviolett 4BS, Patentblau A, Alizarindirektgrün GS u. a.

(Ci) Tuchechtgelb G, Tuchechtrot G, Kitonblau A, usw.

(Gy) Polargelb G, Erioglaucin A, Erioechtcyaningrün G usw.

Meist wesentlich schlechter egalisierend, doch in guter Walkechtheit, können verwendet werden (Sa):

Xylenwalkgelb 6G, Sulfoninorange GS, Sulfoninrot RS, Xylenbrillantcyanin 6B, G, Xylenechtblau BL, GL, Alizarinlichtbraun BL, Alizarinwalkgrün B.

Mit gleichem Erfolge angewendet werden:

(IG) Walkgelb H5G, Supranolrot BB, Brillantindocyanin 6B, G, Wollechtblau BL, GL, Supranolorange G.

(Ci) Tuchechtgelb 5G, Tuchechtrot GS, Tuchechtorange GS, Brillantcyanin 6B, G, Benzylechtblau BL, GL usw.

(Gy) Polargelb 5G, Polarorange GS, Polarrot RS, Säurebrillantcyanin 6B, G, Wollreinblau BL, GL.

c) Die Einbadchromfärbung (Metachromverfahren)

Die Chromfärbung der Wollstückware kann auch einbadig vorgenommen werden, und zwar solcherart, daß man das Färbebad sofort neben der Farbstoffmenge mit den notwendigen Salz- und Chrommengen bestellt. (Metachrom-, Einbadchrom-, Synchrom- usw. Verfahren.) Dabei wird das Chrom nicht als Bichromat, sondern in Form besonderer Beizen (Metachrombeize usw.) angewendet. Nicht jeder Chromfarbstoff (Nachchromierungsfarbstoff) ist für dieses Verfahren geeignet. Die einzelnen Farbstoffabriken haben ausgesuchte, für diese Färbemethode bestgeeignete Vertreter in eigenen Sortimenten [Metachrom-(IG)-, Metomegachrom-(Sa)-, Synchromat-(Ci)-, Eriochromal-(Gy)-Farbstoffe usw.] zusammengefaßt. Man färbt meist mit Ammonsulfat in neutraler Flotte und gibt gegen Ende der Färbung etwas Essigsäure zu.

Meist handelt es sich bei den in Frage kommenden Produkten um geeignete Farbstoffe der Nachchromierungsreihe. Z. B. entspricht (Sa) Omegachromgelb ME — Metomegachromgelb ME, Omegachromorange ML — Metomegachromorange ML, Omegachromrot GM, ME, 2GLL — Metomegachromrot GM, ME, 2GLL, Omegachrombordeaux 2BL — Metomegachrombordeaux 2BL, Omegachromgrün BLL, G — Metomegachromgrün BLL, G, Omegachromblaugrün BL — Metomegachromblaugrün BL, Omegachrombraun DME, RLL, 3GL — Metomegachrombraun DME, RLL, 3GL, Omegachromgrau BLC — Metomegachromgrau BLC usf.

Das Einbadchromverfahren bietet bei seiner Handhabung eine Reihe von Vorteilen, insbesondere die größere Schonung der Ware durch die kürzere Arbeitszeit und die direkte Nuancierungsmöglichkeit in das Färbebad. Dabei sind dieselben Farbstoffe benutzbar, die für die Färbung angewendet wurden. Lediglich zur eventuell notwendigen Schönung des Farbtones wird man aus den auf S. 381 angegebenen Vertretern der chrombeständigen sauren Farbstoffe seine Auswahl treffen müssen.

Ein weiterer Vorteil des Metachromverfahrens ist die durch die Färbeweise selbst bedingte wesentlich geringere Empfindlichkeit der Farbstoffe gegenüber dem zersetzenden Einfluß von Metallen, insbesondere Eisen.

Ein Nachteil der geschilderten Arbeitsweise ist darin gelegen, daß die Reibechtheit der erhaltenen Färbungen, insbesondere bei tiefen Tönen, keine außerordentlich gute ist. Dies ist verständlich, wenn man bedenkt, daß sich im Bade durch die gleichzeitige Anwesenheit von Chromkali im Farbstoff schon größere Anteile des Farblacks bilden, die als solche dann nicht mehr in die Wollfaser eindringen können, sondern sich an deren Oberfläche, also reibunecht, abfiltern. Im „Calcomet"-Prozeß der Cyanamid wird nun diese Lackbildung im Bade dadurch zurückgedrängt, daß Mg-Sulfat zugesetzt wird. Dieses gibt mit den Farbstoffen bei einem p_H über 7 Komplexverbindungen. Man färbt, beginnend bei p_H 7 unter langsamer Säuerung des Bades und treibt so den Hauptteil des Farbstoffes auf die Faser, bevor nennenswerte Chromlackbildung eintritt.

Für die Färbeweise geeignet[71] sind unter anderen:

(IG) Chromgelb A extra, Anthracengelb BN, Metachrombraun 6G, BL, BR, Metachromolive G, GG, Metachromgelb A, Metachromrot BB, Metachromviolett XB, RR, B. Metachromblau BL, Metachrombrillantblau BA, Metachromblauschwarz BBX, Metachromblaugrün B, BB, G u. a.

(Ci) Synchromatflavin A, Gelb O, Synchromatbraun EB, G, 2R, Synchromatrot 2G, GR, Synchromatviolett R, Synchromatblau BG, 2RR, Synchromatgrün GL, Synchromatblauschwarz B usw.

(Gy) Eriochromflavin A konz., Eriochrombraun DKE, RN, Eriochromatbraun AEB, G, Eriochromrot G, 6G, Alizarinrot SW, Eriochromviolett 3B, Eriochrombrillantviolett R, Eriochromatmarineblau BRL, Erioalizarinblau G konz., Eriochromatolive GL, Eriochromverdon S, Eriochromblauschwarz G usw.

(Sa) Metomegachromgelb ME, Metomegachromorange ML, Metomegachromrot 2GLL, GM, Metomegachrombraun RLL, 3GL, Metomegachromblau BBLA, 2RL, Metomegachrommarineblau BLS, Metomegachromblaugrün BL, Metomegachromgrün GL, BLL, Metomegachromgrau GL, 2GL, BLC usw.

Die meisten der genannten Farbstoffe stammen aus dem Sortiment der Nachchromierungsfarbstoffe, wie z. B.:

(IG) Anthracengelb C, BN, Anthracenchromatbraun EB, Alizarincyaningrün B, G, Alizarinschwarzblau B usw.

(Ci) Chromflavin A, Chromechtgelb O, Chromechtbraun EB, EG usw.

(Gy) Eriochromflavin A, Eriochrombraun EB, DKE, RN, Eriochromrot G usw., Eriochromverdon S, Eriochrommarineblau BRL usw.

(Sa) Omegachromgelb ME, Omegachromorange ML, Omegachromrot 2GLL, GM, Omegachromblaugrün BL, Omegachromechtgrün BLL usw.

---

[71] Nach Race sind jene Farbstoffe für den Metachromprozeß am geeignetsten, die den Chromlack am schnellsten bilden. J. Soc. Dyers Colour. **66**, 141 (1950).

Es sollen einige Rezepturen folgen:

Dunkelbraun: 45 kg, 1600 l Flotte.
1,80 kg Metachrombraun BR (IG)
0,23 „ Anthracengelb GN
0,50 „ Alizarinblauschwarz B
1,50 „ Ammonsulfat, 1,6 kg Metachrombeize[72], 8 kg Glaubersalz krist. Bei 40° C eingeben, langsam zum Kochen treiben, ¾ Stunden kochen. Gegen Ende soll man 0,75 l Essigsäure 30% zusetzen.

Bordo: 25 kg, 1600 l Flotte.
0,75 kg Metachromrot BB
0,12 „ Anthracengelb GN
0,18 „ Metachrombraun BL (IG)
0,18 „ Alizarinblauschwarz B
1,20 „ Essigsäure 30%, 4 kg Glaubersalz krist.
1,20 „ Metachrombeize
Die Säure soll nicht in Portionen, sondern zur Gänze am Anfang zugegeben werden.

Dunkelblau: 60 kg, 2000 l Flotte.
2,80 kg Eriochromatmarineblau BRL (Gy)
0,10 „ Walkgelb H5G (IG)
0,15 „ Säureanthracenrot 3BL (IG)
3,00 „ Essigsäure 30%, 2,5 kg Eriochromatbeize,
8,00 „ Glaubersalz krist., 3 kg Säure nach zirka ¾ Stunden zusetzen.

Bei den Einbadchromverfahren wird nach frühestens 1 Stunde abgemustert. Wird ein Metachromfarbstoff zugesetzt, so muß der Egalität wegen abgeschreckt werden. Beim Nuancieren mit schwach sauren Farbstoffen kann u. a. kochend zugesetzt werden.

Metachromfarbstoffe sind empfindlich gegen Rohwollschäden, z. B. lichtgeschädigtes Wollhaar. Man kann durch Verhinderung zu großer Teilchenaggregation im Färbebad (Zusatz von Dispergiermitteln) die Verschiedenheit der Anfärbung mildern.

Nach dem US-Patent 2443166 (Cyanamid) wird am besten derart gearbeitet, daß in Bädern mit Ammonsulfat, Bichromat, einem Äthylenoxydanlagerungsprodukt [Peregal O (IG), Albatex PO (Ci), Dispersol VL (ICI) usw.] und einer kationaktiven Substanz gefärbt wird. Das notwendige p_H wird mit Essigsäure eingestellt.

Es ist bekannt, daß chromierte Färbungen der Wolle eine gewisse Mottenfestigkeit geben. Allerdings ist das nach dem Metachromverfahren gefärbte Material diesbezüglich weniger widerstandsfähig als nachchromiertes.

Der Griff der neutral (mit Ammonazetat) gefärbten Stückware ist strohiger als der von sauer gefärbtem Textilgut.

d) Färbungen mit chromkomplexen Farbstoffen (Neolanen, Ultralanen, Palatinechtfarbstoffen usw.)

Die Färbungen sind insbesondere angebracht, wenn karbonisierte Stückware zum Färben kommt. Ein Auswaschen der Karbonisiersäure ist nicht notwendig. Bei dieser Färbeweise gelingt es oft, Karbonisierfehler auszugleichen. Man färbt mit 8% Schwefelsäure konz. kochend mindestens 1½ Stunden unter Zusatz von Palatinechtsalz O (Palatin Fast Salt O), Neolansalz II bzw. Sal d'Inochrom O

[72] Nach Angaben in der Literatur ein Gemisch von Ammonsulfat und Kaliumchromat.

usw. Der Zusatz retardiert das Aufziehen des Farbstoffs. Er ist farbstoffaffin. Man kann auch mit dem kationenaktiven Palatin Fast Salt N (welches faseraffin ist) arbeiten und ebenfalls die Aufziehgeschwindigkeit herabsetzen.

Beide Verbindungen dürfen als Antagonisten nicht zusammen in einem Bad verwendet werden.

Über Rezepturen vgl. S. 375.

Über die hierher gehörenden, schwach sauer bis neutral färbbaren Chromkomplexe (auch Kobaltkomplexe) der Cibalane (Ciba), Irgalane (Geigy), Lanasyne (Sandoz), Remalane (Hoechst) und der Vialonechtfarbstoffe (BASF) vgl. S. 364 bzw. HIRSCHBRUNNER, Textil-Rundschau **8**, 12 (1953). Die Farbstoffe sind Fe- und Cu-unempfindlich und echt gegenüber Schrumpffestausrüstung.

e) Küpenfärbungen

Küpenfärbungen auf Wollgeweben werden kaum durchgeführt. Indigoblau auf Wollflanell wurde in USA während des Krieges gefärbt (vgl. CLAPHAM: „Recent Advances in Theory and Practice of Dyeing", J. Soc. Dyers Colour. S. 83, 1951).

Eisenoleathaltige Schmälzen können bei Indigofärbungen auf Wolle zu einem raschen Verbleichen Anlaß geben [vgl. SCHOENBERGER, zit. Melliand Textilber. **34**, 589 (1953).]

f) Pigmentfärbungen

Nach einem neuen Vorschlag der Ciba (Österreichisches Patent 170630) können blaue Pigmentfärbungen auf Wolle nach Art der Neocotone erzielt werden, indem man aus sauren Bädern Furankarbonsäuresulfosäure-Derivate gewisse Azofarbstoffe auffärbt (braune Töne) und durch Nachbehandlung mit 1- bis 2%igem kaltem Ammoniak wieder zum blauen Pigment verseift. Inwieweit dieser Anfang Perspektiven eröffnet, muß abgewartet werden.

2. Das Färben von Reinseidenstückware

Das Färben von Reinseidenstückware[73] erfolgt in leichten Qualitäten auf der Haspelkufe mit Ovalhaspel. Die Kufen können (zur Vermeidung von Beschädigungen der Ware) mit Cu ausgekleidet sein, doch sind sie dann für eine Reihe von Farben nicht verwendbar. Für Spezialfärbungen und das Färben lichter Töne trifft man mit Porzellanplatten ausgekleidete Kufen. Sonst ist Pitch-pine-Holz das gegebene Material. Für empfindliche Qualitäten, die nicht am Sternreifen gefärbt werden müssen, wird oft der Haspeljigger (Doppelhaspel) verwendet (vgl. Abb. 182). Die Ausmaße sind verschieden, es empfiehlt sich für Betriebe mit schwankender Partiengröße Kufen von 400 bis 1200 Liter Inhalt anzuschaffen. Die Dampfzufuhr erfolgt durch Cu- oder, weniger gut, Eisenrohre, welche mit Bajonettverschluß an der Zuführungszweigleitung sitzen. Den Badabfluß besorgt ein im Cu-Sitz eingeschliffenes, direkt über dem Abflußkanal liegendes Cu-Ventil. Die Teilstäbe zum Auseinanderhalten der einzelnen Stücke, die an einem quer über die Kufe beim Warenablauf sitzenden Rechen befestigt sind (derart, daß ihre Entfernung ausgewechselt werden kann), sind entweder aus Holz oder mit Porzellan überzogenem Eisen. Vielfach wird sich heute Kunststoff dafür eignen. Die Umdrehungsgeschwindigkeit der Haspel empfiehlt sich mit zirka 30/Minute zu wählen.

---

[73] Hiezu auch THOMSON: J. Soc. Dyers Colour. **67**, 329 (1951).

Gefärbt wird in den allermeisten Fällen im gebrochenen Bastseifenbad, wenn saure oder direkte Färbungen in Frage kommen. Bei letzteren ist das Ausziehvermögen des Bades durch die Seife sehr herabgesetzt, weshalb vielfach auch Igepon-Salzbäder angewendet werden. Bei der sauren Färbung mit den auf die Seide schon bei 50° C ziehenden, neutral bis schwach sauer färbbaren sauren Farbstoffen ist die Mitverwendung von Bastseife Voraussetzung zur Erzielung von Egalität. Das im Bad befindliche Serizin bindet vorerst als Eiweißkörper den Farbstoff und gibt ihn langsam an die Seide ab.

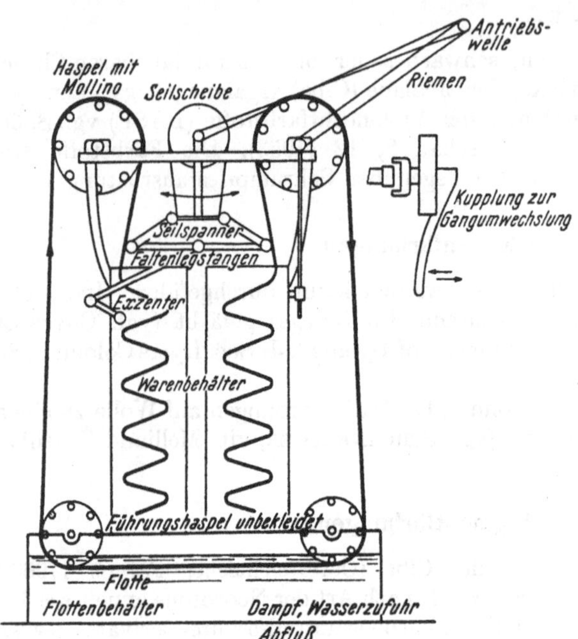

Abb. 182. Doppelhaspel.
Flotte etwa 300 bis 350 Liter. Warenmenge: zirka 3 Stücke, also 100 m = zirka 6 kg, c = 20 m/min.

Küpenfärbungen oder Eisenblauholzfärbungen kommen nur für Spezialzwecke in Frage.

Beim Färben von schwerer Ware werden Rundbottiche benützt, in welchen die Ware auf Sternreifen (vgl. Abb. 183) einseitig aufgehakt, eingebracht und mittels Exzenter gehoben und gesenkt wird (vgl. Abb. 183 bzw. S. 421).

Bei der ganzen Behandlung ist stets darauf zu sehen, daß die Seide nirgends scheuert, auch nicht Stofflage an Stofflage, da dadurch ein Flusigwerden des Stückes eintreten kann (Duvet). Ist der Effekt nicht so ausgeprägt, so zeigen sich nur weißlichgraue Stellen (Blanchissuren). Bei schwerer Ware kommt es beim Liegen usw., insbesondere, wenn Gewebe mit empfindlicher Webart (Taffetbindung, Satin usw.) vorliegen, leicht zu Faltenbildung und Brüchen. Aus diesem Grunde ist das Färben am Haspel ausgeschlossen und eine Breitbehandlung in allen Stadien der Verarbeitung, auch in der Färberei, notwendig.

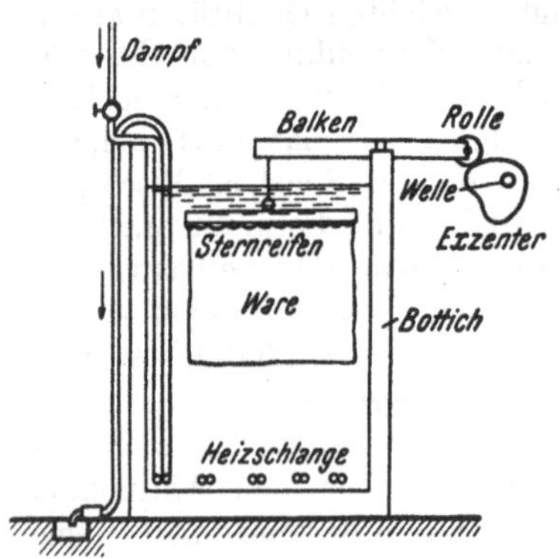

Abb. 183. Färben oder Bleichen am Sternreifen.

Die Ware kommt meist entbastet zum Lohnveredler. (Über das eventuelle Entbasten s. S. 369.)

Das Einfärben von unerschwerter Seide kann mit neutral ziehenden sauren Farbstoffen, aber auch mit substantiven Farbstoffen erfolgen. Ebenso kann Schwarz auf Reinseide auf Eisengrund mit Blauholzextrakt gefärbt werden. Schließlich ist auch für gewisse Waren das Färben mit Küpenfarbstoffen möglich.

Ebenso wie bei der später zu beschreibenden Färbung erschwerter Seide ist neben der Aufgabe, egale Färbungen zu erzielen, auch noch darauf zu achten, daß die Seide bei der Behandlung nicht beschädigt wird, das heißt also Wetzstellen usw. bekommt. Das Färben von Reinseidenstück ist allerdings durch das Aufkommen der hochfesten Kunstseiden (Rayon, Reyon), aber auch der verbesserten Azetatseidenqualitäten, und vor allem der Polyamidfaser, in allerletzter Zeit rapid zurückgegangen. Auf vielen Gebieten des textilen Sektors ist heute die Naturseide zufolge ihres hohen Preises vollkommen verschwunden (Hemden, Strümpfe usw.).

Dem Lohnveredler vor allem bietet sich meist das Problem, Reinseidenstück für Schals in ätzbaren Tönen, aber auch Stückware, Krepps und Qualitäten für den Gummierartikel, bzw. in Schwarz Schirmseide usw., einzufärben.

a) Die substantive Färbung verschiedener Kreppqualitäten in mittleren Echtheiten

Man färbt am Seifen-Glaubersalz-Bad, und zwar verwendet man zirka 20 l Bastseifenlösung pro 600 l Flotte, 2 kg Glaubersalz krist. und (für dunkle Töne) eventuell einen kleinen Zusatz an Essigsäure 30%, den man aber erst am Ende der Färbung gibt. Gearbeitet wird auf der Haspelkufe mit Ovalhaspel (s. Abb. 46) und mit Kupfer ausgekleidetem Bottich mit zirka 600 l Inhalt. Stärkere Qualitäten wurden versuchsweise auch am Doppelhaspel (s. Abb. 182) gefärbt, der für dunkle Töne den Vorteil besitzt, ein günstiges Flottenverhältnis aufzuweisen. Da die Ware heiß in dem Ablegekasten gefaltet liegt, kommen für diese Apparatur nur Qualitäten in Frage, die nicht zur Bildung von Falten und Brüchen neigen. Die Färbung erfolgt bei zirka 80° C.

1. Taupe, Crêpe fleur: Warengewicht 2,35 kg, 1 Stück.
   0,095 kg Sambesischwarz D (IG)
   0,030 „ Toluylenorange N (IG)
   0,010 „ Benzoechtscharlach 4BS (IG)
   20,000 l Bastseifenlösung (vgl. S. 431), 2 kg Glaubersalz krist.
   0,500 „ CH_3COOH 30%

2. Rotbraun, Crêpe fleur: 4,66 kg Ware, 2 Stück.
   0,250 kg Toluylenorange N (IG)
   0,175 „ Diphenylchrysoin 3G (Gy)
   0,175 „ Benzoechtscharlach 4BS (IG)
   0,275 „ Sambesischwarz D (IG)
   20,000 l Seife, 3 kg Glaubersalz krist.

3. Lachs, Georgette Rayé: 3,74 kg Ware, 1 Stück.
   0,018 kg Diphenylchrysoin 3G (Gy)
   0,005 „ Benzoechtscharlach 4BS (IG)
   20,000 l Seife, 2 kg Glaubersalz krist.

4. Terrakotta, Georgette Grenadine: 2,89 kg Ware, 1 Stück.
   0,375 kg Deltapurpurin 8B (IG)
   0,100 „ Benzoechtscharlach 4BS (IG)
   0,004 „ Sambesischwarz D (IG)
   sonst wie oben

5. Champagne, Toile de Chappe: 19,35 kg, 4 Stück.
   Nach einer Vorreinigung mit 1 l NH_3 konz. wird gefärbt mit:
   0,002 kg Diphenylchrysoin 3G (Gy)
   0,001 „ Direktechtscharlach SE (Ci)
   40,000 l Seife, 2 kg Glaubersalz krist.

6. Rosa, Toile de Chappe: 10,52 kg Ware, 3 Stück.
0,005 kg Direktechtscharlach SE (Ci)
0,0005 „ Diphenylechtgelb 4GL (Gy)
40,000 l Seife, 2 kg Glaubersalz krist.

7. Hellflieder, Toile de Chappe: 10,90 kg Ware, 3 Stück.
0,0085 kg Oxaminviolett XX
0,010 „ Wollreinblau GL
40,000 l Seife, 3 kg Glaubersalz krist.

8. Fraise, Georgette Rayé: 3,79 kg Ware, 1 Stück.
0,025 kg Direktechtscharlach SE (Ci)
0,008 „ Rhodamin B
30,000 l Seife, 2 kg Glaubersalz krist., 2 l HCOOH 6° Bé.

Statt der angegebenen Farbstoffe sind ebensogut anwendbar:

(Gy) Polyphenylorange SP, Diphenylrot 8B usw.

(Sa) Direktgelb CV, Pyrazolorange GH, Chloraminechtscharlach SE, Chloraminbrillantrot 8B usw.

(Ci) Baumwollgelb CH, Chlorantinlichtorange G, Direktechtscharlach SE, Chlorantinlichtrot 8BL usw.

(IG) Chrysophenin G, Benzoechtorange S, Benzoechtscharlach 4BS usw.

Für Färbungen mit erhöhter Lichtechtheit empfehlen sich folgende Farbstoffe:

(IG) Siriuslichtgelb 5G, RR, Siriusorange G, R, Siriusrot BB, 4B, Siriuslichtrubin BB, Siriusbordo 5B, Siriusrotviolett bzw. -lichtviolett bzw. -violett R, B, 3B, BL, Siriuskorinth B, Siriuslichtblau B, BR, G, 6G, Siriuslichtgrün BB, BL, Siriuslichtbraun R, G, BR, T, Siriusgrau G, R.

(Ci) Chlorantinlichtgelb 4GLL, Chlorantinlichtorange TGLL, Chlorantinlichtrot 5BLL, Chlorantinlichtviolett BLL, Chlorantinlichtgrün BLL, Chlorantinlichtgrau BLN usw.

(Gy) Diphenylchlorgelb FF, Diphenylechtorange EG, Dyphenylechtblau FB, Diphenylechtgrün BL, Diphenylechtbraun BRL usw.

(Sa) Solarflavin 3G, Solargelb BG, Solarorange 2RN, 4GA, Solarrot B, 3B, Solarrubinol BL, Solarviolett 4RL, BL, Solarblau G, Solarazurin L, Solargrün BL, Solarbraun BR, PL, Solargrau 2BL usw.

b) Die Färbung mit neutral ziehenden sauren Farbstoffen

Sie erfolgt aus mit Essig- oder Ameisensäure gebrochenen Bastseifenbädern auf der Kufe, bei schweren Waren (Chappe-Tafte, die zu Brüchen neigen) am Sternreifen. Die Badazidität ist normal 0,05 bis 0,08%, als Schwefelsäure berechnet. Bei dieser Färbeweise ist beim Eindrehen der einseitig aufgehakten Ware außerordentlich langsam vorzugehen, da diese schweren Qualitäten sehr leicht abknicken und schlecht untergehen. Auch ist Vorsicht bei Nuancierungen am Platz; die langsame und geringe Bewegung des Gutes begünstigt wolkige Färbungen bzw. unegalen Anfall von Zusätzen. Die Säuremengen sollen daher sehr gering gehalten werden. Seide nimmt saure Farbstoffe schon bei tiefer Temperatur (50° C) auf. Die Bastseife im Bade ist von großer Wirkung auf die Egalität der Färbung, da das in ihr enthaltene Serizin des Seidenbastes vorerst den sauren Farbstoff bindet und langsam an die Seide abgibt.

An Farbstoffen empfehlen sich:

(IG) Sulfongelb 5G, Sulfongelb R, Walkgelb O, Seidengelb R, Orange II, Sulfonorange G, Supraminrot GG, Seidenrot G, Säureanthracenrot 3BL, Sulforhodamin B, G, Echtsäureviolett A2R, Formylviolett S4B, Wollechtblau BL, GL, Alizarinreinblau B, Brillantindocyanin 6B, G, Alizarindirektgrün G, Supraminbraun G, R, Seidenschwarz BS bzw. Gloriaschwarz N.

(Ci) Tuchechtgelb R, Orange II, Fullazidrot GG, Benzylviolett 4B, Brillantcyanin 6B, G, Benzylechtblau BL, GL, Alizarinechtgrün G usw.

(Gy) Echtjasmin 3G, Eriowalkgelb O, Orange II, Polarorange GS, Eriosolidrot GG, Polarrot G, Säureponceau E, Wollreinblau BL, GL, Erioanthracenreinblau B, Säurebrillantcyanin 6B, G, Erioechtcyaningrün G usw.

(Sa) Xylenwalkgelb G, Xylenechtgelb P, Seidenechtgelb S, Orange II, Xylenechtorange PO, Xylenrot B, Xylenechtrot 2GP, Sulfoninrot G, Seidenscharlach, Säureviolett 4BNS, Xylenechtblau BL, GL, Alizarinlichtblau AR, Xylenbrillantcyanin 6B, G, Sulfoninbraun RR, Xylenechtbraun RG, Alizarinlichtgrau GS, Sulfoninschwarz 4BN usw.

Ferner sind mit Vorteil die Cibalane (Ci) anzuwenden. Vgl. Ciba-Rundschau Nr. 110, 4057, 1953.

Die leichten Qualitäten werden nach dem Färben aviviert (vgl. S. 428), wobei mit basischen Farben nachgeschönt bzw. nuanciert werden kann. Hernach wird geschleudert. Schwerere Ware, die am Sternreifen zu färben ist, wird auf einer Absaugvorrichtung (Bauart Jaeger usw.) entwässert. Die Ware läuft unter Leder über den Absaugspalt. Für ein entsprechend starkes Vakuum ist Sorge zu tragen, um an Trockenkosten einzusparen. Auch die Laufzeit der Stücke an der Sauganlage (und damit der Arbeitslohn) kann so verringert werden. Das Trocknen der Stücke erfolgt auf Flachtrocknern oder automatischen Haas- oder Geßner-Wanderhängen. Hierauf wird durchgesehen und hernach erst appretiert.

c) Das Bleichen von Seidenstückware

Es kann für die Vorbleichung vor dem Färben durch Schwefelung (s. S. 432) erfolgen. Dabei ist darauf zu achten, daß die Ware bei der Vorbehandlung (Abkochen, Reinigen, Waschen usw.) nicht mit Cu in Berührung kommt, da sonst leicht Kupfersulfidflecken entstehen. Weißware wird am besten auf Superoxydbädern gebleicht. Manche Qualitäten können am Haspel im stehenden Bade gebleicht werden. Eine Vorschrift für Schnellbleiche lautet z. B.:

α) Superoxydschnellbleiche (30 Minuten)

1300 l Flotte:

3 kg	Glaubersalz	
2 l	NaOH 40° Bé	($4\frac{1}{2}$ bis 5 g O_2 pro Liter, 1 g Alkali pro Liter)
15 l	H_2O_2 30%	

Das Glaubersalz wird gelöst, die Lauge verdünnt, dann die Laugenlösung in die Salzlösung fließen gelassen, das Ganze ins Bleichbad gebracht und das Superoxyd beigegeben. Man arbeitet bei 80 bis 100° C 10 bis 30 Minuten, je nach gewünschtem Weißgrad.

Für eine derartige Arbeitsweise sind leichte Lavable-Qualitäten gut geeignet.

β) Superoxydnormalbleiche

Andere Ware kann am Sternreifen mit Wippvorrichtung (s. S. 424) im stehenden Bad zum Bleichen gelangen. Der Bleichbottich ist aus Zement mit Blei-Schlange für indirekte Heizung am Boden. Flotte 2000 l.

Beispiele für eine Standbadbleiche am Sternreifen:

1. 4 Stück Toile rayé: 10,27 kg, Ansatz 36 l H_2O_2 30%, 2 l Wasserglas (1,90 g O_2 pro Liter, 0,30 g Alkali pro Liter). 5 Stunden.
2. Toile de soie: 5,33 kg, 2 Stück. Ohne Zusatz, über Nacht einhängen.
3. Piqué: 2 Stück, 9,31 kg, Zugabe 5 l H_2O_2 (Badeanalyse vorher 1,32 g O_2 pro Liter). 5 Stunden.
4. Atlas: 3 Stück, 12,80 kg, Zugabe 4 l H_2O_2. 4 Stunden.
5. Chappe: 1 Stück, 3,10 kg. Ohne Zusatz. 3 Stunden.
6. Crêpe de Chine: 1 Stück, 6,48 kg, Zugabe 5 l H_2O_2 (1,90 g O_2 pro Liter), über Nacht (vorher ½ Stunde wippen lassen), (1,76 g O_2 pro Liter), früh.
   usw.

Muß die Ware angeblaut werden, so ist dies beim Bleichen am Haspel mit Alizarinlichtviolettmarken (Sa) oder Alizarinirisol R (IG) möglich. Eventuell verwendet man die bekannten optischen Aufhellmittel [Blankophor WT (IG), Tinopal BV (Gy) usw.].

Am Sternreifen soll nicht geblaut werden, da meist unegaler Anfall des Farbstoffes eintritt.

Shantungqualitäten, die oft in Form von Tüchern vorliegen, sind außerordentlich schwer zu bleichen. Man behandelt die Rohware mit 0,25 g Soda sicc. pro Liter bei 50° C 30 Minuten, spült, bringt auf ein Bad von 6 g Seife und 1 g Perborat pro Liter bei 80 bis 95° C, behandelt 2 Stunden und bleicht dann 6 Stunden mit 2 g O_2 und 0,5 g Alkali pro Liter. Dann wird gespült, mit 2 g Hydrosulfit konz. pur kochend behandelt, warm und kalt gespült und geblaut oder optisch geschönt.

Eventuelle bunte Effekte sind vorher auf ihre Widerstandsfähigkeit gegen die Arbeitsweise zu prüfen.

d) Das Färben von Pongis für Regenmäntel (vulkanisierechte Färbungen)

Die Ware (1 Stück = 60 yards = 55 m) wird abgekocht angeliefert. Nach einem schwachen Salmiakvorreinigungsbad (3 l NH_3 30% auf 1200 l Flotte) wird auf der Haspelkufe mit Cu-freien Farbstoffen (IG: Typ „8015", Sa: Typ „Vulko" usw.) gefärbt. Die Ware darf nach verschiedenen Untersuchungen maximal einen Cu-Gehalt von 0,002% aufweisen. Cu ist ein großes Kautschukgift und vermag, in Berührung mit diesem, nach kurzer Zeit spontan die ganze Gummischichte klebrig zu machen und zu zersetzen, wodurch die Regenschutzkleidung unbrauchbar und verdorben ist. Gummierungs- und Vulkanisationsproben haben gezeigt, daß allerdings nicht der Cu-Gehalt als solcher, sondern die Art der Verbindung, in welcher das Cu vorliegt, von entscheidendem Einfluß auf seine Wirksamkeit als Gummigift ist. [Vgl. z. B. Kehren, Melliand Textilber. 533, 601, 652 (1932).] Nur ionisierbares Cu ist gefährlich, komplex gebundenes (z. B. als Phtalocyaninpigment dem Gummi einverleibtes) schadet nicht.

Gefärbt wird, der Reibechtheit der Färbungen wegen, am reinen Glaubersalzbad, da Bastseifenbäder trotz Glaubersalz- und Säurezusatz sehr große Farbstoffmengen verlangen und nicht nur unrentabel sind, sondern auch zu Klagen hinsichtlich der Reibechtheit dunkler Töne Anlaß geben können. Man kann auch mit Glaubersalzbädern, die organische Säuren enthalten, färben, doch ist die Herstellung egaler Färbungen sehr schwer, trotzdem der Säurezusatz das träge ziehende Gelb der Kombination besser auf die Faser brächte. Verwendet werden neutral ziehende saure Farbstoffe wie z. B. Sulfongelb 5G (IG), Supranolorange RR (IG), Säureanthracenrot 3BL (IG), Roccelin L (Gy), Wollreinblau GL (IG) usw. Die Palette der verlangten Töne ist nicht groß: rot, bordo, mittelgrün, dunkelgrün, kaliblau, marine, dunkelbraun.

Gefärbt wird zirka 1 Stunde am Holzbottich, wobei darauf geachtet wird, daß sich die leichten Stücke gut legen und nicht etwa verschlingen. Im fettlosen Bad ist jede Reibung der Ware leicht Ursache von Wetzflecken, die später unter großen Kosten durch Tamponieren (Wischen) entfernt werden müssen.

Folgende Rezepturen seien angegeben:

1. Dunkelbraun: 7 Stück, 14,86 kg, 1200 l Flotte.
   0,475 kg Supranolorange RR 8015 (IG)
   0,800 „ Sulfongelb 5 G 8015 (IG)
   0,230 „ Wollreinblau GL (Gy), Cu-arm
   0,035 „ Säureanthracenrot 3 BL 8015 (IG)
   8,000 „ Glaubersalz
2. Kaliblau: 7 Stück, 14,95 kg.
   0,225 kg Wollreinblau GL (Gy), Cu-arm
   6,000 „ Glaubersalz
3. Dunkelgrün: 9 Stück, 19,29 kg, 1600 l Flotte.
   0,625 kg Sulfongelb 5G 8015 (IG)
   0,425 „ Wollreinblau GL (Gy)
   10,000 „ Glaubersalz
4. Marineblau: 5 Stück, 10,70 kg, 600 l Flotte.
   0,350 kg Wollreinblau GL (Gy)
   0,075 „ Sulfongelb 5G 8015 (IG)
   0,025 „ Roccelin L (Gy)
   4,000 „ Glaubersalz
5. Bordorot: 5 Stück, 10,72 kg, 600 l Flotte.
   0,525 kg Roccelin L (Gy)
   0,045 „ Wollreinblau GL (Gy)
   0,030 „ Sulfongelb 5G 8015 (IG)
   4,000 „ Glaubersalz
6. Hochrot: 2 Stück, 4,40 kg, 300 l Flotte.
   0,150 kg Roccelin L (Gy)
   0,035 „ Sulfongelb 5G 8015 (IG)
   3,000 „ Salz, 0,5 l CH_3COOH 30%
7. Mittelgrün: 3 Stück, 6,40 kg, 600 l Flotte.
   0,110 kg Sulfongelb 5G 8015 (IG)
   0,060 „ Wollreinblau GL (Gy)
   4,000 „ Glaubersalz

Als heißluftvulkanisierecht mit mittlerer Lichtechtheit 5 bis 6 und sehr guter Naßechtheit auf Naturseide können auch folgende Produkte verwendet werden:

Seidenechtgelb R, Sulfoninrot RS, Sulfoninrot G, Alizarinlichtblau AR, Sulfoninrotbraun V, Sulfoninbraun 2R (Sa).

Alle Färbungen bluten nicht in Benzol, Benzin und Trichloräthylen, den in der Trockenreinigung angewendeten Lösungsmitteln.

e) Seidenstück für den Ätzartikel (Schals)

Zum Färben gelangt importierter Japantwill. Die Ausfärbungen müssen absolut reinweiß ätzbar sein. Zum Färben verwendet man meist substantive Farbstoffe, die von den Lieferanten mit dem Hinweis auf Reinheit für Weißätze bezogen werden müssen [„Typ 8002" (IG)]. Man färbt auf der Holzkufe, da ein Cu-Gehalt der Ware sich auf die Ätzung ungünstig auswirkt. Eine derartige Wirkung ist nach Patenten von Geigy durch Zusatz von Zinkzyanid zur Ätzpaste zu beheben, so daß sogar nachgekupferte Färbungen weiß ätzbar werden[74] oder man entfernt das Cu durch Nachbehandeln der Ware (Naßechtheit der Färbung vorausgesetzt) durch NH_3-Bäder oder solche, die organische Aminbasen enthalten (Ciba).

Wichtig ist es, zu vermeiden, daß Eisen auf die Ware kommt. Solches kann aus den Heizrohren der Färbekufen stammen, ja selbst im kalzinierten Glaubersalz bereits in solchen Mengen enthalten sein, daß es das Weiß einer späteren Ätze beeinflußt. Allerdings ist auch seitens des Färbers zu prüfen, ob der Drucker einwandfrei gearbeitet hat (eventuell Zugabe von Formaldehyd, um ein „Zurückkommen" der Ätze zu vermeiden). Am besten macht man von der fertigen Färbung einen Ätzversuch, der laboratoriumsmäßig bzw. in jedem Betrieb sehr leicht in folgender Weise durchgeführt werden kann: Ein zirka 4×6 cm großer Abschnitt der gefärbten Ware wird mittels eines dicken Glasstabes in der Mitte mit einer Ätzpaste bestrichen, die aus einer innigen Mischung von 1 Teil Gummilösung 1 : 1, 1 Teil Zinkstaub, 1 Teil Na-bisulfit besteht (Abb. 184). Dann wird der Aufstrich eintrocknen gelassen, mit einem Filtrierpapier abgedeckt und fest eingerollt. Die Rolle wird mittlings zugebunden und an einem Glasstab in den Dampf von in einem ERLENMEYER-Kolben kochenden Wasser gehängt (Abb. 185). Nach zirka 10 Minuten (die Probe darf nicht etwa von Wasser bespritzt werden) wird herausgenommen, aufgerollt, in 10%iger Ameisensäure gesäuert, gewaschen und getrocknet. Der Strich in der Probenmitte muß auch nach 24 Stunden reinweiß sein (Abb. 184).

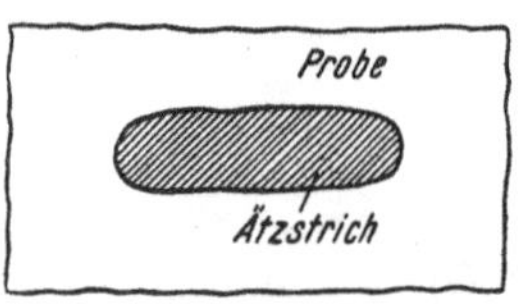

Abb. 184. Ätzprobe für Weißätze.

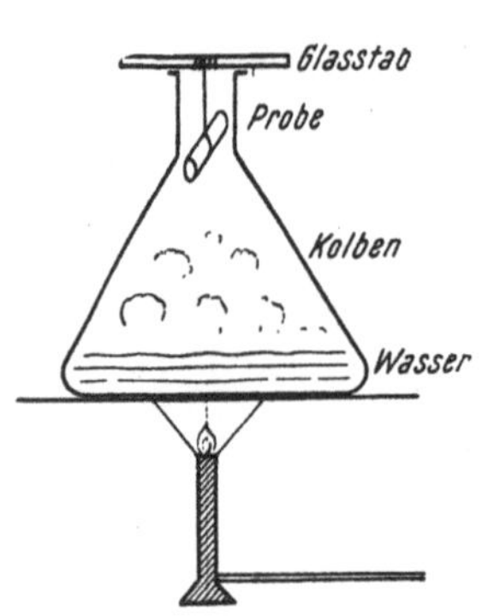

Abb. 185. Ätzprobe für Weißätze.

Im nachstehenden folgen einige Rezepturen aus der Praxis mit Ätzproben (vgl. Abb. 186).

Man färbt kochend auf der Haspelkufe zirka 20 Minuten, läßt 15 Minuten ziehen und mustert. Das Färben soll so schnell wie möglich erfolgen. Je kürzer der Färbeprozeß, desto besser auch der Ätzausfall. Vorsicht vor Wetzstellen, die nicht tamponiert werden dürfen, da das aufgebrachte Öl beim Bedrucken der Ware stören würde. Alle verwendeten Farbstoffe sind die geprüfte Type 8002 (IG). Das Ausziehen wird durch Zusatz kleiner Mengen von Essigsäure gefördert. (Vorsicht vor buntem Ausfall.)

1. Gelb: 1 Stück, 1,60 kg Ware, 450 l Flotte.
0,050 kg Chrysophenin GK
0,002 „ Siriusrot 4B
2,000 „ Glaubersalz krist.

[74] Vgl. Österr. Pat. 162900 (Gy) bzw. Österr. Pat. 164006 (Ci).

2. Hellrot:	1 Stück, 1,60 kg Ware, 450 l Flotte.
	0,150 kg Benzoechtscharlach GS
	0,050 „ Siriusrot 4B
	2,000 „ Salz, 0,25 l CH_3COOH 30%
3. Bordorot:	4 Stück, 6,30 kg Ware, 500 l Flotte.
	0,260 kg Benzoechtscharlach GS
	0,100 „ Diaminreinblau FF
	0,090 „ Siriusrot 4B
	2,000 „ Salz, 0 25 l CH_3COOH 30%
4. Hellblau:	1 Stück 1,60 kg Ware, 450 l Flotte.
	0,150 kg Diaminreinblau FF
	0,002 „ Siriusrot 4B
	2,000 „ Salz
5. Dunkelgrün:	4 Stück, 6,30 kg Ware, 500 l Flotte.
	0,100 kg Benzodunkelgrün B
	0,040 „ Chrysophenin GK
	0,010 „ Benzoechtscharlach GS
	2,000 „ Salz
6. Dunkelbraun:	6 Stück, 9,60 kg Ware, 600 l Flotte.
	0,300 kg Chrysophenin GK
	0,200 „ Benzoechtscharlach GS
	0,050 „ Diaminreinblau FF
	10,000 „ Salz
7. Giftgrün:	1 Stück, 1,60 kg Ware, 450 l Flotte.
	0,180 kg Alkaliechtgrün 10G
	0,010 „ Chrysophenin GK
	6,000 „ Salz
8. Brillantblau:	2 Stück, 3,20 kg Ware, 500 l Flotte.
	0,180 kg Säurebrillantblau R extra
	3,000 „ Salz
	(Ätze wird mit der Zeit bläulich!)
9. Schwarz:	6 Stück, 9,60 kg Ware, 500 l Flotte.
	1,480 kg Direkttiefschwarz E extra
	12 000 „ Salz

Für Marineblautöne empfiehlt sich eine Kombination von Sambesischwarz D und Siriusblau G, welcher zur Hebung des Tones bis 0,5% Brillantindocyanin G zugegeben werden können.

Duchesse-Cachenez, ätzbare, schwere Ware, werden am Sternreifen gefärbt. Man verwendet Igepon-T-Glaubersalzbäder.

Weinrot:	4,75 kg Ware, 800 l Flotte.
	0,100 kg Igepon T
	2,000 „ Glaubersalz krist.
	0,250 „ Tuchrot G (Ci)
	0,030 „ Diphenylechtgelb 4GL (Gy)
	0,010 „ Oxaminschwarz BRT (IG)
Marineblau:	wie oben.
	0,400 kg Sulfonazurin D (IG)
	0,030 „ Tuchrot G (Ci)
	0,015 „ Diphenylechtgelb 4GL (Gy)
	sonst wie oben.
Schwarz:	wie oben.
	0,700 kg Direkttiefschwarz E extra
	0,100 „ Igepon
	10,000 „ Glaubersalz

Abb. 186. *Ätzproben aus Japantwill (Reinseide) (vgl. Textrezepturen S. 393)*

Nr.	Muster	Nr.	Muster
1	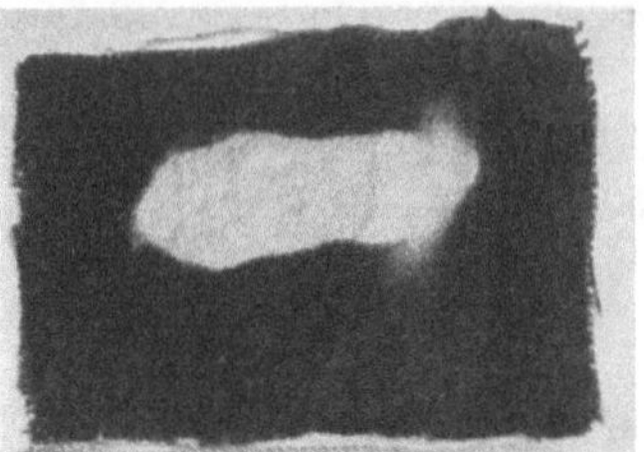	6	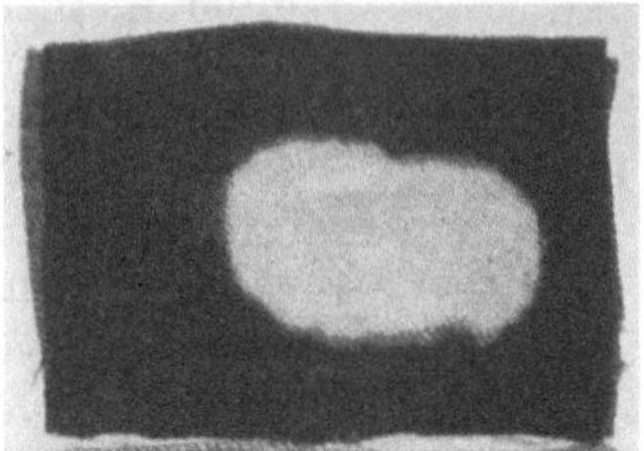
2	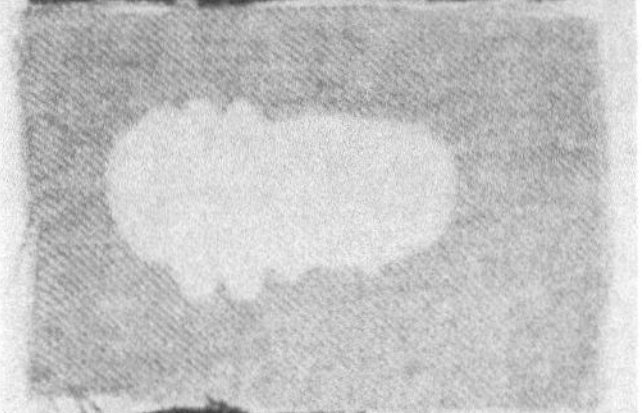	7	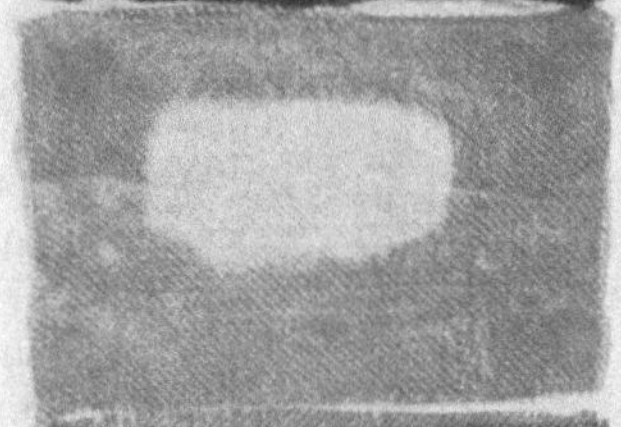
3		8	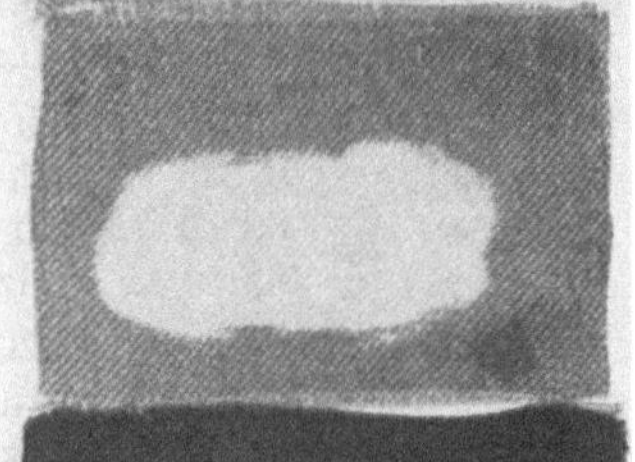
4	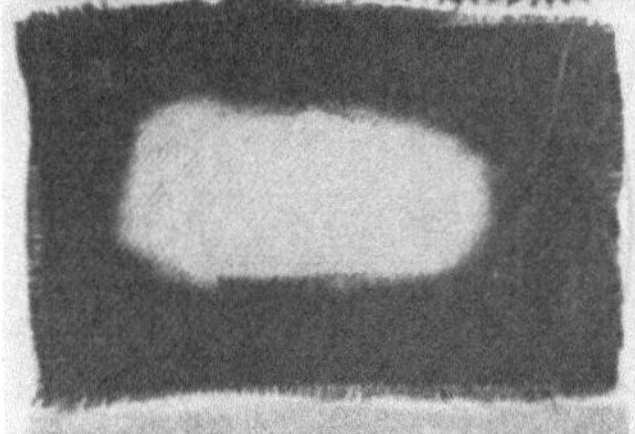	9	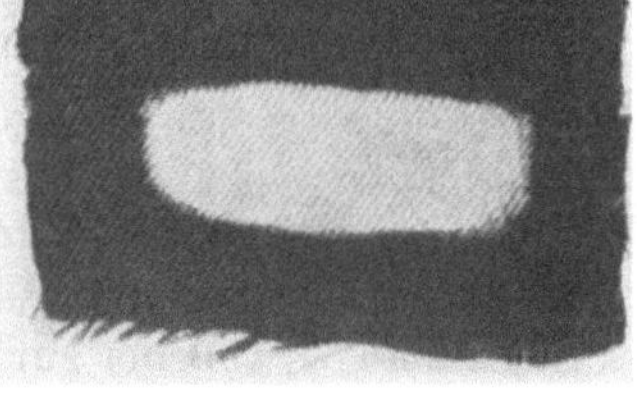
5	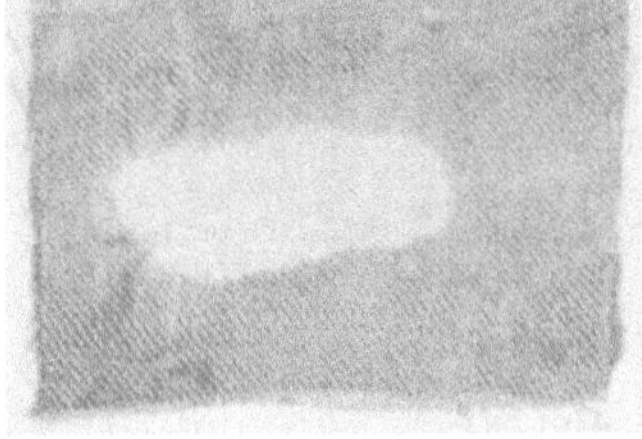		

Als Marineblau ist auch eine Kombination von zirka 6% Sulfoninschwarz 4BN (Sa) nuanciert mit Sulfoninrot RS (Sa) und Seidenechtgelb (Sa) zu verwenden.

Zum Schwarzfärben können stehende Bäder mit 30 g pro Liter Seidenätzschwarz JA Anwendung finden. Man färbt 10 bis 15 Minuten (so kurz wie möglich) kochend, haspelt sofort in ein nebenstehendes Spülbad, spült gründlich und behandelt dann mit Formaldehyd-Essigsäure (3% Aldehyd, 1% Essigsäure 30%) zur Verbesserung der Wasser- und Waschechtheit.

Statt der angeführten Produkte sind verwendbar geprüfte Marken von:

(Ci) Direkthimmelblau grünlich, Direktscharlach G, Chlorantinlichtrot 5BLL, Baumwollgelb CH, Direktdunkelgrün S.

(Gy) Diphenylchrysoin 3G, Diphenylechtscharlach RS, Diphenylreinblau FF, Diphenyldunkelgrün B konz.

(Sa) Direktgelb CV, Chloraminechtscharlach, Solarrot 3B, Chloraminreinblau FF, Chloramindunkelgrün B, Direktgrün B.

Die ICI empfiehlt für Weißätzen folgende Farbstoffe (substantiv):

Chlorazolechtorange G 125, -orangebraun X 150, 2RS, -echtbraun HRL, -braun LF 150, BS, -bordeaux 6B 150, -echthelio 2RK 200, -violett R 200, -azurin G 200, -blau RW 200, B 200, G 150, -azur FF 200, GW 400, -grün BN 125, -schwarz GF 200.

f) Seidenstück auf Eisen-Blauholzschwarz

Die Ware muß vor dem Färben mit Eisenverbindungen grundiert werden. Dies erfolgt zweckmäßig am Doppelhaspel (Abb. 431). Man nimmt 6 Passagen à 1 Minute durch ein kaltes Bad von „salpetersaurem Eisen“ (6 bis 10° Bé). Die fälschlich als „salpetersaures Eisen“ bezeichnete Lösung ist eine solche von basisch-schwefelsaurem Eisen und wird durch Auflösung von Eisenspänen in verdünnter Schwefelsäure hergestellt, wobei nach der Lösung der Eisenspäne soviel HNO_3 zugesetzt wird, als zur Oxydation in die dreiwertige Stufe erforderlich ist. (Name.) Die Lösung ist braunrot.

Die Kufe ist mit Eisenblech ausgekleidet. Nach dieser Behandlung wird die Ware durch ein Bad mit 40° C warmem Wasser genommen, nach gründlichem Spülen geseift, warm und kalt gespült und dann auf ein Bad von 50% oxydiertem Blauholzextrakt auf Ware mit 150 l Bastseifenlösung pro 500 l Flotte ½ Stunde bei 80° C gefärbt, gespült und getrocknet. Sollten in der Ware bronzige Stellen sein, dann behandelt man sie in einem Bade kochend mit 3 g HCl 30% pro Liter Flüssigkeit, wäscht, beizt neuerlich mit Eisensalz und wiederholt die Ausfärbung.

Die Färbung der Seide ist mit substantiven oder schwach sauer bzw. neutral ziehenden Säurefarbstoffen ebenso möglich.

Chappetafte sind gegen Brüche (Cassuren) außerordentlich empfindlich. Sehr schwere Waren, 110 cm breit, 75 yards gleich 3,20 kg laufen auch am Benninger-Jigger schlecht, da trotz Sorgfalt Falten auftreten, die nicht mehr zu entfernen sind. Die Ware muß am Sternreifen gebleicht oder gefärbt werden, wobei beim Eindrehen der Sternreifen in die Behandlungsbäder langsam und vorsichtig gearbeitet werden muß. Die Ware geht schwer unter, schwimmt leicht auf und enthakt sich vom Stern. Das Aufziehen (Haken) der Chappetafte darf nicht zu dicht erfolgen. Man muß genügend lange färben, um wolkige Stellen zu vermeiden. Die von der Aufhängung öfters auftretenden schwachen Falten gehen beim Spannen leicht weg.

g) Seidenstückfärberei mit Küpenfarbstoffen

Es kamen leichte Chappetafte in Rosa und Citron zur Ausfärbung. Die Ware wurde nach dem Verfahren IK am Jigger gefärbt. Auch Partien am Sternreifen ergaben gute Resultate. Trotz der Verwendung der angegebenen Laugen- und Hydrosulfitmengen konnten keine Faserschädigungen beobachtet werden. Rosatöne wurden mit etwa 1% Indanthrenrot BK unter Zusatz von Leim zur Färbeflotte gefärbt.

Eine mittelrosa Färbung erfolgte nach Verküpung von 5% Indanthrenrot BK mit Ammoniak bei 50° C mit der normalen Menge Hydrosulfit konz. pur und 1,8 cm³ NH_3 25% pro Liter Bad sowie 1 g Leim. Küpe und Anfärbung gelbrot. Gefärbt wurde 1 Stunde kalt.

Hernach wurde gespült, gesäuert, gespült, geseift und nochmals gespült.

3. Das Färben erschwerter (chargierter) Seide

Um den Färbeprozeß dieses Materials und seine eventuellen Begleiterscheinungen voll zu beherrschen, ist es unerläßlich, wenigstens das Wesentliche über den Erschwerungsgang der Naturseide zu wissen.

a) Die Seidenerschwerung

Rohseide verliert bekanntlich beim Abkochen zur Entfernung des sogenannten Seidenleims, des Serizins, auch Bast genannt, je nach Qualität 20 bis 30% an Gewicht. Da die Seidenfaser nun einen teuren Textilrohstoff darstellt, hat man durch ihre Erschwerung den Gewichtsverlust, der beim Abkochen des Gespinstes des Bombyx mori (der Seidenraupe) eintritt, ersetzt. Ja, man ging sogar weit darüber hinaus, indem man Erschwerungen vornahm, die bis zu 120% über pari, das heißt 120% über das Gewicht der ursprünglichen Rohseide hinaus, betrugen. Mit anderen Worten, dem Seidenfaden wurden bis zu 150% Fremdbestandteile einverleibt. Es ist klar, daß derartige höchsterschwerte Seiden in ihren wertvollen Eigenschaften, wie Tragfestigkeit und Dehnung, gelitten hatten und die daraus erzeugten oder so hoch erschwerten Textilien dem Wesen nach einem Betrug am Käufer gleichkamen.

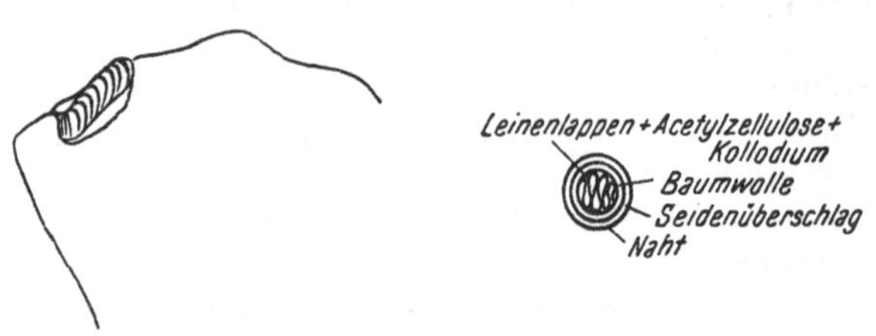

Abb. 187. Das Einrollen von Zollstempeln.

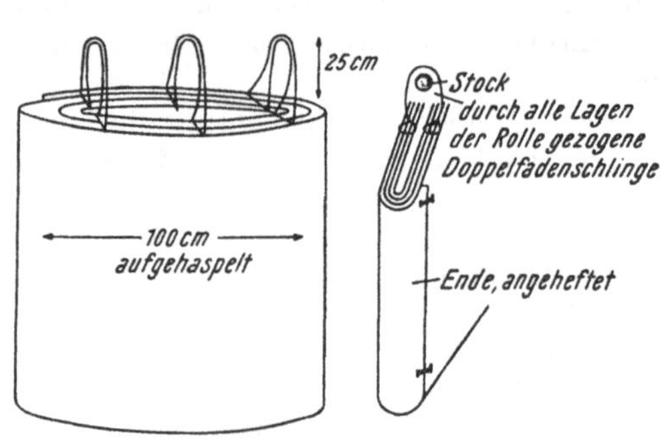

Abb. 188. Entbasten in Buchform.

Durch Konvention wurde daher für Gewebe festgelegt, daß sogenannte Crêpe-de-Chine-Qualitäten nicht über 30 bis 40% über pari, Georgetteartikel ebenso hoch und Marocaingewebe bis 40 bis 50% über pari erschwert werden dürfen.

Die Erschwerung der Seide kann nun im Strahn oder, technisch schwieriger, jedoch für Webereien wirtschaftlicher, im fertigen gewebten Stück erfolgen.

In jedem Falle findet vor dem Erschwerungsgange das Abkochen (Entbasten) der Seide statt. Zur Schonung der alkaliempfindlichen Seidenfaser wird hierzu ausschließlich reine alkalifreie grüne Marseiller Seife in Konzentrationen von 30 g pro Liter verwendet. Kalkseifenfällungen werden durch Gebrauch von enthärtetem Wasser vermieden. Die Dauer des Entbastens hängt von der Art der Rohware ab. Gelbbastige Seide benötigt hierzu längere Zeit als weißbastige.

Strahnseide wird vorteilhaft im Schaumabkochapparat bzw. auf der Barke oder einem der bekannten Strahnfärbeapparate mit rotierenden Walzen (Gerber) entbastet. Das Abkochen von Stückware ist weniger einfach, da hier zwecks Vermeidung von Brüchen (Cassuren), Wetzstellen, Blanchissuren (Duvet) usw. je nach der Warendichte (Quadratmetergewicht) vorgegangen werden muß. Leichte Georgette- bzw. Crêpe-de-Chine-Gewebe werden in Buchform, auf Stöcken hängend (vgl. Abb. 188) oder auch gefaltet (Plie) aufgehängt (vgl. Abb. 190) abgekocht.

Die Stöcke sind 140 cm lang, haben 5 cm Durchmesser und besitzen 3 Kerben für die Aufhängeschnüre.

Vor dem Abkochen wird meist über Nacht genetzt, das heißt, in eine Lösung

Abb. 189. Aufrollhaspel für Buchherstellung von Seidenstück.

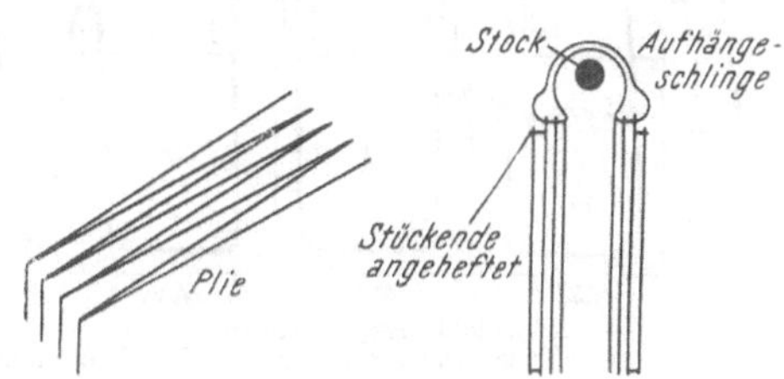

Abb. 190. Aufhängen im Plie.

von 0,5 kg Soda sicc. und 0,1 g NH_3 pro Liter eingelegt. Neben dem Annetzen wird in diesem Bade auch gleichzeitig die saure Blendfarbe der Links- bzw. Rechtsdrahtfäden im Gewebe entfernt.

Das Aufrollen der Ware findet auf Haspeln (s. Abb. 189) statt, die die entsprechende „Buchbreite" liefern und deren Holme mit Kunststoff verkleidet sind.

Die Aufhängung im Plie ist analog.

Abgekocht wird stets in zwei Stufen: die Stücke werden, am Stock hängend, in der dicht bei Kochtemperatur gehaltenen Kufe verschoben und zirka $1\frac{1}{2}$ bis 2 Stunden behandelt. Bei großen Partien und Temperaturabfall in der Kufe von der Dampfeintrittsstelle zum anderen Ende (oft bis 5° C) ist ein Versetzen der Stöcke, wie sie in der Strahngarnfärberei üblich ist, notwendig. Nach dem Abkochen, das nur die Hauptmenge an Bast entfernt hat, gelangen die Stücke bzw. die Seidengarne in das gleich zusammengesetzte sogenannte Repassierbad. Die Behandlung für Garne im Schaum dauert $\frac{1}{2}$ Stunde, Garne und Stücke in der Kufe bleiben 1 bis $1\frac{1}{2}$ Stunden in Behandlung. Das den Bast enthaltende Abkochbad wird in einem Reservoir aufbewahrt. Die Bastseifenlösung ist ein wertvolles und unentbehrliches Hilfsmittel bei der Färbung erschwerter Seide. Das gebrauchte Repassierbad wird als Abkochbad für eine neue Partie Seide verwendet. (Abb. 192.)

Stark gelbbastige Seide, die oft recht lange abgekocht werden muß, um bastfrei zu werden, kann man auch derart behandeln, daß man sie zirka 30 bis 40 Minuten bei 70° C auf eine Flotte von zirka 2 g HCl 30% pro Liter nimmt, nachher gut spült und dann erst abkocht.

Nach dem Spülbad auf der Wanne (Kufe) wird leichte Georgetteware vollständig seifenfrei auf Kontinuewaschmaschinen mit Spritzrohren (vgl. Abb. 191) gewaschen. Es ist klar, daß die Ware vollkommen rein in die schwach sauren Pink- ($SnCl_4$-) Bäder der Erschwerung kommen muß. Jede Spur von Seife würde zur Ausscheidung von Fettsäure führen und damit zur Verschmutzung der Pinken und zur Erzielung fleckiger Stücke Anlaß geben.

Das Spülen von Strahnseide erfolgt auf den mechanischen, mit Spritzeinrichtungen versehenen Gerberapparaten oder durch genügend zahlreiche Bäder auf der Wanne. Wichtig ist, daß die Ware schwach sauer in die eigentliche Erschwerung gelangen soll, weshalb in jedem Falle ein ganz schwaches HCl-Bad gegeben werden soll. Abgekochte Ware soll nach dem Zentrifugieren sofort zum Erschweren kommen. Ihr Liegenlassen ist nicht günstig. Ist es für längere Zeit nicht zu vermeiden, dann ist säurefrei zu waschen und zwischenzutrocknen.

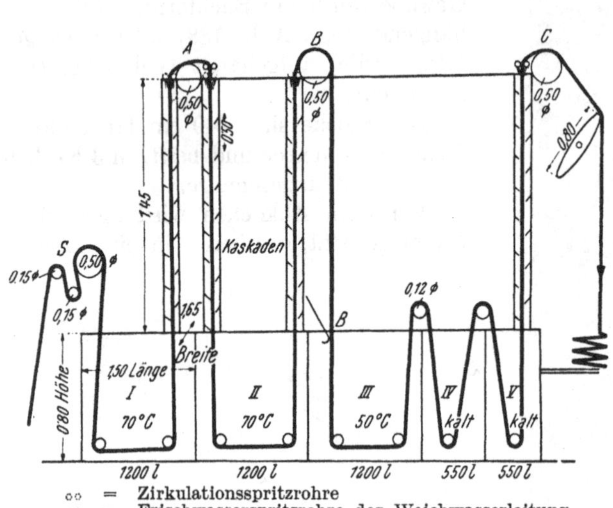

Abb. 191. Kontinuewaschmaschine für leichte Crêpe-de-Chine- und Georgetteware (Betriebskonstruktion), Kaskadenmaschine. Maße in Metern, Maschinengeschwindigkeit etwa 12 m/Minute. Die Maschine läuft ausschließlich auf Weichwasser. *I*, *II*, *III* Kammern mit warmem Weichwasser; *IV* Säurekammer (3 g HCl/Liter); *V* kaltes Weichwasser; *A*, *B*, *C* angetriebene Haspel; *S* Einlaufhaspel (ungebremst); *B* Kupferblech.

Zeitstudien beim Stückentbasten auf der Kufe:

Einziehen von 50 Stück auf Stöcke: 2 Mann, 20 bis 25 Minuten, einer taucht die Stücke dabei in die Netzflotte.

Netzen (bewegen): 1 Stunde, 2 Mann, dann einlegen (10 Minuten), ausheben, auf die Abkochkufe aufsetzen: 25 Minuten, 2 Mann tragen, einer taucht die Stücke unter.

Vorkochen: 2 Mann, $1\frac{1}{2}$ Stunden.

Übertragen auf die Repassierbad: 2 Mann, 25 Minuten.

Repassieren: 60 bis 80 Minuten.

Übertragen auf die Waschbarke: 25 Minuten, 2 Mann.

Waschen (für die Ware, die auf die Kontinuewaschmaschine geht): 15 Minuten.

Aufschlagen auf Tragen, Abschneiden der Fäden und Nähen: 3 Mann, 35 Minuten.

Totalarbeitszeit von 50 Stück 5 bis 6 Stunden.

Maximal, wenn die Stücke über Nacht genetzt werden und 4 Mann arbeiten, davon 2 kontinuierlich, können daher in $8\frac{1}{2}$ Stunden zirka 5 Partien entbastet werden, das sind 200 bis 250 Stück täglich. (Zirka 300 bis 500 kg Ware.)

Der Temperaturverlust an offenstehenden Abkochbädern beträgt über Nacht 30° C (90° C $\longrightarrow$ 60° C); die Flottenmenge verringert sich durch Verdunstung um 10 cm, das sind 10%. Es sollte daher stets ein Abdecken der heißen Seifenflotten stattfinden.

Über den Entbastungsverlust verschiedener Stückqualitäten wurden folgende Ergebnisse ermittelt:

Georgette a	32 bis 33%	Crêpe de Chine I	30%
„ b	26%	„ „ „ II	30%
„ c	28%	„ „ „ III	32%
„ d	36%	„ „ „ IV	30%
„ e	31%	„ „ „ V	30%
„ f	32%	„ „ „ VI	30%
Mittelwert	33%	„ „ „ Tücher	26%
		Mittelwert	30%

Mongol g	32%
Satin h	27%
Marocain k	33%
„ l	35%
Crêpe romain m	36%

Crêpe-de-Chine-Ware passiert Waschmaschinen vorteilhaft auf Transportnetzen in feingefältelter Form. Auch hier bespritzen Rohre die passierende Ware. Die Maschinen sind ähnlich wie die auf S. 199 gezeigte.

Die Entbastung von schwereren Stückqualitäten erfolgt am Sternreifen in Rundbottichen. Ein Reifen, der am besten aus rostfreiem Stahl (V4A) hergestellt ist, kann bis zu 300 m Ware aufnehmen. Die meist auf Holzrollen aufgewickelten, aus der Weberei kommenden Stücke werden mittels Haken auf eigene Ständer senkrecht gehängt und, von der Rolle ablaufend, direkt am Sternreifen eingehakt. Da ja meist Kreppqualitäten verarbeitet werden, die bei der Kreppbildung aus den stark gedrehten Zwirnen (Georgette besitzt in Kette und Schuß Kreppzwirn 2 Rechts-, 2 Linksdraht, Crêpe de Chine nur im Schuß abwechselnd 2 Faden Rechts- bzw. Linksdraht) einlaufen, muß das Einhaken durchhängend erfolgen, damit die Stücke einspringen können (Abb. 193, links) und nicht etwa straff (Abb. 193, rechts).

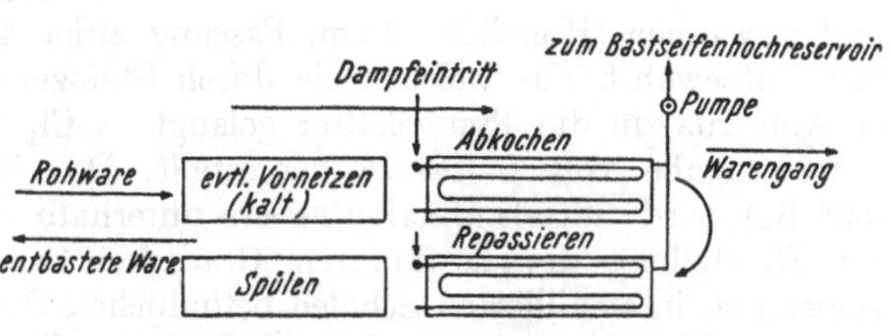

Abb. 192. Anlage zum Abkochen von Stückseide in Buchform.

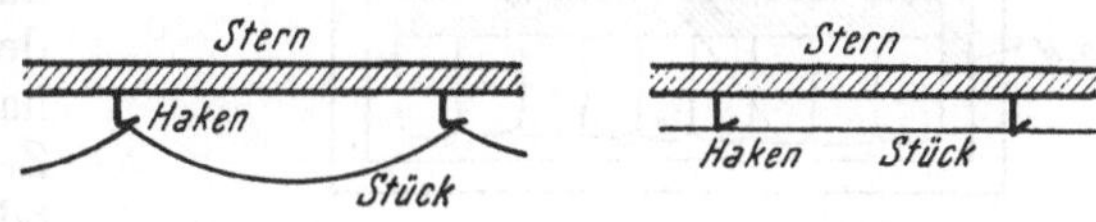

Abb. 193. Aufhaken am Sternreifen.

Letztere Aufhängung würde unweigerlich zu eingerissenen Lisieren (Stückrändern) führen.

Die am Stern aufgehakte Ware wird nun im wesentlichen in den gleichen Bädern behandelt, wie vorgehend geschildert. Die Bewegung des Gutes in der Flotte kann naturgemäß nicht so weitgehend vorgenommen werden wie bei Strahngarn oder Stücken in Buchform. Der Stern wird lediglich gehoben und gesenkt. Dies erfolgt durch einen Holzbalken, dessen eines Ende den Sternreifen, dessen anderes Ende eine Rolle trägt. Diese Rolle läuft auf einem angetriebenen Kardioidexzenter (Abb. 194).

Die Form des Exzenters und die Antriebsgeschwindigkeit bewirkt, daß sich der Sternreifen etwa zweimal pro Minute hebt und senkt, wobei der Hub doppelt so rasch als die Senkung erfolgt.

Das Waschen der so abgekochten empfindlichen Ware erfolgt am Stern, eventuell durch Abspritzvorrichtungen für denselben. Ein Waschen auf Maschinen hat sich nicht bewährt.

Die gut entbastete Ware kommt nun, wenn es sich um Stückware handelt, im Plie (gelegt) in die Erschwerung, Strahngarn als solches leicht eingedreht. Der Erschwerungsvorgang erfolgt im wesentlichen noch immer so, wie ihn NEUHAUS anwandte. Die Ware wird in Zinntetrachloridlösung von 22° Bé oder 30° Bé 1 Stunde oder über Nacht eingelegt. Die Zinntetrachloridlösung ($SnCl_4$), auch Pinke genannt, befindet sich dabei für Strahngarn in mit Hartgummi ausgekleideten Zentrifugen (Abb. 196) (Hängezentrifugen) oder (für Stück) in Hängezentrifugen oder in Holzwannen (Holzdicke 6 cm, Fassung zirka 4000 l). Sie wird in Tiefbehältern aufbewahrt, aus welchen sie durch Steinzeugrohre und Steinzeugpumpen (s. Abb. 203) in die Pinkbehälter gelangt. $SnCl_4$ wird durch Auflösen in H_2O unter Zugabe von Salzsäure hergestellt. Das in Drums einlangende $SnCl_4$ (59° Bé) wird mittels Überlaufhebers unterhalb des Flüssigkeitsspiegels einer zur Herstellung der bestimmten Grädigkeit ausreichenden, mit HCl konz. versetzten, in emaillierten Schalen befindlichen Wassermenge langsam zufließen gelassen. Die so angesetzte Lösung fließt in die Tiefreservoire.

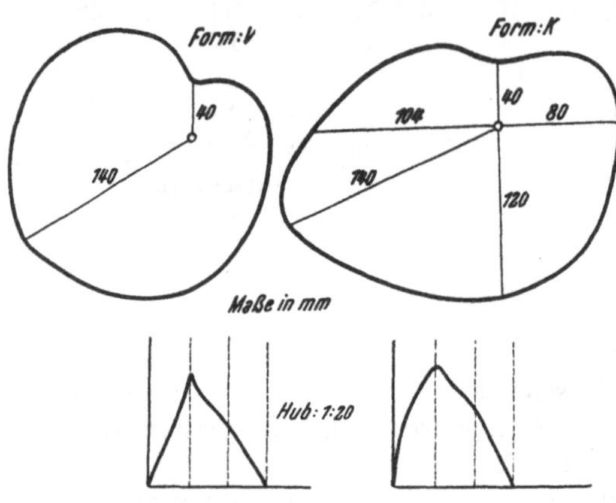

Abb. 194. Exzenter für Sternreifenbehandlung.

Nach dem Pinken der Ware wird in derselben durch Waschen mit Wasser (nicht enthärtet) $Sn(OH)_4$ niedergeschlagen. Das Waschen erfolgt nach einem gründlichen Ausschleudern der Ware auf einen Feuchtigkeitsgehalt von maximal 50%. Die Pinke muß möglichst weitgehend aus dem Textilgut entfernt werden. Der Zentrifugenabfluß, es handelt sich meist um dieselben Zentrifugen, in welche die Stücke oder das Garn eingelegt werden, gelangt ebenfalls in die Tiefreservoire für gelöstes $SnCl_4$, die stets, auch im Sommer, nie über 12° C haben sollen (Verhinderung einer Teilhydrolyse des $SnCl_4$ in der Lösung usw.). Das Ausschleudern erfolgt mit in allen Teilen mit Hartgummi überzogenen Hängezentrifugen (Pinkzentrifugen).

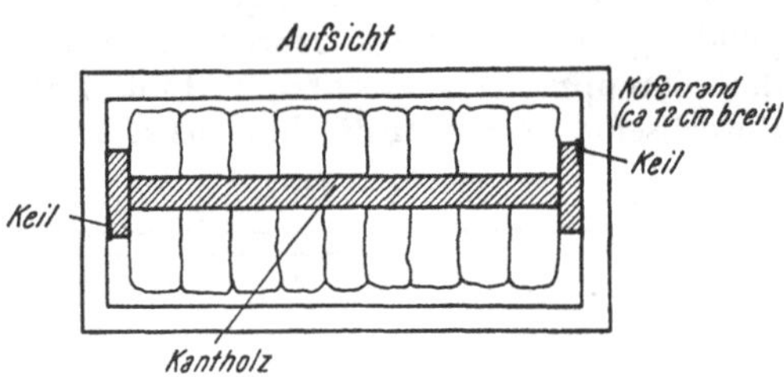

Abb. 195. Pinken in Holzwannen.

Gewaschen wird Strahngarn auf Kufen oder auf Gerber- und ähnlichen Apparaten, Stückware auf Waschmaschinen, wobei die Ware die Maschine in mehreren Etagen, von wasserführenden Rohren bespritzt, passiert. Der Wareneinlauf findet über eine Tauchwanne statt, in welcher Wasser mit großer Geschwindigkeit strömt.

Das Waschen am sogenannten Spritzrohr (Abb. 197) (für leichte Gewebe in Buchform vorgeschlagen) konnte sich nicht bewähren, da die Stücke sich leicht verdrehen und es zum Einreißen der hier mit Sicherheitsnadeln zusammengehaltenen Stücklisieren kommt.

Nicht bewährt wegen der Ausbildung stagnierender Schichten und daher schlecht auswaschender Wirkung hat sich für Gewebe eine Rollenwaschmaschine mit Spritzrohren, die einer „Phosphatier"-Maschine, der Maschine zur Ausführung des noch zu schildernden Arbeitsganges, der auf das „Zinnwaschen" nach dem „Pinken" folgt, vorgeschaltet war. Die Ware kam sehr zinnhaltig und stark sauer in das Phosphatierbad. Die Folge davon waren rauhe Stücke mit geringer Festigkeit (Fabrikskonstruktion).

Der Warentransport erfolgt bei Etagenwaschmaschinen für Stück auf Transportnetzen aus gummiertem Spagat. Die Gummierung schützt den Spagat vor dem zerstörenden Einfluß der gebildeten Säure (Abb. 200).

Die Abwässer der Zinnwäsche werden in großen Reservoiren gesammelt, das bei langem Stehen ausgeschiedene $Sn(OH)_4$ [es ist fein verteilt in der Wasch-

Abb. 196. Pinkzentrifuge.

Abb. 197. Spritzrohr zum Waschen von leichten Geweben in Buchform.

flüssigkeit und bildet erst nach längerer Zeit (einigen Tagen) einen Schlamm größerer Teilchen] durch eine Filterpresse geschickt und an Zinnhütten verkauft (Abb. 202).

Beim Waschen (Hydrolyse des aufgenommenen $SnCl_4$) in verschiedenen Apparaturen wurde pro Kilogramm Ware im Stück folgende Wassermenge verwendet:

1. Waschen auf der Kaskaden-Kontinuemaschine pro kg zirka 420 l. Pro Quadratmeter Oberfläche wird mit 1,7 cbm Wasser bespritzt.

2. Waschen auf den Spritzrohren. Wasserverbrauch je Stunde 120 cbm. Gewaschene Ware: 20 Doppelbücher pro Haspel, das sind für 4 Haspel $4 \times 20 \times \times 2{,}4$ kg $= 192$ kg, daher 650 Liter pro Kilogramm (Abb. 202).

3. Waschen auf der Terrassenwaschmaschine (Abb. 199). Pro Stunde 100 cbm. Warendurchlauf zirka 120 Stück, das ist $120 \times 1{,}3 = 156$ kg. Daher Verbrauch pro Kilogramm 620 Liter. Pro Quadratmeter Oberfläche wird mit 2,8 cbm Wasser bespritzt.

4. Waschen auf der Rollenwaschmaschine (s. S. 409). Verbrauch pro Stunde 80 cbm. Warenmenge = 60 Stück à 2,4 kg = 144 kg. Wassermenge daher 550 Liter pro Kilogramm.

Aus den gefundenen Werten ergibt sich für den Fall 4 die Tatsache, daß die Wäsche, beurteilt nach dem Wasserverbrauch, z. B. gegenüber der Kaskadenmaschine eine sehr gute sein müßte, daß aber eben das in der Konstruktion liegende Vorhandensein schmaler Passagen die schon angeführte Bildung stagnierender Flüssigkeitsschichten fördert und der Wascheffekt ein vollständig ungeeigneter war.

Abb. 198. Steinzeugpumpen für die Pinke.

Dies zeigen folgende Untersuchungsergebnisse:

Crêpe de Chine, 47 g pro Quadratmeter. Gepinkt, hernach gewaschen auf der Terrassenwaschmaschine: die Ware ist beim Verlassen der Maschine deutlich lackmussauer (Anpressen des Papiers an die Ware), abtropfendes Wasser: neutral.

Diverse Qualitäten, zirka 50 bis 55 g pro Quadratmeter. Gepinkt, dann gewaschen auf der Rollenwaschmaschine: Ware und abtropfendes Wasser sind stark kongosauer. Säuregehalt des Wassers: 3,36 g HCl pro Liter, Sn-Gehalt 0,077 g pro Liter.

Crêpe Mongol 30, 79,7 g pro Quadratmeter. Gepinkt, gewaschen auf der Terrassenwaschmaschine. Ware sauer, Wasser sauer. Säuregehalt des Wassers 0,0225 g HCl pro Liter. Kein Sn.

Gewaschen auf der Rollenwaschmaschine. Ware und Wasser sind deutlich sauer, Säuregehalt des Wassers: 2,247 g HCl pro Liter, Sn-Gehalt 0,085 g pro Liter.

Abb. 199. Etagenwaschmaschine.

Nach der durch das Waschen eingetretenen Totalhydrolyse des beim Pinken von der Ware aufgenommenen $SnCl_4$ zu $Sn(OH)_4$, dem „Zinnwaschen“, wird die Seide auf Bädern von sekundärem Natriumphosphat behandelt, „phosphatiert“. Der Phosphatgehalt (Na_2HPO_4) der Bäder beträgt 186 g pro Liter, deren Sodagehalt 0,50 bis 1,00 g pro Liter. Letzterer Wert schwankt innerhalb der genannten Grenzen deshalb, da die Ware je nach der Anzahl der bereits vorhergegangenen „Pinken“ trotz der Wäsche mit zunehmendem Säuregehalt in die Phosphatbäder gelangt. Eine Säuerung der Phosphatbäder ist aber unbedingt zu vermeiden. Es wurde gefunden, daß darin eine der Ursachen des Erhalts „morscher“, das heißt festigkeitsarmer Seiden liegt.

Auszug aus dem Analysenbuch der Untersuchung der verwendeten Phosphatbäder:

Datum	Partie Nr.	Zug	Sn-Gehalt	Na_2HPO_4	Soda	Nachsätze
15/10	886/87* Georgette	I	0,72	184,3	0,80	
	—**			161,4	0,55	110,0 kg Na_2HPO_4 2,0 „ Soda sicc.
	890/91***	III		183,8	0,83	
	—†			169,3	0,45	100,0 „ Na_2HPO_4 3,5 „ Soda sicc.

* Badzusammensetzung vor Aufbringen der Partie 886/87.
** Badgehalt nach dem Phosphatieren.
*** Badanalyse nach Zugabe der Nachsatzmengen.
† Bad nach dem Phosphatieren der Partie 890/91.

[Die Bäder werden bei 85° C geprüft, um Temperaturkorrekturen, die sich aus den veränderten Badgehalten bei Normaltemperatur usw. ergeben (Volumsänderungen), zu vermeiden.]

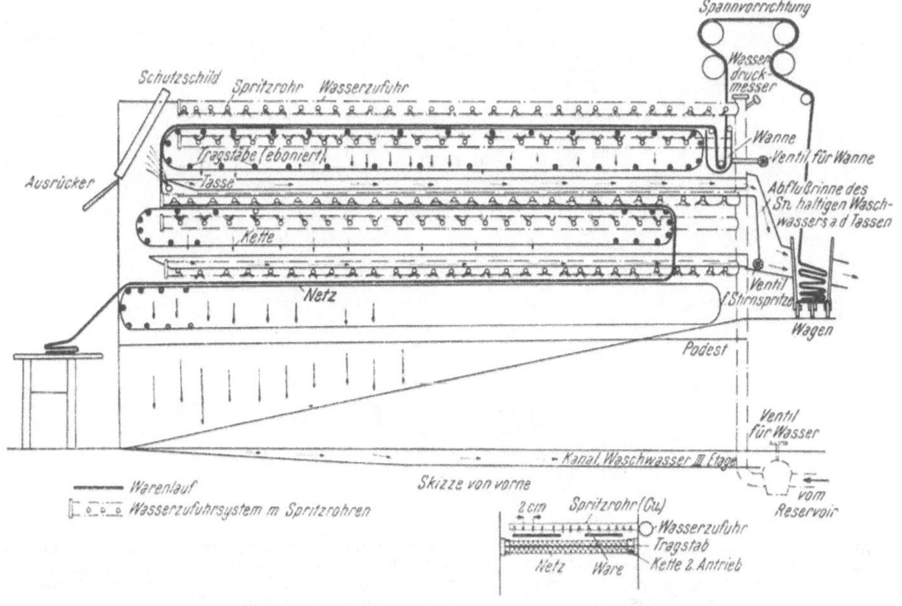

Abb. 200. Terrassen- (Etagen-) Waschmaschine.

Maschinengeschwindigkeit 20 m/min — Spritzrohrzahl:

Etage I: 29 m, „ II: 10 m, „ III: 24 m } min Netzgeschwindigkeit — I: 23 Stück, II: 10 Stück, III: 10 Stück

Maschinenlänge 7 m, Breite 3 m, Höhe 2,40 m, Netzbreite 2,50 m, Länge 6 m.

Strahnseide wird in Phosphatierzentrifugen, die ähnlich wie die Pinkzentrifugen gebaut sind (Abb. 197), behandelt, dann in derselben Zentrifuge geschleudert und schließlich auf Strahngarnwaschmaschinen gespült. Das letzte Spülbad enthält etwas HCl, damit die Ware, die wieder zum Pinken geht, sauer reagiert.

Die Aufeinanderfolge einer Pinkbehandlung, einer Hydrolysenwäsche und eines Phosphatierungsganges nennt man einen „Zug". Zur Erreichung einer Erschwerung bis pari 10% und pari sind etwa zwei Züge, bis 20 bis 30% drei Züge, noch höher vier Züge, darunter eine Pinkbehandlung mit nur 22° Bé $SnCl_4$ („schwacher Zug") notwendig. Am Schlusse des Erschwerungsganges erfolgt eine Silikatbehandlung, die die vorgeschriebene Erschwerungshöhe einstellt. Lediglich schwarz zu färbende erschwerte Seide kommt ohne Silikatierung in die Schwarzfärberei.

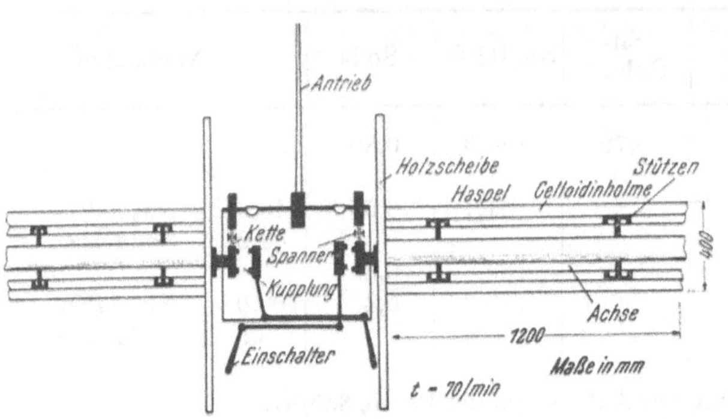

Abb. 201. Abrollhaspel für in Buchform gepinkte Ware, die am Sternreifen phosphatiert werden soll (vgl. S. 420).

Bei der Phosphatierung von gewaschener und geschleuderter Stückware leichteren Charakters (Georgette und leichter Crêpe de Chine) wird diese in Buch-

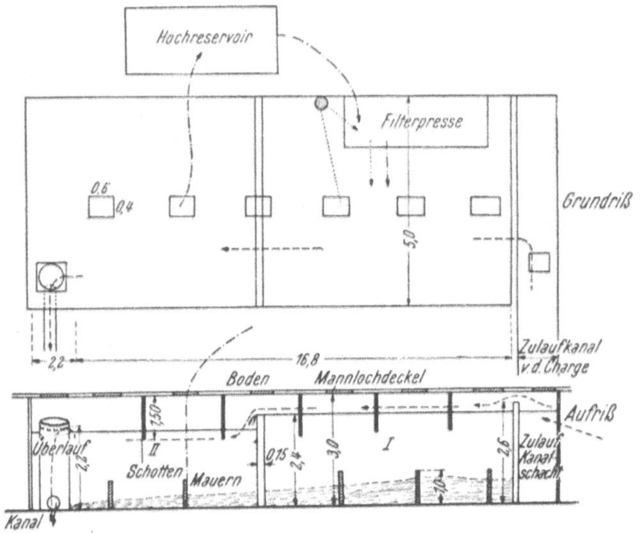

Abb. 202. Rückgewinnungsanlage für Zinnschlamm [$Sn(OH)_4$]. Fassung: zirka 190 cbm Abwasser. ——— Weg des Abwassers; ≡≡≡ $Sn(OH)_4$-Schlamm; —·— Weg des Hochpumpens des Schlammes und Lauf in die Filterpresse (mittels Dampfinjektors); ········ Weg des Schlammes in die Presse mittels Jauchepumpe, projektiert. Maße in Metern.

form gebracht und auf der Phosphatiermaschine mit beweglichen Haspeln (Abb. 203) behandelt. Die Maschine ist zweiseitig und faßt etwa 5400 Liter, das ist 2700 Liter pro Seite. Auf jeder Maschinenseite werden pro Haspel von Georgette zwei Stück, von Crêpe de Chine ein Stück pro Haspel aufgelegt. Die Stückenden sind angeheftet, die Stückränder mittels Sicherheitsnadeln zusammengefaßt. Das Buch soll etwa 85 cm breit sein. Die Haspelumdrehungszahl ist pro Arbeitsdauer (40 Minuten) 28mal, das ist 14mal nach einer und 14mal nach der anderen Richtung. Die Umstellung erfolgt etwa im halben Arbeitszeitraum. Eine

Haspelumdrehung und damit eine Stückpassage erfolgt daher in 20 : 14 = 1,4 Minuten oder zirka 80 Sekunden (Abb. 207).

Die Herstellung der erforderlichen Phosphatlösung wird in einem eisernen, 5700 Liter fassenden Hochreservoir vorgenommen, von welchem der Zulauf durch zwei dicke Rohrleitungen in die Holzwannen beiderseits der Maschine erfolgt. Das Phosphatieren soll bei einer zwischen 75° C und 60° C liegenden Temperatur geschehen, die mittels Fernthermometer (von der Maschinenmitte gemessen) aufgezeichnet wird (Abb. 207). Die Lösung läuft 80° C heiß in die Maschine.

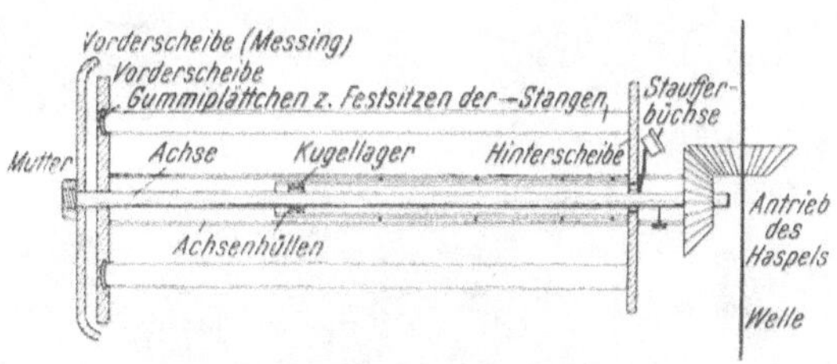

Abb. 203. Haspel der Phosphatiermaschine für leichte Stückware.

Nach dem Phosphatieren wird die Flotte hochgepumpt. Es wird mit 45° C warmem Spülwasser unter Inbetriebsetzung der Spritzrohre gespült, hierauf abgelassen und mit kaltem Wasser und dann mit durch HCl angesäuertem Wasser gespült (je 15 Minuten). Schließlich wird die Ware abgenommen, geschleudert (in Tüchern) und auf die Hälfte gefaltet wieder in die Pinkzentrifuge oder Barke eingelegt. Um ein Aufsteigen in der Holzkufe zu vermeiden, wird ein der Kufenlänge angepaßtes Kantholz über der Ware verkeilt (Abb. 195).

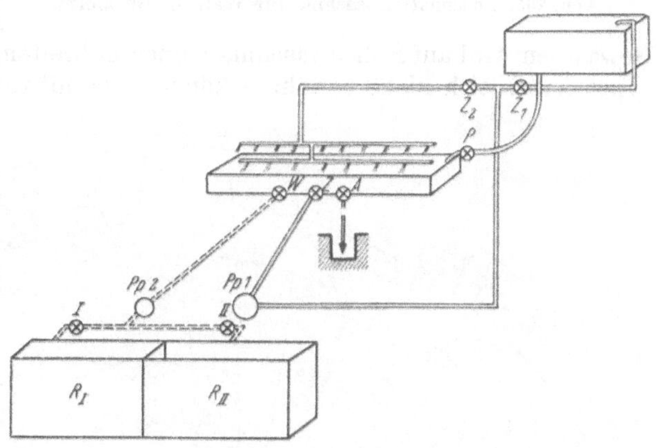

Abb. 204. Schema der Arbeitsweise der Phosphatiermaschine für leichte Ware (P II).
Z = Zirkulation vom Arbeitsbottich durch Pumpe *Pp 1* zum Hochreservoir wenn Wechsel Z_1 offen, zu Spritzrohren wenn Z_2 offen; Z_1 = Wechsel zum Phosphathochreservoir; Z_2 = Wechsel zu Spritzrohren; W = Wasserzulaufwechsel über *Pp* 2 aus den Reservoiren R_I und R_{II} wenn Wechsel *I* oder *II* offen; A = Ablaufwechsel in den Kanal; P = Zulauf der Phosphatflotte in den Arbeitsbottich aus dem Hochreservoir durch Eigengefälle; *I*, *II* = Wechsel für Waschwasser aus den Reservoiren R_I und R_{II}.
Arbeitsgang: Haspeln behängen, P auf, wenn Arbeitsbottich voll, zu. Nach Phosphatieren Pumpe *Pp 1* in Betrieb, Z auf, Z_1 auf, Z_2 zu. Phosphat ins Hochreservoir. Hierauf Z_1 zu, Z_2 auf, Pumpe *Pp 2* nach Öffnen von *I* (bzw. *II*) in Betrieb. Waschwasser strömt in den Arbeitsbottich und durch die Zirkulation durch die Spritzrohre. Wenn Waschzeit vorüber, *Pp 2* ab, *I*, Z zu, *Pp 1* ab, A auf. Waschwasser fließt weg usw.

Beim Phosphatieren leichter Qualitäten im zweiten Zug wird dem Phosphatbad wie beim ersten Zug 0,50 g Soda sicc. pro Liter zugesetzt, beim dritten Zug jedoch 1 g pro Liter. Ein Zuviel an Soda ist im Phosphatbad schädlich, da es Sn von der Ware ablöst. Eine gewisse Anreicherung an Sn im Phosphatierbad, welches nach jedesmaligem Gebrauch wieder auf 185 g pro Liter einzustellen ist (Laboranalysen) ist unvermeidlich. Ist der Sn-Gehalt auf 1 g pro Liter gestiegen, so ist das Bad unverwendbar geworden. Es wird abgelassen bzw. nach einer der verschiedenen vorgeschlagenen Methoden (vgl. S. 422) entzinnt. Meist ist diese Entzinnung unwirtschaftlicher als der Ansatz eines neuen Bades. Beim Phosphatieren in der Zentrifuge würde die Anreicherung an Sn wegen des geringen Flottenverhältnisses rasch erfolgen bzw. ist meist nach zwei Behandlungen erreicht. Man hilft sich hier so, daß man einen Teil der Flotte ablaufen läßt und mit reiner Phosphorsäure einstellt. Diese Einstellung mit reiner Phosphorsäure ist notwendig, wenn stark sodaalkalische Phosphatierlaugen für Ware nach der ersten Pinke zu benützen sind. Eine Wiederherstellung des Phosphatgehaltes durch Na_2HPO_4 würde die Alkalität ja nicht ändern.

Abb. 205. Phosphatiermaschine für Ware in Buchform.

Beim Phosphatieren schwerer Waren auf einer Kontinuemaschine erfolgt der Warentransport in der Phosphatlösung, gefältelt auf Spagatnetzen, die an Rollenketten befestigt sind. Gewaschen wird auf Rollenwaschmaschinen in breitem Zustande. Die Maschinentypen haben sich nicht bewähren können, da mit zunehmendem Warengewicht

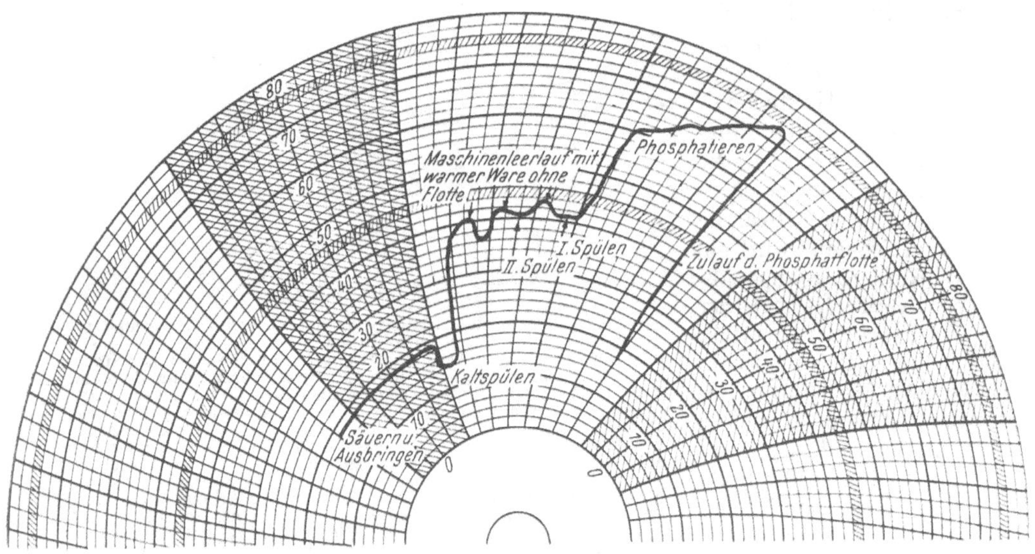

Abb. 206. Aufzeichnung des Phosphatiervorganges durch Fernthermometer.

und zunehmender Warensteife, insbesondere beim dritten Zug, Brüche und zahlreiche Wetzstellen auftraten (vgl. Abb. 211).

Die Kontinuephosphatiermaschine A III (Betriebskonstruktion)

Bearbeitet werden auf dieser Maschine nur schwerere Qualitäten, über 2 kg Stückgewicht, keine Georgetteartikel, da die Anlage sich dafür durch die zu große Dehnung, die sie der Ware gibt, nicht bewährt hat. Die Maschine besteht im wesentlichen aus vier Teilen:

1. Die erhöht stehende Rollenwaschmaschine, welche dazu dient, das Zinnchlorid in der Ware in das Hydroxyd überzuführen (Zinnwaschen), dann

2. die Vorbarke, welche die so gewaschene Ware im Gegenstrom mit einer 60° C heißen, an Phosphat angereicherten Waschwassermenge aus der Wasch-

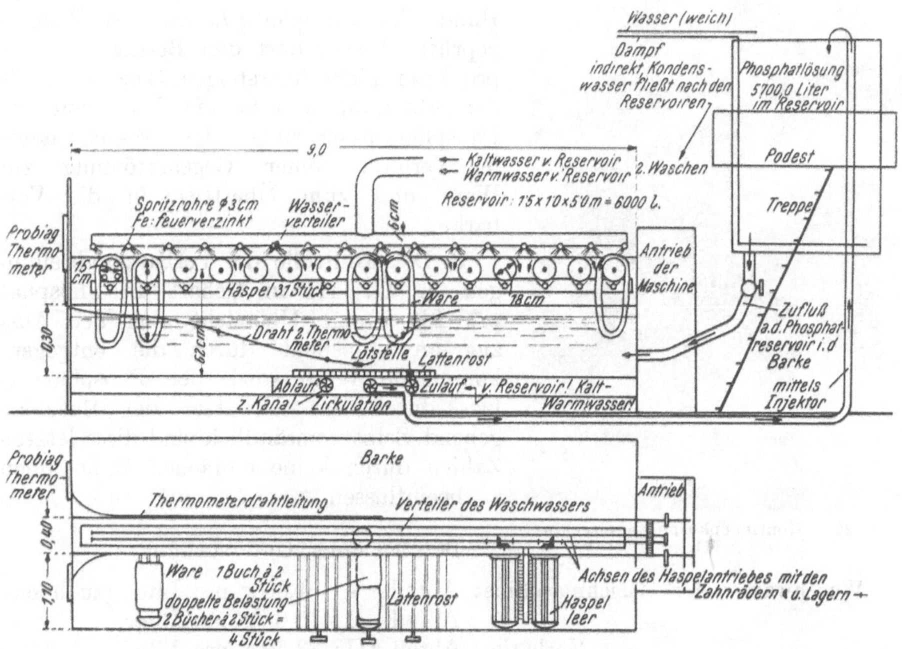

Abb. 207. Phosphatiermaschine für Ware in Buchform (P II).
Standard: 190/200 g Na_2HPO_4/Liter, 75° C. Fassung der Maschine: je Seite 125 kg = 4 bis 5 kg/Haspel à 1×2 Bücher à 2 Stück. Barkenvolumen einseitig zirka 3000 Liter, das heißt 2800 Liter Phosphatlösung; Rotation der Haspeln: 0,77 T/min (80 sec = 1 Umdrehung). Antrieb von Transmissionen. Maße in Metern.

maschine am Ende der Anlage in Berührung bringt, um dessen Phosphatgehalt auszunützen (Abb. 212).

3. Darauf folgt die eigentliche Phosphatiermaschine (Abb. 212) mit dem Phosphatbad, durch welches die Ware auf Spagatnetzen langsam durch die zirkulierende Lösung in gefalteter Form hindurchgeführt wird, um

4. schließlich in der Waschmaschine vom Überschuß des Phosphates befreit und abgesäuert zu werden. Aus dieser wird die Ware in Strangform abgelegt erhalten (Abb. 210).

Als der Badstandard für das Phosphatbad dieser Maschine gilt ein Phosphatgehalt zwischen 164 und 170 g Na_2HPO_4 krist. pro Liter, Badtemperatur 60° C; das Bad ist schwach sodaalkalisch, die Passierdauer beträgt 7 Minuten.

Die Maschine selbst läuft mit einer Geschwindigkeit von 30 Meter pro Minute.

Eine ständige Kontrolle der Bäder durch das Laboratorium ist notwendig.

Diese Kontrolle erstreckt sich:

1. Auf den Gehalt des Phosphatbades an Phosphat pro Liter, dessen Alkalität gegen Phenolphthalein sowie die Verfolgung der Zinnanreicherung im Bade.

Diese muß unter 1% bleiben, das heißt, es darf im Liter nie mehr als 1 g Zinn vorhanden sein.

2. Auf die Kontrolle der Waschmaschine, und zwar der Abteilungen 1 und 4 derselben. Davon ist die wichtigere die der Abteilung 4. Hier wird die Reinheit der die Maschine verlassenden Ware an Hand des Phosphatgehaltes des Wassers geprüft. Dieser darf den Betrag von 1 g pro Liter nicht übersteigen. Die Kontrolle der Abteilung 1 gibt ein Bild von der Phosphatanreicherung des Waschwassers im Verlaufe seiner Gegenströmung zur Ware und zum Übertritt in die Vorbarke.

Abb. 208. Kontinuephosphatiermaschine A III.

3. Die Kontrolle der Vorbarkenabteilungen I, II, III in Gehalt an Phosphat pro Liter, eine Übersicht über den Auszug an Phosphat durch die entgegenkommende Ware sowie den Phosphatverlust durch das Abwasser der Maschine gebend. Selbstverständlich sind diese letzten Zahlen durch keine einfachen Maßnahmen zu beeinflussen.

Beispiel einer Untersuchung:

Waschwasser der Waschmaschine:	Abteil 4:	1,80 g pro Liter (zu hoch)
	Abteil 1:	15,6 g pro Liter
Vorbarke:	Abteil III:	23,50 g pro Liter
	Abteil II:	20,49 g pro Liter
	Abteil I:	18,92 g pro Liter

Man sieht aus den Ziffern der Vorbarkenabteile, wie die entgegenkommende frische Ware dem dem Ablauf zuströmenden Wasser, welches sich durch den Waschprozeß an Phosphat angereichert hat, einen Teil desselben (zirka 10%) tatsächlich entzieht. Man ersieht aber auch daraus, daß, nachdem der Abfluß dieses phosphathaltigen Wassers mit einer Geschwindigkeit von 12,3 m pro Minute in den Kanal erfolgt, das sind bei einem Arbeitstag von 8 Stunden zirka 6000 Liter Wasser, damit wegen dessen Phosphatgehaltes von immerhin 18,92 g pro Liter noch etwa 114 kg Phosphat täglich in den Kanal gehen, das sind zirka 15% des gesamten Tagesverbrauches der Charge, oder etwa 27 bis 25% des Gesamtverbrauches an Phosphat der Phosphatiermaschine A III.

Abb. 209. Rollenwaschmaschine.

Die einzelnen Elemente der Anlage

1. *Rollenwaschmaschine:* Wasserverbrauch 72 cbm pro Stunde. Die Einführung in die Rollenwaschmaschine erfolgt durch eine Spannvorrichtung, s. Abb. 212, welche aus mit Mollino überzogenen Holzhaspeln, die durch an Riemen hängende Gewichte abgebremst sind, besteht. Über den Einlauf *E* gelangt die zinnhaltige Ware, welche Stück an Stück zusammengenäht wird, an den Spritzrohren *S* vorbei, die ein rasches Waschen gewährleisten, eine der für den Zinnwaschprozeß wesentlichen Bedingungen. Innerhalb der ersten 5 Sekunden muß die Ware vollständig und gleichmäßig mit Wasser durchtränkt sein, um einen klaglosen fleckenfreien Ausfall zu erzielen. In der Waschmaschine selbst wird sie über Gummiwalzen, welche durch seitliche Zahnräder angetrieben werden, dem einströmenden Weichwaschwasser entgegengeführt. Das Spritzwasser ist Hartwasser. Dies ist eigentlich ein Fehler. Die Anlage wurde später vollkommen auf Hartwasser umgestellt und nur die am Ende der Anlage liegenden Spritzrohre auf Weichwasser montiert. Das überschüssige Waschwasser fließt durch seitliche Überläufe in eine Holzrinne, welche es, reich an Zinnhydroxyd, in den Zinnschlammschacht abführt. Die Ware selbst passiert eine Quetschvorrichtung *Q 1*, die aus mit Mollino belegten Kupferwalzen besteht, deren obere durch einen mit Gewicht belasteten Hebel beschwert ist. Die Belastung kann vom Sitz aus durch Ziehen an einer Schnur, welche über Rollen zu dem Hebel läuft, aufgehoben werden. Ständig ist eine Arbeiterin beschäftigt, vom Sitze aus den Wareneinlauf zu überwachen und dafür zu sorgen, daß die Ware die Maschine, vor allem aber die Spritzrohre, auch wirklich in breitem Zustand passiert.

Abb. 210. Rollenwaschmaschine.

Abb. 211. Blick auf die Transportnetze der Kontinuephosphatiermaschine.

Außerdem ist es nötig, bei Zollware, welche aus dem Ausland kommt und den Zollkontrollstempel hat, der für den Arbeitsgang durch Gummihülsen geschützt wird, das Passieren dieser Gummihülsen an den Stückenden durch Heben der Quetschhebelvorrichtung zu ermöglichen, sonst würden die Stücke abreißen. Am besten werden solche Partien mit der nötigen Vorsicht zusammen durch die Maschine passieren gelassen, wobei an jeder an der Maschine vorgesehenen Quetschvorrichtung, also auch nach der eigentlichen Phosphatiermaschine und der Waschmaschine, ein Mann die Bedienung bzw. fallweise Aufhebung der Quetschung beim Passieren der angeführten Stellen vornehmen muß. Die Bauart der Rollenwaschmaschine ist sonst einfach, sie besteht im wesentlichen aus einer Reihe (6) von Abteilen, welche durch nicht bis zum Boden reichende Zwischenwände unterteilt sind. Der Zufluß des Weichwassers erfolgt etwas komplizierter als in der Skizze angegeben, dadurch, daß jedes Abteil für sich einen Zufluß besitzt, welche Zuflüsse von einem Hauptrohr gespeist werden.

Es soll noch darauf aufmerksam gemacht werden, daß die Rollenwaschmaschine auf einem Podest steht. Sie ist erhöht angeordnet, weil damit ein rascher Ablauf des Abwassers in die Zinngrube gewährleistet ist. Vielleicht ist sie besser bei anderen Ablagen ebenfalls zu ebener Erde zu placieren, wenn die Aufstellung so erfolgen kann, daß bis zur Zinngrube ein kurzer, gefällereicher Weg zur Ver-

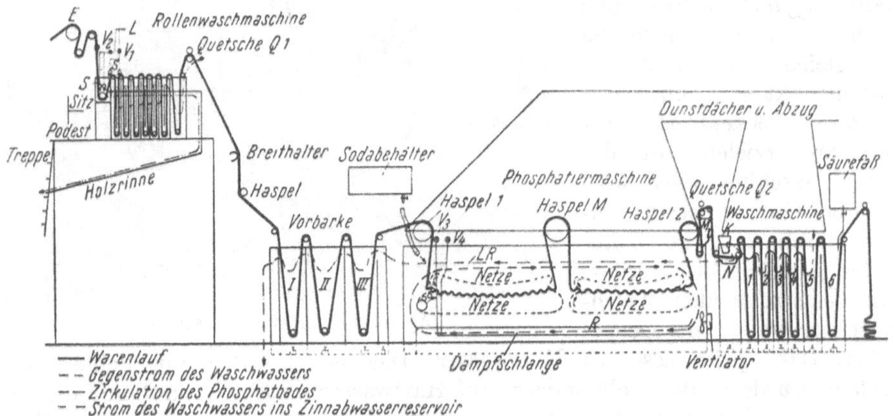

Abb. 212. Kontinuephosphatiermaschine A III. Betriebskonstruktion.

Standard des Bades: 164 bis 170 g Na_2HPO_4/Liter, 60° C, schwach phenolpht. alkalisch. Maschinendaten: Maschinengeschwindigkeit: 30 m/min in Rollenwäsche, Vorbarke und Waschmaschine; 1,3 m/min in Phosphatiermaschine (Netzgeschwindigkeit). Antrieb von Gemeinschaftstransmission. Länge der Phosphatiermaschine allein 9 m, Höhe zirka 2 m, Breite 1,5 m. Fassung zirka 15000 l Phosphatlösung. Strömungsgeschwindigkeit des Gegenstromwaschwassers ⋘ 3,5 l/sec. = per Minute 12,35 l, erhöht auf 20 l/min. Dauer der Vorbarkenpassage 27 Sekunden; faßt 12 m. Dauer der Waschmaschinenpassage 55 Sekunden; faßt zirka 25 m. 2-x-Dampf- und Wasserrohre; Dampfrohre isoliert. Phosphatiermaschine isoliert durch Holzgerüst mit Doppelschichte auf Stroh, Luft dazwischen. Wasserrohre bei Rollenwäsche ∅ 5 cm. L Leitungswasser, R Zirkulation der Flotte durch Wärmestrom, V_3, V_4 Ventile zu den Phosphatspritzrohren, die die Ware beim Einlauf bespritzen.

fügung steht. Ist dies nicht der Fall, so kann es passieren, daß bei reichlichem Zufluß von Waschwasser der Ablauf an den Einlaufstellen desselben überspritzt. Diese überspritzenden Wassermengen gelangen auf den Boden, fließen durch Ritzen und Spalten desselben ab und der an der vorderen Seite auflaufenden zinnhaltigen ungewaschenen Ware entgegen. Flecken auf derselben durch Hydrolyse an diesen Stellen sind die Folge.

2. *Vorbarke:* Sie dient hauptsächlich zur Ausnutzung des Phosphates des Waschwassers aus der am Ende des ganzen Aggregates stehenden Waschmaschine und überträgt einen Teil desselben auf die zinngewaschene Ware.

Das Gewebe gelangt von der Rollenwaschmaschine durch die Quetschvorrichtung *Q 1* über einen Messingbreithalter und eine kleine Haspel, welche aus Holzleisten, die mit Mollino überzogen sind, besteht, in die Abteilungen der Barke. Es sind deren drei und der Warenlauf erfolgt breit über Kupferwalzen. In der Vorbarke strömt das in das III. Abteil von der Waschmaschine einlaufende Waschwasser, welches durch die Leitung *LR* kommt, der Ware entgegen. Die einzelnen Abteile sind untereinander durch Überläufe verbunden, haben jedes ein Ventil am Boden zur Entleerung und sind mit Dampfleitungen zur Erwärmung des Wassers, welches mit einer Temperatur von zirka 40° C aus der Waschmaschine kommt, auf 60° C versehen. Gleichzeitig mit dem teilweisen Entzug des Phosphates aus dem Waschwasser wird auch eine Vorwärmung des Warenstranges, der ja kalt aus der Rollenwaschmaschine kommt, erreicht, so daß zu starke Schwankungen der Temperatur in der eigentlichen, auf die Vorbarke folgenden, Phosphatiermaschine vermieden werden. Durch einen Ablauf außen an der Stirnseite des Abteils *I* der Vorbarke läuft das Waschwasser dann als Abwasser in den Kanal.

Abb. 213. Die Kontinuephosphatiermaschine (Mittelteil).

Die Vorbarke faßt etwa 12 Meter Ware; die Passagedauer durch diese Maschine beträgt etwa 25 Sekunden. Auch hier erfolgt der Antrieb der Walzen durch Zahnräder und Ketten seitlich.

3. *Phosphatiermaschine:* Sie ist der Hauptteil der ganzen Anlage. Über die Beschaffenheit des Bades wurde das Nötige bereits vorausgeschickt.

Die Maschine besteht aus einem eisernen Bottich, um welchen aus Holz ein Gerüst gebaut ist, das zwischen zwei Schichten über Stroh aufgetragenen Zement eine Luftschicht enthält, welche als Isolator gegen die Wärmeverluste durch Ausstrahlung dient.

Über der Maschine ist auf einem Holzrahmen ein Dach aus Öltuch gespannt und ein Abzugkanal angebracht, der den Wasserdampf durch einen Ventilator ins Freie abführt.

Das Bad faßt zirka 150000 Liter Phosphatlösung und bleibt die ganze Woche in der Maschine. Samstags wird es durch einen Dampfinjektor in ein Reservoir geblasen, um die Maschine reinigen zu können.

Die Ware tritt über einen Haspel, welcher aus Messingstäben besteht, unter welche Mollino gespannt ist, in die Maschine ein. Der untergespannte Mollino hat den Zweck, ein eventuelles Umwickeln loser Enden um die Haspelstäbe zu vermeiden (Haspel *1*).

Vom Haspel läuft die Ware auf das Spagatnetz auf, das den Transport derselben durch das Phosphatbad besorgt. Das Netzsystem besteht aus einem Doppelnetz, so daß das obere Netz die Ware an das untere drückt und dieselbe eigentlich zwischen zwei Netzen läuft. Dabei liegt sie zufolge der gegenüber der Geschwindigkeit der Rollenwaschmaschine und Vorbarke von 30 m/min betragenden Netzgeschwindigkeit in vielen Querfalten im Bade. (Etwa 30 Meter auf 1,3 Meter gefaltet, also 22 Warenmeter pro Netzmeter. Die Faltenbreite beträgt also zirka 6 cm.) Der Netztransport in der Maschine erfolgt auf zwei Teilen, unter Zwischenschaltung eines Holzhaspels, Haspel *M*, der die Ware vom ersten Teil des Netzsystems auf den zweiten überträgt. Dies hat den Zweck, die Warenfalten dabei umzulagern, also zu vermeiden, daß während der ganzen Dauer der Passage die Falten an derselben Gesenkstelle bleiben. Im alkalischen Bade, welches Beschädigung der Ware durch Verwetzen usw. ja direkt begünstigt, ist dies keine übertriebene Vorsicht. Der zweite Haspel ist mit einem separaten Einrücker, gleich dem ersten, versehen und außerdem mit einem Konusscheibensystem, das seine Geschwindigkeit regulieren läßt und von unten aus durch eine Kurbel neben dem Haspel geregelt werden kann. Dadurch ist eine weitgehende Regulierung des Warenablaufes vom Netzsystem *I* auf das System *II* möglich.

Die Verhältnisse am zweiten Netzsystem sind dieselben wie vorher besprochen. Von hier läuft dann die Ware über den Endhaspel *2*, wieder aus Messingstangen und unterwickeltem Mollino gebildet, durch eine Quetschvorrichtung *Q 2* aus der Maschine aus. Am Ende der Rückwand, in diese eingebaut, sitzt der Ventilator, welcher die Phosphatflotte in einer Zirkulation von unten rückwärts nach vorne oben bringt. An dieser Auslaufstelle der Ware ist besonders darauf zu achten, daß der Abtransport der in Falten auslaufenden Ware durch die Waschmaschine, die sich hier anschließt, rasch genug erfolgt, da sonst, wenn das Netzsystem etwas mehr bringt, leicht ein Hineinziehen der Ware in die Flügel des Ventilators stattfindet und zum Zerreißen der Stücke führt. Unterhalb der oben besprochenen Quetsche *Q 2* befindet sich eine Rinne, welche die ausgequetscht hochwertige Phosphatlösung, zirka 3 l/min, wieder dem Phosphatbade mittels eines kleinen Rohres zuführt (M_0).

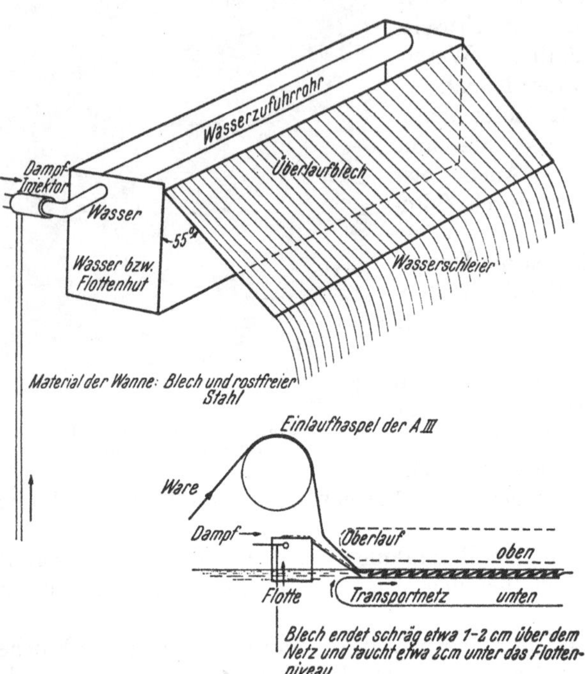

Abb. 214. Einlauf in die Phosphatiermaschine und Fältelung durch Überlauf.

Das Phosphatbad kann durch zwei an den Längskanten verlaufende Heizrohre, deren Ventile V_1, V_2 sich am vorderen Ende der Maschine befinden, auf die notwendige Temperatur gebracht werden und bei schwach geöffneten Ventilen auch darauf gehalten werden.

Während des Arbeitens verringert sich die Alkalität durch die Säurespuren, welche die Ware ins Bad bringt, ständig. Es wird daher aus einem besonderen Behälter in das Phosphatbad Sodalösung zutropfen gelassen. Die Schnelligkeit des Zulaufes ergibt die Praxis.

Neben der Reguliervorrichtung für den Haspel *M* in der Mitte der Maschine befindet sich die Regulierkurbel für die Schnelligkeit der sich anschließenden Waschmaschine, in Übereinstimmung mit den Auslaufverhältnissen am Phosphatmaschinenende, welche bereits erwähnt wurde.

Das aus den Heizschlangen resultierende Kondenswasser wird dem Phosphatbade durch eine Rohrleitung zugeführt.

4. Waschmaschine: An die Phosphatmaschine anschließend erfolgt das Waschen der überschüssiges Phosphat enthaltenden Ware sowie das Säuern derselben für den nächsten Pinkprozeß. Ist jedoch die Ware in der Vorcharge fertig, das heißt, kommt sie zur Wasserglasbehandlung, dann entfällt das Säuern und die entsprechende Abteilung in der Waschmaschine, die letzte, wird übersprungen.

Die Waschmaschine besteht im wesentlichen aus einer Reihe von Kammern.

In der Vorkammer passiert die Ware, von der Phosphatiermaschine kommend, einen Behälter *K*, aus welchem durch kleine Löcher auf der Unterseite das aus Abteil *I* der Waschmaschine kommende warme phosphathaltige Wasser dieselbe berieselt und vorwäscht. Die ablaufende Flüssigkeit sammelt sich in der Rinne *N* und läuft von dort durch die Leitung *LR* in die Vorbarke, Abteil *III*, wie bereits bei dieser besprochen.

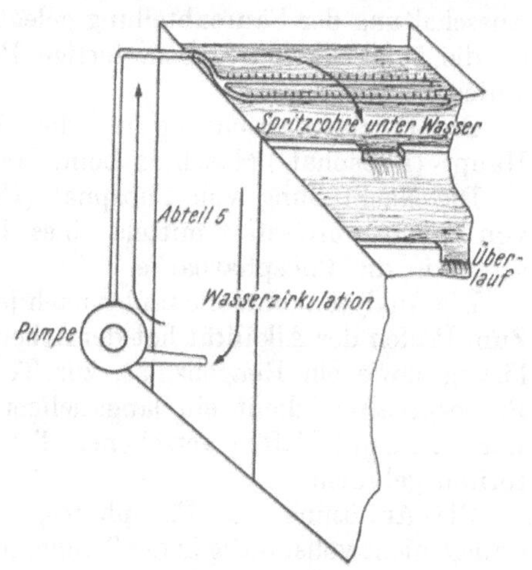

Abb. 215. Zirkulation des Waschwassers in der Waschmaschine.

Nach Passierung der Vorkammer gelangt die Ware, im Gegenstrom zum Waschwasser, in vier Abteile, welche Wasser von 45° C enthalten, *1*, *2*, *3*, *4*, und wo die Ware vom Hauptüberschuß an Phosphat befreit wird. Dann passiert sie im Abteil *5* kaltes Wasser; gleichzeitig erfolgt hier der Zufluß des Waschwassers in kaltem Zustand, das dann den ganzen Gegenstromprozeß durchmacht. Hier sollen die letzten Reste Phosphat entfernt und die Ware endgültig verkühlt werden. Eine an diesem Abteil außen angebrachte Pumpe hält das Kaltwasser in Zirkulation (Abb. 215). Von hier gelangt die Ware in das Säureabteil *6*, in welchem sich verdünnte schwache Salzsäure befindet. Da diese sich ständig aufbraucht, wird aus einem Säurefaß ständig durch einen Schlauch mit Quetschhahnregulierung Säure in verdünntem Zustand zutropfen gelassen. Die Menge richtet sich nach der Ware; im allgemeinen ist zu sagen, daß für zwei Stunden

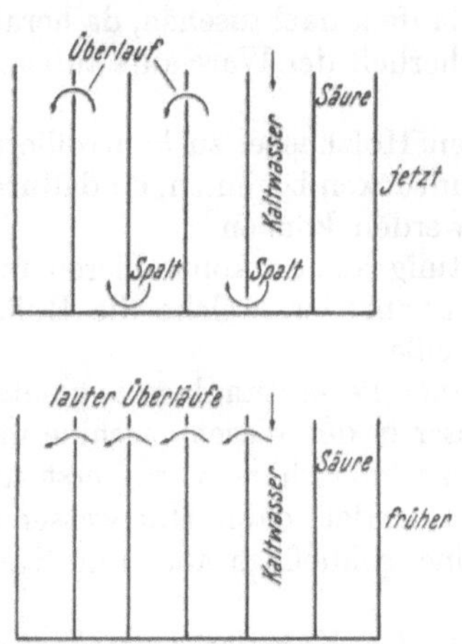

Abb. 216. Breitwaschmaschine.

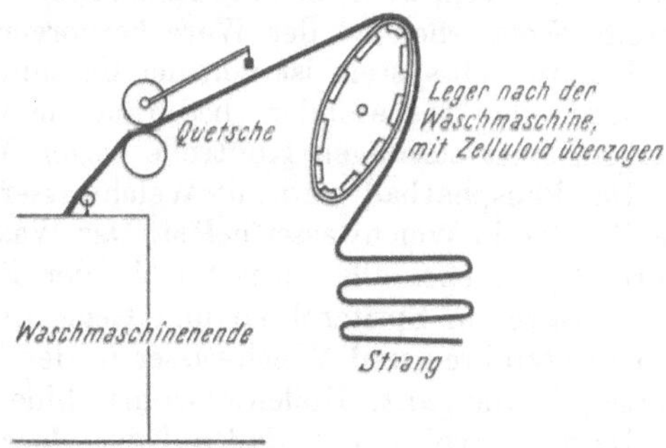

Abb. 217. Warmauslauf aus der Breitwaschmaschine.

Passage eine Menge von zirka 40 l Wasser, mit 3,5 l HCl konz. versetzt, allmählich zulaufen muß. Wird das Abteil leer und muß frisch gefüllt werden, so kommt auf die Wasserfüllung 7 l HCl konz. von vornherein.

Sämtliche Abteile der Maschine sind mit Dampf- und Wasserzuleitungsrohren versehen. Der Walzenantrieb, es sind Kupferwalzen, erfolgt seitlich durch Zahnräder. Nach dem Säurebad passiert die Ware wieder einen Quetscher und wird über einen zweikantigen Haspel gezogen und in Strangform gelegt.

Sämtliche Rollenmaschinen, also Rollenwaschmaschine, Vorbarke und Waschmaschine, enthalten seitlich Holzansätze an Holzleisten, um die im leeren Zustand eingezogenen Gurte, an welchen die Ware eingeführt wird, aufhängen zu können. Die Waschmaschine besitzt zwei Gurtengänge, wovon einer unter Ausschaltung der Säureabteilung gelegt ist, der andere auch diese umfaßt. Damit ist die Möglichkeit gegeben, fertige Partien unter Vermeidung des Absäuerns laufen zu lassen.

Die Einrückvorrichtung für die Waschbarke befindet sich am Ende der Haupt- (Phosphat-) Maschine beim Haspel *2*.

Die Nachfüllung von Phosphat (Ergänzung auf die Konzentration) erfolgt von einem Auflösefaß mittels eines Dampfinjektors und einer 2-Zoll-Leitung direkt in die Phosphatbarke.

Die Analysenkontrolle findet nach jeder Partie, also nach je zwei Sätzen statt. Zum Prüfen der Alkalität hat der Arbeiter eine Tropfflasche mit Phenolphthaleinlösung sowie ein Reagenzglas, zur Temperaturmessung ein Thermometer. Zur Probeentnahme dient ein langstieliger Schöpfer von 0,5 l Inhalt. Die Proben werden in mit Tafeln versehenen Tongefäßen von 300 ccm Inhalt ins Laboratorium gebracht.

Die Auflösung des Phosphates, welches in 100-kg-Säcken bezogen wird, erfolgt nicht vollständig in der Tonne, sondern es wird in Breiform in die Maschine getrieben. Die Tonne faßt 100 l Wasser, es werden aber ruhig unter Umständen bis 100 kg Phosphat darin angelaugt.

An Samstagen ist die Maschine leer zu lassen, zu putzen, mit Wasser abzuspülen, die Netze sind nachzusehen, da sie leicht und ständig Löcher bekommen, hauptsächlich an den bei der Fabrikation gestückelten Stellen, und auszubessern, ebenso sind die kleinen Stückchen Spagat, womit die Netzränder an den eisernen Ketten hängen, welche die Bewegung der Netze einleiten und die über eiserne Zahnräder, welche von außen angetrieben werden, laufen, nachzusehen, da herabhängende Stücke sowie etwa gar lose Netze die Sicherheit der Ware aufs äußerste gefährden.

Ferner sind die Mollinobeläge der verschiedenen Holzhaspel zu kontrollieren und zu erneuern, wenn sich die Holzleisten durchzudrücken beginnen, da dadurch bereits Wetzstellen an der Ware hervorgerufen werden können.

Das Antriebssystem ist von der Maschinenwartung aus zu kontrollieren und zu schmieren. Insbesondere bedürfen die vielen Zahnräder, welche die Rollen treiben, einer ständigen Kontrolle wegen Verschleißes.

Das Phosphatbad wird mit Weichwasser aus einer Permutitanlage angesetzt, die Zusätze in Weichwasser gelöst. Das Waschwasser in der Waschmaschine und Vorbarke ist ebenfalls enthärtet. In der Rollenwaschmaschine wurde erst nur Weichwasser in Spritzrohren und Gegenstrom verwendet, dann Hartwasser in den Spritzrohren und Weichwasser in der Maschine, schließlich aber nur Hartwasser für die ganze Rollenwaschmaschine.

Da sich ergeben hat, daß auf der Maschine in der Kammer *4* der Waschmaschine, also unmittelbar vor dem kalten Spülwasser, der Phosphatgehalt noch immer über 1 g per Liter betrug, was auf die geringe Strömungsgeschwindigkeit des Spülwassers durch die Maschine der Ware entgegen zurückgeführt werden muß, wurde, um das vorhandene Gefälle zu vergrößern und die Wassermenge gleichzeitig erhöhen zu können, die Vorbarke sowie die Wanne vor dem Einlauf der Ware in die Waschmaschine um 20 cm tiefer gesetzt. Früher, vor dieser Veränderung, betrug also das Gefälle nach Messung etwa 22 cm vom Spiegel der Flüssigkeit in der Waschmaschine bis zum Einlauf in die letzte Vorkammer der Vorbarke. Nachher war der entsprechende Wert 39 cm. Die Wassermenge betrug im ersten Falle in der Zeiteinheit zirka 12 l per Minute, die der Ware entgegenströmte und sie auswusch, nachher konnte man dieselbe auf 25 l per Minute erhöhen. Eine Erhöhung im ersten Falle war unmöglich, da diese Menge nicht entsprechend schnell aus der Waschmaschine auslief, so daß die einzelnen Abteilungen der Maschine überflutet waren (Abb. 218, 219).

Dabei ergab sich aber, daß der Phosphatgehalt in der letzten Kammer *4* der Waschmaschine, welcher ja bekanntlich ein Maß der Warenreinigung nach der Passage des Phosphatbades darstellt, auf 0,14 g per Liter zurückging, die Ware also als rein angesprochen werden konnte. Gleichzeitig sanken allerdings die Phosphatkonzentrationen in den anderen Kammern und speziell in der Vorbarke ganz gewaltig, so daß eigentlich der Zweck der Vorbarke: Neutralisation der noch in der Ware nach der Rollenwaschmaschine befindlichen Säure vor dem Eintritt in das eigentliche Phosphatbad durch die Alkalität des Phosphates im Waschwasser sowie teilweise Verwertung dieses sonst in den Kanal abfließenden Phosphates dadurch, daß es teilweise von der frischen Ware den Waschwässern entzogen wird, nicht erfüllt erschien.

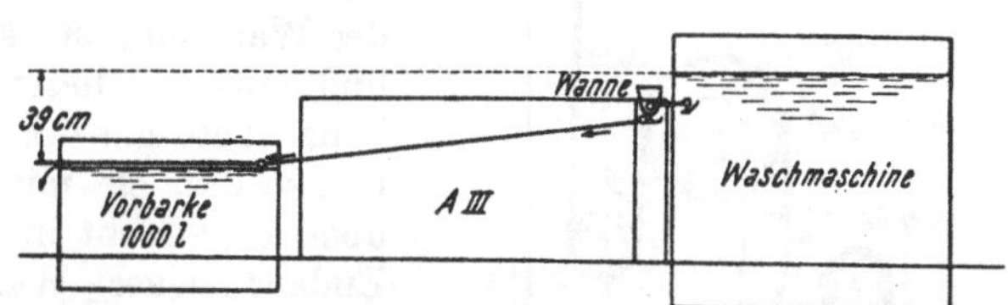

Abb. 218. Anordnung der Elemente der Kontinueanlage.

Daher ging man dazu über, den Wasserverbrauch auf etwa 20 l per Minute zu reduzieren. Die Menge Phosphat in der letzten Waschmaschinenkammer

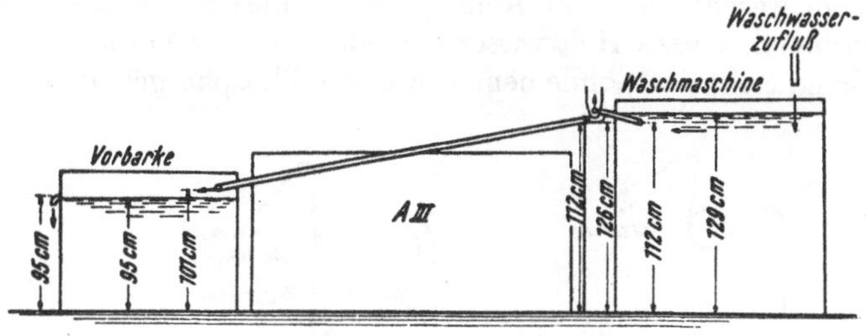

Abb. 219. Hebung der Vorbarke.

erhöhte sich allerdings dadurch, blieb aber unter 0,4, was als durchaus brauchbar bezeichnet werden muß.

Eine wesentliche Verbesserung dieser Zustände könnte allerdings nur durch den Einbau einer bedeutend größeren Vorbarke erzielt werden, so daß die Strömungsgeschwindigkeit des Wassers erhöht werden könnte, aber gleichzeitig auch die Wassermenge vermehrt, d. h. eigentlich folgendermaßen: Man erhöht die Menge zufließenden Wassers in der Waschmaschine, damit also den Reinigungseffekt derselben, verringert aber die Strömungsgeschwindigkeit dieser Wassermenge durch größere Dimensionierung der Vorbarke in dieser, so daß die phosphathaltigen Abwässer längere Zeit mit der Ware in Berührung bleiben und damit eine bessere Ausnutzung dieses in dem Waschwasser enthaltenen Phosphates derart gewährleistet wird, daß man der Ware Zeit gibt, Phosphat aus dem Wasser aufzunehmen.

Die entsprechenden Dimensionierungen sind ungefähr folgende:

Vorbarke: 1000 l, sollte etwa 2500 bis 3000 l sein. Waschmaschine zirka 4000 bis 5000 l, genügend groß.

Der Wareneinlauf auf der Phosphatiermaschine A III erfolgt über mit Mollino überzogene Holzhaspel. Dabei hat sich herausgestellt, daß durch das Einführen der Gurte nach jeder Partie dieser Mollinoüberzug durch die nassen Gurte auch feucht wird, was dann bei dem Einlauf neuer, vom Zinn zu waschender Ware in die Rollenwaschmaschine zu Fleckenbildung Anlaß geben kann. Man stellte diesen Übelstand derart ab, daß man unmittelbar nach der Ware eine starke Rebschnur einlaufen läßt und erst an dieser die Gurte anbindet. Man kann diese ganz an der Seite der Haspel halten, so daß sie mit der Bespannung derselben überhaupt nicht in Berührung kommt. Bei dem Einlauf neuer Ware näht man dann einen trockenen Vorläufer vor und die Rebschnur wird in einem kleinen Blechkästchen über einer der zuführenden Dampfleitungen getrocknet.

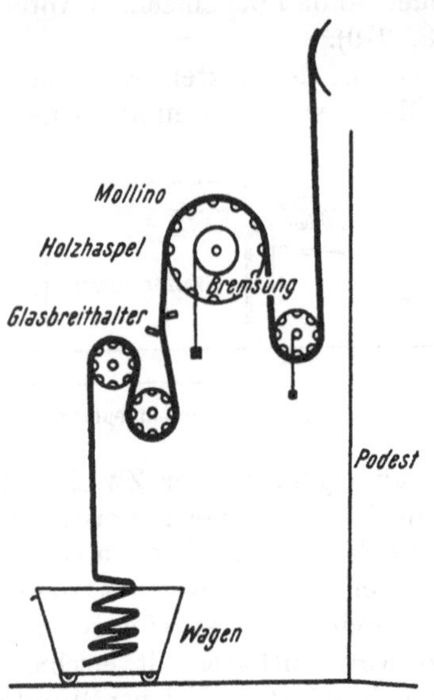

Abb. 220. Einlauf in die Maschine.

Die Waschmaschine und Vorbarke werden jeden Samstag zwecks Reinigung der Maschine leerlaufen gelassen. Ferner muß dies ebenfalls geschehen, falls eines der Ventile der Waschmaschine undicht oder verschlissen ist. Dies hat zur folgenden Anmerkung Anlaß gegeben:

Die auf diese Stillstände mit Leerlauf der Vorbarke und Waschmaschine durch die Maschine folgende Partie erhält im Gegenstrom im wesentlichen am Anfange des Laufes nur Heißwasser und kein Phosphat darinnen. Dieses Heißwasser, vor allem in der Vorbarke, nachher von keinerlei Belang, zieht dort, ohne nennenswerten Phosphatgehalt, einen Teil der

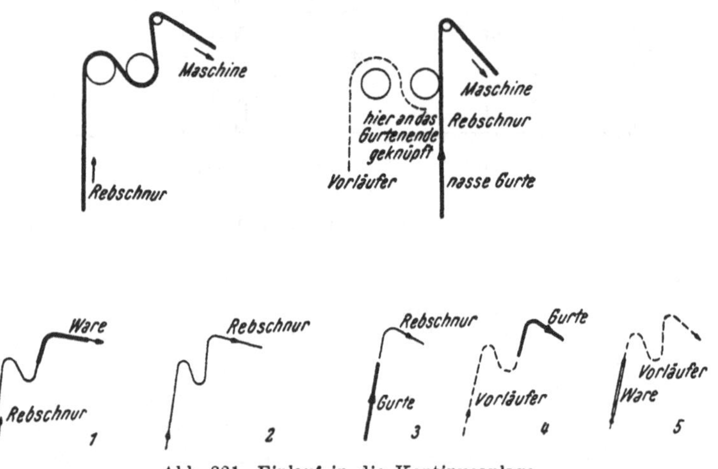

Abb. 221. Einlauf in die Kontinueanlage.

Erschwerung durch Zinn wieder ab. Es wurde daher die Anbringung eines Siphons an der Vorbarke vorgenommen, welcher es gestattete, für diese ersten Anteile der Ware in die Vorbarkenabteile Phosphatlösung aus dem Phosphatbade einfließen zu lassen.

Was die Anbringung der Weichwasserrohre zum Bespritzen der Ware an

der Phosphatiermaschine A III anlangt, so liegen diese noch vor dem Quetscher, um eine zu große Verdünnung des Phosphatgehaltes der Vorbarke zu vermeiden.

Ihre Anbringung erfolgte dann endgültig in der Art der Abb. 221. Beim Inbetriebnehmen muß stets darauf geachtet werden, daß die Strahlen, welche ja die Ware senkrecht treffen, nicht zu heftig sind, da sonst ein Verschieben der Gewebefäden eintreten kann.

Die Verdünnung des Gegenstromwaschwassers in der Vorbarke ist damit, da ja die Ware wie vor der Anbringung der Weichwasserspritzröhre ausgequetscht in die Vorbarke kommt, vermieden. Der Quetscher mußte etwas hinausgesetzt werden, dadurch war auch der Einbau einer Zwischenkupferwalze *W* notwendig, um ein Schleifen der aus der letzten Rolle der Rollenwaschmaschine kommenden Ware über die Rückwand derselben hintanzuhalten (Abb. 224).

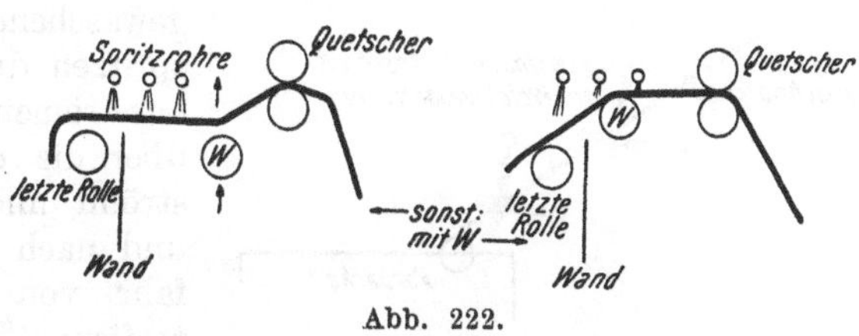

Abb. 222.

Die Anordnung der Walzen in den Waschmaschinen ist, um ein Kriechen der Ware insbesondere im ablaufenden Stadium zu verhindern, wie in Abb. 195 zu treffen. Geschieht dies nicht, so kriecht die Ware, wenn nicht sehr viel Spannung auf ihr ist (und die Spannung soll ja im Interesse genügenden Längeneinsprunges bei der Kreppware nicht sehr groß sein, gerade nur so groß genug, daß eine anstandslose Passage möglich ist), längs der Holzwände, was natürlich zu Wetzstellen in den Stücken führt.

Die Anordnung der Walzen ist asymmetrisch, wobei die untere Walze mehr gegen den Aufstieg der Ware liegen muß: Dies verhindert das Kriechen (Abb. 224).

Ist die Anordnung der Walzen jedoch irgendwie anders gegeben, etwa asymmetrisch gegen den Abstieg der Ware, dann sind Leitwalzen in der skizzierten

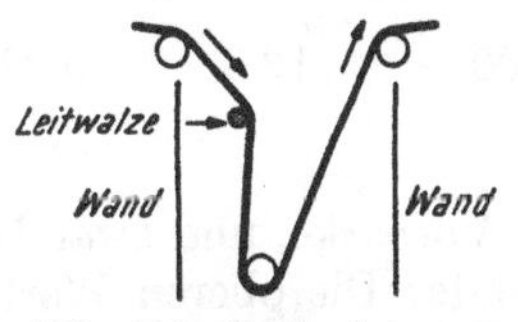

Abb. 223. Leitwalze zum Verhindern des Kriechens.

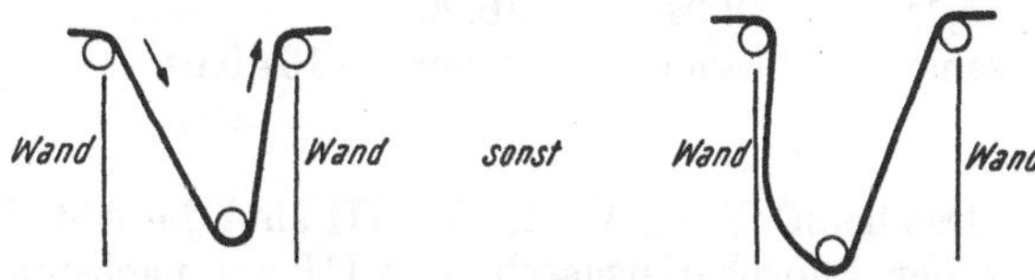

Abb. 224. Verhindern des Kriechens der Ware.

Art einzubauen, besser jedoch, um die Walzenzahl, die ja immerhin ein Gefahrenmoment darstellt, nicht unnütz zu vergrößern, die Walzen im Sinne der obigen Zeichnung zu versetzen.

Anbringung von Weichwasserspritzrohren vor dem Einlauf in die Vorbarke der Phosphatiermaschine A III:

Nach Art der Skizze (Abb. 225) wurden Spritzrohre in der beschriebenen Weise angebracht. Es ist zu beachten, daß diese Bespritzung der Ware nicht zu heftig erfolgt, da sonst die Ware „verschoben" wird, das heißt, der Schußeintrag derselben durch den Wasserstrahl verschoben wird gegenüber der normalen Lage. Erstens darf der Strahl nie senkrecht gegen das Stück prallen, zweitens müssen die Löcher der Rohre weit genug sein, um die Heftigkeit des Strahles abzumindern.

Eine Analyse der Vorbarkenabteile ergab naturgemäß viel niedrigere Werte für den Phosphatgehalt durch die enorme Verdünnung mittels der nassen Ware, da eine Quetschung derselben nach der Bespritzung nicht stattfindet und außerdem auch von den Spritzrohren Wasser in die Abteile gelangt.

Wird dabei die Rollenwaschmaschine nicht genügend mit Wasser versorgt, so passiert es, daß die ersten Kammern der Vorbarke sauer werden.

Bei der Rollenwaschmaschine auf der Phosphatiermaschine A III wurde vor dem Wareneinlauf ein Schutzbrett derart angeordnet, daß es die einlaufende, von Zinnchlorid noch nicht ausgewaschene Ware schützt vor dem Bespritzen durch das aus den Spritzrohren ausströmende Wasser, welches auf die über die ersten Walzen gehende Ware strömt und teilweise an dieser abprallt und nach vorne gelangt, dort die Gefahr von Fleckenbildung an den getroffenen zinnhaltigen Stellen bildend.

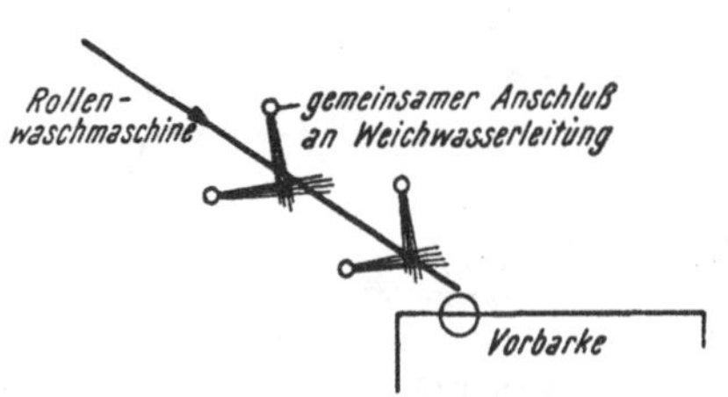

Abb. 225. Anordnung der Spritzrohre.

Die Faltung der Ware auf dem Netz der Breitphosphatiermaschine A III kann auch durch einen aus einer Überlaufwanne erzielten Wasserschleier bewerkstelligt werden.

Der Hub erfolgt mittels Injektors, der die Flotte nur minimal anwärmt. Die Temperaturunterschiede sind bei einer Laufzeit von ½ Stunde versuchsweise nur 4° C.

Die laufenden Analysen an der A-III-Maschine ermöglichen die Beurteilung von Maschinenfehlern und Fehlern in der Bedienung.

Auszug aus den Analysenbüchern des Arbeiters:

V—I	V—II	V—III	A III		Nachsatz	W—I	W—IV
— 1,40	— 1,27	— 1,00	170,6 g/l	0,08	100,—	13,5	1,64
11,30	13,20	17,50					
— 1,55	— 1,17	— 0,91	172,0	0,08			
8,74	12,94	16,90					
sauer	sauer	sauer	164,0,04		200,—	12,3	0,93
			usw.				

Das heißt: V—I, V—II, V—III sind die Abteile der Vorbarke, und zwar III das der Phosphatiermaschine A III am nächsten liegende: Die oberen Werte, negativ bezeichnet, zeigen den Sodagehalt dieser Abteile an, und zwar positiv als Soda, negativ als Methylorangealkalität, also bei Bildung von primärem Natriumphosphat. Die darunterstehenden Werte geben die Ziffern für den Gehalt an sekundärem Phosphat krist. (alles per Liter in Grammen) zur Kontrolle des Gegenstromes und des Phosphatverlustes, da ja das Wasser aus V—I dann in den Kanal geht. Die Werte unter A III geben den Phosphatgehalt der Maschine wieder, und zwar vor und nach dem Lauf einer Warenpartie, ebenfalls in g/l. Rechts davon stehen die Sodagehalte in g/l, sie sind positiv, also Phenolphthaleinalkalität. Das Bad soll ja immer schwach alkalisch sein.

Die Werte für W—I, W—IV, welche die entsprechenden Abteilungen der Waschmaschine bezeichnen, ergeben den Phosphatgehalt in g/l bzw. die Anreicherung des der Ware entgegenströmenden Spülwassers an diesem. Dabei ist die Zahl von W—IV, also der letzten Kammer vor dem Warenaustritt aus der Waschmaschine, eine Maßzahl für das Reingewaschensein der Ware.

Ist V—I usw. sauer, so bedeutet dies im wesentlichen, daß die Wasserzufuhr in der Rollenwaschmaschine nicht genügend groß war, um die Ware vor dem Eintritt in das phosphathaltige Wasser der Vorbarken vollkommen säurefrei zu waschen. Man muß daher die Wasserzufuhr dort steigern.

Ist der Wert für die Phosphatmenge in W—IV größer als 0,50 g/l, so bedeutet dies die Gefahr einer nicht vollständigen Reinigung der Ware und muß die Spülwasserzufuhr erhöht werden.

Als Standard gelten:

Immer schwache Alkalität der Phosphatmaschine A III, das heißt, mindestens ein Sodagehalt von 0,05 nach dem Laufe einer Partie.

Ein Mindestgehalt von Phosphat ist bereits als Standard genannt. Unbedingt keinerlei saure Reaktion der Vorbarkenabteile, allerhöchstens der ersten Abteilung, da sonst mit fortschreitender Säurereaktion der Vorbarkenabteile gegen A III hin die Gefahr eines Sauerwerdens dieser Maschine vorliegt.

Absolut kein höherer Phosphatgehalt der IV-Kammer der Waschmaschine als 0,05 nach dem Durchlauf einer Partie, da sonst Gefahr besteht, daß die Ware nicht genügend gewaschen wurde und Phosphat in der Ware blieb, welches erstens die Zinnbäder beim folgenden Zuge verunreinigen und ferner auch zur Fleckenbildung Anlaß geben kann.

Schließlich noch die ständige Kontrolle auf den Zinngehalt, welcher 1 g/l in der A III niemals übersteigen soll.

Sonstige Messungen auf der A III ergeben:

Strömung des Waschwassers 21 l/min normal. Vorbarke 1 g Phosphat pro Liter. Letzte Kammer W8 (Waschwirkung) 0,29 g/l Phosphat.

Strömung notwendig, wenn ohne Quetscher gefahren wird; mit Quetscher beim Auslauf A III Einlauf in W 8: 45 l/min, dann Daten für die Kammern wie oben.

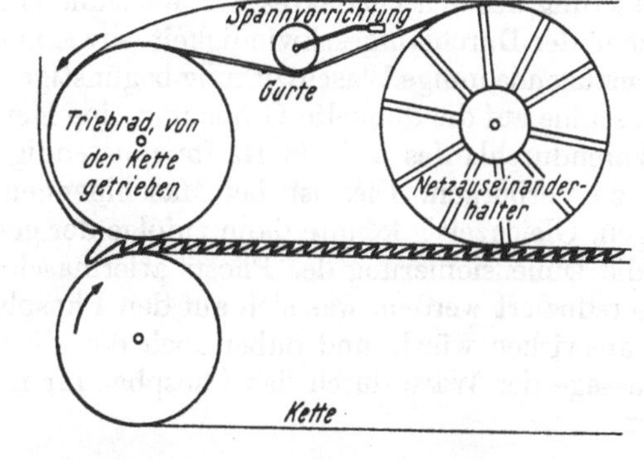

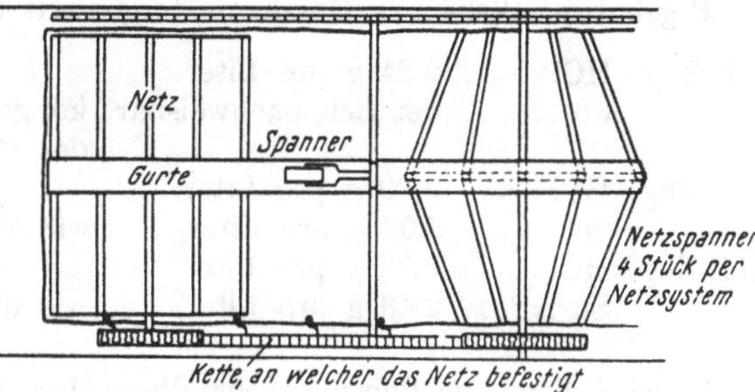

Abb. 226. Transportnetz — Anordnung in der Kontinuephosphatiermaschine.

Falls die Strömung aber dieselbe bleibt wie normal (bei Messung 25 l/min), steigt Gehalt an Phosphat in Vorbarke I auf 25 g/l, in der letzten Kammer der W 8 auf 0,5 g/l, das heißt, an die Grenze des zulässigen Maßes. Der Quetscher oben bringt bei seiner Quetschwirkung aus der Ware im Mittel etwa 3 l hochwertige Phosphatlösung in die Flotte der A III zurück.

Um die ungenügende Waschwirkung der Rollenwäsche vor der A III, begründet in deren Kleinheit und der raschen Durchlaufgeschwindigkeit der Ware, zu zeigen, wurde bei einem normal gearbeiteten Satze Crêpe-de -Chine-Ware mittlerer Schwere, welcher bislang ohne weitere Vorsicht normal auf der Rollenwaschmaschine gearbeitet wurde, eine Analyse der aus dieser Maschine beim Waschen der gepinkten Ware vor dem Phosphatieren abfließenden Waschwässer durchgeführt. Dabei zeigte sich, daß die Waschwirkung vollständig ungenügend ist und nicht nur nicht ausreichend ist, die Ware praktisch säurefrei zu waschen, sondern ungenügend sogar in der Hinsicht, die Hydrolyse des Zinnchlorides in der Ware technisch vollständig zu Ende zu führen. (Beachte den Zinngehalt der Waschwässer bzw. den Zinngehalt der nassen, in die Vorbarke und von hier in die Phosphatierflotte einlaufenden Ware.) Die Proben wurden derart genommen, daß die Ware vor dem Einlauf in die Vorbarke hinter dem Quetscher nach der Rollenwaschpassage ausgedrückt und das so erhaltene Waschwasser der Untersuchung zugeführt wurde. Gemäß der Erfahrung zeigte sich, daß mit der Anzahl der Züge auch die Gefahr hoher Säuregehalte und der Zinngehalt des Wassers steigen. Interessant ist, zu erwähnen, daß eine Vermehrung des Waschwassers bezüglich Quantum um 30% keinerlei nennenswerte Verbesserung des Wascheffektes der Maschine ergab, da die Kürze der Passage, gelegen in der Durchlaufgeschwindigkeit sowie in den Dimensionen der Maschine, keine genügende innige Waschwirkung begünstigt. Es würde eine Dimensionierung der Maschine auf die doppelte Größe und eine Herabsetzung der Geschwindigkeit des Warendurchlaufes auf die Hälfte notwendig sein, um einen guten Wascheffekt zu verbürgen. Dies ist bei Maschinenneubauten dieser Art zu berücksichtigen. Gleichzeitig könnte dann zufolge der geringeren Warengeschwindigkeit auch die Dimensionierung der Phosphatiermaschine geändert, das heißt, auf die Hälfte reduziert werden, was sich auf den Phosphatverbrauch in sehr günstigem Maße auswirken würde und dabei doch die Mindestzeit von 7 Minuten, welche zur Passage der Ware durch das Phosphat für notwendig gehalten wird, erzielt werden.

Ergebnisse: Ware mit Quadratmetergewicht zirka 45 g.

I. Zug:	HCl	2,24 g pro Liter	
	Sn	deutlich nachweisbar,	kongosaure Reaktion der Ware und des Waschwassers
II. Zug:	HCl	3,00 g pro Liter	
	Sn	2,02 g pro Liter,	wie oben
III. Zug:	HCl	6,78 g pro Liter	
	Sn	2,48 g pro Liter,	wie oben

Es wird daher die Phosphatbehandlung derartiger Ware vermutlich vorteilhafter am Sternreifen vorgenommen. Die Sterne, aus Nickelin oder V4A-Stahl, hängen auf Ständern, deren Haken in Kugelgelenken drehbar sind. Man zieht die im Plie auf Tischen liegende zentrifugierte, gewaschene Ware von Hand auf.

Beim Einhaken ist noch immer auf ein gewisses Schrumpfen, allerdings nicht mehr in dem Ausmaße wie beim Entstehen, zu rechnen, daher soll nicht zu straff gehakt werden. Das Warengewicht pro Stern beträgt je nach Qualität 25 bis 30 kg, also 6 bis 10 Stücke, das sind 200 bis 300 m. Eine geschulte Arbeiterin zieht 1 Stück in 5 Minuten auf, das heißt, braucht zirka 30 bis 50 Minuten zum Vollhaken des Sternreifens. An der Sternperipherie kann die Lagenzahl pro Haken gefahrlos 3 betragen. Im Sterninnenteil, der zuerst aufgehakt wird (man hakt ja von innen nach außen), ist stets nur eine Lage pro Haken zu geben. Der Sternreifen wird in den verschiedenen Behandlungsbädern durch Exzenter (vgl. S. 400 und Abb. 232b) bewegt.

Die verwendeten Phosphatbäder sollen 150 bis 155 g Na_2HPO_4 pro Liter und 0,5 bis 1 g Soda sicc. pro Liter (je nach Zug) enthalten. Phosphatiert wird am Sternreifen 20 Minuten bei 65° C. Die Erwärmung der Flotte erfolgt durch indirekten Dampf. Hierauf wird auf einer Spritzvorrichtung mit warmem Wasser (45° C) etwa 5 Minuten abgespritzt (80 l/min), wobei der Stern von Hand aus gedreht wird. Dann wird 15 Minuten auf 45° C warmem Weichwasser im Bottich belassen, hierauf kalt abgespritzt, auf ein Kaltwasser enthaltendes Waschgeschirr gebracht und dann (nur bei Waren, die neuerlich gepinkt werden) in einem Bade von 1,5 g/l HCl 15 Minuten gesäuert Der Stern wird dann auf einen Ständer gehängt (mittels Laufkran). Nach dem Abtropfenlassen wird abgenommen (Stücke im Plie, Breite zirka 75 cm), gehälftet und geschleudert. Die Ware kommt dann zum Pinken. Nach dem letzten Zuge bleibt die Couleurware am Stern hängen für die Silikatbehandlung. Ware für Schwarz wird abgenommen, geschleudert und gelangt in die Blauholzschwarzfärberei (vgl. S. 435).

Abb. 227. Sternreifenbehandlungsapparatur.

Die Abscheidung des $Sn(OH)_4$ aus Arbeitsphosphatbädern, deren Sn-Gehalt 1,5 g/l übersteigt, kann nach GOLDSCHMIDT (Essen) durch die Zugabe berechneter Mengen Erdalkalisalze und Aufkochen erfolgen. Das Sn scheidet sich quantitativ ab, ein Überschuß an Erdalkali wird als Phosphat gefällt. Die nach dem Verfahren in das Phosphatbad gelangenden geringen Mengen Na_2SO_4 und NaCl wirken nicht störend bei dessen Weiterverwendung. Man kann aber auch nach FEUBEL (Krefeld) berechnete Mengen Wasserglas zusetzen. Das sich ausscheidende Sn-Silikat wird filtriert. Das Phosphatbad ist jedoch, da silikat-

Abb. 228. Sternreifenerschwerungsanlage (Silikatbottiche) (nach einer Aufnahme von R. BICKEL †).

haltig, zum Phosphatieren von für Blauholzschwarz bestimmten Stücken ungeeignet. Die Phosphatrückgewinnung durch Einengen der Lösungen und Kristallisation hat sich nicht einführen können, da die Kristalle stark Sn-haltig sind und auch Soda einschließen. Keinen Anklang in der Praxis fanden auch Vorschläge der Zugabe von Kalkmilch, Fällung des Sn mittels Schwefelalkalis usw. Nach MEITNER soll mit $Al(OH)_3$ entzinnt werden können. Eine Überprüfung im großen ergab, daß nennenswerte Sn-Mengen nur durch mehrmalige und daher teure Filtrationen über $Al(OH)_3$ entfernt werden können.

Versuche über das Regenerieren des Phosphatbades

I. Regeneration mit Wasserglas und Kalk:

12 l Original-Phosphatbad der P II werden versetzt mit:
18 g Wasserglas
12 „ gebranntem Kalk (gelöscht)
aufgekocht und absitzen gelassen. Nach zirka 30 Minuten ist der Niederschlag abgeschieden.

Die überstehende Lösung ist noch trüb und wird abgehebert. Es entsteht dabei ein Verlust von 4% der Ursprungsflotte. Die gereinigte Phosphatlösung wird auf Sn und Phosphatgehalt untersucht.

Lösung:

Ursprünglich:	Sn	1,33 g pro Liter,	nachher:	Sn ...	0,93 g pro Liter
	Na_2HPO_4	140,00 „ „ „			130,00 „ „ „

Es entsteht daher durch die Fällung ein Phosphatverlust von:

1. 10 g pro Liter, per 6000 l des Reservoirs daher	60,00 kg
2. 4% Volumsverlust, per 6000 l daher 240 l mit 140 g Phosphat pro Liter ..	33,60 „
Total	93,60 kg

II. Regeneration mit Magnesiumsulfat:

12 l Original-Phosphatbad der P II werden versetzt mit:
2,4 $MgSO_4$ in Wasser gelöst, bei 80° C
Nach Absitzen des Niederschlages (½ Stunde) wird abgehebert. Volumsverlust 1,5%.

Phosphatflotte:

Vorher:	Sn	1,33 g pro Liter,	nachher:	Sn ...	1,05 g pro Liter
	Na_2HPO_4	161,20 „ „ „			145,20 „ „ „

Es entsteht daher ein Phosphatverlust durch die Reinigung von:

1. 1,16 g pro Liter, per 6000 l des Reservoirs daher	96,00 kg
2. 1,5% Volumsprozentverlust, per 6000 l daher 90 l mit 161 g Phosphat pro Liter	14,49 „
Total:	110,49 kg

Mit Rücksicht auf die geringe Entzinnung des Bades, welche auch durch etwa dreitägiges Absitzenlassen desselben erzielt wird, und den Phosphatverlust, ganz abgesehen von Dampf, Arbeit und Anlagespesen, ist daher keines der beiden Verfahren in Betracht kommend.

Praktisch arbeitet man beim Phosphatieren auf Kontinuemaschinen in einem großen Betriebe wie folgt: Von der Phosphatiermaschine *Po* fließt ständig durch Überlauf etwas Flotte in das Vorratsreservoir *A*. Von diesem wird periodisch in das Fällgefäß *R* (mit Rührwerk) abgelassen; vor der Fällung, also in *A*, wird 100 kg Frischphosphat zugegeben, ebenso 1 kg Soda gelöst und 1,7 bis

1,9 kg angerührte Magnesia. Es wird aufgekocht durch indirekten Dampf, das Bad spindelt 4° Bé, und 1 Stunde gekocht. Dann wird durch die Pumpe *P* und

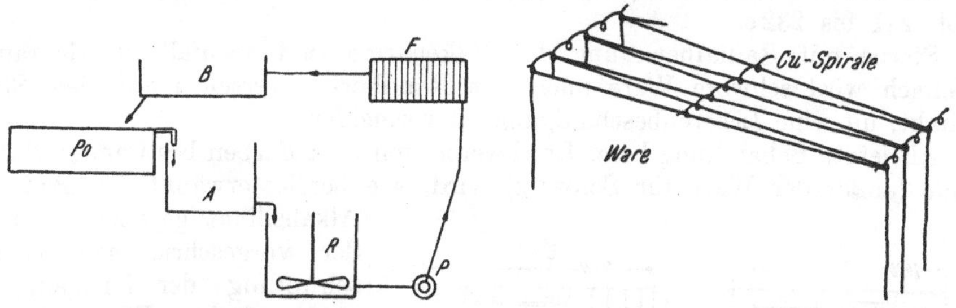

Abb. 229. Phosphatregenerationsanlage. Abb. 230. Silikatieren auf der Spirale.

die Filterpresse *F* in das Reservoir *B* gedrückt, von wo die entzinnte Phosphatlösung wieder zur Verwendung kommt. Täglich werden zirka 3000 l Phosphatflotte regeneriert (1931) (Abb. 229).

Kalkulation über die Materialeinsparung bei der geschilderten Phosphatregenerierung

1. P 2 (Phosphatiermaschine für leichte Ware): Alle 14 Tage ist die Hälfte des im Gebrauch stehenden Bades wegzulassen: 3000 l.

2. Sternreifenphosphatieranlage für schwere Ware: Alle 3 bis 4 Tage wird ein Drittel des Bades (200 l) wegfließen gelassen.

Im Falle 1 also täglich 200 l, im Falle 2 etwa 270 l, zusammen zirka 500 l. In diesem ist enthalten (à 150 g Phosphat pro Liter) zirka 750 kg Na_2HPO_4. Sein Wert beträgt 49,12 öst. S (vor 1937) = 50,— öst. S pro Tag.

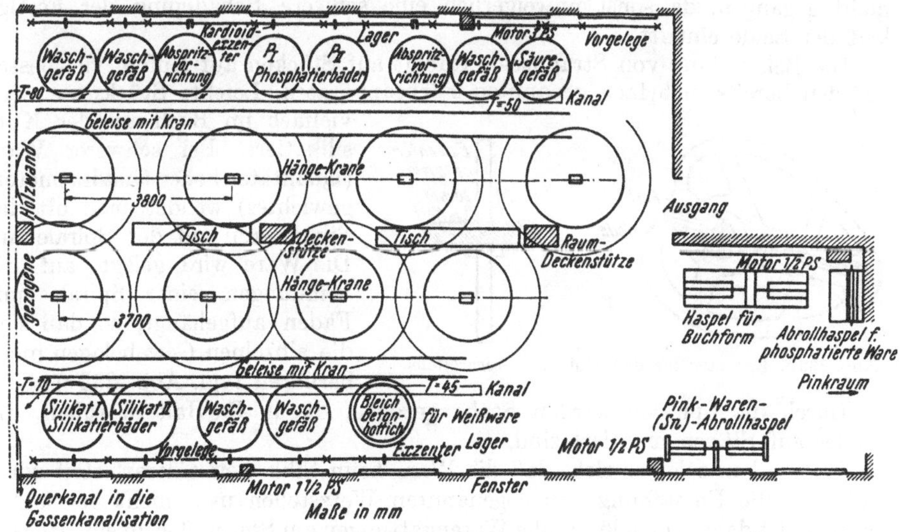

Abb. 231. Anlage zum Silikatieren am Sternreifen.

Regenerationskosten:	3 Arbeitsstunden je 2 Tage	3,— öst. S (1000 l)
	Dampfkosten	9,— „ „
	Amortisation einer 2500 S kostenden Anlage über 5 Jahre	3,— „ „
	Material	1,— „ „
		16,— öst. S

Phosphatverlust in 2 Tagen 100 S, also Einsparung 100 — 10% Regenerationsverlust = 90 — 16 = 74,— S, pro Jahr 11000 öst. S (vor 1937).

Skizzen der Einrichtungen, Gefäßform, Sternreifen und Hubexzenter vgl. Abb. 231 bis 232 c.

Sterne mit Radialbewegung der Hakenarme sind ebenfalls in Gebrauch. Vielfach wird schwere Ware auch mit Randborten versehen auf den Stern gehakt, um eine Lisierenbeschädigung zu vermeiden.

Als letzte Behandlung beim Erschweren von zum Färben bestimmter Naturseide (außer der Ware für Schwarz) wird, wie bereits erwähnt, ein Bad von Alkalisilikat gegeben. Je nach der vorgeschriebenen Enderschwerung der fertigen, also auch gefärbten Ware, dem zu erwartenden Verlust an Gewicht beim Färben und der durch die Zinnchlorid-Phosphat-Behandlung (Züge) erreichten „Charge" schwankten der Gehalt und die Badtemperatur von 0,5° Bé und 30° C bis 5° Bé und 50° C. Die Baumégrade sind jeweils bei der verwendeten Badtemperatur gemessen. Über den letztgenannten Silikatwert bzw. die Temperatur von 50° C wird nicht gegangen, da sonst unweigerlich eine schwere Schädigung der Festigkeit der Seide eintritt.

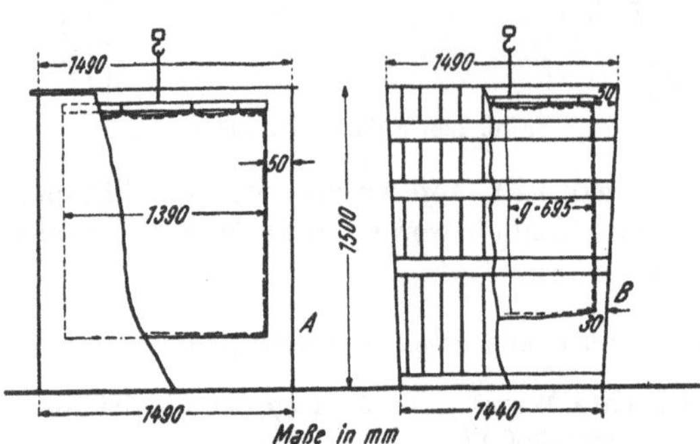

Abb. 232a. Sternreifenbehandlungsbottiche. Flotteninhalt zirka 1000 Liter.

Bottichmaße: A = zylindrischer Eisenblechbottich (Ringphosphat, Ringsilikat); B = schwach konischer Holzbottich (Wasch-, Säurebottich). Ringdurchmesser = 1390 Standard, Ringmaterial (Nickelin). Exzenterhub max. 200, 1½ Hübe pro Minute.

Die Behandlung von Strahnseide erfolgt auf Stöcken auf Kufen, viel besser auf den bereits mehrfach genannten Färbeapparaten. Leichte Stückware wird vielfach im Buch auf der Kufe silikatiert. Bei schwerer Ware (Qualitäten hohen Quadratmetergewichtes) wendet man oft das Silikatieren auf der Spirale an. Die Ware wird gelegt, auf die Windungen einer Spirale mit Fäden aufgehängt, so daß sich die einzelnen Gewebelagen nicht berühren (vgl. Abb. 232 c).

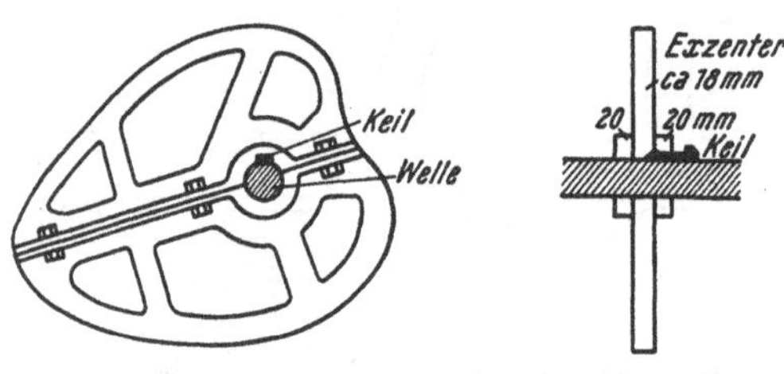

Abb. 232b. Exzenter für den Hub des Sternreifens.

Durch die Spiralen werden Stäbe gezogen, die in Cu-Haltern ruhen, die wieder auf Stäben montiert sind.

Trotz allem zeigt es sich, daß die Ware beim Silikatieren derart steif wird, daß man die Entstehung von sogenannten Wetzstellen usw. nicht vermeiden kann. Es ist daher vorteilhaft, alle Warengattungen am Sternreifen zu silikatieren. Die Skizze einer derartigen Anlage befindet sich auf S. 423.

Um die Badkonzentration und -temperatur wählen zu können (dies erfolgt ausschließlich auf Grund langjähriger Erfahrung), wird ein Stück Ware bekannten Gewichtes, das an seinen beiden Enden bereits im Rohwarenmagazin durch Durchnähen eines blauen Fadens (indanthrenfarbig) besonders angemerkt wurde, der sogenannte „Postillion", getrocknet. Dieses Stück oder auch mehrere einer Erschwerungspartie sind natürlich beim letzten Phosphatieren als letzte, also außen, am Stern aufzuhaken. Nach dem Trocknen wird gewogen. Das Gewicht im Vergleich zum Rohgewicht gibt die Gewichtszunahme über pari.

Es seien nunmehr, je nach der „Zugzahl" und „Zugart" (leichter oder schwerer Zug, das heißt, Pinken mit 22° Bé oder 30° Bé Pinken), einige Durchschnittsergebnisse der Erschwerung vor dem Silikat, die dann angewendete Silikatbehandlung und das endgültig erzielte Erschwerungsresultat, also das Gewicht, mit welchem die Ware in die Färberei gelangt, in Form einer Tabelle angegeben (Tab. 10, S. 426).

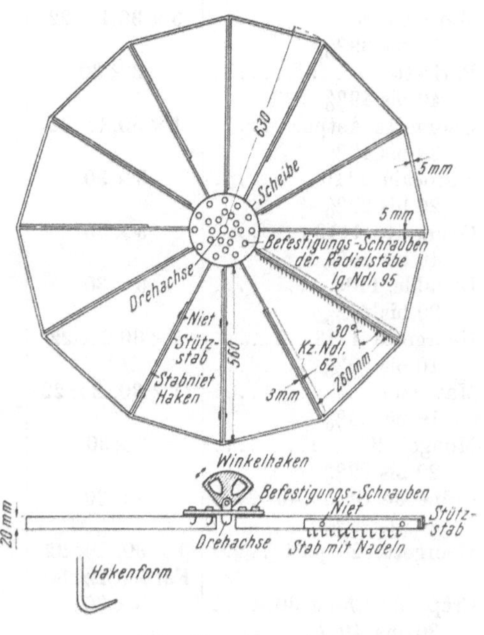

Abb. 232c. Sternreifen.

Die Silikatbäder sammeln mit der Zeit Sn an, das heißt, enthalten kolloidales $Sn(OH)_4$ in feinster Verteilung. Neben einer genauen Kontrolle des Alkaligehaltes (nicht über 1 g/l) ist das Aussehen des Bades zu prüfen. Trübe Bäder sind vollständig abzulassen.

Die von den Bädern kommende Ware ist meist sehr hart, insbesondere wenn hohe Silikatkonzentrationen angewendet wurden. Diesem Umstande vermag man teilweise zu begegnen, wenn man den Silikatierflotten etwas Monopolbrillantöl (Stockhausen) als Weichmacher zusetzt. Mehr als 0,2 g/l soll man nicht geben, da sonst die Chargenhöhe beeinflußt wird, wenn heiße Silikatflotten verwendet werden. Beim Abnehmen der Stücke leichter Qualitäten für die Färberei am Haspel ist darauf zu sehen, ein Aneinanderreiben der Gewebelagen usw. hintanzuhalten. Insbesondere gilt dies aber bei den am Sternreifen silikatierten Warengattungen, die am besten vom Silikatstern direkt auf den Sternreifen, der für die Färbung bestimmt ist, aufgezogen werden.

b) Die Färbung erschwerter Seide in Couleuren

Das Färben der erschwerten Seide in Couleuren kann nur mit sauren Farbstoffen erfolgen. Küpen- oder Schwefelfarbstoffe sind nicht anwendbar, da die Alkalität der Färbebäder die Erschwerung des Fadens abziehen würde. Gefärbt werden leichte Waren (Georgette, Crêpe de Chine) auf der Haspelkufe mit ovalem Legehaspel, schwerere und schwerste Qualitäten am Sternreifen. Das Färbebad enthält zur Egalisierung Bastseife, und zwar ein Drittel Bastseifenlösung vom Abkochen (30 g Seife pro Liter) und zwei Drittel Weichwasser sowie zur Erhöhung der Farbstoffaffinität etwas organische Säure [HCOOH („gebrochenes Bastseifenbad")], die Azidität entspricht 0,05 bis 0,08 % H_2SO_4. Die Färbetemperatur liegt zwischen 75 bis 90° C. Die Bäder werden nicht erschöpft, wie bei der sauren Wollfärbung. Hinsichtlich des Einflusses des Färbens auf die Erschwerungshöhe ist zu sagen, daß normalerweise ein Rückgang um zirka 2 bis 5 % stattfindet, wenn nicht allzulange oder allzuheiß gearbeitet wird. Manchmal setzt man der Färbeflotte etwas Silikat zu. WEBER hat festgestellt, daß die Art der Ein-

Tabelle 10

Qualität	Züge	Vorcharge %	Silikat		Ausfall in %
			⁰ Bé	⁰ C	
Marocain 8 .... 30 bis 39%	3 × 30,1 × 22	38 bis 40	—	—	38 bis 40
Parisette .... 40 bis 49%	3 × 30	20 „ 21	4	50	52 „ 55
Georgette Astpol ...... 30 bis 40%	1 × 30,3 × 22	28	0,5	40	42 „ 46
Marocain 1110 .... 20 bis 29%	3 × 30	13	1,5	50	32
Georgette 1112 .... 40 bis 40%	3 × 30	12 bis 16	3	50	45
Lavable 1109 .... 20 bis 29%	3 × 30	17	1,5	50	32
Georgette 1113 .... 10 bis 20%	1 × 30,2 × 22	10	0,5	40	22
Marocain .... 10 bis 20%	1 × 30, 2 × 22	12	1	45	22
Mongol 30 .... 20 bis 29%	3 × 30	20 bis 22	2	50	30
Crêpe de Chine 46 .... 30 bis 39%	3 × 30	18 „ 22	3—3,5	50	45
Georgette 20 pari	1 × 30, 1 × 22 Farben 2 × 30	0,96	1	45	3
Crêpe de Chine 30 .... 30 bis 40 %	3 × 30	24	4	50	43
Marocain 15 .... 30 bis 40%	3 × 30	16	5	50	34
Georgette 2074 .... 30 bis 59%	3 × 30	16	4	50	45
Crêpe de Chine 2046 .. 30 bis 35%	3 × 30	18 bis 22	2	50	40 bis 42
Marocain 494 .... 30 bis 39%	3 × 30	24	1,5	50	38 „ 40
Crêpe B .... 10 bis 19%	1 × 30, 2 × 22	23	—	—	—
Satin .... 30 bis 39%	3 × 30	20	1	50	39
Divo .... 40 bis 50%	2 × 30, 2 × 22	45	—	35	50 bis 54

lagerung des $Sn(OH)_4$-Gels in die Faser die Bindung des Silikats beeinflußt. Erschwerungen, die, bei gleicher absoluter Höhe, mit mehreren Zügen und 22⁰-Bé-Pinken bei geringen Silikatkonzentrationen vorgenommen wurden, verlieren beim Färbeprozeß nichts an Höhe. Sehr groß kann jedoch der Erschwerungsverlust beim Färben bei jener Ware werden, die mit drei Pinkzügen je 30⁰ Bé und Silikatkonzentrationen von etwa 5⁰ Bé 50⁰ C gearbeitet wurde. Dort kann beim Färbeprozeß ein Chargenverlust von 10 bis 15 % eintreten. (Das Silikat fällt ab.) Auch große Silikatzugaben zum Färbebade und Färbung bei tiefer Temperatur können hier nicht helfen.

Die gefärbten Stücke werden alle aviviert. Als Avivagemittel dient meist selbst hergestelltes sulfoniertes Olivenöl (niedriger Sulf. Grad). Die Avivageflotte beträgt zirka 1500 kg Öllösung (enthält 29,5 g Öl pro 1 kg) + $^1/_3$ l HCOOH 6° Bé (pro 1 kg Ware) und wird kalt angewendet. Man läßt etwa 20 bis 30 Minuten, je nach Partiengröße, laufen. Es ist ohne weiteres möglich, am Avivierbad kleine Nuancenkorrekturen (beim Färben auf Muster), meist mittels basischen Farbstoffen, durchzuführen.

Im nachstehenden seien einige Rezepturen für verschiedene Töne und Ware angegeben.

Gefärbt wird auf Haspelkufen mit ovalem Haspel, meist innen mit Cu-Blech verkleidet. Die Flottenmenge beträgt 600 l. Man läßt die trockene Ware erst auf einem Bade von Bastseife (400 l Weichwasser, 200 l Bastseife) oder auf einem Weichwasser-400 l-Bade mit 20 l Bastseife (30 g/l) und 300 g Prästabitöl V (Stockhausen) bei 70° C vorlaufen. Hierauf wird aufgeschlagen (Schragen) und der gut gelöste Farbstoff zugegeben. Das Bad wird mit einem langen Schöpfer gut durchgemischt und dann mit der Ware eingegangen. Nachdem die durch den elliptischen Haspel vorne ablaufenden und aufschwimmenden Warenanteile an einem Einklemmen zwischen der Führungsrolle und deren Lagern verhindert werden müssen, klemmt man einen Bambusstock quer über die Badoberfläche. Nach 15 Minuten laufen setzt man die notwendige Menge Essigsäure 30%ig oder Ameisensäure 6° Bé zu und mustert alle 15 Minuten. Man schlägt die Ware am Schragen auf, wäscht nach Badablauf einmal mit Weich-, dann mit Hartwasser und aviviert schließlich. Dabei kann man, wie bereits dargelegt wurde, mit kleinen Farbstoffmengen nuancieren. Man schlägt in ein Tuch unter Breitmachen auf und schleudert. Hierauf wird appretiert und gespannt.

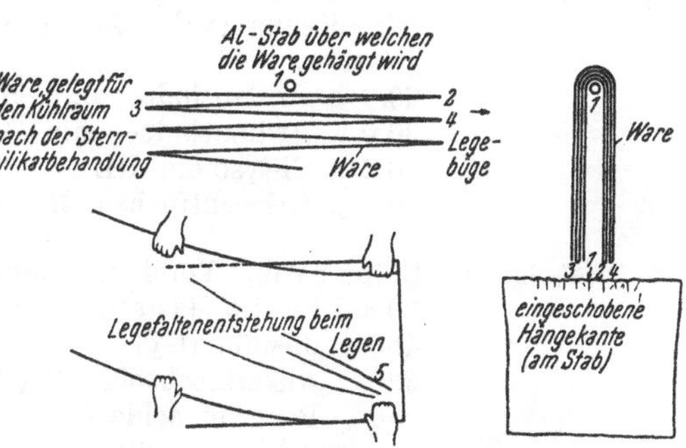

Abb. 233. Ware vor dem Färben.

1. Scharlach: Georgette, 3 Stück, 4,74 kg, 600 l Flotte, 200 l Bastseifenlösung, 400 l Weichwasser, 1,5 l HCOOH, 0,25 l Silikatlösung 6° Bé. Erschwerung Vorcharge 44%. Nach dem Färben 37%.
160 g Tuchrot G (Ci)
35 „ Ponceau acide (Sa)

Gefärbt: Bei 50° C eingehen, bei 75° C färben $^3/_4$ Stunden; Haspelkufe aviviert am frischen Bad mit 9 l Öl und 4 l HCOOH 6° Bé 600 l.

2. Rosé: Georgette, 3 Stück, 5,30 kg, 600 l Flotte, Bad ohne Bastseife mit 300 g Prästabitöl V, 0,5 l HCOOH 6° Bé.
0,3 g Ponceau acide (Sa)
0,2 „ Rhodamin B (IG)

Gefärbt wird bei 60° C auf vorgeschwefelter Ware; aviviert mit 4 l Öl und 2,5 l HCOOH 6° Bé auf frischem Bade (s. auch S. 429 über Aviviersäure).

3. Marine: Crêpe de Chine, 3 Stück (altes Bad), mit
Wollechtblau GL als Grund (IG)
Fülle: Erioviridin B und Roccelin L (Gy)

4. Grau: Crêpe de Chine, 2 Stück, 3,93 kg, 600 l Flotte, 200 l Bastseifenlösung, 400 l Weichwasser, 0,75 l Wasserglas, 2 l HCOOH 6° Bé, Färben bei 60° C.
75,0 g Echtjasmin G konz. (Gy)
20,0 „ Alizarinechtblau B (Ci)
0,3 „ Ponceau acide (Sa)
Aviviert nach Färben und Spülen mit 5 l Öl und 2,5 l Säure 6° Bé auf frischem Bade.

5. Gobelin: Georgette, 2,85 kg, 600 l Flotte, 300 g Prästabitöl V, 20 l Bastseifenlösung (zirka 30 g pro Liter). Es wird bei 70° C vorlaufen gelassen.
60,0 g Brillantindocyanin 6B (IG)
30,0 „ Brillantindocyanin G (IG)
0,2 „ Chrysoidin RL (IG)
0,2 „ Erioechtfuchsin B (Gy)

6. Dunkelgrün: Crêpe Satin, Vorcharge 50%, Sternreifen 2 Stück, 8,65 kg, 2000 l Flotte. Bastseifenbad, 4,5 l Essigsäure 30%.
450 g Jasmin (Gy)
380 „ Alizarinechtblau B (Ci)
18 „ Ponceau acide (Sa)
Aviviert mit 12 l Öl und 8 l HCOOH 6° Bé, 2000 l Flotte, Ausfall 43%.

7. Tabakbraun: Crêpe Marocain, Vorcharge 40%, Sternreifen, 1 Stück, 3,15 kg, 2000 l Flotte, Bastseifenbad, 1 l Wasserglas, 2 l Essigsäure.
75 g Jasmin (Gy)
12 „ Ponceau acide (Sa)
65 „ Alizarinechtblau B (Ci)
Aviviert mit 10 l Öl und 4 l HCOOH 6° Bé, 2000 l Flotte, Ausfall 34%.

8. Kaliblau: Georgette, 6 Stück, 6,50 kg, Vorcharge 46%, Sternreifen, 2000 l Flotte, Bastseife, 1 l Wasserglas, 4 l Ameisensäure 6° Bé.
125 g Brillantindocyanin 6B (IG)
25 „ Brillantindocyanin G (IG)
Aviviert mit 10 l Öl, 3 l HCOOH 6° Bé, Ausfall 37 bis 40%.

9. Dunkelblau: Georgette, 2 Stück, 2,14 kg, Vorcharge 40%, Sternreifen, 2000 l Flotte, Bastseife, 1,5 l HCOOH 6° Bé.
150 g Säureblau RBF (Ci)
12 „ Roccelin L (Gy)
Aviviert mit 6 l Öl und 4 l HCOOH 6° Bé, Ausfall 28%.

10. Dunkelbraun: Georgette, 4 Stück, 5,70 kg, Vorcharge 42%, Sternreifen, 2000 l Flotte, Bastseife, 5 l Essigsäure 30%, 1,5 l Silikat.
600 g Erioechtfuchsin B (Gy)
85 „ Brillantindocyanin 6B (IG)
Aviviert mit 10 l Öl und 4 l HCOOH 6° Bé, Ausfall 40%.

11. Bordo: Marocain, 2 Stück, 5,72 kg, Vorcharge 49%, Sternreifen, 2000 l Flotte, Bastseife, 1 l CH_3COOH 30%.
100 g Ponceau acide (Sa)
80 „ Erioechtfuchsin B (Gy)
38 „ Alizarinechtblau (Ci)
Aviviert mit 12 l Öl und 4 l HCOOH 6° Bé, Ausfall 26%.

12. Schwarz (Umfärben): Crêpe de Chine, 11 Stück, 35,12 kg, Haspelkufe, 3000 l.
Ohne Seife, ohne Säure.
2000 g Gloriaschwarz N (IG)
120 „ Sulfongelb 5B (IG)
Aviviert mit 30 l Öl und 10 l HCOOH 6° Bé.

Zur Verbesserung der Wasserechtheit tieferer Töne kann auf Holzhaspeln und mit eisenfreiem Wasser die fertige Färbung ½ Stunde mit 10 % Tannin und 3 % Essigsäure 30 % kalt und hernach ¼ Stunde auf 5 % Brechweinstein nachbehandelt werden. Dann wird gespült.

Sehr gut wasserechte Töne werden mit den Cibalanen (Ci) usw. erhalten. Man färbt aus gebrochenen Bastseifenbädern oder neutraler bzw. schwach saurer (Einstellung der p_H mit Cibalan-Indikator) Flotte (vgl. Ciba-Rundschau 1953, Nr. 110, 4055).

Nun sollen einige grundlegende Bemerkungen zu den Behandlungen der einzelnen Qualitäten in der Färberei gegeben werden. Sie beziehen sich auf die Färbeweise und Badzusammenstellung. Berücksichtigt wurden dabei die Erfahrungen hinsichtlich Chargeausfall, Vermeidung von Unegalitäten sowie Hintanhaltung von Brüchen usw.

Georgetteware: Helle Farben werden auf der Kufe mit Ovalhaspel gefärbt. Man verwendet ein Seifen-Prästabitöl-Bad von 10 g Bastseife und 0,5 g Prästabitöl V im Liter. Die Säuremenge ist so gering wie möglich zu halten. Die Charge soll vor dem Färben für eine verlangte Höhe von 30 bis 39 % etwa 45 % sein. Der Verlust beträgt, wenn man dem Bad etwas Wasserglas (2 l käufliche Konzentration) zusetzt, zirka 8 %. Gewaschen und aviviert wird auf der Kufe. Zum Avivieren verwendet man stehende Bäder. Bei solchen ist auf Abscheidungen zu achten, die in der Ware Ölflecken geben. Nach der Behandlung wird in ein Tuch geschlagen und geschleudert.

Dunkle Farben färbt man am Sternreifen im Bastseifenbad ohne oder mit wenig Silikat, je nach Charge. Die Vorchargenhöhe für 30 bis 40 % soll etwa 40 bis 42 % betragen. Verloren wird in der Regel kaum mehr wie 5 %. Es werden pro Sternreifen maximal 4 bis 5 Stück (120 bis 150 m) gefärbt, so daß möglichst einlagig gehakt werden kann. Gewaschen und geölt wird auf der Kufe. Die Färbebäder werden als Standbäder benützt und zirka vier- bis fünfmal verwendet.

Crêpe de Chine: Helle Farben werden wie Georgettequalitäten behandelt. Sehr empfindliche Ware wird am Sternreifen gefärbt (mittlere oder dunklere Töne stets am Stern arbeiten). Hoch bruchempfindliche Ware wird am Ring (Sternreifen) gewaschen und aviviert, dann breit auf eine Holzrolle gebracht und in der Rollenschleuder entwässert.

Crêpe Marocain: Hier erfolgt das Färben, Waschen und Avivieren nur am Sternreifen. Die Ware wird abgesaugt (entwässert).

Crêpe Satin: Auch hier wird am Stern gearbeitet und wie oben entwässert. Ganz leichte Qualitäten können, doubliert, die Satinseite nach innen, auf der Haspelkufe gefärbt werden. Trotzdem absaugen, nicht in Falten schleudern.

Muß erschwerte Ware aus irgendwelchen Gründen umgefärbt werden (als zum Umfärben bestimmt eingeliefert), dann ist sie stets erst auf Seife zu nehmen und ein Teil der Silikaterschwerung abzuziehen. Erst dann wird umgefärbt. Es stellte sich nämlich in den meisten Fällen heraus, daß es sich um lange gelagerte Ware handelt, die beim unvorsichtigen zum zweiten Male Färben morsch wird und zu Ersatzansprüchen Anlaß gibt. Besser ist es, derartige Ware nur gegen Revers zu übernehmen, daß die Färbung mit aller notwendigen Vorsicht und Sorgfalt, jedoch ohne Garantie für auftretende Schäden, erfolgt.

Manchmal kommen spröde, unelastische Ausfälle auch im eigenen Arbeitsgang vor. In den allermeisten Fällen behandelt man derartige Stücke (meist leichte, verhältnismäßig hocherschwerte Crêpe de Chine oder Georgettequalitäten) kalt auf einem Bade, welches pro 600 l Flotte (Weichwasser) 6 l Avivageöllösung und 2,5 l HCl 30 % enthält. Hernach wird gewaschen (Weichwasser) und ein eventuell von der Ware (Erschwerungseinlagerung) zurückgehaltener Säurerest durch Behandlung mit kalter $NaHCO_3$-Lösung (7,5 kg in 100 l Wasser Stammansatz), für 600 l Weichwasser 3 l, entfernt. Bei Enthärtung des Betriebswassers nach DERVAUX-REISERT entfällt die Behandlung mit verdünnter Bikarbonatlösung. Man wäscht zweimal, das Weichwasser ist ja etwas alkalisch.

Tabelle über die Festigkeit spröder (morscher) Ware

(Schubert-Dynamometer-Werte)

Crêpe de Chine:	Abgekocht	28, 29	100%
	Gebleicht[75]	26, 27	92%
	Vorcharge	17, 18	64%
	Silikat	16, 17	58%
	Gefärbt	17, 17	60%
Lisette:	Abgekocht	28, 28	100%
	Vorcharge	16, 17	60%
	Silikat	16, 17	60%
	Gefärbt	14, 14	50%
Crêpe de Chine:	Abgekocht	25, 28	100%
	Vorcharge	18, 18	64%
	Wasserglas	10, 11	38%
	Gefärbt	10, 10	38%

Über die Beziehungen zwischen Ultraviolettstrahlung und Rückgang der Faserfestigkeit beschwerter Seide bzw. den Einfluß einer Behandlung des Seidenmaterials mit Thioharnstoff usf. (vgl. WEILENMANN, Bull. Int. Föd. textilchem. kolor. Vereine, Basel, III, Heft 2, 157, Juni 1938).

Übersicht über den Ölverbrauch pro Kilogramm Ware

1 l Ölemulsion enthält 318 g Olivenöl (in sulf. Zustande).

Weiße Ware, Ivoire-Töne	34,20 g Öl pro kg
Schwarz (Blauholz)	38,95 „ „ „ „
Färben (Couleur)	79,80 „ „ „ „

(im Mittel aus drei Monaten)

Tabelle über die Chargeverluste beim Färben

	Vor der Färbung in %	Nach der Färbung in %
Georgette, gelb, Haspel, Prästabitöl-V-Bad und Wasserglas	43 ü. p.	38
Crêpe de Chine, Reseda, Haspel, Bastseife und Wasserglas	52	44
Crêpe de Chine, Marine, Ring, Bastseife	45	36
Crêpe de Chine, weiß, Haspel, Bleiche	52	41
Crêpe Satin, div., Haspel, Bastseife	48	40
Georgette, weiß, Haspel, Bleiche, schwefeln	49	39
Marocain, Marine, Ring, Bastseife	47	39
Crêpe de Chine, rosé, Haspel, Prästabitöl, 50° C	52	39
Georgette, Champagne, Haspel, Bastseife und Wasserglas	41	38

[75] Noch vor dem Chargieren gebleicht, besser ist ein Bleichen nach der Erschwerung.

Um ein Verwetzen der Ware hintanzuhalten, hat man im Betriebe eigene Doppelhaspelfärbekufen gebaut. Sie zeigt im Prinzip die Abb. 234. Dadurch wird erreicht, daß das Stück flach durch die Flotte geht. Aber die Kästchen, in welchen es vom Haspel abläuft und heiß und mit Farbflotte getränkt liegenbleibt, bedingen eine Gefahr durch die Bildung dunkler gefärbter Falten, welche unter Warenschäden bereits als Folge des heißen Herausschlagens am gewöhnlichen Haspel zwecks Zusetzen besprochen wurden. Außerdem zeigten eine Reihe von Stücken Wetzstellen, welche dem halben Haspelumfange der Doppelhaspelkufe entsprachen und welche davon herrühren, daß beim Einlauf das Stück doch an den höchstgelegenen Haspelstellen scheuert. Ferner sind, wenn die Kästen zu breit sind und lange Stücke verarbeitet werden, die abgelegten Falten nicht breit genug, um den Kasten auszufüllen, sie türmen sich aufeinander, fallen dann um und klemmen sich zwischen den anderen Falten und den Wänden der Kästchen fest. Beim Rücklauf werden diese Stellen dann unter den überliegenden Falten hervorgezogen, das Stück erhält natürlich eine große Spannung und scheuert an den Haspeln sowie auch an den Wänden der Kästchen und Wetzstellen sind die Folgen. Ebenso ist ein großer Nachteil, daß immer jemand bei dem Haspel stehen muß, um das Stück breit zu halten. Die Konstruktion hat sich nicht bewährt.

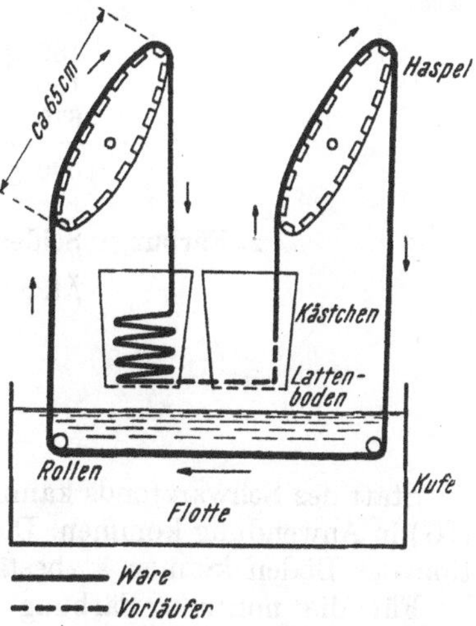

Abb. 234. Doppelhaspel.

c) Färbungen erschwerter Seide für Ätzartikel

Für den Ätzdruck kommt erschwerte Ware nur selten in Frage. Meist werden hier Reinseidenpongis benützt. Besondere Fälle, meist in Marineblau verlangt, werden auf vorgebleichter Ware mit speziellen Farbstoffen ausgefärbt. Die Erschwerung ist maximal auf 10 bis 20 ü. p. zu halten.

1. Marine für Weißätze: 600 l, 1 Stück, 2,82, Foulard, 10 bis 19%, 10 l Bastseife, 50 Igepon T, 8 kg Na_2SO_4.

300 g Sulfonazurin D (IG)
75 „ Tuchrot G (Ci)
10 „ Echtjasmin G konz. (Gy)

Möglichst kurz bei 60° C färben und fertigmachen. Geätzt: Mäßiges Weiß. Es kann durch Zugabe von optischen Aufhellungsmitteln zur Ätzpaste verbessert werden.

2. Marine für Weißätze:

Wollätzblau GH (IG)
Nerol 4B (IG)

Man färbt am Glaubersalzbad und zieht mit CH_3COOH aus. Mit Rongalitätze kein besonderes Weiß.

3. Schwarz- für Weißätze. Die zu färbende Ware wird zirka 10 Minuten mit Seidenätzschwarz IA (Sa) (30 g/l) ohne Salz und Säure behandelt, in ein Spülbad gedreht und auf frischem Bad mit 3% Formaldehyd-Essigsäure nachbehandelt. Die Ätzung erfolgt mit Hydrosulfit RFN (Sa) unter Zusatz von Senegalgummi 1 : 1 und

3% Netzmittel. Als Buntätze können Chinolingelb SS konz. (Sa), Seidenechtreinblau 6G (Sa), Thiazolgelb G konz. (Sa), Xylenrot B konz. (Sa) usw. verwendet werden.

Ätzmuster. 1. Färbung: Nerol 4B (IG)
Wollätzblau GN (IG)
geätzt mit Rongalit
180 g Rongalit C
150 „ Wasser
670 „ Gummiverdickung 1 : 1
1000 g

2. Färbung: Seidenechtschwarz JA (Sa)

Ätzpaste: 150 g Hydrosulfit RFN
150 „ Wasser
670 „ Senegalgummi 1 : 1
30 „ Netzmittel
1000 g

Statt des Schwarzfonds kann Nerol 4 B (IG), besser aber Wollätzschwarz 4 D (IG) in Anwendung kommen. Die Ätzung auf Nerol 4 B tönt nach. Zur Illumination der Böden können ätzbeständige Farbstoffe dienen (vgl. Abb. 237).

Für die normale Färbung von chargierter (erschwerter) Seide kommen folgende Farbstoffe in Frage:

(IG) Supramingelb R, Chinolingelb S, Echtrot AV, Citronin, Orange II, Ponceau G, Säureanthracenrot 3BL, Brillantcrocein 3B, Echtsäureviolett A2R, Sulforhodamin B, Wollechtblau BL, GL, Brillantindocyanin 6B, G, Alizarindirektblau AR, Patentblau V, Brillantsäuregrün B, Säuregrün extra konz. usw.

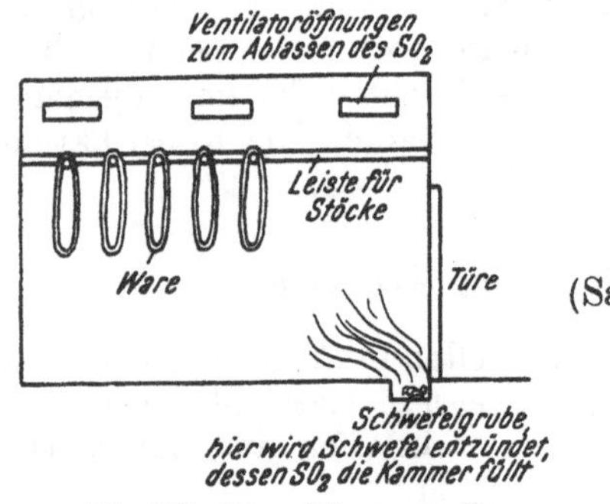

Abb. 235. Schwefelkammer für Seidenstück in Buchform.

(Sa) Seidenechtgelb S, Chinolingelb S, Roccelin SB, Orange II, Sulfoninrot G, Ponceau acide, Xylenechtviolett R, Xylenechtblau BL, GL, Xylenbrillantcyanin 6B, G, Xylenreinblau FBR, Alizarinlichtblau B, Xylenblau VX, Xylenechtgrün 6B, Säuregrün extra usw.

(Ci) Chinolingelb S, Tuchechtorange R, Orange II, Tuchrot G, Ponceau 2RE, Kitonechtviolett IOB, Benzylechtblau BL, GL, Brillantcyanin 6B, G, Säureblau RBF, Alizarinechtblau B, Kitonreinblau V, Benzylgrün B, Säuregrün extra usw.

(Gy) Jasmin, Echtjasmin G konz., Roccelin L, Orange II, Polarrot G, Säureponceau E, Erioechtfuchsin BL, Wollreinblau BL, GL, Säurebrillantcyanin 6B, G, Eriocyanin B, Erioechtcyanin S konz., Erioglaucin supra, Erioviridin B, Säuregrün konz. u. dgl.

Für eine Reihe von brillanten Tönen ist es notwendig, daß die Ware vor dem Färben geschwefelt wird. Diese Behandlung erfolgt derart, daß man die Stücke (leichte Georgette- und Crêpe-de-Chine-Qualitäten) in Bruchform haspelt. Dann werden sie auf ein Seifenbad von 4 g/l gestellt, 80° C, ½ Stunde hantiert (auf Stöcken an Fäden hängend) und schließlich nach kurzem Schleudern, bei welchem die Ware in Tüchern gehüllt ist, in den Schwefelkasten gebracht, wo sie über Nacht verbleiben. Nachher wird abgerollt und am Haspel gewaschen. Für Ivoire- (Elfenbein-) Töne bestimmte Ware wird eventuell noch etwas geschönt (lichtechte Alizarinviolettmarken) und aviviert. Dann wird geschleudert und gespannt. Für die Waschbehandlung usw. stehen große Kufen, in welchen bis 20 Stück nebeneinanderlaufen, in Verwendung (s. Abb. 236).

Heute kann das Schwefeln durch Behandlung der Ware mit optischen Bleichmitteln ersetzt werden.

d) Das Bleichen erschwerter Seide

Das Bleichen erschwerter Ware erfolgt auf Wasserstoffsuperoxydbädern, und zwar durchwegs am Sternreifen. Die Bäder (in Betonbottichen mit Bleischlangen für indirekte Erwärmung zum Heizen s. Abb. 183) werden laufend verwendet.

Eine Stabilisierung der mit Hartwasser (magnesiumhaltig) angesetzten Bleichflotten erfolgt durch Silikatzugabe. Die Bäder werden nach jeder Bleichoperation hinsichtlich Alkalinität und Sauerstoffgehalt im Betriebslaboratorium genau geprüft und die nötigen Zusätze mit Rücksicht auf zu bleichende Warenmenge und Qualität bestimmt. Die Feststellung des Sauerstoffgehaltes kann in schwefelsaurer Lösung mittels $KMnO_4$-Lösungen erfolgen, wobei die Methode auch für Vorarbeiter und Meister modifiziert werden kann, derart, daß Tabellen angelegt werden, in welchen je nach Verbrauch an $KMnO_4$-Lösung der Gehalt an Sauerstoff bzw. die Zugabe an H_2O_2 in Litern ersichtlich ist. Mit Rücksicht auf die Ausschaltung der Verunreinigungen, die bei der Bleichung anderer Waren und Fasern vorkommen, ist eine Verwendung der

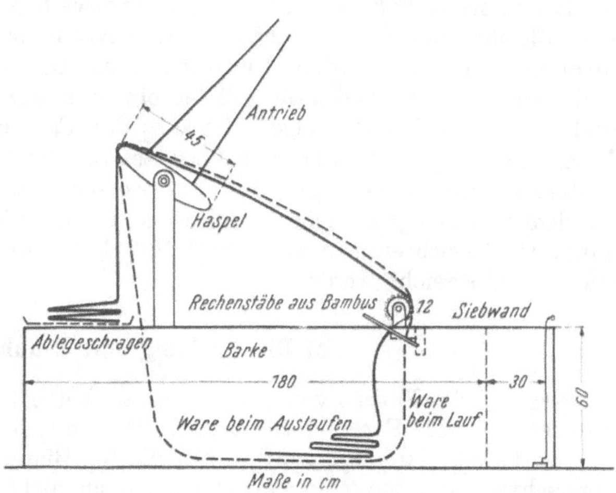

Abb. 236. Waschkufe für gebleichte oder geschwefelte Stückware. U (Haspel) = 28 m/min. Maße in Zentimetern für bis 24 Stück, Breite 320.

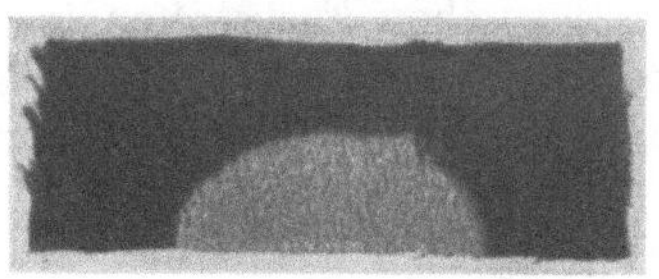

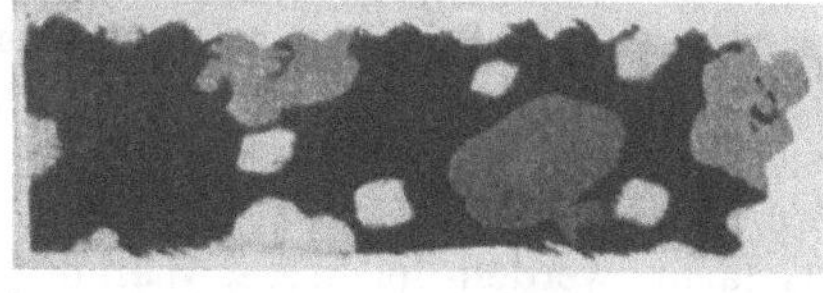

a *b*

Abb. 237. Ätzmuster (*a* blau, *b* schwarz). Rezepturen S. 431.

Jod-Thiosulfat-Methode nicht notwendig. Die haltbare Permanganatlösung bringt daher genügend genaue Resultate und den Vorteil einfacherer Arbeitsweise.

Da Eisen oder Kupfer einen sofortigen katalytischen Zerfall der Flotte bewirken, sind Metallteile dieser Art auszuschalten und die Bleichgefäße so zu stellen, daß kein Rost aus über sie hinweggehenden Rohrleitungen in das Bad fallen kann. Auch die zu bleichende Ware ist vor der Bleiche vor Berührung mit derartigen Metallen zu schützen.

Sauerstoffabfall während einer Bleichung bzw. beim Stehen des leeren Bades:

2500 l Flotte	Aktivsauerstoff	Alkalinität (als NaOH)
	1,67 g/l	0,48 g/l
Gebleicht über Nacht, 70° C beim Einhängen der Ware:		
17,5 kg Crêpe de Chine (ivoire), früh	1,40 „	0,57 „
Zusatz 5 l Wasserstoffsuperoxyd	1,69 „	0,57 „
Gebleicht 6 Stunden 22 kg Crêpe de Chine (ivoire):		
Nach der Bleiche	1,42 „	

Wegen des ungünstigen Flottenverhältnisses (mindestens 1 : 120) ist also ein Arbeiten auf stehendem Bade notwendig. Für Bleiche auf Reinweiß ist ein Aktivsauerstoffgehalt von 1,8 bis 2 g/l für etwa 6 Stunden Bleichdauer erforderlich. Bleicht man durch Einhängen über Nacht, so soll der Wert von 1,65 g/l nicht überschritten werden. Die durch Wasserglaszugabe und durch die Ware meist ansteigende Alkalinität soll bei einem Badansatz zirka 0,45 g/l betragen und nicht über 0,9 g/l steigen. Ist dies der Fall, dann ist, wegen Gefahr der Faserschädigung, aber auch des Verlustes an Erschwerung wegen, ein Teil des Bades zu regenerieren. Man wäscht daher erschwerte Ware nach dem Silikatieren vor dem Bleichen gründlichst, damit sie kein Silikat in die Bleichbäder einbringen kann. Die Bleichtemperatur beträgt 70° C, bei dunklen Marocainwaren kann auch 80° C erreicht werden.

e) Die Färbung mit Blauholz

Was nun das Färben von Schwerschwarz betrifft, so wird dieses mit Blauholz durchgeführt. Die Färbung selbst ist ein Bestandteil des Erschwerungsvorganges.

Wie bereits dargelegt wurde, wird die für Blauholzfärbung bestimmte Ware vorerschwert (3 Züge Zinn-Phosphat), jedoch nicht silikatiert.

Die Blauholzschwarzfärbung erfolgt meist gemeinsam mit oxydiertem und nichtoxydiertem Blauholzextrakt, deren Mengenverhältnis untereinander bzw. zur Ware mit der Erschwerung abzustimmen ist, welche die Seide gleichzeitig mit ihrer Schwarzfärbung erfahren muß. Der oxydierte Extrakt ergibt keine Erschwerung, für die Erhöhung der Charge ist hauptsächlich die angewendete Menge an nichtoxydiertem Extrakt maßgebend. Der durch die Blauholzextraktmischung erzielte Farbton ist ein Rotschwarz, welches durch Nitrieren (Behandlung mit salpetriger Säure) und Schönen mittels basischen Farbstoffen in jenes blumige tiefe Schwarz übergeht, welches durch keinen künstlichen Farbstoff imitiert werden kann. Es verleiht der behandelten Ware auch den bekannten vollen Griff.

Gefärbt werden leichtere Waren (Georgette) in Plie- oder Buchform, an Schnüren auf Stöcken hängend in Kufen, die, je nach Partiengröße, 1000 bis 3000 l fassen. Das Bad wird aus Bastseife unter Zusatz der notwendigen, aus der Vorcharge abgeleiteten Mengen an Blauholzextrakt N (nichtoxydiert) und O (oxydiert) sowie der Korrekturfarbstoffe (Schöne) bereitet. Man behandelt unter Versetzen 1 Stunde bei 80 bis 90° C. Hierauf wird gewaschen (andere Kufe), mit einem Bade von zirka 4 l NH_3 (30 %) auf 2000 l Flotte behandelt, das Plie geöffnet und die Ware auf Haspelkufen gewaschen und nitriert. Beim Nitrieren benützt man auf zirka 2500 l Flotte 8 l HCl 30 % und 3 kg $NaNO_2$. Dann wird kalt gewaschen und mit 10 l Ölemulsion und 2,5 l Ameisensäure 6° Bé aviviert. Man läßt abtropfen und schleudert ohne Spülen in Tüchern.

Schwerere Ware wird am Sternreifen gefärbt. Die etwa 2000 l fassenden Gefäße bekannter Form werden mit Bastseifenlösung (max. 3 g Seife pro Liter) gefüllt. Der nichtoxydierte Blauholzextrakt wird heiß, eventuell mit etwas Salmiak, angeteigt und durch ein Sieb dem Bade zugesetzt.

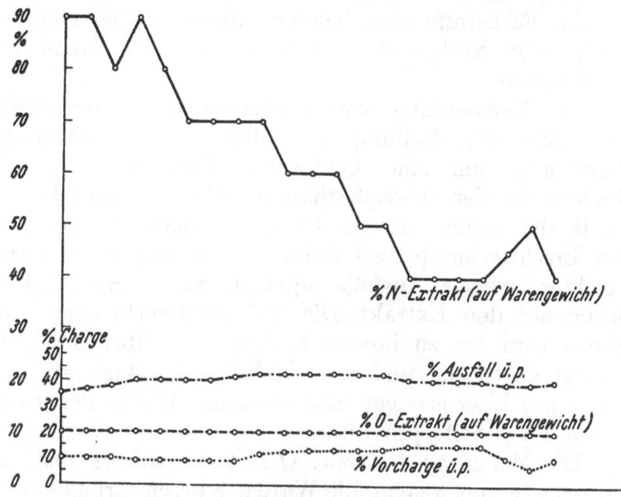

Abb. 238a. Sternreifen-Standbad-Serienfärbung. Blauholzschwarz (Neumonopolschwarz).
Totalwarengewicht: 386 kg. *O*-Extrakt: 51,5 kg. *N*-Extrakt: 213,5 kg. 265 kg Extrakt (Gesamt) auf Ware: 68 %. Zunahme (121 kg) = 45 % vom Extrakt = 58 % vom *N*-Extrakt.

Das Warengewicht beträgt maximal 20 kg, das sind 6 Stücke mit zirka 180 m. Gefärbt wird nach Aufkochen bei 80 bis 90° C 30 bis 40 Minuten. Dann wird auf ein Bad mit oxydiertem Extrakt genommen und 30 bis 40 Minuten bei 80 bis 90° C behandelt. Das Bad enthält etwas Gelbholzextrakt und basisches Blau zum Schönen des Tones.

Nachher wird der Stern auf einer Spritzvorrichtung gründlich abgespritzt und die Ware dann auf ein 70° C warmes NH_3-Bad (4 l NH_3 30 % auf 2000 l)

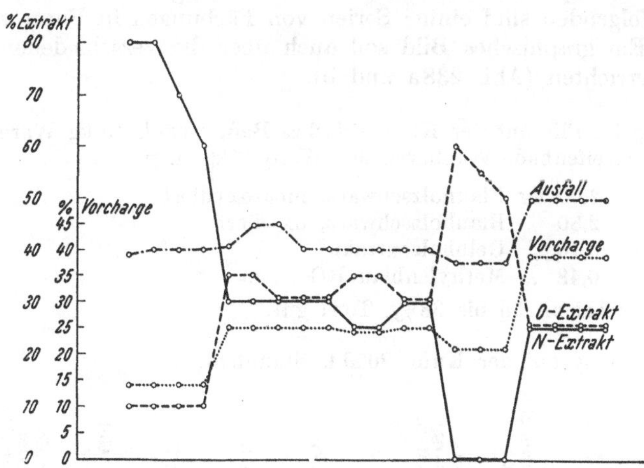

Abb. 238b. Blauholzschwarz (Neumonopolschwarz). Sternreifenfärbung am Standbad. Extrakt: Ware 64 %. Warengewicht total 302 kg. Blauholzschwarz oxyd. 78 kg. Blauholzschwarz nicht oxyd. 108,5 kg. Extraktzugabe insgesamt 186,5 kg = 60 % des Warengewichts. *N*-Extrakt: *O*-Extrakt = 10 : 7,6. Warengewichtszunahme: 58 kg = 50% vom *N*-Extrakt = 75% vom *O*-Extrakt.

genommen. Nach 20 bis 30 Minuten wird gründlich gewaschen (abgespritzt) und die Ware vom Stern abgenommen. Hierauf wird, wie bereits geschildert, *auf der Haspelkufe* nitriert, gewaschen und geölt. Die Färbebäder sind Standbäder; es können darauf etwa 12 bis 15 Ringe gefärbt werden (240 bis 300 kg Ware). Mit zunehmender Ausnützung steigt der Rotstich des Schwarztones. Man prüfe auch stets auf Reibechtheit. Verunreinigungen verursachen die Verfärbung und das Abreiben.

Als Farbstoffe zum Schönen dienen neben Gelbholzextrakt Thioninblau G (IG) oder Methylenblau BG extra (IG). Auch Methylengrün P (Ci) ist verwendbar.

Die Verwendung von Bastseifenbädern empfiehlt sich insbesondere bei der Sternreifenfärbung mit ihrer verhältnismäßig geringfügigen Warenbewegung, um eine genügende Egalität zu gewährleisten. Statt Seifenbädern wurden phosphathaltige Flotten empfohlen (insbesondere in USA), z. B. die ersten Waschwässer, die beim Waschen der phosphatierten Ware im Erschwerungsprozeß anfallen. Sie zeigen, abgesehen davon, daß sie viel leichter unegale Ausfälle ergeben, auch eine zu wenig hydrolysierende Wirkung auf den Extrakt. Die Aufnahmewerte liegen tiefer als bei Seife. Allerdings wird bei zu hohem Seifengehalt, über 3 g/l, bereits merklich an Vorcharge abgezogen und der Ausfall sinkt stark ab. Mit Färbebädern von 10 g Seife pro Liter erreicht man etwa die Hälfte der Erschwerung durch Blauholz als mit 3 g Seife pro Liter.

Die Menge an N- bzw. O-Extrakt richtet sich, wie angedeutet, nach der Vorcharge, mit welcher die Ware zur Erschwerung kommt und nach der Erschwerungshöhe, die endgültig verlangt wird. Im allgemeinen müssen zur Erzielung eines befriedigenden Schwarztones neben den erschwerenden N-Extraktmengen mindestens 20 % O-Extrakt (bezogen auf Warengewicht) Anwendung finden. Man soll aber auch nicht mehr als 100 % N-Extrakt geben. In diesem Falle ist die Vorcharge zu erhöhen.

Die durchschnittliche Aufnahme an Blauholz ist mit zirka 40 bis 50 % anzunehmen (N- und O-Extrakt). Die frischen Färbebäder spindeln etwa 0,5° Bé. Nahe an 3,5° Bé spindelnde Standbäder sollen weggelassen werden.

Im nachfolgenden sind einige Serien von Färbungen in Form von Tabellen aufgeführt. Ein graphisches Bild soll auch über die verschiedenen Aufnahmemengen unterrichten (Abb. 238a und b).

1. Färbung im Plie auf der Kufe. Frisches Bad, 2000 l, 15 kg Ware = 10 Stück Georgette, Bastseifenbad, Vorcharge der Ware 17% ü. p.

12,00 kg Blauholzschwarz, nichtoxydiert
2,80 „ Blauholzschwarz, oxydiert
0,16 „ Gelbholzextrakt
0,48 „ Methylenblau BG extra
Ausfall 36 bis 38%, Ton: gut.

2. Serienfärbung auf der Kufe, 2000 l, Standbad.

Ware	Gewicht kg	Vorcharge % ü. p.	% N	% O	kg N	kg O	kg Gelbholz	kg Methylenblau BG extra	Ausfall in %
Georgette 30/39	26,0	13	90	10	23,5	2,6	0,50	1,00	39 bis 42
Parisette 40/49	21,0	23	80	10	16,8	2,1	0,38	0,76	52 „ 59
Georgette 30/39 .... (4 Züge)	25,0	25	40	—	8,0	—	0,16	0,32	42 „ 45
Meteor 50/60 ...... (4 Züge)	22,0	44	15	25	3,0	5,0	0,16	0,32	58 „ 62
Georgette 50/60	27,0	27	50	10	6,5	1,4	0,16	0,32	50 „ 55

3. Serienfärbung auf dem Sternreifen, 2000 l, Standbad.

Ware	Gewicht kg	Vor-charge %	% N	% O	kg N	kg O	kg Gelbholz	kg Methylenblau	Ausfall in %
Marocain 20%	13,6	10	45	30	6,0	4,1	0,60	0,40	16
	13,6	10	40	30	5,5	4,1	0,60	0,40	18
	13,6	10	40	35	5,5	4,7	0,60	0,40	20
	13,6	10	35	35	4,7	4,7	0,60	0,40	20 bis 22
	13,6	10	35	35	4,7	4,7	0,60	0,40	20 „ 22
	13,6	10	30	30	4,1	4,1	0,60	0,40	20 „ 22
Marocain 45%	13,0	35	30	30	4,1	4,1	0,60	0,40	41 „ 45
	13,0	35	30	30	4,1	4,1	0,60	0,40	37 „ 40
Satin 25%	13,0	25	30	30	4,1	4,1	0,60	0,40	36 „ 39
Marocain 20/30	14,0	25	30	30	4,1	4,1	0,40	0,30	29 „ 31
	14,0	25	30	30	4,1	4,1	0,40	0,30	30 „ 32
	14,0	25	30	30	4,1	4,1	0,40	0,30	28 „ 32
Marocain 40/50	14,0	25	30	—	—	1,4	0,60	0,48	48
	14,0	25	80	—	—	1,4	0,60	0,48	45 bis 48
	14,0	25	80	—	—	1,4	0,60	0,48	45 „ 48
	14,0	25	80	—	—	1,4	0,60	0,48	48 „ 50

Die beschriebenen Verfahren zur Erzielung von Blauholzschwarztönen auf erschwerter Seidenware haben die Herstellung des sogenannten Neumonopolschwarz betroffen.

Ältere Arbeitsweisen sind:

Die Katechuerschwerung, die eine Vorchargierung der Seide mit zwei Zügen, dann eine Behandlung im Katechubad, ein Abdunkeln mit einer Eisensalzlösung und schließlich das Ausfärben mit N- und O-Extrakt unter Zusatz von Methylenblau beinhaltet, liefert zwar das blaustichigste Schwarz, ist aber umständlich und teuer.

Geringe Erschwerungshöhe liefert die nicht mehr ausgeübte Eisenblaukalierschwerung, bei der entbastete Seide mit basischen Eisensulfatlösungen bzw. solchen von holzessigsaurem Eisen behandelt wurde, die Hydrolyse durch „Abbrennen" stattfand und der Vorgang dreimal wiederholt wurde. Dann folgte eine Katechubehandlung und schließlich eine Färbung mit Blauholz und basischen Teerfarbstoffen als Schöne.

Das Monopolschwarz arbeitete mit Chlorzinn-Phosphat-Erschwerung, hierauf mit Katechubädern und dann mit Farbbädern, die Blauholz und Teerfarbstoffkorrektur enthielten. Auch diese Arbeitsweise ist heute verlassen.

Zum Abschluß der Hinweise auf die Färbung erschwerter Seide möge eine sich über ein Jahr erstreckende Ermittlung durchschnittlicher Partiengrößen folgen:

Couleuren	4530	Stück	1410	Partien	3,2	Stücke pro Partie
Weiß	1310	„	310	„	4,2	„ „ „
Schwarz (Blauholz)...	1500	„	430	„	3,4	„ „ „

Stücke pro Partie im Mittel: 3,6.

4. Die Baumwollstückfärbung

Das Färben von Baumwollgeweben erfolgt nur bei ganz leichten Musselin- oder Voilequalitäten auf der Haspelkufe, wo diese Waren, meist nach einer Vorbleiche, in hellen Tönen eingefärbt werden. Ansonsten werden zum Färben die bekannten Jiggerkonstruktionen verwendet, die zufolge der kurzen

Flotte (Dyeing ratio) eine wirtschaftliche Färbung ermöglichen. Die Flottenlänge spielt bei der Baumwollfärbung eine große Rolle, da ja nur ein Teil des zur Anwendung kommenden Farbstoffs auf die Faser zieht. Die Jigger sind mit Breithaltern und automatischer Umsteuerung nach Ablauf der Warenlänge ausgestattet und sollen ein möglichst spannungsloses Arbeiten gestatten. In den letzten Jahren wird aus Gründen der Dampfeinsparung die geschlossene Bauart bevorzugt, die den Vorteil besitzt, das Färbegut, welches ja während des Färbevorganges nur immer kurze Zeit im Bade, meist aber, mit Farbstofflösung getränkt, aufgedockt ist, auch außerhalb des Bades einer Temperatur auszusetzen, die die Farbstoffixation begünstigt.

Das Färben in geschlossenen Jiggern ergibt jedoch keine besondere Ersparnis an Dampf und hat vielfach den Nachteil, daß eine Reduktion der verwendeten substantiven Farbstoffe eintritt. Dies erfolgt insbesondere beim Färben in alkalischen Bädern, wie sie bei Regenerat-Zellulose-Geweben fast stets vorliegen [vgl. ARMFIELD, J. Soc. Dyers Colourists **67**, 297 (1951)]. In der Haspelkufenfärberei ist die Erscheinung weniger deutlich, da die Kufen meistens oben eine Ventilationsöffnung besitzen. Ein Zusatz von Ammonsulfat zum Färbebade soll den Fehler beheben.

Billigste Artikel (Canevas usw.), an welche keine besonderen Farbechtheitsansprüche gestellt werden, foulardiert man aus preislichen Gründen mit der warmen, ein Netzmittel enthaltenden Farbstofflösung und führt nachher direkt in den Spannrahmen. Eventuell werden der Farbflotte Appreturmittel zugesetzt. Dunkle Nuancen sind wegen der Abzeichnung geringster Quetschunterschiede und der Reibunechtheit einer derartigen „Färbung" kaum mit Vorteil herzustellen.

Neben direkten, eventuell zur Verbesserung der Naßechtheit nachbehandelten oder mit Coprantin- bzw. Cuprofixfarbstoffen in nachgekupferten Tönen gefärbter Ware findet man noch vielfach solche, die mit Diazotierungs- und Schwefelfarbstoffen gefärbt ist. In letzter Zeit sind für waschechte Nuancen die Resofix- (Sa) bzw. Coprantex- (Ci) Farbstoffe, die mit Resofix bzw. Coprantex A nachbehandelt, noch bei 90° C gut waschechte Färbungen liefern, interessant geworden. Leider ist die Palette des Sortiments noch nicht allzu umfangreich.

Naphtolrot wird am Foulard grundiert und hernach entwickelt. Eine entsprechende Auswahl der Komponenten ist notwendig. Für blaue Arbeitskleidung dient die Kombination Naphtol-AS-Variaminblausalz[76]. Die Echtheitsanforderungen der Zeit bringen es mit sich, daß das Färben mit Küpenfarbstoffen immer mehr an Bedeutung gewinnt. Es wird am Jigger am besten so vorgenommen, daß nach beendeter Färbung direkt in einen nebenstehenden Spüljigger gedreht und fertiggestellt wird. Eine Reihe von Küpenfarbstoffen sind empfindlich gegen hohe Arbeitstemperaturen (sie spalten Halogen ab und geben schwache oder Mißfärbung) und Überreduktion. Die goldorange färbenden Pyranthronderivate (C. I. 1096, 1098), die hierher zählen, sind nach einem Vorschlag der American Cyanamid Co. bei Kochtemperatur unter Zusatz von Chlorat oder Nitrit ohneweiters färbbar (US-Pat. 2548545/46).

Das Durchfärben und die Egalität wird bei Küpenfärbungen durch Zusatz nichtionogener Äthylenoxydanlagerungsprodukte, wie Peregal O (IG), Albatex PO (Ci), Lyovatin E (Sa) usw., gefördert, da diese Stoffe das Aufziehen der Farbstoffe verlangsamen. Eine vergleichende Zusammenstellung des Retardierungsvermögens geben die Tab. 11, 12 auf S. 454[77].

---

[76] Vgl. Melliand Textilber. **1929**, 535 u. a.

[77] Interessenten finden die Formeln einer Reihe von Küpenfarbstoffen bei Fox, J. Soc. Dyers Colour. **65**, 508 (1949), und anderen.

Die zur Retardierung von Küpenfarbstoffen vorgeschlagenen Äthylenoxydanlagerungsprodukte sind nach VAN DER HOEVE, Textilwezen 6, (11), 66 (1951) um so wirksamer, je länger die Kohlenwasserstoffkette ist bzw. wenn diese Verbindungen eine lange Polyätherkette besitzen. Küpenfarbstoffe werden ferner um so stärker retardiert, je mehr anellierte Benzolkerne sie enthalten. Werden die Ketten allzu lang (30 ÄO-Gruppen und mehr), dann wirken die Verbindungen als Desmulgatoren (Petroleumindustrie).

Um dichtgeschlagene Gewebe auch an den Fadenkreuzungsstellen durchzufärben, wird nach einem vor zwei Dezennien von der IG entwickelten Ver-

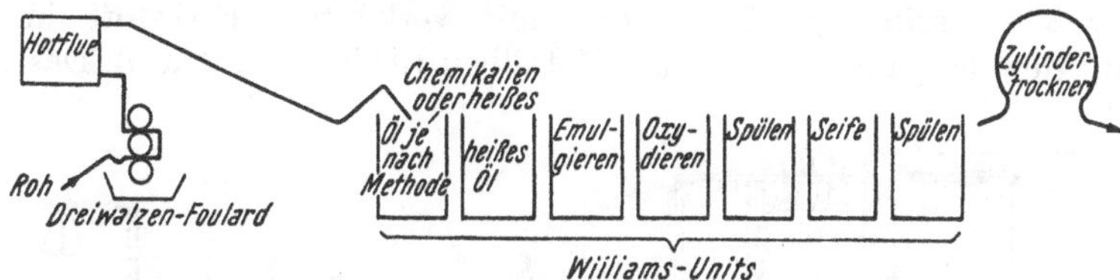

Abb. 239. Heißölverfahren nach IG-General Dyestuff Corp., schematisch. (Vgl. S. 71 und 440.)

fahren die Ware in Anwesenheit von 10 bis 30 g Prästabitöl V (Stockhausen) pro Liter Klotzlösung mit der Dispersion eines Küpenfarbstoffs foulardiert, eventuell zwischengetrocknet und erst nachher durch Passage eines Lauge und Hydrosulfit enthaltenden Bades verküpt und auf der Faser fixiert.

Ein anderes Verfahren klotzt die Ware mit der aus Lösungen von verküpten Farbstoffen gefällten „Küpensäure" und arbeitet weiter wie oben. Diese Arbeitsweise erfolgt nach GAMBLE[78] gern so, daß dünne Gewebe für helle und mittlere Töne mit Küpensäuredispersionen geklotzt, ohne Zwischentrocknung mit Lauge-Hydrosulfit auf einem zweiten Foulard geklotzt, dann gedämpft und schließlich gespült, oxydiert, geseift und gespült wird (s. auch S. 194).

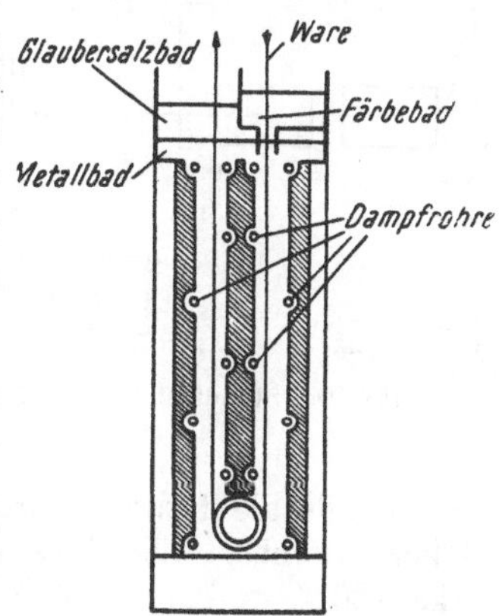

Abb. 240a. Metallbad beim Standfast-Molten-Metal-Dyeing-Prozeß. Schema nach Standfast Dyers*.

Schließlich ist noch das oft angewendete „Temperaturstufenverfahren" anzuführen. Beim „Temperaturstufenverfahren" wird das Egalisieren durch allmähliche Temperaturerhöhung des Färbebades, das den verküpten Farbstoff enthält, erzielt. Es wird zu Beginn des Färbeprozesses von 15° auf 50° C erhitzt, wobei gerade im Intervall 25° bis 35° C die größten Änderungen in der Aufziehgeschwindigkeit liegen und hier die Temperatursteigerung langsam vor sich gehen soll. Dann wird bei 50°, eventuell 70° C fertiggefärbt. Diese Methode hat ihre besonderen Vorteile für Kunstseidenstückfärberei (s. d.) und das Färben am Apparat (vgl. S. 194).

Ausgehend von der „Prästabitöl-Klotzmethode" der IG hat Du Pont den „Pad-Steam"-Prozeß entwickelt, ein Kontinueverfahren, das es gestattet, große Metragen schnell einzufärben[79]. Die Ware wird heiß mit Dispersionen von Küpenfarbstoffen foulardiert, durch einen Dämpfer oder eine Hotflue genommen und meist in einer Batterie von „Williams-Unit"-Apparaten mit Lauge-Hydrosulfit-

[78] Amer. Dyestuff Reporter 40, P 529 (1951).
[79] DIETRICH, Textil-Praxis 4, 333, 393 (1949).
* Vgl. Brit. Pat. 620584, 655514, 661068.

Lösung behandelt. Hernach wird gespült, oxydiert und warm und kalt gewaschen (vgl. Abb. 53). Die Empfindlichkeit mancher Farbstoffe gegen die bis auf 80° C ansteigenden Arbeitstemperaturen soll durch Dextrinzusatz zum Klotzbade behoben werden können[80]. Der Pad-Jig-Prozeß nimmt die Färbung diskontinuierlich vor, das heißt, klotzt mit Pigment und behandelt und färbt am Jigger mit Hydrosulfit-Laugen-Bädern.

Über die Nachteile der Kontinuefärbemethoden siehe, insbesondere bei dunklen Farbtönen usw., Ellmer, Melliand Textilber. **34**, 589 (1953).

Weniger ausgedehnte Apparaturen erfordernd und daher auch für kleinere Warenmengen geeignet, scheint der Standfast-Molten-Metal-Dyeing-Kontinuefärbeprozeß zu sein (vgl. S. 71). Das mit verküptem Farbstoff in Lösung getränkte Gewebe passiert ein heißes Metallbad (Abb. 240a, 240b). Das Gewicht

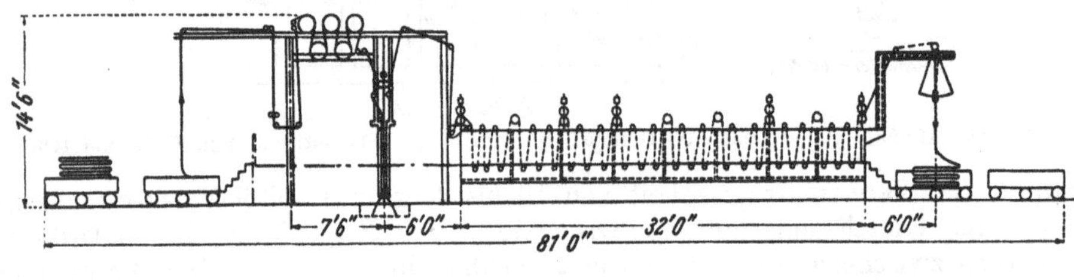

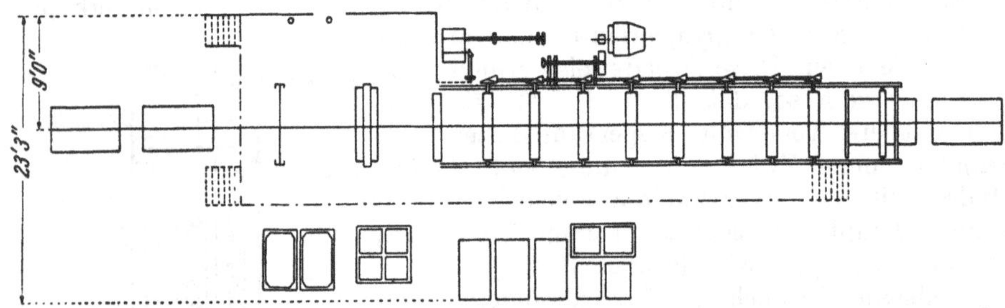

Abb. 240b. Der Standfast-Molten-Metal-Dyeing-Färbeprozeß, Apparatur. By Courtesy of the Standfast Dyers and Printers Ltd., Lancaster. G. B.

der Metallsäule fördert durch den ausgeübten Druck die Durchfärbung auch dicker Gewebe. Allerdings ist der Entwässerungseffekt des Metallbades nur zirka 130 % gegenüber 60 % Feuchtigkeitsgehalt auf dem Foulard. Daher soll man auch nur dünnere Qualitäten färben können.

Die IG und neuerdings die General Dyestuff Co. benützen statt der Metallbäder solche aus heißem Paraffinöl. Die Pressung ins Wareninnere tritt hier allerdings nicht auf. (Heißölverfahren, pro Quadratmeter Ware werden etwa 10 bis 12 g Öl mitgenommen[81]. Vgl. Abb. 239.)

Nach dem DBP Nr. 821 935 von Ravich (1951) werden Färbungen mit Leukoküpenschwefelsäureestern derart ausgeführt, daß man deren Lösungen (unter Zusatz von Harnstoff) mit Sensibilatoren versetzt (Cyaninfarbstoffen) und das gefärbte Gut der Einwirkung von Quecksilberdampflampen (2200—7500 Å)

[80] Text. Prom. **9**, 27 (1949), zit. Review of the Textile Progress, 1. Band 1949, J. Textile Institute und J. Soc. Dyers Colour. **1951**, 250, bzw. Piemont Section AATCC Amer. Dyestuff Reporter **38**, P 213 (1949).

[81] Bräuer: Textil-Praxis **6**, 739 (1951).

aussetzt, wobei es zur Bildung des unlöslichen Farbstoffs kommt (vgl. Vatcraft-Prozess).

Die Verfahren, Gewebe mittels Emulsionen anorganischer oder organischer Pigmente zu kolorieren, das sogenannte „Aridye"-Verfahren der Interchemical Corp., haben sich hauptsächlich für den Druck bewährt. In der Färberei sind sie kaum ausgeübt. Die Pigmente und Bindemittel werden mittels Kunstharzen usw. fixiert und als Emulsion des Öl-in-Wasser- oder Wasser-in-Öl-Typs angewendet, um die Bildung eines kontinuierlichen Bindemittelfilms, der die Ware zu steif machen würde, zu verhindern. Farbstoffsortimente für diese Art von Färbung sind als Orema- (Ci), Acramin- (Bayer), Sherdye- (Sherwin-Williams-) Farbstoffe usw. bekannt.

Die Cu-Phtalocyanin-Pigmente, welche die Herstellung brillanter Türkistöne von hervorragender Echtheit gestatten, sind durch die Arbeiten der ICI als sogenannte „Onium"-Verbindungen wasserlöslich gemacht und aus wäßriger Flotte auffärbbar (Alcianblau 8GS). Durch Hydrolyse wird auf der Faser das unlösliche Pigment rückgebildet.

Auch das Phtalogenbrillantblau IF 3G (Bayer), das auf der Faser gebildet wird, sei hier erwähnt.

Schließlich ist auch das mittels Chrom- und Kupfersalzen gefärbte Mineralkhaki[82] zu erwähnen, das für Uniformstoffe noch gefärbt wird.

Baumwollgewebe für Regenmäntel, die nachher gummiert werden, dürfen nur mit kupferarmen Farbstoffen [Typ 8015 (IG) bzw. Vulco (Sa) usw.] eingefärbt werden. Die Färbung darf nicht auf Kupfergeschirren erfolgen. Kupfer ist als Gummigift anzusehen und vermag die Gummischichte in kurzer Zeit zu zerstören. (Über den zulässigen Kupfergehalt usw. vgl. S. 390.)

Über die Fabrikation und Gummierung von Regenmantelstoffen hat seinerzeit Kehren [Melliand Textilber. **13**, 533 (1932)] eingehende Untersuchungen angestellt. Insbesondere beschäftigt sich eine ausgedehnte Probenreihe mit dem Kupfergehalt von Geweben, die für die Gummierung bestimmt sind. Als zulässiger Höchstgehalt scheint, nachdem erst 0,025 % angegeben wurde, nach Ruthing 0,005 % auf. Kluckow und Liebner wollen die Kupfermenge in g/m² Stoff angegeben wissen, da nach ihrer Ansicht die Fläche und nicht das Gewicht des Gewebes maßgebend ist. Dabei ist der noch zulässige Höchstgehalt 0,002 g/m² Kupfer. Wie festgestellt wird, ist nun für einen schlechten Ausfall, das heißt Hart- bzw. Brüchigwerden oder Klebrigwerden des Gummis nicht nur die Anwesenheit von Kupfer schuldtragend, sondern es ist auch in der Vornahme der Gummierung, der mitverwendeten Füllstoffe und der angewendeten Vulkanisation durchaus ein Gefahrenmoment gegeben, für welches der Färber nicht verantwortlich zu machen ist. Kehren weist darauf hin, daß zwei Coupons derselben Ware, die 0,043 bzw. 0,042 % Cu enthielten, in verschiedenen Anstalten gummiert wurden, wobei der Aschengehalt des einen Coupons (A) 1,48 %, der des zweiten (B) 0,01 % betrug. Der Coupon A zeigte nach kurzer Zeit ein Hartwerden und eine Zersetzung der Gummischichte, der Abschnitt B blieb auch noch nach zwei Jahren unverändert.

Von Interesse ist die Kupfermenge, die nach Kehren bei Färbeprozessen auf die Ware gelangen. So beträgt der Gehalt an Cu bei direkt gefärbter Ware mit kupferbarem Farbstoff nach dem Färben 0,0025 %, bei vorgenommener Nachbehandlung mit 1 % Kupfersulfat und 3 % Essigsäure 0,179 %. Anilinoxydationsschwarz gefärbte Ware enthielt 0,0089 bis 0,011 % oder 0,0133 bis

---

[82] Vgl. Melliand Textilber. **1928**, 672/73, Review of the Textile Progress l. c. **1951**, 253.

0,245 g/m² Kupfer (hier wird Kupfervitriol als Katalysator bei der Oxydation des Schwarz angewendet). Inwieweit das Färben auf Kupfergefäßen den Gehalt an Kupfer steigert, zeigte KEHREN an dem Beispiel von substantiven Färbungen, wobei beim Färben im Porzellanbecher 0,0013 %, im Kupferbecher 0,0098 % bzw. 0,0013 % und 0,0069 % festgestellt wurden. Kunstseide ergab im Tongefäß substantiv gefärbt kein Kupfer, auf dem Kupferbecher 0,0022 %; mit Methylviolett gefärbt (essigsauer) betrug der Kupfergehalt nach der Färbung 0,0095 %. Für Schappeseide lieferten Färbungen in gebrochenen Bastseifenbädern 0,0035 %, in kupfergefaßten jedoch 0,009 bis 0,012 %. Sehr hohe Kupferwerte ergab die Färbung mit grünen und braunen Schwefelfarbstoffen, die außerordentlich stark kupferhaltig sind. KEHREN fand bei Färbungen im Porzellanbecher mit Schwefelfarbstoffen folgende Werte:

5%	Schwefelgrün G extra	0,035 %
10%	Immedialdunkelgrün B....................	0,064 %
10%	Katigenbrillantgrün 5G	0,021 %
10%	Katigenschwarzbraun BR extra konz.	0,049 %
20%	Schwefelschwarz T extra.................	0,0048%
10%	Immedialrotbraun 3R	0,0095%

Im nachstehenden werden die Baumwollbleiche und Mercerisation und anschließend die Färbung von Geweben beschrieben.

a) Die Baumwollstückbleiche

Die Bleichung von Baumwolle mittels Hypochlorit ist bereits bei der Garnbleiche usw. (S) beschrieben. Da das damit erzielte Weiß wenig lagerbeständig ist, greift man häufig zu einer nachfolgenden Peroxydbleiche.

Verschiedene Baumwollstückbleichrezepte mit Wasserstoffsuperoxyd aus der Praxis

1. Im Holzfaß:

Die Ware wird gesengt, entschlichtet, gesäuert und gechlort. 2400 kg vorgebleichtes Material werden auf zwei parallelgeschalteten Holzfässern mit Osmoseapparat behandelt. Die Berieselung mit der Bleichflotte erfolgt durch Kupferrohre, die Zirkulation in Bleirohren. Für 6000 l Bleichflotte (16° DH.) werden 6 kg Natriumsuperoxyd 95%, 2 kg Stabilisator AP (Sa), an Stelle von 20 kg Wasserglas, verwendet. Die Flotte wird kalt angesetzt und mit direktem Dampf innert 2 Stunden auf 95° C aufgeheizt.

2. Auf der Barke: 200 kg Ware, die mit Chlor vorgebleicht wurde.

Man behandelt mit 3000 l Flotte, die 5 l Wasserstoffsuperoxyd 30 Volumprozent mit 2,5 kg Wasserglas oder 300 g Stabilisator AP (Sa) sowie 0,75 kg Natronlauge 40° Bé enthalten. Es wird innert 3 Stunden von kalt auf 70° C erwärmt.

3. Im Kessel: Mohrbleiche; mit Flottendruck, 14000 l Flotte.

Das Bleichbad enthält 26 kg Natriumsuperoxyd, 100 l Wasserglas oder statt dessen 3 bis 3,5 kg Stabilisator AP (Sa). Man arbeitet 1 Stunde bei 40° C, dann treibt man innert 3 Stunden auf 70° C (nie höher). Es wird ein verbleiter Kessel verwendet, daher wird mit Natriumsuperoxyd gearbeitet.

4. Eine andere Ausführungsart des Bleichens am Holzfaß ist folgende:

Die Ware wird gesengt, mit Ferment entschlichtet, auf alter Bleichflotte fast kochend auf einem Haspel genetzt, am letzten Haspel mit frischer Bleichflotte bei 40° C imprägniert und dann in ein Holzfaß mit direkter Dampfheizung gebracht. Das Bleichfaß faßt 3000 l Flotte, die durch Lauge gereinigt und daher sodahaltig ist.

Die Behandlungsflotte enthält:

2,0 kg Igepon TS (IG)
15 l Wasserglas
10,5 l Natriumsuperoxyd
2,0 l Laventin KB (IG)

Man läßt zirka 6 Stunden kochend zirkulieren.

Arbeitet man mit Stabilisator AP (Sa) (2 g per Liter), so wird innert 2 Stunden von 40° C auf 95° C getrieben und 6 Stunden kochend zirkuliert.

Nach einer verbesserten Arbeitsweise werden 1000 l Flotte (Weichwasser) erst sodafrei gemacht (mit Säure gegen Methylorange), dann 0,5 kg Stabilisator AP, 5 l Wasserstoffsuperoxyd 30%, 1 l Natronlauge 40° Bé zugesetzt. Bei 40° C eingehen, innert 1 Stunde auf 70° C, dann 1 Stunde bis 80° C, dann 2 Stunden bei 95° C fertigstellen.

5. Mercerisierte Popeline.

Man entschlichtet mit Entschlichter PC (Ammoniumpersulfat) kochend unter Zusatz von Abfallauge, läßt einige Stunden liegen (zum Abbau der Stärke), beucht dann mit 3° Bé NaOH bei 2 at 6 Stunden. Hierauf wird in den Eisenkier eingewaschen.

Auf 500 kg Ware: 2000 l Flotte 10° DH., enthaltend:

2 l Natronlauge 36° Bé
2 kg Stabilisator AP

Man bleicht 4,5 Stunden bei 70° bis 90° C bei 1 at im geschlossenen Kessel. Die Sauerstoffabnahme ist schließlich 80%. Dann wird heiß gewässert und in der Waschmaschine fertig gewaschen.

Neuartig ist die Baumwollbleiche mit Chlorit, die eine besonders saugfähige Ware ergibt.

Eine Schutzwirkung gegenüber Nirostastahl bildet bei der Chloritbleiche der Zusatz von Nitriten bzw. Salzen von Säuren der Stickoxyde [Bleichmittel HC (Hoechst), Deutsche Patentanmeldg. DA E 450/8i, 2, zit. SVF-Fachorgan Textilveredlung 7, 122 (1953)]. Es ist bekannt, Stahl mit Salpetersäure zu passivieren bzw. die Korrosion von Nirostastahl durch Chlorite durch Zusatz von Nitraten oder Sulfaten aufzuheben [Hundt, Melliand Textilber. (1951)]. Auch Phosphorsäure wurde vorgeschlagen. [Vgl. SVF-Fachorgan Textilveredlung 6, 379 (1951)].

Für die Stückbleiche (etwa mit Chlorit) hat sich z. B. die Friedrichsfelder Haspelkufe aus Steinzeug, die außen mit Eisen verkleidet ist und eine Deckelhaube sowie automatische Gangabstellung bei Störungen des Warenlaufes besitzt, gut bewährt.

b) Die Mercerisation von Stückware

Obwohl nicht direkt zur Färberei gehörig, soll auch bei der Behandlung der Stückwaren die Mercerisierung von Baumwollgeweben kurz besprochen werden, da sie bei vielen Qualitäten der Färbung vorausgeht (Limbric, Popeline).

Früher wurden die Stücke an Ketten befestigt durch die Behandlungsbäder geführt. Neuere Konstruktionen, z. B. Benninger, verwenden kettenlose Apparaturen (Abb. 242 und 243).

Auch bei der Stückware ist vielfach die Rohmercerisation an Stelle der früheren Arbeitsweise des vorherigen Abkochens der Ware getreten.

Beim Mercerisieren von Rohware ist die Verwendung von Mercerisiernetzmitteln in der Lauge Voraussetzung. Hiefür sind Mercerol (Sa), Invadin MC (Ci) und andere Produkte in Gebrauch.

Rohmercerisation von Geweben

Die in der Praxis anzutreffenden Maschinen lassen sich konstruktiv auf zwei Grundtypen zurückführen: Die Kettenmaschine und die kettenlose Maschine. Die erstere ist der ältere Typ und wird heute fast ausschließlich für schwerere Gewebe verwendet. Die kettenlose Maschine hat den Vorteil, daß die Ware während des Mercerisationsprozesses äußerst schonend behandelt wird. Außerdem ermöglicht die kettenlose Maschine nicht nur ein Gewebe auf einmal, sondern zwei bis drei Bahnen, allerdings desselben Artikels, zugleich zu arbeiten.

Das durch die Zugabe von z. B. Mercerol (Sa) mehrfach gesteigerte Netzvermögen der Lauge gestattet von der Entschlichtung der Gewebe Abstand zu nehmen. Es

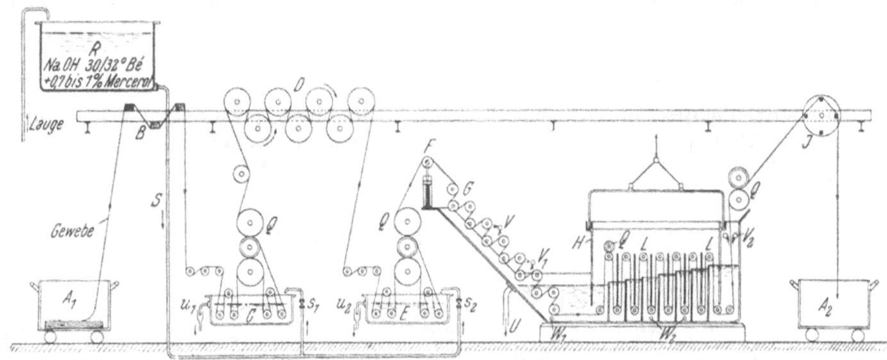

Abb. 241. Schema einer kettenlosen Benninger-Mercerisiermaschine für Stückware. A_1 und A_2 Wagen; *B* Entstaubungs- und Spannvorrichtung; *C* Foulard 1; *D* Zylindertrommeln; *E* Foulard 2; *F* Kompensationswelle; *G* Progressivbreitstrecker (System Benninger); *H* Entlaugungs- und Spülkasten; *J* Ablegehaspel; *L* Leitwalzen; *Q* Quetschwalzen; *R* Laugenreservoir; *S* Zulaufrohr der Lauge; s_1 und s_2 Regulierhähne; *T* Eisenträger; *U* Abganglauge für die Beuche; u_1 und u_2 Laugenüberlauf; *V*, V_1 und V_2 Spritzrohre; W_1 und W_2 Dampfrohre. (Ältere Konstruktion.)

entfällt somit auch das Auswaschen, Kalandern und Vortrocknen der entschlichteten Ware. Das rohe Gewebe ist zudem viel elastischer als das abgekochte und bei der Mercerisation desselben kann darum mit Leichtigkeit die gewünschte Breite erhalten werden.

Die gut gesengte Rohware kommt im trockenen Zustand vor die Mercerisiermaschine, im Wagen *A* liegend. Bei Zusatz von 1% Mercerol zur Lauge von 28 bis 30° Bé ist es möglich, normal schwere Artikel einwandfrei zu netzen. Hat man aber leichtere Gewebe, wie Musselin, Voile, Batist usw., so genügt schon ein Zusatz von 0,5 bis 0,7%. Bei den leichten Qualitäten ist es auch möglich, mit nur einem Foulard und 0,7 bis 1% Mercerol zu arbeiten (7 bis 10 g Mercerol per Liter) (Abb. 241).

Bei Artikeln wie Kettensatin oder Popeline ist es von Vorteil, mit zwei Foulards zu arbeiten, damit die Gewebe zwischen den beiden Foulards stark in die Lauge gespannt werden können, um dadurch einen Höchstglanz zu erzielen. Dies ist nur möglich, wenn man nach dem Prinzip der Rohmercerisation arbeitet.

Die Durchlaufgeschwindigkeit trockenmercerisierter Gewebe kann erhöht werden. Allerdings muß darauf gesehen werden, daß es zu keiner Faltenbildung kommt. Eine der Hauptursachen liegt in den ausgelaufenen Lagern der Leitwalzen, gebogenen oder verzogenen Walzen.

Durch die Trockenmercerisation wird die Lauge in dem Foulardbecken mehr als üblich verunreinigt, was keine Beeinträchtigung des Mercerisationseffektes bedeutet, weil die Rohware einen Teil der Schmutzkörper aufnimmt und ins

Spülwasser absetzt. Eine Kühlanlage für die Lauge ist nicht notwendig. Durch Erfahrung ist bewiesen worden, daß eine Variation der Laugentemperatur von 10 bis 35° C keinen Unterschied im Mercerisationseffekt verursacht. Es ist daher nicht notwendig, die Lauge zirkulieren zu lassen, Frischlauge, die den Mercerolzusatz hat, fließt in die Foulardbecken. Beim Einlaufen in die Maschine müssen die Gewebe gut gespannt werden, um die Bildung von Falten und Säcken zu vermeiden. Die Spannung der Ware ist abhängig von der Gewebeart. Bei Popeline, Rips, Kretonne, Musselin, Voile ist die Spannung zwischen den beiden Foulards straffer. Kettensatins müssen wegen des hohen Glanzes ebenfalls eine hohe Längsspannung erhalten. Schußsatin jedoch nicht, weil hier das Erzielen der geforderten Breite sonst Schwierigkeiten macht. Für diesen letzten Artikel soll auch die Laugenkonzentration nicht höher als 28° Bé sein, während man bei den anderen Qualitäten auch bei höheren Konzentrationen die Breite leicht erzielt.

Das Spülwasser soll eine durchschnittliche Temperatur von 50 bis 70° C haben, außerdem muß genügend Frischwasser zufließen, damit die durch die Entlaugung der Ware gebildete Abgangslauge nicht über 4 bis 5° Bé spindelt. Sonst besteht die Gefahr, daß die zuviel Lauge enthaltende Ware beim Entspannen neuerlich schrumpft. Nach dem Spülen muß gut gesäuert und gewaschen werden.

Bei der kettenlosen Maschine kommt das mit der Lauge durchtränkte Gewebe auf der ganzen Fläche mit den gebogenen Breitstreckerwalzen G in Berührung und wird dadurch breitgespannt. Bei der Kettenmaschine hingegen wird es durch Kluppen an den Gewebekanten gefaßt und allmählich wird das Gewebe über den Breitstrecker gezogen und, nachdem es zwei Walzenpaare passiert hat, durch die Spritzrohre V und V_1 mit 50 bis 70° C Wasser entlaugt.

Das Spülwasser tritt in den Entlaugungskasten nach dem Gegenstromprinzip beim Verlassen des Gewebes aus dem Spülkasten ein. Frischwasser wird hier auf die Ware gespritzt und läuft dann durch das natürliche Gefälle durch die verschiedenen Kammern des Entlaugungsapparates, um endlich durch das Abzugsrohr U aus der Maschine zu fließen. Die Temperatur des Waschwassers wird durch die Dampfschlangen W und W_1 auf 50 bis 70° C gehalten. Die aus U ablaufende Lauge soll 2 bis 5° Bé spindeln und 50 bis 60° C heiß sein.

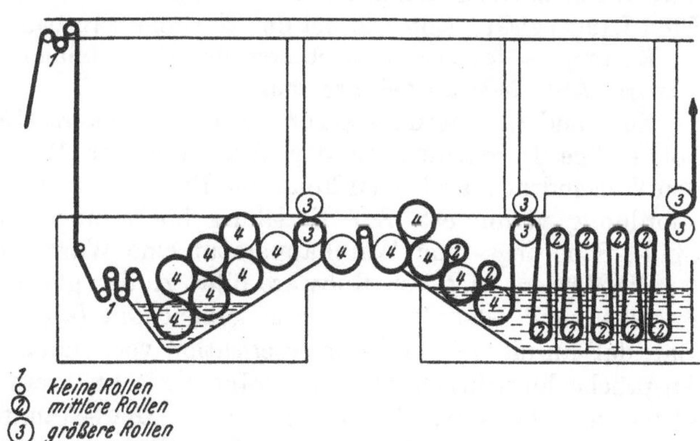

Abb. 242. Kettenlose Mercerisiermaschine nach Benninger, Schema. Vgl. Schweiz. Pat. 170422.

Bei W wird durch eine Pumpe laugenhaltiges Spülwasser abgezogen und durch die Spritzrohre V und V_1 zum Vorentlaugen des Gewebes verwendet.

Wenn das mit Lauge vollgesogene Gewebe das Spritzrohr V passiert hat, so kann hier die Ware leicht in die Breite gezogen werden. Sie wird um so breiter, je mehr sie sich dem Entlaugungskasten nähert. Eine wichtige Neuerung bei den kettenlosen Benninger-Maschinen ist die Kompensationswelle F. Sie ermöglicht die Spannung, welche für die Behandlung eines gewissen Stoffes gegeben ist, genau abzulesen. Die verschiedenen Spannungen werden reguliert, indem man die Geschwindigkeit der Maschine zwischen den beiden Foulards C und E differenziert bzw. zwischen dem Foulard E und dem Entlaugungskasten H, so daß gegen die Welle F ein Druck durch die untenliegende Feder ausgeübt wird.

Bei einigen Maschinen befinden sich zwischen den Foulards C und E höherliegende Zylindertrommeln D. Das nennt man die Luftpassage. Sie bieten den Vorteil, daß die Lauge, welche das Rohgewebe im ersten Foulard tränkte, vor dem Passieren des zweiten Foulards auf die Ware einwirkt.

Hier wird dann durch Differenzierung der Foulardgeschwindigkeiten C und E das Gewebe auf den Trommeln D gestreckt.

In dem höhergelegenen Reservoir R wird die Lauge von 30 bis 32° Bé mit der nötigen Mercerolmenge versetzt und durch Umrühren gut vermischt.

Durch das Zulaufrohr S fließt die Lauge durch den natürlichen Druck in die beiden Foulards C und E. Sind dieselben bis zum Überlaufen gefüllt, so kann mit dem Mercerisieren begonnen werden. Man läßt durch die Regulierhähne S

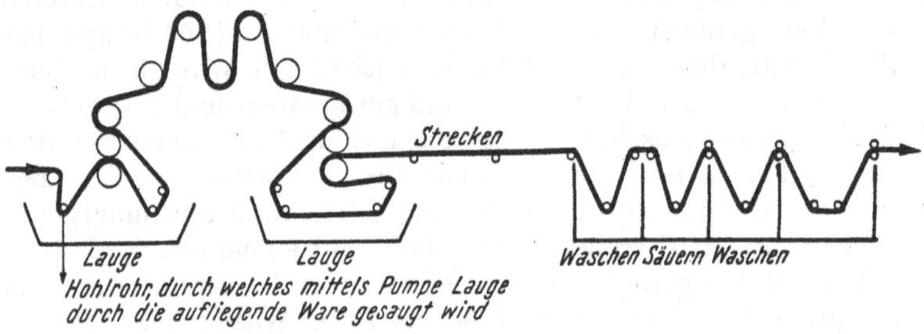

Abb. 243. Kettenlose Mercerisiermaschine mit Warenstreckung, schematisch, nach Benninger. (Vgl. Abb. 241.)

und S_1 nur soviel Stammlauge zufließen, als vom rohen Stück aufgesogen wird. Eine Laugenzirkulation wie bei der Garnmercerisation ist hier nicht notwendig.

Kettenlose Mercerisiermaschinen für Stück können auch gemäß nachstehender Bauart (Abb. 242) ausgeführt sein:

Eine andere Anordnung zur kettenlosen Mercerisation gibt Abb. 243. Die notwendige Durchtränkung der Ware mit der Mercerisierlauge erfolgt durch den Walzendruck der beiden Foulards. Eine Schrumpfung wird durch die Walzenanordnung verhindert. Zur Erzielung höchstmöglichsten Glanzes ist vor der Spül-, Säuerungs- und Waschapparatur eine Warenstreckung vorgesehen.

Die Mercerisation von Rohware führt zu den gleichen Resultaten hinsichtlich Aussehen und Glanz wie die von gebleichten (abgekochten) Geweben. Es ist klar, daß an die bei der Rohmercerisation verwendeten Netzmittel die höchsten Ansprüche hinsichtlich Laugenbeständigkeit (mehrere Tage), Netzwirkung und Wirtschaftlichkeit gestellt werden müssen. Die bekanntesten hierher gehörenden Produkte sind die auf Kresol- oder Phenolbasis hergestellten Netzer, wie Mercerol C (Sa), Invadin MC (Ci) usw., die nebenher noch Äthylenoxydanlagerungsprodukte, zyklische Kohlenwasserstoffe, Terpene oder Naphtensäuren enthalten. Da ihr Geruch sehr störend wirkt, sind auch geruchlose Marken, wie Mercerol GS (Sa), Leophene (IG), Floranit M (Böhme) usw., im Handel.

Die Laugenrückgewinnung ist bei der Rohmercerisation meist nicht oder nur zum Teil möglich, da ja Schlichte und Wachse die Mercerisierflüssigkeit verschmutzen.

Kettenlose Gewebemercerisiermaschinen sind im allgemeinen für feine Artikel, wie Voile, Batist usw., viel besser als Kettenmaschinen. Man kann bis drei Gewebelagen auf einmal durchnehmen und durch die Spannungsmöglichkeiten auch einen großen Glanz erzielen. Für schwere Ware ist die Kettenmaschine die weitaus bessere.

Die Maschinen mit den krummen Ausbreitern haben sich nicht bewährt, viel besser sind die Ausbreiter in Segmenten.

Beim Schäumen des Zusatzmittels (Netzers) Mercerol GS ist der Laugenzufluß im Foulard in die Flotte zu verlegen. Die Schlichtebestandteile bzw. ihre Abbauprodukte begünstigen den Schäumprozeß. Es ist aber ohne schlechte Wirkung auf den Ausfall, es begünstigt nur die Schwierigkeiten bei der Kontrolle der Foulardfüllung. Allerdings ist die Hauptschaumbildung beim Abfließen der abgequetschten Flüssigkeitsmenge bei der Quetschwalze und dies ist leider nicht zu beheben.

Hat man roh mercerisiert, dann gewaschen und abgekocht, so werden oft Kochflecken erhalten. Das kommt davon, daß die Ware ohne Zwischensäuern gekocht wurde. Die Fäden sind gequollen, so daß beim Abkochen eine Verklebung der Gewebelagen im Kocher erfolgt, was der Flottenzirkulation ungünstig war. Daher immer Zwischensäuern, die Ware wird auch reiner, da der Quellprozeß aufgehoben wird und die Abkochlauge die Fäden des Gewebes besser durchdringt.

Vergleich von Tytravonöl (Baumheier) mit Mercerol (Sandoz) hinsichtlich Schrumpfung (Privatversuche):

	2% Tytravon sofort	0,7% Mercerol GS sofort	2% Tytravon nach 24 Stunden	1% Mercerol C sofort
nach 5 Sek.	2,7	1,6	1,0	2,8
„ 10 „	9,0	7,2	4,8	10,0
„ 15 „	14,0	14,0	9,6	16,0
„ 30 „	19,7	20,8	18,0	23,0
„ 45 „	21,7	23,6	20,6	24,8
„ 60 „	22,8	24,8	22,7	26,0
„ 90 „	24,0	25,2	24,6	26,8
Netzwirkung:				
Zwirn	40 Sek. unegal	20 Sek. fast egal	67 Sek. unegal	11 Sek. egal
Popeline	220 Sek. unegal	240 Sek. fast egal	480 Sek. unegal	180 Sek. unegal

Tytravonöl ist schlecht löslich, entmischt sich beim Stehen und verflüchtigt allmählich nach längerer Zeit.

Auch die Schrumpf- und Netzwirkungen von Invadin MC (Ci) sind etwas weniger gut als bei Mercerol. Das Produkt ist in Laugen von 20 bis 35° Bé in allen Konzentrationen löslich, ergibt aber leicht trübe Laugen. Erst bei Verwendung von 20 ccm/l in Lauge von 40° Bé ist das kresolhaltige Produkt klar löslich.

	Mercerol 1,5%	Invadin MC 1,5%	Invadin MC 2,0%
Schrumpfung in Prozent nach 5 Sek.	5,4	2,6	2,8
10 „	13,8	7,4	8,4
15 „	18,6	12,6	13,6
30 „	23,6	20,8	21,4
45 „	25,4	24,0	24,4
60 „	26,2	25,8	25,8
90 „	27,2	27,2	27,2
genetzt in Sekunden	12	32	20

(Vom Mercerisieren verschieden ist das manchmal angewandte Laugieren, welches ohne Spannung vor sich geht.)

c) Das Färben von Baumwollstück

Die Färbung von Baumwollqualitäten der verschiedensten Art und mit einzelnen Farbstoffklassen im Kontinueverfahren oder am Jigger sei im nachstehenden illustriert:

Baumwollrips: Partiengröße zirka 64 kg. Die Ware wird gesengt und am Jigger mit 4 l NAOH 40° Bé pro 1200 l abgekocht. Hierauf wird breitgebleicht (Chlorbleichjigger).

Gefärbt wird am Jigger mit substantiven Farbstoffen, gegebenenfalls nachgekupfert.

Man dockt auf und setzt in die Breitschleuder (Rollenschleuder). Die entwässerte Ware läuft durch den Appreturfoulard direkt in den Spannrahmen.

Baumwollmollino: Man kocht am Haspel 10 Stränge (je ½ Werks je 65 m = = 650 m = 52 kg) auf 8 l NAOH 40° Bé pro 2500 l Flotte 1 Stunde ab, spült, bleicht mit 60 l Chlorbleichlauge (140 g Aktivchlor) pro 3000 l Flotte, man steckt nach ½ Stunde laufen unter (1 Stunde), haspelt in den Waschbottich, läßt 30 Minuten laufen, gibt zweimal neues Wasser, dann ½ kg Antichlor ($Na_2S_2O_3$), haspelt ½ Stunde, steckt ½ Stunde unter, wäscht und färbt mit 3 kg Soda sicc. pro 2000 l Flotte 1 Stunde kochend (lachs: Toluylenorange N sowie Acetopurpurin 8B). Nach dem Waschen schleudert man, macht breit, bäumt feucht auf, trocknet auf der Zylindertrockenmaschine und rauht beidseitig.

Canevas: Man klotzt die Rohware mit Direktschwarzmarken auf Dunkelgrau in der Appreturflotte und läßt unmittelbar in den Spannrahmen laufen. Zufolge des Makotones benötigt man meist keinen Gelb- und Rot- bzw. Orangezusatz.

Kettensatin, Satin: Diese Qualitäten werden beidseitig gesengt, am Jigger mit Soda und Lauge abgekocht und mit substantiven Farbstoffen mittlerer Echtheit gefärbt. Nach dem Absaugen wird naß durch den Appreturfoulard direkt in den Spannrahmen laufen gelassen.

Echtfarbig verlangte — meist schwarze Färbungen — werden diazotiert und entwickelt (β-Naphtol).

Miederdrell. Man kocht am Jigger mit Soda und Lauge ab (½% und 3%), bleicht am Jigger, färbt direkt (lachs, rosa), saugt und trocknet am Spannrahmen. Hierauf wird geriegelt und neuerlich getrocknet.

Für Foulardfärbungen seien nachfolgende Rezepturen aus der Praxis angegeben:

1. Lichtblau (French Mollino). Die Ware wird gesengt und trocken in den Foulard einlaufen gelassen. Man quetscht auf 70% Feuchtigkeitsgehalt. Das Material wurde am Jigger vorgebleicht. Im Foulard befinden sich 40 l Flotte, 90° C, enthaltend

32,0 g Siriusblau GG (IG)
0,2 „ Siriusviolett BL (IG)
100,0 „ Nekal BX (IG)
100,0 „ phosphorsaures Natrium.

Der Flottenzulauf wird so geregelt, daß lediglich die von der Ware aufgenommene Flüssigkeit ersetzt wird. Er erfolgt aus einem höherstehenden Hochreservoir, welches gleich der Foulardwanne mittels Dampfschlange indirekt heizbar ist. Die Zulaufflotte enthält die aliquoten Mengen Farbstoffe, also 0,8 g Blau, 0,005 g Violett, 2,5 g Nekal BX und 2,5 g Phosphat pro Liter.

2. Lachs. Mollino, vorgebleicht, trocken nach Sengen einlaufen lassen, 40 l Flotte.

32 g Siriusorange G (IG)
12 „ Siriusscharlach B (IG)
60 „ Nekal BX
60 „ Phosphat.

Zulauf aliquot, also 0,8 g Orange, 0,3 g Scharlach, je 1,5 g Nekal und Phosphat pro Liter.

3. Mittelgrau. Futter-Rips Ks-Bw, ungebleicht.

240 g Chloraminschwarz F
48 „ Dianilorange G
6 „ Siriusrot 4B
9 „ Siriusviolett BL
je 120 „ Nekal BX, phosphorsaures Natrium.

Zulauf: 4 g Schwarz, 0,8 g Orange, 0,1 g Rot, 1,5 g Violett pro Liter.

4. Goldgelb. Wird mit 2 g Siriuslichtgelb RT (IG) pro Liter auf ungebleichter Ware gefärbt.

Das Färben und gleichzeitige Appretieren von Mieder- oder Korsettstoffen in den gangbaren lachs- bzw. blaufarbenen Tönen erfolgt nach JAHN [Textil-Praxis 7, 299 (1952)] derart, daß man in Bädern, die Tylose CO (Zelluloseglykolat), Weizenstärke und Pyraminorange RF bzw. Diaminreinblau FF enthalten, klotzt. Echtere Färbungen, verbunden mit waschechter Appretur, werden durch Verwendung der Anthrasole und nachherige Entwicklung im Säurebad erzielt [vgl. Melliand Textilber. 822 (1939)].

Für billige Artikel, die naßechter bzw. waschechter werden sollen, wird in vielen Fällen eine der üblichen Nachbehandlungen (3% Formaldehyd und 1% Essigsäure oder 1 bis 3% Bichromat und 1 bis 2% Essigsäure 30% bei 60 bis 80 °C) vorgenommen. Insbesondere Marineblau und Schwarztöne werden so verbessert.

Auch die hiefür in Frage kommenden Mittel, wie Sandofix (Sa), Tinofix LW (Gy), Lyofix SB (Ci), Levogen WW (Bayer), sind anzuwenden. Meist verändern sie aber den Farbton der Färbung und beeinträchtigen die Lichtechtheit desselben ungünstig. Mit Sandofix WE (Sa) z. B. werden die Töne wenig, die Lichtechtheit kaum beeinflußt (Abb. 244). Die Lichtechtheit gewisser Farbstoffe, insbesondere Blaumarken, wird durch die bekannte Behandlung mit 1 bis 3% $CuSO_4$ und 1 bis 3% Essigsäure 30% oder 1 bis 2% Kupfersulfat, 1 bis 2% Bichromat und 2 bis 4% Essigsäure 30% bei 70° C verbessert. In letzterem Falle tritt neben der Lichtechterhöhung auch eine Erhöhung der Waschechtheit ein. Nachbehandlung mit kationaktiven Stoffen, wie Solidogen FFL (Cassella), ergibt vorzügliche Verbesserungen der Waschechtheit.

Chloraminrot

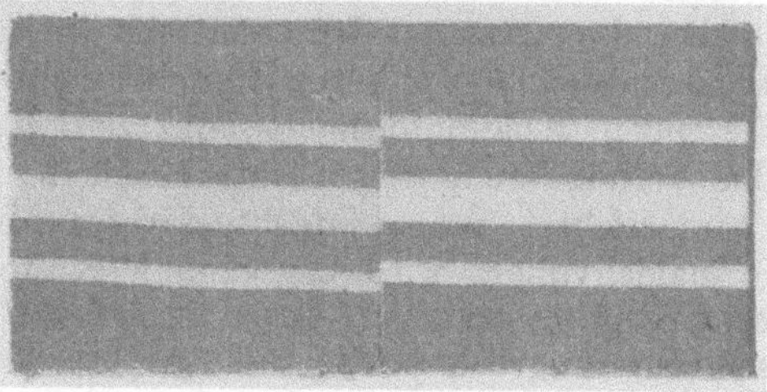

Direktgrün B

Solarschwarz G

Abb. 244. Nachbehandlung von Direktfärbungen. Bei der Nachbehandlung von substantiven Färbungen mit kationaktiven Stoffen zur Verbesserung der Naßechtheiten ist darauf zu achten, daß keine anionaktiven Verbindungen in der Ware enthalten sind (sulf. Öle usw.), da sonst Ausfällung erfolgt. Obige Färbungen wurden mit Sandofix WE (Sa) behandelt und zeigen (rechts) die verbesserte Naßechtheit. Nach Mustern der Sandoz A.-G.

Eine Behandlung mit Fixanol (ICI) zieht bei erhöhter Temperatur die Färbung ab und verschlechtert daher die Reibechtheit derselben.

Auch auf die durch Nachbehandlung mit Cuprofix (Sa) lichtecht und gut naßecht werdenden Cuprofix-Marken (Sa) ist hier zu verweisen.

Cuprofixgelb 2G setzt in Kombinationen die Lichtechtheit herab (6 — 3).

Cuprofixrotviolett CBL ist das derzeit lichtechteste substantive Violett mit einer Lichtechtheit von 8. [Vgl. Cuprophenyl- (Gy) bzw. Coprantin-Marken (Ci).]

Wasser- und Waschechtheit weisen Schwefelfarbstoffärbungen auf, welche eventuell durch Nachbehandlung mit Kupfersulfat-Bichromat verbessert werden können. In letzter Zeit wurden am Blausektor eine Reihe reinblauer Tönungen in guter Lichtechtheit durch Färbung mittels Pyrogenreinblau BL (Ci) oder Eclipsbrillantblau RF (Gy) möglich.

Neuerdings bringen die Sandoz A.-G. und die Ciba unter dem Namen Resofix- bzw. Coprantex-Farbstoffe eine, wenn auch noch keine sehr große Palette umfassende, Reihe von Produkten auf den Markt, die bei Nachbehandlung der Färbungen mit Resofix CU oder VF bzw. Coprantex A auf Baumwolle bei 90° C eine gute Waschechtheit besitzen. Die Lichtechtheit der Farbstoffe ist gut. Sie geht in der Knitterfestappretur allerdings meist, manchmal um mehrere Einheiten, zurück. (Vgl. z. B. das Zirkular P4 der Sandoz A.-G. 1951.) Es werden bewertet als gut (Rückgang 1 Einheit): Resofixgelb GL, -orange RL, -bordo 2RL, -blau GL, -marineblau BL, GL, SL, -grün 3GL, -braun 3BL, -grau 2GL (Sa), als nicht gut (Rückgang 2 Einheiten und mehr): Resofixrot BL, -rubin BL, -violett 2BL, -blau FGL, 2GL, -braun BL, RL (Sa).

Die Bewertungen beziehen sich auf die Knitterfestappretur mit den die Lichtechtheit von substantiven, lichtechten Produkten meist sehr stark herabsetzenden Melaminformaldehydharzen. In ähnlicher Weise zeigt sich vielfach die Verminderung der Lichtechtheit z. B. bei der Herstellung permanenter Chintzeffekte auf lichtechtgefärbter Baumwollstückware. Mit Harnstoffformaldehydharz wird bei allen Vertretern der Resofixreihe meist eine Verbesserung, in seltenen Ausnahmefällen (Resofixbraun BL) eine geringe Verschlechterung beobachtet.

Bei Verwendung von Katalysator A (Ci) beim Härten der Melaminformaldehydvorkondensate sollen die Lichtechtheiten kaum vermindert werden. Der Nachteil des Produktes ist sein hoher Einstandspreis.

Für das Färben von Futterstoffen empfehlen sich:

(Sa) Trisulfonbraun B oder BP, die schon unbehandelt ziemlich naßbügelecht und schweißecht sind; eventuell kommt eine Formaldehydnachbehandlung in Frage. Trisulfonbraun RR wird als Röte verwendet. Chloraminechtschwarz B dient als Abdunklungskomponente, ebenso Chloraminlichtgrau G.

Als Braunfülle verwendet man Pyrazolorange GH. Für Schwarztöne dient Viscoschwarz N, mit Formaldehyd nachbehandelt. Es ist in Naßbügelechtheit und Schweißechtheit für billigste Artikel zu empfehlen.

Entsprechende andere Produkte sind z. B.:

(IG) Triazolbraun BB, Benzoechtschwarz L, Cotonerol A, Kunstseidenschwarz N, Diaminorange G usw.

(Ci) Direktbraun 2BN, Direktechtschwarz B, Kunstseidenschwarz GN, Chlorantinlichtorange G usw.

(Gy) Diphenylbraun TB, Formalschwarz C konz., Polyphenylorange SP usw.

Für größere Naßechtheit kann man mit Schwefelfarbstoffen arbeiten, z. B.

Grau mit Pyrogenechtfeldgrau C, nuanciert mit Pyrogencatechu 2G und Pyrogengelb 3R (Ci).

Neue brillante Schwefelfarbstoffe empfiehlt Cassella als Immedialgelb F4R extra, -braun FR, -prune FS und -bordo FR. Für Regenkleidung werden die gut lichtechten Produkte Immedialechtgelb GWL, -braun AL, -olivebraun TL, -khaki AL und -echtgrün GHL gehandelt.

Ware für Weißätze kann in gewöhnlicher Echtheit gefärbt werden; um ein Auslaufen des Tones in die Weißätze zu verhindern, wird mit einem die Naßechtheit verbessernden Mittel, wie Sandofix (Abb. 244), behandelt. Man kann auch mit Cu-Salzen zur Erzielung von besseren Lichtechtheiten behandeln. Auch das Färben mit Coprantinfarbstoffen (Ci) und die entsprechende Nachbehandlung ist möglich. Die Ätzen sind dann unter Zusatz von Cyaniden usw. durchzuführen, damit das einen weißen Fond verhindernde Cu entfernt wird[83]. Wasser- und waschechtere Färbungen werden mit diazotierbaren Farbstoffen gefärbt, die weiß ätzbar sind, z. B.:

(IG)	Diazolichtgelb G, GG		
	Diazobraun 3G, 6G	Entwickler: E	(= m-Phenylendiamin.)
	Diazobrillantorange 5G extra	E	
	Diazobrillantscharlach S4B	E	
	Diazolichtrot BLD	E	Die Diazofarbstoffe bringt Bayer jetzt als Benzaminfarbstoffe in den Handel.
	Diazorubin	E	
	Diazobraun 3B	E	
	Benzobraun B	E	
	Benzoreinblau 3G	E	
	Diazoschwarz BHN	E	
	Diazobrillantgrün 3G	E	
	Diazoechtschwarz B	E	

Es ist darauf zu achten, daß nach dem letzten Spülbade, das dem Seifen folgt, schwach abgesäuert wird, um jeden Alkaligehalt der Ware zu vermeiden, der zu gelblichen Ätzen führen kann.

Statt der angegebenen Farbstoffe sind die entsprechenden weiß ätzbaren Produkte anderer Farbstofferzeuger verwendbar. Man kann z. B. arbeiten mit:

(Sa)	Diazamingelb 3GLL	— Gelbentwickler C
	Diazaminorange R	— β-Naphtol
	Diazaminechtgrün 2GL	— Gelbentwickler C
	Diazamindunkelbraun BD	— β-Naphtol
	Diazaminblau GW, G, BR	— β-Naphtol
	Diazaminätzblau R	— β-Naphtol

Schwarze Flecken in Baumwollstückware beim Diazotieren von Rotmarken mit Entwickler AN sind auf Eisen rückführbar. Man behandelt derartige Fe-haltige Rohware mit Blankit und alkalischen Trilon-B-Bädern und entwickelt statt mit Entwickler AN mit Entwickler Z [vgl. SCHÖNBERGER, Melliand Textilber. 34, 589 (1953)].

Schirmstoff: Hier wird als Farbstoff neuerdings Cuprophenylschwarz RL (Gy), nachbehandelt mit Cu-Verbindungen, empfohlen. Die Färbungen sind auch für Stückware anwendbar und unter Verwendung von Cuprosol B und Tinopal BV (Gy) weiß ätzbar.

---

[83] Vgl. Österr. Patent 162900 (Gy). Vielfach werden den Ätzpasten optisch wirkende Aufhellmittel (Ultraphore [BASF], Uvitex [Ci], Tinopale [Gy], Leukophore [Sa]) zugegeben, um den Weißeffekt zu verbessern. Zur Vornahme derartiger Weißätzen wird die Zugabe von Cuprosol B (Gy) vorgeschlagen.

Baumwollgewebe (Köper usw.) für Arbeitsanzüge[84]

Blau (Küpenfärbung): 12,4 kg = 2 Stück.

Man sengt beiderseits, kocht am Jigger mit 3 l NaOH 40° Bé und 2 kg Soda sicc. ab (3/4 Stunde) und spült gründlich (500 l Flotte). Hierauf wird der Jigger mit zirka 250 l Wasser gefüllt, 2 kg Hydrosulfit konz. pulv., 7 l NaOH 40° Bé und 0,3 l Peregal O (IG) zugegeben und 0,2 kg Indanthrenblau GCDN pulv. und 0,15 kg Indanthrenblau RSN pulv. mit 1 l Spiritus angeteigt, bei 65° C darinnen verküpt. Nach 1/2 Stunde wird auf zirka 450 l aufgefüllt und vier Passagen gemacht. Dann setzt man 0,3 kg Hydrosulfit konz. pulv. zu, erwärmt auf 60° C und gibt vier Passagen. Nach weiterem Zusatz von 0,3 kg Hydrosulfit konz. pulv. wird bei 65° C weitergefärbt (acht Passagen). Nach acht Passagen ist die Durchfärbung aber gut. Man führt vom Färbejigger (wenn eine Quetschwalze vorhanden, mit Abquetschen) durch die Flotte in einen nebenstehenden Spüljigger mit Kaltwasser. Nach drei Passagen bei zulaufendem kaltem Wasser wird das Bad erneuert, neuerlich drei Touren gegeben und schließlich durch eine Flotte von 1 kg Perborat bei 35° C genommen (vier Passagen). Nach Zugabe von 1 l Essigsäure 30 % (vier Passagen) folgen 2 Waschwässer (je drei Touren) und dann ein kochendes Seifenbad (0,8 kg Seife [sechs Passagen]). Hierauf wird warm und kalt gespült, aufgedockt, abgesaugt und auf dem Trockenzylinder getrocknet. Hernach wird appretiert, gespannt, kalt kalandert und breit (80 cm) gelegt.

Das neulich von Offenbach herausgebrachte Echtmarineblausalz RA liefert mit Naphtol AS-TR bzw. AS-ITR echte Marineblautöne. Das Produkt ist sehr substantiv, daher soll man es möglichst nicht im Überschuß (berechnet auf das Naphtol) anwenden und Baumwolle in Bädern mit zirka 2 cm³ Essigsäure 50% pro Liter (1 : 30) bis 12 cm³ Essigsäure 50% pro Liter für ein Flottenverhältnis 1 : 10 färben.

Die Färbungen von guter Wasch- und Kochechtheit sind gut chlorecht und sehr gut lichtecht. Noppen werden gut gedeckt. Man arbeitet am Jigger oder Foulard (hier entwickelt man unter Zusatz von 30 bis 35 cm³ Essigsäure).

Auch Garne im Strang oder auf Kreuzspulen sowie Cuprama auf Bobinen können vorteilhaft gefärbt werden. Die Grundierung der Zellwolle mit dem Naphtolat wird sodaalkalisch (Verhinderung der Quellung) vorgenommen.

Für billigere Färbungen kommen auch solche mit Hydronblau G und R (IG) (in Mischung) in Frage, ebenso Schwefelfärbungen, etwa mit Pyrogendirektblaumarken (Ci) usw., wobei häufig kontinuegefärbt wird.

Statt der angegebenen Farbstoffe sind ebenso anwendbar:

(Ci) Cibanonblau GCD, RS, Cibablau GBH, RH.
(Gy) Tinonchlorblau GCDN, RSN, Thiotinonblau GB, R.
(Sa) Sandozenblau NRSN, NGCDN, Sandonblau G, R.

Vorhang- und Dekorationsartikel

Es werden folgende Indanthrene empfohlen:

(IG) Indanthrengelb G* (nur in Mischungen), 3R, 3RT, 4GK
Indanthrenorange RR, F3R
Indanthrenbrillantorange GK, GR, RK
Indanthrengoldorange 3G
Indanthrenbrillantrosa BBL*
Indanthrenrot BK, FBB, GG*, RK
Indanthrenscharlach GG, GK
Indanthrenbrillantscharlach RK
Indanthrenbrillantviolett BBK*, RK

---

[84] Vgl. Rinneberg: Kunstseide u. Zellwolle **28**, 168 (1950).

Indanthrenrotviolett RRK*
Indanthrenviolett FFBN*
Indanthrenkorinth RK
Indanthrenblau BC, 3G, 3GF, 5G, GCD, 3GT, RS
Indanthrentürkisblau GK*, 3GK
Indanthrenbrillantblau 3G, R, RCL
Indanthrendunkelblau BO, BOA
Indanthrenmarineblau BF, G, R
Indanthrenblaugrün FFB
Indanthrenbrillantgrün B, FFB, GG, 4G
Indanthrengrün BB, G, GT
Indanthrenoliv 3G, R, T
Indanthrenolivgrün B, GG
Indanthrenkhaki GG
Indanthrenbraun BR, FFR, G, GG, 3GT, R
Indanthrengelbbraun 3G
Indanthrenrotbraun 5RF, RR, GR
Indanthrengrau BG, K, M, MG, RRH*, 3B
\+ Indanthrenschwarz BB*, BGA
\+ Indanthrendirektschwarz G, RB, RR, B, R

Die mit * bezeichneten Farbstoffe sind für Waschartikel nicht geeignet. Die mit + bezeichneten Indanthrenschwarz bzw. -direktschwarz sind nur als Schwarz, nicht für Grau oder Mischtöne zugelassen.

Die Auswahl nimmt auch Bedacht auf die oft zu beobachtenden faserschädigenden Eigenschaften gewisser Farbstoffmarken.

Ferner sind verwendbar:

Indigosolbrillantorange IRK Teig
Indigosolblau IBC
Indigosolgrau IBL
Indigosolgrün IB, I3G
Indigosolbraun IBR
Indigosololivgrün IB
Indigosolrot IFBB

Diesen Färbungen kam seinerzeit das I-Etikett zu.

Die entsprechenden Produkte der anderen Farbstoffproduzenten sind natürlich mit gleichem Erfolg färbbar.

Küpenfärbungen auf Baumwollgeweben, die bei hohen Temperaturen vorgenommen werden müssen, sind nicht mit allen Farbstoffen möglich. Nach JORDAN[85] sollen nicht über 65° C gefärbt werden:

Indanthrenblau BCS, GC, RC, RCL (wenn nachchloriert wird).

Nicht höher als 75 bis 80° C soll die Färbetemperatur sein für:

Indanthrenorange RRT, -rotviolett RH, RRN, -blau GCD, -brillantblau RCL (wenn nachgechlort wird).

Indanthrengelb G, GF, -brillantorange GR, -goldorange 3G, -rot FBB, -bordo BB, -rubin B, -dunkelblau BO, -brillantgrün B, -khaki GG, -braun BR, -direktschwarz RB u. a. können bis zu 95° C gefärbt werden.

Die Aufziehgeschwindigkeit der Küpenfarbstoffe kann durch nichtionogene Mittel, wie Peregal OK, Albatex PO, Liovatin E, Dispersol VL usw. verlang-

[85] Amer. Dyestuff Reporter 37, P 304 (1948).

Tab. 11. *Das Retardierungsvermögen von Peregal O und anderen Egalisiermitteln für einige Küpenfarbstoffe**

Farbstoff		Peregal O (IG)	Albatex PO (Ci)	Liovatin E (Sa)
Algolgelb GC	(IG)	—**	—***	—***
Sandozengelb GC	(Sa)	g	g	g
Indanthrengelb GK	(IG)	k**	—	—
Sandozengelb NGK	(Sa)	k	k/g	k/g
Cibanongelb GK	(Ci)	k	k/g	k/g
Indanthrengelb 3GF	(IG)	k	—	—
Sandozengelb NR	(Sa, Ci)	g	k/g	g
Indanthrengelb G	(IG)	k	—	—
Sandozengelb NGN	(Sa, Ci)	k	k	k
Indanthrengelb 3RT	(IG)	k	—	—
Sandozengelb N3R	(Sa)	k	k	k
Cibanongelb 3R	(Ci)	k	k	k
Indanthrengoldorange G	(IG)	k	—	—
Sandozengoldorange NG	(Sa, Ci)	k	k	k/g
Sandozenorange N3R	(Sa)	—	k	k
Cibanonorange 3R	(Ci)	—	k	k
Indanthrenbrillantorange RK	(IG)	k	—	—
Sandozenorange NR	(Sa)	k	k	k
Cibanonbrillantorange RK	(Ci)	k	k	k
Indanthrenorange 6RTK	(IG)	k	—	—
Indanthrenorange F3R	(IG)	g	—	—
Indanthrenorange 4R	(IG)	ss	—	—
Sandozenrotorange NR	(Sa)	ss	s	ss
Indanthrenrot 5GK	(IG)	k	—	—
Sandozenrot NG	(Sa)	k	k	k/g
Indanthrenrot GG	(IG)	g	—	—
Sandozenrot NG	(Sa)	g	k	g
Indanthrenscharlach B	(IG)	s	—	—
Indanthrenscharlach R	(IG)	g	—	—
Indanthrenrot RK	(IG)	k	—	—

Farbstoff		Peregal O (IG)	Albatex PO (Ci)	Liovatin E (Sa)
Indanthrenblau RSN	(IG)	k	—	—
Sandozenblau NRSN	(Sa)	k	k	k
Cibanonblau RS	(Ci)	k	k	k
Indanthrenblau GCDN	(IG)	k	—	—
Sandozenblau NGCDN	(Sa)	g	k	g
Cibanonblau GCD	(Ci)	g	k	g
Indanthrenblau BCS	(IG)	k	—	—
Sandozenblau NGLN	(Sa)	k	k	k
Indanthrenblau 8GK	(IG)	k	—	—
Sandozenblau N2G	(Sa)	—	—	—
Cibanonblau B2G	(Ci)	—	—	—
Indanthrenbrillantblau R	(IG)	g	—	—
Indanthrenblau 3G	(IG)	g	—	—
Indanthrenbrillantblau 3G	(IG)	g	—	—
Indanthrenmarineblau BRF, G, RN	(IG)	s	—	—
Indanthrenmarineblau R	(IG)	g	—	—
Sandozendunkelblau NR	(Sa, Ci)	—	—	—
Indanthrenblau 5G	(IG)	g	—	—
Tetrablau N2GB	(Sa)	g	k	k/g
Indanthrenblaugrün FFB	(IG)	ss	—	—
Sandozenblau N3G	(Sa)	—	—	—
Indanthrenblaugrün B	(IG)	×	s	s
Indanthrengrün GT	(IG)	k	—	—
Sandozengrün NGN	(Sa)	g	k	k/g
Cibanongrün GN	(Ci)	g	k	k/g
Indanthrengrün GG	(IG)	k	—	—
Sandozengrün NGG	(Sa)	k	k	k
Cibanongrün GG	(Ci)	k	k	k
Indanthrenbrillantgrün 4G	(IG)	s	—	—

Farbstoff				
Sandozenrot N2B	(Sa)	k	k	k
Indanthrenrot BK	(IG)	g	—	—
Indanthrenrot FBB	(IG)	g	—	—
Sandozenrot N4B	(Sa)	g	g	k
Cibanonrot 4B	(Ci)	g	g	k
Indanthrenbordo B	(IG)	k	—	—
Indanthrenrubin R	(IG)	k	—	—
Sandozenrosa BG	(Sa)	k	k	g
Indanthrenbrillantrosa BBL ..	(IG)	g	—	—
Indanthrenrosa B	(IG)	g	—	—
Sandozenrosa BG	(Sa)	g	k/g	g
Cibanonrosa B	(Ci)	g	k/g	g
Indanthrenbrillantrosa BR ..	(IG)	ss	—	—
Sandozenbrillantrosa BR ...	(Sa)	ss	g	s
Cibanonbrillantrosa 2BG....	(Ci)	ss	g	s
Indanthrenkorinth RK	(IG)	g	—	—
Indanthrenrotviolett RH ...	(IG)	ss	—	—
Sandozenrot 3B	(Sa)	ss	g	g
Indanthrenbrillantviolett 3B .	(IG)	ss	—	—
Sandozenviolett N3B	(Sa)	ss	s	ss
Indanthrenrotviolett 2R	(IG)	s	—	—
Sandozenviolett N2R	(Sa)	ss	g	g/s
Indanthrendunkelblau BO...	(IG)	s	—	—
Sandozendunkelblau BO	(Sa)	ss	g	s
Cibanondunkelblau BO	(Ci)	ss	g	s
Indanthrenbrillantgrün FFB, 2G	(IG)	s	—	—
Indanthrenolive R	(IG)	k	—	—
Sandozenolive N2R	(Sa)	k/g	k	k
Cibanonolive RR	(Ci)	k/g	k	k
Indanthrenolive 3G	(IG)	g	—	—
Indanthrenolivgrün B	(IG)	g	—	—
Indanthrenbraun 5R	(IG)	g	—	—
Indanthrenbraun G, R	(IG)	k	—	—
Sandozenbraun NBG, NR ..	(Sa)	—	k	k/g
Cibanonbraun BG	(Ci)	—	k	k/g
Indanthrenrotbraun R	(IG)	ss	—	—
Sandozenbraun NG	(Sa, Ci)	k	k	k
Indanthrengelbbraun 3G ...	(IG)	g	—	—
Indanthrenbraun RRD	(IG)		—	—
Sandozenbraun NG	(Sa)	×	s	ss
Cibanongelbbraun G	(Ci)	×	s	ss
Indanthrengrau BTR, 2RH .	(IG)	k	—	—
Indanthrengrau BG, 6B, M ..	(IG)	k	—	—
Indanthrengrau 3B	(IG)	g	—	—
Sandozengrau N2B	(Sa)	s	g	s
Cibanongrau BB	(Ci)	s	g	s
Indanthrenschwarz BB	(IG)	?	—	—
Sandozenschwarz N2B	(Sa)	s	s	s
Cibanonschwarz BB	(Ci)	s	s	s

* Die gleichzeitig genannten Farbstoffmarken verschiedener Erzeuger beinhalten ähnliche Produkte hinsichtlich Ton und Eignung. k = nicht retardierend, g = wenig, s = stark, ss = sehr stark, × = Farbstoff fällt aus.

** Nach der IG-Broschüre IG 840/C: Peregal O. *** Nach älteren Untersuchungen der Sandoz A.-G.

Anmerkung: Statt Peregal O sind seinerzeit die Marken OK bzw. K auf den Markt gekommen, deren hohe Viskosität jedoch bei Abmessung der Mengen usw. Schwierigkeit bot. Bei Albatex PO wird das starke Schäumen der damit versetzten Färbebäder, welches insbesondere in der Garnfärberei stört, vermerkt. In der Marke PON, die einen schaumverhindernden Zusatz enthält, ist der Übelstand bekämpft. Statt Peregal K wird jetzt Solidegal (Cassella) angeboten. Wenn die retardierende Wirkung zu stark ist, kann man Solidegalsalz K zusetzen. Ähnlich wie Peregal usw. wirkt Dispersol VL (ICI), vgl. z. B. Speke, J. Soc. Dyers Colour. **66**, 569 (1950).

V. d. Hoeve untersuchte kürzlich gleichfalls die retardierende Wirkung von Ae-O-Kondensaten gegenüber zahlreichen Küpenfarbstoffen. Vgl. Textielwezen **1950**, 67 und De Tex **10**, 31 (1951).

Resocol V (Sandoz) ist ein sehr gut wirkendes neues Produkt.

Die Abziehwirkung bei Küpenfärbungen ist bei *konzentrationsgleicher* Anwendung folgender Handelsprodukte ungefähr in der untenstehenden fallenden Reihe: 1. Albigen A (BASF); 2. Resocol V (Sandoz); 3. Peregal OK (IG); 4. Ekalin F (Sandoz); 5. Dispersol VL (ICI); 6. Gezetal O (Zimmerli); 7. Albatex PO (Ciba); 8. Eganal ON (Anorgana); 9. Ebropal D (Hard. Eberle); 10. Avolan O (Bayer, Leverkusen). Bei preislicher Einstellung der Konzentration ändert sich selbstverständlich die Reihenfolge.

samt werden. Die retardierende Wirkung verschiedener dieser Stoffe ist aus den Tabellen (s. S. 454) ersichtlich.

Hinsichtlich einer Reihe von oft gebrauchten Küpenfarbstoffmarken zeigt nachstehende Aufstellung jeweils chemisch idente oder sich sehr nahestehende Produkte:

(IG)	(Ci)	(Sa)
Indanthrengelb 4GK	—	—
Indanthrengelb G	Cibanongelb GN	„Sandozen*"-Gelb NGN
Indanthrengelb 5GK	Cibanongelb 5GK	Sandozengelb N5GK
Indanthrengelb GF	—	Sandozengelb NGKF
Indanthrenbrillantorange RK	Cibanonbrillantorange RK	Sandozenbrillantorange NRK
Indanthrengoldorange G	Cibanongoldorange G	Sandozengoldorange NG
Indanthrengoldorange 3G		Sandozengoldorange N3G
Indanthrenbraun GG	Cibanonbraun 2G	Sandozenbraun N2G
Indanthrenbraun G	Cibanongelbbraun G	Sandozenbraun NG
Indanthrenbraun R	Cibanonbraun R	Sandozenbraun NR
Indanthrenbraun 3R		
Indanthrenbraun 3GT		Sandozengelbbraun NG
Indanthrenkhaki 2G	Cibanonkhaki 2G	Sandozenkhaki N2G
Indanthrenrot BN	Cibanonrot B	Sandozenrot N2B
Indanthrenrot 2G	Cibanonrot G	Sandozenrot NG
Indanthrenrot 5GK		
Indanthrenbrillantrosa R	Cibanonbrillantrosa R	Sandozenbrillantrosa R
Indanthrenbrillantviolett RK		
Indanthrenbrillantviolett BBK		
Indanthrenbrillantblau RN		
Indanthrenolivgrün B	Cibanonolive B	
Indanthrenolive R	Cibanonolive 2R	Sandozenolive N2R

* (bzw. auch „Sandothren")

bzw. die entsprechenden Tinon- oder Tinonchlor- (Gy) Marken: Tinonchlorgelb 5GK, Tinonchlorbrillantorange RK, Tinonchlorgoldorange GN, Tinonchlorbraun 2G, G, RN, Tinonchlorkhaki 2G, Tinonchlorrot BG, G, Tinonbrillantrosa R, Tinonchlorolive B, 2R usw.

Die Färbung mit Pyranthronderivaten ohne Faserschädigung und Farbstoffzersetzung bei Kochhitze kann nach der US-Pat.-Schr. 2548545 (Cyanamid Co.) wie folgt durchgeführt werden (Calcotherm-Prozeß):

Orange: Man verküpt 9 Teile Farbstoff, 3 Teile Hydrosulfit konz. pulv., 3 Teile NaOH 40° Bé und 15 Teile Na-Chlorat in 400 Teilen Wasser bei 90° C. Dann geht man mit dem Gewebe ein (Flotte 1 : 50) und färbt 60 Minuten bei 90° C. Hierauf wird gespült, mit 0,1% Natriumsuperoxyd und 0,1% Essigsäure 80%ig 10 Minuten bei 40° C oxydiert, warm und kalt gespült, geseift und fertiggestellt.

Die AATCC Southeastern Section hat kürzlich den Einfluß der Gewebebindung und des Mercerisierprozesses auf die Licht- und Waschechtheit von Küpenfärbungen untersucht [vgl. Amer. Dyestuff Reporter **41**, P 173 (1952)].

Baumwollpopeline, küpengefärbt (Jigger)

Gefärbt wird auf vorgebleichtem Material.

1 m = 0,05 kg, 100 cm breit

18 kg Ware = 260 m

Man verküpt im Färbebad (zirka 400 l) und färbt bei 25° C zirka 1 Stunde, dreht in den Waschjigger, wäscht, oxydiert, seift, spült und schleudert.

Lichtrosa:	0,03	kg	Helindonrosa BN pulv.
	0,30	„	NaOH 30° Bé
	0,50	„	Hydrosulfit konz. pulv.
	0,10	„	Türkischrotöl
Lachs: 240 m = 12 kg.	0,025	kg	Helindonorange D pulv.
	0,500	„	NaOH 30° Bé
	0,500	„	Hydrosulfit konz. pulv.
	0,200	„	Türkischrotöl
Himmelblau: 360 m = 18 kg.	0,500	kg	Helindonblau 3G pulv.
	0,700	„	Lauge 30° Bé
	0,500	„	Hydrosulfit konz. pulv.
Zitron: 360 m = 18 kg.	0,020	kg	Hydrongelb NF pulv.
	0,800	„	NaOH 30° Bé
	0,500	„	Hydrosulfit konz. pulv.
Flieder: 360 m = 18 kg.	0,025	kg	Helindonviolett BU pulv.
	0,600	„	NaOH 30° Bé
	0,500	„	Hydrosulfit konz. pulv.
Hellgrün: 240 m = 12 kg.	0,050	kg	Indanthrengrün GG pulv.
	0,015	„	Hydrongelb NF (Helindongelb)
	3,200	„	NaOH 30° Bé
	0,500	„	Hydrosulfit konz. pulv.

Neublau auf Baumwollstück

Kontinuemaschine.

Ansatzküpe:	2,50	kg	Cibablau 2B pulv. (= Indigo MLB 4B)
	7,50	„	NaOH 40° Bé
	2,50	„	Hydrosulfit konz. pulv.
	2,50	„	Türkischrotöl
	250,00	l	

Zulauf pro 12 Werk = 600 m = 120 kg Ware (Abquetscheffekt 100%)

2,40	kg	Cibablau 2B pulv.
2,40	„	Hydrosulfit konz. pulv.
1,50	„	Türkischrotöl
10,00	„	NaOH 32° Bé
120,00	l	

Die Gesamtpassage der Ware beträgt 30 Minuten, wobei keine Luftpassage erfolgt, da die Echtheit der Färbung leidet und auch ein hellerer Ausfall festgestellt werden kann.

Nach Passage der Färbeflotte wird durch Warm- und Kaltwasser geleitet, zwischendurch ausgequetscht und dann in verdünnter H_2SO_4-Lösung (2 kg pro 400 l) gesäuert. Nachher wird im Strang gespült, mit Natriumperborat oxydiert, kochend geseift und heiß und kalt gespült.

Ein für helle und mittlere Töne in USA für leichte Gewebe (Voile, Perkal usw.) ausgearbeitetes Verfahren klotzt die Ware mit Küpensäuredispersion, führt durch einen zweiten Foulard mit Natronlauge-Hydrosulfit-Bädern, dämpft, wäscht, oxydiert, spült, seift, spült und trocknet. Es ist die neueste Variante der verschiedenen Küpenkontinueverfahren[86].

[86] GAMBLE: Amer. Dyestuff Reporter 40, P 529 (1951).

Klotzungen mit Leukoestern von Küpenfarbstoffen

Die Leukoester von Küpenfarbstoffen, zu denen in neuerer Zeit noch Ester anderer Farbstoffgruppen gekommen sind — bekannt unter den Bezeichnungen Indigosole, Anthrasole, Cibantine, Aramasole usw. —, haben auf dem Gebiete der Textilfärberei und -druckerei eine außerordentliche Bedeutung erlangt. Die Vielseitigkeit der Anwendungsmöglichkeit, die Eleganz der Arbeitsmethoden, die Schönheit, Vollkommenheit und Echtheit der erzielten Färbungen sind in der Tat bei keiner anderen Farbstoffklasse in diesem Maße vereint.

Leider verbietet der hohe Preis der Farbstoffe eine generelle Verwendung, so daß diese in der Hauptsache nur für ganz bestimmte Artikel und auch hier nur für die Herstellung geringerer Farbtiefen Verwendung finden. Sie dienen somit meist für Färbungen lichterer Nuancen, an die man jedoch besonders hohe Anforderungen hinsichtlich Licht- und Waschechtheit sowie Egalität und Durchfärbung stellt. Da so hohe Echtheitsansprüche im allgemeinen nur von den Küpenfarbstoffen erfüllt werden können, deren Färbung aber mit mancherlei Schwierigkeiten verknüpft ist, bildet die Gruppe der Leukoküpenesterfarbstoffe, besonders der Abkömmlinge indanthrenechter, eine wertvolle Ergänzung zu den Küpenfarben.

Die Indigosole, wie wir sie der Einfachheit halber nennen wollen, sind, im Gegensatz zu den Küpenfarbstoffen, wasserlösliche Körper. Ihre Entwicklung zum Küpenfarbstoff erfolgt nach ihrer Aufbringung auf die Faser in einer nachfolgenden Operation durch Säureverseifung und Oxydation. Verseifung und Oxydation wird durch Verwendung geeigneter Chemikalien in einem einzigen Arbeitsprozeß bewirkt. Als Verseifungsmittel dienen dabei meist anorganische oder seltener auch organische Säuren.

Als technisch gebräuchliche Oxydationsmittel kommen Natriumnitrit, Natrium- oder Kaliumbichromat, gegebenenfalls auch Natriumchlorat zur Verwendung.

Für Spezialzwecke wurde neuerlich auch Natriumchlorit als Oxydationsmittel versucht. Andere Oxydantien, wie Eisenchlorid, Kupfersulfat, kommen ebenfalls höchstens für Spezialzwecke in Frage.

Die Indigosole eignen sich zufolge ihrer Wasserlöslichkeit sowie ihrer im allgemeinen geringen Substantivität und des guten Durchdringungsvermögens vorzüglich für Klotzzwecke. Einen gewissen Nachteil stellt die unterschiedliche Substantivität der einzelnen Marken dar, die bei einigen, darunter beispielsweise bei Indigosolgrün IB, schon sehr deutlich in Erscheinung tritt. Zu Schwierigkeiten kann es hier besonders dann führen, wenn empfindliche Farbtöne, wie Ekrü, Beige, Drap usw., als Mehrfarbenkombinationen komplementärer und unterschiedlich ziehender Farbstoffe gefärbt werden. In solchen Fällen erweist sich ein differenzierter Nachsatz, abgestimmt auf das Ziehvermögen der einzelnen Farbstoffe, als notwendig.

Die Substantivität der Indigosole sinkt mit steigender Temperatur der Farbflotte, so daß eine Temperaturerhöhung der Klotzlösung auf 70 bis 80° C ebenfalls zu einem Ausgleich des varianten Aufziehvermögens führt. Eine weitere Verminderung dieser Schwierigkeit bedeutet die Zugabe einer Tragantaufkochung zur Klotzbrühe, wodurch deren Beweglichkeit und damit die Aufziehgeschwindigkeit des gelösten Farbstoffes etwas gebremst wird. Gleichzeitig ist dadurch auch die Wanderungsmöglichkeit der Klotzflüssigkeit auf dem Gewebe gehemmt, so daß egalere Färbungen resultieren. Am besten begegnet man jedoch dem Übelstand der unterschiedlichen Substantivität von der Maschinenseite her.

Die Verwendung spezialkonstruierter Foulards mit kürzestem Flottendurchgang bei gleichzeitig einwandfreier Imprägnierung macht die unsichere und umständliche Abstufung der Nachsätze überflüssig. Solche Foulards werden von einer Reihe von Maschinenfabriken gebaut. Selbstverständlich ist auch bei den Indigosolklotzungen, wie im Klotzverfahren überhaupt, eine einwandfreie und gleichmäßig netzfähige Ware Vorbedingung. Der Klotzansatz von Indigosolen ist denkbar einfach. Der Farbstoff wird durch Übergießen mit heißem Wasser, dem man 1 bis 2 g/l Soda oder Natronlauge 40° Bé zugefügt hat, gelöst und sodann der Stammflotte — die sich aus alkalischem Wasser und gegebenenfalls Tragantaufkochung zusammensetzt — zugefügt.

Die alkalische Reaktion des Bades dient nicht nur zur Verhinderung einer vorzeitigen Farbstoffentwicklung, sondern ist auch ein weiteres Hilfsmittel zur Zurückdrängung der Substantivität.

Sollte nach dem Dampfverfahren gearbeitet werden, welches jedoch für Uni-Färbungen kaum in Frage kommt, ist auf den Zusatz von fixen Alkalien zu verzichten.

Wie erwähnt, werden die Indigosole als Färbefarbstoffe vorwiegend nur in lichteren, höchstens mittleren Tönen angewendet. Meist bis zu Farbstoffkonzentrationen von max. 10 g/l.

Es kann dabei mit und ohne Trocknung zwischen Klotzung und Entwicklung gearbeitet werden. Die Zwischentrocknung ergibt eine bessere Farbstoffausbeute, enthält jedoch einen Arbeitsgang mehr und überdies zusätzliche Trocknungskosten. Es wird also eine Kalkulationsfrage sein, ab welcher Farbtiefe die Farbstoffkosten zugunsten einer Zwischentrocknung sprechen. Im allgemeinen werden die Verluste infolge schlechterer Farbstoffausbeute bei Klotzungen bis zu 6 bis 8 g Farbstoffgehalt pro Liter bestimmt noch geringer sein als die Vorteile, die sich durch die kontinuierliche Arbeitsweise ergeben.

Es muß im übrigen auch auf die unterschiedliche Löslichkeit der einzelnen Farbstoffmarken Rücksicht genommen werden.

Schwer lösliche Farbstoffe, die sich auch in geringeren Konzentrationen nicht klar lösen, ergeben eine schlechte Farbstoffausbeute.

Wichtig ist, daß die geklotzten, aber noch nicht entwickelten Gewebe — einerlei ob diese naß oder zwischengetrocknet vorliegen — nicht dem direkten Lichte ausgesetzt werden. Direktes Licht bewirkt, nach Farbstoff verschieden, eine Vorentwicklung der Indigosole, die auch bei nachträglicher chemischer Entwicklung nicht mehr ausgeglichen werden kann und damit Anlaß zu Fleckenbildung gibt. Es ist dabei interessant, festzustellen, daß die Entwicklungsintensität des Lichtes von der chemischen vielfach stark abweicht. Chemisch schwer entwickelbare Farbstoffe werden vom Lichte teilweise leicht und umgekehrt entwickelt.

Auf dem Prinzip der Lichtentwicklung fußt übrigens ein in Amerika unter dem Namen Vat-Craft ausgeübtes Indigosol-Klotzverfahren. Unter Zuhilfenahme von Katalysatoren wird die geklotzte Ware der künstlichen Belichtung durch starke Leuchtkörper ausgesetzt und damit entwickelt.

Als weitere gebräuchlichste, weil einfachste, sicherste und universellste Färbemethode für Indigosole erscheint die Oxydation mittels Natriumnitrit. Das notwendige Natriumnitrit kann sowohl der Klotzlösung als auch dem Säurebad zugesetzt werden. Erfolgt der Zusatz zum Säurebad, so darf dessen Temperatur nicht über 40° C gehalten werden, da sonst eine zu starke Entwicklung nitroser Gase eintritt, was nicht nur zu einer meist unkontrollierten Erschöpfung des Säurebades führt, sondern auch eine große Gefahr für die Gesundheit der dort Beschäftigten bedeutet.

Eine Zugabe von 1 bis 2 g Harnstoff/l Klotzflotte kann allerdings die Bildung nitroser Gase weitgehend unterbinden.

Diese Zusammensetzung des Entwicklungsbades bietet nur dann einen gewissen Vorteil, wenn durch die Zugabe von Natriumnitrit zur Klotzflotte die Löslichkeit der verwendeten Farbstoffe beeinträchtigt wird. In allen anderen Fällen — und das ist weitaus die Mehrzahl — ist es einfacher, sicherer und für die Farbstoffausbeute vorteilhafter, das Nitrit bereits der Klotzflotte zuzufügen. Kommt die geklotzte, nasse Ware ins Säurebad, so muß die Entwicklung möglichst schlagartig erfolgen, um ein vorzeitiges Abfallen noch nicht entwickelten Farbstoffes in die Flotte und damit Verluste zu vermeiden. Dies trifft besonders für schwach substantive Farbstoffe zu.

Um eine rasche Entwicklung zu erreichen, wird man zweckmäßig mit der Temperatur des Säurebades möglichst hoch, bis zu 70 bis 80° C, gehen, was bei gleichzeitiger Anwesenheit von Nitrit im Säurebad unmöglich wäre. Einzelne Farbstoffe, insbesondere Indigosolblau IBC, die bei Anwendung zu scharfer Entwicklungsbedingungen zur Überoxydation neigen, müssen diesbezüglich berücksichtigt werden. Die Mitverwendung von Spezialschutzmitteln, wie Anthrasolsalz NO oder Substanzen wie Dekol usw., kann jedoch eine gewisse Sicherung gegenüber Überoxydation bringen.

Im übrigen kann jede solcherart entstandene Überoxydation durch Behandeln der Färbung in einem 30 bis 40° C warmen Bade — enthaltend 1 g Soda und 1 g Hydrosulfit/l — wieder behoben werden.

Der allgemein einhaltbare Arbeitsvorgang für die Klotzung von Indigosolen ist folgender:

Die Ware wird auf dem Zwei- oder Drei-Walzen- bzw. Spezial-Foulard geklotzt und anschließend im breiten, faltenlosen Zustand durch ein Bad geführt, welches pro Liter 25 ccm Schwefelsäure konz. enthält. Seine Temperatur beträgt zirka 70 bis 80° C. Die Entwicklungsdauer beträgt, je nach Spaltbarkeit des Farbstoffes, 6 bis 10 Sekunden. Es genügt eine kurze Säurepassage mit anschließendem entsprechend langem Luftgang. Sicherer ist es jedoch, die Ware mehrere Sekunden in der heißen Flotte passieren zu lassen. Selbstverständlich ist die verbrauchte Schwefelsäure von Zeit zu Zeit zu ersetzen.

Die Kufe für das Säurebad besteht am besten aus rostfreiem Stahl, Holz oder besitzt Bleiverkleidung. Steht nur eine gewöhnliche Eisenkufe zur Verfügung, kann mit etwas schlechterem Erfolg an Stelle von Schwefelsäure Oxalsäure, in der Konzentration von 10 bis 15 g/l Flotte, Verwendung finden.

Anschließend an die Säurepassage wird gründlich gespült und, wie bei Küpenfarben üblich, alkalisch kochend geseift.

Die Ansatzformel für die Klotzflotte lautet:

	— 10 g	Farbstoff lösen mit	
zirka	100 „	Wasser	heiß
	1 „	Soda oder Natronlauge 40° Bé	heiß
	Diese Lösung	zufügen zu	
zirka	770 bis 820 g	Wasser	
	50 bis 100 „	neutralem Tragant	
	1 „	Netzmittel	
	10 bis 12 „	Na-nitrit	
	1000 g		

Die Tragantaufkochung ist sorgfältig passiert und mit Wasser verrührt zuzufügen. Falls eine Zwischentrocknung des geklotzten Gewebes erfolgen soll, ist dieselbe am besten in der Hotflue vorzunehmen. Infolge der geringen Substantivität mancher Indigosole und des dadurch bedingten Wanderungsvermögens ist eine Tragantzugabe zum Klotzbad besonders empfehlenswert und eine einwandfrei funktionierende Trockenapparatur notwendig.

Wesentlich seltener — weil ohne besondere Vorteile — wird die Bichromatentwicklung durchgeführt.

Die erzielten Farbtöne sind nach dieser Entwicklungsmethode zwar etwas tiefer, aber weniger brillant als nach dem Nitritverfahren.

Für die Färbung von oxydationsempfindlichen Marken, wie beispielsweise Indigosolblau IBC, ist das Verfahren ungeeignet.

Der zur restlosen Entfernung des Bichromats aus dem Gewebe notwendige Spülprozeß muß gründlich durchgeführt werden, da auch geringe Mengen von Bichromat, besonders auf Weißfond, wie eine Vergilbung wirken. Grundsätzlich kann, wie beim Nitritverfahren, das Bichromat entweder der Klotzflotte oder dem Säurebad zugegeben werden.

Erfolgt die Zugabe zum Klotzbad, ist auf absolute Neutralität der Chromlösung zu achten. Es kann jedenfalls mit und ohne Zwischentrocknung gearbeitet werden. Wird eine zwischengetrocknete Bichromat enthaltende Klotzung sauer gedämpft, erfolgt die Entwicklung des Farbstoffes bereits im Dämpfer. Der Klotzansatz bei der Entwicklung mit Bichromat-Schwefelsäure enthält nichts anderes als Farbstoff und Wasser, gegebenenfalls noch Tragantaufkochung sowie Netzmittel. Das Entwicklungsbad setzt sich zusammen aus

20 g Na- oder Kaliumbichromat,
40 ccm H_2SO_4 konz.,
Rest Wasser
―――――
1000 ccm

Die Temperatur des Entwicklungsbades liegt bei zirka 40° C.

Die Zeitdauer zur vollen Entwicklung des Farbstoffes beträgt, wie beim Nitritverfahren, 6 bis 10 Sekunden.

Der Ansatz für die Klotzflotte, welche das Bichromat bereits enthält, lautet:

— 10 g Farbstoff
80 — 120 g neutrale Chromatlösung (10%ig)
50 — 100 g neutrale Tragantaufkochung (10%ig)
Rest Wasser
―――――
1000 g

Die geklotzte Ware wird in diesem Falle ohne oder mit Zwischentrocknung breit durch ein Schwefelsäurebad mit 25 ccm konz. Schwefelsäure pro Liter bei 70° C geführt. Dauer der Passage 6 bis 10 Sekunden.

Noch seltener als das Bichromatverfahren wird für Glattfärbungen das Dampfverfahren angewendet, welches nur der Vollständigkeit halber erwähnt sei.

Es ist allerdings *das* Verfahren, welches, ganz allgemein gesehen, die beste Farbstoffausbeute liefert und damit zur Herstellung tieferer Töne, also für Farbstoffkonzentrationen von 10 g/l und darüber, am besten geeignet erscheint.

Solche Farbtiefen mit Indigosolen kommen jedoch meist nur für Sonderfälle, beispielsweise für den Druckartikel, in Frage.

Zusammenfassend kann die Kontinuefärbemethode mit Indigosolen, besonders wenn nach dem Nitritverfahren gearbeitet wird, als eine der elegantesten uns zur Verfügung stehenden Färbemethoden überhaupt angesehen werden. Dies ganz besonders unter Berücksichtigung der Einfachheit der Ausführung im Verhältnis zum erzielten Effekt.

Neben der Eignung für den glattfärbigen Artikel haben die Indigosole auch für die Überfärbung von küpenglattfärbigen und gemusterten Geweben Bedeutung. Überdies läßt sich streifig färbendes Gewebe nach dem Indigosol-Klotzverfahren wie kaum nach einer anderen Methode egal färben.

Baumwollstück mercerisiert (*Limbric*)

Diese Ware, die für Dirndlschürzen in Kaliblau und Lebhaftgrün verlangt wird, kann für billige Ausfärbungen direkt grundiert und basisch übersetzt werden.

Man arbeitet so, daß man die für das basische Übersetzen notwendige Farbstoffmenge mittels Katanol ON (IG) oder Thiotan MS (Sa) fixiert. Die zur direkten basischen Übersetzung notwendige Farbstoffmenge liefert ohne Beizung nur reibunechte, nicht genügend brillante Töne.

Am Jigger wird also zu Partien von 40 kg (360 m) in einer Flotte von zirka 300 l mit 3,5% Direktgrün G bzw. Diamineralblau CVB und Direktblau BB ohne Salzzusatz bei 80 bis 90° C gefärbt. Nach zirka 8 Passagen werden 2 kg Glaubersalz kalz. zugegeben. Man färbt 16 Touren und spült. Schließlich wird mit 6% = 2,5 kg Thiotan MS (Sa) oder Katanol ON (IG) bei 70° C unter Zugabe der notwendigen Menge Soda und von 5 kg NaCl gebeizt, danach gespült, gesäuert und kalt eingehend und bis 40° C ansteigend im essigsauren Bade mit Diamantgrün und etwas basischem Gelb bzw. Methylenblau B ausgefärbt. Der Farbstoff ist in Portionen zuzugeben. Vor der Zugabe werden 2 Passagen auf der Säure gemacht. Es ist darauf hinzuweisen, daß die Beize bei hartem Wasser (10° DH) maximal zu 8 g pro Liter bei Anwesenheit von 20 g NaCl pro Liter löslich ist. Bei Jiggerfärbungen im Verhältnis 1 : 5 bis 1 : 6 ist dies wohl zu beachten, da sonst ein Teil des Katanols bzw. Thiotans ausfällt und beim Färben mit basischen Farbstoffen einen auf der Warenoberfläche sitzenden Lack gibt, der die Färbungen reibunecht macht.

Es kann daher vorteilhaft derart gearbeitet werden, daß man unter Zusatz von 3% vom Warengewicht an Thiotan MS, Soda und etwa 8% NaCl mit Direktfarbstoffen färbt. Das Salz setzt man in drei Intervallen von je 30 Minuten zu. Hierauf wird gespült und basisch übersetzt, wobei man die Ware erst durch das leere essigsaure Bad kalt laufen läßt, den Farbstoff in Portion zusetzt und schließlich auf 40° C erwärmt. Da die Qualität dicht gewebt ist, muß, um halbwegs Durchfärbung zu erzielen, der Salzzusatz vorsichtig und anteilig erfolgen.

Baumwollgewebe für Markisetten (Fahnentuch usw.)

Besonders lichtechte Rottöne und ein Gelbbraun liefern folgende Kombinationen von Naphtolen:

Naphtol AS	— Echtrot-3GL-Base spezial ...	lebhafte Rottöne
Naphtol AS — RL	— Echtrot-B-Base	dunkelrot
Naphtol AS — BG	— Echtscharlachsalz GG	gelbbraun
Naphtol AS — RL	— Echtrot-RL-Base	rosa

Meist werden für Inletts usw. die Ketten und das Schußgarn im Baum und in der Kreuzspule gefärbt.

Die häufigste Färbeart für Stück ist das Foulardieren (im allgemeinen oft im Kontinuebetrieb), seltener wird am Jigger gearbeitet.

Rot: Naphtol AS — Echtrot 3GL Salz spezial, am Foulard.

Ansatz (Chassis 40 l, 12 g Naphtol AS pro Liter)	0,48 kg Naphtol AS
Nachsatz für 100 kg Ware (100% Quetscheffekt), 100 l à 16 g Naphtol AS pro Liter	1,60 „ „ „
	2,08 kg Naphtol AS
	3,00 „ TR-Öl 50%
	2,30 l NaOH 40°Bé
	130,00 l Flotte

30 l dieser Lösung von 30 bis 35° C werden mit 10 l Wasser verdünnt ins Chassis gegeben. Die abgekochte Ware läuft trocken durch den Foulard (3 Walzen) und von dort auf eine mäßig warme Zylindertrockenmaschine. Die Foulardpassage erfolgt mit 15 m/min. Die Nachsatzlösung von 100 l fließt so geregelt in das Chassis, daß dessen Flüssigkeitsspiegel konstant bleibt. Man grundiert 50 Minuten, nach dem Zwischentrocknen wird entwickelt, gespült und auf der Zylindertrockenmaschine getrocknet.

Die ersten Zylinder der verwendeten Zylindertrockenmaschine sind dabei sorgfältig mit Cotongewebe (19/17/30/30) zu bombagieren.

Chassis 40 l, 70 g Echtrotsalz 3GL spez. 40%ig pro Liter	2,80 kg
Nachsatz 100 g Ware, 100 l à 70 g pro Liter	7,00 „
	9,80 kg Salz

Echtrot 3GL Salz spez. 40%ig	9,80 kg
Wasser	140,00 l

40 l ins Chassis vorlegen, der Rest fließt bei der Warenpassage durch, derart, daß der Meniskus gleichbleibt. Nach der Behandlung wird auf einer Breitwaschmaschine gewaschen, mit 1,5 ccm HCl 30% pro Liter gesäuert, warm und kalt gespült, mit 1 g Soda sicc. und 3 g Seife pro Liter 1/2 Stunde kochend geseift, warm und kalt gespült und fertiggestellt.

Zur Kontrolle der Egalität der Naphtolgrundierung sind in einigen großen Betrieben Hg-Dampf-Stablampen in Gebrauch. Die im UV-Licht auftretende unregelmäßige Fluoreszenz zeigt die geringsten Unterschiede im Naphtolgehalt der Ware an.

Mineralkhaki auf Baumwollstück

Diese mineralische Färbung wird, insbesondere für Tropenkleidung, noch immer gerne gefärbt, da sie hervorragend lichtecht ist und die Gewebe bakterienfest macht.

Man färbt am Drei-Walzen-Foulard mit Mischungen aus Lösungen von Chromazetat und essigsaurem Eisen (d = 1,18), wobei das Mischungsverhältnis je nach der Nuance (grünlicher: mehr Chromazetat, bräunlicher: mehr Eisenverbindung) wechselt. Hernach läuft die Ware in die Hotflue ein und passiert nachher eine Lösung von 1 Teil NaOH 40° Bé und 3 Teilen Soda sicc. (d = 1,06), wird dann gewaschen und getrocknet.

Nach anderen Rezepten arbeitet man mit Mischungen von Ferrosulfat und Chromalaun am Foulard, trocknet und nimmt dann durch schwache Sodalösung. Zur Überführung in die höhere Oxydationsstufe wird mit verdünnten Hypochloritlösungen behandelt.

Schließlich kann man auch mit Lösungen von Ferrosulfat und Chromsalz arbeiten und beim Färben am Jigger auf 80° C erhitzen. Bei dieser Temperatur sind die Hydroxyde auf die Faser gezogen und oxydiert. Man spült, seift und spült kalt und warm.

Chromgelb auf Baumwollstück

Diese für Ballonstoffe seinerzeit vielgeübte Färbung schlug in und auf den Fasern Chromgelb (Bleichromat) nieder. Dadurch wurden die Gewebeporen weitgehend geschlossen. Die Gewebe wurden hernach gummiert und vulkanisiert. Es war daher notwendig, daß die Ware aus der Färberei vollkommen frei von löslichen Bleisalzen war bzw. alles Blei in der Ware als Chromat vorlag, da sonst bräunliche Verfärbung oder örtliche Flecken auftraten (Abb. 245).

Zum Färben werden die abgekochten Stücke (50 kg) am Jigger durch ein Kalkmilchbad von 0,5° Bé genommen (30 Minuten) und dann in einem durch Zusammenkochen von 8 kg Bleizucker, 10 l NaOH 40° Bé und 20 l Wasser bereiteten Bade, welches auf zirka 600 l aufgefüllt wird, kalt behandelt. Nach 30 Minuten wird auf das alte Kalkmilchbad zurückgenommen und dann gründlichst gespült. Dann kommt die Ware auf ein Bad, welches pro Liter 6 g Kaliumbichromat krist. und 3 g HCl 40% enthält und läuft dort 30 Minuten. Schließlich wird sehr gut kalt gespült. Falls ein Warmwasser gegeben wird, darf dieses nicht heißer sein als 40° C, da sonst die Nuance röter ausfällt.

Andere Pigmentfärbungen

Zu den Pigmentstoffen, die in und auf Zellulosefasern abgelagert werden können, gehören in neuerer Zeit auch Kupferchelate, die Phtalocyaninkupferpigmente mit türkisblauem bis rötlichblauem Ton. Sie gestatten nach der Aridyemethode als Monastralblaumarken der Scottish Dyers die Erzielung brillanter Türkistöne von außerordentlicher Echtheit. Für dieselben standen nur die sehr lichtunechten Diaminreinblaumarken oder basische Ausfärbungen mit ebenfalls geringer Lichtechtheit zur Verfügung. Der ICI gelang es, die Phtalocyanine durch Einführung von sogenannten „Onium“-Gruppen wasserlöslich zu machen (Alcianblau) und in allerletzter Zeit bringen die Farbwerke Bayer unter dem Namen Phtalogenbrillantblau IF3G einen Farbstoff, der auf der Faser zum Phtalocyaninpigment entwickelt wird. Auch Kobaltphtalocyanine werden neuerdings verwendet. Ebenso werden ein Phtalogenbrillantgrün IFFB als auf der Faser entwickelbar angeboten, sowie die Heliogene der BASF gehandelt.

Abb. 245. Gewebe (Ballonstoffe), chromgelb gefärbt. Unten: gummiert (mit Kautschukauflage).

Passiv- und Kristallgarn beim Überfärben mit direkten Baumwollfarbstoffen

Es muß beim Färben des Grundes auf vollständige Abwesenheit von Alkalien geachtet werden. Es darf also keine Soda dem Färbebad zugesetzt werden und bei Farbstoffen, die mit größeren Sodamengen kupiert sind, muß der Sodaüberschuß mit Essig- oder Ameisensäure unschädlich gemacht werden.

Man geht mit der genetzten Ware ins lauwarme Färbebad ein, erwärmt langsam auf 80° C, bei Geweben aus Baumwolle und Passiv- oder Kristallgarn in neutralen Bädern eventuell bis zum Kochen. Das Glauber- oder Kochsalz wird in Portionen zugegeben. Die Färbedauer richtet sich nach der Tiefe des Farbtones. Helle Färbungen werden in langen, dunkle in kurzen Bädern gefärbt. In manchen Fällen wirkt ein Zusatz von Seife oder auch ein nachträgliches Abseifen günstig.

Zum Reservieren geeignete Farbstoffe:

Im allgemeinen geben die Farbstoffe, welche Azetatseide nicht anfärben, auch bei Geweben, die Kristall- oder Passivgarn enthalten, die besten Resultate.

Beste Reserve bis zu 1- bis 2%igen Färbungen geben (Sa):

Gelb:	Sonnengelb GG, G, RR und 3R
	Chloramingelb G und FF
	Chloraminlichtgelb RR
Orange:	Chloraminlichtorange GG, GX und R
Rot:	Chloraminechtscharlach 8BS, 9BS
	Chloraminlichtrot 5BL, 7BL
	Chloraminbrillantrot 8B
	Erika B
	Chloraminbrillantrosa B und 3B
Violett:	Chloraminlichtviolett R und RR
	Brillantchloraminlichtviolett BL und 2RL
Blau:	Chloraminreinblau A und FF
	Chloraminblau 3G, 2B und 3B
	Chloraminlichtblau BS, GL, 4GL, 8GL
Olive:	Parasulfonbronze GS
	Chloraminlichtolive BN
Grün:	Chloraminlichtgrün BL und GNL
Braun:	Chloraminlichtbraun G und D
Grau:	Chloraminlichtgrau B und R
Schwarz:	Chloraminschwarz ZAR
	Chloraminschwarz BH, diazotiert und entwickelt mit β-Naphtol

Das Weiß bleibt bei tieferen Färbungen nicht unter allen Umständen unbeeinflußt. Für tiefe Braunfärbungen ist ein Mischen der empfohlenen Färbungen vorteilhaft.

Veränderungen von Färbebedingungen, Salzzusatz, Temperatur, Seife oder Thiotan RS usw. können zu besseren Resultaten führen.

Das Färben von Geweben für Wandbespannungen

Die Färbung erfolgte aus preislichen Gründen mit lichtechten Kombinationen von Direktfarbstoffen am Jigger. Es werden für die in Frage kommenden Nuancen folgende Farbstoffe empfohlen:

(IG) Siriuslichtgrau VGL, Siriuslichtblau FFR, Siriuslichtbraun BRL, Siriuslichtrot 5B, Siriuslichtbraun G, Siriuslichtblau FGL, Siriusviolett BB, Siriuslichtbraun GT, Siriuslichtscharlach B. Für blaue brillante Töne: Wollechtblau BL, zu dessen Reibechtheitsverbesserung man mit Hirschhornsalz nachbehandelt. Diese Behandlung verbessert die Lichtechtheit etwas.

(Ci) Chlorantinlichtorange TGLL, Chlorantinlichtbraun BRLL, Chlorantinlichtgrün BLL, Chlorantinlichtblau 3GLL, Chlorantinlichtgelb 4GLL usw.

(Sa) Solargelb 2R, Solarorange 4G, Solarrot 2GL, Solarbraun PL, Solarblau GL, Solarblau 5GL, Solarviolett BL, Solarrot 2BL, Solarscharlach GL, Solarschwarz L usw.

Sehr lichtechte neue Solarmarken (Sa) sind ferner Solarbraun RLN und Solargrün 3LB (Lumicreasegrün 3LB) bzw. Solargrau 3LB.

Rezepte aus der Praxis sind z. B.:

Rot:	Siriuslichtrot 5B (IG) 0,3% Siriuslichtbraun G (IG) 0,5% Siriuslichtbraun BRL (IG) 0,4%
Rot:	Solarrot 2GL (Sa) 4,0% Solarrot 2BL (Sa) 0,5%
Gelbgrün:	Solarblau 5GL (Sa) 1,5% Solarflavin 2G (Sa) 0,3%
Dunkelbraun:	Solarbraun PL (Sa) 1,4% Solarblau GL (Sa) 1,6% Solarorange 4G (Sa) 0,2%
Rotbraun:	Solarbraun PL (Sa) 0,75% Solarbraun 2G (Sa) 0,50%
Grau:	Solargrau 2BL (Sa) 0,20% Solarbraun PL (Sa) 0,01%
Blau:	Chlorantinlichtblau 3GLL (Ci) 2% Chlorantinlichtgrün BL (Ci) 0,2%
Schwarz:	Solarschwarz L (Sa) 2,5% Solarscharlach GL (Sa) 0,90%

Als lichtechteste Direktfarbstoffe empfiehlt Geigy nunmehr aus dem Solophenylsortiment:

Solophenylgelb FFGL, FFF, 2GL, -orange 2RL, TGL, 5RL, -rot 6BL, -bordeaux 2BL, -violett 2RL, 4BL, -blau 10GL, 6GL, 3GL, 2RL, FGL, 3RL, -echtblaugrün BL, -olive GL extra, -grün B, GL, -dunkelgrün GBL, -braun BGL, GRL, BL, GL, -grau 4GL. Das Solophenylsortiment entstand aus der Diphenylechtreihe.

Das Ziehvermögen von Direktfarbstoffen

Die Prüfung der Ausziehkurven einer Reihe von Chlorantinlichtfarbstoffen durch GASSER [vgl. SCHÜTZ, Bull. Int. Föder. textilchem. kolor. Vereine, Basel, III., Heft 1, 5 (1938)] brachte eine Reihe für den Färber bemerkenswerter Resultate: Im normalen glaubersalzhaltigen Bade schlecht ausziehende Farbstoffe (nach beendeter Färbung waren nur 60% auf der Faser) sind Chlorantinlichtgelb 5GLL, 4GLL, -orange G, -rot 5B, -violett RLL, -schwarz L, etwas weniger ungünstig verhalten sich Chlorantinlichtgelb RL, -rot 7B, -violett BLL. Alle diese Produkte färben die Faser bei niedrigen Temperaturen (zirka 60 bis 80° C) stark und rasch und werden bei höherer Temperatur wieder von der Faser abgezogen. Diese Farbstoffe ergeben in der Regel auf streifig anfärbender Viskosereyon gute Ergebnisse.

Weitere Hinweise ergeben sich aus obiger Publikation an Hand der Ausziehkurven mit oder ohne Salz. Z. B. soll bei Chlorantinlichtgrün BLL Salz schon zu Beginn des Färbens zugegeben werden, während bei den vorher genannten Vertretern der Salzzusatz erst nach etwa 30 Minuten vorgenommen werden soll.

Tabelle 12.

Die Lichtechtheit von Rigan-, Chlorantinlicht- und Coprantinfarbstoffen beim Knitterechtmachen [nach einer Tabelle der Ciba in „Ciba-Rundschau" Nr. 101 (1952)]

Farbstoff	Lichtechtheit	Knitterfestappret mit Ureol AC und Katalysator A	
		Lichtechtheitveränderung	Farbtonänderung
Riganlichtblau GL	5 bis 6	gleichbleibend	deutlich grüner
Rigangrün BL	6	gleichbleibend	deutlich gelber
Rigangrau RL	5	gleichbleibend	stark schwächer
Chlorantinlichtgelb 7GL	5	höher	sehr deutlich schwächer
Chlorantinlichtgelb 4GLL	5	„	etwas schwächer
Chlorantinlichtorange G	4	„	sehr deutlich gelber
Chlorantinlichtrot 5B	5	„	sehr stark grüner, reiner
Chlorantinlichtblau 7GL	5 bis 6	„	etwas trüber, röter
Chlorantinlichtgrün FGLL	6	gleich	sehr stark schwächer
Chlorantinlichtviolett RLL	6 bis 7	„	etwas schwächer
Coprantingelb GRLL	7	„	etwas trüber
Coprantingelb BRLL	6 bis 7	tiefer	stark schwächer
Coprantinbraun GRLL	6	höher	stark gelber
Coprantinbraun 5RLL	5 bis 6	„	stark gelber, trüber
Coprantinschwarzbraun S	4	tiefer	etwas röter
Coprantinrot 2G	4 bis 5	höher	etwas schwächer
Coprantinrot RLL	6 bis 7	gleich	stark blauer, trüber
Coprantinrubin RLL	6 bis 7	„	etwas blauer
Coprantinbordo 2BLL	6 bis 7	„	stark schwächer
Coprantinviolett BLL	6	„	etwas schwächer, blauer
Coprantinblau BLL	6	„	etwas schwächer
Coprantingrün 5GLL	5 bis 6	„	stark blauer
Coprantingrau 2RLL	6	höher	etwas röter

Sehr günstig in färberischer Hinsicht erweist sich der beliebte Farbstoff Chlorantinlichtbraun BRLL.

In einer Reihe von anderen Kurven wird gezeigt, wie Kombinationen verschiedener Farbstoffe der Klasse den Ton ändern, je nach der Färberei bzw. Färbedauer, worauf man vor allem beim Ansatz von Foulardierungsbädern achten muß. Gerade hier nämlich bewirkt die Substantivität der „Kaltfärber" der Direktreihe ein Ausziehen des Bades, so daß die erhaltenen Färbungen nach einer Reihe von foulardierten Metern Ware, Schütz nennt 60, auf Grund von praktischen Versuchen deutlich schwächer werden bzw. sich in Kombinationen der Ton ändert.

Untersuchungen über das Ziehvermögen von Direkt- und Chlorantinfarbstoffen (Ci) nach Gasser ergaben, daß folgende Farbstoffe sogenannte „Kaltfärber" sind, also bis 60° C mit 60 bis 80% der verwendeten Farbstoffmenge im glaubersalzhaltigen Bade (20% krist.) aufziehen:

Baumwollgelb CH (Chrysophenin G), Direktechtgelb M, Direktgelb T, Direktorange G, R, Direktbraun M, Direktbrillantrosa B, Direktechtrot F, Direktrosa BN, GN, 3BN, Direktscharlach BS, Direktechtviolett 3B, BL, 2RL, Direktviolett 2B, 2R, Direktblau 2B, 3B, Direkthimmelblau grünlich, Melantherin BH (Diaminschwarz BH), Carbidschwarz D, Direktechtschwarz B. Ferner: Chlorantinlichtgelb 4GLL, 5GLL, RLL, SL, Chlorantinlichtorange G, Chlorantinlichtrot 5B, 7B, Chlorantinlichtviolett BLL, RLL, Chlorantinlichtgrau RLN.

Eventuell verwendbar (Auszug bis 50% der Menge) sind:

Direktechtorange SE, Baumwollrot 4B (Benzopurpurin 4B), 10B, Direktbrillantrosa 3B, Direktechtbordeaux B, Direktechtscharlach 8BS, Melantherin JH, ferner: Chlorantinlichtbordeaux B, Chlorantinlichtblau GLL, Chlorantinlichtgrau BLN, GLL, GLN.

Unter Berücksichtigung des Anfärbevermögens für Wolle ist diese Eigenschaft wichtig für das Nachdecken der Baumwolle. Beim Klotzen von Baumwolle usw. sind die Farbstoffe wenig geeignet, da sie zu rasch aufziehen und daher Tonverschiebungen bei Farbstoffmischungen oder Unterschiede in der Tontiefe bei Verwendung bloß eines Farbstoffes eintreten. Schließlich ist hinsichtlich der Egalisierung damit zu rechnen, daß diese Farbstoffe, meist auch im glaubersalzfreien Bade, schon bei 40° C rasch aufziehen.

Das Färben mit Coprantinfarbstoffen

Für waschechte (bis 90° C) und gut lichtechte Färbungen werden, wie bereits erwähnt, die Neocupran- (Ci) und Resofix- (Sa) Farbstoffe empfohlen, die im Gegensatz zu den im erschöpften Färbebad durch Zusatz von Kupfersalzen behandelten Coprantinmarken (Ci) und den mit Cuprofix (Sa) nachbehandelten Cuprofixfarbstoffen (Sa) mit Komplexen aus Kupfersalzen und Kunstharzen ihre Echtheit erlangen. Man behandelt derartige Färbungen mit Coprantex A (Ci) oder Resofix VF (Sa) bzw. Resofix CU oder dem neuen Coprantex B (Ci).

Die Färbung mit Coprantinen kann auch in Gegenwart von Pyrophosphaten erfolgen (vgl. Patzer, Melliand Textilber. 34, 1151 [1953]), was die Löslichkeit der Farbstoffe insbesondere beim Vorliegen harten Wassers begünstigt. (2 bis 5% Pyrophosphat krist. vom Warengewicht, mit dem Farbstoff kalt anteigen und 100 ccm NaOH 36° Bé zugeben, dann aufkochen und ins Bad sieben.)

Gefärbt werden die Farbstoffe bei zirka 90° C, wobei zum Lösen eventuell etwas Natronlauge zugesetzt werden muß, da die Produkte teilweise eine schlechte Löslichkeit besitzen. Nicht vorhanden sein darf im Bade Trilon, welches den Bädern vielfach als Enthärtungsmittel zugegeben wird. Für Kombinationen sind geeignet:

Coprantingelb 3RLL (Chlorantinlichtgelb 3RLL), Coprantinbraun 8RLL (Chlorantinlichtbraun 8RLL), Coprantinrot RLL, 2G, Coprantinbordo BLL (Chlorantinlichtbordo BLL), Coprantinviolett BLL (Chlorantinlichtviolett BLL), Coprantinreinblau 2GLL, 4GLL (Chlorantinlichtblau 2GLL, 4GLL), Coprantingrün 5GLL (Chlorantinlichtgrün 5GLL), Coprantingrau 2GL, 2RLL.

Die Nachbehandlung von Coprantinfärbungen kann wie bei den Neocupranen mit Coprantex A erfolgen, wobei die besten Naßechtheiten erhalten werden. Coprantinsalz II, das man nach Erschöpfen des Färbebades zusetzen kann (wobei man nachher seift), liefert lebhaftere Töne, während eine Kupfersulfat-Essigsäure-Nachbehandlung, wie sie beim Kupfern üblich ist, die Nuancen etwas trüber werden läßt. Noch bessere Ergebnisse liefert Coprantex B.

Das Neocupransortiment (Ci) enthält ebenfalls eine Reihe ausgesuchter Vertreter der Chlorantinlichtfarbstoffreihe:

Neocuprangelb 3GLL (Chlorantinlichtgelb 3GLL), Neocuprangelb 2GLL, Neocupranbraun BRLL (Chlorantinlichtbraun BRLL), Neocupranbraun 8RLL (Chlorantinlichtbraun 8RLL), Neocupranbordo BLL (Chlorantinlichtbordo BLL), Neocuprangrün 3GLL, 5GLL (Chlorantinlichtgrün 3GLL, 5GLL), Neocupranrot BNLL (Chlorantinlichtscharlach BNLL), Neocupranblau 3GLL, 6GLL (Chlorantinlichtblau 3GLL, 6GLL), Neocuprangrau 3GLL (Chlorantinlichtgrau 3GLL), Neocupranschwarz CA, GN (Kunstseidenschwarz CA, GN).

Von den Cuprofix- bzw. Resofixfarbstoffen (Sa) entsprechen der Solarreihe: Resofixgelb GL—Cuprofixgelb GL (Solargelb 2GL), Cuprofixorange 2GL (Solarorange GD), Cuprofixrot C5BL (Chloraminkupferrot 5BL ?), Resofixbordo BL—Cuprofixbordo BL (Solarbordo 2BL), Resofixrubin BL—Cuprofixrubinol BL (Solarrubinol B), Resofixviolett 2BL—Cuprofixviolett 2BL (Solarviolett BL), Resofixblau FGL, 2GL—Cuprofixblau FGL, 2GL (Solarblau FGL, 2GL), Cuprofixblau 4GL (Solarblau 4GL), Cuprofixgrün BL (Solargrün BL), Cuprofixolive BL (Solarolive BL), Resofixmarineblau GL—Cuprofixmarineblau GL (Trisulfonblau FO), Resofixbraun BL—Cuprofixbraun BL, Cuprofixbraun CRL (Solarbraun GCR), Cuprofixgrau 4GL (Solargrau 4GL), Cuprofixschwarz NF (Viscoschwarz NF), Cuprofixrot C8BL—Resofixrot 8BL, Resofixrotviolett CBL—Cuprofixrotviolett CBL.

Ebenso wird das Cuprophenylsortiment (Gy) aus Vertretern der Solophenylreihe gebildet.

Cuprophenylschwarz RL wird für weißätzbare Fonds, an welche keine Chlor- und Kochechtheitsansprüche gestellt werden, empfohlen. Die gekupferte Färbung wird mit Ätzpasten unter Zusatz von Cuprosol B (zyanidhaltig) und eines optischen Aufhellmittels wie Tinopal BV geätzt.

Das Mustern beim Färben mit Coprantinen usw. erfolgt derart, daß die gezogenen Muster gekupfert bzw. mit den Nachbehandlungslösungen getrocknet werden. Ein genaues Treffen des Tones einer Vorlage ist nicht möglich.

Optische Aufhellmittel

Bei der Zugabe von optischen Aufhellmitteln in Färbebäder (zur Erhöhung der Brillanz der Färbung unter Einsparung einer Bleiche) ist darauf hinzuweisen, daß naturgemäß metamere Färbungen entstehen, da ja die Fluoreszenz des Weißtöners je nach Lichtquelle verschieden bzw. bei Kunstlicht überhaupt nicht vorhanden ist. (Vgl. THOMAS, Angew. Chemie **63**, 291 [1951] ref.)

Nach Privatmitteilungen werden Textilien, die mit optischen Aufhellmitteln (Weißtönern) geschönt sind, unter dem Einfluß von Stablampen, wie sie vielfach die neue Schaufensterbeleuchtung darstellen, öfters bräunlich verfärbt. Eine derartige Verfärbung tritt jedoch nur bei gewissen Handelsprodukten geringer Lichtechtheit ein, insbesondere bei der Verwendung kationaktiver Stoffe im Ausrüstungsprozeß.

Anilinschwarz, Pad-Steam- und Hot-Oil-Prozeß

Im allgemeinen ist die Färbung einer Faser an eine längerdauernde Berührung derselben mit der Farbflotte gebunden. Dies ist einerseits deshalb notwendig, weil im allgemeinen der Färbevorgang eine Zeitreaktion ist, andererseits aber auch eine längerdauernde Farbstoffeinwirkung einen weitgehenden Einfluß auf die Einheitlichkeit und Gleichmäßigkeit der erzielten Färbung — die Egalität — besitzt. Während nun die Wollfaser nach wie vor beinahe ausnahmslos nach diesen Grundsätzen gefärbt wird, hat man für die Färbung von Zellulosematerial eine Reihe von Färbemethoden entwickelt, welche es gestatten — oder auch erfordern — eine kontinuierliche Färbeweise einzuhalten. Dies betrifft allerdings ausnahmslos nur die Färbung von Geweben, also die Stückfärberei.

Die Vorteile eines kontinuierlichen Färbeprozesses liegen vor allem in der weitaus größeren Produktivität des Verfahrens. Dann aber auch in der besseren Möglichkeit, größere Partien ohne Farbtondifferenz zu färben. Es sei hier allerdings zwischen Kontinue- und Klotzfärbung zu unterscheiden, zwei Ausdrücke, die nicht immer streng auseinandergehalten werden. Der Begriff „Kontinuefärbung" ist dem der Klotzfärbung übergeordnet und beinhaltet jede Art von Färbung, die in einem einzigen Arbeitsgang die Färbung eines Gewebes bewirkt. Es kann sich auch um ein normales Färbeverfahren handeln, bei der das Färbebad also substantiv erschöpft wird und lediglich die Anlage so dimensioniert ist, daß ein einziger Flottendurchlauf genügt und zur beabsichtigten Färbung führt. In diesem Falle ist das Färbebad durch ständig nachgesetzten Farbstoff auf der notwendigen Farbstoffkonzentration zu halten. Ein Beispiel für diese Art zu färben sind die einst sehr gebräuchlichen Indigoküpen. Bei der Klotzfärbung dagegen wird alles getan, um ein substantives Aufziehen des Farbbades zu verhindern. Dies erreicht man vor allem dadurch, daß nur soviel Farbstoff auf die Faser gebracht wird, als in der einmalig vom Gewebe aufgenommenen Farbstofflösung enthalten ist. Zur Erreichung dieses Zieles gibt es Klotzapparate verschiedenster Konstruktionen, denen allen jedoch weitestgehendste Abkürzung der Flottendurchlaufzeit gemeinsam ist. Dadurch soll die Substantivität des Farbstoffes — wo eine solche überhaupt vorliegt — ausgeschaltet werden. Selbstverständlich müssen auch alle anderen Faktoren, welche die Substantivität beeinflussen, wie Temperatur, Konzentration usw. entsprechend berücksichtigt werden. Es ist offensichtlich, daß diese Art der Färberei eine einwandfrei vorbehandelte Ware erfordert. Ein nachträgliches Egalisieren der Färbung, wie es die zeitlich ausgedehnte Normalfärberei erlaubt, ist hier nicht möglich. Das Gewebe muß also vollkommen frei von Schlichte oder anderen Rückständen sein und muß eine ausreichende Hydrophilität aufweisen. Ein Färben auf Rohware, wie es beispielsweise in der Jiggerfärberei für dunklere Nuancen oft geschieht, kommt hier kaum in Frage. Von der Farbstoffseite gesehen kommen andererseits nur solche ausgewählte Farbstoffe für die Verwendung in Betracht, welche in bezug auf Löslichkeit, Egalisier- und Fixierungsvermögen den gegebenen Bedingungen entsprechen. Auf dem Zellulosesektor wurden bereits so gut wie alle Farbstoffgruppen für die Kontinuefärbung herangezogen. Eine Reihe neuer Verfahren und Apparaturen hat der Klotzfärbung gerade in den letzten Jahren neue Möglichkeiten eröffnet. Wir verweisen beispielsweise auf das an anderer Stelle behandelte Pad-Steam- oder das Metallbadverfahren. Während jedoch diese Verfahren heute noch, hinsichtlich ihrer zukünftigen Bedeutung, umstritten sind, gibt es eine Reihe von Färbemethoden, welche von ihrer Entwicklung an mit großem Vorteil als Klotzfärbungen durchgeführt werden oder überhaupt nur als solche ausgeführt werden können. Solche Färbungen sind: Die Anilinschwarz-, die Indigosol- und die Naphtolfärbung.

Anilinschwarz. Eine der ältesten und wichtigsten Färbungen auf Zellulosefasern, aber auch gewissen Mischgeweben stellt das Anilinschwarz dar. Bekanntlich handelt es sich dabei um einen Färbevorgang, bei dem der Farbstoff erst direkt auf der Faser aus aufgebrachtem Anilin, das an sich keinen Farbstoffcharakter besitzt, entwickelt wird. Man spricht deshalb auch in solchen Fällen von einem Entwicklungsfarbstoff. Die Schönheit des erzielten Farbtones sowie die Echtheit der Färbung und einige andere Eigenschaften, die insbesondere für den Druckartikel wertvoll sind, lassen die jahrzehntelange Bedeutung dieser Färbung verständlich erscheinen (vgl. Abb. 246).

In der Glattfärberei hat das Anilinschwarz heute allerdings etwas an Bedeutung eingebüßt, während es sich für den Druckartikel nach wie vor großer Beliebtheit erfreut. Leider ist die Anwendung dieser Färbung immer mit einer mehr oder minder großen Faserschwächung verbunden, was auch seinen Rückgang für den Färbeartikel beim Auftauchen besserer Produkte erklärt. Die ersten Beobachtungen, welche zur Entwicklung des Anilinschwarz führten, stammen schon von Runge im Jahre 1834. Er beobachtete, daß sich salpetersaures Anilin, auf einer Porzellanplatte unter Hinzufügung von Kupferchlorid erhitzt, zu einem dunkelgrünen, beinahe schwarzen Körper umwandelt. Fritzsche stellte 1840 fest, daß Anilinsalzlösungen in Gegenwart von Chromsäure einen blauschwarzen Niederschlag ergeben. Ungefähr im Jahre 1862 hatten Crace, Calvert, Clift und Lowe den glücklichen Gedanken, die Entwicklung des Farbstoffes auf der Faser selbst vorzunehmen.

In zahlreichen wissenschaftlichen Arbeiten und Patenten wurde in der Folgezeit die theoretische und praktische Seite der Anilinschwarzherstellung behandelt, so daß dieses Kapitel heute als ziemlich abgeschlossen gelten kann. In der Hauptsache findet Anilinschwarz Anwendung auf Baumwolle, häufig auch auf halbseidenen Schirmstoffen. Etwas weniger beliebt ist es wegen der unvermeidlichen Faserschwächung für regenerierte Zellulosen. Obwohl es die Möglichkeit gibt, Anilinschwarz auf Stückware auch richtiggehend zu färben, ergibt diese Methode nur ungenügende Resultate. Das Anilinsalz besitzt zur Faser nur schwache Substantivität, was eine Entwicklung des Farbstoffpigments nicht nur auf der Faser, sondern gleicherweise in der Flotte zur Folge hat. Der dadurch zum großen Teil rein mechanisch auf der Faser abgelagerte Farbstoff bewirkt

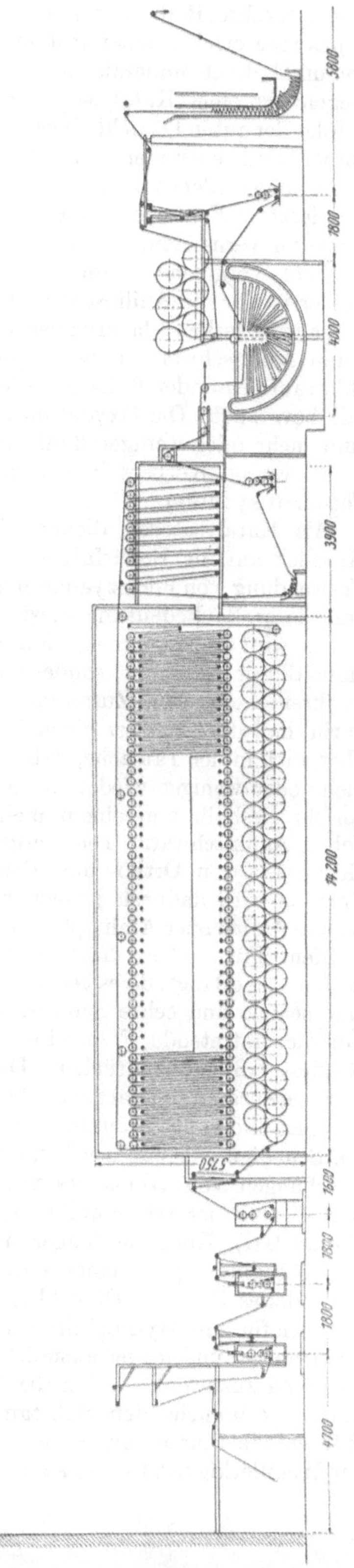

Abb. 246. Eine Kontinueanlage für Anilinschwarz (französische Konstruktion).

eine schlechte Reibechtheit der Färbung. Die Färbung des Anilinschwarz auf Stückware erfolgt daher fast ausschließlich auf dem Klotzwege. Als Ausgangschemikal dient mineralsaures Anilin, welches durch ein Oxydationsmittel in Gegenwart eines Katalysators zum dunkelgrünen Emeraldin kondensiert wird. Infolge der guten Löslichkeitseigenschaften wird meist salzsaures Anilin verwendet. Dabei wird entweder vom käuflichen Anilinsalz, das ist Anilinchlorhydrat, ausgegangen oder es wird direkt in der Farbflotte Anilinöl mit Salzsäure umgesetzt. Der letztere Fall erfordert ein genaues Arbeiten, um jeden Überschuß an Salzsäure zu vermeiden. Es wird im Gegenteil immer ein kleiner Überschuß an Anilinöl vorgesehen, um überschüssig freiwerdende Salzsäure abzupuffern. Leider ist für die Anilinschwarzbildung die Gegenwart von Mineralsäuren unbedingt erforderlich, da organische Säuren, die der Faser nicht schädlich wären, keine Anilinschwarzbildung ergeben. Als Oxydationsmittel dienen gewöhnlich chlorsaure Na- oder K-Salze. Wegen der besseren Löslichkeit wird das Natriumsalz bevorzugt. Die Oxydation mit Natriumchlorat führt jedoch immer nur bis zum mehr oder weniger dunkelgrünen Emeraldin und bedarf zur Bildung des tiefschwarzen Körpers immer noch einer zusätzlichen sauren oder alkalischen Chromatoxydation.

Als Katalysatoren dienen Vanadin-, Kupfer-, Cer- oder Eisensalze. Im Hinblick auf die Bedürfnisse der Druckerei gelang es PRUD'HOMME durch die Verwendung von Ferrozyankalium als Katalysator ein Verfahren auszuarbeiten, das die große Bedeutung dieses Artikels erst begründete.

Es wird angenommen, daß die fertige Anilinschwarzfärbung nicht immer einheitlicher Natur ist, sondern je nach Ansatz- und Entwicklungsbedingungen in ihrer chemischen Zusammensetzung schwankt. Dies äußert sich einerseits darin, daß das Schwarz einen blauen, roten oder grünen Stich aufweisen kann, aber auch in der Tatsache, daß die Schwarzfärbung durch Salzsäure und Bisulfit mehr oder weniger wieder in eine dunkelgrüne Nuance übergeführt wird. Man spricht deshalb von einem mehr oder weniger vergrünlichen oder unvergrünlichen Anilinschwarz. Die Vergrünlichkeit der Anilinschwarzfärbung sinkt bei Gegenwart von Ortho- und Paratoluidin oder selbst Xylidin im Anilinöl. Der Farbton wird dadurch jedoch wesentlich brauner. Neben Anilin können auch andere Amine oder Aminophenole zu braunen oder schwarzen Farbtönen oxydiert werden. Für die Textilfärbung hat lediglich das p-Amino-diphenylamin größere Bedeutung erlangt, da es gestattet, faserschonender als bei der Anilinverwendung, eine schöne und echte Schwarzfärbung zu erzielen. Zahllos sind die Versuche, um die eintretende Faserschwächung hintanzuhalten oder wenigstens auf ein Mindestmaß herabzudrücken. Die erzielten Erfolge sind jedoch nicht bedeutend. Geringe Zusätze von Paraphenylendiamin, welches seinerseits ebenfalls oxydationsfähig ist und einen Braunton ergibt, erlauben die Anilinkonzentration und damit die Schädigung etwas herabzusetzen. Puffersubstanzen, wie Rhodanammon und Mischungen von Weinsäure mit Ammonsalzen, sollen die Wirkung von überschüssiger Mineralsäure auffangen. Solche Produkte sind unter der Bezeichnung Eumol (IG), Kollamin (Sager) usw. im Handel.

Vorbedingung für einen einwandfreien Färbeausfall ist ein sachgemäß vorbehandeltes Gewebe. Obwohl Anilinsalzlösungen gute Netzwirkung zeigen, muß dennoch für gute Hydrophilität des Gewebes gesorgt werden, wenn die Färbungen nicht unegal und mager ausfallen sollen. Besonderes Augenmerk ist jedoch dem Umstand zuzuwenden, daß die Ware restlos alkalifrei und frei von Mineralsäuren verbrauchenden Substanzen ist. Karbonate, Kalkseifen und ähnliche Rückstände führen mit Sicherheit zu fleckiger Ware, die in Extremfällen bis zur Weißfleckigkeit führen kann. Bei den Kontinueverfahren zur Anilinschwarzerzeugung unterscheiden wir zwischen Oxydationsschwarz und Dampfschwarz. Im ersten Falle geht Trocknung des Klotzes und Oxydation in einem Arbeitsgang vor sich, im zweiten Fall wird die geklotzte Ware zuerst getrocknet und anschließend in einem Schnelldämpfer kurz gedämpft.

Die Oxydationskammer, welche aus einem langen Kasten mit Walzen besteht und über eine geeignete Heizeinrichtung (Heißluft) sowie Durchlüftungsmöglichkeit verfügt, nimmt gewöhnlich zwischen 300 und 600 m Ware auf.

Die Warenführung kann entweder horizontal oder vertikal erfolgen. Gewöhnlich erfolgt die Beförderung der Ware über Holzhaspeln, wobei durch mehrere Kompensationswalzen der notwendige Spannungsausgleich geschaffen wird. Für eine richtige Breithaltung der Ware muß gesorgt werden, da sonst, besonders bei gewissen Qualitäten (Köper), die sogenannten „Peitschen", das sind lichter gefärbte Farbstriemen, auftreten. Im ersten Teil des durchlaufenen Raumes erfolgt die Trocknung, weshalb hier zweckmäßig eine etwas höhere Temperatur (70° C) herrscht und größerer Luftdurchsatz vorgesehen ist. Im restlichen Teil des Warenganges erfolgt die eigentliche Oxydation. Oft ist die Kammer durch eine Zwischenwand in zwei, nur durch Warenschlitze verbundene Räume geteilt. Dabei erfolgt im Einlaufteil vorzugsweise Trocknung, in der zweiten Abteilung Oxydation. Die Temperatur des Oxydationsraumes soll 50 bis 60° C betragen. Die Durchlaufzeit des Gewebes beträgt zirka 30 Minuten. Das Gewebe muß zur Ermöglichung der Reaktion immer einen gewissen Grad von Feuchtigkeit enthalten. Mercerisierte Ware wird vorteilhaft noch naß auf 70% Feuchtigkeit abgequetscht, geklotzt. Selbstverständlich muß die Konzentration der Klotzflotte dafür entsprechend erhöht werden.

Bei der Klotzung ist die Ware mehrmals zu tauchen und abzupressen, um eine einwandfreie Imprägnierung zu gewährleisten. Die letzte Abpressung soll so eingestellt werden, daß eine Gewichtszunahme von nicht mehr als 70 bis 80% des Warengewichtes erreicht wird. Dadurch ergibt sich eine erhöhte Reibechtheit der Färbung! Ein besonderes Augenmerk ist der Endoxydation der zum Emeraldin entwickelten Färbung zuzuwenden. Der Farbton der Ware soll nach dem Verlassen der Oxydationskammer dunkelgrün sein. Anschließend wird die Färbung nun am Jigger kalt oder bis 50° C warm mit 3 bis 6% Kaliumbichromat und 1% Schwefelsäure, gerechnet auf das Warengewicht, in mehreren Passagen zu Ende oxydiert. Es werden auch Anlagen gebaut, welche eine kontinuierliche Chromierung erlauben, so daß Oxydation und Chrombehandlung in einem Arbeitsgang erfolgt. Hierauf wird gut gespült, eventuell auch heiß, mit 2 g Soda pro Liter neutralisiert und abermals gespült und getrocknet.

Obwohl es nicht immer gebräuchlich ist, sollte doch ein kochendes Seifen der Färbung erfolgen. Damit wird nicht nur ein schönerer Farbton, sondern auch eine bessere Reibechtheit erzielt. Überdies bewirkt das Seifenbad die Entfernung des unangenehmen Anilingeruches.

Das Oxydationsschwarz kann nach folgenden Rezepturen angesetzt werden:

I. Lösung a) 55 kg Anilinöl werden mit zirka
62 „ Salzsäure (21° Bé) bis zur sauren Reaktion (Bläuung von Kongopapier) vermischt, sodann mit etwas Anilinöl bis zur ganz schwach sauren Reaktion versetzt. Man kann auch 0,5 l Milchsäure zusetzen.

Lösung b) 5 kg $CuSO_4$
16 „ $NaClO_3$

Lösung a) und b) auf je 200 Liter gestellt.
a + b + Wasser ..... 70° Bé

II. a) 10,00 kg Anilinöl
9,50 „ Salzsäure 21° Bé
1,60 „ Weinsäure
36,50 l Wasser
b) 2,15 kg salpetersaures Eisen 50° Bé
24,00 l Wasser
c) 28,75 l Wasser
3,24 kg $KClO_3$
2,15 „ Chlorammon
2,15 „ Kupfervitriol

Die drei Lösungen werden vor Gebrauch kalt gemischt.

III. 100,00 g Anilinsalz
10,00 „ Anilinöl
35,00 „ Natriumchlorat
0,50 „ Kupfersulfat

IV. 100,00 g Anilinsalz
35,00 „ Natriumchlorat
30,00 „ Vanadinsalz 1‰
Rest Wasser

1000

Zur Verhinderung allzu großer Faserschwächungen kann den Färbebädern ungefähr 30 g Kollamin oder ähnliches zugesetzt werden.

Dampfschwarz. Dieses Verfahren spielt weniger Rolle für die Unifärbung, sondern hat seine Hauptanwendung auf dem Gebiete der Druckerei. Dies deshalb, weil das Verfahren erlaubt, die mit dem Anilinschwarzklotz gebeizte Ware zu trocknen, ohne daß Entwicklung der Imprägnierung eintritt. Die so vorbereitete Ware kann nun mit reservierenden Mitteln bedruckt werden, worauf erst die Oxydation des Anilinklotzes durch einen Dämpfprozeß bewerkstelligt wird. Das nach diesem Verfahren hergestellte Schwarz ist nicht so schön und unvergrünlich wie das Oxydationsschwarz, daher auch für den Glattartikel weniger in Gebrauch.

Es wird ziemlich allgemein noch folgende Rezeptur verwendet:

1. 84 g Anilinsalz oder
5 „ Anilinöl
5 „ Paraphenylendiamin
220 ccm Wasser
2. 54 g gelbes Blutlaugensalz
200 ccm Wasser
3. 30 g Natriumchlorat
320 ccm Wasser

Die drei getrennt angesetzten kalten Lösungen werden miteinander vermischt und auf 1 l gestellt. Die Ware wird geklotzt und in einer Hotflue mit reichlicher Luftführung bei 50 bis 60° C getrocknet. Anschließend wird 2 bis 3 Minuten im Schnelldämpfer gedämpft und hierauf mit 5 g Natriumbichromat und 2 g Soda per Liter bei 50 bis 60° C kontinuierlich chromiert, gespült, geseift, gespült und getrocknet. Auch dem Dampfschwarz kann vorteilhaft Kollamin zur Verbesserung der Faserreißfestigkeit zugegeben werden. Oft fügt man auch der Flotte ein Verdickungsmittel, beispielsweise Tragant 50 bis 100 g, zu, um die Gleichmäßigkeit der Klotzimprägnierung zu erhöhen.

Überdies scheint sich die Tragantlösung durch schutzkolloide Wirkung günstig auf die Festigkeit der Faser- und Reibechtheit der Färbung auszuwirken.

Alle Anilinschwarzfärbungen haben die Neigung, bei längerer Lagerung zu vergrünen und dadurch unter Umständen eine zusätzliche Faserschwächung zu bewirken. Wesentlich besser verhält sich in dieser Beziehung das Diphenylschwarz, welches ein schönes und unvergrünliches Schwarz liefert. Das p-Amino-Diphenylamin, im Handel als Diphenylschwarzbase I, gibt auch in organischsaurer Lösung, unter Zusatz von etwas Aluminiumchlorid oder Kupferchlorid, Cerchlorid, vanadinsauren Salzen ein tiefes Schwarz und greift die Ware wesentlich weniger an als das normale Anilinschwarz. Deshalb wird es vorzugsweise für solche Materialien verwendet, die besonders für Schädigungen empfindlich sind, insbesondere also auch für regenerierte Zellulosefasern. Ein Nachchromieren ist beim Diphenylschwarz nicht nur nicht notwendig, sondern verschlechtert sogar die Nuance. Der Hauptnachteil des Diphenylschwarz ist sein hoher Preis, der noch eine weitere Verschärfung durch die schlechte Haltbarkeit der Diphenylklotzflotten erfährt. Aus diesem Grunde werden auch die Klotzflotten geteilt angesetzt und erst vor dem Gebrauch gemischt.

Nach IG-Rezept verfährt man folgendermaßen:

Stammfarbe B:	250 g	Aluminiumchlorid 30° Bé
	250 „	Chromchlorid 30° Bé
	40 „	Kupferchlorid 40° Bé
	3460 ccm	Wasser werden mit
	300 g	chlorsaurem Natron, gelöst in
	600 „	heißem Wasser und
	100 „	Terpentinöl zusammengegeben und auf
	5 kg	eingestellt.
Kupüre:	300 g	Tragantwasser (20 : 1000)
	120 „	Essigsäure 50%
	580 ccm	Wasser
	1 kg	

Der ausgekochte Baumwollstoff wird mit der Klotzbrühe zwei- bis viermal geklotzt (mit etwa 100% Gewichtszunahme). Nach dem Klotzen wird durch die Oxydationsmaschine ½ Stunde passiert und zur vollständigen Entwicklung 2 Minuten lang bei etwa 100° C und im Schnelldämpfer nachgedämpft. Man erhält auch gute Erfolge, wenn man die Ware nach dem Klotzen bei 60° C trocknet und 10 Minuten bei 95° C dämpft.

Hierauf wird bei 60° C geseift und gewaschen. Chromieren ist nicht empfehlenswert, da der Farbton hierdurch braun wird. Das Schwarz läßt sich nach der grünen Seite nuancieren, indem man dem Seifenbad etwas Gelbholzextrakt zufügt und bei 80 bis 100° C seift. Hierauf wird gut gewaschen.

Küpenfärbungen auf Baumwollstück werden heute, insbesondere in USA, vielfach nach Kontinueverfahren hergestellt. Man klotzt dabei die Gewebe vorerst mit Pigmentdispersionen (Dispersionen des unverküpten, ungelösten Farbstoffes). Diese Arbeitsweise wurde erstmals im sogenannten Prästabitölverfahren der IG-Farbenindustrie[87] angewendet, welches dazu diente, dichtgeschlagene Baumwollgewebe an den Fadenkreuzungsstellen durchzufärben. Man klotzte hierzu das Material mit einer Küpenfarbstoffdispersion, die pro Liter etwa 30 bis 40 g Prästabitöl V (Stockhausen) enthielt. Hernach wurde die Ware, eventuell nach Zwischentrocknung, in einem Bade behandelt, das die zur vollständigen Verküpung des angewendeten Farbstoffes nötige Menge an NaOH und Hydrosulfit enthielt und auf die zum Verküpen notwendige Temperatur gebracht war. Dadurch wurde der feinst verteilt auf der Faseroberfläche sitzende Farbstoff gelöst und vermochte das Textilgut gleichmäßig anzufärben.

Ausgehend von dieser Verfahrensweise wurde nun eine ganze Reihe von

[87] Vgl. hierzu neuerdings auch LOHMANN: Melliand Textilber. **32**, 785 (1951).

nur in den Details der Anwendung des Verküpbades sowie der maschinellen Anordnung verschiedenen Arbeitsmethoden zur fortlaufenden Färbung von Baumwollstück durch Klotzen mit der Küpenfarbstoffpigmentdispersion ausgearbeitet, die teilweise sehr hohe Warengeschwindigkeit erreichen.

Auch mit Küpensäuredispersionen kann geklotzt werden (vgl. S. 478). Das Arbeiten mit dieser führt wegen ihrer viel geringeren Teilchengröße zu besserer Durchfärbung. Die Küpenpigmente sind trotz feinster Vermahlung (Colloisol-, Ultrafeinmarken) noch zu grob. (Vgl. MÜLLER, Melliand Textilber. 1953, 214 bzw. HAGEN ibid. 202.)

Bei den modernen Pigmentklotzmethoden für Küpenfarbstoffe hängt der Farbton und Effekt wesentlich von der Menge der aufgenommenen Pigmentdispersion (pickup) ab[88]. Diese wird kleiner, wenn die Temperatur der Klotzflüssigkeit steigt, man Netzmittel zusetzt oder den Druck der Abquetschwalze erhöht. Sie steigt jedoch im allgemeinen mit ansteigender Warendurchlaufgeschwindigkeit.

Fehler beim Klotzen können durch zu harte Quetschwalzen des Foulards bedingt sein. Sie zeigen sich in verschiedenen Tönungen in der Stückmitte und den Stückkanten oder verschieden tiefen Färbungen von Stückober- und -unterseite.

Am besten verwendet man Quetschrollen aus Kautschuk, deren Durchmesser mittlings etwas größer ist als an den Enden und hohen Quetschdruck.

Nach ROBINSON und ZIMMERMANN[89] hängt die Flüssigkeitsaufnahme von Baumwollstück beim Foulardieren mit der Walzenart und dem Walzendruck zusammen. Beim Quetschen zwischen Hartgummi gegen Stahl beträgt die Aufnahme bei den Walzendrücken von 28 lbs. pro Quadratinch, 111 lbs., 155 lbs., 203 lbs. und 206 lbs. 56%, 49%, 46%, 45%, 42%. Hartgummi gegen Hartgummi preßt bei Drücken von 33 lbs., 99 lbs., 154 lbs., 187 lbs., 188 lbs. aus auf 64%, 49%, 44% bzw. 44%. Weichgummi gegen Stahl ergibt bei Belastungen von 25 lbs., 83 lbs., 122 lbs., 151 lbs. und 154 lbs. Effekte von 72%, 61%, 57%, 52% und 52%. Nach unseren Erfahrungen müssen Stahlwalzen stets bombiert werden, so daß die Flüssigkeitsaufnahme auch von der Bombagenart abhängt.

Die nachfolgende Reduktion des Küpenpigments erfolgt verschieden. Beim US-Pad-Steam-Prozeß bzw. der Methode mit dem Elektrofixierer wird die Ware durch ein kaltes Lauge-Hydrosulfit-Bad genommen und dann gedämpft. Die Arbeitsweisen der Dan River Mills bzw. von WILLIAMS bestehen darin, daß die geklotzte Ware Reduktionsbäder hoher Temperatur (bis 100° C) durchläuft. Beim Standard-Molten-Metal-Prozeß durchläuft die Ware nach dem kleinvolumigen Reduktionsbad die heiße Zone der Metallegierung (Abb. 240a, 240b).

Beim Pad-Steam-Prozeß haben sich nach CLARK [Amer. Dyestuff Reporter **40,** 315 (1951)] Vorläufer aus Nylon bewährt. Der Zusatz von Dextrin (nach Du Pont) bzw. von Nitrit (nach Cyanamid Comp.) in die heiße Flotte, die Lauge und Reduktionsmittel enthält, beträgt 8 bis 31 g pro 4,54 l Nitrit oder 47 bis 155 g pro 454 l Dextrin. Sie verhindern die Schlammbildung bzw. Küpenfarbstoffzersetzung.

Der Standfast-Dyers-Molten-Metal-Prozeß sieht zur Verhinderung der Schlammbildung am Metallbade den Zusatz von Gerbsäure, Benzaldehyd oder Glukose (oxydationsverhindernde Stoffe) in die Färbeflotte vor. (DP 834400, 1952.) Hinsichtlich seiner Durchführung und Apparatur vgl. S. 440.

---

[88] CLARK: Amer. Dyestuff Reporter **40,** P 315 (1951).

[89] Amer. Dyestuff Reporter **39,** P 250 (1950).

Eine andere Ausführung des Behandlungsgefäßes hat WEIDMANN[90] angegeben.

Beim Arbeiten nach dem „Heißölverfahren" (Hot-Oil Process) der Gen. Dyestuff Corp. bzw. WILLIAMS[91] ist folgendes zu beachten: Wenn man das mit dem Färbebad gesättigte Gewebe in das Bad, welches das heiße Mineralöl (Weißöl) enthält, einführt, so verdampft plötzlich alles Wasser und bildet im Ölbad eine heiße Dampf-in-Öl-Emulsion. Da der Wasserdampf versucht, durch die Öloberfläche zu entweichen, dehnt sich das Volumen des Ölbades rasch aus. Dies ist der Grund, warum es notwendig ist, zu Beginn der Färbeoperation die Maschine nur halbvoll mit Öl zu beschicken. Die Entwicklung von Küpenfarbstoffen geht rapid vor sich. Tiefste Töne werden mit minimalsten Laugen- und Hydrosulfitmengen erhalten, da ja der beim Färben am Jigger notwendige Hydrosulfitzusatz des geraume Zeit dauernden Färbeprozesses wegfällt.

Man kann mit Küpenpigment foulardieren, trocknen, das Gewebe mit reduzierenden Chemikalien tränken, im Öl reduzieren. Es ist aber auch ohne Zwischentrocknung möglich, das pigmenthaltige nasse Gewebe durch eine Reduktionsflotte zu senden und in Öl zu reduzieren. Schließlich kann man mit Küpe klotzen und ins heiße Öl gehen. Nach der Passage des Öls wird bei allen Methoden gespült, unter Zugabe eines Emulgators, der die Ölreste vom Gewebe entfernt, hierauf oxydiert, gespült, geseift, gespült und getrocknet.

Das Zwischentrocknen der pigmentierten Gewebe gibt eine größere Sicherheit in der Führung des Färbeprozesses. Nach dem Klotzen mit Pigmentdispersion (die mit Gi 1 : 1 viskoser gemacht ist und noch einen Dispergator enthält) und Trocknen in der Hotflue wird die erste Williams-Unit-Maschine benützt, um das Gewebe bei 90 bis 120° F durch Lauge und Hydrosulfit zu führen. Die erhöhte Temperatur soll eine gewisse egalisierende Wirkung durch Diffusion des teilweise gelösten Farbstoffs im Gewebe bewirken.

Die Temperatur im Reduktionsbad verursacht wieder ein Ausbluten in die Flotte, daher muß man a priori etwas Farbstoff zusetzen, um nicht die ersten Anteile der Ware heller zu erhalten und um ein gewisses Gleichgewicht zwischen dem Farbstoff im Bad und auf der Faser herzustellen. Als Öle sollen reine, weiße, wenig viskose Mineralöle, frei von Aromaten, verwendet werden. Der Ölgehalt nach dem Spülen bzw. Färben beträgt max. 0,25 bis 0,50%. Er verbleibt in der Ware und schädigt nachträgliche Appreturoperationen, etwa ein Hydrophobieren, nicht. Der Wassergehalt des Ölbades nimmt bei den Temperaturen von 110 bis 125° C nicht zu. Bei 100° C würde eine Anreicherung von Wasser zu beobachten sein.

In der Apparatur kann man auch substantive oder Schwefelfarbstoffe verwenden. In beiden Fällen klotzt man kochend und geht direkt in das heiße Ölbad. Danach folgt ein Spülbad mit Ölemulgator und eine kalte Wäsche, für Schwefelfarbstoffe das Oxydations- und ein Waschbad.

Als Rezeptur zum Färben eines Marine mit Hydronblau geben WILLIAMS[92] bzw. Gen. Dyestuff Corp. folgende Daten an:

Die Ware wird mit 0,454 kg Hydronblau RG Paste pro 4,54 l Wasser (eventuell etwas Verdickung) geklotzt. Hernach wird durch einen Williams-Unit-Apparat genommen (zirka 340 l Inhalt = 75 Gallons), der 10 l obiger Klotzlösung sowie zirka 6 g NaOH fest und 12 g Hydrosulfit konz. pur pro Liter enthält. (Der Zulauf an NaOH und Hydrosulfit ist doppelt so hoch.) Die Temperatur ist dabei 50° C. Das nachherige Ölbad besitzt eine Temperatur von 110 bis 125° C und der das Öl ent-

---

[90] WEIDMANN: Amer. Dyestuff Reporter **40**, P 422 (1951).

[91] Vgl. WILLIAMS: Amer. Dyestuff Reporter **40**, P 461 (1951).

[92] Vgl. WILLIAMS: Amer. Dyestuff Reporter **40**, P 461 (1951) bzw. Gen. Dyestuff Co. *Techn. Inf.*

haltende Williams-Unit-Apparat ist aus den eingangs erwähnten Gründen nur mit 230 l gefüllt. Im nachfolgenden Apparat wird die Spülflotte mit 3 g Igepal C (A) extra konz. pro Liter angesetzt, während der Zulauf die doppelte Menge Liter enthält. Die Oxydationsflotte, auf 60° C gehalten, enthält im Ansatz 6 g Bichromat und 12 g Essigsäure 56% pro Liter, weiters noch 1½ g Igepal C (A). Der Nachsatz enthält pro Liter 30 g Bichromat, 45 g Essigsäure und 1½ g Igepal C (A). Die weiteren Maschinenabteile enthalten heißes Wasser, dann folgt ein Bad, welches als Ansatz 0,75 g Igepal C (A) extra konz., 1,5 g Igepon T Gel und 2,5 g Soda sicc. pro Liter enthält. Der Zulauf ist auf etwa 1,5 g Igepal C (A), 3 g Igepon T Gel und 5 g Soda sicc. pro Liter eingestellt. Hernach wird in einem weiteren Williams-Unit-Apparat heiß gespült und schließlich auf Vielzylindertrockenmaschinen getrocknet.

Die Verfahren, die kontinuierlich arbeiten und große Volumina für Reduktionsbäder vorsehen, leiden alle unter der Unstabilität der gebildeten Leukoverbindungen und der verschiedenen Affinität der verküpten Farbstoffe, so daß die dauernde Erzielung desselben Farbtones bei großen Metragen fast zur Unmöglichkeit wird. Man kann zwar die Temperatur des Reduktionsbades und damit die Reaktionsgeschwindigkeit der Verküpung herabsetzen. Dies bedingt aber auch eine Verminderung der Laufgeschwindigkeit und damit Produktionsverlust. Es wäre auch möglich, den Zulauf an Farbstoff bzw. Chemikalien größer zu halten als erforderlich. Dies ist Geldverschwendung. Schließlich kann man als Stabilisator Dextrin zugeben. Dieses muß gelöst, getrennt von der NaOH, welche seine Wirkung beeinträchtigt, zulaufen. Nitrit stabilisiert im Gegensatz zu Dextrin, dessen bester Bereich bei etwa 70° C liegt, über 90° C, insbesondere Anthrachinonblaumarken. Allerdings bewirkt es oft einen größeren Hydrosulfitverbrauch.

Für die Pigmentklotzung und Reduktion in großer Flotte eignen sich besonders langsam ziehende Farbstoffe, wobei das Reduktionsbad dann eventuell Zusätze von 5 bis 10 g pro Liter Glaubersalz krist. erhält.

Von der Ciba werden für die Pigmentklotzmethode empfohlen:

Cibaorange RP, 2RP, Cibanongoldorange 2GP, -braun GP, 2G, G, BGP, -rot GP, 4BP, -bordo 2BP, -olive 2RP, dann Cibablau 2BP, -violett 6RP, -rot 3BN, -brillantrosa R, -braun G.

Der Küpensäureprozeß ist als Kontinueprozeß hinsichtlich der Reduktion bzw. Verküpung besser, da eine Fixierung bei Normaltemperatur möglich ist. Die Herstellung der Küpensäuredispersion ist jedoch wesentlich schwieriger als die einer Küpenfarbstoffdispersion und die Tiefe der Färbung hängt von der Löslichkeit der Na-Leukoverbindung ab (vgl. GAMBLE[93]).

Wie bereits ausgeführt, können nur leichte Gewebearten in nicht zu tiefen Tönen gefärbt werden.

Beim sogenannten „Vat-Craft“-Prozeß, vgl. auch das USA-Patent 2214365, wird in im Kontinueverfahren mit verküptem Farbstoff imprägniertem Gewebe durch Lichteinwirkung in Anwesenheit von Sensibilisatoren (Uransalzen) und Polymethinfarbstoffen das Küpenpigment gebildet[94]. Eine Affinität des Farbstoffs zur Faser ist nicht erforderlich. Die Echtheiten sollen gut sein.

Das Färben von Baumwollstück mit Pigmentemulsionen [Orema (Ci)-, Impralac- (Francolor) Farbstoffe usw.] wird im allgemeinen derart ausgeführt, daß die Pulvermarken mit Wasser und etwas Cyclohexanol und Butanol (letztere beiden in Mischung 95 : 5) angeteigt werden. Die Pigmente werden mit Oremabindemittel H, dem pro 100 Teile 10 Teile Ammonrhodamidlösung zugesetzt werden, am Gewebe fixiert, indem das Bindemittel nach der Foulardierung und Trocknung durch kurzes Erhitzen gehärtet wird. Da die Pigmente keine

---

[93] GAMBLE: Amer. Dyestuff Reporter **40**, P 529 (1951).

[94] RAVICH: Textil-Praxis **6**, 666 (1951).

Substantivität besitzen, tritt beim Klotzen keine Abschwächung der Farbflotte ein. Stückanfang und -ende fallen daher ohne besondere Maßnahmen gleichtief und gleichfarbig aus. Der Zulauf zum Foulard ergänzt nur den Flottenverlust, der durch Aufsaugen von der durchlaufenden Ware erfolgt. Man muß möglichst weitgehend abquetschen, schon der Egalität wegen. Gut abgequetschte Ware zeigt weniger stark das beim Trocknen so gefürchtete Wandern der Pigmentteilchen (Migration) bzw. auch Abflecken. Am besten trocknet man im Nadelrahmen bzw. auf einem Spannrahmen, wobei zwischen Foulard und Rahmen ein Kompensator eingeschaltet ist. Die Hotflues sind unverwendbar, da sich die Auflagestellen der Ware auf den Leitwalzen als Streifen markieren. Der Foulardflotte wird zur Verminderung der Migration, das heißt zur Erhöhung ihrer Eigenviskosität Tragantlösung zugegeben. Sie muß neutral sein! (Mit Ammoniak neutralisieren.) Die Klotzmethode mit Pigmentfarbstoffen soll nur für helle Töne angewendet werden. Dunkle Nuancen ergeben eine schlechte Reibechtheit. Als Klotzlösung kann z. B. gemäß Angaben der Ciba dienen:

Farbstoff im Teig (100 = 40 pulv.)	0 bis 25 g	pro Liter
Wasser	945 bis 765 g	
Oremabindemittel H	50 bis 100 g	
Rhodanammonlösung 1 : 1	5 bis 10 g	
Tragant 60 : 1000, neutral	0 bis 100 g	

Nach dem Trocknen muß zur Härtung 10 Minuten bei 140° C erhitzt werden. Dies erfolgt in mit überhitztem Dampf oder elektrisch geheizten Luftkästen. Auch Heißkalander oder Bügelmaschinen ergeben denselben Effekt, falls deren Oberfläche entsprechend heiß ist und lange genug mit dem Gewebe in Kontakt bleibt. Dieser braucht bei 200° C nur 10 Sekunden währen.

Foulard-Färbungen mit Vibatex E (Ci) * für Futterstoffe, Buchbindergewebe usw. werden wie folgt ausgeführt: Man foulardiert mit Pigmenten oder Direktfarbstoffen, auch mit Uvitex RS als Schönung für Weißware kann man behandeln. Die Ware läuft vom letzten Foulard gleich in den Spannrahmen.

Lichtecht: z. B. 50 g pro Liter Vibatex E (Ci), 0,25 g pro Liter Chlorantinlichtblau 3RLL (Ci).

Gewöhnlich: z. B. 50 g pro Liter Vibatex E, 20 g pro Liter Direktbraun M (Ci).

Das Decken von unreifer Baumwolle

Es handelt sich um sogenannte unreife Fasern, welche man nach verschiedenen Verfahren (Goldthwait et al. bzw. GBS-Methode oder nach Koch) nachweisen kann. Letzterer schlägt zur Färbung Indanthrenbrillantviolett RK vor, es eignen sich aber auch indigoide Farbstoffe wie Tetrablau 2B, BR etc. Nach der GBS-Methode wird mit einem Gemisch von Chlorantinlichtgrün BLL mit Diphenylechtrot 5BL ausgefärbt, wobei sich die tote Baumwolle grün färbt, während reife hochrot angetönt wird.

Die Sandoz A.-G. (Alfred Koch) hat in sehr eingehenden Versuchen das Verhalten einer großen Anzahl ihrer gehandelten Farbstoffe gegenüber toter Baumwolle geprüft und findet, daß folgende Farbstoffe diese sehr gut decken: Chloramingelb G, Chloraminorange B, Chloraminechtscharlach SE, Chloraminbrillantrot 8B, Direktgrün B, Chloraminbrillantgrün BN, Trisulfonbraun 3G, Trisulfonechtbraun STR, Trisulfoncatechin G, Solargelb 2GL, Solarorange 2GL, Solarbraun G, R, BLA, Solaroliv BL, Cuprofixgelb GL, Cuprofixorange 2GL,

* Kunstharzvorkondensat.

CTL, Cuprofixrot CBL, Cuprofixgelbbraun CRGL, Cuprofixblau CFBL, Cuprofixgrün C3GL, Cuprofixbraun CBL, C3BL, BLA, Cuprofixoliv BL, Cuprofixgrau CRGL, Resofixgelb GL, Resofixorange R, Resofixrot BL, Resofixgrün 3GL, Resofixbraun BL, 3BL, Diazaminrot 3BN, Diazaminlichtrot BWL, Diazaminrot BN, Diazaminbraun 3RA, BAA, Sandothrengelb N5GK, Sandothrenkhaki N2G, Tetraoliv N2G, NGR, Sandozolgelb CG, Sandozolgrün B, GG, Sandozolbraun BR, 3B.

Nicht sehr gut, aber noch verwendbar, sind:

Sandothrengelb NGN, Sandothrengoldgelb NGK, NRK, Sandothrengoldorange NG, Sandothrenrotorange NG, NR, Sandothrenrot N6B, NF2B, Sandothrenviolett N3B, Sandothrenblau NGR, NRSC, Sandothrenbrillantgrün NBF, N2GF, N4G, Sandozolgoldorange 2R, Sandozolbrillantviolett 4R, Sandozolblau BC, Sandozolbraun RRD, Sandozolgrau BL.

Man färbte dabei so, daß man bei 20° C eingeht und innerhalb ½ Stunde zum Kochen bringt. Dabei wird gleichzeitig in zwei Portionen 10 bis 20% Glaubersalz konz. zugesetzt. Dann wird 15 Minuten kochend und anschließend bei einer bis auf 50 bis 60° C sinkenden Temperatur weitergefärbt.

Die Küpenfarbstoffe sind nach der normalen Färbemethode gearbeitet.

Auch in vielen anderen Fällen, wo man Farbstoffe anwenden muß, die nicht geeignet sind, läßt sich der Ausfall verbessern, wenn man den auszufärbenden Ton um ein Drittel der Tiefe heller ausfärbt und dann das letzte Drittel durch ein Färben bei 50 bis 60° C erzielt. Diese Arbeitsweise ist jedoch bei Kombinationen wieder schwer anwendbar.

Nach Angaben der Ciba* decken tote (unreife) Baumwolle am besten u. a.:

Direktgelb 5G, T, Direktechtgelb FF, Direktorange G, R, Direktcatechin G, 2G, Direktechtscharlach SE, Direktgrün B, Kunstseidenschwarz CA, ferner die lichtechten:

Chlorantinlichtgelb 5GLL, GLL, RL, 2RLL, -lichtorange G, 2GL, 2RL, T4RLL, -lichtbraun 8GLL, 6GLL, 3GLL, RL, 2RLL, 3RL, -lichtscharlach BNLL, -lichtrot 5GLL, -lichtrubin RNLL, -lichtblau 3GLL, 6GL, -lichtmarineblau BLL, -lichtgrün 5BLL, BLL, FGLL, 5GLLL, -lichtgrau 3GLL sowie die licht- und waschechten:

Coprantingelb 2G, 3RLL, -orange 2BRL, -braun RL, schwarzbraun GL, -rot 2G, -rubin RLL, -blau BLL, GLL, RLL, -grün G, 3GLL, 5GLL, -grau 2GL.

5. Das Färben von Reyon (Rayon) (Viskosekunstseide, Kupferkunstseide, Azetatreyon)

a) Die Färbung von glatten Kunstseiden- und Zellwollgeweben[95]

Die Vorbehandlung dieser meist 110 bis 140 cm breiten, glatten Qualitäten ist recht verschieden.

Satins, Deckendamaste, Taffete und Futterstoffe aus Viskosekunstseide (glänzend) werden am Extenseur breit abgekocht bzw. entschlichtet und gereinigt. Hierzu werden Seifenbäder mit Fettlösern und Netzmittelzusatz angewendet. Auch Igepon-T-Fettlöserbäder für leichtere Qualitäten sind brauchbar. Nach dem Waschen auf der Breitwaschmaschine wird am Benninger-Jigger oder auch auf der Haspelkufe gefärbt, schwach gesäuert, abgesaugt und in der Hänge getrocknet. Nach der Durchschau gelangen die Stücke in die Appretur.

---

* Ciba-Rundschau Nr. 103, 1952.

[95] Vgl. z. B. LÁZÁR: Magyar Textiltechnika II, Nr. 1, 14/16 (1949), zit. Zentralblatt der ung. Technik, Nr. 1 (1949).

Die Chloritbleiche für Kunstseide- oder Zellwollequalitäten bei einem pH von etwa 4 bis 4,5, welches man mit Schwefelsäure einstellt und mit Ameisensäure korrigiert, eventuell in Anwesenheit von Phosphaten als Puffer, ist wirkungsvoll, einfach und „foolproof", d. h. auch bei starker Überschreitung von Konzentrationen oder Behandlungszeiten ohne Faserschädigung. Für Baumwolle kann sie ohne Vorbeuche angewendet* und in entsprechend großen Holzgeschirren für alle Stückwaren als Kontinueverfahren ausgebaut werden. Die ClO_2-Dämpfe saugt man in NaOH oder mittels Dampfinjektor ab. Nach Mathieson Works soll ein Zusatz von H_2O_2, nach anderen Angaben ein solcher von Nitraten die ClO_2-Bildung verhindern. Es wurde jedoch nach Baier festgestellt, daß Nitrate die Bleichwirkung hemmen, was um so bemerkenswerter ist, als diese als Korrosionsverhinderer für V4A-Stahl von Hoechst empfohlen werden. Die Chloritbleiche erhöht die Saugkraft der Baumwolle, was mit Rücksicht auf die in immer größerem Maße angewendeten Kontinuemethoden zum Färben nur von Vorteil ist, bei welchem die Ware nur Sekunden mit der Farbflotte in Berührung steht (Pad-Steam-, Standfast-Molten-Metal-Dyeing etc., Multi-Lap- etc. Prozesse).

Taffet aus spinnmattierter Kunstseide, der dichte Einstellung besitzt, ist sehr empfindlich gegen Brüche und Falten. Man näht bei manchen Qualitäten beidseitig Borten an und entschlichtet am Rahmen (das Gewebe ist dabei im Zickzack eingenadelt), auf den auch gefärbt und getrocknet wird.

Stapelfasergewebe am Haspel wird erst in voller Breite kochend gereinigt, um eine Fixierung von Falten beim Stück- (Strang-) Färben zu verhindern. Das Entwässern soll nicht durch Zentrifugieren, sondern durch Absaugen erfolgen. Das Trocknen in der Hänge ist gut, aber auf spannungslosen Breittrocknern am besten.

Nachher soll gesengt werden, wobei das Gewebe vor dem Legen verkühlt werden muß, um Brüche zu vermeiden.

Die genannten Artikel werden zum Teil mit billigsten Direktfarbstoffen gefärbt. Bessere Futterstoffqualitäten sollen jedoch eine gewisse Schweiß- und Naßbügelechtheit besitzen. Deckendamaste werden entweder in gewöhnlicher Echtheit (billige Qualitäten) oder küpenfärbig verlangt.

Bei den substantiven Farbstoffen für Futterstoffe ohne besondere Echtheiten sollen bügelechte Produkte verwendet werden. Die sonst immer eintretende Verfärbung bei der Heißkalanderung gestattet sonst eine mustergetreue Ausrüstung nicht. Es kommen folgende Farbstoffe in Frage:

	Preise sFr. (vor 1937) nach der Abwertung
Chrysophenin G (IG) (als Gilbe)	8,90
Azetopurpurin 8B (IG) (als Röte)	8,20 bis 7,80
Sambesischwarz D (IG) (für Grau)	6,10 bis 5,55
Diaminschwarz BH (IG) (für Marineblau)	2,90
Naphtaminbraun T (für Braun)	6,00
Brillantazurin 5G (für brillantere Blauaufsätze)	5,90

Die statt Brillantazurin 5G in Betracht kommenden Marken Oxaminblau BGX (IG) (gut) und 3BX (IG) (schlecht, stark rot werdend beim Bügeln) sind zu teuer (Preise: 12, 16 bzw. 12,65 sFr.), ebenso das statt Azetopurpurin 8B vorgeschlagene Chloraminrot 8B (IG) zu 8,90 sFr.

Ebenso sind für Reinkunstseiden-Moiré-Qualitäten keine besonderen Echt-

* Vgl. Baier: S. V. F. Fachorgan Textilveredlung Febr. 1952.

heiten erforderlich. Es handelt sich auch hier meist um billige Ausrüstung zu gedrückten Preisen (s. Abb. 248 bis 252). Das Bleichen derselben erfolgt kontinuierlich (vgl. Abb. 247).

Anders ist es, Farbstoffkombinationen für Futterstoffe aus Kunstseide (oder auch Kunstseide/Baumwolle) zu wählen, die eine gewisse Naßechtheit und Schweißechtheit besitzen, wobei von einer Nachbehandlung mit einem der bekannten, die Naßechtheit erhöhenden Mittel, wie Sandofix WE (Sa), Tinofix (Gy), Lyofix (Ci) oder Fibrofix (Courtaulds) usw. vorerst abgesehen werden soll (vgl. Abb. 248 bis 252).

Im nachstehenden sind eine Reihe brauner und grauer Farbtöne illustriert, die gleichzeitig Naßbügelechtheit und Schweißechtheit zeigen. Es ist allerdings

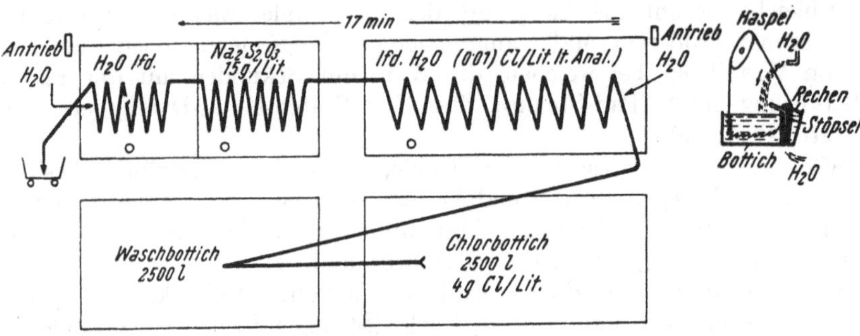

Abb. 247. Kontinuebleiche für leichte Kunstseidenstückware.

bei letzterer darauf zu verweisen, daß die Art des menschlichen Schweißes individuell sehr verschieden ist. Vielfach näht man daher Proben den Kesselheizern in die Arbeitsjacken (Achselhöhle).

Außer der (etwas teureren) Nachbehandlung von direkt gefärbten Futterstoffen mit den oben genannten kationenaktiven Mitteln kann die Naßbügelechtheit in manchen Fällen durch die bekannte Behandlung mit 3% Formaldehyd 40% und 2,5% Essigsäure 30%, 30 Minuten bei 70° C, verbessert werden. Die eventuell bei der Nachbehandlung mit den fällenden und daher die Naßechtheit verbessernden Mitteln gelegentlich eintretende Verminderung der Lichtechtheit spielt bei Futterstoffen keine Rolle.

Im nachstehenden folgen einige Rezepturen für Färbungen am Haspel oder Jigger (substantiv ohne besondere Echtheit):

Hellgrau (für Moiré): 10 Stück, 67,8 kg Ware.
0,005 kg Sambesischwarz D (IG)
0,002 „ Chlorantinrot 8BN (Ci)
1,000 „ Soda sicc., 2,000 kg Glaubersalz krist.

Man gibt bei 100° C am Jigger 4 Enden und setzt dann das Salz aufgelöst dem Bade zu. Nach zirka 1¼ Stunden wird gespült, schwach gesäuert (Essigsäure 30% 0,75 l pro 1500 l) und gesaugt. Das Säuern kann entfallen, wenn die Ware sofort in den Spannrahmen läuft.

Goldgelb: 6 Stück, 32 kg Ware, 1500 l, gefärbt am Jigger.
0,225 kg Diphenylchrysoin 3G (Gy)
0,001 „ Dianilechtgrau RL (IG)
0,001 „ Diaminscharlach HS (IG)
1,500 „ Soda sicc., 4,000 kg Glaubersalz kalz.

Man färbt zirka 1¼ Stunden bei 100° C. (Salz und Soda gleich zusetzen.)

Marineblau (für Moiré): 1 Stück, 5,40 kg Ware, 500 l, Jigger.
0,200 kg Diphenylblauschwarz (Gy)
0,325 „ Brillantechtblau B (IG)
0,012 „ Azetopurpurin 8B (IG)
1,000 „ Soda sicc., 4,000 kg Glaubersalz kalz.

Die Ware, deren Kette Leinöl enthält, wird vor dem Färben am Jigger direkt abgekocht mit 140 l Seifenlösung (30 g pro Liter) in 500 l Flotte, 2 kg Fettlöser, 1 kg Soda sicc. Man läßt etwa 2 Stunden laufen, prüft die Entfernung der Schlichte durch Proben von den Stückenden unter der Uviollampe, spült mit Warm-, dann mit Kaltwasser. Hernach wird wie üblich gefärbt.

2 Stück, 18,45 kg Ware, 600 l, Jigger.
0,425 kg Diphenylblauschwarz (Gy)
oder etwas tiefer
0,120 „ Sambesischwarz D (IG)
1,000 „ Soda sicc., 4,000 Glaubersalz kalz.

Hellgrau: 4 Stück, 40,40 kg Ware, 600 l, Jigger.
0,030 kg Dianilechtgrau RL (IG)
0,008 „ Diaminscharlach HS (IG)
0,004 „ Toluylenorange N (IG)
1,000 „ Soda sicc., 2,000 kg Glaubersalz kalz.

Mittelbraun: 2 Stück, 19,50 kg Ware, 600 l, Jigger.
0,215 kg Sambesischwarz D (IG)
0,175 „ Toluylenorange N (IG)
1,000 „ Soda sicc., 2,000 kg Glaubersalz kalz.

oder: 2 Stück, 22,41 kg Ware, wie oben (fast gleichtiefer Farbton).
0,150 kg Chloraminorange SE (Sa)
0,070 „ Sambesischwarz D (IG)
1,000 „ Soda sicc., 4,000 kg Glaubersalz kalz.

Dunklere Enden beim Jiggerfärben treten auf, wenn die Mitläufer aus zu starken Qualitäten bestehen, die viel Farbstofflösung aufnehmen und beim Aufdocken an das Kunstseidengewebe abgeben. Man nehme am besten mindere Qualitäten und sorge vor allem immer für gründliche Reinigung und Entfärbung der Mitläufer.

Direktfarbstoffe normaler Echtheit bringt die frühere Agfa, jetzt Farbenfabrik Wolfen (DDR) als Columbiasortiment in den Handel. So z. B. Columbiabraun STR, -echtrot F, -echtscharlach 4BS, -grau ST, -grün G, -schwarz EP extra, Cotonerol AP usw.

Lichtechte Färbungen sind mit den Vertretern der Sirius- (IG), Solar- (Sa), Chlorantinlicht- (Ci) oder Diphenylechtreihe (Gy) zu erzielen. Einige Vertreter setzen in Kombination mit anderen Farbstoffen die Lichtechtheit der Färbung wesentlich herab, z. B. Solargelb B (Sa), Siriusgelb RT (IG), insbesondere in Kombination mit Grün- oder Blaumarken der Reihe. Das gleiche gilt für Siriuslichtorange 7G, 5G, GG, 3R (IG) bzw. Solarorange 4GA, R (Sa) usw. in Kombination mit Sirius- oder Solargrün BL (vgl. S. 493).

Für Grünkombination werden letztlich von Bayer Siriuslichtgrün BTL mit Siriusgelb FRRL, R, RK oder Siriuslichtorange G empfohlen. Blaustichigeres Grün kombiniert man aus Siriuslichtgrün BTL mit Siriuslichtblau FBGL.

Eine Nachbehandlung kann mit den, die Naßechtheit erhöhenden Mitteln oder Knitterfestappreturen zu einer großen Beeinträchtigung der Lichtechtheit führen.

	Wasser-	Wasch-	Lichtechtheit
z. B. Formalschwarz C konz. (Gy) .... Chloraminschwarz EX konz. (Sa) ... Baumwollschwarz E extra (IG) ..... Carbidschwarz E (Ci)	5 (3)	4 bis 5 (3)	2 bis 3 (3)
Direkthimmelblau grünlich (Ci) ..... Diaminreinblau FF (IG) .... Diphenylreinblau FF (Gy)..........	2 (2)	2 bis 3 (2)	1 (2)
Chlorantinlichtbraun BRLL (Ci) .... Siriusbraun BRL (IG) .... Solarbraun PL (Sa)................ Diphenylechtbraun BRL (Gy)	3 bis 4 (3)	2 bis 3 (3)	4 bis 5 (6)

( ) ursprüngliche Echtheit, ohne Klammer Echtheit bei Nachbehandlung mit Melamin-Formaldehydkondensat [Lyofix SB konz. (Ci) usw.].

Man kombiniert daher diese Nachbehandlung mit der Kupferung. Bei dieser Arbeitsweise gute Echtheiten zeigende Farbstoffe liegen in der Neocupran- bzw. Coprantin- (Ci), Cuprophenyl- (Gy) oder Cuprofix- bzw. Resofixreihe (Sa) vor. Die Nachbehandlung erfolgt mit Kupfersulfat und Lyofix SB konz. (Ci). Eine Waschechtheit bis 90° C erzielt man auf ausgesuchten Farbstoffen durch Nachbehandlung mit Coprantex A (Ci) und Resofix VF (Sa) bzw. Resofix CU.

Als lichtechteste Direktfarbstoffe empfiehlt Geigy nunmehr aus dem Solophenylsortiment (frühere Diphenylechtfarbstoffe):

Solophenylgelb FFGL, FFF, 2GL, -orange 2RL, TGL, 5RL, -rot 6BL, -bordeaux 2BL, -violett 2RL, 4BL, -blau 10GL, 6GL, 3GL, 2RL, FGL, 3RL, -echtblaugrün BL, -olive GL extra, -grün B, GL, -dunkelgrün GBL, -braun BGL, GRL, RL, BL, GL, -grau 4GL. bzw. Chlorantinlichtolive EGLL. (Hierzu vgl. die Gegenprodukte der anderen Firmen.)

Für reines lichtechtes Marineblau steht jetzt Chlorantinlichtmarineblau BLL (Ciba) im Verkauf, dessen Färbungen durch Nachbehandlung mit Lyofix SB gute Naßechtheiten, insbesondere eine gute Schweißechtheit aufweisen. Die Diphenylfarbstoffe W sind wasser-, wasch- und schweißechte Farbstoffe von Geigy. Neu sind: Diphenylbrillantgrün 5GW, -echtrot RW, -echtorange GRW.

In größeren Echtheiten kommen auch die Färbungen mit diazotierbaren substantiven Farbstoffen oder substantive Färbungen mit kupferbaren Farbstoffen in Frage. Diese liefern beim Nachkupfern nach dem Coprantinverfahren (Ci) im Färbebad mit Coprantinsalz II usw. Tönungen von guter und sehr guter Lichtechtheit und, wenn die Nachbehandlung mit Coprantinentwickler K erfolgt, eine Waschechtheit bis 50° C. Unter Umständen sind diese Färbungen auch für Weißätzen geeignet, sei es, daß man die Ätzen mit NH_3 oder organischen Aminen nachbehandelt (Ci) oder unter Zugabe von Zinkzyanid usw. ätzt (Gy)[96]. (Vgl. auch die ausführlichen Angaben auf S. 392, 451.)

Schwefelfarbstoffe werden des ungünstigen harten Griffes wegen, den sie der Ware verleihen, nicht gefärbt. Ebenso finden Naphtolkombinationen nur in sehr beschränktem Umfange Anwendung.

Dagegen werden für hohe Ansprüche an Lichtechtheit usw. die Küpenfarbstoffe herangezogen, wobei wohl darauf zu achten ist, jene Gelb- und Orangemarken zu vermeiden, die bei Belichtung Faserschädigungen ergeben.

---

[96] Österr. Pat. 164006 (Ci) bzw. 162900 (Gy).

Abb. 248. *Schweißechtheit von Futterstoffarbstoffen I. Färbung in Flotte 1:25 1 Stunde mit 10% Glaubersalz und 0·5% Soda. Material: Reyonserge*

Farbstoff	Muster
1,8% Solarorange 4G (Sa)	
1,5% Solarorange R (Sa)	
1% Solarorange 2RN (Sa)*	
2% Pyrazolorange GH	
2% Plutoorange G (IG)*	
4% Chloraminechtbraun 3B (Sa)	
4% Chloraminechtbraun BCN (Sa)	
4% Trisulfonbraun BB (Sa)*	
4,2% Pegubraun G (IG)	
4% Trisulfonbronze B (Sa)	

* Die Farbstoffe haben unnachbehandelt eine schlechte Naßbügelechtheit.

Abb. 249. *Schweißechtheit von Futterstoffarbstoffen II (vgl. Abb. 248).*

Farbstoff	Muster
4% Trisulfonbraun B (Sa)	
1,8% Trisulfonbraun BP konz. (Sa)	
2,5% Trisulfonbraun 2R konz. (Sa)	
4% Trisulfonbraun BL (Sa)*	
4% Benzolichtbraun RL (IG)*	
3% Chloraminechtbraun 3B (Sa)	
4% Chloraminbraun 2R (Sa)*	
4% Diaminbraun M (IG)*	
4% Solarbraun PL (Sa)	
4% Plutobraun GG (IG)*	

Abb. 250. *Schweißechtheit von Futterstoffarbstoffen III (vgl. Abb. 248 und 249).*

Farbstoff	Muster
2% Chloraminechtrot FB (Sa)*	
2% Solarrot B (Sa)*	
2% Solarrot BL (Sa)*	
4,4% Chloraminbrillantrot 8B (Sa)*	
0,5% Trisulfonbraun 2R (Sa) als Röte	

Deckendamaste (figuriert) küpenfärbig.

Altgold: 10 kg, 1 Stück, 140 cm breit, am Jigger, zirka 450 l Flotte. Es wird verküpt
0,055 kg Indanthrengelb RK (IG)
0,040 „ Indanthrengoldorange G (IG)
0,025 „ Indanthrenbraun GG (IG)

In der Flotte 3 l NaOH 40° Bé, 1 kg Hydrosulfit konz. pulv., 0,1 ccm Peregal O (IG).

Gefärbt wird bei 25° C, wobei die verküpte Farbstofflösung auf zweimal zugegeben wird, und zwar zu Beginn (2 Passagen) die Hälfte und nach 4 Passagen der Rest. Dann wird auf 50° C erwärmt (6 Passagen) und mit 30 Passagen fertiggefärbt. Nach 20 Passagen vom Beginn des Farbstoffzusatzes werden 0,5 kg Hydrosulfit konz. pulv. gelöst zugesetzt.

Man dreht sofort in den Waschjigger, wäscht warm und kalt, gibt dann 10 Passagen auf 0,5 kg Perborat bei 25° C, wäscht und seift dann mit 18 Passagen. Man wäscht warm und kalt, saugt ab und trocknet.

Goldgelb: 10 kg, 1 Stück 140 cm breit, Jigger (180 cm breit), zirka 450 l Flotte.

Badansatz: 2,00 l NaOH 40° Bé
1,00 kg Hydrosulfit konz. pulv.
0,15 „ Indanthrengelb RK (IG)
0,01 „ Indanthrenrot RK (IG)

Abb. 251. *Schweißechtheit von Futterstoffarbstoffen IV (vgl. Abb. 248 bis 250).*

Farbstoff	Muster
4% Benzochromschwarzblau B (IG) nachbehandelt	
5% Chloraminschwarz BH (Sa)*	
1,8% Trisulfonblau FO (Sa)* 1,6% Viscoschwarz N (Sa)*	
3,5% Trisulfonblau FO (Sa)*	

Man verküpt die Farbstoffe getrennt und gibt die Küpe durch ein Sieb ins Färbebad, das erste Drittel sofort, dann eine Passage (1½ Minuten), hierauf das zweite Drittel (gut in der Flotte verteilen!), 4 Passagen und dann den Rest. Nach weiteren 8 Passagen werden 3 kg Glaubersalz krist. gelöst zugesetzt, 6 Enden gegeben und 0,5 kg Hydrosulfit sowie 0,15 kg Indanthrengelb RK verküpt zugegeben. Es wird noch ½ Stunde gefärbt. Man dreht dann in den Waschjigger in ein 60° C warmes Spülbad, gibt 6 Passagen, hierauf 6 Passagen Kaltwasser, 8 Passagen auf 0,5 kg Perborat und seift dann 8 Passagen bei 80° C mit 1 kg Seife pro 450 l. Hierauf wird warm und kalt gespült (je 15 Minuten), aufgerollt, gesaugt und in der Hänge oder am Flachtrockner getrocknet.

Hellblau: 1 Stück, 9,80 kg, 140 cm, am Jigger, 450 l Flotte.

Ansatz: 3,00 l NaOH 40° Bé
1,00 kg Hydrosulfit konz. pulv.
0,05 „ Indanthrenblau 3GT (IG)
50,00 ccm Peregal O (IG)

Der Farbstoff wird verküpt und ein Drittel der Stammküpe in das 25° C warme Bad gegeben. Nach 1 Passage wird das zweite Drittel zugefügt, nach weiteren 4 Passagen der Rest. Hierauf setzt man 0,5 kg Hydrosulfit konz. pulv. zu, erwärmt auf 55° C und läßt 16 Touren laufen. Man nimmt auf das Waschbad (60° C, 6 Touren), dann 8 Passagen auf kaltes Spülwasser und gibt schließlich 8 Touren auf 0,5 kg Perborat. Nach dem Seifen (wie vorher) wird gespült, gesaugt und getrocknet.

Mittelblau: 1 Stück, 10 kg, 140 cm, vorgebleichte, mit Antichlor behandelte Ware.

Ansatz: Zirka 550 l Flotte, Jiggerfärbung.
3,50 l NaOH 35° Bé
1,00 kg Hydrosulfit konz. pulv.
50,00 ccm Peregal O (IG)
0,09 kg Indanthrenblau GCDN (IG)

Abb. 252. *Schweißechtheit von Futterstoffarbstoffen V (vgl. Abb. 248 bis 251).*

Farbstoff	Muster
12% Viscoschwarz N*	
12% Viscoschwarz N, formaldehydnachbehandelt	
10% Diaminogen OT mit Diaminentwickler	
10% Diaminogen OT mit β-Naphtol*	
10% Diaminogen B mit Diaminentwickler	
10% Diaminogen B mit β-Naphtol	

Der verküpte Farbstoff wird, nachdem die nasse Ware 2 Passagen machte, zur Hälfte zugesetzt, nach 8 Passagen die zweite Hälfte beigegeben. Nach weiteren 8 Passagen wird auf 50° C erwärmt und nochmals 14 Enden gegeben. Dann wird im Laufen gemustert (nicht auflaufen lassen, die Ware wird so leicht unegal). Man dreht direkt auf einen Jigger mit kaltem Wasser und gibt dort unter stetem Kaltwasserzulauf 6 Passagen. Nach Ablaufenlassen nimmt man 6 Touren durch ein Bad von 0,5 kg Na-Perborat pro 500 l Flotte, läßt ablaufen, spült, seift, wäscht warm und kalt, saugt ab und trocknet in der Hänge oder am Flachtrockner.

Für streifig färbende Viskose (Reyon) sind eine Reihe von substantiven Spezialfarbstoffen der Blaureihe entwickelt worden. Die Ursache des streifigen Anfärbens liegt in der verschieden großen Affinität, die Reyon ungleicher Streckung zeigt. Diese ungleiche Streckung hat ihre Ursache meist im verschiedenen Quellungsgrad bzw. der daraus sich ableitenden verschieden starken Streckung, die der in Spinnkuchen gewickelte Faden in den verschiedenen Teilen des Kuchens zeigt. Eine ganze Reihe von Vorschlägen (Durchblasen heißer Luft, heißen Dampfes usw.) soll die Affinitätsunterschiede solcher Kuchen beim Trocknen ausgleichen. Auch Kunstseiden verschiedener Reifungsgrade bzw. verschiedener Provenienz zeigen die Erscheinung streifigen Ausfalls damit hergestellter Ware. Das Verarbeiten von Kunstseiden verschiedener Herkunft läßt sich leicht, eventuell durch Blenden bei der Präparation, dadurch beheben, daß man sie bei der Verarbeitung getrennt hält. Die anderen Ursachen, die nicht in der Verarbeitung gelegen sind, können entweder so verbessert werden, daß man derartige Gewebe mit Lauge behandelt oder eben besondere substantive Blaumarken verwendet. Gelbe und rote Farbstoffe zeigen den Affinitätsunterschied meist viel weniger. Als Blaumarken zum Färben von Reyon mit Affinitätsungleichheiten werden die Benzoviskoseblaumarken (IG), Riganblau G, 2R, 5R (Ci) oder Viscoblau E, G oder V (Sa) usw. vorgeschlagen.

Zum Färben derartiger Reyonstückware eignen sich folgende Farbstoffe:

(IG) Chrysophenin G, Chloramingelb FF, Siriusgelb 5G, GG, Benzoechtorange S, Toluylenorange GL, R, Diaminscharlach B, Siriusrot 2B, Siriusrubin R, Brillantbenzoechtviolett 2RL, Siriusviolett BB, Pegubraun G, Plutobraun GG, Siriusbraun BRL, Brillantbenzogrün B, Sambesischwarz D, Kunstseidenschwarz G, Benzoechtschwarz L bzw. das Benzoviskosesortiment: -gelb 2GL, 5GL, -orange RL, -rot BL, -violett BL, -blau BF, G, 3GFL, R, RL, -grün BL, -grau 5B, wobei es sich zum Teil um die oben angeführten Vertreter der Siriusreihe handelt.

Über die von Bayer herausgebrachten Siriuslichtfarbstoffe und ihre Eignung s. S. 303.

(Ci) Baumwollgelb CH, Direktechtgelb FF, Chlorantinlichtgelb 4 GLL, 4GL, RL, Direktorange G, R, Chlorantinlichtorange G, Chlorantinlichtrot 5B, 7B, Chlorantinlichtviolett RL, 5BL, Chlorantinlichtbraun BRLL, Kunstseidenschwarz GH bzw. Riganblau G, 2R, 5R sowie Riganmarineblau G und R bzw. Riganlichtblau GL, RL, Riganmarineblau PL, Rigangrün BL und Rigangrau RL. Ältere Namen tragen jetzt oft LL.

(Sa) Direktgelb CV, Chloramingelb FF, Solarflavin 2G, 5G, R, Solarorange 4GA, Toluylenorange R, Pyrazolorange GH, Chloraminrot B, 3B, Solarrot B, Solarrot 3B, Solarviolett 4RL, Chloraminbraun 2R, Solarbraun PL bzw. Viscoblau V, E, G, Viscogrün B, Viscoschwarz N.

(Gy) Diphenylchrysoin 3G, Diphenylchlorgelb FF, Diphenylechtorange SE, Diphenylechtrot 5BL, 7BL, Diphenylechtbraun BRL usw.

Die ICI empfiehlt hierfür ihre Icyl-Reihe.

Das für Himmelblau und reine Blautöne gerne gefärbte Diaminreinblau FF bzw. das ihm entsprechende Direkthimmelblau grünlich (Ci) usw. ist direkt ein Reagensfarbstoff für Affinitätsunterschiede der Kunstseide. Abgesehen von der geringen Lichtechtheit (heute stehen in den Vertretern der Phtalocyaningruppe hochlichtechte reine Blautöne zur Verfügung), ist dieser Farbstoff aus dem angegebenen Grunde, auch in Kombinationen, ungeeignet. Ebenso die oft benutzten Direktfarbstoffe, wie:

(Sa) Chloraminechtscharlach 8BS, Trisulfonviolett B, N, Chloraminreinblau FF, Chloraminblau 2B, 3B, BXR, Trisulfonblau FO, Chloraminschwarz BH, Trisulfonbraun 33, CCN, B, 2B, 3R, Chloraminechtbraun 3B, BCN, Chloraminschwarz F, Solargelb 2GL, R, 2R, Solarorange 2GL, R, 2RE, Solarrot 2BL, 2GL, Solarrubinol B, Solarviolett BL, Solarblau F, G, 2G, 3GL, 2GLN, 3GLN, 5GL, Solartürkisblau GLL, Solargrün BL, GL, Solarbraun PL, BR, G, GL, R, 2R, Solargrau 2BL, 4BL, G, 4GL, Cuprofixgelb GL, Cuprofixorange 2GL, Cuprofixbraun GL, Cuprofixbordo BL, Cuprofixviolett 2BL, Cuprofixblau CFBL, 2GL, 3GL, 4GL, Cuprofixgrün BL, GL, Cuprofixmarineblau GL, SL, Cuprofixbraun BL, Cuprofixgrau CRGL usw. bzw.

(IG) Benzoechtscharlach 8BS, Diaminreinblau FF, Benzoblau 2B, 3B, BX, Diaminmineralblau CVB, Diaminschwarz BN, Diaminbraun 33, Triazolbraun B, Diamincatechin B, 3B, Siriuslichtorange 2G, Siriusrot 2B, Siriusrubin B, Siriusviolett BL, Siriusblau 2G, Siriusgrün BL, Siriuslichtbraun BR usw.

bzw. die entsprechenden Produkte der Ciba, von Geigy usw.

Tab. 13a. *Für die Knitterfestappretur mit Kaurit FK (Harnstoffformaldehyd) geeignete Direkt-, Solar- und Cuprofixfarbstoffe (Sandoz) nach der Publikation P2 (1950).*

Farbstoff	Nuance	Lichtechtheit		Waschechtheit	
	nachher	vorher	nachher	vorher	nachher
Direktgelb CV	Spur röter	4	6	2 bis 3	3 bis 4
Pyrazolorange GH	unverändert	3	5 bis 6	2	3
Chloraminechtorange RS	unverändert	3	4 bis 5	2 bis 3	3 bis 4
Chloraminechtscharlach 4BSL	unverändert	4	4 bis 5	2	3
Chloraminechtscharlach SE	unverändert	4	5	2 bis 3	3 bis 4
Chloraminreinblau FF	Spur trüber	2	4	2 bis 3	4
Chloraminkupferblau 4G	unverändert	3	4 bis 5	3	3 bis 4
Viscoblau E	unverändert	3	4	3	3 bis 4
Chloraminschwarz ZAR	Spur grüner	6	6 bis 7	2	3 bis 4
Viscoschwarz N	etwas blauer	5	5 bis 6	3	4
Solargelb 2GL	unverändert	7	7	4	4 bis 5
Solarorange D	unverändert	5	6 bis 7	3	4
Solarscharlach BL	Spur blauer	6	6 bis 7	2 bis 3	3 bis 4
Solarrubinol B	etwas blauer	7	7	2 bis 3	3
Solarviolett 4RL	Spur blauer	6	6	2	3 bis 4
Lumicreasereinblau 4GL	fast unveränd.	5 bis 6	6	3	4
Lumicreaseblau GL	fast unveränd.	7	7	4	4
Solarolive BL	etwas reiner	6 bis 7	6	3	4
Solargrün 5GL	etwas blauer	6 bis 7	6 bis 7	3	3 bis 4
Solarbraun GCR	röter, reiner	6	7	2 bis 3	3 bis 4
Solarbraun PL	etwas röter	6	6 bis 7	2 bis 3	3 bis 4
Solarschwarz G	unverändert	5	6	3	3 bis 4
Cuprofixgelb GL	unverändert	7	7 bis 8	4 bis 5	4 bis 5
Cuprofixrubinol BL	Spur reiner	6 bis 7	6 bis 7	4	4
Cuprofixbordo BL	Spur reiner	7	6 bis 7	4	4 bis 5
Cuprofixblau 3GL	Spur grüner	7	7	4 bis 5	4 bis 5
Cuprofixblau FGL	etwas grüner	7	7	4 bis 5	4 bis 5
Cuprofixmarineblau GL	unverändert	7	7	4 bis 5	4 bis 5
Cuprofixmarineblau GBL	unverändert	6 bis 7	6 bis 7	4 bis 5	4 bis 5
Cuprofixmarineblau CGRL	unverändert	7	7	4 bis 5	4 bis 5
Cuprofixgrün BL	unverändert	5	5 bis 6	4	4
Cuprofixgrün GL	unverändert	5	5 bis 6	4 bis 5	5
Cuprofixbraun 5GL	unverändert	5	6 bis 7	3 bis 4	3 bis 4
Cuprofixgelbbraun CRGL	Spur röter	6 bis 7	7	4 bis 5	4 bis 5
Cuprofixbraun C3BL	Spur heller	7	7	4 bis 5	4 bis 5
Cuprofixmarineblau CBL	Spur heller	7	7	4	4
Cuprofixschwarz CRL	Spur blauer				

Tab. 13b. *Für die Knitterfestappretur mit Melamin-Formaldehyd geeignete Direkt-, Solar- und Cuprofixfarbstoffe (Sandoz) gemäß Publikation P2 (1950)*

Farbstoff	Nuancenänderung	Lichtechtheit		Waschechtheit	
	nachher	vorher	nachher	vorher	nachher
Chloraminorange B	Spur trüber	2	2	2	3 bis 4
Pyrazolorange GH	Spur röter	3	4 bis 5	2	3 bis 4
Chloraminechtorange RS	unverändert	3	3	2 bis 3	3 bis 4
Chloraminrot 3B	unverändert	2	2	2	3 bis 4
Chloraminkupferrot 5BL	Spur reiner	3	4	4	4
Chloraminechtbordo G	Spur reiner	4 bis 5	4 bis 5	2 bis 3	4
Chloraminrosa B	etwas gelber	2	2	2	4
Chloraminreinblau FF	Spur trüber	2	2	2 bis 3	4 bis 5
Chloraminkupferblau 4G	unverändert	3	3	3	4 bis 5
Chloraminkupferblau 3G	etwas grüner	3	3	3	3 bis 4
Trisulfonblau FO	unverändert	3	3	3	4 bis 5
Trisulfonbraun 3G	etwas röter	2	2	2	3 bis 4
Trisulfoncatechin G	etwas röter	3	3	2 bis 3	4
Trisulfonbraun 33	röter	2	2	2	3 bis 4
Trisulfonbraun 2B	Spur grüner	2	2	3	4
Viscoschwarz NF	Spur blauer	4 bis 5	5	4	4 bis 5
Chloraminschwarz F	etwas blauer	3	3 bis 4	3 bis 4	4 bis 5
Solarflavin 5G	Spur grüner	5	5 bis 6	2	4
Solarflavin R	unverändert	5	5	3	4
Solarflavin RA	Spur röter	4 bis 5	5	3 bis 4	5
Solarorange GD	unverändert	5	5	3	4 bis 5
Solarbraun GCR	röter, reiner	6	6	2 bis 3	4
Solarschwarz G	unverändert	5	5	3	3 bis 4
Cuprofixmarineblau CGBL	Spur trüber	6 bis7	6 bis 7	4 bis 5	4 bis 5
Cuprofixmarineblau CBL		7	6 bis 7	4	4
Cuprofixbraun 5GL	etwas röter	5 bis 6	6	3 bis 4	4
Cuprofixschwarzbraun 2BL	unverändert	4 bis 5	4 bis 5	3 bis 4	4
Cuprofixgelbbraun CRGL		6 bis 7	6 bis 7	4 bis 5	4 bis 5

Diazaminechtorange RL (Sa) ist ein echtes Orange, welches mit Gelbentwickler C ein Goldorange, mit β-Naphtol Rotorange färbt, wobei der Farbstoff streifige Viskose gut deckt und als Grundton für Brauntöne benützt werden kann.

Die Farbtontiefe bei Kunstseiden verschiedener Provenienz, z. B. 100/20 den ist anders wie 100/40 den (= 100 den, 20 Einzelfasern, bzw. 100 den, 40 Einzelfasern). Die gröbere Faser färbt sich scheinbar tiefer an. Es handelt sich um einen optischen Effekt, da die Lichtstrahlen, die an den inneren Faserflächen reflektiert werden, bei groben Fasern einen längeren Weg zurückzulegen haben als bei feineren. Nach Fothergill ist die notwendige Farbstoffmenge, die gleiche Tontiefe bewirkt, F bzw. F′ bei Fasern verschiedener Titer d und d_1 nach der Formel

$$\frac{F}{F'} = \sqrt{\frac{d'}{d}} \text{ zu ermitteln.}$$

Bei einem Titerverhältnis von etwa 25 den zu 100 den Kunstseide ergibt sich für die 25 den Kunstseide z. B. die doppelte Farbstoffmenge. Dasselbe gilt für Fasern verschiedener Denier, wie sie etwa bei der Nylonstrumpffärbung vorliegen.

Hier ist naturgemäß eine Farbauswahl ohne Resultat.

Tab. 14. *Die Resofixfarbstoffe in der Knitterfestappretur*
(Auszug aus der Publikation P4 der Sandoz-AG 1951)

Farbstoff	Nuancenänderung		Lichtechtheit		
	H	M	vorher	H	M
Resofixgelb GL	Spur reiner, röter	etwas reiner	7	7	6 bis 7
Resofixorange RL	Spur reiner, heller	etwas reiner, heller	6 bis 7	7	6
Resofixrot BL............	etwas blauer	etwas blauer	6	5 bis 6	4 bis 5
Resofixbordo 2RL	Spur reiner	unverändert	6 bis 7	6 bis 7	6
Resofixrubin BL	etwas blauer	Spur blauer	6 bis 7	6 bis 7	4
Resofixviolett 2BL	blauer	blauer	6	6 bis 7	4
Resofixblau FGL	grüner	grüner	6	6 bis 7	4
Resofixblau GL	grüner	grüner	6	6 bis 7	5
Resofixblau 2GL	grüner	grüner	6	6 bis 7	4 bis 5
Resofixmarineblau BL	Spur röter	röter	7	7	6 bis 7
Resofixmarineblau GL	etwas grüner	etwas grüner	6 bis 7	6 bis 7	5 bis 6
Resofixmarineblau SL.....	unverändert	grüner	7	7	6
Resofixgrün 3GL	unverändert	blauer	5 bis 6	6	5 bis 6
Resofixbraun BL	röter	röter	6	5 bis 6	4 bis 5
Resofixbraun 3BL	röter	röter	6 bis 7	6 bis 7	6
Resofixbraun RL	röter	röter	5 bis 6	5 bis 6	4
Resofixgrün 2GL	grüner	grüner	4 bis 5	5 bis 6	4 bis 5

H = Harnstoffaldehyd-, M = Melaminaldehydbehandlung.

Für lichtechte Töne empfiehlt die Ciba für Knitterfestappretur neuerdings: Chlorantinlichtgelb 5GLL, 2GLL, GLL, SL, Chlorantinlichtorange G, 2GL, Chlorantinlichtrot 5B, 7B, Chlorantinlichtviolett RLL, Chlorantinlichtblau 7GL, 2RLL, Chlorantinlichtgrün 5GLL.

Vom Coprantinsortiment sollen sich unter anderem am besten eignen:

Coprantingelb GRLL, 3RLL, -braun GRLL, 5RLL, -rot 2G, RLL, -bordo 2BLL, -violett BLL, -blau 2GLL, BLL, -grün 5GLL, -grau 2RLL.

Die Phtalocyanine wie Alcianblau (ICI), Phtalogenbrillantblau IF3G und Phtalogenbrillantgrün IFFB (Bayer) sowie die Heliogene (BASF) werden wohl wegen der verschiedenen Schwierigkeiten (unegaler Tonausfall, Migration) mehr gedruckt als gefärbt.

Kunstseide- und Zellwollgewebe werden jetzt vielfach knitterfest ausgerüstet. Die Behandlung erfolgt derart, daß man die gefärbte Ware mit wäßrigen Lösungen von Harnstoff-Formaldehyd-Vorkondensaten (Tootal Broadhurst), Dimethylolharnstoff (Kaurit, IG), oder Melamin-Aldehydvorkondensaten (Ciba, Amer. Cyananid usw.) imprägniert, zwischentrocknet und einige Minuten bei 120 bis 140° C härtet.

Die Farbänderung der Gewebe ist, insbesondere wenn nach der Behandlung gewaschen wird, in den meisten Fällen gering. Dagegen treten Veränderungen der Lichtechtheit und Waschechtheit in Erscheinung. Während die Waschechtheit in allen Fällen zunimmt, insbesondere bei der Behandlung mit Melamin-Formaldehydkondensaten (Lyofix CH, Ci), wird die Lichtechtheit durch diese in vielen Fällen verringert, wobei der Effekt gerade bei lichtechten Färbungen am größten ist. Harnstoff-Aldehyd-Harze verhalten sich hier wesentlich besser, in manchen Fällen wird sogar die Lichtechtheit erhöht.

Tab. 15. *Farbstoffe für Viskosereyon und ihre Knitterfestappretureignung* (nach Ciba, Beilage: „Ciba Rundschau“ 101, 1952)

Farbstoff	Lichtechtheit	Ureol AC Lichtechtheit Ammonchlorid	Ureol AC Lichtechtheit Katalysator A	Ureol AC Nuance Ammonchlorid	Ureol AC Nuance Katalysator A
Baumwollgelb CH	4	geringer	gleich	schwächer	schwächer
Direktechtgelb FF	6	gleich	gleich	schwächer	schwächer
Direktechtorange WS ..	4 bis 5	gleich	gleich	schwächer	röter, reiner
Direktscharlach 3BS....	3	gleich	gleich	schwächer	grüner, schwächer
Kunstseidenschwarz GN	4 bis 5	besser	besser	schwächer	schwächer
Riganlichtblau GL	5 bis 6	gleich	gleich	schwächer	schwächer
Riganlichtblau RL	5 bis 6	gleich	gleich	grüner	grüner
Riganmarineblau PL ...	5	gleich	gleich	grüner	grüner
Rigangrün BL	6	gleich	gleich	gelber	gelber
Rigangrau RL	5	geringer	geringer	merklich schwächer	merklich schwächer
Chlorantinlichtgelb 5GLL	5	besser	besser	schwächer	schwächer
Chlorantinlichtgelb 2GLL	7	gleich	gleich	röter	röter
Chlorantinlichtorange 2GL	5 bis 6	besser	besser	röter	röter
Chlorantinlichtrot 5BL ..	5	besser	besser	deutlich gelber	deutlich gelber
Chlorantinlichtviolett RLL	6 bis 7	geringer	gleich	schwächer	reiner
Chlorantinlichtblau 7GLL	5 bis 6	geringer	besser	röter, trüber	deutlich gelber, trüber
Chlorantinlichtblau 2RLL	6	gleich	gleich	grüner	grüner
Chlorantinlichtgrün..... 5GLL	6	gleich	gleich	deutlich blauer	blauer
Coprantingelb GRLL ...	7	gleich	besser	trüber	trüber
Coprantinbraun GRLL .	6	gleich	besser	deutlich gelber	gelber
Coprantinbraun 5RLL ..	5 bis 6	gleich	besser	deutlich gelber, trüber	gelber
Coprantinrot RLL......	6	gleich	gleich	deutlich blauer	deutlich blauer
Coprantinrubin RLL ...	6 bis 7	gleich	gleich	blauer	blauer
Coprantinbordo 2RLL ..	6 bis 7	gleich	gleich	blauer	blauer
Coprantinviolett BLL...	6	gleich	gleich	blauer	blauer

Durch Verwendung des neuen Borsäure enthaltenden Katalysators A (Ci) an Stelle der potentiell sauren Katalyten, wie Diammonphosphat usw., soll die Lichtechtheitsverminderung bei Melamin-Aldehyd-Harzen nicht eintreten. Auch $ZnCl_2$ (Zinkchlorid) als Katalyt soll gut sein [Hansen: Z. Ges. Text. Ind. 54, 40 (1952)].

Die Tab. 13 bis 15 bringen die Nuancenveränderungen sowie die Lichtechtheits- und Waschechtheitsverbesserungen bzw. -verschlechterungen auf Grund umfangreicher neuester Publikationen (P 2 und P 4, 1950 bzw. 1951) der Sandoz A.-G. an Hand ihrer Farbstoffe. Auch die neue Cuprofix- und Resofixreihe, entsprechend den Neocupran- bzw. Coprantinfarbstoffen (Ci) ist bereits berücksichtigt. Vgl. Cibapublikation.

Gegen Knitterfestappretur (Kaurit) sind in Farbton und Lichtechtheit nach Bayer u. a. beständig: Siriuslichtgelb 5G, R, RT, -orange F3G, RRL, -scharlach

GG, -blau FBGL, -grau VGL, -grün BTL, -oliv GL, -braun 5G, RT, BRS, 3RL, Siriusgelb GC, GG, -orange G, -scharlach B, -rot 4B, BB, -bordo 5B, -braun GT, -schwarz VE.

Grautöne färbt man vorteilhaft, je nach Ton, mit einer Kombination folgender Farbstoffe: Siriuslichtgrau VGL, -blau 3RL, -orange GGL, -rotviolett RL.

Beim Quellfestmachen oder zur Schrumpfechtheitsverbesserung werden die Gewebe vielfach mit Aldehyden behandelt. Derart ausgerüstete Ware zeigt, wenn sie nach der Quellfestbehandlung gefärbt wird, insbesondere bei vorhergegangener Formalisierung, eine verminderte Affinität zu Direktfarbstoffen. Diese Erscheinung ist auch bei Kunstseidengeweben zu beobachten, die aus hochnaßfestem Reyon gewebt wurden.

Eine Säurebehandlung, der eine Laugung nachfolgt, soll nach einem Vorschlage der IG hier[97] die Affinität erhöhen. Eine Reihe von substantiven Farbstoffen kann derart auf solche Stückware gefärbt werden, daß man unter Zusatz von etwa 3 Liter Essigsäure 30% auf 500 Liter Flotte arbeitet und die Salzmengen etwas erhöht.

Als geeignete Farbstoffe seien in mittlerer Echtheit Chloraminechtgelb FF (IG, Sa), Pyramingelb G (IG), Oxaminrot 3BX (IG), Benzogrün C (IG), genannt. Als besser lichtechte Produkte wären Siriusgelb BL, Siriusbraun BRL, Siriusrot 2B und Siriusviolett BL (alle IG) zu wählen.

Auf die öfters auftretende, insbesondere beim Arbeiten mit Glyoxal in stark saurem Medium eintretende Bräunung und damit starke Veränderung des ursprünglichen Farbtons, insbesondere bei lichteren, klaren Nuancen, wird hier besonders hingewiesen.

b) Viskosekunstseide- (Rayon-, Reyon-) Kreppartikel

Für alle diese Waren ist es wichtig, den beim Kreppen[98] erfolgenden Längseinsprung genau verfolgen zu können und vor allem in der Appretur die entsprechende Metrage durch gleichmäßige Spannung des Stückes in allen seinen Teilen herauszubringen. Es muß also nicht allein die Rohlänge des Stückes bekannt sein, sondern es findet eine Kennzeichnung von Teilen der Länge durch an den Stückrändern angebrachte echtfärbige Fäden statt. Dieser Vorgang, das „Quintieren“ oder „Fünferln“, erfolgt auf Meßmaschinen oder (unwirtschaftlicher) durch Aufstecken von gelegt ankommender Rohware auf ein Gestell mit 1 m entfernten Nadeln, wobei jeweils nach fünf Lagen das Einnähen des Zeichens (Fadens) an der Stückkante (Lisiere) erfolgt. Vielfach kommt nun die Rohware, die zufolge des hohen Schlichtgehaltes der Kette sehr steif ist, auf Holzrollen gewickelt. Dadurch werden Legebüge, die sich später beim Kreppen deutlich bemerkbar machen würden, vermieden. Diese Anlieferungsform bedingt nun, unter Berücksichtigung des Umstandes, daß die Ware zum Abkochen oft in Buchform gehaspelt werden muß, nachfolgende rationelle Arbeitsweise: Man benützt zum Haspeln der Ware einen mit geschützten Holzholmen (Cellophanüberzug) versehenen Haspel mit einem Umfang von 2,50 m (Haspeldurchmesser 87 cm). Es werden daher mit zwei Umdrehungen genau 5 m aufgewickelt. Da zum Schutze der Stücke gegen Verwetzen usw. durch die Holzstäbe, die das Buch tragen, innen eine „Baumwoll-Mousselinehose“ eingezogen wird, fertigt man sich eine Reihe von Hosen an, die einen Umfang von 2,50 m haben. Diese lassen sich dann vor dem Aufrollen des Stücks jeweils leicht über den Haspel

---

[97] Deutsche Anmeldung IG, 74123.

[98] Vgl. HALL: Fibers 11, 41 (1950).

ziehen und sitzen straff. Ist nun eine solche „Hose“ aufgezogen, dann wird der Stückanfang an sie angeheftet und mittels eines Meßbandes der sogenannte „Anfangmeter“ mit zwei nebeneinander in die Stückkante eingezogenen Fäden markiert. Erst von diesem Zeichen an beginnt die Quintierung des Stückes durch Zeichen, wobei also zwei Umdrehungen des Haspels 5 m entsprechen. Die Festlegung des „Anfangmeters“ hat seinen Grund darin, daß bei einem Stück, bei welchem nach dem letzten Zeichen ein Rest von fast 5 m übrigbleibt, nicht dieser Rest zur Messung des Einsprungs (bezogen auf gemessene 5 m) genommen wird und so irrtümliche Messungen erfolgen. Die Lisierenzeichen für die 5 m müßten theoretisch am Buchrand übereinanderliegen. Mit Rücksicht darauf aber, daß ja beim Aufwickeln der Umfang etwas zunimmt, müssen die 5-m-Markierungen jeweils 3 mm weiter unten [entgegengesetzt der Umdrehungsrichtung (also ↑ wenn Drehung ↓)] angebracht werden. Die Messungen sind ziemlich genau, jedenfalls für den Zweck genau genug, was Ausmessungen „quintierter“ Längen am Rohstück nach Wiederaufrollen ergaben: Bei einem Stück quintierter Längen (soll 500) wurden in Zentimetern: 499,5, 499,5, 500, 500, 500,5, 500,5, 501, 500,5, 500,5 festgestellt (Abb. 253a).

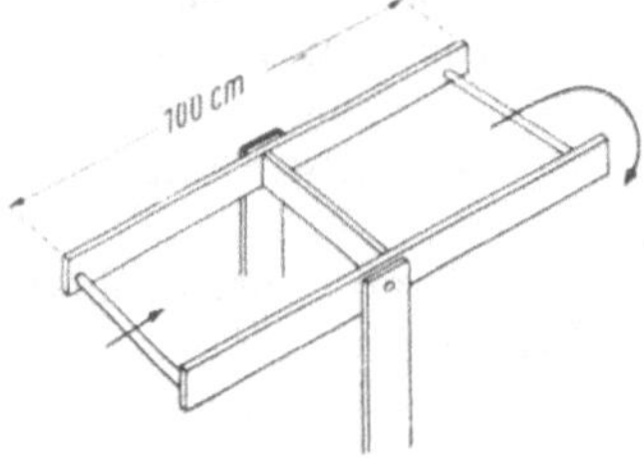

Abb. 253a. Quintierhaspel.

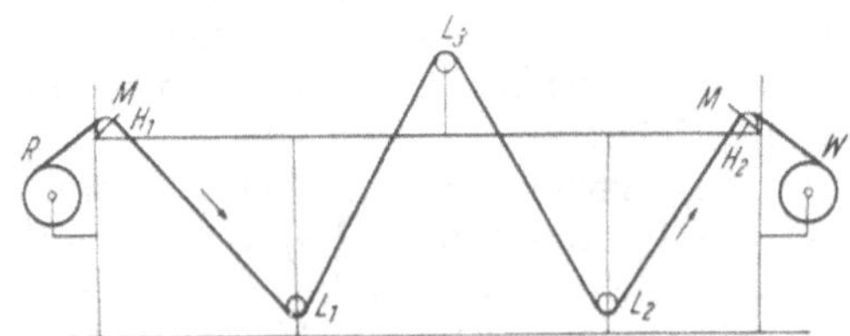

Abb. 253b. Quintieren schwerer Ware. R Rohware, gerollt. L_{1-3} Leitrollen.

Die Einrichtung ist schematisch die folgende (der Haspel wird von Hand betrieben):

Der Haspel besitzt umklappbare Arme, so daß das aufgewickelte Buch nachher seitlich leicht abgezogen werden kann.

Diese Anordnung wird bei Waren angewendet, die vor dem Abkochen nicht vorgaufriert werden. Für andere Qualitäten findet das Haspeln in die Buchform erst nach der Gaufrage auf anderen Einrichtungen statt, die im übrigen auch hier angewendet werden können (s. S. 497).

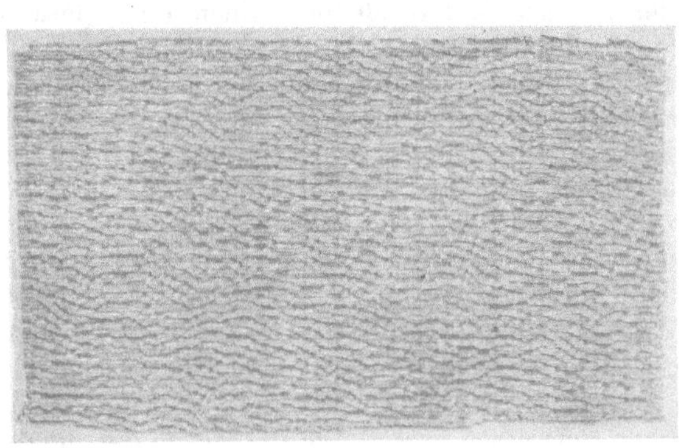

Abb. 254. Muster eines Kreppkalanderprägedessins.

Das „Fünferln“ von Ware, welche am Stern abgekocht wird, erfolgt anders. Diese schweren Qualitäten werden schon von dem Kunden aus zur Vermeidung von Brüchen auf der Rolle angeliefert. Das „Fünferln“ (Quintieren) erfolgt auf dem in Abb. 253b abgebildeten Gestell, bei welchem der Abstand der beiden Holzzeigermarken M längs des Warenganges genau 5 m beträgt. Nach Abstecken des ersten Meters wird die rote Marke auf der Holzleiste H_2 auf M eingestellt, bei M auf H_1, dann der 5-m-Stich gemacht, dann die drehbare Rolle W so lange gedreht, bis diese Marke zu M auf H_2 gelangt, bei M auf H_1 neuerlich markiert usw.

Dabei werden die Stücke gleichzeitig mit Signierfarbe numeriert. Bei Azetatseidenware ist zu beachten, daß zufolge des Azetongehaltes der Farbe an den beschrifteten Stellen ein Aufquellen der Azetatseide erfolgt. Läßt man nun nicht genügend austrocknen, so kleben die Schichten an der Warenrolle W, und zwar speziell die untersten, welche durch die über sie liegenden Warenlager sehr gepreßt werden, zusammen. Beim Aufziehen der Rohware auf den Stern werden dann die klebenden Stellen auseinandergerissen und es entstehen Löcher.

Abb. 255. Ameisengänge in Krepp.

Am besten ist es hier, ein Stück Papier zwischen Schrift und nächster Warenlage einzulegen.

Die vorliegenden Gewebearten zeigen bei glatter Kette scharf gedrehten Einschlag verschiedener Zwirnrichtung (S-, Z-Draht), dessen Fadenzahlen hinsichtlich seiner Zwirnung wechseln. Durch heiße, quellend wirkende Bäder erfolgt nun der Einsprung des Schusses und damit die Bildung des Kreppes, der auch zu einer Längsverkürzung (Längeneinsprung) der Ware führt. Wichtig ist a priori, daß Kreppartikel weder bei der Vorbehandlung noch beim Färben unter Spannung behandelt werden dürfen, da sonst das Kreppbild ungleichmäßig wird bzw. unter Umständen vollständig verschwindet.

Um einen gleichmäßigen Ausfall der Kreppung zu erreichen, sind, je nach Qualität, verschiedene Arbeitsgänge notwendig.

Ist die Ware wenig dicht gewebt, dann zeigen sich Längs- und Querfalten usw. gerne als sogenannte „Ameisengänge" oder „Würmer". Man kann einen derart „rissigen" Ausfall vermeiden, wenn man die Rohware gegen Papier oder Filz mit einem geeigneten Dessin heiß gaufriert. Dadurch werden die einzelnen Fäden an gewissen gleichmäßig verteilten Stellen sozusagen „arretiert" (Abb. 254). Die entsprechenden Kalander laufen mit zirka 300 bis 400 m pro Stunde. Der Kalanderdruck richtet sich nach der Warengattung. Er beträgt zirka 500 kg. So dürfen Crêpe-Satin-Gewebe nicht zu stark gepreßt werden, damit die Rückseite, die geprägt wird, sich nicht auf die Satinseite durchdrückt. Kalandert wird bei zirka 70° C. Die vorgaufrierte Ware wird dann gehaspelt (Buchform) und gelaugt. Für den Fall, daß die Rohware nicht gelaugt wird, wurde bereits eine Arbeitsweise erwähnt, bei welcher die Ware quintiert und gehaspelt wird. Bei diesem Prozeß haben die Bücher etwa eine Länge von 90 cm. Bei gaufrierter, aber auch nicht vorgepreßter Ware kann man auch einfach so arbeiten, daß man die Ware von der Rolle auf einen Holzrahmen aufwickelt (s. Abb. 252), der 100 cm breit ist. Das „Fünferln" erfolgt nach je fünf Umdrehungen.

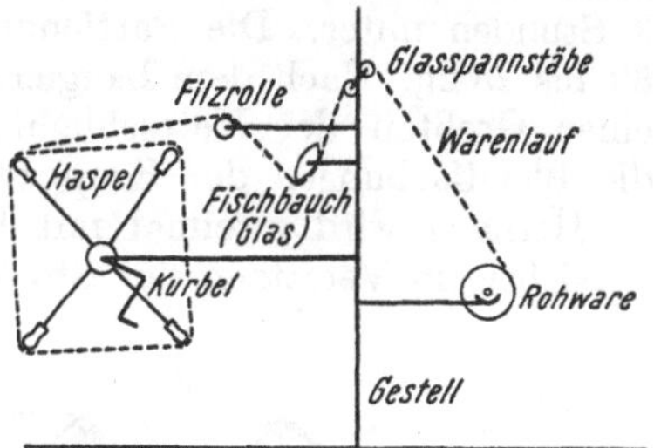

Abb. 256. Haspel zum Aufrollen in Buchform.

Vorgaufrierte oder nichtgaufrierte Ware (stärkere Qualitäten) an Crêpe de Chine oder Mongol kommen nun in gerollter Form (Buch) auf Vierkantstäben (Abb. 258) in das Laugenbad, wo sie durch Drehen der Stäbe gleichmäßig und rasch mit der Lauge getränkt werden sollen. Es ist hier vor allem wichtig, daß eine möglichst sofortige Benetzung mit der Lauge erfolgt, weshalb der Zusatz größerer Mengen wirksamer laugenbeständiger Kaltnetzer angeraten ist. Die Laugenbehandlung erfolgt auf Eisengeschirren mit seitlichen, breiten Holzborden, einer Eisenblechsiebwand und eines zum eventuellen Erwärmen dienenden, mittels Bajonettverschluß an ein Dampfzubringerrohr anzuschließendes Heizrohr. Der Gefäßablaß ist verschraubt, um Unglücksfälle zu vermeiden und befindet sich, frei zugänglich, an der der Dampfeintrittsstelle gegenüberliegenden Stirnseite der Eisenwanne (Abb. 257). Die Ware darf nicht zu dick hängen, sonst können Unterschiede im Krepp eintreten.

Gelaugt wird im allgemeinen bei Reyon mit Laugen von 3 bis 5° Bé (NaOH) kalt, bei manchen Geweben[99] mit Laugen von 0,5° Bé bei 50° C. Das Laugenbad enthält 1 g pro Liter Nekal BX (IG) bzw. Mercerol N5 (Sa) usw. Dabei wird vorsichtig verschoben. Man behandelt 15 bis 20 Minuten. Bei den schwachen Bädern steckt man auch 2 bis 3 Stunden unter. Die Partiengröße beträgt zirka 20 bis 25 Stück, das sind 60 bis 75 kg. Nach dem Laugieren wird das Laugenbad abgelassen. Es enthält einen Großteil der Kettschlichte, wenn keine Leinölschlichtung vorliegt und die Blendfärbungen der Kreppzwirne.

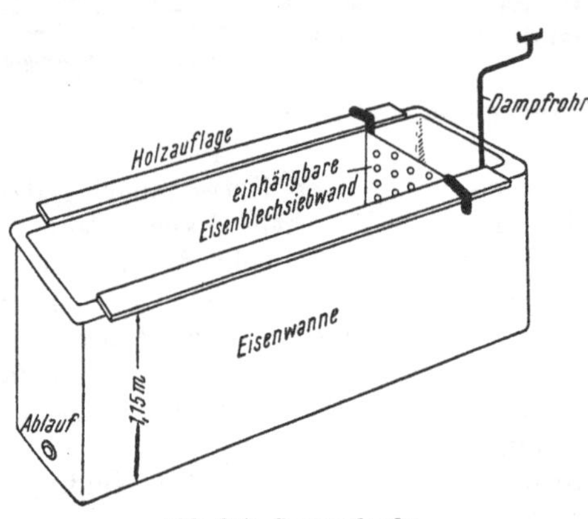

Abb. 257. Laugenbarke.

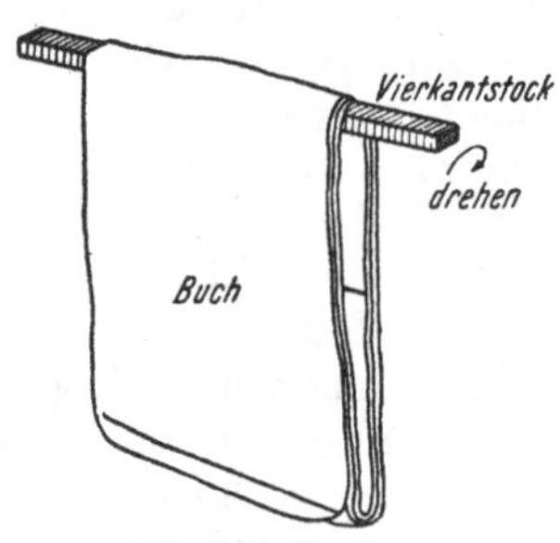

Abb. 258. Buch am Vierkantstab beim Kreppen.

Hernach wird zweimal mit kaltem Wasser gespült (je 30 Minuten unter vorsichtigem Versetzen der Stöcke). Die mit Lauge behandelte Ware befindet

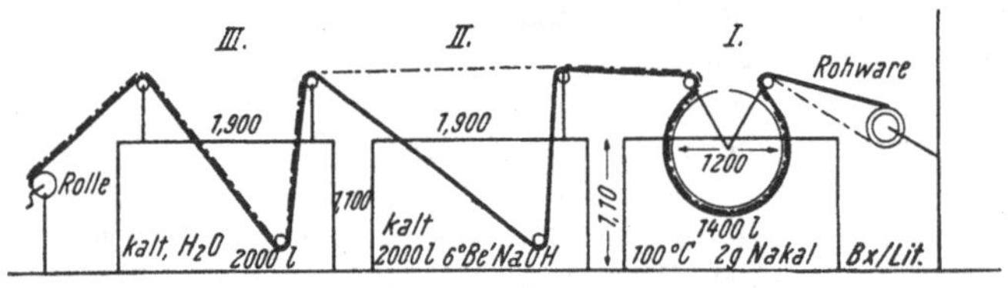

Abb. 259. Breitnetz- und Laugiereinrichtung.

sich in stark gequollenem Zustande. In diesem sind die Reyonfäden sehr empfindlich gegen Knickung und Faltenbildung. Es ist daher etwaiges Stapeln, Scheuern usw. sorgfältigst zu vermeiden. Manche Qualitäten (Crêpe Satins, Piqué), die sich schwer netzen, werden nach dem Gaufrieren oder ungaufriert vor dem Laugen oder Färben breit durch ein kochendes, ein Netzmittel enthaltendes Bad gezogen, dann sofort in kalte Lauge eingeführt und durch einen Spülbottich genommen. Die aufgerollte Ware muß, wenn gelaugt, sofort im Strang fertiggewaschen werden. Die Netzflotte in *I* muß kochend gehalten werden, da in

[99] Solchen mit Boyeux- (Leinöl-) Schlichten.

ihr bereits Kreppung eintritt. Anders besteht Gefahr, daß ein Nachkreppen in der Reinigungsbehandlung, die am Haspel erfolgt, vor sich geht (Abb. 259).

Man dreht langsam mit einer mittleren Geschwindigkeit von 1 m pro Minute von Hand aus. Dies bedingt zirka 3 Minuten Verweilzeit in der Netzmittelflotte und auch 3 Minuten Laugen- und 3 Minuten Spülzeit. Für zirka 2 Stück (mittlere Partiengröße) dauert die Behandlungszeit daher 1½ Stunden (pro Stück 50 Minuten). Nachher wird gespült und auf Seife und Fettlöser wie üblich am Haspel kochend gereinigt.

Die Einrichtung gibt leicht Längsfalten, die für empfindliche Qualitäten (gewisse Crêpe-Phosphor- oder Crêpe-Satin-Qualitäten) dann leicht in der Ware bleiben. Sie ist daher nur bei vorsichtiger Arbeitsweise von Nutzen.

Vorschläge, das Laugen nach dem Abkochen der Ware vorzunehmen, ergaben

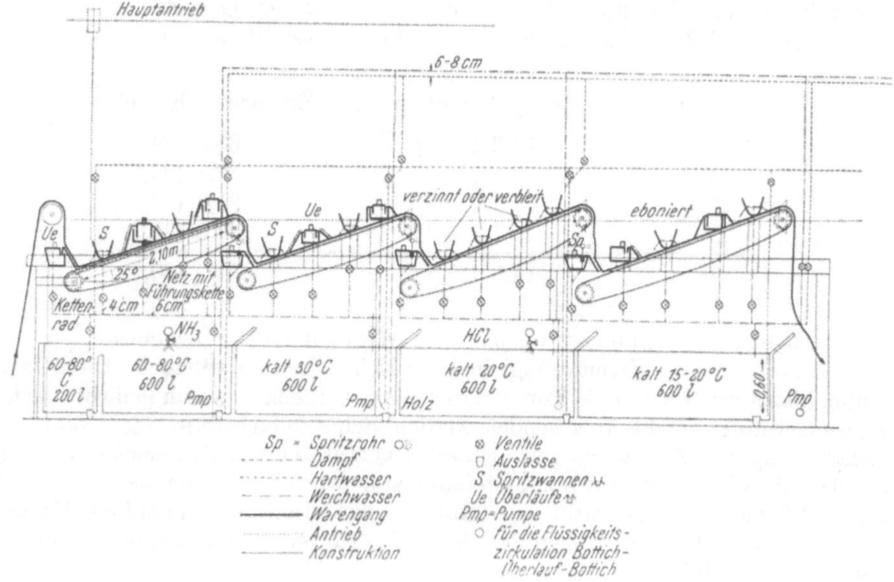

Abb. 260. Breitwäscher für Krepp.

grobe Kreppbildung, die recht unregelmäßig ist. Das Laugen vor dem Abkochbad bedingt einen dichteren, wesentlich feineren Krepp.

Nach dem Laugen wird auf Seife und Fettlöser abgekocht (3 g Seife und 1 g Fettlöser). Man geht bei zirka 50° C ein, hantiert nach Einziehen eines zweiten Stockes unter Versetzen zirka 30 Minuten und behandelt dann bei Kochtemperatur unter zeitweisem Versetzen und Umziehen. Bei dieser Behandlung kommt der durch das Laugen vorgebildete Krepp erst zur vollen Entwicklung. Es ist daher wichtig, im Verlaufe des Reinigens und Fertigkreppens eine Zeitlang kochend zu behandeln, da anders die Gefahr besteht, daß beim Färben eine Nachkreppung eintritt. Hierauf wird einmal warm, einmal kalt gewaschen und die Ware aufgeschlagen; von einer Rolle werden die Gewebe in einen Wagen abgerollt, die einzelnen Stücke mit den Enden zusammengenäht und auf der Breitwaschmaschine für Kreppgewebe (Abb. 260) gewaschen. Der Weichwasserverbrauch der Maschine pro Stunde beträgt 8400 Liter. 34 Stück laufen 60 Minuten. Der Wasserverbrauch entspricht also 245 Liter pro Stück oder im Durchschnitt *50 Liter* pro Kilogramm Ware. Breitwasch-Kontinue-Maschinen ähnlicher Art konstruierte z. B. die Firma Erkens und Brix[100]. Hernach wird am Haspel gefärbt.

Die empfindlichen Qualitäten (Borkenkrepp usw.) werden (ohne Vorprägung) am Sternreifen abgekocht, entschlichtet und gekreppt. Beim Aufziehen auf den Sternreifen ist darauf zu achten, daß das Aufhaken lose erfolgt, damit die Kreppbildung an der aufgehakten Stückseite durch Spannung des Gewebes nicht allzu stark gestört wird. Es empfiehlt sich, beim nachherigen Färben die Ware an der anderen Lisiere aufzuhaken, falls das Färben am Haspel nicht möglich ist oder nicht in derselben Aufhängung erfolgt, in der man kreppte.

Inwieweit schon rein webtechnisch das gute Aussehen eines Kreppgewebes bestimmt werden kann, führt NOORLANDER an Hand einer interessanten Versuchsreihe aus[101]. Er laugt und färbt Crêpe-de-Chine-Qualitäten mit verschiedener Schußzahl pro Zentimeter (21 bis 30) und bestimmt Einsprung und Aussehen der fertigen Ware. Am besten verhält sich das Gewebe mit 26 Faden pro Zentimeter im Schuß. Mit 30 Fäden ergibt sich ein flaches Gewebe. Es wird mit 3° Bé NaOH bei 25° C behandelt, dann gesäuert, gespült und bei 90° C gefärbt.

Schußzahl	Einsprung Schuß in %	Einsprung Kette in %
20	34,6 (33,8)	33,6 (24,7)
23	23,8 (27,7)	32,8 (23,5)
25	19,3 (19,2)	31,3 (24,1)
26	15,1 (15,7)	33,8 (32,7)
30	11,9 (11,1)	31,0 (30,9)

Die Zahlen in Klammern ( ) sind die Werte nach der Färbung.

Die Färbung der Waren erfolgt in allen Echtheiten, gewöhnliche Direktfarbstoffe, diazotiert (für dunkle Töne), ätzbar oder lichtecht. Kaum gefärbt werden Küpenfarbstoffe, nicht angewendet werden Schwefelfarbstoffe oder Naphtole. Gefärbt wird mit Ausnahme ganz schwerer Qualitäten am Ovalhaspel. Wichtig ist, daß die Ware nicht etwa heiß gefaltet aufgeworfen wird, da sie empfindlich gegen Brüche ist. Crêpe-Satin-Qualitäten werden, wenn man sie auf der Haspelkufe färbt, um Beschädigungen der Satinseite zu vermeiden, mit der Satinseite nach innen doubliert.

Das Entwässern der Kreppartikel darf nie in Zentrifugen geschehen. Entweder werden die Stücke breit gesaugt oder aber nach dem Färben aus dem Spülbad auf Holzrollen gerollt und in dieser Form breitgeschleudert (Rollenschleuder). Der Entwässerungseffekt ist zirka 120 bis 140%.

Die Abdeckung der Schlitze der Saugmaschine wird mittels eines Gummistreifens besorgt, der über eine Rolle läuft, auf dem Saugschlitz. Je nachdem man nun die Rolle nach links oder rechts zieht, deckt sie den Schlitz zu. Die Saugkraft entspricht bei einer mit Ware abgedeckten Maschine 4 bis 6 m Wassersäule.

Die Rollenschleuder ist die denkbar einfachste Maschine. Sie besteht aus einem Elektromotor, der direkt mit der Maschine gekuppelt ist. Die Maschine selbst gleicht einer Drehbank. Sie besitzt an der einen Seite ein Lager, durch welches die Welle des Motors respektive der Kupplung geht. Am Ende dieser Welle ist ein Einschraubkopf, ähnlich wie bei einer Drehbank. Das gegenüberliegende Lager hat ein kurzes Stück Welle, das ebenfalls einen Einschraubkopf

[100] Vgl. Melliand Textilber. **14**, 606 (1933).
[101] NOORLANDER: Rayon Revue **4**, Nr. 2, 39 (1950).

trägt. In diese beiden werden die Holzhülsen (deren beide Enden haben Kupfermanschetten) festgemacht. Der Motor wird in sehr kurzem Intervall auf 1000 bis 1200 Touren eingeschaltet. Das ausgeschleuderte Wasser spritzt gegen das darübergezogene Blech und fließt an demselben ab. Nach kaum 2 Minuten Drehzeit wird abgestellt, abgebremst und die Rolle herausgenommen. Eine Rolle braucht genau 4 Minuten zum Schleudern, das sind pro Stunde (es werden nur maximal 3 Stücke pro Rolle gemacht) 24 bis 45 Stücke, je nach Länge.

Folgende kurze Zusammenstellung einiger Färberezepturen möge die Färbeweisen, die hier in Frage kommen, illustrieren. (Für streifig färbende Viskose vgl. die Farbstoffauswahl S. 304). Es handelt sich um preislich niedrige Kombinationen.

Lachs: 10 Stück, 50,48 kg Ware, Mongol. Gefärbt auf der Haspelkufe mit Ovalhaspel, 2000 l Flotte bei 85° C.

0,050 kg Diphenylchrysoin 3G (Gy)
0,006 „ Diaminscharlach 4BS (IG)
6,000 „ Glaubersalz krist.

Man aviviert nach dem Spülen mit 10 l Weichöl (s. S. 583) und 1 l Ameisensäure (HCOOH) 6° Bé.

Dunkelbraun: 2 Stück, 10,12 kg Ware, Marocain. Haspelkufe, 600 l Flotte, 90° C.

0,75 kg	Toluylenorange N (IG)	0,500 kg	
		andere Färbung (ähnlich):	
0,35 „	Chloraminechtorange GS (Sa) *	0,325 kg	
0,35 „	Benzoechtscharlach 4BS (IG)	0,090 „	
0,55 „	Sambesischwarz D (IG)	0,175 „	
		0,6775 „	Benzodunkelbraun extra (IG)
0,75 „	Soda sicc.	10,000 „	Glaubersalz kalz.
3,00 „	Glaubersalz kalz.		

Aviviert wird mit 10 l Weichöl und 2 l HCOOH 6° Bé.

Gobelin: 4 Stück, 12,30 kg Ware, Crêpe de Chine, 600 l Flotte.

0,04 kg Brillantechtblau B (IG)
0,03 „ Diphenylblauschwarz B (Gy)
2,00 „ Glaubersalz kalz.

Aviviert mit 3 l Weichöl, 0,5 l HCOOH 6° Bé.

Marine: 10 Stück, 31,8 kg Ware, Crêpe de Chine, 1200 l Flotte.

1,40 kg Diphenylblauschwarz B (Gy)
0,30 „ Sambesischwarz D (IG)
0,20 „ Direktgrün G (IG)
6,00 „ Glaubersalz kalz.

Aviviert mit 5 l Öl und 1,5 l HCOOH 6° Bé.

Rot (Scharlach): 2 Stück, 10,34 kg Ware, Marocain, 600 l Flotte.

0,070 kg Direktechtscharlach SE (Ci)
0,036 „ Chloraminechtorange GS (Sa) jetzt SGEN
4,000 „ Glaubersalz kalz.

Violett: 5 Stück, 15,40 kg Ware, Crêpe de Chine, 600 l Flotte.

0,265 kg Azetopurpurin 1OB (IG)
0,025 „ Oxaminviolett XX (IG)
0,025 „ Brillantechtblau B (IG)
0,035 „ Diphenylblauschwarz B (Gy)
4,000 „ Glaubersalz kalz.

Avivage: 3 l Öl, 0,5 l Ameisensäure (HCOOH) 6° Bé.

* Jetzt Chloraminechtorange SGEN.

Abb. 261. *Borkenkrepp (Azetatreyon)*

Muster	Behandlungsart
	Rohware
	mit Längsspannung netzen 20 g Na_2CO_3/l 95° C E 18%, Breite 83 E = Einsprung in der Breite
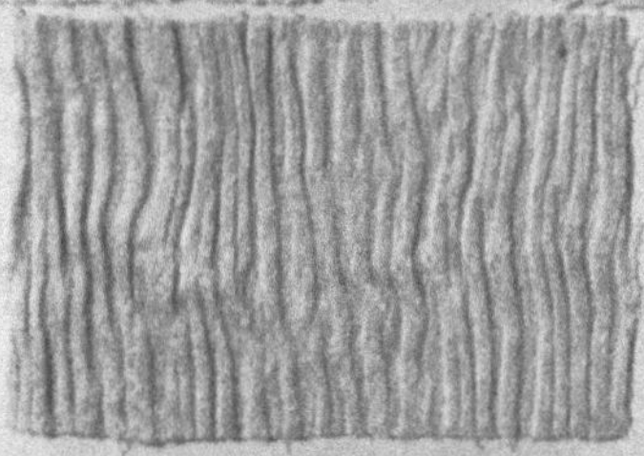	10 g Seife, 120 g NaCl/l 100° C. E 20%, Breite 80
	wie oben, dann dämpfen E 22%, Breite 78
	abgekocht in Buchform, links innen, rechts außen (verschieden starke Kreppbildung)

Schwarz:

Es wird auf stehenden Bädern mit 8% Kunstseidenschwarz GN (IG) im Ansatz gefärbt. Die Salzmenge wird mit 20% Glaubersalz kalz. bemessen. Bei stehendem Bade beträgt der Nachsatz 4% Schwarz und 4% Glaubersalz kalz. Das Bad ist eine Woche benützbar. Nach dieser Zeit liefert es rotstichige Ausfärbungen und wird daher abgelassen.

Schwarz für Weißätze: Frisches Bad, Flotte 1 : 25.
10% Cotonerol A extra (IG) bzw. Viscoschwarz NF extra (Sa) usw.
20% Glaubersalz kalz., 1% Soda sicc.

Marine (diazotiert): 2 Stück, 11,20 kg Ware, Crêpe de Chine, 600 l Flotte.
0,60 kg Diazaminblau BR (Sa)
4,00 „ Glaubersalz kalz.

Nach dem Färben spülen, dann ½ Stunde mit 0,3 kg Na-Nitrit ($NaNO_2$) und 3,6 l Salzsäure (HCl) 30% in kalter Flotte (600 l) behandeln, wobei vorteilhaft erst zirka 5 Minuten auf Nitrit allein laufengelassen wird; hierauf spült man mit schwach angesäuertem Kaltwasser (0,25 l HCl), dann zweimal kalt und entwickelt kalt mit 0,5 kg β-Naphtol, gelöst in 0,5 kg NaOH 40° Bé.

Marine: 4 Stück, 21,50 kg Ware, Crêpe de Chine, 600 l Flotte.
0,95 kg Diamineralblau CVB (IG)
0,15 „ Sambesischwarz D (IG)
0,05 „ Diamingrün G (IG)

Nach dem Spülen nachbehandelt mit 0,6 kg Chromkali und 0,2 kg Kupfervitriol sowie 0,8 l Essigsäure 30% bei 60° C, 30 Minuten. Hierauf gründlich spülen. Aviviert wird mit 6 l Öl und 0,75 l HCOOH 6° Bé.

Da die Färbungen in den meisten Fällen mit sulfuriertem Olivenöl und organischer Säure aviviert werden (eine Appretur der Gewebe findet nicht statt,) sind zur Vermeidung von Musterunstimmigkeiten avivierechte Direktfarbstoffe zu benützen oder die Muster vor dem Mustern durch ein Avivagebad zu ziehen. Falls das Weichmachen mit Textilhilfsmitteln erfolgt, entfällt diese Voraussetzung für die Farbstoffe.

Für den Gummierartikel werden Reyon-Crêpe-de-Chine-Qualitäten mit Cu-armen Diazotierungsfarbstoffen [„Typ 8015" (IG) bzw. „Vulco" (Sa) usw.] gefärbt[102]. Die Verwendung von diazotierbaren Produkten ist durch die verlangte Waschechtheit bedingt.

Zum Beispiel können folgende diazotierbare Farbstoffe des Direktfarbstoffsortiments der Sandoz A.-G. verwendet werden:

Diazamingelb 3 GLL (m-Phenylendiaminchlorhydrat)
Diazaminlichtbordo 2 BL (β-Naphtol)
Diazaminblau BR (β-Naphtol)
Diazamingrün GL (β-Naphtol)
Diazochloraminschwarz N (m-Phenylendiamin).

Die Färbungen besitzen eine mittlere Lichtechtheit von 4 bis 5, Wasserechtheit 4 bis 5 und sind heißvulkanisierecht (Heißluft 5). Ihre Färbungen bluten in der Trockenreinigung weder in Benzol, Benzin oder Trichloräthylen.

Tab. 16 und 17 zeigen eine Reihe interessierender, praktisch gangbarer Qualitäten, deren Vorbehandlungsart, Färbeweise usw. sowie die ebenfalls wichtigen durchschnittlich beobachteten Einsprungzahlen. (Vgl. Abb. 261, 262.)

[102] Kupfer ist bekanntlich ein Kautschukgift und bewirkt spontane Zersetzung und Klebrigwerden. Nach neuesten Untersuchungen ist für diese Wirkung nur in der Ware anwesendes ionisierbares Cu (Salze usw.) verantwortlich. Komplex gebundenes Cu schadet nicht. Man kann also derartige Waren mit Cu-Komplexfarbstoffen färben; ebenso giftig ist Mn.

Tab. 16. *Die Vorbehandlung und Färbung*

Qualität	Meter pro kg Ware	Rohware gaufrieren	Laugen	Abkochen
Crêpe de Chine 7449 .	14,0	ja	—	Buchform
Crêpe Satin S. E.	8,0	Rückseite einlaufen	unter Spannung netzen 5° Bé	Ring
Crêpe Marocain 473 .	12,7	ja	5° „	Buchform
Crêpe de Chine 1579 .	12,8	„	—	„
Crêpe Marocain 20110.	10,0	—	5° Bé	Ring
Crêpe de Chine B 3824	11,7	ja	5° „	Buchform
Crêpe Marocain 1782 ..	8,0	„	—	Ring
Crêpe Marocain 1411 ..	8,0	„	5° Bé	Buchform
Crêpe Satin 1481	11,2	Rückseite gaufrieren	5,5° Bé	Ring
Crêpe Marocain S.....	8,0	ja	—	Buchform
Crêpe Mongol 1354 ...	11,7	„	5,5° Bé	„
Crêpe de Chine 2222 ..	12,0	„	5,5° „	„
*Flamisolette 341	12,5	„	5° Bé	„
*Mooscrêpe 673	7,1	„	Spannung netzen 6° Bé	Ring
*Mooscrêpe 61/8.......	7,9	„	Spannung netzen 6° Bé	„
Flamisol 634	7,7	—	5° „	„
Crêpe de Chine	11,7	ja	5,5° Bé	Buchform

Tab. 17. *Die Vorbehandlung und Färbung*

Qualität	Meter pro kg Ware	Rohware gaufriert	Laugen	Abkochen
Crêpe Marocain 2438	8,88	ja	—	Ring
Crêpe Mongol 1424	11,6	„	5,5° Bé	Buchform
Crêpe Mongol 2414	13,0	„	5,5° „	„
**Flamisol 2379	6,5	—	—	Ring
Crêpe Phosphor 22771 ...	10,8	Rückseite einlaufen	—	„
Crêpe Herkules	16,6	ja	5° Bé	Buchform
Crêpe de Chine 10105	12,5	„	5,5° Bé	„
Crêpe de Chine W	11,6	„	—	„
Crêpe Marocain W	8,3	„	—	„
**Crêpe Piqué	9,4	—	Spannung netzen	—

* Spinnmatt.
** Kunstseide (Reyon) spinnmatt.

Streifig färbende Viskosekunstseideware (s. a. S. 304) kann unter Benützung besonderer Farbstoffmarken der Benzoviskose- (IG), Rigan- bzw. Riganlicht- (Ci), Visco- (Sa) usw. -Sortimente ausgefärbt werden. Es handelt sich dabei um Blau-, Grün- und Graumarken, da in diesen Farbtönen die Streifigkeit besonders zum Ausdruck kommt. Sie hat ihre Ursache in Affinitätsunterschieden des Materials, die wieder durch verschieden hohen Abbaugrad bedingt sind. Auch

verschiedener Reyonkreppqualitäten

Färben	Entwässern	Trocknen	Breite in cm	Längseinsprung in %	Anmerkungen
Haspelkufe	breit	Hänge	77/90*	16/16	
„	saugen	„	72/90	8/5	Satin ohne zu laugieren wird rissig
„	Rollenschleuder	„	80/88	28/15	
„	—	„	80/89	8/8	
„	„	„	86/95	8/8	
„	breit	„	84/90	17/10	
„	„	„	67/90	30/20	
„	„	„	76/90	9	
„	Breitschleuder	„	75/90	12/6	
„	„	„	91/98	10—12/8	
„	„	„	74/90	9	
„	Rollenschleuder	„	81/90	15/10	
„	Breitschleuder	„	64/70	17/152	
„	„	„	78/90	15	
„	„	„	78/90	15	
„	„	„	65/70	16	
„	Rollenschleuder	„	82/90	8	

verschiedener Reyonkreppqualitäten

Färben	Entwässern	Trocknen	Breite in cm	Längseinsprung in %	Anmerkungen
Haspelkufe	breit	Hänge	86	8—10	
„	Rollenschleuder	„	—	6—8	
„	„	„	64/70	6—8	
„	breit	„	59/88	—	
„	Rollenschleuder	„	60/70	8	
„	breit	„	49/70	19/10	
„	„	„	71/90	24/20	leicht rissig
„	Rollenschleuder	„	75/90	10/7	
„	„	„	70/79	15/10	
„	„	„	55/80	10	

* Erste Zahl: nach den Naßbehandlungen, zweite Zahl: fertig verlangt.

ein Schwefelgehalt der Fasern kann die Affinität der Direktfarbstoffe ändern (vgl. S. 304). Streifiges Aussehen kann auch durch optische Einflüsse, z. B. Glanzschüsse (S. 305) oder verschiedene Fibrillenzahl im Faden, bedingt sein. In diesen Fällen ist wenig Aussicht auf Behebung des Fehlers.

Öfters sind die Zwirne, die zur Herstellung der Kreppartikel Anwendung finden, spinnmattiert. Die Mattierung wird durch Zugabe von feinstvermahlenem

TiO_2 zur Spinnlösung erzeugt. Es ist bekannt, daß derartige TiO_2-Einlagerungen, insbesondere im nassen Zustand, die Lichtwirkung auf substantive Farbstoffe katalysieren und auch hochlichtechte Produkte in kürzester Zeit zum Ausbleichen bringen können. Bei manchen in dieser Weise spinnmattierten Reyonarten können unter Lichteinfluß auch weitgehende Faserschädigungen eintreten. Da diese Erscheinungen in großem Maße von der Art des Pigments, seiner Feinheit usw. abhängen und Einflüsse des Klimas, der Jahreszeit (Reichtum des Lichtes

Rohware.
(Man beachte die abwechselnden zwei Schußfäden Wollkrepp Rechts- und Linksdraht sowie die leinölgeschlichtete Azetatseidenkette.)

Gefärbte Ware.
Die Fixierung des Krepps erfolgt derart, daß die Temperatur nicht tiefer als die der Färbung sein darf.

Abb. 262. Crêpe Flamisol (Wolle-Azetatkunstseide).

an ultravioletten Strahlen) usw. eine Rolle spielen, ist es nicht möglich, etwa eine Reihe von substantiven Farbstoffen zu nennen, die immer und in jedem Fall auf mit TiO_2 mattierter Reyon die Lichtechtheit beibehalten. Man kann aber z. B. durch Behandlung (kalte Vorbehandlung) der Waren mit Chromsalzlösungen (2% Chromfluorid) oder Mangansalzen bzw. Melamin (vor dem Färben) in einer Anzahl von Fällen Verbesserungen erzielen bzw. die Erscheinung der Herabsetzung der Lichtechtheit im Verein mit dem Arbeiten mit speziellen substantiven Farbstoffen weitgehend mindern [vgl. DRP 618329 bzw. 621648 (ICI) bzw. DP 749388 (Sa) usw.].

Die IG gab als wenig beeinflußbar durch Titandioxydmattierung folgende lichtechte Direktfarbstoffe an: Siriusgelb 5G, Siriusorange F3G, Siriusscharlach B, Siriusrot 4B, Siriuskorinth B, Siriusgrün BL, Siriusviolett BL, Siriusbraun BRL, Siriusblau 6G, G, BBR, Siriuslichtgrau VGL. In minderer Echtheit: Chrysophenin G, Chloramingelb FF, Benzoechtorange S, Diamincatechin B, Diaminechtbraun G.

Nach Angabe der Ciba kommen in Frage als lichtechte Vertreter: Chlorantinlichtgelb 5GLL, -orange TGLL, T3RLL, -braun BRLL, -rot 5GLL, 6BLL, -violett 5BLL, -blau 3GLL, -4GL, -grün BLL, -grau RLN, 2BLN sowie minderecht: Baumwollgelb CH, Direktechtgelb FF, Direktechtorange WS, SE, Direktbrillantrosa G, Direktgrün GS, Rigangrau RL, Carbidschwarz S.

Einige entsprechende andere Produkte sind: Solarorange 4GA, Solarbraun PL, Solargrün BL, Solargrau 2BL usw. und in minderer Echtheit: Direktgelb CV, Chloraminechtgelb FF, Chloraminechtorange SE, Chloramingrün G, Chloraminschwarz F usw. (alle Sandoz).

Nicht bewährt haben sich unter anderem Pyrazolorange GH oder Solarflavin 2G, da der Orangefarbstoff rasch verbleicht, der gelbe Farbstoff wieder die Lichtechtheit von Kombinationen herabsetzt.

Mattkunstseidene Waren zeigen in dunkelblauen oder schwarzen Tönen Glanz. Diese (aus optischen Gründen auftretende) Erscheinung ist unkorrigierbar, es sei denn, man mattiert oberflächlich mit Pigmenten desselben Farbtones. In helleren Tönen ist darauf zu achten, daß kein „Verrinnen“ der Färbung eintritt, wenn sie lange aufgeschlagen liegt. (Migration des Farbstoffes beim Antrocknen von Gewebeteilen aus den umliegenden nassen Anteilen.) Kombinationen von Siriusgrün BL und -gelb neigen zufolge derartiger Migrationserscheinungen beim Trocknen in der Hänge usw. zur Aufteilung (Unegalität). In dieser Hinsicht verhalten sich z. B. Kombinationen aus Solarblau 5G und Gelb sehr gut.

Das Färben von Mattviskose in Futtertaffetqualitäten am Jigger bringt oft dunkle Deckenenden und ein erschwertes Mustern, da die Decken mehr Farbstoff aufnehmen als die Mattseide und dann ein Wandern des Farbstoffs eintritt. Am besten nimmt man Vorläufer aus ähnlichem Material und mustert zwei Stücke am Jigger in der Mitte an der Stücknaht. Ein Stück wird am besten am Rahmen gefärbt (eingebörtelt). Ein allzulanges Hängen am Rahmen ist wegen der Gefahr des Verlaufens der Färbung zu vermeiden. Das Mattieren im Stück kann in verschiedener Weise erfolgen. Angaben hierüber s. S. 584.

c) Das Färben von Krepp aus Kupferkunstseide

Bei Kreppgeweben aus Kupferkunstseide wird beim Kreppen mit höheren Laugenkonzentrationen gearbeitet. Abgekocht wird in Buchform. Beim Färben ist vorsichtig vorzugehen, da die Kunstseide rasch zieht. Man färbt am besten auf Seifenbädern. Ein Salzzusatz wird nur für dunkle Töne, die mit Igepon gefärbt werden, gegeben. Sternreifenfärbungen sind hier nur bei tieferen Tönen möglich. Helle Nuancen ergeben fast immer einen unegalen Ausfall, insbesondere wenn die Ware zu dicht gehakt ist.

Bemberg-Voile: Gelaugt 8^0 Bé, in Buchform abgekocht, gefärbt auf der Haspelkufe:

Schwarz: 2 Stück, 12,35 kg Ware, 600 l Flotte.
12,0% Diaminogen B (IG)
0,6 kg Nekal BX
4,0 „ Glaubersalz kalz. (nach ½ Stunde auf 2 Teile),
nach dem Färben wird diazotiert und entwickelt mit
0,8 kg Entwickler H (m-Toluylendiaminchlorhydrat).

Weinrot: 2 Stück, 12,50 kg Ware, 600 l Flotte.
Diazolichtbordo 5BL (IG) 0,6 kg Nekal BX
Diazobrillantscharlach BB extra (IG) 0,6 „ Soda sicc.
2,5 kg Glaubersalz kalz. (nach ½ Stunde färben in 2 Teilen [gelöst]), hernach wird diazotiert und entwickelt mit Entwickler A (β-Naphtol).

(Die Imitation des Tons mit z. B. Siriuskorinth 7B und Siriusscharlach B ist zu waschunecht!)

Bemberg Lavable, in Taffetbindung, wird am besten warm breit gelaugt, dann abgekocht und vorsichtig ohne Salz aufgefärbt.

d) Das Färben von Azetatkunstseiden- (Azetatreyon-) Krepp

Hier sind es vor allem Crêpe Hammerschlag und Borkenkreppartikel, seltener die anderen Krepparten, die vorliegen. Borkenkrepp und Crêpe Hammerschlag werden vor der Entschlichtung nicht geprägt. Dagegen erhalten die anderen Qualitäten eine Gaufrage mit entsprechendem Dessin. Der Kalanderdruck kann bis 2000 kg betragen, doch darf über 55° C nicht gearbeitet werden. Bereits bei dieser Temperatur beginnt Azetatreyon plastisch zu werden. Über 70° C erweicht sie und wird klebrig.

Durch verschiedene Maßnahmen hat man die Temperaturempfindlichkeit neuestens wesentlich herabgesetzt. Es empfiehlt sich jedoch, bei der Verarbeitung stets Proben anzustellen. Beim Abkochen ist darauf zu achten, daß heiße Flotten ein Mattwerden der Azetatkunstseide verursachen können. Dies kann auch in Abwesenheit von Alkalien eintreten. Es hat seinen Grund nicht in einer Verseifung der azetylierten Zellulose zu Zellulose, sondern in einer Oberflächenveränderung der Faser. Durch Quellung tritt eine feine Rißbildung der Fadenfläche ein, die das auffallende Licht dann diffus reflektiert.

Für die gewöhnlichen Kreppsorten wird in Buchform gelaugt, gewaschen und am Haspel abgekocht.

Borkenkrepp kann so nicht gekreppt werden, da er an den Außenteilen des Buches den Krepp, innen aber keinen zeigt. Sehr gute Erfolge erzielt man durch Netzen mit Spannung in Bädern, die neben 10 g Seife 120 g NaCl pro Liter enthalten, wobei man kochend (3 Minuten) durchzieht (Abb. 259, 261). Verstärkt kann der Effekt werden durch Dämpfen. Hernach wird am Haspel entschlichtet. Der Einsprung muß ein großer sein (20%), damit beim Spannen auf die richtige Breite die Längskreppung nicht verlorengeht. (Rohbreite 110 cm verlangt 90 cm, abgekocht 78 cm)[103].

Das Färben der Azetatreyon erfolgt mit einer eigenen Farbstoffgruppe, den Azetatseidenfarbstoffen. Entweder färbt man diese aus Dispersionen in Wasser direkt an oder man färbt und diazotiert und entwickelt die erhaltene Färbung. Die hierhergehörenden Vertreter werden von den Farbstofferzeugern unter den verschiedensten Bezeichnungen angeboten. Zu erwähnen sind die Celliton- und Cellitonechtfarbstoffe bzw. Cellitazole (IG) [saure Farbstoffe waren die Cellit- und Cellitechtfarbstoffe (IG)], die Artisildirekt- bzw. Artisildiazofarben (Sa) oder die Setacyl- bzw. Setacyldiazofarbstoffe (Gy) oder Cibacet- und Cibacetdiazofarbstoffe (Ci).

Als lösliche Azetatseidenfarbstoffe seien die Astrazone genannt, die besonders lebhafte Töne liefern, aber in die Klasse der basischen Produkte gehören. Die Färbung der Azetatreyon wurde bekanntlich nach Witt als feste Lösung des Farbstoffes in der Faser aufgefaßt. Erst in letzter Zeit ist diese Ansicht umstritten.

Die Lichtechtheitsverminderung der Färbungen der Azetatseidenfarbstoffe auf Azetatreyon, die mit Titandioxyd spinnmattiert ist, beträgt nach Untersuchungen von Boulton, J. Soc. Dyers Colourists, **67**, 413 (1951), 1 bis 2 Lichtechtheitsgrade. So ergaben sich z. B. bei den ICI-Marken bei Fadeometerbestimmungen folgende Werte (mattierte Azetatseide): Duranolrot 2B 6 (4), Duranolviolett 2R 5 (2 bis 3), Dispersolscharlach 2G 4 bis 5 (4), Dispersolechtgelb G 3 bis 4 (2 bis 3), Solacetechtscharlach BS 4 (2 bis 3), -brillantblau B 4 (3), -echtorange 2GKS 4 (3) usf.

Man kann Azetatkunstseidengewebe auch mit Ofnacetfarbstoffen (Naphtolchemie Offenbach) färben. Bei den Ofnacetfarbstoffen sind Naphtol und undiazotierte Base als wasserklare Pseudolösung vorhanden, die auch in dichtgeschlagene Gewebe leicht eindringen soll. Als Lösungsmittel fungiert ein aliphatisches Amin. Nach dem Imprägnieren wird kalt diazotiert und in einem Na-azetathaltigen Bad heiß entwickelt. Die Färbemethode ist besser und billiger als die in USA propagierte des Auffärbens von Naphtol und dispergierter Base mit Guanidinkarbonat, worauf diazotiert und entwickelt wird.

---

[103] Über das Kreppen von Azetatkunstseide s. a. Dyer **102**, 641 (1949).

Die Färbung von Azetatreyon mit Indigosolen erfolgt zur Vermeidung einer Faserverseifung in Anwesenheit von z. B. Phosphorsäure bei einem pH von 1,4 bis 2,5. Man arbeitet z. B. mit Bädern, die neben dem Farbstoff 1 bis 2% Rongalit C oder Hydrosulfit NF und 25 bis 50 g NaCl pro Liter enthalten. Wird mit Schwefelsäure gearbeitet, so verwendet man 0,5 bis 1 cm³ H_2SO_4 66° Bé.

Beim Abmustern von Azetatseidenfärbungen ist darauf zu achten, daß insbesondere rote und gelbe Marken oft phototrop sind, das heißt im Sonnenlicht im Ton (nach Rot) umschlagen. Dieser Umschlag geht erst im Dunkeln nach einiger Zeit zurück.

Beim Färben von Azetatreyonkrepp, welches durchwegs auf der Haspelkufe erfolgt, ist zu beachten, daß Azetatseide im Gegensatz zu Reyon wenig Wasser aufnimmt und auf der Flotte schwimmt. Dadurch entsteht die Gefahr von Knitterbildungen, insbesondere wenn man bei zu hoher Temperatur färbt und die Ware heiß in zu vielen heißen Lagen aufeinander zu liegen kommt. Gefärbt wird mit Dispersionsfarbstoffen im Seifenbad (2 bis 3 g Seife pro Liter mit 20 bis 50% Glaubersalz krist.) ohne Sodazusätze bei 60 bis 75° C. Nach dem Färben wird erst lauwarm, dann kalt gespült und beim Herausnehmen breit getafelt. Hernach wird gerollt und breitgeschleudert oder abgesaugt. Schließlich wird in der Hänge getrocknet. Beim Trocknen ist darauf zu achten, daß zu hohe Temperaturen vermieden werden (Sublimation). Für Marineblau- oder Schwarz-Färbungen sind Cellitonechtschwarz B oder Cellitonechtmarineblau (IG) zu empfehlen, da die Färbungen bei künstlichem Licht nicht braun bzw. violett aussehen, sondern die Nuance beibehalten.

In Anwesenheit von Quellmitteln (neuerdings Tetrahydrofuran) läßt sich die Faser auch mit sauren oder direkten Farbstoffen kolorieren (Marchington-USA-Patente bzw. „DYTRON"-Prozeß). Praktische Erfahrungen hierüber liegen derzeit noch nicht vor.

Eine wichtige Frage ist die Verhütung des Gas-Fadings von insbesondere mit blauen Anthrachinonderivaten gefärbten Azetatseiden. Nach Untersuchungen von MONROE-COUPER [Text. Res. J. 21, 720 (1951)] ist das Gas-Fading von Azetatreyonfärbungen ein dem Ausbleichen am Licht sehr ähnlicher, wenn nicht gleichzustellender Vorgang. Rauchgase, die SO_2 enthalten, bewirken eine starke Tonänderung und ein Verbleichen von Färbungen. Eine Unzahl von Vorschlägen befaßt sich mit der Nachbehandlung von Färbungen zur Verhütung dieser Erscheinung. Es werden Melamin, Phenylbiguanide und neuerdings organische Amine empfohlen[104]. Die BASF bringt zu diesem Zweck jüngst den Gas-Fading-Verhinderer „GF-Inhibitor" in den Handel. Man kann ihn bereits in Mengen von 1 bis 3 g pro Liter dem Färbebad zusetzen, wobei man als Dispergiermittel jeweils die gleiche Menge Nekanil AC benützt. Färbt man am Jigger, so empfiehlt sich der Zusatz auf zweimal, wegen des kurzen Flottenverhältnisses. Seife im Färbebad beeinträchtigt die Wirkung des Mittels. In solchen Fällen, sowie auch bei der Benützung von Cellitonechtviolett 6B kommt eine Nachbehandlung der Färbung in Frage, die man mit 1 bis 3 g pro Liter durchführt, wobei man erst bei 40° C arbeitet und die Temperatur langsam auf 75 bis 85° C steigert. Bei der Nachbehandlung ist es natürlich möglich, daß sich eine geringe Tonverschiebung oder ein geringes Abgehen des Farbstoffes ins Behandlungsbad einstellt. Man soll daher, was sich auch kalkulatorisch empfiehlt, möglichst einbadig arbeiten. Im nachstehenden folgen einige Rezepte aus der Praxis.

---

[104] WEBER, F. und A. MARTINA: Die neuzeitlichen Textilveredlungs-Verfahren der Kunstfasern. Wien: Springer-Verlag, 1951, S. 281.

Dunkelgrün: 15,2 kg, 2 Stück, Azetatreyon, matt, 600 l.
0,500 kg Gardinol CA (Fettalkoholsulfat)
8,000 „ Glaubersalz krist.
0,003 „ Seife pro Liter
0,500 „ Setacyldirektblau 2 GS konz. (Gy)
0,190 „ Cibacetgelb GN pulv. (Ci)
0,015 „ Cibacetorange RR (Ci)

Handwarm eingehen, auf 70° C treiben und 1 Stunde färben.

Braun: 5,35 kg, 1 Stück wie oben, 600 l.
0,25 kg Gardinol CA, 14 l Seifenlösung (30 g pro Liter), 4 kg Glaubersalz kalz.
0,17 „ Cibacetrot 3B pulv. (Ci)
0,12 „ Cibacetorange RR (Ci)
0,06 „ Setacyldirektblau 2GS konz. (Gy)

Schwarz: 20 kg, 3 Stück, 800 l.
1,50 kg Gardinol CA, 12 kg Glaubersalz kalz.
4,50 „ Cibacetschwarz BN grünlich (Ci)
0,07 „ Cibacetrot 3B pulv. (Ci)
0,06 „ Cibacetorange RR (Ci)

Schwarz: Diazotiert: 5,4 kg, 500 l Flotte.
8% Cellitazol STN (IG)
2% Cellitonechtgelb G (IG)
0,003 kg Seife pro Liter
0,500 „ Peregal O (IG)
20% Glaubersalz kalz.

Man färbt 1 Stunde bei 75° C. Dann wird gespült und kalt diazotiert mit
4,000 kg Na-Nitrit ($NaNO_2$)
8,000 „ Salzsäure (HCl) 30%

30 Minuten behandeln, dann kalt spülen und mit
4% Entwickler ON (IG)

gelöst in NaOH, hernach mit Essigsäure angesäuert, kalt 30 Minuten entwickelt.

Oder 20 kg Ware: 7% Cibacetdiazoschwarz (Ci)
5% Cibacetgelb CN (Ci).

Man geht bei 40° C ein, wärmt zweimal auf 80° C auf. Das Bad wird mit 1,5 kg Seife und 0,25 g Invadin C (Ci) auf 1400 l bestellt. Nach 1 Stunde wird kalt gespült, dann mit 5,5 kg $NaNO_2$ und 7,5 kg HCl 30% 10 Minuten (kurz), rasch spülen und mit 2800 kg β-Oxynaphtoesäure und 1,4 l Ammoniak (NH_3) 30% (Bad neutral, Lackmusprobe) in 1400 l bei 40° C 10 Minuten entwickelt.

Dabei ist auf gutes Spülen zu achten. Auch darf nicht zuviel sulfoniertes Öl usw. zum Färben genommen werden, da sonst leicht ein reibunechter Ausfall erzielt wird. Am besten färbt man unter Zusatz von Peregal O (IG), Liovatin E (Sa) usw.

Abreibende Stücke werden durch Behandlung mit Igepon T (1 g pro Liter) und NH_3 30% (2 l pro 500 l Flotte) bei 70° C verbessert.

Man kann auch Artisildiazoschwarz PGK (Sa), entwickelt mit β-Oxynaphtoesäure usw., verwenden.

Rot: 5,40 kg, 1 Stück, 600 l, 0,5 kg Gardinol, 10 l Seifenlösung (30 g pro Liter),
5,000 kg Na_2SO_4
0,105 „ Cibacetrot 3B pulv. (Ci)
0,030 „ Cibacetorange RR (Ci)

Für Couleuren empfehlen sich auch:

(Sa) Artisildirektgelb GP, GN,
Artisildirektorange RR,
Artisildirektrot GP, 3BP,
Artisildirektviolett 2RP,
Artisildirektblau SAP, BRP, GG oder GNP, letztere beiden bringen eine gute Abendfarbe. Derzeit ist das Artisildirektblau GFL das gegen „Gas-Fading“ resistenteste am Markt befindliche Blau.

Das Abziehen von Azetatkunstseidenfärbungen, das mit Seife allein oft schlecht möglich ist, kann mit Bädern erfolgen, die 2 g Aktivkohle und 5 g Seife pro Liter enthalten. Man arbeitet bei 85° C und setzt, um ein Absetzen der Kohle am Gewebe zu verhindern, etwas Gelatine (0,1 bis 0,5 g/l) zu [Melliand Textilber. **13**, 26 (1932)].

Für den Gummierartikel werden z. B. von (Gy) folgende Farbstoffe empfohlen:
Setacyldirektblau GR, 2GS, RS,
Setacyldirektrot BN, GN, GBN,
Setacyldirektscharlach G,
Setacyldirektviolett B,
Setacylgelb R, RR.

Die kontinuierliche Färbung von Azetatkunstseide mit sauren Farbstoffen unter Zusatz von Quellmitteln bzw. organischen Säuren gibt meist nur wenig befriedigende Resultate. Untersucht wurden Tuchechtgelb 2GC (CI 642), Brillantsäureflavin FF extra (Pr 224), Echtrot A (CI 178), Brillantalizarinechtblau B, Tuchechtblau GN conc. (CI 288), Tuchechtorange G, Benzylechtblau GL (CI 833), Kitonbrillantrot B (CI 748); Marchington-Verfahren.

Weißätzbare Azetatseidenfarbstoffe der ICI sind:
Durazolgelb 4 GS, -orange RS, -braun BR 150, -rot 2B150, -helio B200, -blau 4R200, 2R200, -G200, 2GN200, 4GS, -grün 6BN, B, 4G, -grau N150, RGS, B125.

6. Das Färben von Stückware aus vollsynthetischen Fäden bzw. Garnen[105]

a) Die Färbung von Geweben aus Polyamidfasern

Gegenwärtig kommen in großem Maßstabe nur Gewebe aus Polyamidfasern zur Färbung. Gleichgültig, ob es sich um Fasern aus Nylon (Du Pont) (dem Polykondensat aus Hexamethylendiamin und Adipinsäure, auch Nylon 66 genannt) handelt oder Perlon (Bayer) [Polykondensat aus ε-Caprolaktam, auch als Grilon (Schweiz), Enkalon (Niederlande), Mirlon (Schweiz), Silon (Tschechoslowakei), Steelon (Polen), Kapron (UdSSR), Phrilon (Phrix, Deutschland), Amilan (Japan) bzw. Nylon 6 (USA) usw. im Handel] vorliegt, muß die Faser vorgereinigt und fixiert werden („presetting"). Rilsan (Frankreich) = Nylon 11 wird aus Undecylensäure, die wieder aus Rizinusöl hergestellt wird, erzeugt.

Das Vorreinigen erfolgt nach verschiedenen Vorschlägen, z. B. mit Hostapal C [Hoechst= Igepal C (IG)] usw. bei 60 bis 70° C. Nylon hält Fettstoffe hartnäckig zurück. Dieser Umstand ist bei der Vorreinigung zu beachten. Hernach wird getrocknet und auf Nadelrahmen trocken (Infrarotstrahler oder Gasheizung) bzw. mit Dampf auf zirka 120° C erhitzt. (Turboanlage der Turbo Machine Co., Lansdale, Dungler-Konstruktion von Montforts, Gladbach usw.) Erstere Methode liefert weichere, dünnere, weniger farbstoffaffine Gewebe, letztere vollere, härtere Ware. Das Behandeln mit Dampf ist für Stückware nicht leicht gleichmäßig durchzuführen und auch nicht kontinuierlich vorzunehmen.

Weniger intensiv ist die Fixierung mit Heißwasser am Brennbock oder am Jigger. Auch das Überhitzen von Stückware mittels erhitzten Hohlzylindern (deren Füllung z. B. aus Diphenyl, KP 258° C besteht) wird geübt.

---

[105] Vgl. MEUNIER: Amer. Dyestuff Reporter **40**, P 51 (1951). Textile Manufacturer **77**, 452 (1951). AATCC, Rhode Island Section, Amer. Dyestuff Reporter **40**, P 14 (1951). WITTWER: Ciba-Rundschau **98**, 3611 (1951). HEES: Melliand Textilber. **32**, 215 (1951). SCHLEICHER: Melliand Textilber. **32**, 779 (1951). ETCHELLS: Amer. Dyestuff Reporter **40**, P 598 (1951).

Nach FOURNÉ ist die Heißluftbehandlung von Perlon L am besten bei 190° C, die Sattdampfbehandlung bei 132° C und 2 bis 3 atü am wirksamsten. Bei der Fixierung erleidet Perlon L durch den Luftsauerstoff über 150° C Einbuße an Festigkeit und Dehnung [FOURNÉ]; Melliand Textilber. **33**, 639 (1952).

Die optimalen Fixierungstemperaturen liegen nach FOURNÉ bei:

	in Wasser	im Sattdampf	in Heißluft	Temperaturgrenze der Hitzefixierung nach Verlassen der heißen Zone („Einfrieren der Fixierung")
Perlon L	105°	130°	190°	65°
Nylon	98°	131°	225°	82°
Orlon		134°	203°	90°
Dacron		126°	234°	85°

Bei der Sattdampffixierung von Faserwickeln ist oft das Innere nicht genügend fixiert, daher wickelt man auf perforierte Zylinder, um dem Dampf den Zutritt von beiden Seiten zu ermöglichen und entlüftet vorher. Um eine Oberflächenkondensation des Dampfes, die der Faser andere Eigenschaften, auch färberischer Art, verleiht, zu vermeiden, bringt man auf die Dampftemperatur.

Salglish & Sons in Glasgow, Großbritannien, bauen einen Hochtemperaturspannrahmen für Nylongewebe, welcher auch für Trikotagen verwendbar ist, da ihm ein Kantenaufroller vorgeschaltet ist. Das Gewebe bzw. Gewirke wird von in einer gasgeheizten Luftkammer erhitztem Luft-Verbrennungsgas-Gemisch bestrichen, welches durch Schlitze an beide Gewebeseiten herangeführt wird. Die erreichbaren Temperaturen betragen 205 bis 230° C, die Einwirkungsdauer bis 20 Sekunden. Die Gewebe werden nachher auf 65° C abgekühlt. Die Anlage ist 6 m lang und läuft mit einer Geschwindigkeit von etwa 10 m pro Minute.

Fixieren kann man ferner am geschlossenen Jigger oder auf der Rolle (bei 100° C) mit Wasser, auf Heißluftanlagen von Haas, Lennep (Deutschland), auf Rahmenanlagen von Spooner, Proctor & Schwarz sowie aufgerollt in Vakuumgefäßen mittels Heißdampfdurchsaugung in Konstruktionen von Sanderson & Co. Das „Hot-Roll"-System, in den USA sehr gebräuchlich, führt die Gewebe über hocherhitzte Zylinder (Nat. Drying Machine Co.) oder bläst Heißluft auf an der Unterseite über erhitzte Zylinder geführte Gewebebahnen (Morrison-Machine Co., bzw. Bellfour-Hagen).

Nach dieser Fixierungsaktion kann das Material gefärbt werden, wobei dicht bei 100° C, meist in breitem Zustand, am Jigger geschlossener Bauart, um Knittern usw. zu vermeiden, gearbeitet wird.

Bei Verwendung der, gute Lichtechtheit aufweisenden, sauren Farbstoffe, die aus schwachsauren Lösungen auffärbten, zeigen sich leider schon kleine Streckungsunterschiede bei der Faserherstellung in Form verschiedener starker Anfärbung, so daß kett- oder schußstreifige (Barré-Effekte zeigende) Gewebe entstehen. Außerdem ist beim Färben mit Säurefarbstoffen eine besonders gute Auswahl derselben zu treffen, da sich insbesondere Nylon nur in hellen bis mittleren Tönen anfärben läßt (die Anzahl der den sauren Farbstoff bindenden Aminogruppen ist gering) und noch den als „blocking" bekannten Effekt zeigt. Bei letzterem blockiert nämlich unter Umständen ein Farbstoff einer Kombination die freien Aminogruppen, färbt also auf, während die anderen Komponenten im Bad verbleiben. Dies ist z. B. der Fall, wenn man etwa eine Mischung von Anthralangelb G und Anthralanblau G (IG) färbt; es wird nur letzteres aufgenommen. Will man einen Grünton erzeugen, so muß mit Anthralangelb GG und dem Blau gefärbt werden. Vielfach geben die sauren Farbstoffe auf Nylon zu Egalisierungsschwierigkeiten Anlaß. Man soll diese beheben können, wenn man den Bädern $MgSO_4$ zusetzt (Du Pont)[106].

Im allgemeinen bestehen zwischen dem Du Pontschen Nylon und der aus ε-Caprolactam hergestellten Perlonfaser usw. wesentliche Unterschiede. Vor allem färbt sich Perlon viel leichter als Nylon, insbesondere ist es wesentlich einfacher, auch dunklere Töne auf ihm zu erzielen. Allerdings ist die Faser hitze- und säureempfindlicher als Nylon, schmilzt sie doch schon bei 205 bis 215° C gegenüber 235 bis 255° C bei Nylon.

Die chemische Resistenz von Nylon wird von Du Pont wie folgt angegeben:

Quellmittel sind: 100% CH_3COOH, 20% HCOOH, 2% CH_3COOH in CH_3OH, 20% $ClCH_2COOH$, 100% Milchsäure, Benzoesäurelösung konz. in Wasser, 2% Benzoesäure in Methanol, 2% Adipinsäure in Methanol, gesättigte CH_3OH-Borsäurelösung, 20% H_3PO_4 in Wasser oder CH_3OH, 2% Phenol in Wasser, 2% Metakresol in Wasser, 2% Metakresol in CH_3OH, 100% Glykol, 20% Chloral in Wasser, LiBr in Methanol, gesättigte Lösungen von Anilin in Wasser oder von $ZnCl_2$ in Wasser, 100% Äthylenchlorhydrin.

Lösungsmittel bei Raumtemperatur: HCOOH konz. (3% HCOOH zeigt keine Einwirkung), Phenol, Kresol, chlorierte Phenole, Xylole, $CaCl_2$ in Methanol, kochender Benzylalkohol, eine heiße Lösung von $CaCl_2$ in Eisessig, ebenso eine heiße Lösung von $ZnCl_2$ in CH_3OH, HNO_3 konz., H_2SO_4 konz., HCl konz.

3%ige Säuren obiger Art, bei Raumtemperatur angewendet, verursachen einen 20%igen Stärkeverlust in 2 Stunden. Auch kleinere Mengen schädigen, ebenso 3% Oxalsäure.

Ohne Effekt sind: Aldehyde, Alkohole, Alkali, Äther, Lösungsmittel für die Trockenreinigung, chlorierte Kohlenwasserstoffe, Ketene, Seifen, Wasser.

NaOH 10% bei 75° C 16 Stunden.
KOH 10% bei 65° C 3 Stunden.
Na_2CO_3 10% bei 20° C 2 Monate.
3 Stunden Kochen mit 3% HCOOH.
3 Stunden Kochen mit 3% CH_3COOH.

Zum Färben der Polyamidfaser bringen die einzelnen Farbstofferzeuger eigene Farbstoffsortimente (meist Auswahlen ihrer Säurefarbstoffe) heraus, z. B. die Telonecht- und Telonlichtfarbstoffe (Bayer), die Lanaperl-Reihe von Hoechst bzw. die Perlaminfarbstoffe (Cassella) oder die Perlitonfarbstoffe (BASF), letztere allerdings Azetatseidenfarbstoffe sowie die Colorants nyloquinones (Francolor).

Auch die Neolanreihe (Ci) bzw. die Palatinechtfarbstoffe (BASF) eignen sich außerordentlich gut. Die geeigneten Neolane und Säurefarbstoffe werden von der Ciba im „Neonyl"-Sortiment empfohlen.

Für die saure Färbung von Polyamiden empfiehlt Sandoz seine Xylenecht-P-Reihe mit folgenden Produkten: Xylenechtgelb P, Xylenechtrot P, Xylenechtbordo P, Xylenechtblau P, P2G, PR und Xylenechtgrau P. Davon entsprechen die Blaumarken PR dem Brillantalizarinreinblau BS und die Marke P2G dem Brillantalizarinreinblau 2GS, die Graumarke scheint mit Alizarinlichtgrau G identisch.

Du Pont bringt für neutrale oder schwachsaure Färbungen nun seine „Neutracyl"-Farbstoffe, jetzt „Capracyle". Die saure Färbung erfolgt meist mit organischer Säure; wird mit den Chromkomplexen gearbeitet (Neolan-, Palatin-

[106] Techn. Bull. 5, 35 (1949).

echtfarben), dann wird nur mit wenig Ameisensäure und Neolansalz P (Ci) bzw. Palatinechtsalz O (BASF) gearbeitet. Vor dem Trocknen muß, um eine Säureschädigung der Faser hintanzuhalten, dem letzten Spülbad Na-Azetat beigegeben werden.

Echtheit der Färbungen kann durch Nachbehandeln der Färbung mit Tannin-Weinsteinsäure verbessert werden.

Die Färbung von Nylon mit den Capracyl-Farbstoffen kann nach dem Hyperthermalized-Prozeß der Dean & Sherk Co. erfolgen, wobei das Färbebad 1% Duponol LS-Flocken enthält und man unter Druck und Zirkulation bei 120° C arbeitet.

Mit 2% vom Warengewicht ergeben folgende Vertreter des Du Pont-Sortiments tiefe Töne:

Capracyl Yellow N, 3RD, - Orange R, - Brown RD, - Red B, - Violet R, -Blue G.

Man kann sie in saurem Milieu leicht abziehen. Die Färbungen sind reib-, wasch- und lichtecht.

Von den Capracylfarbstoffen (Du Pont), neutral auf Wolle und Nylon ziehenden Produkten, werden derzeit angeboten: Capracylgelb 3RD, NW, -orange R, -rot BB, B, -blau G, -braun RD, -schwarz N. Das Braun liefert eine taupe Tönung, die anderen Farbstoffe ergeben jedoch bereits bei Verwendung von 1% verhältnismäßig tiefe Töne auf Nylon. Schwarz wird 10%ig gefärbt. Gewebe aus Nylonstapel ziehen schon bei 70 bis 100° C, während solche aus „filament" (endlosen Fäden) bei 85 bis 100° C zu färben sind. Nach Untersuchungen von F. Gasser handelt es sich um Chromkomplexe.

Die Ciba empfiehlt für saure Kombinationen Kitonechtgelb 3G, Kitonlichtrot BGLE und Alizarinsaphirblau G, eventuell noch Kitonechtorange G und Kitonlichtorange 4BLN.

Aus ammonazetathaltigen Bädern sollen gefärbt werden: Tuchechtgelb 2G, Tuchechtorange G, Tuchechtrot GR, Tuchechtbraun 5R, Tuchechtblau B, Tuchechtschwarz B sowie Fullacidgelb R, Alizarinlichtviolett R, Benzylechtblau BL, Alizarinechtblau BB, Alizarinechtgrün 2B, G bzw. Alizarinechtgrau G (alle Ci).

Aus neutralen oder ammonazetathaltigen Bädern färbt man auch mit den neuen Cibalanen, Irgalanen, Lanasyn- bzw. Vialonechtfarbstoffen.

Auch die mit organischen Säuren gefärbten Polyamid-, insbesondere Perlongewebe müssen bestens gespült werden, da sonst beim Trocknen an den Phasengrenzflächen eine Spurenanreicherung stattfindet und Faserschädigung eintreten kann. Die Perlonfaser ist nämlich empfindlicher gegen Säure, mehr als dies bei der Nylonfaser festgestellt wurde.

Dunkle Töne sind auf Polyamidfasern mit Nachchromierungsfarbstoffen zu erzielen. Geeignete Vertreter sind z. B. im Telonchromsortiment (Bayer) vereinigt. Die Egalisierung dieser Farbstoffe ist sehr schlecht, weshalb man unter Zusatz von die Egalisierung fördernden Mitteln färbt. Man arbeitet zuerst in Ammonazetatbädern und setzt erst gegen Ende des in geschlossenen Apparaten dicht bei Kochtemperatur vorgenommenen Färbeprozesses 4% Ameisensäure 85% zum Ausziehen des Bades zu. Nach weiterem Kochen (20 Minuten) erfolgt die Zugabe von 2% Kaliumbichromat, womit man 30 Minuten behandelt. Hierauf spült man und zerstört die auf der Faser etwa vorhandenen Chromreste durch eine 20 bis 30 Minuten dauernde Nachbehandlung mit Thiosulfat bei 70° C. Bei dieser Färbeweise sind nur leicht chromierte Farbstoffe zu wählen; man erhält oft abweichende Töne. Beim Chromieren ist eine Reduktion des Chroms des Bichromates in das dreiwertige Cr notwendig, wobei bei der Wollfärbung Wollanteile selbst als Reduktionsmittel dienen. Dies ist bei Nylon nicht der Fall.

Man soll daher länger chromieren und insbesondere bei Grau- und Blautönen gegebenenfalls Reduktionsmittel beigeben. Vielfach erzielt man gute Erfolge, wenn man die Ware nachdämpft[107].

Als leicht chromierbare Farbstoffe werden von der Ciba angegeben: Chromechtgelb O, Chromechtrot G, B, Chromechtbraun TV, EB, Naphtochromviolett R, Naphtochromcyanin RF, Chromechtreinblau B, Naphtochromgrün G, Pottingchromschwarz CL.

Beim Färben von Nylonstückware am Jigger muß darauf geachtet werden, daß die Farbstoffe oft so rasch ziehen, daß Anfang und Ende des Stückes verschiedene Tiefe besitzen und diese Unegalität sich nicht ausgleicht. Man färbe daher kurze Stücke, das heißt, nicht zuviel Ware auf einmal.

Für Kombinationen werden von den chromhaltigen Farbstoffen, z. B. Palatinechtgelb GRN, Palatinechtbraun GGN, Palatinechtviolett 3RN, Palatinechtrot BEN und Palatinechtblau GGN empfohlen. Man färbt mit etwa 3% Ameisensäure konz., geht bei 30 bis 40° C ein und treibt zum Kochen. Es wird 1½ Stunden gekocht. Zum Egalisieren wird Palatinechtsalz O zugegeben. Eventuell kann das Aufziehen der Farbstoffe noch mit Katanol WL gebremst werden.

In durchaus gleicher Weise wird mit den Neolanen bzw. Neonylfarbstoffen (Ci) gearbeitet. Nach Müller arbeitet man bei Perlon L mit Ameisensäure statt Schwefelsäure wegen der Faserschädigung.

Über das Kontinuefärben von Nylonstückware liegen eingehende Untersuchungsreihen betriebstechnischer Art vor[108]. Man klotzte die Gewebe mit Farbstofflösungen (mit 1,5%, eventuell 2% Ameisensäure 85%) bei 50 bis 74° C, quetschte auf 30% Flottenaufnahme an und dämpfte dann 14 bis 15 Sekunden bei 102° C.

Es wurde eine große Anzahl Farbstoffe untersucht.

Bei dieser Arbeitsweise trat kein „Blockieren" und kein Barré-Effekt ein.

Die Telonechtfarbstoffe (Bayer) werden mit 3 bis 5% Ammonazetat und 2% Igepon T gefärbt. Sie egalisieren schlecht, am besten noch Telonechtrot ER, Telonechtblau ES, Telonechtgrün EB, Telonechtgrau L. Für Modetöne kombiniert man Telonechtgelb SN, Telonechtrot GN und Telonechtgrau L.

Telonlichtfarbstoffe (Bayer) werden mit 2 bis 5% Essigsäure 30% und 2% Igepon T gefärbt, wobei man bei 30 bis 40° C eingeht und möglichst dicht bei Kochtemperatur färbt.

Bayer bringt Telonlichtgelb G, -rot G, -blau RR, -braun GR, -dunkelblau R und -schwarz R in Vorschlag bzw. nennt Telonechtmarineblau R, G und -schwarz A bzw. S für Marine- und Schwarztöne.

Als Modekombination wird empfohlen: Telonlichtgelb G, Telonlichtrot G und Telonlichtblau RR, für Grau Telonechtgrau L nuanciert mit Telonlichtgelb G oder Telonlichtrot G.

Das Färben von Nylongeweben in tiefen Tönen mit Azetatfarbstoffen, eventuell solchen, die diazotiert und entwickelt werden, bietet an sich keine besonderen Schwierigkeiten. Man färbt, eventuell unter Zusatz eines Quellmittels, mit der wäßrigen Dispersion der Farbstoffe bei möglichst hoher Temperatur. Dabei werden Vertreter gewählt, die nicht sublimieren. Die BASF hat eine Reihe geeigneter Produkte im Perliton- bzw. Perlitonechtsortiment zusammengefaßt. Die Azetatseidenfärbungen besitzen öfters nur mäßige Lichtechtheiten und sind auch im Ton von den auf Azetatseide erzielten verschieden, meist blauer. Die Erschei-

---

[107] Vgl. Skeuze: Canad. Text. J. **67**, 55 (1950). Hadfield, Sharing: J. Soc. Dyers Colour. **64**, 381 (1948).

[108] AATCC, Rhode Island Section, Amer. Dyestuff Reporter **40**, P 14 (1951).

nung des Blockierens tritt hier nicht auf, da eine chemische Bindung des Farbstoffes an Aminogruppen nicht eintritt. Ebenso ist die Färbung weitgehend unempfindlich für Streckungsunterschiede im Material, so daß Tondifferenzen, die dadurch bei sauren Farbstoffen entstehen, nicht zu beobachten sind. Um Unegalitäten[109] bei verschiedenen Garndurchmessern zu vermeiden und das Aufziehen auf Perlon usw. zu verlangsamen, arbeitet man bei tiefer Temperatur.

Immerhin geben die Azetatseidenfarbstoffe noch die am meisten befriedigenden Resultate auf Nylon, wenn auch die dunklen Töne alle sublimieren, ja sogar während der Lagerung der gefärbten Ware Sublimation eintreten kann.

Die Ciba empfiehlt z. B. für helle Nuancen (Grau, Beige usw.) Kombinationen aus Cibacetgelb 2GC, Cibacetrot 2G, Cibacetscharlach 2B und Cibacetblau BR. Letzteres schlägt im Kunstlicht nicht um. Die Lichtechtheit dieser Azetatseidenfarbstoffkombination auf Nylon ist eine gute.

An Azetatfarbstoffen (BASF) werden genannt: Perlitongelb RR, -scharlach RR, -rot 3B, -blau 3G, auch in Mischung.

Zu bemerken ist, daß feinfibrillige Polyamidgarne heller erscheinen als Monofil, da sie weniger Licht absorbieren. Gleichheit im Farbton ist nur dann gegeben, wenn der Farbstoffgehalt etwa verkehrt der $\sqrt{\text{den}}$ ist [WHITE, Textil-Rundschau **7**, 12 (1952)]. Es ist natürlich klar, daß man in der praktischen Färberei nicht auf derartige Färbebedingungen achten kann. Man hilft sich daher so, daß man mit den Azetatseidenfarbstoffen bei 65° C färbt. Sie diffundieren dann langsam in die Faser und man hat es bequem in der Hand, Tongleiche zu erzielen. Die Wasch- und Naßechtheiten der Färbungen auf Perlon (Nylon 6) sind im allgemeinen nicht so gut wie auf Nylon 66 (vgl. S. 492).

Nylongarnfärbungen können, wenn das Garn für die Wirkerei und Weberei bestimmt ist, nur auf Konusspulen durchgeführt werden oder auf Apparaten mit fixiertem Strang, da sonst zufolge des Aufschwimmens etc. eine derartige Verwirrung der Fadenlagen erfolgt, daß die Strähne unspulbar werden. Sie müssen in dünnen Lagen oft unterbunden sein.

Schwarz wird mit Cellitazol STN (IG) bzw. Cibacetdiazoschwarz (Ci) oder Artisildirektschwarz GP (Sa) hergestellt, das diazotiert und mit β-Oxynaphtoesäure (Entwickler ON) entwickelt wird[110].

Die Lichtschädigung von Nylon durch aufgefärbte Azetatseidenfarbstoffe kann erhebliche Werte annehmen. Wie EGERTON[111] feststellte, sind unter einer Reihe von löslichen bzw. in Dispersion aufgefärbten Azetatseidenfarbstoffen der ICI, Duranol-, Dispersol- bzw. Solacetfarbstoffen einige, die erhebliche Faserschädigungen verursachen und dabei in ihren Färbungen außerordentlich niedrige Lichtechtheit zeigen. Von den für Nylon unter anderem empfohlenen Duranol Light Yellow, -Brilliant Yellow 6G, -Orange C, -Scarlet B, -Red 2B, X3B, G, -Brown B, G, R, -Green B, -Brilliant Blue B, G, -Violet R, 2R, -Brilliant Violet B, -Black BN sind faserschädigend bei Belichtung: Duranol Light Yellow, -Brilliant Yellow 6G, -Brown G. Vom Dispersol-Sortiment: Dispersol Yellow CR, -Fast Yellow 2G, R, -Fast Orange B, G, -Fast Scarlet B, -Fast Crimson B, -Fast Red A, R, -Navy Blue R sind von derartiger Wirkung: Dispersol Yellow CR und -Fast Orange G. In der Solacet-Reihe von Solacet Fast Yellow G, -Fast Orange 2GK, -Fast Scarlet B, -Fast Crimson B, -Fast Red 3R, -Violet B, -Fast

[109] VICKERSTAFF: Teintex **10**, 165 (1951). Monofil-Nylon ist erst dunkler, später heller als Multifilamentgarn.

[110] VICKERSTAFF: J. Soc. Dyers Colour. **37**, 21 (1948).

[111] J. Soc. Dyers Colour. **1948**, Okt.

Violet 4R, -Violet R, -Fast Green 2G, -Navy Blue G sind die Violettmarken und das Marineblau wirksam.

Eine sehr gute lichtechte Kombination von substantiven Farbstoffen auf Nylon ist nach Bayer: Chrysophenin G, Diaminechtrot F und Sambesischwarz D aus schwach saurem Bade gefärbt.

Interessanterweise schlägt die ICI im E.P. 678106 vor, das Färben von Nylon mit kupferbaren Farbstoffen der ortho-Oxyazoreihe (Solochromesortiment) vorzunehmen und diese dann mit Cuprosulfat und Essigsäure statt mit Cuprisulfat und Essigsäure zu metallisieren, um eine gute Lichtechtheit zu erreichen. Kupfersulfat (Cuprisulfat) soll nämlich nur in der halben Menge in den Farbkörper gehen.

Beim Färben von Nylon (und Azetatseide) mit den „Ofnacet"-Farbstoffen (Naphtolchemie Offenbach) wird das Material mit wasserklaren Pseudolösungen von Naphtol und Base (in einem aliphatischen Amin gelöst) aufgefärbt. Dann wird in der Kälte mit Ameisensäure-Nitrit diazotiert und durch eine heiße (60° C) Nachbehandlung unter Zugabe von Na-Azetat entwickelt. Man färbt besser durch. Neben der für Azetatseide ausgearbeiteten Methode ist auch Nylon oder Perlon färbbar, sie erfordern aber höhere Nitritmengen.

In Amerika wurde Naphtol und Base mit Guanidinkarbonat aufgefärbt und die Faser dann mit H_2SO_4-Nitrit diazotiert bzw. der Farbstoff entwickelt. Das Verfahren ist teuer, da einerseits mit dem Naphtol, andererseits der dispergierten Base gearbeitet wird.

Nach Du Pont [Fleming, J. Invest. dermatol. **10**, 28 (1948) bzw. S. 643] sollen Hautreizungen durch Azetatseidenfarbstoffe möglich sein.

Man fand (White), daß auch unreduziertes Chrom von der Nachbehandlung von Nachchromierungsfarbstoffen schädlich sein kann.

Hautschädigung durch mit Azetatseidenfarbstoffen gefärbte Polyamidfasern soll auf Grund klinischer Untersuchungen nach kürzlichen Mitteilungen von Canella [vgl. Klopfstock, S.V.F. Fachorgan Textilveredlung **6**, 329 (1951)] nicht bestätigt werden können.

Das Färben von Polyamiden mit Küpenfarbstoffen erfolgt vielfach durch Klotzen. Die Farbstoffe zeigen oft eine außerordentlich geringe Lichtechtheit. Auch die Indigosole (IG), Anthrasole (Gen. Dyestuff Co.) bzw. Cibantine (Ci) sind in gewissen Marken brauchbar. Für Küpenfärbungen soll eine Vorbehandlung der Ware mit Tanninlösungen die Echtheit der Färbungen verbessern. Schwierig ist die Entwicklung der Küpenfärbung, da gewisse schwer oxydierbare Produkte durch den Einfluß der Faser nicht ausoxydiert werden können[112]. Ein Dämpfen der küpengefärbten Gewebe erhöht die Echtheit, allerdings trübt Farbstoffagglomeration oft den Farbton und verschlechtert leider in vielen Fällen auch die Reibechtheit (durch teilweise Farbstoffmigration an die Faseroberfläche) der Färbung.

Für saure Kombinationsfärbungen auf Nylon empfiehlt die ICI: Lissamine Fast Yellow 2G, Solway Blue BN und Azogeranine 2G.

Neue Marken von Geigy für die Färbung von Polyamiden sind aus der Walkfarbstoffreihe: Polarrot G, BQ, -brillantblau RAWQ, GAWQ, -gelb 5GQ, insbesondere für Kombinationen.

Die Ciba empfiehlt aus der Reihe ihrer Neonyle für Polyamide: Neonylgelb R, -orange G, -rot G, -grau 3B.

Geigy weist für die Färbung von Nylon insbesondere auf sein Novolan-

---

[112] Müller: Melliand Textilber. **31**, 521 (1950).

sortiment hin, wie Novolangelb 2GN, -orange G, -scharlach 2GN, -braun EGN, -braun BRN, -blau B, -blau 4GS, -grau BRN.

Von Nachchromierungsfarbstoffen sind in allerletzter Zeit für die Polyamidfärbung von Bayer Säureanthracenbraun KE, Metachrombrillantblau BL, Alizaringelb C, Anthracenchromatbraun DWN, Salicinbordo R in den Vordergrund gestellt worden. Geigy schlägt Eriochromgelb GS, -orange R, -rot RQ, -indigo RQ und -schwarz T extra vor.

Zur Verbesserung des egalen Ausfalls von Färbungen schwach sauer ziehender Farbstoffe auf Nylon kann Carbolansalz A (ICI) verwendet werden, das, insbesondere mit Glaubersalz angewendet, auch das Ziehvermögen von Coomassie Fast Grey 3GS, Solvay Blue BN und Coomassie Fast Celestol B erhöht (alle ICI). Der erstgenannte Farbstoff egalisiert am schlechtesten unter normalen Bedingungen [vgl. Hadfield, Text. Recorder **69**, Nr. 828, 92 (1952)].

Für die Färbung von Nylon mit sauren Farbstoffen empfiehlt Sandoz außer dem Xylenecht-P-Sortiment für Modetöne in saurer Färbung die chromkomplexen Farbstoffe (Vitrolane), und zwar die Dreifarbenkombination: Vitrolangelb GR, Vitrolanrot B und Vitrolanblau 2G, wobei man mit etwa 5% Schwefelsäure färbt.

Untersuchungen der Firma über die Eignung von Säure- und Chromfarbstoffen ergaben, daß hohe Sättigungsgrade mit gelben Farbstoffen nicht zu erzielen sind. Sandoz teilt die Farbstoffe der beiden Klassen in je drei Gruppen ein, und zwar solche mit hohem Ziehvermögen und hohem Sättigungsgrad (H), mittlerem Ziehvermögen und mittlerer Sättigungsgrenze (M) und schließlich niedrigem Ziehvermögen und niedriger Sättigungsgrenze (N). Zum Färben kommen für helle und mittlere Töne nur die Klassen M und H, für tiefe Töne nur die Gruppe H in Frage. Vertreter der einzelnen Gruppen können nicht miteinander kombiniert werden, da sonst der Blockierungseffekt (vgl. S. 515) eintritt.

Zur Gruppe N der Säurefarbstoffe werden gezählt: Metanilgelb, Xylenechtrot 2GP, Brillantalizarinlichtrot B, 4B, Alizarinlichtrot 2BL, Azorubinol 6B, Alizarinlichtviolett RS, Alizarinlichtblau BRP, 2G, BGS, R, 5GL, von schwachsauer färbbaren Produkten: Sulfoningelb PG, Citronin O, Sulfoninrot G, Brillantalizarinlichtviolett FFR, Alizarinlichtblau AR, Sulfoninbrillantblau BG, Sulfoninblau 5R extra, BN, G, Alizarinlichtbraun BL, Alizarinlichtgrau G, Sulfoninschwarz B.

Der Gruppe M gehören unter anderem an: Xylenlichtgelb 2GP, 3GS, Azorubinol 3GS, 3GP, Azorhodin 2BL, Alizarinlichtviolett 2RS, Alizarinlichtblau SE, FF, 4GL, von schwachsauer ziehenden Produkten: Xylenwalkgelb G, Sulfoninorange GS, Sulfoninscharlach GWL, Brillantalizarinwalkblau BS, Alizarinlichtgrün GS, Sulfoninrotbraun V, Alizarinlichtgrau BLL, GLL, RLL.

Als Kombination der M-Reihe empfehlen sich Xylenlichtgelb 2GP mit Azorubinol 3GP und Alizarinlichtblau 4GL, für solche der H-Reihe Xylenechtgelb RPN, Xylenechtrot 2GP, Alizarinlichtblau BRP. Die Kombinationen sind licht- und waschecht.

Chromfarbstoffe der Gruppe M sind Omegachromflavin CLG, Chromechtrot FB, Omegachromrot G, Omegachrombordo BR, Omegachromviolett B, Omegachromechtblau 2G, Omegachrombraun DCL, 2R, VR, EBL, Alizarinlichtgrün GS, Alizarinchromgrau 2BS, Omegachromschwarz PPV.

Die Gruppe H umfaßt unter anderem Metomegachromorange ML, Metomegachrombordo 2BL, Alizarinblau OCB, OCR, Metomegachromcyanin BLL, GLL, Alizarinlichtblau AR, Omegachromechtgrün G, Alizarinchromgrün VSNN, Omegachrombraun ME, Alizarinlichtbraun BL, Omegachromschwarz BTN, P, S.

Nach Müller soll Perlon vor dem Färben mit Küpenfarbstoffen gedämpft werden. Das Färben erfolgt bei 80 bis 90° C in Anwesenheit von Trinatriumphosphat und Peregal O (IG). Man empfiehlt auch die Färbung bei 80 bis 90° C unter Glukosezusatz bei Verwendung von Sulfoxylat statt Hydrosulfit.

Für Foulardierungen von Nylonstücken empfiehlt, unter Zusatz von 250 g Tragant 60/1000, 100 g Rhodanammon, 10 g Albatex BD (Ci) und 20 g Lyoprint G, die Ciba:

Cibantinbraun BR, 3B (Indigosole usw.),
Cibantinblau GF,
Cibantinbrillantgrün 2GF, BF,
Cibantinolive 2B.

Man klotzt, trocknet und dämpft am Runddämpfer 20 Minuten bei 0,25 atm. Hernach wird auf der Haspelkufe bei 70° C mit 10 ccm pro Liter H_2SO_4 66° Bé, 2 g pro Liter $NaNO_2$ behandelt, gespült, kochend geseift und heiß und kalt gespült. Man erzielt waschechte Modetöne mit guter Lichtechtheit.

Gemäß Untersuchungen von Carter, Neal und Westmoreland [Amer. Dyestuff Rep. **39**, P 773 (1950)] wird Nylon mit Küpenfarbstoffen normal gefärbt, wenn man mit 1 bis 5% Tannin bei 90° C vorbehandelt. Dieses wird von der Faser fest gebunden, eine Blindküpe zieht es nicht ab. In Wolle-Nylonmischungen wird die Wollaffinität nicht beeinträchtigt. Die Tiefe und Lichtechtheit der Küpenfärbungen auf Nylon wird verbessert und in Mischgeweben die Ton-in-Ton-Färbung erleichtert, da die Zellulose in der Affinität zum Küpenfarbstoff vermindert wird. Die Oxydation der Küpenfärbung erfolgt in kochenden Chloritlösungen (saure Bäder).

Folgende Indanthrenfarbstoffe werden für das Färben von Nylon von der BASF empfohlen:

Indanthrengelb GF, GGF, -goldorange 3G, -orange GG, RRT, -rot BK, -brillantscharlach RK, -rot FB, -rubin B, -brillantviolett 4R, 3B, -dunkelblau BOA, -blau RS, GCD, -blaugrün FB, -brillantgrün FFB, 3B, GG, 4G, -grün BB, -braun G, GG, 3GT, -rotbraun 5RF, R, -marine BR, -olive TR, -grau 3R, M, -direktschwarz B, R, RB.

Nach Alter ergibt die Färbung von Nylon in geschlossenen Jiggern bei Verwendung von Temperaturen bis zum Kochen sowie des hitzebeständigeren Formaldehydsulfoxylats (Rongalit) statt Hydrosulfit lichtechtere und bessere Färbung bei der Anwesenheit von Küpenfarbstoffen. Auch die Auffärbbarkeit der Faser ist weitaus besser, ebenso die Reib- und Naßechtheiten [Textile World **101**, 244 (1951)].

Blauholzschwarz auf Nylon wird gefärbt nach der Rezeptur von Du Pont (Färbung unter Druck) [vgl. Roy, Amer. Dyestuff Reporter **41**, P 35 (1952)]: Vorbeizen mit 1% Bichromat und 3% 20%iger Essigsäure, eingehen bei 40° C, die Temperatur langsam auf 100° C steigern; eine halbe Stunde behandeln. Hierauf wird in kaltem Wasser gewaschen und mit 25% oxydiertem Blauholzextrakt und 5% Seife, bei 50° C beginnend, gefärbt, wobei die Temperatur wieder auf 110° C getrieben und dann eine Stunde bei dieser gefärbt wird. Hierauf wird gewaschen.

Über die Färbung der Polyamidfaser liegt eine ausgedehnte Literatur vor. Jedoch sind technische Angaben bzw. Erfahrungen kaum detailliert zu erhalten, wenn man von mehr oder weniger von Farbstoffherstellern beeinflußten Veröffentlichungen absieht.

Da die Perlonfaser in Deutschland erst zirka drei Jahre erzeugt wird, ist es klar, daß bis zur Klärung dieses eifrig bearbeiteten Gebietes noch Zeit verstreichen wird.

Um die Färbung von Nylon besser als mit wäßrigen Farbstofflösungen oder -dispersionen durchführen zu können, wurde in USA das Thermosolverfahren ausgearbeitet, insbesondere, um auch die schwer anfärbbaren weiteren technisch vorliegenden Fasern synthetischer Natur, wie Orlon und Terylen bzw. Dacron, zu färben.

Kürzlich wieder beschäftigten sich mehrere Arbeiten mit dieser Verfahrensweise[113].

Man foulardiert dabei die Ware mit der Farbstofflösung, trocknet und erhitzt dann auf 130 bis 140° C, wobei es zum Eindringen des Farbstoffes in die Faser kommt. Schon bei der Foulardierung treten die auf S. 478 beschriebenen Schwierigkeiten auf. Die Farbstofflösung fluktuiert auf der Ware, die sie nur zum Teil absorbiert hat und gibt leicht eine unregelmäßige Verteilung. Beim Trocknen müssen Wasserflecken vermieden werden; es muß auch gleichmäßig erfolgen, damit nicht Tonunterschiede auf Warenrück- und -vorderseite eintreten[114].

Selbstverständlich kann die Methode nicht für Azetatseidenfarbstoffe angewendet werden, die bei diesen hohen Temperaturen fast alle sublimieren.

Hinsichtlich der Höhe der Aufnahme saurer Farbstoffe (Sättigungswert) für Nylon bei 100° C in normalen Färbebädern gibt Du Pont (Techn. Bull.) unter anderem folgende Werte:

Pontacyl Light Yellow GX	1,00%
Du Pont Quinoline Yellow conc.	1,30%
Du Pont Anthraquinone Rubine R	2,25%
Du Pont Crocein Scarlet N extra	1,00%
Pontacyl Violet RL	1,40%
Du Pont Anthraquinone Blue 8WF conc.	3,00%
Pontacyl Fast Blue 5R conc.	2,50%
Du Pont Anthraquinone Green G	1,75%

Das kontinuierliche Färben von Nylongeweben soll nach einer Art Pad-Steam-Prozeß wie folgt durchgeführt werden können. Man klotzt die Gewebe nach einer Vorreinigung mit Na-Pyrophosphat-Soda-Seife-Flotte und nachherigem Fixieren des Textilgutes auf Spannrahmen mit neutralen Lösungen der sauren Farbstoffe, wobei etwa 40% Flüssigkeitsaufnahme erzielt wird. Hierauf wird bei etwa 105° C getrocknet (zirka 20 m pro Minute Warengeschwindigkeit), wobei darauf zu achten ist, daß Wasserflecken entstehen können durch Auftropfen von Wasser und auch sonst dem Umstand Rechnung getragen ist, daß der Farbstoff nur am Gewebe haftet, das heißt, noch nicht fixiert ist. Hernach werden die Gewebe breit (beidseitig gleichmäßig) gedämpft und hernach am Jigger oder in Kontinueanlagen mit Säure oder Säure und Chromat behandelt.

Als hierfür geeignet werden unter anderem genannt: Pontachrome Fast Yellow R conc., -Flavine A conc., -Orange RL, -Brown PG conc., -Fast Red E conc., -Black TA, Du Pont Milling Yellow 5G, -Orange R conc., -Red B conc., Pontacyl Light Yellow GX, -Carmine LG conc., -Light Red BL, -Fast Blue 5R conc., -Fast Black BBN, Du Pont Anthraquinone Blue RXO, SWF conc., -Violet R, 3R, -Green G, GN.

Auch direkte Farbstoffe können so aufgebracht werden (mit schwachsaurer Nachbehandlungsflotte nach dem Dämpfen):

---

[113] ETCHELLS: Amer. Dyestuff Reporter **40**, P 598 (1951). LYLE, JANNARONE, THOMAS: Amer. Dyestuff Reporter **40**, P 585 (1951). FRYER: Textile Manufacturer **77**, 404 (1951).

[114] Vgl. ETCHELLS, l. c.

Pontamine Yellow CH conc., -Fast Yellow 4GL, -Fast Orange 2GL, -Fast Brown 3YL, -Fast Pink BL, -Fast Red FCB, -Fast Rubine B, -Fast Black L conc. Von den Chromkomplexen ist nur Chromacyl Black W so zu färben.

Das Abziehen mißlungener Färbungen auf Nylon oder die Entfernung der ursprünglichen Färbung bei Umfärben erfolgt nach PEURIFOY[115] vorteilhaft durch je 15 Minuten dauernde, bei 80° C durchgeführte Behandlung mit Bädern, die 2% Essigsäure 56% und 6% Hyraldit sowie 5% eines Fettalkoholamidkondensats enthalten, woran sich nach zweimaligem heißem Spülen ein Bleichbad mit 2% Essigsäure 56% und 4% Natriumchlorit (Textone) schließt. Die bei 80° C vorgenommene Bleiche wird nach 15 bis 20 Minuten abgebrochen und heiß und kalt gespült.

Polyamidfasern sollen nach LANCZER auch mit Schwefelfarbstoffen in Bädern mit 50% Farbstoff gefärbt werden können (vgl. D. P. 818041, 1951).

b) Die Färbung von Terylen

Das Färben der englischen Terylen- (Polyester-) Faser, die in USA von Du Pont als Dacron (früher Fiber V bzw. Amilar) in den Handel gebracht wird, ist schwieriger als der entsprechende Prozeß bei den Polyamidfasern. Terylen färbt sich interessanterweise mit Ursolfarbstoffen, wie sie in der Rauchwarenfärberei üblich sind. Am besten verwendet man aber Azetatseidenfarbstoffdispersionen in Anwesenheit von Salicylsäure und Benzoesäure und behandelt das Textilgut bei 100° C unter Druck oder nach dem Thermosolverfahren[116]. Bei dieser Arbeitsweise ist darauf zu achten, daß die verwendeten Produkte nicht sublimieren. Man kann auch Küpenfarbstoffdispersionen verwenden, die ohne Reduktion und Wiederoxydation von der Faser aufgenommen werden. Es ist daher möglich, Küpen- und Azetatseidenfarbstoffe zu mischen. Untersuchungen und Photos, die das stark erhöhte Eindringen der Farbstoffe zeigen, bringen THOMAS et al.[117]. Sie arbeiten einerseits mit Celanthrene- bzw. Acetaminmarken bzw. mit Küpenfarbstoffen (Sulfanthrenen und Ponsolmarken usw.). Die Lichtechtheiten von Küpenfarbstoffen auf Polyestern sind in grünen und oliven Tönen gut. Sie wurden aus Lauge-Hydrosulfit-Küpen gefärbt [geklotzt, getrocknet und bei 125° C erhitzt (fixiert)]. Die Lichtechtheit der Azetatseidenfarbstoffe ist mäßig bis gut. Die blauen Töne zeigen fast alle schlechte Lichtechtheit. Die Färbungen sind weniger empfindlich gegen Gasfading als solche, die auf Azetatkunstseide hergestellt sind und gut waschecht.

Terylen muß nach Angaben der ICI mit Azetatseidenfarbstoffen kochend gefärbt werden, wobei man mit 0,1% Dispersol VL arbeitet (90 Minuten färben). Die Wichtigkeit der Temperatur auf das Ausziehen der Bäder zeigt folgende Tabelle (ICI):

	80° C	100° C
Dispersol Fast Orange G	17%	77%
Dispersol Fast Scarlet BL	3%	33%
Duranol Red 2B	22%	83%
Duranol Blue GN	15%	57%
	aufgenommener Farbstoff	

Für Terylen besonders geeignete Farbstoffe sind Dispersol Fast Yellow G, Dispersol Fast Orange G, Duranol Red GN, 2B, -Violet 2R, -Blue GN, G.

[115] Amer. Dyestuff Reporter **39,** P 605 (1950).

[116] MEUNIER, l. c.

[117] THOMAS et al.: Amer. Dyestuff Reporter **40,** P 585 (1951).

Die Lichtechtheit der erhaltenen Färbungen ist gleich der auf Azetatseide und besser als die auf Nylon mit Ausnahme der Blaumarken, die schon nach kurzer Belichtungszeit rötlich werden.

Du Pont bringt zur Färbung die Latylfarbstoffreihe heraus.

Mit Dispersol Diazo Black 2B (Azetatseidenfarbstoff) erzielt man in Verbindung mit β-Oxynaphtoesäure Marineblau- bzw. Schwarztöne. Man arbeitet so, daß man zuerst mit dem Dispersol Diazo Black 2B 2 Stunden kochend färbt, dann spült, dann mit β-Oxynaphtoesäure zwei Stunden färbt, wobei man in der Kälte 60 Minuten diazotiert, spült und kochend in ammoniakalische Lösung kuppelt (30 Minuten). Hernach wird geseift. Nuancenkorrekturen nach Blau sind nach dem Färben mit Azetatseidenfarbstoffen möglich. Abdunkeln kann man schon im Färbebade des Dispersolfarbstoffs mit Dispersol Fast Yellow G, -Orange A, Duranol Red GN, da diese Farbstoffe beim Diazotieren unverändert bleiben. Ein Überschuß von β-Oxynaphtoesäure ist zu vermeiden, da sich sonst eine gelblich gefärbte Nitrosoverbindung bildet, die die Lichtechtheit und den Farbton beeinträchtigt (vgl. Azetatreyontrikotfärbung).

Naphtolrotfärbungen sind nur mit ausgesuchten Produkten möglich. Als Kupplungskomponente erwies sich die β-Oxynaphtoesäure als geeignet, die in Mengen von 5% in kochendwäßriger Lösung mit Dispersol VL und zusammen mit 5% p-Nitranilin, also der Base angewendet wird (90 Minuten, 1 : 20). Nach Spülen mit kaltem Wasser wird mit 5 Teilen HCl (20° Bé) und 4 Teilen $NaNO_2$ auf 1000 Teile Wasser bei 85° C 30 Minuten nitriert, dann kalt gespült und kochend geseift. Man soll dunkle Rottöne erhalten.

Man benütze keine Jigger für Terylengewebe, auch nicht gedeckte Maschinen. Beim Färben auf der Haspelkufe, die sich besser eignet, muß man das Gewebe vor dem Färben fixieren, um Brüche und permanente Faltenbildung zu vermeiden. Die Ware schwimmt auf (geringe Wasserabsorption), daher am besten Haspel in der Flotte laufend. Für Garnfärbungen ist der Packapparat mit zirkulierender Flotte geeignet. Auch hier muß das Garn vorher fixiert werden. Allerdings erreicht man die Kochtemperatur schwer. Am besten sollen Hussong-Maschinen sein. Die Terylenfaser ist empfindlich gegen Ammoniak.

Gemäß den von Du Pont über die Dacronfaser (früher Fiber V, in England Terylene) gemachten Mitteilungen ist sie befriedigend aus wäßrigen Flotten nur mit dispergierten Azetatseidenfarbstoffen zu färben. Als Quellmittel, deren Zusatz deshalb notwendig ist, weil sie die Eindringtiefe und damit die Waschechtheit und Reibechtheit erhöhen und die Gefahr der Sublimation verringern, sollen, wie bereits gesagt, Salizylsäure oder Benzoesäure angewendet werden. Man netzt das Färbegut bei 65° C mit einem ein Netzmittel enthaltendes Bad 15 Minuten, läßt laufen und setzt eine frische Färbeflotte mit 80° C an. Man setzt Na-Salicylat zu und säuert darin mit Schwefelsäure an, derart, daß man die Salicylsäure in Freiheit setzt. Sie muß vollkommen gelöst sein und durch Zirkulation der Flotte im Färbegut verteilt werden. Ist die Verteilung schlecht, so entsteht eine fleckige Färbung. Hierauf wird der dispergierte Farbstoff zugegeben. Man bringt während 20 bis 30 Minuten zum Kochen und färbt eine Stunde kochend, spült, seift (in Anwesenheit von Ammoniak), spült, neutralisiert bei 90° C mit NH_3 und spült, um alle Spuren der Salicylsäure, des Trägers (Carrier), zu entfernen.

Dacronfasern können nach dem Hochtemperaturverfahren gemäß Roy mit Azetatfarbstoffen, nach Du Pont auch mit Diazotierungsfarbstoffen gefärbt werden, wobei in letzterem Falle ein Schwarz z. B. mit 5% Acetamine Diazo Black 3B gefärbt, nach dem Spülen mit 2,5% Acetamine Entwickler AD behandelt, gespült und im Nitrit-Schwefelsäurebad gleichzeitig diazotiert und entwickelt wird [vgl. JUSTUS, Melliand Textilber. **34**, 1148 (1953)].

Vergleichende Klotzungen von synthetischen Fasern mit Azetatseidenfarbstoffen, wobei bei 80° C geklotzt und dann 15 Sek. etc. gedämpft wurde, ergeben ungenügende Waschechtheit und Reibechtheit bei mäßiger Lichtechtheit.

Gemäß Du Pont (Notes on the Dyeing of Dacron Polyester Fibers) ist die Hitzefixierung von Geweben vor dem Färben für die Aufnahmefähigkeit der Faser für Azetat- und Azofarbstoffe ungünstig. Dabei ist diese Tatsache weniger von Belang, insoweit es sich um die Färbung heller Töne handelt. Sie macht jedoch die Erzielung dunkler Nuancen unmöglich. Man geht also in solchen Fällen so vor, daß man die Gewebe vor dem Färben zur Verhütung von Bruchbildung usw. auf dem Färbejigger usw. nur bei geringer Hitze fixiert und nicht bei den vorgeschriebenen 200° C.

Farbstoffe der Azetatseidenklasse, die wenig zur Sublimation neigen, also für den Thermosolprozeß usw. geeignet erscheinen, sind für Dacron gemäß Du Pont (Notes on the Dyeing of Dacron Polyester Fibers): Acetamine Fast Yellow 4RL (egalisiert nicht besonders), Acetamine Yellow CG, Acetamine Fast Yellow N, Celliton Fast Yellow GA-CF, Celliton Fast Yellow 4RL (egalisiert schlecht), Celanthrene Fast Pink 3B, Acetamine Rubine B conc. (egalisiert nicht gut), Acetamine Scarlet B (egalisiert nicht gut), Celliton Fast Violet BA (letztere drei alle nicht besonders lichtecht), Latyl Violet B (egalisiert nicht gut), Artisil Direct Blue GFL (lichtunecht), Latyl Blue GE, Latyl Brilliant Blue 2G.

Sublimierend sind: Celanthrene Fast Yellow GL, Acetamine Orange GR, 3R, Latyl Orange R, Celliton Fast Pink RFG, Celanthrene Red 3BN, Latyl Red B.

Die Färbung von Dacronfasern unter Zuhilfenahme verschiedener Quellmittel bzw. „Carriers" untersuchte MEUNIER (vgl. Du Pont, Papers presented at the techn. conference on dyeing of Orlon and Dacron fibers, August 1952).

Unter Verwendung von Azetatseidenfarbstoffen untersuchte er die Farbstoffe hinsichtlich ihrer Eignung, bestimmte die optimale Konzentration des Hilfsstoffes und die Lichtechtheit bzw. etwaige schädliche Wirkungen auf die Arbeiter.

Als geeignete Farbstoffe fand er:

Celanthrene Yellow GL conc., Acetamine Fast Yellow 4RL, Celanthrene Red 3BN, welche insbesondere in lichten bis mittleren Tönen eine sehr gute Lichtechtheit aufweisen. Ferner das sogenannte Latyl-Sortiment, ausgesuchte Farbstoffe der Azetatseidenreihe mit auf Dacron sehr guter Lichtechtheit, auch in hellen Tönen. Hierzu gehören:

Latyl Orange R, -Red B, -Violet B, 2R, -Brilliant Blue 2G, -Blue 3R, GE. Es handelt sich durchwegs um Azetatkunstseidenfarbstoffe.

In mittleren bis dunklen Tönen sind mit guter Lichtechtheit noch verwendbar: Celanthrene Yellow GL, Acetamine Yellow CG, N, Acetamine Scarlet B, Acetamine Rubine B.

Für Schwarz arbeitet man mit Acetamine Diazo Black RB conc., in Gegenwart von 2,5 g p-Phenylphenol pro Liter, läßt nach 1,5 Stunden kochend laufen und wäscht mit 2% NaOH fest und 2% Hydrosulfit sowie 2% Produkt BCO (Du Pont). Hierauf wird gespült und mit einem frischen Bad von 2,5% Acetamine Developer (Entwickler) AD extra gekocht, das Bad weggelassen und dann auf frischem Bade mit 10% Natriumnitrit laufen gelassen. Dann werden nach 10 Minuten 20% Schwefelsäure zugegeben, auf 85° C gebracht und eine halbe

Stunde diazotiert. Nachher spült man und behandelt mit 0,5 g NaOH, 0,5 g Hydrosulfit und etwa 0,15 g Duponol D Paste pro Liter.

Unter Anwendung von Acetamine Diazo Black 3B erhält man nach derselben Verfahrensweise ein dunkles Marineblau. Unter Druck bei Temperaturen über 100° C gefärbt, ergibt der Farbstoff ein Schwarz!

Die optimale Menge an Carrier beträgt: (nach Du Pont l. c.)		Die erzielte Lichtechtheit ist:	Wirkung des Carriers:
Benzoesäure	20,0 g/Liter	gut	gering irritierend
Salicylsäure	20,0 g/Liter	sehr gut	wie oben
Monochlorbenzol	20,0 g/Liter	gut	giftig
p-Phenylphenol	2,5 g/Liter	wenig gut	keine
o-Phenylphenol	3,0 g/Liter	sehr gut	keine

Die Kosten für das Quellmittel (Carrier) sind sehr hoch und betragen z. B. nach Angaben von Du Pont (Notes on the Dyeing of Dacron Polyester Fibers:) für 50 kg Material bei Verwendung von:

Benzoesäure (20 g/l Färbebad)	43,00 Dollar
Salicylsäure (20 g/l Färbebad)	36,00 Dollar
o-Phenylphenol (3 g/l Färbebad)	6,50 Dollar
p-Phenylphenol (2,5 g/l Färbebad)	6,75 Dollar
Monochlorbenzol (4,0 g/l Färbebad)	2,20 Dollar*
o-Dichlorbenzol (4,0 g/l Färbebad)	3,80 Dollar

Küpenfarbstoffe auf Dacron können reibecht und mit guter Licht- und Waschechtheit gefärbt werden, ebenso Acrylfasern, wenn man die mit Pigmenten, Leukoestern oder Küpensäuren geklotzten Fasern einer Hitzebehandlung unterwirft, die bei 330° C stattfinden soll. Der von der Faser aufgenommene Farbstoff, d. h. der im Inneren und nicht oberflächlich aufsitzende, läßt sich durch Lauge und Hydrosulfit nicht abziehen. Durch die Hitzebehandlung verändert sich der Ton der Färbung wesentlich und ist in vielen Fällen ganz anders als auf Baumwolle (Teilchengröße!). Sehr interessante Tabellen erläutern die Resultate. Über die Hochdruckfärbung von Geweben in neuen Apparaten siehe Calco Bull. 833 (1953).

c) Die Orlonfärbung

Orlon wird erst mit Oxalsäurelösung und dann im Chloritbad behandelt, um ein Weiß zu erzielen. Weniger gut, aber beständiger ist die Bleichung mit Peroxyd und das nachfolgende Schönen des Weißtones mit violetten Azetatseidenfarbstoffen.

Orlon färbt sich wegen seiner Hydrophobität außerordentlich schwer. Eine Anfärbung ist mit basischen Farbstoffen, die wegen der geringen Lichtechtheit nicht in Frage kommen, und mit Azetatseiden- bzw. Küpenfarbstoffen möglich. Allerdings sind dazu Temperaturen über 120° C notwendig. Die Küpenfarbstoffe geben lichtechte Töne. Ausgesuchte Farbstoffe sind die Roracyle von Du Pont.

Stapelfasern von Orlon lassen sich unter anderem in geschlossenen Apparaten auch mit Säurefarbstoffen anfärben. Es kommt nur ein Färben in breitem Zustand in Frage. Eine Zugabe von 5 g/l Salicyl- bzw. Benzoesäure begünstigt das Eindringen des Farbstoffs. Azetatseidenfarbstoffe sind wenig echt, aber gut zu verwenden. Von Küpenfarbstoffen können nur einige Vertreter der

* Monochlorbenzol ist, wie aus eigenen Versuchen hervorgeht, schon bei Konzentrationen von 2 g pro Liter sehr wirksam, doch ist seine überaus große Flüchtigkeit und Giftigkeit der Anwendung im Betrieb außerordentlich hinderlich.

Thioindigoide und ausgewählte Anthrachinonderivate in Anwendung kommen. Astrazone (basische Farbstoffe) kann man mit Lichtechtheit 4 auffärben.

Pastelltöne färbt man wohl am besten so, daß man mit Indigosolen und Nitrit klotzt und nach Zwischentrocknung durch Säurepassage entwickelt. Nachher wird gewaschen, geseift und gespült.

Auch hier fluktuiert die aufgeklotzte Lösung am Stück und gibt Unegalitäten oder Migrationserscheinungen beim Trocknen. Orlon nimmt ja noch weniger Wasser auf als Nylon (vgl. S. 24).

Du Pont empfiehlt für die Orlonfärbung zur Herstellung lichter Farbtöne bei guter Egalisierung (jedoch Effekte anschmutzend), folgende Azetatseidenfarbstoffmarken: Acetamine Orange GR conc., Celanthrene Red Y extra, Celanthrene Red 3BN conc. (dieses mit sehr guter Lichtechtheit).

In mittleren Tönen (weniger leicht sublimierend und gut egalisierend) sollen: Celanthrene Fast Yellow GL conc., Acetamine Yellow CG, Acetamine Scarlet B verwendet werden.

Dunkle Farbtöne werden mit den weniger gut egalisierenden Produkten Acetamine Fast Yellow 4RL, Acetamine Rubine R conc., Celanthrene Violet BGF hergestellt.

Nach neuesten Feststellungen soll die Affinität von Orlon gegenüber substantiven Farbstoffen durch Zugabe von Cu-Ionen zum Bad sehr gesteigert werden können, wie überhaupt Orlon Kupfer aus Färbebädern außerordentlich stark aufnimmt. Die Orlonfärbung unter Zusatz von Kupfersalzen zum Färbebad kann mittels sauren oder direktziehenden Farbstoffen erfolgen. Es bilden sich Salze der Farbstoffe innerhalb der Faser. Die verwendeten Farbstoffe müssen im Molekül eine Sulfonsäuregruppe oder Karbonsäuregruppe enthalten. Das Kupfer muß in der Cuproform vorliegen, weshalb man mit Cuprisalzen und gleichzeitiger Zugabe von Reduktionsmitteln arbeitet. Als solches hat sich Hydroxylaminsulfat sehr gut bewährt. [Du Pont, Blaker, Laucius, zitiert nach Gantz, Textile Recorder **69**, Nr. 825, 101, oder Feild, Fremon, Text. Res. J. **21**, 531 (1951).]

Nach Du Pont (Technical Bulletin) wird Orlon-Stapelfaser (auch die Marken A3 und A4 sowie 41) nach der „Kupfermethode" mit sauren Farbstoffen wie folgt gefärbt: Da Cuprochlorid rostfreien Stahl stark korrodiert, ist dieses einzige technisch erhältliche Produkt zum Gebrauch nicht zu empfehlen. Man arbeitet daher mit reduziertem Cuprisalz. Eine Lösung von 10% Kupfersulfat ($CuSO_4$, $5\,H_2O$), 4% Sulfoxite C (Du Pont), 1% Eisessig, 2% Netzmittel (Duponol, D-Paste) wird 5 Minuten zum Kochen erhitzt. Die erhaltene Suspension wird dem Färbebad zugesetzt. Man geht mit dem Färbegut bei 25° C ein, erhöht zum Kochpunkt, setzt 10% Eisessig zu, und zwar im Verlauf von 30 Minuten, und kocht dann noch eine Stunde. Dann wird mit Netzmittel enthaltenden Lösungen 15 Minuten bei 50° C gespült. Das Ausziehen der Farbstoffe kann durch Zugabe von p-Phenylphenol (2%) wesentlich erhöht werden. Ähnlich wirken Benzoesäure, Salicylsäure und Phenol.

Die Cupro-Ionenfärbung mit Trägern (Carrier), wobei man z. B. Orlonfasern mit sauren Farbstoffen in Gegenwart von Kupfersulfat und Hydroxylaminsulfat färbt, gibt leicht auch tiefe Töne. Man verwendet 2,5% bis 10% Kupfersulfat und 2 bis 8% Hydroxylaminsulfat je nach Farbtiefe. Man läßt erst das Bad auf Kupfersulfat laufen, setzt dann das auf einen pH-Wert von 5 bis 6 (maximal 6) eingestellte Hydroxylaminsulfat zu, läßt wieder einige Zeit laufen und gibt dann den gelösten Farbstoff in die Flotte. Man bringt innerhalb von 15 bis 20 Minuten zum Kochen und kocht eine Stunde bis zum Mustern. Der Zusatz aller Chemikalien ergibt ein pH des Färbebades von 3 bis 3,5 bzw. beim

Kochen von 2,2. Dieser Wert soll nicht unterschritten werden. Eventuell wird mit Phosphat (Natriummonophosphat) gepuffert. Unterhalb eines pH von 2 beginnen die Farbstoffe zu agglomerieren und nur auf die Faseroberfläche zu gehen, so daß sie leicht abgeseift werden. Die erhaltenen Farbtöne sind trüb. Um leuchtendere Töne zu erhalten, modifiziert man die Färbeweise derart, daß man die Mengen an Kupfersulfat bzw. Hydroxylaminsulfat auf 1 bis 3% je nach Farbtiefe reduziert und dem Färbebad 5 g Phenol oder Benzoesäure pro Liter zusetzt. Phenol gibt brillantere Töne als Benzoesäure. Insbesondere für Chinolingelb (Quinoline Yellow P), Orange II (Orange II conc.) bzw. Pontacyl Fast Red AS wird die letztere Methode von Du Pont empfohlen. *Vor dem Färben einer Heißbehandlung ausgesetztes Material ist in seiner Affinität wesentlich vermindert.*

Selbstverständlich ist Vorsicht bei der Verwendung der Chemikalien am Platz, die die Haut ätzen usw. (Handschuhe, Schutzbrillen).

Wenn bei der normalerweise bei einem pH von 2 bis 3 stattfindenden Färbung von Orlon nach der Cu-Ionenmethode bei einem pH über 3 gefärbt wird, tritt eine starke Vergilbung der Faser und eine Trübung insbesondere heller Farbtöne ein [Amer. Dyestuff Reporter **41,** P 268 (1952)].

Gewaschenes, gespültes Garn wird mit dem Färbebad, das den Farbstoff enthält, am Apparat bei Raumtemperatur behandelt und auf 70° C erwärmt. Es werden 4% Kupfersulfat und 3% Hydroxylaminsulfat zugegeben. Man zirkuliert 20 Minuten, erhitzt auf 120° C, färbt eine Stunde, läßt das Bad laufen und spült. Man seift 15 Minuten bei 95° C und spült.

Hinsichtlich der Carrier-Methodik mit Cupro-Ionen (also mit Cuprisulfat und Hydroxylamin) wurde von Gasser (Privatmitteilung) bis jetzt an zahlreichen Farbstoffen eine erhebliche Lichtechtheitsverschlechterung festgestellt.

Das Trocknen von nach dem Cu-Ionenverfahren gefärbter Ware muß vorsichtig erfolgen, da das über 4% Cu enthaltende Material leicht bräunt (maximal drei Minuten bei 120° C). Handelt es sich darum, Wolle-Orlon-Mischungen herzustellen, soll man nur gefärbte oder mit Säure behandelte Wolle mit nach der Cu-Ionenmethode gefärbtem Orlon vermischen, da es sonst leicht zur Zerstörung der Orlon-Färbung durch Anwendung feuchter Hitze in irgendeinem Verarbeitungsprozeß kommen kann.

Die Färbung von Orlon nach der Cupro-Ionenmethode zeigt wie die Färbung von Nylon den „Blocking off"-Effekt, nämlich die Blockierung der Faser durch Monosulfosäuren und das Zurückdrängen von Disulfosäuren in Farbstoffmischungen. Nach Szlosberg [Amer. Dyestuff Reporter **41,** P 510 (1952)] wird nach der sogenannten Drip-Methode gearbeitet, d. h. man reduziert das Kupfersalz mit Hydroxylaminsulfat bei einem pH von 5 (mit NaOH neutralisieren) außerhalb des Färbebades, geht mit der Ware in das Färbebad ein, setzt etwa $^1/_5$ der benötigten Kuprosalzmenge zu, kocht 30 Minuten und gibt dann erst den Rest der Kupfersalzmenge in das Färbebad, worauf man weitere 30 Minuten kocht. Fronmüller [Amer. Dyestuff Reporter **41,** P 578 (1952)] hat festgestellt, daß sich Orlonstapel Typ 41 im allgemeinen bei gleichen Temperaturen usw. tiefer färbt als Orlonfaser Typ 81, die mit Phenolzusatz gefärbt werden muß. In Packapparaten bei einem Flottenverhältnis von 1 : 8 wird bei einem pH von 3,2 gefärbt. Man verwendet 10% Kupfersalz owf und 3% Reduktionsmittel sowie 1% Säure und Farbstoff. Zuerst wird 5 Minuten mit Säure und Kupfersalz ohne Reduktionsmittel gefärbt, hernach 5 Minuten mit Reduktionsmittel, dann wird der Farbstoff zugesetzt und zum Kochen getrieben. Monosulfosäuren besitzen größere Affinität zur Faser als Disulfosäuren (vgl. oben), aber bei Monosulfosäuren kommt es noch auf die anderen Substituenten im Farbstoffmolekül an. Z. B. zieht Metanilgelb mit einer Nitrogruppe viel besser als Chinolingelb. Rezepte für tiefe Färbungen werden von FRONMÜLLER wie folgt angegeben (alle Marken Sandoz):

Marineblau:	7,50%	Alizarindirektblau A extra konz.
	2,25%	Seidenechtgelb S
	3,00%	Echtrot A
Braun:	6,00%	Xylenwalkgelb G
	2,00%	Alizarindirektblau A extra konz.
	2,00%	Echtrot A
Grün:	5,00%	Xylenwalkgelb G
	5,00%	Alizarindirektblau A extra konz.
Schwarz:	9,50%	Alizarindirektblau A extra konz.
	4,00%	Xylenwalkgelb G
	1,50%	Echtrot A.

Zugaben von Phosphaten zum Färbebad vertiefen die Nuancen. Am besten wird mit Farbstoffen von niedrigem Molekulargewicht gearbeitet.

Von den Säurefarbstoffen sind geeignet: Chinolingelb konz., Du Pont Orange G, Du Pont Orange II, Du Pont Crocein Scharlach N extra, Pontacylechtrot AS, Du Pont Anthrachinonblau RCO, SWF, SKY, 2GA, ferner Pontacyl Rubin R, - Carmin 2G, 2B, - Violet 6R, Du Pont Anthrachinonviolett R, 3R, - Anthrachinongrün GN. Auch Pontacyl Wollblau BL, GL sind anwendbar. Chromacyl- und Neutracylfarbstoffe sind ungeeignet (Du Pont).

Für das Färben von Orlon mit sauren Farbstoffen bei Kochtemperatur bringt Du Pont nunmehr ein neues ausgewähltes Sortiment, die Roracylfarbstoffe, in den Handel. Sie besitzen eine sehr gute Naß- und Lichtechtheit auf Orlon. Gegenwärtig sind Roracyl Orange R, - Violet 2R, - Dark Green B und - Dark Brown B im Handel und können zusammen mit Quinoline Yellow PN und Anthraquinone Blue SWF sowie Pontacyl Fast Red AS extra, Orange II und Anthraquinone Blue RA in Kombination angewendet werden.

Die letztgenannten Handelsprodukte sollen den Roracylprodukten Brown 3R, Rubin R, Blue R und Brilliant Blue G sehr ähnlich sein.

Für die Hochtemperaturfärbung von Orlon kommen nach den neuesten Erfahrungen (MEUNIER, Du Pont, Papers on Dyeing of Orlon and Dacron, presented at the techn. conf. Aug. 1952) folgende saure Vertreter in Frage: Außer den bereits für die kochende Färbung vorgeschlagenen Vertretern noch zusätzlich die Milling-Red-Marken, Pontacyl Fast Black N2B, - Navy Blue M4B sowie außer Anthraquinone Blue SWF auch noch andere Marken und Resorcin-Browns.

Orlongewebe kann in einer von der Cyanamid entwickelten Apparatur gefärbt werden [vgl. Calco Bull. 833 (1953)]. Um mit vorhandene Reyon oder Wolle etc. zu schonen, darf die Passagendauer durch das hocherhitzte Färbebad von ca. 125° C, in welchem ein Druck von 50 lbs. pro Quadrat-Inch herrscht, nur kaum 50 Sekunden betragen. Es wird daher erst mit der Farbstofflösung geklotzt und dann abgequetscht. Die Ware passiert dann eine Walzenanordnung, in welcher eine Gummiwalze zwischen zwei Stahlwalzen läuft, deren Quetscheffekt aber geringer ist als jener nach dem Klotzen. Die Walzen schließen einen auf 125° C erhitzten Heißwasserraum, der ca. 30 m Ware faßt, ab, in welchem die Durchfärbung des Gutes erfolgt.

Durch das Färben bei Hochtemperatur werden z. B. die Färbekosten, was Farbstoff anbelangt, wesentlich verbilligt. MEUNIER gibt an, daß eine Kombination von Quinoline Yellow und Anthraquinone Blue, die man bei Kochtemperatur verwenden muß, per 1 lb-Faser etwa 40 bis 50 Dollarcent kostet, während man bei der Hochtemperaturfärbung durch Verwendung billigerer Farbstoffe, welche dann auch in befriedigender Tiefe ziehen, einen Farbstoffkostensatz von 10 bis 18 Dollarcent erhält.

Die Hochtemperaturfärbung von Geweben ist sehr schwierig, da es auch in geschlossenen Gefäßen schwer fällt, überall genau dieselbe Temperatur zu halten. Man bläst dann zusätzlich Dampf ein oder arbeitet mit dem „Barotor", einer Entwicklung der Du Pont, bei welcher das Gewebe, auf kreisrund angeordneten Stäben im Zick-Zack gewickelt, nach dem Rotorprinzip mit der Färbeflotte behandelt wird (vgl. S. 527). Der Barotor dreht sich mit etwa vier Umdrehungen in einem horizontal angeordneten Autoklaven.

Die Klotzfärbungen mit Neolan- bzw. Capracylfarbstoffen ergaben für Orlon und Dacron keine wesentliche Anfärbung. Für Acrilan entsprach sie einer solchen auf Nylon. Eine Vorbehandlung mit Quellmitteln wie p-Phenylphenol oder Benzoesäurelösungen und nachheriges Klotzen bei 90° C, Dämpfen (5 Min.), Spülen, Seifen (bei 70° C) und Trocknen ergaben für Säure- und Neolanvertreter [Crocein Scharlach N (CI 252), Alizarinrubinol R (CI 1091), Polargelb 2G (CI 642), Echtlichtgelb GG (CI 639), Capracylgelb N und Neolanblau 2G (Pr 144)] auf Orlon und Dacron keine wesentliche Färbung, auf Dynel nur mit Capracylgelb N und auf Acrilan mit den beiden Metallkomplexfarbstoffen.

Auch die Versuche, mit sauren Lösungen von Palatinechtgelb GRN (Pr 316) zu färben und durch ein Metallbad zu nehmen (100° C), verliefen bei Vorbehandlung der Fasern mit Quellmitteln negativ.

Es konnten hier mit Rücksicht darauf, daß es sich bei Orlon und Terylen bzw. Dacron um Fasern handelt, die eben gerade großindustriell hergestellt werden, nur Versuchsergebnisse mitgeteilt werden, die von US-Farbstoffen stammen. Bei uns sind die beiden Fasern noch unbekannt und daher technisch nicht einmal versuchsweise studiert. Einer von uns hatte kürzlich Gelegenheit, Dacron in Mischung mit Wolle in Webware vorliegen zu haben, konnte aber Unitönung beider Fasern mit den zur Verfügung stehenden Mitteln nicht erreichen.

d) Das Färben von Acrilan

Man kann „X-51-(ein Copolymerisat aus Acrylnitril und Vinylverbindungen)-Stapel" mit Azetatfarbstoffen färben, wobei mindestens 95° C heiße Bäder angewendet werden sollen oder auch Hochdruckfärberei.

Nach der Cupro-Ionenmethode kann man mittels saurer oder direkter Farbstoffe färben, wobei man zuerst mit 1 bis 3% Kupfersulfat und dann 3 bis 5% Hydroxylaminsulfat kochend für zehn Minuten behandelt. Man färbt kochend 30 Minuten, setzt dann 4% H_2SO_4 zu und läßt nochmals 30 Minuten kochen.

Basische Farbstoffe ziehen sehr rasch ohne Beize und zeigen befriedigende Lichtechtheiten.

X-51-Stapel kann im Gegensatz zu allen anderen Acrylfasern des Marktes mit alkalischen Lösungen von Küpenfarbstoffen gefärbt werden. Die Lichtechtheit ist geringer als auf Zellulose, die anderen Echtheiten ausgezeichnet.

Fäden färben schwerer mit Azetatseidenfarbstoffen, ebenso ergibt die Kupferionenmethode nur bis mittlere Töne. Mit Küpen ist nicht aus alkalischem Färbebad färbbar, sondern man arbeitet nach dem Küpensäureverfahren.

Acrylfasern sollen nach der Cupro-Ionenmethode im Kontinueverfahren färbbar sein. Lediglich die Reibechtheit der erhaltenen Färbungen ist als ungenügend angegeben. Erfahrungen fehlen.

Die Färbung von Chemstrand — jetzt Acrylanfasern aus Polyacrylnitril und Polyacrylsäure — kann nach Mitteilung der Amer. Viscose Corp. bzw. von WOODRUFF[118] in befriedigender Weise und bei genügender Lichtechtheit

---

[118] Amer. Dyestuff Reporter **40,** P 402 (1951).

derart erfolgen, daß man die schwachgelbliche Faser mit sauren Farbstoffen bei 100° C unter Verwendung von 10% Schwefelsäure auf der Kufe färbt. Man gibt erst den gelösten Farbstoff zu, beginnt bei 70° C zu arbeiten und setzt unter langsamer Temperaturerhöhung die Säure auf viermal zu. Nach der Färbung wird gespült und etwa obenauf sitzender Farbstoff mit schwacher Sodalösung bei 50° C abgezogen. Die Faser enthält bei gutem Schleudern kaum 20% Wasser (normale Absorption maximal 5%) und wird bei niedriger Temperatur getrocknet. Über 120° C vergilbt sie und erweicht bei 236° C. Sie schrumpft kaum und wird von 1%iger NaOH in der Kälte und von 0,25%iger NaOH kochend nicht geschädigt. Über Hochdruckfärbeapparaturen vgl. Cales Bull. 833 (1953).

e) Das Färben von Rhovyl und Dynel

Beim Färben von Rhovyl soll nach Francolor das sogenannte ASC-Verfahren gute Ergebnisse zeitigen. Man arbeitet in Bädern, die Solvant F und Gonflant ACS (Quellmittel) enthalten, und zwar mit zirka 200 ccm pro Liter. Die Gewebe werden geklotzt, auf 45% Flüssigkeitsaufnahme abgequetscht und dann getrocknet. Verwendet werden Azetatseidenfarbstoffe, die man anteigt und ins Bad gibt. Empfohlen werden Jaune acétoquinone 4J, Orange acétoquinone 4R, J, Brun celliton solide BT, Brun acétoquinone 2B, Rouge acétoquinone 2G, Ecarlate acétoquinone R, Rubis acétoquinone B, Bleu acétoquinone F, J, Héliotrope acétoquinone N usw. Zum Beispiel arbeitet man für Grün mit 4 g Bleu acétoquinone F und 1 g Jaune acétoquinone 4J 50 g pro Liter, Braun mit 1 g Orange 4R, 10 g Bleu cellitone 2RF conc. und 2 g Jaune acétoquinone 50 g pro Liter bzw. Marine mit 40 g Bleu cellitone solide 2 g, 8 g Rouge acétoquinone 2 g und 4 g Jaune acétoquinone 4J 50 g pro Liter bei eventueller zweimaliger Passage durch das Klotzbad. Nach dem Klotzen läßt man 2 Stunden aufgewickelt stehen, trocknet bei niedriger Temperatur, seift und spült.

Ein Glanzverlust der Faser beim Färben mit Azetatseidenfarbstoffen ist durch Zusatz von Glaubersalz zu den Bädern vermeidbar.

Für die Färbung von Dynel hat sich ergeben, daß die Kupfersalzmethode (vgl. S. 525) ebenfalls zu guten Ergebnissen führt. [Feild, Fremon, Text. Res. J. 21, 531 (1951).]

Mit Säurefarbstoffen färbt man nach der Cupro-Ionenmethode mit Kupfersulfat-Zinkformaldehydsulfoxylat, wobei man den Farbstoff bei Zimmertemperatur zugibt und zum Kochen treibt. Dunkle Töne arbeitet man ebenso mit p-Phenylphenol als Quellmittel. Natriumsulfatzusatz ist in beiden Fällen als glanzerhaltend nötig.

Marineblau:	2% Artisil Blue GFL (Du Pont)
Garn am Apparat:	8% Celanthrene Violet BGF
	0,5% Acetamine Yellow 4RL.

Man färbt, bei 70° C beginnend, 15 Minuten, erhitzt dann auf 100° C und färbt eine Stunde bei einem Pumpendruck von etwa 20 lbs. Hernach wird bei 90° C gespült und dann verkühlt.

Hochdruck-Saranfärbungen nach Roy (l. c.) werden z. B. wie folgt vorgenommen:

Schwarz:	5% Celanthrene Violet BGL
	2% Celanthrene Blue FFS (Pr 228)
	1% Acetamine Orange GR (Pr 43).

Man färbt wie oben, jedoch unter Druck (30 lbs) bei 120° C. Saran wird, wenn bei hohen Drucken und Temperaturen gefärbt, steif und deformiert.

Tab. D. *Die gebräuchlichsten*

	Baumwolle *Hydratzellulose*	*Wolle* *Proteinfasern*
Baumwolle *Hydratzellulose*	*Unecht:* Basische Farbstoffe, Direktfarbstoffe. *Echter:* Direktfarbstoffe mit Nachbehandlung, Beizenfarbstoffe, Unlösliche Diazofarbstoffe, Schwefelfarbstoffe, Küpenfarbstoffe, Leukoesterküpenfarbstoffe, Oxydationsfarbstoffe.	*Unecht:* Ausgewählte Direktfarbstoffe, Halbwollfarbstoffe. *Echter:* Halbwollechtfarbstoffe, Halbwollcuprofixfarbstoffe usw., nachbehandelt. Zweibadverfahren. Chromfarben auf Wolle. Nachbehandelte Färbungen substantiver Art auf Baumwolle. Auch Baumwolle vorfärben, Wolle nachfärben (sauer) geht *nicht* mit Coprantinfarbstoffen usw.
Wolle *Proteinfasern*	*Unecht:* Ausgewählte Direktfarbstoffe, Halbwollfarbstoffe, Cotolane etc. *Echter:* Halbwolleinbadchromverfahren, Halbwollechtfarbstoffe, Halbwoll-SL-Farbstoffe, lichtecht. Zweibadverfahren. Wolle sauer vorfärben, Baumwolle nachdecken (direkt), für geringere Echtheit.	*Unecht:* Basische Farbstoffe, Säurefarbstoffe, Ausgewählte Direktfarbstoffe. *Echter:* Beizenfarbstoffe, Metallkomplexfarbstoffe (Neolane, Cibalane), Chromierungsfarbstoffe. *Selten:* Unlösliche Diazofarbstoffe, Ausgewählte Küpenfarbstoffe, Leukoesterküpenfarbstoffe.
Seide	Ausgewählte Direktfarbstoffe, Ausgewählte Direktfarbstoffe mit Nachbehandlung, Halbwollfarbstoffe. Zweibadverfahren. Oxydationsschwarz. *Selten:* Ausgewählte Schwefelfarbstoffe, Ausgewählte Küpenfarbstoffe.	*Unecht:* Basische Farbstoffe, Ausgewählte Säure- oder Ausgewählte Direkt- bzw. Ausgewählte Halbwollfarbstoffe. *Echter:* Halbwollechtfarbstoffe, Metallkomplexfarbstoffe.
Azetatfasern	Mischung von Dispersionsfarbstoffen mit Direktfarbstoffen. Zweibadverfahren nicht verwendet.	Mischung von Dispersionsfarbstoffen mit neutralziehenden Säure- oder Direktfarbstoffen. Zweibadverfahren nicht angewandt.
Polyamide (Nylon-Perlon)	Ausgewählte Direktfarbstoffe mit reservierenden neutralziehenden Säurefarbstoffen usw. Zweibadverfahren kaum verwendet.	Ausgewählte Säurefarbstoffe, Metallkomplexe, wie Neolane, Cibalane, Vialonechtfarbstoffe, Lanaperl- und Telonlicht- bzw. Telonechtsortiment usw. Zweibadverfahren nicht ausgeübt.

Mischungen suche man am Schnittpunkt der ↓→ Kolonnen der Bestandteile.

Färbeverfahren auf einheitlichen und Mischfasern

Seide	Azetatfasern	Polyamide (Nylon-Perlon)
Ausgewählte Direktfarbstoffe, Ausgewählte Direktfarbstoffe mit Nachbehandlung, Halbwollfarbstoffe.	Mischung von Dispersionsfarbstoffen mit Direktfarbstoffen.	Ausgewählte Direktfarbstoffe (reservierend) mit sauren, neutralziehenden Produkten.
Zweibadverfahren. Oxydationsschwarz. *Selten:* Ausgewählte Schwefelfarbstoffe, Ausgewählte Küpenfarbstoffe.	Zweibadverfahren kaum verwendet.	Zweibadverfahren kaum verwendet.
Unecht: Basische Farbstoffe, Ausgewählte Säure- oder ausgewählte Direkt- bzw. Ausgewählte Halbwollfarbstoffe. *Echter:* Halbwollechtfarbstoffe, Metallkomplexfarbstoffe der Neutralreihe (Cibalane).	Mischung von Dispersionsfarbstoffen mit neutralziehenden Säure- oder Direktfarbstoffen.	Ausgewählte Säurefarbstoffe, Metallkomplexe, wie Neolane, Cibalane usw.
	Zweibadverfahren kaum geübt.	Zweibadverfahren nicht ausgeübt.
Unecht: Basische Farbstoffe, Säure- und Resorcinfarbstoffe, Ausgewählte Direktfarbstoffe.	Mischung von Dispersionsfarbstoffen mit ausgewählten Säure- oder Direktfarbstoffen.	Ausgewählte Säurefarbstoffe.
Echter: Chromkomplexfarbstoffe, Beizenfarbstoffe, Chromierungsfarbstoffe. *Selten:* Ausgewählte Küpen- und Leukoesterküpenfarbstoffe, Ausgewählte Schwefelfarbstoffe, Unlösliche Diazofarbstoffe.	Zweibadverfahren nicht angewendet.	Zweibadverfahren kaum verwendet.
Mischung von Dispersionsfarbstoffen mit ausgewählten Säure- oder Direktfarbstoffen.	Dispersionsfarbstoffe, Entwicklungsfarbstoffe. *Selten:* Ausgewählte basische Farbstoffe, Ausgewählte Säurefarbstoffe (mit Quellmittel), Leukoesterküpenfarbstoffe.	Dispersionsfarbstoffe. (Eintonfärbung *nicht* möglich.)
Ausgewählte Säurefarbstoffe.	Dispersionsfarbstoffe. (Eintonfärbung unmöglich!)	Ausgewählte Säurefarbstoffe, Dispersionsfarbstoffe, Metallkomplexfarbstoffe usw.
Zweibadverfahren kaum angewandt.		*Selten:* Ausgewählte Direktfarbstoffe, Küpenfarbstoffe nach besonderem Verfahren. Einige basische Farbstoffe.

Beim Färben von Dynel in dunklen Tönen tritt [vgl. BONNARD, Amer. Dyestuff Reporter 41, P 262 (1952)] keine größere Schrumpfung als 5% ein, wenn man nicht zuviel p-Phenylphenol als Quellmittel verwendet. Interessanterweise bewirken auch Azetatseidenfarbstoffe bestimmter Konstitution eine Quellung und damit Schrumpfung der Faser.

7. Die Färbung von Geweben aus Fasermischungen

a) Die Halbwollstückfärberei

Je nach den verlangten Echtheiten wird die Färbung von Halbwollstücken einbadig oder zweibadig vorgenommen. Einbadig kann man mit substantiven Farbstoffen färben, wobei die Echtheiten der Färbung nur mittelmäßig sind. Ebenfalls einbadig mit nicht sehr hoher Tragechtheit arbeitet man auch mit Halbwollfarbstoffen. Lichtechte Vertreter dieses Sortiments sind vorhanden. Eine bessere Echtheit ist beim Arbeiten nach der Halbwolleinbadchrommethode möglich. Hier sind die erzielten Schweiß- und Naßechtheiten sehr gut, die Lichtechtheit gut. Zweibadige Färbeweisen sind die saure Färbung der Wolle auf der Kufe und das Nachdecken der Baumwolle am Jigger. Ältere Verfahren arbeiten hier vielfach noch für dunkle Töne unter Abdunkelung der Baumwolle mit Eisen-Sumach. Bei Anwendung naßechter saurer Farbstoffe für die Wolle kann die Baumwolle substantiv gedeckt und mit Sandofix (Sa), Levogen WW (Bayer), Lyofix SB (Ci) usw. naßecht gemacht werden. Schließlich ist auch die Färbung der Wolle mit Chromierungsfarbstoffen möglich. Die Baumwolle kann dann substantiv nachgedeckt werden. Diese Färbung mit Direktfarbstoffen erfolgt mit Farbstoffen, die nachbehandelt echte Töne ergeben.

Im nachfolgenden sollen die einzelnen Verfahren kurz besprochen und durch Rezepturen aus der Praxis illustriert werden.

α) Die Einbadfärbung

Die Einbadfärbung von Halbwollstücken mit substantiven Farbstoffen im neutralen Glaubersalzbad findet wie folgt statt:

Man geht mit der gereinigten Ware bei zirka 50° C ein. Das Bad enthält zirka 20% des Warengewichtes an Glaubersalz. Es wird zum Kochen getrieben, 30 Minuten gekocht und eventuell bei abgestelltem Dampf nachziehen gelassen. Die Farbtöne neigen zum Verkochen. Vorteilhaft wird dem Bad etwas Harnstoff zugegeben. Allzu langes Kochen ist zu vermeiden, da Minderung der Wollqualität eintritt und auch Knittern auftreten können.

Rezepturen:

Naturgraue Melange, 40% Baumwolle, 60% Wolle (Südamerika, Ponchos). Haspelkufe, 30 kg Ware, 2 Stücke, 800 l Flotte.

Gelbdrap:	0,900 kg	Diaminechtgelb A (IG)
	0,450 ,,	Diaminorange G (IG)
	0,240 ,,	Chrysophenin G (IG)
	0,030 ,,	Diaminrot B (IG)
	8,000 ,,	Glaubersalz krist.
Terrakotta:	Wie oben.	
	0,150 kg	Diaminbraun M (IG)
	0,540 ,,	Diaminbraun 3G (IG)
	0,300 ,,	Diamincatechin G (IG)
	8,000 ,,	Glaubersalz krist.

Rotdrap: 60 kg Ware, 4 Stück, 1200 l Flotte, kochend färben.
12,000 kg Glaubersalz krist.
0,040 „ Diamincatechin B (IG)
0,044 „ Diaminorange G (IG)
0,040 „ Diaminbraun M (IG)

50% Baumwolle, 50% Wolle.

Dunkelweinrot: 30 kg Ware, 800 l Flotte.
6,000 kg Glaubersalz krist.
0,200 „ Diaminrot 4B (IG)
0,100 „ Diaminscharlach B (IG)
0,350 „ Diaminrot 10B (IG)

Chrysophenin G, Diamincatechin G, Diaminbraun 3G, Diaminbraun M, Diaminrot 4B, 10B } färben Wolle und Baumwolle nahezu gleich.

Diaminscharlach B färbt Wolle stärker als Baumwolle.

Diaminechtgelb A, Diamincatechin B } färbt Baumwolle stärker als Wolle.

Statt der oben angegebenen Farbstoffe sind mit gleichem Erfolg anwendbar:

(IG) Benzopurpurin 4B, 10B.

(Ci) Baumwollgelb CH, Baumwollrot 4B, 10B, Direktcatechin BGE, Direktorange G.

(Gy) Diphenylrot 4B, 10B, Direkttiefbraun R, Diphenylbraun C3G, CR usw.

(Sa) Direktgelb CV, Chloraminrot 4B, 10B, Chloraminbraun RR.

Man kann selbstverständlich für die einbadige Färbung von Wolle-Baumwolle-Mischgeweben mit den von den verschiedenen Farbstoffherstellern gelieferten (auf Wolle-Baumwolle-Mischungen von etwa 50 : 50 eingestellten) sogenannten Halbwollfarbstoffen arbeiten. Derartige Sortimente sind als Universal- und Vegan- (IG), Halbwoll- bzw. Polytex- (Ci), Halbwoll- (Gy), Halbwoll- bzw. Tetramin- (Sa), Cotolan- bzw. Cotolanecht- (Bayer) Farbstoffe usw. allgemein bekannt. Sie besitzen im allgemeinen keine besonderen Echtheiten. Bei ihrer Färbung, die neutral erfolgt, ist für den Fall, daß die eine oder andere Faser in der Praxis überwiegt, direkt- bzw. neutralziehender saurer Farbstoff oder ein beide Fasern gleich anfärbender Direktfarbstoff zur Korrektur anzuwenden. Sie bedeuten also nichts anderes, als zur Bequemlichkeit und Erleichterung der Färbung geschaffene Mischungen, die ansonsten durch den Färber selbst im Bad vorgenommen werden müssen. Die Halbwollecht-(Ci)-Farbstoffe für Braun, Marine und Schwarz werden nach dem Färben mit Chromkali und Essigsäure behandelt.

Einige Rezepte für mit Halbwoll-, Halbwollchromfarbstoffen und mit Direktfarbstoffen nuancierte Halbwollfärbungen mögen diese Arbeitsweise illustrieren.

Silbergrau: 28,5 kg, 800 l, Mantelgeorgette
0,047 kg Tetraminlichtgrau R (Sa)
0,001 „ Tetraminlichtorange B (Sa)
0,004 „ Union Fast Yellow 57337 (Holliday)
0,012 „ Tetraminlichtblau FR (Sa)
2,000 „ Glaubersalz krist.
0,250 „ Polyfos (Ütikon, Schweiz)
0,250 „ Melipon (Österreich)

Marine: 28,5 kg, Kleiderstoff
1,150 kg Halbwolldunkelblau B (Ci)
0,100 „ Halbwollechtschwarz FO (Ci)
2,000 „ Glaubersalz krist.

Dunkelgrün: 16,8 kg, Kleiderstoff
0,480 kg Halbwolldunkelgrün B (Ci)
0,250 „ Halbwollbrillantgrün 2G (Ci)
0,020 „ Halbwollorange G (Ci)
2,000 „ Glaubersalz krist.
0,250 „ Calgon (Benckiser)
0,250 „ Alkylarylsulfonat

Granat: 40,9 kg, Kleiderstoff
1,000 kg Tetraminlichtgranat B (Sa)
0,600 „ Tetramingranat (Sa)
2,000 „ Glaubersalz krist.
0,250 „ Polyfos (Schweiz)
0,500 „ Melipon (Österreich)

Terrakotte: 38,4 kg, Kleiderstoff
2,200 kg Halbwollechtbordo TBL (Ci)
0,450 „ Tetraminblau 2BSN (Sa)
0,150 „ Diaminbraun MRC (Bayer)
0,050 „ Pontamin Fast Orange S (Du Pont)
0,750 „ Tetramingranat (Sa)
2,000 „ Glaubersalz krist.
0,250 „ Calgon oder ein anderes Phosphat
0,500 „ Alkylarylsulfonat

Drap: 24,1 kg, Gabardine
0,007 kg Halbwolleriochromdunkelbraun R (alle Gy)
0,014 „ Halbwolleriochromrot B
0,011 „ Halbwolleriochromblau 2G
0,024 „ Halbwolleriochromgelb G
2,000 „ Glaubersalz krist.
0,250 „ Eriochromalbeize (Gy)
0,250 „ Alkylarylsulfonat
0,250 „ Polyfos

Man geht bei 40° C ein, erwärmt zum Kochen und färbt 1½ Stunden ohne Dampfzufuhr bei fallender Temperatur.

Dunkelgrau: 48,7 kg, Covercoat
0,230 kg Halbwolleriochromgrün FB (alle Gy)
0,150 „ Halbwolleriochromrot B
0,400 „ Halbwolleriochromblau 2G
0,140 „ Halbwolleriochromgelb G
0,200 „ Halbwolleriochrommarineblau B
0,100 „ Halbwolleriochromdunkelbraun R
2,000 „ Glaubersalz krist.
1,000 „ Eriochromalbeize (Gy)
0,500 „ Melipon
0,250 „ Polyfos

sonst wie oben.

Abb. 263. *Halbwollfärbungen*

Muster		Muster		Muster	
	Rohware (Skigabardine)		Rohware		Kaschmir hellbeige, Baumwolle (Kaschmir, freigelegt) zweibadig
	Helle Färbung (Drap) wie oben nach dem Einbad-chrom-verfahren		Dunkelblau, Halbwoll-einbadchrom		Weft, marine, zweibadig Wolle sauer, Baumwolle mit Eisengrund
	Rohware (melée)		Rohware		Weft rosa, einbadig, direkt
	Dunkelblau aus oben, Halbwoll-einbadchrom		einbadig direkt gefärbte Exportware (Poncho)		Herrenware mit Halbwoll-cuprofixfarb-stoffen, Azetat-seidenfarben (Effekte)
	Rohware (melée)		Einbaddirekt-färbung von Ziertüchern		Halbwollblau, einbadig, mit Janusfarb-stoffen (1923!)
	Dunkelgrüner Skistoff, Halbwoll-einbadchrom		Lambergain, Dunkelrot auf Dunkelmelée, einbadig, direkt		Halbwolltuch zweibadig, Baumwolle mit Immedialleuko-farbstoffen, Wolle mit Chromierungs-farbstoffen

Grau: 71,9 kg, Covercoat
0,430 kg Halbwolleriochromblau 2G (alle Gy)
0,244 „ Halbwolleriochromrot B
0,138 „ Halbwolleriochromdunkelbraun R
0,255 „ Halbwolleriochromgelb G
2,000 „ Glaubersalz krist.
1,050 „ Eriochromalbeize (Gy)
0,500 „ Alkylarylsulfonat
0,500 „ Polyfos

In diesem Zusammenhang sei über das Ziehvermögen der verschiedenen gewöhnlichen Direktfarbstoffe auf die einzelnen Fasern kurz folgendes vermerkt.

Nahezu gleichmäßig färben Baumwolle und Wolle an:

(Cassella) Thioflavin S, Diaminechtgelb FF, Chrysophenin G, Diaminbrillantorange SS, Diamincatechin G, Diaminrosa CD (Geranin G), Diaminrot 4B, 10B (Benzopurpurin 4B, 10B), Diaminechtrot F, Diamingrün G, B, Diaminblau RW (Benzoblau RW).

Stärker auf die Wolle ziehen: Diaminechtgelb A, Diamincatechin B, Diaminechtscharlach 4BS, 7BS, 10BS, Diaminreinblau FF, Diaminblau 3B, Diamineralblau CVB, Diaminschwarz BH.

Stärker auf Baumwolle ziehen: Diaminorange F, Diaminbraun B, Diaminrosa GD, Diaminscharlach B, 3B.

Zum Nachdecken der Wolle neutral dienen: (Cassella) Radiogelb R, Walkgelb O, Radiobraun B, S, Radiorot G, Brillantwalkrot R, Patentblau A = Tetracyanol A, Formylviolett S4B, Naphtylaminschwarz 4B.

Von den späteren (IG) Produkten deckten beide Fasern gleich: Universalgelb C, Veganorange A, Benzolichtrot 8BL, Benzoechtscharlach 8BS, Benzopurpurin 4B, Universalbrillantrot B, Universalscharlach C, Benzobraun D3G, Halbwollbraun 3G, Diaminbraun M, Universalbraun C, Universaldunkelbraun C, Benzoechtschwarz L, Direkttiefschwarz EW extra, Universalschwarz B.

Bei hohen Temperaturen stärker auf die Baumwolle gehen: Benzoechtorange S, Benzoechtscharlach 4BS, 8BS, Direktschwarz BH. Auf die Wolle neutral ziehen unter anderem: Sulfongelb 5G, Walkgelb H3G, Supramingelb R, Sulfonorange G, Walkorange G, Säureanthracenrot 3BL, Supraminrot B, GG, Supraminbraun G,R, Formylviolett S4B, Alizarinreinblau B, Patentblau A, V, Sulfoncyanin GR, 5R, Alizarincyaningrün G, Sulfoncyaninschwarz BB.

Sollen lichtechte Direktfarbstoffe Anwendung finden, dann ziehen bei kochender Färbung ziemlich fadengleich auf Wolle und Baumwolle: Siriusgelb 5G, GG, G, Siriusrot BB, 4B, Siriusrubin R, Siriusbraun GR.

Die Wolle färben nur wenig an: Siriusgelb RT, Siriusorange 5G, 3R, Siriusrotviolett R, B, Siriusblau G, BRR, Siriusbraun R, Siriusgrau G, R.

Heller bleibt die Wolle bei Siriusbraun BRL, G, Siriusblau 6G, B, Siriusrubin B, Siriusscharlach B.

Im allgemeinen soll das Flottenverhältnis nicht zu klein sein, 1 : 25 (dunkle Farben), 1 : 40 (helle Farben). Für dunkle Töne soll man etwa 10 bis 25 g Glaubersalz pro Liter Flotte anwenden.

Untersuchungen über das Ziehvermögen von Direkt- und Chlorantinfarbstoffen (Ci) nach Gasser ergaben, daß folgende Farbstoffe sogenannte „Kaltfärber“ sind, also bis 60° C mit 60 bis 80% der verwendeten Farbstoffmenge im glaubersalzhaltigen Bad (20% krist.) aufziehen:

Baumwollgelb CH (Chrysophenin G), Direktechtgelb M, Direktgelb T, Direktorange G, R, Direktbraun M, Direktbrillantrosa B, Direktechtrot F, Direktrosa BN, GN, 3BN, Direktscharlach BS, Direktechtviolett 3B, BL, 2RL, Direktviolett 2B, 2R, Direktblau 2B, 3B, Direkthimmelblau grünlich, Melantherin BH, (Diaminschwarz BH), Carbidschwarz D, Direktechtschwarz B. Ferner: Chlorantinlichtgelb 4GLL, 5GLL, RLL, SL, Chlorantinlichtorange G, Chlorantinlichtrot 5B, 7B, Chlorantinlichtviolett BLL, RLL, Chlorantinlichtgrau RLN.

Eventuell verwendbar (Auszug bis 50% der Menge) sind:

Direktechtorange SE, Baumwollrot 4B (Benzopurpurin 4B), 10B, Direktbrillantrosa 3B, Direktechtbordeaux B, Direktechtscharlach 8BS, Melantherin JH, ferner: Chlorantinlichtbordeaux B, Chlorantinlichtblau GLL, Chlorantinlichtgrau BLN, GLL, GLN.

Unter Berücksichtigung des Anfärbevermögens für Wolle ist diese Eigenschaft wichtig für das Nachdecken der Baumwolle. Beim Klotzen von Baumwolle usw. sind die Farbstoffe wenig geeignet, da sie zu rasch aufziehen und daher Tonverschiebungen bei Farbstoffmischungen oder Unterschiede in der Tontiefe bei Verwendung bloß eines Farbstoffes eintreten. Schließlich ist hinsichtlich der Egalisierung damit zu rechnen, daß diese Farbstoffe, meist auch im glaubersalzfreien Bad, schon bei 40° C rasch aufziehen.

Für billigere Färbungen auf Krepp aus Wolle-Matt-Reyon sind neutralziehende Wollfarbstoffe mit Direktfarbstoffen kombinierbar. Eventuell können diese Färbungen, wie bereits gesagt, mit Sandofix (Sa), Levogen WW (Bayer), Lyofix SB (Ci) usw. nachbehandelt werden. Z. B. wurde ein

Marocain in Havanna, 2 Stück, 10 kg, 600 l Flotte, gefärbt mit:

14,000	l	Seifenlösung, 10 g pro Liter
6,000	kg	Glaubersalz krist.
0,500	„	Igepon T
0,260	„	Chloraminorange GS (SG)
0,035	„	Benzoechtscharlach 4BS (IG)
0,070	„	Sambesischwarz D (IG)
0,050	„	Brillantindocyanin G (IG)
0,045	„	Echtjasmin G (Gy)
0,085	„	Tuchrot G (Ci)

Echtere Färbungen sind nach der sogenannten Halbwoll-Einbadchrommethode erhältlich. Sie hat sich für Marine-, Braun- und Olivetöne seinerzeit gut eingeführt und ergibt gute Naßechtheiten. Vor dem Aufkommen der Coprantin- (Ci), Cuprofix- (Sa), Cuprophenyl- (Gy) usw. Färbungen ist sie für Skianzugstoffe stark in Verwendung gewesen. Sie weist auch heute noch gegenüber der neutralen Färbung (vgl. S. 537) den außerordentlichen Vorteil auf, daß die Gefahr der Bildung von Hitzefalten in den Geweben durch den Umstand, daß man essigsauer färbt, nicht besteht bzw. nur grobe Fahrlässigkeit derartige Fehler verursachen kann. Daher ist sie für empfindliche Gewebe usw. vorzuziehen, wenn auch die Lichtechtheit der Zellulosefärbung nicht jener der gekupferten Sortimente gleichkommt.

Auf dunkelgrauem Fond (40% Baumwolle, 60% Wolle), der stark ölhaltig war und einer außerordentlich ausgiebigen Reinigung bedurfte (vgl. Abb. 263, S. 535), wurde auf der Haspelkufe, Flotte 1 : 35, gefärbt:

Marineblau (für Skituch): 2 Stück, 45 kg Ware.

Das Bad wurde angesetzt mit den gelösten Farbstoffen und 25% Glaubersalz krist. auf Ware, bei 45° C eingegangen, die Stücke 15 Minuten laufen gelassen, dann 1% Essigsäure 30% und 1% Chromkali krist. zugegeben, ½ Stunde auf 70° C gefärbt, innert 15 Minuten zum Kochen erhitzt, 30 Minuten gekocht und dann bei abgestelltem Dampf gut nachziehen gelassen (¾ Stunde). Hierauf mustern, zusetzen, nachziehen lassen und bei Färbeende gut spülen.

	0,650 kg	Sulfoninblau 5R extra (Sa)
	0,450 „	Xylenbrillantcyanin 6B (Sa)
	0,850 „	Trisulfonblau FO (Sa)
	0,650 „	Chloraminschwarz F (Sa)
Zusatz:	0,300 „	Trisulfonblau FO (Sa)
	0,500 „	Chloraminschwarz F (Sa)
	0,250 „	Chloraminschwarz EX konz. (Sa)

Braun: 2 Stück, 41 kg, wie oben.

	0,650 kg	Omegachrombraun EB (Sa)
	0,850 „	Trisulfonbraun BP konz. (Sa)
	0,450 „	Chloraminschwarz F (Sa)
Zusatz:	0,450 „	Trisulfonbraun BP konz. (Sa)
	0,200 „	Chloraminschwarz F (Sa)

Andere Ausfärbungen auf Ware 60 : 40 (Wolle) in Blau und Braun wurden ausgeführt wie folgt: 17 kg Ware, Haspelkufe, Flotte 1 : 30.

Dunkelblau:	0,17 kg	Xylenbrillantcyanin 6B (Sa)
	0,12 „	Trisulfonblau FO (Sa)
	0,50 „	Chloraminschwarz F (Sa)
	30%	Glaubersalz krist.
	1%	Chromkali krist.
	1%	Essigsäure 30%

Dunkelbraun (rotstichig):	0,07 kg	Omegachromgranat (Sa)
	0,18 „	Trisulfonbraun PB konz. (Sa)
	0,34 „	Chloraminschwarz F (Sa)
	30%	Glaubersalz krist.
	1%	Chromkali krist.
	1%	Essigsäure 30%

Falls die Reibechtheit der Färbungen nicht ganz einwandfrei ist, nimmt man die Stücke auf der Breitwaschmaschine auf eine Suspension von Fuller- oder Walkerde. Empfindliche Ware, die durch den Walzendruck Schwielen bekäme, wird am Haspel behandelt.

Weitere Ausfärbungen betreffen ein Material, bestehend aus

10% Kunstseide, weiß	40% Tybet, grau, unkarbonisiert
10% Wolle, weiß	40% Shoddy, grau

Es wird bei 60° C eingegangen, innert ½ Stunde zum Kochen erhitzt, 30 Minuten schwach gekocht, dann 1 Stunde nachziehen gelassen und gut gespült. Die Färbungen verhalten sich bei leichter Walke gegen weiße Kunstseide gut.

Grün:	1,5%	Omegachromechtgrün G (Sa)
	0,4%	Xylenechtgrün 6B (Sa)
	1,0%	Solargrün BL (Sa)
	1,0%	Parasulfonbronze GS (Sa)
	0,5%	Omegachromgelb ME (Sa)
	30,0%	Glaubersalz krist.
	1,0%	Chromkali krist.
	1,0%	Essigsäure 30%

Olive:	1,3%	Omegachromechtgrün G (Sa)
	0,3%	Xylenechtgrün 6B (Sa)
	0,5%	Solargrün BL (Sa)
	25,0%	Glaubersalz krist.
	1,0%	Chromkali
	1,0%	Essigsäure 30%

Olive:	1,5%	Parasulfonbronze GS (Sa)
	2,0%	Omegachromechtgrün G (Sa)
	25,0%	Glaubersalz krist.
	1,0%	Chromkali
	1,0%	Essigsäure 30%
Marineblau:	2,6%	Sulfoninblau 5R extra (Sa)
	0,7%	Xylenbrillantcyanin 6B (Sa)
	2,0%	Chloraminschwarz F (Sa)
	25,0%	Glaubersalz krist.
	1,0%	Chromkali
	1,0%	Essigsäure 30%
Schwarz:	4,0%	Sulfoninschwarz B (Sa)
	4,0%	Chloraminschwarz EXR konz. (Sa)
	2,0%	Chloraminschwarz F (Sa)
	25,0%	Glaubersalz krist.
	1,0%	Chromkali
	1,0%	Essigsäure 30%
Braun:	1,0%	Omegachrombraun EB (Sa)
	1,0%	Trisulfonbraun BP konz. (Sa)
	1,2%	Chloraminschwarz F (Sa)
	0,8%	Omegachromgranat (Sa)
	25,0%	Glaubersalz krist.
	1,0%	Chromkali
	1,0%	Essigsäure 30%

Für das Halbwoll-Einbadchromverfahren sind nur jene substantiven Farbstoffe geeignet, die durch Chromkali nicht aus den Bädern gefällt werden und auch in essigsauren, kochenden Flotten stärker auf Baumwolle als Wolle ziehen. Als Wollfarbstoffe sind chrombeständige, schwach sauer ziehende Säurefarbstoffe bzw. Chromfarben, die mit geringen Säurezusätzen gut ziehen, zu wählen.

Direktfarbstoffe (Sa): Solargelb B, 2R, Solarorange 2RN, GA, 4G, Solarazurin L, Solarbrillantblau A, Solarblau 5GL, Solargrün BL, Solarbraun BR, Solargrau 2BL, Solarschwarz G.

Sonnengelb G, 2G, 3R, Chloraminechtscharlach 4BS, 8BS, Trisulfonblau FO, Chloraminreinblau FF, Parasulfonbronze GS, Trisulfonbraun BP konz., Chloraminschwarz BH, Chloramintiefschwarz EW extra.

Wollfarbstoffe (Sa): Xylenechtgelb RP, Xylenwalkgelb G, Alizarinlichtrot R, Sulfoninrot G, Säureviolett 4BNS, Alizarinlichtblau 3G, AR, Xylenechtblau BL, Sulfoninblau 5R extra, BN, G, Xylenechtgrün 6B, Alizarinlichtgrau G, Sulfoninschwarz B.

Omegachromgelb ME, Omegachromflavin CLE, Omegachromrot G, Omegachromviolett B, Omegachromechtgrün G, Omegachrombraun EB, Omegachromschwarzblau G, Alizarinlichtgrün GS, BT, Alizarinlichtbraun BL.

Fertige Mischungen liegen in den Halbwollchromfarbstoffen (Sa) bzw. die Tetraminchromfarben (Sa), insbesondere auch für Regenmäntelstoffe aus Halbwolle und Wolle-Zellwolle, vor. Erstere färbt man unter Zusatz von 20 bis 30% Glaubersalz krist., 1 bis 2% Essigsäure 30%, 1% Chromkali (oder 3 bis 6% Metomegachrombeize). Die Produkte reservieren Azetatseideeffekte.

Z. B. Negerbraun:	5%	Halbwollchromdunkelbraun BA (Sa)
	2%	Halbwollchromgelb BA (Sa)
Dunkelmarine:	6%	Halbwollchromblau BA
	2%	Halbwollchromschwarz BA

Für Modekombinationen mit Tetraminchromechtfarbstoffen empfiehlt Sandoz solche aus

Tetraminchromechtbraun GL
Tetraminchromechtblau F, BL, GL
Chloraminechtgrau BL

Z. B. Drap: 0,50% Tetraminchromechtbraun GL
0,25% Tetraminchromechtblau 7BL
0,40% Chloraminechtgrau BL

Man kann auch Diazofarbstoffe mit Metomegachrom- oder schwach sauer ziehenden Säurefarbstoffen einbadig chromfärben und nachher die Baumwolle diazotieren und entwickeln.

Gefärbt wird wie üblich erst mit 20 bis 30% Glaubersalz krist., 1 bis 2% Essigsäure 30% und 0,5 bis 1% Chromkali oder 3 bis 6% Metomegachrombeize (Sa), indem man bei 50 bis 60° C eingeht, innerhalb ½ Stunde zum Kochen treibt, ½ Stunde kochend färbt und dann bei abgestelltem Dampf nachziehen läßt. Den Säurezusatz kann man eventuell nach ¼ Stunde Kochen geben. Hernach spülen, diazotieren und entwickeln.

Z. B. Gedecktes Bordo: 1,0% Metomegachromrot ME (Sa)
4,0% Diazaminlichtbordo BL (Sa)
(Diazotiert und entwickelt mit β-Naphtol wie üblich.)

Dunkelgrün: 0,5% Metomegachromgrün GL (Sa)
0,7% Alizarinlichtgrün GS (Sa)
0,2% Metomegachromgelb ME (Sa)
6,0% Diazamingrün BL (Sa)
1,0% Chloraminchromgelb BL (Sa)
(Diazotiert und entwickelt mit β-Naphtol.)

Dunkelmarineblau: 2,0% Metomegachrommarineblau BB konz.
6,0% Chloraminschwarz BH
(Diazotiert und entwickelt mit β-Naphtol.)

Schwarz: 2,0% Sulfoninschwarz B
2,0% Diazochloraminschwarz N
6,0% Chloraminschwarz BH
(Diazotiert und entwickelt mit Toluylendiamin.)

Für das Färben von Herrenstückware auf Tiefschwarz kann ebenfalls nach dem Einbad-Diazotier-Verfahren gearbeitet werden. Man färbt nach Vorschlägen der IG mit 6% Sambesischwarz V, 4,5% Sulfoncyaninschwarz B, nuanciert mit 0,1% Alizarincyaningrün G extra, 15% Glaubersalz und 1% Leonil O (Lösung). Nach dem Färben wird gespült und diazotiert. Sodann wird mit 1,4% Entwickler H (IG) und 1% Leonil O entwickelt. Man kann auch nach folgendem Rezept arbeiten:

6,0% Sambesischwarz V (IG)
3,3% Metachromblauschwarz BBX (IG)
0,7% Metachrombraun EB (IG)
0,7% Anthracengelb BX (IG)
15,0% Glaubersalz kalz.
1,0% Leonil O (Lösung)
6,0% Metachrombeize
2,0% Ammonsulfat

Die Färbung vollzieht sich so, daß man bei 50 bis 60° C eingeht und langsam zum Kochen treibt, 1 Stunde kocht und dann 1 Stunde nachdeckt. Hierauf wird gut gespült, nitriert (diazotiert), gespült und entwickelt.

Für Grün- oder Brauntöne usw. eignen sich auch (IG): Supramingelb R, 3GL, Walkgelb HG, Supranolorange RR, GS, Anthralanrot 3B, Supranolscharlach G,

Wollechtblau BL, GL, Sulfoncyanin 5R extra, Alizarincyaningrün G extra, Supranolbraun 5R, Nerol VL, Radioschwarz ST, Chromgelb A extra, Anthracengelb BN, Metachromorange 4RL, Metachromrot 5G, Metachrombraun BL, Alizarinreinblau FFB, Alizarincyaningrün G extra, Metachrombraun 6G, V, Alizarinblauschwarz B, Alizarinlichtgrau BBLW, Metachromschwarz FB. (Die sauren Farbstoffe dürfen beim Diazotieren ihre Nuance nicht ändern!)

Um ein Verkochen der substantiven Farbstoffe hintanzuhalten, empfahl die IG Vegansalz A (5 bis 10%) als Flottenzusatz. Die Nuancierungsmöglichkeiten sind bei diesem Verfahren gering.

Es werden folgende Rezepturen gegeben:

Dunkelgrün: 4,00% Diazolichtgrün GL (IG)
0,80% Sambesischwarz V (IG)
1,25% Alizarinlichtgrau BBLW (IG)
0,80% Alizarinblauschwarz B (IG)
1,00% Alizarincyaningrün G extra (IG)
0,20% Chromgelb A extra (IG)
4,00% Metachrombeize (IG)

Als Entwickler 1,5% β-Naphtol + 1,5% NaOH, 40° Bé, 1% Leonil B in Lösung.

Dunkelbraun: 4,00% Diazobrillantorange 3G (IG)
1,30% Sambesischwarz V (IG)
0,50% Diazolichtbordo 5BL (IG)
2,50% Metachrombraun EB (IG)
3,50% Metachrombeize (IG)

Entwickelt wie oben.

Einen für Herrenware aus Mischungen von Wolle-Baumwolle oder Wolle-Viskosekunstseide satte blumige Schwarztöne liefernden Farbstoff, der gute Naß-, Schweiß- und Naßbügelechtheiten zeigt, empfahl die IG als Halbwollechtschwarz NA. Die lichtechten, etwa 10%igen Ausfärbungen werden in Gegenwart von 10 bis 15% Glaubersalz kalz. und 5 bis 10% Vegansalz A (gegen Verkochen) bei 30 bis 40° C beginnend, schließlich 1 Stunde kochend gefärbt und 1 Stunde im erkaltenden Bad nachziehen gelassen. Die gute lichtechte Färbung kann durch Nachbehandlung bei 70° C, 30 Minuten, mit 3% Formaldehyd 30%, 1% Chromkali, 1% Essigsäure 30% in den Naßechtheiten merklich verbessert werden.

Bayer empfiehlt für einbadige Halbwollfärbungen je nach Echtheit seine Cotolan- bzw. Cotolanecht- oder Cotolanchromfarbstoffe. Von diesen Cotolanfarbstoffen echteren Typs werden nunmehr als neue Marken Cotolanechtorange 3GL, -reinblau R, -reinblau GF sowie Cotolanchromschwarz B empfohlen.

Halbwollecht-SL-Farbstoffe von Geigy, in dunklen Tönen mit Tinofix A dopp. plv. nachbehandelt, geben wasser- und schweißechte Färbungen. Die Farbstoffe ziehen auch nach längerem Kochen nicht stärker auf die Wolle und sind für 50/50-Mischungen Wolle-Zellwolle eingestellt. Andere Mischungen müssen neu nuanciert werden. Es handelt sich vermutlich um Irgalane in Kombination mit Solophenylen.

Nach Hoechst kann man zum Färben von Halbwollgeweben besserer Art die Halbwollechtmarken: -blau HBL, GL, -gelb HGL, -scharlach HGL, -bordo HG, -braun HGB, -brillantgrün HGL, -marineblau HB verwenden, wobei eventuell zu helle Baumwolle mit Siriuslichtgelb RT, -scharlach GG, -lichtblau FBGL, -lichtgrün BTL, -lichtbraun BRS, -lichtgrau VGL nachgedeckt werden können.

Für lichtechte und naßechte Halbwollfärbungen kann man einbadig so vorgehen, daß man mit neutral ziehenden Wollfarbstoffen gemeinsam mit kupferbaren Direktfarbstoffen, wie z. B. den Vertretern des Halbwollcuprophenylsortiments von Geigy arbeitet[119]. Die gewählten Wollfarbstoffe müssen natürlich Cu-beständig sein. Ihre Nuance wird beim Kupfern etwas verändert.

Man arbeitet z. B. mit (Gy): Echtjasmin G konz., Polarrot RS konz., G konz., Polarbrillantblau 3R, Erioanthracenreinblau BFF oder Wollreinblau BLN, Tuchechtblau S5R, Erioechtcyaningrün G, Eriosolidbraun R, Polargrau BL und Säurewalkschwarz VL konz. für die Wolle, wobei die Nuance von Echtjasmin G konz. etwas grüner, jene der Rottöne und auch der Blaumarken etwas trüber wird. Als baumwoll- bzw. zellwollfärbende Marken wählt man Cuprophenylgelb RL, Cuprophenylbraun 2RL, Cuprophenylbraun 2GL, Cuprophenylrot BL, Cuprophenylmarine BL, Cuprophenylgrau 2BL, GRL, Cuprophenylschwarz RL, Cuprophenylschwarz GL. Bei Mischungen, die Wolle und Baumwolle bzw. Wolle und Zellwolle etwa in gleichen Mengen enthalten, färbt man neutral unter Zusatz von 5 bis 20 g Glaubersalz kalz. pro Liter Flotte. Für Marine- und Schwarztöne gibt man zur Verhinderung des Verkochens, insbesondere bei hartem Wasser, etwa 1 bis 2% Irgasalz AP (Gy) zu. Es wird bei 50° C eingegangen und innerhalb 25 Minuten zum Kochen getrieben, 3/4 Stunde kochend gefärbt, 30 Minuten bei abgestelltem Dampf nachziehen gelassen (Zellwollefärbung) und dann gründlich gespült. Es ist darauf zu achten, daß beim Spülen der kalte Wasserstrahl die am Haspel laufende Ware nicht direkt trifft und erst das Bad etwas abgekühlt wird, ehe man ablaufen läßt, da sich sonst allzu leicht Hitzefalten bilden. Im übrigen ist die Ware auch während des Färbevorganges darauf zu kontrollieren, da insbesondere heikle Gewebeverbindungen beim neutralen Färben dazu neigen. Der Färbeprozeß soll deshalb so rasch wie möglich erfolgen.

Nach dem Spülen wird auf frischem Bad mit 2% Essigsäure 30% und 2% Kupfersulfat bei 60° C 20 Minuten gekupfert.

Die Färbungen sind wegen ihrer hohen Licht-, Wasser- und Schweißechtheit für gewisse Damenstückwaren, Trikotagen, aber auch leichte Herrenware geeignet.

Fehlfärbungen können abgezogen werden.

Einbadige Färbeweisen arbeiten auch so, daß man mit Benzoechtkupferfarbstoffen (Bayer) und für die Mono- bzw. Metachromfärbeweise geeigneten, kupferunempfindlichen Wollfarbstoffen unter Zusatz von 0,5 bis 2,5% Metachrombeize, bei 40° C beginnend, färbt, die Temperatur langsam auf 95° C steigert, 1 1/2 Stunden färbt und im erkaltenden Bad 30 bis 40 Minuten nachziehen läßt. Gekupfert wird auf frischem Bad mit 1 bis 2% Kupfervitriol und 1 bis 2% Essigsäure 30% bei 70° C 30 Minuten.

Man behandelt erst mit dem essigsauren Bad, dem man das Kupfersalz dann beigibt. Gleichzeitig oder nachher kann eine Levogen-WW- (Bayer) Behandlung erfolgen, wobei man bei gleichzeitiger Anwendung des Levogens statt Kupfersulfat Kupferazetat benutzen muß, da sonst Fällungen eintreten.

Zum Färben eignen sich für die Wolle: Chromgelb D extra, Metachromgelb KE, Chromechtorange 3RL, GR, Metachrombraun 6G, EB, BL, Metachromrot 5G, 2B, Metachrombordo BL, Metachromviolett RR, B, Metachrombrillantblau BL, 8RL, Metachromblau BA, Metachromgrün B, Metachromolive GG, Alizarinblauschwarz B.

Zum Nuancieren eignen sich folgende Säurefarbstoffe: Sulfongelb 5G, Walkgelb O, Supranolorange GS, Supraminbraun R, G, Supranolbraun 5R, Supranolbrillantrot G, Supranolblau GG, Supraminblau EG, Alizarinreinblau B, Sulfoncyanin 3B, 5R, Alizarincyaningrün GWA, G extra, Alizarinlichtgrau BBLW.

---

[119] Vgl. z. B. Textil-Rundschau 6, 116 (1951).

Für die Baumwolle bzw. Viskosereyonstapelfaser verwendet man folgende, die Wolle fast reservierende Marken: Benzoechtkupfergelb GGL, GRL, RLN, Benzoechtkupferbraun 3GL, NL, Benzoechtkupferrot RL, Benzoechtkupferviolett BBL, Benzoechtkupferblau FBL, GL, F3GL, Benzoechtkupfermarineblau 3RL, RL, eventuell in Verbindung mit Mesitol WL (Bayer), dem Katanol WL der IG als Wollreserve. Das Nachdecken erfolgt bei 40 bis 50° C.

Zum Beispiel erhält man ein Rot auf Wolle-Zellwolle lose 1 : 1, im Apparat 1 : 10, mit:

2,50% Benzoechtkupferrot RL (Bayer)
0,40% Benzoechtkupferviolett BLL (Bayer)
1,00% Metachrombordo BL (Bayer)
1,50% Levegal K (Bayer)
15,00% Glaubersalz kalz.
0,75% Monochrombeize konz.

nachbehandelt mit 2% Kupfervitriol und 2% Essigsäure 30%.

Auch mit Coprantinen (Ci) oder Cuprofix- bzw. Resofixmarken (Sa) sind derartige Einbadfärbungen aus Neutralbädern möglich, da die meist kupferhaltigen Direktfarbstoffe nur wenig auf Wolle ziehen. Auf die meist schwierige Löslichkeit der Produkte ist zu achten, insbesondere bei der Apparatefärberei! Man verwende deshalb auch konzentrierte Farbstoffmarken [vgl. WOJATSCHEK, Melliand Textilber. **33**, 157 (1952)].

So lassen sich z. B. gute Echtheiten aufweisende Färbungen (Lichtechtheit 6 bis 7, Wasser-und Waschechtheit 5) in Marine und Schwarz mit den Halbwollcuprofixfarbstoffen (Mischungen von neutral ziehenden sauren Produkten mit solchen der Cuprofixreihe) erzielen.

Man färbt z. B. mit 5% Halbwollcuprofixmarineblau CLU, 1% Halbwollcuprofixschwarz CRLA und behandelt mit Kupfersulfat-Essigsäure oder Cuprofix S nach. Schwarztöne erhält man mit 10% Halbwollcuprofixschwarz CRLA und entsprechender Nachbehandlung wie oben.

Halbwolle kann nach Vorschlägen von DURAND und HUGUENIN[120] auch mit Indigosolen in sehr guter Echtheit gefärbt werden. Die bisherigen Klotzverfahren verwendeten Oxydationsmittel enthaltende Bäder, wobei nach dem Klotzen in saurem Bad, welches Hydrochinon oder Harnstoff enthielt, oxydiert wurde. Eine Zwischentrocknung wurde zum besseren Ton-in-Ton-Ausgleich empfohlen. Meist erhielt man auf diese Weise tiefer gefärbte Baumwollanteile.

Für kleine Metragen ist die Kontinuemethode zeitraubend und teuer. Man arbeitet am Jigger, wobei man die gut gereinigte Ware mit der wäßrigen Indigosollösung netzt und langsam unter Zusatz von Salz auffärbt. Je nach der Temperatur des Bades ist die Anfärbung der Wolle bzw. Baumwolle größer. Bei hohen Temperaturen ziehen die Farbstoffe mehr auf die Wolle (80° C), bei tieferen (20° C) mehr auf die Baumwolle. Man muß also zwischen 20 und 80° C färben, je nach Farbstoffaffinität.

Als Rezepturen geben DURAND und HUGUENIN an:

Gelb 0,16 g pro Liter Flotte Indigosolgelb V
0,14 g pro Liter Flotte Indigosolgoldgelb IGK,

oxydiert auf einem Bad, das 10 g Schwefelsäure 66° Bé pro Liter, 2% Rhodanammon auf Ware und 0,6% Chromkali (auf Ware) enthält. Man färbt derart, daß man erst die Hälfte des gelösten Indigosolfarbstoffs in das Färbebad, welches 0,5 Igepon T enthält, gibt, nach einer Passage dann die andere Hälfte, nach 2 Passagen innert 4 bis 6 Enden 10 bis 50 g Glaubersalz kalz. (gelöst), worauf

---

[120] Textil-Rundschau **6**, 20 (1951).

man noch 2 bis 4 Passagen gibt. Ohne Spülen läßt man auf das Oxydationsbad laufen, wo man 15 Minuten behandelt. Dann wird mit Soda oder Salmiak nach Spülen neutralisiert und hierauf mit 1 g Fettalkoholsulfonat pro Liter bei 85° C 15 Minuten behandelt. Die Baumwolle soll etwas dunkler gehalten werden als die Wolle, da sie sich bei dieser Nachbehandlung mehr aufhellt.

Für Braun wird empfohlen: 0,4 g pro Liter Indigosolbraun IRRD mit 3 g Katanol W (als Schutz vor zu dunklem Anfärben der Wolle). Man verwendet 1,4% Chromkali im Oxydationsbad. Rot wird gefärbt mit 1 g Indigosolrot AB und oxydiert mit 0,8% Chromkali.

β) Die zweibadige Färbung von Halbwollgeweben

Außerordentlich häufig werden Halbwollgewebe derartig gefärbt, daß man erst die Wolle sauer vorfärbt und dann die Baumwolle nachdeckt. Für nicht besonders hohe Ansprüche genügen zur sauren Vorfärbung die Säurefarbstoffe, zum Nachdecken der Baumwolle Direktfarbstoffe, wobei die Naßechtheiten der substantiven Färbungen durch Nachbehandlung mit Solidogen FFL (IG), Levogen WW (Bayer), Sandofix (Sa), Lyofix SB (Ci) oder Tinofix (Gy) usw. verbessert werden können. Man arbeitet am besten derart, daß man die saure Vorfärbung auf der Haspelkufe, das Nachdecken der Baumwolle aber, des günstigeren Flottenverhältnisses wegen, am Jigger durchführt. Beim Färben auf Muster ist die Vorfärbung des Wollanteils stets lebhafter zu halten. Überhaupt erfordert die Berücksichtigung der Farbänderung durch das Decken der Baumwolle eine außerordentlich große Erfahrung. Früher erfolgte die Baumwollfärbung für dunkle Töne vielfach auch so, daß man mit Tannin oder Sumach und nachher mit Eisensalz behandelte. Der entstandene blauschwarze Ton wurde dann mit direkten Farbstoffen überfärbt (vgl. einige der nachfolgenden Rezepte).

Drap: 50 kg Wolle (Haspelkufe):	0,020	kg	Flavazin S (IG)
	0,010	„	Eriofloxin 2B (Gy)
	0,003	„	Alizarinsaphirol ESB (IG)
Baumwolle:	0,063	„	Naphtaminechtgelb FF (IG)
	0,009	„	Benzoechtscharlach 4BS (IG)
	0,001	„	Diaminschwarz BH (IG)
Drap (rötlich): 40 kg Wolle:	0,048	„	Flavazin S (IG)
	0,035	„	Eriofloxin 2B (Gy)
	0,019	„	Erioechtblau BB (Gy)
Baumwolle, vorgebeizt mit:	0,400	„	Tannin
grundiert mit	0,100	„	Brechweinstein
	0,750	l	salpetersaures Eisen
aufgefärbt mit	0,280	kg	Naphtaminechtgelb FF (IG)
	0,100	„	Pegubraun G (IG)
	0,040	„	Benzoechtscharlach 4BS (IG)
	0,050	„	Direkttiefschwarz GT (IG)
Braun: 60 kg Wolle:	0,250	„	Tartrazin O (IG)
	0,140	„	Orange II (IG)
	0,130	„	Eriofloxin 2B (Gy)
	0,100	„	Erioechtblau AB (Gy)
Baumwolle, grundiert mit:	9,000	l	Sumachextrakt, flüssig
	0,500	kg	Brechweinstein
	1,200	l	salpetersaures Eisen
aufgefärbt mit	0,003	kg	Auramin O (div.)
	0,038	„	Safranin M (div.)
	0,019	„	Methylenblau B (div.)

Kupfer: 40 kg Wolle:	0,200 kg	Viktoriascharlach 3R (IG)
	0,100 „	Tartrazin O (IG)
	0,020 „	Chromazonrot A (Gy)
Baumwolle, vorgebeizt mit:	1,500 „	Tannin
	0,300 „	Brechweinstein
gefärbt mit	0,150 „	Auramin O (div.)
	0,200 „	Safranin M (div.)
	0,030 „	Methylenblau B (div.)
Weinrot: 60 kg Wolle:	0,600 „	Chromazonrot A (Gy)
	0,150 „	Eriogrenadin B (Gy)
	0,030 „	Tartrazin O (BASF)
Baumwolle:	1,600 „	Oxaminbordo B (BASF)
	0,400 „	Oxaminschwarzblau B (BASF)
	0,200 „	Benzoviolett 5RH (Bayer)
Türkis: 54 kg Wolle:	0,030 „	Erioechtblau AB (Gy)
	0,080 „	Cyanol FF (Kalle)
Baumwolle, vorgebeizt mit:	1,500 „	Tannin
	0,300 „	Brechweinstein
gefärbt mit	0,130 „	Türkisblau 2B (BASF)
	0,060 „	Baumwollblau O (BASF)
Grün: 80 kg Wolle:	0,520 „	Tartrazin O (BASF)
	0,500 „	Erioechtblau AB (Gy)
	0,100 „	Eriofloxin 2B (Gy)
Baumwolle:	1,500 „	Oxaminblau BB (BASF)
	0,500 „	Naphtamingelb G (Kalle)
	0,500 „	Naphtaminbraun D3G (Kalle)
	0,500 „	Diaminschwarz BH (Bayer)

Diese alten Rezepte sind des Interesses wegen angegeben. Modernerweise arbeitet man wegen der jetzt verlangten besseren Echtheiten mit schwach sauer ziehenden Farbstoffen oder Chromfarben und färbt die Baumwolle nachher mit entsprechend echten Produkten.

Wolle-Fibro-Mischungen (Fibro ist eine Stapelfaser des Viskosereyontyps der Courtaulds) können nach Boulton [J. Soc. Dyers Colour. **67**, 401 (1951)] zweibadig gefärbt werden, wobei bis 3% Schwefelsäure im Wollfärbebad von der Regeneratzellulose ohne Schädigung vertragen wird.

Je nach der verlangten Echtheit färbt man die Materialmischung im losen Zustand (in der Flotte) auf Packapparaten mit Direktfarbstoffen im calgonhaltigen Bad neutral, wobei ein Zusatz von Ammonsulfat ein Verkochen der Farbstoffe verhindern kann. Ist die Wolle vorgefärbt, so kann man die Fibrofaser mit Thionolfarbstoffen (lösliche Schwefelfarbstoffe der ICI), Coprantinen bzw. Cuprophenylen oder mit Resofixfarbstoffen färben.

Zum Beispiel färbt man die Wolle mit

1,90% Solochrom Dark Blue B 150% (ICI)
0,15% Solway Green G 150% (ICI)

schwachsauer vor.

Hinterher kann die Fibrofaser nachgefärbt werden mit:

	5,00%	Thionol Dark Blue RLM 200% (ICI)
	4,00%	Sulphol Green B konz. (ICI)
oder	1,70%	Durazol Blue 2RS (ICI)
	0,20%	Solarorange 2RL (Sa)
		nachbehandelt mit Fibrofix und Kupferazetat
bzw.	1,00%	Coprantinblau RLL 300% (Ci)
	0,02%	Coprantinorange 2BRL (Ci)

oder 1,00% Cuprophenylmarineblau RL (280%) (Gy)
0,50% Cuprophenylmarineblau BL (Gy)
bzw. 4,00% Resofixmarineblau GL (Sa)
0,30% Resofixmarineblau SL (Sa).

Man kann auch z. B. mit Coprantinen vorfärben und mit nicht Cu-empfindlichen Säurefarbstoffen die Wolle neutral einfärben; nie sauer!

Das Färben von Mischgeweben aus Wolle-Viskose mit Azetatkunstseideeffekten erfolgt nach dem Zweibadverfahren derart, daß man Wolle sauer vorfärbt mit Kombinationen aus

Alizarindirektblau GG (IG)
Echtlichtgelb EGG (IG)
Guineaechtrot BL (IG)

mit 20% Glaubersalz und 4% Ameisensäure (85%).

Reyon wird mit Siriusfarbstoffen unter Verwendung von Katanol WL (IG), welches ein Arbeiten bei 50° C gestattet, ohne die Wolle nennenswert anzuschmutzen, im neutralen Glaubersalzbade nachgedeckt.

Die Azetatkunstseide bleibt dabei reinweiß.

Um eine Schädigung der Azetatseide zu verhindern, sind Temperaturen von über maximal 90° C zu vermeiden.

Für Schwarz wird ebenfalls das Zweibadverfahren empfohlen, wobei die Wolle mit Naphtylaminschwarz EFF (IG) vorgefärbt wird und Reyon direktschwarz gedeckt wird. Das Verfahren ist wichtig für zum Knittern neigende Waren.

Eine Anzahl substantiver Farbstoffe, welche in der Halbwollfärberei in Verbindung mit neutralziehenden Wollfarbstoffen angewendet werden, lassen sich in der Wasch-, Schweiß- und Naßbügelechtheit durch geeignete Nachbehandlung mit Formaldehyd oder Formaldehyd und Chromkali erheblich verbessern. Die Wasser- und Naßbügelechtheit kann heute durch eine kalte Nachbehandlung mit Solidogen bzw. Levogen, Sandofix, Tinofix usw. erhöht werden, während eine Verbesserung der Walkechtheit hierdurch nicht eintritt.

Die Benzoechtkupferfarbstoffe ergeben, in einem Bad mit Metachromfarbstoffen zusammen gefärbt und im frischen Bad mit Kupfersulfat nachbehandelt, in helleren und mittleren Farbtönen Färbungen von recht guter Wasch- und Schweißechtheit und verbinden damit eine sehr gute Lichtechtheit. Hohen Ansprüchen an die Walkechtheit dunkler Farbtöne genügen sie ebenfalls nicht.

Lediglich die Diazotierungsfarbstoffe bieten eine etwas größere Gewähr genügender Echtheit gegen die Einflüsse einer stärkeren Walke. Ihre Anwendung ist indessen etwas umständlich, zeitraubend und daher verhältnismäßig teuer, da nach dem Vorfärben der Baumwolle oder der Kunstspinnfaser, dem Diazotieren und Entwickeln ein Überfärben mit Chromierungsfarbstoffen oder walkechten Säurefarbstoffen folgen muß.

Mit der Anwendung der Diazotierungsfarbstoffe ist eine gewisse Trübung der Wolle durch die Diazotierung verbunden, so daß klare, reine Töne nicht zu erreichen sind. Auch sind auf diese Weise die wichtigen Brauntöne sowie lebhafte Nuancen, mit Ausnahme von Rot, nicht zu erzielen. Dagegen finden die Diazotierungsfarbstoffe in der Färberei von gemischtem Fasermaterial zur Herstellung wasch- und walkechter Schwarz- und Marineblaufärbungen viel Verwendung.

Walkechte Färbungen erzielt man durch Vorfärben der Wolle mit Chromfarbstoffen und Nachdecken der Baumwolle mit Immedialleukofarbstoffen.

Bei den Immedialleuko- bzw. Immedialsolfarbstoffen (IG) bzw. Eclipsolen (Gy) handelt es sich um Schwefelfarbstoffe in vorreduziertem Zustande mit Zusätzen, die ihre Haltbarkeit erhöhen.

Bewährt hat sich umgekehrt auch die Verwendung von Immedialsol- (Immedialleuko-) Farbstoffen, die Baumwolle vorfärben, um nachher die Wolle schwachsauer einzufärben.

Diese Färbeweise hat vor der Einbadfärbung der Halbwolle die Erzielung guter Walkechtheit voraus.

Die Immedialleukofarbstoffe kommen jetzt unter folgender Markenbezeichnung in den Handel (Cassella):

Immedialleukogelb 3GT, -orange RT, -grüngelb G, -braun T, -braun BRS, -bordo R, -violett 3R, -blau R, -blau FGL, -grün FFG, -dunkelgrün B konz., -oliv G.

Nach HAYNN ergeben praktische Versuche nach dieser Färbeweise auf einer Halbwollware, bestehend aus Baumwollkette und Kunstwollschuß, auf dem SCHOPPERschen Apparat folgende Festigkeitswerte:

1. Reißwollschuß der Halbwollware mit
   2% Alizarincyaningrün G extra unter Zusatz von
   10% Glaubersalz und
   5% Essigsäure 1 Stunde gefärbt und ½ Stunde mit
   1% Chromkali nachchromiert.
   Belastung: 95,5 kg
   Dehnung: 4,77%.
2. Baumwollkette der gleichen Halbwollware mit
   10% Immedialleukogrün FFG
   2% Soda kalz.
   5% Ammoniak
   20% schwefelsaures Ammon 1 Stunde bei 20° C nachgedeckt.

Das Reißwollschußgarn der Halbwollware besaß nach dieser Behandlung folgende Reißfestigkeit:
   Belastung: 82 kg
   Dehnung: 4,56%.

Die Rohware ergab zum Vergleich folgende Werte:
   Belastung: 105,5 kg
   Dehnung: 4,54%.

Werden die Stücke auf der Haspelkufe statt auf dem Jigger nachgedeckt, so ist die Gefahr einer Oxydation gegeben. Man soll etwa 2 bis 3 g Hydrosulfit pro Liter Flotte im Verlauf einer Stunde zugeben (alle 15 Minuten). Besser arbeitet man am Jigger.

Wird gute Reibechtheit verlangt, so nimmt man die Stücke in Breitwaschmaschinen auf Fuller- bzw. Walkerde.

Zollgrün: Stückware, 75% Wolle, 25% Vistra.

Vordecken der Vistra mit	16,00%	Immedialleukogrün FFG (IG)
	3,00%	Immedialleukobraun 5G (IG)
	2,25%	Immedialschwarz MO extra stark (IG)
	4,00%	Ammoniak
	2,00%	Soda
	20,00%	schwefelsaures Ammoniak
Überfärben der Wolle mit	1,75%	Alizarincyaningrün G extra
	0,40%	Anthracengelb BN
	10,00%	Glaubersalz krist.
	5,00%	Essigsäure 30%
	2%	Ameisensäure 85%
	1,10%	Chromkali

Der Immedialleukofarbstoff wird mit wenig Wasser 20 bis 40° C angeteigt, mit der 20fachen Wassermenge von gleicher Temperatur in Lösung gebracht, indem man

10 bis 20 Minuten stehen läßt. Der gelöste Farbstoff wird dem Färbebade zugegeben, welches mit 4% Ammoniak und 2% Soda bestellt ist. Zum Schluß fügt man 15 bis 20% schwefelsaures Ammoniak zu und färbt 1 Stunde bei 20°. Darauf wird sehr gründlich gespült und der Wollanteil der Stückware in der bekannten Weise gefärbt. Man geht bei 30 bis 40° ein, steigert die Temperatur langsam auf 90 bis 92° C, färbt ½ Stunde, setzt Ameisensäure zu, färbt nochmals ½ Stunde und chromiert ¾ Stunden bei 90° C nach.

Beim Überfärben ist ein starkes Kochen zu vermeiden, weil hierdurch ein merkliches Hellerwerden der vorgefärbten Vistrafaser eintritt.

Der Zusatz von schwefelsaurem Ammoniak bewirkt neben einer besseren Ausnützung der Bäder auch einen gewissen Wollschutz durch Zurückdrängen der OH'-Konzentration.

Die Reserve von Baumwolle und Viskose in Mischgeweben mit Wolle ist beim Färben der letzteren meist einfach, wenn die Färbung stark sauer vorgenommen wird. Essigsäurefärbende Produkte schmutzen leichter an, man kann dann eine Nachreinigung auf ameisensauren Bädern vornehmen.

Sandoz empfiehlt für Reservefärbungen z. B. Xylenechtgelb 2G, Azorubinol 3GS, Alizarinlichtblau 4GL, Xylenlichtgelb 3GS, Tartraphenin, Xylenechtorange G, Azorhodin 2G, 2BL, Alizarinlichtblau B, Xylenblau VS, Xylenechtgrün B, Echtsäuremarineblau GGR, Azosäureschwarz FL (letztgenannter Farbstoff reserviert sehr gut), Xylenwalkgelb G, Xylenwalkorange R, Sulfoninbrillantrot BG, 3B, Säurewalkrot G, Xylenechtblau GL, BL, Xylenbrillantcyanin G.

b) Mischungen von Wolle und künstlichen Proteinfasern

Die Färbung von Mischungen aus Wolle-Lanital erfolgt in Form von Geweben außerordentlich selten. Meist liegen derartige Fasergemische in Form von Labratzen oder Stumpen in der Hutfärberei vor (vgl. S. 655). Im allgemeinen ist beim Färben darauf Bedacht zu nehmen, daß die Kaseinwolle (Lanital, Tiolan, Aralac, Caslon usw.) sehr empfindlich ist gegen Kochen in stark sauren Bädern und einer weitgehenden Hydrolyse unterliegen kann. Die Faser wird beim Färben leicht plastisch und gibt, im Stück am Haspel gefärbt, bei unvorsichtiger Arbeitsweise Hitzefalten, die nicht mehr entfernbar sind. Die Lanitalfaser färbt sich dunkler als die Wolle, die Färbungen sind wesentlich naßunechter, beim längeren Kochen ist in vielen Fällen ein Tonausgleich zu erzielen.

Mischungen aus Wolle und anderen künstlichen Proteinfasern, wie etwa Ardil oder Vicara, insbesondere aus letzterer (50 : 50), liegen dem Färber hauptsächlich als Garn zur Herstellung von Strickwaren vor. Über geeignete Farbstoffe und Färbeweisen unterrichtete kürzlich die General Dyestuff Corp.[121]. Ein beide Fasern gleichmäßig färbender rotstichig blauer Farbstoff, der als Basis für Marineblau dienen kann, ist z. B. das neue Eriochromblau A3B (Gy). Mit Rücksicht auf den starken Formaldehydgehalt der künstlichen Proteinfasern sind aldehydbeständige Produkte für das Färben zu wählen, das heißt Farbstoffe, deren Ton durch Formaldehyd nicht beeinträchtigt wird (Carbolane, ICI).

c) Wolle-Azetatkunstseide

Wolle-Azetatkunstseiden-Mischungen liegen in Form von Geweben hauptsächlich in der Kombination Wolle-spinnmattierte-Azetatkunstseide für Kreppware vor.

---

[121] Vgl. LUTTRINGHAUS: Amer. Dyestuff Reporter **40**, 436 (1951).

Das Abkochen derartiger Ware, die zu Crêpe Flamisol bzw. Ribouldinque usw. führt, ist in Buchform nicht möglich. Die Stücke haben eine derartige Schwere und Dicke, daß die Kreppung nur ungleichmäßig vor sich geht. Man behandelt daher am Sternreifen und spannt sehr lose auf, da sonst der Kreppeffekt an der aufgehakten Seite schwächer ist. Die Reinigung und Kreppung erfolgt in einem Bade von 2 bis 3 g Seife und 1 g Salmiak 40% pro Liter, eventuell unter Zusatz eines Fettlösers. Nach dem Abkochen bzw. Reinigen wird sofort vom Ring abgenommen, da sich sonst die nasse Ware unter dem eigenen Gewicht zu stark dehnt und zu breit wird.

Gefärbt wird auf der Haspelkufe mit Direktfarbstoffen und dispergierten Azetatseidenfarben oder auch mit neutralziehenden Wollfarbstoffen und Azetatfarbstoffen. Über das Lösen der Farbstoffe bzw. die Herstellung von haltbaren Dispersionen der Azetatfarbstoffe vgl. S. 305.

Dunklere Farben zeigen meist eine wenig befriedigende Reibechtheit. Man kann diesen Übelstand verbessern, indem man zuerst mit 1 g pro Liter Permanganat krist. bei 25° C 10 Minuten behandelt, spült und dann pro Liter Flotte 10 ccm Bisulfitlösung 30° Bé kalt 10 Minuten einwirken läßt, dann wird gespült.

Das Abreiben von Stücken kann auch durch eine Gardinol- (Böhme) oder Igepon- (IG) Nachbehandlung verbessert werden.

Wenn Ware in der Hänge zu langsam trocknet (über Nacht), dann ist sie stets reibunecht. Dies hängt mit der Migration des Farbstoffs an die Faseroberfläche zusammen. Am besten ist ein rasches Trocknen am Rahmen.

Abrußen wird auch oft von Faserteilchen (Fibrillenspaltprodukten der Azetatseide usw.) vorgetäuscht.

Beim Färben dürfen keine höheren Temperaturen als zirka 80° C angewendet werden, um die Azetatkunstseide zu schonen.

Ein Schwarz färbt man z. B. vorteilhaft wie folgt:

2 Stück, 10,65 kg, Haspelkufe, 500 l Flotte.

1,000 kg	Cellitonechtschwarz B (besser ist GTN) (IG)
0,025 „	Cellitonechtorange R (IG)
0,050 „	Cellitonechtblau G (IG)
0,500 „	Naphtylaminschwarz 4B (IG)
1,000 „	Peregal O (IG)

Man geht bei 50° C ein, bringt auf 75° C und färbt ¾ Stunden. Wenn der Azetatseidenfarbstoff ausgezogen ist, setzt man 1 l Essigsäure 30% zu, um den Wollfarbstoff vollständig auf die Faser zu treiben. Nachher muß sehr gut gespült werden. Ein zu früher Säurezusatz verhindert das Aufziehen des Azetatseidenfarbstoffes. (Vgl. auch die Schwarzfärbung auf S. 550.)

Im nachstehenden weitere Rezepte aus der Praxis:

Schwarz (andere Färbeweise): Flamisol, 3 Stück, 19,36 kg, 1200 l Flotte.

2,000 kg	Reservedirektschwarz D (Ci)
2,400 „	Cibacetschwarz BN grünlich (Ci)
12,000 „	Glaubersalz kalz.
1,500 „	Gardinol CA (Böhme)

Hellgobelin: Flamisol, 2 Stück, 15,86 kg, 600 l Flotte.

0,015 kg	Brillantindocyanin 6B (IG)
0,024 „	Setacyldirektblau 2GS konz. (Gy)
3,000 „	Glaubersalz krist.
0,150 „	Gardinol CA

Flaschengrün: Flamisol, 4 Stück, 32 kg, 1500 l Flotte.
0,148 kg Brillantindocyanin 6B (IG)
0,050 „ Echtjasmin G konz. (Gy)
0,500 „ Setacyldirektblau 2GS konz. (Gy)
0,190 „ Cibacetgelb GN pulv. (Ci)
0,015 „ Cibacetorange RR pulv. (Ci)
8,000 „ Glaubersalz krist.
1,000 „ Gardinol CA (Böhme)

Scharlach: Flamisol, 2 Stück, 15,40 kg, 600 l Flotte.
0,075 kg Tuchrot G (Ci)
0,020 „ Echtjasmin G konz. (Gy)
0,195 „ Cibacetrot 3B (Ci)
0,054 „ Cibacetorange 2R (Ci)
5,000 „ Glaubersalz krist.
0,400 „ Gardinol CA

Bordo: Flamisol, 6 Stück, 47,21 kg, 1500 l Flotte.
0,350 kg Tuchrot G (Ci)
0,025 „ Echtjasmin G konz. (Gy)
0,025 „ Brillantindocyanin 6B (IG)
1,100 „ Cibacetrot 3B (Ci)
0,086 „ Cibacetorange RR (Ci)
0,090 „ Setacyldirektblau 2GS konz. (Gy)
12,000 „ Glaubersalz krist.
1,900 „ Gardinol CA

Leder: Baumrindenkrepp, 1 Stück, 8 kg, 600 l Flotte.
0,040 kg Tuchechtrot G (Ci)
0,010 „ Xylenbrillantcyanin 6B (Sa)
0,027 „ Cellitonechtrosa B (IG)
0,042 „ Setacyldirektblau 2GS konz. (Gy)
4,000 „ Glaubersalz krist.
0,400 „ Gardinol CA

Dunkelblau: Flamisol, 2 Stück, 15,06 kg, 600 l Flotte.
0,105 kg Brillantindocyanin 6B (IG)
0,012 „ Tuchrot G (Ci)
0,006 „ Echtjasmin G konz. (Gy)
0,360 „ Setacyldirektblau 2GS konz. (Gy)
0,010 „ Cibacetorange RR (Ci)
0,010 „ Cellitonechtrosa B (IG)
4,000 l Seifenlösung, 10 g pro Liter
4,000 kg Glaubersalz krist.
0,200 „ Gardinol CA

Drap: Flamisol, 6 Stück, 47,70 kg, 2000 l Flotte.
0,010 kg Brillantindocyanin G (IG)
0,015 „ Tuchechtrot G (Ci)
0,012 „ Setacyldirektblau 2GS konz. (Gy)
0,008 „ Cellitonechtrosa B (IG)
0,008 „ Cibacetorange RR (Ci)
20,000 l Seifenlösung, 10 g pro Liter, langsam
6,000 kg Glaubersalz krist. zugeben.

Schwarz (diazotiert): Flamisol, 8 Stück, 60,63 kg, 2000 l Flotte.
4,000 kg Cellitazol STN (IG)
1,000 „ Reservesäureschwarz A (Ci)

Nach Ausziehen des Azetatseidenfarbstoffes 3 l Ameisensäure in Portionen verdünnt zugeben. Spülen, dann diazotieren mit 6,6 kg Nitrit und 19,5 l HCl 30% kalt ½ Stunde, gut spülen, dann entwickeln, ½ Stunde kalt mit 6,6 kg Entwickler ON (IG).

Sandoz empfiehlt zum Färben von Wolle-Azetatreyon-Gemischen neben den Artisildirektfarbstoffen für die Azetatreyon für Wolle Xylenwalkgelb G, Xylenwalkorange R, Xylenwalkrot B, Xylenechtblau BL, GL, Xylenechtgrün B, Sulfoninblau 5R (schmutzt etwas an) und Azosäureschwarz FL, mit etwas Xylenwalkorange R abgedunkelt. Die Naßechtheiten der Farbstoffe sind sehr gute.

Die Bleiche von Wolle-Azetatseiden-Kreppware erfolgt für helle Töne mit Wasserstoffsuperoxyd nach dem Abkochen. Wegen der Spinnmattierung der Azetatseide (TiO_2) ist nur im äußersten Notfall zu bleichen, da leicht katalytische Faserschäden eintreten.

Eine diesbezügliche Untersuchungsreihe über gefärbte Ware bzw. vorgebleichte und gefärbte Ware folgt nachstehend (F. WEBER).

Crêpe Miami: Azetatreyon, matt, Kette, Schafwollkrepp Schuß, 6,6 m roh pro Kilogramm, 90 cm breit, 166 g pro Quadratmeter, Einsprung 9%.

Prüfung mit Schuberts Punktierdynamometer:

			Mittel	Prozent
Rohware:	Kette	24, 27, 25, 25, 26, 25, 27, 23, 25, 25	25,2	100
	Schuß	28, 33, 25, 30, 30, 28, 30, 28, 30, 28, 32	30,4	100
Ciel, vorgebleicht:	Kette	13, 11, 12, 12, 11, 11, 12, 11, 10, 9	11,2	— 55,6 44,4
	Schuß	10, 9, 11, 10, 11, 10, 9, 9, 8, 10	9,5	— 68,7 32,3
Rosa:	Kette	30, 30, 30, 31, 29, 30, 31, 30, 31, 31	30,3	+ 20,2 120,2
	Schuß	25, 25, 30, 29, 29, 28, 25, 31, 29, 29	28,2	— 4,7 95,3
Rot:	Kette	30, 28, 28, 27, 29, 27, 31, 31, 28, 29	28,8	+ 14,6 114,6
	Schuß	28, 27, 26, 25, 30, 30, 25, 27, 28, 29	27,5	— 6,4 93,6
Schwarz:	Kette	27, 25, 29, 25, 29, 29, 27, 28, 28, 27	27,4	+ 8,7 108,7
	Schuß	29, 27, 25, 26, 27, 28, 29, 29, 28, 27, 27	27,3	— 7,2 92,8

Azetatreserve kann erzielt werden, wenn man mit Wollfarbstoffen des Typs „8000“ (IG), „ACS“ (Sa) usw. arbeitet. Die Reserve ist bei zahlreichen Farbstoffen möglich, wenn es sich um Glanzeffekte handelt. Dagegen sind eingehende Proben notwendig, um große Flächen spinnmatter Azetatreyon zu reservieren. Allerdings kommt letztere Forderung kaum in der Praxis vor.

So werden folgende Wollfarbstoffe des Typs ACS als Azetatreyonreserven empfohlen (Sandoz):

Hochlichtecht: Xylenlichtgelb 2G, Azorubinol 3GS, 2GS, Alizarinlichtblau 4GL.

Mittlere Lichtechtheit: Xylenlichtgelb 3GS, Tartraphenin, Xylenechtorange G, Azorhodin 2G, 2BL, Alizarinlichtblau B, Xylenblau VS, Xylenechtgrün B, Alizarindirektbraun GL, RL, Echtsäuremarineblau GGR, Azosäureschwarz FL.

Gute Naßechtheit (Walke, Wäsche): Xylenwalkgelb G, Xylenwalkorange R, Säurewalkrot G, Sulfoninbrillantrot BG, 3B, Brillantalizarinlichtviolett FFR, Brillantalizarinwalkblau BL, Xylenechtblau BL, GL, Xylenbrillantcyanin G.

d) Wolle-Polyamid-Mischgewebe

Die Färbung von Mischgeweben aus Wolle und Polyamiden hat außerordentlich an Interesse gewonnen. Durch die Zumischung von synthetischen Fasern bei der Garnherstellung oder aber das Mitverweben derselben wird die Gebrauchstüchtigkeit von Wollgeweben im allgemeinen wesentlich erhöht[122]. Vorausgeschickt muß werden, daß hinsichtlich der Auslegung des Wortes Polyamidfaser ein Unterschied zwischen dem Nylon (dem Polykondensat aus Hexamethylendiamin-Adipinsäure, auch Nylon 66, USA) und der Perlonfaser (dem Polykondensat aus ε-Caprolactam, Deutschland), die als Grilon (Schweiz), Enkalon (Niederlande), Silon (Tschechoslowakei), Steelon (Polen), Nylon 6 (USA), Kapron (UdSSR), Amilan (Japan) usw. nunmehr in zahlreichen Ländern unter den verschiedenartigsten Namen erzeugt und gehandelt wird, besteht. Nylon 66 (USA) färbt sich mit sauren Farbstoffen wesentlich heller als Perlon (Deutschland). Nylon 66 (USA) zeigt dagegen eine etwas bessere Säureresistenz. Sein Schmelzpunkt liegt in technischen Fasern bei zirka 235° C (rein 255° C), gegenüber dem von Perlon, welches bei 215° C schmilzt, also mindestens 20° C höher[123]. Hinsichtlich des Angriffs von Schwefelsäure in üblicher Färbebadkonzentration verhalten sich beide Fasern gleich, 42% Ameisensäure soll dagegen bei Kochtemperatur nur Perlon, nicht aber Nylon lösen, welches erst bei Verwendung hochkonzentrierter Ameisensäure in Lösung geht[124].

Bei der Verarbeitung von Wolle-Polyamid-Mischungen ist durch gute Fixierung darauf zu achten, daß sich keine Perlonnoppen oder -nester bilden, indem sich das Perlon aus der Mischung herausarbeitet[125].

Mittels der Telonecht- und Telonlichtfarbstoffe (Bayer) können Färbungen auf Perlon-Wolle fasergleich erhalten werden. Nachchromierungsfarbstoffe liegen in den Telonchromfarbstoffen (Bayer) vor.

Telonlichtfarbstoffe sollen unter Zusatz von 2 bis 5% Essigsäure 30% und 2% Levapon T (Igepon T) vom Gewicht der Ware, wobei man bei 30 bis 40° C in das Färbebad eingeht und allmählich bis zum Kochen erhitzt, gefärbt werden. Gearbeitet wird in geschlossenen Haspelkufen, wobei ¾ Stunden dicht Hochtemperatur vorhanden sein soll.

Für Modetöne werden seitens der Erzeugerfirma Kombinationen aus Telonlichtgelb G, Telonlichtrot G und Telonlichtblau RR empfohlen. Grautöne sollen aus Telonechtgrau L, nuanciert mit Telonlichtgelb G und Telonlichtrot G, hergestellt werden.

Telonlichtbraun GR soll für Stückfärbungen in Brauntönen nicht verwendet werden, da es schlecht bügelechte, changierende Färbungen liefert.

Telonfarbstoffe werden mit 3 bis 5% Ammonazetat und ungefähr 2% Levapon T hochkonzentriert gefärbt. Die Arbeitsweise ist wie vorstehend. Die Egalisierung ist hier weniger gut als bei den Telonlichtfarbstoffen.

Gut egalisieren: Telonechtrot ER, Telonechtblau ES, Telonechtgrün EB, Telonechtgrau L. Schwer egalisieren Telonechtgrün EG und Telonechtblau GN. Für Modetöne sollen Kombinationen aus Telonechtgelb GN, Telonechtrot GN und Telonechtgrau L verwendet werden.

Lebhaftes Rot ergeben Telonechtrot GN, EG, E2B.

---

[122] Siehe SCHELL: Textil-Praxis **6**, 627 (1951).

[123] Vgl. WITTWER: Ciba-Rundschau Nr. 98, 3611 (1951) bzw. HEES: Melliand Textilber. **32**, 215.

[124] Siehe MÜLLER: SVF, zit. Melliand Textilber. **32**, 658 (1951).

[125] Vgl. FOURNÉ: Textil-Praxis **6**, 732 (1951).

Zur Färbung von Wolle-Nylon-Gemischen bei Hochtemperaturen eignen sich Kombinationen von Telonlichtgelb G, -rot G und -blau RR oder Telonechtgelb GGN, -rot GN und -grau L am besten.

Cassella empfiehlt das *Perlamin-*, für Wolle-Perlon-Mischungen das *Perlamin-W*-Sortiment, welche aus neutraler oder schwach saurer Flotte (mit Ammonazetat) gefärbt werden.

Die Perlamine, substantive Farbstoffe, besitzen vielfach eine höhere Lichtechtheit auf Perlon als auf Zellulose. Eine verringerte Schweißechtheit ist durch eine Nachbehandlung mit Solidogen FFL zu verbessern.

Für Mischungen aus Wolle-Nylon empfiehlt Geigy für Kombinationen und als Selbstfarbe Polargrau BL sowie Eriochrombraun K.

Die Chromierungsreihe zieht rasch und zeigt wenig Egalisierungsvermögen. Man muß vorsichtig mit Ammonazetat arbeiten. Nach dem Erschöpfen wird sauer gestellt und mit Bichromat chromiert. Eventuell werden die Reste desselben noch reduziert (vgl. Hadfield, Sharing, E. P. 631.073 bzw. J. Soc. Dyers Col. 1948, 381), um nicht zur Faserschädigung Veranlassung zu geben.

Die Reinigung erfolgt auf Jiggern und Kufen, je nach Gewebe. Abgekocht kann mit Levapon T (Bayer) 2 bis 3, 5 bis 6 g Seife und 2 bis 3 g Trinatriumphosphat werden. Auch Hostapal C (Hoechst) wird empfohlen.

Die Reinigung von Wolle-Polyamid-Geweben soll sorgfältig erfolgen. Man kann z. B. mit 1 g pro Liter Ultravon B (Ci) und 2% Natriumpyrophosphat bei 50 bis 60° C arbeiten. Auch soll man nicht sengen, da abstehende Faserenden des Polyamids leicht schmelzen und sich dann in hellen Tönen dunkler anfärben[126].

Vor dem Färben muß das Fixieren des Gewebes stattfinden, das mit Rücksicht auf die anwesende Wolle erst bei Kochtemperatur (Krabben), dann nach Zwischentrocknung durch trockene Hitze bei 190° C 3 bis 5 Sekunden für Perlon vorgenommen wird.

Sehr geeignet für das Färben, insbesondere heller Wolle-Perlon-Mischungen, sind die Palatinecht- (BASF) Farbstoffe bzw. die Neolane (Ci), Inochrome (Francolor) oder Ultralane (ICI) usw.

Im allgemeinen ist zu sagen, daß bei Nylon- bzw. Perlon-Wolle-Mischungen in hellen Tönen die Polyamidfaser tiefer gefärbt wird als Wolle. Eine gewisse Abbremsung der hier ins Auge gefaßten Färbung mit Säurefarbstoffen oder den chromhaltigen Produkten (Neolanen usw.) kann durch Zugabe von sulfonierten Ölen zum schwach sauren Färbebad erfolgen. Auch Palatinechtsalz N verhindert eine zu tiefe Nylonfärbung; Katanol WL (IG) wirkt ähnlich. Für Kombinationen in hellen Tönen empfehlen sich z. B. Palatinechtgelb GRN, Palatinechtbraun GGN, Palatinechtviolett 3RN, Palatinechtrot BEN, Palatinechtblau GGN. Man arbeitet mit 3% Ameisensäure und Palatinechtsalz, geht bei 30 bis 40° C ein, treibt zum Kochen und kocht 1½ Stunden. Eventuell setzt man Katanol WL zu, um eine zu tiefe Anfärbung der Polyamidfaser zu verhindern. Die zum Färben von Nylon geeigneten Neolane und teilweise Säurefarbstoffe sind neuerdings in der Neonylreihe (Ci) zusammengefaßt. Man arbeitet mit 4 bis 5% Schwefelsäure konz. und 2 bis 4% Neolansalz P (Ci). Dem zweiten Spülbad gibt man Natriumazetat zu, um Reste der Mineralsäure unschädlich zu machen, die die Faser zerstören.

Gemäß BASF sollen folgende Farbstoffe auch bei stark variablen Fasermischungen noch egale Töne geben.

Palatinechtgelb GRN, -orange GEN, -rot BLN, -blau GGN, RRN, BN.

Man färbt mit 3% Schwefelsäure 66° Bé, 3% Ameisensäure 85% und 3%

---

[126] Wittwer: Ciba-Rundschau Nr. 98, 3611 (1951).

Palatinechtsalz 0 (in Lösung) 1½ Stunden kochend, spült und setzt dem letzten Spülbad 3 bis 5% Na-Azetat zu, um einen Faserabbau durch Säure zu vermeiden (vgl. ANACKER, folgend).

Nach ANACKER[127] gibt eine Reihe von Palatinechtfarbstoffen mit zwei Sulfosäuregruppen im Molekül in Wolle-Perlon-Mischgeweben keine tongleichen Anfärbungen. Hierzu gehören Palatinechtgelb ELN, -rot GREN, -rosa BN, -bordo BN, -violett 5RN, -blau GGN. Weiters gibt ANACKER an, daß auch Palatinechtgelb GRN schon in hellen Tönen viel stärker auf die Wolle geht, ebenso -orange GEN und -rot BEN. Palatinechtbordo RN gibt außer einer verschiedenen Anfärbetiefe noch Tonunterschiede auf den Fasern. Günstige Übereinstimmung geben Palatinechtrosa BN (bis 2%), Palatinechtblau GGN (bis 2%), -echtblau BN bis 4%. Palatinechtviolett 3RN gibt Farbtonverschiedenheiten, 5RN große Unterschiede in der Farbtiefe, ebenso -grün BLN, ebenso -braun RN. Palatinechtschwarz WAN extra ist gut, wenn auch Perlon etwas heller färbt.

Vorzuziehen ist eine Färbung mit 10% Schwefelsäure, da beim Arbeiten mit 4% Schwefelsäure und Peregal OK die Wollanfärbung eine stärkere ist. Allerdings soll Perlon L durch Schwefelsäure geschädigt werden, weshalb MÜLLER ein ameisensaures Bad empfiehlt (vgl. S. 515). Dies gilt jedoch nicht so ohne weiteres auch für Fasermischungen!

Monosulfosäuren der Palatinechtfarbstoffreihe sind: Palatin Fast Pink BS, Palatin Fast Red RNA, -Fast Violet 3RNA, -Fast Blue BNOA, -Fast Black WANA, entsprechend den Palatinechtmarken: Rosa B, Rot RN, Violett 3RN, Blau BN und Schwarz WAN.

Die BASF empfiehlt für Mischtöne Palatinechtgelb GRN, -orange GEN, -rosa BN, -blau GGN, BN, eventuell in dunklen Tönen Nachdecken der Perlonfaser auf frischem Bad mit Cellitonfarbstoffen.

Du Pont empfiehlt für die Färbung von Mischgeweben aus Wolle-Nylon seine *Neutracyl-*, jetzt *Capracyl*-Farbstoffe, die in folgenden Marken vorliegen:

Capracyl Yellow NW, 3RD, -Orange R, - Brown RD, - Red B, - Red BB, - Violet R, - Blue G, - Black N.

Man färbt aus neutralen Bädern, denen man eventuell etwas Ammonsulfat zugibt. Die Farbstoffe reservieren Kunstseide und Azetatseide und schmutzen Baumwolle nur wenig an. Leder- und Khakitöne sollen besonders gut mit Capracyl Yellow 3RD und Capracylblau G erreicht werden. Es hat sich jedoch herausgestellt, daß man zur Erzielung tongleicher Färbungen Schwierigkeiten hat. (Vgl. Du Pont, Zeitschrift des Färbers und Fertigstellers **1**, Nr. 1, 3.)

Lanasynfarbstoffe (Sandoz) für Wolle-Perlon-Mischungen sind: Lanasynbraun RL pat, Lanasynblau GL, Lanasyngrün BL, Lanasyngrau BL.

Ähnlich verhalten sich die Cibalane (Ci) bzw. Irgalane (Gy), Remalane (Hoechst) oder Vialonechtfarbstoffe (BASF).

Perlonstapel hat ein wesentlich besseres Ziehvermögen als die Perlonfäden, dadurch ist die Färbung von Mischungen mit Wolle wesentlich erleichtert.

Bei Verwendung von Walkfarben soll neutral gefärbt werden; allerdings ist diese Färbeweise bekanntlich für empfindliche wollehaltige Mischgewebe nicht anwendbar, da leicht Knittern und Schwielen entstehen. Zum Beispiel färbt man aus neutralem Bad mit 2 bis 3% Ammonazetat unter Bedachtnahme auf Egalisierung: (Ci) Tuchechtgelb 2G, Tuchechtorange G, Tuchechtrot G, RG, Tuchechtbraun 5R, Tuchechtblau B, Benzylechtblau BL, Alizarinsaphirblau BB, Alizarinechtgrün

---

[127] Melliand Textilber. **30**, 256 (1949); vgl. auch LUTTRINGHAUS: Amer. Dyestuff Reporter **39**, 153 (1950).

2B, G, Alizarinechtgrau G, Tuchechtschwarz B. Mittlere und tiefe Töne färbt man mit Nachchromierungsfarbstoffen. Mit Säurefarbstoffen ist eine Ton-in-Ton-Färbung nur möglich, wenn den Bädern Azetatseidenfarbstoffe beigegeben werden. In diesen Fällen ist nur neutrales Arbeiten technisch möglich. Ein Säurezusatz könnte erst gegen Ende des Aufziehens des Azetatseidenfarbstoffs erfolgen, was praktisch die tongleiche Färbung und das Mustern bzw. Nuancieren in Frage stellt.

Das Anfärben mit Chromfarbstoffen erfolgt mit Ammonazetat, da die Egalisierung der Produkte auf Nylon bzw. Perlon schlecht ist. Zum Ausziehen des Bades werden dann nach zirka 3/4stündigem Färben bei 98° C (geschlossene Kufe, eventuell Jigger) 4% Ameisensäure 85% zugegeben. Hierauf erfolgt nach zirka 20 Minuten der Zusatz von 2% Kaliumbichromat. Man behandelt zirka 30 Minuten (es sollen nur leicht chromierbare Farbstoffe zur Färbung gelangen), spült und zerstört den Rest des Chroms durch eine 20-Minuten-Nachbehandlung mit Thiosulfat bei 70° C (vgl. S. 515).

Als leicht chromierbare Farbstoffe empfiehlt z. B. die Ciba Chromechtgelb O, Chromechtrot G, B, Chromechtbraun TV, EB, 6GL, Naphtochromviolett R, Naphtochromcyanin RF, Chromechtreinblau B, Naphtochromgrün G, Pottingchromschwarz CL.

Dunkle Töne mit Neolanen oder diesen entsprechenden Farbstoffklassen zu erzielen ist ausgeschlossen. Man kann sie aber z. B. derart erzeugen (dunkelbraun, flaschengrün), daß man mit Cellitonfarbstoffen bei etwa 70° C in Anwesenheit von etwas Ammoniak kurz vorfärbt (das NH_3 verhindert ein starkes Anschmutzen der Wolle) und dann spült. Hierauf wird die Wolle mit Palatinechtfarbstoffen oder Neolanen usw. nachgefärbt, wobei man unter Verwendung von Palatinechtsalz arbeitet, um die Azidität der Bäder so gering wie möglich zu halten.

Die Verwendung von Säurefarbstoffen ist dadurch eingeschränkt, daß hier das Blockieren („blocking") auftreten kann, das heißt, das Aufziehen nur eines oder zweier Farbstoffe aus einer Farbstoffkombination, und ferner bei ungleichmäßig gestreckter Faser (es genügen bereits schwache Drehungsunterschiede) der Barré-Effekt, das Streifigwerden, eintritt.

Man kann, Empfehlungen der Ciba folgend, z. B. Kombinationen aus Kitonechtgelb 3G, Kitonlichtrot BGLE und Alizarinsaphirblau G, eventuell noch Kitonechtorange G bzw. Kitonlichtrot 4BLN benutzen. Es empfiehlt sich, möglichst einfache Rezepturen aufzustellen.

Von den Farbwerken Hoechst wird das Lanaperlsortiment[128] zum Färben von Wolle-Perlon-Mischgeweben vorgeschlagen. Man wäscht die Ware mit 0,5 bis 1,5 g Hostapal W konz. 1 bis 2 ccm NB 25% pro Liter bei 45° C 30 Minuten vor, fixiert am Brennbock wie bei Wolle, spült und färbt unter Zusatz von 0,5 bis 2% Leonil DB pulv. (Hoechst) als Egalisiermittel mit 1 bis 4% Ameisensäure 85% zur Verhinderung der allzu tiefen Anfärbung von Wolle; bei Ausfärbung über 4% setzt man dem Bad 5 bis 10% Glaubersalz zu und läßt das Leonil DB weg.

Für Mischtöne sind Kombinationen aus Lanaperlgelb R, Lanaperlrot B bzw. Lanaperlblau B, G zu empfehlen bzw. färbt man so, daß man die Mustergrundfarbe (Gelb, Rot, Blau) entsprechend nuanciert.

So wird nach Hoechst ein Grün auf der Basis 2,5% Lanaperlgrün B mit 4% Ameisensäure 85% und 0,5% Leonil DB pulv., ein Tabak mit 3,5% Lanaperlbraun G und 1,5% Lanaperlbraun R, sonst wie vorher, ein Gobelin mit 0,4% Lanaperlblau B, 1,5% Leonil DB pulv., 1,5% Ameisensäure 85%, ein

[128] Vgl. SCHLEICHER: Melliand Textilber. **32**, 779 (1951).

Farbstoffe nach Du Pont, Techn. Bull.	Auf Mischungen aus gesponnenem Wolle-Nylon		Auf Nylon-Wolle-Fäden	
	heller Ton	tiefer Ton	1%	Tonunterschied auf Nylon
Du Pont Milling Yellow 5G conc.	×	+	×	etwas röter, brillanter
Du Pont Milling Yellow GN conc.	×	+	—	—
Du Pont Quinoline Yellow conc.	×	—	—	—
Du Pont Tartrazine Yellow conc.	+	+	+	grüner, brillanter
Pontacyl Light Yellow GG	—	+	+	etwas grüner, brillanter
Du Pont Milling Orange R	×	—	—	etwas röter
Du Pont Orange II	×	+	+	etwas gelber
Du Pont Neutral Brown RS	×	×	×	röter, brillanter
Pontacyl Fast Brown CGS	×	×	—	deutlich gelber
Du Pont Croceine Scarlet N ext.	×	+	+	—
Du Pont Milling Red B conc.	—	+	+	etwas gelber, brillanter
Du Pont Milling Red 3B conc.	×	+	+	etwas blauer
Pontacyl Carmine 2B	—	+	+	etwas gelber, brillanter
Pontacyl Carmine 2G	+	+	+	deutlich blauer
Pontacyl Light Red 4BL	+	+	+	sehr viel blauer
Pontacyl Light Red BL	—	+	+	deutlich blauer
Pontacyl Scarlet R	+	+	+	—
Pontacyl Violet 4BSN	+	+	+	—
Pontacyl Violet S4B	+	+	+	—
Du Pont Anthraquinone Blue BGA	×	—	×	wenig röter
Du Pont Anthraquinone Blue 2GA	×	×	×	etwas röter
Du Pont Anthraquinone Blue SEN	—	+	+	etwas grüner
Du Pont Anthraquinone Blue SKY	×	×	×	—
Du Pont Brilliant Milling Blue B conc.	+	+	+	—
Pontacyl Brilliant Blue conc.	+	+	+	—
Pontacyl Fast Blue 5R	×	+	+	deutlich gelber
Pontacyl Wool Blue BL	×	—	+	—
Pontacyl Wool Blue GL	×	+	—	—
Du Pont Anthraquinone Green GN	×	—	—	—
Du Pont Brilliant Milling Green B conc.	+	+	+	etwas gelber
Pontacyl Blue Black RC	+	+	+	viel grüner
Pontacyl Fast Black N2B	×	—	—	—
Pontacyl Fast Black BBO	×	+	+	viel grüner
Chromacyl Yellow N	+	+	+	—
Chromacyl Orange R	×	×	×	etwas röter
Chromacyl Orange 2G	—	+	+	—
Chromacyl Brilliant Pink 3B	+	+		
Chromacyl Bordeaux R	+	+	+	—
Chromacyl Blue GG conc.	—	+	+	etwas röter
Chromacyl Blue R	—	+	+	deutlich röter
Chromacyl Black W	—	—	—	—
Chromacyl Pink BN	—	+	+	etwas blauer

× = Nylon, tiefer angefärbt.

\+ = Wolle, tiefer angefärbt.

— = gleiche Anfärbung.

helles Kornblau mit 0,8% Lanaperlblau B, 0,4% Lanaperlblau G, 1% Leonil DB pulv., 2% Ameisensäure 85% und schließlich ein Weinrot mit 3,3% Lanaperlrot B, nuanciert mit 0,08% Lanaperlblau G und 0,5% Lanaperlgelb R erzielt. In letzterem Falle verwendet man 0,5% Leonil DB pulv. und 4% Ameisensäure zur Färbung.

Die saure Färbung von Nylon-Wolle-Mischungen erfolgt nach Du Pont mit Säure- oder Chromacyl-Chromkomplexfarbstoffen. Während man die Bäder beim Färben mit sauren Farbstoffen mit 5% Ammonazetat beschickt, kalt eingeht, zum Kochen treibt, 10 Minuten kocht und dann während ½ Stunde die notwendige Essigsäuremenge zugibt, um das Bad zu erschöpfen, worauf man eine Stunde fertig kocht, nimmt man beim Färben mit Chromfarbstoffen bei sonst gleicher Arbeitsweise Ameisensäure statt Essigsäure.

Über die Gleichmäßigkeit hinsichtlich Tiefe und Farbton hat Du Pont Untersuchungen angestellt und Tabellen ausgearbeitet, zum Beispiel S. 556.

Die Herstellung von Wollreserven bei Wolle-Polyamidfaser-Mischgeweben ist derart möglich, daß man die synthetische Faser mit Azetatseidenfarbstoffen [z. B. Perliton- und Perlitonechtfarbstoffen (BASF)] färbt, so daß die Wolle weiß bleibt. Eventuelle Faseranschmutzungen sind durch Hydrosulfitbehandlung bzw. eine Permanganat-Hydrosulfit-Behandlung entfernbar.

Beim Färben von Mischungen von Wolle und synthetischen Fasern ist darauf zu achten, daß kein allzustarkes Antönen der Wolle durch die Azetatseidenfarbstoffe, die man zum Anfärben der Kunstfasern nimmt, stattfindet, da sonst oft die Schweißechtheit der Wollfärbung wesentlich herabgedrückt wird.

Die Reserve der Nylonfaser ist weniger einfach. Nach Vorschlägen der Ciba kann man durch eine vorgängige ½stündige kochende Behandlung mit Invadin BL konz. (5 g pro Liter) und 3 ccm Ameisensäure 80% die Polyamidfaser gegen gewisse Wollfarbstoffe reservieren[129]. Die General Dyestuff Corp. empfiehlt die Verwendung von Nylonresist GDC[130]. Eine große Anzahl von Farbstoffen, ausgenommen Cellitone, färbt Nylon dann nicht oder nur ganz hell an. Nylonresist GDC ist überfärbeecht, also schon im Garn anwendbar bzw. für Effektgarne zu gebrauchen.

Gute bis sehr gute Nylonreserve zeigen folgende Neolane (Ci) bzw. saure Farbstoffe (Ci)[129]:

2% Neolangelb BE, 3% Neolanbordo BE, 2% Neolanrot BRE, 2% Neolanviolett 5RF (mit 8% Schwefelsäure konz. 2 Stunden kochend gefärbt). 2% Tuchechtgelb RS, 1% Kitonechtorange G, 2% Kitonrot S, 6B, 2% Kitonblau A, 2% Alizarinsaphirblau 4G, 2% Kitonechtgrün A.

e) Wolle-Orlon-Mischungen

Sie geben nach LUTTRINGHAUS[130] bzw. General Dyestuff Corp. (l. c.) nur gute Resultate in der Hochdruckfärberei. Man färbt mit 4% Schwefelsäure konz. (Ameisensäure liefert nur die halbe Tiefe) mit Supranolgelb GGA (Gen. Dyest. Corp.), Supramingelb RA, Wollechtorange GACF konz., Brillantcrocein 3BA, Supranolorange RA konz., Supranolrot PBX, Alizarinirisol RD, Alizarinechtblau B, Alizarincyaningrün GHN konz., CF, Sulfonmarineblau 4BA hochkonz.

4,0% Sulfonmarineblau 4BA hochkonz. 1,5% Supranolorange RA konz. 1,0% Wollechtorange GACF	sollen ein gutes Schwarz geben. Unsere Laborfärbung ergab stets Orlon heller.

[129] Ciba-Rundschau Nr. 98, 3611 (1951).

[130] LUTTRINGHAUS (General Dyestuff Corp.): Amer. Dyestuff Reporter 1951.

Für die Färbung von Wolle-Orlon-Mischgeweben mit einwandfreier Orloneffektreserve empfiehlt Du Pont folgende Chromfarbstoffe: bis 2% Farbtiefe Pontachrome Flavine A, -Yellow 3GS, -Yellow 3RN, -Red A4B, -Gray GL, bis 4% Pontachrome Brown G, HN, -Red B, -Fast Red E konz., -Azur Blue ECR, -Blue SW, -Green G, -Blue Black BB, bis 8% Pontachrome Black TS.

Man färbt dabei mit 10% Glaubersalz in 10% Essigsäure 30% 30 Minuten, dann 15 Minuten unter Zusatz weiterer 10% Essigsäure 30%, worauf man 30 Minuten unter Zugabe von 1,5% Kalibichromat laufen läßt. Hernach wird gut gespült.

f) Wolle-Terylen- (Dacron-) Mischungen

Terylen-Wolle-Mischungen färbt man mit neutral ziehenden Wollfarbstoffen und Azetatseidenfarbstoffen ohne Zugabe von Dispersionsmittel kochend.

Soll Terylen reserviert werden, dann empfiehlt die ICI folgende Säurefarbstoffe, z. B.: Lissamine Fast Yellow 2G, Coomassie Yellow 7G, Tartrazine N, Naphthalene Fast Orange 2G, Lissamine Fast Red 4G, B, Solway Rubinol B, Lissamine Red 6B, Solway Sky Blue B, Solway Blue BN, Coomassie Blue BL, Lissamine Green V, SF, BN, Lissamine Violet 6BN, 10B, AV, 2R, Naphthalene Black 12B, ESN, Naphthalene Blue Black C.

Ein Färben der Terylenfaser unter einwandfreier Wollreserve ist nicht möglich.

Mischgewebefärbungen von Dacron und anderen Fasern werden in USA häufig. Dabei ist es am ökonomischesten, Stückfärbungen durchzuführen und nicht Fasermischungen oder die Einzelfasern (Lagerhaltung!) zu färben.

Das Färben von Wolle-Dacron- oder Seide-Dacron-Mischungen kann derart erfolgen, daß man die Wolle bzw. Seide mit sauren Farbstoffen färbt, welche Dacron möglichst nicht anfärben. So können Effekte erhalten werden. Umgekehrt gibt es eine Reihe von Azetatseidenfarbstoffen, welche Dacron anfärben und die Wolle nicht anschmutzen, wie etwa (Vorschlag Du Pont) Celanthrene Fast Yellow GL conc., Latyl Orange R, Latyl Red B, Latyl Blue 3R double Paste, Latyl Brilliant Blue 2G, Latyl Violet B, 2R.

Die Seide wird von Azetatseidenfarbstoffen viel weniger angeschmutzt als Wolle. Zweifarbeneffekte sind daher noch viel leichter zu erzielen. Für den Fall, daß gewünscht wird, Unifärbungen zu erhalten, kann man (für Musterfärbungen sehr vorteilhaft und wohl die sicherste Methode) so vorgehen, daß man Dacron mit Azetatseidenfarbstoffen färbt und die Wolle oder Seide dann mit sauren Farbstoffen nachfärbt. Dies kann aber nur mit ausgesuchten Wollfarbstoffen geschehen, welche Dacron nicht anfärben. Gegenwärtig wird nach Farbstoffen gesucht, welche, Dacron reservierend, die Erzielung lebhafter Töne gestatten, wie dies derzeit nicht möglich ist. Man untersucht Metallkomplexe und saure Farbstoffe auf ihre Reservierungsvermögen.

Eine Einbadmethode zur Färbung von Wolle-Dacron-Mischungen im Stück wurde von Du Pont entwickelt, die dahingeht, Chromfarbstoffe und Azetatseidenfarbstoffe aus einem Bad auszufärben.

Man arbeitet derart, daß man die Farbstoffe sowie 3 g Dowicide A (o-Phenylphenol), 0,5 g Schwefelsäure pro Liter Flotte sowie 3% Essigsäure (auf Ware) ins Bad bringt und dann 45 Minuten kocht. Nach dem Zusatz von weiteren 0,5 g pro Liter Schwefelsäure wird eine halbe Stunde gekocht und dann nach Zusatz von 3% Essigsäure noch 20 Minuten gearbeitet. Hierauf wird 1% Bichromat zugegeben und 45 Minuten weitergekocht. Dann wird gespült. Gleich nach dem ersten Säurezusatz ist zu prüfen, ob das pH zwischen 5 und 6 liegt, da alkalischere Bäder den Chromfarbstoff zerstören, saurere Bäder aber eine erhöhte Verschmutzung der Wolle durch Azetatseidenfarbstoff bzw. ein Verschmieren der Produkte verursachen können.

Das Färben von Wolle-Dacron-Mischungen (50 : 50) soll auch in nicht zu tiefen Tönen mit Azetatseidenfarbstoffen in Anwesenheit von 10% Benzoesäure und Monochlorbenzol bei 80° C möglich sein, wobei sich die Dacronfaser anfärbt. Die Wolle wird dann mit Palatinechtfarbstoffen nachgefärbt.

Beim Vorliegen von Mischungen von Wolle mit Dynel, Orlon oder Dacron soll man nach DONNARD [Amer. Dyestuff Reporter 41, P 259 (1952)] nicht fixieren, da bei Dacron und Dynel zufolge der Schrumpfungsdifferenzen Beulen und Boldern entstehen.

Im allgemeinen soll (nach anderer Ansicht) nur bei großen Mengen dieser Fasern und bei geeigneter Webart eine Hitzefixierung vorgenommen werden. Man arbeitet aber keinesfalls so wie bei reinen Dacrongeweben mit heißen Rollen usw., sondern fixiert im Reinigungs- oder Färbebad. Es ist wichtig, dem Färbebad bei Anwesenheit von Dacron Salz zuzugeben oder nachher bei 120° C nachzubehandeln, um der Polyesterfaser den ursprünglichen Glanz wiederzugeben.

Wolle-Dacron-Mischungen können nach dem Hochdruckverfahren gefärbt werden. Nach Calco Bull. 833 (1953) wird Wolle bei 130° C, 1 Min. gefärbt, nicht geschädigt. MATHEWS gibt eine Schädigung an. Auch wir stellten sie fest, da bei einer Färbedauer von bloß 1 Min. technisch keine egale Färbung entsteht. Wolle wird mit sauren, Dacron mit Azetatseidenfarbstoffen gefärbt. Nach Calco l. c. sind folgende saure Farbstoffe beständig: Calcocid Milling Yellow R, - Fast Yellow 2G, - Fast Light Orange 2G, - Milling Red RC, GP, - Alizarine Red RR, - Fast Violet R, - Violet 4BXN, - Fast Blue GL, BL, - Alizarine Blue SE, SKY, - Alizarine Green CG, - Neutral Black 2B conc. u. a.

Das Färben von Dacron-Nylon-Mischungen sowie solchen von Dacron-Azetat-Rayon. Eine Färbung von Dacron in Unitönen mit den beiden anderen Fasern oder etwa eine Reservierung der beiden anderen Fasern bei Dacronfärbung ist ausgeschlossen, da die Azetatseidenfarbstoffe zu Nylon und Azetatseide eine viel größere Affinität besitzen.

Dagegen ist es möglich, Nylon in Anwesenheit von Dacron derart zu färben, daß letztere Faser kaum angefärbt wird. Als geeignete Farbstoffe hierfür gibt Du Pont an:

Milling Yellow 5G conc., GN conc., - Orange RN conc., R conc., - Milling Red SWB, SWG, 3B alle conc., Anthraquinone Rubine R conc., - Violet R, 3R, - Blue SKY, - Green GN, Pontacyl Fast Blue 5R conc., - Fast Black BBO.

g) Mischgewebe aus Baumwolle-Reyon

Baumwolle-Viskose-Mischgewebe liegen außerordentlich häufig zur Färbung vor. Meist fungiert die Kunstseide dann als Webeeffekt, wie bei Damasten oder Streifen bei Tüchern usw. Die Unifärbung unmercerisierter Baumwolle und Viskose ist nicht immer leicht, was mit der bedeutend größeren Affinität der Kunstseidenart zu den hier in Frage kommenden direktfärbenden Farbstoffen der Normal- oder lichtechten Klasse bzw. den Coprantin- usw. Marken, die also für die Nachbehandlung mit Kupfersalzen oder Kupfersalz-Kunstharz-Komplexen bestimmt sind, bzw. den Küpenfarbstoffen zusammenhängt.

Eine besonders gute Ton-in-Ton-Färbung läßt sich erzielen, wenn man die Ware vor der Färbung mit ganz schwacher Lauge behandelt (vgl. S. 578). Auch das Abkochen auf Weinsteinpräparat ($NaHSO_4$), welches gleichzeitig die notwendige Entschlichtung vervollständigt, bringt gute Resultate. Tücher aus Baumwolle mit Kunstseidenstreifeffekten in flottierender Webart wurden nach der letztgenannten Arbeitsweise derart behandelt, daß sie mit 1,5 kg Weinsteinpräparat ($NaHSO_4$) pro 100 kg Ware am Haspel ½ Stunde abgekocht und hierauf gut gespült wurden.

Die fasergleiche Anfärbung von Baumwolle und Zellwolle soll nach dem DRP. Nr. 822241 (Cassella, 1951) dadurch erreicht werden können, daß man das Mischgut vor der Färbung mit Schwefelfarbstoffen mit permethylierten Äthyleniminpolymerisaten behandelt, wobei man auf 100 kg Material etwa 0,2 kg des Polymerisates in Lösung bei 40 bis 50° C 20 bis 30 Minuten zur Einwirkung bringt.

Gewebe aus Baumwolle-Kunstseide (Reyon) mit Ripscharakter werden vielfach zur Erzeugung von moirierten Stücken, die in der Etuiherstellung usw. gebraucht werden, in hellen Drap- oder Grautönen gefärbt. Da hier die Eigenfärbung der nativen Baumwollfaser einen tongleichen Ausfall derartiger heller Nuancen unmöglich machen würde, bleicht man derartige Waren in Hypochloritbädern vor. Nach dem Abkochen durchläuft die Ware in kontinuierlichem Lauf breite Haspelkufen und wird durch entsprechende Führung durch die Leitstäbe am Rechen der Kufe zu einer Spiralwanderung über den langsam rotierenden Haspel gezwungen (s. Abb. 247).

Die Ware, hauptsächlich schwerere Reyon-Baumwolle-Moirés, bleibt eine Stunde im Chlorbad, nachdem man sie zuerst gut gleichmäßig durch Umhaspeln genetzt hat. Die Partiengröße ist nicht höher als 50 bis 60 kg. Hierauf wird in die Waschbarke herübergehaspelt, dann von dort in einen Wagen. Dann läuft die Ware im endlosen Strang durch die Spiralwaschanordnung. Die Passage in dieser Apparatur dauert 17 Minuten. Das erste Waschbassin wird dauerndem Wasserzulauf unterstellt, das Antichlorbad wird sehr hoch (15 g pro Liter) eingestellt und das letzte Waschbad hat ebenfalls ständigen Wasserzufluß. Die Antichlorzugabe beträgt etwa 3 kg pro Bleichpartie von 60 kg Ware. Weißware ist in dieser Anordnung, der Gefahr wegen, daß doch noch Chlorreste zurückbleiben, nicht herzustellen. Die gearbeitete Ware wird dann sofort am Jigger oder auf der Haspelkufe gefärbt. Manchmal sind noch Chlorspuren in derselben, wie man beim Färben feststellen kann. Die Farbware muß oft deshalb gebleicht werden, weil sie sehr schalig ist. Diese Schalen stören den Moiréeffekt. Trotz der ziemlich schweren Qualität ist ein Färben auf der Haspelkufe ganz gut möglich, nur ist darauf zu achten, daß zwecks Vermeidung von Brüchen die Ware nach dem Färben im selben Geschirr sofort gut verkühlt wird. Hierauf wird abgesaugt und auf der Rolle in der Maschine geschleudert.

Außer der Färbung am Haspel oder Jigger kann man diese oder auch ähnliche Qualitäten, auch Futterstoffe, mit der Farbstofflösung klotzen und die hellen Farben direkt vom Klotzfoulard in den Spannrahmen laufen lassen. Dies ist auch aus Gründen der billigen Herstellung dieser Artikel, die mit Lösungen preislich günstiger normaler Direktfarbstoffe geklotzt werden, insbesondere in Lohnveredlungen die Regel. Näheres über Klotzfärbungen ist im Abschnitt Baumwollstück angegeben. Beim Klotzen derartiger Mischgewebe ist die Schwierigkeit der tongleichen Anfärbung der beiden Faserarten wesentlich geringer als bei der normalen Färbung in Bädern.

Färbungen mit sehr guten Naßechtheiten können auf Baumwolle-Reyon- bzw. Zellwoll-Mischgeweben durch Verwendung der Coprantin- (Ci), Cuprofix- (Sa) bzw. Cuprophenyl- (Gy) Farbstoffe hergestellt werden. Diese Produkte werden bekanntlich direkt aufgefärbt und hernach, im ausgezogenen Färbebad selbst, bzw. auf frischen Bädern mit Kupfersalzen (Cuprofix, Coprantinsalz II usw.)

nachbehandelt. Näheres über diese Arbeitsweise und die in Frage kommenden Farbstoffe, die zum allergrößten Teil den lichtechten Chlorantinlicht- (Ci) bzw. Solar- (Sa) usw. Sortimenten entnommen wurden, findet sich im Kapitel über die Garnfärbung (S. 317).

Baumwolltücher mit Kunstseidenzierleisten wurden am Haspel nach älteren Rezepten gefärbt wie folgt:

Creme: 57 kg, zirka 1200 l Flotte.
0,005 kg Benzolichtgelb RL (Bayer)
2,000 „ Glaubersalz krist.
Champagne: 36 kg. 0,110 kg Benzolichtgelb RL (Bayer)
0,015 kg Thiazinrot R (BASF)
2,000 „ Glaubersalz krist.
Drap: 36 kg. 0,030 kg Pegubraun G (Leonhardt)
0,030 „ Benzolichtgelb RL (Bayer)
0,015 „ Geranin G
2,000 „ Glaubersalz krist.
Tabak: 60 kg. 1,200 kg Naphtaminbraun D3G (Kalle)
0,600 „ Chrysophenin G (Kalle)
0,600 „ Diaminbraun S (Cassella)
0,350 „ Diamineralblau CVB (Cassella)
12,000 „ Glaubersalz krist.
Reseda: 48 kg. 0,055 kg Benzolichtgelb RL (Bayer)
0,055 „ Pegubraun G (Leonhardt)
0,030 „ Benzazurin B (Bayer)
Mittelgrau: 38 kg. 0,120 kg Benzoechtschwarz L (Bayer)
0,035 kg Pegubraun G (Leonhardt)
0,005 „ Geranin G (Bayer)
0,005 „ Benzolichtgelb RL (Bayer)
2,000 „ Glaubersalz
Rosa: 38 kg. 0,090 kg Geranin G (Bayer)
2,000 „ Glaubersalz
Hochrot: 48 kg. 1,000 kg Benzoechtscharlach 4BS (Bayer)
2,000 „ Glaubersalz kalz.
0,400 „ Soda sicc.
Bordo: 48 kg. 0,960 kg Chloraminrot 8BS (Sa)
0,960 „ Benzoechtscharlach 4BS (Bayer)
0,120 „ Benzoechtviolett 5RH (Bayer)
0,096 „ Diamineralblau CVB (Cassella)
3,000 „ Glaubersalz kalz.
0,500 „ Soda sicc.

Grüntöne können fasergleich z. B. mit dem neuen Chloraminbrillantgrün BN (Sa) hergestellt werden.

Jiggerfärbungen mit neueren Rezepturen wurden, teils auf Brokat- und Moiréstoffen, teils auf Mieder- und Futterstoffwaren, wie folgt ausgeführt:

Gold: Deckenbrokat, 2 Stück, 32 kg, 1300 l Flotte, Jigger.
0,225 kg Diphenylchrysoin 3G (Gy) (Chrysophenin G)
0,002 „ Benzoechtscharlach 4BS (IG)
0,001 „ Diphenylechtgrau RL (Gy)
1,000 „ Soda sicc.
4,000 „ Glaubersalz kalz.

Hellgrau: Moiré, 10 Stück, 52,7 kg, 2000 l Flotte, Haspel, vorgebleichte Ware.
0,006 kg Diphenylechtgrau RL (Gy)
0,005 „ Toluylenorange N (IG)
0,002 „ Benzoechtscharlach 4BS
Ohne Zusätze.

Dunkelgrau: Futterstoff, 2 Stück, 19,77 kg, 150 cm breit, Jigger.
0,250 kg Sambesischwarz D (IG)
1,200 „ Diphenylechtgrau RL (Gy)
0,068 „ Toluylenorange N (IG)
0,050 „ Benzoechtscharlach 4BS (IG)
1,000 „ Soda sicc.
2,000 „ Glaubersalz kalz.

Bordorot: Brokat, 1 Stück, 3 kg, 600 l Flotte, Haspel.
0,600 kg Azetopurpurin 10B (IG)
0,250 „ Deltapurpurin 8B (IG)
0,040 „ Brillantazurin B (IG)
1,000 „ Soda sicc.
4,000 „ Glaubersalz kalz.

Fleischfarben: Miederstoff (Satin), 2 Stück, 33,9 kg, 1200 l Flotte, Jigger.
0,005 kg Benzoechtscharlach 4BS (IG)
0,006 „ Diphenylchrysoin 3G (Gy)
1,000 „ Soda sicc.
2,000 „ Glaubersalz kalz.
Andere Färbung, selber Ton: 3 Stück, 21,3 kg, 1200 l Flotte, Jigger.
0,006 kg Diphenylchrysoin 3G (Gy)
0,004 „ Benzoechtscharlach 4BS (IG)
Zusätze wie oben.

Braun: Serge, 1 Stück, 6,6 kg, 1000 l Flotte, Jigger.
0,038 kg Sambesischwarz D (IG)
0,038 „ Diphenylechtgrau RL (Gy)
0,045 „ Toluylenorange N (IG)
0,038 „ Benzoechtscharlach 4BS (IG)
1,000 „ Soda sicc.
2,000 „ Glaubersalz kalz.

Schwarz: Serge, 27,6 kg, 1200 l Flotte, Jigger.
2,000 kg Kunstseidenschwarz GN (IG)
6,000 „ Glaubersalz kalz.

Futterstoffartikel, die im Lohn ausgerüstet werden (die vorangegangenen Rezepturen stammen aus einem Lohnveredlungsbetriebe), werden (s. S. 560) mit der Farbstofflösung geklotzt und direkt in den Spannrahmen laufen gelassen.

Zur Erhöhung der Naßechtheit kann man auch hier mit Solidogen B (IG), Sandofix (Sa), Levogen WW (Bayer) usw. nachbehandeln.

Schweißechte Färbungen erzielt man bei billigen Farbstoffen in dunklen Tönen durch Nachbehandeln mit 5 ccm Ramasit K konz. pro Liter und Spannen ohne zu spülen.

Billige Marinetöne können mit relativ schweißechten Farbstoffen, wie Diamineralblau CVB (IG), abgedunkelt mit Kunstseidenschwarz G, hergestellt werden.

Für Marineblau, insbesondere auf Kunstseide-Baumwolle-Mischtextilien, wird das Azetatkunstseide gut reservierende, tote Baumwolle deckende Chlorantinlichtmarineblau BLL (Ci), nuanciert mit Chlorantinlichtorange TGLL und Chlorantinlichtrot 6BLL angewendet.

Schweißechte Färbungen bei gutem Ton-in-Ton-Ausfall ergeben sich auch durch Verwendung von (IG):

Siriuslichtgelb RT, Siriuslichtorange 7G, Siriuslichtbraun BRL sowie Benzolichtbraun RL, Siriuschromschwarzblau B, Siriuslichtgrau BM für helle Töne, Columbiaschwarz FF extra für dunkles Grau und Kunstseidenschwarz G (mit Formaldehyd nachbehandelt) für Schwarz.

Färbungen mit Diazofarbstoffen sind umständlich und daher preislich ungünstig. Für Orangegrundtöne für Braun kann z. B. das beide Fasern gleichfärbende Diazaminechtorange RL (Sa), entwickelt mit Entwickler C oder β-Naphtol in Kombination mit anderen Vertretern der Diazaminechtreihe, verwendet werden.

Besser ist das Färben mit Immedialleukofarbstoffen, wobei ein Zusatz von Eulysin A (IG) das Durchfärben fördert und das Strohigwerden der Kunstseide vermindert.

Benzoechtkupferfarbstoffe (IG) können wie die Vertreter des Coprantin- oder Cuprofix- (Sa) bzw. Cuprophenyl- (Gy) Sortiments angewendet werden. Die schwer löslichen Farbstoffe (vgl. S. 263) färben bei dichtgewebten Stücken nicht gut durch, weshalb Peregal O bzw. Eulysin A zugesetzt werden soll; Salzzusätze sind nur allmählich zu geben.

Für blumige Schwarztöne auf Mischgeweben usw. von Reyon und Azetatkunstseide empfiehlt Gy sein Cuprophenylschwarz RL, das die Azetatseide gut reserviert und eine sehr gute Wasch-, Licht- und Schweißechtheit besitzt.

Für Kombinationen hat die IG Benzoechtkupfergelb GGL, RL, -braun 3GL, -rot RL und -blau GL, eventuell -violett BBL empfohlen.

Für lichtechte Ton-in-Ton-Färbungen empfiehlt die Ciba z. B.: Chlorantinlichtgelb 4GLL, 2GLL, GLL, RL, 2RLL, Chlorantinlichtorange G, TGLL, T3RLL, Chlorantinlichtbraun 8GLL, 3GLL, GBL, RL, 8RLL, Chlorantinlichtrot 5GLL, 5BL, 7BL, Chlorantinlichtscharlach BNLL, Chlorantinlichtviolett 2RLL, 5BLL, Chlorantinlichtblau 4GLL, 7GLL, Chlorantinlichttürkisblau GLL, Chlorantinlichtmarineblau BLL.

Deckenbrokate aus Baumwolle-Viskosekunstseide (Reyon) werden am Jigger auch küpengefärbt. Gearbeitet wird nach der Art der Färbung S. 487.

Färbungen am Jigger:

Gold: 10 kg, 140 cm breit, 500 l Flotte.

Angesetzt:	2,000 l	NaOH 40° Bé
	1,000 „	Hydrosulfit konz. pur
	50,000 ccm	Peregal O (IG)
	0,180 kg	Indanthrengelb RK (IG)
	0,040 „	Indanthrengoldorange G (IG)

Die Farbstoffe werden normal verküpt und durch ein Sieb ins Bad gegeben. Nach 25 Minuten Laufen gibt man 0,6 kg Hydrosulfit konz. pur nach und erwärmt auf 30° C, dann neuerlich nach 30 Minuten 0,5 kg Hydrosulfit konz. pur zugeben, 20 Minuten färben, in einem Waschjigger drehen, gut spülen, mit 0,5 kg Perborat auf 500 l oxydieren (kalt 15 Minuten) und kochend mit 2 g Seife pro Liter 30 Minuten seifen, dann kalt spülen, saugen und trocknen.

Hellgobelin: 10 kg, 140 cm breit, 500 l Flotte.

Ansatzbad:	3,000 l	NaOH 40° Bé
	1,000 kg	Hydrosulfit konz. pur
	0,100 „	Peregal O
	0,90 „	Indanthrenblau 3GT

Man färbt erst kalt, setzt nach 30 Minuten 1 kg Hydrosulfit konz. pur zu und erwärmt auf 50° C. Nach 20 Minuten werden 0,5 kg Hydrosulfit zugegeben, dann nach 20 Minuten auf dem Waschjigger gedreht, kalt gespült, mit 0,5 kg Perborat entwickelt, gespült, kochend geseift, gespült, gesaugt und getrocknet.

Eine hervorragende Tonegalität an sich und auch der beiden Faserkomponenten soll beim Arbeiten auf der Standard-Molten-Metal-Dyeing-Maschine (vgl. S. 440, 476 etc.) möglich sein.

h) Viskose-Azetatreyon-Mischungen

Das Färben dieser Mischgewebe kann entweder so erfolgen, daß die Reyon weiß bleibt und die Azetatreyon gefärbt wird oder umgekehrt oder daß beide Fasern gleichtönig gefärbt werden. Selbstverständlich sind auch Zweitoneffekte möglich. Zum Reservieren der Viskosereyon färbt man mit ausgewählten Azetatseidefarbstoffen aus leicht schäumendem Seifenbad (2 bis 3 g Seife pro Liter) bei 70° C.

Zum Färben empfahl die IG Cellitongelb 3G* pulv., Cellitonechtgelb RR*, Cellitonorange R*, Cellitonrot R, Cellitonscharlach B, Cellitonrosa R*, Cellitonechtrosa B*, Cellitonechtviolett B*, Cellitonechtblau B*.

Bei großen Reserveflächen kann man diese reinigen, indem man mit 3 g Blankit I pro Liter 1/4 Stunde bei 40° C behandelt und dann spült. Einer leichten Chlorsodabehandlung widerstehen die mit * angezeichneten vorstehenden Farbstoffe.

Sandoz schlägt für die gleichen Zwecke vor: Artisildirektgelb 2GP, GN, Artisildirektorange RR, Artisildirektrot GP, 3BP, Artisildirektviolett 2RP, Artisildirektblau SAP, BRP, GG, GNP (beide Marken mit guter Abendfarbe) und Artisildiazoschwarz GP, diazotiert und entwickelt mit Entwickler ON (β-Oxynaphtoesäure), nachbehandelt mit 3 g Blankit pro Liter bei 40° C 1/2 Stunde.

Für Azetatreyonreserve werden von der IG empfohlen: Siriusgelb 5G, G, RT, Siriusorange G, Siriusscharlach B, Siriusrot 4B, Siriusrosa G, Siriusrubin B, Siriusviolett BL, Siriusblau BRR, B, 6G, Chrysophenin G, Benzoechtscharlach 4BA, Chloraminrot 8BS, Geranin G, Brillantbenzoechtviolett 5RH, Brillantechtblau B, Diaminschwarz BH, Diaminreinblau FF usw.

Sandoz benennt hierfür: Solarflavin 2GA, RN, Solargelb B, 2R, Solarorange 4G, GA, R, Solarrubinol B, Solarrosa B, Solarrot B, 3B, 2BL, Solarviolett 3R, Solarbrillantblau R, Solarazurin L, Solarblau 2G, 4G, 5GL, Solarbraun 2R, PL, 2G, Solargrün BL, GL, Solargrau R, 2R, 2BL usw.; Direktgelb C, Chloramingelb FF, Chloraminlichtorange G, Chloraminechtorange SL, RS, Chloraminechtscharlach GRL, 4BSL, SE, 8BS, Chloraminreinblau A, FF, Viscoblau E, G, Trisulfonbraun BA, Chloraminbraun 2R, Chloraminschwarz ZAR.

Alte Angaben der Farbwerke Bayer über Reserve von Azetatreyon bei gleichzeitiger Ton-in-Ton-Färbung von Baumwolle-Viskose für Damentuch:

Blau:	1,00%	Diaminechtblau F3G
Grau:	0,50%	Diaminechtblau FFB
	0,20%	Diaminechtorange ER
Reseda:	2,00%	Diaminechtblau F3G
	1,00%	Diaminechtgelb 4G
Olive:	2,00%	Diaminechtblau FFB
	1,15%	Diaminechtgelb 4G
Hellbraun:	0,50%	Diaminechtblau FFB
	1,70%	Diaminechtorange ER
	0,40%	Diaminechtgelb B
Goldgelb:	1,00%	Diaminechtgelb R
Orange:	1,50%	Diaminechtorange ER
Rosa:	0,25%	Diaminechtrosa G
Dunkelrosa:	0,80%	Diaminechtrosa B
Cerise:	2,00%	Diaminechtrot 8BL
Bordo:	2,00%	Diaminechtbordo 6BS
Violett:	1,00%	Diaminechtrotviolett FR
	1,00%	Diaminechtbrillantblau R
Dunkelviolett:	2,50%	Diaminechtviolett FFBN
Dunkelblaugrau:	2,50%	Diaminechtblau FFB
Schwarz:	3,00%	Diaminogen B (Gelbeffekt etwas angeschmutzt)

Diazotiert und entwickelt mit Resorcin.

Man färbt in der für Diaminfarben üblichen Weise je nach Tiefe der Nuance unter Zusatz von zirka 5 bis 20 g Glaubersalz kalz. pro Liter Flotte.

Die angegebenen Farbstoffmengen sind die verbrauchten beim Weiterfärben auf altem Bad; die Ansatzbäder sind entsprechend stärker zu bestellen.

Die Nuancen der als Effektfäden verwendeten Azetatreyon sind im Strang wie folgt hergestellt:

Gelb: 4,0% Azonin CL (Bayer) (Ältere Bezeichnung)
Rot: 2,0% Azonin R, diazotiert und entwickelt mit β-Naphtol
Blau: 0,2% Azonin B, diazotiert und entwickelt mit Entwickler ON (β-Oxynaphtoesäure)
Lila: 1,0% Azonin S, diazotiert und entwickelt mit Resorcin
Schwarz: 3,0% Azonin S, diazotiert und entwickelt mit Entwickler ON

Für Mattazetatseidereserve in großen Flächen sollen nach Sandoz folgende substantive Farbstoffe Anwendung finden:

Chloramingelb SB, G, FF, Sonnengelb G, GG, RR, 3R, Chloraminlichtorange G, R, Chloraminechtorange SGE, SL, RS, Chloraminechtscharlach SE, 4BSL, 8BS, Chloraminbrillantrosa B, 3B, Chloraminreinblau A, FF, Viscoblau E, Chloraminbrillantechtblau A, Chloraminlichtblau BS, Chloraminlichtgrau R, B, 2BL, Erika B, Chloraminbrillantrot 8B, Chloraminblau 2B, 3B, 3G, Chloraminblau BXR, Chloraminschwarz JHR, Chloraminschwarz ZAR, Diazaminschwarz PSP (entwickelt mit β-Naphtol).

In besserer Lichtechtheit:

Solargelb BG, B, Solarrot 2BL, B, 3B, Solarbrillantblau A, Solarazurin L, Solarblau 3G, 4G, 5GL, Solarorange R, Solargrün BL, GL, Solargrau B, R, 2BL.

Farbstoffe des geprüften „Typ 8000“, und zwar die folgenden (IG), lassen matte Azetatseide in großen Flächen am reinsten:

Chloramingelb GG, Chrysophenin G, Benzoechtorange WS, Dianilechtorange O, Diaminrosa BD, Thiazinrot R, Benzoreinblau, Diaminreinblau FF, Dianilblau G, Siriuslichtgrün BB, Dianilbraun AR, Siriuslichtgrau GR, Oxydiaminogen OT mit Entwickler Z.

Alle anderen Farbstoffe färben, auch wenn sie glänzende Azetatseide reservieren, matte Azetatseide zu stark an.

Mischgewebe aus Zellwolle oder Reyon mit Azetatkunstseideeffekten bzw. Mischtrikotagen (s. S. 587) sollen nur in pyrophosphathaltigen Bädern gefärbt werden. Die Ciba weist darauf hin, daß für eine Azetatkunstseidereserve unter anderen folgende Produkte *nicht* empfohlen werden können (Ciba-Rundschau Nr. 102, 1952, Beilage): Coprantinbraun GRLL, 5RLL, -violett BLL, -rubin RLL, -bordo 2RLL, CBLL, 2BLL, -marineblau CBLL, C3RLL, -grün 5GLL, -schwarz M2G.

Die Anfärbung ist am stärksten bei Diazotierungen, insbesondere für Farbstoffe, die mit β-Naphtol entwickelt werden. Dieses haftet fest auf der Azetatseide und bräunt die Faser im Licht.

Beim Färben der Azetatreyon-Viskosereyon-Gewebe ist wichtig, im Farbbad keine Soda zu verwenden, da eine Verseifung der Azetatseide eintreten kann.

Rezepturen aus der Praxis für Unifärbungen sind folgende:

Schwarz: Satin, 7 Stück, 63 kg, 4000 l Flotte, Haspelkufe. Man färbt mit 0,5 kg Gardinol CA und 14 kg Glaubersalz kalz. bei 80° C in 300 l Seifenlösung, 30 g pro Liter.

5,800 kg Cibacetschwarz BN grünlich (Ci)
0,800 „ Setacyldirektblau 2GS konz. (Gy)
0,100 „ Cibacetgelb GN pulv. (Ci)
7,500 „ Reservedirektschwarz D (Ci)
0,100 „ Diphenylechtgelb C4GL (Gy)
0,170 „ Chloraminechtorange SE (Sa)

Dunkelgrün: Satin, 2 Stück, 21,33 kg, 600 l Flotte. 80° C, 0,12 kg Gardinol CA, 4 kg Glaubersalz, 12 l Seifenlösung, 30 g pro Liter.
0,075 kg Diamingrün B (IG)
0,045 „ Diphenylechtgelb C4GL (Gy)
0,090 „ Cibacetgelb GN pulv. (Ci)
0,080 „ Setacyldirektblau 2GS konz. (Gy)
0,004 „ Cibacetorange RR (Ci)
oder
Crêpe Pinguin, 2 Stück, 12,65 kg, 600 l Flotte. 75 bis 80° C, 0,12 kg Gardinol CA, 4 kg Glaubersalz, Seife wie oben.
0,200 kg Diamingrün B (IG)
0,025 „ Diphenylechtgelb C4GL (Gy)
0,180 „ Setacyldirektblau 2GS konz. (Gy)
0,090 „ Cibacetgelb GN pulv. (Ci)
0,004 „ Cibacetorange RR (Ci)

Hellblau: Satin, 2 Stück, 32,91 kg, 1600 l Flotte. 80° C, 0,25 kg Gardinol CA, 5 kg Glaubersalz, 4 l Seifenlösung, 30 g pro Liter.
0,010 kg Brillantechtblau B (IG)
0,006 „ Direkthimmelblau grünlich (Ci)
0,018 „ Setacyldirektblau 2GS konz. (Gy)

Mittelblau: Crêpe de Chine, 5 Stück, 16,82 kg, 1500 l Flotte. 0,3 kg Gardinol CA, 8 kg Glaubersalz, 30 l Seifenlösung, 30 g pro Liter.
0,350 kg Brillantechtblau B (IG)
0,050 „ Direkthimmelblau grünlich (Ci)
0,150 „ Setacyldirektblau 2GS konz. (Gy)
0,015 „ Cellitonechtrosa B (IG)

Tabakbraun (matte Azetat-Viskose): Krepon, 1 Stück, 5,35 kg, 600 l Flotte. 0,25 kg Gardinol CA, 4 kg Glaubersalz, 14 l Seifenlösung, 30 g pro Liter.
0,090 kg Chloraminechtorange SE (Sa)
0,085 „ Diphenylechtgrau RL (Gy)
0,025 „ Toluylenorange N (IG)

Dunkelmarine: Marocain, 4 Stück, 20,41 kg, 1600 l Flotte. 0,3 kg Gardinol CA, 10 kg Glaubersalz, 30 l Seifenlösung, 30 g pro Liter.
0,500 kg Diphenylblauschwarz B (Gy)
0,086 „ Sambesischwarz D (IG)
0,025 „ Brillantechtblau B (IG)
0,700 „ Setacyldirektblau 2GS konz. (Gy)
0,100 „ Cibacetrot 3B (Ci)
0,045 „ Cibacetorange RR (Ci)

Hochrot: Crêpe de Chine, 5 Stück, 18,83 kg, 1500 l Flotte. 0,2 kg Gardinol CA, 10 kg Glaubersalz, 30 l Seifenlösung, 30 g pro Liter.
1,170 kg Benzoechtscharlach 4BS (IG)
0,250 „ Azetopurpurin 10B (IG)
0,030 „ Chloraminechtorange SE (Sa)
0,330 „ Cibacetrot 3B (Ci)
0,150 „ Cibacetorange RR (Ci)

Graublau: Marocain, 2 Stück, 400 g Gardinol CA, 3 kg Glaubersalz, 10 l Seifenlösung, 1 g pro Liter.
0,005 kg Brillantechtblau B (IG)
0,050 „ Artisildirektblau SAP (Sa)

Reseda (Mattazetat): Marocain, 1 Stück, 5,40 kg, 600 l Flotte. 0,25 kg Gardinol CA, 4 kg Glaubersalz, 0,10 l Seifenlösung, 30 g pro Liter.
0,070 kg Diphenylechtgelb C4GL (Gy)
0,040 „ Direkthimmelblau grünlich (Ci)
0,024 „ Setacylblau 2GS konz. (Gy)
0,026 „ Cibacetgelb GN (Ci)

Lachs (Mattazetat): Marocain, 1 Stück, 4,15 kg, 600 l Flotte. 0,15 kg Gardinol, 4 kg Glaubersalz, 20 l Seifenlösung, 30 g pro Liter.
0,028 kg Chloraminechtorange SE (Sa)
0,001 „ Benzoechtscharlach 4BS (IG)
0,015 „ Cellitonechtrosa R (IG)
0,006 „ Cibacetorange RR (Ci)

Weinrot (Mattazetat): Crêpe de Chine, 10 Stück, 36,17 kg, 2000 l Flotte. 0,4 kg Gardinol, 10 kg Glaubersalz, 200 l Seifenlösung.
0,525 kg Benzoechtscharlach 4BS (IG)
0,040 „ Diphenylblauschwarz B (Gy)
0,850 „ Cibacetrot 3B (Ci)
0,042 „ Setacyldirektblau 2GS konz. (Gy)
0,022 „ Cibacetorange RR (Ci)

Azetatreyon, glänzend, weiß:

Rot-Weiß: Quadrille, 1 Stück, 3,51 kg, 600 l Flotte. 6 kg Glaubersalz, 20 l Seifenlösung, 30 g pro Liter.
0,260 kg Benzoechtscharlach 4 BS (IG)
0,125 „ Azetopurpurin 10B (IG)

Dunkelblau-Weiß: Wie oben.
0,350 kg Brillantechtblau B (IG)
0,100 „ Direkthimmelblau grünlich (IG)
0,025 „ Diphenylblauschwarz B (Gy)

Schwarz-Weiß: Wie oben.
1,050 kg Reservedirektschwarz D (Ci)

Azetat-Viskosereyon-Mischgewebe, schwarz, Cellitazol-Färbung. 5,4 kg Ware, 500 l Flotte, Haspelkufe, Azetatreyon matt. Gefärbt wird mit
4% Cellitazol STN (IG)
2% Cellitonechtgelb G (IG)
5% Columbiaschwarz G extra (IG)
3 g Seife pro Liter und 500 g Peregal O (IG), 20% Glaubersalz krist., 1 Stunde bei 75° C, dann wird gespült und diazotiert mit 2 kg Nitrit, 4 kg Salzsäure 30% kalt ½ Stunde. Dann spülen und ½ Stunde kalt mit 4% Entwickler ONW, gelöst in Natronlauge 40° Bé, angesäuert mit Essigsäure bis neutral, entwickelt, hierauf wird gut gespült.

Schwarz auf Azetat-Viskosereyon-Mischgeweben, diazotiert:

Azetatreyon matt. Partiegewicht 21 kg, Haspelkufe. Gefärbt wird mit:
3,5% Cibacetdiazoschwarz (Ci)
2,5% Cibacetgelb CN (Ci)
Es wird bei 40° C eingegangen und zweimal auf 80° C aufgewärmt. Das Bad ist mit 1,5 kg Seife auf 1400 l sowie 250 g Invadin C bestellt. Ferner werden zugesetzt: 5% Kunstseidenschwarz G (Ci) und 8 kg Glaubersalz kalz. Nach 1½ Stunden Färben wird zweimal warm gewaschen; hierauf diazotiert man in 1400 l Flotte mit 3 kg Nitrit und 9 l HCl 30% während 10 Minuten. Es wird sofort entwickelt mit 1400 g β-Oxynaphtoesäure (Entwickler ON) und 700 g Salmiak (Bad neutral, Probe mit Lackmus) bei 50° C in 1400 l Flotte. Sodann wird gut gewaschen. Entwickelt wird ebenfalls 10 Minuten.

Ist die Azetatreyon glänzend, so kann man im allgemeinen mit 2% Cibacetdiazoschwarz und 1% Cibacetgelb arbeiten.

i) Seide-Baumwolle (Halbseide)

Die Färbung der Halbseide kann Ton-in-Ton im Igepon-T-Glaubersalzbad mit substantiven oder Diazofarbstoffen erfolgen. Man kann auch mit neutral ziehenden sauren Farbstoffen vorfärben und die Baumwolle nachdecken. Schließlich verwendet man auch sauer zu färbende Farbstoffe für die Seide und kann die *Baumwolle*, eventuell in Anwesenheit von Katanol WL, in einem anderen Ton färben. Färbt man unter Zusatz von Seife zum Bad, dann wird bei der Herstellung von Zweifarbeneffekt die Seide weniger angefärbt, jedoch bremst die Seife das Aufziehen der Farbstoffe auf die Baumwolle.

Aus Igepon-T-(0,5 bis 2 g pro Liter), Glaubersalz kalz. (3 bis 15 g pro Liter) -Bädern färben fast tongleich nach IG unter anderem:

Chrysophenin G, Universalgelb C, Diaminorange F, Diaminbraun 3G, Universalscharlach C, Benzorot 10 B, Universalbordo C, Geranin G, Diaminrosa BD, Halbwollmarineblau B, Benzoblau RW, Benzodunkelgrün B, Diamingrün G, Plutobraun GG, Direkttiefschwarz E und RW extra.

In neutralem Bad färben die Baumwolle stark an und reservieren mit Katanol WL die Seide sehr gut:

Diaminechtgelb A, Benzoechtorange WS, Benzoechtscharlach 5BS, Brillantbenzoechtviolett 5RH, Brillantazurin B, Diaminreinblau FF, Diaminschwarz BH.

Aus neutralem Bad ziehen gut auf Seide:

Walkgelb H3G, Sulfongelb 5G, Sulfonorange G, Säureanthracenrot 3BL, Echtsäureviolett A2R, Formylviolett S4B, Wollechtblau BL, FFG, Alizarincyaningrün G extra, Supraminschwarz BB.

Sauer ziehen auf Seide:

Walkgelb H5G, O, R, Sulfonorange G, Säureanthracenrot 3BL, Formylviolett S4B, Wollechtblau BL, FFB, Alizarincyaningrün G extra, Radioschwarz ST.

Aus der Praxis stammende Rezepte sind die folgenden:

Dunkellachs: Atlas, 1 Stück, 5,55 kg, 600 l Flotte, Jigger. 25 l Seifenlösung (30 g pro Liter), 2 kg Glaubersalz kalz., 0,1 kg Igepon T.
0,085 kg Diaminscharlach HS (IG)
0,055 „ Deltapurpurin 4B (IG)
0,010 „ Diphenylchrysoin 3G (Gy)
0,010 „ Rhodamin B (IG)

Schwarz: Futtertaffet, schweißecht, 4 Stück, 18,30 kg, am Rahmen gefärbt (vgl. auch Samtfärberei), 1500 l Flotte, 4 kg Glaubersalz.
1,600 kg Diaminogen B (IG), diazotieren mit 2,60 kg Nitrit und
7,000 „ HCl 30%, kalt entwickeln mit 1 kg Diaminentwickler (IG).

k) Seide-Kunstseide (Viskosereyon)

Rezepte aus der Praxis sind:

Gold: Seide- (Chappe-) Viskosekunstseide-Gewebe (Deckendamast), 1 Stück, 146 cm breit, 6,64 kg, 600 l Flotte, 85° C, Jigger. 1 Kübel = 14 l Bastseifenlösung (30 g pro Liter)
0,275 kg Diphenylchrysoin 3G (Gy)
0,013 „ Benzoechtscharlach 4BS (IG)
0,002 „ Sambesischwarz D (IG)
0,013 „ Echtjasmin G konz. (Gy)
0,003 „ Wollreinblau GL (Gy)

Gold: Faille, 1 Stück, 7,10 kg, 600 l Flotte, Haspel, 85° C, Jigger.
0,300 kg Diphenylchrysoin 3G (Gy)
0,010 „ Echtjasmin G konz. (Gy)
0,015 „ Benzoechtscharlach 4BS (IG)
0,005 „ Supranolorange G (IG)

Rot: Taftalin, Grege-Reyon, 2 Stück, 3,80 kg, 600 l Flotte, Haspel. 5 kg Glaubersalz, 0,3 kg Igepon T.
0,450 kg Deltapurpurin 4B (IG)
0,375 „ Azetopurpurin 10B (IG)
0,045 „ Brillantechtblau B (IG)
0,005 „ Wollreinblau GL (Gy)

l) Seide-Azetatkunstseide (matt)

Praktische Färbungen betreffen:

Dunkelmarine: Croquette, 1 Stück, 2,40 kg, 600 l Flotte, Haspel. 0,4 kg Gardinol CA, 4 kg Glaubersalz.
0,225 kg Brillantindocyanin 6B (IG)
0,025 „ Tuchrot G (Ci)
0,010 „ Echtjasmin G konz. (Gy)
0,540 „ Setacyldirektblau 2GS konz. (Gy)
0,100 „ Cibacetrot 3B (Ci)
0,050 „ Cibacetgelb GN (Ci)

Braun (Neger): Croquette, 2 Stück, 4,75 kg, 600 l Flotte, Haspel. 15 l Seifenlösung (30 g pro Liter), 5 kg Glaubersalz, 0,1 kg Igepon T.
0,050 kg Echtjasmin G konz. (Gy)
0,053 „ Brillantindocyanin 6B (IG)
0,017 „ Tuchrot G (Ci)
0,090 „ Setacyldirektblau 2GS konz. (Gy)
0,090 „ Cibacetrot 3B (Ci)
0,040 „ Cibacetorange RR (Ci)

Russischgrün: Croquette, 1 Stück, 2,35 kg, 600 l Flotte, 0,4 kg Gardinol CA, 4 kg Glaubersalz.
0,175 kg Brillantindocyanin 6B (IG)
0,010 „ Echtjasmin G konz. (Gy)
0,090 „ Setacyldirektblau 2GS konz. (Gy)
0,125 „ Cibacetgelb GN (Ci)

Bordo: Croquette, 1 Stück, 4,72 kg, 600 l Flotte. 0,4 kg Gardinol CA, 4 kg Glaubersalz.
0,048 kg Tuchrot G (Ci)
0,015 „ Echtjasmin G konz. (Gy)
0,002 „ Brillantindocyanin 6B (IG)
0,212 „ Cibacetrot 3B (Ci)
0,032 „ Cibacetorange RR (Ci)
0,007 „ Setacyldirektblau 2GS konz. (Gy).

Das Färben von Blauholzschwarz auf Seide-Azetatreyon im Schwarz-Weiß-Effekt erfolgt nach nachstehendem Verfahren: Abgekocht wird bei 80° C mit 5 g Seife pro Liter, eventuell etwas Tetralin, oder kochend unter Zusatz von NaCl als Schutz gegen das Mattwerden der Azetatseide. Dann wird die in Buchform abgekochte Ware am Spritzrohr gründlichst gewaschen. Sie wird im Seifenbad mit stark oxydiertem Blauholzextrakt ausgefärbt, da man wegen der Azetatseide nicht nitrieren kann. Diese würde sonst gelb werden. Gelbholz darf keine Verwendung finden.

Die Azetatreyon ist immer etwas angeschmutzt und wird durch Behandlung auf einem Bastseifenbad bei 80° C wieder weiß.

m) Perlon-Reyon-Gewebe

Über Perlon-Reyon- oder Perlon-Kupferreyon-Mischgewebe vgl. S. 317, Kapitel Garnfärbung.

Mischungen aus Nylon-Baumwolle, welche zwecks Verbesserung der Lichtechtheit der erzielten Färbung und der Affinität der Farbstoffe vor einer Küpenfärbung mit 1 bis 5% Tannin bei 90° C vorbehandelt werden, bedingen auch einen tonegalen Ausfall der Fasermischung, da die tannierte Baumwolle den Küpenfarbstoff weniger rasch und tief aufnimmt [vgl. American Dyestuff Reporter 40, P 773 (1950)].

Fasergemische aus Perlon-Viskosereyon sind mit den Ofnacet-Farbstoffen färbbar. Diese sind Gemische aus Naphtolen und Basen in aliphatischen Aminen gelöst. Man behandelt das Textilgut mit den wasserklaren Pseudolösungen und bringt dann den Farbstoff zur Entwicklung (vgl. S. 508).

Beim Färben von Baumwolle oder Viskosekunstseide-Nylon-Mischgeweben in neutralen Bädern, die 10 bis 20% Glaubersalz und 0,5% Seife enthalten, bei 85° C, empfiehlt Du Pont folgende Farbstoffe als Nylon reservierend:

Pontamine Fast Yellow RL, -Fast Orange EGL, -Fast Orange WS conc., -Fast Pink BL, -Fast Red 6BL, -Fast Rubine B conc., -Fast Scarlet 4BA, -Fast Scarlet 8BSN conc., -Fast Scarlet G, -Fast Violet 4BL, -Brilliant Blue G conc., -Fast Blue 4GL, -Fast Blue RRL, -Sky Blue 5BX supra, -Fast Green 5BL, BL, -Fast Gray BL conc., -Diazo Black BHSW conc., -Fast Black PG extra conc.

Sollen jedoch beide Fasern gleichmäßig angefärbt werden, so empfehlen sich die folgenden Farbstoffe in Bädern von pH = 4,8 unter Zugabe von 1% Mononatriumphosphat (primärem Na-phosphat) als Puffer. Eine geringe Änderung des Aziditätsgrades sowie vermehrte Zugabe an Phosphat bewirkt bemerkenswerte Affinitätsänderung.

0,5% Farbstoff	Bad pH = 4,8 1% Phosphat	Bad pH = 4,1 5% Phosphat
Pontamine Fast Yellow 5GL	—	×
„ „ Yellow RL	—	×
„ „ Orange 2GL	—	×
„ „ Orange RGL		+
„ „ Orange PG extra	—	×
„ „ Brown BRL conc.		+
„ „ Brown 4GL	—	∅
„ „ Pink BL		+
„ „ Red 8BL	—	
„ „ Scarlet 4BS conc.		—
„ „ Green GL, 5BL		0
„ Blue RW conc.		—
„ Fast Blue 2GL	—	
„ „ Turquoise 8GL conc.	—	
„ „ Gray BL		0
„ „ Black L conc	—	∅
„ „ Black PG extra	—	×

× = Nylon dunkler, 0 = Nylon ungefärbt, + = Rayon dunkler, ∅ = Rayon ungefärbt, — = gleichmäßige Anfärbung. (Nach Du Pont, Techn. Bull.)

Die Färbung von Perlon-Zellwoll-Geweben (auch Garne usw. liegen vor), die etwa zu 20 bis 30% aus dem Polyamid und 70 bis 80% Zellwolle bestehen, kann mit substantiven Farbstoffen oder Halbwollmarken erfolgen. Auch Direktfarbstoffe mit neutral ziehenden Woll- oder Azetatfarbstoffen, Hydronblau für Arbeitskleidung (s. S. 452) oder Küpenfarbstoffe (vgl. oben) können Anwendung finden.

Mit substantiven Farbstoffen wird einbadig bei 90° C gefärbt, wobei ein Zusatz von Igepon T bzw. NH_3 das Aufziehen auf Perlon bremst. Für die Färbung empfiehlt Bayer z. B.: Siriuslichtgelb 5G, RT, RK, -lichtbraun 5G, RT, BRS, 3RL, Siriusgelb GC, -rot 4B, -bordeaux 5B bzw. Benzoviskosegelb 5GL, -rot BL, -bordeaux BBL, -blau BF, -grün BL, -grau BR, Benzolichtgelb G, TRL, -orange G, F, -rot F, -violett H, -blau FBL, RWS, -grün B, -orangebraun 3GF.

Als Schwarz wird Telonechtschwarz PE, diazotiert und mit Entwickler H entwickelt, verwendet. Eventuell können die Färbungen zur Verbesserung der Naßechtheit mit Sandofix WE (Sa) usw. nachbehandelt werden.

Die Färbung mit Halbwollfarbstoffen erfolgt kochend in glaubersalzhaltigem Bad, das mit bis 6% Ammonazetat, je nach Wasserhärte, korrigiert wird. Verwendet werden vorteilhaft Cotolanechtgelb G, -orange G, -rot FBL, -echtblau FG, -echtmarineblau GR, -braun RLN, -grau BL (alle Bayer). Von den Hoechster Werken werden Halbwollechtgelb HGL, -scharlach HGL, -bordeaux HG, -blau GL, -marineblau HB, -schwarz TH vorgeschlagen, während Sandoz sein Sandofastsortiment empfiehlt.

Kombiniert man neutralziehende Wollfarbstoffe, etwa die Telonlicht- oder -echtmarken (Bayer) oder die Xylenecht-P-Farbstoffe (Sa), mit Direktfarbstoffen, ist eine gute Perlonreserve der letzteren erforderlich. Reservierend sind (nach Bayer): Siriuslichtgelb R, -lichtorange 7GL, F3G, 3G, G, -lichtscharlach GG, -lichtrot 4BL, -lichtrubin B, -lichtrotviolett BL, -lichtblau BRR, GL, G, B, -lichtgrün BB, -lichtgrau VGL, R. Sandoz empfiehlt: Solargelb B, 2GL, R, -orange 2GL, R, -rubinol FBL, -blau 2GLN, 5GL, FGL, -grün BL, -grau 2BL, 2R, -rot B, 2BL, -violett BL, -türkisblau GLL.

Werden substantive Farbstoffe mit Azetatseidenfarbstoffen kombiniert und neutral gefärbt, so soll Nylotan M als Reserve der Perlonfaser gegen Direktfarbstoffe dienen. Als gewöhnliche Vertreter der substantiven Reihe können dienen (Sa): Chrysophenin G bzw. Direktgelb CV, Pyrazolorange GH, Chloraminechtorange SGEN, -echtscharlach 8BS, 4BSL, -brillantrot B, -blau 2B, 3B, -schwarz BH, -braun 2R, Trisulfonblau FO, Viscoschwarz NF extra.

Das Färben mit Hydronblau G, R oder Hydronschwarzblau G erfolgt (zirka 4%ig) am Jigger ¾ Stunden bei 80° C in Bädern mit 4 g Schwefelnatrium krist., 5 g NaOH 40° Bé und 3 g Hydrosulfit konz. pur sowie 2 g Dekol N pro Liter Flotte, wobei auf leistengerades Auflaufen geachtet werden muß (bronzierende Ränder). Nach dem Färben quetscht man ab (Quetschwalze am Jigger), spült mit Dekol-N-haltiger Flotte und oxydiert mit 0,5 bis 0,75% Perborat warm, eventuell unter schwachem Essigsäurezusatz.

n) Wolle-Seide (Gloria)

Weißeffekte (Seide) werden erhalten, indem man in essigsaurer Lösung unter Zusatz von Setamol NS mit ausgesuchten Säurefarbstoffen färbt.

Unitöne erzielt man durch Färbung in schwefelsaurem Bad mit Glaubersalz bei Kochtemperatur. Auch mit Direktfarbstoffen oder aus neutralen Bädern ziehenden sauren Farbstoffen kann gearbeitet werden. Bei der sauren Färbung färbt sich die Seide am besten stark sauer bei Temperaturen unterhalb der Kochtemperatur, Wolle aber schwach sauer kochend. Neutral gefärbt (im Glaubersalzbad) ziehen die Farbstoffe am besten beim Ansäuern mit Essigsäure auf die Wolle, bei abgestelltem Dampf auf Seide.

o) Zellulose-Orlon-Mischgewebe

Die Orlonreserve in Baumwollstückware ist beim Färben nach dem Pad-Steam- oder Pad-Jig-Prozeß vielfach gerade für Marine- und Schwarztöne mit Küpenfarbstoffen schlecht. Gut geeignet sind hier nach Du Pont nur Ponsol Flavine GC, Ponsol Yellow GGK, G, -Golden Orange G, 4G, RRT, -Brilliant Orange RK, -Brown RBT, RB, -Red BN, -Blue 3G, -Violet BNX.

p) Azetatkunstseide-Nylongewebe

Azetatreyon-Nylongewebe werden entweder unter Reservierung der Azetatseide gefärbt, wobei als saure Farbstoffe z. B. Du Pont Milling Yellow 5G conc., G conc., -Quinoline Yellow, -Tartrazine, Milling Orange R conc., -Red B conc., 3B conc., R conc. oder Pontacyl Light Yellow 3G conc. GX, -Carmine 2B, 6B extra, 2G, -Light Red 4B, 4BL, -Scarlet EG, -Violet 4BSN, -Fast Blue 5R, -Wool Blue BL, GL, -Green SW extra sowie Du Pont Anthraquinone Blue B, 3G, SKY, -Anthraquinone Green G, GN, -Naphtol Green B, oder beide Fasern werden mit Azetatseidenfarbstoffen gleich tief getönt, wobei allerdings bei vielen Produkten die Färbung auf Azetatreyon im Ton anders ist als die auf Nylon.

Gemäß Untersuchungen von Du Pont zeigen sich folgende Farbtonverschiedenheiten und Ausziehgeschwindigkeiten:

Farbstoff Nach Du Pont, Techn. Bull.	Auszieh-geschwindigkeit	Tonverschiedenheit gegenüber Azetatseide
Acetamine Yellow N	schnell	röter
Acetamine Yellow 2R....................	schnell	röter
Celanthrene Fast Yellow GL conc.........	langsam	gleich
Acetamine Orange 3R	mittelschnell	sehr viel röter
Celanthrene Orange extra	langsam	röter
Acetamine Red RP......................	mittel	viel blauer
Acetamine Rubine B conc..............	mittel	blauer
Celanthrene Red 3B conc.	mittel	viel blauer
Acetamine Violet 2R	langsam	viel blauer
Celanthrene Purple conc.	sehr schnell	blauer
Celanthrene Red Violet R conc...........	„ „	viel blauer
Acetamine Diazo Navy RD	mittel	gleich
Celanthrene Brilliant Blue FFS conc.	„	„
Celanthrene Navy Blue BPN conc.	schnell	„
Acetamine Black CBS	„	„
Acetamine Diazo Black 3B..............	„	„
Acetamine Diazo Black BGD	„	„
Acetamine Diazo Black RB	„	„

q) Reyon- (Baumwolle-) Dacrongewebe

Mischungen von Dacron und Baumwolle oder Viskosereyon werden in Unitönen einbadig derart hergestellt, daß man Dacron mit Azetatseidenfarbstoffen, die Baumwolle oder Kunstseide mit Direktfarbstoffen färbt. Arbeitet man mit Küpenfarbstoffen, so muß nach der Zweibadmethode vorgegangen werden. Sollen Effekte erzielt werden, d. h. Dacron gefärbt und die andere Faser weiß belassen werden, dann sind ausgesuchte Azetatseidenfarbstoffe zu benützen, da bei vielen eine nennenswerte Anschmutzung des Zellulosematerials stattfindet. Du Pont nennt* folgende Azetatseidenfarbstoffe als besonders geeignet: Celanthrene Fast Yellow G conc., Latyl Orange R, - Red B, - Brilliant Blue 2G, - Violet B, - Blue GE, Celanthrene Violet BGF.

Bei der Einbadfärbung von Fasermischungen mit Azetatseiden- und Direktfarbstoffen sollen Zugaben von Benzoesäure oder Salicylsäure unterlassen werden,

* Notes on the Dyeing of Dacron Polyester Fiber (Du Pont).

da sie die Affinität des Direktfarbstoffes zufolge der Badazidität stark herabsetzen. Benützt man o-Phenylphenol, so soll dieses als Na-Salz zusammen mit Essigsäure benützt werden und das pH nicht unter 5 bis 6 liegen. Man kann aber nur dunkle Töne so herstellen, da beim Färben heller Nuancen die Lichtechtheit der Färbungen, insbesondere bei der Verwendung von p-Phenylphenol (auf Dacron) sehr leidet. Sehr gute Effekte gibt ein Zusatz von Monochlorbenzol, welcher die Lichtechtheit nicht oder kaum beeinflußt, doch ist das Produkt wegen seiner Giftigkeit nicht zu empfehlen.

Terylen-Baumwolle (Viskosereyon), wobei die Reserve der Zellulosefaser gewährleistet ist, werden unter Verwendung von Azetatseidenfarbstoffen gefärbt.

Soll umgekehrt die Zellulosefaser gefärbt werden, dann verwendet man Azetatseide reservierende substantive Produkte.

VI. Das Färben und die Nachbehandlung von Trikotagen

(Vorreinigung, Färben, Mattieren, Beschweren)

Die Färbung von Trikotware umfaßt ein recht mannigfaltiges Gebiet, sowohl in Hinblick auf die zu färbenden Materialien, als auch hinsichtlich der anzuwendenden Färbeweisen.

Je nach Art der Herstellung liegt dem Färber das Trikot als Schlauch (Rundstuhlware) oder in flacher Form (Flachstuhlware, Charmeuse, Milanese) vor. Bei Rundstuhlware wird in der Regel Wolle, Baumwolle oder Baumwolle mit Kunstseide plattiert verwendet. Die Erzeugnisse dienen zur Herstellung von Trikots für Sportzwecke, meist in den Farben Kornblumenblau, Scharlach- und Bordorot oder aber, plattiert, zur Erzeugung von Schlafröcken, wobei die aus lose gedrehtem starkem Baumwollgarn bestehende Innenseite des Schlauches nach dem Färben gerauht wird. Schließlich wird Baumwolltrikot im Schlauch auch zur Herstellung billiger Badehosen, meist von schwarzer Farbe, verwendet.

Wolltrikot (Schlauch- und Raschelware) ist vornehmlich zur Herstellung von Badehosen bzw. Badeanzügen bestimmt.

Kunstseidentrikotagen, entweder aus Viskose-(Reyon) oder Azetatkunstseide oder dessinierten Gemischen der beiden Faserarten liegen heute wohl stets als Flachstuhlware vor (Charmeuse, Milanese).

Im nachfolgenden werden Beispiele der Färbung von Trikotware, nach der Faserart gereiht, gegeben.

1. Die Färbung von Baumwolltrikot (Rundstuhlware)

Die Ware wird an den Enden in breiten, mindestens 15 cm langen Stichen vernäht (keine enge Naht, da sonst Luft im Schlauch bleibt). Das Reinigen und Abkochen erfolgt in Druckkesseln oder auf Haspelkufen, je nach Menge.

Behandelt wurde z. B. mit 8 l NaOH 40° Bé und 5 kg Na_2CO_3 sicc. in 800 l Flotte 1½ Stunden kochend auf der Haspelkufe. Das Warengewicht war 12 kg, die Länge des Stücks zirka 50 m. Die Abkochflotte erhielt den Zusatz eines Fett- bzw. Schmutzlösers (gegen Nadelstreifen, vom Ölen der Maschinennadeln herrührend). In Anwendung kamen 600 g Laventin KB (IG). Hernach wurde warm und kalt gespült. Dann wurde mit Natriumhypochloritlauge in üblicher Bleichkonzentration gebleicht, gesäuert, mit Thiosulfat entchlort und zweimal kalt *nachgewaschen*.

a) Küpenfärbung

Weinrot

Gefärbt wird auf der Haspelkufe mit Rundhaspel. Die Luftpassage des Stückes ist möglichst kurz zu halten, daher soll die Haspelachse höchstens 400 bis 550 mm über dem oberen Bottichrand liegen. Ein elliptischer Haspel, wie er für Kunstseidentrikotage oft angewendet wird (Krefelder Haspel), ist unbedingt zu vermeiden. Er legt das Stück in zu breite Lagen und begünstigt damit das Aufschwimmen des Materials auf der Flotte. Dieses Schwimmen führt unweigerlich zu unegalem Ausfall.

Verküpt wird in 250 Liter Flotte, die 3 l NaOH 40° Bé und 2 kg Hydrosulfit pulv. konz. enthalten (entsprechend einer Menge von 6 ccm Lauge und 4 g Hydrosulfit pro Liter Färbeflotte). 0,720 kg, entsprechend 6% Indanthrenrot FBB pulv. (IG) und 0,048 kg entsprechend 0,4% Indanthrenorange RRTS (IG) werden mit Spiritus (1 l) angeteigt und ins Bad gebracht, das auf 60° C erwärmt wird. Nach 20 Minuten ist die Verküpung vollendet. Die Küpe ist dunkelbraun. Man füllt auf die 500-l-Marke auf, stellt auf 45° C ein, wobei noch 5 kg Na_2SO_4 krist. gelöst zugegeben werden und färbt nach dem IW-Verfahren zirka 1 Stunde. Bei den ersten Umläufen wird das Stück breitgehalten (Schutz der Hände durch Gummihandschuhe).

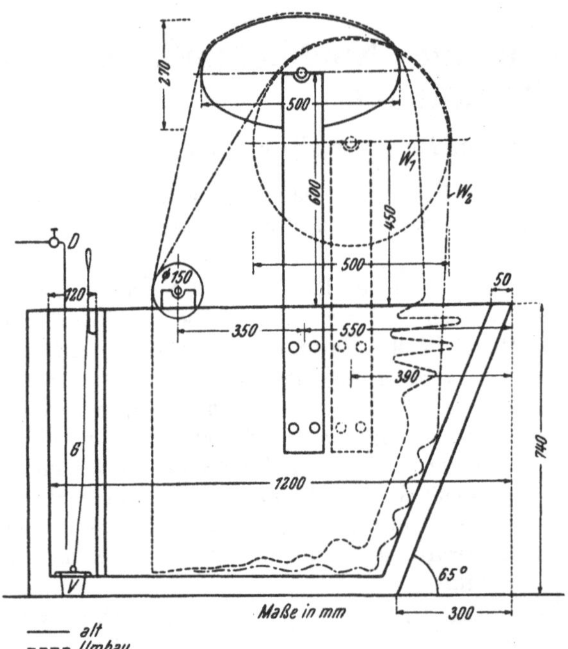

Abb. 264. Umbau eines Ovalhaspels in einen Rundhaspel (für Trikotküpenfärbung). W_1, W_2 Warenlauf, V Ventil, G Zusatzraum, D Dampfzufuhr.

Während des Laufens des Stückes werden 2,5 kg Hydrosulfit pulv. konz. portionsweise zugesetzt (alle 10 Minuten 0,500 kg, fünfmal), nach 30 Minuten auch nochmals 5 kg Na_2SO_4 krist., gelöst. Die Geschwindigkeit des Haspels ist so geregelt, daß das Stück etwa einmal pro Minute umläuft. Eine zu kleine Geschwindigkeit erschwert das Egalisieren, zu große Geschwindigkeiten (über 60 m pro Minute) bedingen starke Luftzufuhr in die Küpe und damit ebenfalls die Gefahr einer nicht gleichmäßigen Färbung.

Nach Beendigung des Färbens wird das schwarz aussehende Stück nach schneller Lösung der Endnaht in einen anderen Bottich mit vorbereitetem Kaltwasser gedreht und sofort wieder von Hand aus genäht und in Umlauf gebracht. Man hält erst breit, dann läßt man gefaltet laufen. Langsam wandelt sich das Schwarz in ein dunkles Bordo. Ist die Farbe gleichmäßig (man kann beim Waschen Kaltwasser zulaufen und überlaufen lassen), so wird das Waschwasser entfernt und auf neuem Bad kalt mit 1 kg Perborat pro 500 l laufen gelassen. Auch hier wird zuerst breit gehalten. Nach 20 Minuten werden dem Bad 2 l Essigsäure 50% zugesetzt und auf 45° C erwärmt. Unter öfterem Breithalten von Hand aus wird zirka 30 bis 40 Minuten oxydiert, bis die Farbe der Ware in ein blaustichiges sattes Rot übergegangen ist. Hernach wird zweimal je 15 Minuten kalt gewaschen (Lackmusprobe) und sodann mit 0,8 kg Marseillerseife und 0,5 kg Soda sicc. pro 600 l Flotte 30 Minuten kochend geseift. Schließlich wird einmal warm, zweimal kalt gewaschen, geschleudert und in der Hänge getrocknet. Das verwendete Wasser war permutiert (enthärtet). Bei Hartwasser ist wegen der Gefahr mangelnder Reibechtheit bzw. Fettseifenbildung unbedingt zu enthärten. Die fertige Ware zeigt ein schönes, blaustichiges Rot [entsprechend etwa in Ton und Tiefe einer 4%igen Ausfärbung des substantiven Farbstoffs Benzoechtscharlach 8BS (IG)]. Das Waschen nach dem Färben, wie es die meisten Färbereihandbücher der Farbstofferzeuger angeben, nämlich das Ablassen des Färbebades unter gleichzeitigem Zufluß kalten Spülwassers ist für eine Küpenfärbung auf der Kufe für jeden Farbstoff ungeeignet und liefert stets unegale Resultate. Die eben geschilderte Arbeitsweise kann bei einzelnen Küpenfarbstoffen bei Jiggerfärbungen verwendet werden. Selbstverständlich erfolgt dann das Ablassen des Färbebades nur für den Fall, daß weitere Färbepartien desselben oder ähnliche Töne nicht vorliegen.

Kornblau

Baumwolltrikot, Flachstuhlware, 140 cm breit, in Streifen dessiniert. Warengewicht 6,30 kg, Länge 25,5 m. Die Ware wird doubliert abgekocht und vorgebleicht, wie oben angegeben.

In einer Haspelkufe werden 200 l Wasser auf 60° C gebracht und darinnen 5 l NaOH 40° Bé und 1,30 kg Hydrosulfit pulv. konz. gelöst. Sodann werden

0,130 kg Indanthrenblau RSN pulv. (IG) (2%) und
0,032 kg Indanthrenblau GCDN pulv. (IG) (0,5%),

die mit 0,5 l Spiritus angeteigt und mit heißem Wasser auf 10 l aufgefüllt wurden, durch ein feinmaschiges Messingsieb zugegeben und 20 Minuten verküpen gelassen. Das Färbebad wird auf 400 l aufgefüllt und auf 40° C eingestellt. Man geht mit der schwach geschleuderten Ware ein und läßt unter möglichstem Breithalten 20 Minuten laufen. Es werden 0,25 kg Hydrosulfit zugesetzt und weitere 35 Minuten laufen gelassen. Nach Zusatz von 0,5 kg Hydrosulfit wird neuerlich 30 Minuten weiter behandelt. Hernach wird die Endnaht aufgetrennt und das Stück sofort in eine Kufe mit kaltem Wasser gehaspelt. Bei überlaufendem Wasser und Breithalten von Hand aus wird 15 Minuten gewaschen. Dann wird aufgeschlagen, neues Waschwasser eingefüllt und wieder unter Überlaufen des Wassers 15 Minuten gespült. Schließlich wird auf ein Oxydationsbad, enthaltend 0,8 kg Perborat, in 300 l Flotte gebracht, das Trikot 15 Minuten von Hand aus breitgehalten, dann 1 l Essigsäure 30%ig zugesetzt, auf 30° C erwärmt und neuerlich 15 Minuten breit laufen gelassen. Dann wird zweimal kalt gespült und mit 500 l Wasser, enthaltend 0,9 kg Seife, ohne Soda eine halbe Stunde kochend geseift. Zweimal warm, zweimal kalt spülen, schleudern und in der Hänge trocknen. In beiden Fällen wurden die Küpenfärbungen ohne Peregal-O-Zusatz zur Flotte hergestellt.

Die Heißfärbung von Trikotagen mit Küpenfarbstoffen kann vorteilhaft mittels Dextrinbeigaben zum Schutze des Farbstoffs vorgenommen werden, wie folgt[131]:

Man netzt vor, indem man mit 1 bis 2% Nekal, 5% Dextrin und der notwendigen Menge NaOH (die sich je nach dem Farbstoff zwischen 1,2 g und 2,4 g

[131] *Piedmont* Section des AATCC, Amer. Dyestuff Reporter **38,** P 213 (1949).

pro Liter bewegt) bei 90° C 20 Minuten laufen. Hierauf wird der Farbstoff angepastet zugesetzt, nach 30 Minuten die halbe nötige Hydrosulfitmenge, nach weiteren 10 Minuten der Rest an Hydrosulfit zugegeben und noch 20 Minuten laufen gelassen. Dann wird gespült, oxydiert, gespült, geseift und fertiggewaschen.

b) Schwefelschwarz

20,1 kg Ware, 600 l Flotte, 2 Stücke.

Es wird auf einem Holzbottich gefärbt, der in der Mitte, unmittelbar über seinem Rand, einen von Hand aus bzw. maschinell mit zirka 30 Umdrehungen pro Minute drehbaren kleinen Haspel (∅ 18 cm) oder eine Holzrolle (mit Eisenblech verkleidet) trägt. Die Luftpassage der Stücke wird damit auf zirka 40 cm beschränkt.

Man arbeitet mit
a) auf frischem Bade 12,5% Schwefelschwarz T extra (IG),
b) auf stehendem Bade 10,0% Farbstoff
[ähnlich Thionaltiefschwarz T konz. (Sa), Pyrogenschwarz T (Ci)].

Der Farbstoff wird in 15% Schwefelnatrium konz. und H_2O kochend aufgelöst (im Eimer) und die Lösung durch Mollino ins Färbebad filtriert. Diesem werden noch 2% Soda sicc. und 20% Glaubersalz krist. zugesetzt. (Die Mengen beziehen sich auf Ansatzbäder.) Für Nachsatzbäder werden 12% Schwefelnatrium konz. und 5 kg Glaubersalz krist. verwendet.

Man färbt dicht bei 100° C, das Färbebad soll einen reinweißen Schaum bilden. Ist derselbe bräunlich, dann ist zu wenig Schwefelnatrium im Bad und das Ergebnis ist eine fleckige, rotbraune (bronzige) Stellen zeigende Färbung. Der Färbeprozeß ist nach einer Stunde beendet. Man dreht das Stück durch zwei mit Baumwolle bombierte Quetschwalzen, die am Seitenrand der Kufe fix oder transportal angebracht sind, mit einem Quetscheffekt von 100% schnell in ein kaltes Waschwasser, das 2 g Schwefelnatrium krist. pro Liter enthält und spült dort 10 Minuten bei Zulauf und Überlauf. Hernach wird aufgeschlagen und zweimal in Frischwasser kalt bei Überlauf 20 Minuten gewaschen.

Große Partien werden in Zick-Zack-Lage (Buchform) zirka 1 m breit gelegt, in Packapparaten mit zirkulierender Flotte gefärbt.

Es werden hier 15% Schwefelschwarz FAG extra (IG) oder Thionaltiefschwarz R konz. (Sa) bzw. Pyrogenschwarz A konz. (Ci), als Ansatzmenge verwendet, bei der zweiten Färbung werden 10%, bei der dritten 10% und schließlich 8% Farbstoff bzw. 15 bis 8% Schwefelnatrium konz. oder die doppelte Menge krist. Schwefelnatrium gebraucht. In das Ansatzbad kommen 20% Glaubersalz krist., in die nachfolgenden Standbäder je 5% Glaubersalz.

Sollten bronzige Stellen aufgetreten sein, so hilft zu deren Entfernung ein Nachchromieren der Ware mit 1,5% Kaliumbichromat und 3% Essigsäure 30% bei 80 bis 100° C 20 bis 30 Minuten.

Die Ware erhält dadurch allerdings einen etwas strohigen Griff und muß nachher unbedingt aviviert werden.

Trikotagen für Badezwecke sollen, der Chlorechtheit wegen, mit Indocarbon CL (IG) gefärbt werden (Cl-Gehalt des Bassinwassers).

Schwefelschwarz gefärbte Ware kann beim Lagern durch Oxydation leicht H_2SO_4 bilden, die die Zellulosefaser angreift und zerstört. Man behandelt daher stets im letzten Spülbad mit zirka 6 bis 10 g Natriumazetat pro Liter und schleudert und trocknet ohne Spülen.

Um ein Bronzieren der Färbung zu vermeiden, ist darauf zu achten, daß die Schwefelnatriummenge genügend groß ist, die zur Lösung des Farbstoffs dient.

Ferner soll die Farbstofflösung dem Bad stets filtriert zugegeben werden. Dies ist insbesondere zu beachten, wenn man mit dem unreinen Schwefelnatrium konz. arbeitet oder auf Apparaten färbt. Um die Badverunreinigung auf ein Mindestmaß zu verringern, kann abgekochte Ware (mit Lauge und Soda auf Haspelkufen oder im Druckkessel behandeltes Gut) zur Färbung gelangen, obwohl die Färbung auch mit Rohware möglich ist. Schließlich können dem Bad auch Dispergiermittel usw. zugesetzt werden. Standbäder dürfen nicht mehr benützt werden, wenn sie kalt über 3° Bé spindeln. (Meist wird man maximal fünf- bis sechsmal dasselbe Bad benützen.)

Mineralölflecke oder -streifen in der Ware (vom Ölen der Maschinennadeln herrührend) ergeben dunkle Flecken, die nicht entfernbar sind. Auch aus diesem Grunde empfiehlt sich das Abkochen vor dem Färben.

Das Pressen (Spahn- oder Muldenpresse) schwefelschwarz gefärbter Trikots soll nicht heiß vorgenommen werden, da die Ware dann zufolge teilweiser Zerstörung des Farbstoffs einen grauen Ton annehmen kann.

c) Naphtolrotfärbungen

Eine Naphtolrotfärbung auf Trikotagen aus mercerisiertem Garn am Haspel mit rasch ziehenden, substantiven Naphtolmarken kann wie folgt durchgeführt werden:

Warengewicht: 25 kg.

Man netzt 20 Minuten mit 1% Netzer bei 100° C und läßt das Bad laufen. Hierauf grundiert man in kurzer Flotte mit 0,74 g Naphtol AS-SW, welches mit 650 g Alkohol angeteigt, in Lauge von 40° Bé gelöst wurde unter Zugabe von heißem Wasser. Die Naphtollösung (dunkelbraune Flüssigkeit) wird durch ein Filter dem Bad bei laufender Ware zugesetzt, wobei vorteilhaft bereits 0,7 g NaOH 40° Bé dem Bade zugesetzt wurden und das Stück einige Zeit auf der Lauge lief (50° C). Dann läßt man 30 Minuten bei 55° C laufen, setzt 200 g Salz zu und behandelt weitere 25 Minuten. Schließlich wird aufgerollt, das Bad weggelassen, zweimal kalt mit salzhaltigem Wasser gewaschen (zirka 2 kg Salz und etwas NaOH, 0,2% der Ware), dann auf die diazotierte Basenlösung gebracht, 30 Minuten ohne, 30 Minuten mit Salz laufen gelassen, gespült, heiß gespült, kochend geseift und zweimal kalt gespült.

2. Das Färben von Baumwolltrikot mit Kunstseide plattiert (Rundstuhlware)

Bei den Färbungen, die ausschließlich mit substantiven Farbstoffen erfolgen, kommt es darauf an, die Baumwollseite möglichst tongleich mit der Kunstseidenseite zu färben, um ein schippriges Aussehen der Ware, insbesondere nach dem Rauhen der Baumwolle, zu vermeiden („Grinsen" der Stücke).

Es wurde eine Reihe von Versuchen angestellt, das Ziehvermögen der Baumwolle (es handelt sich um nichtmercerisiertes Garn) zu erhöhen. LÜTTRINGHAUS (Melliand Textilber. 1935) gab eine Behandlung der Ware mit KOH 15° Bé an. Derartige Behandlungen führten jedoch zu starken Erhöhungen der Affinität der Viskose und vergrößerten nur den Tonunterschied der beiden vorliegenden Fasern. Die Abb. 265 zeigt die Ergebnisse einer Versuchsreihe, die im wesentlichen zur Feststellung führte, daß die besten Resultate durch eine Kochbehandlung mittels schwacher NaOH bei nachfolgender Färbung erzielt wurden, wobei man ein Nachziehen bei 50° C zur besseren Deckung der Baumwolle vornimmt. Entsprechende Rezepturen billig kalkulierter Arbeitsweisen der im *wesentlichen verlangten Töne folgen.*

Abb. 265. *Plattierte Trikotagen, gefärbt*

Nr.	Muster	Nr.	Muster
1		6	
2		7	
3		8	
4		9	
5		10	

1 bis 5 nach Vorbehandeln mit Lauge von 0,5 bis 5° Bé mit Solargrün BL gefärbt, 6 bis 10 nach Vorbehandlung wie unter 1 bis 5 blaugefärbt.

Man behandelt die Ware vor dem Färben mit 1 g Soda sicc. und 1 l NaOH 40° Bé pro Liter Flotte ½ Stunde kochend, spült und färbt mit Bädern, die neben dem Farbstoff 0,5 g Igepon T (IG) pro Liter enthalten, auf der Haspelkufe erst 30 Minuten kochend, hierauf unter Salzzusatz bei abgestelltem Dampf bei 50° C. Bei einigen Tönen wurde kochend ohne Salzzusatz gefärbt. Sie sind mit (x) bezeichnet.

1. Blau (×): 10,300 kg Ware, 600 l Flotte.
   0,120 „ Diaminreinblau FF (IG)
   0,250 „ Brillantechtblau B (IG)

Die Färbung entspricht einer zirka 1 %igen Färbung von Chloraminreinblau RF (Sandoz). Hierzu auch anwendbar: Chloraminreinblau FF (Sandoz), Direkthimmelblau grünlich (Ciba), Diphenylreinblau FF (Geigy), entsprechend nuanciert.

2. Mittelgrün: 48,600 kg Ware, 1600 l Flotte.
2,000 „ Siriuslichtgrün BL (IG)
0,750 „ Siriusblau 6G (IG)
2,000 „ Glaubersalz krist.

Die Färbung ist im Ton etwas lebhafter als eine 1,5%ige Färbung von Direktgrün B (IG, Sandoz, Geigy, Ciba).

Man kann auch mit Solargrün BL (Sandoz) oder Chlorantinlichtgrün BLL (Ciba) bzw. Diphenylechtgrün BL (Geigy) unter entsprechender Nuancierung arbeiten.

3. Weinrot: 10,300 kg Ware, 600 l Flotte.
0,450 „ Azetopurpurin 8B (IG)
0,225 „ Direktechtscharlach HS (IG)
2,000 „ Glaubersalz krist.

Der erzielte Ton entspricht in Tiefe einer 4%igen Ausfärbung von Chloraminechtscharlach 8BS (Sandoz) und ist etwas blauer. Man kann auch Kombinationen von Chloraminbrillantrot 8B (Sandoz) bzw. Chlorantinlichtrot 8BLL (Ciba) oder Diphenylrot 8B (Geigy) mit Chloraminechtorange SE (Sandoz), Direktechtorange SE (Ciba) oder Diphenylechtorange SE (Geigy) bzw. Benzoechtorange S (IG) verwenden.

4. Violett: 38,7 kg Ware, 1600 l Flotte.
1,7 „ Chlorantinlichtviolett 5BL (Ciba)
4,0 „ Glaubersalz krist.

Man kann auch mit gleich gutem Effekt mit Solarviolett BL (Sandoz) oder Siriusviolett BL (IG) bzw. Diphenylechtviolett 4BL (Geigy) arbeiten.

5. Schwarz: 10% Kunstseidenschwarz G (IG) (Columbiaechtschwarz G extra)
3 kg Glaubersalz krist. auf 600 l Flotte.

Ware mit Azetatkunstseideneffekten wurde zur Reservierung gefärbt mit 10% Reservedirektschwarz C (Ciba) bzw. Chloraminschwarz ZAR (Sandoz) und 4 kg Glaubersalz krist.

Die Effekte können durch Nachbehandlung in handwarmen Bädern, die auf 600 Liter Flotte 1 l NH_3 konz. enthalten, nachgereinigt werden.

Nach sämtlichen Färbungen wird gut gespült und geschleudert und in der Hänge getrocknet. Nachher wird, Innenseite nach außen, zweimal gerauht.

3. Die Halbwolltrikotfärbung (Rundstuhlware)

Die Ware wird entschlichtet und entfettet mit 0,5 g Seife und 0,25 g NH_3 pro Liter unter Zugabe von 1 g Fettlöser pro Liter Behandlungsflotte, dann wird warm und zweimal kalt gespült.

Dunkelmarineblau: 45 kg Ware, 2 Stück. Gefärbt im Halbwolleinbadchromverfahren. 1600 l Flotte.
650 g Sulfoninblau 5R extra (1,4%)
450 „ Xylenbrillantcyanin 6B (1%)
1200 „ Trisulfonblau FO (Sa)
1000 „ Chloraminschwarz EX konz. (Sa)
25% Glaubersalz krist. = 11 kg

Es wurde bei 45° C eingegangen, 20 Minuten laufen gelassen, dann 1% Essigsäure techn. und 1% Kaliumbichromat krist. zugegeben. Hierauf ½ Stunde bei 70° C und dann ½ Stunde bei Kochtemperatur gefärbt. Dann wurde bei abgestelltem Dampf 1 Stunde nachziehen gelassen, um die Baumwolle gut zu decken. Hierauf wurde zweimal gut gespült, geschleudert und in der Hänge getrocknet.

Man kann auch Kombinationen von Sulfoncyanin 5R extra (IG) mit Brillantindocyanin 6B (IG), Diamineralblau CVB (IG) und Columbiaschwarz EAW extra (IG) anwenden usw.

Auf die Echtfärbung mit Cotolanchrom- bzw. -echtfarbstoffen, Halbwollerio-chromfarbstoffen (Gy), den Halbwollchromfarbstoffen der Ciba sowie das Halbwollcuprofixsortiment (Sandoz) usw. wird verwiesen.

4. Die Kunstseidentrikot- (Charmeuse-) Färbung (Flachstuhlware)

Die Reinigung von Kunstseidentrikotware kann derart erfolgen, daß bei größeren Mengen, 100 kg Ware gebündelt in einer Holzkufe mit 4000 l Inhalt, enthaltend z. B. 12 kg Savonal- (Rudolf-) Fettlöserseife mit 13,95% Fettsäure und 10% Methylhexalin und 2 kg Soda sicc. in Weichwasser bei 100° C über Nacht eingelegt wird. Nachher wird gewaschen und auf der Kufe mit Hartwasser und Igepon T (IG), Levapon T (Bayer), Sandopan (Sandoz) usw. gefärbt. Die Ware wird nach dem Waschen geschleudert und dann feucht am Nadelspannrahmen gespannt. Meist wird die verlangte Breite und Meterzahl pro Stück bzw. Kilogramm nur durch außerordentliches Spannen erreicht. Schon in der Rohware wird durch Ausmessen die Länge für 1 kg festgestellt und am Rande mit Fadenmarken versehen. Diese dienen dann bei der Appretur als Anhaltspunkte. Dieses Überspannen liefert naturgemäß nach der Konfektionierung stark schrumpfende Ware. Es ist daher die zeitgemäße Forderung der Kundschaft nach schrumpffesten, stabilisierten Textilien durchaus verständlich. Derartige Ware kann am Overfeed-Spannrahmen nach Krantz bzw. nach dem Sanford-Rigmel-Prozeß erhalten werden. Die angegebenen Arbeitsweisen bestehen im wesentlichen in einem Trockenprozeß unter Warenvorschub. Die chemischen Methoden des Schrumpffestmachens führen derzeit bei Textilien aus Zellulosehydrat oder Zellulose zu Faserschädigungen bzw. verändern bei nicht sorgfältiger Farbstoffwahl die Färbung im Ton und in der Lichtechtheit. (Über die Farbstoffwahl für Knitter- und Schrumpffestappreturen mit Kunstharzen vgl. S. 491.)

Bei der angegebenen Reinigung für Kunstseiden-Reyon-Trikots sind auch nach mehrmaligem Spülen im Färbebad stets Ausscheidungen der Garnpräparation (Paraffin) zu beobachten, insbesondere wenn man tiefere Töne auf Glaubersalzbädern färbt. Derartige Ausscheidungen geben leicht zu Fleckenbildung Anlaß.

Es wurde auch so gereinigt, daß die Ware mit 2 ccm 30% HCl pro Liter bei 70° C auf der Kufe vorgereinigt wurde, wobei Weichwasser in Verwendung stand (permutiert). Hernach wird am besten nach Herausdrehen aus dem Behandlungsbottich, in dem sich auf Flotte und Wänden Paraffin absetzt, mit Hartwasser säurefrei gespült und am Igepon-T- (IG) Bad mit 0,25 g pro Liter ausgefärbt. Die Ware besitzt einen weichen Griff (ohne Avivage) und hat an Faserfestigkeit nur wenig eingebüßt. Da die Ausrüstung von Kunstseiden-(Reyon-) Trikot aus Viskose zu gedrücktem Preis bzw. niedrigst kalkuliert erfolgt, ist letztere Arbeitsweise, wo immer möglich, vorzuziehen.

Testwerte mit dem Dynamometer nach Schubert:

Festigkeit:		Mittelwert
Rohware I	31, 30, 28, 27, 29, 29, 29, 32	29,4
„ mit Fettlöserseife entschlichtet	27, 29, 28, 29, 27, 28, 30, 28	28,1
„ mit HCl behandelt	25, 25, 25, 28, 28, 26, 26, 26	26

Festigkeit:		Mittelwert
Rohware II	27, 30, 30, 29, 28, 31, 27, 31	29,1
„ mit Fettlöserseife entschlichtet . . .	29, 28, 27, 28, 28, 30, 28, 30	28,4
„ mit HCl behandelt	23, 24, 24, 26, 24, 28, 26, 25	25,0

Die Testung erfolgte nach dem Trocknen der Ware und Auslegen aller Probeausschnitte durch 24 Stunden, um einen gleichen Feuchtigkeitsgehalt zu gewährleisten.

a) Küpenfärbungen

1. Dunkelgrasgrün: 10 kg Ware, 2 Stück je 30 m, spinnmatt mit glänzenden Effekten.

Die Ware wird nach dem Doublieren (lange Stiche, um die Bildung von Luftsäcken zu verhindern) und Besetzen der Endränder mit Baumwollborten auf der Haspelkufe abgekocht. Die Reinigung erfolgt mit 2 kg Savonal (Fettlöser) und 0,75 kg Soda sicc. auf 600 l.

Hierauf wird zweimal gründlich gespült (Gewichtsverlust zirka 5%). Nach schwachem Zentrifugieren wird die Ware in das Färbebad eingebracht. Dieses bereitet man, indem man in 150 l Wasser von 55° C 4 l NaOH 40° Bé und 3 kg Hydrosulfit konz. pulv. löst. Ferner werden 0,1 kg Peregal O (IG) zugesetzt.

0,75 kg Indanthrenbrillantgrün 4G (IG) werden mit 1,5 l Sprit angeteigt, mit 5 l der Ansatzflotte aufgefüllt und durch ein feines Metallsieb ins Färbebad gegossen. Man läßt 15 Minuten verküpen (Küpe reinblau), füllt auf 500 l auf und stellt auf 35° C. Unter Breithalten von Hand aus läßt man die Ware 20 Minuten laufen, setzt dann 0,5 kg Hydrosulfit konz. pulv. zu und erwärmt auf 50° C. Nach weiteren 30 Minuten wird nach Zugabe von 0,5 kg Hydrosulfit konz. pulv. nochmals 30 Minuten bei 55° C gefärbt und dann in eine mit Kaltwasser gefüllte Kufe gehaspelt, wo man bei überlaufendem Wasser spült, bis die Ware einheitlich grün getönt ist. Hernach wird noch zweimal 20 Minuten in überlaufendem Kaltwasser gespült und schließlich in einem Bad von 1 kg Perborat in 600 l Wasser 15 Minuten behandelt. Nach Zusatz von 1 l Essigsäure 30% wird bei 30° C 20 Minuten ausoxydiert, zweimal kalt gespült und dann mit 1 kg Seife pro 600 l 30 Minuten kochend geseift. Nach warmem und kaltem Spülen wird geschleudert und in der Hänge getrocknet.

Viskosereyontrikots sollen seit kurzem unter Verwendung des, stabilere Küpen ermöglichenden, Natriumformaldehydsulfoxylates (Hyraldit) mit Küpenfarbstoffen erfolgreich gefärbt werden. Nähere Einzelheiten hierüber sind technologisch nicht greifbar[132].

b) Lichtechte Direktfärbungen

Sie erfolgen auf Mattseidetrikotagen am besten mit:

(IG) Siriuslichtgelb 5GR extra, Siriuslichtbraun G, BRL, 3R, T, Siriuslichtorange 5G, 3H, Siriusviolett RL, Siriusviolett BL, Siriusblau BR, 6G, 3R, G, Siriusgrün BL, Siriusgrau G, R.

Für Färbungen ohne besondere Lichtechtheit empfehlen sich: Brillantreingelb 6G extra, Baumwollgelb R, Benzoechtorange S, Benzoechtscharlach 4BA, 4BS, 8BS, Diaminrosa GD, Geranin G, Naphtaminbordo BR, Triazolviolett RB, Benzokupferblau B, Benzoviskoseblau BF, G, R, Diaminschwarzblau B, Direkt-

---

[132] Wood: Amer. Dyestuff Reporter **39**, 869 (1950).

grün B, Diaminbraun M, Pegubraun G (für Draptöne, stark hitzeumschlagend, daher vor dem Mustern gut verkühlen), Diaminschwarz BH, Kunstseidenschwarz G.

Mit gleichem Erfolg kann man die entsprechenden Produkte der Solophenyl- (Gy), Solar- (Sa) oder Chlorantinlicht- (Ci) Klasse bzw. des Diphenyl- (Gy) und Chloramin- (Sa) Sortiments oder die substantiven Farbstoffe der Ciba verwenden, also z. B.:

(Ci) Baumwollgelb CH, Direktechtgelb B, FF, Direktechtorange SE, WS, Direktbrillantrosa G, Direktgrün GS, Rigangrau RL, Carbidschwarz S, Chlorantinlichtgelb 5GLL, Chlorantinlichtorange TGLL, Chlorantinlichtbraun BRLL, Chlorantinlichtrot 6BLL, Chlorantinlichtrot 5GLL, Chlorantinlichtviolett 5BLL, Chlorantinlichtblau 3GLL, Chlorantinlichtblau GLL, Chlorantinlichtgrün BLL, Chlorantinlichtgrau 2BLN, Chlorantinlichtgrau RLN usw.

(Sa) Direktgelb CV, Chloramingelb FF, Chloraminorange SE, Direktgrün G, Chloraminbraun 2R usw., Chloraminschwarz F, Solarflavin 2G, Solarorange 4GA, Solarbraun PL, Solarrot B, Solarviolett BL, Solarblau G, Solargrün BL, Solargrau B usw.

Es ist bekanntlich darauf zu achten, daß das TiO_2, welches als Mattierungsmittel der Spinnlösung der Kunstseide zugegeben wird, insbesondere bei nasser Ware die Lichtechtheit stark vermindert. Eine besondere Farbstoffwahl bzw. Behandlung mit Chromsalzen (ICI, E. P. 621648) oder auch Mn-Salzen (IG) oder neuestens die Verwendung von TiO_2 in Rutilform kann diese Erscheinung verhindern. Nach anderen Mitteilungen ist das Vorliegen von TiO_2 in Rutilform als Mattpigment allein nicht ausreichend.

Für Viskoseglanztrikotagen bzw. auch bei Mattseide hatte man noch vor zirka 15 Jahren oft streifigen Ausfall durch den Umstand, daß Viskosen verschiedener Farbstoffaffinität verarbeitet wurden (verschieden stark gestreckte Viskosekunstseide bzw. Viskose verschiedener Reifung).

Insbesondere zeigten alle blauhaltigen Töne den Anfärbungsunterschied besonders stark. Direkthimmelblau grünlich (Ciba) bzw. Diaminreinblau FF (IG), Chloraminreinblau FF (Sandoz) bzw. Diphenylreinblau FF (Geigy) waren ja direkt „Reagens“-Farbstoffe für derartige Affinitätsunterschiede. In Orange- oder Gelbtönen konnte man den Fehler weniger deutlich sehen, da das menschliche Auge gegen Tiefenunterschiede in Gelbtönen sehr wenig empfindlich ist. Die Farbstofferzeuger brachten für das Färben streifiger Blaunuancen eigene Blaumarken heraus, wie z. B. Riganblau G, R (Ci), Viscoblau G, E (Sa), Benzoviskoseblau GR (IG) usw.

Für das Färben von zum Streifigwerden neigender Viskosereyon empfehlen sich außerdem noch (s. S. **504**):

(IG) Chrysophenin G, Toluylenorange R, Plutoorange G, Pegubraun G, Diaminbraun 33, Benzobraun CX, Diamingrau B, Benzoviskosegrau 5B, Benzoechtschwarz L, Kunstseidenschwarz G, Siriusgelb 5G, G, Benzolichtorange G, Siriusrot BB, Siriusrot 4B, Siriusbraun BRL.

(Sa) Direktgelb CV, Toluylenorange R, Pyrazolorange GH, Trisulfonbraun B, Direktgrün B, Chloraminechtschwarz B, Solarflavin BG, B, Solarorange 2RN, Solarbraun PL, Solargrün BL, Solarblau 5GL, GG, Solarazurin L, Solarrot 2BL, Solarviolett BL, Solargrau 2BL, Solargrau 2R bzw. die entsprechenden Rigan- und Riganlichtfarbstoffe (Ci) usw.

(Ci) Direktgelb CH, Direktorange R, Direktbraun 2BN, Direktgrün B, Direktechtschwarz usw.

Heute kommt dieser Fehler durch Fabrikationsfortschritt bzw. das Separatverarbeiten der einzelnen Garnlieferungen praktisch kaum mehr vor. Insbesondere auch deswegen, weil man gelernt hat, die verschiedenen Kunstseidensorten fabrikatorisch getrennt zu halten.

c) Normale substantive Färbung

1. Lachs: Direktgefärbt auf Mattseidenware. 40,48 kg Ware, 2000 l Flotte, gefärbt bei 85° C.
   0,050 kg Diphenylchrysoin 3G (Gy)
   0,006 „ Diaminscharlach HS (IG)
   8,000 „ Glaubersalz krist.
2. Lichtblau: 50 kg Ware, Viskose glänzend, 2000 l Flotte, gefärbt bei 85° C.
   0,015 kg Direkthimmelblau grünlich (Ci)
   0,008 „ Brillantechtblau B (IG)
   4,000 „ Glaubersalz krist.
3. Marineblau: 31,8 kg Ware, 1200 l Flotte.
   1,250 kg Diphenylblauschwarz (Gy) (4%)
   0,300 „ Sambesischwarz D (IG) (— 1%)
   0,200 „ Direktgrün B (Sa) (— 0,7%)
   6,000 „ Glaubersalz krist.

nachbehandelt mit 1 g Solidogen B (IG) pro Liter in 200 l Flotte. Auch Lyofix SB (Ci) oder Sandofix (Sa), Tinofix (Gy) usw. sind anwendbar. Sandofix WE (Sa) und Levogen WW (Bayer), Lufixon A (BASF) und Lyofix SB (Ci) sind die modernsten Nachbehandlungsmittel, die die besten Resultate geben.

Oder: Färbung wie oben, nachbehandelt mit 0,6 kg Chromkali krist., 0,2 kg Kupfersulfat krist. und 0,25 l HCOOH 80% in 600 l Flotte für 10 kg Ware, 25 Minuten bei 50° C (Verbesserung der Naßechtheiten).

Kunstseidentrikots (Reyon) werden nach der Färbung stets aviviert. Diese Avivage erfolgt entweder mit sulfuriertem Rizinusöl (der Effekt ist um so besser, je weniger das Öl sulfuriert ist, doch muß eine gute kolloidale Lösung desselben noch erfolgen und nicht etwa nur eine Zerteilung in grobe Öltropfen, die ölfleckige Ware liefert) oder einem Präparat aus sulfuriertem Talg, Tallosan usw. bzw. auch Igepon T (IG).

Z. B. verwendet man 2 g Tallosan pro Liter Avivagebad oder 0,25 g Igepon T bzw. 3 g Avivageöl (im Betriebe selbst hergestellt).

Das Herstellungsrezept für das Avivageöl ist ungefähr folgendes:

Sulfurierungsrezept für Olivenöl:

7,9 kg Olivenöl werden mit 2 kg H_2SO_4 konz. 66° Bé langsam verrührt (portionsweise zusetzen), 48 Stunden stehengelassen, dann 3,4 kg Na_2CO_3 kalz., gelöst in 16 l H_2O, zugegeben, gut durchgerührt, 24 Stunden stehengelassen und dann auf 270 l gebracht. Die Herstellung kann in einem Holzbottich erfolgen.

1 l Avivageöl enthält also zirka 2,5 g Öl.

Ein anderes Rezept ist folgendes:

32 kg Olivenöl werden innerhalb 4 Stunden mit 16 kg H_2SO_4 konz. 66° Bé derart versetzt, daß die Temperatur nicht über 25° C steigt, dann über Nacht stehengelassen und nach weiteren 10 Stunden mit 24,3 kg Soda kalz. gelöst in 50 l Wasser versetzt und verrührt. Man läßt über Nacht stehen. Das erhaltene Sulfonat wird beliebig verdünnt. Zum Sulfonieren wird ein emaillierter Kessel mit Außenkühlung und emailliertem Rührwerk verwendet.

Über die Güte des Griffes von Kunstseiden- (Reyon-) Ware wurde eine

Versuchsreihe gemacht, die bei einem Gewichtsverlust von 5% bei der Entschlichtung das Stückgewicht nach der Avivage mit sulfuriertem Öl des Betriebes wie folgt zeigte:

Stück Nr.	Rohgew.	nach dem Färben	nach der Appretur
8733,	6,30 kg,	6,0 kg,	6,2 kg
8802,	8,90 „	8,4 „	8,6 „
8775,	4,30 „	4,1 „	4,2 „
8747,	3,20 „	3,1 „	3,2 „
8732,	2,68 „	2,5 „	2,6 „

Die Stücklänge betrug:

Stück Nr.	Rohlänge	verlangt	erzielt	
8733,	33,0 m,	39,69 m,	42,0 m,	+ 27,0%
8802,	48,6 „	56,00 „	56,5 „	+ 16,2%
8775,	23,7 „	27,09 „	27,2 „	+ 15,0%
8747,	17,2 „	20,16 „	20,3 „	+ 12,5%
8732,	13,8 „	16,58 „	17,5 „	+ 17,5%

Hinsichtlich des Griffes war am besten Stück 8733, gut die Stücke 8802, 8775, schlecht die Stücke 8747, 8732. Damit zeigt sich, daß die Ausspannlänge keinen Einfluß auf die Griffqualität besitzt, da das am stärksten gespannte Stück den besten Griff aufweist. Auch die Mascheneinstellung war beim schlechtesten und besten Stück gleich (Stückmitte: 21 Maschen breit, 32 Maschen lang per Quadrateinheit). Es dürften also die Spannungsunterschiede bei der Fabrikation maßgebend sein, wie dies aus der Strumpfherstellung bekannt ist. Daher empfiehlt sich bei hochgestellten Qualitätsansprüchen ein Dämpfen der genadelten Ware bei langsamem Rahmenlauf.

Mit Weichmachungsmitteln ergaben sich folgende Resultate:

Mit 2 g Tallosan (IG) (sulf. Talg) pro Liter aviviert: Gut. Gewichtsverlust gegen Rohware zirka 2 bis 3%.

Mit 5 g Tallosan (IG) pro Liter aviviert: sehr gut und voll, Fertiggewicht gegen Rohgewicht: pari.

Mit 2 g Soromin AF (IG) pro Liter behandelt: gut, Gewichtsverlust zirka 2 bis 3%.

Nach Walmsley soll gemäß einem Verfahren der Amer. Viscose Corp. [vgl. Textile World **102**, No. 4, 112 (1952)] ein kontinuierliches Färben von Viskosekunstseidentrikot möglich sein. Man näht bekanntlich nach dem bisherigen Verfahren die Enden zusammen, fixiert und entschlichtet, färbt, entwässert, öffnet die Naht und legt ab und trocknet. Nach der neuen Methode arbeitet man breit, indem in einer Vorrichtung, die das Einrollen der Leisten verhindert, in heißen Bädern entschlichtet und in Farbstofflösungen gefärbt, mit kaltem Wasser gespült und in einer Gleitbahn zum Saugapparat geführt wird. Nähere Details sind nicht angegeben.

Der Einfluß der Trocknungstemperatur auf den Warengriff ist zu bekannt, als daß er näher erläutert zu werden braucht. Beim Arbeiten auf Nadelrahmen ist deshalb eine Einrichtung vorzuziehen, die es gestattet, die aufgenadelte Ware in einen Trockenraum (60° C max.) einzuführen oder aber eine 48-m-Rahme mit Warmluftumfuhr zu benützen.

d) Mattieren von Reyontrikots

Vielfach werden Reyontrikotagen auch mattiert verlangt. Zur Mattierung sind entweder die kationaktiven, daher faseraffinen Mattierungen oder die mittels Bindemittel aufgebrachten Pigmentmattierungen gebräuchlich. Der Nachteil der ersten Gruppe ist darin gelegen, daß die Farbtöne der Ware beim Mattieren sehr erheblich verändert werden, weshalb man schon beim Färben das jeweils gezogene Warenmuster in ein Mattierbad der angegebenen Art bringt, um beim Nuancieren den Farbtonumschlag berücksichtigen zu können. Trotzdem ist es klar, daß ein genaues Auf-Muster-Färben ausgeschlossen ist. Die Mattierung mit Pigmenten liefert oft unegalen Ausfall, erfordert Zugabe teurer Weichmacher zur Mattierflotte, hat aber die Vorteile, den Farbton unverändert zu lassen und eine gewisse Beschwerung der Ware zu ermöglichen.

Schließlich sei auf das Mattieren von Kunstseide mit Kunstharzdispersionen verwiesen, die allerdings kein Vollmatt ergeben [Uromat (Ci)]. Zweibadprozesse zur Erzeugung von Pigmenten auf der Faser, wie sie am Beginn der Mattierungstechnik angewendet wurden, sind vollkommen verlassen. Bei den Mattierungsmitteln auf Pigmentbasis ist wichtig, daß die Sedimentation des Pigments in der verdünnten Gebrauchslösung (10 bis 30 g pro Liter Wasser) nicht allzu rasch erfolgt. Auf der Kufe können zur Verhütung eines Anfleckens des Stücks Bodenroste dienen, am besten arbeitet man jedoch mit in der Hänge getrockneter Ware, die man von einem Zweiwalzenfoulard direkt in den Spannrahmen laufen läßt.

Mattierung mit Radiummattine T 53C (Boehme) auf der Haspelkufe: 4 g pro Liter = 1,2 kg pro 300 Liter Flotte. Ware: Trikot, roséfarben, 6,5 = 39,5 m. Haspelumdrehungen zirka 30 pro Minute. Die Mattierung wurde mit Wasser angerührt dem Bad zugegeben, und zwar durch ein Sieb. Es darf kein permutiertes Wasser genommen werden, das schwach alkalisch ist. Steht nur solches zur Verfügung, dann ist mit Essigsäure anzusäuern. Man läßt bei zirka 25 °C laufen. Nach zirka 30 Minuten bei 35° C mit Hartwasser spülen, im Tuch schleudern und in der Hänge trocknen. Der Warengriff war sehr gut, der Matteffekt $^3/_4$. Ein starker Tonumschlag nach gelbbraun war festzustellen.

Kalkulation: 1 kg Radiummattine T53: 12 ö. S. (1937). 1 kg Trikotware (auf stehenden Bädern, die zwei Drittel der Ansatzmenge an Nachsatz erfordern) kostet daher 0,80 S.

Die Farbumschläge für eine Reihe in der Reyon-Trikotagen-Färbung preislich tragbarer und üblicher Farbstoffe sind:

Farbstoffe	Umschlag
Acetopurpurin 8B (IG), Diphenylrot 8B (Gy), Chlorantinrot 8B (Ci), Chloraminrot 8B (Sa)	etwas röter
Direktechtscharlach SE (Ci), Benzoechtscharlach 4BS (IG), Chloraminechtscharlach SE (Sa)	deutlich gelber
Diaminscharlach HS (IG)	viel gelber
Brillantbenzoblau B (IG)	etwas violetter
Direkthimmelblau grünlich (Ci), Chloraminreinblau FF (Sa), Diaminreinblau FF (IG), Diphenylreinblau FF (Gy)	deutlich röter
Diphenylchrysoin 3G (Gy), Chrysophenin G (IG), Direktgelb CV (Sa), Baumwollgelb CH (Ci)	kaum verschieden
Toluylenorange G (IG), Plutoorange G (IG), Pyrazolorange GH (Sa), Chlorantinlichtorange G (Ci)	etwas röter
Diphenylblauschwarz (Gy), Diaminschwarz BH (IG), Chloraminschwarz BH (Sa), Melantherin BH (Ci)	etwas röter
Sambesischwarz D (IG), Diazophenylschwarz D (Gy), Diazoschwarz SD (Sa)	etwas röter

Die Lichtechtheit der Färbungen wurde durch Radiummattine T 53 usw. bedeutend herabgesetzt. Daher brachten die Hersteller als Nachbehandlungsmittel den Entwickler T 170 heraus, der diesen Übelstand verhüten sollte. Damit war die für den billigen Reyonartikel an sich schon unhaltbare Preislage unmöglich geworden.

Die Substantivität der Radiummattine erklärt sich durch einen Gehalt an von BERTSCH gefundenen Verbindungen der Form:

$$\text{Cl-N}\begin{cases}\text{H}\\\text{H}\\\text{H}\\\text{Ölsäurerest}\end{cases}\ \xrightarrow{\text{dissoziieren}}\ \text{Cl}^- \text{ und } \text{NH}_3 + \text{Ölsäurerest}$$

Normale Mattierungsmittel mit Weichmacher sind im Bad wie folgt dissoziiert und verteilt:

$$\Big\|\ \text{Ölsäurerest}^- \xrightarrow{\text{Na}^+} \text{Pigment}^-$$

Faser

Die Faser stößt daher das Pigment ab. Anders mit den oben angegebenen Verbindungen:

$$\Big\|\ \text{NH}_3 + \text{Ölsäurerest}^+ \xleftarrow{\text{Cl}^-} \text{Pigment}^-$$

Die Faser fällt daher das Pigmentteilchen auf sich nieder.

Da die Versuche, mit pigmenthaltigen Mattierungsmitteln auf der Kufe egale Ergebnisse zu erzielen, nicht erfolgreich waren, weil die Ware beim Schleudern trotz guten Spülens immer als Filter wirkte, wurden trockene Trikotagen am Foulard behandelt und direkt in den Spannrahmen laufen gelassen. Gearbeitet wurde mit einem Bad von 150 g Mattierung LC (Zschimmer und Schwarz), die neben einem Fettalkoholsulfonat Weißpigment enthielt. Gearbeitet wurde bei 40° C, wobei zwei Arbeiterinnen die eingerollten Ränder möglichst gut breitstrichen. Die Quetschrolle Q (s. Abb. 266) muß gut bombiert und elastisch genug sein und nach maximal 240 m Warendurchlauf umbombiert werden, da sie sonst an den Rändern unregelmäßig quetscht und Flecken (s. Abb. 267) verursacht. Da die Mattierung die Mollinobombage hart macht, ist für oftmalige Reinigung zu sorgen. Selbstverständlich ist, daß das Ende der Bombage durch Ausziehen der Schußfäden derart bereitet wird, daß keine quetschende Kante vorhanden ist, die sich im Stück als Streifen im Abstand des Quetschwalzenumfangs abbilden könnte. Die Walzen T und S müssen stets in Mattierung laufen. Der Ablauf A regelt die Mengen W und W_1, der Nachsatz erfolgt in W_1.

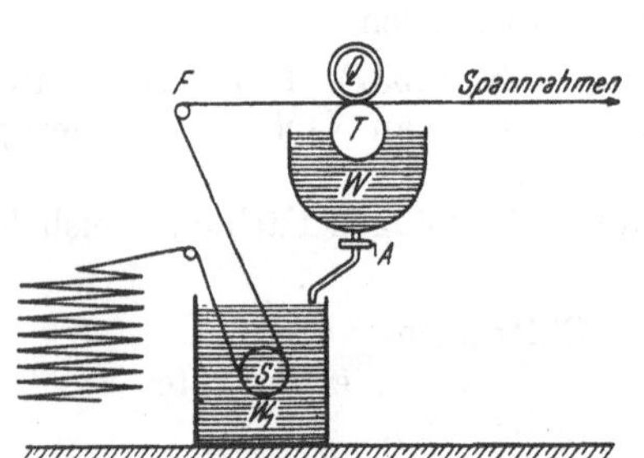

Abb. 266. Vorrichtung zum Mattieren von Trikotagen. F Leitrolle.

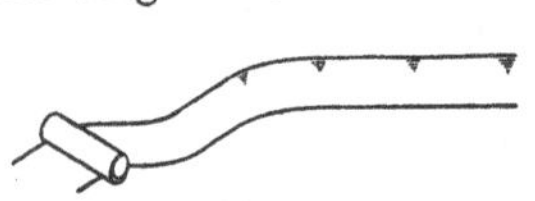
Abb. 267. Flecken durch Bombageunregelmäßigkeiten.

Kalkulation: 1 kg Mattierung LC ö. S. 3,— (1937), daher Mattierungskosten per Kilogramm Ware ö. S. 0,32 bis 0,34.

Die verschiedenen anderen Mittel, darunter auch die Dullit-Mattierung der IG (hydrolysierbare Sn-Salze) oder Delustran (Sa) als Wolframat waren preislich nicht tragbar und ergaben nur in wesentlichen Konzentrationen brauchbare Effekte. Selbsthergestellte Pigmentemulsionen zeigten nur dann verringerte Sedimentation, wenn sie unter Verwendung von Gummiarabikum angesetzt wurden, das den behandelten Waren einen harten Griff verlieh. Notwendiger Weichmacherzusatz verteuerte die Arbeitsweise. Die sedimentationsverzögernde Wirkung des Gummizusatzes sei an folgender Untersuchungsreihe gezeigt:

a) Orapret mat (Oranienburg):	b) Eigenpräparat:
Analyse: 30% Lithopone	28% Pigment ($TiO_2 + ZnO = 7 : 4$)
45% Wasser	40% Wasser
25% Sulfonat	26% Gummiarabikum
	2% Glyzerin
	2% Ölsulfonat
	1% Albumin
	1% Seife

Man setzt von jedem Erzeugnis 20 g bzw. 10 g bzw. 5 g pro Liter an und gibt in einen Meßzylinder von 10 ccm mit Kubikzentimetereinteilung:

	Sedimentationszeit:	a)	b)
20 g/l	5 Minuten	1 ccm Sediment	0,33 ccm Sediment
	10 „	2 „ „	0,50 „ „
	60 „	abgesetzt.	noch teilweise dispergiert.
10 g/l	15 Minuten	0,50 ccm Sediment	0,25 ccm Sediment
	30 „	abgesetzt.	noch dispergiert.
5 g/l	20 Minuten	abgesetzt.	noch dispergiert.

Die Messung in Kubikzentimeter Sediment ist als Vergleichsmessung zulässig, da beide Präparate annähernd gleiche Pigmentmengen enthalten (28 bzw. 30%).

5. Das Färben von Trikots aus Azetatkunstseide und Viskosereyon (Flachstuhlware, Charmeuse)

Hier handelt es sich um eine Reihe von Effektwaren, die entweder aus glänzendem oder spinnmattem Material bestehen können. Meist ist die Viskoseseide anzufärben, wobei die Azetatkunstseide reinweiß reserviert bleiben soll. Eventuell ist neben weißer Azetatkunstseide auch noch echtschwarz gefärbtes Material anwesend.

Bei der Herstellung der Effektware wird durch gelegentliches Bestreichen eines Stückes des Trikots mit Blendfarblösung die richtige Dessinatur kontrolliert. Die Blendfarbenlösung färbt eine Kunstseidenart, nämlich die Viskose, mehr an als die andere. Als Blendfarben werden konzentrierte Lösungen von basischen oder besser sauren Farbstoffen verwendet. Wichtig ist, daß die oft lange lagernde örtliche Anfärbung bei der Veredlung der Ware, also vor dem Färben leicht herausgeht. Insbesondere Mattseiden halten derartige Blendfärbungen hartnäckig zurück (Methylenblau, Viktoriablau usw.), ja oft werden in Unkenntnis der Schädlichkeit für das Material vom Erzeuger Säure- oder Sodazusätze gegeben, welche die Faser örtlich angreifen. Durch derartige Beigaben kann die Azetatkunstseide chemisch verändert werden, so daß beim nachherigen Einfärben der Viskose eine starke Anfärbung derartiger Stellen auch in der Azetatkunstseide eintritt. Man erkennt dann deutlich den mit Glasstäben usw. hergestellten quer zur Effektrichtung verlaufenden Blendfarbenstrich.

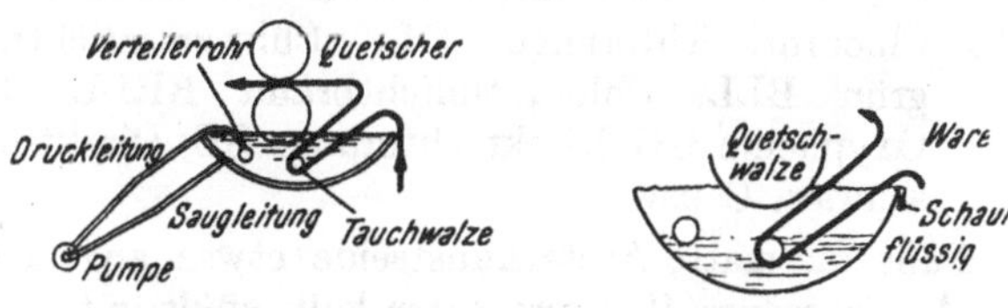

Abb. 268. Mattierungsfoulard mit Zirkulation.

Sehr bewährt haben sich als Blendfarbstoffe, die leicht entfernbar sind, z. B. Azogrenadin S (IG) bzw. Sulfongelb 5G (IG) oder Orange II (IG, Ci, Sa, Gy); weniger empfehlenswert ist Säuregrün konz., nicht brauchbar ist Säuregrün B, welches auf dem seifenhaltigen Reinigungsbad oft braune Stellen in der Ware hinterläßt.

a) Trikot (Flachstuhlware, Charmeuse) Azetatkunstseide mattiert weiß, Azetatkunstseide mattiert schwarz, Viskosereyon mattiert.

Man reinigt die Ware bei 60 bis 70° C auf der Haspelkufe mit 1,5 g Marseillerseife und 1 g Cykloran M (Oranienburg) pro Liter Flotte. Niemals darf Soda in das Behandlungsbad kommen. Eine etwas teurere Reinigungsmethode für Reinazetatkunstseidetrikots besteht im Einlegen in eine Flotte von 2 ccm 40% NH_3 pro Liter bei 40° C, 1 Stunde, nachspülen, dann auf der Kufe 1½ Stunden bei 25 bis 70° C durch eine Flotte von 1 g Fettlöser-Fettalkohol-Sulfonat [Lanaclarin LM (Böhme Fettchemie) usw.] und 2 ccm NH_3 pro Liter nehmen, dann mit 35° C warmem Weichwasser waschen und mit 1 g Gardinol CA pulv. (Böhme Fettchemie) pro Liter ausfärben. Es wird keine Seife verwendet.

Gefärbt wird mit die Azetatkunstseide reservierenden Direktfarbstoffen Typ „8000" (IG), Typ „ACS" (Sa) usw. (Gereinigte alkalifreie Farbstoffe.) Die Färbung erfolgt bei 60 bis 70° C am Krefelder Haspel (elliptische Haspelform). Obwohl hier nicht der Ort ist, Farbstofflisten zu veröffentlichen, soll darauf hingewiesen werden, daß beispielsweise folgende Farbstoffe gute Resultate zeigen:

(IG) „Typ 8000": Siriusgelb G, Siriusorange G, Siriusscharlach B, Siriusrot 4B, Siriusbraun BR2, Siriusblau BR usw., Chloramingelb FF, Direktgelb R, Plutoorange G, Benzoechtorange S, Naphtaminechtscharlach 8FB, Diaminreinblau FF, Diaminbraun M usw.

(Sa) „Typ ACS": Solargelb B, BG, Solarrot 2Bl, B, Solarviolett 3R, Solarbrillantblau A, Solarblau G, Solarbraun PL, Solargrün BL, Solargrau R, Direktgelb CV, Chloramingelb FF, Chloraminechtorange SE, Chloraminechtscharlach 7BSL, Chloraminreinblau FF, Chloraminbraun 2R, Chloraminschwarz ACS, ZAR.

(Gy) Diphenylechtgelb C4GL, Diphenylechtorange SE, Diphenylechtbraun BRL, Diphenylechtblau FB, Diphenylchlorgelb FF, Diphenylchrysoin 3G, Diphenylreinblau FF, Diphenylblauschwarz usw.

(Ci) Chlorantinlichtorange GL, Chlorantinlichtrotmarken, Chlorantinlichtgrün BLL, Chlorantinlichtbraun BRLL, Direkthimmelblau grünlich, Oxyphenin GG, Direktechtorange SE, Direktscharlach 8BL, Reservedirektschwarz C usw.

Falls die matte Azetatkunstseide etwas angefärbt ist, behandelt man mit 1 g Ameisensäure 40% pro Liter kalt, spült gut und trocknet nach schwachem Zentrifugieren.

Schwarzfärbungen mit größerer Echtheit, insbesondere wenn große Flächen von spinnmatter Azetatkunstseide vorliegen, sollen mit Oxydiaminogen OT (mit Entwickler Z) (IG) oder Diazaminschwarz PSP (entwickelt mit β-Naphtol) (Sa) hergestellt werden.

Z. B. arbeitet man wie folgt:

Schwarzfärbung auf Mattviskose-Mattazetatkunstseide-Trikot (Charmeuse) 20,50 kg, 600 l Flotte, 6 kg Glaubersalz krist., 10% Oxydiaminogen OT (IG).

Man färbt bei zirka 70 bis 80° C; nachher wird gut gespült und 30 Minuten behandelt unter zeitweiligem Breithalten auf einem Bad von 3% $NaNO_2$ und 8% HCL 20° Bé kalt. Man schütze vor Sonnenlicht. Nach dem Spülen wird mit

150 g Entwickler Z (Resorcin*, 1%) gelöst in 300 g NaOH 40° Bé kalt 25 Minuten entwickelt. Nach einmaligem Spülen bei 60° C und zweimaligem kaltem Waschen wird eventuell mit 0,5 kg Seife pro Liter 80° C heiß geseift, warm und kalt gewaschen, schwach geschleudert und in der Hänge getrocknet. Wenn das Spülen nach dem Färben, insbesondere aber nach dem Entwickeln, nicht gründlich genug erfolgt, kann die Azetatkunstseide bei der getrockneten Ware einen gelbbraunen Ton zeigen.

Bei derartiger Ware mit großen zu reservierenden Flächen (Streifen) mattierter Azetatkunstseide ist auch auf die Farbstoffauswahl für Buntfärbungen ein strenger Maßstab anzulegen. Nur Farbstoffe des Reservetyps „8000" (IG) bzw. „ACS" (Sa) usw. dürfen angewendet werden. Dabei ist oft ein, kleine bzw. glänzende Azetatkunstseideneffekte gut reservierender, Farbstoff nicht geeignet.

Gute Resultate erzielt man hier z. B. mit:

Chloramingelb FF, Chloraminechtorange RS, Chloraminechtscharlach SE, 8BS, Chloraminreinblau FF, Chloraminblau 2B, Chloraminschwarz ZAR.

Solargelb BG, Solarorange R, Solarrot 2BL, 3B, Solargrün BL, Solarbrillantblau A, Solarblau 3G, 5GL, Solargrau R (Sa).

Chloramingelb 2G, Chrysophenin G, Benzoechtorange WS, Diaminrosa BD, Thiazinrot R, Diaminreinblau FF, Dianilbraun AR sowie entsprechende Siriusmarken, Siriuslichtgrün BB, Siriuslichtgrün GR, Oxydiaminogen OT (Entwickler Z) usw. (IG).

1. Dunkeldrap: Viskose matt, Azetatkunstseide matt, in breiten Streifen. 15 kg Ware, 600 l Flotte, unentschlichtet gefärbt mit 1 g Seife pro Liter,
2,000 kg Glaubersalz
0,300 „ Chloraminechtorange SGE Typ „ACS" (Sa)
0,250 „ Siriusrot 4B Typ „8000" (IG)
0,060 „ Direkthimmelblau grünlich (Ci)

Man färbt bei 60° C so kurz wie möglich auf der Haspelkufe. Die Ware ist doubliert. Vorher durch Behandlung mit 1 g Seife pro Liter bei 70° C gereinigte Ware zeigte eine leichte Antönung der Azetatkunstseide.

2. Rot: 13,40 kg Ware, 600 l Flotte. Die ungeschlichtete Ware wird 50 Minuten bei zeitweiligem Breithalten am Haspel gefärbt bei 65° C mit
0,300 kg Siriusrot 4B (IG)
0,120 „ Siriusscharlach (IG)
1 g Seife pro Liter und 3 kg Glaubersalz krist.

3. Blau: 15,3 kg Ware, 600 l Flotte; man reinigt die doublierte Ware mit Seife bei 70° C und färbt auf der Haspelkufe mit
0,380 kg Direkthimmelblau grünlich (Ci)
0,080 „ Brillantechtblau B (IG)
1 g Seife pro Liter und 4 kg Glaubersalz krist.

Nach dem Spülen wird mit 1,5 l HCOOH 40% auf 600 l kalt 30 Minuten nachgereinigt, gespült und in der Hänge nach dem Schleudern getrocknet.

Beim Entwässern dieser Trikotagen ist zu starkes Zentrifugieren zu vermeiden, da die Mattseiden, insbesondere spinnmatte Azetatkunstseide, leicht die Faltenbildung fixieren. Die Ware darf aber nicht zu feucht in die Hänge kommen und vor allem nicht zu langsam trocknen, da sonst leicht durch Migration (Wanderung) des Farbstoffs in die Azetatkunstseide eine Antönung derselben stattfinden kann.

---

* *Jetzt* Methylphenylpyrazolon.

b) Trikot (Flachstuhlware, Charmeuse) Viskose-Azetatkunstseide glänzend.

Hier ist die Reservierung der Azetatkunstseide leichter als bei Vorliegen spinnmatten Materials.

1. Mittelblau: 3,86 kg Ware, 600 l Flotte. Die Vorbehandlung (Entfernung der Garnpräparation) erfolgt wie oben beschrieben. Färbebad: 1 g Seife pro Liter, 4 kg Glaubersalz krist.
0,350 kg Brillantechtblau B (IG) (10%)
0,025 „ Diphenylblauschwarz (Gy) (0,8%)

Man färbt 50 Minuten bei 60° C, spült gut, schleudert mäßig und trocknet in der Hänge.

2. Reseda: 12 kg Ware, 600 l Flotte. 1 g Seife pro Liter, 3 kg Glaubersalz krist.
0,018 kg Diphenylchrysoin 3G (Gy) (0,15%)
0,018 „ Direkthimmelblau grünlich (Ci) (0,15%)
0,008 „ Diphenylblauschwarz (Gy) (0,07%)

3. Rot: 3,51 kg Ware, 600 l Flotte, Flottenverhältnis 1 : 20. 1 g Seife und 1 g Na_2SO_4 krist. pro Liter
0,260 kg Benzoechtscharlach 4BS (IG) (8,5%)
0,125 „ Benzopurpurin 10B (IG) (4%)

4. Schwarz: 13,59 kg, 600 l Flotte. 1 g Seife, 1 g Na_2SO_4 krist. pro Liter.
1,600 kg Reservedirektschwarz C (Ci) (12%)

5. Marineblau: 15,60 kg Ware, 600 l Flotte. Nach Vorreinigung gefärbt mit:
0,156 kg Brillantechtblau B (IG)
0,100 „ Sambesischwarz D (IG)
0,250 „ Seife und 6 kg Glaubersalz krist.

Nachgereinigt nach Spülen mit 1 l HCOOH 40% kalt.

c) Färbung der Azetatkunstseide in Mischtrikots aus Viskose- und Azetatkunstseide. Reservierung der Viskosereyon (kleine Effektstreifen).

Dieser weitaus seltenere Fall der Reservefärbung bedingt die Anfärbung der Azetatkunstseide im Seifenbad mit Azetatkunstseidenfarbstoffen, welche Viskose reservieren. Solche sind z. B.:

Artisildirektgelb GN, Artisildirektorange 2R, Artisildirektrot GP, 3BP, Artisildirektviolett 2RP, Artisildirektblau SAP, BRP, 2G und Artisildiazoschwarz GP mit β-Oxynaphtoesäure entwickelt (Sa) bzw. die entsprechenden Vertreter der Celliton- (IG) bzw. Cibacet- (Ci) oder Setacyldirektsortimente (Gy). Eine eventuelle Anschmutzung der Viskose wird durch Nachbehandlung mit Blankit lauwarm entfernt. Die oft in Vorschlag gebrachte Verwendung von schwachen Hypochloritbädern hat sich nicht bewährt.

Schwarz: Azetatkunstseide spinnmatt, Viskosereyon spinnmatt. 21 kg Ware, 1400 l Flotte.
Die vorgereinigte Ware wurde auf der Haspelkufe gefärbt mit:
3,5% Cibacetdiazoschwarz (Ci)
2,5% Cibacetgelb GN (Ci)

Das Bad enthält 1,5 kg Seife. Es wird bei 40° C eingegangen und langsam auf 80° erwärmt. Nach 50 Minuten Färben wird zweimal warm und zweimal kalt gespült, in 1400 l mit 3 kg Nitrit und 9 l HCl 30% unter Breithalten kalt diazotiert (15 Minuten) und schließlich nach dem Spülen sofort mit 1400 g β-Oxynaphtoesäure und 700 g NH_3 konz. (lackmusneutrales Bad) bei 50° C entwickelt. Nach 15 Minuten Laufen unter Breithalten wird gut gewaschen.

d) Viskose-Azetatkunstseide-Mischtrikot (Charmeuse) mit spinnmatten Seiden.

Ausnahmefall: Einfärbig schwarz.

19,2 kg Ware, 1400 l Flotte. Man färbt, eingehend bei 40° C, in dem mit 1,5 kg Seife und 8 kg Glaubersalz krist. bestellten Bade mit:

0,700 kg Cibacetdiazoschwarz (Ci)
0,450 „ Cibacetgelb GN (Ci)
1,000 „ Kunstseidenschwarz G (Ci)

zirka 1½ Stunden, wobei innert 20 Minuten auf 80° C erhitzt wird und man dann den Dampf abstellt bzw. nach 30 Minuten Laufen nochmals innerhalb 20 Minuten auf 80° C bringt und dann bei abgestelltem Dampf noch 30 Minuten ziehen läßt. Nach zweimal warmem und zweimal kaltem Waschen wird mit 3 kg Nitrit und 9 l HCl 30% in 1400 l Flotte 15 Minuten diazotiert (breithalten), sofort gespült und mit 1400 g β-Oxynaphtoesäure und 700 g NH_3 (neutrales Bad, Lackmusprobe) bei 50° C 15 Minuten entwickelt. Nach gründlichem Spülen wird geschleudert und getrocknet.

6. Die Färbung von Wolltrikots

Diese hauptsächlichst für Badeartikel bestimmte Ware wird am Rundhaspel mit licht-, schweiß- und seewasserechten Vertretern der Neolane (Ci) oder Palatinechtfarbstoffe (IG, BASF) gefärbt. Nach dem Färben wird in vielen Fällen eine Nachbehandlung mit Ramasit K (IG) (Paraffinemulsion) vorgenommen.

Für Konfektionsware usw. kommen saure Farbstoffe, eventuell Vertreter des Radiosortiments (IG) bzw. Chromschwarz in Frage.

Auch auf die schwach sauer färbbaren Metallkomplexe (Cibalane, Lanasyne, Irgalane usw.) ist hier zu verweisen.

Kammgarne erscheinen, ob in Trikots oder Strümpfen verstrickt, oft unegal bzw. ringelstreifig. Es ist dies auf einen Kontrasteffekt zurückzuführen, da kleine Unregelmäßigkeiten durch die Verarbeitung zum Vorschein kommen. Man färbt derartige Garnpartien, die geringe Unegalitäten zeigen, mit sauren Egalisierungsfarbstoffen stark sauer, Modetöne mit Neolanen. Keinesfalls kann man schwach sauer ziehende Produkte oder Metachromfarbstoffe verwenden. Die Ursache der Anfärbeunregelmäßigkeit liegt in der Verarbeitung verschiedener Wollen oder beim Dämpfen der Zwirne in Dampfschwankungen oder Dämpfdauerverschiedenheiten.

a) Wolltrikot, Rundstuhlware, normale Echtheit

Gefärbt auf der Haspelkufe nach Vorreinigung mit Salmiakseife. Rundhaspel, Touren zirka 40 Minuten (nicht schneller, sonst tritt Verfilzen der Wolle ein), Stücklänge etwa 40 bis 50 m, daher soll die Ware einmal pro Minute rundlaufen.

1. Dunkelgrün: 10 kg Ware, 700 l Flotte.

0,260 kg Erioechtblau AB (Gy)
0,100 „ Flavazin S (IG)
0,075 „ Eriofloxin 2G (Gy)
1,500 „ Weinsteinpräparat, 2,5 kg Glaubersalz krist.

Man färbt 1 Stunde kochend, spült, schleudert und trocknet in der Hänge.

2. Marineblau: 12 kg Ware, 700 l Flotte.

0,360 kg Eriomarineblau JB (Gy)
0,040 „ Eriofloxin 2G (Gy)
0,040 „ Säuregrün konz. (Gy)
0,040 „ Azowollviolett 7R (IG)
} Füllung des Blautons, das sogenannte „Feuer" der Übersicht
1,500 „ Weinsteinpräparat, 2,5 kg Glaubersalz

3. Terrakotta: 10 kg Ware, 700 l Flotte.

0,120 kg Tartrazin O (IG)
0,030 „ Palatinscharlach A (IG)
0,030 „ Eriofloxin 2G (Gy)
1,500 „ Weinsteinpräparat, 3 kg Glaubersalz,

1 Stunde kochend gefärbt.

4. Scharlach: 26 kg Ware, 1400 l Flotte.
0,260 kg Viktoriascharlach 3R (IG)
0,140 „ Sulforhodamin B (IG)
2,500 „ Weinsteinpräparat, 5 kg Glaubersalz,
1 Stunde kochend gefärbt.

5. Grau: 20 kg Ware, 1400 l Flotte.
0,010 kg Erioechtblau AB (Gy)
0,005 „ Eriofloxin 2G (Gy)
0,00125 kg Flavazin S (IG), sonst wie oben
1 Stunde kochend gefärbt.

6. Braun: 10 kg Ware, 1400 l Flotte.
0,150 kg Erioechtblau AB (Gy)
0,100 „ Eriofloxin 2G (Gy)
0,060 „ Tartrazin O (IG)
0,040 „ Orange II (IG)
1,500 „ Weinsteinpräparat, 3 kg Glaubersalz,
1 Stunde kochend gefärbt. Weitere Farbstoffe: Amidoblau GGR (schwerer egalisierend) für Marinetöne (IG).

b) Wolltrikot (chromfarbig)

1. Marineblau: 19,8 kg Ware, 1400 l Flotte. Man färbt mit
2,500 kg Säurealizarinblauschwarz R konz. (IG)
unter Zusatz von 1,75 l Essigsäure 30% und 2 kg Glaubersalz krist. Nach 1 Stunde wird gespült und mit 0,25 kg Chromkali krist. und 0,36 kg H_2SO_4 konz. in 1400 l ½ Stunde nachchromiert. Hernach wird gründlich gespült und getrocknet.

2. Schwarz: 22,3 kg, 1400 l Flotte.
1,800 kg Diamantschwarz PV (IG)

1,75 l Essigsäure 30%, 2 kg Glaubersalz, ¾ Stunde kochend färben, spülen, chromieren mit 0,6 kg Chromkali krist. und 1,5 l Ameisensäure 85%, kochend, ¾ Stunde; dann gut spülen und in der Hänge trocknen.

c) Wolltrikot für Badeartikel

Als Farbstoffe kommen in Frage das Radiosortiment, insbesondere Radiomarineblau B (für Marine) (IG) sowie Walkgelb O, H3G, Supranolorange 2R für Orange, Supranolscharlach G, Supranolrot RX, Säureanthracenrot 3BL für Rot, für Blau die Sulfoncyanine (nuanciert mit Wollechtblau BL), Grün aus Alizarincyaningrün G extra mit Walkgelb H3G (IG) usw.

Xylenlichtgelb 2GP, Xylenwalkgelb G, Sulfoninrot G, Xylenechtrot 2GP, Sulfoninblaumarken usw. (Sa) oder

Polargelb 5G, Polarrot G konz., Polarrot B, Wollechtblaumarken usw. (Gy) und Tuchechtgelb R, Fullacidrot G, Tuchechtblaumarken usw. (Ci). Schwarz: Sulfoncyaninschwarz BB, Diamantschwarz PBB (IG) bzw. Sulfoninschwarz B (Sa) usw.

Modetöne: Palatinechtgelb GRN, Palatinechtorange GN, Palatinechtbraun BR, RN, Palatinechtbordo RN, Palatinechtblau GGN bzw. die entsprechenden Neolane (Ci) oder Inochrommarken (Ku) bzw. Ultralane (ICI).

Schwarzfärbung: 20,8 kg Ware, 1400 l Flotte.

Man färbt das gereinigte Trikot (2 Stränge) in einem Bad von 2000 g Palatinechtschwarz WAN extra (IG) unter Zusatz von 1000 g Ameisensäure 85%. Es wird bei 40° C eingegangen und 15 Minuten laufen gelassen. Innerhalb 30 Minuten wird zum Kochen gebracht und 1¼ Stunden gekocht. Hernach wird gut gespült und geschleudert. Die Ware wird schließlich ½ Stunde auf einem Bad von 1 g Ramasit K pro Liter laufen gelassen, ohne Spülen zentrifugiert und in der Hänge getrocknet.

Metallkomplexe darstellende Farbstoffe, wie Neolane oder Palatinechtfarbstoffe usw., insbesondere Grünmarken, neigen oft zum Verkochen (Spaltung des Chromkomplexes). Es wird auf den Zusatz von Aldehyd zur Verhinderung dieses Übelstandes hingewiesen [siehe Ö. P. 166226 Ciba (1950) bzw. A. P. 2422586 Du Pont (1949)]. Neolangrün BF und 8G sind verkochecht.

d) Basische Färbung auf Woll- und Halbwolltrikots

Reinwolle kann in hellen Tönen ohne Vorbeize gefärbt werden.

Fuchsinrot: 42 kg Ware, Haspelkufe, 60% Wolle. Man behandelt mit Entschlichtungsmitteln zirka 1 Stunde und wäscht die Rundstuhlware hernach gründlich. Dann wird 1½ Stunde mit 1,4 kg Tannin und 1,5 l Ameisensäure 30% vorgebeizt und hierauf kalt gewaschen, mit 600 g Brechweinstein kalt behandelt und neuerlich gewaschen. Dann wird ein frisches, kaltes Bad mit 1,5 l 30%iger Ameisensäure bereitet, die Ware 20 Minuten laufen gelassen. Hierauf werden 2,2 kg Fuchsin (IG) und 600 g Brillantrhodulinrot (IG) mit 0,125 l Spiritus und Wasser angeteigt, kochend gelöst und durch ein Sieb dem Bad bei laufender Ware zugesetzt. Man erhitzt langsam zum Kochen und hält die Stücke breit. Nach 1½ Stunden schwachem Kochen wird gespült, geschleudert und getrocknet.

e) Die allgemeine Vorbehandlung der Ware

Bei Wolltrikotware ist zur Verringerung des Filzens usw. ein „Einbrennen" zu empfehlen, das heißt die Ware wird gerollt über Nacht in Wasser von 100° C gelegt.

Die Reinigung vor dem Färben erfolgt bei 50° C mit Seifenlösung unter NH_3-Zusatz auf der Breitwaschmaschine. Stark verschmutzte Ware erfordert die Zugabe eines Fettlösers. Das Auswaschen der Ware ist gründlichst vorzunehmen, um das Verbleiben von Seifenresten, die in den sauren Färbebädern Fettsäureausscheidungen geben würden, die wieder abreibende, unegale Färbungen liefern, zu vermeiden. Selbstverständlich ist bei der Reinigung und beim Spülen enthärtetes Wasser zu verwenden.

Sehr stark verunreinigte Ware, also solche, die Ölflecken aufweist (unsachgemäße Ölung der Maschinen) oder gar Nadelstreifen zeigt (schwarze, ölige Streifen, die meist in der Maschenquerrichtung liegen und von verschmutztem, Staub- und Metallspuren enthaltendem, meist altem Öl herrühren, das zur Ölung der Nadeln der Strick- bzw. Wirkmaschinen herangezogen wurde), ist stets örtlich mit Fettlöserseifen von Hand aus zu reinigen. Die verschmutzten Stellen lassen sich durch ein, wenn auch einen Fettlöser enthaltendes Reinigungsbad aus Seife und Ammoniak usw. nicht entfernen. Sie bleiben in der Fertigware in hellerer Färbung sichtbar und veranlassen dann meist die Umfärbung der betreffenden Stücke auf Marine oder Schwarz, wodurch zusätzliche Kosten anfallen und die Wollqualität herabgemindert wird.

Außerordentlich gefährlich sind Nadelstreifen insbesondere in Wolltrikot, welches vor dem Färben einer Vorbleiche mit Superoxyd unterworfen wird. Die, wie bereits erwähnt, immer vorhandenen Metallspuren in solchen Stellen führen zu katalytischer Badzersetzung und zum Faserangriff.

Hinsichtlich der allgemeinen Arbeitsvorgänge bei der Veredlung von Trikots soll nachstehende Übersichtstabelle Aufschluß geben:

Tab. 18. *Fabrikationsvorgang für Trikotagen*

Arbeitsvorgang	Wolltrikot	Baumwolltrikot	Kunstseiden-trikot
Rohwarenmagazin	×	×	×
Ausnähen	×	×	×
Metrieren			×
Waschen	×	×	×
Schleudern	×	×	×
Karbonisieren	×		
Färberei	×	×	×
Schleudern	×	×	×
Hänge	×	×	(×)
Warendurchschau	×	×	(×)
Nadelspannrahmen			×
Trikotpresse	×	×	
Aufwickeln	×	×	
Dämpfen	×	(×)	
Durchschau	×	×	
Doublieren			×
Wicklerei	×	×	×
Expedit	×	×	×

Lediglich des historischen Interesses wegen seien zwei Färberezepte für Rundstuhltrikots an Wolle-Kunstseide angegeben, wobei mit Janusfarbstoffen gefärbt wurde (1923).

1. 8 kg Ware, 400 l Flotte.
   5,00 g Janusblau G (IG)

Die Färbung ist ein helles Gobelin.

2. 10 kg Ware, 400 l Flotte.
   3,00 g Janusgelb G (IG)
   0,75 „ Janusrot R (IG)
   0,50 „ Janusblau G (IG)
   0,90 „ Floramin (IG)
   0,20 „ Azokarmin G (IG)

Die Tönung ist ein gelbstichiges, helles Drap. Derartige Ware wird heute nach dem üblichen Verfahren der Halbwollfärberei gefärbt, eventuell zweibadig.

7. Das Färben von Nylonwirkwaren

Es ist im allgemeinen bekannt, daß hier zum Vermeiden eines größeren Wareneinsprungs eine Fixierung der Ware durch Heißbehandlung vor dem Färben unbedingt notwendig ist. Dabei ist als Regel zu beachten, daß dieser Fixierungsprozeß (Presetting, Preboarding, vgl. S. 511) bei einer Temperatur stattfinden muß, die mindestens 15° C über der Färbetemperatur liegt.

Es war naheliegend, für Nylon ähnliche Einrichtungen hierzu zu benützen, wie diese für Wollgewebe gebraucht werden. Das Laufen am Brühbock ergab aber, abgesehen davon, daß die äußeren Lagen besser stabilisiert waren als die inneren, daß die Kochtemperatur nicht genügend hoch ist, um einen zufriedenstellenden Effekt zu erzielen. Nylon muß ja, wenn es z. B. sauer gefärbt wird, dicht bei Kochhitze gefärbt werden, um zufriedenstellende Resultate zu liefern. Die Forderung, daß die Fixierung der Faser also mindestens 15° C über der Färbetemperatur liegen müsse, war damit im Falle des Brühens am Bock für saure Färbungen nicht erfüllt. Es ist nun möglich, Nylon auch mit Azetatseidenfarbstoffdispersionen zu färben. In diesem Falle färbt man um 90° C, also hätte die Brühtemperatur ausgereicht. Die ungleichmäßige Fixierung (die Außenlagen der Ware sind stärker gedehnt als die inneren Wicklungen) führte jedoch aus diesem Grunde zu Unegalitäten in der Ware. Dazu kommt noch, daß sich beim Fixieren entstehende Falten mitfixieren und durch keine wie immer geartete Behandlung aus der Ware entfernbar sind. Es war daher im Zuge der gemachten Erfahrungen unvermeidlich, daß man Nylonwirkwaren, in der gewünschten Länge und Breite gespannt, am Nadelspannrahmen mit Heißdampf oder Heißluft fixierte (vgl. S. 512).

Da Nylongarne der Verarbeitbarkeit wegen stark präpariert sind, ist auf die Warenreinigung nach der Fixierung großes Gewicht zu legen. Die Reinigung erfolgt unter Zusatz von Fettlösern mit Seifenlösung oder synthetischen Waschmitteln auf geschlossenen Haspelkufen. Das Färben kann, wie bereits gesagt, mit sauren Farbstoffen ausgesuchter Art, die auf Streckungsdifferenzen so wenig als möglich ansprechen, erfolgen. Hierfür kommen helle Töne in Frage. Gefärbt wird ebenfalls am geschlossenen Rundhaspel. Ovale Haspel sind nicht gut, da Nylon leicht ist und die Lagen noch leichter aufschwimmen. Für mittlere oder dunklere Töne sind die Azetatseidenfarbstoffe zu empfehlen. Bei ihrer Auswahl sei darauf aufmerksam gemacht, daß ihre Färbungen auf Nylon anders ausfallen als auf Azetatseide. Schwarz wird stets als Diazoschwarz gefärbt (vgl. S. 516). Für dunkle Töne sind auch Chromfarbstoffe geeignet.

Das für Nylon Gesagte gilt in gleichem Maße für Perlon bzw. alle Polyamidfasern aus ε-Caprolactam.

Es muß hier bemerkt werden, daß die Faserentwicklung sowohl als auch das Studium der Veredlungstechnik der Polyamidfasern noch im Fluß ist. Verbesserungen der Verarbeitungstechnik werden ständig vorgenommen. Die großtechnische Verarbeitung in Europa stützt sich auf noch viel zu wenig Erfahrungen, als daß man es heute wagen könnte, endgültige Richtlinien für Verarbeitungstechnik, Färbeweisen oder Farbstoffwahl zu geben. Jedenfalls sei auf die Empfindlichkeit der Ware hinsichtlich sogenannten Ziehern, Aufrauhen usw. besonders aufmerksam gemacht. Eine Verarbeitung ist daher nur in Färbekufen, die ausgekleidet sind (Porzellan, Porzellanhaspel, kupferbeschlagene Rundhaspel usw.), anzuraten. Auch bei der manuellen Hantierung ist größte Vorsicht am Platze.

Hinsichtlich der für die Färbung von Nylonwaren empfohlenen Telonlicht-, Telonecht-, Telonchrom- (Bayer), Neutracyl- (Du Pont), Lanaperl- (Hoechst) bzw. Palatinecht- (BASF) oder Neonyl- (Ci) usw. -Farbstoffe und der Azetatfarbstoffe (Perliton- und Perlitonechtsortiment der BASF usw.) vgl. das entsprechende Kapitel der Gewebefärbung S. 511.

8. Azetatkunstseidentrikot

Das Fixieren und Färben von Azetatreyontrikots* ist wegen des leichten Einrollens der Leisten schwierig. Nach einem patentierten Vorschlag der British Celanese Ltd. erleichtert man das Nähen der Seitenränder bei der Färbung in Schlauchform derart, daß man die Ränder in gerolltem Zustand übereinanderlegt, ein endloses Querband durchführt, welches beide Kanten glättet und dann näht. Beim Färben in Schlauchform sollen sich, nach den Angaben der zitierten

* Vgl. Reyon-Zellwolle **9**, IX (1952).

Quelle, durch den Druck des Färbehaspels verursacht, schwächere Warenstellen bilden. Man trachtete daher, Azetatreyontrikots breit zu behandeln. Das Vorfixieren geschieht durch eine Breitbehandlung in kochendem Wasser, wobei die Ränder durch Besprühen mit kaltem Wasser geglättet werden sollen. Dieselbe Apparatur wird zum Färben angewendet. Allerdings zeigte die Unterseite des Trikots einen dunkleren Ton als die Oberseite und die Enden waren nicht ganz tongleich. Zufolge der kurzen Verweilzeit im Bade (bedingt durch die Kontinue-Arbeitsweise) sind die Färbungen auch nicht so waschecht wie bei der normalen Schlauchfärbung.

9. Dacrontrikotagen

Die Färbung von Dacron-Trikot usw. (aus „Filament") kann unter Druck bei 125° C auf einer neuen Type von Baumfärbemaschinen erfolgen (vgl. Du Pont, Notes on the Dyeing of Dacron Polyester Fiber, bzw. den Barotor von Du Pont).

Gewirke wie Sweaters usw. können nach Du Pont (l. c.) in einer Maschine der Gaston County Machinery Company and Venango Company unter Druck, also bei Temperaturen über 100° C, gefärbt werden. Diese besteht aus einem Färbekessel, der mit rotierenden Kästen und einer Zirkulationspumpe ausgestattet ist. In den USA sollen mit derartigen Konstruktionen gute Erfolge erzielt worden sein. Beim Färben von mit Gummizug versehenen Artikeln muß bei der Anwendung von „carriers" Vorsicht geübt werden, während die Hochtemperaturfärbung gefahrlos ist. Bei der Verwendung von Benzoesäure können nur mit Nylon überzogene Gummifäden verwendet werden, deren Festigkeit unter 10% verliert. Bei mit Baumwolle überzogenem Gummi sind die Festigkeitsverluste schon während des Färbens in dem Falle, daß Benzoesäure verwendet wird, bis 23%.

10. Trikotbeschwerung

Eine Beschwerung von Kunstseide- (Reyon-) Trikots wird vielfach gefordert. Der Gewichtsverlust, den das Textilmaterial durch Entfernung der Garnpräparation erfährt, beträgt 5 bis 8%. Die Beschwerung kann nach Art der Seidenerschwerung derart vorgenommen werden, daß man die Ware 30 Minuten in ein Bad von $SnCl_4$ 30° Bé bei 5° C einlegt, hierauf breit mit Hartwasser wäscht und dann mit einer Na_2HPO_4-Lösung behandelt. Die Gewichtszunahme betrug 11,04%. Die Gefahr einer Faserschädigung ist hier durch die beim Waschen nach dem „Pinken" (der $SnCl_4$-Behandlung) durch Hydrolyse freiwerdende HCl groß. Außerdem ist diese Arbeitsweise nicht billig und viele Betriebe besitzen auch nicht die hierfür notwendige maschinelle Einrichtung.

Man behandelt daher am Foulard mit einer Flotte von 40 g $MgSO_4$, 2 g Glyzerin und 0,5 g Igepon T (IG) oder Avirol E (Böhme) pro Liter. Die Ware nimmt 2,9% an Gewicht zu. Außerdem zeigt sie ein schönes, halbmattes Aussehen. Auf der Haspelkufe wird bei einer Beschwerung von 12 bis 15% (5 bis 7% über dem Rohwarengewicht) gearbeitet mit 200 g $MgSO_4$, 3 g Glyzerin, 0,5 bis 1,0 g Igepon T (IG) und 15 g Appretavirol EX pro Liter. Man läßt ½ Stunde laufen, schleudert auf zirka 60% Effekt und trocknet in der Hänge. Dem Standbad werden für 100 kg Ware (600 Liter Flotte) 1 l Appretavirol EX extra (ö. S. 5,20), 0,05 kg Igepon T (ö. S. 6,00), 10 kg $MgSO_4$ (ö. S. 0,21) und 0,5 kg Glyzerin (ö. S. 2,25) zugegeben (Preise 1937). Daher stellte sich diese Behandlung auf zirka S 0,09 pro Kilogramm. Zusätzlich ein Zehntel des Ansatzbades, dessen Kosten auf 1000 kg Ware aufgeteilt werden, betrugen daher die Gesamtkosten zirka S 0,14 pro Kilogramm Trikot.

VII. Die Strumpffärberei

Dieser Sonderzweig der textilen Färbung erfordert neben für Kommerzware einfachsten Ausfärbungen am Packapparat sorgfältigste Rezepturen, geschultes Personal und viel Handarbeit für empfindliche oder feinste Strumpfqualitäten[133]. Das Arbeiten ist durch die moderne Entwicklung noch immer feinfädigerer und feinmaschigerer Ware, färbetechnisch gesehen, z. T. erleichtert worden, vom Standpunkt der Warenmanipulation aber, insbesondere bei den neuestens den Markt beherrschenden Nylon- bzw. Perlonstrümpfen, haben sich die Gefahrenmomente für Warenbeschädigungen vervielfacht. Auch die Farbstoffwahl und Färbung der letztgenannten Strumpfart brachte neue Probleme. Während früher eine Reihe von Schwierigkeiten in der Durchfärbung der Strumpfnähte und jener Fußteile des Strumpfes lagen, bei welchen Baumwollfaser und Reyon aneinandergrenzen, sind diese Aufgaben heute leicht zu lösen, da die Strumpfnähte naturgemäß mit der steigenden Fadenfeinheit immer weniger dick werden. Umgekehrt wieder sind bei der Einfärbung der Nylonfaser die früher einmal in der Kunstseidenfärberei als Ringelstreifigkeit der Ware bezeichneten Anfärbungsunterschiede, die seit langem der Erinnerung angehörten, neuerlich aktuell geworden. Und vor allem ist die Materialempfindlichkeit derart gesteigert, daß die geringste Unebenheit an Tischen, Apparaten, rauhe Hände, grobes Anpacken usw. zu Ziehern („Snags") führt, die wieder in kürzester Zeit Löcher oder Laufmaschen („Laddering") in der Ware ergeben.

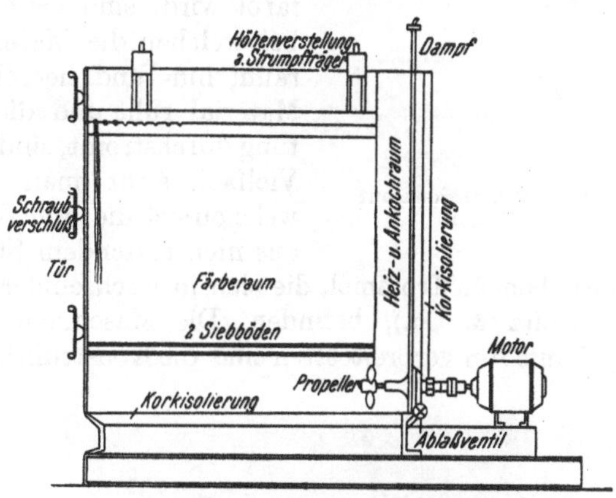

Abb. 269. Strumpffärbeapparat, vgl. S. 598.

Hinsichtlich der Färbeweise des Strumpfmaterials ist zu sagen, daß heute wohl auch die Kommerzware (Kinder- und Baumwollstrümpfe) nicht mehr in

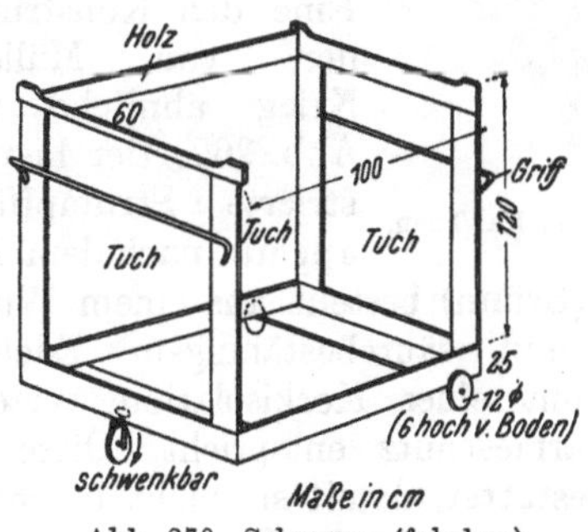

Abb. 270. Schragen (fahrbar).

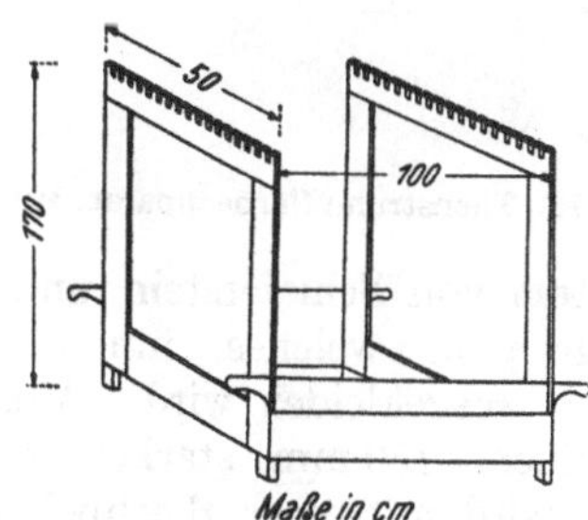

Abb. 271. Schragen (tragbar).

der Wanne bei Hantierung mit dicken Rundstöcken gefärbt wird, wie das vor zirka 25 Jahren vielfach zu sehen war, insbesondere für andere als Standardtöne. Man färbt in Packapparaten irgendeines Systems.

Kunst- und Mattseidenware wird entweder in kleinen Partien auf Stöcken hängend, auf der Kufe oder in Apparaten nach dem Hängesystem (Weise)

[133] Vgl. Lint: Melliand Textilber. **31**, 115, 273 (1950). Weber: ibid. **1938**, Heft 8/9.

gefärbt. Ebenso bearbeitet man Wollstrümpfe (die ja nie reinwollen sind). Kunstseidenstrümpfe sind wegen der hohen Faserquellung, die ein Durchströmen des Materialblocks in Packapparaten unmöglich macht, nur in der genannten Weise färbbar. Ebenso werden Reinseidenstrümpfe behandelt. Bei Wollstrümpfen ist das Färben nach dem Hängesystem deshalb vorteilhaft, weil hier bei der Färbung von Mischfasergut die Musterungsmöglichkeit am besten ist.

Die Färberäder (Then-Konstruktion), auf welchen die auf Stöcken aufgehängten Strümpfe angeordnet sind (Art der szt. Klauder-Weldon-Strangfärbemaschine), oder Konstruktionen von Lindner-Vollert, bei welchen die Ware im Packsystem, doch unterteilt, gefärbt wird, sind verlassen. Die Apparate nach Förster, bei welchen die Materialträger kolbenartig im Flottenraum hin- und hergehen, oder Müller & Krieg, wo das Material ruht und die Flotte es in wechselnder Richtung durchströmt, sind ebenfalls kaum mehr anzutreffen. Vielfach sieht man noch die Trommelapparate, bei welchen sich die losen Strümpfe in Fächern einer gelochten, aus nichtrostendem Stahl oder Monelmetall bzw. Kupfer bestehenden Trommel, die sich in wechselnder Richtung in der Färbeflotte dreht (Pornitz & Co.), befinden. Die Maschinen werden für 10 bis 100 kg Ware gebaut. Am verbreitetsten sind die Konstruktionen nach Weise (deutsches Patent 562735/36, bzw. 566943) u. a., bei welchen die Strümpfe, auf Stöcken hängend, in einer der Handarbeit angenäherten Bewegung in der ruhenden Flotte gefärbt werden (vgl. S. 74). Ein Apparat für 50 Dutzend, teilbar in zwei Kammern, wurde 1933 zu 2850 RM angeboten. Eine den Konstruktionen von Müller & Krieg ähnliche zeigt Abb. 269. Der hier illustrierte Strumpffärbeapparat nach dem Hängesystem von Schieferstein und Dworazek (Brünn) besteht aus einem Winkeleisengerippe, welches innen mit rost- und säurebeständigem Edelstahl RRNJ ausgekleidet wird. Außen ist es mit einer Korkisolation versehen, die einem 150 mm starken Holzpfostenwärmeschutz entspricht. Diese Isolation wird mit einer Blechbekleidung ausgestattet, damit sie nicht beschädigt werden kann. Die Konstruktion ist heute nicht mehr im Bau.

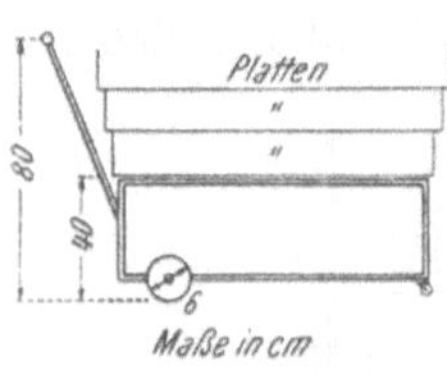

Abb. 272. Horden auf Wagen.

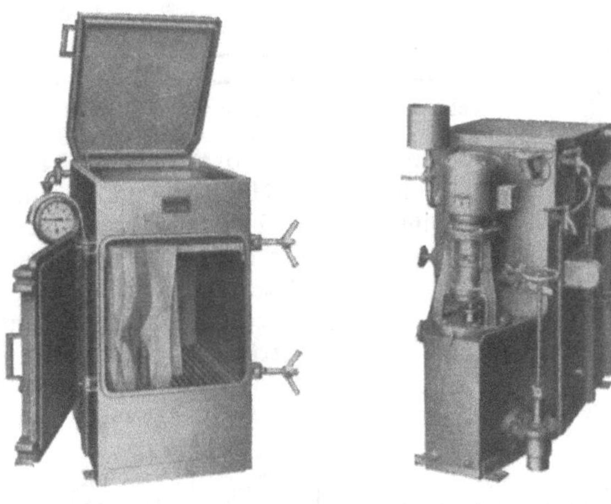
Abb. 273. Thenstrumpffärbeapparat. Mit Genehmigung der Fa. Then.

Eine aus Edelstahl hergestellte Zwischenwand trennt den Apparat in Material- und Heizkammer. Die Materialkammer wird vorne durch eine Tür in Scharnieren abgeschlossen, deren Konstruktion tadellosen Abschluß verbürgt (Zugschrauben). Die Kammer besitzt einen doppelten Siebboden zwecks guter Flottenverteilung. Die Strumpfträgerleisten können durch Gewindespindeln verstellt werden (um zirka 180 mm). An der Rückwand ist eine komplette Propellerpumpe anmontiert, mit Kugellagern. Das Heizrohr besteht aus säurebeständigem Stahl.

Damit man die Farbflotte vom Materialraum in den Heizraum zurückpumpen kann, ist neben der Propellerpumpe eine separate Überhebpumpe eingebaut. Ferner ist am Gehäuse der Propellerpumpe ein Ablaßventil aus säurebeständigem Stahl angebracht. Die Welle der Pumpe endigt im Umschaltergehäuse, in welchem der automatische Umschalter eingebaut ist. Der Antrieb der Pumpe kann durch Riemen oder direkt durch Motor erfolgen.

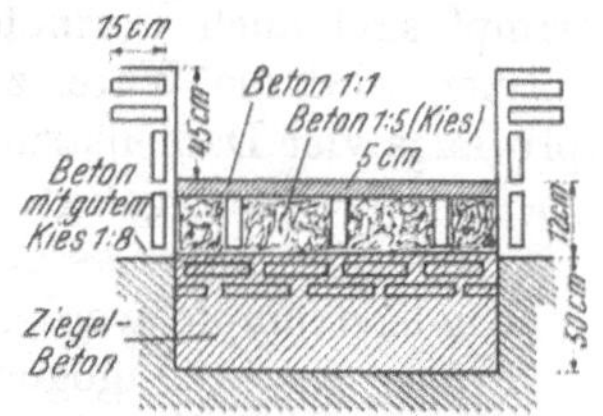

Abb. 274. Fundament einer Formpresse für 180 at.

Der Preis des Apparates für 5 bis 15 kg Ware betrug 26400 Kč (1936). Hierzu stellte sich ein Ankochbottich mit Rohrleitung usw. auf 3600 Kč, ein Apparat mit elektrischem Antrieb auf 27700 Kč.

Nylonstrümpfe werden vorteilhaft auch auf den Apparaten von Smith & Drum gefärbt.

Apparate nach dem Hängesystem werden nun auch von Then, Schwäbisch Hall-Hessental, insbesondere für Nylon gebaut (vgl. Abb. 273).

Zum Transport der Strümpfe zur Schleuder können neben Tragen, auf welche

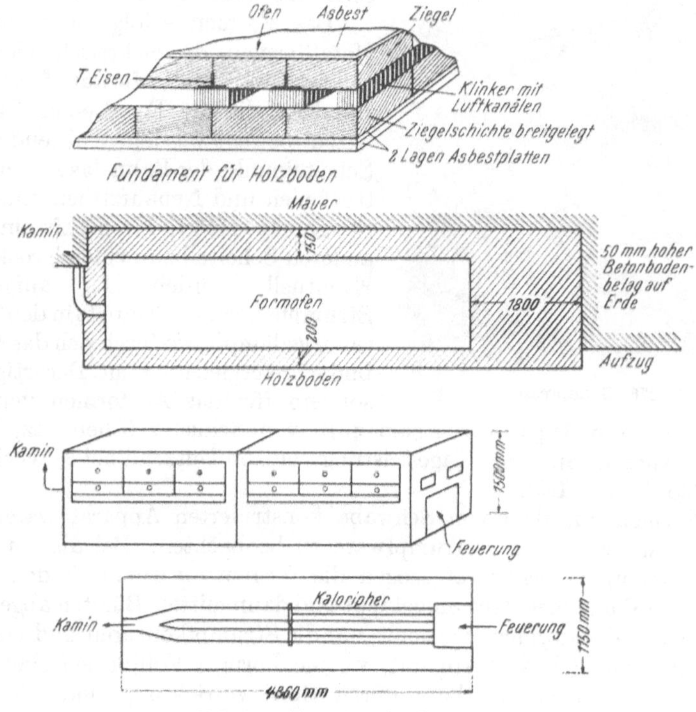

Abb. 275. Formofen für Feuerung.

die gefärbte und gespülte Ware gelegt wird, vorteilhaft auch Wagen (Abb. 270 oder 272) dienen.

Das Schleudern erfolgt für Baumwollware lose in mit Mollino ausgelegten Zentrifugen mit Kupferkorb. Kunstseidenstrümpfe usw. werden, in Mollino gepackt, langgestreckt entwässert. Zum Formen geht die Ware meist in flachen Horden (Abb. 272). Das Formen erfolgte früher auf flachen Holzformen für die Kinderstrümpfe, Herrensocken und nahtlos auf Rundstrickmaschinen hergestellte

Damenstrümpfe. Die aufgezogene zentrifugenfeuchte Ware wurde dabei liegend mit Sohle und Stulpe auf Metallträgern ruhend in dampfgeheizten Formöfen getrocknet.

Im Formofen herrscht eine Temperatur von 140° C, bei Schwefelschwarz nur 100 bis 110° C, da sonst das Schwarz unansehnlich wird. Für Anlagen ohne Dampf sind auch Formöfen mit Heizung verwendbar (Abb. 275). Nach dem Formen wird die Ware, zwischen Preßspan gelegt, mit 150 atü kalt gepreßt (pro Lage vier Damenstrümpfe oder sechs Herrensocken). Nach 2 Dutzend wird ein Zwischenspan gelegt. Das Einlegen dauert für eine Presse eine Stunde (für 100 Dutzend), das Ausspänen 1½ Stunden für zwei Arbeiterinnen.

Kinderstrümpfe werden meist in der Handpresse 2 bis 3 Stunden gepreßt.

Früher waren Vigognequalitäten stark gefragt. Diese wurden, um einen Speckglanz und Zerstörung der Garnstruktur zu vermeiden, auf der Handspindelpresse gepreßt. Vormals wurden auch die Kunstseidenstrümpfe gepreßt. Man legte abwechselnd in die Spanlage Spitze gegen Ferse. Die Pressung erfolgte kalt zwei Stunden bei 50° C (Abb. 276).

Abb. 276. Spanpresse.

Das Pressen von Schwefelschwarzfärbungen darf nicht zu heiß erfolgen, da sonst die Ware grau wird.

Das Formen erfolgt jetzt meist auf Metallformen, die elektrisch oder dampfgeheizt sind und oft auf fortlaufenden Bändern, die die Form einer Ellipse besitzen, bewegt werden. Während an einem Scheitelpunkt der Bahn das Abnehmen des trockenen und Neuaufziehen eines nassen Strumpfes erfolgt, durchläuft ein Teil der anderen Scheitelbahn einen Trockenraum. Eventuell werden die aufgezogenen Strümpfe noch vor Eintritt in den Trockenraum gedämpft, wodurch sich das Maschenbild sehr vergleichmäßigt. Derartige, insbesondere für das Ausformen von Kunstseidenware gebaute Apparaturen sind z. B. von Schuster (Chemnitz) bekannt. Ein solcher Apparat mit einer Tagesleistung von 150 Dutzend bei 2 Arbeiterinnen kostete 1935 14 500 RM.

Beim Formen auf dem von Schwabe konstruierten Apparat waren Nadelstreifen in mattierter Viskosestrumpfware zu beobachten. Bei diesem Apparat werden die Strümpfe trocken aufgezogen, die Formen vor Einlauf in den Trockenkasten in einen Flüssigkeitstrog eingekippt und dann mittels Bürsten abgestrichen. Die Formen sind Hohlformen, das heißt, nur die Strumpfkonturen sind vorhanden, im Gegensatz zum Schuster-Apparat, wo die Formen Vollformen sind und die Befeuchtung der trockenen Ware durch Spritzvorrichtung und Flüssigkeitsverteilung durch Gummirollen erfolgt. Die Leistung ist, da die Ware weniger feucht wird, bei letzterem System größer, der Griffausfall soll aber bei Schwabe besser sein. Die Nadelstreifung entsteht durch zu weniges Quellen bzw. zu hohe Trocknungstemperatur (105° C).

Leistung des Schwabe-Apparates: 75 Dutzend mit einer Arbeiterin in 12 Stunden, Preis etwa S 23 000 (1936)

Reinseidenstrümpfe müssen bei diesem Apparat, da sie, wenn trocken aufgezogen, durch das Eintauchen in die Wanne verrutschen, feucht aufgezogen werden. Die Produktion ist dann noch etwas kleiner als oben angegeben.

1. Die Färbung von Strümpfen aus Baumwolle

Es sind vornehmlich Kinderstrümpfe sowie billige Damenware und ganz billige Herrensocken, die hier zur Färbung gelangen. Da bei den Kinderstrümpfen nur Lederbraun und Schwarz gefragt sind, werden diese Töne meist auf Packapparaten gefärbt. Die zu Dutzenden gebündelte, aus der Strickerei kommende Ware wird lose in den Apparat eingebracht. Sie ist gegen Knittern unempfindlich. Ölflecken, die starke Staub- oder Metallverunreinigungen enthalten, oder Nadelstreifen sind meistens durch das vor dem Färben vorgenommene Abkochen mit Soda, Lauge und Fettlöser nicht entfernbar. Daher ist es erstrebenswert, daß für Lederbraun oder andere Couleuren bestimmte Ware schon nach der Herstellung durchgesehen und sortiert wird. Verschmutzte Strümpfe sollen in die auf Schwarz disponierten Partien kommen. Die Damenstrümpfe sind meist auf Mittelbeige, Sonnenbrand, Grau und Braun bzw. Schwarz einzufärben. Herrensocken werden in den Farben Dunkelgrün, Dunkelviolett, Lederbraun, Havannabraun, Beige und Mittelgrau sortiert. Besondere Anforderungen an die Echtheit der Färbungen werden nicht gestellt. Außer Schwarz wird mit substantiven Farbstoffen gearbeitet. Das Schwarz wird mit Schwefelschwarz hergestellt, das allerdings nicht so füllig und blumig ist wie direkt gefärbte, diazotierte Ware. Eine Ausnahme machen die aus Florgarnen (mercerisiertes Garn) bzw. mercerisiertem Zwirn angefertigten Damen- bzw. Kinderstrumpfqualitäten.

Abb. 277. Moderne Strumpfformerei.
(Mit Genehmigung der Färberei und Appretur Otto Kunz, Wien.

Die Warenreinigung erfolgt durch 3/4stündiges Abkochen mit 2% Lauge 40° Bé und 3% Soda sicc. (auf Ware), wobei dem Behandlungsbade pro Liter 1 bis 2 g Laventin oder ein anderer Fettlöser zugegeben wird. Nach dem Abkochen wird warm und kalt gespült. Wenn mit Hartwasser gearbeitet werden muß, ist das mit allen Zusätzen im Färbegefäß zum Kochen gebrachte Wasser von den aufschwimmenden Sodafällungen durch Abschöpfen zu befreien und erst dann der Behälter mit der Ware bzw. die Ware, wenn auf der Kufe offen gefärbt wird, einzubringen. Man kann das Abkochbad auch unter Zusatz von Calgon[134] bestellen.

Schwarz: Kinderstrümpfe (verschiedene Größen), mercerisierte Baumwolle, Obermaier Packapparat, zirka 100 kg = 75 Dutzend.

10,0% Schwefelschwarz FAG extra (IG)
20,0% Schwefelnatrium krist.
0,5% Soda sicc.

Es wird mit der abgekochten Ware eingegangen und etwa 3/4 Stunden gefärbt (95° C). Das Bad steht richtig, wenn es einen weißen Schaum zeigt; ist derselbe

[134] Über Calgon, Benckiser, Ludwigshafen, siehe die entsprechenden Prospekte, *die* die notwendigen Zusätze für die Wasserhärten enthalten.

fleckig, dann ist in der Farbflotte zu wenig Schwefelnatrium enthalten. Vielfach arbeitet man aus preislichen Gründen mit in Trommeln angeliefertem geschmolzenem Schwefelnatrium. Dieses ist stets sehr verunreinigt, weshalb man die nötige Menge, die wegen der Konzentration etwa dem verwendeten Farbstoffgewicht entspricht, für sich löst und durch ein doppeltes Filtertuch dem Bade zugibt. Hernach wird der angeteigte Schwefelfarbstoff eingebracht. Hartwasser und Verwendung von Schwefelnatrium konz. bedingen Fällungen ($CaCO_3$, FeS), die, von der Ware gefiltert, auf dieser aufsitzen und Flecken verursachen können.

Nach dem Färben wird die Flotte ins Standreservoir gepumpt oder, falls nicht auf stehendem Bade gearbeitet wird, unter Zufluß von Kaltwasser bei laufendem Apparat abgelassen. Wird auf stehendem Bad gearbeitet, so ist nach Hochpumpen der Flotte der heiße Materialblock, um Oberflächenoxydation und damit fleckige Ware zu vermeiden, am besten direkt in einen zweiten Apparat mit Kaltwasser einzubringen und bei laufender Pumpe unter Zu- und Ablauf des Wassers zu spülen. Dem Spülbad, das vorbereitet ist, hat man am besten etwas Schwefelnatrium (1 g pro Liter) zugegeben. Nach beendetem Spülen wird im Materialbehälter geschleudert. Die Färbung erfolgt auf Apparaten aus Eisen.

Bei stehendem Bad sind die weiteren Partien mit 9% bzw. dann laufend mit 8,5% und 8% Farbstoff durchzuführen. Wenn, wie beschrieben, abgekochte Ware gefärbt wird, können bis zu 10 Partien nacheinander gearbeitet werden. Vielfach färbt man auch unabgekochte Ware. Die dabei eintretende Badverschmutzung bedingt maximal die Färbung von 5 Partien am Standbad.

Lederbraun: Kinderstrümpfe, Partiegröße wie vorher, Obermaier-Packapparat (abgekochte Ware).
3,000% Naphtamindirektbraun D3G (IG)
0,500% Naphtaminbraun T (IG)
15,000% Glaubersalz krist.

Dunkelbraun (Neger, Havanna): Ware wie oben.
3,000% Naphtaminbraun T (IG)
(eventuell noch 0,5% Direkttiefschwarz EW extra)
20,000% Glaubersalz krist.

Grau: Damenstrümpfe bzw. Herrensocken, abgekocht, Packapparat, 40 Dutzend bzw. 100 Dutzend = 50 kg.
0,100% Benzoechtschwarz L (IG)
0,010% Pegubraun G (IG)
0,005% Benzoechtrot 9 BL (IG), ohne Salz

Beige: Material wie oben, Obermaier-Apparat für 50 kg.
0,075 kg Benzolichtorange G (IG)
0,115 „ Benzoechtrot GL (IG)
Ohne Salz.

Sonnenbrand: Damenstrümpfe, abgekocht, 40 Dutzend = 50 kg, Packapparat für 50 kg.
0,070 kg Benzolichtorange G (IG)
0,030 „ Benzoechtrot BL (IG)
Ohne Salz.

Grün: Herrensocken, abgekocht, 120 Dutzend = 50 kg, Apparat wie oben.
3,5% Naphtamingrün G (IG)
0,3% Benzolichtorange G (IG)
15,0% Glaubersalz kalz.

Dunkellila: Material wie oben.
4,0% Brillantbenzoechtviolett 2RL (IG)
15,0% Glaubersalz kalz.

Diazoschwarz: Damenstrümpfe, unabgekocht, 85 Dutzend = 100 kg.
10,0% Diaminogen B (IG)
10,0% Glaubersalz kalz.
3,0% Soda sicc.

Nach dem Färben wird das Bad hochgepumpt oder weggelassen, gründlich gespült und hernach 30 Minuten mit 3% Na-Nitrit und 8% Salzsäure 20° Bé diazotiert. Nachher wird mit 1% β-Naphtol unter Zugabe von 1% NaOH 40° Bé entwickelt und am besten bei laufender Pumpe und Wasserzu- und -ablauf gespült. Die Färbung erfolgt auf einem aus Kupfer bestehenden Obermaier-Apparat (vgl. Abb. 298, 299, S. 639, 640).

Für Sonnenbrandtöne, die in Mischung von Gelborange und Rot leicht unegal ausfallen, kann besser ein rotstichiges Orange, etwa Siriuslichtorange 3R, genommen werden, welches etwas abgestumpft wird.

Baumwollware, hauptsächlich Socken und Socketts werden jetzt vielfach in Pastelltönen gefärbt, und zwar in Säcke genäht, wobei die Pakete durch Dampfinjektoren in der Flotte bewegt werden und die verwendeten Kufen durch Deckel abgeschlossen sind.

Für weniger hohe Ansprüche kann man Schwarz auch mit einem Direktschwarz, etwa Formalschwarz C, einfärben und mit Formaldehyd nachbehandeln.

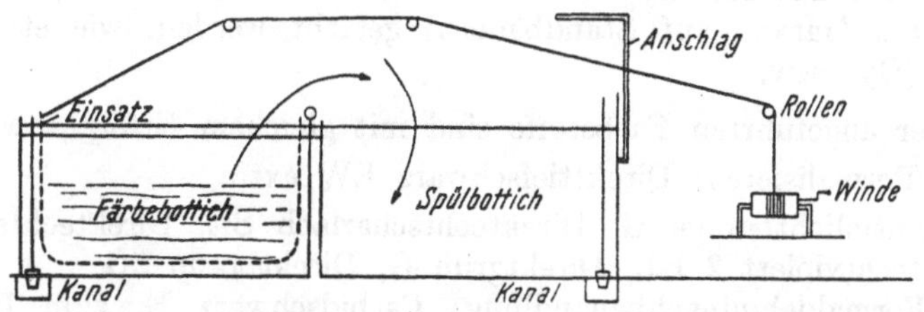

Abb. 278. Einrichtung für die Schwefelschwarzfärbung.

Damenflorstrümpfe aus mercerisiertem Zwirn und Damen- bzw. Herren-Baumwollware werden in kleineren Partien oder, falls kein Packapparat vorhanden, auf Holzkufen gefärbt, die zweckmäßig perforierte Eisenblecheinsätze besitzen, in denen sich die Ware befindet. Diese Einsätze sind kippbar angeordnet, so daß die Strümpfe nach fertiger Färbung ohne große Verluste an Färbebad (das stets Standbad ist) in eine nebenstehende, mit 1 g Na_2S pro Liter Wasser angesetzte kalte Spülflotte gekippt werden können (Abb. 278). Auf diese Weise wird der Luftzutritt zur mit Flotte getränkten Ware und dadurch Oxydationsfleckenbildung vermindert. Oxydationsfleckige Ware hat rotbraune Stellen. Man kann, um ein kostspieliges Umfärben zu vermeiden, versuchen, durch kochende Behandlung mit 2% Kaliumbichromat und 1% Kupfersulfat (auf Warengewicht) sowie 3% Essigsäure 30% die Flecken entfernen. Das Gut wird spröde und muß nachher geölt werden [Ölemulsionsbehandlung, das Öl wird mit Emulphor AEM (IG) emulgiert]. Das Bronzieren kann auch durch Zugabe von 1 bis 2 ccm Laventin HW pro Liter, Eulysin A oder 0,5 g Igepon T (IG) pro Liter wirksam verhindert werden. Beim Färben und im ersten Spülbad ist die Ware gut unter der Flotte zu halten.

Es empfiehlt sich, um bei längerem Lagern schwefelschwarzer Ware (insbesondere in warmen Räumen in Kartons) die Bildung von Schwefelsäure, welche die Faser schädigen könnte, hintanzuhalten, dem letzten Spülbad 6 bis 10 g Na-Azetat pro Liter zuzugeben und dann sofort zu schleudern und zu trocknen.

Damenstrümpfe aus Florgarnen werden oft „griffig" (mit „Craquant" bzw. Seidengriff) verlangt. Den knirschenden Griff erzielt man am besten so, daß helle Couleuren ohne Salz in einem Bad, welches pro Liter 3 bis 5 g grüne Marseillerseife enthält, färbt, ohne Spülen schleudert und sofort unter regem Hantieren 15 bis 20 Minuten auf ein Bad bringt, welches etwa 5 g Weinsäure krist. pro Liter enthält. Nachher wird das Bad von der Ware ablaufen gelassen (herausgeschlagen), zentrifugiert und getrocknet. Statt der teuren Weinsäure ist auch, allerdings mit weniger gutem Effekt, Milchsäure verwendbar, wobei man dem Bade pro Liter etwa 0,5 g Wasserglas zusetzt. Essigsäure ist unbrauchbar, da sie beim Lagern verflüchtigt und der erzielte Griff verschwindet. Außerdem ist der Geruch der Ware lästig. Das Schleudern der Ware von der Seifenlösung muß mindestens auf 70% Entwässerungseffekt gebracht werden, da sonst Seifenflecken entstehen. Beim Einfärben ist darauf zu achten, daß säureechte (avivierechte) Farbstoffe verwendet werden oder es ist beim Mustern durch das Säurebad zu nehmen. Dunkle Farben und Schwarz sind nach der Färbung in gewöhnlichen, keine Seife enthaltenden Bädern auf lauwarme (30° C) Seife zu stellen und dann wie angegeben zu behandeln.

Zur Erzielung des Craquantgriffes können auch Behandlungsbäder Anwendung finden, die gewisse Ä-O- (Äthylenoxydanlagerungs-) Produkte enthalten. [Ceranin SG (Sa) usw.].

Für Schwarz, das nicht besonderen Waschechtheitsansprüchen unterliegt, kann auch mit Formaldehyd nachbehandeltes Direktschwarz (8, 7, 6% der konzentrierten Marken auf Standbädern) gefärbt werden, wie etwa Formalschwarz C (Gy) usw.

Statt der angeführten Farbstoffe sind mit gleichem Erfolg anwendbar:

(IG) Zum Formalisieren: Direkttiefschwarz EW extra.

(Ci) Chlorantinlichtorange G, Direktechtscharlach SE, Direktechtschwarz B, Direktechtviolett 2 RL, Direktgrün G, Direktbraun 5G.
Für Formaldehydnachbehandlung: Carbidschwarz E, zum Diazotieren: Melantherin BH.

(Sa) Pyrazolorange GH, Chloraminechtscharlach SE, Chloraminechtschwarz B, Direktgrün G, Trisulfonbraun MB.
Für Formaldehydnachbehandlung: Chloraminschwarz E konz., Viskoseschwarz N, zum Diazotieren: Chloraminechtschwarz BH.

(Gy) Polyphenylorange SP, Diphenylechtscharlach B, Diphenylgrün 3G, Diphenylbraunmarken, Diphenylbrillantviolett 2R usw.
Zum Diazotieren: Diazophenylschwarz AW, Diphenylblauschwarz B.

2. Das Färben von Viskosereyonstrümpfen

a) Glanzseidenstrümpfe mit oder ohne Baumwollteile

Diese Kommerzware, welche aus gröberer oder feinerer Viskosekunstseide hergestellt wird, hat meist Ferse, Spitze und Sohle sowie die Stulpe aus mercerisiertem Florgarn (Abb. 279). Es handelt sich fast ausschließlich um Cottonware, das heißt flachgestrickte, eine Naht aufweisende Strümpfe. Rundgestrickte nahtlose Qualitäten, eventuell mit sogenannter falscher (da eingenähter) Naht werden der mangelnden Paßform wegen kaum mehr hergestellt.

Die Hochferse, die alle Strümpfe aufweisen, besteht aus mit Kunstseide plattierter mercerisierter Baumwolle.

Zufolge der dichten Strickart färben sich Spitze, und vor allem Hochferse und Naht schlecht durch. Speziell Qualitäten mit dicker, harter Naht geben selbst beim Färben von Hand aus, das wegen der kräftigeren Warenbewegung in der

Flotte das Durchfärben besonders fördert, kein gutes Resultat, auch wenn hierfür Farbstoffe von hervorragendem Egalisierungsvermögen genommen werden. Derartige Qualitäten müssen (kostspieligerweise) einzeln über Glasfischbäuche gezogen werden, so daß die dicht eingerollte Naht etwas gelockert wird. Dies erfolgt so, daß der Rohstrumpf, Naht mittlings oben, der Länge nach unter festem Anpressen über die Rundkante des Fischbauchs geführt wird.

Die Ware wird zum Färben von Hand aus oder am Apparat an den Spitzen aufgefädelt und zu Paketen von je 6 Stück zusammengeknotet. Die Fadenlänge vom Knoten bis zur Strumpfspitze beträgt etwa 6 cm (vgl. Abb. 280). Es muß ein haltbarer Aufhängefaden genommen werden, der aber wieder nicht zu dick sein darf, um in den Spitzen nicht Löcher zu verursachen.

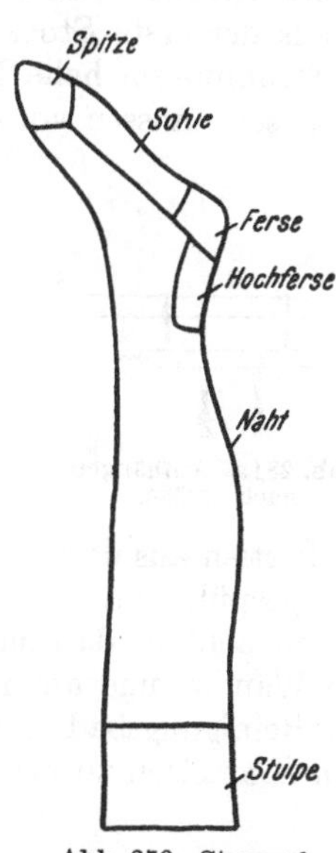

Abb. 279. Strumpf.

Es hängt also jeder Strumpf einzeln, was den Vorteil hat, daß er viel beweglicher ist und in der Flotte mit der Spitze aufschwimmt und ferner, daß beim Reißen eines Fadens nicht das ganze Paket, sondern nur ein Strumpf in die Flotte fällt. Das Paket wird dann noch an eine zirka 8 bis 10 cm lange Schlaufe aus Dreifachzwirn oder Bastband befestigt, mittels welcher es am Stock hängt (Abb. 281 b). Die Aufhängung, nach einem Vorschlag von Stöss, sah zur noch besseren Beweglichkeit an Kettchen hängende kurze Querträger vor, konnte sich aber ihrer Kompliziertheit wegen nicht einführen (Abb. 281 a).

Wird das Färben der Ware von Hand aus vorgenommen, so sind dafür Holzbarken bestens geeignet. Es muß lediglich darauf geachtet werden, daß die heikle Ware nicht durch von den Seitenwänden abstehende kleine Holzsplitter oder auch schon rauhe Stellen beschädigt wird. Es genügt schon, eine Masche zu lockern, so daß eine abstehende Schlinge entsteht (Zieher, „Snag"). Diese, einmal zerrissen, ergibt eine Laufmasche („Ladder"). Im übrigen kommen derartige Warenfehler bzw. Beschädigungen schon beim Auffädeln der Strümpfe vor und werden durch rauhe Manipuliertische, unachtsames Hantieren, rauhe Hände, Fingernägel usw. hervorgerufen. Es sind daher stets Tische mit Zellophan- oder Linoleum- oder Kunststoffbelag zu benützen. Das weibliche Personal, das die Strümpfe für die Färberei zurichtet, hat vorteilhaft manikürte Hände, deren Haut von Zeit zu Zeit mit Glyzerin eingerieben wird.

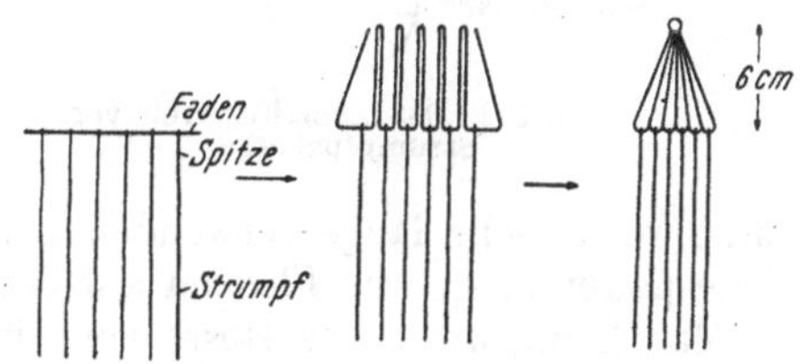

Abb. 280. Strumpfaufhängung.

Kommen die Strümpfe gefädelt aus der Strickerei, so sind zum Transport Säcke zu verwenden, in welchen sich die Ware, in dichten feinen Mollino gehüllt, befindet. Der Transport der aufgefädelten und aufgestockten Ware erfolgt mittels fahrbarer Gestelle (Abb. 272).

Vor dem Färben wird die Ware abgekocht. Dies erfolgt bei Strümpfen, die auf der Wanne gefärbt werden sollen, durch Einhängen in ein Entschlichtungsbad. *In einem Bottich* von 90 cm Breite, 100 bis 110 cm Höhe und 200 cm Länge

(1600 bis 1800 l Flotte) werden bis zu 150 Dutzend gereinigt. Dabei hängen an einem Stock 4 bis 6 Pakete, insgesamt also 1 oder 1½ Dutzend Strümpfe, je nach Qualität. Man reinigt von der meist starken Garnpräparation mit 5 g Seife, 2 g Fettlöser und 1 ccm NH_3 28% pro Liter so, daß man die Strümpfe in das kochendheiße Bad einbringt und kurze Zeit, zirka 30 Minuten, gut hantiert. Selbstverständlich ist das Bad mit permutiertem Wasser anzusetzen. Hierauf läßt man, am besten über Nacht, im erkaltenden Bad hängen.

Die Stöcke einer Färbepartie werden an der Seite zusammengebunden oder jeweils der erste Stock einer Partie mit gefärbten Fäden oder Abfall gemärkt.

Strümpfe für helle Töne, welche ungebleichte Baumwolle in Stulpe und Ferse aufweisen, müssen vor dem Färben gebleicht werden. Dies erfolgt mit Natriumhypochloritbädern, die einen Gehalt von 1 bis 1,5 g Aktivchlor pro Liter haben, bei 20 bis 25° C. Man beläßt unter öfterem Hantieren in der Bleichflüssigkeit und spült nach 30 Minuten kalt. Hierauf wird in einem Bad mit 2 g HCl pro Liter abgesäuert und säurefrei gewaschen.

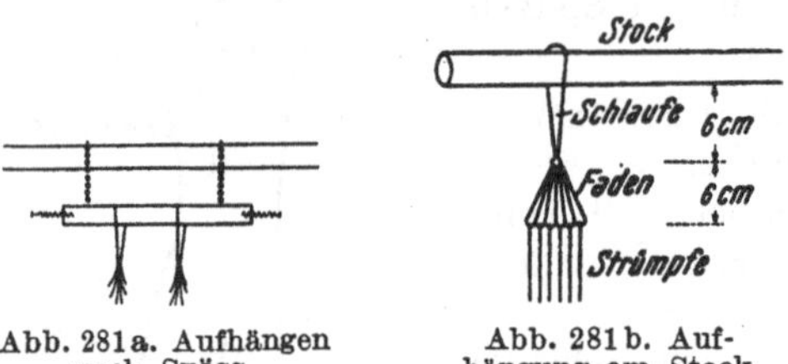

Abb. 281a. Aufhängen nach Stöss. Abb. 281b. Aufhängung am Stock.

Am folgenden Morgen werden die Partien aus dem etwa 60 bis 70° C warmen Bad herausgenommen, warm und kalt gespült und zum Färben transportiert. In der kalten Jahreszeit ist darauf zu achten, daß sich bei starker Paraffinpräparation der Ware früh oft an den Wänden und am Badspiegel eine Wachshaut abgeschieden hat. Man muß das Reinigungsbad erst auf 70° C anheizen, um das ausgeschiedene Paraffin zum Schmelzen zu bringen. Hernach wird kurz versetzt und die Ware dann auf das warme Spülbad gebracht. Bei anderer Arbeitsweise käme es zur Verschmutzung der Strümpfe, die zum Färben gehen, mit Paraffin. Fleckiger Ausfall wäre die Folge.

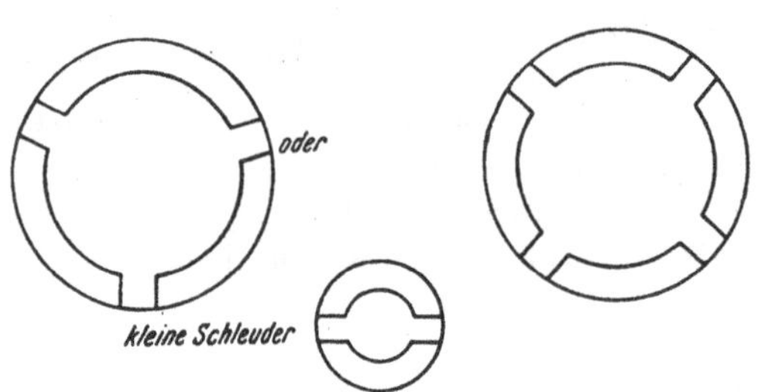

Abb. 282. Das Zentrifugieren von Strumpfpaketen.

Um das Zerreißen von Strümpfen zu vermeiden, wurde versucht, zum Entschlichten oder Färben Kupfergeschirre zu verwenden. Das hat seinen Nachteil, da man die stehenden Seifenbäder nicht sehr lange verwenden kann. Es neigen nämlich die Geschirre zur Grünspanbildung, was Flecken auf der Ware verursacht.

Man kann, um letzte Reste von Unreinigkeit zu beseitigen und das Durchfärben zu fördern, dem Farbbad etwas Seife 1 g pro Liter und 0,2 g Igepon T pro Liter zugeben. Dies ist allerdings nur bei hellen Tönen möglich und notwendig.

Das Entwässern der Ware nach dem Färben erfolgt derart, daß man sie stockweise abnimmt und auf ein Mollinotuch legt, das auf einer Trage ausgebreitet ist. Man packt so jeweils zirka 6 Dutzend ein und lastet mit den Paketen, ohne diese abzuknicken, die Zentrifuge aus (vgl. Abb. 282).

Die Färbung selbst erfolgt kochend in Holzgeschirren von 90 cm Breite, 100 bis 110 cm Höhe und 150 bis 180 cm Länge (je nach Partiengröße). Die Wannen besitzen Siebwand und Dampfrohr. Als mittlere Badtemperatur wurden 96° C bestimmt. Durch Gefälle sinkt die Temperatur am anderen Barkenende auf 86° C. Beim Versetzen der Stöcke, welches ruckartig erfolgen muß, um die

Strümpfe dabei kurz zum Aufschwimmen zu bringen, was die Durchfärbung der Nähte sehr fördert, versetzt man dann nach je 5 Minuten zwei Stöcke vom vorderen Partienende gegen das Dampfrohr zu. Nach dem Eingehen in das Färbebad schwimmen die Spitzen, da luftgefüllt, oft auf. Man quetscht sie dann mit der Hand aus. Dann wird fleißig versetzt, damit gleichmäßiges Anfärben und Durchfärbung möglich ist. Sodazusatz wirkt retardierend auf das Aufziehen der Farbstoffe auf die Viskose, begünstigt jedoch die Anfärbung des Flors. Helle und mittlere Töne werden ohne Salz gefärbt, bei dunklen Nuancen erfolgt der Farbstoffzusatz erst nach einiger Zeit, wenn die Nähte bereits durchgefärbt sind. Bei derartigen dunklen Färbungen wird auch zu Ende der Färbung der Dampf abgestellt, um die Baumwolle tiefer zu decken.

Das Färben von Kunstseiden- und Seidenstrümpfen erfolgt auch auf Stöcken hängend, in Kufen, wobei die Ware bzw. die auf Leisten ruhenden Stöcke von Ketten bzw. Rollen hin- und herbewegt werden. Beim Zusetzen genügt das Vermischen durch Aufdrehen des Dampfes, die Ware bleibt in der Flotte. Das Einführen der Zusatzmenge mittels Dampfes (zu beiden Seiten der Kufe) bedingt eine besonders gute Vermischung, hat aber den Nachteil, daß durch die Strömung die Ware aufgewirbelt wird und leicht Schlingenbildung auftritt.

Die Ton-in-Ton-Färbung erfordert jeweils eine sorgfältige Farbstoffauswahl. Je nach den Lichtechtheitsansprüchen empfehlen sich folgende, die mercerisierte Baumwolle und die Viskose gleichmäßig färbende Produkte (IG):

Diaminechtgelb A: mittelmäßig ziehend, aus Salzbädern zu stark auf die Baumwolle, geht gut in die Naht.

Diaminbraun 33: waschecht, ist gut verwendbar, doch nur im Seifenbad; fällt rasch an, geht daher nicht gut in die Naht. Im sodahaltigen Färbebad in hellen Tönen stark auf die Baumwolle ziehend.

Benzodunkelbraun extra: ganz gut, zieht aber weniger auf die Baumwolle, man muß bei tiefer Temperatur nachdecken, geht nicht besonders in die Nähte.

Benzorhodulinrot B: gut, zieht langsam, geht gut auch in starke Nähte.

Pegubraun G: sehr gleichmäßige Anfärbung beider Fasern, zieht langsam, färbt auch starke Nähte durch.

Verschiedene, mit Pegubraun G hergestellte Strumpffärbungen, insbesondere drap und braune Töne zeigen in Verbindung mit Rot eine deutliche Changierung der Färbung nach Rot, derart, daß bei senkrechtem Aufblick der normale Ton, bei Gleitblick aber ein stark rötlich veränderter zu bemerken ist. Nachdem nachgewiesenermaßen diese Erscheinung nicht dadurch verursacht ist, daß die letzten Zusätze beim Färben Rot enthielten und dieses vielleicht nicht genügend verkocht war, so ist bei diesen Tönen, trotz der hervorragenden Egalisierungseigenschaften des Farbstoffes und vor allem der nur bei diesem erzielbaren schönen Übereinstimmung von Baumwollferse und Fuß mit dem Viskosemittelteil auf die weitere Verwendung verzichtet worden. Interessanterweise zeigten Grautöne, welche den Farbstoff nur im geringen Ausmaß und in Kombination mit Schwarz aufwiesen, die Erscheinung nicht.

Nachteilig ist beim Färben mit Pegubraun die bekannte Erscheinung des Rotwerdens des Tones in der Hitze, also der Bügelunechtheit, welche das Abmustern bei genauer Nuancenimitation dadurch, daß der Rückgang der Verfärbung nur sehr langsam eintritt, sehr erschwert.

Dianilechtgrau: mäßig, geht auch im Seifenbad schlecht auf die Baumwolle.

Benzoechtschwarz L (für Grau): gut, geht gut in die Nähte, zieht langsam.

Sambesischwarz D: geht schlecht in die Nähte, ist daher für helle Töne nicht gut, zieht stärker auf die Baumwolle.

Direkttiefschwarz RW: gut für Dunkelgrau, wo Benzoechtschwarz L leicht ausläuft. Es zieht aus Glaubersalzbad schlechter auf Baumwolle, daher färbt man es in Kombination mit Sambesischwarz D.

Toluylenorange N: zieht rasch, geht schlecht in die Nähte und viel stärker auf die Baumwolle.

Pyrazolorange GH (Sa): geht gut in die Nähte, färbt fasergleich.

Trisulfonbraun B (Sa): gut, färbt fasergleich, ist nur etwas wenig ausgiebig. Für Mode- und Grautöne sehr geeignet.

Trisulfonbraun RR (Sa): ist als hervorragend egalisierende Röte, für Kombinationen, da nicht changierend wie Pegubraun G, sehr geeignet. Färbt fasergleich.

Bei Florgarnen bzw. Sohlen, in Kunstseide-Baumwoll-Strümpfen, welche insbesondere in Grautönen zum Braunwerden neigen (stärkeres Aufziehen von Braun) ist als Komponente Triazolbraun BB (IG) sehr gut. Es zieht stärker auf die Kunstseide und ergibt gute Ton-in-Ton-Färbungen in diesen Fällen, wo andere Braun zu stark auf die Baumwolle ziehen. Auch dunkle Graufärbungen konnten so gut herausgebracht werden.

Benzoechtrot 9BL (IG): gut geeignet, doch, da öllöslich, Nadelstreifen in Waren rot anfärbend. Man färbt daher vorteilhafter in Kombination mit einem rotstichigen Braun.

Siriusgelb RR (IG): gut, färbt gleichmäßig, geht gut in die Naht.

Siriusgelb G (IG): schlecht, geht zu stark auf die Baumwolle.

Siriuslichtbraun BRL (IG) entsprechend Chlorantinlichtbraun BRLL (Ci) oder Solarbraun PL (Sa): sehr gutes, fasergleich anfärbendes rotstichiges Braun, das viel für Eigentönungen und Kombinationen verwendet wird.

Siriuslichtgrau VGL (IG): gut fasergleich, geht gut in die Naht.

Siriusrot BB (IG): mittel, egalisiert nicht besonders und geht nur langsam in die Naht.

Die Ton-in-Ton-Färbung von Baumwolle und Reyon kann gefördert werden, wenn die unmercerisierte Baumwolle vor dem Färben mit Solidogen FFL (Cassella) behandelt wird. Dabei wird ihre Affinität gesteigert. An sich empfiehlt die genannte Firma für Strumpffärbungen Diaminstrumpfbraun G konz., NC konz. und BR, wobei letzteres Azetatreyon reserviert.

Im nachfolgenden seien einige Rezepturen angegeben:

Braun: 1000 l Flotte, 12 Dutzend, 7 kg, 1,5 kg Salz krist., 1 kg Soda sicc. (Der Flor ist gebleicht.)

0,850 kg Chlorantinlichtbraun BRLL (Ci)
0,150 „ Siriusgrau VGL (IG)
0,100 „ Siriusgelb RR (IG)

Hellgrau (ohne besondere Lichtechtheit): 1000 l Flotte, 10 Dutzend, 5,90 kg, ohne Zusatz. (Die Ware hat gebleichten Baumwollflor.)

0,025 kg Benzoechtschwarz L (IG)
0,010 „ Trisulfonbraun B (Sa)
0,007 „ Benzorhodulinrot B (IG)

Grau: 1000 l Flotte, 22 Dutzend, 12,76 kg, 0,5 kg Soda sicc., 0,5 kg Glaubersalz krist. (Die Ware hat gebleichten Baumwollflor.)

0,112 kg Diaminbraun GG (IG)
0,064 „ Benzorhodulinrot B (IG)
0,045 „ Benzoechtschwarz L (IG)
0,010 „ Sambesischwarz D (IG)

Sand: 1000 Flotte, 10 Dutzend, 5,70 kg. (Es ist Ware mit gebleichtem Flor verwendet.)
0,025 kg Triazolbraun BB (IG)
0,008 „ Benzoechtschwarz L (IG)
0,003 „ Benzorhodulinrot B (IG)

Für das Mustern wird die Ware stets aus der Wanne auf Schragen gebracht (Abb. 271). Beim Abmustern (Musterstrumpf) ist darauf zu achten, daß die Nahtdurchfärbung eine genügende ist. Zu diesem Zweck öffnet man diese, indem man mit der Hand in das Strumpfinnere fährt und mit dem Nagel eines Fingers die Naht von innen aus „aufkratzt“. In der ersten halben Stunde wird bei starken Nähten keine Durchfärbung erzielt sein. Am Ton des Nahtinneren ist leicht feststellbar, welche der zur Färbung verwendeten Farbkomponenten am geeignetsten ist. Diese dominiert im Nahtinneren. Ferner ist darauf zu sehen, daß die wegen der Schwere durch das aufgenommene Wasser meist den angrenzenden Kunstseidenteil überlappenden Florsohlen nicht eine hellere Färbung des verdeckten Teils verursachen (Abb. 283).

Weiters ist zu beachten, daß die Strumpfspitzen gerne aufschwimmen (trotz Entlüftung) und aus diesem Grunde eine meist hellere Färbung besitzen. Ist

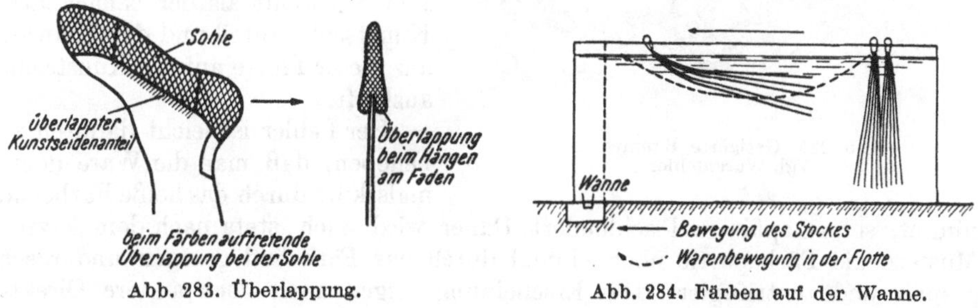

Abb. 283. Überlappung. Abb. 284. Färben auf der Wanne.

dies der Fall, so muß durch besonders kräftiges ruckartiges Versetzen der Stöcke, wodurch die Strümpfe, Spitze voran, durch die Flotte schwimmen (Abb. 284), die Behebung dieses Fehlers erfolgen.

Schließlich ist die dichtgewirkte Hochferse manchmal schwer durchzufärben. Man besehe also auch hier den Musterstrumpf. Eventuell ist dem Färbebad ein Netzmittel zuzusetzen.

Für hellere Farbtöne muß zur Erzielung einer Ton-in-Ton-Färbung selbstverständlich gebleichtes mercerisiertes Baumwollgarn (Flor) verwendet werden. Dies gilt insbesondere für Grautöne, die anders braune Füße aufweisen. Färbt sich nun diese Baumwolle schlecht an, was bei überbleichter Ware durch Oxyzellulosebildung der Fall sein kann, so hilft wenig. Zur Verringerung des Tonunterschiedes, der sich auch durch eine Nuancenverschiedenheit und nicht nur durch die Tiefe der Färbung bemerkbar machen kann, färbt man versuchsweise $^3/_4$ Stunden bei 60° C unter Zusatz von Salz und Änderung der Farbstoffwahl. Allerdings erst, wenn man beim kochenden Färben Nähte und Hochferse einigermaßen durchgefärbt hat. Zeigt der Baumwollflor beim Färben eine längs der Maschenreihe auftretende hellere und dunklere Streifung (Tigerung, vgl. Abb. 285), so ist dieser Umstand meistens auf Ungleichmäßigkeiten beim Mercerisieren zurückzuführen (ungleiche Spannung usw.). Die Erscheinung kann mehr oder weniger stark sein und zeigt sich insbesondere bei tiefen Färbungen. Manchmal vermindert eine Laugenvorbehandlung derartiger Ware (1 bis 2 g NaOH 40° Bé *pro Liter)* den Fehler. Höhere Laugenkonzentrationen sind schädlich, da sie das

Ziehvermögen der Kunstseide außerordentlich erhöhen und eine Ton-in-Ton-Färbung unmöglich machen. Eventuell kann man auch die Tigerung weniger auffällig machen, indem man mit nur einem Farbstoff färbt, da Kombinationen, dadurch, daß die einzelnen Komponenten für die ungleiche Affinität der Baumwolle verschieden empfindlich sind, die Tigerung durch Nuancendifferenzen noch verschärfen. Natürlich muß in einem derartigen Falle auf eine mustergetreue Ausfärbung verzichtet werden.

Beim langen nassen Hängen oder Liegen der Ware tritt, insbesondere bei dem wegen des für Grautöne niedrigen Einstandpreises unentbehrlichen Benzoechtschwarz L, das sogenannte „Verrinnen“ oder „Verfließen“ auf. Die an Baumwollteile grenzenden Kunstseidenanteile des Fußes, insbesondere bei der Sohle, zeigen schwarzgraue Flecken. Diese entstehen nicht durch Migration des Farbstoffes in etwa angetrocknete Warenanteile, sondern dadurch, daß die starke Baumwollsohle viel mehr Flotte festhält als der benachbarte Kunstseidenanteil und das Schwarz aus dieser Flotte auf die Kunstseide ausläuft.

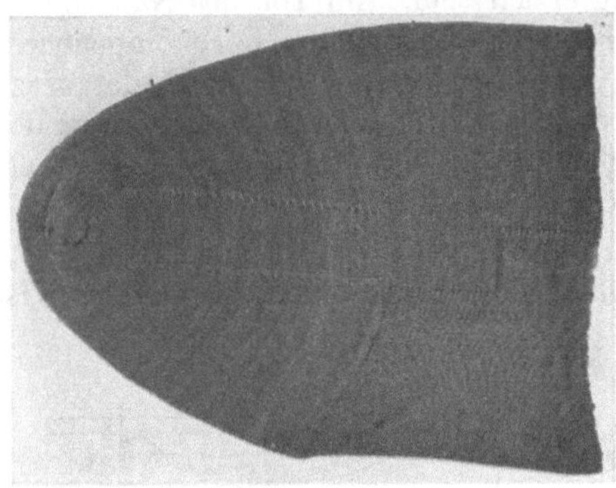

Abb. 285. Getigerte Baumwolle. Vgl. Warenfehler.

Der Fehler ist leicht dadurch zu beheben, daß man die Ware nochmals kurz durch das heiße Färbebad nimmt, sofort spült und schleudert. Daher wird auch stets nach dem letzten Mustern die Färbepartie noch einmal durch das Färbebad gezogen und rasch gespült und zentrifugiert. Die Erscheinung zeigen auch noch andere Direktmarken, und zwar meist solche Farbstoffe, die ein außerordentlich gutes Egalisiervermögen besitzen. Statt Benzoechtschwarz L ist das nicht verlaufende Solargrau 2R (Sa) verwendbar, das aber preislich wesentlich teurer ist und nicht so gut egalisiert. Auf einen Umstand bei der Färbung, der nicht behebbar ist, soll aufmerksam gemacht werden. Die aus Baumwollflor hergestellten Stulpen (vgl. Abb. 279) sind viel loser gestrickt als etwa Ferse, Sohle oder Spitze des Strumpfes. Selbst bei Verwendung desselben Materials hat daher die Stulpe stets eine etwas tiefere Färbung (allerdings im selben Ton) als die Baumwollanteile des Fußes.

Wegen der Empfindlichkeit der Ware und der Möglichkeit, sie an rauhen Holzkufenwänden zu beschädigen, wird auch auf mit Kupfer ausgeschlagenen Wannen gefärbt. Diese geben jedoch, mit seifehaltigen Färbebädern, insbesondere bei einer längeren Benützung derselben, die aus wirtschaftlichen Gründen (Dampf-, Chemikalienersparnis) notwendig ist, leicht Bildung von Grünspan, der auf die Strümpfe abfleckt. Außerdem zeigen eine Reihe von Farbstoffen, insbesondere der Braunreihe, Kupferempfindlichkeit. In längerer Berührung mit der Kupferwand der Wanne beim Färben nehmen sie einen deutlich röteren Ton an. Dies ist insbesondere der Fall, wenn lange Ware am Boden streift. Die Stulpen sind dann alle rotfleckig.

Man muß statt Holzwannen dann zur Färbung Gefäße aus nichtrostendem Stahl benützen, die sich allerdings preislich außerordentlich hoch stellen. Dabei sind die Färbekostenlimite für diese Art von Ware immer außerordentlich niedrig.

Vergleichsweise seien die für eine Lohnveredlung für das Färben von Cottonware feinster Art gültigen Sätze vom Jahre 1938 angegeben (öst. S.).

Glanzkunstseide pro Dutzend (Mindestmenge 10 Dutzend pro Farbe) S 1,20, für Schwarz S 1,40.

Mattkunstseide pro Dutzend S 1,60.

Mattkunstseide schwarz pro Dutzend S 1,80.

Reinseidenstrümpfe pro Dutzend (Mindestmenge 5 Dutzend pro Farbe) S 3,50.

Ringelstreifige Ware entsteht durch Verwendung von Partien ungleichen Streckungsgrades, ungleicher Fadendicke usw. in der Strumpffabrikation. Der Fehler kann in der Färberei nicht behoben werden. Derartige Ware ist auf Schwarz oder eventuell Negerbraun zu disponieren.

Strümpfe, welche auf Apparaten nach dem Hängesystem gefärbt werden sollen (Apparate von Then, Weise, vgl. Abb. 273, 54), wobei die Ware, an Stöcken usw. befestigt, eine das Versetzen von Hand aus imitierende Bewegung in der Flotte vollführt, können auf der Barke oder am Apparat selbst gereinigt werden. Ersteres Verfahren ist vorteilhafter, wenn die Ware stark präpariert ist, da anders Wachsabscheidungen den Apparat stark verschmutzen, dessen Reinigung schwerer ist als die einer Kufe. Die Strümpfe hängen an den Stöcken ohne Schlaufen an den Durchziehfäden. Beim Weise-Apparat ist der aus Metall bestehende Hohlstab mit ausgestanzten Zungen versehen, in welche die Fäden geklemmt werden (Abb. 54).

Für das Erreichen einwandfreier Färbungen an Apparaten der eben geschilderten Art sind drei Grundregeln von außerordentlicher Wichtigkeit.

1. Man nehme nie zuviel Ware auf einmal zur Färbung. Die Apparatebaufabriken nennen als Fassung für ihre Konstruktionen gerne obere Grenzen, die auch im Hinblick auf das Dutzendgewicht zu beurteilen sind. Vorteilhafterweise färbe man mittelstarke Qualitäten in kleineren Mengen, als die Maximalfassung beträgt. Sonst hängt die Ware zu gedrängt und die Durchfärbung wird erschwert.

2. Es ist unbedingt enthärtetes Wasser zu verwenden. Die aus Hartwasser beim kochenden Färben ausfallenden temporären Härtebildner, Ausscheidungen von (insbesondere in Flußwässern vorhandenen) organischen Verunreinigungen usw., verschmutzen die Ware, kochen sich in die Baumwollspitzen und Sohlen und sind, selbst bei kostspieliger Handdetachur, nie vollständig zu entfernen. Das vorherige Ausfällen von Härtebildnern durch Zugabe von Soda, Aufkochen und nachheriges Abschöpfen der aufschwimmenden Fällung ist kein Ersatz für eine Wasserreinigung. Soda im Färbebad ist manchmal für das fasergleiche Ziehen der Farbstoffe von Nachteil, außerdem schwimmt nur ein Teil der Fällung auf. Der Rest bleibt im Bad und setzt sich an der Ware fest, deren Eigenbewegung im Gegensatz zum Färben auf der Wanne viel zu gering ist, um derartige festgesetzte Verunreinigungen bei Bewegung im Bad wieder abzuspülen. Einer von uns hat in Expertisen in zahlreichen Betrieben feststellen können, wie oft falsch verstandene Wirtschaftlichkeit hier zu Schäden geführt hat, die ein Vielfaches der errechneten Einsparung betrugen. Von großem Nachteil sind auch die unfiltrierten Flußwässer mit ihren schwebenden Schlammteilchen usw. Gerade hier ist oft ein, vom Standpunkt der Wasserhärte betrachtet, ganz brauchbares Wasser vorhanden, das aber aus den anderen angeführten Gründen ohne Filterung ungeeignet ist. Der ganze Färbereibetrieb wird auch wetterabhängig, bei jedem stärkeren Regen usw. steigen die Wasserunreinigkeiten ins Ungemessene. Die vorhandenen groben Kiesfilter, die Sand und andere größere Verunreinigungen entfernen, genügen hier auf keinen Fall.

Langsame Rieselfilterung mit Vorratsbehältern für das gereinigte Wasser ist notwendig.

3. Die zur Verwendung kommenden Farbstoffe müssen in erster Linie ausgezeichnet egalisieren, also langsam ziehen und sollen außerdem beide Fasern möglichst tiefengleich anfärben.

An Farbstoffen kommen daher für geringere Echtheiten und Modetöne in Frage:

Benzoechtschwarz L (IG), Triazolbraun BB (IG), Benzorhodulinrot B (IG), Pegubraun G (IG), Pyrazolorange GH (Sa), Trisulfonbraun B (Sa), Trisulfonbraun RR (Sa), Siriusgelb RR (IG) [Diaminechtgelb FF (IG)], Chlorantinlichtbraun BRLL (Ci), Siriuslichtorange F3G (IG), Siriuslichtgrau VGL (IG), Siriusrot BB (IG).

Für Schwarz werden Kunstseidenschwarz N (IG) oder Viscoschwarz N (Sa) (eventuell mit Formaldehyd nachbehandelt), in besserer Echtheit Diazoschwarz verwendet.

Mit gleichem färberischem Erfolg sind natürlich die den oben angegebenen Farbstoffen entsprechenden Produkte anderer Hersteller, wie etwa:

(Ci) Direktbraun 2BN, Kunstseidenschwarz GN, Oxyphenin GG bzw. lichtechter: Chlorantinlichtorange G, Chlorantinlichtrot 5B usw.

(Gy) Diphenylbraun TB, Direktechtschwarz B, Diphenylchlorgelb FF bzw. lichtecht: Diphenylechtbraun BRL usw.

(Sa) Chloramingelb FF, Chloraminrosa B, Chloraminechtschwarz B, Chloraminechtbraun 3B bzw. lichtechter: Solargelb BG, Solarorange 4GA, Solarrot 2BL, Solarbraun PL, Solargrau 2R usw.

Bei plattierter Ware, welche am Bein außen Kunstseide, innen Baumwolle enthält, ist außerordentlich sorgfältig auf Ton-in-Ton-Färbung zu achten. Die Baumwolle ist unmercerisiert und färbt daher leicht heller. Daher hält man die Badtemperatur tief und färbt schon mittlere Töne mit Salzzusatz. Die Baumwollhärchen stehen durch die Maschen der Kunstseide an die Strumpfoberfläche empor. Ist die Zellulosefaser zu hell, dann entsteht das gefürchtete „Grinsen" (Durchschimmern der lichteren Baumwollanteile, häßliche unruhige Strumpfoberfläche).

Beim Färben von Netzstrümpfen, einer sehr heiklen Qualität, welche ganz aus Kunstseide gestrickt ist, auch der Fuß und die Ferse, ist folgendes zu beachten:

Die Aufhängung erfolgt am besten bei der Hochferse (s. Abb. 286). Das Abkochen geschieht wie üblich. Man färbt die Ware mit den gewöhnlichen Farbstoffen im Seifenbad kochend ohne Glaubersalz unter stetigem Umziehen der Stöcke ohne Heben. Die Ware geht gut unter und die Nähte färben sich gut durch. In zirka 1 bis 1½ Stunden ist eine Partie auf Muster.

Abb. 286. Aufhängen von Netzstrümpfen.

Bei zu kurzem Ausmischen ziehen die Farbstoffe unvollkommen auf. Sie haben keine Zeit, in die Falte, welche der Fuß mit dem Ansatz des Netzes bildet, einzudringen. Daher bilden diese Stellen dann hellere bzw. anders gefärbte Teile. Als Minimum der Gesamtfärbedauer hat bei fleißigstem Versetzen (nicht Heben) der Stöcke etwa ½ Stunde zu gelten.

Ferner ist darauf zu achten, daß zufolge der konzentrierten Bäder, da ja ohne Salz gefärbt werden muß, beim Mustern (Herausnehmen der Strümpfe aus dem Färbebad) der in der Ware vorhandene Farbstoff, insbesondere Benzoechtschwarz L, zusammenfließt und die Ansätze der hängenden Strümpfe in dunklen Streifen anfärbt. Hängt die Partie zu lange, so läßt sich dieser Übelstand dann

Abb. 287. *Strümpfe aus Kunstseide-Baumwolle (plattiert) mit Zellwollstulpe*

Muster	Färbung
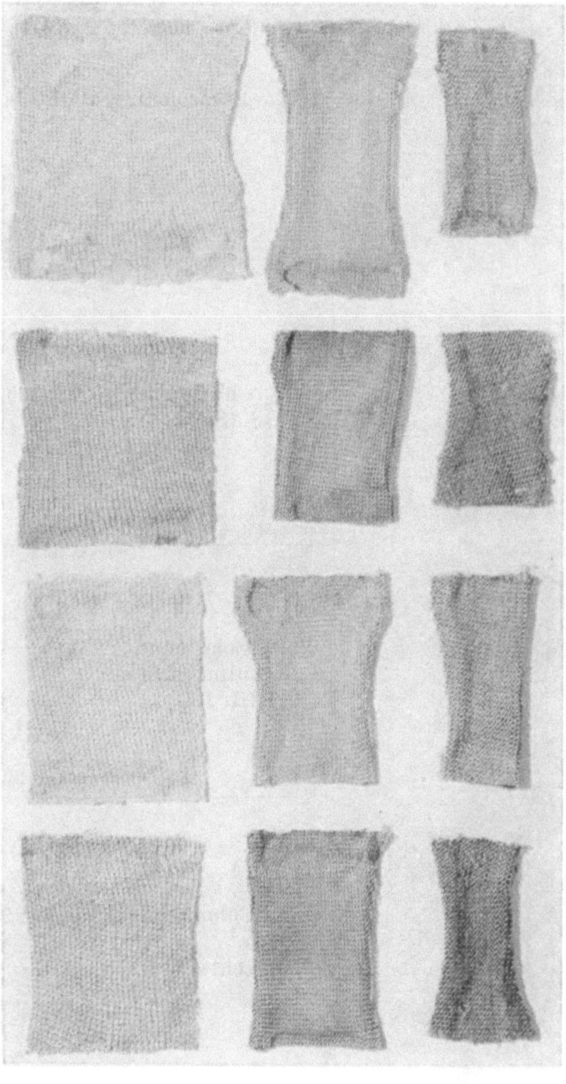	0,5% Trisulfonbraun B (Sa)
	1% Trisulfonbraun B (Sa)
	0,5% Chloraminechtbraun 3B (Sa)
	1% Chloraminechtbraun 3B (Sa)

nicht mehr egalisieren, sonst aber genügt ein nochmaliges kurzes Einbringen in das heiße Färbebad und etwa zwei- bis dreimaliges rasches Umziehen, um beim sofortigen Waschen nachher jedwede Spur der Erscheinung zum Verschwinden zu bringen. Bei Baumwollrändern oder Gebrauch von Direkttiefschwarz RW extra ist der Übelstand nicht aufgetreten, doch läßt sich der letztgenannte Farbstoff wegen seines raschen Ziehens nicht immer verwenden.

Über die Aufhängung der Strümpfe ist noch zu sagen, daß der Faden nicht allzu dünn sein soll, da durch das zum Durchfärben notwendige fleißige und rasche *Ziehen sonst* die Fäden leicht reißen und der Strumpf in die Flotte fällt. Da die

Abb. 288. *Strümpfe aus Kunstseide-Baumwolle (plattiert) mit Zellwollstulpe*

Muster	Färbung
	0,2% Pyrazolorange GH (Sa)
	0,5% Chloraminechtscharlach 8BS (Sa)
	0,5% Solarbraun PL (Sa) Chlorantinlichtbraun BRLL (Ci)
	0,1% Chloraminechtschwarz B (Sa) Benzoechtschwarz L (IG)
	0,4% Chloraminechtschwarz B (Sa)

Netzstrümpfe leicht untergehen, sich also während des Färbens total unter der Flotte befinden, so ist ein solches Losreißen auch nicht gleich zu sehen. Der Strumpf schwimmt dann leicht durch die Siebwandlöcher in den Dampfraum und klemmt sich fest. Fischt man nach ihm, so wird er meist beschädigt. Allerdings dürfen zu starke Fäden auch nicht verwendet werden, da sie das Netzwerk leicht zerschneiden. Am besten ist ein dünner, schwach gedrehter Zwirn.

Vorstehend werden einige Farbstofftypen auf einer besonderen Qualität gefärbt gezeigt, nämlich mit Kunstseide plattierte Baumwollstrümpfe (Flor) mit Zellwollstulpen. Die Zellwollstulpen färben sich in vielen Fällen tiefer (Abb. 287 und 288).

Vielfach werden Strümpfe aus Glanzkunstseide etwas mattiert. Zu diesem Zwecke werden sie in kurzen Bädern behandelt. In Verwendung stand Orapret mat (Preis 6 S) bzw. Mattierung LC (Zschimmer & Schwarz) (Preis 3 S 1935).

Zufolge des hohen Preises von Orapret mat der Oranienburger Chemischen Fabrik beim Mattieren von Strümpfen wurden Versuche mit der Mattierung LC gemacht. Allerdings mußten bei dieser Mattierung die Bäder konzentrierter angesetzt werden: der frische Ansatz betrug 3 kg pro 100 Liter, der Nachsatz je Partie 3 Liter einer Stammlösung von 1 kg LC pro 10 Liter.

Dabei war es unnötig, die Ware vor dem Mattieren zu avivieren, wie es bei der Verwendung von Orapret nötig ist, da der Griff durch die in der Mattierung enthaltenen Weichmachungsmittel einwandfrei ist. Nun aber zeigte es sich dabei, daß der Mattierungseffekt auch in der konzentrierteren Form den der Orapretmattierung nicht erreicht. Außerdem wurde beobachtet, daß beim längeren Liegen geschleuderter feuchter Ware (etwa drei Tage) das in der Mattierung enthaltene Öl zum Auslaufen neigt und dunkle Streifen in der Ware bildet, überall dort, wo die Ware länger feucht bleibt als die Umgebung. Daß es sich nicht um ein Auslaufen der Farben handelt, war dadurch nachzuweisen, daß durch Putzen mit Benzin die dunklen Stellen sehr stark zurückgingen. Allerdings half nichts anderes als das neuerliche Überfärben, um einwandfreie Ware zu erhalten.

Die substantiv ziehende Mattierung T 53 (Boehme) (kationaktive Körper + Pigment) stellt sich preislich zu hoch und verändert auch die Farbtöne allzu stark, um in Frage zu kommen.

Die Prüfung einer Reihe der verwendeten Farbstoffe ergab hinsichtlich Veränderung des Farbtons bei der Mattierung mit T 53 folgendes:

Chloraminechtgelb FF (IG)	etwas trüber
Diaminbraun 33 (IG)	viel trüber, gelber
Chlorantinlichtbraun BRLL (Ci)	etwas trüber, blauer
Benzoechtrot BL (IG)	Spur trüber, gelber
Direkttiefschwarz RWK (IG) (Grauton)	viel trüber, grüner
Sambesischwarz D (IG) (Grauton)	viel trüber, etwas grüner
Benzoechtschwarz L (IG) (Grauton)	viel trüber, gelber.

b) Strümpfe aus Mattkunstseide und Baumwolle

Das Färben von Mattkunstseidenware bietet in mancher Hinsicht neue Schwierigkeiten. Abgesehen davon, daß hier besonders dicke Nähte durchgefärbt werden müssen, verrinnen die Farbstoffe auf der spinnmattierten Kunstseide noch viel leichter.

Die Warenvorreinigung vor dem Färben ist sehr gründlich vorzunehmen. Spinnmatte Kunstseide bietet bei der Verarbeitung große Schwierigkeiten und enthält daher erhebliche Mengen an Garnpräparaten, insbesondere Paraffin.

Dieses scheidet sich beim Abkühlen in den Reinigungsbädern oberflächlich ab, da es nur zum Teil durch die in der Flotte enthaltenen Lösungsmittel gelöst, zum größten Teil aber emulgiert ist, und kann die Ware vor dem Färben neuerlich verschmutzen (vgl. S. 606).

Nadelstreifen in Mattseidenstrümpfen, verursacht durch das Ölen der Strickmaschinennadeln, gehen in der Ware noch schwerer heraus als bei Glanzkunstseide. Erstens sind sie durch die Mattierung stärker fixiert, zweitens kann man bei Mattseidenstrümpfen mit farbigem Azetatseidenrand nicht kochend reinigen, drittens erfolgt der Färbeprozeß bei azetatseidenhaltigen Waren nicht kochend bzw. auch bei reiner Mattseide ohne Seife, so daß eine nachfolgende restliche Entfernung schwacher Rückstände nach dem Entschlichten, wie es beim Färben von Kunstseide der Fall ist, nicht mehr erfolgen kann. Es ist also hier alles zu vermeiden, was zu nadelstreifiger Ware führt, bzw. sind zum Einfärben hellerer Töne nur ausgesuchte Strümpfe zu verwenden.

Die Farbstoffwahl beim Färben der Ware ist mit Rücksicht auf die kalalytische Wirkung der Spinnmattierung auf die Lichtechtheit der verwendeten Farbstoffe sorgfältig durchzuführen.

Die IG-Farben empfahl in mittlerer Echtheit: Diaminechtgelb FF, Direktechtorange SE, WS, Diamincatechin B usw., in besserer Echtheit:

Siriuskorinth B, -rot 4B, -scharlach B, -gelb 5G, -braun BRL, -grün BL, -violett BL, -blau 6G, -blau G, -blau BBR.

Von den neuen Marken der aus der IG-Farben hervorgegangenen Firmen Cassella, BASF und Bayer eignen sich:

In guter Lichtechtheit: Siriuslichtgelb 5G, R extra, FRR, -orange 7G, 5G, GG, R, -scharlach B, GG, -rot 5B, 4BL, -rubin RB, -violett FFB, BL, F3B, -blau 3R, BRR, BR, B, BL, G, 6G, FF, 2GL, -grün BB, BL, GT, GGL, -grau GG, VGL, R.

Bayer gibt neuerdings für titandioxydmattierte Kunstseide als brauchbar an:

Siriuslichtgelb RL, FRRL, -rubin B, -braun RT, Siriusgelb GG, G, GC, -orange G, -rosa BB, G, -korinth B, -violett BB, -grün G, -braun RV, -schwarz L, VE.

Von den Diaminfarbstoffen: Diaminechtgelb A, -orange G, -rosa BD, -brillantblau G, -schwarz BW, -reinblau FF, -grün B, -echtbraun G, -braun M, -catechin B.

In mittlerer Echtheit: Chrysophenin G, Benzoechtorange WS, S, Benzoechtscharlach 4BS, 8BS, Benzorhodulinrot B, Benzoechtrot 9BL, Benzodunkelgrün B, Pegubraun G, Cotonerol VS, Kunstseidenschwarz G, Direkttiefschwarz E extra und FF extra.

Von den Spezialmarken zum Färben von streifiger Viskose: Benzoviskosegelb 5GL, GGL, -orange RL, -blau BB, RL, 3 GFL, -grün BL, -violett BL, -rot BL.

Die Ciba schlägt nachfolgende Farbstoffe vor:

Direktechtgelb B, FF, Chlorantinlichtgelb 5GLL, Strumpflichtorange GN, Direktechtorange SE, WS, Chlorantinlichtorange TGLL, T3RLL, T4RLL, Chlorantinlichtbraun BRLL, Diamincatechin B, Reservestrumpfbraun A (Immungarnreserve), Strumpflichtbraun MK, Carbidechtgrau SG, Strumpfgrau PP, Chlorantinlichtgrau RLN, Carbidschwarz S.

Die Ursache der Lichtechtheitsminderung liegt in dem als Mattierungspigment verwendeten TiO_2, welches zu Oxydationsvorgängen Anlaß gibt. Rutil (TiO_2 einer besonderen Kristallisationsform) soll weniger stark schädigen als die fast immer anzutreffende Anatasform.

Es ist absolut zu vermeiden, gefärbte, feuchte (zentrifugierte) Mattseidenstrümpfe dem direkten Sonnenlicht auszusetzen, da es zu einer spontanen

Zerstörung der Färbung an den belichteten Stellen kommen kann. Die Behandlung der Ware mit Chrom- oder Mangansalzen kann hier Abhilfe schaffen (s. S. 506), doch bedingt dies eine Nachbehandlung nach dem Färben, die den Farbton beeinflussen kann. Vor der Färbung vorgenommen, ist die Gefahr einer Trübung und Verfärbung der Rohware im Färbebad gegeben. Alkalische Ware unterliegt dem Verschießen mehr als neutrale oder saure.

Das zur Färbung von Kunstseidenstrümpfen verwendete Benzoechtrot 9BL ist besonders bei Mattseide dadurch oft unbrauchbar, daß es eine sehr große Öllöslichkeit besitzt. Liegen sehr unreine Strümpfe vor und ist die Reinigung, die insbesondere bei mattgesponnener Seide nicht immer einwandfrei gelingt, nicht tadellos, dann zeigen sich die Unreinigkeiten in der gefärbten Ware durch deutliche rote Stellen. Sämtliche Nadelstreifen usw. kommen als rote Streifen und Flecken zum Vorschein oder die Ware macht einen unruhigen Eindruck. Man verwendet statt Rot besser ein rotstichiges Braun.

Grautöne, mit Benzoechtschwarz L gefärbt, ergeben zwar sehr gute Ton-in-Ton-Färbung von Fuß und Bein. Sie haben aber folgenden Nachteil: Beim Heraushängen der nassen Strümpfe aus den Farbbädern, insbesondere konzentrierteren Bädern, verrinnt das absinkende Flottenquantum unter Bildung schwarzer Streifen an den Rändern, z. B. während des Abmusterns der Partie. Dies ist schon bei gewöhnlicher Kunstseidenware zu beobachten, vergeht jedoch dort durch neuerliches Einbringen der Partie in das heiße Bad, vor allem wenn Mustergetreuheit erreicht ist. Neuerliches Einbringen, mehrmaliges rasches Umziehen und dann sofortiges Spülen behebt die Schäden. Bei dunklen Grautönen ist die Erscheinung so stark, daß man statt Benzoechtschwarz L Direkttiefschwarz RW extra benützt. Bei Mattseidenware ist nun das Verrinnen des Schwarz besonders störend, da die Bäder bei diesem Farbton ja ohne Glaubersalz angesetzt werden müssen, um den Fuß nicht zu dunkel zu erhalten. Durch die in den Fasern enthaltene Mattierung werden die verronnenen Stellen stark fixiert, so daß auch das neuerliche Einbringen in das Bad nicht zur restlosen Beseitigung der Erscheinung führt und die Ränder leicht schwach graue dunkle Streifen erhalten. Eine Verwendung von Direkttiefschwarz RW extra kommt hier nicht in Frage, da dieses erstens den Fuß weniger stark anfärbt als die Mattseide und zweitens zu rasch anfällt, so daß eine Durchfärbung der Nähte in dem Bad ohne Seife (diese kann wegen der sonst eintretenden viel dunkleren Färbung des Fußes nicht verwendet werden) nicht erreicht wird. Man verwendet am besten in solchen Fällen in hellen Tönen Sambesischwarz D.

Ansonsten erfolgt das Färben tieferer Töne bei Strümpfen aus spinnmatter Viskoseseide, um die Baumwolle des Fußes nicht dunkler zu bekommen, am besten im neutralen Glaubersalzbad. Im nassen Zustande sieht die Baumwolle viel dunkler aus als die Viskose, welche sich beim Trocknen etwas dunkler und röter trocknet. Das Salz wird erst in der zweiten Hälfte der Färbezeit gegeben.

Sehr starke Nähte können bei guten Ton-in-Ton-Färbungen durch das Glaubersalzbad kaum durchgefärbt werden.

Die Färbezeit darf, der Nahtdurchfärbung wegen, nicht unter 1¼ Stunden betragen.

Da die Garne zufolge der eingelagerten anorganischen Pigmente (TiO_2) sehr spröde sind, müssen Mattseidenstrümpfe nach der Färbung aviviert werden. Dies erfolgt mit Emulsionen sulfurierter Öle, wobei im allgemeinen der Effekt um so besser ist, je weniger hoch das Öl sulfuriert ist. Teure Softenings kommen hier aus preislichen Gründen nicht in Frage. Beim Behandeln ist darauf zu achten, daß die Ware gut gespült ist und kein Glaubersalz in das Emulsionsbad kommt, da sonst unter Brechen der Emulsion ölfleckige Ware erhalten wird. Auch schlechte (zu grobe) Emulsionen geben ähnliche Fehler. Man bedient sich also vorteilhaft eines Emulgators [Nilo AEM (Sa), Lyofix (Ci), Nekal AEM (IG) usw.].

Beim Entwässern der gefärbten Ware ist darauf zu achten, daß die Strümpfe leicht Brüche bekommen können, wenn sie zu lange zentrifugiert werden. Diese Brüche sind beim Formen der Ware (auch nach Wiederanfeuchten derselben) nicht vollständig zum Verschwinden zu bringen und zeigen sich im fertigen Strumpf als dunkles Liniennetz oder dunkle Falten.

Man macht auch die einzelnen Strumpfpakete, die, langgestreckt in Mollinotücher gewickelt, zentrifugiert werden, nicht zu groß (maximal 5 Dutzend).

Es ergab sich nun bei Mattseidenstrümpfen, daß dieselben, obwohl nur ganz wenig geschleudert und weich (gut geölt), doch nach dem Formen eine Reihe von Brüchen behielten, welche die Ware unansehnlich machten. Selbst sofortiges Ausformen half nichts, so daß die Annahme, die Brüche entstünden durch das längere Festverpacktliegen der Ware (es handelte sich um lohngefärbte Ware) hinfällig wurde. Es zeigte sich weiters, daß nicht jede Mattseidenqualität diese Erscheinung aufwies und auch nicht jeder Strumpf einer Qualität. Der Fabrikant gab an, daß er seine Garnpräparation gewechselt habe und klagte gleichzeitig, daß sich die Strümpfe dünn anfühlten. Beim Durchspulen wurde eine Konzentration des Spülöls von 1 : 40 genommen. Höhere Konzentrationen seien unmöglich, da sonst das Garn auf der Spule klebe. Es wurde dem Erzeuger geraten, eine Untersuchung des präparierten Garnes machen zu lassen, um zu sehen, wieviel von der Präparation bei einem gefärbten Strumpf bei der einen und bei

Abb. 289. Ware mit gelochtem Stulpenrand, der rotgefärbten Azetatreyon durchscheinen läßt.

Abb. 290. Zierrand auf Strumpfstulpe (Azetatreyon).

der anderen im Faden zurückgeblieben sei. Vielleicht sei dadurch der Griffunterschied zu erklären. Tatsächlich wurde festgestellt, daß die neue Spulölkombination vollkommen entfernbar war. Ferner wurde geraten, die Strümpfe etwas fester anzufertigen oder etwa vier Maschenreihen weniger der Breite nach anzulegen, damit der Strumpf fester auf der Form sitzt. Dadurch gelänge es, die Ware durch die vorhandene Spannung frei von Brüchen zu bekommen. Dies brachte auch eine Besserung im Warenaussehen mit sich. Die weitaus größte Möglichkeit eines tadellosen Ausfalls jedoch ergab die Anschaffung eines Schuster-Apparates (s. S. 600), bei welchem die Avivage unmittelbar vor der Trocknung am auf der Form befindlichen Strumpf erfolgt und die Fäden der Ware durch die Feuchtigkeit und Hitze einen gleichmäßigen Quellungsgrad erreichen.

Oft werden für kleine Partien oder, um empfindliche Qualitäten gegen die Gefahr einer Beschädigung in Holzgefäßen zu schützen, mit Kupferblech ausgekleidete Wannen verwendet.

Am Kupfergeschirr ist aber die Gefahr der Kupferflecken groß. Wichtig ist, daß die verwendeten Kupfergeschirre nicht zu seicht sind, so daß die Strumpfenden nicht immer über den Boden schleifen. Man verwendet daher Geschirre, die mindestens 80 cm hoch sein müssen.

Außerdem ist innerhalb der verwendeten Farbstoffe das Siriusbraun BRL besonders kupferempfindlich und verursacht, wenn zur Färbung in größeren Mengen als etwa 40 g angewendet, leicht rote Kupferflecken. Man vermeide daher Töne, die mit diesem Farbstoff gefärbt werden müssen, oder verwende in solchen Fällen Diaminbraun 33 mit Benzoechtrot 9BL.

Hinsichtlich der Einfärbung tiefer Töne auf Mattseide (Braun und Schwarz) ist darauf hinzuweisen, daß die Mattseide dann einen häßlichen Speckglanz erhält. Dieses optisch bedingte Phänomen ist nicht auszuschalten. Da Mattseide bei der Direktschwarzfärbung einen blauen Ton hat (während die Baumwolle bereits tiefschwarz ist), ist man gezwungen, ihren Farbton durch Beigabe von Braunmarken, die nur auf die Mattseide ziehen, abzudunkeln (vgl. S. 608).

Mattkunstseide mit gelochter Stulpe, die einen innen angebrachten roten Azetatseidestreifen durchscheinen läßt, oder Qualitäten, welche an der Stulpenkante Azetatseidenrandstreifen (weiß oder färbig) besitzen, erfordern eine vorsichtige Reinigung und Färbung, um ein Ausbluten der Azetatseidenfärbung zu verhindern (Abb. 290). Gleichzeitig sind unter den in Frage kommenden Farbstoffen jene zu wählen, die Azetatseide im großen reservieren. Für gefärbte Azetatseide (Roteffekt) sind z. B. geeignet (s. Abb. 289):

Chloramingelb FF (Sa) [Siriusgelb RR (IG)]	bis 1,0%
Benzorhodulinrot B (IG)	bis 0,5%
Benzoechtschwarz L (IG) Chloraminechtschwarz B (Sa)	bis 0,5%
Chlorantinlichtbraun BRLL (Ci)	bis 3,0%
Pegubraun G (IG)	bis 1,5%

Geeignet sind unter anderem weiters:

Diaminbraun 33 (IG) in mittleren Färbungen. Direkttiefschwarz EW extra (IG) in heller (0,5%) Färbung und weitere Braunmarken, wie Trisulfonbraun B, GG (Sa), Pyrazolorange GH (Sa) usw. Es sind alles Farbstoffe, die mit Ausnahme des letzterwähnten Oranges für Mattseidenfärbungen wegen der Egalisierung usw. Verwendung finden.

Für die Reserve weißer Ränder sind geeignet [Typ „ACS“ (Sa) oder „8000“ (IG)]:

Chloramingelb FF (Sa), Siriusgelb RR (IG), Diaminechtgelb FF (IG), Chloraminechtorange SE (Sa), Chloraminrosa B (Sa) (bis 1%), Chloraminlichtgrau B (Sa), Chloraminschwarz ZAR (Sa) (für Schwarz), Solargelb BG, 2GL (Sa), Solarorange R (Sa), Solargrau 2BL (Sa).

Das Fehlen gut reservierender Braunmarken ist bemerkenswert und zwingt den Färber zur Aufstellung ganz neuer Dreifarbenkombinationen.

Ein Beispiel der Reinigung und Färbung einer solchen, rote Azetatreyon in größeren Anteilen enthaltenden Ware möge das Gesagte veranschaulichen:

Warenmenge zirka 25 Dutzend pro Partie. Gefärbt wird auf Kupfergeschirren von etwa 1400 Liter Inhalt. Abgekocht war bei 60° C in einem Bade von 4 Cykloleantin (Fettlöser) auf 1200 l etwa 1 bis 2 Stunden. Die Azetatseidenfärbung blutet etwas aus. Die Ware wird gewaschen und dann bei 80° C 2 Stunden *gefärbt.*

Verwendete Farbstoffe für Draptöne, Sand, Beige usw.:
Grund: Pegubraun G nuanciert mit Siriusgelb RR
Chlorantinlichtorange T3RLL oder
Benzorhodulinrot B, besser aber
Siriusscharlach B.

Der Azetatreyonanteil ist wenig angeschmutzt. Die Naht war auch bei der niedrigen Temperatur nach etwa einer Stunde durchgefärbt, die Baumwollfüße etwas dunkler, daher wird gegen Ende des Färbens etwas Glaubersalz (500 g kalz. pro 1400 l Flotte) zugesetzt.

Hierauf wird gewaschen, dann auf einem Bade von 1200 l mit 20 l Weichöl (Emulsion von sulfoniertem Olivenöl) durch 20 Minuten aviviert und geschleudert.

Für Strümpfe, die statt Azetatseidenzierränder solche aus Immun- (Passiv-) Garn aufweisen, empfahl die IG-Farben (die Prozente sind das Maximum an Farbstoff, welches verwendet werden darf) folgende Produkte:

0,75%	Baumwollgelb R	0,30%	Siriuslichtorange GG
0,50%	Siriuslichtorange 3R	0,30%	Benzoechtorange WS
0,50%	Diaminechtbraun G	0,30%	Benzoechtscharlach 4BA
1,00%	Dianilbraun AR	0,50%	Siriuslichtbraun BRL
1,00%	Benzolichtbraun BR	2,00%	Benzotiefbraun BR
1,00%	Pegubraun GN	1,00%	Diaminbronzebraun PE
0,25%	Naphtaminechtgrau BR	0,75%	Benzolichtgrau BM
0,50%	Naphtaminbraun BTL	0,50%	Benzolichtbraun BTR

Für dunkelgrau (allerdings anschmutzend) Benzotiefschwarz SS und Diamintiefschwarz CCM[135].

Im nachstehenden seien nun für die Färbung von Hand aus einige Rezepturen gegeben. Färbegut sind Strümpfe aus Mattviskose mit mercerisiertem, vorgebleichtem Baumwollzwirn (Flor) ohne Zierränder usw. Gefärbt wird ausnahmslos auf permutiertem (also enthärtetem) Wasser.

Sand: 14 Dutzend Strümpfe, 8 kg, Flotte 1000 Liter, ohne Zusatz.
0,050 kg Diaminbraun 33 (IG)
0,020 „ Benzoechtschwarz L (IG)
0,015 „ Benzorhodulinrot B (IG)
oder: 12 Dutzend Strümpfe, 5,90 kg, Flotte wie oben.
0,028 kg Diaminbraun 33 (IG)
0,017 „ Benzoechtschwarz L (IG)
0,010 „ Benzorhodulinrot B (IG)

Die zum Färben verwendeten, meistgebrauchten Farbstoffe sind in größeren Gefäßen (20 l) gelöst (25 g pro Liter) und werden durch volumetrische Angaben gemessen ($^1/_2$, $^1/_4$, $^1/_8$, $^1/_{16}$ Liter, Löffel). Ein Wiegen der hier fast stets gebräuchlichen kleinen Mengen wäre zeitraubend und ungenau.

Sommertaupe: 22 Dutzend, 12,76 kg, 1000 l Flotte, ohne Zusatz.
0,112 kg Diaminbraun 33 (IG)
0,064 „ Benzorhodulinrot B (IG)
0,045 „ Benzoechtschwarz L (IG)
0,017 „ Sambesischwarz D (IG) zum Tonausgleich für die Füße
oder: 11 Dutzend, 6,50 kg, 1000 l Flotte, ohne Zusatz.
0,050 kg Diaminbraun 33 (IG)
0,027 „ Benzoechtschwarz L (IG)
0,027 „ Chlorantinlichtbraun BRLL (Ci)
0,010 „ Sambesischwarz D (IG)

---

[135] Vgl. szt. Musterkarte IG-Farben Nr. S 5530.

Modebraun: 24 Dutzend, 14,40 kg, 1000 l Flotte, 0,5 kg Soda sicc., 0,5 kg Glaubersalz krist.

0,250 kg Diaminbraun 33 (IG)
0,155 „ Chlorantinlichtbraun BRLL (Ci)
0,050 „ Benzoechtschwarz L (IG)
0,020 „ Sambesischwarz D (IG)
0,005 „ Benzorhodulinrot B (IG)

oder: 22 Dutzend, 13,10 kg, 1000 l Flotte, ohne Zusatz.

0,275 kg Diaminbraun 33 (IG)
0,250 „ Chlorantinlichtbraun BRLL (Ci)
0,175 „ Benzoechtschwarz L (IG)
0,012 „ Sambesischwarz D (IG)
0,005 „ Benzorhodulinrot B (IG)

Man beachte die unterschiedlichen Farbstoffmengen und die geringere Sohlen- (Baumwoll-) Anfärbung beim zweiten Rezept, die ausgeglichen werden muß.

Modegrau: 22 Dutzend, 13 kg, 1000 l Flotte, 1 kg Soda sicc., 1 kg Glaubersalz krist.

0,075 kg Diaminbraun 33 (IG)
0,060 „ Benzoechtschwarz L (IG)
0,036 „ Sambesischwarz D (IG)
0,025 „ Benzorhodulinrot B (IG)

oder: 16 Dutzend, 9,44 kg, 1000 l Flotte, 0,50 kg Soda sicc., 0,50 kg Glaubersalz krist.

0,100 kg Benzoechtschwarz L (IG)
0,088 „ Diaminbraun 33 (IG)
0,028 „ Sambesischwarz D (IG)
0,028 „ Benzorhodulinrot B (IG)

Grau: 21 Dutzend, 12,40 kg, 1000 l Flotte, 0,50 kg Glaubersalz krist.

0,035 kg Diaminbraun 33 (IG)
0,025 „ Benzoechtschwarz L (IG)
0,020 „ Benzorhodulinrot B (IG)
0,008 „ Sambesischwarz D (IG)

oder: 16 Dutzend, 9,44 kg, 1000 l Flotte, ohne Zusatz.

0,092 kg Diaminbraun 33 (IG)
0,068 „ Benzoechtschwarz L (IG)
0,050 „ Benzorhodulinrot B (IG)
0,035 „ Sambesischwarz D (IG)

Man vergleiche die Farbstoffmengen und die Sohlentonkorrektur. Beide Rezepte betreffen, wie im übrigen alle doppelt gegebenen, die gleiche Warenqualität.

Ganz andere Verhältnisse hinsichtlich Reinigungs- und Färbebäderzusammensetzung sowie Ziehvermögen der Farbstoffe sind festzustellen, wenn man gezwungen ist, mit Hartwasser (etwa 8 bis 9 DH°) zu färben.

Die Entschlichtung erfolgt auf einem Bad von Igepon T (IG), Lanaclarin (Fettlöser 2 bis 3 g) und Soda sicc. 5 g pro Liter. Das Bad wird kochend gemacht und die Ware über Nacht eingelegt; eventuell genügt ein dreistündiges Verweilen im Bad. Es scheidet sich viel Paraffin aus. Daher soll das Bad nicht kälter werden als 60° C, da sonst das Wachs an der Oberfläche erstarrt und die Strumpfspitzen verschmutzt.

Gefärbt werden große Partien am Holzgeschirr. Das Bad wird bereitet mit Igepon T. Etwas Lanaclarin wird zugesetzt, um die Ware auch während des Färbens noch zu reinigen (100 bis 150 g Igepon T, 50 bis 100 g Lanaclarin auf etwa 1200 l Flotte). Während des Färbens wird ständig gekocht.

Kleinere Partien werden auf Kupfergeschirren gefärbt. Man darf hier nicht mit Igepon T-Lanaclarin färben, da die Ware sonst durch Kupfer violettfleckig wird. Die Geschirre müssen genügend tief sein. Sind sie zu seicht, niedriger als 80 cm, dann schleifen die Strümpfe beim Färben am Boden. Bei Verwendung von Siriusbraun BRL treten dann die schon besprochenen roten Flecken auf.

Die Farbstoffe sind dieselben wie bei Weichwasserfärbung. Das Ziehvermögen ist hier wegen der Wasserhärte ein viel größeres. An Farbstoff wird nur ungefähr die Hälfte gebraucht. Die Füße neigen zum dunkler Anfärben. Triazolbraun BB geht etwas stärker auf die Mattseide, wie immer, aber nicht so ausgeprägt. Dagegen zieht das Diaminbraun 33 speziell bei längerem Färben auf die Baumwolle stärker, ebenso alle Gelbmarken. Diphenylchlorgelb FF, Siriusgelb RR usw., Benzoechtrot 9BL sind gut verwendbar, ebenso Siriusbraun BRL, Benzoechtschwarz L. Sambesischwarz D geht mehr auf die Mattseide, ebenso Diaminschwarz RW extra, etwas besser ist Diaminechtschwarz F. Es geht auch auf den Fuß. Im Igepon-T-Bad ist die Ton-in-Ton-Färbung leichter. Das retardierende Moment der Seife fehlt.

Diaminbraun 33 zieht mehr auf den Flor als auf die Mattseide. Man vermeide daher bei Grautönen Diaminbraun 33 vollständig. Bei Modetönen gebe man es erst gegen Schluß des Färbens, da es während des Färbens auf den Flor kocht.

Benzoechtrot 9BL, das gut auf beide Fasern zieht, etwas weniger auf den Flor, kann verwendet werden. Im allgemeinen ist die Übereinstimmung befriedigend. Ist der Flor jedoch zu grün und auch die Mattseide noch mit Rot zu färben, dann verwendet man besser Naphtaminechtbordo GL, welcher Farbstoff besser auf den Flor zieht, insbesondere dann, wenn dem Färbebad etwas Soda zugegeben wird.

Benzoechtschwarz L geht, wie angegeben, gut auf beide Fasern. Leider ist es aber bei tiefen Tönen nicht in großen Mengen anwendbar, da es leicht verrinnt. Man muß dann mit Sambesischwarz D färben oder mit Direkttiefschwarz RWK. Diese Farbstoffe färben schlechter gleichmäßig, am besten noch das letztere. Ersteres geht stärker auf die Mattseide.

Ist der Flor zu rot gegenüber der Mattseide, so hilft ein Röten derselben mit etwas Deltapurpurin 5B, welches wenig auf den Flor geht.

Gelb ist beim Färben zu vermeiden (Siriusgelb R oder andere Marken gehen stark auf den Flor, wenig auf die Mattseide).

Grautöne färbe man ausschließlich mit Schwarz und Triazolbraun BB, das stärker auf die Mattseide geht. Sonst erhält man stets braune Füße.

Die Unterschiede in den Mattseiden und dem Flor zeigen sich beim Färben auf Hartwasser stärker und sind schwerer zu vermeiden als auf Weichwasser. Die Farbstoffe ziehen jedoch viel besser, insbesondere am Igeponbad allein.

Tiefschwarz auf Mattseidenstrümpfe wird wie folgt gefärbt:

34 Dutzend, 20 kg, Flotte 1200 l, Holzgeschirr.

Kunstseidenschwarz G (IG)	4,00 kg
Sambesischwarz D (IG)	0,80 „
Naphtamin- (Triazol-) Braun BB (IG) . . .	0,35 „

12 kg Kochsalz, 0,1 kg Igepon T (IG) kochend, etwa 2 Stunden.

Vielfach werden nun, wie bereits ausgeführt, Cottonstrümpfe auf Apparaten gefärbt. Im nachstehenden sollen Rezepturen derartiger Färbungen auf Apparaten verschiedener Typen angegeben werden. Dabei wird zwischen Farbbadansatz und Zusätzen streng unterschieden, da man im allgemeinen am Färbeapparat vermeidet, allzu große Zusätze zu geben. Die Egalisierungsmöglichkeit, insbesondere die Nahtdurchfärbung, reicht nicht im entferntesten an die beim Färben von Hand aus vorliegenden Verhältnisse heran. Dagegen ist selbstverständlich die dort zu kalkulierende Lohnquote ein Bruchteil, da ein Arbeiter vier Apparate bedienen kann. Diese fassen in der Regel 25 bis 50 Dutzend Strümpfe.

a) Färbungen auf Apparaten nach System Weise (Chemnitz), jedoch innerbetrieblich verbesserten Modellen (vgl. Abb. 54). Wasser 4° DH (teilweise permutiert).

Sonnenbrand: 50 Dutzend, 23 kg, 1300 l Flotte, ohne Salz, ohne Netzmittel (keine starken Nähte).

	Ansatz		Zusätze		
Solarbraun PL (Sa)	0,075	0,010	0,010	0,005	kg
Chloraminlichtorange G (Sa) .	0,040	0,005	—	—	„
Chloramingelb FF (Sa) . . .	0,020	0,005	—	—	„
Solargrau 2R (Sa)	—	0,005	0,007	0,002	„

Musterzeit alle 20 Minuten, vorerst $^3/_4$ Stunden färben, Gesamtfärbedauer 2 Stunden.

Die Vorreinigung der Ware erfolgt am Igepon-T-Laventin-KW- (IG) Bade kochend $^3/_4$ Stunden, dann warm und kalt spülen. Das erstemal Wasser zulaufen lassen bei aufgedrehtem Dampf, bis der Apparat überläuft. (Entfernung aufschwimmenden Paraffins.)

b) Färbung auf einem Apparat System Hoffarth (nur Heben der Strümpfe), 7 cm, bei Hartwasser von 10° DH.

Hellsonnenbrand: 32 Dutzend, 15 kg, 1000 l Flotte, 2 kg Sandozol N (Sa), 0,5 kg Sandopan WPK (Sa). Färbedauer 2 Stunden. (Keine verlangte Echtheit.)

	Ansatz	Zusatz nach 35 Min.	25 Min.	20 Min.	
Trisulfonbraun 3R (Sa) . . .	0,055	0,035	0,020	—	kg
Pyrazolorange GH (Sa)	0,005	0,008	0,005	—	„
Solarbraun PL (Sa)	0,010	0,005	—	—	„
Solarbrillantrot B (Sa) . . .	—	—	0,001	0,001	„

Vielfach kommen Kunst- oder Mattseidenstrümpfe mit Gummizug zur Färbung. Es sind dies sogenannte Kniestrümpfe, nur bis unterhalb des Knies reichende Qualitäten.

Dabei können Gummifäden in den oberen Strumpfrand mit eingewirkt sein („Selfix"-Ausführung) oder aber es sind Bänder aus Gummi in den Strumpf gezogen. Derartige Ware darf nicht auf Kupfergeschirren oder mit Kupferverunreinigungen enthaltenden Farbstoffen gefärbt werden. Man benützt Marken der Type „8015" (IG) oder „Vulco" (Sa) (vgl. S. 390).

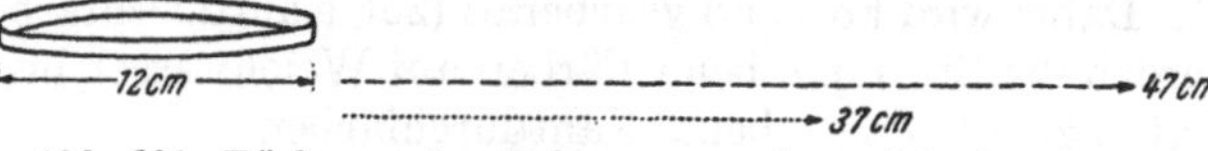

Abb. 291. Rückgang der Dehnung von Gummi in Strümpfen. Nach F. Weber.

Untersuchungen der Ciba A.-G. haben ergeben, daß nur ionisierbares Kupfer als Gummigift wirkt, nicht komplex gebundenes. Deshalb können auch Coprantine (Ci) nach kürzlich vorgenommenen Versuchen verwendet werden. Sie müssen nach dem Coprantexverfahren (Nachbehandlung mit Coprantex A, einem einen Kupferkomplex enthaltenden Kunstharzvorkondensat) gefärbt werden (6% Coprantex A).

Man maß in Strümpfe eingewirkte Gummifäden nach künstlicher Alterung (erhitzen von fünfmal 24 Stunden auf 70° C bei Luftzutritt).

Hierauf wurde dann der Festigkeitsrückgang und die Dehnung festgestellt:

Nach Wärmealterung ergab sich	Festigkeitsverlust	Dehnungsverlust
Rohfaden	— 48,0%	— 18,0%
Mit Chlorantinlichtfarben gefärbt	— 36,0%	— 5,0%
Nach der Coprantexmethode gefärbt	— 29,0%	— 6,0%
Mit Cu-freien Farben gefärbt	— 46,0%	— 10,0%
Durch das Färben allein:		
Gewöhnliche Chlorantinlichtfarben (5 Farbstoffe, 20 Proben)	— 14,4%	— 7,0%
Nach der Coprantex-A-Methode gefärbte Coprantine (10 Farbstoffe, 20 Proben)	7,2%	— 3,1%
Mit Cu-freien Farbstoffen	— 13,0%	— 3,2%

Das bei manchen Qualitäten vorhandene Gummiband maß nach eigenen Versuchen (20 Proben) im Mittel (Abb. 291):

Vor dem Färben (roh): 12 cm breit, dehnbar auf 47 cm.

Nach dem Färben: 12 cm breit, dehnbar auf 37 cm.

3. Färbungen von Bemberg-(Kupferkunst-)Seide-Baumwolle-(Flor-) Strümpfen

Die Ton-in-Ton-Färbung ist hier wegen des außerordentlich starken Ziehvermögens der Kupferkunstseide sehr schwierig, ebenso die Nahtdurchfärbung. Spinnmattierte Bembergseide verhält sich wesentlich günstiger, da ihre Affinität sehr viel geringer ist als die von Glanzkupfer-Kunstseide.

Hinsichtlich Gleichmäßigkeit der Anfärbung verhalten sich die besprochenen Farbstoffe wie folgt:

Trisulfonbraun 3R (Sa)	nicht besonders
Solarbrillantrot B (Sa)	gut
Pyrazolorange GH (Sa)	gut
Chloraminlichtorange G (Sa)	weniger gut
Trisulfonbraun B (Sa)	gut
Trisulfonechtbraun BL (Sa)	gut
Chloraminechtschwarz B (Sa)	sehr gut

Bei Wasser von etwa 7° DH färbt man unter Vermeidung eines Sodazusatzes im Seifen-Igepon-T-Bad. Es wird kein Glaubersalz gegeben, da sonst der Reyon viel dunkler wird. Die Ton-in-Ton-Färbung ist dann nicht sehr gut. Besser arbeitet man auf Weichwasser, wo der Nuancenunterschied wesentlich geringer ist. Dabei wird kochend gearbeitet (zur Nahtdurchfärbung). Vollkommen gleich werden die Strümpfe beim Färben auf Weichwasser bis 60° C. Die Schwierigkeit liegt hier allerdings beim Nahtdurchfärben.

Durch Versuche wurde festgestellt, daß eine gute Ton-in-Ton-Färbung erreicht wird, auch auf hartem Wasser, wenn man dem Färbebad Ammoniak zusetzt, das die Affinität zum Bembergreyon stark abbremst.

Färbungen von Bembergmatt-Florstrümpfen auf der Wanne:

Sonnenbrand (mit Azetatzierrand):

1. 65 Dutzend, 30 kg, 2500 l Flotte, Hartwasser 70° DH, 1 kg Sandozol N (Sa), 0,5 kg Sandopan WPK (Sa).

(alle Sa)	Ansatz	Zusätze		
Solarbraun PL	0,070	0,015	—	kg
Trisulfonbraun B	0,030	0,010	0,010	„
Trisulfonbraun 3R	—	0,015	—	„
Chloraminlichtorange G	—	0,035	0,003	„
Solargrau RR	0,010	—	—	„

Es wird 2 Stunden kochend gefärbt.

2. 70 Dutzend, 35 kg, 2500 l Flotte, Weichwasser 3° DH, 2 kg Seife, 0,5 kg Sandopan WPK (Sa).

(alle Sa)	Ansatz		Zusätze		
Solarbraun PL	0,070	0,015	—	—	kg
Trisulfonbraun B	0,020	0,010	—	—	„
Trisulfonbraun 3R	0,010	—	—	—	„
Chloraminlichtorange G . .	0,030	0,020	0,015	0,005	„
Solarbraun 2R	0,010	—	0,005	0,002	„

2 Stunden färben.

4. Die Färbung von Strümpfen aus Naturseide

Derartige Ware besteht neben einer aus mercerisiertem Baumwollzwirn (gebleicht) gefertigten Stulpe sowie Spitze, Ferse und Sohle bzw. einer eventuell plattierten Hochferse aus mehr oder weniger feinfädiger Naturseide. Diese kann weiß- oder gelbbastig sein und dementsprechendes Aussehen zeigen.

Vor dem Färben ist eine Entbastung der Seide (vgl. S. 398) notwendig. Diese erfolgt am besten auf konzentrierten Seifenbädern (15 g pro Liter grüne, besser weiße Marseillerseife) unter Zusatz von Fettlösern (1 g pro Liter Cyklooleantin, Fettlöser) zur Entfernung von Verschmutzungen, die aus dem Fabrikationsprozeß stammen. Derartige Seifenlösungen bedingen naturgemäß zu ihrer Herstellung Weichwasser, das ist enthärtetes Wasser. Die Verwendung von Hartwasser, auch unter Zusatz von Calgon, Igepon T usw. und nach vorherigem Aufkochen mit Soda, hat sich nicht bewährt. Es kommt stets zu einer mehr oder weniger starken Anschmutzung der Ware durch Fällungen oder gar Kalkseifenbildung.

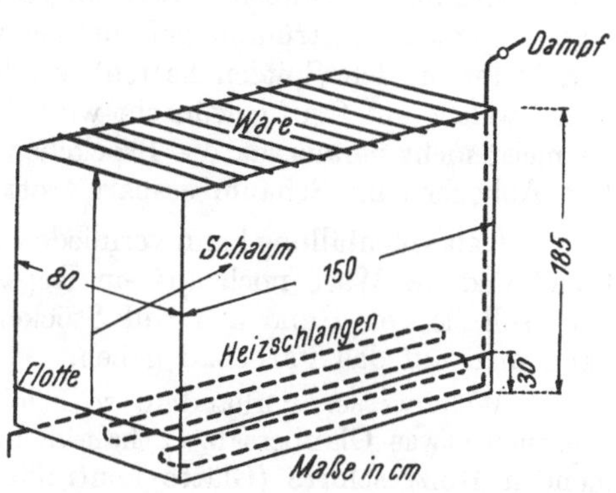

Abb. 292. Strumpfentbastung im Schaum.

Das Entbasten wird zirka 1 bis 1½ Stunden lang vorgenommen, wobei eventuell auf ein sogenanntes Repassierbad (frisches Seifenbad) genommen werden muß. Gelbbastige Ware, die stets außerordentlich schwer entbastet werden kann, wird vorteilhaft vor der Entbastung über Nacht in die kochend heiße Seifenlösung eingehängt.

Öfters empfohlene Zusätze von Soda schädigen die Faser und sind zu vermeiden. Ist durch das Abkochen, da zu lange vorgenommen, die Ware rauh (flusig) geworden, so setzt man dem Färbebad etwas Leim zu. Auch beim Formen auf Kontinueapparaten in den Befeuchtungstrog kann etwas Leimlösung gegeben werden.

Man kann auch „im Schaum" abkochen, ein Verfahren, das bei gelbbastiger Ware keinen guten Erfolg gibt. Weißbastige Ware wird nur zum Teil vom Bast befreit. Der Rest derselben geht zum größten Teil erst im Färbebad (welches ja ebenfalls Seife enthält) von der Faser.

Das Abkochen im Schaum erfolgt in Partien von etwa 30 Dutzend. Diese hängen normal auf Stöcken (Holzstöcke von etwa 110 mm Länge und etwa 20 mm Dicke). Es dauert je nach Qualität maximal 20 Minuten.

Die Apparatur ist in Abb. 292 veranschaulicht.

Die zum Abkochen verwendete Seifenlösung besteht für 400 l Flotte aus
6,0 kg grüner Marseillerseife
0,1 kg Igepon T (IG)
0,1 kg Lanaclarin (Boehme).

Igepon T wird bei Verwendung von Hartwasser bis maximal 7° DH gegeben; härteres Wasser ist unverwendbar[136].

Nach dem Abkochen gelangen die Strümpfe ohne jegliche Zwischenwäsche direkt zum Färben. In der Ware ist natürlich noch eine große Menge Bast und Präparation enthalten, welche beim Färben ins Bad gelangt und sich nach einer Reihe von Partien im Bade am Boden als grünlicher, schlickiger Belag abscheidet, der durch sorgfältiges Putzen entfernt werden muß.

Zufolge der Wasserhärte kommt es vor, daß sich an den Strümpfen beim Abkochen Reste von Kalkseife ansetzen. Dies hat seine Ursache darin, daß das Abkochgeschirr vor dem Repassieren nicht gut abgelassen wird. Wird dann das Bad für das Repassieren hergerichtet, so fällt aus den Resten des ersten Seifenbades mit dem zufließenden Hartwasser Kalkseife aus. Dies um so mehr, als das in der restlichen ersten Flotte vorhandene Igepon nicht genügt, um eine Schutzwirkung auszuüben. Diese angesetzte Kalkseife, welche sich vorwiegend an den Spitzen der Strümpfe befindet (sie wird vom Schaum in die Höhe gewirbelt und bleibt an den Spitzen haften), ergibt nach dem Färben beim Säuern der Ware, welche mit Griff gewünscht wird, Flecke von Fettsäure. Beim Färben geht sie meist nicht heraus, da die Bröckchen in den Maschen des Strumpfes sitzen. Das Abkochen im Schaum erspart trotz allem Lohn, Zeit und Seife.

Die Kalkseifenfällung kann vermieden werden, wenn Weichwasser Verwendung findet und die Ware noch auf ein Repassierbad (½ Stunde) genommen wird. Dort soll sie von Hand aus, auf Stöcken hängend, hantiert werden. Nachher kann man auf das Färbebad geben.

Ist Weichwasser vorhanden, so erfolgt das Färben auf Seifenbädern, die eventuell etwas Glaubersalz enthalten, kochend. Für die in Verwendung kommenden Holzgeschirre (Glätte kontrollieren) von zirka 800 l Flotte für zirka 10 Dutzend Ware werden 10 l Seifenlösung, die als Stammlösung von 30 g Marseillerseife grün pro Liter vorhanden ist, gegeben. Ferner können bis zu 2 bis 3 g Glaubersalz krist. zugesetzt werden.

Für das Färben können verwendet werden: Diaminbraun 33 (IG) bzw. Solarbraun PL (Sa) usw. für Seide und Baumwolle.

Zum Nuancieren der Naturseide: Wollechtblau GL (IG)
Tuchechtrot 3B (Ci)
Tuchechtorange G (Ci)

Für die Baumwolle: Siriusgelb G (IG)
Chlorantinlichtorange T3RLL (Ci)
Chlorantinlichtbordo BLL (Ci)
Chlorantinlichtgrau RLN (Ci)

Diese Farbstoffe ziehen im allgemeinen gut und schmutzen die anderen Fasern nur wenig an. Tuchechtrot zieht besser bei etwa 80° C als kochend,

---

[136] BRYANT: Text. Res. J. **10**, 735 (1950), schlägt drei Behandlungsbäder vor, ein Na-Hexametaphosphatbad (Calgon) mit etwas Soda, ein Bad aus Fettalkoholsulfonat und Kaliumkarbonat und dann ein Soda-Bikarbonat-Bad. Eine Entbastung gelbbastiger Qualitäten bzw. dicht gewirkter Ware erscheint uns nach diesem außerdem langwierigen Verfahren nicht möglich.

Wollechtblau GL zieht langsam und gerne nach. Wenn der Ausfall zu blau ist, dann kann dies durch Zusatz von etwas Seifenlösung daher leicht korrigiert werden.

Es wird Wollechtblau GL von der Seide ins Bad abgezogen.

Die Durchfärbung der Nähte macht hier keine Schwierigkeit. Wichtig ist die Übereinstimmung der beiden Fasern im Farbton, auch bei künstlichem Licht.

Die Ciba empfiehlt zur Färbung von Reinseidenstrümpfen folgende Produkte:

Für die Seide: Echtseidengelb G konz., Tuchechtorange G, Tuchechtrot GS, Tuchechtblau B, Benzylechtblau 3GL. Die Farbstoffe färben waschecht, wandern nicht und färben die Nähte gut durch.

Die Baumwolle wird gefärbt mit: Chlorantinlichtorange GL, -braun 8GLL, -lichtgrau RLN, Direktechtorange SE, Direktechtscharlach WS, Direktechtbraun 3B usw.

Steht nur Hartwasser zur Verfügung (dessen Härte nicht über 7 bis 8^0 DH hinausgehen soll), dann erfolgt das Färben der Strümpfe auf Igepon-Seifenbädern. Man beschickt das heiße Bad zuerst mit der notwendigen Menge Igepon T, etwa 100 g auf 400 l Flotte, dann kommt das Glaubersalz hinzu, dessen Menge wegen des Hartwassers um vieles geringer ist als bei Weichwasser. In der Regel, bei mittlerer Färbung, wird etwa ½ bis 1 kg Salz gegeben. Bei dunklen Farben etwas mehr. Dann erst wird die Seifenlösung zugesetzt.

Man stellt sich eine Stammlösung her, indem in normalem Hartwasser nach vorherigem Zusatz von Igepon T eine Seifenlösung von 25 g pro Liter bereitet wird. Von dieser Lösung werden dem Färbebad zwei Kübel, etwa 20 l, zugesetzt. Das Bad muß deutlich schäumen, wenn nicht, ist der Seifenzusatz zu erhöhen. Es muß darauf geachtet werden, daß bei der Verwendung stehender Bäder durch die Ware oft ein Brechen des Bades eintritt. Dann muß sofort Igepon T und Seife nachgegeben werden. Länger als etwa viermal sind keine Bäder zu verwenden, da sich dann bereits der Schmutz aus der Ware und die trotz des Igepon T sich agglomerierenden Abscheidungen des Hartwassers an der Badeoberfläche anreichern und die Ware leicht verschmutzen. Eine Glanzbeeinträchtigung der Echtseide findet bei dieser Arbeitsweise nur mehr ganz wenig statt.

An Farbstoffen werden hier verwendet: Seide: Tuchechtrot 3B (Ci)
Wollechtblau GL (IG)
Walkorange GN (IG)
Baumwolle: Siriusgrau R (IG)
Siriusbordo BL (IG)
Siriusorange R (IG)

Das Siriusgrau zieht sehr schlecht auf die Baumwolle. Die anderen Farbstoffe ziehen besser als bei Weichwasserverwendung. Ein früher gebrauchtes Ersatzprodukt der IG gegen Tuchechtrot 3B ist sehr schwach ziehend und neigt zum Verrinnen. Statt Wollechtblau GL ist Supraminschwarz B viel besser.

Die Übereinstimmung von Baumwolle und Seide bei künstlichem Licht ist nicht gut. Es zeigt sich, daß das Siriusgrau R um vieles grüner, das Wollechtblau GL etwas röter wird. Dadurch wird die Seide gegenüber der Baumwolle rot und der Strumpf repräsentiert sich sehr schlecht. Arbeitet man statt mit Siriusbordo mit Benzoechtrot 9BL, welches zum Färben der Mattseide verwendet wird, dann ist diese Erscheinung nicht sehr stark, da dieses Rot sehr unter dem Licht herauskommt. Leider ist aber die Lichtechtheit gering, was bei Seidenstrümpfen zu Reklamationen Anlaß gibt. Chlorantinlichtgrau GN (Ci) oder RNL (Ci) ziehen ebenfalls nicht besonders, wenn auch da die Baumwolle *und die* Seide gleichmäßig im künstlichen Licht etwas grüner werden.

Das Färben der Seidenstrümpfe erfolgt oft auch auf Kupfergeschirren. Nach dem Färben wird gewaschen. Das erste Waschwasser wird warm gemacht und etwas Igepon T zugesetzt. Das zweite Waschwasser ist kalt. Muß man von diesem zweiten Waschwasser noch einmal auf das Bad, so wird das Bad oft gebrochen. Sofort Seife zusetzen und die Ware wird matt.

Da durch das warme Waschen nach dem Färben, notwendig, um keine Kalkseifenfällungen auf der Ware und damit mattes Aussehen zu erhalten, die Farbe der Seide stets sehr zurückgeht und meist an Rot und Orange verliert, wurde die Prozedur derart verändert, daß statt des warmen Bades ein kaltes Wasser gegeben wird. Um Fällungen zu verhindern, wird diesem kalten Wasser für etwa 1200 l 50 g Igepon T zugesetzt. Die Ware bleibt klar und die Farben verändern sich sehr wenig. Nur wird der Ausfall stets etwas weniger rot als das Endmuster. Dies hängt damit zusammen, daß mit der ausgehängten Ware nach dem Fertigmuster nochmals kurz ins Bad gegangen werden muß, um etwa verronnenen Farbstoff zu verteilen. Dadurch, daß das Bad bei diesem Neueingehen wieder frisch aufgekocht wird, geht der Rotton der Seide stets wieder zurück. (Rot zieht bei tieferer Temperatur besser.) Auf diesen Rotrückgang muß geachtet werden.

Man halte daher das Muster immer etwas röter. Sollte dann beim Abmustern der gespülten Ware noch etwas Rot fehlen, kann dasselbe am kalten Wasser gegeben werden.

Zur Avivage der Strümpfe werden auf 800 l Flotte verwendet:

3 l Weichöl und
½ l Ameisensäure verd. 6° Bé

Ein Schönen am Ölbad mit etwas Rot oder weniger gut mit Orange ist möglich. Soll die Ware mattiert werden, dann verwendet man als Ansatz auf 100 l Flotte 2 kg Orapret mat (Oranienburg).

Der Nachsatz pro 10 Dutzend beträgt 2,5 l einer Lösung von 1 kg Orapret mat in 10 l Wasser.

Große Partien Seidenstrümpfe, bis 30 Dutzend und mehr pro Farbe, werden auf einem Holzgeschirr (Maße: 90×100×170 cm) gefärbt. Die Strümpfe hängen zu 5 Paketen pro Stock, also zu etwa 25 Stock pro Partie von 30 Dutzend. Das Schieben geht zufolge des kleineren Raumes nicht sehr gut vor sich, die Leute heben die Stöcke auch schwer, trotzdem sie auf einem Podest stehen. Die Strümpfe schwimmen frei, oder fast frei bei der großen Geschirrhöhe. Dadurch, daß ständig Dampf in das Geschirr strömt, ist eine gewisse Wärmezirkulation vorhanden. Dünne Qualitäten, aber auch mittelstarke, verknoten sich dann leicht untereinander, entweder innerhalb des Paketes am Stock oder von benachbarten Stöcken. Dieses Verknoten erfolgt stets etwa 20 bis 25 cm vom unteren Strumpfrand. Man muß darauf achten, daß durch stetes Heben und Lösen dieser Knoten eine einwandfreie egale Färbung erzielt wird. Speziell auch darum, da derartige große Partien nicht aus dem Geschirr gehoben werden, sondern direkt zugesetzt wird. Es kommt dann leicht vor, daß eine Anzahl von Strümpfen an den Knotenstellen einen etwas anderen Ton hat. Der letzte Zusatz hat sich dort nicht ganz ausgewirkt.

a
b
c

Abb. 293. Wetzstellen in Seidenstrümpfen.

Am besten ist es, die Partien nicht über 12 bis 15 Dutzend zu wählen und auf kleinerem Geschirr zu färben. Allerdings ist das Zufärben des anderen Teiles dann lästig. Außerdem ist auch doppelte Arbeitszeit notwendig.

In solchen Fällen ist die Verwendung von Strumpffärbeapparaten nach dem Hängesystem (vgl. Abb. 54) vorteilhaft. Sie gestatten die Färbung von 50 Dutzend.

Beim Färben auf Apparaten treten an der Ware, die bei voller Auslastung dicht hängt, leicht Wetzstellen auf, und zwar:

a) Wetzstellen an der plattierten Sohle, durch Reiben von Seide an Seide durch die dichte Hängung und starke Baumwollverstärkung.

b) Wetzstellen in Form von Faltenstreifen, durch Reibung der Seidenteile (glatte Maschen) aneinander.

c) Wetzstreifen an der Stelle, bis zu welcher der Rahmenkasten geht, das heißt an der Stelle, wo die Strümpfe bei der Hin- und Herbewegung flottieren können, abgeknickt werden und gegeneinander reiben.

Die Strümpfe hängen daher vorteilhaft mit der Innenseite nach außen, also verkehrt (vgl. Abb. 293).

Derartige verwetzte Stellen sind zu beobachten, wenn Partien zu lange gefärbt werden (die Vorlage nicht rasch getroffen wird), bei zu seifenarmer Flotte und bei zu schnellem Maschinengang. Oft ist es vorteilhafter, die Strümpfe richtig einzuhängen. (Es reiben bei *a* dann die nicht sichtbaren Innenteile.) Das Entwässern der Ware erfolgt vorsichtig und nicht zu weitgehend. Ganz dünne Ware wird nicht entwässert, sondern lose getrocknet in die Formerei geliefert.

Im nachstehenden werden einige Färbemuster und Rezepturen angegeben. Die Färbungen erfolgen dabei auf Weichwasser.

Tiefschwarz auf Halbseide: 15 Dutzend, Flotte etwa 600 l, kochend, 800 g Igepon T, 3 kg Glaubersalz krist.

500 g Kunstseidenschwarz G (IG)
250 „ Sulfoncyaninschwarz B (IG)
40 „ Walkorange GN (IG)
5 „ Siriusgelb R (IG)
20 „ Direktgrün VS [zum Nuancieren der beim Säuern in Rot umschlagenden Baumwollstulpen] (IG)

Waschen, Ölen (saure Avivage), Schleudern.

Apparatfärbung (Apparat System Weise, intern umgebaut).

Dunkelbraun: 50 Dutzend, 20 kg, 1300 l Flotte, 0,65 kg Ceranin S konz. (Sa), 2 kg Glaubersalz krist.

(alle Sa)	Ansatz	Zusatz			
Solarbraun PL	0,200	—	—	—	kg
Pyrazolorange GH	0,090	—	—	—	„
Trisulfonbraun B	0,150	0,150	0,050	—	„
Seidenechtgelb S	0,015	0,020	0,020	—	„
Sulfoninrot RS	0,010	0,020	0,015	0,015	„
Sulfoninschwarz B	0,010	0,070	0,025	0,015	„
Chloraminlichtgrau R	0,040	0,060	—	—	„

Färbedauer 1½ Stunden.

5. Das Färben von Strümpfen aus Mischseide: Mattkunstseide mit Reinseide

Das Material wird gezwirnt verstrickt (etwa 5 Drehungen pro Zentimeter). Die Rohware muß vor dem Färben gut abgekocht werden, und zwar erfolgt dies am besten in einem Seifenbad von etwa 10 g Seife pro Liter durch etwa 2 Stunden. Vieles Hantieren ist unnötig.

Gefärbt wird in einem Seifenbad mit Glaubersalz oder ohne Glaubersalz, je nach der Affinität der Mattseide. Die Florsohle darf nicht zu dunkel werden.

Als Farbstoffe sind die gewöhnlichen direkten Strumpffarbstoffe verwendbar, die Seide wird abgetönt mit neutral ziehenden sauren Farbstoffen. Meistens ist nur die Zugabe von etwas Seidenblau notwendig.

Direktfarbstoffe:	Diaminbraun 33 (IG)
	Siriusbraun BRL (IG)
	Triazolbraun BB (IG)
	Benzoechtrot 9BL (IG)
	Sambesischwarz D (IG)
	Benzoechtschwarz L (IG)
Seidenfarbstoffe:	Wollreinblau GL (IG)
	Tuchechtrot 3B (Ci)
	Tuchechtorange G (Ci)

Es muß getrachtet werden, daß die Materialzweiheit wenig zum Ausdruck kommt. Zufolge des Eigenglanzes der Seide wird dies bei lichten Farben leicht erreicht. Bei dunklen Farben jedoch kommt die Seide zufolge ihres Glanzes gegen die dunkle Mattseide mehr zur Geltung.

Man halte die Seide nicht zu licht, darf aber dabei nicht außer acht lassen, daß bei zu dunkler Tönung des Seidenfadens dieser in der Schrägsicht als dunklere Schipperung zur Wirkung kommt.

Im allgemeinen muß die Seide etwas dunkler als die Mattseide gefärbt sein.

Ist der Effekt zu groß, so hilft man sich durch nachträgliches Mattieren der Strümpfe. Dadurch wird der Eigenglanz der Seide herabgesetzt und eine einheitlichere Wirkung erzielt.

6. Schattenstrümpfe

Das Abschattieren der Färbungen nach dem Tauchsystem ist das beste Verfahren. Man verwendet dazu folgende Anordnung nach F. Weber (Abb. 294, 295):

Arbeitstechnik: Der, wie unten gezeigt, aufgefädelte Strumpf wird waagrecht in ein nahe der Kochtemperatur befindliches Bad horizontal eingebracht, zuerst in das schwächere Bad bis etwa 2,5 cm vom oberen Rand, dann in ein stärkeres, etwa 5 cm vom Rand. Damit die Farben gut verlaufen, ist darauf zu achten, daß erstens vor dem Eingehen in die Tauchbäder der Strumpf vollständig naß gemacht

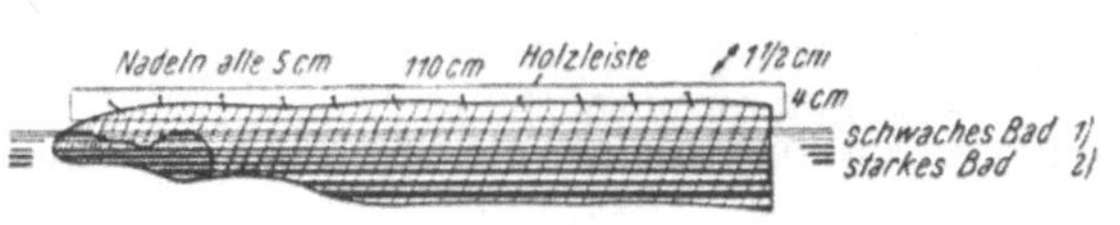

Abb. 294. Nadeln und Tauchen der Schattenstrümpfe.

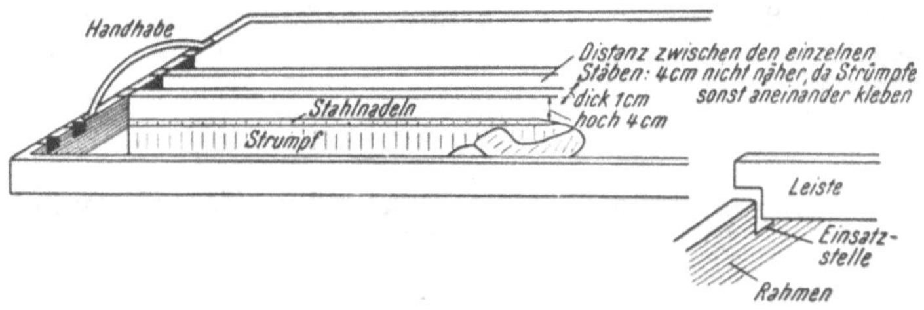

Abb. 295. Tauchgestell für Schattenstrümpfe.

wird, was durch Eintauchen in Wasser geschieht, ferner darauf, daß man nicht bis zur Holzleiste eintaucht, da sonst die Farbe zwischen dieser und dem Strumpf unregelmäßig hochkriecht.

Schattenstrümpfe:

Mattseidenstrümpfe 302:	1. Bad	2. Bad	800 l
Grundfarbe 143			
Triazolbraun BB (IG)	100 g	300 g	
Benzoechtschwarz L (IG) . .	25 „	75 „	
Glaubersalz krist.	1,5 kg	3 kg	
Grundfarbe 806			
Pegubraun G (IG).	150 g	300 g	
Triazolbraun BB (IG)	40 „	80 „	
Glaubersalz krist.	1 kg	3 kg	
Grundfarbe 120			
Direkttiefschwarz RWK (IG)	25 g	50 g	
Triazolbraun BB (IG)	15 „	30 „	
Chlorantinlichtbraun BRLL (Ci)	5 „	10 „	
Glaubersalz krist.	1 kg	3 kg	

Echtseidenstrümpfe mit Floransatz:

Grundfarbe 120		
Oxaminschwarz BRT (IG) . .	15 g	50 g
Chlorantinlichtbraun BRLL (Ci)	12 „	38 „
Diaminbraun 33 (IG)	10 „	33 „
Wollechtblau GL (IG)	8 „	25 „
Tuchechtrot 3B (Ci)	—	2 „
Glaubersalz krist.	1 kg	3 kg
Grundfarbe 186		
Pegubraun G (IG).	150 g	650 g
Triazolbraun BB (IG)	40 „	80 „
Glaubersalz krist.	1 kg	5 kg
Grundfarbe 143		
Pegubraun G (IG).	150 g	650 g
Chlorantinlichtbraun BRLL (Ci)	100 „	700 „
Triazolbraun BB (IG)	40 „	80 „
Naphtaminschwarz 4B (IG) .	10 „	80 „
Oxaminschwarz BRT (IG) . .	—	—
Tuchechtrot 3B (Ci)	1 „	8 „
Glaubersalz krist.	1 kg	5 kg

Mit demselben Erfolg wie die bisher angeführten Farbstoffe zum Färben von Baumwoll-, Mattkunstseide- oder Reinseidenstrümpfen können verwendet werden:

(IG) Direktechtgelb FF, Toluylenorange GN, Diaminorange G, Benzorhodulinrot B, Triazolbraun BB, Diaminbraun 33, Pegubraun G, Neutoluylenbraun GG (Diaminbraun GG), Naphtaminbraun T, Naphtamingrün G (Direktgrün G), Triazolbrillantechtviolett 2RL (Brillantbenzoechtviolett 2RL), Diamineralblau CVB, Naphtaminblau 7B, Direktschwarz RW extra, Kunstseidenschwarz G, Benzoechtschwarz L, Sambesischwarz D, Siriusgelb R, Siriusrot BB, Siriusgelb G, Siriusgrau R, Siriusbraun BRL usw. Neutral ziehende saure Farbstoffe: Walkorange GN, Wollechtblau GL, Supraminschwarz B usw.

(Ci) Oxyphenin GG, Chlorantinlichtorange G, Direktbraun 2BN, Chlorantinlichtviolett R, Direktechtschwarz B, Kunstseidenschwarz G usw., Chlorantinlichtorange T3RLL, Chlorantinlichtrot 5B, Chlorantinlichtbordo BLL, Chlorantinlichtbraun BRLL, 3RLL, Chlorantinlichtgrau RLN usw. Neutral ziehende Wollfarbstoffe: Tuchechtgelb, Tuchechtorange G, Tuchechtrot 3B, Benzylechtblau GL.

(Sa) Chloramingelb FF, Pyrazolorange GH, Chloraminrosa B, Trisulfonbraun CCN, Trisulfonbraun B, Direktgrün G, Chloraminlichtviolett R, Trisulfonblau FO, Chloraminreinblau A, Chloraminechtschwarz B, Chloraminschwarz EXR extra, Viscoschwarz N usw., Solargelb BG, Solarrot B, Solarbraun PL, Solargrau R.
Neutral ziehende Wollfarbstoffe: Seidenechtgelb S, Xylenwalkorange R, Sulfoninrot RS, 3B, Xylenechtblau GL, Sulfoninschwarz B usw.

(Gy) Diphenylchlorgelb FF, Polyphenylorange SP, Diphenylbraun TB, Solophenylviolett 2RL, Diphenylechtschwarz L, Kunstseidenschwarz G, Diphenylechtbraun BRL usw.
Neutral ziehende Wollfarbstoffe: Echtjasmin G konz., Polarorange GS, Polarrot RS, 3B, Wollreinblau GL usw.

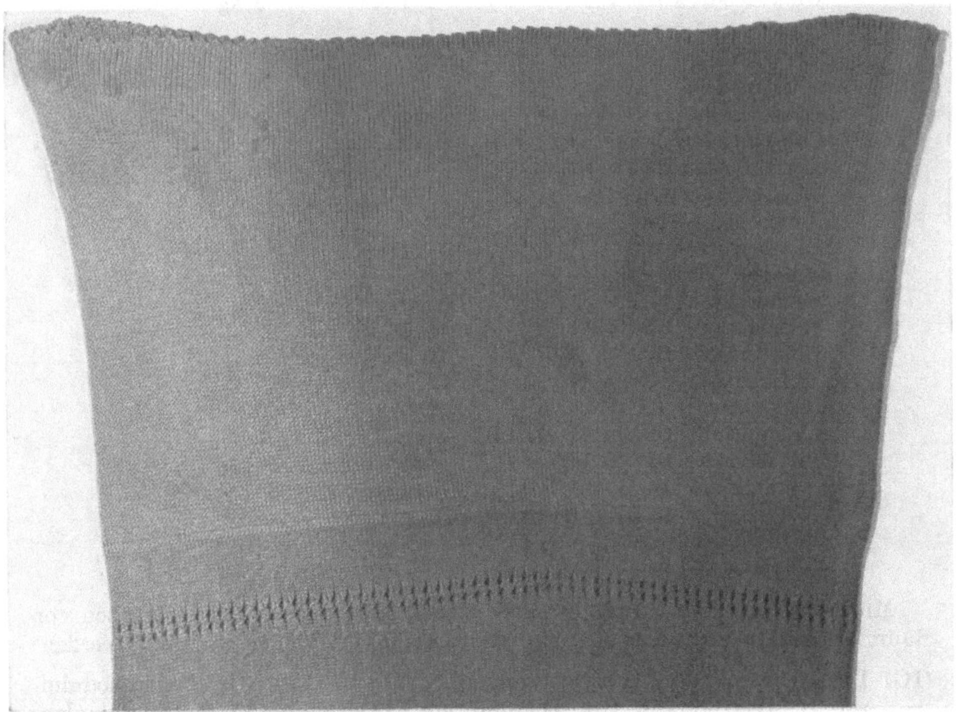

Abb. 296. Schattenstrumpf, Viskosereyon matt. Rezeptur (grau) vgl. S. 631. Schattierung ⟶.

7. Wollstrümpfe, Halbwollware

Derartige Ware wird ausschließlich garngefärbt hergestellt, da der Einsprung beim Färben zu groß wäre.

Wollstrümpfe mit Baumwollbeimischung kommen vereinzelt in die Färberei. Man färbt hauptsächlich einbadig mit Halbwollfarbstoffen, wobei auf gutes Decken der Baumwolle geachtet werden muß (bei abgestelltem Dampf nachziehen lassen). Bessere Echtheiten werden nach Zweibadverfahren erzielt, indem die Wolle echt vorgefärbt und die Baumwolle nachgedeckt wird (vgl. Mischgewebefärberei).

Zum Färben von Wollstrümpfen können, nach Angaben der IG-Farben, Kombinationen aus: Supramingelb G, R, Amidoechtrot GB und Anthracyanin BS dienen. Es sind aber auch andere Vertreter des sauren Egalisierungssortiments verwendbar. Wichtig ist, daß man die gefärbten heißen Wollstrümpfe erst an der Luft etwas verkühlen läßt, bevor man mit kaltem Wasser spült, da das Auftreffen eines Kaltwasserstrahls auf die heiße Ware Knittern und Falten hervorruft, die beim Formen nicht mehr vergehen.

Halbwollware wird mit 2 bis 3% Ameisensäure 85% unter Zusatz von 10 bis 20% Glaubersalz krist. kochend gefärbt, wobei saure Farbstoffe in Anwendung kommen. Die Ameisensäure verbürgt eine gute Baumwollreserve. Hernach werden die Nähte und die Baumwollanteile mit Direktfarbstoffen gedeckt, wobei ein Anschmutzen der Wolle durch Zugabe von Katanol WL vermieden wird. Man arbeitet bei 50° C.

8. Nylon- bzw. Perlonstrümpfe

Diese Qualitäten, die derzeit die Strumpfwaren aus Reinseide ganz verdrängt haben, werden aus sogenannten vollsynthetischen Fasern der Polyamidklasse hergestellt. Das von Du Pont (USA) erzeugte Nylon ist ein polykondensiertes Hexamethylendiaminadipinat, während das in Deutschland (Dormagen, Bobingen) hergestellte Perlon ein polykondensiertes ε-Caprolactam darstellt. Perlon wird auch als Grilon (Schweiz), Phrilon (Deutschland), Kapron (UdSSR), Enkalon (Niederlande), Steelon (Polen), Silon (ČSR), Amilan (Japan) usw. gehandelt.

Die Verarbeitung von *Enkalon* zu Strümpfen auf Cottonmaschinen ist nach VAN DEN BERGH [vgl. Rayon Revue **6**, 171 (1952)] vorsichtig durchzuführen. Die Spulen sollen vor der Verarbeitung bereits 24 Stunden im Wirksaal stehen, der eine relative Luftfeuchtigkeit von 55 bis 65% und eine Temperatur von 25 bis 27° C aufweisen soll. Da Enkalon weniger Polyvinylalkoholpräparation enthält als Nylon (2% gegen 4 bis 6%), so kommt es zu keiner Absetzung desselben auf den Nadeln, wenn der Faden durch eine Emulsion zur Fadenbefeuchtung läuft. Je schneller nach der Herstellung fixiert wird, desto besser. Man arbeitet bei 120° C. Die Mascheneinstellung soll etwas loser sein, da die Schrumpfung etwas größer ist als bei Nylon. Vor dem Vorformen ist unbedingt zu waschen. Man beginnt bei 30° C mit 3 g Igepal usw. und erhöht langsam auf 80° C; nach 3/4 Stunden wird warm und kalt gespült.

Abb. 297. Fixierapparat für Perlonstrümpfe. (Mit Genehmigung der Färberei und Appretur Otto Kunz, Wien.)

Gefärbt wird meist im Seifenbade mit Azetatseidenfarbstoffen. Bleibt dabei Seife zurück, so kann durch eine nachfolgende Behandlung mit Kunstharz (*Antisnag-finish*) Fleckenbildung auftreten.

Das Polylactam besitzt den Schmelzpunkt von 215° C, das heißt ein längeres Erhitzen der Faser auf über 120° C schädigt die Faserfestigkeit. Gegen verdünnte Säuren und Alkalien ist es unempfindlich, schrumpft jedoch in kochendem Wasser um mehr als 20%. Nylon schmilzt bei 235° C, darf nicht längere Zeit auf 160° C erhitzt werden, und ist ebenso resistent wie Perlon, gegen Säuren eher noch etwas mehr[137]. Auch Nylon zeigt eine starke Schrumpfung, daher müssen alle Strumpfwaren aus Polyamidfasern vor dem Färben gegen das Eingehen „fixiert" werden. Dieses Fixieren, in USA „preboarding" genannt, erfolgt derart, daß man die Strümpfe, auf Formen aufgezogen, der Einwirkung von Heißdampf oder Heißluft aussetzt, so lange, bis die Ware in der Form fixiert ist. Die Temperatur liegt dabei vorteilhafterweise zirka 20 bis 30° C über der Färbetemperatur und darf bei keinem der nachfolgenden Verarbeitungsprozesse mehr überschritten bzw. auch nur erreicht werden. Für diese Fixierung gibt es verschiedene Apparattypen[138]. Nach einer Form der Firma Haas sind die Strumpfformen stehend auf einer Rundplatte angebracht. Durch einen abhebbaren Metalldeckel wird ein geschlossener Raum gebildet, in welchem die Hitzebehandlung vor sich geht. Nach einem anderen System (der Turbo Maschine Co.) Turbo, bewegen sich die senkrecht stehenden Formen durch einen heizbaren Kasten. Auch in elektrisch beheizten Räumen wird neuerdings fixiert (vgl. Abb. 297).

Die Fertigstellung von Nylonstrümpfen nach dem Färben oder das Preboarding der Ware vor dem Färben kann auch auf Apparaten der British Schuster Co., Leicester, erfolgen (NyloPlas). Dabei wandern die auf Formen bezogenen Strümpfe am Förderband durch einen Spritzraum, wo sie mit Wasser bespritzt werden. Weichgummiwalzen nehmen den Überschuß an Feuchtigkeit weg und in einem elektrisch oder mit Gas beheizten Raum erfolgt die Fixierung. Man kann als Fertigstellung nach dem Färben auch mit Fixierlösungen (die Laufmaschenbildung verhindernden Mitteln) besprühen und dann trocknen. Die beste Ausführung arbeitet mit Infrarotheizung. Die Schrumpfung beträgt nur 2 bis 3%.

Vorsicht auf die Trocknungstemperatur, da Azetatseidenfarbstoffe leicht absublimieren.

Das Fixieren von Nylonstrümpfen in gesättigtem Dampf kann auch bei 100° C erfolgen. Man behandelt 15 Minuten auf der Form. Auch in Gegenwart von Feuchtigkeit kann eine Infrarotstrahlung angewendet werden. Bei einer Dampftemperatur von 130° C braucht die Behandlung nur 2 Minuten zu dauern.

Die auf der Form befindlichen Strümpfe sollen nur an den oberen Rändern befeuchtet werden und müssen fadengerade aufgezogen sein. Die Ferse muß gut aufsitzen, die Spitze des Strumpfes kann eventuell über die Form hinausragen.

Im allgemeinen muß die Fixierung von Perlon unbedingt bei über 100° C erfolgen, während Nylon auch bei 90 bis 95° C fixiert werden kann.

Das Fixieren von Nylon-15-den-Strümpfen im Kabinettverfahren erfolgt in Anwesenheit von Dampf mit elektrischer Heizung bei 94 bis 99° C 10 bis 30 Minuten und einer relativen Luftfeuchtigkeit (RH) von 70 bis 80% im Apparat Typ Sanderson, Manchester.

Zum Färben von Nylonstrümpfen kommen praktisch Säure- oder Azetatseidenfarbstoffe in Frage. Für erstere besitzt insbesondere Nylon nur eine

[137] Neben dem höheren Schmelzpunkt und der geringeren Affinität zu sauren Farbstoffen kann Nylon von Perlon nach MÜLLER: S. V. F. Fachorgan Textilveredlung, zit. Melliand Textilber. **32**, 658 (1951) dadurch unterschieden werden, daß Perlon in kochender 42%iger Ameisensäure löslich ist (vgl. Tab. A, S. 18).

[138] PIEPER: Melliand Textilber. **32**, 665 (1951), bzw. Textil-Praxis, FOURNÉ **6**, 732 (1951), **8**, 795 (1953).

gegenüber Seide oder Wolle sehr geringe Aufnahmsfähigkeit; tiefere Färbungen als solche von 2 bis 3% können nicht erzielt werden. Außerdem tritt bei nicht geeignet gewählten Farbstoffmischungen die Erscheinung des „Blockierens" ein, das heißt die Anfärbung erfolgt oft nur mit einem Farbstoff und der andere oder die anderen Komponenten ziehen nicht auf. Die Färbung mit sauren Farbstoffen hat noch den Nachteil, daß jede Materialverschiedenheit die Affinität ändert, so daß verschieden gestrecktes Material verschieden färbt und die aus der Kunstseidenfärberei bekannten Kringel entstehen. Die Echtheit der Färbungen ist eine sehr gute. Die Färbung mit Azetatfarbstoffen gibt, gegenüber den Musterkarten, die die Produkte auf Azetatseide illustrieren, abweichende Töne, meist blauer. Die Echtheit ist vielfach nicht besonders. Dafür kommen Streckungsunterschiede nicht zum Ausdruck.

Materialunterschiede bei Perlongarnen (Fadendicken) in Strümpfen sind dadurch ausgleichbar, daß man bei tieferer Temperatur als normal mit Azetatseidenfarbstoffen färbt. Vorerst färben sich die Garne mit geringerem Fadendurchmesser dunkler, da sie vom Farbstoff am besten vollständig durchdrungen werden. Später erfolgt die Verteilung des Farbstoffs auch in den stärkeren Fäden gleichmäßig, wobei allerdings optisch diese dann dunkler erscheinen als die feinfädigen Garne. Man muß daher den Färbeprozeß vorher unterbrechen und kann den Färbevorgang am leichtesten kontrollieren, wenn man bei niederer Temperatur arbeitet[139]. Zum Färben empfiehlt die BASF ihr Perliton- und Perlitonechtsortiment, ausgesuchte Azetatfarbstoffe, die nicht sublimieren.

Das Färben von Perlonstrümpfen soll nach Abramov [Legkaya Prom. 11, Nr. 6, 28 (1951), zit. Chem. Abstr. 741 (1952)] auch mit direkten Farbstoffen aus sauren Bädern möglich sein, wobei eine nachträgliche Behandlung mit Fixiermitteln notwendig ist.

Für die Färbungen können nach Clapham beispielsweise folgende Farbstoffe Verwendung finden (Du Pont):

Herrensocken, Braun: (Azetatseidenfarbstoff) Acetaminorange GR, entwickelt mit Acetaminentwickler AD oder β-Naphtol.

Grün: (Sauer) Walkgelb 5G konz. und Pontacylechtblau GB extra.

Braun: (Sauer) Walkgelb 5G konz., Walkrot SWB konz. und Anthrachinonblau SWF.

Schwarz: (Azetatseidenfarbstoff) Acetamindiazoschwarz 3B, entwickelt mit Acetaminentwickler AD.

Das Diazotieren der Schwarzfärbung erfolgt mit 8% Nitrit und 16% HCl 20% ½ Stunde bei 40° C, entwickelt wird mit 4% Acetaminentwickler AD extra und 10% Essigsäure 28% bei 50° C, ½ Stunde, dann 30 Minuten bei 60° C und schließlich 15 Minuten bei 80° C.

Das Färben erfolgt nach einer Vorbehandlung der Ware mit 5% Essigsäure (28%) und 0,5 bis 1% Tannin bei 60° C. Saure Farbstoffe werden aus essigsauren Bädern, Azetatseidenfarbstoffe mit Seife als Dispergiermittel gefärbt.

Zum Färben sind als Azetatseidenfarbstoffe auch die Celliton- und Cellitonechtfarbstoffe (IG) oder die Artisildirekt- (Sa), Cibacet- (Ci) bzw. Setacylfarbstoffe (Gy) geeignet.

Eine weitere US-Rezeptur[140] gibt für gangbare Modetöne auf Nylonstrümpfen

---

[139] Vgl. Vickerstaff: Teintex 10, 165 (1951); Lutgerhorst: Rayon-Revue 6, 78 (1952); Müller: Textil-Praxis 8, 783 (1953).

[140] The Chemical Formulary 1951, New York: Chem. Publishing Co., S. 55.

pro 50 kg Ware, Flotte 1 : 10 : 15 im Strumpffärbeapparat die Nacco (mit Azetatseidenfarbstoffen):

Braun:	Nacelanscharlach CSB (National Aniline and Chem. Corp., Nacco)	0,090 kg
	Nacelanechtgelb CG (Nacco)	0,120 „
	Nacelanbrillantblau NR (Nacco)	0,360 „
Sonnenbrand:	Nacelanscharlach CSB	0,018 „
	Nacelanechtgelb CG	0,038 „
	Nacelanbrillantblau NR	0,020 „
Helltaupe:	Nacelanscharlach CSB	0,070 „
	Nacelanechtgelb CG	0,103 „
	Nacelanbrillantblau NR	0,230 „

Man teigt die Farbstoffe mit der zehnfachen Menge 10% neutraler Seifenlösung an und rührt kochend heißes Wasser in den Teig, bis eine einwandfreie Farbstoffdispersion entstanden ist. Nach Zugabe von 0,5 kg Nacconol NR (Nacco, National Aniline and Chem. Corp.) gibt man in das Färbebad. Mit der gut gereinigten Ware wird bei zirka 40° C eingegangen und in etwa 20 Minuten auf 80 bis 90° C erhitzt. Bei dieser Temperatur wird 40 Minuten gefärbt. Dann wird gespült und entwässert. Falls durch die Verschiedenheit der Garne in Stulpe und Fuß Farbdifferenzen entstehen, so können diese beim Färben mit Azetatseidenfarbstoffen dadurch verringert werden[141], daß man die Ware vor dem Färben bei 30 bis 40° C für helle Töne mit 5% Tannin, 0,5% Essigsäure 56% und 5% Duponol-D-Paste (Du Pont) behandelt, wobei man die Temperatur dann auf 50° C steigert und 15 Minuten einwirken läßt. Dann wird der Farbstoff zugegeben und unter Zusatz von 4 bis 5% Duponol-D-Paste bei 70° C 40 Minuten gefärbt. Hernach wird gespült. Für tiefere Töne verdoppelt man die Tannin- und anderen Mengen, die sich auf das Warengewicht beziehen.

Herrensocken aus Wolle werden oft mit Nylon verstärkt. Sie werden nicht roh gefärbt, sondern aus gefärbtem Garn verfertigt (garnfärbig hergestellt).

Wegen der überaus großen Empfindlichkeit der Ware gegen rauhe Hände, Nägel, Tischunebenheiten usw., die zu sogenannten „Ziehern“ („Snags“) führen, sind die Manipulationspersonen zu maniküren und haben ihre Hände öfters mit Glyzerin zu bestreichen. Das Tragen von Handschuhen hat sich nicht bewährt.

Die Reinigung von Nylonstrümpfen erfolgt nach dem Fixieren vor dem Färben. Sie ist sehr wesentlich, da bei der Verarbeitung zur Verhinderung der sonst auftretenden statischen Elektrizität hohe Garnpräparationen Anwendung finden. Man reinigt kochend unter Fettlöserzusatz.

Nylonstrümpfe schwimmen auf, können daher nicht aufgefädelt werden. Man färbt im Pack am Apparat.

Bei der ganzen Verarbeitung ist stets zu bedenken, daß Nylon sehr schlecht netzt und nur 4 bis 5% Wasser aufnimmt.

Zur Schonung der Ware werden, wie bereits gezeigt, Nylonstrümpfe ausschließlich in Apparaten gefärbt. Diese arbeiten in USA nach dem Trommelprinzip, die Ware ist dabei zu 2 Dutzend in Netze eingepackt. Die Färbetrommel hat eine große Anzahl Abteile.

Then in Schwäbisch-Hall hat eine Nylonstrumpffärbemaschine gebaut, bei welcher die Ware in Paketen (Netzen) über Stäben liegt (Abb. 273). Nach der Färbung wird oft noch durch ein schwaches Bad mit Kunstharzvorkondensat[142] genommen („Antisnag“-Behandlung), geschleudert und geformt.

---

[141] Du Pont, Techn. Bulletin.

[142] Nach TURCK: Text. World. **99**, 114 (1949), werden als besonders wirksam PV-Derivate, mit besserem Griff jedoch Polystyrol, empfohlen; Polymethacrylate ebenso.

Außer den bereits besprochenen Arbeitsweisen kann das Fixieren von Nylonstrümpfen nach dem DUNN-System derart erfolgen, daß die Rohware erst gedämpft, dann gefärbt und endgültig nach dem Färben fixiert wird[143].

Die Färbung von Mono- und Multifilamentnylon in einer Ware (Fuß und Sohle) macht oft Schwierigkeiten.

Die Reinigung kann mit Alkoholsulfonaten neutral erfolgen, wonach im selben Bad gefärbt wird. Auf diese Art sind nach KOCK gute Unitöne erreichbar. Weniger gut ist es, in zwei Bädern zu arbeiten, wobei das Reinigungsbad etwa 4% Seife, 4% Sulfonat und 3% Trinatriumphosphat enthält und bei 45° C angewendet wird. Je kürzer und bei je tieferer Temperatur man färbt (65° C), desto gleichmäßiger sollen die Färbungen mit Azetatseidenfarbstoffen ausfallen. Küpenfarbstoffe geben als Mischung nicht gute Übereinstimmungen.

Ist eine Vorbleiche der Strümpfe nötig, so kann man diese mit der Warenreinigung verknüpfen. Man arbeitet mit 5% Pyrophosphat, 5% Natriumchlorit, 1,5% synthetischem Waschmittel und 5% Ameisensäure 85% bei 85° C.

Ein Bleichbad allein wird mit 4% Textone (Natriumchlorit), 2% Essigsäure 56% und 40% Netzmittel bei 70° C 30 Minuten angewendet und dann gut gespült.

Vielfach haben die Strümpfe gefärbte Nähte und Hochfersen. Man reinigt derartige Ware nur mit Fettalkoholsulfonaten 5%.

Für die Nähte von Nylonstrümpfen und Hochfersen werden dabei folgende, der Heißfixierung ohne Abbluten ins Weiß widerstehende Indanthrenfarbstoffe genannt: Indanthrenrotbraun R, Indanthrenmarron BR, Indanthrendirektschwarz RB.

Statt der üblichen Nonslip-Appretur kann man auch mit Nylonlösungen oder -dispersionen behandeln (Nylonierung), die mit Zitronensäure ausgezogen werden. Sie geben einen weichen Griff und wasserabsorbierende Ware.

Nach Mitteilungen der Rayon-Revue **6**, 76 (1952) soll man gegenwärtig Nylonstrümpfe in Beigetönen mit grünen oder rötlichen Hochfersen und Säumen mit fluoreszierenden Farbstoffen gefärbt auf den Markt bringen.

In der Färbung von Strümpfen bzw. Socken aus Orlon-Baumwolle(merc.)-Mischungen können reinweiße Orloneffekte nach Du Pont erzielt werden, wenn man bei 90° C in einem Bad 1 : 50 15 Minuten färbt mit 15% Farbstoff (Küpenfarbstoffpaste), 3% Netzmittel, 5% Dextrose und 15% Natronlauge, dann auf 80° C abkühlt, 2% Hydrosulfit konz. zugibt und weitere 30 Minuten färbt. Man spült, oxydiert mit Perborat bei 50° C, seift 10 Minuten kochend und spült.

Z. B. färbt man mit folgenden Marken (Du Pont):

Braun:	15,00%	Ponsol Brown VR Paste
	4,70%	Ponsol Khaki 2G Paste
	0,75%	Ponsol Dark Blue 2G Paste
Marineblau:	7,50%	Ponsol Dark Blue 2G Paste
	7,50%	Ponsol Direct Black 3G Double Paste
	1,85%	Ponsol Red Brown RB Paste
Dunkelgrün:	8,75%	Ponsol Jade Green Double Paste
	2,50%	Ponsol Brown VR Paste
	1,85%	Ponsol Golden Orange RRT Paste
Schwarz:	12,50%	Ponsol Black BA Double Paste
	4,40%	Ponsol Golden Orange RRT Double Paste
	1,50%	Ponsol Dark Blue 2G Paste

[143] *Amer. Dyestuff* Reporter **40** P 531 (1951).

Sandoz empfiehlt für das Färben von Nylonstrümpfen die Artisildirektfarbstoffe, wobei man Modetöne mit Artisildirektgelb GN, -orange 2R und -blau BRP färben soll. Eine Mischung, die ein gangbares Braun ergibt, wird als Nylonstrumpfbraun in den Handel gebracht.

Vielfach färben sich Nylongarne unterschiedlicher Denier in Strümpfen verschieden. Oft liegen auch Reinseide-Nylon-Strümpfe*, eventuell sogar mit Baumwollrändern, vor. Gleichmäßige Färbungen werden in diesen Fällen mit dem Sandofastsortiment, das aus neutralen bzw. schwach alkalischen Bädern unter Zusatz von 2% Sandopan A konz., 1% Ammoniak 25% und 4% Ammonsulfat gefärbt wird, erzielt. Man geht bei 40 bis 50° C ein, treibt auf 90° C und färbt etwa ¾ bis 1 Stunde. Kombinationen sind vorteilhaft mit Sandofastbraun NG, -rot N und -blau N gefärbt. Dem Bad werden 2% Sandopan A konz. oder ein Fettalkoholsulfonat und 4% Ammonsulfat zugegeben. Als Nuancierungskomponenten dienen Sandofastgelb N und NG. Die anderen Farbstoffe gehen oft bei längerem Kochen stark auf die Nylonfaser oder wandern von der Naturseide ab.

Das Sandofastsortiment umfaßt: Sandofastgelb N, NP, -rot N, -blau N, -braun NG, -grau N.

Schwarzfärbungen können auf Nylon mit Artisildiazoschwarz GP unter Diazotieren und Entwickeln mit β-Oxynaphtoesäure hergestellt werden. Das Diazotieren und Entwickeln muß bei höherer Temperatur und mindestens ¾ Stunden lang erfolgen.

Auch mit 8% Omegachromschwarz S und 2% Ameisensäure 80% ohne Salz kann man ein gutes Schwarz erzielen. Man geht bei 50 bis 60° C ein, erhitzt auf 100° C, kocht ½ Stunde, gibt 3% Schwefelsäure konz. in drei Anteilen zu, färbt 30 Minuten, schreckt auf 70° C ab und chromiert mit 4% Natriumbichromat. Hernach wird warm gespült, ein kaltes Natriumazetatbad gegeben, geschleudert und geformt.

Von den Perlitonfarbstoffen sind nach BASF für Strumpffärbung geeignet: für Brauntöne: Perlitonbraun G, nuanciert mit Perlitongelb GR, -rot 3B, -blau 3G, -schwarz BT, wobei auch Monofilament (Strumpflänge) und Multifilament (Stulpe) gleich angefärbt werden, wenn man bei 50 bis 60° C arbeitet.

Als sublimierecht (bis 150° C) wurden festgestellt: Perlitongelb RR, -scharlach R, -rot 3B, -rubin BB, 4B, -bordo B, -violett B, -blau 3G, BBG, -blaugrün B.

Socken aus Nylaine usw. (Wolle-Nylon) werden vorteilhaft mit den Xylenecht-P-Farbstoffen gefärbt, die eine ausgezeichnete Ton-in-Ton-Färbung ergeben. Man beginnt mit dem Färben bei 40 bis 50° C mit 3% Essigsäure 30% und 10% Glaubersalz, steigert die Färbetemperatur langsam auf 100° C und färbt kochend ½ bis 1 Stunde. Die Faser- bzw. Materialdurchfärbung ist auch auf Drum-(Trommel-) Apparaten eine sehr gute.

Strümpfe aus Nylon, die meist aus 15den-Garn (Monofilament) im Fuß und 30 bis 50den (Multifilament) in den Sohlen und Hochfersen bestehen, können in Modetönen, etwa wie nachstehend, gefärbt werden:

Man arbeitet in Leinensäckchen, die jedes etwa 2 Dutzend Strümpfe fassen, zirka 50 Dutzend in einem Gefäß aus nichtrostendem Stahl (Kufe), deren Erhitzung und Flottenbewegung durch Dampfinjektor erfolgt. Dadurch bewegen sich die Warenpakete in der Flotte. Vorteilhaft sind Färbeapparate, wie etwa die in USA gern angewandte Smith-Drum oder der Färbeapparat von Then.

Gemustert wird naß, die Farbe ist eine Spur heller, besser hält man die mittels

* Bekanntlich trägt sich Nylon wegen seines kalten Gefühls schlecht, daher wird es mit Reinseide gemischt verwendet.

Abb. 298. *Kommerz-Herren- und Damenware*

Muster	Ältere Rezepte
	1,1% Diamineralblau CVB (IG) 0,8% Naphtaminblau 7B (IG/Kalle) 10% Glaubersalz krist.
	0,66% Triazolbrillantviolett 2RL (IG/Kalle) 10% Glaubersalz krist.
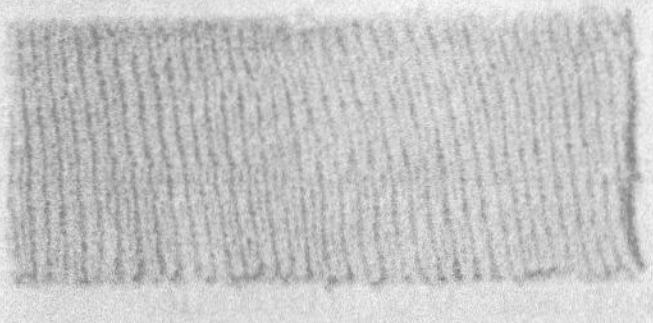	Mako, abgekocht
	0,040 kg Pegubraun G (IG) 0,015 kg Naphtamingrau B (IG/Kalle) 20 Dtz., 1 : 40, 5 kg Glaubersalz krist.
	0,030 kg Naphtamingrau B (IG/Kalle) 0,008 kg Pegubraun G (IG) 30 Dtz., 1 : 40, wie oben.
	0,080 kg Naphtamingrau B (IG/Kalle) 30 Dtz., 1 : 40, 10 kg Glaubersalz krist.
	0,600 kg Naphtaminbraun T (IG) 0,100 kg Neutoluylenbraun GG (IG/Kalle) 30 Dtz., 1 : 40, 10 kg Glaubersalz krist.
	6% Schwefelschwarz T extra (IG) 12% Schwefelnatr. krist. Stehendes Bad.

Abb. 299. *Kommerz-Herren- und Damenware*

Muster	Ältere Rezepte
	0,25% Pegubraun G (IG) 0,05% Chrysophenin G (IG) 0,03% Toluylenorange N (IG) 0,3% Soda sicc., 5% Glaubersalz krist.
	0,25% Naphtamingrau B (IG/Kalle) ohne Zusatz.
	0,60% Naphtamingrau B 0,3% Soda, 5% Glaubersalz krist.
	3,0% Neutoluylenbraun GG (IG/Kalle) 0,6% Naphtaminbraun T (IG) 0,5% Soda sicc., 5% Glaubersalz krist.
	3,0% Naphtaminbraun T (IG) 0,6% Neutoluylenbraun GG (IG/Kalle) 0,5% Soda sicc., 10% Glaubersalz krist.
	0,25% Naphtamingrau B (IG/Kalle) 0,2% Soda sicc., 5% Glaubersalz krist.
	3,0% Neutoluylenbraun GG (IG/Kalle) 0,4% Naphtaminbraun T (IG) 0,5% Soda sicc., 10% Glaubersalz krist.
	3,0% Naphtaminbraun T (IG) 0,4% Neutoluylenbraun GG (IG/Kalle) 0,5% Soda sicc., 15% Glaubersalz krist.
	1,5% Naphtamingrün G (IG/Kalle) 10% Glaubersalz krist.

Abb. 300. *Seidenstrumpffärbungen*

Muster	Dtz.	kg	Farbstoffe	Flotte	Zusätze
	7½	3,70	10 g Diaminbraun 33 (IG) 1½ g Sambesischwarz D (IG) 1 g Benzorhodulinrot B (IG) 3 g Wollreinblau GL (IG) 2 g Tuchechtorange G (Ci) 5 g Tuchechtrot 3B (Ci)	800 l kochd.	1 kg SO_4Na_2 12 l Seifen-lösung 30 g/l
	7½	3,70	56 g Direktbraun 33 (IG) 8 g Sambesischwarz D (IG) 12 g Benzorhodulinrot B (IG) 50 g Chlorantinlichtorange T 3RLL (Ci) 17 g Tuchechtrot 3B (Ci) 10 g Wollechtblau GL (IG)	800 l kochd.	2 kg SO_4Na_2 12 l Seife
	7½	3,70	3 g Direktbraun 33 (IG) 8 g Benzoechtschwarz L (IG) 2 g Benzorhodulinrot B (IG) 8 g Wollechtblau GL (IG) 2 g Tuchechtorange G (Ci) 5 g Tuchechtrot 3B (Ci)	800 l kochd.	1 kg Salz 12 l Seife

Abb. 301. *Seidenstrumpffärbungen*

Muster	Dtz.	kg	Farbstoffe	Flotte	Zusätze
	5	2,50	10 g Direktbraun 33 (IG) 3 g Benzoechtschwarz L (IG) 3 g Benzorhodulinrot B (IG) 3 g Wollechtblau GL (IG) 6 g Tuchechtrot 3B (Ci)	600	2 kg Salz 12 l Seife
	$7^1/_2$	3,60	6 g Direktbraun 33 (IG) 5 g Benzoechtschwarz L (IG) 3 g Benzorhodulinrot B (IG) 3 g Wollechtblau GL (IG) 1 g Tuchechtorange G (Ci) 7 g Tuchechtrot 3BL (Ci)	800	1 kg Salz 12 l Seife
	7	3,80	20 g Direktbraun 33 (IG) 8 g Benzoechtschwarz L (IG) 10 g Benzorhodulinrot B (IG) 7 g Wollechtblau GL (IG) 11 g Tuchechtrot 3B (Ci) 2 g Tuchechtorange G (Ci)	800	2 kg Salz 12 l Seife

eines Tuches vom anhaftenden Wasser befreite Ware in den Warmluftstrom eines Haartrockners usw. (Ein Trocknen ist unbedingt notwendig bei Mischstrümpfen, die Wolle bzw. Seide oder Kunstseide bzw. Baumwolle enthalten.)

Färben sich die Monofil- und Multifilamentgarne im Nylonstrumpf leicht verschieden stark an, dann empfiehlt Sandoz sein Sandofastsortiment, welches Farbstoffe, aus Mischungen von sauren und substantiven Produkten bestehend, umfaßt. Man färbt mit 2% Fettalkoholsulfonat, 1% Ammoniak 25% und 4% Ammoniumsulfat.

Nach FLEMING [J. Invest. Dermatol. **10**, 281 (1948)] wurden von Du Pont 14 Farbstoffe, die für die Nylonfärbung angewendet wurden, ermittelt, welche bei bestimmten Personen Dermatitis hervorriefen. Die ungefärbte Faser zeigte keine Wirkung. Hautreizungen entstehen nach WHITE bei gefärbtem Nylon auch durch einen Gehalt an nicht reduziertem Chrom, wenn mit Chromierungsfarbstoffen gefärbt wurde.

Nicht zu Hautreizungen geben folgende Du Pont-Azetatseidenfarbstoffe (nach Untersuchungen der Herstellerfirma) Anlaß: Acetamine Yellow N, Acetamine Scarlet B, Celanthrene Brilliant Blue FFSK. Man benützt sie in Kombination und nuanciert mit anderen Produkten. Allein ihre Zugabe zu anderen Kombinationen soll schon den Reizeffekt verhindern. Für Schwarz wird Acetamine Diazo Black B empfohlen (vgl. S. 517).

Die Durchsicht der angelieferten rohen Strumpfware ist besonders bei Seiden- und Nylon- bzw. Perlonstrümpfen wegen der Gefahr von in der Ware befindlichen Fehlern (Knoten, Ziehern usw.) sehr sorgfältig vorzunehmen. Während man Baumwoll- und Wollstrümpfe auf Ölflecken und Nadelstreifen prüft, durchleuchtet man Seidenstrümpfe am von unten beleuchteten Mattglastisch. Nylonware ist wegen ihrer Durchsichtigkeit hierfür nicht geeignet, man prüft gegen Dunkel. Nur die gefärbte Ware ist nach dem Formen beim Sortieren in Qualitäten auf der beleuchteten Mattglasscheibe zu kontrollieren.

Perlonstrümpfe zeigen nach dem Färben und Formen oft mehr oder weniger scharf begrenzte kleinere Stellen, an denen die Strumpfmaschen dichter und unregelmäßig liegen („Krätzen"). Man kann derartige Fehler durch nachheriges Preboarding entfernen. Es handelt sich höchstwahrscheinlich um Stellen, die durch Bolderbildung beim Fixieren der Rohware nicht eng an der Strumpfform lagen und daher keine genügende Spannung besaßen.

Einige Rezepte für Farbtöne, wobei von verschiedenen Farbkombinationen ausgegangen wurde, seien noch angegeben:

Modedrap: 0,20% Artisildirektorange 2R (Sa)
0,10% Artisildirektgelb GN (Sa)
0,20% Artisildirektblau BRP (Sa)
2 g Sandopan WP (Fettalkoholsulfonat) pro Liter, Flotte 1 : 35, bei 40 bis 50° C eingehen, auf 95° C treiben und färben;
oder 0,80% Nylonstrumpfbraun B (Sa)
0,02% Artisildirektgelb GN (Sa)
sonst wie oben.

Mittelrotbraun: 0,40% Artisildirektorange 2R (Sa)
0,40% Artisildirektgelb GN (Sa)
0,25% Artisildirektblau BRP (Sa)
gefärbt wie oben;
oder 1,00% Xylenlichtgelb 2G (Sa)
0,40% Azorhodin 2G (Sa)
0,30% Alizarinlichtblau B (Sa)
2,5% Schwefelsäure, 10% Glaubersalz, Flotte 1 : 40. Bei 40° C eingehen, zum Kochen treiben, kochend färben.

Dunkelbraun:	0,80%	Artisildirektorange 2R (Sa)
(Blaustich)	1,50%	Artisildirektblau BRP (Sa)
		wie für Azetatseide üblich;
oder	1,00%	Xylenlichtgelb 2G (Sa)
	0,40%	Azorhodin 2G (Sa)
	0,40%	Alizarinlichtblau B (Sa)
		wie für saure Farbstoffe angegeben.

Nach dem Waschen mit Na-Azetat im Spülbade hantieren, dann schleudern und formen.

Vielfach sind Strümpfe aus Nylon oder Perlon und Bemberg-Kunstseide (Kupferkunstseide) zu färben. Während das Färben im neutralen Bad mit Azetatseidenfarbstoffen für Nylon und nylonreservierenden substantiven Farbstoffen für den Kupferreyon leicht gelingt, ist die Färbung von Perlon-Bembergseiden-Strümpfen deshalb schwierig, weil nylonreservierende Direktfarbstoffe auf Perlon aufziehen, und zwar, wenn auch eigentümlich changierend, mit etwas anderem Ton als auf die Kunstseide, doch andererseits wieder so stark, daß sich ein Gebrauch von Azetatseidenfarbstoff für die Polyamidfaser erübrigt bzw. unmöglich wird, da sonst die Perlonfaser zu dunkel würde.

Die Färbung von Strümpfen aus Polyamiden mit Baumwollanteilen, insbesondere Baumwollstulpen, erfolgt einbadig meist derart, daß man die Baumwolle mit substantiven Farbstoffen färbt, welche die Polyamidfaser, eventuell bei Anwesenheit eines Reservierungsmittels wie Nylotan M (Sa) usw., wenig oder nicht antönen und dispergierbaren Azetatkunstseidenfarbstoffen für das Polyamid.

Untersuchungen von uns haben ergeben, daß bei dieser Färbeweise verschiedenerlei beachtet werden muß [vgl. Gasser, F. und F. Weber, S.V.F. Fachorgan Textilveredlung 8, 543 (1953)]. Vor allem färbt sich Perlon wesentlich leichter an als Nylon, soferne neutrale Bäder in Frage kommen und außerdem ist auch die Wasserbeschaffenheit für die Reserve der Polyamidfaser durch Direktfarbstoffe von größter Bedeutung. Sehr gute Reservierung ergibt sich für viele substantive Farbstoffe beim Färben im Seifenbad, welches andrerseits ja auch wieder die Dispergierung des Azetatseidenfarbstoffes erleichtert und das Anschmutzen der Baumwolle durch diese Farbstoffe erschwert.

Nylon-Perlonreserve in neutralem Bade zeigen Siriuslichtorange 5G, -lichtrosa BB, -lichtrotviolett RL, -lichtgrün BB (Bayer), Chlorantinlichtgelb GLL, -lichtorange 2GL, -lichtrot 6BLL, -lichtblau GLL, -lichtgrau 2BLL (Ci) usw.

Erst ins mit 3% Albatex WS (Ci) versetzte Färbebad bei 25 bis 30° C eingehen und direkt färben, wobei langsam auf 60° C erhitzt wird. Dann erst den Azetatseidenfarbstoff zusetzen und weiterfärben bis auf 80 bis 85° C.

Folgende Direktfarbstoffe reservieren im 20%igen Glaubersalzbad bei Zusatz von 2% Edolan A (nach Bayer) die Polyamidfaser, während sie Zellulose usw. anfärben:

Sehr gute Reserve zeigen: Siriuslichtgelb R, -lichtorange 3GLD, -lichtscharlach BN, -lichtrotviolett RL, -lichtblau 3G, RL, -lichtgrün 6B, -lichtgrau G.

Weniger gut reservierend sind: Siriuslichtgelb FFRL, -lichtbraun BRK, -lichtblau FBGL, FG, B.

Mäßig sind: Siriuslichtgelb RDA, -lichtorange F3G, 7GL, 3R, -lichtscharlach GG, -lichtblau BRR, GL, -lichtgrün BTL, -lichtolive GL, -lichtgrau VGL, GG.

Die Färbung von Naturseide-Polyamidfasern erfolgt nach Vorschlägen von Bayer derart, daß man unter Zugabe von Edolan A (einer Polyamid-affinen Eulanmarke) mit Walkgelb H5G, Supracengelb, Supranolechtblau 4G, Supraminorange G, die Polyamidfasern sehr gut reservieren, färbt. Gut verhalten sich: Supranolgelb R, -rot 3BL, -echtblau B oder EG, welche Kombination für Strümpfe zu empfehlen ist.

Reservierende Azetatseidenfarbstoffe (für die Polyamidfärbung) sind Cellitonechtgelb RR, G, GR, -echtorange GR, -rosa BN, FF3B, -orange R, -rotviolett RN, -violett B, 6B, -blau G, 3G, -echtblau B, FFB.

Für Unitöne auf beiden Fasern eignen sich am besten, aus essigsaurem Glaubersalzbade gefärbt:

Supranolechtscharlach FGN, G, GN, -rot 3BL, -blau EG, -grün BL, wobei mit 2% Essigsäure und 20% Glaubersalz krist. gefärbt wird (Eingehen bei 40° C, dann auf 90° C treiben).

Naturseide-Weißeffekte erzielt man durch Blankitnachbehandlung von Mischgeweben bei 30 bis 40° C, deren Polyamidanteil mit Cellitonechtgelb GGR, -braun 3R, -scharlach B, -rot BB, GG, -rubin B, 3B, -echtblau B, FFR, gefärbt wurde.

VIII. Verschiedene Färbeweisen

In diesem Kapitel soll einiges über die Färberei von Samten und Hüten, über Methoden zur Oberflächenmusterung von Geweben unter Anwendung von Färbeverfahren sowie über die im Kunstgewerbe wichtige falsche Batik gesagt werden.

Letzteres kunstgewerbliche Verfahren, das insbesondere für die Shawlherstellung in Frage kommt, ist eher als Handmalerei denn als Färbung aufzufassen.

Aus Raumgründen und weil auch nicht zu den textilen Färbemethoden passend, mußten die Rauchwaren-, Papier- und Lederfärberei unberücksichtigt bleiben.

1. Die Samt-, Velvet- und Plüschfärberei

a) Die Samtbleiche und Färbung

Das Reinigen von Velour transparent, dessen Grund stets aus Echtseide, der Pol in den weitaus meisten Fällen aus spinnmatter Azetatkunstseide, manchmal auch aus Glanzreyon besteht, erfolgt auf Seifenbädern mit Lösungsmitteln, um die (meist verharzte) Leinölschlichte des Pols zu entfernen. Man gibt dann noch ein Perboratbad (vgl. Abb. 302).

Man kann auch nach folgendem Rezept vorgehen:

Grege-Azetatseide mattiert oder glänzend.

Die Ware wird am Holzstern angenäht und dann im Betongeschirr, Volumen 2500 Liter, abgekocht und gleichzeitig gebleicht. Warengewicht 4 kg.

Es wird bei 40° C eingebracht in eine Flotte von 5 g Marseillerseife und 2 g Perborat pro Liter. Dann wird die Temperatur auf 70° C gesteigert und während 2 Stunden behandelt. Man darf nicht kochen, sonst verfilzt sich der Pol und die Stücke sind unbrauchbar. Hierauf wird warm gewaschen, 20 Minuten bei 45° C mit 3 l Salmiak 25%, dann warm bei 45° C 20 Minuten gespült, hierauf kalt 20 Minuten mit 1 l Schwefelsäure 50% auf 2500 l Wasser sowie etwas Blau behandelt, kalt 10 Minuten gewaschen und hierauf direkt vom Holzring abgespannt und getrocknet.

Bleichversuche im großen bei Standbädern ergaben folgende Resultate: Velour transparent Grundgewebe: Chappe, Pol: Viskosekunstseide, 1 Stück, *2,78 kg, am Doppelstern.*

Abb. 302a. *Entschlichtung von Velour transparent*

Nr.	Muster	Nr.	Muster
1		2	
3		4	

1. Rohware, Pol Azetatreyon matt, leinölgeschlichtet. *2.* 5 Stunden mit 10 g Seife und 5 g Laventin KB (IG) pro Liter bei 60° C behandelt. *3.* Über Nacht bei 70° C in obiger Flotte. *4.* Mit 10 g Seife und 5 g Perborat pro Liter 1 Stunde kochend nachbehandelt.

Die Bleiche wird eingestellt auf einen Sauerstoffgehalt von 2,20 g pro Liter und Alkali 0,99 g pro Liter. Temperatur 80° C. Beginn der Bleiche 12 Uhr mittags. Badmessung um 2 Uhr, Sauerstoff: 1,87 g pro Liter. Badmessung um 3 Uhr, Sauerstoff: 1,76 g pro Liter. Alkali: 0,96 g pro Liter.

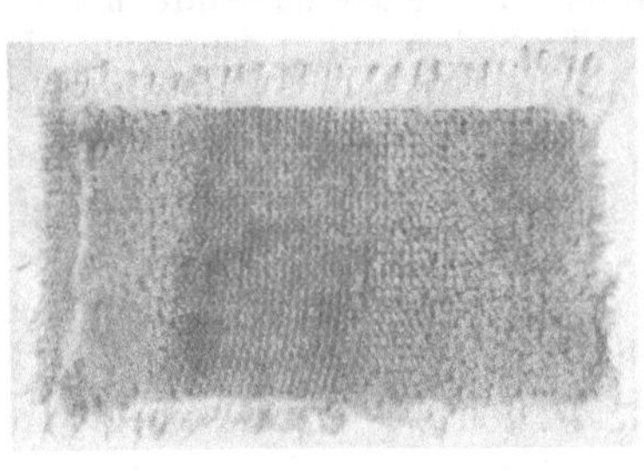

Abb. 302b. Normale Rohware.

Nach drei Stunden ist also die Bleiche beendet.

Es wird zweimal kalt gewaschen, dann handwarm abgesäuert mit 1,5 l Schwefelsäure 50° Bé auf 2200 l Wasser, nochmals kalt gespült und fertiggestellt.

Daher ist es nicht richtig, wie oft erwähnt wird, daß ein Aufwärmen des Bades eine starke Verminderung des Sauerstoffgehaltes hervorruft.

Es ist auch nicht anzunehmen, daß das Mehr an Metall des Doppelsternes eine Zersetzung des Bleichbades bedingt, denn die Abnahme des Sauerstoffgehaltes beim Bleichen ist ziemlich normal.

Ebenso ist eine merkliche Einwirkung des Betons des Behandlungsgeschirrs auf das Bad eigentlich nicht erwiesen, obwohl ein deutlicher Unterschied in der Haltbarkeit der Bäder in Beton- bzw. Holzgefäßen beim Stehen ohne Beschickung tatsächlich besteht. Jene Fälle, in welchen beim Bleichen eine Verminderung des Sauerstoffgehaltes des Bades um abnormale Werte, oder sogar, wie öfters, auf Null festgestellt wurde, sind auf grobe Fehler der Arbeitsweise zurückzuführen, es dürfte in diesen Fällen mit nach dem Ammoniakbad schlecht gewaschener Ware in das Bad eingegangen worden sein. Der am Material haftende NH_3 hat dann die rasche Badzersetzung bewirkt, wobei die mehrmals auftretende Erscheinung abnormaler Gasentwicklung und ungenügenden Bleicheffektes durchaus als Folge dieser Ursache bezeichnet werden kann.

Abb. 303. Schwarz auf Samt; Blauholzschwarz auf Eisengrund (holzessigsaures Eisen-Tannin).

Es ergibt sich somit für das Bleichen folgende Arbeitsweise: Man bleicht mit einem Sauerstoffgehalt von zirka 2,0 g pro Liter, jedoch mit weit geringerem Alkaligehalt von etwa 0,3, bei 70 bis 80° C. Die Herstellung der Badalkalinität erfolgt statt mit Wasserglas mit Phosphat. Der Vorteil ist der, daß dadurch gleichzeitig eventuelle Eisenspuren im Wasser unschädlich gemacht werden. Ein Neutralisieren des Bades beim Unbenütztstehen mit Säure ist nötig, um die Zersetzung des Peroxydes während dieser Zeit weitgehend zurückzudrängen.

Abb. 304. Doppelstern für Samtfärbung usw.

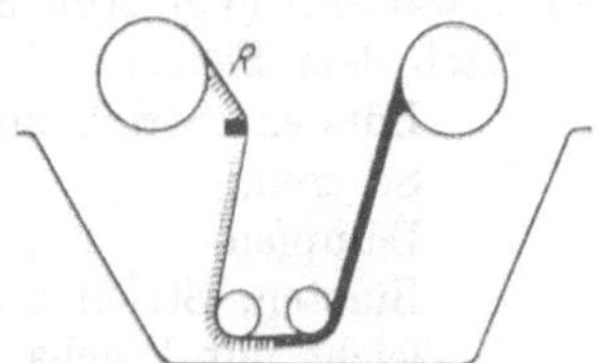

Abb. 305. Färbung von Samt am Jigger. *R* Rigel.

Bleichserien

Zeit	g O_2 pro l	g NaOH pro l	Zusatz	Anmerkung
16.00 Uhr	—	—	36 l H_2O_2	Frisches Bad nach Ansatz. Gebleicht: 11,5 kg.
16.30 „	1,91	0,48	7 l Wasserglas	Crêpe de Chine erschwert am Chargenring.
7.00 „				
7.00 „	1,44	0,43	Temp. 52°	Nach der Bleiche.
8.00 „	1,36	0,42	52°	Untersuchung des Abfalls der Badstärke beim Stehen ohne Beschikkung.
9.00 „	1,36	0,42	52°	
10.00 „	1,32	0,42	51°	
11.00 „	1,32	0,42	50°	
12.00 „	1,30	0,42	50°	
13.00 „	1,28	0,42	50°	
14.00 „	1,25	0,42	49°	
15.00 „	1,23	0,42	48°	
15.50 „	1,23	0,42	48°	Aufwärmen des Bades.
16.20 „	1,23	0,42	70°	Einbringen eines leeren Doppelsternes über Nacht, um den eventuellen zersetzenden Einfluß vom Metall nachzuweisen.
7.00 „	0,52	0,42	53°	Abfall beim Stehen.
15.00 „	0,45	0,42	48°	

Velour-Chiffon-Bleiche:

Versuchsstück: Velour Grillage: Kette: Organsine, Schuß: Grège, Pol: Viskose matt.

Das Stück wurde am Doppelstern (Abb. 304) aufgezogen und im Superoxydbleichbad gebleicht. Hernach wurde geseift und gebläut.

Die Färbung von Velour transparent erfolgt stets am Doppelstern, wobei die Ware auf beidseitig angenähten Borten aufgehakt ist. Ansonsten ist die Vorrichtung zum Heben und Senken wie auf S. 386 ausgestattet.

Die Farbstoffe sind wie unter Mischgewebefärberei zu wählen.

Schwarzfärbung auf Samt s. Abb. 303. Schnürlsamte können mit Vorteil auch mit Coprantinen (Ci) gefärbt werden (vgl. Ciba-Rundschau No. 104, S. 3827).

b) Die Färbung von Velvet

Das Färben von Baumwollsamten (Velvet) am Jigger erfolgt wie nachstehend:

Der Samt wird mit der Florseite nach unten, Rücken gegen die Walzen, aufgewickelt. Bei der ersten und letzten Passage wird der Flor über einen Vierkantriegel gelassen, der den Flor vollkommen niederlegt. Während des Färbens ist darauf zu achten, daß der Flor diese Lage beibehält. (Starke Bremsung der Jiggerwalzen.) (Vgl. Abb. 305.)

Nach dem Färben:

Bürsten, Strich und Gegenstrich,
Scheren,
Dämpfen,
Bürsten, Strich und Gegenstrich,
leicht mit Wachs bürsten.

Samtfärbungen mit Coprantinen können nach Ciba am Jigger erfolgen. Z. B. färbt man Manchestersamte bei Kochtemperatur unter Zusatz von

1 g pro Liter Albatex PO,
3% Natriumpyrophosphat sowie
25 bis 35% Glaubersalz krist.,

je nach Farbtiefe. Man verwendet einen Teil des vorher gelösten Pyrophosphats zum Lösen der bekanntlich schwer löslichen Farbstoffe. Entwickelt wird auf frischem Bade bei 70° C mit der halben Menge Coprantex A, auf verwendeten Farbstoff bezogen. Für Braun verwendet man z. B. Coprantinbraun RL, abgedunkelt mit Coprantinblau RLL, für Fraise Coprantinrubin RLL, für Grau z. B. Coprantingrau 2RLL, nuanciert mit Coprantingelbbraun GLL usw. Auch nach dem Standfast-Molten-Metal-Prozeß kann gearbeitet werden.

c) Die Färbung von Mohairplüsch

Die Färbung von Mohairplüsch sowie dessen weitere Behandlung wird nach folgender Arbeitsmethode vorgenommen:

Baumwollgrund, Mohairpol; Baumwollgrund schwarz vorgefärbt.

Das Färben erfolgt mit sauren schwarzen Farbstoffen, welche eine hohe Lichtechtheit aufweisen. Vorbehandlung ist keine nötig. Der Flor geht schön auf. Eine Nachbehandlung von in schwefelsauren Bädern gefärbten Waren mit Natriumazetat wegen des Schwefelschwarz-Baumwollgrundes ist unumgänglich notwendig.

Muster, gefärbt mit Naphtylaminschwarz 4B in essigsaurer Lösung, kochend unter Zusatz von etwas Schwefelsäure gegen Ende des Färbeprozesses (Abb. 306).

Um dem Pol ein Dessin zu geben, wird die Rohware mit Stärkekleister nach einer Richtung eingestrichen. Hierauf wird mit Rundbürsten ein Wirbeldessin oder mit Metallschablonen, welche aufgelegt werden und an deren ausgeschnittenen

Stellen der Flor in die entgegengesetzte Richtung gestrichen wird, eine Musterung hergestellt. Die Ware wird dann getrocknet und hierauf bei 100° C gedämpft. Dann wird schwach gemalzt und bei möglichst niedriger Temperatur ausgefärbt. Das Dessin bleibt bei nicht zu langhaarigen Plüschen ganz gut erhalten.

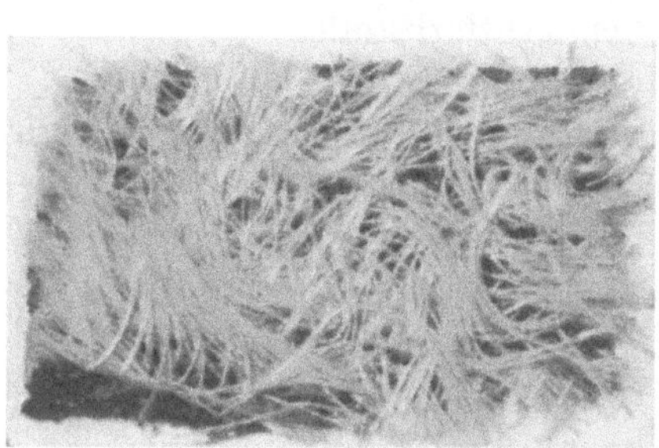

Abb. 306. Mohairplüsch, Rohware und gefärbt.

Wird kalt aufgeschlossene Stärke (mit Alkali) verwendet, so ist darauf zu achten, daß beim Dämpfen die Ware nicht angegriffen wird.

Ein Dessinieren nach oben beschriebener Art nach dem Färben geht nicht, da der Flor durch das kochende Färben eben schon aufrecht fixiert ist. Ein heißes

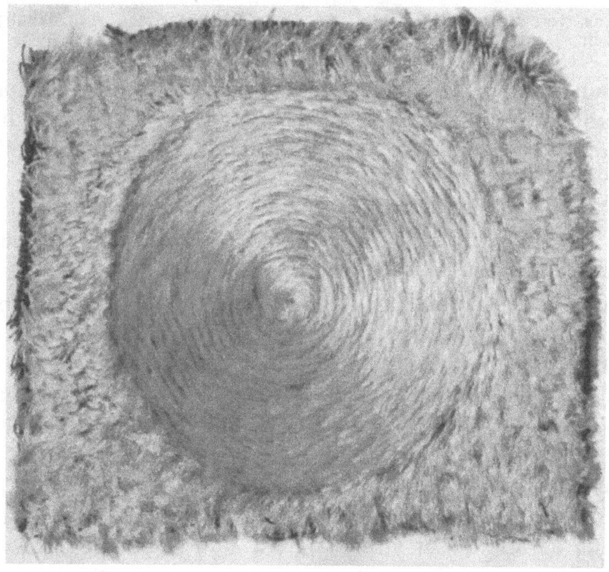

Abb. 307. Gewirbelter Mohairplüsch.

Bügeln ist manchmal von gleicher Wirkung wie das Dämpfen. Einbrennen von aufgerollter Ware in heißem Wasser und darin erkalten lassen geht nicht, da die Flüssigkeit die Stärke sofort herauslöst. Man müßte andere Klebemittel nehmen, die den Nachteil haben, vor dem Färben eine komplizierte Reinigungsarbeit einzuschalten.

Gewirbelter Plüsch, kurzhaarig, eingekleistert, unter Druck gedämpft, *gewaschen und entschlichtet* (Abb. 307).

d) Fellimitationen

Fellimitationen werden vielfach durch Spritzen mit der Bürste (Abb. 309), Spritzen mit der Pistole (Abb. 308) oder durch Laugenaufdruck und nachherige Ausfärbung vorgenommen (Abb. 309).

Fellimitationen (s. Abb. 309).

1. Auf Velour: Pol: Azetatseide matt, Fond: Seide/Grège.
Mit Bürsten aufgetragene Lösung von Cellitechtfarbstoffen.

2. Auf Herminette: Pol: Viskose, Fond: Baumwolle.
Aufgedrucktes Dessin in zwei Farben. Imitiert durch Aufpinseln von Nigrosin, spritlöslich in verschiedenen Konzentrationen. Ganz gut waschecht.

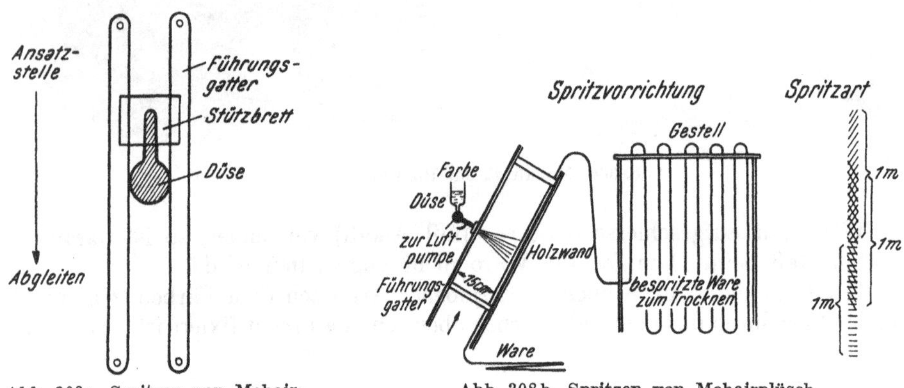

Abb. 308a. Spritzen von Mohairplüsch.

Abb. 308b. Spritzen von Mohairplüsch.

3. Vorfärbung mit Benzodunkelbraun, gespritzt mit Paste aus Rongalit C und Stärkeverdickung, mit Zinkoxyd als Blende. Spritzen mit harter Bürste, über eine Kante, kein Sieb. Gedämpft 20 Minuten ohne Druck, dann kalt gebürstet.

4. Gespritzt mit direkten Farbstoffen, verdickt mit Stärke.

5. Mittels Bürste aufgestrichene direkte Farben mit Verdickung. Ohne Auswaschen derselben aufgebürstet.

6. Aufdruck von Natronlauge 40° Bé. Trocknen und Ausfärben bei 60° C mit direkten Farbstoffen. Behandelt wurde mit Bädern, die eine Mischung aus Siriusorange G und Benzodunkelbraun extra enthalten.

Interessant ist, daß unter Einwirkung der sehr konzentrierten Lauge die Farbstoffaufnahme so stark ist, eigentlich sollte durch Oxyzellulosebildung eine Verringerung eintreten.

7. Herminette, bedruckt mit Lauge 40° Bé. Gefärbt bei 70° C. Links.
Wie oben, jedoch mit 20° Bé. Leider ist die schwächere Laugenkonzentration unbrauchbar, da sie die Faser stark angreift und verklebt. Muster rechts.

8. Links: Wie oben, ausgefärbt mit Kunstseidenschwarz G und Deltapurpurin 4B. Rechts: Mit Diaminschwarz BH und Benzodunkelbraun extra gefärbt.

e) Gemse (Spitzen von Flor)

Auf Wollsamt: Material: Flor-Wolle, Grundgewebe Baumwolle. Das Gewebe wird mit Salmiakseife bei 50° C entschlichtet, dann gut gewaschen, hierauf mit Salzsäure behandelt, dann Chlorlösung von etwa 0,5° Bé gegeben und dann gut gewaschen.

Abb. 309. *Fellimitationen (vgl. Text)*

Nr.	Muster	Nr.	Muster
1		7	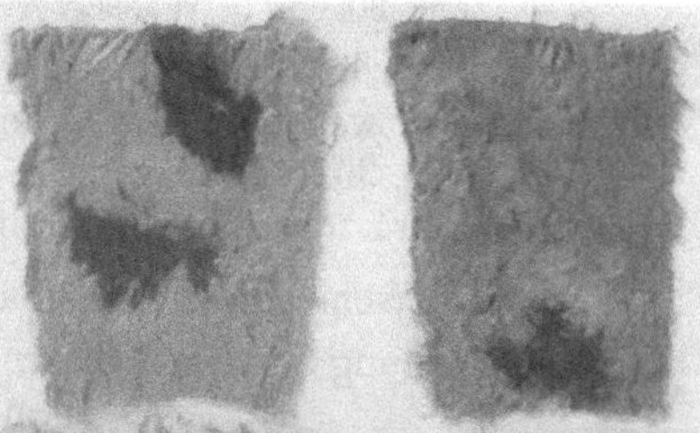
2	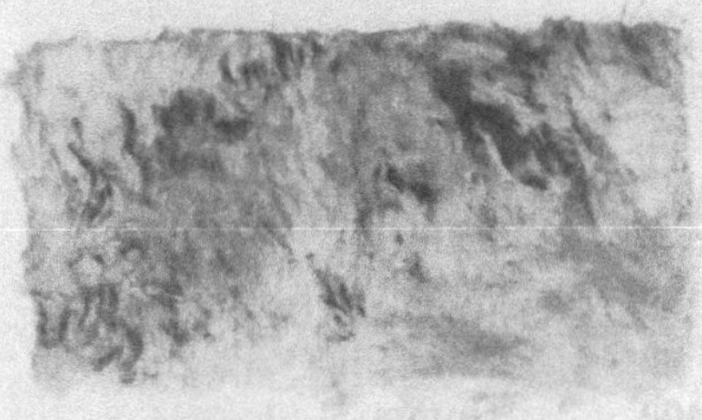	8	
3		9	
4	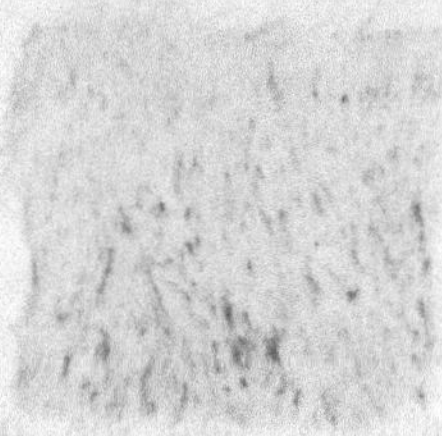	10	
5		11	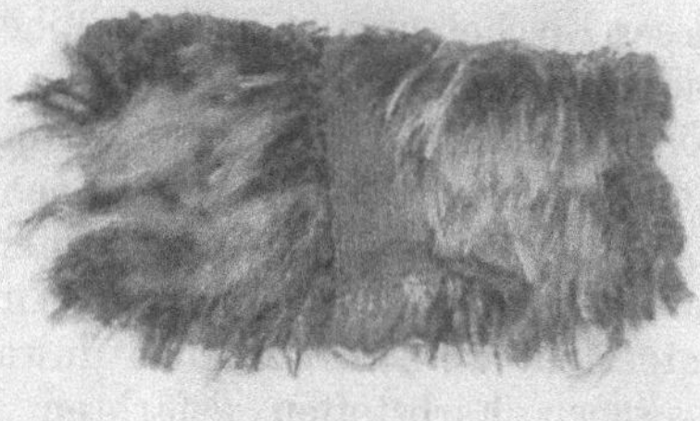
6		12	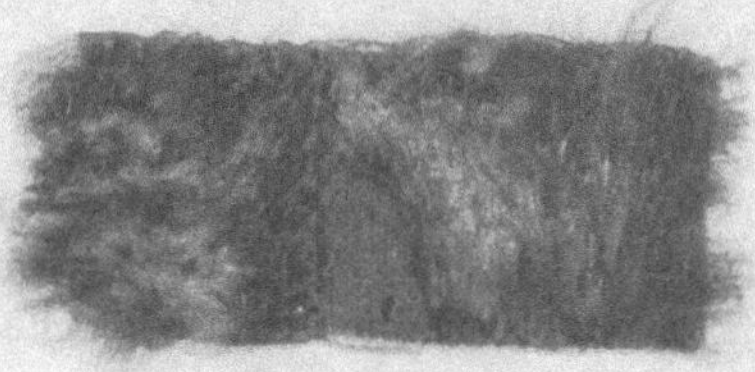

Man färbt die Wolle entweder mit sauren Farbstoffen und deckt die Baumwolle nach oder arbeitet einbadig mit Siriusfarben. Gespitzt wird mit einer

Paste aus: { 40 Teile Rongalit CW
20 „ Traganth (65 : 1000)
20 „ Wasser.

Hernach wird getrocknet, bei 100° C ohne Druck gedämpft (20 Minuten) und dann entweder ausgewaschen oder gebürstet und getrocknet.

Vgl. Abb. 309, und zwar: 9. Rohmaterial, 10. Gefärbt, gespitzt und ausgewaschen, 11. dasselbe, aufgebürstet.

Nach Vorschlägen der IG-Farbenindustrie arbeitet man wie folgt:

Die Färbung wird mit Diaminbraun S
Diamincatechin G
Diamingrün G
Säureanthracenrot 3BL
Sulfonsäuregrün BL (Typ 8002)
erst kochend, dann mit abgestelltem Dampf, durchgeführt.

Gespitzt wird mit einer Paste von:

100	Teile	Rongalit CW
50	„	Rongalit C
400	„	Gummi 1 : 1
160	„	Wasser
70	„	Zitronensäure
20	„	Formaldehyd (40%)
200	„	Wasser
1000	Teile	

getrocknet, 20 Minuten feucht gedämpft, gewaschen und neuerlich getrocknet. Der Ausfall war gut, auch im Baumwollgrund, der bei den anderen Verfahren oft durch gebildete SO_2 vergrünte.

Das Abtönen der Weißätze bzw. Entfernen des schwach gelblichen Stiches erfolgt eventuell mit optischen Aufhellmitteln.

Ein Ausfallmuster (12) zeigt Abb. 309.

f) Spritzdruck von Mohairplüsch

Es zeigte sich beim Arbeiten einiger Probestücke, daß die bespritzten Baumwollränder nach dem Dämpfen total morsch geworden waren. Die Ursache dieser Erscheinung ist in dem hohen Oxalsäuregehalt der Spritzfarbe zu suchen. Dieser karbonisiert beim Dämpfen das Baumwollgewebe. Versuche mit 1,5%igen Lösungen von Natriumchlorat und Oxalsäure ergaben, daß damit getränkte Mollinostückchen beim Antrocknen keine Festigkeitsverminderung erleiden, daß aber nach halbstündigem Dämpfen das mit Oxalsäure behandelte Stück total morsch war. Die schädigende Wirkung von chlorsaurem Natron konnte nicht festgestellt werden, war auch unwahrscheinlich, da bei der Chloratätze von mit basischen Farbstoffen gefärbten Baumwollgeweben Natriumchlorat in einer Konzentration von 200 g pro Kilogramm Druckpaste anstandslos verwendet werden kann.

In der Literatur ist bei der Herstellung der Druckfarben für Plüsche mit Baumwollrücken statt Oxalsäure ein Zusatz von zirka 100 g Essigsäure 6° Bé, das ist etwa 33%, angegeben. Essigsäure schadet beim Dämpfen nicht, da sie nicht so aggressiv wirkt und auch weggeht. Allerdings wird vielleicht die Fixierung des Druckes auf der Faser nicht so gut sein. Es muß also die neue, statt mit Oxalsäure mit Essigsäure angesetzte Druckfarbe in der Haltbarkeit des Druckes durch Bestimmung der Wasserechtheit einer Handprobe fallweise geprüft werden.

Waschechte und wasserechte Spritzdrucke kann man mit Chromfarbstoffen in Anwesenheit von Chromsalzen und Dämpfen erzielen. Auch nach folgendem Verfahren erhält man gute Resultate:

12 Streifen vertikal in Stoffbreite.

Spritzfarbe: 75,0 g Naphtolschwarz BGN (IG)
25,0 „ Naphtolschwarz N (IG)
in 1000,0 „ Wasser heiß lösen.
700,0 „ British Gummi 1 : 1 kalt gelöst
37,5 „ Alaun in 100 g Wasser heiß
50,0 „ Oxalsäure in 250 g Wasser heiß
37,5 „ Natriumchlorat in 225 g Wasser kalt lösen.

Das Ganze zusammengießen und filtrieren.

Nach dem Spritzen am Stern dämpfen, auswaschen, saugen und trocknen.

Plüschgrund Baumwolle. (Die Baumwollkanten abdecken, da sie sonst leicht angegriffen werden.)

Nach dem Trocknen wird direkt gedämpft (trocken), sonst verrinnt der Druck (3/4 Stunden im Dämpfkasten, nicht vorgewärmt). Dann wird gut kalt gespült.

Die lichten Streifen zwischen dem Ombrée dunkeln nach, da sie auch oberflächlich mit Spuren von Farben bespritzt sind. Man hilft sich dadurch, daß man nach dem Trocknen des Spritzdruckes vor dem Dämpfen den Flor ganz leicht abschert.

Farbverbrauch pro 5 Meter laufend zirka 1 Liter.

Später wurde ein Rohr mit 12 Düsen verwendet, an dem die Ware vorbeiläuft. (Man muß dann einen großen Windkessel für die Druckluft einbauen!)

Oxalsäure kann man durch Ammonoxalat, welches auf die Baumwollränder nicht karbonisierend wirkt, mit Erfolg ersetzen. Die Echtheit der Drucke leidet nicht. Statt 50 g Oxalsäure werden 70 g Ammonoxalat verwendet.

Für Brauntöne werden verwendet: Supraminbraun R und G (IG) in Mengen wie Schwarz. (Echtheit gut.)

g) Erzielung von Welleneffekten auf Velour transparent usw. (Crêpe Labyrinth)

Der Samt oder Velour wird mit der rechten Seite nach unten aufgelegt und darüber ein aus Crêpe-Kette und Schuß hergestellter Tüll gebreitet. Mittels Schablonen wird eine Azetylzelluloselösung in Azeton mittels Pinsels aufgestrichen, so daß an den ausgeschnittenen Stellen der Schablone der Tüll fest an der Rückseite des Samtes klebt. Nach Trocknung wird nun durch Dämpfen der Tüll zum Kreppen gebracht und durch den Einsprung wird der an gewissen Stellen befestigte Samt in wellenförmigen Linien, Figuren und Mustern je nach Art der Schablone fixiert (Abb. 310).

Leider kriecht die Lösung der Azetylzellulose leicht unter die Ränder der Schablone, so daß ein gewisses Verlaufen eintritt. Auch schlägt die Lösung bei leichteren Velours an die Oberfläche durch. Ein Druck mit Azetylzelluloselösung kommt wegen des schnellen Trocknens derselben nicht in Frage. Auch mit einer Lösung von Azetylzellulose in Serikosol ist es nicht gangbar, derartiges Kleben zu erzielen. Die sehr viskosen Lösungen laufen aus, schlagen durch, die Klebkraft ist gering und die Trocknungszeit lang. Besser arbeitet man im Druck mit alkoholischen Lösungen von Kopal, Dammar, eventuell mit etwas

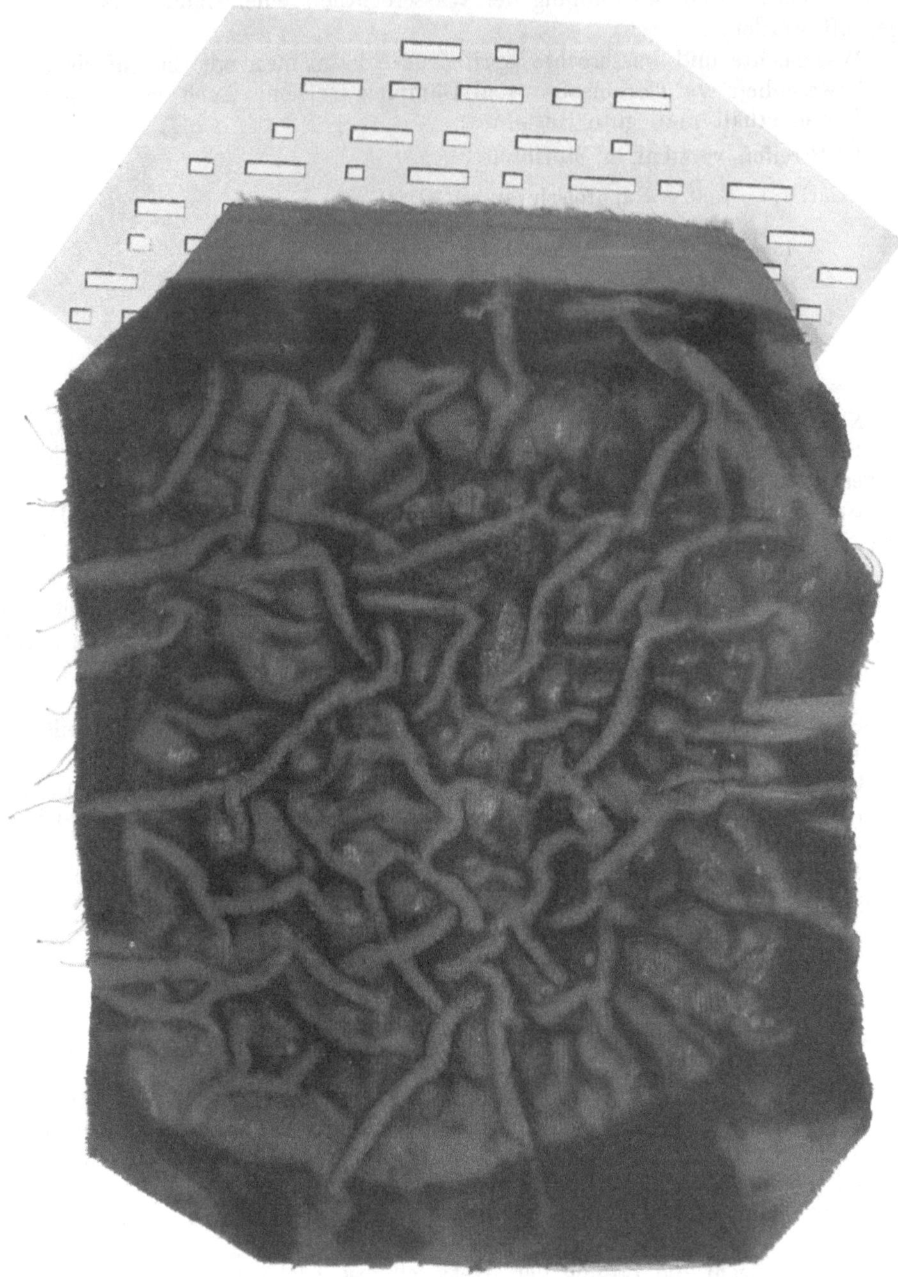

Abb. 310. Crêpe Labyrinth (oben Ausschnitt aus der Klebeschablone).

Zinkoxyd versetzt. Die Lösungen müssen sehr dick sein. Viel Zinkoxyd ist zu vermeiden, da es die Klebkraft sehr vermindert und den Druck unbrauchbar macht. Am besten geht das Ankleben an den Tüll, wenn man den Velour über einen langen Tisch spannt, Flor nach unten. Darüber kommt der angespannte

Tüll. Der Klebstoff (aufgeschlossene Stärke) wird nun durch Schablonen, wie sie im Filmdruck benützt werden, auf die Gewebe aufgetragen.

Nach anderer Ansicht wird wie folgt gearbeitet:

Die beiden Gewebe werden aufeinander auf den Drucktisch gespannt, wobei das Untergewebe die Druckseite bildet. Als geeigneten Klebstoff benutzt man Cohesan LT. Um den verklebten Stellen einen weicheren Griff zu geben, werden dem Cohesan etwa 5% Palatinol C oder auch 5% Trikresylphosphat beigemischt. Als weiterer Klebstoff kann dem Cohesan LT erforderlichenfalls noch Kasarakofferglanz NN konz. zugesetzt werden. Als Verdünnungsmittel dient Lösungsmittel E 13. Der Klebstoff wird durch eine Zinkschablone gestrichen, die Ware an der Luft getrocknet und dann in einem sodaalkalischen Seifenbad in üblicher Weise gekreppt. Für diese Arbeitsweise wird ausdrücklich auf die große Feuergefährlichkeit der verschiedenen Bestandteile der obengenannten Produkte aufmerksam gemacht. Besonders ist der Entfernung der flüchtigen Lösungsmittel aus dem Druck- und Trockenraum Sorgfalt zu schenken.

Weitere Versuche haben folgendes ergeben:

Ein stellenweises Ankleben der Unterlage an den Velour mit Stärkekleisterdruck ist dann gut, wenn man den Velour erst wasserdicht macht. Ohne solche Präparation ist das Verfahren nicht anwendbar.

Ferner ist ein aus zu stark gedrehten Geweben bestehendes Kreppgewebe als Unterlage nicht gut, da es erstens zu stark kreppt und daher zufolge des hohen Einsprunges sich an den Klebestellen zu sehr vom Velour losreißt; es nimmt zufolge der starken Kreppdrehung auch den Klebstoff viel zu wenig in den Faden auf, um eine innige Verbindung mit dem Velour eingehen zu können.

Schließlich ist die Bildung gewisser Effekte dadurch erschwert, daß Kette und Schuß der Kreppunterlage zum Kreppen gedacht sind, während es bei den Vorlagen nur eine Richtung des Tülls, die Kette, tut.

Es soll daher ein schwächerer Krepp als Unterlage benutzt werden mit nur schwach gedrehter Kette und losem Schuß. Man erzielt dadurch: Verminderten Kreppeffekt, bessere Figuren und vor allem durch die offenen Fasern eine bessere Klebefähigkeit am Velour.

2. Die Hutfärberei

Für die Hutfärberei[144], die meist in Apparaten erfolgt (Obermaier- oder Hoffarth-System mit Propeller und wechselndem Flottenlauf oder im italienischen Konusapparat für Stumpen bzw. der „Dohup"-Konstruktion, s. S. 75), seien für die Arbeiten verschiedene Vorsichtsmaßregeln in Erinnerung gebracht:

Man verwende bei der Apparatekonstruktion kein Nickelin, da die Ware sonst Zn-Flecken zeigt. V-4-A-Stahl bewährt sich gut, darf aber nicht mit anderen Metallen kombiniert werden, da sonst eine Spannungsreihe entsteht. Die Metalle, z. B. Cu, gehen in Lösungen und trüben die erhaltenen Färbungen. HAWEG-Metall ist nur dort verwendbar, wo kalte Säure angewendet wird. Wechsel von kalter und warmer Säure macht rauh und unverwendbar. Feste Holzverkleidungen an V-4-A-Stahl sind zu vermeiden, da zufolge der verschiedenen Ausdehnung der Materialien durch Wärme Rißbildung erfolgt, in welchen sich Farbstoffreste ansammeln und die Partien verschmutzen.

Für Haarhutstumpen oder Labratz empfehlen sich (Sa):

Lichtecht: Aquamingelb 2GL, Aquaminrot EBL, Aquaminbordo 3BL mit Alizarinlichtblau 4GL, FF, BGAOO.

Lichtecht, sauer: Xylenlichtgelb 2G, Azorubinol 3GS, 2GS.

---

[144] Vgl. KRAMRISCH: Dyer, Printer, Bleacher **102**, 641 (1949).

Auf die von Geigy neuerdings als für die Hutstumpenfärberei verwendbare, gut egalisierende, hochlichtechte angegebene Kombination des neuen Erioechtbraun 5GL mit Erioechtrot 2BL und Erioanthracenreinblau 4GL sei hier noch besonders verwiesen.

Mittelecht (tiefe Töne): Aquamingelb R, G konz., -orange G, -rot 2G, -rot VP, -grau G.

Sauer: Xylenlichtgelb 2G, Tartraphenin, Xylenechtorange G, Azorhodin 2G, 2BL, 6B.

Tiefe Töne: Aquamingrün GL, Aquaminmarineblau B, Sulfoninschwarz B konz., Hutechtschwarz FS konz.

Geringe Ansprüche: Echtsäuremarineblau GGR, Xylenschwarz 4B, Säureschwarz T.

Erst neutralisieren (75° C), 40 Minuten oder über Nacht. Auf 400 Stück werden 1 kg $NaCO_3$ verwendet. Schwarz wird ohne Neutralisieren gefärbt. Gearbeitet wird mit Ameisensäure bei Couleuren, für Schwarz wird durch Schwefelsäurezusatz ausgezogen.

Lanital-Woll-Mischungen, die insbesondere in Italien eine Zeitlang vorlagen, färben gerne das Lanital dunkler als Wolle. Die Färbung darf nicht zu sauer erfolgen, da sonst die Caseinwolle zu stark abgebaut wird. Auf Knittern ist zu achten.

Lanital allein wird mit den von Sandoz empfohlenen Casealfarbstoffen gefärbt. Es handelt sich um ausgesuchte Vertreter des sauren Sortiments (vgl. S. 167).

Hutstumpen sind in sehr guter Echtheit mit Neolanfarbstoffen (Ci) oder Palatinechtfarbstoffen BASF usw. färbbar.

Gebeizte Haare werden vielfach mit schwach sauren Marken [Tuchecht- (Ci), Sulfonin- (Sa), Walk- (IG), Supramin- (IG), Sulfon- (IG) Farbstoffen usw.] gefärbt. Die Haare benötigen weniger Farbstoff als Wolle. Man arbeitet meist am Konusfärbeapparat, da man so keine Falten bekommt.

Farbstoffe für Haarfilze für Hüte (IG) bzw. (Sa).

Echtlichtgelb E2G (IG) Anthralangelb G (IG)	Besitzen eine geringere Wasserechtheit als Xylenlichtgelb GG (Sa) bzw. die entsprechenden Produkte, wie Echtlichtgelb E3G usw.
Echtlichtgelb 3G (IG) Anthralangelb GG (IG)	Das Egalisierungsvermögen ist deutlich schlechter als von Xylenlichtgelb GG (Sa) bzw. seinen Gegenprodukten.
Supralichtgelb GGL (IG)	Ist schlechter egalisierend als Xylenlichtgelb GG. Alle Modetöne verschießen nach Gelb, zumal Haar bei Sonnenbelichtung stärker gilbt als Wolle.
Guineaechtrot BL (IG) Amidorot BL (IG) Anthralanrot G (IG) Kitonechtrot BL, GL (Ci) Erioechtfloxin BL, GL (Gy) Lissamine Fast Red BL, GL (ICI)	Beim Kochen im Apparat geht die Farbtiefe erheblich zurück. Beim Manipulieren der Hüte nach dem Färben findet ein neuerlicher Rückgang der Röte statt. Azorubinol 3GP (Sa) ist bedeutend besser, ebenso Aquaminrot EBL [Lichtechtheit etwas geringer als bei Azorubinol 3GP (Sa)].

Kitonlichtrot 4BL (Ci) Echtlichtrubin BL (IG) Anthralanbordo B (IG) Supraminrot 6BL (IG)	Sind zwar verkochecht, schlagen aber am künstlichen Licht bzw. am Tageslicht um. Das Mustern ist daher sehr erschwert. Azorubinol 3GP (Sa) bringt eine gute Abendfarbe, desgleichen die entsprechenden Marken der anderen Farbstofferzeuger.
Alizarinsaphirol B, SE, SES (IG)	Zeigen eine ganz ungenügende Fabrikationsechtheit und Wasserechtheit. Die Töne sind naß viel röter als trocken.
Alizarindirektblau A (IG) Alizarinsaphirol A (IG) Anthrachinonblau SWF (Ci) Solway Ultrablau BS (ICI)	Egalisieren schlecht und sind wasserunecht.
Alizarindirektblau A3R (IG) Anthralanblau R (IG)	Weisen schlechte Löslichkeit und eine rotstichige Abendfarbe auf.
Alizarindirektblau AR (IG) Anthralanblau B (IG)	Besitzen eine wesentlich geringere Wasser- und Heißwasserechtheit als Alizarinlichtblau 4GL und FF (Sa) und die entsprechenden Marken.
Alizarindirektblau A2G (IG) Anthralanblau G (IG) Alizarindirektblau 2GS (IG)	Bedeutend schlechtere Egalisierung, Löslichkeit, Wasser- und Fabrikationsechtheit als Alizarinlichtblau 4 GL (Sa) und seine Gegenprodukte.
Supraminorange G (IG) Orange supracide N3J (Ku)	Besitzen eine wesentlich geringere Wasserechtheit als Xylenechtorange PO (Sa) und sind weniger lichtecht.

3. Das Färben von Jute und Kokosfasern

Bei Jutegewebefärbungen für Wandbespannungen sind als lichtechteste geprüfte Kombinationen erprobt:

Chlorantinlichtorange TGLL oder Chlorantinlichtorange G (Ci) oder Solarorange 4GA (Sa), Chlorantinlichtbraun BRLL oder Chlorantinlichtbraun BRL (Ci) allein oder kombiniert.

Siriuslichtgrau VGL (IG) Siriuslichtblau FFR (IG) Siriuslichtbraun BRL (IG) Chlorantinlichtorange T4RLL (Ci) Chlorantinlichtrot 6BLL Siriuslichtrot 5B (IG) Siriuslichtbraun G (IG) Siriuslichtblau FFGL (IG) Chlorantinlichtgrün 5GLL (Ci)	
Siriuslichtgelb RT (IG)	RT wirkt in Kombinationen lichtechtheitsvermindernd!
Siriusbraun GL (IG) Siriusgelb RT (IG) Siriusviolett BB (IG) Chlorantinlichtgelb 4GLL (Ci) Chlorantinlichtgrün BL (Ci)	

Siriuslichtscharlach B (IG) Siriuslichtbraun GT (IG)	
Chlorantinlichtblau 3GLL (Ci) Chlorantinlichtgrün BL (Ci)	Allein oder kombiniert.
Wollechtblau BL (IG)	Zur Verbesserung der Reibechtheit mit Hirschhornsalz nachbehandelt; angeblich wird dabei auch die Lichtechtheit besser.

Die Kombination von Chlorantinlichtblau 3GL / Chlorantinlichtgrün BL (Ci) verschießt weniger und ist im Ton besser als eine solche von Solarblau 5GL / Solarblau GL (Sa)

Rezepturen:

Helldrap (auf Rohfarben):	0,02%	Solarflavin 2R (Sa)
Orange:	0,20%	Solarorange 4G (Sa)
	0,70%	Solarorange GA (Sa)
Rot:	3,00%	Solarrot 2BL (Sa)
	0,15%	Solargelb 2R (Sa)
Braun:	0,75%	Solarbraun PL (Sa)
	0,50%	Solarbraun 2G (Sa)
Grau:	0,30%	Solarblau GL (Sa)
	0,02%	Solarscharlach BL (Sa)
Grün 2:	2,00%	Solarblau 5GL (Sa)
	0,50%	Solarflavin 2G (Sa)

Gefärbt wird am Jigger.

Rote Matten für Badezimmer usw. werden aus Jutefasern mit Siriusrot 4B (IG) gefärbt und nachbehandelt, da die Färbung außerordentlich wasserunecht ist. Man verbessert die Naßechtheit mit Sandofix (Sa), Levogen WW (Bayer) oder Lufixan A (BASF), alles Mischungen von kationaktiven Stoffen und Kunstharzvorkondensaten.

Als Farbstoffe für Kokosfasern empfiehlt z. B. Sandoz folgende:

Mit Weinstein oder mit Alaun-Ameisen-Säure 2 bis 5%, 2 bis 4%:

Chinolingelb O	Xylenechtgrün 6B konz.
Metanilgelb	Xylenechtgrün B
Kokosscharlach	Xylenechtblau BL
Xylenblau AS	Säureviolett 4BNS

Mit Glaubersalz, Braun und Schwarz mit 2% Soda sicc.:

Direktgelb C	Chloraminbraun RR
Pyrazolorange GH	Solarrot 3B
Trisulfonbraun GG	Solarviolett 3B
Solargelb RR	Solarviolett BB
Solarorange 2RN	Chloramindunkelgrün B
Solarbraun BR	Chloraminpurpur 10BC
Trisulfonechtbraun BL	Direktgrün B
Trisulfonbraun B, BB	Chloramintiefschwarz EXR extra

Mit 2 bis 5% Alaun oder 2 bis 5% Essigsäure:

Tannoflavin T	Echtblau 2BN
Sabaphosphin 6RO	Tannastrol NS
Rhodamin B	Tannastrol GO
Safranin B dopp. konz.	Basischschwarz A extra
Brillantgrün krist. konz.	

4. Falsche Batik

Auf das auf Rahmen gespannte Seidengewebe werden die Farblösungen mittels Pinsel aufgestrichen. Selbst große Farbflächen werden nur mit einem, höchstens zwei Pinselstrichen versehen, wobei die Farbstofflösung durch die Kapillarwirkung der Gewebefäden sich über die ganze Fläche verhältnismäßig rasch verteilt. Die Abgrenzung der Farbflächen gegeneinander wird durch mittels kleiner Schiffchen aufgetragenes geschmolzenes Paraffin (FP 75° C) vorgenommen. Das Fließen der aufgebrachten Farbe findet an den paraffinierten Stellen Einhalt.

Nach Beendigung der Bemalung und Trocknen der Farben wird das Paraffin aus den Geweben durch heißes Bügeln auf Fließpapierunterlage zum Großteil entfernt und die Gewebe in einem Dämpfer 1 Stunde bei etwa 95 bis 98° C mit nicht zu nassem Dampf zur besseren Fixierung der Farben gedämpft.

Die Farben fallen im allgemeinen auf erschwerter Seide tiefer und feuriger aus als auf unerschwerter Ware, was seinen Grund darin hat, daß die im Seidenfaden eingelagerte Erschwerung die Aufnahmefähigkeit des Fadens für die Farbstoffe durch Absorptionswirkung sehr erhöht.

Die Färbungen sind auch in tiefen Tönen gut reibecht.

Fehler:

Schlechtfließende Farben bzw. Gewebestellen, in welche die Farbstofflösung schlecht eindringen kann, die also heller bleiben als die Umgebung oder unter Umständen die Farbe gar nicht aufnehmen:

Dieser Fehler zeigt sich unmittelbar beim Auftragen der Farbstofflösung auf die im Rahmen gespannte Ware und bedingt entweder, daß die Farbstofflösung derartig langsam und unvollständig fließt, daß zahlreiche Pinselstriche nebeneinander notwendig sind, um eine Fläche zu decken, was zu fleckigem Ausfall der Farbfläche führt. Oder die Stellen nehmen weniger Farbe auf, so daß sie nach dem Trocknen heller bzw. fast ganz ungefärbt sind.

Alle diese Fehler haben ihre Ursache in Fremdstoffen, welche sich an diesen Stellen im Gewebe vorfinden und der Saugwirkung der Gewebefaser bzw. der Netzwirkung des Alkohols resistieren.

Die vorgenommenen Versuche haben gezeigt, daß die im Verlaufe der Veredlung verwendete Seife bzw. Öllösung, wenn sie örtlich im Stück verbleibt, tatsächlich ein Fließen der Farbe stark verhindern bzw. unter Umständen bei genügender Anreicherung die Stelle direkt reservieren kann. Die Erscheinung ist am ausgeprägtesten an erschwerter Ware, weniger gut an unerschwerter Ware zu verfolgen. Bei dieser zeigen solche Öl- oder Seifenflecke meistens nach dem Trocknen eine dunklere Stelle, welche an den Begrenzungslinien des Fleckes einen hellen Hof hat. Tatsächlich sind solche Flecken nur durch direktes Überstreichen mit Farbstofflösung zu decken; diese Arbeitsweise ergibt fleckige unegale Farbflächen, neben der oben erwähnten örtlichen Fleckbildung.

Phosphatflecken geben keinerlei Beeinflussung der Fließwirkung bzw. des Farbtones. Örtlich angereichertes Phosphat hat eben wie Erschwerung eine genügende Absorptionsfähigkeit für die Lösung, um sie in sich zu ziehen.

Man beobachtet ferner Ränder der Farbflächen, welche unscharf sind bzw. wo die Farbe nach dem Bügeln und Trocknen in Form eines dunklen Streifens, der dem Rande der Fläche folgt, zurückschlägt. Diese Erscheinung tritt erst beim heißen Bügeln und besonders deutlich nach dem Dämpfen auf.

Präzise konnte sie bisher durch keinen der vorgenommenen Versuche imitiert werden. Es zeigte sich lediglich, daß etwaige öl- oder seifenreiche Stellen an solchen Rändern, welche paraffiniert sind, als Ursache der Erscheinung nicht in Betracht kommen. Nach dem Augenschein derartiger Fehler wäre es möglich, daß stark paraffinierte Ränder beim Bügeln bzw. insbesondere beim Dämpfen, wenn nicht genügend Paraffin vorher aus den Stellen ausgebügelt wurde, abschmelzen, das abschmelzende Paraffin sich in die Farbfläche saugt und die Farblösung teilweise aus dem Gewebe zurückdrängt, bevor und während der Fixierungsvorgang erfolgt und daß schließlich die Grenzen des in die Farbfläche ausgelaufenen Paraffins nach dem Dämpfen durch zurückgedrängte Farbstofflösung deutlich dunkler markiert werden.

Um Genaueres über die Paraffinmenge zu wissen, die bei der Arbeit zur Reservierung aufgetragen wurde bzw. nach dem Bügeln noch im Gewebe verbleibt, wird ein Gewebestück mit Paraffin reserviert und gewogen, hierauf auf frischer Fließpapierunterlage ziemlich lange heiß gebügelt und dann der im Gewebe zurückbleibende Anteil Paraffin bestimmt. Er wurde unter diesen günstigen Verhältnissen mit etwa 5% der zum Reservieren verwendeten Gesamtparaffinmenge ermittelt. Da nun die betreffenden Ateliers nach ihren eigenen Angaben die Fließpapierunterlage nicht ständig wechseln, sondern erst dann, wenn sie vollgesogen erscheinen, so ist es sehr wahrscheinlich, daß im allgemeinen der gefundene Wert des im Gewebe zurückbleibenden Paraffins bedeutend höher ist.

Das Ausfließen von schwarzen Farbflächen beim Dämpfen in reservierte weiße Nachbarflächen tritt oft auf und ist sehr gefürchtet.

Diese Erscheinung, welche durch Abb. 311 demonstriert wird, hat seine Ursache entweder darin, daß auf unerschwerter Ware gearbeitet wird, welche die Farbstoffe weniger leicht in tiefen Tönen aufnimmt, weshalb mit sehr konzentrierten Lösungen gearbeitet werden muß. Diese Anreicherung an Farbe bedingt, daß beim Dämpfen dann nicht mehr von der Faser fixierte Anteile des Farbstoffes, der in verdünnter Ausfärbung einen grünlichen Ton zeigt, in die durch das vorherige Bügeln zum Großteil von Paraffin befreiten Ränder fließen, dadurch, daß ja der Stoff beim Dämpfen immer feucht wird und die feuchten Gewebefasern den Farbstoff aus den angrenzenden Stellen an sich ziehen, oder, daß ohne allzu großen Farbüberschuß bei allzu nassem Dämpfen die Ware so rasch und gründlich naß wird, daß auch hier das oben erwähnte Eindringen in die nicht mit genügend Paraffin versehenen Randgebiete vor sich geht.

Abb. 311. Muster einer „falschen Batik".

Die Erscheinung der andersfarbigen Ränder von Farbflächen ist ebenfalls in Abb. 311 zu sehen und ist darauf zurückzuführen, daß bei Mischfarben, bei welchen die Farbkomponenten eine verschiedene Fließgeschwindigkeit und ein unterschiedliches Fließvermögen, besser gesagt ein verschiedenes Steigvermögen in Kapillaren haben, eine Trennung der Komponenten stattfindet. Diese Erscheinung ist seit langem bekannt und dient zum analytischen Nachweis von Farbstoffmischungen.

Um dem Fehler einer ungleichen Farbverteilung zu steuern, ist es notwendig, die derzeitigen Reinigungsmethoden nach dem Abkochen unerschwerter Ware derart zu modifizieren, daß sich zwischen das erste Weichwasser nach dem Abkochen und dem Hartwasser zur vollständigen Entfernung der Seifenreste ein warmes Salmiakbad einzuschieben hat.

Am besten sieht man dann bei unerschwerter Ware für diese Zwecke von einem Ölbad vollständig ab.

Bei erschwerter Ware, wo Seifenreste vom Abkochen ja weniger zu fürchten sind, da sie eventuell in solchen kleinen Mengen durch die Erschwerungsbäder selbst entfernt werden, ist das Ölen notwendig. Es ist daher, vorausgesetzt, daß nicht Laventin selbst Flecken verursachen kann, nach der Ölavivage vor der Laventinbehandlung ebenfalls ein Salmiakbad zur Entfernung der überschüssigen Ölanteile und darnach zur vollständigen Reinigung ein Laventinbad zu geben.

Versuchsweise wurde ein Stück Crêpe de Chine, welches erschwert und für Druck behandelt wurde, vom Atelier mit Paraffin in Felder eingeteilt und einige der Felder ausgemalt. Die Farbe floß gut, doch zeigte sie in allen Tönen an den Rändern das Zurückweichen; das Atelier bezeichnete die Ware als unbrauchbar. Es wurde nun versucht, die restlichen weißen Felder mit einer selbst hergestellten Lösung von Purpurrot in 88% Alkohol auszufüllen. Dabei zeigte sich interessanterweise, daß der Erfolg um vieles besser als der des Ateliers war. Die Farben füllten die Felder gut aus, nur an wenigen Stellen zeigten sich die „ausgefressenen Ränder".

Daß es diese Erscheinung ist, welche die Ware unbrauchbar macht und dieser Fehler durch zu hohen Ölgehalt der Ware bedingt ist, steht nunmehr fest. Das in der Ware vorhandene Öl, welches unregelmäßig in derselben verteilt ist, wie eine Quarzlampenuntersuchung zeigt, ist die Ursache des Zurückweichens der Farbe. Daß diese Erscheinung nur an den Rändern auftritt, hängt scheinbar mit der Auftragung der Paraffinkonturen innig zusammen, bzw. zieht das Öl das warme flüssige Paraffin scheinbar von der Kontur in das Gewebe mehr oder weniger stark ein, wodurch diese Stellen dann ebenfalls schwach reserviert werden. Dabei ist die Reservierungswirkung gegenüber der Farbstofflösung wahrscheinlich abhängig vom Wassergehalt derselben. Je weniger Alkohol zum Bereiten der Farblösung genommen wird, desto stärker ist die reservierende Wirkung. Da das Ausmalen des oben erwähnten Fleckens im Atelier mit nur 75% Alkohol, bei der Betriebskontrolle aber mit fast 90%igem vorgenommen wurde, so ist der verschiedene Ausfall der Bemalungen schon erklärlich.

Analysen des Ölgehaltes ergeben einen solchen von etwa 4%. Davon sind mit einer lauwarmen Seifenbehandlung, welche, wie das Atelier angibt, das Stück hinreichend rein macht, um gute Bemalungserfolge zu erzielen, etwa 3% zu entfernen. Rund 1% ist dann nur mehr mittels Ätheralkohols aus dem Gewebe zu ziehen. Daher erscheint es also tatsächlich am besten, Waren für diesen Zweck überhaupt nicht zu ölen.

5. Oberflächenmusterung durch Färben

Oberflächenmusterung durch Färbung erhält man derart, daß man z. B. auf Ziertücher Schablonen aus Metall aufnäht und die Tücher an gewissen Stellen zusammennäht (Abb. 312). Dann wird die Ware, meist zirka 5 bis 8 m, in langen Barken kurze Zeit mit sauren Farbstoffen gefärbt. Je nach Wahl der Komponenten geben die Standardrezepte dann die Tuchfarbe, wobei die Ränder der weiß oder hell gefärbten Stellen bzw. der Ton der helleren Stellen von der Art der zur Erzeugung des Grundtons der Tücher verwendeten Farbstoffe abhängen.

Je schneller dieselben egalisieren, desto tiefer dringen sie in die abgedeckten Warenstellen, das heißt die Farbe des Randes bzw. lichter Stellen bestimmt der am schnellsten egalisierende Farbstoff. Es werden nur saure Egalisierfarbstoffe zum Arbeiten verwendet.

Die Auslaufstellen sind je nach Farbstoffwahl verschieden gefärbt herstellbar.

Abb. 312. Schablonenfärbung. Abb. 313. Schablonenfärbung.

Die Stücke werden in gewöhnlichen Holzbarken von einem Arbeiter mittels eines Stockes umhergezogen (Abb. 313).

Die Schablonen werden, um auf dem Blech vor dem Ausschneiden besser zeichnen zu können, vorher mit Königswasser geätzt. Die Oberfläche wird rauh und der Graphit haftet dann besser.

Die Auslaufstellen werden von den Farbstoffen, die gut egalisieren, gebildet; es sind z. B. für Rosa: Rhodamin B; für Blau: Kitonblau V oder Patentblau V zu verwenden (IG) (Abb. 314).

Diese Art der Färbung mit Schablonen oder an gewissen Stellen dicht genähten Geweben ist seit undenklichen Zeiten in Gebrauch und insbesondere in Asien beheimatet. In Japan wurde sie z. B. bereits im 7. Jahrhundert angewendet und als *Juhata*, später *Shibori* bezeichnet.

6. Camaïeu-Effekte

Diese Ton-in-Ton-Effekte in Stückware entstehen dadurch, daß man chlorierte und nichtchlorierte Wolle dessinmäßig miteinander verwebt und dann mit sauren Farbstoffen, am besten Neolanen bzw. Palatinechtfarbstoffen, ausfärbt. Die Färbung erfolgt bei mäßigen Temperaturen (90° C) und möglichst schwach sauren Bädern.

Man soll gemäß der General Dyestuff Corporation mit Palatinechtgelb GRNA, -orange GENA, -orange GNA, -blau GGNA, -braun GGND, -braun GRND und -rot HRNA arbeiten. Die Ciba empfiehlt Neolanblau 2R, -blau 2G, -rot BRE, -gelb BE, orange G, -gelb GR (vgl. Ciba Rundschau 1950, Nr. 92, 3411).

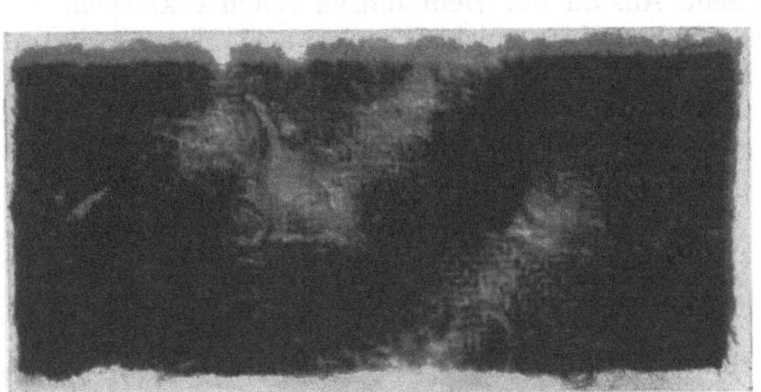

Abb. 314. Tuch, Schablonenfärbung.

Die Chlorierung der Wolle kann nach einer Reihe von Arbeitsweisen erfolgen, wobei zu achten ist, daß der Chlorierungseffekt gleichmäßig auftritt. Da die Chlorbehandlung der Wolle auch deren Filzfähigkeit herabsetzt und sie also schrumpffest macht, sind in letzterer Zeit eine ganze Reihe von Methoden technologisch in Anwendung.

Der „Negafel“-Prozeß nach CLAYTON-EDWARDS arbeitet mit Hypochloritlösungen, die mit Ameisensäure versetzt sind, das „Hypak“-Verfahren mit Hypochloritlösungen, welche organische Verbindungen als Zusätze erhalten, die Chlor absorbieren und langsam abgeben. Die Methode nach „SCHOLLER“ (USA) verwendet gleichfalls Hypochlorit, das „Proton“-Verfahren verwendet Natriumsulfamat und Hypochlorit unter Zusatz von Formaldehyd, der „Drisol“-Prozeß arbeitet mit Sulfurylchlorid in organischen Lösungsmitteln.

Neueste Vorschläge betreffen die Verwendung festen Bleichpulvers (Tootal Broadhurst Lee Corp. Ltd.[145]) bzw. den Zusatz von Chloramiden zu sauren Hypochloritflotten (WOLSEY) oder beim Melafixverfahren der Ciba Beigaben von Melaminharzvorkondensaten (Lyofix CH).

Man kann derartige Effekte auch auf Seide oder Wolle dadurch erzeugen, daß man die Garne ¾ bis 1 Stunde mit 3% Bichromat und 3% Milchsäure 60 bis 70° C kochend behandelt. Nachher spült man und trocknet.

Es wird mit unbehandeltem Material verwebt und dann mit Chromfarbstoffen gefärbt. Man arbeitet mit 1 bis 3% Essigsäure 40%, 20% Glaubersalz krist., geht bei 60° C ein und kocht eine Stunde. Nachher wird kurz chromiert.

Als geeignet empfiehlt die Ciba:

Chromechtgelb O, ME, Chromechtorange 2G, 2RL, Chromechtbraun TV, Chromechtrot 2G, BL, Chromechtreinblau B, Chromechtgrün G, Naphtochromviolett R.

[145] Vgl. E. P. 654739.

Dritter Abschnitt

Warenfehler

Die Aufzählung der Warenfehler in diesem Abschnitt ist selbstverständlich keine vollständige[1]. In der Färberei ist, verursacht durch die verschiedensten Operationen der Warenherstellung, der Vorappretur, der Färberei selbst, aber auch der Fasern, die zur Herstellung des in Frage kommenden Textilgutes verwendet werden, eine sehr große Zahl an Fehlausfällen möglich. Diese sind naturgemäß auch nicht annähernd vollständig zu beschreiben. Eine Reihe von ihnen wurde bereits im Rahmen der Besprechung der einzelnen Färbeweisen angeführt.

Die hier besonders behandelten Fehler sind, um eine bessere Übersicht zu gewährleisten, in drei Kategorien eingeteilt. Fehler, die ihre Ursache in der Warenherstellung oder im Rohmaterial haben, sind an erster Stelle gebracht. Dazu gehören also Ursachen und Unregelmäßigkeiten der Fasern und Fehler, die beim Spinnen, Spulen, Schlichten und Weben entstehen. Dann werden Fehlresultate besprochen, die verursacht sind durch fehlerhafte Behandlung der Ware in der Vorappretur, also beim Entschlichten, Waschen, Walken, Karbonisieren, Mercerisieren, Erschweren usw. Schließlich werden Fehler behandelt, die ausschließlich durch unsachgemäßes Färben entstehen, also Unegalitäten durch schlechte Farbstoffauswahl, unzweckmäßige Färbeweisen usw.

Für eine Reihe von Fehlern ist es zu deren sicherer Identifikation notwendig, kleine, einfache chemische Proben zu machen. Diese sind fallweise kurz angegeben. Andere Warenfehler sind nur mikroskopisch erkennbar. Sie sind in markanten Fällen zeichnerisch skizziert. Schließlich sind eine Reihe von Fehlern in Abb. 346 illustriert, die nach Photos der Ware selbst angefertigt wurden bzw. durch Zeichnungen schematisch illustriert werden.

I. Fehler, die durch die verarbeitete Rohware bedingt sind

1. Wolle

a) *Schipprige Färbungen durch Verarbeitung lichtgeschädigter Vlieswolle.* Gewisse Stellen am Wollpelz des Schafes können unter Lichteinfluß usw. in ihrer Affinität zu Farbstoffen wesentlich verändert werden. Es kommt zu einer Faserzerstörung bzw. einem gewissen chemischen Abbau des mizellaren Fasergefüges.

Derartige Wollen zeigen, für sich oder in Mischung mit normaler Wolle, lose, im Garn oder im Stück gefärbt, ein schippriges Aussehen („tippy dyeing“).

[1] Vgl. LINSENMEIER: Melliand Textilber. **32**, 440 (1951).

Es ergeben sich ungefärbte oder anderstonige Stellen im Garn oder in der Flocke bzw. im Stück ein unegales, unruhiges Aussehen. Kürzlich durchgeführte Untersuchungen derartiger Rohware bzw. ihres Verhaltens gegenüber zahlreichen Vertretern der sauren, schwach sauer färbbaren, nachchromierbaren oder im Metachromverfahren auffärbenden Farbstoffvertreter, welche die New York Section des AATCC[2] publizierte, ergaben, daß es mit ausgesuchten Farbstoffen möglich ist, den schlechten Farbausfall bei derartiger Rohware weitgehend zurückzudrängen. Ein Färben nach dem Metachromverfahren ist dabei auszuschließen, da die Bildung des Farblackes zu rasch erfolgt, um ein einigermaßen günstiges Ausegalisieren der Farbstoffe zu ermöglichen[3].

Bei den Untersuchungen wurde z. B. festgestellt, daß von sauren Farbstoffen: Echtlichtgelb 3G, Naphtolgelb S, Chinolingelb, Supramingelb R, Supraminrot 3A, Alizarindirektblau A2G, AR, Cyananthrol BGAOO (alle IG) sowie von Walkfarbstoffen Polargelb 5G (Gy), Echtjasmin G (Gy), Walkgelb H5G (IG), Polarorange R (Gy), Walkorange G (IG), Polarrot G (Gy), Sulfoncyaninschwarz B (IG) sich hinsichtlich des Ausgleichvermögens der Anfärbungsunterschiede gut verhalten.

Ebenso sind Palatinechtgelb GRN, Palatinechtgrün BLNA und Palatinechtblau RRN (IG) geeignet.

Die Farbstoffe verhalten sich auf Mohair anders als auf Australwolle.

Nachchromiert ergeben günstige Resultate: Eriochromflavin A (Gy), Eriochromgelb G (Gy), Alizaringelb R (IG), Eriochromorange R (Gy), Monochromrot FG (IG), Eriochromrot G (Gy), Chromoxanreinblau B (IG), Eriochromverdon S (Gy), Anthracenchromatbraun EB extra (IG), Eriochrombraun DKL (Gy), Alizarinblauschwarz B (IG), Alizarinechtgrau BLN (IG), Eriochromschwarz T (Gy).

Bei den Farbstoffen gibt es sogenannte „negative“ und „positive“ Produkte. Anthracenbraun LE färbt die Haarspitze nicht, wohl aber die Basis, umgekehrt verhält sich Anthracenbraun PG.

Bei Farbstoffmischungen können Zweifarbeneffekte auftreten, indem bei einer Kombination aus Rot und Blau die Haarspitze fast rein Rot, die Haarbasis aber rein Blau angefärbt wird.

Wichtig ist jedenfalls ein genügend langes Kochen, um eine Egalisierungsmöglichkeit zu schaffen.

Nach Race, Rowe und Speakman[4] soll eine Vorbehandlung des Wollmaterials mit einer 3%igen Lösung von basischem Chromacetat und 4% Essigsäure bei 40° C bei nachherigem Färben die Egalität lichtgeschädigter Wollen wesentlich verbessern.

b) Gefärbte Ripsware war nach der Appretur wenig fest (Abb. 346, S. 697, Nr. 1). Es wurde vorerst eine Wollschädigung in der Vorappretur (Soda) vermutet, doch zeigte sich, daß die geringe Stückfestigkeit in einer zu geringen Ketteinstellung begründet ist. Der Schuß läßt sich leicht verschieben und die wenig dicht eingestellte Kette bricht.

c) Pechspitzen in loser Wolle. Diese früher oft, heute selten auftretende Erscheinung war verursacht durch die primitive Kennzeichnung von Schafen usw. Sie äußerte sich in verklebten, eine schwarze oder dunkelbraune Masse tragenden Haarspitzen, die einer intensiven Wäsche, auch unter Zusatz von Fettlösern,

---

[2] Vgl. Amer. Dyestuff Reporter **37**, 221 (1948).

[3] Millson. Royer, Amick: Amer. Dyestuff Reporter **36**, 425 (1947). Siehe auch Thommen: Textil-Rundschau **3**, 304, 367 (1948).

[4] Amer. Dyestuff Reporter **34**, 46 (1945).

widerstanden. Es half in diesen Fällen nur eine örtliche Entfernung durch Behandlung mit Lösungsmitteln bzw. ein Sortieren der Partie vor bzw. nach dem Färben.

d) Kammgarne erscheinen, ob in Trikots oder Strümpfen verstrickt, oft unegal bzw. ringelstreifig. Es ist dies auf einen Kontrasteffekt zurückzuführen, da kleine Unregelmäßigkeiten durch die Verarbeitung zum Vorschein kommen. Man färbt derartige Garnpartien, die geringe Unegalitäten zeigen, mit sauren Egalisierungsfarbstoffen stark sauer, Modetöne mit Neolanen. Keinesfalls kann man schwach sauer ziehende Produkte oder Metachromfarbstoffe verwenden. Die Ursache der Anfärbeunregelmäßigkeit liegt in der Verarbeitung verschiedener Wollen oder beim Dämpfen der Zwirne in Dampfschwankungen oder Dämpfdauerverschiedenheiten (Abb. 346, Nr. 4).

2. Baumwolle

Unreife Baumwolle. Helle Faseranteile in Baumwollgarnen oder Geweben, welche sich beim Herauszupfen aus dem Faserverband (Garn) als hell oder nicht gefärbte Baumwollstapel feststellen lassen, haben ihre Ursache in der Mitverarbeitung unreifer Baumwolle in der Spinnerei. Diese unreife, manchmal auch „tote“ Baumwolle genannte Zellulose besitzt eine stark verringerte Affinität zu Farbstoffen. Manchmal hilft eine Farbstoffwahl (S. 479).

Die Feststellung derartiger Garnanteile erfolgt nach GOLDTHWAIT, BARNETT und SMITH (GBS-Methode)[5] durch Färbung mit einer Mischung von 2,8% Chlorantinlichtgrün BLL (Ciba) und 4,2% Diphenylechtrot 5BL Supra (Gy). Unreife Baumwolle färbt sich grün, reife rot, Zwischenstufen in Mischtönungen.

3. Viskosekunstseide (Reyon)

a) Ölflecken in feiner Ripsware zeigen sich als dunkle kleine Spritzer in der in hellen Tönen gefärbten Ware. Unter der Uviollampe blitzen diese Stellen auf (Mineralöl). Sie stammen von Spritzern von der Schützenspindel beim Weben.

b) Nadelstreifen in Wirkware. Eisenhaltige ölige Streifen entstehen in Trikotagen und Strumpfwaren bei Flach- oder Rundstrickmaschinen durch Verwendung ungeeigneter Schmieröle. Diese enthalten oft oxydierende Bestandteile, die klebrig machen und feinen Metallstaub binden, der sich in den Maschinen bildet. Diese Nadelstreifen verlaufen vertikal in der Maschenreihe und sind oft durch Abkochen der Ware, auch mit Fettlösern, nicht entfernbar. Beim Färben verursachen sie, in hellen Tönen sichtbar, Unbrauchbarkeit der Ware; oft lösen die Ölreste sogar noch bestimmte Farbstoffe aus dem Färbebad (Rot), so daß sich die Sichtbarkeit des Fehlers verstärkt. Da eine Reinigung von Hand aus (Detachur) zu kostspielig ist, soll man derartige Ware auf Schwarz disponieren. Zum Ölen der Nadeln usw. soll reines Knochenöl verwendet werden. Besonders hartnäckig sind derartige Nadelstreifen in spinnmatter Kunstseide. Ein Öl- und Eisennachweis ist leicht zu führen. Mineralöl gibt unter der Hanauer-Analysen-Quarzlampe eine weißleuchtende Fluoreszenz, löst sich mit Benzol und gibt nach dem Abdunsten desselben am Uhrglas einen Rückstand. Das Eisen bleibt als schwarze Stelle bzw. Streifen in der Faser und gibt mit Salzsäure und Ferrozyankalium eine Blaufärbung.

c) Barré-Effekte bzw. kettstreifige Kunstseidenstückwaren (Reyon) haben ihre Ursache in den allermeisten Fällen entweder in der gemeinsamen Verarbeitung

---

[5] Vgl. z. B. Text. World **1947**, 105.

von Rohmaterialien verschiedener Provenienz oder von unterschiedlicher Fadenstärke. Die Rohmaterialien können zufolge einer verschieden großen Streckung oder verschieden weit getriebenen Reifung vor dem Verspinnen der Viskose zu Reyon auch unterschiedliche Affinität zu Farbstoffen besitzen. Insbesondere sind gegen derartige Materialdifferenzen zahlreiche Direktblaumarken empfindlich. Die Anfärbung solcher streifig färbender Ware ist, da keinerlei Vorbehandlung den Fehler beseitigen kann, mit ausgesuchten Farbstoffen (vgl. S. 304 und 673) vorzunehmen.

Für den Fall, daß Rohmaterial verschiedenen Titers vorliegt, ist natürlich eine besondere Farbauswahl zwecklos.

Derartige, dem Schuß- bzw. Kettverlauf folgende Unegalitäten gefärbter Ware zeigen sich jedoch auch bei Verwendung verschieden mattierter Ware (Abb. 346, S. 697, Nr. 2). Spinnmatte Kunstseiden mit Einlagerungen verschiedener Teilchengröße zeigen oft verschiedene Farbstoffaffinität. Die Verschiedenheiten der Korngröße der Spinnmattierung sind nur im Mikroskop feststellbar.

d) Ringeleffekte in Wirkwaren. Trikotagen und Strumpfwaren, bei welchen Kunstseiden verschiedener Provenienz bzw. Stärke usw. zusammen verarbeitet wurden, zeigen diese Effekte, welche im wesentlichen den in Stückware vorher besprochenen Unregelmäßigkeiten entsprechen. Die Ursachen sind genau die gleichen.

Die Färbungen sind mit Farbstoffen auszuführen, die möglichst unempfindlich gegen Unegalitäten der Viskose sind. Derartige Produkte sind auf S. 490 angegeben. Die Ciba empfiehlt folgende Farbstoffe: Baumwollgelb CH (Chrysophenin G), Direktgelb 5G konz., Direktcatechin 3R, Direktrosa BN, Direktechtviolett BL, Direktreinblau DF, Kunstseidenschwarz GN bzw. an Spezialblaumarken: Riganlichtblau GL, RL, 2RL und Riganmarineblau PL.

e) Sogenannter „Glanzschuß" in Kunstseidenstückware. „Shining picks" bzw. „shining ends" sind glänzende Schuß- oder Kettfäden in Kunstseidengeweben[6], welche durch Überstreckung der Kunstseide während des Schärens, Spulens usw. entstanden sind. Derartig überstreckte Fäden haben eine Querschnittsveränderung erlitten und sind im Gegensatz zu den weniger gedehnten Fäden der Umgebung glatter. Sie reflektieren daher das Licht stärker bzw. zeigen einen vermehrten Glanz. Die Erscheinung tritt insbesondere in glatt gewebter Ware auf, überdauert auch den Färbeprozeß und ist in der Appretur kaum zu beheben. Man kann versuchen, durch schwache Spritzappretur und Dämpfen der Ware den Effekt zurückzudrängen.

f) Helle Stellen in der Kette von Kunstseide (Reyon) Crêpe de Chine („Flinserln"). Die Erscheinung verfolgt den Lauf gewisser Kettfäden des Gewebes, ohne jedoch kontinuierlich oder regelmäßig zu sein. Sie erweist sich unter der Handlupe als weiße dünne Fäden in den einzelnen Kettfäden.

Der Befund unter der Lupe ergibt, daß die Erscheinung nicht von schlechtem Durchfärben verursacht sein kann, sondern eher etwa fremdes Fasermaterial oder nicht genügende Entschlichtung die Ursache sein könnten.

Um eine genauere Feststellung zu ermöglichen, wurde vor allem ein Gewebeabschnitt unter der Uviollampe untersucht. Es konnte keinerlei Lumineszenz festgestellt werden, so daß der Verdacht ungenügender Entschlichtung fallen gelassen wurde. Aus dem Gewebe wurden nun Kettfäden, welche die typischen hellen Stellen aufwiesen, sorgfältig ausgezogen, in ihre Kapillarfäden zerlegt

[6] Vgl. DE JONG: Breda & Enka Rayon Revue 1951, engl. Ausgabe, S. 105.

und das Ganze unter dem Mikroskop untersucht. Dabei zeigte es sich, daß diese Kettfäden neben normal gebauten, runden Kapillarfäden auch einzelne (gewöhnlich 1 bis 2) von ganz oder teilweise flachem Bau aufwiesen. Fremdfasern konnten nicht nachgewiesen werden. Die erwähnten flachen Kapillarfasern waren auch gefärbt, doch erschienen sie im Mikroskop deutlich heller als die normalen runden Fibrillen (s. Abb. 315). Es war nun festzustellen, ob die Deformation der Kapillarfäden durch den Veredlungsprozeß verursacht wurde oder sich schon in der Rohware befand. Zu diesem Zwecke wurde von dem in der Übernahme befindlichen Abschnitt desselben Warenstückes[7] in rohem Zustande ein Muster gezogen und dasselbe untersucht. Mit freiem Auge war an diesem weißen Gewebe nichts zu sehen. Jedoch erwies eine genaue Untersuchung zahlreicher Kettfäden unter dem Mikroskop, daß sich auch hier in einzelnen Fäden die flachen Fibrillen finden.

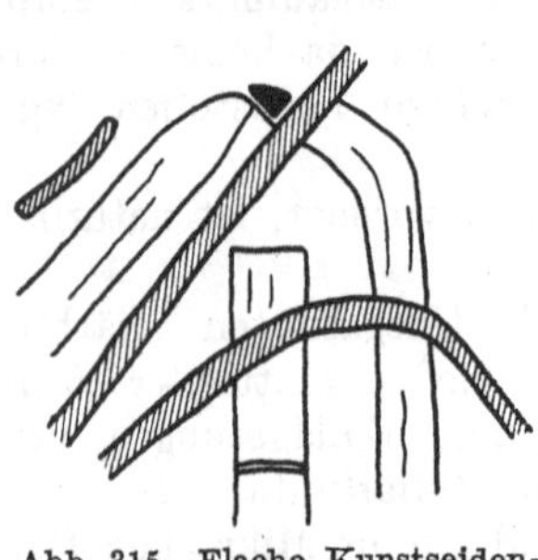

Abb. 315. Flache Kunstseidenfibrille.

Um nun festzustellen, ob nicht etwa im Laufe des Entschlichtungsprozesses eine Rückbildung der Erscheinung möglich sei, wurden Rohwarenproben nach der üblichen Art auf Lauge und auch auf Seide entschlichtet; auch hier konnten noch die deformierten Fasern festgestellt werden.

Aus der mikroskopischen Untersuchung geht hervor, daß die Erscheinung der hellen Stellen in der Kette des Gewebes von flachen, deformierten Kunstseidenkapillarfäden herrührt, die wohl angefärbt sind, jedoch zufolge ihrer flachen Form das auffallende Licht viel stärker reflektieren als die normal gebauten runden Kapillarfäden. Sie erscheinen dem Auge deshalb heller, unter der Lupe als kurze dünne, scheinbar weiße Fädchen. Die abnorme Form dieser Fibrillen rührt nicht von der Veredlung her, sondern ist nachweisbar schon in der Rohware vorhanden. Eine Rückbildung der Erscheinung durch normales Abkochen ist nicht möglich. Da die abnormal geformten Kapillaren nur vereinzelt unter normal gebauten in einem Kettfaden vorkommen, und auch nur einzelne Kettfäden die Erscheinung zeigen, so kann die Ursache der Faserdeformierung nur in der Fabrikation der Kunstseide, das heißt beim Spinnprozeß liegen. Es ist interessant, daß dieser flache Zustand eine Art Streckung darzustellen scheint, da bei Einbringen von wenig Alkohol unter das Deckglas die Faser rasch zusammenschrumpft und dann rund aussieht. Gewebestücke in Alkohol verloren die hellen Kettstellen aber nicht, scheinbar ist dazu die Webspannung zu groß.

g) Kettstreifen in Viskosekunstseide Crêpe de Chine (vgl. c). Schon aus dem bloßen Augenschein ergibt sich, daß es sich um Fäden handelt, welche gegenüber der anderen Kette eine größere Farbaufnahmsfähigkeit haben. Eine mikroskopische Untersuchung eines solchen Fadens im Vergleich mit einem anderen ergab folgendes: Bei mittlerer Vergrößerung und Zusammenbetrachtung eines normalen Kettfadens und des erwähnten dunkleren Kettfadens unter dem Objektiv ist sofort festzustellen, daß, falls man die Fäden in ihre Einzelfasern auflöst, der dunklere, größere (dickere) Einzelfasern in einer Zahl von 18, der normale aber schwächere (um zirka 30% weniger dicke) Einzelfasern in ungleich größerer Zahl, über 30, aufweist. Daraus ist zu schließen, daß die beiden untersuchten Fasern verschiedene Seiden darstellen, und zwar entweder verschieden im Titer (Denier) oder von verschiedener Provenienz.

[7] Es werden stets einen halben Meter lange Abschnitte von jedem Warenstück aufbewahrt.

Die dunkleren Kettfäden in den vorgelegten Mustern erwiesen sich also als absichtliche (Aufarbeitung kleiner Kettreste) oder unabsichtliche Vermengungen verschiedenen Materials in die übrige Kette (eingeschorene Kunstseide von wahrscheinlich anderer Herkunft oder auch anderen Titers), das daher eine andere Farbaufnahmsfähigkeit hat als die übrige Kette. Das Einschären solcher fremder Kunstseidenreste bzw. die Vermischung verschiedener Kunstseiden widerspricht sämtlichen Vorsichtsmaßregeln, welche bei der Kunstseidenverarbeitung seit langem und immer wieder in allen Fachblättern und Fachkreisen betont werden.

Nach dem Untersuchungsbefund eines Prüfinstitutes war 100 den Kunstseide mit 20 Fibrillen vermengt mit 120 den Kunstseide mit 40 Fibrillen pro Einzelfaden (s. Abb. 347, S. 667, Nr. 5).

h) Crêpe mit angefärbten Metallzierfäden (vgl. Abb. 316 und 346, S. 697, Nr. 3). Die bräunlich verfärbten Metallfäden zeigen gegenüber der Rohware unter dem Mikroskop folgendes Fadenbild:

α) Die Metallfolie ist um einen doppelten Baumwollfaden gesponnen. Die Folie zeigt gegenüber der im Rohgewebe eine deutliche Oxydverfärbung. Diese Oxydbildung ist besonders stark in Unebenheiten der Metalloberfläche. Es wird sehr schwer sein, sie zu entfernen.

Abb. 316. Metallumsponnener Faden.

β) Der Baumwollfaden des schwarzen Musters ist stark angefärbt. Die Metallfolienwindungen lassen Stellen frei, wo der Farbstoff zur Faser innen vordringen kann. In der Rohware ist diese Faser innen weiß (s. Abb. 286).

Beide Faktoren, *α* und *β*, bedingen die Verfärbung der Metallfäden.

i) Bestecketui, mit Viskosekrepp ausgekleidet, schwärzt Silberbesteck. Das Auskleidungsgewebe aus Kunstseide war schwach sauer durch die Avivage. Aus dem Spinnprozeß restieren in ihm noch gewisse kleine Reste von Schwefelverbindungen, welche unter Bildung von Schwefelwasserstoff in Spuren reagieren und das Besteck aus Silber im Etui nach einiger Zeit braun anlaufen lassen.

Schwefelreste in Viskosekunstseide, welche aus dem Fabrikationsprozeß stammen, lassen sich nach einem Vorschlag der Ciba dadurch nachweisen, daß man die Reyongewebe mit 2% Chlorantinlichtbraun 3RL, 2% Soda sicc. und 20 g Glaubersalz krist. pro Liter Flotte bei 85° C ausfärbt. Der sonst rötlichbraune Ton verändert sich in Violettbraun.

k) Beulen in Reyongeweben. Sie treten bei Taffet, aber auch in Kreppen auf und haben ihre Ursache immer in der Herstellung der Ware. Meist sind breite Kett- oder Schußbanden festzustellen, die den Effekt zeigen. Es handelt sich um Ketten- bzw. Schußeintrag, der mit einer verschiedenen Spannung geschoren bzw. eingeschossen wurde.

l) Helle Flusen (haarige Anteile) in Kunstseidentaffet können durch Haare aus dem Bremsfell des Schützens entstanden sein, die beim Weben eingewebt und heller angefärbt wurden.

4. Azetatkunstseide

Hier ist nur darauf hinzuweisen, daß sich Azetatreyon verschiedener Provenienz bzw. verschiedenen Azetylierungsgrades färberisch verschieden verhält.

5. Reinseide (erschwert und nicht erschwert)

Seidenläuse in Reinseidengeweben (Duvet). Sie sind Zusammenballungen feinster Fibrillen des Fibroins und erscheinen lediglich aus optischen Gründen heller[8]. Sie sind im Rohfaden anwesend, werden beim Entbasten frei und bilden dann, durch die weitere Behandlung im Effekt beschleunigt die klumpigen Knäuel. WAGNER hat sie insbesondere in italienischen Seiden nachgewiesen.

6. Wolle-Azetatkunstseide-Mischungen

Zu flacher Kreppausfall bei Flamisolkrepp. Die Rohware hat eine Schußdichte von 26 Fäden Wollcrêpegarn pro 1,5 cm. Die Kettdichte (Azetatreyon spinnmatt) beträgt etwa 39 Faden (Abb. 343, S. 690, Nr. 9). Das abgekochte Muster hat eine Schußdichte von 38, eine Kettdichte von etwa 40 (Abb. 343, S. 690, Nr. 7). Das Vorlagenmuster hat eine Schußdichte von 26, eine Kettdichte von 42 (Abb. 343, S. 690, Nr. 8).

Die Vorlage ist also entweder unter sehr großer Längsspannung gekreppt oder ist die Rohware nach dem Flamisolvorlagemuster angefertigt und vergessen worden, daß die Ware auch in der Länge einspringt. Die Drehung und Garndichte des Schußmaterials scheint gleich zu sein, doch verhindert die Schußdichte des eingelieferten Musters jedwede Flamisolkreppung bzw. jedweden Flamisolkrepp.

7. Viskosereyon-Baumwolle-Mischungen

Schußstreifigkeit in Taffet. Material: Kette: Viskosekunstseide, Schuß: mercerisierte Baumwolle, lose gezwirnt.

Unter dem Mikroskop zeigt sich weder eine Faserveränderung, noch eine Faserverschiedenheit. Ebenso fehlen chemische Veränderungen (Methylenblaureaktion negativ). Auch Schlichtereste sind nicht zu sehen.

Daß es sich beim Schuß um mercerisierte Baumwolle handelt, zeigt sich an dem Glanz der Fasern bzw. unter dem Mikroskop durch das Fehlen der Cuticula sowie das Ausbleiben der charakteristischen Fasereinschnürungen mit Cuoxamlösung.

Die schußgeraden lichten Streifen im gezwirnten mercerisierten Eintrag rühren von unregelmäßiger (ungleichmäßiger) Mercerisation her. An den Stellen höheren Mercerisationsgrades nimmt die Faser mehr Farbstoff auf als an den weniger stark behandelten Stellen, daher die helleren Streifen. Schlichtereste kommen als Ursache nicht in Frage, da der mikroskopische Befund keine erweist und auch in der Praxis derartiger gezwirnter mercerisierter Schuß nicht geschlichtet wird (Abb. 346, S. 646, Nr. 6).

Die Erscheinung ist also auf einen typischen Materialfehler zurückzuführen, für den ausschließlich das Material bzw. der Merceriseur verantwortlich gemacht werden muß.

Die schußstreifigen Tafte, deren mercerisierter Baumwollschuß den Fehler verursachte, wurden auch im Sinne einer Veröffentlichung in der Monatsschrift für Textilindustrie 1933, Heft 1, Seite 13, geprüft. Es wird dort auf Grund der Ergebnisse von R. S. WILLOWS und C. A. ALEXANDER, Journal of Textile Institute 1922, **12**, T 240 bzw. von MARKERT (Deutsch. Forschgs. Inst. Dresden), eine Methode zur Prüfung auf chemische Baumwollschäden ausgearbeitet.

---

[8] WAGNER: Entstehung der Seidenlaus. Melliand Textilber. **1925**, 43, 118, 358, 771. Melliand Textilber. **1926**, 929, 1026.

Behandelt man Baumwollfaserabschnitte unter dem Mikroskop mit Natronlauge von etwa 19° Bé, so quillt der Zellinhalt mehr als die Cuticula. Ist diese intakt, die Baumwollfaser also chemisch und mechanisch nicht angegriffen, so quillt das Zellinnere an den Enden der Abschnitte halbkugelförmig aus (Abb. 318).

Unrichtig ist, daß diese Erscheinung auch bei allen mercerisierten Baumwollen eintreten soll, denn HÖHNEL gibt ja an, daß in vielen Fällen bei mercerisierter Baumwolle eine charakteristische Cuticula fehlt.

Lichte und dunkle Fadenabschnitte aus den Geweben wurden nun auf oben beschriebene Weise unter dem Mikroskop geprüft und festgestellt, daß auch in lichten Fäden ein Hervorquellen eintritt. Allerdings geben beide Fasern Einzelfasern, die nicht quellen (Abb. 317). Andererseits konnte in beiden Fäden je eine stark verholzte Faser festgestellt werden sowie beschädigte Fasern, ein Beweis für eine mindere Güte der verwendeten Baumwolle. Außerdem quollen die lichter gefärbten Fasern in der Lauge nicht gleichmäßig auf, wie es die dunklen taten, sondern ringelten sich, quollen in bläschenförmiger Art unter Bildung der bekannten darmähnlichen Erscheinungen, ein Beweis, daß bei ihnen der Mercerisationsvorgang nur schlecht durchgeführt war und eine Nachbehandlung mit Natronlauge noch eine sehr deutliche Quellung der Faser bewirkte.

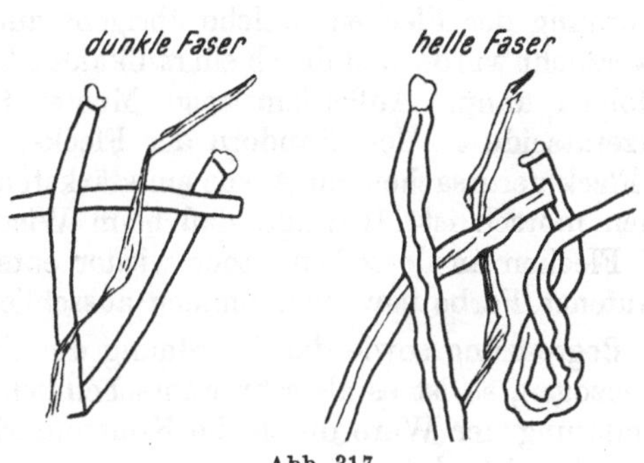

Abb. 317.

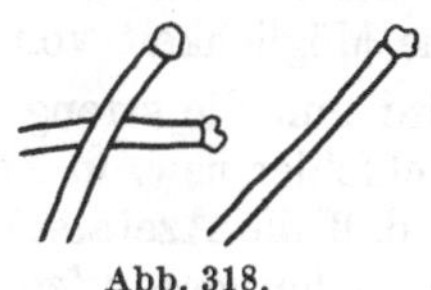

Abb. 318.

8. Halbwolle

Noppen als helle Stellen in Halbwollstoffen. Sowohl beim Färben mit Halbwollfarbstoffen als auch im Halbwollchromverfahren zeigen sich in der fertigen Ware nach dem Spannen und Pressen hellere Baumwollnoppen. Sorgfältiges Decken der Baumwolle und Durchschau der gefärbten Stücke nach dem Spannen, vor dem Pressen ergab, daß die Noppen gleichtonig waren.

Der helle Eindruck entsteht durch Flachpressen der knotenförmigen Gebilde und deren größere Lichtreflexion.

Die Behebung des Effektes ist nur möglich durch Entfernung der Noppen mit dem Noppeneisen von Hand aus.

9. Viskosereyon-Azetatreyon-Mischungen

a) Flecken durch Anfärbung der spinnmatten Azetatreyon in Azetatviskosetrikots. Die streng örtlich begrenzten Flecken besitzen dieselbe Tönung wie die Färbung der Viskose und könnten verlaufene Farbe der Viskosefärbung sein. Sie können aber auch dadurch hervorgerufen sein, daß die Azetatreyon an jenen Stellen chemisch verändert ist und daher direkte Farbstoffe aufnimmt (Verseifung).

Es wurde eine Reihe von Proben gemacht (Abb. 345, S. 693):

4. Muster der gefärbten Ware,
5. dasselbe Muster, die Azetatreyon blau angefärbt,
6. Ware mit Burmol abgezogen, Azetatreyon blau angefärbt,
7. Muster mit Burmol abgezogen,
8. Muster mit Chlorlauge gebleicht,
9. Muster mit Burmol und Säure abgezogen,
10. Muster wie 6, dann wieder mit Direktfarbstoffen eingefärbt.

5 und 6 beweisen, daß eine Verseifung der Azetatreyon nicht vorliegt, da sich in diesem Falle dieselbe lichter als ihre Umgebung anfärben müßte.

7, 8, 9 zeigen, daß eine Entfernung der Flecken, welche übrigens auch mit kochender Seifenlösung erfolglos versucht wurde, erst durch ein radikales Abziehen mit sauren Burmollösungen erfolgen kann. Außerdem zeigt Muster 8, und übrigens alle Muster, daß die Azetatseide an den Rändern der Flecke, wo sie zufolge der Anreicherung des den Fleck verursachenden Agens am stärksten angegriffen wurde, bereits vollkommen morsch ist; 10 zeigt, daß beim Wiederauffärben der entfleckten Ware die Flecken an derselben Stelle wieder entstehen, was die Möglichkeit von ausgelaufener Farbe usw. vollkommen ausschließt.

Wird nun die streng örtliche Begrenzung sowie die Anordnung der Flecken um Webfehler usw. in Betracht gezogen, so ist es als sehr wahrscheinlich anzusehen, daß die Azetatseidenveränderung der Ware durch die Kontrollfarbe des Erzeugers hervorgerufen wurde. Sicher ist, daß die Azetatreyon verändert ist, und zwar nicht verseift, sondern eher durch Säureangriff zerstört. Vermutlich ist die Stärke der Wirkung mit dadurch bedingt, daß die Ware unter dem Einfluß der zerstörenden Substanz längere Zeit gelagert hat.

In diesem Zusammenhang wurden verschiedene Farbstoffe auf ihre Eignung als Blendfarbe in der Fabrikation untersucht (Abb. 347, S. 699 vgl. c).

b) *Blinker, Flinserln in Viskose-Kunstseide-Azetatseidenkrepp.* Sie entstehen durch örtlich freiliegende längere Anteile der Reyonkette, verursacht durch zu grobe Kreppung des Azetatkunstseideschusses. Da die Ware nicht gelaugt werden kann, muß versucht werden, das Vorgaufrieren der Rohware mit einem dichten Muster vorzunehmen.

c) *Schlecht entfernbare Blendfarbe in Mischtrikots mit Streifenmuster.* Die Hersteller kontrollieren die richtige Fabrikation (Verteilung der verschiedenen Faserarten im Dessin) von Zeit zu Zeit durch Bestreichen von Warenstellen mittels Lösungen basischer oder saurer Farbstoffe. Dabei wird eine der Fasern angefärbt (vgl. Abb. 345, S. 693, Nr. 11).

Als schlecht geeignet erwiesen sich Säuregrün B, das beim Reinigen mit Seife leicht braune Rückstände hinterläßt, oder Wollblau R extra, welches schwer herausgeht. Schlecht unterscheiden sich Viktoriablau oder Thioninblauteste, gut ist Methylenblau, doch geht es schlecht aus der Ware. Sehr gut geeignet dagegen sind Orange II, Sulfongelb 5G und Azogrenadin S.

Auf Glanzware sind Methylenblau D und Thioninblau GO verwendbar: letzteres geht leichter aus der Ware. Es muß Sorge getragen werden, daß keine sauren Farbstofflösungen (basische Farbstoffe werden meist durch Säurezusatz gelöst) oder mit Soda verschnittenen Farbstoffe angewendet werden, welche, eingetrocknet, zu Faserschäden Anlaß geben können (vgl. Abb. 343, S. 693, Nr. 10).

Abb. 319 zeigt verschiedene Blendfärbungen mit 1. Säuregrün konz., 2. Wollblau R extra, 3. Thioninblau GO, 4. Methylenblau D, 5. Eosin A, 6. Orange II auf Mattseidenmischung, 7. Methylenblau D, 8. Thioninblau GO, 9. Azogrenadin S und 10. Sulfongelb 5G auf Mattglanzware.

Abb. 319. *Blendfärbungen für Azetat-Viskosereyon*

Nr.	Muster	Nr.	Muster
1	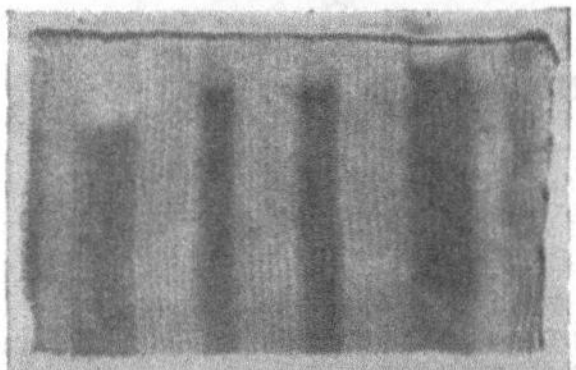	6	
2		7	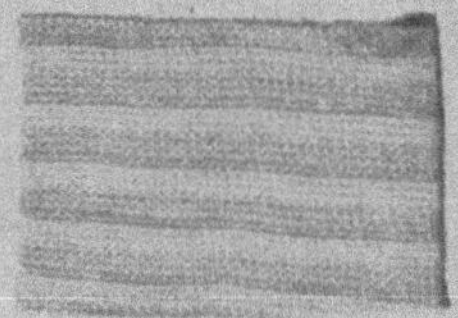
3		8	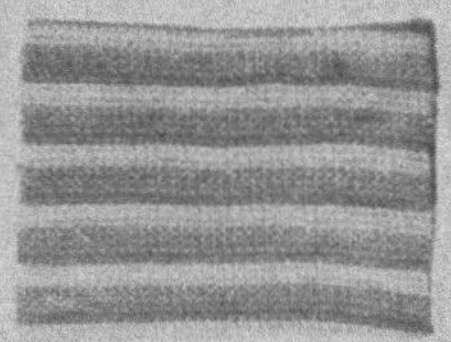
4	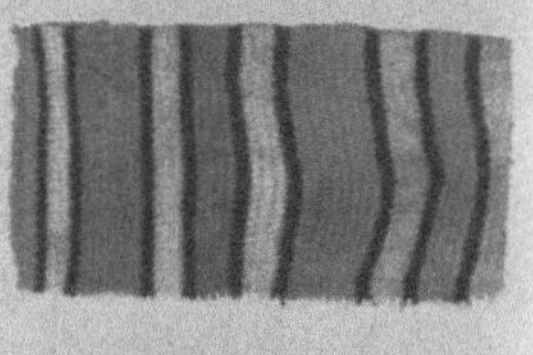	9	
5	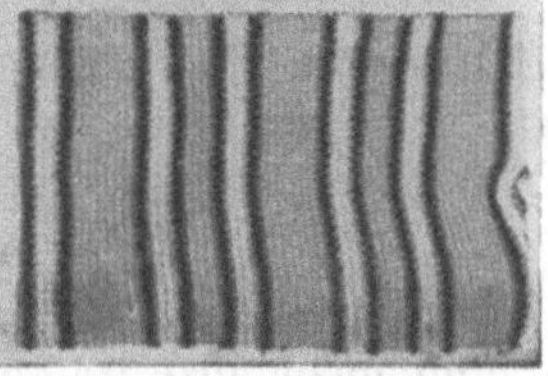	10	

Als Signierfarben, die leicht herausgehen, können für Viskosereyon oder Azetatreyon auch folgende Produkte verwendet werden:

Chinolingelb, Orange II, Anthosin B, 3B, Naphtolgrün B, wobei der Typ 8071 V bzw. A der BASF verwendet werden soll.

10. Synthetische Fasern

a) Barréeffekte in Nylongeweben. Sie entstehen bei der sauren Färbung von Nylonware, welche verschieden gestreckte Fäden enthält. Schon geringe Unterschiede in der Verstreckung erzeugen erhebliche Differenzen der Affinität zu Säurefarbstoffen.

b) Ringeleffekte in Nylonstrümpfen oder Nylonwirkwaren. Sie haben ihre Ursache in der gemeinsamen Verarbeitung von Fasern verschiedener Streckung und treten beim sauren Färben auf (vgl. a).

c) *Knittern und Brüche in Nylongeweben.* Sie bilden sich bei Ware, die nicht genügend fixiert war und beim Färben usw. in Falten lief. Auch bei der Fixierung („presetting") der Ware kann bei nicht faltenlosem Lauf durch die Dampf- oder Luftkammer der Fehler eintreten. Man arbeitet daher beim Färben auf Jiggern, beim Fixieren auf Rahmen. Fixiert man am Brennbock, was nur für Mischgewebe Wolle-Nylon bzw. Wolle-Perlon in Frage kommt, so muß das Stück faltenlos auf die Rolle gewickelt sein.

II. Fehler, bedingt durch die sogenannte Vorappretur

(Waschen, Brühen, Karbonisieren, Mercerisieren, Walken etc.)

1. Wolle

a) *Verfilztes Aussehen von Gabardine bzw. dessinierter Wollgewebe.* Diese Erscheinung hat ihre Ursache meist darin, daß die aus empfindlicher Wollqualität hergestellte Ware nicht genügend fixiert (gekrabbt) wurde, ehe sie in die Färberei gelangte. Das Fixieren, auch Brühen oder Krabben genannt, erfolgt meist am sogenannten Brennbock, einer sich in kochendem Wasser langsam drehenden Walze. Auf diese ist das Wollgewebe breit und faltenfrei aufgewickelt. Nach einer je nach der Warenqualität verschieden langen Behandlungsdauer wird unter Drehen der Walze im Bad erkalten gelassen.

Dadurch wird eine gewisse Fadenlage, aber auch eine Resistenz des Gewebes gegen das Verfilzen erreicht.

Filziges Gewebe bildet sich auch, wenn die Ware zu schnell im Farbbad umläuft, man also etwa kurze Probestücke am Haspel arbeitet oder durch unerfahrene Färber zu lange gefärbt wird (insbesondere beim Färben auf Muster).

Die Ware muß dann, um das wertmindernde Aussehen zu verlieren, in der Appretur geschoren werden.

b) *Herauskarbonisierte Baumwolleisten bei Wollgeweben.* Der Fehler, der nur stellenweise auftritt, hat seine Ursache meist in zu geringer Viskosität der Ammonkarbonatpaste, die zum Schutze der Leisten an den Stückrändern aufgetragen wird. Es tritt ein Verfließen ein, wodurch stellenweise eben zu wenig Alkali vorhanden ist, um die Schwefelsäure zu neutralisieren.

c) *Mineralölrückstände in Wollwaren.* Es kommt nicht allzu selten vor, daß mineralölhaltige Schmälzen in Wollgarnen trotz Benutzung wirksamer Emulgatoren und Fettlöser beim Waschen nicht ganz entfernbar sind. Dies hat seinen Grund darin, daß Mineralöle eine ausgesprochene Affinität zu Wolle zeigen und nur dann restlos entfernbar sind, wenn sie beim Schmälzen unter Zusatz genügender Mengen wirksamer Emulgatoren auf das Wollmaterial gebracht werden. Diese dann ebenfalls in der Wolle verbleibenden Emulgatoren erleichtern die spätere Entfernung der Ölschmälze. Selbstverständlich war die alte Oleinschmälze wesentlich besser und leichter entfernbar. Für Walkware beließ man sie in derselben und walkte „im Fett", indem man Alkali zusetzte und die gebildete Oleinseife als Walkmittel benützte. Olein neigt aber zur Selbstentzündung und verklebt außerdem die Kratzen in der Spinnerei. Diese Nachteile zeigt Mineralöl nicht; wenn man eine Sorte mit genügend hohem Flammpunkt wählt (MAKAY-Test) tritt kein Angriff und kein Verkleben der Kratzen ein. Das Material gleitet gut. Ein Walken im Fett ist natürlich nicht möglich. Mineralöl ist preislich wesentlich billiger als Olein (Elain).

d) Helle, noppenartige Stellen in Mischgeweben aus Wolle und synthetischen Fasern. Bei Garnen aus derartigen Fasermischungen kann es vorkommen, daß die native Faser im Laufe der Verarbeitung und der Vorappretur, auf den glatten Anteilen des Garnes aus synthetischer Faser gleitend, Nester bildet. Dadurch liegt die synthetische Faser stellenweise bloß und verursacht rein optisch ein unruhiges Bild der Gewebeoberfläche. (Pilling-Effekt.)

Schlecht färbbare vollsynthetische Fasern, wie Terylen oder Orlon, werden oft in Garnform gebracht, wobei der Faden aus der Kunstfaser die Seele, Wolle jedoch die Hülle solcher Garne darstellt. Durch die Bildung solcher Nester ist die beabsichtigte gleichmäßige Anfärbung der Garnoberfläche nicht mehr möglich. Die Unruhe der Gewebe wird noch dadurch verstärkt, daß in derartigen Mischungen eine Färbung der Kunstfaser ohne Wollschädigung schwer möglich ist.

Auch Perlon oder Nylon arbeiten sich aus der Wolle heraus, wenn die Mischung ungenügend fixiert wurde.

e) Fluoreszierende, hellere Stellen in Wollwaren. Vielfach werden zarte Wolltöne gefärbt, indem man den Farbbädern sogenannte optisch wirkende Aufhellmittel zusetzt. Man erspart dadurch das früher vielfach geübte Schwefeln der Wolle. Eine Reihe derselben ist nun schwer löslich bzw. fällt in säurehaltigen Flotten aus. Dadurch entsteht dann der oben beschriebene Effekt. Man muß eben bei der Zugabe ins Färbebad die in Frage kommenden Produkte besonders auswählen und auf ihre Eignung für die Färbeweise prüfen.

f) Alkalischäden in Wollwaren. Sie treten durch unsachgemäße, zu stark alkalische Behandlung der Wolle beim Waschen oder Walken ein, insbesondere auch, wenn Wollware liegen bleibt und alkalische Behandlungslösungen auf dem Textilgut eintrocknen. Die Wolle wird dann gelblich und hat einen großen Teil ihrer Festigkeit verloren. Wenn die Stellen ohne Lochbildung oder Zerfall das Färben überstehen, sind sie meist dunkler als die Umgebung gefärbt.

g) Reibunechte Färbungen auf Wolle. Ihre Ursachen sind verschiedene. Ölreste vom Schmälzprozeß, insbesondere Mineralölreste, die oft der Wolle hartnäckig anhaften und beim Waschen nicht vollständig entfernt worden sind, können das „Abschmieren" oder „Abrußen" („crocking") verursachen. Aber auch in der Färberei selbst kann der Fehler zu suchen sein (vgl. S. 694).

h) Schlecht durchgefärbte bzw. helle Flecken in Wollstückware. Diese, stets mehr oder weniger scharf begrenzten Flecken zeigen oft in der Übersicht einen grauweißen Ton. Sie sind Fettsäureabscheidungen und haben ihre Ursache in der Rohstückwäsche. Dort wurde die verwendete Seife nicht vollständig aus der Ware entfernt bzw. durch Verwendung von hartem Wasser Kalkseife auf der Ware niedergeschlagen.

Durch die sauren Wollbäder entstanden in der Ware an den betreffenden Stellen Fettsäureablagerungen, die ein Anfärben mehr oder weniger stark verhinderten. Eine einfache Extraktion derartiger Stellen mit Benzin und Verdunstenlassen des Lösungsmittels auf einem Uhrglas liefert durch Zurückbleiben eines fettigen, gelbweißen Rückstandes den Beweis hierfür.

i) Wolkiger, unegaler Ausfall von Wollstückware, wobei dunkle Stellen mit dunkleren Rändern zu bemerken sind, hat seine Ursache bei karbonisierter Ware oft in einer nicht gleichmäßigen Imprägnierung mit der Karbonisiersäure oder in einer ungleichmäßigen Temperaturverteilung im Karbonisierofen. Durch beide Umstände bedingt, tritt an gewissen Stellen ein früheres Eintrocknen der Säure auf. Die Grenzen derartiger Stellen zeigen oft Säureanreicherung. Durch diese tritt starke Faserschädigung ein, die zu unegaler Aufnahme des Farbstoffes führt.

k) Walkschwielen. Falten in Wollstückwaren, meist noch mechanische Schädigung der Fasern zeigend, entstehen gern bei der Walke von Stücken, wenn die Ware nicht mit genügend Seife, das heißt nicht genügend „fett" gewalkt wird. Sie bilden sich gerne im Stauchkanal von Zylinderwalken. Die Falten bzw. Schwielen laufen unregelmäßig durch das Stück und können, obwohl meist in Querrichtung, auch längsgerichtet sein. Sie unterscheiden sich meist von den Knittern, die in der Färberei entstehen, wenn heiße Stücke lange gefaltet in der Flotte unbewegt liegen, dadurch, daß letztere Knittern meist farbdunkler erscheinen. Knittern, die durch zu rasches Abkühlen von heißer Wollware auftreten können, sind zwar nicht dunkler in der Farbe, zeigen jedoch nicht die bei Walkschwielen meist noch aufgescheuerte Oberfläche (abstehende kurze Wollhärchen usw.).

Jerseystoffe zeigen in der Walke oft Platzer, die entstehen, wenn der Schlauch „in der Blase läuft", d. h. Luft enthält.

Walkfalten bilden sich gerne, wenn die Filzbildung auf der Ware rasch erfolgt und die auftretenden Gewebefalten immer in derselben Lage bleiben und so fixiert werden. Vielfach ist dafür die Webart der Ware verantwortlich.

Schleifstellen im Wolltuch usw. können durch rauhe Backen oder Risse in den Rouletten der Walkmaschine entstehen. Auch bei zu großem Abstande der Roulettenwalzen oder zu nasser Walke können sie auftreten.

l) Braune Streifen im Wolltrikot (Appreturware). Das Trikot wurde in der Vorappretur mit Ameisensäure gewaschen, in der Hänge getrocknet, gedämpft, durchgeschaut und gepreßt.

Nach dem Pressen wurden in der Ware braune Streifen sichtbar. In der Durchschau wurden seinerzeit lichtere Stellen (ungleiche Farbe) mit Farbbleistiften nachgebessert. Verwendet wurden:

Weiß 276 A (Hardtmuth, Nr. 3)
Lichtocker 2 (Schwanbleistift)
Lichtbraun 55 (Schwanbleistift).

Als roter Farbstoff wurde in den zwei letzten Bleistiften nachgewiesen: Englischrot. Dieses schlägt beim Erhitzen in Braun um. Die Entfernung der Flecken erfolgte mit Radiergummi und Benzin.

m) Braune Stellen in Wollware. In den Wollwaren einer großen Weberei entstanden beim Vorappretieren große braune Flecken.

Die anscheinend fleckenlose Ware blieb nach dem Brühen auf Rollen liegen und die Flecken kamen über Nacht zum Vorschein. Wurde die Ware nach dem Brühen sofort gekühlt, so waren die Flecken nicht aufgetreten.

Die Schlichte für die Kette enthielt Kartoffelstärke, Gelatine, Japanwachs und in 100 Liter Schlichte 26 g β-Naphtol. Dieses oxydiert leicht in alkalischer Lösung unter Bildung einer braunen Verbindung.

Das schwach sodaalkalische Betriebswasser hatte die Oxydation einzelner Schlichtbestandteile begünstigt, weshalb das zum Brühen verwendete Wasser mit Essigsäure schwach angesäuert wurde und die Flecken nicht mehr auftraten.

n) Brüche in Wollgeweben. Diese sind, wenn nicht sehr dunkel angefärbt, wahrscheinlich in der Walke entstanden, wenn die Zugabe der Walkflüssigkeit nicht gleichmäßig war.

Sind die Knittern und Brüche wesentlich dunkler gefärbt, dann handelt es sich um einen aus der Färberei stammenden Fehler, indem z. B. Wollgewebe nach dem Färben in Falten gelegt kalt abgeschreckt wurden, oder im Stoß gefältelt heiß in der leeren Kufe lagen.

2. Baumwolle

a) Schäden bzw. Unegalitäten durch überbleichte Baumwolle. Beim Bleichen der Zellulosefaser mit Hypochlorit kann es leicht zu einer Faserschädigung durch Oxyzellulosebildung kommen. Abgesehen von der dabei eintretenden Faserschwächung zeigt Oxyzellulose eine stark verringerte Affinität zu substantiven Farbstoffen. Gewisse Säurefarbstoffe färben jedoch auf. Dadurch entstehen z. B. in Halbseidenwaren, insbesondere bei Strümpfen, an den Baumwollsohlen sogenannte „Tigerungen", Streifeffekte in verschiedenen Farben (vgl. Abb. 285).

Bei einer Reihe von Strumpffärbepartien fiel der Flor der Sohlen und Stulpen sehr streifig aus. Die Streifen waren nicht in derselben Tönung, wie es sonst bei ungleichmäßig mercerisiertem Material der Fall ist, sondern zeigten außerdem noch sehr große Farbunterschiede. Die ganze Anordnung derselben bewies, daß sie mit dem Material selbst zu tun hatten, da sie durch das „mit zwei Spulen Arbeiten" der Cottonmaschine typisch einhälftig bzw. einhälftig und in der Spitze der zweiten Hälfte auftraten usw.

Abziehen und neuerliches Auffärben bzw. Entfetten und Ausfärben half nicht. Besser wurde die Färbung, wenn man mit Direktfarbstoffen färbte, welche Seide und Baumwolle ziemlich gleich anfärben, und nur wenig mit sauren, neutral ziehenden Farbstoffen, insbesondere mit Blau, nuancierte.

b) Unegalitäten durch fehlerhafte Garnmercerisierung. Baumwollgarn kommt nach dem Abkochen gewöhnlich zentrifugenfeucht zur Mercerisierung. Bleibt das Garn, insbesondere im Sommer oder in der Nähe einer Heizung, lange liegen und trocknet an gewissen Stellen an, so zeigen diese Teile des Garnes natürlich einen größeren Schrumpfeffekt als die nassen Anteile. Es entsteht ein unregelmäßiger Ausfall, der sich in verschieden starker Affinität der Garnanteile zu substantiven Farbstoffen äußert. Die gleiche Unregelmäßigkeit tritt ein, wenn durch stark schäumende Mercerisierlaugen (das Schäumen wird meist durch den Zusatz ungeeigneter Netzmittel verursacht) oder durch allzu kurz bemessene Tauchdauer Rohgarn nicht gleichmäßig von der Mercerisierlauge genetzt und geschrumpft wird. Ebenso führen zu dicke Garnlagen (zu hohe Beschickungsmengen der Walzen) zu ungleichmäßig mercerisiertem Garn, da in diesen Fällen das Strahninnere weniger oder nicht vom Mercerisiermittel genetzt wird.

Die bei Trikotware oder Strümpfen aus diesen Gründen auftretende „Tigerung", das heißt streifiger Farbausfall, ist sehr ähnlich dem unter a) besprochenen. Er unterscheidet sich jedoch grundsätzlich darin, daß die Streifung Ton-in-Ton ist und nicht voneinander abweichende Farbnuancen zeigt.

c) Rostflecken aus Baumwollwaren zu entfernen. Fe_2O_3 geht durch langsame Einwirkung warmer Säure in Lösung, doch treten dabei Faserschädigungen auf. Kalt und leicht lassen sich Rostflecken entfernen, wenn man mit Natriumhydrosulfitlösungen betupft und das gebildete graugrüne FeO mit Lösungen von 2 g Salzsäure 30% bei 35° C entfernt. Hernach wird gründlich gespült.

d) Löcher in Baumwollwaren. Sie stammen, wenn es sich um Weißware oder Ware handelt, welche vorgebleicht wurde, von der Bleichoperation. Entweder, wenn mit Ca-hypochlorit gearbeitet wird, sind Anteile desselben in die Bleichflotte gelangt oder die Ware enthielt Metallverunreinigungen, die zu örtlichen katalytischen Schäden Anlaß gab.

3. Viskosekunstseide (Reyon)

a) Faserschädigung (verringerte Festigkeit) gefärbter spinnmattierter Kunstseide und Zellwolle. Hierfür ist ausschließlich die in der Faser befindliche Titandioxydpigmentierung verantwortlich. Sie kann in der Anatasform und ohne Behandlung mit Chrom- oder Mangansalzen im Licht eine katalytische Faserzerstörung hervorrufen, die in der Färberei keinerlei Ursache hat (vgl. S. 506). Auch die Lichtechtheit der Färbung kann durch die Mattierung wesentlich herabgesetzt werden bzw. nasse Ware im Sonnenlicht innerhalb kürzester Zeit ausbleichen (vgl. S. 506).

b) Träniger Kunstseidenkrepp bzw. Kunstseidengewebsausfall. Die Ursache dieser Erscheinung, bei welcher eine Art Tropfenbildung im Webdessin (Abb. 320) erfolgt, ist nicht ganz geklärt. Es wird angenommen, daß es sich um durch ungleichmäßige Kreppung bzw. Verweben unter verschiedener Spannung oder Schären von ungleichgroßen Spulen verursachte Verschiebung von Kettfäden bzw. Unregelmäßigkeiten in Kreppschuß handelt. Bei Kreppgeweben hilft oft (nicht immer) ein entsprechendes Vorgaufrieren. Kunstseidenflachgewebe, die diese Eigenschaft zeigen, sind manchmal durch Übergehen auf eine Foulardfärbung im Ausfall zu verbessern. Vom Färbefoulard wird direkt gespannt. Selbstverständlich ist dies nur bei hellen bis mittleren Tönen und geringen Naßechtheitsansprüchen möglich.

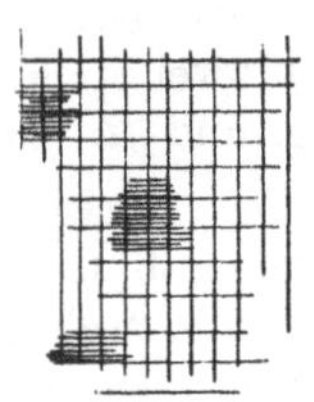

Abb. 320. Träniger Krepp.

c) „Würmer" beim Abkochen und Kreppen von reinkunstseidenem Crêpe de Chine. Bei zu schlechter Kreppbildung neigenden Qualitäten, welche durch bloßes Entschlichten und Seifenbehandlung leicht einen unterbrochenen, „wurmigen" Kreppeffekt liefern, hilft eine Behandlung mit Natronlauge vor der Seifenbehandlung, nachdem die Ware am Prägekalander vorgepreßt wurde. Man stellt die Stücke auf ein Bad von 4 bis 6° Bé Lauge kalt und behandelt 10 bis 15 Minuten. Hierauf wird zweimal gespült und dann erst auf das Seifenbad gegangen (Abb. 321).

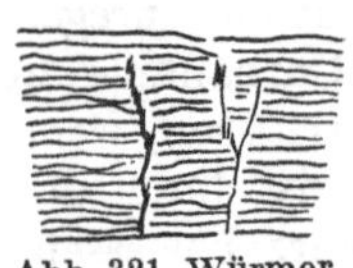

Abb. 321. Würmer.

d) Weiße Flecken in Satin de Chine. Das aus Kunstseide bestehende Material wird in auf Walzen gewickelter Form in einer reinen Seifenlösung am Extenseur abgekocht. Hierauf wird auf der Breitwaschmaschine gewaschen, erst mit Weich-, dann mit Hartwasser. Dann wird in Hartwasser mit Soda und Glaubersalzzusatz gefärbt. Die Stücke werden naß auf Rollen gewickelt und naß appretiert und gespannt (Abb. 346, S. 697, Nr. 7).

In zahlreichen Stücken zeigten sich verschieden geformte trübe weißliche Flecken. Eine Extraktion der Flecken mit Salzsäure kalt ergab mit Parallelprobe einwandfrei das Vorhandensein von großen Mengen Kalk. (Alkalischmachen des Auszuges mit Ammoniak, Ausfällung in der Hitze mit Ammonoxalat.) Es kann sich nur um den Kalk aus Hartwasserflotten handeln. Tatsächlich hat sich ergeben, daß eine Nachbehandlung der Stücke mit Ameisensäure in einer Menge von etwa 3 Liter pro 2000 Liter die Ware rein macht und daß die Azidität der Appreturbehandlung nicht genügt, um den Kalk herauszulösen.

Weichwasser zum Färben kommt wegen des gedrückten Preises des Artikels nicht in Frage. Daher empfiehlt sich nach dem Färben ein gründliches Absäuern nach dem Spülen mit Ameisensäure und darauffolgendes neuerliches Spülen.

Das mikroskopische Bild zeigt in geringer Vergrößerung deutlich die auf der Faser sitzenden kristallinischen Fällungen.

e) Kettstreifen und helle glänzende Flecken in Kunstseidensatin. Unter der Quarzlampe mit Filter zeigt sich die Kette stark lumineszierend, also sehr schlecht entschlichtet und leinölhaltig. Die glänzenden Stellen sind eher besser, eine Imitation dieser Flecken, durch aufs Stück gebrachte Wassertropfen, ist nicht möglich. Es sind also keine Wasserflecken, sondern die Kunstseide der Kette erscheint in den glänzenden Stellen eher normal, während sie sonst am Stück durchwegs matt ist.

Ein mit kochendem Wasser vorgenommener Auszug des Stückes ergibt keinerlei besonderen Analysenergebnisse.

Mit Äther werden aus dem gefärbten Stück 17,5% Substanz ausgezogen, welche Leinöl sowie auch Avivage darstellt. Der Auszug, mit Ammoniak neutralisiert und neuerlich ausgeäthert, ergibt an Leinöl und sonstigen Schlichtmaterialien etwa 12%.

Ein Abschnitt des Stückes bei 90 bis 95° C mit Seifenlösung von 10 g Seife und 1 g Cyklooleantin pro Liter eine halbe Stunde behandelt, getrocknet und unter die Quarzlampe gebracht erweist sich als schlichtefrei. Außerdem ist sein Glanz durchaus normal.

Wenn auch die unmittelbare Ursache der besser entschlichteten Flecken in dem Stück unaufgeklärt bleibt, so ist das Stück doch als vollkommen ungenügend entschlichtet zu bezeichnen; die Glanztrübung des ganzen Stückes dürfte darauf zurückzuführen sein, sicher jedoch die enorme Kettstreifigkeit.

Daß eine starke Leinölschlichtung vorliegt, zeigt die Analyse, daß aber diese Leinölschlichtung ohne weiteres durch eine normale Seifenbehandlung unter Zusatz von Fettlöser zu entfernen ist, erweist der Abkochversuch.

f) Flecken mit lichten Rändern, die matt und unsolid sind (Abb. 344, S. 691, Nr. 10). Die Ware ist laugenbehandelt. Die Untersuchung unter der Hanauer Analysenquarzlampe, Filter 366, bringt nicht viel. Ein Auslaugen der Flecken ergibt kein Resultat. Die Flecken reagieren neutral.

Ausgezupftes Fasermaterial der Flecken zeigt unter dem Mikroskop eine deutliche Spaltung der Kunstseidenfibrillen. Die Anfärbung mit Methylenblau ergibt an den lichten Stellen der Fleckenperipherie, wo auch die Reißfestigkeit am katastrophalsten gelitten hat, eine tiefe Anfärbung. Ebenso färben sich die zahlreichen Fibrillenbruchstücke dunkelblau an. Die Stellen sind also gekennzeichnet durch eine starke Faserschädigung. Sie sind aus der ganzen Art der Behandlung als Laugenflecken zu bezeichnen. Es ist dort an den Stücken bei der Laugenvorbehandlung örtlich Lauge eingetrocknet, die Faser unter Oxyzellulosebildung zerstörend. Speziell an den Rändern der Flecken hat sich die Lauge beim Eintrocknen konzentriert; dort ist die Schädigung auch am stärksten. Die vorhandene Oxyzellulose färbt sich viel leichter an als normale Kunstseide, daher die lichteren Flecken bzw. die lichten Ränder derselben.

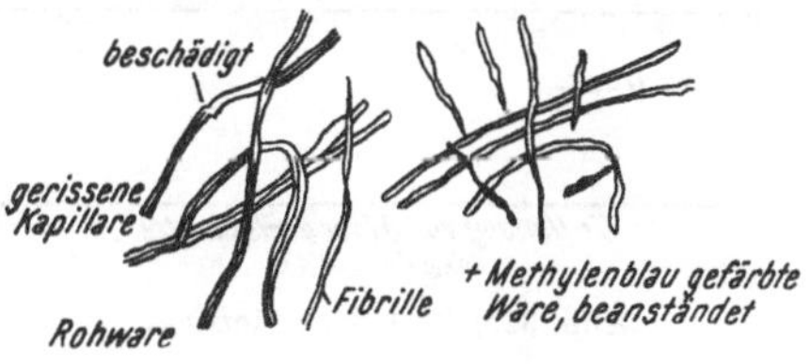

Abb. 322.

g) Unsolide Konfektionsware aus Reyon-Charmeuse. Eine Besichtigung der Ware zeigt, daß die Oberfläche derselben sehr rauh (haarig) ist. In der Rohware zeigt sich diese Erscheinung weniger, allerdings sind hier die einzelnen Fäden mit Paraffin geglättet.

Das Kunstseidenmaterial, im Gewirke mit kleiner Vergrößerung im Dunkelfeld des Mikroskops betrachtet, zeigt, daß die Kunstseide von sehr geringer

Qualität ist. Zahlreiche gerissene Kapillarfäden, besonders bei der Betrachtung eines Einzelfadens unter der starken Vergrößerung sowie sogar aufgespaltene Fibrillen, auch in der Kunstseide der Rohware, erweisen dies.

Um die Ursache der Faserschädigung, welche sich in auftretenden Löchern und Stellen mit sehr geringer Reißfestigkeit in der konfektionierten Ware zeigt, festzustellen, wurde vorerst die Festigkeit im allgemeinen mit dem Schubert-Punktierdynamometer geprüft.

Rohware:	Festigkeit	Kette	28	
	Festigkeit	Schuß	22	
Eingesandte Hose:	Festigkeit	Kette	26	(Stelle guter Haltbarkeit)
	Festigkeit	Schuß	20	(Stelle guter Haltbarkeit)
	Festigkeit	Kette	15	(Stelle um ein Loch, schlecht)
	Festigkeit	Schuß	10	(Stelle um ein Loch, schlecht).

Die Festigkeitseinbuße ist also tatsächlich sehr erheblich. Ein Extrahieren der beanstandeten Ware mit heißem Wasser ergab eine sehr schwach sauer reagierende Flüssigkeit, bei welcher der versuchte Nachweis von Mineralsäure jedoch mißlang.

Da eine chemische Schädigung vermutet werden konnte, wurde versucht, unter dem Mikroskop eine Anfärbung von zerteilten Einzelfäden mit Methylenblaulösung durchzuführen. Tatsächlich ergab eine Reihe so gewonnener Objekte eine stellenweise außerordentlich deutliche Dunkelfärbung von Faserbruchstücken und Fibrillen, neben hellblau gefärbten Kapillarfäden normaler Struktur. In der Rohware waren solche Fadenstücke dunklerer Anfärbung nicht nachweisbar. Es zeigten sowohl gerissene als normale Kapillarfäden sowie auch aufgespaltene Fibrillen durchaus gleichmäßige Anfärbung (Abb. 322).

An den Stellen verminderter Haltbarkeit bzw. beginnender Lochbildung in den vorliegenden Hosen konnte mit großer Wahrscheinlichkeit aus der verschiedenen Anfärbung von Bruchstücken von Seidenkapillaren auf eine chemische Faserschädigung geschlossen werden. Allerdings darf nicht unerwähnt bleiben, daß die verwendete Viskoseseide unbedingt sehr minderer Qualität ist, da bereits in der Rohware neben gerissenen auch aufgespaltene Kapillarfäden nachweisbar sind.

U

U = Umfang von Q (der Quetschwalze des Foulards)

Abb. 323. Trikotmattierung.

Wann, das heißt bei welcher Operation der Veredlung oder eventuell nachher, sowie wodurch diese chemische Schädigung hervorgerufen wurde, ist wegen der negativen Befunde aus dem Extrakt bzw. Unkenntnis der Schädigungsmöglichkeiten nach der Ablieferung leider nicht feststellbar gewesen.

h) Flecken beim Mattieren von Trikot am Quetscher. Mischtrikots aus Azetatseide und Viskose-Reyon wurden versuchsweise trocken am Quetscher mattiert. Der Ausfall mit etwa 80 g pro Liter Mattierung LC (Zschimmer und Schwarz) war sehr schön, wenn auch etwas hart.

Gearbeitet wurde am Foulard mit einer Vorrichtung mit Zirkulationspumpe. Diese arbeitet schlecht, da durch die Zirkulation eine große Menge Schaum entsteht, welcher eine schlechtere Annetzung des Stückes zur Folge hat. Ein so gearbeitetes Stück zeigt eine, wenn auch schwache Unegalität (Wolken).

Beim Legen hinter dem Quetscher ist auf Faltenfreiheit zu achten. Gelegte Falten zeigen sich in Abb. 324a.

Außerdem muß beim Einlaufen stets auf eine gewisse Spannung geachtet werden (Spanner). Sonst zeigen sich die bisher in ihrer Ursache ungeklärt gewesenen Figuren: Abb. 324b.

Ferner ergeben sich Stellen, wo das Trikot durch ungenügende Quetscherpressung, besser ungleiche Quetscherpressung beim ersten Durchgang durch den Spannrahmen naß bleibt. Sie sind auch nach dem zweiten Durchgang in der trockenen Ware als dunkle Flecke sichtbar, und zwar vor allem in dunklen Farben. Wichtig ist, daß diese ungleiche Quetscherpressung erst in der Mitte des Arbeitsganges, also etwa erst beim achten Stück auftrat, wobei die Teile des Quetschers, welche durch die Passage der eingerollten Trikotränder etwas mehr gepreßt werden, die Ursache waren. Außerdem war durch die Mattierung eine Verminderung der Elastizität der Bombage zu erkennen. Die Flecken sahen aus wie in Abb. 323.

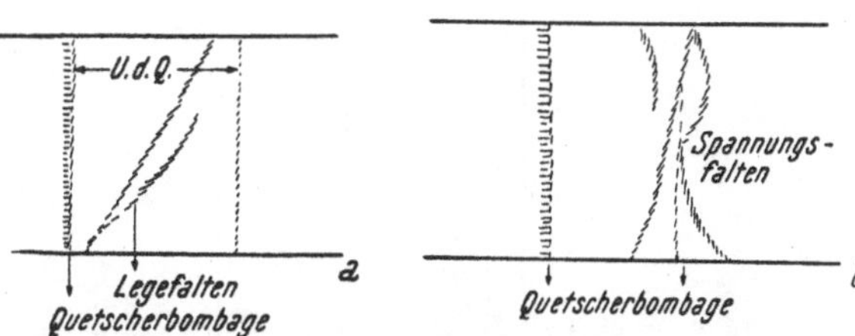

Abb. 324. Trikotmattierung.

Im Großen wurden so 14 Stück Trikot mattiert.

Verwendet wurde eine Flotte von 80 bis 100 g LC pro Liter sowie 0,5 Avirol E pro Liter. Die Trikots wurden trocken gequetscht und gleich im Spannrahmen vorgetrocknet. Ganz ausgetrocknet wurden sie durch eine zweite Passage im Rahmen, wobei sie vor der Gasfeuerung durch ausströmenden Wasserdampf angefeuchtet wurden.

Es wurde beobachtet, daß die Mattierung, wenn sie vor Gebrauch über Nacht steht, stark zum Absetzen neigt.

4. Azetatkunstseide

Beim Abkochen von Azetatreyon kann bei Verwendung zu heißer Bäder durch Rissigwerden der Fadenoberfläche allein eine Glanztrübung eintreten. Durch Verwendung alkalischer heißer Bäder kann ein Entglänzen durch Verseifen der Faser unter Bildung von Zellulose eintreten, wobei die Affinität zu Azetatseidenfarbstoffen an den verseiften Stellen verschwindet, so daß beim Färben ein fleckiger Ausfall eintritt.

5. Reinseide (erschwert und unerschwert)

a) *Silikatflecken in erschwerter Ware:* Sie zeigen sich als lichte Flecken in einem gewissen, die Buchbreite rapportierenden Abstande in der Ware und sind scharf örtlich begrenzt. Sie entstehen durch unvorsichtiges Arbeiten beim Silikatieren, entweder bei nicht genügender Durchmischung der Silikatflotte nach dem Ansetzen mit hochprozentigem Silikat, in welchem Falle sie ein verschwommenes Aussehen haben, oder häufiger durch Auftropfen silikathaltigen Wassers auf fertig silikatierte und gewaschene Ware. Auch können sie entstehen durch örtliches Auftropfen von säurehaltigem Wasser auf die vorerschwerte Ware vor dem Silikat oder durch Berührung silikatierter Ware mit sauren Medien, Tüchern, saurer Ware usw. Insbesondere in Transportwagen, in welchen vorher saure Ware gelegen ist, in Schleudern, in welchen saure Ware zentrifugiert wurde oder durch Tücher, welche mit saurer Ware in Berührung gewesen sind. Bei am Ring silikatierter Ware ist ein Rapport der Flecken nicht vorhanden (Abb. 325, 326).

Diese Flecken sind unter Umständen durch Behandlung mit einer heißen, etwa 1 bis 1,5 g HCl 30% enthaltenden Flotte pro Liter und nachheriges Behandeln mit Salmiak fast restlos zu entfernen. Die Ware muß allerdings unter Zusatz von Silikat dann frisch aufgefärbt werden, da sie sehr an Charge verliert.

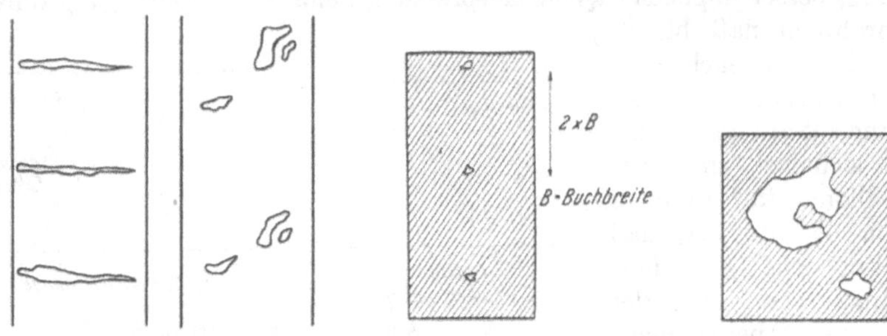

Abb. 325. Silikatflecken. Abb. 326. Silikatflecken.

b) Zinnflecken in erschwerter Ware. Sie entstehen beim Einlegen von Ware in die Zinnzentrifugen oder Holzbarken und auch beim Pinken von Ware auf der Zentrifuge. Sie sind in der fertigen Ware als scharf begrenzte dunkle Flecke von meist kreisrunder Form sichtbar und sind nicht korrigierbar. Ihre Ursache ist in der Bildung von Luftblasen zu suchen, die beim Einbringen in die Pinke in der Ware verbleiben.

Abb. 327. Zinnflecken.

Dabei enthalten die Flecken weniger Zinn als die Umgebung, und zwar nicht etwa um einen ganzen Zug, sondern eine in Prozenten etwa um 4 bis 6% niedrigere Charge als die Umgebung (Abb. 327).

c) Unegale Phosphatbehandlung (bandige Färbung). Es handelt sich um starke, breite, lichte Querbanden in Rapporten von Buchbreite quer über die fertige

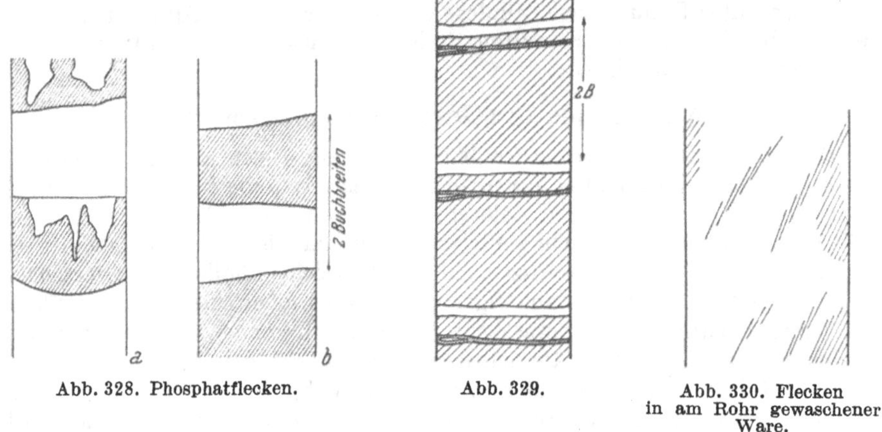

Abb. 328. Phosphatflecken. Abb. 329. Abb. 330. Flecken in am Rohr gewaschener Ware.

Ware. Sie werden hervorgerufen durch mangelhaftes Phosphatieren, insbesondere beim dritten Zug, welcher die Fehler erst in ihrer ganzen Schärfe entstehen läßt, und sind ebenfalls nicht entfernbar. Sie entstehen durch die Phosphatierung auf der P-II-Maschine, wenn ein Haspel der Maschine während des Phosphatierungsvorganges steht. Das Stehenbleiben des Haspels ist meist dadurch verursacht, daß sich die Schraube, welche das Kegelzahnrad der Antriebswelle mit der Haspelachse verbindet, ausgearbeitet hat und locker wird. Die Eingriffsstelle in die Haspelachse wird dadurch ganz ausgearbeitet, die Schraube gleitet über die Achse, ohne diese in Drehung zu versetzen und der Haspel bleibt stehen oder dreht sich nur teilweise. Dabei ist, falls er ganz stehen bleibt, in den auf die lichten Stellen folgenden Banden streifenartig das beim Abspritzen nach dem Phosphatieren ablaufende phosphathaltige Wasser markiert, ist die Drehung jedoch im Anfang erfolgt und erst später, etwa nach 3 bis 4 Minuten, der Haspelstillstand eingetreten, dann ist nur der reine Bandeneffekt sichtbar [*a* bzw. *b*, vgl. Abb. 328 bzw. S. 682 (P-II-Maschine)].

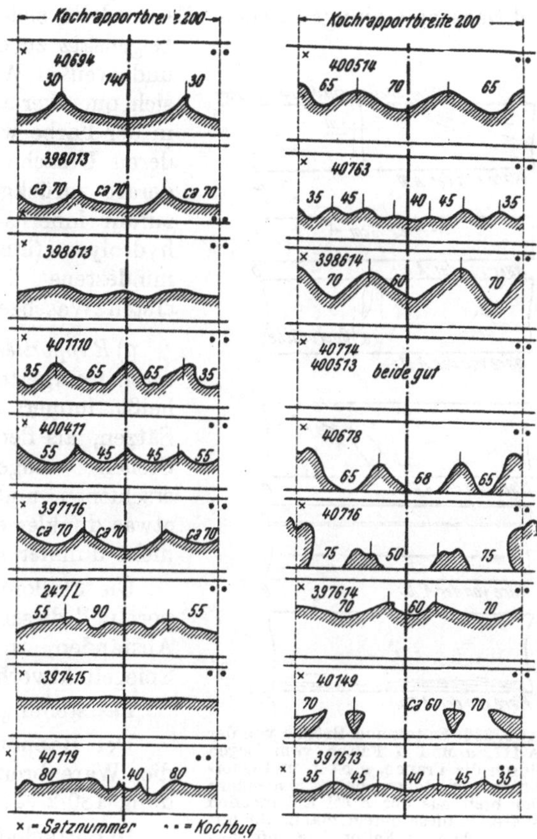

Abb. 331. Flecken in Georgette.

d) Ungleichmäßige lichtere und dunklere Querbanden in der fertigen Ware, in einem Buchrapport wiederkehrend. Sie sind auf schlechtes Waschen zurückzuführen, wobei die Ware noch stark sauer aus der Waschmaschine kommt und während des Liegens der Bücher vor dem Phosphat die Säure zufolge Diffusion sich in den Buchrändern ansammelt. Beim Einbringen in die Phosphatlösung entsteht an diesen Stellen örtlich eine gewisse Zinnphosphatlösung und somit ein lichter Streifen, der in seiner unmittelbaren Umgebung oft einen dunkleren benachbart hat. Dessen Ursache ist bisher noch nicht aufgeklärt. Eine Verbesserung ist hier ebenfalls nicht möglich (Abb. 328).

e) Flecken in gefärbter Ware, hervorgerufen durch zu langes Liegen vor dem Silikatieren. Ein auf der P II phosphatierter Satz Crêpe-de-Chine-Ware blieb notgedrungen vor dem Silikatieren nach dem dritten Zug in Buchform über Samstag und Sonntag liegen. Dabei scheinen einzelne Stellen, insbesondere an den Buchkanten, angetrocknet zu sein. Nach dem Färben zeigten die Stücke, insbesondere einige auf Blau gefärbte, Flecken im Buchrapport. Sie rührten von den angetrockneten Stellen her und trotzten einer Verbesserung. Das Blau ist auch hier wie immer ein Reaktif auf Unegalität in der Ware.

Vielleicht wäre der Fehler durch Vornetzen der Ware vor dem Silikat auf schwacher Salmiaklösung zu vermeiden gewesen. Immerhin ist die Gefahr des

Liegens nach dem dritten Zug, insbesondere der von der P II doch mangelhaft phosphatgewaschenen Ware, damit neuerlich dokumentiert (Abb. 329).

f) Unegalitäten in erschwerter Stückware, welche am Rohr gewaschen wurde. Sehr dünne Crêpe-de-Chine-Ware, welche leicht zum Verschieben neigte, wurde in Hosen gewickelt und in Buchform gepinkt. Hierauf wurde sie auf der Spritzrohrmaschine zinngewaschen. Es handelte sich ausnahmslos um Couleuren, im Gegensatz zu den bisher bearbeiteten schwarz und weißen Waren. Bei einem Stück zeigten sich quer verlaufende Streifen, welche dunkler in der Farbe waren als das übrige Stück und deren Ursache auf ein mangelhaftes Waschen derart zurückgeführt wurde, daß die Wasserzufuhr innerhalb der noch auftretenden Zinnhydrolyse (innerhalb eines Zeitpunktes der mindestens $1\frac{1}{2}$ Minuten vorzunehmenden ersten Waschzeit) gedrosselt wurde (Abb. 330).

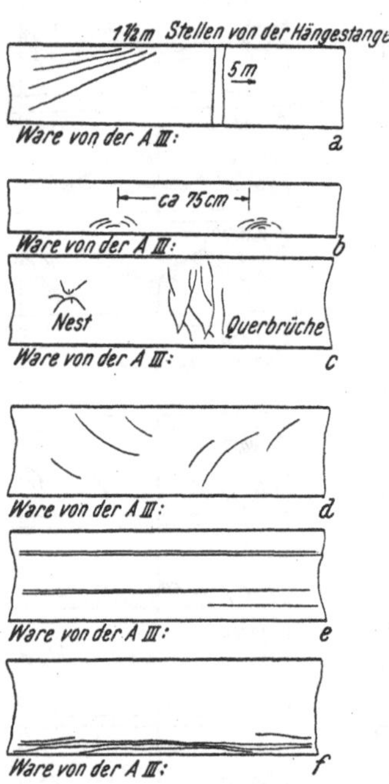

Abb. 332. Falten und Brüche von der A III. *a* und *b* Falten vom Legen durch die Frauen. *c* Nest- und Querbrüche entstehen beim Schleudern der breit aus der A III ablaufenden Ware, da diese unregelmäßig abläuft. Augenschein. *d* Falten bzw. oft verwetzte Brüche, ebenso wie *c*. *e* lange, durchlaufende Längsfalten von Vorbarken und W 8, P II und Handphosphat nicht. *f* feine, dicht aneinanderliegende Längsfalten von W 8 der A III eingeschlagenen Warenleiste.

g) Rapportierte Flecken in erschwerter Georgetteware. Georgetteware erwies sich teilweise, das heißt immer nur einige Stücke in ganzen Sätzen, als fleckig, wobei die Flecke eher als Stellen weniger aufgequollener Fadenstärke erschienen und beim Überziehen der Ware etwas dunkler erscheinen als das Stück, jedoch nicht dunkler in der Farbe.

Die Flecken hatten einen bestimmten Rapport und dieser war unterbrochen von kleineren Abständen, wo sich die Flecken wie Bild und Spiegelbild verhielten.

Feststellung des Rapportabstandes:

Der Rapport erwies sich als 180 cm, daher die Warenbreite im Zustande der Fleckbildung 180/2 ... 90 cm.

In Betracht kommt Buchform, also Phosphatmaschine P II oder Zinneinlegen II. und III. Zug nach P II.

Interessant ist, daß sich die Flecken zirka in der Mitte der Ware befinden und gegen Ende des Stückes sowie am Anfange kaum sichtbar sind. Erst in der Mitte der Ware treten sie deutlich hervor.

Die Ursache wurde zuerst in zu großen Partien (200 kg), die in die Zinnbarken eingelegt sind, so daß das Querholz fest auf den obersten Stücken ruht, gesucht.

Diese Absperrung der Zinnlösung von den unterhalb des Holzes liegenden Partien, welche weniger Zinn bekommen und außerdem ein nicht genügendes Untertauchen der Ware beim Eingehen, sondern erst, wenn bereits eine Reihe von Warenbüchern aufeinandergestapelt eingelegt ist, sollten die Ursache sein.

Die eben besprochenen Flecken in Georgetteware tauchten aber auch in nicht erschwerter Ware auf, sind daher als durch das Abkochen oder durch das Kaskadenwaschen bedingt anzusehen. Dabei ist dies beim Abkochen dadurch möglich, daß nach dem Repassieren einer Partie, noch vor dem Herausnehmen derselben aus der Repassierseife, diese in das Bastseifenreservoir hochgepumpt wird, so daß die Ware in der heißen Seifenflotte nur teilweise hängt (vgl. vorhergehende Warenskizzen, Abb. 331).

h) Falten und Brüche in der Ware und deren Ursachen. Um eine einwandfreie Konstatierung in dieser Hinsicht zu haben, wurde schwere Ware, welche diese Erscheinungen naturgemäß in allerstärkstem Maße zeigt, nach dem Passieren der Breitphosphatiermaschine A III, und zwar mit und ohne Quetscher und nach dem Silikat getrocknet. Dabei wurde festgestellt, daß die Ware nach dem Passieren der A III bereits reich an Längsfalten sehr ausgeprägter Natur ist. Insbesondere an den Kanten der Ware zeigen sich diese sehr deutlich, und zwar merkwürdigerweise auch bei Stücken, die ohne Quetscher gelaufen sind. Bei den Stücken mit Quetscher sind diese besprochenen Falten eher etwas mehr verwetzt, doch erscheint der Unterschied nicht allzu groß, auf jeden Fall bedeutend kleiner als vermutet werden konnte. Was nun die silikatierte Ware anlangt, so ist eine weitere Zunahme der Längsfalten dann nicht mehr zu konstatieren.

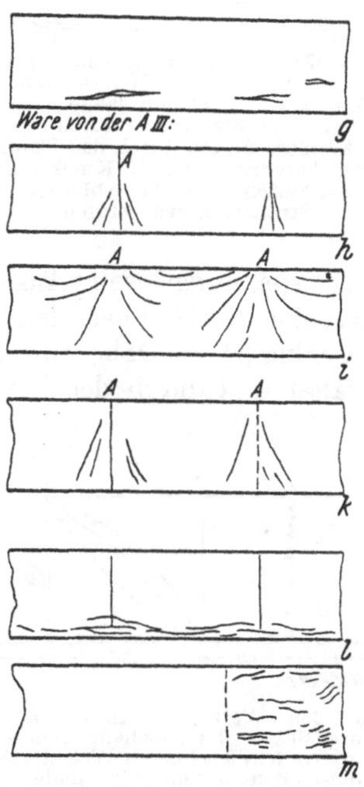

Abb. 333. Falten und Brüche in kontinue-erschwerter Ware. *g* kurze, oft an den Rändern aufgewetzte Falten vom Quetscher beim Auslauf A III in W 8. *h* Kochbug mit strahlenförmigen Brüchen bei Stücken an der Spirale gekocht, *A* Aufhängung. *i* Hängefalten, verwetzt vom Silikatieren in Buchform am Faden, *A* Aufhängung. *k* Falten vom Silikatieren auf der Spirale, *A* Aufhängung. *l* verwetzte Falten an der der Aufhängung gegenüberliegenden Warenlisiere. Herrührend vom Aufliegen am Boden beim Silikatieren in zu niederen Geschirren. *m* verwetztes Stückende, außen, gleich ob mit oder ohne Hosen, bei Ware, die nach dem Silikatieren unvorsichtig hantiert wurde. Schleifen an Trage oder anderer Ware.

Bezüglich der Querbrüche ist etwas sehr Wichtiges festzustellen: Die Ware aus der A III ist übersät mit feinen verästelten Querbrüchen, die schwach verwetzt sind und es wird vermutet, daß diese von den Transportnetzen der A III herrühren. Die Ware ist zwischen denselben ja fein aufgefaltet, in Falten gelegt, und zwar quer und wird mit immerhin ganz schwacher Pressung zwischen den Netzen gehalten. Durch die dreimalige Passage durch die Maschine wird das Übel verdreifacht und es erscheinen dann die ganz eng aneinanderliegenden feinen Querbrüche und nicht etwa nur solche, welche der Fältelungsbreite der Ware von etwa 5 bis 7 cm auf den Netzen entsprechen, sondern in der Regel, zufallsweises Übereinanderfallen ausgenommen, im Abstand des Dritteiles dieses obigen Abstandes, also etwa 2 cm (Abb. 332, 333, 334).

Nach dem Silikatieren, auch an der Spirale, erscheinen an der der Aufhängung gegenüberliegenden Seite der Warenkante scharfe, strahlenförmige Brüche, welche an der Ware im Silikatbade bereits nachgewiesen werden konnten und ihre Ursache wahrscheinlich in der beim Eindringen in die viskose Wasserglaslösung wenig gewaschenen schlaffen Warenseite haben, das heißt die viskose Wasserglaslösung bricht bei auch noch so vorsichtigem Eingehen die Warenkante, welche der Spirale entgegengesetzt liegt und welche nicht gespannt ist und legt sie in Falten. Es wäre daher zu erwägen, diese schlappe Seite der Ware ebenfalls irgendwie straff zu erhalten; ein Beschweren mit kleinen Bleigewichten, wie es anderwärts gemacht wird, erscheint ganz plausibel. Leider bedingen alle diese Manipulationen ungeheure Handarbeitsleistungen im Fabrikationsprozeß und machen ihn enorm langsam und teuer.

Durch das Legen der nach dem Silikatieren steifen Ware für den Kühlraum entstehen bei nicht sehr gleichmäßigem Legen die Falten 5. Die Legebüge 2, 3, 4 usw. sind durch die Plieform bedingt. Sie verwetzen sich, gleichzeitig auch die Falten durch Überfüllung des Kühlraums mit Ware, langem Verweilen vor dem Färben in der steifen Form nach dem Silikat und notwendiges Umhängen. Der Al-Stab selbst gibt den Wetzstreifen am Ende. Man läßt also am Sternreifen bzw. färbt möglichst sofort auf diesem aus (Abb. 335).

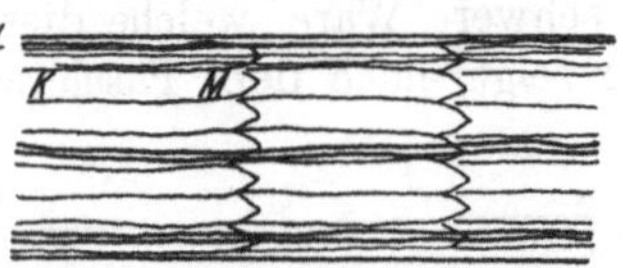

Abb. 334. Faltenbildung beim Stranglegen der aus der A III auslaufenden Ware. *L* Durchgehende lange Längsfalten, hervorgerufen durch W 8. *K* Kleinere Falten durch das Stranglegen hervorgerufen. *M* Knickstellen in den Falten durch das Abbiegen des Stranges hervorgerufen.

i) *Aufgerauhte Quetschfalten in erschwertem Crêpe de Chine.* Sie werden hervorgerufen durch den spannungslosen Auslauf der Ware vom Netz der Phosphatiermaschine A III über den Endhaspel durch den Quetscher in die Waschmaschine (W 8). Dabei ist das Stück nicht breit, sondern im allgemeinen ziemlich gefaltet und durch den Druck der Quetschwalzen, das alkalische Medium und gelegentliches Reiben werden diese Falten an den Bugstellen aufgerauht und erscheinen im gefärbten und appretierten Stück deutlich sichtbar (Abb. 336).

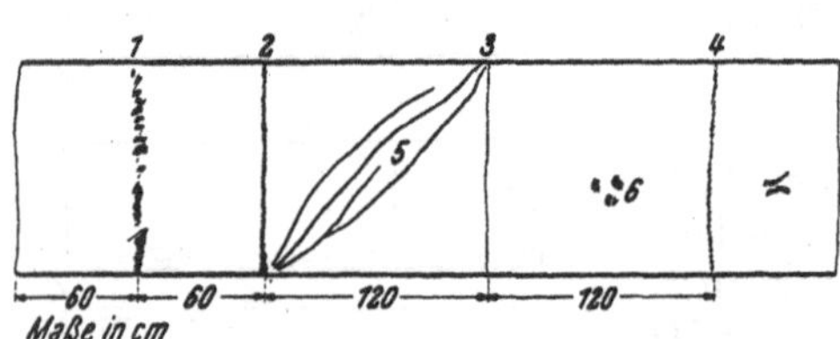

Abb. 335. Wetzstellen in der am Stern chargierten Ware. Skizze der Erscheinungen am Stück: *1* breiter Wetzstreifen, *2* schmaler Wetzstreifen ober, *3* schmaler Wetzstreifen unten, *4* schmaler Wetzstreifen oben, *5* zwickelartige verwetzte Brüche, *6* fingerabdruckartige verwetzte Stellen, *7* verwetzte Kniffstellen.

k) *Wetzstellen mit Löchern in erschwerter Ware.* Die Durchsicht sämtlicher in der kritischen Zeit erschwerten Waren auf Wetzstellen und Löcher lassen die Zeit des Fehlers mit großer Wahrscheinlichkeit feststellen.

Außer dem bekannten Vorfall, daß am Morgen ein Spritzrohr der untersten Terrasse der Terrassenwaschmaschine sich aus seinem Gewinde löste und anscheinend sofort entfernt wurde, wobei bei laufender Maschine das aus dem zuführenden Wasserrohr strömende Wasser provisorisch mittels Tuch gestoppt wurde, ergab sich noch folgendes:

Nachmittag, als die leere Maschine eben anlief und auf der ersten Terrasse die Stücke einliefen, fielen dem an der Maschine stehenden Arbeiter einige große Risse im mittleren Netz der Maschine auf, die in periodischen Abständen an ihm vorüberkamen. Er verließ seinen Platz und besah sich von der zugänglichen Seite der Maschine die Rohre der mittleren Terrasse. Dabei entdeckte er, daß etwa in der Mitte der mittleren Terrasse ein Spritzrohr abgebrochen war. Er stellte die Maschine ab. Der abgebrochene Stumpf, welcher noch fest im Gewinde saß, wurde herausgeholt, ebenso der Teil des Rohres an der Wandseite, welcher

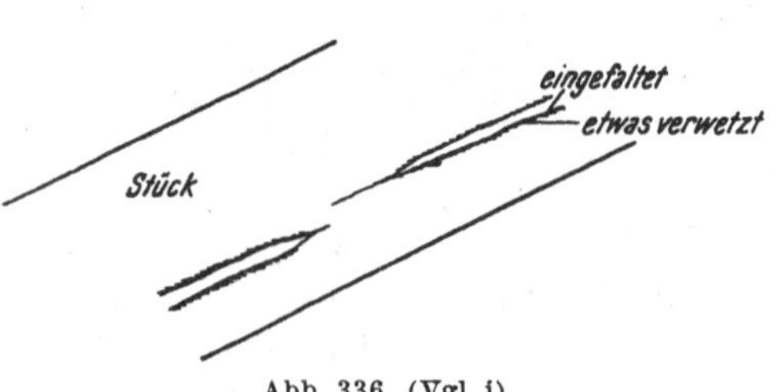

Abb. 336. (Vgl. i).

nicht zugänglich ist und vor allem gar nicht eingesehen werden kann, wenn die Maschine unter Wasser steht. Auch dieser Teil war noch fest, denn, obwohl die Spritzrohre an dieser Maschinenseite nur aufliegen, war dieses Rohr dort an einer Holzbacke mittels Kreuzdrahtwicklung festgemacht. Der Bruch des Rohres befand sich etwa links von der Mittellinie der an der Wandseite laufenden Warenbahn, was mit der Lage der Wetzstellen und Löcher, etwa 20 cm vom Warenrand, übereinstimmen würde. Das Spritzrohr erwies sich beim Herausholen an der Oberseite aufgerissen durch Korrosion, an der Unterseite war nur an der einen Stelle ein zackiger Bruch (Abb. 341).

Abb. 337. Die Brüche gehen vom Rand der Ware aus und haben strahlenförmige Form. Die Hafte der Wasserglasheftung sind bezeichnet, da vermutet wurde, daß diese Brüche von der Wasserglaserschwerung herrühren. Die Vermutung erwies sich als richtig, da — daß es so ist, zeigen die Zeichen — die Strahlen vom Aufhängungspunkte ausgehen.

Die Öffnung in der Wasserzufuhr wurde provisorisch mit Tuch umwikkelt und die Maschine wieder in Gang gebracht und weiter gewaschen. Dabei waren in der mittleren Terrasse bei Entdeckung des Fehlers angeblich kaum die ersten Warenanteile eingelaufen.

Es ist nun als nahezu sicher anzusehen, daß dieser Spritzrohrbruch die Erscheinungen verursachte.

l) Weiße Flecken in Crêpe-de-Chine-Zollware (erschwert). Da das Reservieren der Zollstempel durch Bestreichen mit Azetylzelluloselösung und Übernähen mit Stoff bzw. Leinenfleckchen nicht genügend war und sich Beanstandungen der Kunden ergaben, wurde versucht, statt der vorher verwendeten Gummisauger, in welche der Zollstempel eingebunden wurde, denselben mit Leinwand zu übernähen, diese gut mit Azetylzellulose und Kollodium zu bestreichen, dann einzurollen und fest mit Baumwolle zu umwickeln. Erstens einmal zeigte sich, daß diese Röllchen an den Stückenden bei Crêpe-de-Chine-Ware, welche auf der A III läuft, in den Netzen und Haspelstäben hängenbleiben und zu einem starken Einreißen der Stückenden führen.

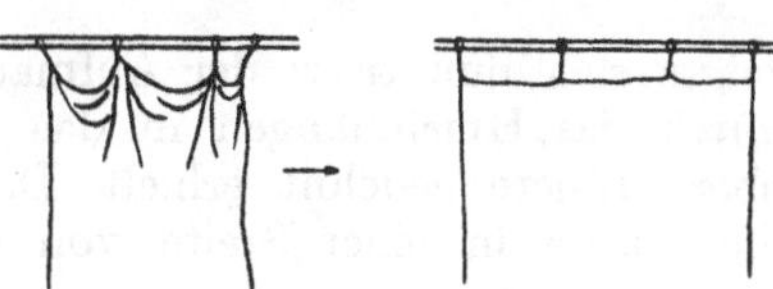

Abb. 338. Zu Abb. 337.

Zweitens erwiesen sich viele Stücke als fleckig. Sie zeigten kleine weiße, im Mikroskop wie Silikat aussehende Flecken, wobei die fleckbildende Substanz an der Oberfläche des Gewebes saß und die Flecken neben den Stückenden, wo sie besonders zahlreich waren, auch in der Stückmitte, aber ganz regellos, auftraten. Da ein Rapport fehlte, so war das Entstehen durch schlechte Hantierung am Silikat oder schlechte Silikatbäder ausgeschlossen. Die Form der Flecken führte dann schließlich zu der Erkenntnis, daß es Charge war, welche die Baumwolle der Zollstempelrollen an die Seide abgab, wenn die Röllchen an das nasse Stück kamen. Aufgeschnittene Rollen zeigten sich voll mit Charge bzw. Silikatpulver (vgl. Abb. 342 a).

Daher mußte dieser Weg der Reservierung wieder verlassen werden.

Eine Fleckentfernung durch Betupfen mit Flußsäure gelang zwar, doch ergaben sich an jenen Stellen mit weniger Erschwerung beim Wiederauffärben der Stücke naturgemäß dunkle Flecke.

Es wurden die Flecken in mühseliger Handarbeit durch vorsichtiges Behandeln mit Seife und Emulsionsöl fast entfernt und dann nach Abziehen eines Teils der Stückfarbe und Wiederauffärben sowie gutes Wischen in der Appretur die Stücke wieder halbwegs in Ordnung gebracht (Abb. 342 a).

m) Verschobene Stellen in der Kette leichter Reinseiden-Crêpe-de-Chine-Ware. Sie entstehen, wenn die Ware beim Durchgang durch die Kaskadenwaschmaschine oder beim Passieren der Weichwasserspritzrohre auf der Phosphatiermaschine A III unter dem Wasserstrahl der Rohre läuft und dieser Strahl mit großer Gewalt senkrecht gegen die Ware aufprallt. Es ist in solchen Fällen daher durch maschinellen Umbau der Strahl so zu lenken, daß er sich besser an den Verteilerbrettern der Kaskadenmaschine bricht und die Weichwasserbespritzung zu drosseln, damit der Strahl nicht zu große Intensität aufweist und ferner sind die Rohre so zu drehen, daß der Wasserstrahl schräg gegen die Ware fällt. Außerdem muß man die Öffnungen der Spritzrohre vergrößern, wodurch eine intensive Spülung unter Verminderung des Druckes des Wasserstrahles stattfindet (vgl. Abb. 342 b).

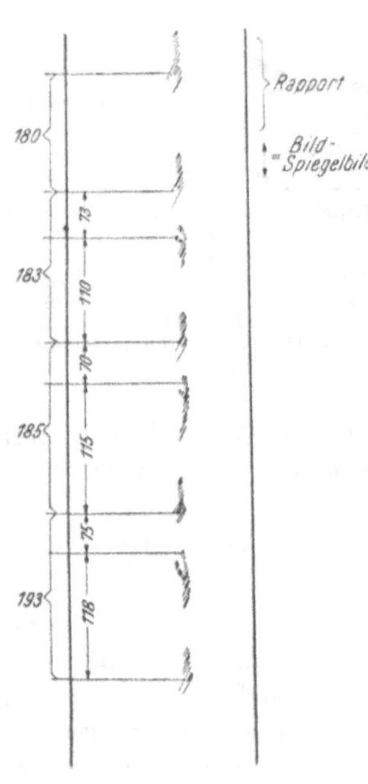

Abb. 339. Vgl. S. 686.

Abb. 340.

n) Ausgezogene Lisiere bei leichten Georgetteartikeln. Leichte Georgettequalitäten wurden statt in der Abkochbarke am Faden in den tiefen Sternabkochgeschirren gearbeitet. Bei dieser Art der Entbastung zeigte sich nun trotz der Aufmachung an Fäden, daß diese leichte Qualität durch das Hineinhängen in das tiefe Geschirr durch die Eigenschwere die obere Lisiere gedehnt erhielt. Dort, wo die Fäden eingezogen waren, blieb die Lisiere in einer Breite von etwa 6 cm ohne Krepp und daher auch gedehnt. Ein nochmaliges Kochen, derart, daß nun diese Lisiere in die Seife hineinhing, fruchtete nichts, da die Faser bzw. das Gewebe bereits fixiert war. Beim Erschweren am Ring ging diese Erscheinung trotz vorsichtigster lockerer Aufhängung nicht mehr zurück. Die Qualität, auf der Barke abgekocht, zeigte diese Erscheinung deshalb nicht, da hier die Ware auf dem Boden des Abkochgeschirres aufsitzt, was dem Zug entgegenwirkt.

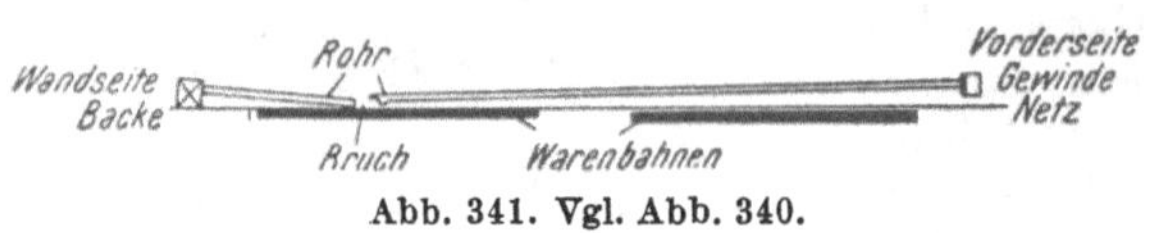

Abb. 341. Vgl. Abb. 340.

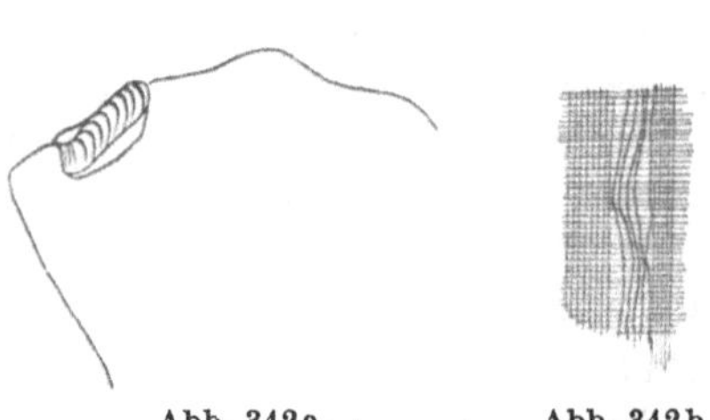
Abb. 342a. Abb. 342b.

o) Löcher in mit Superoxyd gebleichter Ware. Sie entstehen durch katalytische Wirkung von in der Ware vorhandenen Metallspuren (Sauerstofffraß). Auch in das Bleichbad auf die Ware aus Rohrleitungen abfallende, oder mit Wasser aus rosthaltigen Leitungen ins Bad gelangende Rostteilchen können den Schaden auslösen.

p) Flusige Stellen in Seidengarnen oder Geweben können ihre Ursache in zu alkalischen Abkochbädern haben. Schwer entbastbare Seiden werden oft mit sodahaltigen Seifenbädern entbastet. Eine derartige Arbeitsweise führt meist zu Faserschädigungen und zur Fibrillenaufspaltung, welche die Erscheinung bedingt.

6. Wolle-Azetatkunstseide-Mischungen

a) Flacher Kreppausfall bei Flamisol (vgl. S. 670). Die eingelieferte Rohware war 102 cm breit. Nach dem Kreppen und Färben hatte sie eine Breite von 95 bis 100 cm und zeigte nur flachen Krepp (Abb. 343, S. 690, Nr. 1).

Versuchsweise wurde auf dem Haspel gekreppt, indem man vorkalanderte Ware bei 50° C einbringt, dann zum Kochen treibt und 20 Minuten kocht. Hierauf wird untergesteckt, jedoch von Zeit zu Zeit über den Haspel laufen gelassen, um keine Legefalten zu erhalten, und so 40 Minuten behandelt. Dann wird (70 cm breit) aufgerollt, auf der Rolle geschleudert und in der Hänge getrocknet. Die Breite nach dem Trocknen betrug 84 cm (Abb. 343, S. 690, Nr. 2).

Weitere Versuche ohne Vorpressen durch Kreppen bei Kochtemperatur und Trocknen nach Breitschleudern, wobei das Stück eine Stunde am Haspel lief (Abb. 343, S. 690, Nr. 3) bzw. direktes Einbringen in das kochende Kreppbad und weitere Behandlung wie vorher (Abb. 343, S. 690, Nr. 4) erzielten ein gutes Resultat.

Schlecht war das Kreppen in Buchform, in Rollenform (Abb. 343, S. 690, Nr. 5) bzw. eine Vorbehandlung mit 2 g HCl pro Liter 20 Minuten bei 80° C und Kreppen nach dem Spülen (Abb. 344, S. 691, Nr. 6). In letzterem Falle trat Faserschädigung der Kette auf.

Der flache Kreppausfall war auf eine ungenügende Fixierung des Wollkrepps (zu kurze Behandlung und zu tiefe Temperatur) zurückzuführen.

b) Blaue Flecken der Blendfarbe in Wolle-Azetatreyon-Krepps. Beanstandet wurde ein weißes Stück, welches in der Stückmitte unregelmäßig geformte blaue Flecken der Anblauungsfarbe aufwies.

Der Rand des Stückes sowie Anfang und Ende desselben waren egal. Beim Messen der Ware stellte es sich heraus, daß zirka 7 m von einem Ende angefangen charakteristische Blauflecken in einem typischen Rapport von 2,4 m wiederkehrten. Dieser Rapport entspricht etwa dem Rapport der in Buchform abgekochten Ware (Buchdurchmesser 2,40). Das andere Warenende war in einer Länge von etwa 5,6 m wieder egal.

Eine Beschau unter der Quarzlampe mit Filter U 366 ergab an der Stelle der blauen Farbflecken starke Fluoreszenz, ebenso wie in charakteristischen Schieffalten im Stück ein solche sehr deutlich wahrnehmbar war. Diese Fluoreszenz konnte unschwer als von noch vorhandener Leinölschlichte herrührend identifiziert werden. Rohware mit typischem Leinölgeruch gab sie unter der Lampe sehr stark. Gleichzeitig zeigte ein kleiner Abschnitt Rohware, welcher im Laboratorium gut und ausreichend entschlichtet war, daß bei vollständiger Entfernung der Schlichte keine Spur einer Fluoreszenz unter der Lampe sichtbar ist und das Stück in diesem Falle unter der Lampe schwach braun erscheint.

Es ist also als unmittelbare Ursache des unegalen Ausfalles bzw. mit ihm zusammenhängend eine vollkommen ungenügende Entschlichtung der Ware anzusprechen. Die Außen- und Innenlagen des Buches (Anfang und Stückende) sind gut, ebenso die Randpartien, während die inneren Buchlagen, insbesondere

Abb. 343. *Kreppen von Flamisol. Crêpe Flamisol, Wolle-Azetatreyon (Vgl. Text S. 670 und 689)*

Nr.	Muster	Verarbeitungsfehler
1		Zu schwache Kreppung
2		Gut gekreppt, Breite 84 cm
3		Gut gekreppt, Breite 84 cm
4		Sehr gut gekreppt, Breite 76 cm
5		Schlecht gekreppt, Breite 95 cm

gegen die Mitte des Buches, zufolge der Buchdicke und Warenstärke sowie auch der Kreppbildung von der Entschlichtungsflotte nur ganz ungenügend bespült werden konnten.

Typisch zeigen das die Falten, welche sich beim Buchabkochen ja leicht bilden und dann in zusammengeschobenem Zustand ebenfalls einer Entschlichtung Widerstand leisten.

Abb. 344. *Warenfehler (Vgl. Text S. 670 und 689)*

Nr.	Muster	Verarbeitungsfehler
6		Crêpe Flamisol, schlechte Kreppung mit Faserschädigung
7		Crêpe Flamisol flaches, fast ungekrepptes Stück
8		Vorlage, Crêpe Flamisol
9		Rohware für Muster 7 (zu wenig gedrehtes Garn enthaltend, daher nicht kreppend)
10		Futtersatin, fleckig

Das Stück wurde nun auf einer Seifenlösung von etwa 80° C repassiert und auf Marine gefärbt. Es zeigte sich, daß trotz der neuerlichen Entschlichtungsoperation die ehemals vorhandenen Flecken wieder auftraten, und zwar als dunklere farbtiefe Stellen des Marine. Damit war die Vermutung gegeben, daß an den gut entschlichteten Stellen bei der Kochtemperatur der Entschlichtung eine Verseifung der Azetatreyon eingetreten sei. Um dies zu untersuchen, wurde ein Rohabschnitt in zwei Teile geteilt, ein Teil bei 80° C vollkommen entschlichtet, der andere der Entschlichtungsoperation bei 100° C unterworfen. Um nun den Nachweis einer eventuell vorhandenen verseiften Azetatreyon zu bringen, wurden beide Abschnitte mit direkten Farbstoffen zu färben versucht. Sie schmutzten sich nur an, eine Hydrolysierung der Azetylzellulose hatte nicht stattgefunden. Wohl aber zeigte es sich beim Ausfärben der beiden Muster mit Azetatseidenfarbstoff (Muster unten), daß tatsächlich das gekochte Stück sich mit dem Farbstoff etwas dunkler anfärbte als das andere. Wahrscheinlich kann man also die Ursache dieses Phänomens nur in einer Veränderung der Mattierung suchen.

III. Fehler in der Färbung

1. Wolle

a) Knittern in Kammgarnen. Sie entstanden infolge Aussetzens des Kühlwassers und nicht genügend schneller Verkühlung der heiß in der Kufe liegenden Ware.

Die Ware wurde mit 1 Liter Essigsäure 30% auf dem Brühbock 20 Minuten laufen gelassen, kochend, dann heiß auf eine Walze gewickelt und dort stehen gelassen, bis sie verkühlt war. Die Walze wurde, um das Absacken des Wassers zu paralysieren, alle 10 Minuten gestürzt. Der Erfolg war zu sehen, doch waren die Falten vollständig erst durch eine Dekaturbehandlung zu entfernen.

b) Abrußen nachchromierter Ware. Die Ware war gefärbt mit Anthracensäureblau EB und ER, die im Färbebad chromiert wurden. Tiefe, so hergestellte Ausfärbungen rußen immer ab. Die Ware wird bei diesen Farbstoffen am besten in einem frischen Bade chromiert und auf der Breitwaschmaschine mit Walkerde gewaschen. Auf 24 kg Ware kommen zirka 5 Eimer à 15 Liter der Suspension. Man läßt $^3/_4$ Stunden laufen.

c) Verfilztes Aussehen von Gabardine oder empfindlicher dessinierter Wollgewebe. Derartige Ware muß so kurz wie möglich gefärbt werden. Man muß also insbesondere beim Aufmusterfärben trachten, maximal innerhalb $1^1/_2$ Stunden fertig zu sein.

Der Fehler entsteht auch durch zu raschen Warenumlauf im kochenden Farbbad, etwa beim Färben kurzer Musterstücke auf der Kufe statt am Handgeschirr mit händischem Haspelantrieb. Im allgemeinen sollen Warenumlaufgeschwindigkeiten, die größer sind als zirka 30 bis 40 m, nicht angewendet werden. Der Fehler ist nur durch ein Scheren der Stücke in der Appretur zu verbessern [vgl. Levana neu (Sandoz) S. 357].

d) Knittern in Wollstrümpfen. Diese entstehen meist dadurch, daß das gefärbte Material ohne Abkühlen an der Luft mit Kaltwasser gespült (abgeschreckt) wird. Die in der hängenden (aufgefädelten) Ware vorhandenen Falten werden auf diese Weise fixiert und gehen beim Formen nicht heraus.

e) Trüber Ausfall grüner Töne bei der Färbung mit Neolan- bzw. Palatinechtfarbstoffen usw. Die beim Färben auftretenden trüben graugrünen Töne bei der Verwendung insbesondere grünfärbender Vertreter der Chromkomplexe darstellenden Farbstoffreihe sind verursacht durch reduktive Wirkung des beim langen Kochen in stark sauren Färbebädern eintretenden Abbaus der Wollsubstanz. Die entstehenden Abbauprodukte bewirken höchstwahrscheinlich eine Abspaltung des Chroms aus dem Farbstoffkomplex (Verkochen).

Abhilfe schafft der Zusatz von Aldehyd ins Färbbad. [Vgl. US Pat. Schrift 2,422.586 (Cyanamid) bzw. Öst. Pat. Schrift 167095 (Ciba)]. Auch Reste von Wasserenthärtungsmitteln (Phosphate usw.) sind schädlich.

Abb. 345. *Warenfehler (vgl. Text)*

Nr.	Muster	Nr.
1		1
2		2
3		3
4		8
5		9
6		10
7		11

f) Veränderung oder Trübung des Farbtones chromgefärbter Ware. Eine solche Tonveränderung kann dann eintreten, wenn die Farbflotte mit Cu- oder Fe-Teilen der Färbeapparatur in Berührung kommt oder Fe-haltiges Wasser zum Färben verwendet wird. Eine ganze Reihe von Nachchromierungsfarbstoffen wird dabei zerstört oder die Nuance verändert.

Man kann dies durch Zugabe von Trilon B (IG) verhindern oder aber nach dem Metachromverfahren arbeiten [Schmitt, Am. Dyestuff Rep. **36,** 238 (1947)].

g) Gelbliche Färbung von weißer Wolle in Schwarz-Weiß-Ware. Dieselbe tritt öfter auf, wenn Walkware längere Zeit in der Seife ungewaschen feucht liegenbleibt. Die Ursache liegt im Antrocknen von Seife oder, falls die Walklauge stark sodahaltig war, in einer Alkalischädigung der Faser.

Ähnliche gelbe Verfärbungen treten aber auch beim Liegenlassen derartiger Ware nach dem Walken und Waschen auf und sind durch das Ausbluten von Schönungsfarbstoffen verursacht, die manchen Chromschwarzmarken beigemischt werden, um deren Abendfarbe zu verbessern. [Omegachromschwarz PA (Sa) und andere.]

h) Reibunechte Färbungen auf Wolle. Beim Färben von Wolle nach dem Metachromverfahren (Einbadchromierung) kommt es oft vor, daß die erzielte Färbung nicht reibecht ist. Dies hat seinen Grund in einer vorzeitigen Bildung des Farbstoffchromlacks im Färbebad; der Lack vermag sich nicht mehr fest an die Wollfaser zu binden bzw. in deren Inneres einzuwandern. Er sitzt auf der Faseraußenfläche und verursacht das „Abrußen". Gemäß einem Vorschlag der American Cyanamid Corp. soll diese Erscheinung weitgehend dadurch zurückgedrängt werden können, daß man in Anwesenheit von Mg-Salzen färbt, bei einem pH-Wert von 7 beginnend und langsam säuert bzw. dafür sorgt, daß die Säure aus dem in der Metachrombeize usw. enthaltenen Ammonsulfat langsam abgegeben wird (Calcomet-Verfahren).

Rußende Färbungen werden auch erhalten, wenn man mit schwach sauer ziehenden Farbstoffen der Tuchecht- (Ci), Polar- (Gy), Sulfonin- (Sa) oder Walkfarbstoffreihe (IG) färbt und in zu stark sauren oder salzreichen Bädern arbeitet. Es kann zu einer Fällung des Farbstoffs auf der Faser kommen. Auch zu kurzes Färben ist schädlich, da, wie eine Reihe von Untersuchungen[9] zeigte, die Farbstoffe am Beginn des Färbeprozesses erst ringförmig an der Faseroberfläche sitzen und von dort im Verlaufe der Färbung langsam ins Faserinnere wandern. Bei Standardrezepten wird die Färbung oft frühzeitig unterbrochen, da der Ton erreicht scheint, ohne daß jedoch aller Farbstoff ins Innere der Faser gelangt ist.

i) Hellere Haare in Woll- oder Mischgeweben. Nach Elphik (Bull. 3, 1931, Massay Agricult. Coll. Palmerston, New Zealand) sind die Grannenhaare leicht nachweisbar, wenn man das Material in einer schwarzen Porzellanschale mit Benzol überschichtet. Während die Wolle unsichtbar wird, treten die Grannenhaare hell in Erscheinung.

2. Baumwolle

a) Dunkle Warenkanten, insbesondere bei schwefelfärbigen oder küpengefärbter Ware. Diese Erscheinung tritt stets bei am Jigger gefärbter Ware auf. Die Fixierung des Farbstoffes erfolgt hier ja zum Großteil im aufgewickelten („aufgedockten") Zustande, daher ist Sorge dafür zu tragen, daß die Ware kantengerade auf die Walzen aufläuft und daß die Vorläufer genügend lange

---

[9] Watkins, Millson, Royer: Amer. Dyestuff Reporter **1947,** 3.

gewählt werden. Sie sollten tunlichst dieselbe Warenqualität bzw. Saugfähigkeit wie die zu färbende Ware aufweisen.

b) Löcher in gebleichter Baumwollware. Solche entstehen durch in der Ware vorhandene Metallspuren, die die Chlorabgabe aus Hypochloritbädern oder die Sauerstoffentbindung aus Superoxydbädern katalysieren. Es kommt zu einer örtlichen Faserzerstörung.

c) Verfärbung roter Streifen in Buntwebware für die Tropen. Mit Benzopurpurin 4B gefärbter Baumwollschuß zeigte sich an den Stellen, an welchen er schwefelschwarz gefärbte Kettgarne kreuzte, violett verfärbt. Die Waren wurden, in Ölpapier gepackt, in Kisten (Fug und Nut) exportiert. Unter dem Einfluß der im Schiffsrumpf herrschenden Hitze und der Feuchtigkeit scheint es in den schwefelschwarz gefärbten Ketten zur Bildung von Schwefelsäure gekommen zu sein. Dieser Säuregehalt verursachte den Farbumschlag des Azofarbstoffes.

d) Unegale Küpenfärbungen. Sie haben ihre Ursache entweder in einem zu niedrigen Hydrosulfitgehalt des Bades beim Färben am Jigger bzw. insbesondere am Haspel, in nicht genügend kräftigem Absaugen nach beendeter Färbung am Apparat (Kreuzspule, Garn, Kettbaum) oder in nicht genügend rascher Entfernung der Farbflotte auf Jigger und Kufe (vgl. S. 574).

e) Helle Flecken oder Stellen in mit Diazofarbstoffen gefärbter Baumwollware. Ihre Ursache liegt ausschließlich darin, daß die diazotierte Färbung vor ihrer Entwicklung dem Lichte (Sonnenlichte) ausgesetzt war. Der Fehler in der Ware ist nicht zu beheben.

f) Abrußende substantive Färbungen. Die Erscheinung der Reibunechtheit tiefer Färbungen auf Baumwolle hat meist ihre Ursache darin, daß zur Herstellung alte, stehende Bäder verwendet werden. Durch allzu lange Benützung bzw. beim längeren Außergebrauchsein derartiger Standbäder sind in denselben Teilchenaggregationen des gelösten Farbstoffs eingetreten. Dadurch wird der Farbstoff zum Teil verhindert, ins Faserinnere zu gelangen. Er sitzt an der Faseroberfläche und reibt ab.

Seltener können auch zu große Salzbeigaben, sogar in frischen Bädern, derartige Wirkungen zeigen. Der Farbstoff ist dann sozusagen ausgesalzen und ebenfalls meist auf der Faseroberfläche reibunecht angereichert.

g) Rotbraune Flecken in Schwefelschwarz. Diese durch sogenanntes „Bronzieren" (Farbton!) der Färbung auftretende Erscheinung hat ihre Ursache in verschiedenen Arbeitsfehlern. Tritt sie beim Arbeiten am Apparat auf (Kettbaum-, Garn-, Kreuzspulenfärbung), so liegt die Ursache meist darin, daß der Farbstoff nicht gut gelöst war, das heißt zu wenig Schwefelnatrium in der Farbflotte anwesend war. Auch kann die Erscheinung dann, allerdings in Form eines bräunlichschwarzen, abrußenden Belags, aufscheinen, wenn zwar genügend Schwefelnatrium angewendet wurde, das Chemikal aber aus preislichen Gründen in geschmolzener Form (in Drums geliefert und durch Zerschlagen zerkleinert) verwendet wurde. Die Verunreinigungen, hauptsächlich Schwefeleisen, setzen sich beim Färben an gewissen Stellen der Oberfläche des Textilgutes ab. Schließlich ist das eigentliche „Bronzieren" auf vorzeitige teilweise Oxydation der mit der Schwefelfarbstofflösung getränkten Ware (Luftzutritt usw.) zurückzuführen.

In vielen Fällen hilft eine Chromkali-Kupfersulfat-Behandlung, in manchen ein Frischauffärben (vgl. S. 577).

h) Schlecht schlichtbare Naphtolrotketten. Mit Naphtolrotkombinationen gefärbte Ketten können nur mittels Spezialschlichten einwandfrei gestärkt werden, um in der Weberei gut zu laufen. Die üblichen Stärkeschlichten, auch solche mit abgebauter Stärke, genügen nicht, um einen widerstandsfähigen geschlossenen Film zu bilden. Dies hat seinen Grund teils in der durch die Naphtolgrundierung mit großen Mengen Türkischrotöl aufgequollenen Faser; die Faserenden rauhen den Faden auf und verhindern das Eindringen bzw. die Bildung eines kontinuierlichen Stärkefilms. Insbesondere auf der Breitschlichtmaschine kommt es zu keiner befriedigenden Schlichtung, da die dort üblichen Geschwindigkeiten trotz der Quetschwalzen dem Garn die Aufnahme genügender Schlichtemengen nicht gestatten. Weiters bewirkt die Dehnung, welche die Garne durch die Färbung (zweimalige Passage auf der Timmer Passiermaschine) erfahren, eine Verminderung der Garnelastizität, so daß die gefärbte Ware oft für das Weben kaum noch die notwendige Fadenelastizität besitzt.

Man schlichtet von Hand aus mit Vinarolschlichten usw. oder kleberhaltigen Produkten und Dextrin usw. Letztere Schlichtekombinationen trüben allerdings zufolge ihres Gelbtones die Rottöne, sind jedoch preislich günstiger.

i) Weiße oder hellere Flecken in Baumwollstückware, die naphtolrot gefärbt wurde. Sie entstehen durch Tropfen von Kondenswasser aus Shedrinnen, Rohrleitungen, Wasserspritzer von benachbarten Waschgeschirren usw., die auf die vorgrundierte, naphtolierte Ware gelangen. Auch ein Anfassen derselben mit nassen Händen gibt hierzu Anlaß. Da es sich beim Naphtolieren von Baumwolle nur um ein Tränken der Ware mit dem gering affinen Naphtol handelt, wird dasselbe durch Wasser mehr oder weniger von der Faser entfernt. Damit aber entstehen beim nachfolgenden Kuppeln hellere bis weiße Stellen.

Ähnliche Effekte treten auf, wenn die Diazolösung beim Kuppeln mineralsauer sind. Auch hier findet neben der teilweisen oder vollständigen Verhinderung des Kupplungsvorganges ein Auswaschen der Naphtolgrundierung statt (vgl. S. 271).

k) Kett- oder schußgerichtete Farbstreifen in Buntwebware beruhen immer auf Farbunegalitäten, wenn optische Wirkungen durch Rietstreifigkeit oder verschiedene Garndichte ausgeschlossen sind. Bei Ketten liegt die Streifigkeit in nicht genau auf Muster gefärbten Einzelkettbäumen oder im ungleichen Ausfall innerhalb eines Baumes. Ist das Kettdessin geschoren, so handelt es sich entweder um unegal gefärbte Strahngarne oder um die Verarbeitung mehrerer, nicht genau farbtongleicher Garnpartien.

Verlaufen die Unegalitäten in Schußrichtung, so sind ungleichmäßig gefärbte Garne, Kopse oder Kreuzspulen die Ursache.

3. Viskosekunstseide (Reyon)

a) Unegaler Ausfall von Grüntönen in lichtechter Färbung. Chlorantinlichtgrün BLL, GLL und Chlorantinlichtblau 3GLL (Ci) bzw. seine entsprechenden Produkte Solargrün BL (Sa), Siriuslichtgrün BL (IG) usw. sollen bei 40 bis 50° C unter Zusatz der notwendigen Salzmenge auf dreimal gefärbt und die Färbeflotte erst nach beendetem Salzzusatz auf 75 bis 85° C erwärmt werden. Über 75° C ergeben Salzzusätze ein schlechtes Egalisieren der Farbstoffe.

b) Verrinnen (Migration) in spinnmattierter Reyonware. Durch ungleichmäßiges Trocknen kann bei spinnmatter Viskosekunstseide bei einer Reihe von Farbstoffen eine Migration (Wanderung, Verrinnen, Verfließen) in die umliegenden feuchteren Anteile des Textilgutes eintreten, wodurch unegale Färbungen entstehen können. Auch reservierte Effekte aus anderen Fasern werden dabei angetönt (vgl. S. 617) bzw. in Strümpfen aus Baumwolle-Seide die Seide an der

Abb. 346. *Warenfehler (vgl. Text)*

Nr.	Muster	Nr.	Muster
1		4	
2		5	
3		6	

Berührungsstelle mit Baumwolle fleckig. Diese Wanderung kann bei gewissen Farbstoffen schon in nasser Ware, die verschiedenen Feuchtigkeitsgehalt aufweist, auftreten (vgl. S. 617).

c) Faserschädigung bei Küpenfärbungen von Kunstseide. Reyon, welches im Strahn auf Färbemaschinen der Gerber-Wansleben-Type gefärbt wird, also offen, auf Haspeln hängend, zeigt öfters auch bei ansonsten nicht als Faserschädiger bekannten Küpenfarbstoffvertretern eine große Festigkeitseinbuße. Nach verschiedenen Feststellungen (vgl. S. 304) ist dies auf den ständigen Wechsel zwischen Luft- und Flottenpassage zurückführbar. Dieser bewirkt Oxydationsvorgänge auf der Faser, die sie schädigen.

d) Lichtunechtheit von Kunstseidengeweben mit Knitterfestappretur. Die meisten Knitterfestbehandlungen mit Melamin-Formaldehyd-Vorkondensaten und potentiellen sauren Katalysatoren beeinträchtigen die Lichtechtheit der meisten substantiven Färbungen, selbst wenn sie mit hochlichtechten Produkten der Sirius- (IG), Chlorantinlicht- (Ci), Solar- (Sa) usw. Farbstoffreihe hergestellt wurden. Unter Umständen ist die Herabsetzung der Lichtechtheit gerade bei Vertretern der letzteren Klasse sehr wesentlich. Besser verhalten sich Harnstoff-Formaldehyd-Vorkondensate vom Kaurit-Typus (IG) usw. Eine geeignete Farbstoffwahl kann die Beeinträchtigung weitgehend zurückdrängen, unter Umständen ist Katalysator A (Ci) zu verwenden, der auch bei Melaminharzbildung keine besonderen Echtheitseinbußen bringen soll (es soll sich um ein borsäurehaltiges, Erdalkalichloride enthaltendes Produkt handeln). Die Färbung kann auch mit Coprantin- (Ci) oder Resofix- (Sa) Farbstoffen erfolgen, welche mit Cu-haltigen Harzvorkondensaten nachbehandelt werden, wobei diese Nachbehandlung mit einer Knitterechtheitsbehandlung kombiniert werden kann.

e) Unegalitäten in Kunstseidenwaren können auftreten, wenn diese aus formalisierter Kunstseide hergestellt sind und die Einwirkung des Aldehyds keine gleichmäßige war. Derartige Kunstseide besitzt gegenüber substantiven Farbstoffen eine stark verminderte Affinität, die um so geringer wird, je stärker der Formalisierungsgrad der Faser ist. Die Waren netzen sich auch schlecht an. Man soll die Affinität der Faser durch abwechselndes Behandeln mit verdünnten Laugen und ganz verdünnten Säuren verbessern können. (Vorschlag der IG-Farben.)

f) Rötliche Flecken in Färbungen auf Kunstseide. Bei dieser Erscheinung handelt es sich meist um sogenannte Kupferflecken. Gewisse substantive Farbstoffe sind empfindlich gegen Berührung mit Kupferteilen. Färbt man Garn oder Strümpfe auf kupfernen Wannen oder Stückware in ausgekupferten Haspelkufen, dann können derartige Verfärbungen auftreten, ebenso beim Schleudern (Zentrifugieren), wenn man die Ware nicht in Tücher hüllt.

4. Azetatkunstseide

Wolkige unegale Färbungen auf Azetatreyon. Viele Azetatseidenfarbstoffe zeigen die Eigenschaft des Sublimierens. Im Verlaufe eines zu raschen, ungleichmäßigen Trocknungsprozesses bei hohen Temperaturen kann ein Absublimieren des Farbstoffes von überhitzten Stellen eintreten (Migration).

5. Reinseide (erschwert und unerschwert)

a) Faltenbildung in der Ware mit tiefer angefärbten Stellen. Die Ware weist manchmal quer und unregelmäßig durch dieselbe verlaufende Falten aus, welche an ihren Rändern tiefer gefärbt erscheinen als das Stück selbst. Der Übelstand liegt nur an der Färberei; hier handelt es sich um Stücke, welche in heißem Zustand aus einer sehr stark farbstoffhaltigen Lösung aus der Kufe herausgeschlagen wurden, um Nuancierungsfarbstoffe usw. zuzusetzen.

Dabei entstehen die Flecken bzw. Falten ähnlich wie die Knittern in Wollstücken und die Ränder sind durch den an den Falten und in diese einsickernden Farbstoff, der dabei an diesen Stellen mehr auf das Stück zieht, verursacht.

Die Beseitigung des Übelstandes ist durch Verhütung der Ursachen möglich, also durch Zusetzen bei laufender Ware hinter einer Siebwand. Man vermeidet dabei jegliches Herausschlagen oder auch Aufdrehen heißer Ware auf den Haspel.

b) Abreiben blaugefärbter Reinseidenschals. Bei Reinseidenkragenschals ergab sich die Beanstandung, daß auf Marine gefärbte und dann Weiß geätzte Stücke laut Aussage der Käufer beim Tragen derselben in Schneewetter die Kragen blau anschmutzten.

Es wurde die Reibechtheit der Färbungen sowohl trocken als naß nach den Normen untersucht. Dieselbe war gut.

Ebenso wurde die Wasserechtheit der Färbung geprüft, und zwar gegen animalische (Seide) und vegetabilische Faser (Kunstseide). Auch hier war alles in Ordnung.

Schließlich wurde noch den Kundenklagen nachgegangen und geprüft, wie sich die Schweißechtheit, insbesondere bei gleichzeitiger Reibechtheit, verhalte. Es zeigte sich die Schweißechtheit (alkalisch) als noch gut, jedoch beim Reiben mit der zur Prüfung verwendeten Lösung ergab sich ein starkes Blauanschmutzen sowohl der Seide als auch der Kunstseide.

Da die Kleidung im Winter dick ist, eventuell sogar Pelze in Frage kommen, so handelt es sich in diesem Falle um das Zusammenwirken der Nässe, welche das Tuch feucht macht, des Schweißes am Halse und der reibenden Wirkung. Zusammen entsteht dann das Blauanfärben der Kragen.

c) Unegale Färbung von Reinseidenstück. Die Ursachen liegen in zu sauren Bädern oder zu hohen Salzgaben, die schwach sauer ziehende Produkte an der Faseroberfläche fällen.

Auch durch zu hohe Temperatur beim Eingehen der Ware kann der Effekt auftreten. Man netzt die Ware vorteilhaft am 30 bis 40° C warmen Farbbad vor.

d) Rote Flecken in Blauholzschwarz. Die Stückware besitzt manchmal rötliche Flecken, die ihre Ursache in zu dichter Bespannung des Sternreifens zum Färben haben und nicht gut nitriert sind. Am besten nimmt man die Ware auf ein Seifenbad, färbt mit etwas oxydiertem und nicht oxydiertem Extrakt auf, nitriert neuerlich und stellt fertig.

Abb. 347. *Anfärbung von Azetatkunstseide in Mischungen mit Viskosereyon*

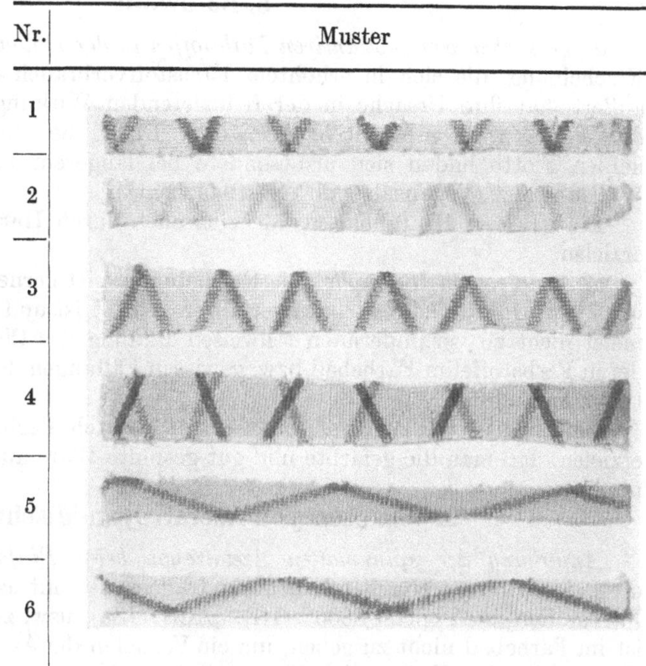

1 0,5 % Benzorhodulinrot B. *2* 0,5 % Siriusgelb RR. *3* 0,5 % Benzoechtschwarz L. *4* 0,5 % Direkttiefschwarz RW extra. *5* 3 % Diaminbraun 33. *6* 3 % Chlorantinlichtbraun BRLL.

e) Reibunechte Färbungen. Sie entstehen durch Färbung in zu sauren oder stark glaubersalzhaltigen Bädern durch Fällung schwach sauer ziehender Produkte an der Gewebeoberfläche.

Auch alte, starke Farbstoffagglomeration zeigende Bäder können die Ursache der Erscheinung sein.

Schließlich können zu stark geschönte Färbungen (Nuancieren am Avivagebad mit meist basischen Farbstoffen) dazu neigen.

Ein Abziehen der Färbung auf Seifenbädern und erneutes Auffärben auf frischem Bad ist meist unvermeidlich.

6. Wolle-Azetatkunstseide-Mischungen

Besondere Fehlerscheinungen treten, wenn man normal färbt, hier nicht auf. Mit Rücksicht auf die stets verwendeten, aus neutralen Bädern auf die Wolle ziehenden Produkte ist ein vorsichtiges Anfärben am Platze.

7. Viskosereyon-Baumwolle-Mischungen

Bei diesen kommt es lediglich darauf an, die beiden Fasern tongleich zu färben, was immer dann auf Schwierigkeiten stößt, wenn unmercerisierte Baumwolle vorliegt. Geeignete Farbstoffwahl und Nachziehenlassen der Baumwolle bei tieferer Temperatur führen oft zum erstrebten Ziel (vgl. S. 449).

8. Halbwolle

a) Verkochen von substantiven Farbstoffen in der Halbwolleinbadfärberei. Diese Erscheinung, die sich in erhöhtem Farbstoffverbrauch und trüben Färbungen äußert, hat ihre Ursache in der reduzierenden Wirkung von Abbauprodukten der Wollfaser auf substantive Farbstoffe. Durch die Einwirkung der kochenden heißen Flotte bilden sich insbesondere bei längerem Färben Hydrolysate der Wollsubstanz (Vegansalz oder Sustilanzusatz).

Ein gewisses Hintanhalten läßt sich auch durch Harnstoffzusatz zur Flotte erzielen.

b) Abrußen von Halbwolle. Die Erscheinung tritt gerne bei Stückware auf, die nach dem Halbwolleinbadchromverfahren gefärbt ist und hat ihre Ursache in der meist nicht zu verhindernden teilweisen Bildung des Chromlacks der angewendeten Farbstoffe im Färbebad bzw. gewissen Fällungen der verwendeten substantiven Farbstoffe.

Eine bedeutende Verbesserung läßt sich durch Farbstoffwahl bzw. dadurch erzielen, daß man die gefärbte und gut gespülte Ware auf Fuller- oder Walkerde nimmt.

9. Viskosereyon-Azetatreyon-Mischungen

Anfärbung der spinnmatten Azetatreyon beim Einfärben von Viskose. Um diese Anfärbung weitgehend zurückzudrängen, ist mit azetatseidereservierenden Farbstoffen der Typen „8000“ (IG), „ACS“ (Sa) usw. zu arbeiten. Sodazusatz ist im Färbebad nicht zu geben, um ein Verseifen der Azetatreyon zu vermeiden. Es hat sich bei Viskose-Azetatreyon-Trikots herausgestellt, daß die Reserven besser waren (unter Erhaltung des Warengewichts bei der Ausrüstung), wenn ungereinigte Ware, also nicht abgekochte Ware, zum Färben kam. Bedingung ist, daß die Blendfärbung in heißem Färbebad entfernt werden kann und keine ölige Verschmutzung vorhanden ist (vgl. Abb. 345, S. 693, Nr. 1 bis 3). Über die zur Färbung geeigneten Farbstoffe siehe S. 618; für Strümpfe mit Azetatzierrändern vgl. Abb. 347.

10. Synthetische Fasern

Über die hier bei Polyamiden zu beobachtende Blockierung („blocking“) der Faser durch bestimmte Farbstoffe usw. vgl. S. 512.

11. Seide-Baumwolle

Ungleiche Abendfarbe von Seidenstrümpfen. Bei Reinseidenstrümpfen mit Baumwollsohlen und Stulpen kommt es bei unrichtiger Wahl der Farbstoffe vor, daß der Seidenteil nach grün, der Baumwollanteil nach rot oder umgekehrt umschlägt, wenn Kunstlicht, besonders elektrisches Licht, verwendet wird. Besser verhält sich das Material bei der modernen Niederspannungsstabbeleuchtung. Die derart auftretende Zweifärbigkeit macht die in beleuchteten Schaufenstern von Geschäften liegende Ware unansehnlich und beeinträchtigt deren Verkauf.

Durch geeignete Wahl der Seiden- und Baumwollfarbstoffe kann diese Erscheinung vollständig verhindert werden (vgl. S. 627).

Vierter Abschnitt

Farbstoffe und Chemikalien

I. Allgemeines über den Einkauf und Preise

Es kann nicht der Zweck dieses Buches sein, vergleichende Tabellen über Textilhilfsmittel oder ihre Wirksamkeit zu geben. Die Unzahl der am Markt angepriesenen Vertreter erforderte allein zur Aufzählung einen nicht zur Verfügung stehenden Raum. Der Abschnitt soll dem Leser zum betriebswirtschaftlichen Vergleich die Preise einer Anzahl viel gebrauchter Textilhilfsmittel und Farbstoffe vermitteln.

Ferner werden in Tabellen eine Reihe der wichtigsten Farbstoffhandelsmarken verschiedener Firmen in gegenseitige Relation gesetzt.

Es ist selbstverständlich, daß man hinsichtlich des Preises der einzelnen Erzeugnisse von Betrieb zu Betrieb verschiedene Werte antreffen wird. Abgesehen von der Größe des Betriebes, das heißt also den auf einmal bestellten Mengen wird der versierte Einkäufer den Preis von Farbstoff und Hilfsmittel mehr drücken als der nicht orientierte. Ferner wird ein Schluß auf eine größere Absatzmenge niedrigere Preise erzielen lassen als dies bei fallweisen Käufen möglich ist. Klarerweise wird man die Qualität der Produkte und ihre Konzentration laufend prüfen. Hier erweist sich ein Betriebslabor als außerordentlich nutzbringend.

Hinsichtlich der Lagerung von Farbstoffen und Chemikalien gilt, daß sie in trockenen, kühlen Räumen aufbewahrt werden müssen. Zweckmäßig hält man Säuren und Laugen in von den anderen Stoffen getrennten Räumen. Ebenso sollen die Farbstoffe ganz für sich gelagert sein, Büchsen auf Regalen, Fässer auf Bodenrosten, nie direkt am Boden.

Glaubersalz, das ja in großen Mengen gekauft wird, wird am besten in Säcken auf Holzrosten aufbewahrt.

Weinsteinpräparat, in Wollfärbereien ein Massenverbrauchsprodukt, ist hygroskopisch und wird meist in Stücken, wie angeliefert, in Kellern gehalten.

Man gewöhne es sich an, von Zeit zu Zeit den Verbrauch und die Manipulation zu überprüfen. Ersteren als Kontrolle der als Kalkulationsgrundlage dienenden Farbpartienzettel (vgl. Erster Abschnitt, Kalkulation), letztere, um die Sorgfalt beim Auswiegen oder Hantieren zu überwachen. Bei dieser Gelegenheit achte man auch darauf, die Schutzmaßnahmen für die Arbeiter (Säurekippwagen, Gummihandschuhe, Respiratoren, Schutzbrillen usw.) wieder zu prüfen (vgl. S. 78).

Tab. 19. *Preise verschiedener Textilhilfsmittel 1935 bis 1950*

Name	Firma	öS 1938	RM 1939	sFr. 1939	DM 1950	Dollar 1950	sFr. 1950
Adulcinol 7	Flesch	—	3,—	—	—	—	—
Avirol B	Böhme	—	2,10	—	—	—	—
Brillant Avirol SM 100	Böhme	—	5,—	—	—	—	—
Brillant Avirol L 168	Böhme	5,60	—	—	—	—	—
Brillant Avirol L 142 plv.	Böhme	—	6,—	—	—	—	—
Cerol S	Sa	—	2,50	—	—	—	—
Cerol T	Sa	—	2,40	2,35	—	—	—
Ceranin T	Sa	—	2,40	—	—	—	—
Ceranin W extra	Sa	—	2,80	—	—	—	—
Cyklooleantine	Eberle	2,85	—	—	—	—	—
Delustran ST	Sa	—	4,—	5,30	—	—	—
Diastaphor	Sobotka	1,80	—	—	—	—	—
Emulphor O	IG	—	—	5,—	—	—	—
Floranit HF	Flesch	—	—	1,90	—	—	—
Finish NS	Sa	—	2,75	—	—	—	—
Finish I	Sa	—	—	5,30	—	—	—
Gardinol WA	Böhme	5,40	3,20	—	—	—	—
Gardinol CA	Böhme	5,40	—	—	—	—	—
Imerol L	Sa	—	3,60	—	—	—	6,55
Igepon T	IG	—	2,10	2,20	—	0,75	—
Imprägnol	—	—	—	2,60	—	—	4,—
Invadin N	Ci	—	—	5,40	—	—	—
Invadin MC	Ci	—	—	—	—	—	—
Igepal C	IG	—	1,70	—	—	0,15	—
Inferol M	Böhme	—	—	2,20	—	—	—
Katanol WS	IG	—	—	6,10	—	—	—
Katanol ON	IG	—	3,45	4,50	—	1,55	—
Katanol SL	IG	—	—	6,10	—	—	—

Beim Einkauf von Textilhilfsmitteln ist zu beachten, daß der Zerfall der IG-Farben sowie die Verlegung von anderen Textilhilfsmittelerzeugern zu einer Reihe von Namensänderungen an sich gleichgebliebener Produkte führte. So ist Igepon T jetzt als Levapon T (Bayer), Hostapon T (Hoechst) etc. im Handel. Solidogen B wird als verbessertes Solidogen FLL (Cassella), Levogen WW (Bayer) etc. gehandelt. Trilon B ist als Aquamollin BHC (Cassella) im Handel. Igepal C wird z. B. von Hoechst als Hostapal C, Nekal BX etc. von der BASF als Nekanilmarken geliefert, Peregal als Levegal etc.

Schon früher hatte die Ciba ihre lichtechtesten Chlorantine mit einem zweiten L in der Handelsmarke versehen, die IG ihr Siriussortiment in Sirius- und Siriuslichtfarbstoffe aus den gleichen Gründen geteilt. Geigy benannte

Fortsetzung der Tabelle 19

Name	Firma	öS 1938	RM 1939	sFr. 1939	DM 1950	Dollar 1950	sFr. 1950
Liovatin S	Sa	—	4,25	—	—	—	—
Levana	Sa	—	2,70	—	—	—	—
Lamepon	Grünau	—	—	—	—	—	—
Liovatin E	Sa	—	3,85	2,—	—	—	—
Leophen	IG	—	—	2,54	—	—	—
Laventin KB	IG	—	—	3,20	—	—	—
Lenocal AL flüssig.....	IG	3,80	—	—	—	—	—
Mattierung LC	Zschim.	—	3,—	—	—	—	—
Mercerol C	Sa	5,25	3,10	3,25	—	—	—
Mercerol GS	Sa	—	3,—	3,75	—	—	—
Migasol	Ci	—	—	2,05	—	—	—
Nilo AEM.............	Sa	—	3,45	—	—	—	—
Nekal BX plv.	IG	—	—	4,60	—	1,20	—
Peregal O	IG	—	1,70	1,60	—	—,73	—
Radium Mattine T 53 ...	Böhme	12,—	—	—	—	—	—
Ramasit K konz.........	IG	—	1,90	—	—	—,88	—
Sandopan A konz.	Sa	—	2,—	—	—	—	—
Sapidan	—	3,70	—	2,10	—	—	—
Soromin WF	IG	—	—	4,20	—	—	—
Soromin AF	IG	—	—	4,—	—	2,20	—
Sandofix	Sa	—	4,50	—	—	—	14,25 h'konz.
Soromin SG	IG	—	3,10	—	—	1,75	—
Solidogen B	IG	—	1,70	1,45	—	—	—
Savonal...............	Rudolf	1,80	—	—	—	—	—
Sapamin KW..........	Ci	—	—	12,50	—	—	27,95 konz. 200%
Tallosan	IG	—	—	1,50	—	—,42	—
Thiotan MS	Sa	—	3,50	—	—	—	—
Thiotan RS	Sa	—	4,70	—	—	—	—

die hochlichtechten Vertreter der Diphenylechtfarbstoffe in Solophenylfarbstoffe um. Die Aufteilung der IG brachte die Umbenennung der Direktfarbstoffe je nach Lieferwerk, ebenso wurden die sauren Farbstoffe umbenannt. Manche alte Bezeichnung (Salicinschwarz C von Kalle) erscheint neu (Salicinschwarz HC von Hoechst).

Im wesentlichen gleichgeblieben sind die Bezeichnungen der Schweizer Firmen.

Auch in den USA hat sich die der ehem. IG sehr nahegestandene General Dyestuff Corp. zu wesentlichen Namensänderungen der Farbstoffklassen entschlossen: Fenakrom-, Fenalux-, Fenalanfarbstoffe usw.

Tab. 20. *Farbstoffpreise 1935 bis 1950 (bekanntgewordene Minimalpreise). — I. Saure Farbstoffe*

S ... = Nummer des Farbstoffes in den Schultz-Lehmann-Farbstofftabellen, Band I, 1931.
S II ... = Seitenzahl, wo der Farbstoff in Band II aufgezählt wird.
SE I ... = Seitenzahl des Ergänzungsbandes I.
SE II... = Seitenzahl des Ergänzungsbandes II.
CI = Colour Index Nummer (USA).
Pr = Prototype Nummer (USA).

Farbstoff	Firma	öS 1938	RM 1939	sFr. 1936	sFr. 1939	hfl. 1936	1950	
Echtlichtgelb E2G (S 732, CI 636)	IG	—	—	—	8,50	—	$ 2,86	
Xylenlichtgelb 2G (S 736, CI 639)	Sa	—	9,25	—	9,50	—	sFr. 16,35	
Flavazin S (S 735)	IG	—	—	4,20	—	4,35	$ 3,12	
Xylengelb S (S 735)	Sa	—	5,—	6,—	—	—	—	
Kitonechtgelb 3G (S 736, CI 636)	Ci	—	—	10,—	—	—	—	
Tartraphenin (S 737, CI 640)	Sa	—	5,50	—	—	—	—	
Tartrazin O (S 737, CI 640)	IG	—	4,—	7,—	2,95	4,10	$ 2,34	
Chinolingelb S (S 918, CI 801)	Sa	—	7,—	—	—	—	sFr. 15,45	
Walkgelb H5G (Pr 138)	IG	—	10,—	—	—	—	$ 4,68	
Walkgelb O (300 %) (Pr 139)	IG	—	—	25,—	—	—	$ 5,89	(OX = 60:100 O)
Supramingelb R (S II 203, Pr 195)	IG	—	—	—	—	12,—	$ 6,14	
Seidenechtgelb S (SE I 129)	Sa	—	16,—	—	—	—	—	
Echtjasmin G konz. (S II 93, CI 145)	Gy	—	—	13,—	—	—	—	
Tuchechtgelb G (S II 221)	Ci	—	—	10,75	—	—	—	
Sulfongelb 5G (CI 642)	IG	—	—	12,10	—	—	$ 4,18	
Citronin G konz. (S 180, 182)	IG	—	—	12,60	—	—	—	
Xylenwalkgelb G (S II 232)	Sa	—	13,50	—	—	—	—	
Walkgelb HG (S 230)	IG	—	7,85	—	—	—	$ 3,72	
Neolangelb G (S II 153)	Ci	—	—	8,50	—	—	—	
Neolangelb BE (SE I 113)	Ci	—	8,10	—	—	—	sFr. 15,45	
Orange II (S 189, CI 151)	Okamoto	—	—	2,—	—	—	—	

Orange II (S 189, CI 151)	IG, Sa	—	4,—	2,80	—	1,60	sFr. 9,45	
Tuchechtorange G (S II 221, CI 27)....	Ci	—	—	9,25	9,50	—	—	
Supranolorange RK (SE I 136)........	IG	—	—	—	17,65	—	—	
Sulfoninorange RS (S II 204, Pr 152) ..	Sa	—	12,—	—	—	—	—	
Seidenechtorange SG (SE I 129)	Sa	—	12,50	—	—	—	—	
Xylenwalkorange R (SE I 146)	Sa	—	14,—	—	—	—	—	
Säurelichtorange GX................	Okamoto	—	—	6,60	—	—	—	
Brillantalizarinlichtrot B	Sa	—	16,50	—	25,—	—	—	
Alizarinrubinol R (S 1210, CI 1091) ...	IG	—	—	—	53,95	—	—	
Lanafuchsin SG (S 105)	IG	—	—	8,80	—	3,85	—	
Palatinscharlach 3R (S 129, CI 185) ..	IG	—	—	10,05	—	—	—	
Viktoriascharlach 2R (S II 225)	IG	—	—	5,90	—	—	$ 1,58	
Azorhodin 2B (S 110)	Sa	—	—	—	6,—	—	—	
Azorubinol 3GS (S II 28)	Sa	—	8,—	—	12,—	—	—	
Kitonechtrot BL (S II 138, Pr 101) ...	Ci	—	9,70	—	—	—	sFr. 16,15	
Säurelichtrot 6B	Okamoto	—	—	14,—	—	—	$ 5,01	konz.
Amidonaphtolrot 6B (CI 57)..........	IG	—	—	—	—	—	—	
Säurebrillantscharlach S	Okamoto	—	—	8,20	—	—	—	
Eriofloxin 2B (S 110)	Gy	—	—	—	7,30	—	sFr. 12,40	
Carmoisin 3R	Gy	—	—	10,50	—	—	—	
Ponceau ZOS	Gy	—	—	10,40	—	—	—	
Ponceau acide (S 224, CI 185)	Sa	—	—	—	9,—	—	—	
Ponceau R.........................	Sa	—	5,50	—	—	1,90	—	
Säureponceau (S 224, CI 185)	IG	—	6,50	—	5,50	—	—	
Sulforhodamin B (S 863, CI 748)	IG	—	—	18,35	—	7,45	—	
Säurelichtscharlach GL (SE II 240)	Sa	—	14,—	17,80	—	—	sFr. 26,50	konz. 75:100
Sulfoninrot RS (SE II 262, CI 430).....	Sa	—	8,50	10,—	—	—	—	
Xylenwalkrot B (SE II 280)	Sa	—	10,—	13,50	—	—	—	
Sulfoninrot G (S 369)	Sa	—	8,—	9,—	—	—	—	
Walkrot G (S 329)..................	IG	—	—	14,25	—	—	—	
Eriosolidrot G konz. (S II 108)	Gy	—	—	17,20	—	—	—	
Säurewalkrot R konz. (S II 190, CI 487).	Gy	—	—	12,50	—	—	sFr. 16,10	
Polarrot G (S 369, Pr 151)	Gy	8,—	—	9,—	—	—	sFr. 14,20	
Polarrot R (S 369, Pr 152)............	Gy	8,50	—	9,—	—	—	—	

Fortsetzung der Tabelle 20

Farbstoff	Firma	öS 1938	RM 1939	sFr. 1936	sFr. 1939	hfl. 1936	1950	
Alizarinrot SW (S 1145)	Aussig	—	—	—	6,15	—	—	
Tuchechtrot 3B (S II 222)	Ci	—	—	16,25	—	—	—	
Tuchechtrot G (S 369, CI 249)	Ci	—	—	8,95	—	—	—	
Säureanthracenrot 3BL (SE II 238)	IG	—	—	21,25	—	—	$ 7,25	
Erioechtfuchsin BL (S 871)	Gy	—	—	12,—	—	—	—	
Roccelin L (S 206)	Gy	—	—	7,50	—	—	—	
Neolanrot B (S II 154)	Ci	—	—	18,25	—	—	—	
Alizarinlichtviolett 2RC (SE II 114)	Sa	—	40,—	—	—	—	sFr. 76,95	pat.
Alizarinlichtviolett R	IG	—	—	44,20	—	—	—	
Anthralanviolett 3R (SE II 118)	IG	—	—	—	41,—	—	$ 18,82	R konz. (40:100 R)
Alizarinirisol R (CI 1073)	IG	—	27,10	44,70	—	—	$ 14,61	RO (85:100 R)
Säureviolett 5BK (S 806)	IG	—	9,95	11,65	—	5,85	—	
Säureviolett 4RS	IG	—	—	9,—	—	—	—	
Säureviolett 4BNS (S 806, CI 698)	Sa	—	10,—	—	—	—	sFr. 32,30	konz. 65:100
Säureviolett 5B (S 806, CI 698)	Okamoto	—	9,95	—	—	—	—	
Formylviolett S4B (S 806, CI 698)	IG	—	9,25	11,30	—	—	$ 8,21	S4BN extra konz. (50:100 S4BN)
Benzylviolett 5BN (S 806)	Gy	—	—	11,20	—	—	sFr. 15,45	
Alizarindirektblau BGAOO (S 287)	Sa	—	24,20	25,20	—	—	—	
Alizarindirektblau FF (SE II 111)	Sa	—	15,—	18,—	—	—	—	
Alizarinlichtblau AR (S 1199, Pr 11)	Sa	—	20,50	27,50	—	—	—	
Alizarinlichtblau ESE (SE II 112, Pr 410)	Sa	—	18,—	25,—	—	—	—	
Alizarinlichtblau SE (S 1198, CI 1053)	Sa	—	17,50	22,—	—	—	—	
Alizarinsaphirol SE (S 1188, CI 1053)	IG	—	17,50	22,—	—	—	$ 17,61	SE konz. (60:100 SE)
Alizarinlichtblau B (S 1187, CI 1054)	Sa	—	15,—	—	20,—	—	—	
Algaminblau G (S 1187, CI 1054)	IG	—	—	31,—	—	14,—	—	
Alizarinreinblau FFB (SE II 114)	IG	—	—	—	48,60	—	$ 11,44	
Alizarinreinblau R	IG	—	—	—	22,—bis 27,—	—	—	
Alizarinechtblau B (S 1187, CI 1054)	Ci	—	—	27,—	—	—	—	

Alizarinbrillantreinblau R (SE II 110)	IG	—	—	—	58,35	—	$ 26,80	R konz. (55:100 R)
Cyanol FF (S 828)	IG	—	14,—	13,50	14,—	—	—	
Xylencyanol FF (S 828)	Sa	—	16,—	16,50	—	—	sFr. 27,50	
Patentblau V (S 826, CI 712)	IG u. div.	—	6,—	6,—	—	konz. 5,80	$ 3,46	
Erioglaucin (S 770, CI 671)	Gy	—	—	8,50	—	—	sFr. 16,80	
Xylenblau VS (S 826, 679, CI 672)	Sa	—	6,60	—	—	—	—	
Xylenblau AS (S 771, CI 673)	Sa	—	6,—	—	9,—	—	—	
Brillantindocyanin G (S II 39, Pr 223)	IG	—	—	14,—	—	—	$ 21,89	G hoch konz. (30:100 G)
Xylenbrillantcyanin G (Pr 223)	Sa	—	12,50	—	—	—	sFr. 123,20	konz. 25:100
Xylenbrillantcyanin 6B (Pr 222)	Sa	—	10,—	—	12,—	—	sFr. 118,—	konz. 25:100
Brillantindocyanin 6B (S II 39, Pr 222)	IG	—	—	12,60	—	—	$ 10,88	6B extra konz. (40:100 6B)
Echtsäuremarineblau GRX (SE II 180)	Sa	—	6,50	8,50	—	—	—	
Amidoblau GGR (S II 15)	IG	—	—	—	4,20	—	—	
Echtsäuremarineblau GGR dopp. (SE II 180)	Sa	—	10,80	—	—	—	—	
Eriomarineblau CYI (S II 108)	Gy	—	—	9,20	—	—	—	
Seidenechtreinblau 6G	Sa	—	12,50	13,—	—	—	—	
Sulfoninblau G (SE II 261)	Sa	—	6,50	—	6,—	—	—	
Sulfoninblau 5R extra (S 552, CI 289)	Sa	—	4,—	10,—	—	—	—	
Säurecyanin 5R extra (S 552, CI 289)	Okamoto	—	—	7,15	—	—	—	
Xylenwalkblau BC (SE II 279)	Sa	—	8,—	—	9,50	—	—	
Xylenwalkblau 6G (SE II 279)	Sa	—	8,—	—	10,—	—	—	
Benzylechtblau BL (S 974, CI 833)	Ci	—	—	20,50	—	—	sFr. 30,80	
Wollechtblau BL (S 974, CI 833)	IG	—	—	14,60	—	—	$ 8,29	BL extra konz. (50:100 BL)
Wollechtblau GL (S 974, CI 833)	IG	—	—	—	—	—	$ 13,07	GL extra konz. (40:100 GL)
Palatinechtblau GGN (S II 168)	IG	—	—	13,50	—	—	$ 4,70	
Neolanmarineblau 2RL konz. (S II 154)	Ci	—	6,80	—	—	—	sFr. 20,15	Typ
Alizarincyaningrün G (S 1201, CI 1078)	IG	—	—	—	20,95	—	$ 9,04	G extra
Alizarinechtgrün G (SE I 112)	IG	—	14,50	—	—	—	—	
Alizarinlichtgrün BBS (S 1201)	Sa	—	21,—	—	—	—	—	

Fortsetzung der Tabelle 20

Farbstoff	Firma	öS 1938	RM 1939	sFr. 1935	sFr. 1939	hfl. 1935	1950	
Alizarindirektgrün BL (SE I 112)	Sa	—	11,—	9,25	—	—	—	
Wollgrün BX (S 767, CI 667)	Sa	—	9,—	—	—	—	—	
Säuregrün dopp. (S 765)	Sa	—	10,75	9,25	—	(einfach) 5,65	—	
Xylenechtgrün B (S 777)	Sa	—	7,—	—	—	—	—	
Xylenechtgrün 6B (S II 231)	Sa	—	6,50	—	—	—	—	
Erioviridin B konz. (S 767, CI 667)	Gy	—	—	10,50	—	—	sFr. 16,30	
Echtwollgrün B (S 767, CI 667)	IG	—	—	10,30	—	—	—	
Säurewalkgrün SO	Okamoto	—	—	14,70	—	—	—	
Säureverdon	Okamoto	—	—	5,70	—	—	—	
Palatinechtgrün BL (S II 169, Pr 321)	IG	—	—	18,95	—	—	$ 6,44	
Alizarinlichtbraun BL (SE I 113)	Sa	—	16,50	24,50	—	—	sFr. 52,50	
Alizarindirektbraun RL (SE I 112)	Sa	—	8,—	9,50	—	—	—	
Alizarindirektbraun GP (SE I 112)	Sa	—	8,50	10,75	—	—	—	
Sulfoninbraun RR	Sa	—	12,50	—	—	—	—	
Neolanbraun GR (S II 153)	Ci	—	9,40	—	—	—	sFr. 20,80	
Naphtylaminschwarz 4B (S 299, 599)	IG	—	—	3,75	—	—	—	
Säureschwarz AT (SE II 240)	Sa	—	4,50	5,50	—	—	—	
Säureschwarz 4BK (SE II 240)	Sa	—	2,90	4,80	—	—	—	
Reservesäureschwarz A (S II 184)	Ci	—	—	11,50	—	—	—	
Naphtylaminschwarz EFF (S 299)	IG	—	—	3,75	—	—	$ 2,50	hoch konz. (55 : 100 EFF)
Säureblauschwarz B	Okamoto	—	—	3,45	—	—	—	
Säurewalkschwarz B (S 594, CI 307)	Gy	—	—	7,—	—	—	—	
Tuchechtschwarz B (S 594, CI 307)	Ci	—	—	4,—	—	—	sFr. 9,85	
Sulfoninschwarz B (CI 307, S 594)	Sa	—	6,—	—	6,—	—	—	
Neolanschwarz WAN extra (SE II 218)	Ci	—	4,50	—	—	—	sFr. 17,45	

Tab. 21. *Farbstoffpreise 1935 bis 1950. — II. Chromfarbstoffe*

Farbstoff	Firma	öS 1938	RM 1939	sFr. 1935	sFr. 1939	hfl. 1935	1950
Alizaringelb GD (SE I 63, CI 36)	IG	—	4,—	—	—	—	—
Salicingelb R	IG	—	—	9,15	—	—	—
Omegachromflavin CLE	Sa	—	8,30	9,75	—	—	—
Chromgelb DF (S 230)	IG	—	—	6,60	—	—	—
Chromgelb A extra (CI 219)	IG	—	—	—	16,80	—	—
Säurealizarinflavin (SE I 124, Pr 1)	IG	—	—	—	13,95	—	—
Omegachromorange G (CI 274)	Sa	—	6,—	—	7,50	—	—
Alizarinorange R (S 66, CI 40)	Sa	—	—	—	—	—	—
Omegachromrot G (S 742, CI 652)	Sa	—	11,—	14,—	—	—	—
Omegachromrot B (S 742, CI 652)	Sa	—	7,50	9,—	—	—	—
Alizarinrot IWS (S 1145, CI 1034)	IG	—	—	10,45	—	—	—
Anthracenchromrot A (S 232)	IG	—	—	14,10	—	—	—
Anthracenchromrot B (S 427)	IG	—	—	16,95	—	—	—
Anthracenchromrot G (S 313)	IG	—	—	14,75	—	—	—
Alizarinrot SW (S 1145)	Aussig	—	—	—	6,60	—	—
Anthracenchromrot 3BG	IG	—	—	—	18,25	—	—
Eriochromrot B (S 742, CI 652)	Gy	—	—	—	15,45	—	—
Eriochromrot G (S 742)	Gy	—	—	—	17,50	—	sFr. 26,10
Salicinbordo RK	IG	—	—	—	11,80	—	—
Omegachromviolett B (S II 161)	Sa	—	10,—	11,—	—	—	—
Omegachromviolett R (SE I 116)	Sa	—	6,—	7,50	—	—	—
Chromogenviolett K	IG	—	18,90	—	—	—	—
Echtbeizenviolett N	IG	—	9,10	—	—	—	—
Alizarinblau OCB, OCR (S 239, 240)	Sa	—	9,—	4,85	—	—	—
Omegachromechtblau B (S II 161)	Sa	—	7,50	10,50	—	—	—
Omegachromschwarzblau G (SE I 116, CI 201)	Sa	—	10,—	15,—	—	—	—
Anthracenchromblau R (S II 17)	IG	—	—	—	17,90	—	—
Chromoxanblau BR	IG	—	—	—	15,60	—	—
Chromoxanmarineblau R (SE I 82)	IG	—	—	—	8,60	—	—
Eriochromblau 2GK (SE I 95)	Gy	—	—	—	15,70	—	—
Alizarinlichtgrau BS (S 1195, CI 1054)	Sa	—	7,30	10,30	—	—	—
Alizarinlichtgrau BBS (CI 1085)	Sa	—	17,—	21,—	—	—	—

Fortsetzung der Tabelle 21

Farbstoff	Firma	öS 1938	RM 1939	sFr. 1935	sFr. 1939	hfl. 1935	1950
Anthracenblauschwarz KC (S 1195, CI 1054)	IG	—	—	13,30	—	—	—
Alizarinblauschwarz BS (S 1195, CI 1054)	IG	—	—	—	10,20	—	—
Alizarinblauschwarz B (S 1195)	Aussig	—	—	—	9,30	—	—
Alizarinlichtgrau BBLW (Pr 206)	IG	—	—	—	34,30	—	—
Omegachromschwarz BTN konz. (SE I 116)	Sa	—	5,—	9,—	—	—	—
Omegachromschwarz P (S 147, CI 204)	Sa	—	3,20	4,80	—	—	—
Omegachromschwarz PPV (S 147, CI 204)	Sa	—	4,65	6,95	—	—	—
Omegachromschwarz S (S 241, CI 203)	Sa	—	4,10	6,25	—	—	—
Omegachromschwarz SVT (S 241)	Sa	—	4,10	5,75	—	—	—
Säurealizarinschwarz R (S 237)	Sa	—	5,10	7,—	—	—	sFr. 16,80
Salicinschwarz C extra (S II 192)	IG	—	—	8,85	—	—	—
Diamantschwarz P2B konz. (S 234)	IG	—	—	—	7,—	—	—
Säurealizarinschwarz ETG (S II 187)	IG	—	—	—	5,65	—	—
Salicinschwarz VK	IG	—	—	—	5,65	—	—
Chromogenschwarz EA konz.	IG	—	—	—	6,15	—	—
Diamantschwarz PVP (S 234, CI 170)	IG	—	—	—	6,80	—	—
Eriochromschwarz A, PV (S 234, 242, CI 204)	Gy	—	6,90	—	6,90	—	sFr. 13,40
Anthracensäurebraun G (S 394)	IG	—	—	13,30	—	—	—
Anthracensäurebraun B (S 693)	IG	—	—	14,10	—	—	—
Salicinchrombraun CS 300 %	IG	—	—	18,25	—	—	—
Alizarinchrombraun VS	IG	—	—	—	11,65	—	—
Säurealizarinbraun KE (Pr 203)	IG	—	—	—	14,65	—	—
Alizarinchromgrün SNN (S 583)	Sa	—	8,50	6,50	—	—	—
Omegachromechtgrün GL	Sa	—	10,40	12,—	—	—	—
Omegachromgrün F (SE I 116)	Sa	—	6,—	7,25	—	—	—
Metachromolive B (SE I 111)	IG	—	12,85	—	—	—	—
Eriochrombrillantgrün BL	Gy	—	16,70	—	—	—	—
Diamantgrün 3G (S 615)	IG	—	6,—	—	—	—	—
Metachromblaugrün BL	IG	—	13,—	—	—	—	—
Eriochromverdon S (S 583, CI 292)	Gy	—	8,50	—	—	—	—

Tab. 22. *Farbstoffpreise 1935 bis 1950. — III. Halbwollfarbstoffe*

Farbstoff	Firma	öS 1938	RM 1939	sFr. 1935	sFr. 1939	hfl. 1935	1950	
Universalgelb C (S 726, CI 365)	IG	—	5,—	14,25	8,60	—	—	
Halbwollechtgelb ASR	Ci	—	—	—	10,15	—	sFr. 15,40	
Tetramingelb G (SE I 138)	Sa	—	5,—	6,50	—	—	—	
Tetraminorange G (SE I 138)	Sa	—	5,—	6,50	—	—	—	
Tetraminorange R (SE I 138)	Sa	—	6,—	6,50	—	—	—	
Universalorange G (S II 223)..........	IG	—	5,—	—	—	—	—	
Universalorange R	IG	—	5,—	—	—	—	—	
Universalbordo C (S II 223)	IG	—	5,—	10,85	—	—	$ 4,26	
Universalbrillantrot VG	IG	—	6,50	—	17,25	—	—	
Universalscharlach C (S II 224)........	IG	—	—	—	8,70	—	$ 4,63	konz. (55:100 C)
*Halbwollechtrot ASRB, ASRG	Ci	—	—	—	18,70	—	sFr. 34,15	
Tetraminrot BS (SE I 139)	Sa	—	6,50	9,—	—	—	—	
Tetraminscharlach G (SE I 139)	Sa	—	6,50	9,—	—	—	sFr. 20,70	
Tetraminbordo (SE I 138).............	Sa	—	5,—	6,50	—	—	—	
Halbwollechtmarineblau GB	Ci	—	—	—	13,30	—	sFr. 21,45	
Universalblau C (S II 220)	IG	—	5,—	7,25	9,10	—	$ 2,90	
Universaldunkelblau C (S II 223)	IG	—	5,20	—	9,50	—	$ 6,88	extra konz. (50:100 C)
Halbwollmarineblau R	Ci	—	—	—	9,65	—	—	
Halbwollblau ASRB	Ci	—	—	—	12,30	—	—	
Halbwolldunkelblau B	Ci	—	5,—	—	—	—	sFr. 12,15	
Tetraminmarineblau RB (SE I 139)	Sa	—	5,50	6,50	—	—	—	
Universaldunkelgrün C (S II 223)......	IG	—	—	—	21,35	—	$ 3,70	
Universalgrün C (S II 223)	IG	—	—	8,55	10,25	—	—	
Halbwollechtgrün B	Ci	—	—	—	20,95	—	—	
Halbwollbrillantgrün GC.............	Ci	—	—	—	19,10	—	—	
Tetramingrün B, G, 3G (SE I 138)......	Sa	—	5,—	6,50	—	—	sFr. 11,80	
Tetraminbrillantgrün B, G (SE I 133)...	Sa	—	6,50	9,50	—	—	—	
Halbwollechtdunkelbraun GK	Ci	—	—	—	15,30	—	sFr. 16,80	

Fortsetzung der Tabelle 22

Farbstoff	Firma	öS 1938	RM 1939	sFr. 1935	sFr. 1939	hfl. 1935	1950	
Halbwollechtbraun ASR*	Ci	—	—	—	13,—	—	sFr. 19,80	
Universalviolett C (S II 223)	IG	—	6,50	—	14,60	—	—	
Tetraminviolett B, RB (SE I 139)	Sa	—	6,50	9,50	—	—	sFr. 24,—	
Halbwollechtschwarz ASRN	IG	—	—	—	9,45	—	—	
Tetraminschwarz T (SE I 139)	Sa	—	5,—	6,50	—	—	—	
Universalschwarz (SE II 272)	IG	—	5,—	—	—	—	—	

* ASR = Azetatseidenreserve.

Tab. 23. *Farbstoffpreise 1935 bis 1950. — IV. Lichtechte Direktfarbstoffe*

Farbstoff	Firma	öS 1938	RM 1939	sFr. 1935	sFr. 1939	hfl. 1935	1950	
Siriuslichtgelb 5G (SE II 253, Pr 99)	IG	—	—	21,50	30,65	—	—	
Chlorantinlichtgelb 5GLL (S II 48, CI 346)	Ci	—	—	28,—	—	—	sFr. 17,45	
Chlorantinlichtgelb 2RLL (S II 48, Pr 431)	Ci	—	—	31,—	—	—	sFr. 19,45	
Solarflavin 2GA (SE I 133)	Sa	—	20,—	18,—	—	—	—	
Solargelb RR (SE I 133)	Sa	—	11,—	10,—	—	—	—	
Solargelb BG (SE I 133)	Sa	—	7,—	7,50	—	—	sFr. 33,55	konz. 35,75:100
Chlorantinlichtgelb GL	Ci	—	—	13,50	—	—	—	
Chlorantinlichtgelb RL (CI 349a)	Ci	—	6,85	13,—	—	11,80	sFr. 14,80	
Siriuslichtgelb RR (SE II 254)	IG	—	—	8,75	12,—	—	$ 5,95	extra (66:100 RR)
Siriusgelb G (S 1289)	IG	—	—	13,90	17,15	—	$ 6,22	
Siriusgelb 2G (S II 197)	IG	—	—	—	26,—	—	$ 8,82	
Benzolichtgelb 4GL (S 308)	IG	—	—	33,50	—	—	—	
Chlorantinlichtorange G (S II 48, CI 653)	Ci	—	—	12,35	—	—	sFr. 14,15	

Solarorange R (SE I 133)	Sa	—	6,50	8,50	—	—	sFr. 28,50	
Siriusorange G (S II 198)	IG	—	—	14,35	12,10	—	$ 6,65	extra (65:100 G)
Siriuslichtorange 5G (SE II 256)	IG	—	—	11,75	—	—	$ 3,07	
Siriuslichtorange 3R (SE II 256, Pr 73)	IG	—	—	10,20	—	—	$ 6,17	extra konz. (59:100 3R)
Siriuslichtorange G (SE II 256, Pr 276)	IG	—	—	—	17,10	—	—	
Solarorange GA (SE I 133)	Sa	—	8,—	10,—	15,50	—	—	
Siriusrot 4B (S II 198)	IG	—	—	17,35	22,15	—	$ 8,36	konz. (70:100 4B)
Siriusscharlach B (S II 198)	IG	—	—	14,20	—	—	$ 9,65	konz. (75:100 B)
Benzolichtrot 8BL (S 566)	IG	—	—	14,55	—	—	—	
Chlorantinlichtrot 7BL (S 566, Pr 51)	Ci	—	10,50	14,50	—	5,60	—	
Chlorantinlichtrubin BL	Ci	—	—	16,50	—	—	—	
Siriusbordo 5B (S II 197, Pr 217)	IG	—	—	—	19,65	—	$ 5,44	
Siriusrot BB (S II 198, CI 353)	IG	—	—	—	14,15	—	$ 3,72	
Chlorantinlichtrot 8BLN konz.	Ci	—	9,25	—	—	—	—	
Solarrot B (SE I 133)	Sa	—	11,—	14,—	—	—	—	
Solarrot 3B (SE I 133)	Sa	—	12,—	15,—	—	—	—	
Solarbrillantrot B (SE II 260)	Sa	—	11,50	12,50	—	—	—	
Solarrubinol B (SE I 133)	Sa	—	11,—	14,—	—	—	—	
Siriuslichtblau G (SE II 252, Pr 26)	IG	—	—	13,50	—	—	$ 4,24	
Siriuslichtblau BRR (SE I 250, Pr 71)	IG	—	10,75	12,45	14,—	—	$ 9,09	extra konz. (55:100 BRR)
Siriusblau 6G (S II 197)	IG	—	—	14,70	—	—	$ 6,22	
Siriusblau BBR (S II 197)	IG	—	—	12,20	—	—	—	
Solarblau 4G (SE I 133, CI 533)	Sa	—	13,50	13,50	—	—	sFr. 34,50	
Solarblau R (SE I 133, Pr 433)	Sa	—	12,50	16,50	—	—	sFr. 31,90	
Solarazurin L (SE I 133)	Sa	—	10,25	15,50	—	—	—	
Siriuslichtblau FE2GL (SE II 251)	IG	—	12,—	23,05	—	—	—	
Siriuslichtblau F3GL (SE II 251)	IG	—	15,—	24,05	—	—	$ 7,22	
Chlorantinlichtblau 2GL (S II 47, Pr 46)	Ci	—	—	15,30	—	6,05	sFr. 20,80	
Chlorantinlichtblau 4GLL (S II 47, CI 533)	Ci	—	11,50	—	—	—	—	
Chlorantinlichtviolett BLN (S II 49)	Ci	—	—	—	—	5,80	—	

Fortsetzung der Tabelle 23

Farbstoff	Firma	öS 1938	RM 1939	sFr. 1935	sFr. 1939	hfl. 1935	1950	
Chlorantinlichtviolett 5BL (S II 49, Pr 429)	Ci	—	—	10,25	—	—	—	
Chlorantinlichtviolett 2RL (S II 49)	Ci	—	—	11,75	—	—	—	
Siriuslichtviolett BL (SE II 258)	IG	—	14,—	11,05	—	—	$ 5,77	konz. (70:100 BL)
Solarviolett BL (SE I 133)	Sa	—	10,50	12,—	—	—	—	
Siriusviolett BB (S II 198, Pr 367)	IG	—	—	17,20	—	—	$ 17,20	extra konz. (40:100 BB)
Siriuslichtgrün BL (SE I 133, Pr 425)	IG	—	—	17,50	—	—	—	
Solargrün BL (SE I 133, Pr 425)	Sa	—	14,—	19,40	—	—	sFr. 39,—	konz. 185 %
Chlorantinlichtgrün 5GLL (SE II 146)	Ci	—	15,90	—	—	—	sFr. 38,15	
Siriuslichtgrün BB (SE II 254)	IG	—	16,50	—	—	—	$ 9,90	extra (65:100 BB)
Solarbraun R, RR (SE I 133)	Sa	—	9,—	—	—	—	sFr. 15,20	konz. (60:100)
Chlorantinlichtbraun BRLL konz. (S II 48, Pr 47)	Ci	—	9,40	—	—	—	sFr. 15,45	Typ
Siriuslichtbraun G (SE I 131, Pr 28)	IG	—	15,—	11,20	—	—	$ 6,35	konz. (75:100)
Siriuslichtbraun BRL (SE I 131, Pr 47)	IG	—	9,—	—	—	—	—	
Solarbraun PL (SE I 133, Pr 47)	Sa	—	9,50	10,50	—	—	—	
Siriuslichtbraun GR (SE I 133)	IG	—	9,—	9,73	—	—	—	
Chlorantinlichtgrau 2BLL (S II 48)	Ci	—	6,40	7,50	—	—	sFr. 16,—	
Chlorantinlichtgrau RLN (S II 48, Pr 424)	Ci	—	5,70	12,25	—	—	sFr. 14,90	
Solargrau 2BL (SE II 260)	Sa	—	7,50	10,50	—	—	—	
Solargrau RR (SE I 133)	Sa	—	10,—	12,50	—	—	sFr. 22,55	
Chlorantinlichtschwarz L (S II 48, Pr 24)	Ci	—	—	9,—	—	—	sFr. 18,75	
Solarschwarz G (SE I 133, Pr 24)	Sa	—	9,—	14,50	—	—	sFr. 22,60	konz. 80:100

Tab. 24. *Farbstoffpreise 1935 bis 1950. — V. Direktfarbstoffe*

Farbstoff	Firma	öS 1939	RM 1938	sFr. 1935	sFr. 1939	hfl. 1935	1950	
Direktgelb CV (S 726, CI 365)	Sa	—	6,—	6,—	—	—	sFr. 17,40	
Chrysophenin G (S 726, CI 365)	IG	—	—	5,45	5,50	2,40	$ 5,31	hoch konz. (40:100 G)
Chloramingelb FF (S 935, CI 814)	Sa	—	5,—	7,—	—	2,80	—	
Diphenylchrysoin 3G (S 726, CI 365)	Gy	—	—	9,—	—	—	—	
Chrysophenin dopp. konz. (S 726, CI 365)	Okamoto	—	—	11,40	—	—	—	
Sonnengelb G, RR (S 703)	Sa	—	4,50	6,50	—	—	—	
Chloraminechtorange SGE (S II 46, CI 326)	Sa	—	8,50	8,50	—	—	—	
Chloraminechtorange RS (S II 46, CI 326)	Sa	—	8,—	12,50	—	—	sFr. 28,75	konz. (80:100)
Direktechtorange S konz. (CI 326)	Okamoto	—	—	7,40	—	—	—	
Pyrazolorange GH (SE II 229, CI 653)	Sa	—	6,—	7,—	—	—	sFr. 36,55	konz. (35:100)
Plutoorange G	IG	—	4,50	7,25	—	—	$ 3,98	konz. (65:100 G)
Direktechtorange SE (S 305, CI 326)	Ci	—	—	—	—	4,35	sFr. 15,90	
Benzoechtorange S (S 305, CI 326)	IG	—	7,90	12,75	—	—	$ 7,43	konz. (60:100 SE)
Diaminechtorange WS (S II 87)	IG	10,50	—	—	—	—	—	
Chloraminechtrot FB (CI 419)	Sa	—	9,—	—	—	—	—	
Benzopurpurin 4B (S 448, CI 448)	Sa	—	2,80	4,50	—	—	—	
Diaminechtrot F (S 410, CI 419)	IG	—	5,10	—	—	—	$ 3,60	
Acetopurpurin 8B (S 425)	IG	12,90	—	7,80	—	—	—	
Benzopurpurin 4B (S 448, CI 448)	IG	—	2,50	4,20	—	2,40	$ 3,07	4 BOO (55:100 4B)
Benzoechtrot 9BL (S 387, CI 400)	IG	—	—	6,60	—	—	$ 4,33	
Benzoechtscharlach GS (S 305, CI 326)	IG	—	—	—	—	—	—	
Direktechtscharlach SE (CI 326)	Ci	—	—	9,—	—	—	sFr. 19,45	
Benzoechtscharlach 4BA (S 306, CI 327)	IG	—	—	7,60	—	4,10	$ 3,51	
Benzoechtscharlach 4BS (S 306, CI 326)	IG	—	8,10	11,45	—	—	$ 5,79	konz. (70:100 4BS)
Benzopurpurin 4B konz. (S 448)	Okamoto	—	—	3,35	—	—	—	
Benzoechtscharlach 4BS (S 306, CI 326)	Okamoto	—	—	11,—	—	—	—	
Diaminscharlach B (S 377)	IG	—	8,65	—	—	—	$ 4,63	
Diaminbordo B (S 377)	IG	—	—	10,—	—	—	$ 4,10	

Fortsetzung der Tabelle 24

Farbstoff	Firma	öS 1939	RM 1938	sFr. 1935	sFr. 1939	hfl. 1935	1950	
Benzoechtscharlach 8BS (S 305, CI 326)	IG	—	8,10	—	—	—	$ 4,18	
Chloraminechtscharlach SE (CI 326)	Sa	—	7,50	11,—	—	—	—	
Benzoechtrot 9BL	IG	—	11,05	—	—	—	—	
Chloraminrot B, 3B (S 377, CI 382)	Sa	—	8,20	11,—	—	—	—	
Benzorhodulinrot B (S 305, Pr 31)	IG	—	5,40	—	—	—	$ 2,92	
Geranin G konz. (S 264)	IG	23,70	—	21,60	—	7,05	$ 6,70	Typ
Brillantgeranin B (S 264)	IG	—	—	—	—	5,70	—	
Chloraminbrillantrosa B (SE I 77)	Sa	—	10,75	—	—	—	—	
Oxaminviolett XX	IG	—	—	14,20	—	—	—	
Brillantbenzoechtviolett BL (S 610, Pr 367)	IG	—	11,90	—	—	6,30	—	
Brillantbenzoechtviolett 2RL (S 610, Pr 36)	IG	—	11,90	—	—	6,80	$ 16,22	40:100 Typ
Brillantbenzoviolett 5RH (S 342)	IG	—	11,90	—	—	6,80	$ 16,22	40:100 Typ
Brillantbenzoviolett 5RH (S 342)	IG	—	—	—	—	8,25	—	
Trisulfonviolett N (S 395, CI 388)	Sa	—	7,50	12,—	—	—	—	
Direkthimmelblau 5B (S 510, CI 518)	Okamoto	—	—	5,20	—	—	—	
Brillantechtblau B (S 610)	IG	—	—	13,75	—	—	—	
Direkthimmelblau grünlich (S 510, CI 518)	Ci	—	—	5,80	—	3,35	—	
Diaminreinblau FF (S 510, CI 518)	IG	—	4,20	6,90	—	—	$ 2,45	
Benzoviskoseblau G, RL (S II 35)	IG	—	—	14,50	—	—	$ 5,19	RL
Benzoblau BX (S 469, CI 472)	IG	—	—	—	—	4,80	$ 3,07	konz. (65:100 BX)
Diaminblau 3B (S 471, CI 477)	IG	—	—	5,85	—	—	$ 3,88	konz. (60:100 3B)
Diaminblau BX (S 469, CI 472)	IG	—	—	5,30	—	—	—	
Direktazurin 3R	Okamoto	—	—	3,85	—	—	—	
Diamineralblau CVB (S II 70)	IG	7,60	5,30	—	—	—	$ 2,33	
Trisulfonblau FO (SE II 270)	Sa	—	5,—	6,—	—	—	sFr. 13,80	
Viscoblau E, G	Sa	—	6,25	8,25	—	—	sFr. 12,80	
Direktgrün B, G (S 668, CI 593)	Sa	—	5,—	7,—	—	—	sFr. 9,85	
Benzogrün FF (S II 33)	IG	—	5,05	—	—	—	$ 5,11	konz. (65:100 FF)
Direktgrün B (S 668, CI 593)	Okamoto	—	—	2,50	—	—	—	
Direktgrün G (S 668, CI 593)	Okamoto	—	—	3,10	—	—	—	

Direktgrün B (S 668, CI 593)	Aussig	—	4,25	6,10	—	—	—	
Direktgrün B (S 668, CI 593)	IG	—	3,65	6,40	—	—	—	
Benzogrün C (S 668, CI 593)	IG	—	—	—	—	3,85	—	
Benzodunkelgrün B (S 670, CI 583)	IG	7,50	4,20	7,10	—	—	$ 2,90	konz. (80:100 B)
Direktdunkelgrün B (S 670, CI 583)....	Okamoto	—	—	3,10	—	—	—	
Chloramindunkelgrün B (S 670, CI 583)	Sa	—	5,50	7,—	—	—	—	
Viscobraun T (SE II 274)	Sa	—	5,30	9,50	—	—	—	
Trisulfonbraun CCN	Sa	—	5,50	7,—	—	—	—	
Trisulfonbraun B (S 696, CI 596)	Sa	—	5,50	6,—	—	—	—	
Diamincatechin 3G (S 412, 680, Pr 70) .	IG	—	4,75	6,80	4,80	—	—	
Diamincatechin B (S 415, Pr 68)	IG	—	4,30	6,80	—	—	$ 7,53	BXX (34:100 B)
Diaminbraun M (S 412, CI 420)........	IG	4,88	3,60	—	7,65	2,70	$ 3,71	konz. (60:100 M)
Plutobraun GG (S II 175)............	IG	—	—	8,95	—	2,90	$ 4,48	konz. (60:100 GG)
Triazolbraun BB (S II 218)	IG	—	—	6,10	—	—	—	
Diaminbraun 33 (S II 68)	IG	8,50	—	5,60	—	—	$ 3,93	konz. (56:100 33)
Pegubraun G (S II 173)	IG	—	—	14,35	—	6,10	$ 6,65	konz. (70:100 G)
Oxaminbraun 3G (S II 163, CI 596).....	IG	—	—	—	—	3,—	$ 3,63	3GX (50:100 3G)
Naphtaminbraun T (S II 149)..........	IG	—	—	6,—	—	—	$ 2,45	
Direktbraun B konz. (Pr 68)...........	Okamoto	—	—	5,90	—	—	—	
Direktbraun R konz.	Okamoto	—	—	5,90	—	—	—	
Direktbraun M (S 412, CI 420)	Okamoto	—	—	3,50	—	—	—	
Diaminechtbraun 3G (S II 69, CI 590) .	IG	—	—	—	13,65	—	—	
Benzochrombraun B (S II 32, Pr 364) ..	IG	—	—	—	11,80	—	$ 4,36	BO (75:100 B)
Oxaminbraun 3GX (S II 163, CI 596) ..	IG	—	6,60	—	—	—	$ 3,63	
Chloraminbraun GD (SE I 77)	Sa	—	6,50	8,—	—	—	—	
Chloraminechtbraun B (S II 46).......	Sa	—	7,—	—	10,20	—	sFr. 19,20	
Chloraminechtbraun 3B (SE I 77)	Sa	—	6,—	7,50	—	—	—	
Chloraminbraun RR (S 412, CI 420)....	Sa	—	5,50	6,50	—	—	—	
Rigangrau RL (SE II 234)	Ci	—	15,55	—	—	—	—	
Kunstseidenschwarz G (S II 141, CI 545)	IG	—	4,20	4,80	—	—	$ 4,—	konz.
Columbiaschwarz G extra	IG	—	6,60	4,50	—	—	—	
Oxaminschwarz BHX (S 393, CI 401) ..	IG	—	4,35	—	—	—	—	
Direkttiefschwarz RW extra (S 669, CI 582)	IG	—	2,—	4,70	—	—	$ 2,45	extra konz. (60:100 RW extra)

Fortsetzung der Tabelle 24

Farbstoff	Firma	öS 1939	RM 1938	sFr. 1935	sFr. 1939	hfl. 1935	1950	
Sambesischwarz D (S 555)	IG	—	—	5,50	—	—	—	
Benzoechtschwarz L (S II 33, Pr 24)	IG	6,45	—	5,55	—	2,70	—	
Diphenylblauschwarz B (S 393, CI 401)	Gy	—	—	3,—	—	—	—	
Chloraminschwarz BH (S 393, CI 401)	Sa	—	2,80	3,—	—	—	—	
Diaminschwarz BH (S 393, CI 401)	IG	—	—	3,10	—	—	$ —,95	
Direkttiefschwarz E extra (S 671, CI 581)	IG	—	—	5,15	—	—	$ 1,86	
Formalschwarz C (S 671, CI 581)	IG, Gy	—	—	4,50	—	—	sFr. 10,—	konz.
Columbiaschwarz EAW extra (S 671, CI 581)	IG	—	—	—	3,75	—	—	
Diazoschwarz BH konz. (S 393, CI 401)	Okamoto	—	—	4,10	—	—	—	
Naphtaminschwarz BH dopp. konz. (S 393, CI 401)	IG	3,75	—	—	—	—	—	
Carbidschwarz E extra (S 671, CI 581)	IG	—	4,15	—	—	—	—	
Chloraminechtschwarz B (S II 46, C 539)	Sa	—	5,—	6,50	—	—	—	
Chloraminschwarz EX konz. (S 671, CI 581)	Sa	—	3,20	3,75	—	—	—	
Viscoschwarz N (SE II 275, Pr 16)	Sa	—	3,80	5,—	—	—	—	sFr. 10,70
Viscoschwarz NF	Sa	—	4,20	5,20	—	—	—	

Tab. 25. *Farbstoffpreise 1935 bis 1950. — VI. Schwefelfarbstoffe*

Farbstoff	Firma	öS 1939	RM 1938	sFr. 1935	sFr. 1939	hfl. 1935	1950	
Katigengelb G (S II 137, Pr 130)	IG	—	—	—	—	2,55	—	
Schwefelgelb R	Aussig	—	—	6,50	—	—	—	
Pyrogengelb 3R (S 1067)	Ci	—	4,50	—	—	—	—	
Thionalgelb GG, RM, GM (S II 140)	Sa	—	2,50	3,50	—	—	sFr. 6,75	
Katigenorange FR (S II 137)	IG	—	—	6,—	—	7,60	—	
Thionalorange G	Sa	—	5,—	—	—	—	sFr. 13,30	
Katigenbronze GL (S II 136)	IG	—	—	—	—	2,40	—	

Katigengelbbraun R extra (S II 136)	IG	—	—	—	—	2,20	—
Katigengelbbraun 5G extra (S II 136)	IG	—	—	—	—	2,50	—
Katigenrotbraun 6R (S II 136)	IG	—	—	—	—	3,25	—
Katigenschwarzbraun N extra (S 9051)	IG	—	—	—	—	1,80	—
Katigencatechu BF konz. (S II 136)	IG	—	—	—	—	2,95	—
Katigenolive G (S II 136)	IG	—	—	—	—	4,90	—
Pyrogenbraun G (S II 177)	Ci	—	—	—	—	3,—	—
Pyrogenbraun N (S II 177)	Ci	—	—	—	—	3,15	—
Pyrogenbraun 6R (SE II 229)	Ci	—	4,20	—	—	—	—
Pyrogenbraun G dopp. konz. (SE II 229)	Ci	—	6,75	—	—	—	—
Thionalbraun G (S 1057)	Sa	—	2,50	3,—	—	—	—
Thionaldunkelbraun D konz. (S II 140)	Sa	—	3,50	5,—	—	—	sFr. 5,70
Thionalrotbraun 5R (S II 140)	Sa	—	7,—	9,—	—	—	sFr. 18,50
Katigenindigoblau CLG (S II 136, CI 957)	IG	—	—	—	—	2,80	—
Katigenindigoblau 2RL extra (S II 136)	IG	—	—	—	—	2,—	—
Katigenindigoblau B extra (S II 136)	IG	—	—	—	—	—,80	—
Schwefelindigo BLX	Okamoto	—	—	4,15	—	—	—
Pyrogendirektblau 2RL, 250 % (CI 956)	Ci	—	11,20	—	—	3,30	—
Pyrogenblau 2RN 400 % (S 1109)	Ci	—	—	—	—	3,30	—
Pyrogendirektblau grünlich (S 1109)	Ci	—	3,40	—	—	—	—
Pyrogendirektblau PL konz. (CI 956)	Ci	—	7,50	—	—	—	—
Thionalbrillantblau 6B (S II 139)	Sa	—	—	6,25	—	—	sFr. 11,60
Thionalbrillantblau G (S II 139)	Sa	—	4,80	5,—	—	—	sFr. 17,—
Schwefelgrün G	Aussig	—	—	7,90	—	—	—
Pyrogengrün G (S 1117)	Ci	—	4,55	—	—	—	—
Thionalbrillantgrün 3G (S 1117, CI 1006)	Sa	—	3,—	5,—	—	—	sFr. 11,—
Thionalbrillantgrün BB (S II 139)	Sa	—	—	—	—	—	—
Katigenblauschwarz G (S II 136)	IG	—	—	—	—	1,65	—
Pyrogengrau R (S 1109)	Ci	—	2,35	—	—	—	—
Pyrogengrau 3G	Ci	—	4,55	—	—	—	—
Katigenbrillantschwarz B extra (S II 136)	IG	—	—	—	—	1,—	—
Schwefelschwarz FAG extra	IG	—	—	—	—	—,88	—
Schwefelschwarz B konz.	Okamoto	—	—	1,15	—	—	—
Pyrogentiefschwarz B konz. (S 1077, 1084)	Ci	—	4,10	—	—	—	sFr. 7,50
Thionaltiefschwarz S	Sa	—	3,—	3,—	—	—	—

Tab. 26. *Farbstoffpreise 1935 bis 1950. — VII. Naphtole und Basen*

Farbstoff	Firma	öS 1938	RM 1939	sFr. 1935	sFr. 1939	hfl. 1935	$ 1950
Naphtol AS (S II 398, Pr 302)	IG	—	8,58	6,50 Okamoto	—	6,10	3,—
Naphtol ASSW (S II 399, Pr 313)	IG	—	12,—	—	—	7,—	6,10
Naphtol ASBS (S II 398, Pr 305)	IG	—	—	6,45 Okamoto	—	8,40	6,05
Naphtol ASTR (S II 398, Pr 314)	IG	—	—	—	—	8,70	8,—
Naphtol ASD (S II 398, Pr 306)	IG	—	—	—	—	8,40	5,75
Naphtol ASBO (S II 399, Pr 303)	IG	—	13,80	—	—	8,40	6,20
Naphtol ASG (S II 399, Pr 309)	IG	—	—	—	—	6,75	7,11
Naphtol ASL3G (SE I 174)	IG	—	16,—	—	—	—	—
Naphtol ASLG (SE I 174, Pr 460)	IG	—	17,—	—	—	—	11,20
Naphtol ASITR (SE I 174, Pr 310)	IG	—	13,50	—	—	—	7,45
Naphtol ASOL (S II 399, Pr 311)	IG	—	14,30	—	—	—	7,15
Naphtol ASSG (S II 399, Pr 388)	IG	—	17,50	—	—	—	10,55
Naphtol ASBR (S II 398, Pr 304)	IG	—	15,80	—	—	—	9,95
Echtscharlach RC Base	IG	—	—	—	—	6,35	6,30
Echtrot GL Salz (CI 118, Pr 268)	IG	—	3,60	—	—	1,75	2,05
Echtrot B Base (CI 117)	IG	—	—	18,95 Okamoto	—	10,—	7,75
Echtblau B Salz (Pr 255)	IG	—	—	—	—	1,—	2,65
Echtschwarz LB Base (Pr 257)	IG	—	—	—	—	1,—	—
Echtrot GL Base (Pr 268)	IG	—	—	15,50 Okamoto	—	5,90	5,90
Echtrot RC Base (Pr 271)	IG	—	—	4,65 Okamoto	—	6,35	4,85
Echtrotsalz B (CI 117)	IG	—	4,30	—	—	2,85	2,80
Echtrot RL Base (Pr 272)	IG	—	—	19,20 Okamoto	—	5,90	6,55
Echtrot KB Base (Pr 270)	IG	—	—	—	—	6,10	5,90
Echtrot 3GL spez. Salz (CI 269)	IG	—	—	—	—	1,75	1,55

Echtscharlach G Base (CI 68)	IG	—	—	3,55 Okamoto	—	4,10	—
Echtrot TR Base (CI 273)	IG	—	—	15,70 Okamoto	—	—	—
Echtgranat GC Base (Pr 263)	IG	—	5,95	—	—	—	3,40
Echtrotsalz ITR (Pr 378)	IG	—	8,95	—	—	—	5,30
Echtrotsalz KB (Pr 270).............	IG	—	4,25	—	—	—	2,65
Echtrotsalz TR (CI 273).............	IG	—	5,10	—	—	—	3,20
Echtbordosalz BD (Pr 259)	IG	—	11,—	—	—	—	6,85
Variaminblausalz B	IG	—	12,—	—	—	—	5,60

Tab. 27. *Farbstoffpreise 1935 bis 1950. — VIII. Azetatseidenfarbstoffe*

Farbstoff	Firma	öS 1938	RM 1939	sFr. 1935	sFr. 1939	hfl. 1935	1950
Artisildirektgelb GN (SE II 120, Pr 242)	Sa	—	18,80	21,—	—	—	—
Artisildirektgelb 3GP (S II 21)	Sa	—	14,—	16,—	—	—	—
Artisildirektrot BP (SE II 120)	Sa	—	12,—	16,50	—	—	sFr. 38,—
Artisildirektscharlach GP (SE II 120) ...	Sa	—	12,—	16,50	—	—	—
Artisildirektrot 3BP (S II 21, Pr 61)	Sa	—	17,25	18,50	—	—	—
Artisildirektviolett 2RP (S II 21)	Sa	—	23,65	35,—	—	—	—
Artisildirektblau GP (SE II 120)	Sa	—	20,—	32,—	—	—	—
Artisildirektblau GG (SE II 120)	Sa	—	27,60	34,50	—	—	—
Artisildirektblau SAP (S II 21, Pr 62) ..	Sa	—	25,20	—	—	—	—
Artisilmarineblau BN (SE II 120)	Sa	—	25,75	24,—	—	—	—
Cellitonechtmarineblau B pulv. (S II 45, Pr 232)	IG	—	24,—	—	—	—	$ 14,10
Artisildirektgrün BLP (SE II 120)	Sa	—	15,25	17,90	—	—	—
Artisildirektbraun BP (SE II 120)	Sa	—	11,50	13,10	—	—	sFr. 21,90
Artisildirektgrau BLP (SE II 120)	Sa	—	12,50	14,55	—	—	—
Cibacetdiazoschwarz B (S II 60, Pr 42) ..	Ci	—	20,55	—	—	—	—
Artisildiazoschwarz BN (Pr 42)........	Sa	—	19,30	20,80	—	—	—
Artisildiazoschwarz GP	Sa	—	—	21,—	—	—	—

Tab. 28. *Farbstoffpreise 1935 bis 1950. — IX. Küpenfarbstoffe*

Farbstoff	Firma	öS 1938	RM 1939	sFr. 1935	sFr. 1939	hfl. 1935	1950	
Sandothrengrün N5G	Sa	—	—	85,—	—	—	—	
Sandothrengrün NGL (SE I 128)	Sa	—	—	40,—	—	—	—	
Indanthrenbrillantgrün GG pulv. (S 1269)	IG	—	75,65	—	108,—	—	$ 48,10	Pulv. f. hochkonz. f. Fbg.
Indanthrenbrillantgrün 4G pulv. (S 1269)	IG	—	75,65	—	—	—	$ 48,10	Pulv. f. hochkonz. f. Fbg.
Indanthrenbrillantgrün FFB pulv. konz. (S II 128, Pr 444)	IG	—	52,60	—	—	—	$ 18,35	suprafix Tg.
Indanthrenolivgrün B pulv. (S II 131, Pr 293)	IG	—	36,—	—	—	—	—	
Indanthrengrün BB pulv. (S 1239)	IG	—	50,—	—	—	—	—	
Indanthrenbrillantviolett 4R (S II 128, Pr 117)	IG	—	—	—	—	—	$ 28,90	Plv. fein
Indanthrenbrillantviolett RR (S 1260, CI 1104)	IG	—	—	—	—	54,70	$ 25,10	Plv. fein
Indanthrenrotviolett RH pulv. (S 1354, CI 1212)	IG	—	29,85	—	—	—	—	
Indanthrengrau BG pulv. (S II 130)	IG	—	—	—	97,35	—	—	
Indanthrengrau 3B pulv. (S II 130)	IG	—	79,95	—	—	—	$ 51,65	
Indanthrengrau RRH pulv. (S II 130)	IG	—	21,—	—	—	—	$ 13,60	
Cibanonviolett RR (S II 63)	Ci	—	60,80	—	—	—	—	
Sandothrenviolett N2R (S II 190)	Sa	—	—	55,05	—	—	—	
Sandothrengrau NBB (SE I 128)	Sa	—	110,—	—	—	—	—	
Sandothrenschwarz N2BA extra (S II 193, CI 1102)	Sa	—	32,—	35,—	—	—	—	
Hydronblau R pulv. (S 1111, CI 969)	IG	—	9,50	—	12,70	5,45	—	
Hydronblau G pulv. (S 1113, CI 971)	IG	—	9,50	—	12,70	4,10	—	
Hydronneublau SRC	IG	—	7,—	—	—	—	—	
Hydronblau R (S 1111)	Schiedam	—	7,—	—	—	—	—	
Hydronschwarzblau G pulv. (S 1112)	IG	—	9,50	—	—	—	—	

Indanthrengelb FGK pulv.	IG	—	42,55	—	—	—	—	
Indanthrengelb GK pulv. (S 1220, CI 1132)	IG	—	23,15	—	—	—	$ 11,99	
Indanthrengoldgelb GK pulv. (S II 30, Pr 291)	IG	—	49,80	—	—	—	$ 28,77	
Indanthrengelb 5GK pulv. (SE I 105)	IG	—	14,80	19,95	—	—	$ 7,66	
Indanthrengelb 3GF pulv. (SE I 105)	IG	—	—	38,—	—	—	—	
Indanthrengelb GF pulv. (S 1286)	IG	—	39,75	—	—	—	—	
Sandothrengelb NGC (S II 193)	Sa	—	46,25	—	—	—	sFr. 16,90	dopp. Tg.
Indanthrenbrillantorange RK pulv. (SE II 199)	IG	—	57,20	—	75,25	—	$ 33,10	f. f. Fbg.
Indanthrenbrillantorange GK (S II 128)	IG	—	56,05	—	—	—	—	
Indanthrenorange RRT pulv. (SE I 106, CI 1098)	IG	—	53,10	—	—	—	$ 8,40	suprafix Tg.
Indanthrengoldorange 3G (S II 130)	IG	—	81,35	—	—	—	$ 38,61	Pulv.
Cibanongelb GN (S 1241)	Ci	—	60,20	—	—	—	—	
Sandothrenorange NR (S II 193)	Sa	—	60,—	75,—	—	—	—	
Sandothrengoldorange NG extra (S II 193, CI 1096)	Sa	—	56,—	81,20	—	—	—	
Algolscharlach GGNN pulv. (S II 7)	IG	—	48,—	—	—	—	—	
Indanthrenscharlach R pulv. (S II 132)	IG	—	49,65	—	—	—	$ 30,68	
Indanthrenrot RK pulv. (CI 1162)	IG	—	96,60	—	—	—	—	
Indanthrenbordo B pulv. (S 1252)	IG	—	65,10	—	—	—	$ 22,—	Pulv. f. f. Fbg.
Indanthrenscharlach B pulv. (S II 132)	IG	—	43,70	—	—	—	$ 36,80	
Indanthrenrot FFB pulv. (Pr 296)	IG	—	56,—	—	—	—	—	
Indanthrenbrillantrosa B pulv. (S II 128, Pr 108)	IG	—	50,25	—	—	—	—	
Sandothrenrot 3B	Sa	—	29,85	45,—	—	—	—	
Sandothrenrot NG (S II 193)	Sa	—	56,—	70,—	—	—	—	
Sandothrenrot R (S II 193)	Sa	—	44,—	55,—	—	—	—	
Sandothrenrot BB	Sa	—	—	50,—	—	—	—	
Indanthrenblau BCS (S 1237, CI 1114)	IG	—	19,75	—	—	13,60	$ 9,70	Pulv. f. f. Fbg.
Indanthrenblau GCDN pulv. (S 1234, CI 1112)	IG	—	36,25	—	—	—	$ 24,70	
Indanthrenblau RSN (S 1228, CI 1106)	IG	—	26,05	—	—	19,15	$ 19,65	Pulv.

Fortsetzung der Tabelle 28

Farbstoff	Firma	öS 1938	RM 1939	sFr. 1935	sFr. 1939	hfl. 1935	1950	
Indanthrenblau 3GT pulv. (SE I 104)	IG	—	30,25	—	—	—	$ 18,90	
Indanthrenblau 8GK pulv. (S II 127)	IG	—	—	32,80	—	—	—	
Indanthrenblau 3GN pulv. (CI 1109)	IG	—	—	69,50	—	—	$ 33,—	
Sandothrenblau NRSN (S II 193)	Sa	—	28,10	36,—	—	—	—	
Sandothrenblau NGCDN (S II 193, CI 1112)	Sa	—	31,30	42,30	—	—	—	
Sandothrenblau NBO pulv. (S II 193, CI 1099)	Sa	—	—	28,—	—	—	—	
Indanthrendunkelblau BO pulv. (S 1262, CI 1099)	IG	—	—	—	—	14,60	—	
Indanthrenbrillantblau R pulv. (S II 199)	IG	—	40,90	—	—	—	$ 23,30	Pulv. fein
Indanthrendunkelblau BOA pulv. (S 1262)	IG	—	49,65	36,25	—	—	—	
Indanthrenmarineblau BF (SE II 202)	IG	—	23,—	—	—	—	—	
Indanthrenmarineblau G pulv. (S II 131)	IG	—	38,75	—	—	—	$ 11,75	Pulv. f. f. Fbg.
Cibanonblau RSN, NGCDN (S 1228, 1234, CI 1112)	Ci	—	32,60	—	—	—	—	
Indanthrenrotbraun 5RF pulv. (S II 106, Pr 448)	IG	—	74,85	—	—	—	$ 19,42	Pulv. f. f. Fbg. (2:1 pulv.)
Indanthrenbraun FFR pulv. (S II 127)	IG	—	69,40	—	—	51,90	$ 31,62	
Indanthrenbraun BR (S II 127)	IG	—	58,65	79,—	—	—	$ 22,79	Pulv. 75 %ig
Indanthrenbraun GR (S 1294)	IG	—	16,10	—	—	—	—	
Indanthrenbraun G pulv. (S 1219, CI 1152)	IG	—	52,90	—	—	—	$ 24,61	
Indanthrenbraun R pulv. (S 1227, CI 1151)	IG	—	52,10	—	—	—	$ 25,26	
Sandothrenbraun G (SE I 128)	Sa	—	36,10	46,50	—	—	sFr. 51,75	extra fein pulv.
Sandothrenbraun RR (SE I 128)	Sa	—	44,50	—	—	—	—	
Indanthrenbraun 3GT pulv. (S II 127)	IG	—	—	61,25	—	—	$ 24,26	
Sandothrengrün NGG (S II 193)	Sa	—	—	43,—	—	—	—	

II. Die wichtigsten Handelsfarbstoffmarken der verschiedenen Farbstoffklassen

Abkürzungen:

IG	=	Vormals IG-Farbenindustrie A. G., Frankfurt a. M., Deutschland.
Ci	=	Ciba A. G., Basel, Schweiz.
Gy	=	I. R. Geigy A. G., Basel, Schweiz.
Sa	=	Sandoz A. G., Basel, Schweiz.
Ku Francolor	=	Société Anonyme des Matières Colorantes et Produits Chimiques Francolor, Paris, Frankreich.
ICI	=	Imperial Chemical Industries Limited, London, Großbritannien.
DP	=	Du Pont de Nemours, Wilmington, Delaware, USA.
CC	=	Calco Division, American Cyanamid Corp., New Jersey, USA.
Nacco	=	National Aniline Div. Allied Chemical & Dye Corp., New York, USA.
GDC	=	General Dyestuff Corporation, New York, USA, Verkaufsorganisation der General Aniline and Film Corporation New York, USA.
Hoechst, Hoe	=	Farbwerke Hoechst, Frankfurt am Main/Hoechst, Deutschland.
Bayer	=	Farbwerke Bayer, Leverkusen, Deutschland.
BASF	=	Badische Anilin- und Sodafabrik, Ludwigshafen am Rhein, Deutschland.
Cassella	=	Cassella Farbwerke, Mainkur, Deutschland.
Wolfen	=	Farbwerke Wolfen, DDR.

Im allgemeinen sind nur Farbstoffe in Vergleich gesetzt, die chemisch identisch oder sehr ähnlich sind. ~ bedeutet, daß der Farbstoff wahrscheinlich nur eine gewisse Ähnlichkeit besitzt. Stärkeverhältnisse und Reinheit der Produkte sind unberücksichtigt.

Von den Nummern usw. bedeuten:

CI ... = Colour Index Nr.
Pr ... = Prototype Nr.
S ... = Schultz Farbstofftabellen, VII. Aufl. 1937, Nr. bzw. Band-Nr. und Seite.

Über die Bezeichnung der Handelsfarbstoffe kann allgemein gesagt werden, daß die Farbstofferzeuger für ihre Produkte, und zwar für jede Klasse derselben meist eigene Namen führen, so daß bereits aus dieser, dem Farbton vorangestellten Bezeichnung ersehen werden kann, für welche Färbeweise und welches Textilmaterial sich das betreffende Produkt eignet: z. B. Diaminbraun, ein substantiver, braunfärbender Farbstoff von Bayer, Chlorantinlichtgelb, ein substantiver, lichtechter, gelber Farbstoff der Ciba, Erioblau, ein sauer färbbares Blau von Geigy, Artisildirektrot, ein Azetatseidenrot von Sandoz usw. Eine Übersicht über die Klassennamen der einzelnen Farbstofferzeuger gibt Tab. 29.

Neben der Klassenbezeichnung und der Angabe des Farbtones findet sich nun in jeder Farbstoffbezeichnung eine Anzahl von Buchstaben, die dem Färber über den Farbton oder die Ausgiebigkeit des Produktes usw. Aufschluß geben können.

So bezeichnet bei Gelb der Buchstabe G grünstichig, R rotstichig, 5G also ein sehr grünstichiges, 2R ein ziemlich rotstichiges Gelb (etwa Walkgelb H5G bzw. Supramingelb R). Die Buchstaben haben auch für Produkte ausländischer Erzeuger dieselbe Bedeutung, lediglich ist ein Gelbstich in Frankreich durch J (jaune) ausgedrückt. Für rote Farbstoffe weisen die Buchstaben G auf gelbstichige, B auf blaustichige Rottöne, R bedeutet meist besonders lebhafte Rot (vgl. etwa Polarrot G, Ponceau 3R, Benzopurpurin 10B usw.).

Dasselbe gilt für Brauntöne, während Grünmarken durch den Zusatz G *bzw. B als gelb- bzw. blaustichig* bezeichnet werden. G und R für blaue Farbstoffe weisen auf Grünstich bzw. Rotstich des Tones, B auf Tonreinheit, FF auf besonders reine Produkte hin (Benzoblau 2B, Benzoblau 3R, Siriusblau G, Cyanol FF usw.). Violett sind durch die Buchstaben R und B als rot- bzw. blaustichig näher charakterisiert, auch Schwarztöne bzw. Grautöne werden hinsichtlich des Farbstichs als gelb- (G), rot- (R) oder blau- (B) stichig bezeichnet. Bezeichnungen wie X, O, XX bzw. bei amerikanischen Farbstoffen CF (konzentrierte Form) bezeichnen konzentrierte, farbstarke Ware, der Buchstabe S deutet oft auf abgeschwächte, V manchmal auf verstärkte Marken hin (Direktgelb CV usw.).

Manchmal ist aus dem zugesetzten Buchstaben auch eine erhöhte Echtheit zu entnehmen, wie etwa L bzw. LL bei den Diamin-, Sirius-, Chlorantin-, Solar- usw. Marken, wo damit die Lichtechtheit zum Ausdruck gebracht wird. N ist vielfach der Hinweis darauf, daß eine gangbare Marke in neuer, verbesserter Form vorliegt, H, z. B. bei Pyrazolorange GH, bedeutet ein härtebeständiges Produkt, das heißt ein solches, welches in hartem Wasser keine Fällung ergibt, wie dies z. B. beim ursprünglichen Farbstoff der Fall war.

In zahlreichen Fällen geben die Zusatzbuchstaben zum Namen eines Farbstoffs aber auch Hinweise verkaufstechnischer Art. Vor allem ist darauf hinzuweisen, daß aus solchen Bezeichnungen vielfach auf die Art des Farbstoffs bzw. dessen Namen geschlossen werden kann, gegen den mit dem Produkt konkurriert werden soll, z. B. Direktgelb C bzw. Direktgelb CH gegen Chrysophenin bzw. identisch damit, Diphenylbraun TB identisch mit Trisulfonbraun B, Alizarinlichtgrau BS identisch mit Alizarinblauschwarz B usw.

Die Buchstaben CL deuten manchmal auf Chlorechtheit (Indocarbon CL), P (bei Chromfarbstoffen) auf Pottingechtheit, A zeigt eventuell an, daß eine gute Abendfarbe erstrebt wurde (z. B. durch Zusätze, wie bei Omegachromschwarz PA). ZAR im Namen einer bekannten Schwarzmarke weist darauf hin, daß das Produkt zur Azetatseidenreserve in Fasermischtextilien geeignet ist.

A bedeutet in Marken der General Dyestuff Corp., daß es sich um den entsprechenden Farbstoff der IG, jedoch für Amerika handelt.

Daraus möge der Färber ersehen, daß es sich im allgemeinen lohnt, die Farbstoffbezeichnungen näher zu prüfen, ausgenommen jene Fälle, wo aus preislichen Gründen und um einer Konkurrenz den Verkauf zu erschweren, die normalen Handelsprodukte mit Trivialnamen und Nummern, etwa Direktblau 33678 u. dgl. versehen werden. Beim Vorliegen derartiger Bezeichnungen kann nur geschlossen werden, daß es sich um einen in großer Menge gelieferten Farbstoff, also ein Produkt des Normalbedarfs handelt, wobei dann meist — im Zusammenhang mit dem Namen — bereits auf die Farbstoffart bzw. den normalen Namen geschlossen werden kann.

Schließlich sei noch erwähnt, daß zur Bequemlichkeit des Kunden bei Kauf großer Quantitäten auch Mischungen seitens der Farbstofferzeuger in den Handel kommen, die Nummern tragen, wobei diese Nummern oft die perzentuellen Anteile der Dreierkomponenten angeben, die das Produkt enthält.

In den nachstehenden Tabellen sind die seitens der Farbstofferzeuger aus verkaufspolitischen und absatztechnischen Gründen mehrfach in letzter Zeit vorgenommenen Farbstoffnamensänderungen zum allergrößten Teil erfaßt.

Die Farbenfabrik Wolfen (vormals Agfa) in der DDR liefert (Deutscher Export, Fachausgabe: Lacke, Farben, Öle, Kunststoffe, Magdeburg 1952, September) Säurefarbstoffe, Direktfarbstoffe (die lichtechten Marken der substantiven Produkte heißen Solaminlichtfarbstoffe), Schwefelfarbstoffe, Chromecht- und Metachromfarbstoffe sowie die Vegan- und Veganmetachrommarken (Halbwollfarbstoffe).

Nr.		I. G. Farben			
		Hoechst	Bayer	BASF	Cassella
1	Lichtechte, saure Egalisierungsfarbstoffe	Anthralan- (I. G. Farben)			
		Anthralan-	Supralan-		
2	Saure Egalisierungsfarbstoffe	diverse (I. G. Farben)			
		diverse	Acilan-		
3	Gut egalisierende, naßechte, schwach sauer ziehende Farbstoffe	Walk-, Supramin- (I. G. Farben)			
		Supramin-	Supramin-		
4	Mäßig egalisierende, naß- und walkechte, schwach sauer färbende Farbstoffe	Walk-, Sulfon- (I. G. Farben)			
		Walk-	Supranol-		
5	Chromkomplexe, stark sauer färbbar*	Palatinecht- (I. G. Farben)			
				Palatinecht-	
6	Chromfarbstoffe, schwach sauer anfärbend, nachchromierbar	Anthracenchrom-, Chrom- usw. (I. G. Farben)			
		Chrom-, Säurealizarin-	Diamant-		
7	Substantive, in neutralem Salzbad färbbare Farbstoffe	Benzo-, Diamin-, Direkt-, Triazol- (I. G. Farben)			
			Benzo-		diverse
8	Direktfarbstoffe mit hoher Lichtechtheit	Sirius-, Siriuslicht- (I. G. Farben)			
			Siriuslicht- Sirius-	Lurantin-	
9	Direktfarbstoffe mit guter Naßechtheit beim Nachkupfern	Benzokupfer-, Benzoechtkupfer- (I. G. Farben)			
			Benzoechtkupfer-		
10	Direktfarbstoffe mit guter Waschechtheit, wenn mit Kunstharz-Kupferkomplex nachbehandelt	Benzoechtkupfer- (I. G. Farben)			
11	Diazotierungsfarbstoffe, direkt färbend, auf der Faser entwickelbar	Diazo- (I. G. Farben)			
			Benzamin-		
12	Naphtole und Basen	Naphtol AS-, Echtbase- (Naphtolchemie Offenbach) (I. G. Farben)			
13	Schwefelfarbstoffe	Katigen-, Schwefel-, Immedial-, Immedialsol- (I. G. Farben)			
					Immedialsol- Immedialleuko-
14	Indigoide und Thioindigoide Küpenfarbstoffe	Indanthren-, Helindon-, Algol- (I. G. Farben)			
		Indanthren-	Indanthren-	Indanthren-	Hydronblau
15	Anthrachinoide Küpenfarbstoffe	Indanthren- (I. G. Farben)			
		Indanthren-	Indanthren-	Indanthren-	Indanthren-
16	Leukoküpenschwefelsäureester**	Indigosole-, Anthrasole (I. G. Farben)			
		Anthrasole			
17	Halbwollfarbstoffe	Universal-, Halbwoll- (I. G. Farben)			
		Halbwoll-	Cotolan- Cotolanecht-		
18	Perlon-, Nylonfarbstoffe				
		Lanaperl- Remalan-	Telonlicht- Telonecht- Telonchrom-	Perliton- Perlitonecht- Vialonecht-	Perlamin- Perlaminecht- Perlamin W-
19	Farbstoffe für streifigfärbende Viskosereyon	Benzoviskose- (I. G. Farben)			
			Benzoviskose-		
20	Azetatseidenfarbstoffe	Celliton-, Cellitonecht- (I. G. Farben)			
				Celliton-, Cellitonecht-	
21	Pigmentfarbstoffe (meist für Druckzwecke)				
			Acramin-	Helizarin-	

* Schwach sauer färbende Metallkomplexe sind Cibalane (Ci), Irgalane (Gy), Lanasyne (Sa) und Capracyle (Du Pont).

** Vgl. Indigosole, Durand & Huguenin, Basel (Schweiz).

Fortsetzung der Tabelle 29

Nr.	Ciba	Geigy	Sandoz	Francolor	ICI
1	Kitonlicht-	Eriolicht-	Xylenlicht-		Carbolane
2	Kiton- Kitonecht-	Erio- diverse	Xylen- diverse	-acide-	Lissamine- Solway usw.
3	Fullacid-	Erioecht-	Xylenecht- Aquamin-	Supracide	Coomassie-
4	Tuchecht-	Polar-	Sulfonin-	-solide- -foulon-	Coomassie-
5	Neolan-	Gycolan-	Vitrolan-	Inochrom-	Ultralane-
6	Chrom- Naphtochrom-	Eriochrom-	Omegachrom-	Neochrome, au chrome, au chrome solide	Solochrom-
7	Direkt- Direktecht-	Diphenyl-	Chloramin- Trisulfon-	Diazol- diazol-solide	Chlorazol-
8	Chlorantin- licht-	Diphenylecht- Solophenyl-	Chloraminlicht- Solar-	Diazol lumière	Durazol-
9	Neocupran- Coprantin-	Cuprophenyl-	Cuprofix-		Chlorazol Copper-
10	Neocupran- Coprantin-*	Cuprophenyl-	Resofix-		
11	Rosanthren- Diazo-	Diazophenyl-	Diazamin- Diazaminlicht-	Diazamin-	
12	Cibanaphtol- Cibabase-	Irganaphtol- Irga Base-	Celcot- Devol-	Naphtazole Base	Brenthol- Brentamin-Base-
13	Pyrogen- Pyrogendirekt-	Eclips- Eclipsol-	Thional-	Sulfanole au soufre	Thionol-
14	Ciba-	Tinon- Thiotinon-	Sandon-		Durindon-
15	Cibanon-	Tinonchlor-	Sandothren- Sandozen-	Solanthrène-	Caledon-
16	Cibantin-	Tinosol-	Sandozol-	Solasol-	Soledone
17	Halbwoll-	Halbwoll-	Tetramin- Tetraminecht- Tetraminlicht-		
18	Neonyl-	Erionyl- Erionylecht- Novalon-	Xylenecht P-	Colorants Nyloquinones	
19	Rigan- Riganlicht-		Visko-	-viskose-	Icyl-
20	Cibacet- Cibacetdiazo-	Setacyldirekt- Setacyldiazo-	Artisildirekt- Artisildiazo-	-acétoquinone -cellitone-	Solacet- Dispersol- Duranol-
21	Orema-		Printofix-	Impralac-	

* Über die ganz neu herausgebrachten Cupranone s. S. 752.

Fortsetzung der Tabelle 29

Nr.	Du Pont	Cyanamid	Nacco	Verschiedene Firmen	Gen. Dyest. Corp.
1	Du Pont Light Fast-				Fenalan- Anthralan-
2	Pontacyl-	Calcocid-	diverse	diverse	diverse Fenazo- usw.
3	Du Pont- Milling-	Calcocid Milling-	Milling-	Milling-	Supramin- Milling-
4	Pontacyl Fast-				Sulphon- Fenafor-
5	Chromacyl-	Calcofast Wool-	Chromolan-	Nyasol Fast-	Palatin Fast- Fenapal-
6	Pontachrom-	Calcochrom-	Superchrome- Alizarol-	Chrome- Bixachrome-	Chrom- usw. Fenakrom-
7	Pontamine-	Calcomine-	Erie-	diverse	Fenamine- diverse
8	Pontamine Fast-	Calcodur-	Solantine Erie Fast	diverse	Fastusol- Fenaluz-
9	Pontamine Fast Copper-	Calcomine Fast Copper-			Benzo Fast Copper-
10					Benzo Fast Copper-
11	Diazo-	Calcomine Diazo-	Diazine-	diverse	Diazo-
12	Naphthanil- Naphthanil Base	Naphtosol- Naphtosol Base	Naphtol- -Base-	diverse	Fenogen-
13	Sulfogene-	Calcogen-	Sulfur- Sulfindon-	So-Dye-Sul-	Fenoxyl- Katigen-
14	Sulfanthrene-	Calcoloid-	Vat-	Vat- Hydroform-	Fenanthrene- Helindon-
15	Ponsol-	Calcosol-	Carbanthrene-	Vat- Hydroform-	Fenanthrene- Indanthrene-
16	Leucogene-	Calsolene-	Aramasole-		Algosol-
17	Union-				
18	Neutracyl- Capracyl-	Calconyl-		Nydye- Nyasol Fast-	
19					
20	Acetamine- Celanthrene-	Calconese- Calco Acetate	Nacelan-	Eastone- Altocyl- usw.	Celliton- Celliton Fast-
21		Calcopad-		Aridye- Sherdye-	Heliogen-

Tab. 30. *Öfter gebrauchte*

Nr.		IG-Farben	Hoechst	Bayer
1	S 732	Echtlichtgelb 3G Flavazin E3GL	Flavazin E3GL Echtlichtgelb 3G	
2	S 732, CI 636	Echtlichtgelb 2G Flavazin L	Flavazin L Echtlichtgelb 2G	Supracengelb G
3	S 737, CI 640	Tartrazin O	Tartrazin O	
4	S 918, CI 801	Chinolingelb		
5	S 735	{Flavazin S (Hydrazingelb S)	Flavazin S	Acilangelb R
6	S 169, CI 138	Metanilgelb		
7	S 39, CI 27	Echtlichtorange G (X)		Acilanorange GX
8	S 189, CI 151	Orange II		
9	S 536, 35, CI 79	Ponceau R, RR		Acilanponceau R, RR
10	S 100, CI 80	Ponceau 3R		Acilanponceau 3R
11	S 539, CI 252	Brillantcrocein MOO, 3BC		Acilancrocein MOO, 3BC
12	S 40, CI 31	Amidonaphtolrot G		Acilannaphtolrot G
13	S 110, CI 57	Amidonaphtolrot 2B Amidonaphtolrot 6B		Acilannaphtolrot 2B Acilannaphtolrot 6B
14	S II 16, CI 31	Amidonaphtolrot GL		Acilannaphtolrot GL
15	Pr 101	Amidonaphtolrot BL Guineaechtrot BL		Supracenrot G
16	S 949	Azocarmin GX		
17	S 1210, CI 1091	Alizarinrubinol R		Alizarinrubinol R
18		Sulforhodamin G	Sulforhodamin G	
19	S 863, CI 748	Sulforhodamin B	Sulforhodamin B	
20	S 871, CI 758	Echtsäureviolett A2R		
21	S II 27	Azowollviolett 7R		Acilanechtviolett 7R
22	S 803, CI 695, 806, 698	Säureviolett 4BN		Acilanviolett 4BL
23	S II 9	Alizarindirektblau A3G		Acilanastrol B
24	S 1187, CI 1054	Alizarinsaphirol B		Acilansaphirol B
25	S 1188, CI 1053	Alizarinsaphirol SE		Acilansaphirol SE
26	S II 9	Alizarindirektblau AR	Alizarindirektblau AR	~ Supracenblau BU
27	S II 9	Alizarindirektblau A2G	Alizarindirektblau A2G	~ Supracenblau GE
28	S 1188, CI 1053	Anthracyanin 3GL		Acilanblau 3G
29	CI 1077	Cyananthrol BGA, BXO		Acilanblau BGA
30	S 826, CI 672, 712	Patentblau V	Patentblau V	
31	S 827, CI 714	Patentblau A	Patentblau A	
32	S 828	Cyanol extra	Cyanol extra	
33	S 836, CI 737	Wollgrün BS		Acilangrün BS
34	S 777, CI 735	Naphtalingrün V	Naphtalingrün V	Acilanechtgrün 3G
35	S II 19	Anthracyaningrün BL*		Acilancyaningrün BL
36	S II 19	Anthracyaninbraun RS*	Anthracyaninbraun RS	
37	S II 19	Anthracyaninbraun GL	Anthracyaninbraun GL	
38	S II 67	Anthracyaningrau GS		
39	S II 15	Amidoblau GGR		Acilanamidoblau GGR
40	S 229, CI 246	Naphtylaminschwarz EFF		Acilanaminschwarz EFF
41	S 599, CI 308	Naphtylaminschwarz 4B		Acilanaminschwarz 4B
42				

* Mischungen bzw. Einstellungen.

saure Farbstoffe

Nr.	BASF	Ciba	Geigy
1		Kitonechtgelb 3G Kitonlichtgelb 3GRL	Erioflavin 3G
2		Kitonlichtgelb 3GRL	Erioechtgelb 2GL Erioflavin GE
3		Tartrazin O	Tartrazin
4	Chinolingelb	Chinolingelb	Chinolingelb
5		Kitongelb S	
6	Metanilgelb	Metanilgelb, Orange MNO	Metanilgelb
7		Kitonechtorange G	Erioechtorange G
8	Orange II	Orange II	Orange II
9		Scharlach 2R, Ponceau 2RE	Ponceau 2RE
10			
11		Brillantcroceinscharlach MOO	
12		Kitonrot G	Eriofloxin GG
13		Kitonrot 2B Kitonrot 6B	Eriofloxin 2B Eriofloxin 6B
14			
15		Kitonechtrot BL	Erioechtfloxin BL
16	Azocarmin GX	Kitonlichtrot 2BL	
17		Alizarinechtrubin R, GK	Erioanthracenrubin R
18		Säurerhodamin R	Säurerot XG
19		Brillantkitonrot B	Säurerot XB
20	Echtsäureviolett A2R	Säurefuchsin A2R	Erioechtfuchsin BL Eriobrillantfuchsin 2BL
21		Säureviolett 4RN	Erioviolett RL
22		Säureviolett 4BNS Benzylviolett 5BN	Säureviolett 4BNS Säureviolett 5B
23		Alizarinsaphirblau 3G	Erioanthracenreinblau 3G
24		Alizarinsaphirblau B, GB	Erioanthracenblau B Erioechtcyanin S
25		Alizarinsaphirblau SE, G	Erioechtcyanin SE supra
26		Alizarinsaphirblau 2BR	Erioanthracenreinblau BRL
27		Alizarinsaphirblau 2G	Erioanthracenreinblau 2GL
28		Alizarinsaphirblau 2GR Wollechtblau 3GL	Erioechtcyanin 3GL
29		Alizarinsaphirblau G	Erioanthracenblau BGA
30		Kitonreinblau V	Erioglaucin supra Erioglaucin V
31		Kitonreinblau A	Erioglaucin A
32		Kitonreinblau FF	Erioglaucin FF extra
33	Naphtolgrün B	Wollgrün S	Wollgrün S
34		Kitonechtgrün V	Eriogrün B
35			Erioechtgrün BL*
36		Kitonbraun R	Erioechtbraun RL*
37		Wollechtbraun GL	Erioanthracenbraun GL* Erioechtbraun RL*
38			Erioechtbraun GL*
39		Echtsäuremarineblau SL bzw. GRL konz.	Eriomarineblau GGR
40		Säureschwarz ZH	Erioschwarz BSW
41		Säureschwarz 4B N	Säureschwarz 4B, 4BNN
42	Basolanschwarz VL		

Über die Gegenüberstellung der Anthralan-Farbstoffe und der ihnen entsprechenden Vertreter der Säurefarbstoffreihe der IG. s. S. 359.

Fortsetzung der Tabelle 30

Nr.	Sandoz	Francolor	ICI
1	Xylenlichtgelb 3GS	Jaune pyrazolone 3J Jaune acide lumière 3J	Carbolan Yellow 3GS
2	Xylenlichtgelb 2G	Jaune pyrazolone 2J Jaune acide lumière 2J	Lissamine Fast Yellow 2GS
3	Tartrazin	Tartrazine	Tartrazine NS, N
4	Chinolingelb		Quinoline Yellow A
5	Xylengelb S	Jaune pyrazolone S	Tartrazine K (S)**
6	Metanilgelb	Jaune métanile	Metanil Yellow YK
7	Xylenechtorange G	Orange acide lumière J	Naphthalene Fast Orange 2G (S)
8	Orange II	Orange II	Orange II Naphthalene Orange G
9	Ponceau RNN	Ponceau acide R, 2R	Naphthalene Scarlet R
10	Ponceau 3R, 3RN	Ponceau acide 3R	
11	Croceinscharlach MOOS	Croceine brillante double	Crocein Scarlet 3B (S)
12	Azorhodin GG	Rouge azonaphtole J	{Azogeranine 2G {Lissamine Fast Red BG
13	Azorhodin 2BL Azorhodin 6B	Rouge azonaphtole 2B, 6B	Lissamine Red 17073* BB(S), 6B(S)
14	Azorubinol 2GS	Rouge azonaphtole JL	Lissamine Red BG
15	Azorubinol 3GS	Rouge acide lumière B	Lissamine Fast Red 3G(S)
16			
17	Alizarinlichtrot R		Solway Rubinol R(S)
18			Lissamine Rhodamine G
19			Lissamine Rhodamine B
20	Xylenechtviolett R, 4RN	Violet foulon brillant RLN	Coomassie Violet 2R
21			
22	Säureviolett 4BNS	Violet foulon S4B	Coomassie Violet R
23	Alizarinlichtblau 3G konz.		Solway Celestol 3G
24	Alizarinlichtblau B	Saphir d'alizarine acide B	Solway Blue BN
25	Alizarinlichtblau SE	Saphir d'alizarine acide SE	Solway Blue GES
26	Alizarinlichtblau RG, KR		
27	Alizarinlichtblau 2G		Solway Blue 2G
28	Alizarinlichtblau FF, 3GL	Bleu acide lumière J	Solway Blue 33023*
29	Alizarinlichtblau BGA	Bleu alizarine lumière BGA	Solway Blue GBA
30	Xylenblau VS	Bleu acide brillant VS	Disulphine Blue VN(S)
31	Xylenblau AS	Bleu acide brillant AS	Disulphine Blue AN
32	Xylencyanol FF		Disulphine Blue FF
33	Wollgrün S	Vert acide BS	Lissamine Green BN
34	Xylenechtgrün B	Vert naphtaline Y	Lissamine Green V(S)
35	Alizarindirektgrün BL*		
36	Alizarindirektbraun L3RP*		Lissamine Brown 9441*
37	Alizarindirektbraun GP, GLD		
38			
39	Echtsäuremarineblau GGR	Bleu acide marine JJR Bleu naphtaline solide JJR	Lissamine Fast Navy Blue 2G Lissamine Blue 39259*
40	Säureschwarz A2G		Naphthalene Black EFS
41	Xylenschwarz 4B	Noir setolane 4B	Naphthalene Black NS 28429*
42			

* Mischungen bzw. Einstellungen.

Fortsetzung der Tabelle 30

Nr.	Du Pont	Cyanamid	Nacco	Gen. Dyest. Corp.
1	Pontacyl Light Yellow 3G conc.	Calcocid Fast Yellow 3G extra conc.	Fast Light Yellow 3GL conc.	Fast Light Yellow 3G (3GL conc.), (E 3GD)
2	Pontacyl Light Yellow 2G conc.	Calcocid Fast Yellow 2G	Fast Wool Yellow 2G	Fast Light Yellow 2G
3	(Du Pont) Tartrazine	Calcocid Tartrazine XX	Tartrazine extra conc.	Tartrazine C extra
4	Quinoline Yellow conc.	Calcocid Yellow CW conc.	Quinoline Yellow	Chinoline Yellow conc.
5				
6	Metanil Yellow conc.	Calcocid Yellow MXXX conc.	Metanil Yellow	Fenazo Yellow M conc.
7	Orange G	Calcocid Fast Light Orange 2G	Fast Wool Orange 2G	Fast Light Orange GA conc.
8	Orange II conc.	Calcocid Orange Y conc.	Acide Orange Y	Acide Orange XX
9		Calcocid Scarlet 2R		Scarlet 2RA
10				
11	Crocein Scarlet N extra Brilliant Crocein FL extra	Calcocid Scarlet MOON conc.	Crocein Scarlet MOO	Brilliant Crocein 3BA — CF
12	Pontacyl Carmin 2G conc.	Calcocid Phloxine GX, 2G	Fast Crimson GL	Azophloxine GA extra conc.
13	Pontacyl Carmin 2B, 6B	Calcocid Fuchsine 6B	Fast Crimson BB, Fast Crimson 6BL	Amido Brilliant Red BBA
14	Azo Eosine 2B		Fast Wool Red GL	
15	Pontacyl Light Red BL conc.	Calcocid Fast Red BL	Fast Wool Red BL	Fast Light Red BACF
16				
17	Anthraquinone Rubine R conc.	Calcocid Alizarine Red RR		Alizarine Rubinol R
18				Sulforhodamine GA
19				Sulforhodamine BA
20		Calcocid Fast Violet R	Fast Acid Violet GRF	Violamine 2R
21	Pontacyl Violet 6R			Azo Wool Violet 7RD
22	Pontacyl Violet 4BNS	Calcocid Wool Violet 4BS conc., 4BNX	Azo Wool Violet 4B	Acid Wool Violet 4BNA
23	Anthraquinone Blue AB			
24	Anthraquinone Blue B	Calcocid Alizarine Blue SAP	Alizarine Blue B	Alizarine Blue SAP
25	Anthraquinone Blue SEN	Calcocid Alizarine Blue SE	Alizarine Blue SE	Alizarine Blue SAE
26				
27	Anthraquinone Blue 2GA	Calcocid Alizarine Blue A 2G	Alizarine Blue 2GS	{ Fenalan Blue G Alizarine Direct Blue A2G-CF
28	Anthraquinone Blue 3G		Alizarine Blue GS	
29				
30	Pontacyl Brilliant Blue V		Alphazurine 2G	Patent Blue V, VF
31			Alphazurine A	Patent Blue A
32				
33	Pontacyl Green CN extra	Calcocid Green S extra conc.	Wool Green S	Wool Green BSNA extra conc.
34	Naphtol Green B Pontacyl Green NV	Calcocid Fast Milling Green CR	Fast Acid Green V extra	(Fenazo Green V conc.) Naphtalin Green V extra
35				
36	Pontacyl Acid Brown 2R, CGS		Alizarine Direct Brown RL	
37	Pontacyl Acid Brown G			
38				
39	Pontacyl Wool Blue GGR	Calcocid Blue GR	Azo Fast Blue GGR	Fenazo Navy Blue GR
40				
41	Naphtylamine Black V conc.			Fenazo Black 4B
42				

** In England vielfach mit dem weiteren Buchstaben (S) in der Bezeichnung geliefert.

Tab. 31. *Einige Supramine*

Nr.		IG-Farben	Hoechst	Bayer
1	SE I 135, Pr 474	Supramingelb 3GL	Supramingelb 3GL	
2	SE I 135	Supramingelb G	Supramingelb G	
3	SE I 135, Pr 195	Supramingelb R	Supramingelb R	Supramingelb R
4	SE I 135, Pr 513	Supraminorange G		Supraminorange G
5	SE I 135	Supraminorange R		Supraminorange R
6	SE I 135, Pr 194	Supraminrot GG		Supraminrot GG
7	SE I 135	Supraminrot B		
8	SE I 135, Pr 193	Supraminrot 3B		Supraminrot 3B
9		Supraminrot BL		Supraminrot BL
10	SE I 136	Supraminrot 6BL		Supraminrot 6BL
11	SE I 135	Supraminblau FB		Supraminblau FB
12	SE I 135	Supraminbraun G		Supraminbraun G
13	SE I 135, Pr 192	Supraminbraun R		Supraminbraun R
14	SE I 136, Pr 189	Supraminschwarz BR		Supraminschwarz BR
15		Radiorot G		Supraminrot GG
16	SE I 122	Radiorot VB		Supraminrot VB
17	SE I 121	Radiobraun S		Supraminbraun S
18	SE I 121	Radiomarineblau B		Supraminmarineblau BN
19	S II 187	Säureanthracenrot 3BL		Supranolrot 3BL
20	S 1201, CI 1078	Alizarincyaningrün G		Alizarincyaningrün G
21				
22				
23	S II 9	Alizarindirektblau A2G	Alizarindirektblau A2G	Supracenblau GE
24	SE I 136	Supraminviolett R		
25	SE I 136	Supraminviolett B		
26	SE I 122	Radioschwarz ST		Supraminschwarz ST

Nr.	Francolor	ICI	Du Pont
1	Jaune supracide 5JL		Pontacyl Light Yellow 3G conc., 2G conc.
2	Jaune supracide R		
3			
4	Orangé supracide 3J	Naphthalene Fast Orange 2GS	Orange G
5			
6	Rouge supracide JJ		
7		Naphthalene Scarlet 4RS, 6RS	Pontacyl Light Scarlet EG
8			
9			
10			Pontacyl Light Red 4BL conc.
11	~ Bleu supracide J		
12		Coomassie Brown G	
13	Brun supracide R		Pontacyl Acid Brown 2R
14	Noir supracide R		
15			
16			
17		Coomassie Brown GS	Pontacyl Acid Brown G
18			
19			
20	Vert d'alizarine J	Solway Green G(S), GN	Anthraquinone Green G
21			
22			
23		Solway Blue 2G(S)	Anthraquinone Blue 2GA
24			
25			
26			

und andere saure Farbstoffe

Nr.	Ciba	Geigy	Sandoz (vgl. auch das Aquamin-sortiment)
1	(Fullacidgelb G)		Xylenlichtgelb 2GP
2	Fullacidgelb G	Eriosolidgelb GL	Xylenlichtgelb R
3	Fullacidgelb R	Eriosolidgelb R	Xylenlichtgelb RP
4	Fullacidorange G	Eriosolidorange GS Erioanthracenorange RL	Xylenechtorange PO
5		Eriosolidorange GSN	
6	Fullacidrot GG	Eriosolidrot GG	Xylenechtrot 2GP
7		Eriosolidrot B konz.	Xylenechtrot BPN, BP
8	Fullacidrot 3B	Eriosolidrot 3B Erioechtfloxin 3BL	
9	Fullacidrot G	Eriosolidrot B	Xylenechtrot BL
10	(Kitonlichtrot 4BL, -echt-rubin GR, -solidrot 3BL)	Eriosolidrot 5BL	Azorubinol 6BP
11	Alizarinsaphirblau F	Eriosolidblau SB	Alizarinlichtblau FFR
12		Erioechtbraun GL Neutralbraun RX	Alizarindirektbraun GP
13	Fullacidbraun R	Erioechtbraun R Eriosolidbraun R	Xylenechtbraun RG
14	Fullacidschwarz B	Eriosolidschwarz B	Sulfoninschwarz 4BN
15	Fullacidrot G	Eriosolidrot 2G	{Xylenechtrot 2GP Xylenechtrot G konz.
16		Eriosolidrot B	Xylenechtrot VP
17	Fullacidbraun R	Eriosolidbraun R	Aquaminbraun G
18		Wollechtblau AB, AS	Xylenechtmarineblau B
19	Tuchechtrot RS	Polarrot RS, Polarbrillantrot GE	Sulfoninrot RS
20	Alizarinechtgrün G	Erioechtcyaningrün G	Alizarinlichtgrün GS
21			Alizarinlichtgrau GS
22			Alizarinlichtblau BRP
23	Alizarinsaphirblau GG	Erioanthracenreinblau 2GL	Alizarinlichtblau GG
24			
25			
26	Fullacidschwarz B	Eriosolidschwarz B	

Nr.	Cyanamid	Nacco	Gen. Dyest. Corp.
1	~ Calcocid Fast Yellow 3G extra conc.	Fast Wool Yellow 2G	Fenalan Yellow 2G Fenazo Light Yellow R Fast Light Yellow DBGR, 3G, 3GX — CF
2			
3			Supramin Yellow RA
4	Calcocid Fast Light Orange 2G	Fast Wool Orange 2G Fast Light Orange PO	Fast Light Orange GACF, GA conc. Fenazo Light Orange 2G Supramin Orange GA
5			Supramin Orange RA
6			Supramin Red GGA
7		Brilliant Scarlet 3R	Fenazo Light Red B conc. Fenazo Scarlet 3R Supramin Red BA
8			Supramin Red 3BA
9			Supramin Red BLA
10		Acid Brilliant Red 4BL Fast Wool Red BL	~ Fast Light Red 4BA Fast Light Rubine BL Fenalan Bordeaux B Supramin Blue FBA
11			Supramin Brown GA
12			Supramin Brown RA
13			Supramin Black RBA
14			
15			
16			
17			
18			
19			
20	Calcocid Alizarine Green CG	Alizarine Cyanine Green GX	Alizarine Cyanine Green G extra
21			
22			
23		Alizarine Blue GGS	Fenalan Blue G
24			Supramin Violet RA
25			Supramin Violet BA
26			

Tab. 32. *Wichtigere Walkfarbstoffe*

Nr.		IG-Farben	Hoechst	Bayer
1	S II 227, Pr 138	Walkgelb H5G	Walkgelb H5G	
2	S II 227, CI 138	Walkgelb HG	Walkgelb HG	
3	S II 227, Pr 139	Walkgelb O		Supranolgelb O
4	S II 201, CI 642	Sulfongelb 5G		Supranolgelb G
5	S II 201, Pr 187	Sulfongelb R		Supranolgelb R
6	S II 227, CI 187	Walkgelb R		
7	S II 204, Pr 152	Supranolorange GS		Supranolechtorange GS
8	S II 204, Pr 152	Supranolorange RR		Supranolechtorange RR
9	S II 227	Walkorange G		~ Acilanorange RG
10	S II 204, Pr 152	Supranolorange RR		
11	S II 204	Supranolscharlach FG		Supranolechtscharlach FGN
12	S 329, CI 344	Walkrot G		
13	S II 227	Walkrot 6BA		~ Acilanrot 5BL
14	S II 204, CI 430	Supranolrot RX		Supranolechtrot RX
15	S II 204	Supranolbrillantrot G		Supranolbrillantrot G
16	S II 204, CI 430	Supranolbrillantrot B		Supranolbrillantrot B
17	S II 204, CI 487	Supranolbrillantrot 3B		Supranolbrillantrot 3B
18	S II 41	Brillantwalkblau B		Supranolblau B
19	S 552, CI 288	Sulfoncyanin G		Supranolechtcyanin G
20	S 552, CI 289	Sulfoncyanin 5R		Supranolechtcyanin 5R extra
21	S 775a, Pr 222	Brillantindocyanin 6B		Supranolcyanin 6B
22	S 775a, Pr 223	Brillantindocyanin G		Supranolcyanin G
23	S 974, CI 833	Wollechtblau BL		Supranolblau BL
24	S 974, CI 833	Wollechtblau GL		Supranolblau GL
25	S 248	Sulfonsäureblau B		Acilanechtmarineblau B
26	S 594, CI 307	Sulfoncyaninschwarz B		Supranolechtschwarz B
27	S II 186	Säurealizaringrau G Alizarinechtgrau BLN	Säurealizaringrau G neu	

Nr.	Francolor	ICI	Du Pont
1	Jaune foulon 7JL	Coomassie Yellow 7G	Milling Yellow 5G conc.
2	Jaune foulon 3J	Carbolan Yellow 3GS	Milling Yellow GW conc.
3	Jaune foulon J	Coomassie Yellow RS	Milling Yellow R conc.
4			
5			
6		Coomassie Yellow R	Milling Yellow R conc.
7	Orangé foulon J	Coomassie Fast Orange G	
8			
9			
10	Orangé foulon R		Milling Orange R conc.
11		Coomassie Fast Scarlet B	
12	Rouge foulon J		
13			
14	Rouge foulon J	Coomassie Red R	Milling Red R conc.
15			
16	Rouge foulon B		Milling Red B
17	Rouge foulon 3B		Milling Red 3B
18	Bleu foulon brillant B	Coomassie Brilliant Blue FF(S)	Brilliant Milling Blue B conc.
19	Bleu marine pour laine J extra	Coomassie Navy Blue G(S)	Pontacyl Fast Blue GB extra conc.
20	Bleu marine pour laine 5R extra	Coomassie Navy Blue 2RN(S)*	Pontacyl Fast Blue 5R conc.
21	Bleu brillant solide 6B	Coomassie Brilliant Blue R	Pontacyl Brilliant Blue RR
22	Bleu brillant solide G	Coomassie Brilliant Blue G	
23	Cyanine brillante BL	Coomassie Blue BL	Pontacyl Wool Blue BL conc.
24	Cyanine brillante JL	Coomassie Blue GL	Pontacyl Wool Blue GL conc.
25			
26	Noir acide solide 2B	Coomassie Fast Black B(S)	Pontacyl Fast Black BBN
27			

* In Großbritannien oft mit der zusätzlichen Bezeichnung (S) gehandelt.

und Supranole

Nr.	Ciba	Geigy	Sandoz
1	Tuchechtgelb 8G	Säurewalkgelb 8G	Sulfoningelb 5G
	Tuchechtgelb 5G konz.	Polargelb 5G konz.	Xylenwalkgelb 6G
2	Tuchechtgelb GG, G	Polargelb 2G konz., 3G	
3	Tuchechtgelb R, 3R	Eriowalkgelb O	Sulfoningelb PO, PR
		Polargelb R konz.	Xylenwalkgelb G
4	Tuchechtgelb 5G konz.	Polargelb 5G konz.	
5	Tuchechtgelb RS	Eriosolidgelb R	Sulfoningelb PR
6	Tuchechtgelb RS	Polargelb R konz.	Sulfoningelb PR
7	Tuchechtorange G	Polarorange GS	Sulfoninorange GS
8	Tuchechtorange R	Polarorange R	
9	Tuchechtorange R	Säurewalkorange G	Xylenwalkorange R
10	Tuchechtorange 2RN	Polarorange R	Sulfoninorange R
11	(Tuchechtrot G)	(Polarrot G)	Sulfoninrot G
	Fullacidrot G	Polarrot GRS	
12	Tuchechtrot G	(Polarrot G)	Sulfoninrot G
		Säurewalkrot G	
13		Säurewalkrot R	
14	Tuchechtrot B	Polarrot R konz., GBD	Sulfoninrot RS
	Tuchechtrot RS	Polarrot RS, Polarrot RGS	Sulfoninrot GRS
15	Tuchechtbrillantrot G		
16	Tuchechtrot 2B, B	Polarrot B konz.	Sulfoninrot B konz.
		Polarbrillantrot B	
17	(Tuchechtrot 3B)	Polarrot 3B konz.	Sulfoninrot 3B konz.
18	Tuchechtbrillantrot 4BN	Polarbrillantrot 3B, 3BN	
19	Säureblau RBF	Säurereinblau R	Xylenwalkblau BC
	(Tuchechtblau G)	Erioechtblau SG	Sulfoninblau G
20	Tuchechtblau GIB, SG		
	Tuchechtblau R	Erioechtblau S5R	Sulfoninblau 5R
21	Tuchechtblau S5R		
22	Brillantcyanin 6B	Säurebrillantcyanin 6B	Xylenbrillantcyanin 6B
23	Brillantcyanin G	Säurebrillantcyanin G	Xylenbrillantcyanin G
	Benzylechtblau BL	Brillantwollblau BL	Xylenechtblau BL
24		Wollreinblau BLN	
	Benzylechtblau GL	Brillantwollblau GL	Xylenechtblau GL
25		Wollreinblau GL	
26	Tuchechtblau B	Erioechtblau B	
27	Tuchechtschwarz B	Säurewalkschwarz B	Sulfoninschwarz B
	Tuchechtgrau G	Polargrau G	Sulfoningrau G
	Seidengrau GC		

Nr.	Cyanamid	Nacco	Gen. Dyest. Corp.
1	Calcocid Milling Yellow 3G	Milling Yellow 2GCW	Milling Yellow H5GA — CF
			Fenafor Yellow F 5G, 2G conc.
2		Milling Yellow 3G	Milling Yellow HGA — CF
3		Milling Yellow O conc.	Milling Yellow O
			Fenafor Yellow P conc.
			Fenazo Yellow FO, S
4			Sulphone Yellow SGA
5	Calcocid Milling Yellow R		Sulphone Yellow RA
6			Milling Yellow RA
7	Calcocid Milling Orange GSC		
8			
9			Milling Orange G
10		Milling Orange R conc.	Supranol Orange RA conc.
11			
12			Milling Red GA
13			
14	Calcocid Milling Red GP	Milling Red R	Supranol Red RA, PG, PRX
	Calcocid Milling Red PC		Fenafor Red PG
			Fenafor Red R
15			Supranol Brilliant Red GA
16	Calcocid Milling Red BC	Milling Red BC	Supranol Brilliant Red BA
17	Calcocid Milling Red 7B, 3B	Acid Milling Red RN	Brilliant Milling Red RA
18	Calcocid Milling Blue BC	Brilliant Milling Blue B conc.	Brilliant Milling Blue BA new
19	Calcocid Navy Blue 2G	Fast Wool Cyanine R	Sulphone Cyanine G
20	Calcocid Navy Blue 3R conc.	Fast Wool Cyanine 3R	Sulphone Cyanine 5R extra
21	Calcocid Blue APS		Brilliant Wool Blue FFRS extra
			Brilliant Indocyanine 6BA
22			Brilliant Indocyanine GA
23	Calcocid Fast Blue BL	Fast Wool Blue BL	Wool Fast Blue BLA extra
24	Calcocid Fast Blue GL	Fast Wool Blue GL	Wool Fast Blue GLA extra
25			
26	Calcocid Fast Black B	Durol Black B	Sulphone Cyanine Black BA
27			Alizarine Fast Gray BLNA

Tab. 33. *Wichtigere*

Nr.		IG-Farben	Hoechst	Bayer
1	S II 188	Säurechromgelb 3GL	Säurechromgelb 3GL	
2	CI 219	Chromgelb A extra		Diamantchromgelb A extra
3	S 230, CI 36	Alizaringelb GD, BN, G		Diamantchromgelb BN
4	S 330, CI 343 S 331, CI 195	Anthracengelb C Beizengelb O		Diamantgelb C Diamantchromgelb O
5	S II 188, Pr 1	Säurechromgelb RL Säurealizarinflavin R	Säurechromgelb RL Säurealizarinflavin R	
6	SE I 81, CI 40	Anthracenorange G Chromorange GR		Diamantchromorange GR
7	SE I 81	Chromorange LR		Diamantorange LR
8	S 444, CI 652	Säurealizarinrot G Säurealizarinrot GN	Säurealizarinrot G, GN	Monochromrot 5G
9	S 742, CI 652	Salicinbordo R	Salicinbordo R	
10	S 1145, CI 1034	Alizarinrot IW		Diamantrot W
11	S II 188, CI 216	Säurechromrot B		Diamantchromrot B
12	S II 188	Säurechromviolett B		
13	S II 59	Chromoxanviolett R		Diamantviolett R
14	S II 59	Chromoxanbrillant-violett B		Diamantbrillantviolett BR
15	S II 59, CI 720	Chromoxanreinblau B		Diamantreinblau B
16	S II 91	Echtbeizenblau B		Diamantechtblau BL
17	S II 187	Säurechromblau 2R		Diamantechtdunkelblau RRL
18	CI 179	Chromotrop FB Chromotropblau FBA		Chromotropblau A Chromotrop FB
19	CI 202	Säurealizarinblau-schwarz R konz.		Diamantblauschwarz R konz.
20	S 240, CI 201, 202	Säurealizarinblau-schwarz A konz.		Diamantblauschwarz AE
21	S 615, CI 302	Diamantgrün 3G		Diamantgrün 3G
22		Säurealizarinblaugrün L		Diamantchromblaugrün L
23	S II 17, Pr 14	Anthracenchromatbraun EB		Diamantchrombraun EB
24	Pr 204	Säureanthracenbraun RL		
25	S 134, CI 98	Säureanthracenbraun RH extra		Diamantbraun RH extra
26	S 145	Palatinchrombraun RX Säureanthracenbraun V		
27				
28				
29	S 1195, CI 1085	Alizarinblauschwarz B		Diamantchromblau-schwarz B
30	CI 1085	Metachromschwarzblau G		Diamantchromschwarz-blau G
31	S II 58, CI 203	Chromogenschwarz ETOO		Chromogenschwarz ETOO spezial
32	CI 203/4	Chromogenschwarz EA		Chromogenschwarz EAG
33	S 234, CI 170, 204	Diamantschwarz PV		Diamantschwarz PV
34				

Nachchromierungsfarbstoffe

Nr.	Ciba	Geigy	Sandoz
1			Omegachromflavin CLG
2	Chromechtflavin A	Eriochromflavin A konz.	Omegachromaurin GLS
3	Chromechtgelb O	Eriochromgelb 2G Eriochromflavin S	Alizaringelb GD, BN, G
4	Chromechtgelb G	Eriochromgelb S	Alizaringelb C
5	Chromechtgelb R	Eriochromflavin 2R konz.	Omegachromflavin CLE
6	Chromechtorange R	Eriochromorange R	Omegachromorange G
7	Chromechtorange R	Eriochromorange RL konz. Eriochromorange 2RL konz.	Omegachromorange MR
8	Chromechtrot G	Eriochromrot G, 3G	Omegachromrot G
9	Chromechtrot BB, B	Eriochromrot B	Omegachromrot B
10			Alizarinrot SZ
11	Chromechtrot PE, B	Eriochromrot PE	Omegachromrot SB
12	Chromechtviolett B	Eriochromviolett B	Omegachromviolett B
13	Naphtochromviolett R	Eriochromgeranol R Chromatviolett ROKE	Omegachromviolett R
14	Naphtochromviolett 2B	Eriochrombrillantviolett B	Omegachrombrillantviolett B
15	Chromechtreinblau B	Eriochromazurol B	Omegachrombrillantblau B
16	Chromechtblau 2B	Eriochromblau SE	Omegachromechtblau B
17		Eriochromviolett 5B Säurechromblau 2B	Omegachromblau GFS
18	Chromechtblau B, A	Eriorubin B supra Säurechromblau 2B	Omegachromblau FB, FBA
19	Chromechtcyanin RSS	Eriochromblauschwarz RSS	Alizarinblau OCR
20	Chromechtcyanin BS	Eriochromblauschwarz BC	Alizarinblau OCB
21	Chromechtgrün G	Eriochromgrün H konz.	Omegachromgrün F
22		Eriochromverdon S	Alizarinchromgrün VSNN
23	Chromechtbraun EB	Eriochromatbraun AEB	Omegachrombraun EBL
24	Chromechtbraun TV Chromechtbraun DK	Eriochrombraun DKL, KE Eriochrombraun R	Omegachrombraun DCL Omegachrombraun DME
25	Chromechtbraun TV	Eriochrombraun R	Omegachrombraun 2RN, 2RNN
26	Chromechtbraun V Chromechtbraun SWNN	{ Eriochrombraun V Eriochrombraun R Erioanthracenbraun R	Omegachrombraun VR
27			Omegachrombraun AVR
28			Omegachrombraun PB
20	Chromblauschwarz B	Eriochromgrau AB	Alizarinlichtgrau BS Alizarinchromgrau BS
30	Chromechtgrau GL	Eriochromatgrau SGL (BL, 3GL)	Omegachromschwarzblau G
31	Pottingchromschwarz C, CL	Eriochromschwarz TSS, T, T extra	Omegachromschwarz S spezial
32	Pottingchromschwarz B	Eriochromschwarz A, MS, AR	Omegachromschwarz P
33	Pottingchromschwarz PV	Eriochromschwarz PV	Omegachromschwarz VS
34	Chromechtschwarz L	Eriochromschwarz L	Omegachromschwarz PPV

Fortsetzung der Tabelle 33

Nr.	Francolor	ICI	Du Pont
1			Pontachrome Flavine G
2		Solochrome Flavine G	Pontachrome Flavine A conc.
3	Jaune au chrome (N)JJL, (N)JS, Y	Alizarine Yellow G	Pontachrome Yellow GS
4		Solochrome Yellow C	Pontachrome Fast Yellow R
5	Jaune neochrome (N)JR* Jaune au chrome solide JR, RR	Solochrome Flavine R	Pontachrome Fast Yellow R conc.
6	Orange au chrome N	Solochrome Orange GR	Pontachrome Yellow 3RN
7			Pontachrome Orange RL
8	Rouge au chrome solide (N)J	Solochrome Fast Red 3G	
9	Rouge au chrome ECB	Solochrome Red ER	Pontachrome Fast Red E
10	Rouge d'alizarine (N)S	Alizarine IB	
11	Rouge au chrome solide 3B		Pontachrome Red B
12	Violet au chrome ECR		
13			
14			
15		Solochrome Azurin B	Pontachrome Azur Blue B
16	Bleu marine neochrome (N)B* Bleu marine au chrome solide B		
17		Solochrome Fast Navy 2R	
18	Chromotrop NFB	Solochrome Blue FB	
19	Noir bleu au chrome NR extra	Solochrome Dark Blue B	Pontachrome Blue Black R conc.
20		Solochrome Dark Blue B	
21	Vert au chrome N		Pontachrome Green G
22	Vert neochrome B* Vert au chrome solide B		
23	Brun au chrome solide (N)EB		Chromate Brown EBN
24			
25	Brun au chrome acide N2R		Pontachrome Brown RH
26	Brun au chrome solide NV		
27	Brun au chrome solide NR		
28	Brun au chrome solide N		
29	Noir bleu alizarine (N)B	Solway Blue Black B	
30	Noir bleu au chrome NJR	Solochromat Fast Gray B	
31	Noir neochrome NT, (N)TS* Noir au chrome solide TS	Solochrome Black WDFA	
32	Noir au chrome solide A		Pontachrome Black TA
33	Noir au chrome solide PV	Solochrome Black PN	Pontachrome Black PV
34			

* Als neochrome (statt au chrome solide) und mit der zusätzlichen Bezeichnung N ins Ausland geliefert.

Fortsetzung der Tabelle 33

Nr.	Cyanamid	Nacco	Gen. Dyest. Corp.
1			Fenakrom Yellow 3G
2	Calcochrome Yellow EFA conc.	Alizarine Flavine A	Chrome Yellow A extra
3	Calcochrome Yellow 2G		Alizarine Yellow 2G
4	Calcochrome Yellow CGW	Alizarol Yellow CRM	Fenakrom Yellow 3R
5	Calcochrome Yellow FC	Alizarol Flavine R	Fenakrom Yellow A
6	Calcochrome Orange R conc.	Alizarol Orange R	Alizarine Yellow R, RCF Fenakrom Orange R
7			Fenakrom Orange 3RL
8	Calcochrome Red 2GC	Superchrome Red G	Monochrome Red FR conc.
9	Calcochrome Fast Red ECB	Superchrome Red ECB	Fenakrom Red B
10	Calcochrome Alizarine Red SC	Alizarine Red S	Alizarine Red WA
11		Superchrome Red B	Diamond Red BHA
12			
13			
14			
15	Calcochrome Blue BBG	Alizarol Azurine ECA	Chromoxan Pure Blue BA new
16			Fenakrom Navy Blue M
17			
18			Acid Chrome Blue BA conc.
19	Calcochrome Blue Black conc.	Superchrome Blue B	Fenakrom Blue Black R conc.
20	Calcochrome Blue Black BC	Superchrome Blue BC, BG	Fenakrom Blue Black EB
21		Chrome Green CB	Diamond Green SSA
22	Calcochrome Fast Green SGV		
23	Calcochrome Brown EB	Alizarol Brown ECB	Fenakrom Brown RM conc.
24		Alizarol Brown DKL	Acid Anthracene Brown LE
25		Alizarol Brown RH conc.	Acid Anthracene Brown RHA extra
26			
27			
28			
29	Calcochrome Alizarine Blue Black B	Alizarine Blue Black BA	Alizarine Blue Black BA extra
30			
31	Calcochrome Black T	Superchrome Black T	Chromogene Black ETO-CF
32	Calcochrome Black A	Superchrome Black TS	Diamond Black EAN
33	Calcochrome Black TV	Superchrome Black PV	Diamond Black PV
34			

Tab. 34. *Wichtigere*

Nr.		IG-Farben	BASF
1	S II 169, Pr 316	Palatinechtgelb GRN	Palatinechtgelb GRN
2	SE II 224, Pr 330	Palatinechtgelb ELN	Palatinechtgelb ELN
3	Pr 463		
4		Palatinechtorange GRN	Palatinechtorange GRN
5	S II 169, S II 225, Pr 315	Palatinechtorange GEN	Palatinechtorange GEN
6	S II 169, Pr 146, 325	Palatinechtorange RN	Palatinechtorange RN
7	S II 169, Pr 326	Palatinechtrosa BN	Palatinechtrosa B, BA
8	SE II 125, Pr 391	Palatinechtrot GRE	
9			
10	S II 169, Pr 327	Palatinechtrot RN	Palatinechtrot RN
11			Palatinechtrot BEN
12	S II 168, Pr 145, 508	Palatinechtbordo RN	Palatinechtbordo RN
13	Pr 394	Palatinechtbordo BN	Palatinechtbordo BN
14	S II 168, Pr 144	Palatinechtblau 2GN	Palatinechtblau 2GN
15	S II 168, Pr 319	Palatinechtblau 2RN	Palatinechtblau 2RN
16	S II 168, Pr 318	Palatinechtblau BN	Palatinechtblau BN
17	S II 169, Pr 322	Palatinechtmarineblau REN	Palatinechtmarineblau REN
18		Palatinechtmarineblau RRLN	Palatinechtmarineblau 2RLN
19	S II 168	Palatinechtbraun BRRN	Palatinechtbraun BRRN, RN
20	SE II 224	Palatinechtbraun GRN	Palatinechtbraun GRN, GGN
21	S II 168		Palatinechtbraun GGN
22	S II 169	Palatinechtgrün BGN	Palatinechtgrün BGN
23	S II 169, Pr 321	Palatinechtgrün BLN	Palatinechtgrün BLN
24	S II 169	Palatinechtdunkelgrün BN	
25	SE II 226, Pr 328	Palatinechtviolett 3RN	Palatinechtviolett 3RN (5RN)
26			
27	S II 169, Pr 143	Palatinechtschwarz WAN extra	Palatinechtschwarz WAN extra
28			Palatinschwarz GGN, RRN

Nr.	Francolor	ICI	Du Pont
1	Jaune inochrome JR	Ultralan Yellow R(S)	Chromacyl Yellow GR
2	Jaune inochrome J		Chromacyl Yellow N
3			Chromacyl Orange GE
4	Orangé inochrome JRN	Ultralan Orange R	Chromacyl Orange GR
5		Ultralan Orange G	Chromacyl Orange 2G
6	Orangé inochrome RN		Chromacyl Orange R
7	Rose inochrome BS	Ultralan Pink BN	{ Chromacyl Pink 3B Chromacyl Pink BN
8			
9			
10			
11			
12	Bordeaux inochrome RY	Ultralan Bordeaux R	Chromacyl Bordeaux R
13	Bordeaux inochrome B	Ultralan Bordeaux B	
14	Bleu inochrome 2J	Ultralan Blue 2G	Chromacyl Blue GG conc.
15	Bleu inochrome B	Ultralan Blue 38167	Chromacyl Blue R
16	Bleu inochrome J		
17	Bleu marine inochrome R		
18	Bleu marine inochrome 2R		Chromacyl Navy Blue 2R
19			
20			
21			
22			
23			
24			
25			
26			
27			Chromacyl Black W
28	Noir inochrome 2J, NJ	Ultralan Black RN	

Chromkomplexfarbstoffe

Nr.	Ciba	Geigy	Sandoz
1	Neolangelb GR	Gycolangelb GR	Vitrolangelb GR
2	Neolangelb BE	Gycolangelb BE	Vitrolangelb BE
3	Neolanorange GRE	Gycolanorange GRE	Vitrolanorange GRE
4	Neolanorange GRN		
5	Neolanorange G	Gycolanorange G	Vitrolanorange G
6	Neolanorange R, 2R	Gycolanorange R	Vitrolanorange R
7	Neolanrosa B, BA	Gycolanrosa B, BA	Vitrolanrosa BA, BE
8	Neolanrot GRE	Gycolanrot GRE	Vitrolanrot GRE
9	Neolanrot 3B		
10	Neolanrot REG	Gycolanrot REG	Vitrolanrot REG
11			
12	Neolanbordo RM	Gycolanbordo RM	Vitrolanbordo RM
13	Neolanbordo BM	Gycolanbordo BM	Vitrolanbordo BE
14	Neolanblau GG	Gycolanblau 2G	Vitrolanblau 2G
15	Neolanblau RR	Gycolanblau RR	Vitrolanblau RR
16	Neolanblau GR		
17	Neolanmarineblau RL konz.	Gycolanmarineblau RL konz.	Vitrolanmarineblau RL konz.
18	Neolanmarineblau 2RL konz.	Gycolanmarineblau 2RL konz.	Vitrolanmarineblau 2RLB konz.
19	Neolanbraun R		
20	Neolanbraun GRM	Gycolanbraun GRM	Vitrolanbraun GRM
21	Neolanbraun GG	Gycolanbraun GG	Vitrolanbraun GG
22	Neolangrün BG	Gycolangrün BG	Vitrolangrün BG
23	Neolangrün BL	Gycolangrün BL	Vitrolangrün BL
24	Neolandunkelgrün B	Gycolandunkelgrün B	Vitrolandunkelgrün B
25	Neolanviolett 3R	Gycolanviolett 3R	Vitrolanviolett 3R
26	Neolangrau BE, 3B	Gycolangrau BE, 3B	Vitrolangrau BE, 3B
27	Neolanschwarz WA extra konz.	Gycolanschwarz WA extra N	Vitrolanschwarz WA extra N
28			

Nr.	Cyanamid	Nacco	Gen. Dyest. Corp.
1	Calcofast Wool Yellow R	Chromolan Yellow NGR	Fenapal Yellow R Palatin Fast Yellow GRNA CF*
2	Calcofast Wool Yellow N		Fenapal Yellow EL Palatin Fast Yellow ELNA — CF
3			
4	Calcofast Wool Yellow RN		Palatin Fast Orange GRNA — CF
5		Chromolan Orange GN	Nyasol Fast Orange GN Palatin Fast Orange GENA
6	Calcofast Wool Orange 4RN	Chromolan Orange R	Fenapal Orange R Palatin Fast Orange RNA — CF, RN
7	Calcofast Wool Pink N		Fenapal Pink B conc. Palatin Fast Pink BNA — high conc.
8	Calcofast Wool Red GA		
9			
10			
11			
12	Calcofast Wool Bordeaux RB	Chromolan Bordeaux R	Palatin Fast Bordeaux RNA — CF Nyasol Fast Bordeaux R
13	Calcofast Wool Bordeaux RB		Palatin Fast Claret BNA conc. CF
14	Calcofast Wool Blue 2G	Chromolan Blue NGG	Fenapal Blue 2G Palatin Fast Blue GGNA extra CF Nyasol Fast Blue 2GA
15	Calcofast Wool Blue BN		Palatin Fast Blue RNBA Fenapal Blue B conc. 2R
16			Palatin Fast Blue BNA—CF, BNOA—CF
17			Fenapal Navy Blue RE Palatin Fast Navy Blue RENA—CF Nyasol Fast Navy Blue RN
18			Palatin Fast Navy Blue BRLNA
19			Palatin Fast Brown BRRA
20			Palatin Fast Brown GRND
21			
22			Palatin Fast Green BGNA
23			Palatin Fast Green BLNA Nyasol Fast Green BL
24			Palatin Dark Green BNA
25			Palatin Fast Violet 3RNA
26			
27	Calcofast Wool Black WA	Chromolan Black NWA conc.	Fenapal Black WA conc. Palatin Fast Black WANA extra Nyasol Fast Black W
28			

* Die Farbstoffe werden neuestens als Nyasol Fast Dyes gehandelt. Die Markenbezeichnung ist dieselbe, lediglich die Buchstaben NA fehlen; Verkauf: Nyanza Chem. Corp., N. Y.

Tab. 35. *Öfter gebrauchte*

Nr.		IG-Farben	Bayer	Cassella
1	S II 933, CI 816	Thioflavin S		Thioflavin S
2	S 935, CI 814	Diaminechtgelb FF Chloramingelb FF	Benzoreingelb FF	Chloramingelb FF Diaminechtgelb FF
3	S 726, CI 365	Chrysophenin G	Benzolichtgelb G	
4	S II 48, CI 653	Benzoechtorange G		
5	S 305, CI 326	Benzoechtorange S	Benzoorange S	
6	S 306, CI 327	Benzoechtscharlach 4BA, 4BS	Benzoscharlach 4BS, 4BAS	
7		Benzoechtscharlach SE		
8	S 305, CI 326	Benzoechtscharlach 8BS	Benzorot 8BS	
9	S 448, CI 448	Diaminrot 4B Benzopurpurin 4B	Benzopurpurin 4B	
10	S 474, CI 382	Diaminscharlach 3B	Benzorot 3B	
11	S 410, CI 419	Diaminechtrot F	Benzoechtrot F	Diaminechtrot N
12	S 489, CI 495	Benzopurpurin 10B	Benzopurpurin 10B	
13	S 263, CI 128	Diaminrosa BD	Benzobrillantrosa DBBS	
14		Benzobrillantechtviolett 5RH	Benzobrillantviolett 5B	
15	S II 38, Pr 35	Brillantbenzoviolett B	Benzobrillantviolett 5B	
16		Triazolviolett BN Columbiaviolett 2G		
17	S 510, CI 518	Diaminreinblau FF	Benzobrillantblau 6BS	
18	S 385, 471, CI 406, 477	Benzoblau 2B, 3B	Benzoblau GS, 3BS	
19	S 469, CI 472	Benzoblau BX	Benzoblau BS	
20	S II 33	Benzokupferblau B		
21	S 507, CI 512	Benzoblau RW	Benzoblau RWS	
22	S II 70	Diamineralblau CVB	Benzokupferblau CVBS	
23	S 393, CI 401	Diaminschwarz BH	Benzoschwarzblau BH	Diaminschwarz BHM konz.
24	S 668, 676, CI 593, 594	Direktgrün B, G	Benzogrün B, GN	Diamingrün GM
25	S 670, CI 583	Benzodunkelgrün B	Benzodunkelgrün B	Diamindunkelgrün N
26	S 412, 680, CI 596 Pr 570	Naphtaminbraun D3G Diaminbraun 3G	Benzobraun 3G	
27	S II 218, CI 561	Triazolbraun BB	Benzodunkelbraun KBS	
28	S II 69, Pr 69	Diamincatechin G**	Benzocatechin G	
29	S II 69, Pr 68	Diamincatechin B	Benzocatechin BN	
30	S II 173	Pegubraun G	Benzodunkelbraun G	Diaminbronzebraun PEC
31	S II 69	Diaminbraun 33**	Benzogelbbraun S 33	Diaminbraun C 33
32	S 412, CI 420	Benzobraun MC Diaminbraun M	Benzobraun M, MC	Diaminbraun MRC
33	S II 70, CI 539	Diaminechtschwarz FFR		
34	S II 89, CI 581	Direkttiefschwarz EW	Benzotiefschwarz E konz.	Diamintiefschwarz LC extra
35	S II 141	Kunstseidenschwarz G	Benzoechtschwarz G	Kunstseidenechtschwarz B extra
36	S II 33, Pr 24	Benzoechtschwarz L	Benzoechtschwarz L	
37	S II 65, Pr 372	Cotonerol A konz. Plutoschwarz G	Benzonerol VS	Cotonerol AC extra konz.

** Mischungen.

substantive Farbstoffe

Nr.	Ciba	Geigy	Sandoz
1	Direktgelb 5G konz.	Mimosa Z	Chloraminbrillantflavin S Direktgelb 5G konz.
2	Direktechtgelb FF Oxyphenin 66	Diphenylchlorgelb FF Solophenylgelb FFL	Chloramingelb FF Chloraminechtgelb FF
3	Direktgelb CH	Diphenylchrysoin 3G	Direktgelb CV
4	Chlorantinlichtorange G	Polyphenylorange SP	Pyrazolonorange GH
5	Direktechtorange SE	Diphenylorange SE	Chloraminechtorange SE*, SGEN
6	Direktechtscharlach 4BS, 4BA	Diphenylscharlach 4BS, 4BA	Chloraminechtscharlach 4BS, 4BSL
7	Direktechtscharlach SE	Diphenylscharlach SE	Chloraminechtscharlach SE
8	Direktechtscharlach 8BS	Diphenylscharlach 8BS	Chloraminechtscharlach 8BS
9	Baumwollrot 4B	Diphenylrot 4B	Direktrot 4B*, Benzopurpurin 4 B
10	Direktscharlach 3BS	Diphenylrot 3BS	Chloraminrot 3B
11	Direktechtrot F	Diphenylrot B	Chloraminrot FB
12	Baumwollrot 10B	Diphenylrot 10B	Chloraminpurpur 10BC* Benzopurpurin 10B
13	Direktrosa B, BN	Direktrosa EB, EG	Erika B* Chloraminrosa B
14	Direktechtviolett 2RL		
15	Direktbrillantviolett BC	Diphenylbrillantviolett B	Chloraminbrillantviolett 3B
16	Direktviolett 2B	Diphenylviolett TS, BV	Trisulfonviolett B
17	Direkthimmelblau, grünlich	Diphenylreinblau FF	Chloraminreinblau FF
18	Direktblau 2B, 3B	Diphenylblau 2B, 3B, KF	Chloraminblau 2B, 3B
19	Direktblau BX	Diphenyldunkelblau G	Chloraminblau BXR
20	Direktkupferblau BR	Diphenylkupferblau BR	Chloraminkupferblau B
21	Direktblau RW	Diphenylblau GE	Trisulfonblau RW
22	Direktkupferblau BR	Diphenylkupferblau BR	Trisulfonblau FO
23	Melantherin BH	Diphenylblauschwarz GHS	Chloraminschwarz BH
24	Direktgrün B, G	Direktgrün B, G Diphenylgrün KG	Direktgrün B, G
25	Direktdunkelgrün S	Diphenyldunkelgrün B	Chloramindunkelgrün B
26	Direktbraun 5G Cupranilbraun 3G	Diphenylbraun 3GT, GS, C3G	Trisulfonbraun MD*, 3G
27	Direktbraun 2BN Cupranilbraun B	Diphenylbraun TB, BGN	Trisulfonbraun B
28	Direktcatechin G	Diphenylcatechin G	Chloraminbraun GD* Trisulfoncatechin G
29	Direktcatechin B	Diphenylcatechin DB	Chloraminechtbraun B*,BCN
30		Diphenylechtbronze B	
31		Diphenylbraun 33	Trisulfonbraun 33, CCN
32	Direktbraun M	Diphenylbraun M, PVV	Chloraminbraun RR
33	Kunstseidenschwarz CA Carbidschwarz S konz.	Polyphenylschwarz FF konz.	Chloraminechtschwarz FF
34	Carbidschwarz E	Formalschwarz C konz., DG	Chloraminschwarz EX extra
35	Kunstseidenschwarz G, GN	Diphenyltiefschwarz G Kunstseidenschwarz GT, G supra	Viscoschwarz N
36	Direktechtschwarz B	Diphenylechtschwarz L	Chloraminechtschwarz B
37	Kunstseidenschwarz CA Carbidschwarz S	Formalechtschwarz G Formalechtschwarz GTN	Viscoschwarz NF extra

* *Ältere Marken.*

Fortsetzung der Tabelle 35

Nr.	Francolor	ICI	Du Pont
1	Jaune diazol brillant		Thioflavine S
2	Jaune diazol solide 2F	Chloramine Yellow FF Chlorazol Yellow GR	Pontamine Fast Yellow BBL, NNL, WBF
3	Chrysophenine J	Chrysophenine G(S)	Pontamine Yellow CH
4		Chlorazol Orange PO(S)	Pontamine Orange PG
5	Orange diazol solide S	Chlorazol Fast Orange R(S)	Pontamine Fast Orange S, WS
6	Ecarlat diazol solide 4BS Ecarlat diazol solide 4BA	Chlorazol Fast Scarlet 4B(S), 4BA(S)	Pontamine Fast Scarlet 4BA, 4BS
7	Ecarlat diazol solide BBS		
8		Chlorazol Fast Scarlet 8B(S)	Pontamine Fast Scarlet 8BS
9	Purpurine diazol (N)4B	Benzopurpurine 4B	Purpurine 4B
10	Ecarlat diazol 3B		Pontamine Scarlet 3B
11	Rouge diazol solide F	Chlorazol Fast Red F(S)	Pontamine Fast Red F
12	Purpurine diazol 10B	Chlorazol Purpurine 10B	Purpurine 10B
13	Rose diazol B		Pontamine Fast Pink EB
14	Violet diazol lumière 5R		Pontamine Fast Rubine conc.
15	Violet diazol brillant (N)2B		Pontamine Brilliant Violet B
16	Heliotrope diazol NB	Chlorazol Violet WB (S)	Pontamine Brilliant Violet RN
17	Bleu diazol pure FF	Chlorazol Sky Blue FF	Pontamine Sky Blue FF conc.
18	Bleu diazol (N)3B, 2B	Chlorazol Blue 2B, 3B	Pontamine Blue BB, 3B
19	Bleu diazol (N)BX	Chlorazol Blue 2R(S)	Pontamine Blue BXN
20		Chlorazol Copper Blue B	Pontamine Copper Blue RRX
21	Bleu diazol (N)RW	Chlorazol Blue RW	Pontamine Blue RW conc.
22	Bleu metadiazol CV	~ Chlorazol Copper Blue B	Pontamine Copper Blue RRX
23	Noir diazol BH	Chlorazol Black BH	Pontamine Deep Blue BH conc.
24	Vert diazol B, J	Chlorazol Green BN	Pontamine Green BXN conc.
25	Vert foncé diazol B	Chlorazol Dark Green PL(S)	Pontamine Green S
26	Brun diazol 3R, FJ	Chlorazol Brown GS	Pontamine Brown D3GN, N3G
27		Chlorazol Orange Brown RN	
28	Cachou diazol (N)J	Chlorazol Catechin GR(S)	Pontamine Catechu G extra, GN
29	Cachou diazol B	Chlorazol Catechin B(S), BN	Pontamine Catechu B
30	Cachou diazol BJ	Chlorazol Brown PG	
31			
32	Brun diazol (N)M	Chlorazol Brown M(S)	Pontamine Brown RMR
33	Noir diazol solide 2F	Chlorazol Black FF(S)	Pontamine Fast Black FF
34	Noir diazol E extra	Chlorazol Black E(S)	Pontamine Black E double
35	Noir viscose J	Chlorazol Viscose Black B	Pontamine Fast Black PGR
36	Noir diazol solide L	Chlorazol Gray RG	Pontamine Fast Black L conc.
37	Noir diazol solide J	Chlorazol Black GF(S)	Pontamine Fast Black PG

Fortsetzung der Tabelle 35

Nr.	Cyanamid	Nacco	Gen. Dyest. Corp.
1		Erie Flavin S	Fenamine Yellow S
2	Calcomine Yellow BL, NN	Erie Fast Yellow L, FFL, WB Solantine Yellow FF	Fastusol Yellow LRRA, LRRT Fenaluz Yellow FF
3	Calcomine Brilliant Yellow C conc.	Erie Fast Yellow J	Chrysophenin YA Fenamine Yellow BP
4	Calcodur Orange GL conc.	Erie Fast Orange G	Benzo Fast Orange GD Fenamine Orange GG
5	Calcomine Fast Orange 2R	Erie Fast Orange WS	Benzo Fast Orange WSA Fenamine Orange A, AS
6	Calcomine Fast Scarlet 4BNC	Erie Fast Scarlet 4BA	Benzo Fast Scarlet 4BG Fenamine Fast Scarlet 4BS
7			
8	Calcomine Fast Scarlet 8BS	Erie Fast Scarlet 8BA	Benzo Fast Scarlet 8BSA Fenamine Fast Scarlet 8BS
9	Calcomine Red 4B	Erie Purpurin 4B	Benzopurpurine 4B Fenamine Red 4B
10	Calcomine Scarlet 3B	Erie Scarlet 3B	Diamine Scarlet 3BA Fenamine Scarlet 3B
11	Calcomine Fast Red FC	Erie Fast Red FD	Diamine Fast Red FA Fenamine Fast Red F
12	Calcomine Red 10B	Erie Red 10B	Benzopurpurine 10B Fenamine Red 10B
13	Calcomine Pink RX	Erie Pink 2B	Erica BD extra Fenamine Pink B, B conc.
14			Fenamine Bordo 6B
15	Calcomine Brilliant Violet B		Brilliant Benzo Violet BA Fenamine Brilliant Violet BA
16	Calcomine Violet B conc.	Erie Violet BW	Brilliant Benzo Violet RD Fenamine Violet BA conc.
17	Calcomine Sky Blue FF extra conc.	Niagara Sky Blue 6B	Fenamine Sky Blue 3F
18	Calcomine Blue 2B, 3B	Niagara Blue 2B	Fenamine Blue 2B conc. Benzo Blue 2BA, 3BA
19		Niagara Blue BR	Fenamine Blue BX
20	Calcomine Navy R	Niagara Blue R	Fenamine Blue R Benzo Copper Blue BR, 3R
21	Calcomine Blue RW conc.	Niagara Blue RW	Benzo Blue RWA
22	Calcomine Navy R	Niagara Blue BR	Benzo Copper Blue BW Fenamine Blue BR, 3R
23	Calcomine Diazo Black BAAM, BH, D	Diazamin Black BH	Diazo Black BH conc. Fenamine Navy Blue H
24	Calcomine Green B4	Erie Green diverse	Benzo Green BA, GA Fenamine Green B
25	Calcomine Dark Green BG conc.	Erie Green WAC	Benzo Dark Green BA Fenamine Green M
26	Calcomine Yellow Brown K extra	Erie Brown 3GN	Benzo Brown D3GA Diamine Brown 3G, A
27			
28	Calcomine Catechu GN	Erie Catechin G	Fenamine Catechin G
29	Calcomine Catechu LB	Erie Catechin B	Fenamine Catechin B
30			
31			
32	Calcomine Brown M	Erie Brown 3RB Erie Fast Brown M	Direct Fast Brown M Fenamine Brown M
33	Calcomine Fast Black F conc.	Erie Black NCW, NR	Pluto Black FF Fenamine Black F
34	Direct Black EX	Direct Black E extra	Direct Deep Black EA conc. CF
35	Calcomine Fast Black RN	Erie Fast Black G	Pluto Black G extra Fenamine Black G
36	Calcodur Gray L	Solantine Black L Erie Fast Black L	Benzo Fast Black LA
37	Calcoform Black RN	Erie Fast Black G	Pluto Black GA Fenamine Black G

Tab. 36. *Einige lichtechte*

Nr.		IG-Farben	Bayer	BASF
1	S II 1289, CI 346, 410, Pr 53	*Siriusgelb GG, GC, G Benzolichtgelb 4GL	Siriusgelb GG, GC, G	
2	S II 197, CI 346, Pr 99	Siriuslichtgelb 5G Benzoechtgelb 5GL	Siriusgelb 5G	
3	CI 349a	Siriuslichtgelb R	Siriuslichtgelb R	
4	SE II 256, Pr 97	Siriuslichtorange 5G	Siriuslichtorange 5G	
5	S II 198, Pr 73, 426/27	Siriuslichtorange 3R	Siriuslichtorange 3R	
6	S II 197, Pr 47	Siriuslichtbraun BRL	Siriuslichtbraun BRS	
7	S II 197	Siriuslichtbraun G	Siriuslichtbraun G	
8	S II 197	Siriuslichtbraun R	Siriuslichtbraun R	
9	S II 198	Siriuslichtrubin B	Siriuslichtrubin B	
10	S II 198, CI 278	Siriusrot 4B	Siriusrot 4B	
11	S II 198	Siriusrubin R		
12	S II 198, CI 506	Siriusviolett BB	Siriusviolett BB	
13	S II 198	Siriuslichtviolett BL	Siriuslichtviolett BL	
14	S II 198, Pr 46	Siriuslichtblau G	Siriuslichtblau G	
15	Pr 470	Siriuslichtgrün 6BL	Siriuslichtgrün 6BL	
16		Siriuslichtolive BL	Siriuslichtolive BL	
17	S II 198, Pr 425	Siriuslichtgrün BL		
18	S II 197, Pr 71	Siriuslichtblau BRR	Siriuslichtblau BRR	
19	Pr 278	Siriuslichttürkisblau GL		Lurantintürkisblau GL
20	S II 197	Siriuslichtgrau G, GG	Siriuslichtgrau G, GG	
21	S II 197, Pr 96	Siriuslichtgrau R		
22	SE II 254, Pr 379	Siriuslichtgrau VGL	Siriuslichtgrau VGL	

Nr.	Francolor	ICI	Du Pont
1	Jaune diazol lumière 4J, 2JS	Durazol Yellow 4G	Pontamine Fast Yellow 4GL conc.
2	Jaune diazol lumière 5J	~Durazol Yellow 6GS	Pontamine Fast Yellow 5GLK
3	Jaune diazol lumière RLJ	Durazol Flavine R	Pontamine Fast Yellow RL
4	Orangé diazol lumière 5J		Pontamine Fast Orange 2GL
5	Orangé diazol lumière 3R	Durazol Orange 4R(S)	Pontamine Fast Orange ERL
6	Brun diazol lumière BRN	Durazol Brown BR(S)	Pontamine Fast Brown BRL
7	Brun diazol lumière 3JR		Pontamine Fast Brown 4GL
8	Brun diazol lumière JN		Pontamine Fast Brown 2RL
9			Pontamine Fast Pink BL
10	Rouge diazole lumière 8B	Durazol Red 2B	Pontamine Fast Red 8BL
11	Rubis diazol lumière R	Durazol Rubine B(S)	Pontamine Fast Rubin B conc.
12	Violet diazol lumière B	Durazol Helio B(S)	Pontamine Fast Heliotrope B conc.
13			
14	Bleu diazol lumière 4J	Durazol Blue G(S)	Pontamine Fast Blue 2GL, 4GL
15			Pontamine Fast Green 5BL
16			
17		Durazol Green 2B(S)	Pontamine Fast Green GL
18	Bleu diazol lumière R	Durazol Blue 2R	Pontamine Fast Blue RRL
19			Pontamine Fast Turquoise 8GL
20	Gris diazol lumière 4B		
21			
22		Durazol Gray G(S), B(S)	Pontamine Fast Gray 2GL, BL

* Viele Sirius*licht*marken wurden aus früheren Siriusmarken gebildet, wobei erst die Bezeichnung L nach der früheren, später die frühere und statt Sirius Siriuslicht gewählt wurde.

Direktfarbstoffe

Nr.	Ciba	Geigy	Sandoz
1	Chlorantinlichtgelb 4GLL	Diphenylechtgelb C4GL	*Solarflavin GG, 3G Chloraminlichtgelb 4GL
2	Chlorantinlichtgelb 5GLL Chlorantinlichtgelb 7GLL	Diphenylechtgelb C5GL	Chloraminlichtgelb 5GL Solarflavin 5G
3	Chlorantinlichtgelb RL	Diphenylechtgelb RLSN Solophenylgelb GFL	Solarflavin RN
4	Chlorantinlichtorange TGLL	Solophenylorange EGL	Solarorange 4G
5	Chlorantinlichtorange T4RLL, T5RLL	Solophenylorange 2RL	Solarorange R, 2RN
6	Chlorantinlichtbraun BRLL	Diphenylechtbraun BRL	Solarbraun PL
7	Chlorantinlichtbraun T8GLL	Solophenylbraun GL	Solarbraun G
8	Chlorantinlichtorange 3RL	Diphenylechtbraun RL	Solarorange 2RN
9	Chlorantinlichtrubin RLLN	Solophenylrubin BL Diphenylechtblaurot B	Solarrubinol B
10	Chlorantinlichtrot 8BL, 5BL	Solophenylrot 4BL Diphenylechtrot 8BL, 5BLN	Solarrot B, 3B
11	Chlorantinlichtbordo 2BL	Solophenylbordo 2BL	Solarbordo 2BLN
12	Direktechtviolett BL	Solophenylviolett BBL	Solarviolett BB
13	Chlorantinlichtviolett BLL	Solophenylviolett BL	Solarviolett BL
14	Chlorantinlichtblau 2GL, 4GL	Diphenylechtblau 2GLN, 4GL	Solarblau 3G, G
15	Chlorantinlichtgrün 5BLL	Solophenylblaugrün BL	Solarblau 5GL
16	Chlorantinlichtolive BLL	Solophenylolive BL	Solarolive BL
17	Chlorantinlichtgrün BLL	Solophenylgrün BL	Solargrün BL
18	Chlorantinlichtblau RL	Diphenylechtblau RL, BL	Solarazurin L
19	Chlorantinlichttürkisblau GLL	Solophenyltürkisblau GL	Solartürkisblau GLL
20	Chlorantinlichtgrau 2BLL	Diphenylechtgrau B konz. Solophenylgrau 4GL, GL	Solargrau 2BL
21	~ Chlorantinlichtgrau RLN	Solophenylgrau RL	~ Solargrau 2R
22	Chlorantinlichtgrau 2BLL, 4BLL	Solophenylgrau 4GL	Solargrau G

Nr.	Cyanamid	Nacco	Gen. Dyest. Corp.
1	Calcodur Yellow 4GL	Solantine Yellow 4GL	Fenaluz Yellow GA
2		Solantine Yellow 5GAD	Fastusol Yellow L5GA
3	Calcodur Fast Yellow RL	Erie Fast Yellow RL	Fenaluz Yellow RL
4		Solantine Orange 4G	Fenaluz Orange 5G
5	Calcodur Orange ERL	Solantine Light Orange 3R	Fenaluz Orange L3RA
6	Calcodur Brown BRL	Solantine Brown BRL	Fenaluz Brown BRL
7		Solantine Brown G	Fenaluz Brown G
8		Solantine Brown R	Fenaluz Brown R
9	Calcodur Pink 2BL	Erie Light Pink 4BL	Fenaluz Pink 2B
10	Calcodur Red 8BL	Erie Fast Red 8BL	Fastusol Red 4B
11		Erie Fast Rubine B	Fenamine Bordeaux 6BA
12		Solantine Violet FFBN	Fenaluz Violet 2B
13			
14	Calcodur Blue 4GL	Niagara Fast Blue Solantine Blue 2GL, 4GL	Fenaluz Blue 4G
15	Calcomin Fast Green 6BLL		Fastusol Green L6BLN
16			
17		Erie Fast Green BL	Fastusol Green LBL
18			
19			
20			
21			Fenaluz Gray R
22		Solantine Gray GVF	

* In USA wird das Sortiment unter dem Namen Pyrazol Fast gehandelt.

Tab. 37. *Benzoechtkupfer-*, *Coprantin-*,

Nr.	Ciba		
	Chlorantinlicht-	Neocupran-	Coprantin-
1	Chlorantinlichtgelb RLL		Coprantingelb RLL
2	Chlorantinlichtgelb 3GL	Neocuprangelb 3GL	
3	Chlorantinlichtgelb 2GLL	Neocuprangelb 2GLL	
4			
5	Chlorantinlichtbraun BRLL	Neocupranbraun BRLL	Coprantinbraun RL
6	Chlorantinlichtbraun 8RLL	Neocupranbraun 8RLL	Coprantinbraun 8RLL
7			
8			
9			
10	Chlorantinlichtbordo BLL	Neocupranbordo BLL	Coprantinbordo BLL
11	Chlorantinlichtscharlach BNLL	Neocupranrot BNLL	
12			
13	Chlorantinlichtrubin RLLN		Coprantinrubin RLL
14			
15	Chlorantinlichtblau 3GLL	Neocupranblau 3GLL	Coprantinblau 3GLL
16	Chlorantinlichtblau 6GLL	Neocupranblau 6GLL	
17			
18			
19	Direktkupferblau BR		
20			Coprantinmarineblau BLL, GRLL
21			
22			
23	Chlorantinlichtviolett BLL		Coprantinviolett BLL
24	Chlorantinlichtgrün BLL		
25	Chlorantinlichtgrün 3GLL, 5GLL	Neocuprangrün 3GLL, 5GLL	Coprantingrün 3GLL 5GLL
26	Chlorantinlichtolive BLL		
27			
28			
29			
30			
31	Chlorantinlichtgrau 3GLL		
32			Coprantinschwarz RLL
33	KS-schwarz CA	Neocupranschwarz CA	
34	KS-schwarz G	Neocupranschwarz GN	
35	Chlorantinlichtgelb 3RLL		Coprantingelb 3RLL
36			Coprantinrot BLL
37			Coprantinbordo 2BLL
38			
39			Coprantinreinblau 2RLL
40	Chlorantinlichtblau 2 GLL		Coprantinreinblau 2GL
41	Chlorantinlichtblau 4 GLL		Coprantinreinblau 4GL
42			Coprantingrau 2GL
43			
44			

* Die in dieser Tabelle angegebenen Farbstoffe sind wahrscheinlich sehr ähnlich.

*Cuprofix-, Cuprophenylfarbstoffe usw.**

Nr.	Sandoz		
	Solar-	Cuprofix-	Resofix-
1			Resofixgelb RL
2			
3	Solargelb 2GL	Cuprofixgelb GL	Resofixgelb GL
4	Solarorange GD	Cuprofixorange 2GL	
5	Solarbraun PL		
6			
7		Cuprofixgelbbraun CRGL	
8		Cuprofixbraun CBL, CRL	Resofixbraun CBL, CRL
9		Cuprofixbraun C3BL	
10	Solarbordo BL	Cuprofixbordo BL	Resofixbordo BL
11			
12	Chloraminkupferrot 5BL	Cuprofixrot C5B	
13	Solarrubinol B	Cuprofixrubinol BL	Resofixrubin BL
14	Solarrubinol FBL	Cuprofixrubinol FBL	
15	Solarblau 3GLN	Cuprofixblau 3GL	
16			
17	Solarblau 2GLN	Cuprofixblau 2GL	Resofixblau 2GL
18	Solarblau FGL	Cuprofixblau FGL	Resofixblau FGL
19	Trisulfonblau FO	Cuprofixmarineblau GL	Resofixmarineblau GL
20		Cuprofixmarineblau CBL, CGRL	Resofixmarineblau CBL
21		Cuprofixmarineblau CFSL CSL	Resofixmarineblau CSL
22		Cuprofixblau CFBL	
23	Solarviolett BL	Cuprofixviolett 2BL	Resofixviolett 2BL
24	Solargrün BL	Cuprofixgrün BL	
25		Cuprofixgrün C3GL	Resofixgrün C3GL
26	Solarolive BL	Cuprofixolive BL	
27		Cuprofixschwarzbraun 2BL	
28		Cuprofixdunkelbraun GB	
29			
30		Cuprofixgrau C2GL	
31		Cuprofixgrau 4GL	
32		Cuprofixschwarz CRL	
33			
34	Viscoschwarz NF	Cuprofixschwarz NF	
35			Resofixorange CRL
36		Cuprofixrot CBL	Resofixrot CBL
37		~ Cuprofixbordo C3BLL	Resofixbordo C3BL
38		Cuprofixrotviolett CBL	Resofixrotviolett CBL
39			Resofixblau 2RL
40	Solarblau 2GL	Cuprofixblau 2GL	Resofixblau 2GL
41	Solarblau 4GL	Cuprofixblau 4GL	
42		Cuprofixgrau C2GL	Resofixgrau C2GL
43	Solargrau 3LB	Cuprofixgrau 3LB	Resofixgrau 3LB
44	Solargrau 4GL	Cuprofixgrau 4GL	Resofixgrau 4GL

Fortsetzung der Tabelle 37

Nr.	Geigy		Bayer
	Diphenylecht-	Cuprophenyl-	Benzoechtkupfer-
1		Cuprophenylgelb RL	
2			
3			Benzoechtkupfergelb 2GL
4			
5	Diphenylechtbraun BRL		
6			
7		Cuprophenylgelbbraun RGL	Benzoechtkupferbraun 3GL
8			
9			
10		Cuprophenylbordo BL	
11			
12			
13	Solophenylrubin RL		Benzoechtkupferrot RL
14			
15			Benzoechtkupferblau F3GL
16			
17	Diphenylechtblau GLN		Benzoechtkupferblau GL
18			Benzoechtkupferblau FGL
19	Diphenylkupferblau BR		Benzoechtkupferblau CVBS
20		Cuprophenylmarineblau BL, RL	Benzoechtkupfermarineblau RL
21			
22			
23	Diphenylechtviolett BL		Benzoechtkupferviolett BBL
24	Diphenylechtgrün BL		
25			
26	Diphenylechtolive BL		
27			
28			
29		Cuprophenylgrau GRL, 2BL	
30			
31			
32		Cuprophenylschwarz RL	
33			Benzonerol VS
34		Cuprophenylschwarz GL	

Die Farbstoffreihe wurde vornehmlich von der Ciba entwickelt. Sandoz, Geigy und Bayer besitzen Spezialprodukte. Die Echtheit ist bei Nachbehandlungen mit Kupfersalzen (Cuprofix etc.) geringer als mit Cu-Kunstharzkomplexen (Resofix CU, Coprantex A, B). Im letzteren Falle wird eine Waschechtheit bis 90° C erreicht. Die Färbungen sind *nicht* sauer überfärbeecht.

Statt der Coprantinfarbstoffe bringt die Ciba nunmehr bei Erscheinen dieses Werkes das Sortiment der Cupranonfarbstoffe in den Handel. Die Farbstoffe sind Schwermetallkomplexe, die in Wasser unlöslich sind und sich erst in Gegenwart aliphatischer Amine im Färbebade lösen. Sie ziehen daraus wie ein Direktfarbstoff auf die Faser und ergeben ohne Kupferung oder Harznachbehandlung licht- und waschechte Färbungen. Der Färber hat dabei den weiteren Vorteil, daß sie in ihrer endgültigen Nuance aufziehen. [Krähenbühl: Melliand Textilber. **35**, 170 (1954).]

Tab. 38. *Schwefelfarbstoffe*

Nr.		IG-Farben	Cassella
1	S 1068, CI 955	Immedialgelb G, GG	Immedialgelb RR
2	S 1063, CI 949	Immedialorange C	Immedialorange FRR extra
3	SE II 197	Immedialgelbbraun G extra	Immedialcatechu GRR extra
4	SE I 101	Immedialbraun BBN	Immedialbraun R extra konz.
5	S II 126	Immedialschwarzbraun (N konz.), D konz.	Immedialschwarzbraun AN extra
6	SE II 197	Immedialgelbolive G	Immedialolive GN
7	S 1120, CI 1012	Immedialmarron B, G	Immedialmarron GR
8	S II 127	Immedialpurpur C extra Immedialviolett B	Immedialviolett BB
9	SE I 101, CI 956	Immedialdirektblau B extra	Immedialdirektblau RL extra
10	SE I 102, CI 959	Immedialindon RB	
11	SE I 102, CI 959	Immedialindon R konz.	Immedialindon RR konz.
12	S II 137, CI 1006	Katigengrün 2B	Immedialgrün BB
13	SE I 101	Immedialbrillantgrün HGG, 3G, 5G, 4G	Immedialbrillantgrün GG, 5G konz.
14			Immedialbraun BR, W extra
15			Immedialrotbraun CL 3R, 3B extra
16		Immedialschwarz FAG	Immedialschwarz FN konz.
17	S 1077, CI 978	Schwefelschwarz T extra	Immedialschwarz AT extra
18	S 1114, Pr 126	Indocarbon CL	Indocarbon CL
19			Immedialcarbon CBO
20			Immedialechtgrau B

Nr.	Francolor	ICI	Du Pont
1	Jaune sulfanol J Jaune de soufre R extra	Thionol Yellow GS	Sulfogene Yellow GGCF
2	Orangé de soufre R Orangé sulfanol R	Thionol Orange R	Sulfogene Golden Brown RCF conc.
3		Thionol Brown GDS	Sulfogene Brown CO
4	Brun de soufre BR Brun jaune sulfanol BR	Thionol Brown RBS	Sulfogene Brown RBNCF
5		Thionol Dark Brown GM	Sulfogene Dark Brown GNCF
6	Olive sulfanol TR	Thionol Khaki No. 1	Sulfogene Olive Drab YCF
7	Marron sulfanol B Marron de soufre B extra	Thionol Bordeaux B	Sulfogene Bordeaux BRN conc.
8	~ Bordeaux sulfanol R ~ Prune sulfanol B	Thionol Red Brown 6R	Sulfogene Violet 2R conc.
9	Bleu de soufre B Bleu sulfanol B	Thionol Direct Blue R	Sulfogene Direct Blue BN conc.
10	Bleu de soufre D extra	Thionol Indigo Blue 2R	Sulfogene Navy Blue GL, GLR, RL
11		Thionol Indigo Blue 4R	Sulfogene Navy Blue 4RCF conc.
12	Vert sulfanol 2B Vert de soufre 2B	Thionol Brilliant Green 3B	Sulfogene Brilliant Green GCF extra conc.
13	Vert de soufre 2J, 3J Vert sulfanol 3J	Thionol Brilliant Green 6G	Sulfogene Brilliant Green 4GXK
14			
15			
16		Thionol Black JN	Sulfogene Carbon 4GCF Grains
17	Noir sulfanol B Noir de soufre TD	Thionol Black TF	Sulfogene Carbon HCF, HK
18	Noir sulfanol solide CL Noir de soufre CL conc.		Sulfogene Fast Black NCL
19			
20			Sulfogene Gray N

Hydronblau-Marken siehe Küpenfarbstoffe.
Siehe auch Immedial-spezial- und Immedial-leuko-Marken.

Fortsetzung der Tabelle 38

Nr.	Ciba	Geigy	Sandoz
1	Pyrogengelb 2G	Eclipsgelb G, 2G	Thionalgelb G, GG
2	Pyrogenorange R (Pyrogengelb O)	Eclipsbrillantorange GCF conc. Eclipsphosphin RR	Thionalorange G, GR
3	(Pyrogencatechin R) Pyrogencatechin 2G	Eclipsgelbbraun RS	Thionalgelbbraun G
4	(Pyrogenbraun B) Pyrogenbraun G	Eclipsdunkelbraun BB	Thionalbraun B
5	Pyrogenschwarzbraun R	Eclipsschwarzbraun DNG, D	Thionaldunkelbraun D konz.
6	(Pyrogenkhaki 2G) Pyrogenolive 3G	Eclipskhaki G Eclipsgelbolive G	Thionalgelbolive G
7	(Pyrogenrotbraun 8R) Pyrogenviolettbraun X	Eclipsviolettbraun RCF, XP Eclipsbraun 4R	Thionalmarron VR
8		Eclipsbordo B konz.	Thionalpurpur B Thionalrotviolett R
9	(Pyrogendirektblau CB) Pyrogendirektblau RL	Eclipsdirektblau RLP Eclipsblau 2RN	Thionaldirektblau GL
10	Pyrogenblau G	Eclipstiefblau BP extra Eclipsindigo	Thionalindonblau R
11	Pyrogenmarineblau 4R	Eclipsbrillantblau 6R Eclipsindigo	Thionalindonblau R
12	Pyrogengrün G		Thionaldunkelgrün BN Thionalgrün 2B
13	Pyrogengrün 3G	Eclipsgrün 3 G Eclipsbrillantgrün 4G	Thionalbrillantgrün GG
14			
15			
16	Pyrogentiefschwarz D	Eclipstiefschwarz S	Thionaltiefschwarz S extra
17		Eclipstiefschwarz S	Thionalschwarz T
18	Neosolschwarz B (Schwefelschwarz CL)	Thiotinonschwarz CL	
19			
20			

Nr.	Cyanamid	Nacco	Gen. Dyest. Corp.
1	Calcogene Yellow 2GCF	Sulfur Yellow GG	Katigen Yellow GG extra CF Fenoxyl Yellow R
2	Calcogene Tan YCF Extra conc.	Sulfur Brown CG Sulfur Orange R	Katigenorange CA—CF Fenoxylcatechin G, -orange G, GG
3		Sulfur Brown 2G	Fenoxyl Brown 3G
4	Calcogene Brown RBCF	Sulfur Dark Brown R	Katigen Brown RBNCF Fenoxyl Dark Brown R conc.
5	Calcogene Dark Brown NCF		Katigen Brown W conc. CF Fenoxyl Dark Brown G
6	Calcogene Olive Yellow KCF		Fenoxyl Khaki conc. L
7	Calcogene Bordeaux R conc., 4R conc.	Sulfur Red Brown RK Sulfur Bordeaux BCF	Katigen Bordeaux B conc.CF Fenoxyl Bordeaux B conc.
8	Calcogene Claret G conc.		Katigen Brilliant Violet RB conc. Fenoxyl Brilliant Violet R
9	Calcogene Direct Blue G, GCF, R, RCF	Sulfur Blue RRCF Sulfur Direct Blue RL—CF	Katigen Direct Blue B extra conc. Fenoxyl Direct Blue B conc.
10	Calcogene Blue GL, RCF etc.	Sulfindon Blue R conc.	Katigen Blue B CR conc. New CF
11	Calcogene Blue BC5R, 5RCF	Sulfindon Blue R conc.	Katigen Indigo R extra Katigen Blue BC3R extra CF
12		Sulfur Green BCF	Immedial Green 2B Fenoxyl Green F conc. Katigen Green BBF
13	Calcogene Brilliant Green 4G, 5G	Sulfur Green 3G, 4G	Katigen Brilliant Green G extra conc. Fenoxyl Brilliant Green 3G
14			
15			
16	Calcogene Black 5GCF	Sulfur Black GDC	Katigen Deep Black GGN conc.
17	Calcogene Black GX conc., GXCF	Sulfur Black BGND	Fenoxyl Carbon ROA Katigen Deep Black TG extra conc.
18			Indocarbon CL Fenoxyl Fast Black CL conc.
19			
20			

Siehe auch Eclipsolfarbstoffe.

Tab. 39. *Wichtigere Küpenfarbstoffe*

Nr.		IG-Farben	Hoechst
1	S II 1217a, CI 1132	Indanthrengelb 5GK, 6 GK	
2	S 1220, CI 1132	Indanthrengelb GK	
3	S 1241, CI 1118	Indanthrengelb G	
4	SE I 105, Pr 452	Indanthrengelb 3RT	Indanthrengelb 3RT
5	S II 1217b	Indanthrengelb 3GF	
6	S 1286, Pr 451	Indanthrengelb GF	
7	S II 1286c, Pr 291, 292	Indanthrengoldgelb GK, RK	Indanthrengoldgelb GK, RK
8	S 1245, CI 1096	Indanthrengoldorange G	
9	CI 1098	Indanthrenorange RRTS	
10	S 1246	Indanthrenorange 4R	
11	S III 1286, Pr 116	Indanthrenbrillantorange RK	
12	S II 1227a	Indanthrengoldorange 3G	
13	S 1345, Pr 109	Indanthrenbrillantrosa R	
14	S III 1345, Pr 108	Indanthrenbrillantrosa B	
15	S III 1258, CI 1162	Indanthrenrot RK	
16	S 1218, CI 1131	Indanthrenrot 5 GK	
17	SE I 106, Pr 123	(Indanthrenrosa B*)	
18	S 1354, CI 1212	Indanthrenrotviolett RH	Indanthrenviolett RH
19	S 1260, CI 1135	Indanthrenrotviolett RRN	
20	SE I 106	Indanthrenrot GG	
21		Indanthrenrot F3B	
22	SE I 106, Pr 124	Indanthrenrubin R	
23	S 1264, CI 1103	Indanthrenviolett R	
24	CI 1104	Indanthrenbrillantviolett RR	
25	SE I 105, CI 1104	Indanthrenbrillantviolett 4R	
26	Pr 288	Indanthrenbrillantviolett 3B	
27	S 1228, CI 1106	Indanthrenblau RSN	
28	S 1234, CI 1112/3	Indanthrenblau GCDN	
29	S 1237, CI 1114	Indanthrenblau BCS	
30	S 1279, CI 1173	Indanthrenblaugrün B*, FFB	
31	S 1229	Indanthrenbrillantblau R	
32	S II 105	Indanthrenbrillantblau RCL	
33	SE I 104	Indanthrenblau 8GK*	
		Indanthrentürkisblau 3GK	
34		(Indanthrendunkelblau R*)	
35	S 1262, CI 1099	Indanthrendunkelblau BO*	
36	S 1238, CI 1111	Indanthrenblau 5G	
37	S 1111, CI 969	Hydronblau R	
38	S 1113, CI 971	Hydronblau G	
39	SE I 106	Indanthrengrün GT	
40	SE I 106	Indanthrengrün GG	
41	S 1224, CI 1150	Indanthrenolive R	
42	SE I 105, Pr 121	Indanthrenbraun RRD *	Indanthrenbraun RRD*
43	SE I 105, Pr 119	Indanthrenbraun GG	
44	SE I 106, Pr 447	Indanthrenrotbraun R	
45	S 1219, CI 1152	Indanthrenbraun G	
46	S 1227, CI 1151	Indanthrenbraun R	
47	S II 130, SE I 106	Indanthrengrau 3B, BG	
48	S 1268, CI 1102	Indanthrenschwarz BB	
49		Indanthrenbrillantscharlach RR	
50	SE II 200	Indanthrenbrillantorange GK	
51	S II 128, CI 1101	Indanthrenbrillantgrün GG, FFB	
52		Indanthrenscharlach GK	
53	S II 130, Pr 122	Indanthrenkhaki 2G	
54	SE II 203	Indanthrenolive T	
55	SE II 106, Pr 293	Indanthrenolivgrün B	
56		Indanthrengrünblau FFG	
57		Indanthrenschwarzbraun NT	

* Ältere Bezeichnungen oder nun aufgelassene Marken.

Fortsetzung der Tabelle 39

Nr.	Bayer	BASF	Cassella
1	Indanthrengelb 5GK	Indanthrengelb 5GK	Indanthrengelb 6GK
2	Indanthrengelb GK		
3		Indanthrengelb G	
4			
5	Indanthrengelb 3GFN		
6			Indanthrengelb GF, GGF
7			
8		Indanthrengoldorange G	
9		Indanthrenorange RRTS	
10		Indanthrenorange 4R	
11			Indanthrenbrillantorange RK
12	Indanthrengoldorange 3G		
13			Indanthrenbrillantrosa R
14			Indanthrenbrillantrosa 3B
15		Indanthrenrosa RK	
16	Indanthrenrot 5GK		
17			Indanthrenrosa B*
18			
19			Indanthrenrotviolett RRN
20		Indanthrenrot GG	
21	Indanthrenrot F3B	Indanthrenrot F3B	
22			Indanthrenbrillantrubin T Indanthrenrubin R
23		Indanthrenviolett R	
24		Indanthrenbrillantviolett RR	
25		Indanthrenbrillantviolett 4R	
26		Indanthrenbrillantviolett 3B	
27		Indanthrenblau RSN	
28		Indanthrenblau GCDN	
29		Indanthrenblau BCS	
30		Indanthrenblaugrün FFB	
31		Indanthrenbrillantblau R	
32		Indanthrenbrillantblau RCL	
33		Indanthrenblau 8GK* Indanthrentürkisblau 3GK	
34			
35		Indanthrendunkelblau BOA	
36	Indanthrenblau 5G		
37			Hydronblau R
38			Hydronblau G
39	Indanthrengrün GT		
40		Indanthrengrün GG	
41	Indanthrenolive R		
42			
43	Indanthrenbraun GG		
44		Indanthrenrotbraun R	Indanthrenrotbraun RR
45	Indanthrenbraun G		Indanthrenbraun N
46	Indanthrenbraun R		
47		Indanthrengrau 3B	
48		Indanthrenschwarz BB	
49			Indanthrenbrillantscharlach RR
50			Indanthrenbrillantorange GK
51		Indanthrenbrillantgrün GG, FFB	
52			Indanthrenscharlach GK
53		Indanthrenkhaki GG	
54		Indanthrenolive T	
55		Indanthrenolivgrün B	
56			Indanthrengrünblau FFG
57			Indanthrenschwarzbraun NT

* Ältere Bezeichnungen oder nun aufgelassene Marken.

Fortsetzung der Tabelle 39

Nr.	Ciba	Geigy	Sandoz
1	Cibanongelb 5GK	Tinonchlorgelb 5GK	* Sandozengelb N5GK
2	Cibanongelb GK	Tinonchlorgelb GK	Sandozengelb NGK
3	Cibanongelb GN	Tinonchlorgelb NN	Sandozengelb NGN
4	Cibanongelb 3R, 3RF	Tinonchlorgelb 3RN	Sandozengelb N3R
5	Cibanongelb 2GR	Tinonchlorgelb 3GR	Sandozengelb N2R
6		Tinonchlorgelb RGN	Sandozengelb N2GK, NGKF
7	Cibanongoldgelb GK, RK	Tinonchlorgoldgelb GK, RK	Sandozengoldgelb NGK, NRK
8	Cibanongoldorange G	Tinonchlorgoldorange GN	Sandozengoldorange NG
9	Cibanongoldorange RR	Tinonchlorgoldorange 2R, 2RN	Sandozenrotorange NR
10	Cibanonorange 3R	Tinonchlororange 8R	Sandozenrotorange NR
11	Cibanonbrillantorange RK	Tinonchlorbrillantorange RK	Sandozenorange R
12	Cibanongoldorange 3G	Tinonchlorgoldorange 3G	Sandozengoldorange N3G
13	Cibabrillantrosa R	Tinonbrillantrosa R	Sandozenbrillantrosa R
14	Cibabrillantrosa B	Tinonbrillantrosa B	Sandozenbrillantrosa B
15	Cibanonrot RK	Tinonchlorrot RK	Sandozenrot N2R
16	Cibanonrot G	Tinonchlorrot BG	Sandozenrot NG
17	Cibarosa BG	Tinonrosa B	Sandozenrosa BG
18	Cibarot 3BN	Tinonchlorrot 3BN	Sandozenrot N3BN
19	Cibarot 2B	Tinonchlorrot 2B	Sandozenrot 2B
20	Cibanonrot G	Tinonchlorrot G	Sandozenrot NG
21	Cibanonrot FBB	Tinonchlorrot FBB	Sandozenrot NF2B
22	Cibanonrot 6B	Tinonchlorrubin R	Sandothrenrot 6B
23	Cibanonviolett R	Tinonchlorviolett B2RB	Sandozenviolett NR
24	Cibanonviolett 2R, 2BB	Tinonchlorviolett B2R	Sandozenviolett N2R, N2RB
25	Cibanonviolett 4R	Tinonchlorviolett B4R	Sandozenviolett N4R
26	Cibanonviolett 6B	Tinonchlorviolett 6B	Sandozenviolett N3B
27	Cibanonblau RSN	Tinonchlorblau RSN	Sandozenblau NRSN
28	Cibanonblau GCDN	Tinonchlorblau GCDN	Sandozenblau NGCDN
29	Cibanonblau BCS, G	Tinonchlorblau BLN	Sandozenblau RGC Sandozenblau NGLN
30	Cibanonblau 3G	Tinonchlorblau 3G	Sandozenblau N3G
31		Tinonchlorblau 2R	Sandozenblau NRSN
32	Cibanonblau 2R	Tinonchlorblau 2R	Sandozenblau NRSC
33			Sandozenblau N2G
34	Cibanondunkelblau R	Tinonchlordunkelblau R	Sandozendunkelblau NR
35	Cibanondunkelblau BO	Tinonchlordunkelblau BO	Sandozendunkelblau NBO
36			
37	Cibablau RH	Thiotinonblau R	Sandonblau R
38	Cibablau GH, GBH	Thiotinonblau G, GB	Sandonblau G, GR
39	Cibanongrün GN	Tinonchlorgrün GN	Sandozengrün NGN
40	Cibanongrün GG	Tinonchlorgrün 2G	Sandozengrün N2G
41	Cibanonolive 2R	Tinonchlorolive 2R	Sandozenolive N2R
42	Cibanonbraun G	Tinonchlorbraun G	Sandozenbraun G
43	Cibanonbraun 2G	Tinonchlorbraun 2G	Sandozenbraun N2G
44	Cibanonbraun RN	Tinonchlorbraun RN	Sandothrenrotbraun NR
45	Cibanonbraun BG, GN	Tinonchlorbraun BG	Sandozenbraun NBG, NG
46	Cibanonbraun GR	Tinonchlorbraun GR, GRF	Sandozenbraun NR
47	Cibanongrau 2B, BG	Tinonchlorgrau 2B, GN	Sandozengrau N2B, NBG
48	Cibanonschwarz 2B	Tinonchlorschwarz 2B	Sandozenschwarz N2B
49			
50	Cibanonbrillantorange GSF	Tinonchlorbrillantorange GK	Sandozenbrillantorange NGK
51	Cibanonbrillantgrün GG	Tinonchlorbrillantgrün GG, BF	Sandozenbrillantgrün NBF, NGG
52			
53	Cibanonkhaki 2G	Tinonchlorkhaki 2G	Sandozenkhaki N2G
54	Cibanonolive T	Tinonchlorolive T	Sandozenolive NT
55			
56			
57			

* Auch Sandothren . . .

Fortsetzung der Tabelle 39

Nr.	Francolor	ICI	Du Pont
1	Jaune brillant solanthrène 5J	Caledon Yellow 5GK	Vat Yellow 8G
2	Jaune solanthrène 2J	Caledon Yellow 3GS	Ponsol Yellow AR
3	Jaune solanthrène J	Caledon Yellow G	Ponsol Yellow G conc.
4		Caledon Yellow 3R(S)	Ponsol Yellow 3R
5			Ponsol Brilliant Yellow 4G
6	Jaune solanthrène JF		
7	Orangé solanthrène BJ	Caledon Golden Yellow GK	Ponsol Golden Yellow GK
8	Orangé solanthrène J	Caledon Golden Orange G	Ponsol Golden Orange G
9	Orangé solanthrène 2R	Caledon Golden Orange RRT(S)	Ponsol Golden Orange RRT
10		Caledon (Brilliant) Orange 4R(S)	Ponsol Golden Orange 4R
11		Caledon Brilliant Orange 6R	Ponsol Brilliant Golden Orange RK
12	Orangè solanthrène 3J	Caledon Golden Orange 3G	Ponsol Golden Orange 3G, 3GK
13	Rose brillant solanthrène R	Durindon Pink FF	Sulfanthrene Pink FF
14	Rose brillant solanthrène B	Durindon Pink FB(S)	Sulfanthrene Pink FB
15		Caledon Red BN(S)	Ponsol Red BN, BND, GND
16		Caledon Red 5G	
17			
18	Violet rouge solanthrène N	Durindon Red 3B(S)	Sulfanthrene Red 3B, 3BN usw.
19		Caledon Red Violet 2RN(S)	Ponsol Red Violet 2RNXD
20		Caledon Red 2G	
21		Caledon Brilliant Red 3B	
22	Rubine solanthrène R		Ponsol Red G2B
23			
24	Violet brillant solanthrène 2R	Caledon Brilliant Purple 2R(S)	Ponsol Violet 2R
25	Violet brillant solanthrène 4R	Caledon Brilliant Purple 4R(S)	Ponsol Brilliant Violet 4R
26	Violet brillant solanthrène 2B	Caledon Brilliant Violet 3B(S)	Ponsol Brilliant Violet 3B
27	Bleu solanthrène RSN	Caledon Blue XRN	Ponsol Blue RSV
28	Bleu solanthrène JIN	Caledon Blue GCP	Ponsol Blue GD
29	Bleu solanthrène SB	Caledon Blue RC	Ponsol Blue BCS
30			
31	Bleu brillant solanthrène R	Caledon Blue XRN	
32	Bleu solanthrène RCL	Caledon Brilliant Blue 2RC	Ponsol Blue RBF
33			
34			
35	Bleu foncé solanthrène B	Caledon Dark Blue BN	Ponsol Dark Blue BR
36			
37	Bleu solane R		
38	Bleu solane J		Sulfanthrene Blue GRK
39			Ponsol Green GK
40			Ponsol Green GK
41	Olive solanthrène R	Caledon Olive R	Ponsol Olive AR
42		Durindon Brown G	Sulfanthrene Brown G
43	Brun solanthrène 2J	Caledon Brown GGN	Ponsol Brown GGK
44			
45	Brun solanthrène J	Caledon Brown G	Ponsol Brown AG
46	Brun solanthrène R	Caledon Brown R	Ponsol Brown AB
47	Gris solanthrène 2B	Caledon Gray 3BP(S)	Ponsol Gray 3BK
48	Noir solanthrène 2B	Caledon Black BB	Ponsol Black BA
49	Vert brillant solanthrène B		
50	Vert brillant solanthrène FF		
51			
52			
53	Kkaki solanthrène 2G	Caledon Khaki 2G	
54			
55			
56			
57			

Fortsetzung der Tabelle 39

Nr.	Cyanamid	Nacco	Gen. Dyest. Corp.
1			
2		Carbanthrene Yellow AR	Fenanthrene Yellow GK
3	Calcosol Yellow G	Carbanthrene Yellow G	Fenanthrene Yellow G
4			
5			Fenanthrene Yellow 3G
6			
7			Fenanthrene Golden Yellow GRN
8	Calcosol Golden Orange G	Carbanthrene Golden Orange G	Fenanthrene Golden Orange G
9	Calcosol Golden Orange RRTD	Carbanthrene Golden Orange RRT	Fenanthrene Orange RRTS
10		Carbanthrene Golden Orange 4R	Fenanthrene Orange 4R
11			Fenanthrene Brilliant Orange RK
12			Fenanthrene Golden Orange 3G
13	Calcosol Pink FF	Vat Pink FF	Fenanthrene Brilliant Pink R
14	Calcosol Pink FB	Carbanthrene Pink FB	Fenanthrene Brilliant Pink B
15	Calcosol Red BN	Carbanthrene Red BS	Fenanthrene Red RK
16			
17			
18		Vat Red Violet RH	Fenanthrene Red Violet RN
19		Carbanthrene Brilliant Violet RH	
20			
21			
22	Calcosol Red 2B	Carbanthrene Red G2B	Fenanthrene Rubin R
23			
24	Calcosol Violet 2R	Carbanthrene Brilliant Violet 2R	Fenanthrene Brilliant Violet 2R
25	Calcosol Violet 4RP	Carbanthrene Brilliant Violet 4R	Fenanthrene Brilliant Violet 4R
26			Indanthrene Brilliant Violet 3BA
27	Calcosol Blue RS	Carbanthrene Blue RS	Indanthrene Blue RSA
28	Calcosol Blue GCD	Carbanthrene Blue GCD	Fenanthrene Blue GCD
29	Calcosol Blue BCS	Carbanthrene Blue BCS	Indanthrene Blue BCSA Fenanthrene Blue BCSA
30			
31			
32			Fenanthrene Blue RC
33			
34			
35	Calcosol Blue BO	Carbanthrene Dark Blue DK	Indanthrene Dark Blue BOA
36			
37			
38			
39			
40			Fenanthrene Green GG
41	Calcosol Olive R	Carbanthrene Olive R	Fenanthrene Olive R
42			Indanthrene Brown RRD*
43	Calcosol Brown GGW		Fenanthrene Brown 2G
44			
45	Calcosol Brown AG	Carbanthrene Brown AG	Fenanthrene Brown G
46	Calcosol Brown RN	Carbanthrene Brown AR	Indanthrene Brown RA
47			Fenanthrene Gray 3BN
48	Calcosol Black BB	Carbanthrene Black BF	Fenanthrene Black 2B
49			
50			
51			
52			
53			
54			
55			
56			
57			

Tab. 40. *Wichtige*

Nr.		IG-Farben	BASF
1	S II 45, Pr 242	Cellitonechtgelb G	Cellitonechtgelb G
2	S II 45, Pr 243	Cellitonechtgelb RR	Cellitonechtgelb RR
3		Cellitonechtgelb 3G	Cellitonechtgelb 3G
4	SE I 76, Pr 174	Cellitonorange GR	Cellitonechtorange GR
5		Cellitonorange RR	Cellitonorange RR
6	SE II 140	Cellitonechtbraun BT	Cellitonechtbraun BG, BT
7	SE II 142, Pr 236	Cellitonechtrot GG	Cellitonechtrot GG
8	SE I 76, Pr 238	Cellitonechtrubin B	Cellitonechtrubin B
9	SE I 77, Pr 244	Cellitonscharlach B	Cellitonscharlach B (Perlitonscharlach R)
10	S II 45, Pr 234	Cellitonechtrosa B	Cellitonechtrosa BN
11		Cellitonviolett 3RA	Cellitonviolett 3RA
12	S II 45, Pr 240	Cellitonechtviolett B	Cellitonechtviolett B
13	S II 45, Pr 237	Cellitonechtrotviolett R	Cellitonechtrotviolett RN
14	SE I 76, Pr 241	Cellitonechtviolett 6B	Cellitonechtviolett 6B
15	S II 44, Pr 499	Cellitazol BN	Cellitazol BN
16	SE II 140, Pr 228	Cellitonechtblau FFR usw.	Cellitonechtblau FFR (Perlitonblau 3G)
17	S II 45, Pr 233	Cellitonechtmarineblau B, BR	Cellitonechtmarineblau B, BR
18	S II 45, Pr 229	Cellitonechtblaugrün B	Cellitonechtblaugrün B
19	S II 44, Pr 41, 58	Cellitazol ST	Cellitazol ST, N
20	S II 45	Cellitonechtschwarz GN	Cellitonechtschwarz GN

Nr.	Francolor	ICI	Du Pont
1		Dispersol Fast Yellow G, 3GS	Acetamine Yellow GC
2	Jaune acétoquinone RR	Dispersol Fast Yellow A, AS	Acetamine Yellow RR
3	Jaune acétoquinone 4J	Solacet Fast Yellow GS	Celanthrene Yellow GL
4	Orangé acétoquinone JR	Dispersol Fast Orange G (S)	Acetamine Orange GR
5	Orangé acétoquinone 4R		Acetamine Orange 3R
6	Brun acétoquinone 2B	Duranol Brown B	Acetamine Dark Brown SN
7	Rouge acétoquinone 2J	Dispersol Fast Red LGG	Acetamine Red RP
8	Rubine acétoquinone 3BS	Dispersol Fast Crimson B	Acetamine Rubine B
9		Dispersol Fast Scarlet B Solacet Fast Scarlet BS	Acetamine Scarlet B
10		Duranol Red 2B	Celanthrene Brilliant Red 3B
11		Duranol Violet RS	Acetamine Violet 2R
12	Violet acétoquinone N	(Dispersol Violet B) Duranol Brilliant Violet BR	
13	Heliotrope acétoquinone N	Duranol Violet 2R	Celanthrene Red Violet R conc.
14		Duranol Brilliant Violet B	Celanthrene Violet CB
15		Dispersol Diazo Blue NS	Acetamine Diazo Blue RD
16	Bleu acétoquinone WF	Duranol Blue GS, LFFR	Celanthrene Brilliant Blue FFSK
17	Bleu marine acétoquinone RN	Duranol Navy Blue BS	Celanthrene Navy Blue BPN
18			
19	Noir Diazo acétoquinone N	Dispersol Diazo Black B	Acetamine Diazo Black RB
20			Celanthrene Black GNK

Azetatseidenfarbstoffe

Nr.	Ciba*	Geigy*	Sandoz*
1	Cibacetgelb (GB), (GN), 2GC	Setacyldirektgelb 2GN	Artisildirektgelb G, GN
2	Cibacetgelb (2RN), GR	Setacyldirektgelb 2R, RN	Artisildirektgelb RN
3	Cibacetgelb GGN	Setacyldirektgelb G, 3G	Artisildirektgelb 2GP
4	Cibacetorange 2R	Setacyldirektorange 2R	Artisildirektorange 2R, 2RN
5	Cibacetorange 4R	Setacyldirektorange 2R	Artisildirektorange 3R, 3RP
6	Cibacetbraun RB	Setacyldirektbraun BN	Artisildirektbraun BP
7	Cibacetrot GNB, GG	Setacyldirektrot GN, GBN	
8	Cibacetrubin R	Setacyldirektrubin B	Artisildirektrubin B, GP
9	Cibacetscharlach BRN	Setacyldirektscharlach RN	Artisildirektscharlach GP, GFP
10	Cibacetrot 3B	Setacyldirektrosa 3B	Artisildirektrot 3B, 3BP
11		Setacyldirektviolett 2B	
12	Cibacetviolett B	Setacyldirektviolett R	Artisildirektviolett BP
13	Cibacetviolett 2R	Setacyldirektviolett 4RD	Artisildirektviolett 2RP
14	Cibacetviolett B	Setacyldirektviolett B	Artisildirektviolett BP
15	Cibacetdiazomarineblau B	Setacyldiazomarineblau R	
16	Cibacetblau B, BR, RF	Setacyldirektblau RF, FF, RS	Artisildirektblau BP, RFP
17	Cibacetmarineblau B, BNN	Setacyldirektmarineblau 2B, RA	Artisildirektmarineblau B, BNS
18			
19	Cibacetdiazoschwarz GN, B	Setacyldiazoschwarz BN, S	Artisildiazoschwarz GP, B
20	Cibacetschwarz DGN, GR	Setacyldirektschwarz B, BSP	Artisildirektschwarz GSP

Nr.	Cyanamid	Nacco	Gen. Dyest. Corp.
1	Calconese Yellow GC		Celliton Fast Yellow GA
2			Celliton Fast Yellow RR, GRA-CF
3			Celliton Fast Yellow L3G
4	Acetate Orange G extra conc.	Nacelan Orange GR	Celliton Orange GRA
5	Calconese Orange 3RC Acetate Orange 3RC		
6		Nacelan Brown B	Celliton Fast Brown BTA
7	Calconese Red GG		Celliton Fast Red GGA
8	Calconese Acetate Bordeaux B	Nacelan Rubine B conc.	Celliton Fast Rubine BA, BA-CF
9	Acetate Brilliant Scarlet BB	Nacelan Scarlet CSB	Celliton Scarlet BA
10		Nacelan Pink B	Celliton Fast Pink BA
11			
12			Celliton Fast Violet BA
13		Nacelan Violet 4R	Celliton Fast Red Violet RA
14	Acetate Violet B	Nacelan Violet 4B	Celliton Fast Violet 6BA
15	Calconese Diazo Navy Blue B		Cellitazole BND
16	Acetate Sapphire Blue 2GR conc.	Nacelan Brilliant Blue NR	Celliton Fast Blue FFRN
17			Celliton Fast Navy Blue BA
18			
19	Calconese Diazo Black BON	Nacelan Diazo Black DB, DY	Cellitazol NS, L
20		Nacelan Black JB	

* Es sind auch ältere Markenbezeichnungen angegeben.

III. Hinweise für Untersuchungen von Farbstoffen und Textilhilfsmitteln

Die Untersuchungen, die ein Textillaboratorium beschäftigen, können chemischer, physikalischer oder technologischer Art sein. Eine eingehende Beschreibung derselben würde weit über den Rahmen des vorliegenden Buches hinausgehen. Für diesen Zweck sei auf die einschlägige Literatur, insbesondere auf das bewährte, neu verlegte Werk „Färberei- und textilchemische Untersuchungen" von HEERMANN-AGSTER, auf das „Handbuch der Färberei" von A. SCHAEFFER, Band IV, sowie auf das im Erscheinen begriffene „Handbuch der chemischen Untersuchung der Textilfaserstoffe" von H. M. ULRICH verwiesen.

Es seien daher im nachstehenden nur solche Untersuchungen angeführt, die erfahrungsgemäß häufiger im Textil-Laboratorium anfallen und sich im Hinblick auf die angewandten Methoden praktisch bewährt haben, wenn dieselben auch nicht immer Anspruch auf letzte Exaktheit erheben können. Im allgemeinen muß bezüglich der sicherlich sehr sinnvoll ausgedachten und ausgearbeiteten Analysengänge zur Bestimmung von Fasern, Färbungen und Appreturen gesagt werden, daß dieselben in den meisten Fällen der Praxis nutzlos sind und jedenfalls eines versierten Analytikers bedürfen, wenn sie nicht zu groben Irrtümern führen sollen. Andererseits wird der erfahrene Analytiker häufig auf einen vollständigen Analysengang verzichten können und mit Hilfe von Einzelreaktionen und Überlegungen anderer Art zum Ziele kommen. Es sollen daher bei den Untersuchungen nur die *Wege* gewiesen werden; der Gebrauch von Spezialwerken ist dabei unerläßlich.

Im übrigen sei erwähnt, daß die moderne Analyse vielfach neue Wege geht, die vor allem auf eine Vereinfachung der Untersuchungsmethodik hinzielen. So werden, wo nur möglich, immer mehr physikalische Verfahren an Stelle der zeitraubenderen chemischen angewandt. Auf neuem, noch sehr ausbaufähigem Gebiet liegen die chromatographischen Methoden, die für die Farbstoffanalysen vorteilhaft benützt werden können. Ebenso wird die Fluoreszenzanalyse einmal manche analytische Vereinfachung bringen, wenn genügend Erfahrungsmaterial vorliegt. Das Aufgabengebiet eines Laboratoriums ist oft nur die Feststellung von Wirkungen.

Feststellungen der Art der Färbungen

Sehr häufig erweist es sich als notwendig, ein gefärbtes Muster auf die Art der Färbung zu untersuchen. Für den praktischen Zweck genügt es meist, wenn die Gruppenzugehörigkeit der Färbung bekannt ist. Eine Feststellung der für die Färbung verwendeten Einzelfarbstoffe ist besonders dann, wenn es sich um Misch- oder nuancierte Färbungen handelt, entweder sehr schwierig oder meist überhaupt unmöglich. Die chemische Konstitution der verwendeten Farbstoffe ist im übrigen für den Färber gewöhnlich unerheblich, wichtig ist jedoch für ihn die Kenntnis, mit welcher Farbstoffklasse gefärbt wurde, da dann einerseits das färberische Verhalten des Farbstoffes und andererseits ein gewisses Maß für die vorliegende Echtheit gegeben ist. Es bedarf für die Farbstoffanalyse nicht nur sehr viel chemischer, sondern auch färberischer Erfahrung, um die bei der Analyse auftretenden Erscheinungen richtig zu deuten. Einen wesentlichen Anhaltspunkt für Färbungsanalysen bietet die Kenntnis der Faserzusammensetzung des Prüfmaterials. Dadurch kann bereits eine Abgrenzung der in Frage kommenden Farbstoffgruppen vorgenommen werden. Es wird daher immer notwendig sein, vorerst eine Faserbestimmung durchzuführen. Gewisse

Schwierigkeiten bereiten Färbungen, die mit Farbstoffen einer anderen Farbstoffklasse übersetzt oder geschönt sind, beispielsweise Chromierungs- mit Säurefarbstoffen.

Oft können Anhaltspunkte auch aus der vorliegenden Farbnuance oder deren Brillanz gewonnen werden. Liegt beispielsweise bei Zellulosefasern ein lebhafter roter Farbton vor, so scheidet eine Schwefelfärbung von vornherein aus; eine lebhafte Grünnuance kann nicht durch eine Naphtolkombination erzielt worden sein. Jedenfalls wird man auch für die Feststellung der Gruppenzugehörigkeit immer zu Kontrollbestimmungen greifen, die je nach Vermutung für das Vorhandensein einer Farbstoffklasse jeweilig verschieden sein können. Wie bereits erwähnt, werden gute färberische Kenntnisse neben dem analytischen Können die gestellte Aufgabe oft sehr erleichtern. Es soll im nachstehenden kein lückenloser Analysengang wiedergegeben werden, der alle denkbaren Fälle und damit auch solche, die in der Praxis so gut wie niemals vorkommen, erfaßt, sondern der Zielsetzung des vorliegenden Buches entsprechend im wesentlichen nur die Arbeitsmethodik, welche sich für den praktischen Gebrauch bewährt hat.

Bei Vorliegen von nativer oder regenerierter Zellulose, das sind also Baumwolle, jede Art von Reyon und Zellwollen (ausgenommen Azetatreyon), Leinen, Hanf, Ramie usw., können Färbungen mit folgenden Farbstoffgruppen vorliegen:

1. Basische Farbstoffe. 2. Direkte Farbstoffe. 3. Direkte Farbstoffe mit Nachbehandlung. 4. Beizenfarbstoffe. 5. Schwefelfarbstoffe. 6. Küpenfarbstoffe und Leukoküpenfarbstoffe. 7. Wasserunlösliche Azofarbstoffe. 8. Oxydationsfarbstoffe. In sehr seltenen Fällen kommen auch noch Säurefarbstoffe, meist auf Reyon, sowie Mineral- und Pigmentfarbstoffe in Frage. Mineralfärbungen kommen nur in wenigen typischen Nuancen, wie Gelb, Khaki und Braun, und auf bestimmten Geweben in Betracht. Pigmentfärbungen auf Basis der Acramin-, Aridyefarbstoffe usw., also „Färbungen" unter Zuhilfenahme von Kunstharzen, sind derzeit noch wenig in Gebrauch.

Ehe man an eine genauere Prüfung mittels Kontrollreaktionen schreitet, wird man zweckmäßig eine informative Vorprüfung durchführen.

Zur Vornahme dieser Prüfung wird ein kleiner Abschnitt des Probemusters in eine Eprouvette mit kaltem destilliertem Wasser gegeben und während 1 bis 2 Minuten geschüttelt. Erfolgt bereits Abbluten des Farbstoffes, kann es sich nur um einen wasserunechten, nicht auf Beize gefärbten basischen oder um einen direkten Farbstoff handeln. Hierauf wird langsam bis zum Sieden erhitzt und einige Minuten bei dieser Temperatur gehalten. Tritt starkes Abbluten ein, so handelt es sich um einen mehr oder weniger gut fixierten direkten Farbstoff ohne besondere Nachbehandlung. Nun wird etwas Soda zugesetzt und wieder einige Minuten bei angenähert Siedetemperatur beobachtet. Unter diesen Bedingungen zeigen bereits die meisten Direktfarbstoffe, auch die nachbehandelten, starkes bis deutliches Abbluten. Ein Teil der Lösung wird nun abgegossen und mit einem Fädchen Baumwolle oder Zellwolle versetzt und bei einer Temperatur nahe dem Kochpunkt durch 10 Minuten behandelt und dann abkühlen gelassen. Ist eine der Farbtiefe der Ausgangslösung entsprechende Anfärbung eingetreten, so ist das Vorliegen einer direkten Färbung bestätigt.

Zur Kontrolle wird die sodahaltige Probe nun mit etwas Hydrosulfit versetzt. Tritt Entfärbung ein, welche nach Spülen des Musters mit Wasser und leichtem Ansäuern mit Essigsäure, eventuell unter Zugabe von einer Spur Persulfat, nicht mehr rückgängig gemacht werden kann, so liegt ein direkter Farbstoff vor. Es gibt allerdings einige wenige direkte sowie die basischen Farbstoffe, welche durch Hydrosulfit nicht zerstörbar sind und nach saurem Spülen ihren Farbton zurückerhalten. Das Abbluten in die sodaalkalische Prüflösung verrät jedoch, daß es sich um keinen echten, sondern um einen nicht reduzierbaren andersartigen Farbstoff handelt. Die Reduktionsprobe wird man zweckmäßig sowohl mit dem Prüfmuster als auch mit einem Teil der Prüfflüssigkeit durchführen, um die Identität von abgeblutetem und auf der Faser verbliebenem Farbstoff festzustellen. Ist die sodaalkalische Prüflösung nicht oder nur spurenweise angefärbt und wird die Färbung ohne plötzliche Farbtonänderung durch Hydrosulfit nur langsam meist auf einen Gelbton zerstört, ohne nach Spülung und Säuerung wiederzukommen, dann liegt wahrscheinlich ein unlöslicher Azofarbstoff vor. Da es eine Reihe von unlöslichen Azokörpern gibt, die nur schwer ätzbar sind, so ist die Prüfung durch längere Zeit unter Zugabe von etwas Natronlauge und Hydrosulfit, eventuell auch etwas Anthrachinon fortzusetzen. Ist die alkalische Prüflösung jedoch nicht oder nur spurenweise angefärbt und gibt das Prüfmuster sofort einen mehr oder minder großen Farbumschlag, der nach Säuerung und Persulfatbehandlung zum selben Farbton und in angenäherter Tiefe wiederkehrt, liegt ein Schwefel- oder Küpenfarbstoff bzw. Leukoküpenesterfarbstoff vor. Tritt weder ein Abbluten ein noch eine Veränderung des Farbtones, so kann ein Oxydationsfarbstoff vorliegen oder einige nicht zerstörbare Azofarbstoffe, hauptsächlich solche der Gelbreihe. Auf Grund dieser Vorprüfung läßt sich also schon eine weitgehende, in Einzelfällen endgültige Entscheidung über die Art des Farbstoffes treffen. Auf jeden Fall wird man jedoch noch eine Reihe von zusätzlichen Prüfungen vornehmen.

Als eine wertvolle Ergänzung der beschriebenen Vorprüfung erweist sich das Verhalten der Färbungen gegen verdünntes und trockenes Pyridin. Ein kleines Farbmuster wird in einer Eprouvette einmal mit 4 bis 5 ccm von reinem, das andere Mal mit 20%igem Pyridin zuerst in der Kälte und dann in der Wärme behandelt. (Es ist dabei auf die Brennbarkeit des Pyridins zu achten!) Liegen sehr lichte Farbtöne zur Prüfung vor, so ist die Pyridinmenge zu reduzieren, um die Anfärbung deutlicher zu gestalten.

Von ganz vereinzelten Ausnahmen abgesehen, färben die Direkt-, Diazotierungs- und Kupplungsfarbstoffe die verdünnte Pyridinlösung stark, die konzentrierte dagegen nicht an. Dagegen färben Küpen- und viele Naphtolfarben die konzentrierte Pyridinlösung wesentlich stärker als verdünnte an, die meist nur spurenweise oder gar nicht angefärbt erscheint. Beizen- und Schwefelfärbungen verhalten sich verschieden. Einzelne Schwefelfarbstoffe, wie Immedialbrillantcyanin 3G, Immedialneublau G, Immedialindon RR und andere, färben die verdünnte Lösung deutlich an. Beizen- und Mineralfärbungen werden im ersten Falle meist, im letzteren weder von verdünntem noch trockenem Pyridin angegriffen. Zur Verdeutlichung des Effektes ist es zweckmäßig, die beiden Proben, die selbstverständlich für die Durchführung des Versuches auf gleichem Volumen gehalten sein müssen, nebeneinander zu vergleichen. Der Effekt tritt fast immer sehr deutlich in Erscheinung. Die Pyridinprobe gestattet, die Direktfarbstoffe von der Gruppe der naßechten Farbstoffe einwandfrei abzugrenzen.

Obwohl durch dies Verhalten gegen eine alkalische Lösung und Hydrosulfit ein Küpen- bzw. Leukoküpenfarbstoff bereits ziemlich eindeutig bestimmt ist, gilt es, denselben noch deutlich von den Schwefelfarbstoffen zu unterscheiden. Die meisten Küpenfarbstoffe haben die Eigenschaft, sich in geschmolzenem Paraffin zu lösen. Die Durchführung der Probe erfolgt so, daß ein bohnengroßes Stück gebleichten Paraffins in einer Proberöhre bis zum Auftreten von weißen Dämpfen erhitzt wird. Man wirft nun einige Fäden des Prüfmusters in das heiße Paraffin, worauf gegebenenfalls ziemlich rasch Färbung eintritt. Paraffin wird von Küpen- und unlöslichen Azofarbstoffen angefärbt, dagegen nicht von Schwefel- und Beizenfarbstoffen. Allerdings zeigen auch einige Naphtol- und Küpenfarbstoffe negative Reaktion, so daß die Probe nicht in allen Fällen eindeutig ist. Bei positivem Ausfall kann jedoch auf die Abwesenheit einer Schwefelfärbung geschlossen werden. Eine Testung auf Schwefelfarbstoff, falls die Voruntersuchungen für einen solchen sprechen, kann erfolgen: 1. Durch Behandlung der Färbung mit einer Schwefelnatriumlösung und Mitbehandeln weißer Baumwollware. Eine erkennbare Reduktion meist nach Gelb sowie eine Anfärbung des Baumwollmusters weist auf Schwefelfärbung. 2. Durch Behandlung der Färbung mit saurer Hypochloritlösung. Die Mehrzahl der Schwefelfarbstoffe ist im Gegensatz zu Küpen- und Naphtolfarbstoffen chlorunecht und wird durch Hypochlorit zerstört. Die oft gebräuchliche Identifikation einer Schwefelfärbung durch Reduktion derselben und Nachweis des entstehenden Schwefelwasserstoffes ist nicht zu empfehlen, da auch beliebige Sulfosäuregruppen unter Umständen bis zum Schwefelwasserstoff reduziert werden können und damit falsche Schlüsse auslösen.

Auf Grund der vorbeschriebenen Untersuchungen können somit Direkt-, Schwefel-, Naphtol- und Küpenfarbstoffe voneinander unterschieden werden. Einer Kontrollmethode bedürfen noch die Beizenfarbstoffe. Liegt die Vermutung für das Vorliegen solcher vor, behandelt man eine Probe mit Eisessig. Beizenfarbstoffe werden dadurch im Gegensatz zu Direktfarbstoffen stark von der Faser abgezogen. (In Frage kämen noch basische und Naphtolfärbungen, die sich jedoch durch ihr Verhalten gegen die alkalische Prüflösung sowie gegen Reduktion voneinander unterscheiden.) Als Kontrollmaßnahme dient die Untersuchung der Asche des Prüfmusters. Einige Quadratzentimeter werden in einem Porzellantiegel verascht und die Asche geprüft. Die Untersuchung erfolgt nach den allgemeinen analytischen Methoden. Am schnellsten ist, zumindest für eine Voruntersuchung, die Herstellung einer Borax- oder Phosphatperle. Bei mehrwertigen Metallen, wie Chrom, Eisen, Kupfer usw., ist es dabei möglich, je nachdem man in der Oxydations- oder Reduktionszone der Flamme arbeitet, verschiedene Färbungen zu erzeugen und damit die Reaktion sicherer zu gestalten. Bei Beizenfarbstoffen wird man in erster Linie auf die Gegenwart von Chrom und Aluminium, dann auf Eisen und Nickel, bzw. in noch selteneren Fällen auf Kobalt, zu achten haben.

Es sollen nun noch die nachbehandelten Direktfarbstoffe einer Betrachtung unterzogen werden. Diazotierungs- und Kupplungsfarbstoffe lassen sich durch chemische Reaktion nicht von den unbehandelten unterscheiden. Lediglich die bessere Wasserechtheit und Waschechtheit läßt auf ihre Gegenwart schließen, soferne nicht andere nachweisbare Nachbehandlungsmethoden angewendet wurden. Färbungen, welche mit Kupfer- oder Chromsalzen nachbehandelt wurden und sich von den Beizenfarbstoffen durch ihre Unlöslichkeit in Eisessig, von den Naphtolen durch ihr Verhalten gegen Pyridin unterscheiden, werden nach dem Veraschen des Musters auf Kupfer und Chrom geprüft und so nachgewiesen. Bei der Prüfung auf Kupfer empfiehlt es sich, eine Reaktion zu wählen, deren Empfindlichkeit nicht zu groß ist, um nicht durch Spuren Kupfer, die aus dem Gewebe stammen, besonders wenn es sich um Reyon oder Zellwolle handelt, getäuscht zu werden. Im anderen Falle sind unbedingt Modellfärbungen mit angepaßtem Kupfergehalt parallel zu versuchen. Als geeignetes Kupferreagens kann das diäthyldithiokarbaminsaure Natrium angesprochen werden. Chrom kann neben der Boraxprobe gut durch Aufschmelzen der Asche mit Soda und Salpeter an der gelben Schmelze erkannt werden.

Mit Formaldehyd und organischen Verbindungen, die meist Formaldehyd enthalten, nachbehandelte Färbungen lassen sich durch Nachweis des *Formaldehyds feststellen*. Zu diesem Zwecke wird ein Stückchen des Prüfmusters in einem kleinen Kolben mit aufgesetztem Kühler mittels verdünnter Salzsäure durch 30 Minuten bei Kochtemperatur hydrolisiert. Nach dem Abkühlen werden mehrere Tropfen des Hydrolysates einer frisch bereiteten Lösung, bestehend aus einigen Körnchen Karbazol in 4 bis 5 ccm konzentrierter Schwefelsäure, zugefügt. Eine Blaufärbung an der Berührungsstelle bzw. eine blaue Fällung bei größeren Mengen zeigt Formaldehyd an.

Gibt eine Färbung weder bei der Vorprüfung noch mit Eisessig eine Reaktion, dann liegt wahrscheinlich eine Mineralfärbung vor. Die Veraschung eines solchen Gewebes ergibt auffällig große Mengen an Asche, welche je nach Farbton Chrom, Eisen oder Mangan enthalten kann.

Ebenfalls reaktionslos bleibt bei der Vorprüfung Anilinschwarz. Eine Behandlung mit Natriumhydrosulfit in alkalischer Lösung bewirkt Braunfärbung der Schwarznuance, die jedoch beim Spülen mit Wasser wieder in den ursprünglichen Farbton übergeht.

Leukoküpenesterfärbung ist von den gewöhnlichen Küpenfärbungen chemisch nur schwierig zu unterscheiden. Nach LIVINGSTONE wird die Farbe erst mit alkoholischer Hydrosulfitlösung abgezogen und das entfärbte Muster mit Methylenblaulösung 0,25 : 100 gekocht. Leukoküpengefärbtes Gewebe hat im Gegensatz zu normal küpengefärbtem starke Affinität zu basischen Farbstoffen (Oxyzellulose!) und kann auf diese Weise festgestellt werden. Die Feststellung, ob ein in anderer Hinsicht qualifizierter Farbstoff, beispielsweise Siriusfarbstoff, vorliegt, kann wohl nur durch die Ermittlung der entsprechenden Echtheit, hier also Lichtechtheit, erfolgen.

Für die Färbung von Wolle, Seide sowie künstlichen Proteinfasern kommen in Frage: 1. Basische Farbstoffe. 2. Säurefarbstoffe. 3. Chromierungsfarbstoffe. 4. Chromkomplexfarbstoffe. 5. Küpen- und Leukoküpenesterfarbstoffe. 6. Unlösliche Azofarbstoffe. Die Färbungen 1 und insbesondere 5 und 6 sind in der Praxis wohl verhältnismäßig selten anzutreffen, wogegen das Gros der Fälle auf die Färbungen 2, 3 und 4 verteilt ist. Das Prüfmuster wird vorerst verascht und der Rückstand auf Chrom geprüft. Bei positivem Ausfall der Prüfung sind Chromkomplex- oder Chromierungsfarbstoffe vorhanden. Eine weitere Probe wird mit Ammoniak 25% kochend behandelt. Es werden von der Faser abgezogen: Basische, Säure-, Direkt- und Chromkomplexfarbstoffe. Bleibt das Ammoniak ungefärbt oder nur spurenweise angefärbt, dann liegen entweder Chromierfarbstoffe, Küpen- oder Leukoküpenfarbstoffe oder wasserunlösliche Azofarbstoffe vor. Um zu entscheiden, welche Farbstoffe bei dem gegebenenfalls angefärbten Ammoniak vorliegen, wird das Ammoniak verdampft und die neutrale Farbstofflösung in zwei Teile geteilt. Die erste Hälfte wird mit einigen Tropfen Essigsäure, die zweite mit Glaubersalz versetzt. In beiden Ansätzen kocht man je einige Fädchen Baumwolle und Wolle. Substantive Farbstoffe färben im alkalischen Bad die Baumwolle wesentlich stärker an als Wolle, überdies muß die Färbung bei einer neuerlichen heißen Behandlung mit Ammoniak 1 : 100 bestehen bleiben. Aus dem sauren Bad wird Baumwolle ungefärbt, dagegen Wolle gefärbt hervorgehen. Liegen Säurefarbstoffe vor, so wird im alkalischen Bad Baumwolle nicht oder unbeständig gegen einen anschließenden Kochprozeß ausgefärbt.

Liegt Azetylzellulosefaser vor, kommen für die Färbung derselben folgende Farbstoffgruppen in Betracht: 1. Basische Farbstoffe. 2. Saure Farbstoffe. 3. Auf der Faser erzeugte unlösliche Azofarbstoffe. 4. Dispersionsfarbstoffe. Weitaus am häufigsten wird die Färbung von Azetatreyon oder Azetatzellwolle mit Hilfe von Dispersionsfarbstoffen hergestellt worden sein. Basische Färbungen weist man durch Behandeln des Prüfmusters mit verdünnter

Natronlauge nach. Ein sofortiger Farbenumschlag und Entfärbung oft bis zur Farblosigkeit, wobei die Färbung nach dem Ansäuern wieder zur Gänze zurückkehrt, deutet auf basische Färbung. Liegt keine solche vor, so werden einige Quadratzentimeter des Musters in ein Gemisch gleicher Volumsteile von Alkohol und Essigester eingelegt. Dies wird solange fortgesetzt, bis sich eine größere Menge des Farbstoffes von der Faser abgelöst hat. Das Lösungsmittel wird nun verdampft und der Rückstand in Wasser aufgenommen. Diese Lösung wird in zwei Teile geteilt. Der erste Teil wird mit etwas Essigsäure versetzt, zum zweiten Teil gibt man eine Seifen- oder Igeponlösung. Im ersten Teil färbt man bei 70 bis 75° C bei Kochtemperatur ein Woll- und tanniertes Baumwollmuster, im zweiten Teil eine kleine Menge Azetatseide. Ist die Wolle der ersten Probe stark angefärbt, tannierte Baumwolle und Azetatseide aber nicht, so sind Säurefarbstoffe als vorliegend anzunehmen. Sind Wolle und tannierte Baumwolle angefärbt, so ist das Vorhandensein basischer Farbstoffe wahrscheinlich, wobei das vorher beschriebene Verhalten von basischen Farbstoffen gegen Natronlauge als Kontrolle verwendet werden kann. Ist weder Wolle noch tannierte Baumwolle merklich angefärbt, dagegen Azetatseide stark, dann ist auf Dispersionsfarbstoffe zu schließen. Ist auch Azetatseide nicht gefärbt, dann liegen auf der Faser erzeugte Azofarbstoffe vor. Der letztere Fall wird im übrigen schon angedeutet, wenn nach dem Verdampfen des vorher beschriebenen Alkohol-Essigester-Gemisches ein in Wasser nicht mehr löslicher oder fein dispergierbarer Rückstand verbleibt, sondern sich derselbe nur mehr grobflockig verteilen läßt, jedoch mit Äther ausschüttelbar ist.

Ob die Färbung in der Spinnmasse erfolgte, läßt sich im Mikroskop an der Verteilung des Farbstoffes erkennen. Spinngefärbte Fasern zeigen ebenso wie spinnmattierte eine sichtbare Anordnung der Farbstoffteilchen, während badgefärbte Azetatseide eine gleichmäßige, im Mikroskop nicht auflösbare Verteilung des Farbstoffes aufweist.

Polyamidfasern: Zur Färbung von Polyamidfasern dienen heute entweder ausgewählte Säure-, Chromkomplex- oder Dispersionsfarbstoffe. Die Faser wird bei Kochtemperatur mit starkem Ammoniak behandelt. Säure- und teilweise Chromkomplexfarbstoffe gehen in Lösung, während Dispersionsfarbstoffe nicht oder nur schwach von der Faser abgezogen werden. Nach dem Verdampfen des Ammoniaks und Ansäuern der Probe mit etwas Ameisensäure färbt man einige Wollfäden. Erfolgt Anfärbung, liegt ein Säure- oder Chromkomplexfarbstoff vor. Ein kleines Stückchen des Untersuchungsmusters wird verascht und analytisch auf Chrom geprüft. Liegt Chrom vor, dann kann auf Chromkomplexfarbstoffe geschlossen werden, bei Abwesenheit von Chrom liegen wahrscheinlich Säurefarbstoffe vor. Wurde Wolle im sauren Bad nicht angefärbt oder lösten sich nur geringe Farbanteile bei der Behandlung mit Ammoniak von der Faser, so ist eine frische Probe des Musters mit Alkohol in der Wärme zu behandeln. Der Alkohol ist zu verdampfen, der Rückstand in Wasser aufzunehmen, mit etwas Seifenlösung zu versetzen und dieser Flotte einige Azetatfasern zuzufügen. Bei 70 bis 80° C ist einige Zeit zu färben. Eine Anfärbung der Azetatfaser weist auf Dispersionsfarbstoffe hin.

Andere vollsynthetische Fasern: Für die Färbung solcher Fasern kommen derzeit beinahe ausschließlich Dispersionsfarbstoffe in Frage. Das gefärbte Gewebe wird mit einem Alkohol-Essigester-Gemisch behandelt, welches Dispersionsfarbstoffe löst. Nach Abdampfen des Lösungsmittels kann wie vorher auf dieselben geprüft werden. Zur Sicherheit soll ein kleines Stück des Prüfmusters verascht und auf Kupfer untersucht werden, da es einige allerdings noch selten angewandte Verfahren gibt, welche Kupfer als eine Art Beize benützen. Nach der Cupro-Ionenmethode hergestellte Färbungen geben den Kupfernachweis in der Faser. Ob eine spinn- oder badgefärbte Faser vorliegt, läßt sich im Mikroskop, wie vorher beschrieben, erkennen.

Halbwolle: Unter Halbwolle werden Mischungen von Wolle mit Zellulosefasern sowohl nativer als auch regenerierter Art verstanden, einerlei ob diese Mischung im Spinnmaterial oder im Gewebesystem vorliegt. Ist das letztere der Fall, so trennt man die einzelnen Fasersorten von Hand aus und untersucht jede für sich, wie bereits vorher ausgeführt. Liegt jedoch bereits eine Mischung des Spinnmaterials vor, was häufiger der Fall ist, dann gibt es zwei Möglichkeiten, nach der die Färbung des Gewebes zustande gekommen sein kann. 1. Das lose Material wurde jedes für sich gefärbt und dann versponnen. 2. Das Material wurde zuerst versponnen und dann gefärbt. Für den Fall 1 können grundsätzlich alle für jede einzelne Faser anwendbaren Farbstoffgruppen nebeneinander vorkommen. Im zweiten Fall ist eine gewisse Einschränkung der Färbemöglichkeiten gegeben.

Ist der Untersuchende daher über die Vorgeschichte des gefärbten Materials im Bilde, so kann er von vornherein oft gewisse Farbstoffgruppen aus der Betrachtung ausscheiden. Trifft dies jedoch nicht zu, so ist ein ähnlicher Analysengang einzuhalten, wie er bei den Zellulose- und Proteinfasern beschrieben wurde. Ein Teil des Prüfmusters wird verascht und der Rückstand auf Chrom und Kupfer untersucht. Ein anderer Teil des Gewebes wird zerfasert und mit etwas Soda und einer geringen Menge Hydrosulfit bei 40 bis 50^0 C behandelt. Nun wird Fasermaterial plus Flotte unter dem Mikroskop beobachtet. Etwas vom mit Hydrosulfit behandelten Fasergemisch wird nun gespült und mit einigen Tropfen Essigsäure angesäuert. Auch diese Probe wird — zweckmäßig auf denselben Objektträger — zusammen mit der ersten und einer unbehandelten Probe gegeben. Durch Vergleichsbeobachtungen läßt sich bereits eine Reihe von Schlüssen ziehen. So kann bei der Baumwolle mit ziemlicher Sicherheit auf Direktfarbstoffe, Schwefel- und Küpenfarbstoffe geschlossen werden; durch eine Hypochloritbehandlung des Prüfmusters kann eine weitgehende Differenzierung der Schwefel- von den Küpenfarbstoffen getroffen werden. Es läßt sich auch entscheiden, ob Protein- und Zellulosefasern mit verschiedenen Farbstoffen gefärbt wurden. Dies dann, wenn man beispielsweise die Baumwolle durch Reduktionsmittel entfärbt, die Wolle dagegen gefärbt bleibt oder in der Reduktionsflotte nur einen Farbtonumschlag zeigt.

Ein anderer Teil des Prüfmusters wird mit Wasser unter Zusatz von Ammoniak in der Hitze behandelt. Das Muster wird gut gespült und etwas gesäuert und unter dem Mikroskop mit dem Original verglichen. Hat der Wollanteil seinen Farbton nicht oder unwesentlich geändert, so liegen wahrscheinlich Chromier- oder Wollküpenfarbstoffe vor. Die Entscheidung zwischen diesen beiden Gruppen läßt sich auf Grund des vorangegangenen Reduktionsverhaltens treffen. Ist diese ammoniakalische Flüssigkeit nach der Behandlung des Gewebes minimal gefärbt oder ungefärbt, so scheiden basische, Säure-, Direkt- und Chromkomplexfarbstoffe als mögliche Farbstoffgruppen aus. Falls die Lösung gefärbt ist, wird das Ammoniak verdampft und die Probe geteilt. Der eine Teil wird mit einigen Tropfen Essigsäure schwach angesäuert und in die Lösung einige Wollfäden sowie tannierte Baumwolle eingebracht. Dem anderen Teil wird etwas Glaubersalz und einige Fäden Baumwolle und Wolle zugegeben. Wird im sauren Bad tannierte Baumwolle stark angefärbt, dann handelt es sich um einen basischen Farbstoff; von welchem Faseranteil des Prüfmusters derselbe stammt, kann durch mikroskopische Beobachtung des mit Reduktionsmittel versetzten Gewebes und anschließende Oxydation beobachtet werden. Sind dagegen nur die Wollfäden gefärbt, liegt möglicherweise ein Säurefarbstoff vor. Ist im zweiten Teil der Probe nur die Baumwolle gefärbt und die Wolle ungefärbt oder höchstens schwach angetönt, dann liegt für den Wollanteil ein saurer und für den Baumwollanteil ein direkter Farbstoff vor. Sind dagegen Baumwolle und Wolle annähernd gleich tief gefärbt, dann kann es sich um einen einheitlichen, auf Protein- und Zellulosefasern gleichmäßig ziehenden direkten oder um eine Mischung eines direkten mit einem auf Wolle neutral ziehenden Säurefarbstoff handeln.

Um dies zu entscheiden, können chromatographische Methoden zu Hilfe genommen werden. Es besteht jedoch auch die Möglichkeit, eine Probe neuerlich mit Ammoniak abzuziehen, das Ammoniak zu verdampfen und die Probe dreifach zu teilen. Den ersten Teil versetzt man mit Wolle, den zweiten mit Baumwolle als Färbegut. Nun wird gefärbt und anschließend die Färbeflotten abgegossen und jede für sich sowie die dritte „Leer"-Probe eingedampft. Mit den Rückständen werden nun einige Reaktionen unter Gebrauch von Schwefelsäure, Salzsäure, Natronlauge usw. durchgeführt. Zeigen die Reaktionen untereinander Gleichheit, dann handelt es sich um einen einheitlichen Farbstoff, weisen sie Abweichungen auf, so liegt eine Mischung vor. Von welchem Faseranteil der abgezogene Farbstoff stammt, muß wieder durch eine mikroskopische Betrachtung des mit Ammoniak behandelten Prüfmusters festgestellt werden. Einige Fäserchen des Prüfmusters werden unter dem Mikroskop mit einem Tropfen Eisessig versetzt. Durch leichtes Anwärmen des Objektträgers ist eine eventuelle Lösung eines Farbstoffes durch Farbdiffusion in die Umgebung der Faser zu erkennen. Unter Berücksichtigung des Verhaltens bei der Hydrosulfitbehandlung läßt sich entscheiden, ob wasserunlösliche Azofarbstoffe vorliegen. Eine Ausnahme machen nur die Gelbtöne der nichtlöslichen Azofarbstoffe, die in Eisessig unlöslich sind. Öfter liegen bei Mischgeweben Färbungen vor, bei welchen der Zelluloseanteil zur Verbesserung der Wasserechtheit mit organischen Produkten (kationaktiven Hilfsmitteln) behandelt wurde. Zum Nachweis derselben wird ein 4 bis 5 ccm großes Prüfmuster, wie früher beschrieben, mit Salzsäure hydrolisiert und mit Karbazollösung auf Formaldehyd geprüft. Nachgewiesener Formaldehyd kann mit ziemlicher Sicherheit der Zellulosefaser zugeteilt werden, da eine Formaldehydbehandlung der Wolle in der Praxis kaum vorkommen dürfte. Es dürfen selbstverständlich keine künstlichen Proteinfasern, etwa Lanital und ähnliche, vorhanden sein.

Protein-Azetylzellulose: Mischungen dieser Fasersorten im Gespinst kommen seltener vor. Häufiger findet Azetatreyon zur Herstellung färbiger oder weißer Effekte in Wollgeweben Anwendung. In diesem Falle lassen sich die beiden Fasergruppen unschwer von vornherein trennen und jede für sich auf die Art der Färbung untersuchen. Liegen sie jedoch als Spinnmischung vor, dann läßt sich durch eine Extraktion mittels eines Gemisches gleicher Teile Alkohol-Essigester bei Zimmertemperatur die Färbung der Azetylzellulose ohne Beeinträchtigung der Wollfärbung von der Faser weitgehend ablösen. Die Untersuchung der Lösung erfolgt, wie bei Azetatfasern angeführt. Zur Untersuchung des Wollanteiles kann man einige Quadratzentimeter des Prüfmusters mit Azeton im Soxhlet extrahieren, wobei die Azetylfaser und der zugehörige Farbstoff in Lösung gehen. Nach nochmaligem Spülen mit Azeton und Trocknen des Geweberestes kann derselbe, wie für Proteinfasern üblich, auf die Art der Färbung untersucht werden.

Zellulose-Azetylzellulose: Auch hier ist die Mischung meist nur webtechnisch und man kann die beiden Materialien von Hand aus trennen und jede Fasersorte für sich untersuchen. Liegt jedoch eine Spinnmischung vor, dann wird wie vorher beschrieben verfahren. Die Untersuchung wird komplizierter, wenn die

Baumwolle mit unlöslichen Azofarbstoffen gefärbt ist und diese ebenfalls im Alkohol-Essigester-Gemisch eine Anfärbung verursachen. Die mikroskopische Betrachtung einiger Fäserchen unter Zusatz von Eisessig, eventuell unter Berücksichtigung des Reduktionsverhaltens, läßt hier über das Vorhandensein unlöslicher Azofarbstoffe entscheiden. Zur Bestimmung der Zellulosefärbung wird wie bei Protein-Azetylzellulose mit Azeton extrahiert und der verbleibende Zelluloseanteil wie üblich untersucht.

Wolle-Polyamidfasern: Über diese Fasermischung ist im Hinblick auf einwandfreie Analysenergebnisse noch wenig bekannt. Zur Ermittlung, ob Dispersionsfarbstoffe für die Färbung der Polyamidfaser verwendet wurden, kann die Mischfaser mit Alkohol behandelt werden. Die erhaltene Lösung, welche daneben basische, Säure- und Direktfarbstoffe enthalten kann, wird eingedampft, mit Wasser aufgenommen und mit einigen Tropfen Ameisensäure versetzt und etwas weiße Wolle darin gefärbt. Hierauf wird die verbleibende Farblösung nochmals eingedampft, mit Wasser aufgenommen, mit etwas Seife versetzt und nun etwas Azetatseidenmaterial bei 70 bis 80° C gefärbt. Tritt Anfärbung ein, ist auf die Anwesenheit von Dispersionsfarbstoffen zu schließen. Ob die Polyamidfaser spinngefärbt vorliegt, ist aus der mikroskopischen Beobachtung zu erkennen.

Damit wurde in großen Zügen der grundsätzliche Analysengang zur Gruppenbestimmung von Farbstoffen dargelegt. Die Fragestellung in der Praxis ist meist nicht so, daß ein vollständiger Analysengang notwendig wäre. Oft ist die Vorgeschichte der Färbung teilweise bekannt, so daß die Untersuchung nur auf wenige Gruppen beschränkt werden kann. Nicht selten ist auch nur zu entscheiden, ob eine ganz bestimmte Färbung vorliegt, was wiederum eine Vereinfachung bedeutet. Es werden in der Praxis die selteneren Fälle sein, daß wirklich eine vollständige Analyse in Frage kommt, weil keine Anhaltspunkte vorliegen. Der erfahrene Analytiker und Färber wird sich auch da oft schon mit einigen Testversuchen Klarheit verschaffen können. Selbstverständlich setzt dies eine genaue Kenntnis der Eigenschaften und des Verhaltens von Fasern und Färbung gegenüber den verschiedenen Reagenzien voraus. Der ungeübte Anfänger wird immer gut tun, sich vorerst in einen zweckmäßig ausgearbeiteten Analysenweg, wie er beispielsweise in dem schon erwähnten „Handbuch der Färberei“ von SCHAEFFER dargestellt ist, richtig einzuarbeiten, um später bei einmal gewonnener Übersicht aus der Konstruktion der Analyse jeweils das Notwendige zu verwenden und das Überflüssige wegzulassen oder durch einfachere, sinngemäße Reaktionen zu ersetzen.

Wesentlich komplizierter gestaltet sich die Analyse, wenn nicht nur eine Erfassung der Gruppen, sondern der verwendeten Einzelfarbstoffe gefordert wird. Soferne die Lösung einer solchen Aufgabe überhaupt möglich ist, setzt sie neben besonderen Spezialkenntnissen, die häufig nur den Herstellern der Farbstoffe zur Verfügung stehen, sowie besonderen physikalischen und chemischen Geräten den Besitz einer möglichst lückenlosen Farbstoffsammlung voraus, um an Hand von Modellversuchen die Analyse zu unterstützen und zu überprüfen. Der geübte und praktische Färber wird jedoch auch oft, nur in Kenntnis der Farbstoffgruppe, in der Lage sein, die vermutlich verwendeten Farbstoffe, oft auch aus kommerziellen Überlegungen heraus, anzugeben. In manchen Fällen sind auch die vorliegenden Echtheiten der Untersuchungsfärbung sowie ihr Verhalten bei verschiedener Beleuchtung ein Hinweis auf die verwendeten Farbstoffe. Im Kapitel „Laboratoriumseinrichtungen“ (S. 134) ist ein einfaches Gerät beschrieben, welches es gestattet, auf Grund des metameren Verhaltens vieler Farbstoffe zu entscheiden, ob eine Färbung mit einer Vorlage identisch ist, mögen sich die Färbungen bei Tageslicht noch so sehr ähneln. Im allgemeinen geht jedoch die exakte Durchführung einer solchen Aufgabe über den Rahmen eines Färbereilaboratoriums hinaus und soll deshalb nur angedeutet sein.

Einfacher als die Untersuchung von Färbungen gestaltet sich meist die Prüfung eines Farbstoffes, der als Substanz vorliegt. In vielen Fällen lautet die Fragestellung dahingehend, ob der Prüfling mit einem anderen Farbstoff identisch oder ähnlich ist. Seltener kommt es vor, daß man nicht weiß, *welcher* Farbstoff vorliegt. Im ersten Fall sind es meist kommerzielle Überlegungen, die eine Prüfung des Farbstoffes erfordern. Falls chemische Identität mit dem Gegenmuster vorliegt, wird man sich mit der Feststellung der Konzentration begnügen, ist jedoch nur Ähnlichkeit vorhanden, wird man neben der Ausgiebigkeit auch die erzielbaren Echtheiten vergleichen müssen. Ein Farbstoff, der in Substanz vorliegt, wird sich wesentlich leichter als eine Färbung identifizieren lassen, und zwar nicht nur gruppenmäßig, sondern auch auf Grund des Farbtones und der prüfbaren Echtheiten, auch auf seine Handelsbezeichnung.

Für den Fall, daß die vorliegende Farbsubstanz nicht bekannt ist und deren Gruppenzugehörigkeit ermittelt werden soll, geht man so vor: Als erste Prüfung erfolgt die grundsätzliche Feststellung, ob es sich um einen einheitlichen Farbstoff oder eine Mischung handelt. Zu diesem Zweck wird die sogenannte Spritzprobe angeführt. Ein Filterpapier wird etwas angefeuchtet und senkrecht gehalten, darauf wird von einer Spachtelspitze eine kleine Menge der Substanz aus etwa 30 cm Entfernung durch einen kräftigen Luftstoß des Mundes auf das Papier geblasen. Die einzelnen Farbstoffteilchen, welche, falls sie wasserlöslich sind, auf dem Filterpapier verfließen, können mit freiem Auge oder mit einer schwachen Lupe deutlich unterschieden werden. Es kann dabei festgestellt werden, ob es sich um eine ausgesprochene Farbstoffmischung mit wesentlichen Mengen verschiedener Farbstoffe oder um einen Farbstoff handelt, dem lediglich kleine Anteile zur Farbtonkorrektur zugesetzt wurden.

Diese Methode funktioniert nur bei Farbstoffen, die in der Substanz gemischt wurden, versagt jedoch bei solchen, die aus dem Eindampfen einer Mischlösung hervorgegangen sind, was jedoch seltener zutrifft. Für diesen Fall kann man zu papierchromatographischen Methoden greifen. Im einfachsten Fall läßt man einen Tropfen der Farblösung, auf ein Filterpapier gebracht, sich dort ausbreiten. Bei stärkeren Unterschieden in der Kapillarität der vorhandenen Einzelfarbstoffe entstehen nach kurzer Zeit verschieden gefärbte kreisförmige Zonen. Da das Lösungsmittel bei dieser Ausführung verhältnismäßig rasch verdunstet und damit der kapillaren Wanderung ein Ende gesetzt ist, verwendet man zweckmäßig andere Anordnungen. In einen Glaszylinder, etwa von der Größe eines 500 ccm Meßzylinders, wird ein 3 bis 4 cm breiter Papierstreifen eingehängt. Den Papierstreifen hängt man an einem Draht- oder Glasbügel auf, den man in passender Weise an dem Verschlußkork für den Glaszylinder angebracht hat. Auf den Boden des Glaszylinders gibt man einige Zentimeter hoch das jeweilige Lösungsmittel und hält den Papierstreifen so lange, daß er in dasselbe eintauchen kann. Einige Zentimeter über die Eintauchgrenze bringt man einen Tropfen der Untersuchungslösung auf und verschließt hierauf den Zylinder mit dem Kork. Darauf überläßt man ihn für einige Stunden sich selbst. Nach Ablauf dieser Zeit ist gewöhnlich eine mehr oder minder deutliche Trennung der Einzelfarbstoffe erreicht.

Man kann ein solches „Chromatogramm" etwas schneller auch durch eine „absteigende" Methode erzielen. In diesem Falle befestigt man an der Unterseite des Korkes mittels eines durchgezogenen Drahtes ein kleines, 3 bis 5 cm hohes Glasgefäß, z. B. eine abgeschnittene weite Eprouvette. Der Filterstreifen wird an seinem oberen Ende so abgeknickt, daß das eine Knickende bis zum

Boden des kleinen Glasgefäßes eintaucht und gleichzeitig dadurch den freihängenden Filterstreifen, der bis nahe an den Boden des Glaszylinders reicht, trägt. Das kleine Glasgefäß wird mit dem Lösungsmittel gefüllt und der Streifen in der beschriebenen Weise in das Lösungsmittel eingehängt. Am oberen Ende des freien Filterstreifens nahe der Knickstelle wird der Prüftropfen aufgebracht und nun mittels des Korkens in den Zylinder eingesetzt. Zweckmäßig hat man auf den Boden des Zylinders ebenfalls etwas von dem gleichen Lösungsmittel gegeben, jedoch nur so viel, daß das herabhängende Streifenende nicht berührt wird. Bei dieser Anordnung wandert das Lösungsmittel nicht gegen die Schwerkraft, sondern von oben nach unten mit der Schwerkraft, was eine Beschleunigung des Vorganges mit sich bringt. Wichtig ist, das geeignete Lösungsmittel zu finden, da die Wanderungsgeschwindigkeiten in verschiedenen Lösungsmitteln stark verschieden sein können. Am besten ist es, den Versuch mit verschiedenen Lösungsmitteln durchzuführen und die Ergebnisse zu vergleichen. Eine Regel für die Wahl des Lösungsmittels läßt sich nicht aufstellen, doch können z. B. Alkohole, Ester, Eisessig, Phenole und Gemische aus diesen Stoffen Verwendung finden. Selbstverständlich kann die beschriebene Anordnung nicht nur für die Chromatographie von Farbstoffen, sondern auch anderer geeigneter chemischer Körper dienen. Man versäume nicht, das Chromatogramm auch im Fluoreszenzlicht zu betrachten, da manchmal Einzelbestandteile verschieden oder überhaupt nicht fluoreszieren und dadurch deutlicher unterschieden werden können.

Der nächste Schritt ist die Ermittlung der Löslichkeit der Untersuchungsfarbstoffe. Eine kleine Menge derselben wird mit heißem destilliertem Wasser in einer Proberöhre übergossen und beobachtet. Tritt vollkommene Lösung ein, so scheiden aus: Schwefelfarbstoffe, Küpenfarbstoffe, Rapidecht- und Rapidogenfarbstoffe sowie alkalilösliche Beizenfarbstoffe. Ein wenig Farbstofflösung wird mit Alkali versetzt. Eine Entfärbung, welche nach dem Ansäuern wiederkehrt, läßt auf einen basischen Farbstoff schließen. Die Entfärbung einer alkalischen Farbstofflösung nach dem Versetzen mit Hydrosulfit und Erwärmen, wobei die Entfärbung nicht mehr wiederkehrt, zeigt einen direkten oder Säurefarbstoff an. Kehrt die Färbung wieder, so können außer basischen nur gewisse Säure- oder Direktfarbstoffe vorhanden sein. Ein kleiner Teil der Probe wird verascht und die Asche auf Chrom und Kupfer geprüft. Ist Chrom positiv, so liegt ein Chromkomplexfarbstoff vor. Ist Kupfer positiv, so liegt wahrscheinlich ein Direktfarbstoff mit eingebautem Kupferkomplex vor. Vermutet man zufolge des Verhaltens gegen Alkali und Reduktionsmittel einen basischen Farbstoff, so wird die schwach essigsaure Lösung mit einer Lösung von Tannin versetzt. Ein entstehender Niederschlag weist auf einen basischen Farbstoff hin. Beim Nachweis eines Säure- oder Direktfarbstoffes wird eine neu angesetzte Farbstofflösung in zwei Teile geteilt, der eine Teil mit etwas Essigsäure versetzt und darin etwas Wolle angefärbt, der andere Teil neutral unter Zufügung von etwas Glaubersalz zur Färbung von Baumwolle und Wolle benützt. Ist die Wolle stark gefärbt, während die Baumwolle nicht oder nur schwach gefärbt erscheint, so liegt ein Säurefarbstoff vor. Ist dagegen die Wolle nicht oder schwach und die Baumwolle stark gefärbt, so ist ein direkter Baumwollfarbstoff anzunehmen. Sind jedoch Wolle und Baumwolle gleich tief gefärbt, so handelt es sich um einen Farbstoff, der Baumwolle und Wolle gleichmäßig färbt, oder um einen Halbwollfarbstoff, eine Farbstoffmischung. Um dies zu entscheiden, wird, wie früher beschrieben, eine geteilte neutrale Farbstofflösung zur Ausfärbung von je etwas Wolle und Baumwolle benutzt. Die restierenden Farbflotten werden eingedampft und ihr Verhalten gegen Schwefelsäure, Natronlauge, Salzsäure und Hydrosulfit geprüft. Stimmen alle Reaktionen überein, so liegt ein einheitlicher Farbstoff vor, weichen sie voneinander ab, ist ein Farbstoffgemisch anzunehmen. Wird ein saurer Farbstoff vermutet, so wird mit diesem eine Färbung durchgeführt und dieselbe mit 1% Kaliumbichromat (vom Warengewicht) mit 3% Essigsäure behandelt. Es können drei Effekte eintreten: 1. Es ist überhaupt keine Veränderung zu sehen. 2. Es findet eine Farbveränderung statt. 3. Der Farbton wird zerstört. In den Fällen 1 und 2 sind die Veränderungen der Naßechtheiten zu überprüfen. Hat sich keine Änderung derselben ergeben, so liegt ein chrombeständiger saurer Farbstoff vor. Zeigt sich eine wesentliche Verbesserung derselben und ist die Färbung gegen heißes verdünntes Ammoniak beständiger geworden, so liegt ein Chromierungsfarbstoff vor. Im Falle 3 handelt es sich um einen chromunbeständigen Säurefarbstoff. Vermutet man einen Leukoküpenfarbstoff, so wird eine geringe Menge der Untersuchungssubstanz in heißem Wasser gelöst und mit etwas Natriumnitritlösung und verdünnter Schwefelsäure versetzt. Die sofort eintretende Bildung eines wasserunlöslichen Farbstoffes zeigt das Vorliegen eines Leukoküpenfarbstoffes an. Durch Behandlung mit alkalischem Hydrosulfit in der Wärme läßt sich der Farbstoff zu andersfärbiger Küpe lösen. Löst sich das Untersuchungsmuster nicht klar, sondern trübe, aber in gleichmäßiger Verteilung im Wasser, so kann ein Azetatseidenfarbstoff vorliegen. In diesem Falle wird der angesetzten Lösung etwas Igepon, Hostapon usw. oder Seife zugefügt und Azetatkunstseide bei 80° C ausgefärbt. Tritt Anfärbung ein, handelt es sich um einen Dispersionsfarbstoff.

Soferne das Prüfmuster in Wasser unlöslich ist, können Vertreter folgender Farbstoffgruppen anwesend sein: Schwefelfarbstoffe, Küpenfarbstoffe, gewisse Beizenfarbstoffe, Rapidecht- und Rapidogenfarbstoffe. Zur Prüfung auf dieselben wird wie nachstehend vorgegangen: Eine kleine Menge der Probe wird mit etwas Alkohol genetzt, um ein Schwimmen und Zusammenbacken des Farbstoffes zu verhindern. Hierauf wird mit konzentrierter Schwefelnatriumlösung, der man etwas Soda zusetzt, übergossen und mit kochend heißem Wasser verdünnt. Tritt Lösung des Farbstoffes unter Farbveränderung, meist nach gelb, ein, so liegt ein Schwefelfarbstoff vor. Zur Kontrolle färbt man in dieser Lösung etwas Baumwolle. Erfolgt Anfärbung, die sich nach Spülen und Säuern des Materials zu einer Endfarbe entwickelt, so ist ein Schwefelfarbstoff nachgewiesen. Tritt mit Schwefelnatrium bzw. nach dem Heißwasserzusatz keine Lösung ein, so fügt man etwas NaOH und Natriumhydrosulfit zu und beobachtet, ob nun Lösung unter Farbveränderung erfolgt. Ist dies der Fall, so liegt ein Küpenfarbstoff vor, dessen Anwesenheit durch eine Kontrollfärbung auf Baum- oder Zellwolle sichergestellt wird. Sind die wasserunlöslichen Untersuchungsmuster gelb oder bräunlich gefärbt, so kann es sich um Rapidechtfarben oder Rapidogene usw. handeln, Farbstoffe, die sich allerdings in einen reinen Färbereibetrieb selten verirren werden, da sie für Druckereien interessant sind. Diese Farbstoffgruppe kann nachgewiesen werden, indem man das Prüfmuster mit etwas Alkohol anteigt und mit heißem Wasser, dem man Natronlauge zugesetzt hat, übergießt. Rapidecht- und Rapidogenfarbstoffe lösen sich mit gelber bis bräunlichgelber Farbe. Diese Lösung wird nun mit etwas Ameisensäure versetzt, worauf sofort die Farbstoffbildung in Form eines unlöslichen Niederschlages erfolgt. Im Gegensatz zu den Leukoküpenfarben ist dieser Niederschlag durch alkalische Hydrosulfitlösung nicht mehr reversibel reduzier- und oxydierbar, sondern wird mehr oder minder rasch zerstört und kann durch Oxydationsmittel nicht auf die Ausgangsfarbe zurückgebracht werden.

Im übrigen wird der einigermaßen färberisch geschulte Analytiker schon auf Grund des Charakters eines Farbstoffes, also auf Grund von Aussehen, Lösungsverhalten usw., meist in verhältnismäßig kurzer Zeit dessen Gruppenzugehörigkeit erkennen. Gewisse Eigenschaften allerdings, wie die Eignung zur Diazotierung, Kupplung, Metallsalzbehandlung usw., lassen sich nur auf Grund eines durchgeführten Versuches mit nachfolgender Prüfung der Farbton- und Echtheitsänderungen feststellen. Immerhin bietet die Identifizierung eines Farbstoffes, der in Substanz vorliegt, wesentlich mehr Aussichten auf Erfolg, als dies bei einer Färbung der Fall ist.

Hat man die Gruppenzugehörigkeit ermittelt, so wird man den Farbstoff auf dem entsprechenden Textilmaterial ausfärben. Es ist empfehlenswert, die Ausfärbung auf Geweben durchzuführen, da sich die Beurteilung einer Färbung sicherer als bei gefärbtem Garn gestaltet. Man färbe in mehreren Farbtiefen, etwa in der Abstufung 0,5%, 1% und 3%. Auf jeden Fall jedoch auch in der Konzentration, mit welcher das vermutliche Vergleichsprodukt in den Musterkarten bemustert ist. Hat man einen gleichen oder ähnlichen Ton gefunden, der auch unter verschiedenen Beleuchtungsverhältnissen (Kohlenfadenlampe) keine Abweichung zeigt, wird man eine weitere Identifizierung nach zwei Richtungen vornehmen. Einerseits wird man einen Vergleich der Echtheiten durchführen und andererseits die Gleichartigkeit einiger chemischer Reaktionen überprüfen. Bei der Prüfung auf die Echtheiten wird man sich an die Normen der Echtheitskommission halten, um eine Vergleichsmöglichkeit mit Tabellenangaben zu erreichen.

Als schnellste ermittelbare und dennoch aufschlußreiche Echtheitsbestimmung kann die Wasch- und Naßbügelechtheit angesehen werden. Der reine Vergleich zu Tabellenwerten muß allerdings mit kritischer Vorsicht angewendet werden. Trotz aller Normung der Arbeitsbedingungen sind für den Ausfall einer Färbung und für die Echtheit derselben viele und teilweise unüberprüfbare Voraussetzungen verantwortlich, so daß einseitige Zahlenvergleiche nur unter Vorbehalt gezogen werden können. Bedeutend sicherer ist es, und dies gilt grundsätzlich für alle Untersuchungen dieser Art, wenn die Vergleiche an Parallelausfärbungen der vermuteten Farbstoffe durchgeführt werden. Untersuchungsfarbstoff und vermutliche Bezugsfarbstoffe werden untereinander unter den gleichen Bedingungen ausgefärbt und die erhaltenen Färbungen unter denselben Verhältnissen geprüft.

In noch stärkerem Maße gilt dies für die chemische Identitätsprüfung. Wohl enthalten beispielsweise die Farbstofftabellen von SCHULTZ-LEHMANN oder HERZOG für eine große Anzahl von Farbstoffen eine Reihe von Nachweisreaktionen, doch allein schon die Schwierigkeit einer Farbtonbeschreibung bringt es mit sich, daß Substanzvergleiche ungleich sicherer sind. Um solche Versuche, wie es ja meist erforderlich ist, ohne große Verzögerung durchführen zu können, bedarf es einer möglichst reichhaltigen Mustersammlung. Verwendete Proben und Substanzmuster, wie sie ja in jedem Färbereibetrieb reichlich anfallen, sollen daher für solche Zwecke sorgfältig gesammelt, registriert und geordnet aufbewahrt werden (s. Laboreinrichtungen S. 132). Selbstverständlich haben Identitätsprüfungen an Farbstoffen nur dann Aussicht auf Erfolg, wenn es sich um einheitlich oder höchstens schwach nuancierte und nicht um stark gemischte Farbstoffe handelt. Im letzteren Fall kann höchstens die Kenntnis des Herstellers und der dadurch ermöglichte Vergleich mit dessen Farbkarten zum Ziele führen. Sind die Identität eines Farbstoffes und damit dessen Eigenschaften aus irgendwelchen Gründen nicht einwandfrei zu ermitteln, dann soll keine Farbenähnlichkeit oder Übereinstimmung der Naßechtheiten dazu verleiten, von einer Überprüfung der Lichtechtheit abzusehen, obwohl gerade diese Forderung in Anbetracht der meist nur knapp zur Verfügung stehenden Zeit schwierig erfüllbar ist. Es darf jedoch nicht vergessen werden, daß die meisten Reklamationen aus solchen versteckten Fehlern, wie es mangelhafte Lichtechtheit ist, resultieren. Zum Zeitpunkt, da solche Reklamationen auftreten, ist gewöhnlich ein Großteil, wenn nicht die gesamte Ware, bereits konfektioniert und der Fehler nicht mehr korrigierbar. Ein Farbstoff, von welchem man lediglich die Gruppenzugehörigkeit kennt, soll aber grundsätzlich erst dann zur Färbung leicht gefährdeter Qualitäten Verwendung finden, wenn man zumindest eine Mindestlichtechtheit der mit dem Prüffarbstoff hergestellten Färbungen ermittelt hat. Die obigen Ausführungen gelten natürlich nicht nur für die Identitätsbestimmung eines unbezeichneten Farbstoffes, sondern auch für den Vergleich zweier an sich bekannter Farbstoffe, deren Identität jedoch nicht feststeht. Die Identifizierung anderer im Färbebetrieb gebräuchlicher chemischer Substanzen, wie von Naphtolen, Basen, Färbesalzen usw. wird wohl zu den seltensten Untersuchungen gehören, weshalb hier auf die einschlägige Literatur verwiesen sei.

Die Wirtschaftlichkeit der verwendeten Produkte zu überprüfen, soll und wird dagegen zu den häufigsten Aufgaben eines Laboratoriums gehören. Dies trifft in erster Linie für die Farbstoffe zu, die ja bekanntlich den größten Anteil der Materialkosten beanspruchen. Die Prüfung auf die Wirtschaftlichkeit kann nach zwei Gesichtspunkten erfolgen. 1. Die Auswahl der geeignetsten und dabei kommerziell günstigsten Farbstoffe im Hinblik auf die Imitation eines geforderten Farbtones. 2. Der Vergleich entsprechender Handelsmarken in Hinsicht auf das Verhältnis Konzentration zu Preis. Wenn auch der Laboratoriumschemiker zur zufriedenstellenden Erfüllung seiner Aufgabe, wie schon erwähnt, auch über genügend praktische Kenntnisse verfügen muß, so wird er dennoch selten in die Lage kommen, die Auswahl der Farbstoffe nach ihren färberischen Gesichtspunkten zu beeinflussen. Diese Aufgabe, welche an die unmittelbaren Anforderungen der Ausrüstung hinsichtlich Artikel, Mode, Qualität usw. geknüpft ist, wird wohl dem verantwortlichen Färbereileiter vorbehalten bleiben müssen. Dagegen soll es Sache des Laboratoriums sein, unter den Konkurrenzprodukten die preisgünstigsten auszuwählen. Zu diesem Zweck muß jedoch ein möglichst umfassendes Musterkartenmaterial sowie einschlägige Literatur vorhanden sein. Überdies wird sich jedes Laboratorium zweckmäßig im Laufe der Zeit selbst ein übersichtlich angelegtes statistisches Material zurechtlegen.

Jeder Färbereibetrieb benötigt eine Anzahl von Farbstoffen, die in besonders großen Mengen laufend Verwendung finden, während der Rest des Farbstoffverbrauches sich über eine größere Zahl von Farbstoffen, die aber in kleineren Mengen verwendet werden, erstreckt. Man wird daher vorteilhaft erst die Großverbrauchsfarbstoffe einer entsprechenden Vergleichskontrolle unterwerfen, um nach und nach auf die weniger gebräuchlichen Produkte überzugehen. Neben dieser systematischen Arbeit spielen erfahrungsgemäß Farbstärkebeurteilungen aus den laufenden Betriebsanforderungen ständig eine große Rolle. Eine Wertung der Farbstärken auf Grund der ja meist vorhandenen Musterkarten ist nicht immer zulässig. Die Ausfärbungen der Farbenfabriken sind oft auf verschiedenem oder verschieden vorbehandeltem Material ausgeführt. Die Färbebedingungen und Färbemethodik sind nicht immer dieselben, kurz, ein Musterkartenvergleich ohne Einschränkung vermittelt nicht immer ein richtiges Bild.

Um zwei bzw. mehrere Farbstoffe miteinander zu vergleichen, ist im Hinblick auf die dazu bestehenden Möglichkeiten grundsätzlich zu unterscheiden zwischen identischen und ähnlichen, das heißt nachgestellten Farbstoffen. Für den ersten Fall stehen färberische, optische und chemische Methoden zur Verfügung, für den zweiten Fall färberische, optische und chemische dagegen nur mit starken Einschränkungen. Die ursprünglichste und entscheidendste Vergleichsmethode ist die Ausfärbung. Als bequemstes und produktivstes Färbegerät dient das im Kapitel Laboratorium, S. 132, beschriebene. Die Färbeansätze der Prüffarbstoffe werden vollkommen gleichartig, das heißt in gleichen Konzentrationen, mit gleicher Ware, nebeneinander im gleichen Färbegerät und selbstverständlich über die gleiche Zeit behandelt. Auch das Bewegen des Färbegutes hat gleich lang und gleich oft zu geschehen. Ebenso sind Spül- oder gegebenenfalls Oxydationsprozesse gleichartig zu gestalten. Die Färbungen werden zweckmäßig in zwei oder drei Konzentrationsstufen durchgeführt, beispielsweise mit 0,5%, 2% und 4% Farbstoff vom Warengewicht. Da das Einwiegen des Farbstoffes in den kleinen benötigten Mengen nicht nur zeitraubend, sondern vor allem auch ungenau wäre, wiegt man vorteilhaft 1 bis 5 g des Farbstoffes auf einer Apothekerwaage ab und füllt mit heißem destilliertem Wasser auf 100 ccm auf. Bei schwer löslichen Farbstoffen kocht man denselben im Erlenmeyer-Kolben und füllt erst dann in den Meßkolben unter guter Spülung des Erlenmeyer-Kolbens. Mittels einer Meßpipette werden dann die der benötigten Farbstoffmenge entsprechenden Kubikzentimeter entnommen. Der Wasserzusatz zur vorbestimmten Flottenmenge muß selbstverständlich unter Berücksichtigung des Farbeinsatzes sowie der übrigen Zugaben erfolgen. Man erspart sich viel Wiegearbeit und Zeit, wenn man auch sonstige häufig vorkommende Zusätze, wie Glaubersalz, Soda, Schwefelnatrium usw., auf Vorrat in Lösungen bestimmter Konzentration ansetzt und volumsmäßig gelöst entnimmt. Ebenso soll aus Gründen der Zeitersparnis bereits vorbereitetes und gewogenes Färbematerial vorrätig sein.

Die Färbungen kann man natürlicherweise sowohl auf Gewebe wie auf Garn durchführen. Eine Garnausfärbung ist unabhängig von Färbefehlern, die durch die Struktur des Gewebes auftreten können; andererseits spart eine Gewebefärbung viel an Arbeit, die sich durch die Aufbereitung des Stranges für die anschließenden Verwendungszwecke ergibt. Eine Gewebefärbung bietet überdies oft bessere Möglichkeiten einer Beurteilung mittels optischer Geräte. Man kann auch Strang neben Gewebe färben, um die Vorteile beider Ausführungen auszunützen. Selbstverständlich ist für diesen Fall gleichartiges Garn- und Gewebematerial Bedingung. Für die Beurteilungen inklusive des für Archivzwecke notwendigen Mustermaterials genügen im allgemeinen 5 bis 10 g Ware. Unter diese Menge sollte nicht gegangen werden, da bei gegebenem Flottenverhältnis sonst die Verdampfungsverluste im Verhältnis zur vorhandenen Färbebadmenge zu groß werden und damit Unsicherheiten in der Farbtiefe entstehen. Ist die Färbung beendet, so wird das Färbegut gleichmäßig gespült und gegebenenfalls geseift, hierauf zwischen einem sauberen Tuche abgewunden und getrocknet. Wird die Trocknung bei höherer Temperatur, beispielsweise im Trockenschrank oder im Vakuum, vorgenommen, so sind die Ausfärbungen vor ihrer Prüfung einige Zeit bei Normaltemperatur und -feuchtigkeit auszuhängen. Die Beurteilung erfolgt immer in Gegenüberstellung gleicher Konzentrationen. Die Abschätzung von Stärkedifferenzen erfordert überaus große Erfahrung und gelingt auch dann nicht immer eindeutig. Vor allem lassen sich gewisse Farbtöne, wie Gelb und Orange, schwer beurteilen, da hier das menschliche Auge gegen kleinere Tiefenunterschiede der Färbung zu unempfindlich ist. Man kann in solchen Fällen zu dem Kunstgriff Zuflucht nehmen, Gelb- oder Orangetöne mit einem Blau oder auch Rot zu verschneiden und dann zu färben. Die dann bei Farbstärkeunterschieden auftretenden Abweichungen im Grün- bzw. Orangeton treten für das Auge wesentlich deutlicher in Erscheinung.

Sind Unterschiede in der Farbtiefe vorhanden, so geht man am besten so vor, daß man den einen der beiden Prüflinge entsprechend dem geschätzten Stärkeunterschied sowohl mit 10% über als auch unter diesem Wert ansetzt und die so durchgeführten Färbungen abermals vergleicht. Das Auge ist zwar imstande, mit verhältnismäßig großer Sicherheit gleich starke Färbungen, soferne kein Farbtonunterschied vorhanden ist, festzustellen, dagegen bei Stärkeverschiedenheiten keineswegs mehr eine Maßzahl des Unterschiedes. Auch Betrachtungen mit optischen Geräten führen nicht immer zum Ziel, da die Unterschiede zwar zahlenmäßig erfaßt werden können, dieselben jedoch erst in eine Relation zur benötigten Farbstoffmenge gebracht werden müssen. Es empfiehlt sich daher, immer auf gleichen Farbton auszufärben.

Auch eine sogenannte „preisgleiche" Ausfärbung kann erfolgen. Hier färbt man mit Farbstoffkonzentrationen, wie sie sich bei fixiertem Kostenaufwand ergeben.

Die Prüfung wäre nicht vollständig, wenn nicht das Aufziehvermögen der Farbstoffe mitberücksichtigt werden würde. Deshalb soll aus den Prüfflotten immer ein „Nachzug" gemacht und auch diese Färbungen verglichen werden. Zu diesem Zweck bringt man in die Färbeflotte nach beendeter Färbung neuerlich Material ein und färbt. Ein anderer Weg, um das Auszugsvermögen abzuschätzen, ist der, daß man ein wenig von der Ursprungsflotte abzweigt und ebenso nach erfolgter Färbung. Die beiden Flotten werden nun in gleich dimensionierten geeigneten Gefäßen derart verglichen, daß eine gemessene Menge Ausgangsflotte so lange mit Wasser verdünnt wird, bis sie auf gleichen Farbton gebracht sind. Aus dem Verhältnis der beiden Flüssigkeitsmengen läßt sich der Prozentsatz an verbrauchtem oder verbleibendem Farbstoff annähernd berechnen. Selbstverständlich ist diese Methode nur bei klar wasserlöslichen Farbstoffen anwendbar. Von schwer oder trüb löslichen Farbstoffen muß auf jeden Fall ein Färbenachzug gemacht werden.

Nach Vorschlägen der Northern New England Section des AATCC [Amer. Dyestuff Reporter 38, 812 (1949)] sollen die färberischen Eigenschaften von Farbstoffen durch einige festgelegte Prüfwerte bestimmt werden. Und zwar durch den PAW (Praktischen Ausziehwert), den AAG („Strike"), das DFV (Durchfärbevermögen) und das EGV (Egalisiervermögen). Der PAW ist der Grad der Anfärbung, die bei einem 1%igen Ausfärbungsbad während einer Stunde erreicht wird. Die Tiefe der Färbung wird durch die Differenzmessung der im Bad verbliebenen Farbstoffmenge gegen die Ausgangsmenge kontrolliert. Gleichzeitig wird damit das Auszugsvermögen bestimmt. Die Messung erfolgt spektroskopisch. Der AAG ist der Vergleichswert einer Färbung nach einer Minute und einer Stunde. Er gibt also ein Bild über den mehr oder weniger großen „Anfall" des Farbstoffes auf das Textilgut. Das DFV wird ermittelt, indem man drei Gewebestücke zusammennäht. Nach erfolgter Färbung wird die Farbtiefe des Mittelstückes gegenüber der der Außenstücke gemessen. Das EGV stellt man fest, indem zwei Teile einer 1,5%igen Ausfärbung zusammen mit einem Teil ungefärbten Materials im kochenden Bad durch eine Stunde behandelt werden. Hierauf werden die behandelten Gewebe untereinander und gegen die ursprüngliche Färbung kolorimetrisch verglichen.

Schwieriger gestaltet sich die Farbschätzung dann, wenn stark glänzendes Material vorliegt, wie beispielsweise bei Azetatreyon. Man wird in solchen Fällen immer mattierte Ware mitfärben, um eine bessere Beurteilung zu ermöglichen. Bei identischen Farbstoffen hat man neben der Ausfärbung, die niemals zu unterlassen ist, auch eine Reihe optischer und chemischer Methoden, die, soferne sie anwendbar sind, sogar genauere Resultate geben können. Die optischen Methoden können mit Kolorimetern verschiedener Art (s. Laboreinrichtungen S. 129) durchgeführt werden. Neben den Kolorimetern sind auch spektrographische Prüfungen für denselben Zweck anwendbar. Alle diese Methoden setzen jedoch klare Wasserlöslichkeit und Färbigkeit des Prüfmusters voraus. Daher ist naturgemäß eine Reihe von Farbstoffgruppen, wie Schwefel-, Küpen-, Naphtolfarbstoffen usw., von vornherein für diese Methode ungeeignet.

Von den chemischen Methoden besitzt das titrimetrische Verfahren mittels Titantrichlorid zufolge seines zum Teil großen Anwendungsbereiches und seiner Genauigkeit größere Bedeutung. Eine große Anzahl von Farbstoffen, welche reduzierbare chemische Gruppen enthalten, lassen sich glatt mit Titanchlorid titrieren. Man wende das Verfahren jedoch immer als Rücktitration mittels Eisenchlorid an, da auf diese Weise exaktere Werte als mit der direkten Bestimmung erzielt werden.

Wie erwähnt, läßt sich auf diese Weise nur ein Teil der Farbstoffe bestimmen, während für andere diese Bestimmungsmethode unbrauchbar ist. Für diesen Fall wird man je nach der Art des Farbstoffes zu verschiedenen Methoden greifen müssen. Wasserunlösliche Farbstoffe wie Küpen- und Schwefelfarbstoffe wird man versuchen, gravimetrisch zu bestimmen, indem man vorher die Begleitsubstanzen weggelöst hat. Diese Begleitsubstanzen, die meist als Streckungsmittel dienen, sind häufig wasserlöslich, so daß man verhältnismäßig einfach zum Ziele kommt. Zur Filtration kann man selbstverständlich nicht Papierfilter benützen, sondern entsprechende Glas- oder Porzellanfrittentiegel von geeigneter Porengröße unter Verwendung der Wasserstrahlpumpe.

Man mache es sich auch zur Regel, mit kleinen Substanzmengen zu arbeiten, die eine einwandfreie Waschung der filtrierten Substanz ermöglichen.

Oft kann man auch den umgekehrten Weg gehen und die Löslichkeit des Farbstoffes in verschiedenen organischen Lösungsmitteln, wie Alkohol, Eisessig usw., ausnützen und den Farbstoff weglösen, während die Begleitstoffe ungelöst bleiben. Eine annähernde Bestimmung läßt sich oft auch durch Differenzwiegung nach Verbrennung des Farbstoffes im Tiegel erreichen. Allerdings setzt dies die Abwesenheit organischer Streckstoffe voraus sowie durch entsprechend hohes Vortrocknen die Entfernung etwaigen Kristallwassers von anorganischen Begleitkörpern. Überdies ist zu berücksichtigen, daß auch im Farbstoffmolekül oft Sulfosäuregruppenreste in unbekannter Anzahl vorhanden sind, die bei der Auswertung das Resultat stören. Immerhin kann auf diese Weise ein gewisser Anhaltspunkt gewonnen werden. Eine andere Möglichkeit der quantitativen Vergleichsanalyse ist bei solchen Körpern gegeben, welche Stickstoff enthalten. Durch eine Kjeldahlbestimmung können die Stickstoffwerte verglichen werden. Diese Möglichkeit ist insbesondere bei den Färbebasen, die zur Erzeugung unlöslicher Azofarbstoffe dienen, gegeben. Diese Gruppe kann auch durch Titration mit Naphtollösung und Tüpfeln des Endproduktes bestimmt werden. Allerdings ist diese Methode durch die oft notwendige Eiskühlung sowie durch die Unsicherheit und Erfahrung verlangende Erkennung des Endpunktes nicht ratsam. Die Bestimmung von Basen und Naphtolen ist auch möglich durch gegenseitige Fällung, wobei der zu bestimmende Körper im Unterschuß zu halten ist, und Wiegung des ausgefällten unlöslichen Azofarbstoffes.. Eine weitere Bestimmungsmethode ist gasanalytisch durch Zerstörung der diazotierten Base oder des Färbesalzes mittels Kaliumjodid und Messung des entwickelten Stickstoffs* gegeben.

Man wird also je nach der Art des vorliegenden Farbstoffes die jeweils geeignete oder mehrere Methoden zur Anwendung bringen müssen, ohne daß sich ein Generalrezept angeben ließe. Die Durchführung dieser Methoden setzt allerdings ausreichendes chemisches Wissen und Können voraus.

---

* Vgl. GASSER: Öst. Chem.-Ztg. **51**, 206 (1950).

Gibt es also zur vergleichsweisen Gegenüberstellung von identischen Farbstoffen eine ziemliche Auswahl von Möglichkeiten, so liegt der Fall wesentlich ungünstiger, falls farbtonähnliche, jedoch chemisch verschiedene Farbstoffe verglichen werden sollen. In diesem Falle bleibt als einziger einwandfreier Verfahrensweg der färberische Vergleich unter Berücksichtigung der gegebenen Echtheiten. Es ist klar, daß die Anwendung chemischer Methoden hier vollkommen sinnlos wäre. Aber auch optische Verfahren sind, wenn überhaupt anwendbar, unzulässig, da auch bei größter Farbtongleichheit damit noch keine Aussagen über die färberischen Eigenschaften des Untersuchungsfarbstoffes gemacht werden können. Es sei nebenbei bemerkt, daß aus denselben Gründen auch die besten kolorimetrischen oder spektrographischen Farbermittlungsgeräte für die praktische Färberei, etwa als Ersatz der handwerklichen, auf Erfahrung basierenden Abmusterung, ohne Bedeutung sind.

Es sei nochmals darauf hingewiesen, daß nichtidentische Farbstoffe auch bei gegebener Farbgleichheit unbedingt in ihren Echtheiten zu vergleichen sind. Besonders gilt dies für Halbwollfarbstoffe. Hier ist eine gesonderte Ausfärbung auf Zellulose und Wollmaterial zu machen und sind die Echtheiten gesondert zu überprüfen. Wie bereits eingangs erwähnt, werden solche Vergleiche meist aus kommerziellen Überlegungen gemacht. Um ein schnelles Urteil über die Preiswürdigkeit des Produktes zu bilden, färbt man zweckmäßig „preisgleich", das heißt, man legt die Färbekonzentrationen des einen Farbstoffes fest, rechnet sich die dafür auflaufenden Farbstoffkosten aus und errechnet die Konzentration des Untersuchungsfarbstoffes mit demselben Kostenaufwand. Die so durchgeführten Färbungen mit preisgleicher Konzentration lassen direkt den preisgünstigeren Farbstoff erkennen. Die so vorbeschriebenen Methoden zur qualitativen und quantitativen Farbstoffermittlung haben lediglich als praktische Hinweise zu gelten.

Prüfung der Echtheit von Färbungen

Unter dem Begriff Echtheit einer Färbung versteht man die Widerstandsfähigkeit derselben gegen verschiedene Einflüsse. Man setzt die Bezeichnung Echtheit immer in Zusammenhang mit der entsprechenden Einwirkung, daher Lichtechtheit, Schweißechtheit usw. Die Echtheit haftet nur bedingt im weiteren Sinne am Farbstoff, das heißt, daß ein echter Farbstoff im allgemeinen Färbungen gibt, welche gegen eine bestimmte Einwirkung widerstandsfähig, also „echt" sind. Im engeren Sinne ist die Echtheit nur an die Färbung selbst geknüpft, dies um so mehr, als ein und derselbe Farbstoff, auf verschiedenem Fasermaterial gefärbt, unterschiedliche Echtheiten der Färbung ergeben kann. Wir unterscheiden zwischen Fabrikationsechtheiten und Tragechtheiten. In manchen Fällen überschneiden sich die beiden Arten der Echtheiten. Als Fabrikationsechtheiten werden solche bezeichnet, welche lediglich für die einwandfreie oder erleichterte Ausrüstung des Materials von Bedeutung sind, für den späteren Gebrauch jedoch keine Rolle mehr spielen; beispielsweise die Walk- und Karbonisierechtheit, Dekaturechtheit usw. Ausgesprochene Tragechtheiten sind die Licht- und Reibechtheit. Echtheiten, die sowohl für die Fabrikation als auch die Tragfähigkeit wichtig sein können, sind beispielsweise die Naßechtheiten oder die Chlor-, Alkali- usw. -echtheit.

Mit der Zunahme der Ausrüstungsverfahren sowie neuer Arten von Farbstoffen war man gezwungen, neue Echtheitsnormen festzulegen, die meist auf dem Gebiet der Fabrikationsechtheiten liegen. Wir unterscheiden heute bereits an die dreißig festgelegte und genormte Echtheiten. Es ist einleuchtend, daß die Normung der Echtheiten für Farbstofferzeuger, Ausrüster und Konsumenten von größter Bedeutung ist. Die Textilindustrie liegt, am Weltumsatz gemessen, an der zweiten Stelle aller Industriezweige; wenn daher auch nur ein geringer Prozentsatz an Textilien durch nichtsachgemäße Ausführung von Färbungen, infolge mangelnder oder falscher Echtheitsangaben, vorzeitig zugrunde geht, so ergibt dies bereits enorme Verlustbeträge. Es haben sich daher schon vor vielen Jahren Echtheitskommissionen gebildet, die durch internationale Vereinbarungen eine gemeinsame und allgemeine Basis zur Feststellung und Festlegung der Echtheiten geschaffen haben. Die Wirtschaft und die machtpolitischen Verschiebungen nach dem zweiten Weltkrieg sowie der mächtige Aufstieg neuer Faserqualitäten in der Textilindustrie ließen eine Umgruppierung der Echtheitskommissionen zweckdienlich erscheinen. Im großen ganzen wurde jedoch an den sachlichen Fundamenten der früheren Echtheitsnormen nicht gerüttelt.

Die grundsätzlichen Arbeiten wurden von der deutschen Echtheitskommission (DEK) geleistet. Um eine Vergleichsbasis für den Grad einer Echtheit, den Echtheitsgrad, zu schaffen, mußte erst ein Bezugssystem aufgestellt werden. An ein absolutes Zahlenmaß in Form physikalischer Konstanten war bei der Vielseitigkeit der in Frage kommenden Echtheitsanforderungen nicht zu denken, um so weniger, als die Feststellungen und Überprüfungen für den breitesten Anwendungsbereich bestimmt waren. Als Ausweg blieb also nur eine Relativmessung, bezogen auf ein festgelegtes System. Man einigte sich auf einen fünfstufigen Maßstab, der später für die Lichtechtheit auf acht Stufen erweitert wurde. Die geringste Echtheit wurde mit 1, die höchste mit 5 bzw. 8 festgesetzt. Für jedes System wurden nun in langwieriger Versuchsarbeit sogenannte Typen ermittelt. Diese Typen, die für jede Echtheit gesondert festgelegt wurden, werden auf ein bestimmtes Material, unter bestimmten Bedingungen, wie Farbkonzentration, Temperatur, Flottenmenge usw., ausgefärbt. Für wichtige Echtheiten, wie z. B. Lichtechtheit, sind die Typen auch käuflich zu erwerben.

Die Vergleichsprüfung erfolgt abermals unter ganz genau festgelegten Arbeitsbedingungen. Durch jeweiligen Vergleich des Untersuchungsmusters mit den auf gleichartige Weise behandelten Typenmustern wird der Echtheitsgrad festgestellt. Freilich ist trotz den bis ins Detail festgelegten Konventionen noch immer ein gut Teil Erfahrung notwendig, um zu übereinstimmenden Resultaten zu kommen. Um die Bedingungen noch enger zu ziehen, sieht die neue Echtheitskommission (ECE) als wesentlichste Neuerung einen Graumaßstab vor, der bei der Abschätzung verschiedener Echtheiten dem immerhin noch möglichen subjektiven Urteil eine engere Grenze setzen soll.

Ob und welche Echtheiten geprüft werden sollen, hängt von mancherlei Umständen ab. Auf jeden Fall prüfe man, wie schon bei den Farbuntersuchungen betont, die wichtigsten Grundechtheiten inklusive der Lichtechtheit an unbekannten Farbstoffen vor ihrer Verwendung. Weiters prüfe man Fabrikations- und Tragechtheiten an Farbstoffen, deren Echtheiten zwar bekannt sind, deren Einsatzfähigkeit jedoch für den entsprechenden Fabrikationsgang oder Verwendungszweck nicht übersehen werden kann. Man prüfe in diesem Falle über die Bedingungen der Echtheitsvorschrift hinaus in möglichster Annäherung an die wahren Verhältnisse.

Es wird sich auch empfehlen, besonders wichtige Echtheiten von Färbungen zu überprüfen, die eine abnormale Behandlung erlitten haben, z. B. Knitterfestbehandlungen, Beschichtungen, Flammsicherausrüstung und dergleichen. Ferner die Echtheiten von Färbungen, welche mit ungewohnten Farbstoffkombinationen hergestellt wurden. Das bezieht sich sowohl auf die Qualität als auch Quantität der Farbstoffe, also beispielsweise bei Anwendung ungewöhnlich hoher oder niederer Konzentrationen. Ganz besonders gilt die letztgenannte Forderung jedoch für die Überprüfung der Lichtechtheit. Selbst bei Farbstoffen, deren Echtheitseigenschaften bekannt sind, kann deren Verwendung hinsichtlich der Lichtechtheit zu großen Überraschungen führen. Die Farbenfabriken geben zwar heute die Lichtechtheit gewöhnlich für drei Stärkestufen der Färbung an. Die Stärkestufen sind wiederum durch sogenannte Hilfstypen festgelegt. Nun ist es aber bekannt, daß gewisse Kombinationen von Farbstoffen sich manchmal in ihrer gegenseitigen Lichtechtheit beeinflussen.

Die Art und die Vorgeschichte des Textilmaterials kann nicht nur für andere Echtheiten, sondern vor allem auch für die Lichtechtheit von Bedeutung sein. Spuren von Metallsalzen oder restierenden Chemikalien können die Lichtechtheit sowohl im positiven als auch negativen Sinne beeinflussen. Besonders gefährlich wirkt sich die meist in der Wollfärberei anzutreffende Gewohnheit aus, mit Komplementärfarbstoffen zu nuancieren, wozu oft nur geringe Mengen gebraucht werden, die aber im Falle eines nur geringfügigen Verschießens derselben zu sehr großen Farbtonänderungen führen können.

Eine weitere Fehlermöglichkeit sind Farbstoffe, die nicht im Ton, sondern andersfarbig verschießen. Während im vorigen Falle die Zerstörung des Komplementärfarbstoffes zum Unheil führte, ist es hier unter Umständen die Bildung eines solchen, die den Fehler in Erscheinung treten lassen kann. Interessanterweise gibt es auch Farbveränderungen durch Lichteinwirkung, die sich wieder erholen können, so oft bei Küpenfarbstoffen bzw. die sogenannte Phototropie bei Azetatseidenfarbstoff.

In allen Fällen, in denen also neue Kombinationen von Farbstoffen zur Färbung verwendet werden, ganz besonders aber dann, wenn ein Anteil in geringer Menge und komplementärem Farbton vorliegt, soll eine Lichtechtheitsbestimmung vorgenommen werden.

Nun ist es gerade die Ermittlung der Lichtechtheit, die gewöhnlich so lange dauert, daß sie für den praktischen Gebrauch ausfällt. Es genügt jedoch oft, daß man wenigstens eine untere Lichtechtheit feststellt, die für den betreffenden Artikel gerade noch tragbar ist. Man belichtet beispielsweise bis zum Verschießen des Typs 3 und hat damit wenigstens eine gewisse Sicherung gegen allzu große unangenehme Überraschungen. Es sei nochmals hingewiesen, daß die Echtheiten vom Material abhängig sind. Hat man beispielsweise einen direkten Farbstoff, der auch Wolle entsprechend färbt, und kennt man nur dessen Echtheiten auf Baumwolle, so ist auf jeden Fall erst die Lichtechtheit auf Wolle festzustellen, ehe man etwa mit diesem Farbstoff Halbwolle färbt.

Die zeitraubende Ermittlung der andererseits so wichtigen Lichtechtheit bringt es mit sich, daß man Versuche unternommen hat, die Lichtechtheitsbestimmung von Sonnenbelichtung durch apparative Einrichtungen unabhängig zu machen und abzukürzen. Es wurden für diesen Zweck das amerikanische Fade-Ometer, das englische Fugitometer sowie die deutsche Rein-Apparatur geschaffen. Alle drei Geräte arbeiten mit künstlichem Licht und sind also vom Sonnenlicht unabhängig, was für die Verkürzung der notwendigen Behandlungszeit von großem Vorteil ist. Doch abgesehen davon, daß die Geräte sehr kostspielig sind, geben sie leider nicht immer reproduzierbare und mit der Sonnenbelichtung korrespondierende Werte. Es wird jedoch an der Verbesserung der Geräte gearbeitet, so daß in absehbarer Zeit ein Gerät mit befriedigender Leistung erwartet werden kann. Die Einführung der Belichtungsapparate hat andererseits eine gewisse Unsicherheit in die von den Farbenfabriken mitgeteilten Lichtechtheitsziffern hineingetragen. Da einige Farbhersteller ihre Lichtechtheitsangaben aus Prüfungen mit Belichtungsapparaten ableiten, ohne dies immer mitzuteilen, ergeben sich oft nicht unbeträchtliche Abweichungen von der Normalermittlung. Vor einiger Zeit kam unter dem Namen „Heliotest" ein Gerät auf den Markt, welches zwar die Sonne als Lichtquelle benützt, jedoch einen Rund- oder Zylinderlinsensatz trägt, der, auf einem heliostatartigen Gerät montiert, gestattet, eine Verdichtung des Sonnenlichtes und damit eine Verkürzung der Belichtungszeit zu erreichen. Leider ist, wie erwähnt, auch dieses Gerät vom Sonnenlicht abhängig und damit nur in diesbezüglich klimatisch günstigeren Gegenden verwendbar.

Bei Vergleichsbestimmungen von Naßechtheiten lassen sich oft, zusätzlich zu den Normbedingungen, wertvolle Anhaltspunkte gewinnen, wenn man die Färbungen der Behandlungsflotten miteinander vergleicht.

Es wurde übrigens eine Reihe von Apparaten entwickelt, die bei genormten und nichtgenormten Echtheitsprüfungen dazu dienen sollen, die subjektiven Einflüsse der Handarbeit (beispielsweise Druck bei der Reibechtheitsermittlung) noch weiter zu verringern; besonders in den Vereinigten Staaten sind diesbezüglich Fortschritte zu verzeichnen. Im übrigen ist im Gebiet der Echtheitsprüfungen so genormt, daß laboratoriumsmäßige Vorteile oder Änderungen bei der Durchführung der Prüfungen nicht in Frage kommen dürften.

Die Textilhilfsmittel

Man versteht unter Hilfsmittel im engeren Sinne die Summe jener organischen Substanzen, die zur Färbung bzw. zur Durchführung der Veredlungsoperationen, also z. B. Waschen, Bleichen, Färben, Weichmachen usw., dienen. Allen ist gemeinsam, daß sie die Oberflächenspannung des Wassers herabsetzen, weshalb sie auch oberflächenaktiv oder kapillaraktiv bezeichnet werden. Das älteste Hilfsmittel dieser Art ist die Seife, deren Bedeutung bis in unsere Zeit erhalten blieb. Seit ungefähr einem Vierteljahrhundert hat sich allerdings eine mächtige Entwicklung auf dem Gebiet der Hilfsmittel angebahnt, die auch heute noch nicht abgeschlossen ist. Neben zahlreichen wertlosen oder überflüssigen Erzeugnissen wurden auch Spitzenprodukte herausgebracht, die heute für die Veredlungsindustrie unentbehrlich sind.

Die wichtigsten Gruppenvertreter dieser Hilfsmittel wurden bereits im Kapitel Wasser angeführt. Leider ist es aber gerade die Überzahl der angebotenen Produkte sowie die im Verhältnis zu Farbstoffen wesentlich schwierigere Analysen- und Beurteilungsmöglichkeit, die das Laboratorium vor eine besonders schwere Aufgabe stellt. Andererseits bringen es die Verhältnisse mit sich, daß der Wert oder Unwert eines Hilfsmittels oder die Ermittlung des preisgünstigsten Produktes bei rein betrieblicher Prüfung, wenn überhaupt, nur in einer längeren Zeitspanne erfolgen kann. Zu dem kommt, daß die Hilfsmittel im Gegensatz zu den Farbstoffen nicht immer mit konkreten Angaben angeboten werden.

Es gibt weiters keine konventionellen Methoden, ja oft überhaupt keinen Weg, um ein Hilfsmittel auch laboratoriumsmäßig zu beurteilen. Die rein chemische Analyse ist nicht nur schwierig, sondern liefert nur einen sehr bedingten und beschränkten Aufschluß über die Wirksamkeit. Gerade die Schwierigkeit der betrieblichen und laboratoriumsmäßigen Gütefeststellung ist es aber, welche das Überangebot, das heute auf dem Hilfsmittelmarkt herrscht, erst ermöglicht.

Es liegt in der Natur eines Hilfsmittels, daß es verschiedene in der Ausrüstung willkommene Eigenschaften in mehr oder minderem Maße vereinigt. Je nach der hervorstechendsten Eigenschaft wird das Hilfsmittel gewöhnlich für einen besonderen Zweck empfohlen sein. Um aus der Unzahl der angebotenen Hilfsprodukte die qualitativ wertvollsten und preisgünstigsten auszuwählen, ist es notwendig, jede Prüfung nach einer intern festgelegten Norm vorzunehmen und die Ergebnisse in Form einer Kartei festzuhalten, um unter Berücksichtigung der neu anfallenden Produkte das jeweils beste anzuwenden.

Man wird also die Untersuchung eines Hilfsmittels meist in Form einer Komplexbestimmung vornehmen, wobei die Beurteilung sich dann aus der gegenseitigen Abschätzung der Einzeleigenschaften im Hinblick auf den Verwendungszweck und den Preis des Produktes ergeben wird. Folgende chemische und technologische Eigenschaften werden zu ermitteln sein, um zu einer Urteilsbildung zu gelangen:

Chemische Eigenschaften:

a) Art der Aktivität (anion- oder kationaktiv bzw. Nichtionogenität).

b) Menge der Aktivsubstanz.

c) Beständigkeit gegen die Wasserhärtebildner und Metallsalze sowie Säuren und Laugen.

d) pH-Wert.

e) Eventuell chemischer Charakter.

Technologische Eigenschaften:

1. Netzwirkung bei verschiedenen pH-Werten.
2. Waschwirkung, soferne es sich um Waschmittel handelt.
3. Dispergiervermögen.
4. Substantivität.
5. Diverse Eigenschaften, die sich auf den speziell empfohlenen Zweck beziehen, z. B. Egalisier- oder Aviviervermögen usw.

Feststellung der chemischen Eigenschaften von Textilhilfsmitteln

a) Die Art der Aktivität wird am schnellsten aus der Eigenschaft bestimmt, daß sich anion- und kationaktive Körper gegenseitig ausfällen. Es wird eine verdünnte (0,2%) Lösung des Prüflings hergestellt und diese dann tropfenweise mit einer verdünnten NekalBX- und in zweiter Probe mit verdünnter Zephirollösung versetzt. Die Zugaben sind vorsichtig zu machen, da im Überschuß die meisten Produkte wieder löslich werden. Tritt bei der Nekalzugabe Ausfällung ein, liegt ein kationaktives Produkt vor, eine Fällung bei der Zephirolzugabe deutet auf ein anionaktives Hilfsmittel. Nichtionogene Stoffe können unter Umständen ebenfalls mit kationaktiven Hilfsmitteln Trübungen ergeben, sie unterscheiden sich jedoch dadurch, daß die angesäuerten Lösungen nichtionogener Körper (meist Äthylenoxyd- oder -iminanlagerungsprodukte) sich in der Hitze trüben und beim Abkühlen wieder klar werden. Überdies geben nichtionogene Produkte im allgemeinen Fällungen mit Tannin und Phenol[1].

b) Eine genauere Bestimmung der Aktivsubstanz setzt oft die Kenntnis der chemischen Struktur derselben voraus. Ein Großteil der am häufigsten gebrauchten anionaktiven Hilfsmittel, wie Seifen, Türkischrotöle, Fettalkoholsulfonate, Fettsäurekondensationsprodukte, Alkylarylsulfonate usw., läßt sich durch mehr oder minder langes Kochen mit starker Salz- oder Schwefelsäure im Büchner-Kolben zerstören. Der abgeschiedene Fettrest kann am kalibrierten Halse abgelesen werden. Falls die Ablesung aus irgendwelchen Gründen auf Schwierigkeiten stößt oder die Bestimmung genauer gehalten werden soll, ist die Ausschüttelung mit Äther möglich. Die Gewichtsermittlung erfolgt dann durch Abdestillieren des Äthers im gewogenen Kolben und anschließende Be-

[1] S. Wurzschmitt, B.: Systematik und qualitative Untersuchung capillaraktiver Substanzen. Z. analyt. Chem. 130, 105 (1950).

stimmung der Auswaage. Diese Methode ist nicht allgemein anwendbar, da eine Anzahl chemischer Individuen, wie Mersolate, nichtionogene Körper und andere, nicht oder nur schwierig durch Säure zerstört werden können. Allgemeinerer Anwendung fähig ist die Extraktion des stark getrockneten Produktes mit Methylalkohol und Wägung im gewogenen Kolben nach Abdampfung des Methylalkohols. Für viele Zwecke genau genug ist das Verglühen der vorher stark getrockneten Substanz unter angenäherter rechnerischer Berücksichtigung der meist vorhandenen sulfosauren Natriumgruppen. Diese Methode funktioniert natürlich nur bei Abwesenheit organischer Streckmittel, was häufig der Fall ist.

Meist wird es sich auch empfehlen, den Wassergehalt eines Hilfsmittels festzustellen. Man wende für diesen Zweck immer die Xylolbestimmung an, da die Trocknungsmethode oft von verschiedenen Umständen stark abhängige Werte liefert. Die vorbeschriebenen Methoden dienen hauptsächlich zu schnellen, für die vorliegenden Zwecke jedoch meist ausreichend genauen Untersuchungen. Für exakte Bestimmungen, die oft schwierig und zeitraubend sind, sei auf die chemische Fachliteratur verwiesen.

c) Eine sehr wichtige Eigenschaft der Hilfsmittel ist die Metallsalzbeständigkeit, insbesondere gegenüber den Härtebildnern des Wassers. Bekanntlich verdanken die Hilfsmittel ihre Entwicklung in erster Linie der ursprünglichen Forderung nach härtebeständigen Seifen. Wenn auch in der Zwischenzeit in vielen Ausrüsterbetrieben diese Frage von der Wasserseite her gelöst wurde, so gibt es dennoch zahlreiche Betriebe, die auf die Härtebeständigkeit der Waschmittel Rücksicht nehmen müssen. Zur Feststellung der Härtebeständigkeit wird man zweckmäßig eine gewisse Norm einhalten. Man geht am besten von einer gebräuchlichen Konzentration (0,5 bis 2 g pro Liter) aus und stellt nun mit einer eingestellten Kalziumchloridlösung auf abgestufte Härten, z. B. 10, 25, 50^0 DH ein. Selbstverständlich muß die wirklich vorkommende Härte im Bereich der gewählten Norm liegen. Man beobachte, ob die Lösungen des Hilfsmittels klar bleiben oder eine Trübung bzw. einen Niederschlag zeigen, und erwärme nun die Proben auf Kochtemperatur, beobachte wieder und lasse abkühlen, worauf man abermals eventuelle Veränderungen feststellt. Bei Trübungen ist es oft unsicher, ob dieselben kolloider oder gröberer Natur sind. Hier hilft es, etwas von der Probemenge in der Laboratoriumszentrifuge eine konventionelle Zeit zu schleudern und den Erfolg festzustellen. Abgesetzte Niederschlagsmengen können abgeschätzt oder bei vorhandener Kalibrierung des Glaseinsatzes gemessen werden. Soferne also die Härtebeständigkeit von betrieblicher Bedeutung ist, läßt sich auf diese Weise eine gute Vergleichsbeurteilung der Härtebeständigkeit erreichen.

Auf ähnliche Art bestimmt man auch die Beständigkeit des Hilfsmittels gegen Säuren und Basen. Es ist jedoch wichtig, bei der Säurebeständigkeit den Versuch über eine größere Zeitspanne auszudehnen, da diesbezügliche Veränderungen oft erst nach längerer Zeit erfolgen. Zweckmäßig wird man die für die vorgenannten Bestimmungen notwendigen Chemikalien in geeigneter konzentrierter Form vorrätig halten, um durch einfaches Hantieren mit der vorbestimmten Menge ohne unnötigen Zeitverlust zu arbeiten.

d) Die Ermittlung des pH-Wertes ist zwar zur klaren Beurteilung verschiedener Vorgänge wichtig, doch genügt gewöhnlich eine Genauigkeit, wie sie durch das Mercksche Indikatorpapier zu erreichen ist. Von Bedeutung ist der pH-Wert bei der Prüfung des Waschvermögens eines Hilfsmittels. Eine gepufferte Lösung ohne jeden Zusatz eines Hilfsmittels zeigt nämlich beim Überschreiten des Neutralpunktes gegen den alkalischen Bereich ein starkes Ansteigen der Waschfähigkeit. Liegt also z. B. ein Hilfsmittel mit alkalischer Einstellung vor, so wäre es falsch, dieses ohne Rücksicht auf den pH-Wert gegen ein solches mit neutraler oder gar schwach saurer Reaktion ohne Korrektur derselben zu vergleichen.

e) Die Hilfsmittelhersteller kommen in steigendem Maße der Forderung der Verbraucher nach, die chemische Konstitution der vertriebenen Produkte bekanntzugeben. Die Kenntnis derselben ist, wenn man von grundsätzlichen Überlegungen absieht, deshalb von Vorteil, weil man dadurch auf gewisse Gebrauchseigenschaften schließen kann. Liegt etwa ein nichtionogenes Produkt vor, so kann man bereits von vornherein auf gute Netz- und Dispergierwirkung, mangelnde Substantivität usw. schließen. Eine derartige Kenntnis ist aber auch deshalb vorteilhaft, weil eventuell auftretende aufklärungsbedürftige Erscheinungen während des Veredlungsprozesses oft an die Kenntnis des chemischen Aufbaues der verwendeten Produkte gebunden sind. Es sei an dieser Stelle vermerkt, daß die Zeit vorüber sein soll, da der Veredler mit Spezialitäten ohne Wissen um deren chemische Natur arbeitet. Heute ist auch die Anwendungstechnik von der rein handwerklichen Ausführung der Arbeitsverfahren zur erkenntnismäßigen Prüfung und Steuerung derselben übergegangen. Nicht immer handelt es sich allerdings bei den Hilfsmitteln um einheitlich chemische Individuen, sehr oft liegen Verschneidungen verschiedener Gruppen vor. In den Fällen, in denen die wirkungsmäßigen Eigenschaften genügen, wird man oft auf eine genaue Kenntnis der chemischen Struktur verzichten können.

Prüfung der wichtigsten technologischen Eigenschaften von Textilhilfsmitteln

1. Die Netzwirkung ist für die meisten Hilfsmittel von großer und für die eigentlichen Netzmittel von ausschlaggebender Bedeutung. Die die Oberflächenspannung herabsetzende Wirkung der Netzmittel kann auf mehrere Arten gemessen werden. Für grundlegende Bestimmungen soll ein Stalagmometer vorhanden sein. Für die Versuche, welche für den praktischen Einsatz entscheidend sind, bewährt sich am besten jene Methode, wonach ein Prüfmuster in genormter Größe, durch ein Kettchen beschwert, in die Flotte eingetaucht wird; die Zeit, bis der Prüfling zu Boden sinkt, wird mittels Stoppuhr gemessen. Diese Methode hat nicht nur den Vorteil einer relativ guten Reproduzierbarkeit für sich, sondern kommt auch den Verhältnissen, wie sie in der Praxis vorliegen, am nächsten. Die Netzversuche sollen bei mehreren Konzentrationen und Temperaturstufen sowie im alkalischen, neutralen und sauren Bereich durchgeführt werden, um eine Vergleichsübersicht zu gewinnen. Alle anderen Methoden entsprechen entweder nicht den betrieblichen Verhältnissen oder geben schlecht reproduzierbare Werte.

2. Eine der wichtigsten, aber dabei schwierig durchzuführenden Eigenschafts-Untersuchungen ist die Ermittlung der Waschfähigkeit. Gerade auf diesem Sektor gibt es aber eine Unzahl von Produkten, die eine geeignete Auswahl als notwendig erscheinen lassen. Es erweisen sich nun sowohl die modellmäßige Darstellung einer Verschmutzung als auch die zahlenmäßig reproduzierbare Festlegung der Entschmutzung als außerordentlich schwierig. Es gibt eine Reihe von empfohlenen künstlichen Verschmutzungen, die alle nicht den tatsächlichen Verhältnissen gerecht werden. Eine gewisse Einschränkung erfährt der Anwendungsumfang durch die gebotene Möglichkeit, die Art der Verschmutzung, für welche das Hilfsmittel vorgesehen ist, einigermaßen zu überblicken. Man wird daher die künstliche Verschmutzung soweit als möglich auf den beabsichtigten Zweck abstimmen. Hat man eine geeignete Anschmutzung gefunden, so ist es weiter wichtig, dieselbe so aufzubringen, daß die anschließende Entschmutzung

zahlenmäßig erfaßbar ist und nicht nur von einer gefühlsmäßigen Beurteilung des Beobachters abhängt. Eine ausreichende exakte, in Zahlenwerten festlegbare Beurteilung ist schon deshalb wichtig, weil es ja unmöglich ist, eine Parallelbeobachtung aller in Frage kommenden Produkte vorzunehmen, sondern eine jeweilige Bezugnahme auf Zahlenwerte erfolgen muß. Im allgemeinen geht man so vor, daß der Unterschied oder auch das Verhältnis zwischen dem Weiß- bzw. Schwarzgehalt des Ausgangsmusters und der gewaschenen Probe festgestellt wird. Zur zahlenmäßigen Festlegung dient ein geeignetes optisches Gerät, z. B. ein Stufenphotometer. Da bei der optischen Beurteilung immer nur ein kleines Flächenelement des Prüfmusters erfaßt wird und selbst bei großer Gleichmäßigkeit der Ausgangsverschmutzung nach dem Waschprozeß dieselbe meist weitestgehend verlorengeht, ist es notwendig, eine größere Zahl von Prüfungen vorzunehmen, um einen Durchschnittswert zu bekommen. Es wurde folgende abgeänderte Methode durch längere Zeit praktisch erprobt und damit gute Ergebnisse erzielt: Das Prüfmuster wird mit einer Mischung von Mineralöl, Olivenöl, Olein und einem geeigneten fettlöslichen Farbstoff, alles in Azeton gelöst, geklotzt. Nach dem Abdunsten des Azetons wird das überschüssige Fett durch eine Heißwasserbehandlung entfernt und die so behandelte Ware wieder getrocknet und einige Zeit gelagert. In dieser Form dient sie nun als Ausgangsmaterial für die Waschversuche. Eine abgewogene Menge davon wird der Prüfwaschung unterworfen. Im Gegensatz zu den üblichen Methoden, welche das gewaschene Muster beurteilen, prüft man die in die Waschflotte abgefallene Menge der Schmutzsubstanz. Zu diesem Zwecke wird die Waschflotte mit einer vorbestimmten und einmal festgelegten Menge an Testbenzin ausgeschüttelt und die Farbtiefe des durch den fettlöslichen Farbstoff gefärbten Benzins kolorimetrisch gemessen. Ebenso wird von der Ausgangsware durch Ausschütteln derselben mit der gleichen Menge Benzin eine Bezugsbasis geschaffen. Die so praktizierte Methode hat den Vorteil, daß die tatsächlich abgewaschene Menge der Verschmutzung bestimmt wird und die Kolorimetrie der gefärbten Lösung wesentlich genauere Werte liefert als die Messung an der Warenprobe. Voraussetzung für die Durchführung dieser Methode ist allerdings die Verwendung eines fettlöslichen Farbstoffes, der einigermaßen linear proportional mit dem abgelösten Fett in die Flotte übergeht. Selbstverständlich kann die Waschwirkung eines Produktes gegenüber „Fetten", auf die es ja meistens ankommt, auch durch Extraktion des Prüfmusters im Soxhlet vor und nach der Wäsche bestimmt werden. Als Extraktionsmittel ist dabei dem Petroläther vor dem Äthyläther der Vorzug zu geben, da der letztere nach unseren Erfahrungen gewisse substantiv auf die Faser aufgezogene Waschmittel oft nicht unbeträchtlich löst und dadurch Fehlergebnisse verursacht. Grundsätzlich ist für die Beurteilung von Waschmitteln, auf welche Art dieselbe immer erfolgen mag, wichtig, daß die Prüfungen in mehreren Konzentrationen des Produktes vorgenommen werden und der pH-Wert beachtet wird. Bekanntlich geben alkalische Waschflotten auch ohne einen Hilfsmittelzusatz bereits eine beträchtliche Waschwirkung. Am besten prüfe man daher ein Waschmittel einmal im schwach sauren Bereich, etwa bei pH 6, und einmal im alkalischen Medium. Zur besseren Beurteilung werden alle ermittelten Waschwerte in Abhängigkeit von der Konzentration kurvenmäßig aufgetragen. Von größerer Bedeutung sind die Werte, welche im sauren Bereich ermittelt wurden, da die alkalischen Werte von der Waschwirkung der Hydroxylionen überlagert sind. Jedenfalls gestattet nur die Betrachtung von Kurvenverlaufen, wobei man etwa fünf Konzentrationen in geometrischer Abstufung wählt, eine richtige Bewertung und nicht etwa die Beurteilung auf Grund des Meßwertes einer einzigen Konzentration. Zur Prüfung verwende man z. B. 0,2, 0,4, 0,8, 1,6 und 3,2 g Waschmittel pro Liter Waschflotte. Selbstverständlich muß das Waschvermögen für Zellulose- und Proteinfasern getrennt erprobt werden. Ein Vorteil der Kurvendarstellung ist die Möglichkeit, preisgleiche Wirkungen verschiedener Produkte zu interpolieren. Da die meisten dieser Waschkurven gewöhnlich in ihrem Verlauf einen starken Anstieg aufweisen, um schließlich ab einer bestimmten Konzentration in einen Sättigungswert überzugehen, läßt sich unschwer auch die Optimalkonzentration aus der graphischen Darstellung entnehmen.

3. Für manche Zwecke der Textilveredlung spielt das Dispergiervermögen eine Rolle. So z. B. beim Abkochen von Ware beim Pigmentklotzverfahren, für das Schmutztragevermögen von Waschhilfsmitteln usw. Wenn eine solche Bestimmung notwendig erscheint, wird sie am einfachsten so ausgeführt, daß in mehrere, verschieden konzentrierte Lösungen des Prüflings (es sind dafür nur 20 bis 30 ccm nötig) eine Spachtelspitze Ruß oder Indigopulver gegeben wird. Hierauf wird durch ein Blaubandfilter filtriert und die Dispersionen mit einem Standardmuster verglichen. Eventuell kann durch Verdünnen mit einer gemessenen Menge Wasser bis auf gleiche Trübung oder Farbton gebracht werden. Für genauere Messungen können nephelometrische Methoden angewandt werden. Da das Dispergiervermögen auch von der Art des zu dispergierenden Körpers abhängt, ist es zweckmäßig, die Versuche auf den beabsichtigten Zweck einzustellen.

4. Die Substantivität eines Hilfsmittels zur Faser spielt nur in seltenen Fällen eine größere Rolle. Ihre Ermittlung kann nach allgemeinen chemischen Methoden entweder aus der Abnahme der Lösungskonzentration oder durch Extraktion des Prüfgutes mittels eines geeigneten Lösungsmittels erfolgen. Eine schnellere Bestimmung ist oft bei Produkten möglich, welche stark schäumen, wie dies bei vielen Hilfsmitteln der Fall ist. Durch mehrfaches Behandeln der Prüfflotte mit einer bestimmten Menge immer frischen Fasergutes und Messung der jeweiligen Schaumhöhe kann ein gewisser Aufschluß über die Substantivität gewonnen werden. Natürlicherweise muß zuvor eine Eichkurve der Schaumhöhen von Lösungen verschiedener Konzentrationen des gegenständlichen Hilfsmittels aufgenommen werden.

5. Eine größere Rolle spielt für Färbereizwecke noch die Egalisierungswirkung von Hilfsmitteln. Um ein Produkt auf diese Eigenschaft zu prüfen, setzt man einige Färbebäder von sehr schlecht egalisierenden Farbstoffen, z. B. Formalblau u. ä., mit abgestuften Konzentrationen des Hilfsmittels sowie ein Farbbad ohne Zusatz an. Die Farbbäder werden nun auf die Färbetemperatur gebracht und in Abständen von 10 Minuten je mit einer angemessenen Menge Textilgut beschickt. Insgesamt werden vier Zugaben gemacht. Nach der letzten Zugabe wird noch 20 Minuten gefärbt und dann gespült und getrocknet. Die einzelnen Probenserien werden dann gegen die Färbeserie ohne Hilfsmittelzusatz sowie gegen eine Standardserie mit einem anerkannt guten Egalisierungsmittel verglichen. Je geringer die Unterschiede der erstangeführten Serie von der letzteren sind, um so besser ist die Qualität des Egalisierungsmittels. Für genauere Untersuchungen bzw. zahlenmäßige Bewertungen können die Farbabstufungen der einzelnen Serien mittels des Stufenphotometers gemessen werden. Man kann auch den umgekehrten Weg gehen und eine gefärbte Ware zusammen mit derselben Menge ungefärbter in einem blinden Bad mit und ohne Zusatz von Egalisierungsmitteln behandeln. Als Färbung wählt man eine solche eines schlecht egalisierenden Farbstoffes. Die Behandlungsweise muß natürlich ein für allemal festgelegt sein. Durch Vergleich der Anfärbungstiefe des ursprünglich weißen Musters aus der Blindflotte und derjenigen aus der mit Egalisierungsmitteln versehenen lassen sich die gewünschten Schlüsse ziehen.

Es muß in diesem Zusammenhang festgestellt werden, daß die Wirkung von Egalisiermitteln grundsätzlich zweifacher Art sein kann. Zur ersten gehören solche, welche starke Substantivität zur Faser aufweisen und erst langsam durch den Farbstoff verdrängt werden müssen. Zur zweiten Gruppe gehören jene Hilfsmittel, welche den Farbstoff in der Färbeflotte zurückhalten und auf diese Weise eine Bremsung der Aufziehgeschwindigkeit bewirken. Bei der Beurteilung von Egalisierprüfungen ist also immer auf diesen Umstand Rücksicht zu nehmen.

Damit sind die wichtigsten und häufigsten Prüfungen auf Hilfsmittel beschrieben. Je nach dem beabsichtigten Verwendungszweck wird man die geeignetsten Prüfpunkte auswählen. Jedenfalls empfiehlt es sich, eine Kartei anzulegen, welche alle notwendigen Daten des Prüflings enthält, die es ermöglichen, denselben gegen ein Konkurrenzprodukt zu beurteilen.

Verschiedene Untersuchungen

Wasseruntersuchungen: Bei der Wichtigkeit, welche das Wasser in der Textilveredlung spielt, ist es verständlich, daß Wasseruntersuchungen zu den häufigen Prüfungen eines Textillabors gehören. Meist genügt die Feststellung der Härte, in selteneren Fällen benötigt man eine Totalanalyse. Die Untersuchung erfolgt nach den Methoden der analytischen Chemie. Zu erwähnen sind die von SCHWARZENBACH ausgearbeiteten Komplexonverfahren, die in Deutschland unter dem Namen *Plexochrom*verfahren erweitert und verbessert wurden. Diese Verfahren basieren auf der komplexbildenden Kraft einiger organischer Körper. Sie bedeuten unbedingt einen Fortschritt, da sie wesentlich zeitsparender sind und gerade bei niederen Härtegraden, wo die anderen Methoden ungenau werden, noch sichere Werte liefern. Einen weiteren Vorteil bedeutet die Möglichkeit, Kalzium und Magnesium getrennt zu bestimmen. Man wird sich also vorteilhaft dieser Bestimmungsmethode bedienen.

Notwendig erweisen sich oft pH-Wertbestimmungen. Für angenäherte oder orientierende Werte bedient man sich mit Vorteil des MERCKschen Indikatorpapiers, für genaue Bestimmungen unbedingt einer elektrometrischen Methode, welche allein universell anwendbar ist und genaue Ergebnisse liefert. Leider ist die verhältnismäßig einfach, ohne besondere mechanische Vorsicht zu handhabende Antimonelektrode, die auch den Vorteil eines großen Prüfbereiches hat, außerordentlich empfindlich gegen verschiedene Elektrodengifte, wie z. B. Hypochlorite, Sulfide usw., die aber gerade in der Textilveredlung eine große Rolle spielen. Immerhin gibt es eine große Reihe von Anwendungsmöglichkeiten, bei denen die Antimonelektrode gute Dienste leistet. Die Platin-Wasserstoff-Elektrode ist umständlich in der Bedienung und überdies empfindlich gegen die verschiedenen Elektrodengifte, so daß sie für die vorliegenden Zwecke ausscheidet. Ebensowenig kommt die Chinhydronelektrode für universelle Zwecke in Frage, da dieselbe neben anderen Nachteilen nur über einen Meßbereich bis zu einem pH-Wert 9 verfügt. Von universeller Anwendbarkeit und großer Genauigkeit, zumindest in einem Bereich von pH 0 bis 12, ist die Glaselektrode. Leider bedingt ihre Zerbrechlichkeit große Vorsicht bei der Manipulation. Dafür ist sie jedoch unempfindlich gegen jede Art von Elektrodengiften und liefert sehr genaue Werte. Man wird daher am besten im Laboratorium die Glaselektrode neben der Antimonelektrode benützen. Für Untersuchungen, die nicht allzu genau sein müssen, wird man die Antimonelektrode wählen, für genauere Untersuchungen die Glaselektrode.

Titrationen: Wo immer genaue Bestimmungen notwendig sind, wird man wenn möglich zur Titration greifen. Es ist deshalb den Titriergeräten und den

Meßflüssigkeiten ein besonderes Augenmerk zuzuwenden. Für die gebräuchlichsten Meßflüssigkeiten verwende man automatische Büretten mit selbsttätiger Nullpunkteinstellung. Die Genauigkeit und Geschwindigkeit der Analysen wird durch die Verwendung dieser Art von Büretten außerordentlich erhöht. Die Meßflüssigkeiten setze man in größerer Menge an und bewahre dieselben in peinlich sauberen Gefäßen auf, am besten in einem vom Laboratorium getrennten Raum. Von Zeit zu Zeit kontrolliere man den „Faktor“. Von gebräuchlichen Meßflüssigkeiten sind zu nennen n/2 (Natronlauge, Schwefelsäure), n/10 (Natronlauge, Salzsäure, Natriumthiosulfat, Jod, Kaliumpermanganat, Oxalsäure, Soda, Arsenige Säure), n/5 Kaliumbromid (vgl. S. 130).

Feststellung von Textilfasern: Hinsichtlich der Bestimmung vorliegender Fasern, die durch die weitere Ausbreitung der synthetisch hergestellten Textilrohstoffe immer aktueller wird, sei auf einschlägige Tabellen usw. verwiesen (vgl. Koch, Faserstofftabellen, Textil-Rundschau St. Gallen 1951).

Auch die Farbreaktionen mit Neokarmin W oder Shirlastain usw. nach Rayon Manual oder Schaeffer, Handbuch der Färberei, Stuttgart: Kohlhammer, 1949, sind vorteilhaft anwendbar. Hier vergleiche auch die ausführlichen Farbtestzusammenstellungen im Calco Techn. Bull. 831, 1953 der Am. Cyanamid Comp., welche die Faserfärbung mit den Testlösungen von Du Pont, der Interchemical Corp., dem Fibrotint GLC (Ciba), den Lösungen GDC, ODDA der General Dyestuff Corp. und C 63807 der Nacco angeben.

Schließlich kann auch die UV-Lampe herangezogen werden (vgl. Tab. A, S. 18).

Damit ist in großen Umrissen auf die wesentlichsten Arbeitsgänge eines Textillaboratoriums eingegangen.

Verzeichnis wichtigerer Fachausdrücke

Deutsch

Abendfarbe. Aussehen eines Farbtons bei Kunstlicht.

Abklatschen. Ausbluten, abflecken (auf anderes Material), beim Aufeinanderlegen naßunechter Färbungen auftretend.

Abkochen. Die Entfettung und Reinigung von Baumwolle, eventuell das Degummieren (Entbasten) von Seide mit Seifenbädern.

Abreiben (abrußen). Reibunechte Färbung.

Abschmieren. Abreibende, reibunechte Färbung.

Abschrecken. Abkühlen eines Färbebades beim Zusatz schwer egalisierender Farbstoffe.

Abziehen. Entfernung der Färbung von gefärbtem Textilgut.

Anfallen. Rasches Aufziehen eines Farbstoffs auf das Textilgut.

Ankochen. Zum Kochen bringen einer Behandlungsflotte.

Antrocknen. Teilweises Trockenwerden im Veredlungsgang, Ursache vieler Fehler.

Aufdocken. Auflaufenlassen der Stückware auf die nicht in der Flotte befindlichen Walzen bei der Jiggerfärbung.

Aufschlagen. Herauslegen von Garn aus dem Färbebad auf Lattenroste (beim Farbstoffzusatz ins Färbebad).

Aufschwimmen. Das Färbegut, meist Garn, schwimmt auf der Oberfläche des Bades, netzt sich also schlecht.

Aufsicht. Farbton eines Musters, wenn man es senkrecht zu seiner Fläche betrachtet.

Aufstocken. Das Auf-den-Garn-(Färbe-)Stock-Bringen von Strahngarn.

Aufziehen. Der Übergang des Farbstoffes aus dem Färbebad auf das Textilmaterial, auch: auf einen Sternreifen aufhaken.

Ausnähen. Kennzeichnung von zu färbenden Geweben durch Einnähen von Zeichen oder Nummern, tamburieren.

Aussalzen. Meist die unerwünschte Fällung eines Farbstoffes im Färbebad unter der Wirkung eines zu großen Salzgehaltes des Bades.

Ausschlagen. Das Glätten bzw. Ausrichten der Garnwickel bzw. des Strahngarns durch Strecken nach dem Färben und Trocknen.

Ausziehen. Erschöpfen des Färbebades an Farbstoff.

Avivieren. Das Ölen und Weichmachen von Seide, Zellwolle und Kunstseide nach dem Färben (selten von Baumwolle).

Bad steht (gut bzw. schlecht). Das Färbebad ist (richtig oder unrichtig hinsichtlich der Chemikalien) zubereitet (bei Küpen- oder Schwefelfarbstoffen).

Banden. Bandförmige Unegalitäten irgendwelcher Art in Geweben, meist Schußbanden.

Bär. Bei der Gewebefärbung auf der Haspelkufe durch Verschlingung von nebeneinanderlaufenden Gewebesträngen entstehender, oft umfangreicher Gewebestrangknoten.

Barke. Färbekufe für Garne usw.

Barré s. Banden.

Bastseife. Vom Entbasten der Seide stammende Seifenlösung, die das Serizin der Seide neben zirka 30 g Seife pro Liter enthält.

Beizen. Vorbehandlung von Textilmaterial (mit Tannin, Chrom, Ölen usw.) zur Erzielung besonderer Färbungen (mit sogenannten Beizenfarbstoffen).

Beschweren. Gewichtserhöhung durch Appreturmaßnahmen (Bittersalz usw.).

Beuchen. Druckabkochung von Baumwollware mit Lauge und Soda zur Entfernung der natürlichen Verunreinigungen.

Blauen. Anblauen von Bleichware mit Farbstofflösungen.

Blenden. Leicht entfernbare Anfärbung von Garnen zwecks Kontrolle in der Weberei und Wirkerei.

Blindküpe. Küpenfärbebad ohne Farbstoff.

Blume. Rot-, Gelb- oder Blaustich einer tiefen Färbung (blumiges Schwarz).

Bluten. Verlaufen bzw. Auslaufen einer Färbung auf andere Teile des Textilgutes bei einer Naßbehandlung.

Bobine. Zylindrische Garnspule.

Bock. Holzgestell zum Abstellen bzw. Ablegen von Färbegut.

Bombage, bombieren. Umwickeln von Metallwalzen von Maschinen mit Textilgeweben, meist um ihre Oberfläche elastisch drückend zu gestalten.

Breithalter. Gerillte oder gebogene Walzen oder Glasflächen in gebogener Form, die das Breitlaufen des Gewebes in Behandlungsapparaten gewährleisten sollen.

Brennen s. Brühen.

Bronzieren. Oberflächlich bronziertes (metallisch verfärbtes), durch Luftoxydation oder Absetzen von unverküpten bzw. ungelösten Farbstoffteilchen verfärbtes Textilgut beim Färben mit Küpen- oder Schwefelfarbstoffen.

Bruchdehnung. Größte Fadendehnung unmittelbar vor dem Reißen.

Brüche. Lineare, durch das Gewebe laufende Knitterstellen des Garnmaterials.

Brühen. Fixieren von Wollgarn, meist aber Wollstück, dieses am Brühbock, um ein Verfilzen der Wolle beim Färben zu verhindern. Man brüht mit kochendem Wasser.

Buchform. In bestimmten Abmessungen gerolltes (gehaspeltes) Stück, welches mit dem Schuß, senkrecht an Schnüren hängend, behandelt wird.

Camaïeu. Ton-in-Ton-Effekt auf Wollstück, hervorgerufen durch Verweben von chlorierter und unbehandelter Wolle.

Cannette s. Kannette.

Carbonisieren s. Karbonisieren.

Carrotieren s. Karrotieren.

Changeant s. Erklärung des gleichen englischen Ausdruckes.

Charge. Die Erschwerung bzw. ihre Höhe in Prozent bei Naturseide.

Chassis. In den Flüssigkeitsbehälter beim Klotzen bzw. Foulardieren usw. eingebrachte Flüssigkeitsmenge, die durch entsprechende Nachsätze während der Arbeit konstant gehalten wird.

Chevillieren. Ursprünglich für Seide, später allgemein angewandt, das Ausschlagen und Ein- und Wiederausdrehen der gefärbten Strähne, um ihnen Weichheit und Glanz zu geben.

Chlorbleiche. Bleichen von Zellulose mit Hypochloritlösungen.

Chlorieren von Wolle. Behandeln von Wolle mit Chlor- oder Hypochloritlösungen, um ihr die Filzfähigkeit zu nehmen.

Chloritbleiche. Bleiche mit Natriumchlorit (Textone).

Chromieren. Mit Kaliumbichromat in saurer Lösung behandeln, meist bei Nachchromierungsfarbstoffen, die auf diese Weise den echten Farbton (als Chromlack) erhalten.

Crabben s. Brühen, Einbrennen.

Craquant s. Knirsch-, Krachgriff.

Decken von Baumwolle. Anfärben der helleren Baumwolle in Mischgeweben durch Färben bei tiefen Temperaturen.

Degummieren s. Entbasten.

Devorant- (Ausbrenn-) Effekte. Durch Zerstörung eines Faseranteils hergestellte Gewebeeffekte.

Diazotieren. Die Überführung einer Färbung bzw. einer Base mittels Nitrit und Salzsäure in eine kupplungsfähige Diazoverbindung, welche mit einer bereits am Textilgut vorhandenen oder nachträglich zur Behandlung angewandten Verbindung (Naphtol usw.) einen unlöslichen Pigmentfarbstoff oder eine naßechte Färbung ergibt.

Direktfarbstoffe (substantive Farbstoffe). Farbstoffe, welche aus neutralem, glaubersalzhaltigem Bade auf Wolle, Baumwolle, Zellwolle, Viskosereyongarn usw. aufziehen.

Doublieren. Stückware mittlings falten und so verpacken oder aber mit den Leisten (Kanten) vernäht zum Färben bringen.

Drücken (einen Farbstich). Einen zu starken Gelb- oder Rotton in einer Tönung durch Rot bzw. Rotviolett oder Gelb bzw. Gelbgrün zum Verschwinden bringen.

Ecru. Rohfaser, Ware im Rohzustand.

Effektgarne. In Geweben eingewebte andersfarbige oder sich anders färbende Fäden.

Egalisieren. Gleichmäßiges allmähliches Anfärben von Färbegut im Farbbad.

Einbrennen s. Krabben, Fixieren, Brühen. Das Behandeln von Wolle (Garn oder Stück) in kochendheißem Wasser, wobei die Wolle in der erkalteten Flüssigkeit belassen wird.

Eingehen. Ins Behandlungsbad bringen; schrumpfen (s. d.)

Einlegen. In ein Behandlungsbad einlegen.

Einpacken. Das Packen von Textilgut in Behandlungsapparate.

Eisenbeize. Basisches Eisensalz zum Grundieren für Blau- und Schwarzfärbungen.

X-Enden geben. Bei der Jiggerfärbung von Geweben angewandt: Der Ausdruck bedeutet x-mal das Stück bzw. die Stücke durch die Farbflotte laufen zu lassen.

Entbasten. Die Entfernung des Seidenleims (Serizins) bei Naturseide, degummieren.

Entwickeln. Die gewünschte Nuance durch chemische Behandlung herstellen. (Oxydieren von Küpen- oder Schwefelfarbstoffen, kuppeln von diazotierten, farbigen oder von naphtolgrundierten Waren usw.)

Erschweren, Erschwerung. Gewichtserhöhung von Rein- (Natur-) Seide durch wiederholtes Behandeln mit $SnCl_4$-Lösungen (pinken) und Lösungen von Dinatriumphosphat (phosphatieren), worauf ein Silikatbad folgt.

Färbestock. Stöcke, die das zu färbende Strahngarn tragen.

Farbumschlag. Veränderung eines Farbtons (durch Hitze, Säure usw.).

Fitzband. Garn, welches Strahngarn in einzelne Teile unterbindet, um eine bessere Spulbarkeit des Strahns zu gewährleisten.

Fitzen. Unterbinden von Garnsträhnen durch querlaufende, jeweils kleine Strahnanteile zusammenfassende Querfäden (eine Art Fadeneinflechtung).

Fixieren. Meist bei Geweben oder Gewirken, durch nasse oder trockene Hitzebehandlung in kochenden Bädern, heißem Dampf oder Luftkammern vorgenommen.

Flammé. Bunteffekte durch Färbung von Garnstrahn in verschiedenen Farbtönen.

Flocke. Loses Fasermaterial (Wolle, Baumwolle).

Flotte. Behandlungsbad für Textilgut, meist das Färbebad.

Flottenverhältnis. Das Verhältnis von Färbebad (Volumen) zur zu färbenden Warenmenge (Gewicht).

Flusig werden. Bei Seide, wenn sie während der Behandlung durch chemische oder mechanische Schäden (Schädigung) rauh und haarig wird (Fibrillenspaltung).

Foulardieren. Durch eine Walzenapparatur (Foulard) nehmen, wobei eine Tränkung der Ware mit einem Behandlungs-, auch Färbebad mit nachfolgender Beseitigung des Flüssigkeitsüberschusses durch Ausquetschen stattfindet (Klotzen, Pflatschen).

Garnpräparation. Schlichte, auch Zurichtung durch chemische Mittel, um eine gute Verarbeitbarkeit beim Wirken usw. zu gewährleisten.

Gaufrieren. Prägen, verformen der Oberfläche von Geweben durch mechanische Mittel (Kalander).

Glanzschüsse. Glänzende Schußfäden oder Fadenstellen in Kunstseidengeweben (Überdehnung der Fäden).

Griff. Die Art, wie sich Textilgut anfühlt.

Grinsen. Eine Erscheinung in Mischgeweben, wenn eine zu helle Faserkomponente aus dem gefärbten Gemisch heraussticht.

Grundieren. In der Naphtolfärberei üblich; mit Lösungen von Naphtolderivaten tränken.

Hänge. Trockenvorrichtung für Kreppgewebe und Trikots. Sie gewährt eine spannungslose Trocknung. Die Stücke hängen über Rollen in Schlaufenform in geheizten Räumen.

Hantieren. Das Bewegen des Textilgutes im Färbebade von Hand aus.

Haspel. Färberolle von ovaler und runder Form, d. h. einer aus Latten gebildeten, mit zwei Stirnscheiben versehenen, um eine Achse drehbaren Stückführung, die über der Kufe (dem Färbebade) angeordnet ist.

Heißfärber. Insbesondere für Direktfarbstoffe angewendet; Produkte, die erst bei hohen Färbetemperaturen (80 bis 90^0 C) aufziehen.

Hitzefalten. Falten, durch Liegen des Gutes in heißem Zustand entstehend.

Kaltfärber. Farbstoffe, welche bereits bei niedriger Temperatur (40^0 C) ein hohes Anfärbevermögen besitzen.

Kannette. Schußkops.

Karbonisieren. Das Entfernen geringer Baumwollanteile durch Verkohlen der Zellulose im Wollgewebe; man tränkt mit verdünnter H_2SO_4 und erhitzt im Ofen auf 110^0 C.

Karrotieren. Behandlung mit Hg-Salzen oder Mischungen von Salzsäure und Peroxyd, um die Filzfähigkeit von Haar zu erhöhen (Hutfabrikation).

Kettbaum. Auf perforiertem Zylinder aufgezetteltes Material, das gefärbt und dann von den Bäumen abgerollt wird, Schlichttröge passiert, am Webbaum aufgerollt und in den Webstuhl gegeben wird.

Kettstreifig. Unregelmäßigkeiten in Garndichte oder Farbton in Geweben.

Klotzen. Tränken von Geweben am Foulard mit Farbstofflösung, wobei das Gewebe erst die Flüssigkeit durchläuft und am Foulard die Behandlungslösung (Färbebad) eingequetscht bzw. der Überschuß abgequetscht wird.

Knirsch-, Krachgriff. Seidengriff, wenn man die Seide zwischen Daumen und Zeigefinger leicht verschiebt; er wird auch künstlich durch Hilfsmittel oder aufeinanderfolgende Seifen-Säure-Behandlung erzielt.

Knittern. Brüche und Falten im Gewebe.

Krabben s. Brühen, Einbrennen.

Kreppen. Die Erzeugung des Kreppeffektes bei aus überdrehten Garnen erzeugten Geweben.

Kreuzspule. Konische oder zylindrische Spulen mit überkreuzten Fadenlagen.

Kringel. Farbunregelmäßigkeit bei Wirkwaren (Rundstahlware).

Krumpfen. Schrumpfen (s. dieses).

Kufe. Hölzernes Färbegefäß, meist rechteckiger Form (manchmal auch zylindrisch).

Küpe. Lösung des Leukoküpensalzes eines Küpenfarbstoffes (mittels Natronlauge und Hydrosulfit hergestellt).

Küpenfarbstoffe. Farbstoffe, die aus dem verküpten Zustande (Küpe, s. d.) auf Zellulose usw. gefärbt werden.

Kupfern. Nachbehandlung substantiver Färbungen mit Kupfersulfat zwecks Verbesserung der Lichtechtheit.

Kuppeln. Zusammenbringen der zwei Komponenten zwecks Erzeugung eines Azofarbstoffes (in der Naphtolfärberei).

Laterne. Dachreiter zur Entnebelung von Färbereien.

Laugieren. Mit Lauge ohne Spannung behandeln.

Leisten. Stück- (Gewebe-) Kanten bzw. -Ränder.

Magere Färbung. Farbtöne, die zwar die richtige Farbnuance besitzen, aber keine Übersicht (Blume, s. d.) zeigen.

Mattieren. Glänzendes Textilmaterial durch Aufbringen von Pigmenten oder chemische bzw. physikalische Rauhung der Oberfläche mehr oder weniger glanzlos machen.

Mercerisieren. Mit konzentrierter NaOH im gespannten Zustande behandeln (zur Erzielung eines Glanzeffektes auf Baumwolle).

Metachromprozeß. Einbadchromverfahren, mit Metachromfarbstoffen und Kaliumbichromat gleichzeitig färben.

Metallkomplexfarbstoffe. Farbstoffe mit Metall im Molekül (Neolane, Palatinechtfarben, Cibalane usw.).

Metamere Färbung. Bei Tageslicht und im Kunstlicht verschiedenen Farbton zeigende Färbung.

Migration. Wanderung von Farbstoff oder Pigmenten in gefärbten Materialien, die getrocknet oder entwässert werden.

Morsche Ware. Textilgut, welches Festigkeit oder Elastizität oder beides verloren hat (Faserschädigung).

Nachchromieren. Nachbehandeln von mit Chromierungsfarbstoffen gefärbten Geweben mit Säure und Kaliumbichromat zwecks Erzielung des Farblackes.

Nachdecken s. Decken.

Nachkupfern s. Kupfern.

Nachziehen. Das langsame Verändern des Farbtones beim Färben bzw. Aufziehen eines Farbstoffes im Bade bei längerem Färben.

Naphtolieren. Mit Naphtolderivaten zur Erzielung sogenannter Naphtolfarben (Eisfarben, unlöslicher Azofarbpigmente in der Faser) behandeln.

Nuancieren. Korrigieren eines Farbtones mit kleinsten Farbstoffmengen beim Färben nach Muster.

Ombrée. Schattenfärbung, färben von Textilgut in Ton-in-Ton-Effekten.

Optische Aufhellungsmittel (Weißtöner). Fluoreszierende, farblose Verbindungen, die Affinität zum Textilmaterial zeigen und im Tageslicht durch ihre rötlich- bis grünlichblaue Fluoreszenz einen Gelbstich von Textilmaterial korrigieren.

Oxydieren. Entwicklung des Schwefel- bzw. Küpenfarbstoffpigments in der Faser durch den Luftsauerstoff oder oxydierende Bäder (Perborat- usw. Lösungen).

Palette. Farbstoffauswahl hinsichtlich des Farbtones.

Palmer. Ausbreitvorrichtung mit Trokkentrommel für naßbehandelte (gefärbte) Gewebe.

Permanentweiß. Durch nachträgliche Peroxydbleiche lagerbeständig gemachtes, durch Chlorbleiche erhaltenes Weiß.

Pflatschen. Tränken von Gewebe mit Behandlungslösungen am Foulard, ohne daß das Gewebe die Behandlungsflüssigkeit durchläuft.

Phosphatieren. Behandlung von mit Zinntetrachlorid behandelter und gewaschener Seide in Bädern von Dinatriumphosphat.

Phototropie. Farbtonänderung der Färbung eines Farbstoffes im Sonnenlicht, die im Dunkeln wieder verschwindet (oft bei Azetatseiden-gelb und -orange anzutreffen).

Picker. Stecher; kurzer, zugespitzter Stock, der beim Umziehen der Garnsträhne bei ihrer Färbung von Hand aus verwendet wird.

Pinken. Behandlung von Reinseide mit $SnCl_4$ (Pinke).

Plie. Im gelegten (breiten) Zustand (bei Stückware).

Quintieren. Zwecks Kontrolle der Stücklänge von Geweben bzw. Einhaltung einer gewissen Spannung, insbesondere für Kreppartikel, am Stückrand vorgenommene Markierung von 5-m-Abschnitten.

Ramiert. Auf Spannrahmen trocknen.

Reißfestigkeit. Festigkeit eines Fasermaterials gegen Belastung, gemessen in Reißkilometern oder Kilogramm pro Zentimeter oder Gramm pro Denier.

Relaxion. Erholung von Textilfasern von einer ausgeübten Dehnung.

Repassieren. Nachbehandeln, neuerlich einer bereits vollzogenen Behandlung unterziehen.

Reyon. Kunstseide.

Rissig. Kreppgewebe mit durch Knittern entstandenen Kreppunregelmäßigkeiten.

Schären. Herstellung von Webbäumen aus Buntgarnen von Kreuzspulen, die in Schärgattern sitzen.

Schlauch. An der Seitenkante genähtes Gewebe.

Schleuder. Entwässerungszentrifuge.

Schlichten. Präparieren des Kettfadens für den Webprozeß.

Schmälze. Mischung aus Ölseife und Mineralöl zur Erhöhung der Gleitfähigkeit der Wolle beim Spinnen.

Schönen. Das Übersetzen von echten Färbungen mit geringen Mengen brillanter Farbstoffe (meist basischer Farbstoffe).

Schrumpfen. In den Ausdehnungen sich verkleinerndes Textilgut.

Schußkops. Zylindrische, vorne spitz auslaufende Garnwickel, die in den Webschützen eingebracht werden; das Garn sitzt auf Papphülsen.

Schwefelfarbstoffe. Farbstoffe, die aus Schwefelnatrium-Soda-Bädern auf Zellulose gefärbt werden.

Schwefeln. In der sogenannten Schwefelkammer mit Schwefeldioxyd bleichen.

Seidengriff s. Craquant, Knirschgriff.

Silikatieren. Schlußbehandlung des Erschwerungsvorganges bei Reinseide; Behandlung mit Silikatbädern.

Spicköl s. Schmälze.

Spindeln. Die Messung von Bädern, Laugen, Säuren usw. mit dem Aräometer.

Stapelfaser. Kunstfaser von kurzer Länge, aus der Garn ersponnen wird.

Stauben. Das Abstauben von stark salzhaltigen Waren, insbesondere Appreturen.

Stehendes Bad (Standbad). Mehrfach zum Färben benutztes Färbebad (Zellulosefärbung).

Stern (Sternreifen). Mit Haken versehene, radiale Arme aufweisende Färbevorrichtung für Gewebe in lotrecht hängendem Zustande.

Stockfleckig. Infolge feuchter Lagerung schimmelig.

Strahn. Garn, geweift.

Strang. Längsgefaltet laufendes Gewebe (im Gegensatz zum Garnstrahn).

Strangöffner. Vorrichtung zum Ausbreiten von längsgefalteten Gewebesträngen.

Tambour. Zylindrischer Hohlzylinder.

Tamburieren. Ausnähen, Zeichnen der Stücke mit einer in Schlingnähten nähenden Nähmaschine.

Tränig. Kleine Unregelmäßigkeiten im Kreppgarn.

Trostle cops. Große Kopse aus der Spinnerei (Selfaktorkopse).

Überfärben. Neuerliches Färben eines bereits (teilweise) gefärbten Textilmaterials mit anderen Farbstoffen zwecks Färbung eines anderen Faseranteiles.

Übersetzen. Eine Färbung mit einem anderen Farbstoff nuancieren (meist brillanter gestalten).

Übersicht. Farbe eines Musters beim Betrachten desselben in Augenhöhe, über seine Oberfläche hinweg.

Umfärben. Gefärbtes Material auf einen anderen Farbton färben.

Umschlagen. Tonveränderung.

Umziehen. Bewegen von Strahngarn am Stock durch Ziehen von Hand aus oder mit einem anderen Stock (s. Färbestock).

Unterbinden s. Fitzen.

Unterstecken. Das Färbegut, meist Strahngarn, aufgestockt ganz in die Flotte bringen und dort festhalten.

Vergilben. Gelbstich, der bei mit Chlor gebleichten Waren beim Lagern auftritt.

Vergrünen. Luftoxydation von Färbungen mit Hydronblau, auch Erscheinung bei gefärbtem Anilinschwarz.

Verhängen. Das An-die-Luft-Hängen von küpen- oder schwefelgefärbtem, abgequetschtem Gut nach der Färbung zur Entwicklung des Farbtones.

Verkochen. Reduktive Zerstörung von Farbstoffen bei längerer kochender Behandlung (tritt bei substantiven und Chromkomplexfarbstoffen ein).

Verschießen. Ausbleichen einer Färbung im Licht.

Versetzen. Verschieben der Farbstöcke im Farbbad.

Volle Färbung. Tiefer, leuchtender Farbton.

Vorappretur. Operationen, die vor dem Färben erfolgen, so z. B.: Reinigen, Karbonisieren, Mercerisieren.

Vorcharge. Durch mehrfache Behandlung mit $SnCl_4$ und sek. Na-phosphat erzielte Gewichtszunahme von Reinseide.

Vorläufer. An das erste und letzte Stückende von Gewebebahnen angenähte Mollino. (Bei der Jiggerfärbung oder Kontinuebehandlung.)

Vorschärfen. Die Zugabe von Hydrosulfit im Färbe- oder Spülbad vor Einbringen des Farbstoffes bzw. Ware.

Walkerde. Feine Tonart, zum Breitbehandeln oder Walken von abreibenden Strähnen verwendet.

Walkschwielen. In der Walke entstehende Gewebefalten.

Wanne. Hölzerner vierkantiger Trog zum Färben von Stranggarn.

Wasserflecken. Durch Tropfwasser auf Gewebe oder Textilgut verursachte Flecken.

Wasserhärte. Härte (Salzgehalt) des Gebrauchswassers, auch harter, steifer Griff von Kunstseide, wenn sie zu naß getrocknet wird.

Weifen. Herstellung (Wickelung) des Garnstrahns.

Weifenlänge. Durchmesser, seltener Umfang eines Garnstrahns im gespannten Zustande.

Weinsteinpräparat. Saures Natriumsulfat, auch Sud genannt, beim Färben von Wolle verwendbar. Es gibt langsam Schwefelsäure ab und wird zu Glaubersalz.

Weißtöner. Optisches Aufhellungsmittel.

Wetzstellen. Aufgerauhte Stellen im Textilmaterial, vor allem Naturseide.

Wolken. Unegalitäten mit nicht begrenzter Form in Geweben.

Würmer. Rissiger Krepp (Gewebe).

Zetteln. Aufrollen der Kettfäden auf Kettbäume. Die Fäden laufen dabei von in sogenannten Gattern befindlichen zylindrischen oder konischen Kreuzspulen ab, auch „overend", also über den Spulenkopf.

Zug. Die Aufeinanderfolge von einer $SnCl_4$-Behandlung (pinken), Zinnwaschen (Zinnchloridhydrolyse) und einer Phosphatbehandlung (phosphatieren) bei der Seidenerschwerung.

Zusatz. Zugabe von Farbstoff oder Chemikalien ins Farbbad während des Färbevorganges.

Englisch

Abrasion. Scheuern.

Acid dyeing. Saure Färbung.

Acid dyes. Säurefarbstoffe, die aus schwefelsauren Bädern oder solchen, die organische Säuren enthalten, auf Wolle kochend aufgefärbt werden.

Afterchroming. Nachchromierung.

Ager. Dämpfer.

Aging. Fixierung bzw. Dämpfen von Färbungen, auch Reifung von Viskoselösungen (entwickeln).

Animalize. Animalisieren (durch chemische Veränderung usw. für saure Farbstoffe färbbar machen).

Anticrease effect. Knitterfest(echt)heit.

Anti-static. Die Ausbildung von statischer Elektrizität (beim Spinnen, Spulen, Wirken) verhindernd.

At the boil. Kochend.

Austenitic steel s. Stainless steel.

Baffle board. Siebwand bei Färbekufen.

Bath is dropped. Das Bad wird laufen gelassen.

Beck. Barke, Kufe.

Bleeding. Blutende (Färbung).

Blend. Mischung (meist von Fasern), bei Farbstoffen: matching.

Blocking. Die Verhinderung des Anfärbens einer anderen Farbkomponente durch einen Farbstoff großer Affinität bei Nylon.

Blotch. Fleck.

Blotchy. Wolkig, fleckig.

Blowing a beam. Die Kette vom Kettbaumzylinder abdrücken (beim Kettbaumfärben).

Bobbin. Zylindrische Garnspule, Bobine.

Boil off. Abkochen.

Boil out. Auskochen.

Boiling range. Bei Kochtemperatur.
Brine. Lauge, Salzlauge.
Bronzing. Bronzieren.
Bucking (bowking). Beuchen.
"Burning out" effect s. Devorant- (Ausbrenn-) Effekte, künstliche Spitzen.

Cake. Spinnkuchen.
Carbonizing. Karbonisieren.
Carrier. Farbstoffträger, Hilfsmittel für das Eindringen des Farbstoffs in das Innere synthetischer Fasern (Cuproionen, Quellmittel).
Carroting s. Karrotieren.
Castor oil. Türkischrotöl.
Changeant. Zweifarbig ausgeführte oder erscheinende Gewebefärbung, ursprünglich bei Geweben, deren Kette und Schuß verschiedenfarbig waren (Halbseide).
Cheese. Spule (Kreuzspule).
Chrome botton dyeings. Färbungen auf chromgebeiztem Gewebematerial.
Chrome topped. Nachchromiert.
Colour (amerikanisch: color). Farbe (Farbton im Gegensatz zu Farbstoff).
Cooling back. Abkühlen, verkühlen.
Cover up. Ausgleichen (bei Flecken in Stücken).
Crabbing. Brühen von Wolle.
Craquant s. Knirsch-, Krachgriff.
Crease, creaseproof. Knitter, knitterfest.
Crimp. Kräuselung.
Crocking. Reibecht.
Cross-dyeing. Überfärben.
Cupriferous dyes. Metall-(Cu-)haltige Farbstoffe.

Dead white. Lagerbeständiges Weiß auf Textilien.
Decated. Dekatieren.
Degumming. Entbasten.
Desizing. Entschlichten.
Detergent. Waschmittel.
(Is) dipped. Einbringen in eine Behandlungsflotte.
Doubling s. Doublieren.
Drop the bath. Das Behandlungsbad weglaufen lassen.
Dull, dull shade. Matt, trüb, trüber Farbton.
Dye. Farbstoff.
Dye beck. Färbekufe, Haspelkufe.
Dye cycle. Färbedauer.

Ecru. Textilmaterial im naturfarbenen, eventuell ungereinigten Zustande.
Enter. Ins Färbebad eingehen.
Exhaustion. Ausziehen (Erschöpfen des Farbbades).

Fabric. Gewebe.
Facings. Unegalitäten beim Klotzen.
Fade out. Ausbleichen, Farbe verändern.
Fading. Ausbleichen.
Fast. Echt — Licht — (in Verbindung mit Farbstoffnamen).
Fastness. Echtheit.
Feed box. Zusatzraum bei Färbegefäßen.
Felting, felt. Filzend, Filz.
Fiber, fibre. Faser.
Fibro. Reyon-Stapelfaser.
Filament. Faden.
Filling. Schuß (-garn).
Flameproof (resistant). Flammfest.
Flow (circulation). Flottenbewegung.
Flushed over. Überlaufenlassen eines Bades.
Fool-proof. Wörtlich: Narrensicher, ein Arbeitsrezept, das ohne jegliche Vorsicht usw. angewendet werden kann.
Full width scour. Reinigung in breitem, faltenlosem Zustande.
Fuller earth. Walkerde.
Fulling. Walken.

Gas fading. Verschießen von Azetatseidefärbungen in Abgasatmosphäre.
Gas-fume-echt. Echt gegen die SO_2-haltigen bzw. überhaupt sauren Abgase (bei Azetatreyonfärbung).
Glass slide test. Fensterglasprobe (beim Küpenansatz, um zu sehen, ob die Reduktion des Farbstoffes eine vollständige ist).
Glazed. Am Kalander friktioniert.
Grease. Wollfett.
Greige. Roh.
Grey cotton. Rohbaumwolle.
Guider. Breithalter, Führungswalze.

Half hose. Halbstrumpf, Herrenstrumpf.
Hand. Griff, die Art, wie sich ein Gewebe usw. anfühlt.
Handle. Griff, s. d.
Handover (overhand). Übersicht beim Mustern.
Hank. Strahn.
Hard silk. Rohseide.
Heavy shade. Tiefer Farbton.
Heels. Hochfersen bei Strümpfen, Hacken.
Hose. Strumpf.
Hosiery. Strumpfwaren.
Hue. Farbton.

Increase. Erhöhen.
Indanthrone. Indanthrene.
Is primed with. Wird erst versehen mit.

Jig. Jigger.

Kier boil (scour). Beuche von Rohbaumwolle.

Lake. Lack.
Leave clean. Unangefärbt lassen (Effekte).
Levelling. Egalisieren.
Light shade. Heller Farbton.
Liquor ratio (dyeing ratio). Flottenverhältnis.
Load. Charge, Färbepartie.
Logwood. Blauholz.
Loop drying. In der Hänge trocknen.
Lubricant. Ölungsmittel, Schmälzmittel.

Mark off. Abflecken.
Medium shade. Mittelton.
Mercerising. Mercerisieren.
Metachrome dyeing. Einbadchromfärbung.
Metallised dyes (premetallised dyes). Metallhaltige Azofarbstoffe: es handelt sich meist um Cr, Cu oder Co im Farbstoffmolekül aufweisende Produkte.
Migrate. Wandern (am Textilgut).
Migration. Wanderung des Farbstoffes am Textilgut.
Mildew-proof. Bakterienfestes Textilgut.
Milling. Walken.
Monofilament. Einfädige Fasern (Nylon niedriger Denier).
Mordant, mordant dyers. Beize, Beizenfarbstoffe.
Moth-proofing. Mottenfestmachen (von Wolle).
Multifilament. Viskosereyon usw., aus mehreren Fibrillen bestehend.

Napping. Rauhen.

Off shade. Tonabweichendes Muster.
Open width. Gewebebreitbehandlung.
Optical brightening agent. Optisches Bleichmittel.
Overflow rinse. Unter Überlauf spülen.
Owf (on the weight of the fiber). Vom Warengewicht.

Pad dyeing. Klotzen.
Pad mangle. Foulard.
Pick up. Flüssigkeitsaufnahme beim Klotzen usw.
Piece dyeing. Stück-Gewebefärbung.
Pigment padding. Pigmentklotzung, in der Küpenfärbung.
Pile fabric. Samt, Velours.
Pirn. Schußspule, Schußkops.
Plain cotton. Einfaches Baumwollgewebe.

Rawstock. Flock, loses Material.
Rayon. Kunstseide.
Rinsed down. Spülen bei gedrosseltem Zulauf und vollem Ablauf.
Rope. Strang, längsgefaltetes Gewebe.
Rubbing. Reiben.
Run off. (Bad) weglassen.
Running rinse. Bei Wasserzufluß und Badabfluß spülen.

Salting. Salzzugabe zu Farbbädern.
Sample. Mustern, Muster.
Saving. Ersparnis, Einsparung.
Scouring. Wollreinigung.
Scrooping. Mit Knirsch-Krach-Seidengriff.
Setting. Fixieren.
Shear. Schären.
Sheet in. Rasch auf einmal zugeben.
Shrink, shrinkage. Schrumpfen, Schrumpfung.
Sight. Blenden.
Sightening color. Blendfarbstoff.
Singeing. Sengen.
Size. Schlichte.
Slip. Verschieben.
Slub. Kammzug.
Softening. Weichmachend.
Speck. Fleckig.
Speck dyeing. Noppenfärbung.
Spring bath. Ansatzbad.
Squeeze. Quetschen.
Stabilized. Formfest.
Stainless steel. Rostfreier Stahl.
Standing bath. Stehendes Bad (s. d.).
Staple. Stapelfaser.
Sticking. Kleben von Fäden oder Geweben aneinander.
Stock. Färbepartie.
Strain. Filtern.
Straining cloth. Filtertuch.
Strand. Strang, der Länge nach willkürlich gefaltetes Stück (nicht mit Strahn zu verwechseln).
Strike. Farbanfall, plötzliche Anfärbung eines Materials.
Stripping off. Abziehen.
Sulfur dyes. Schwefelfarbstoffe (s. d.).
Synchromate process. Einbadchromfärbung.

Tarrying. Schmierende Färbung.
Tensile strength. Reißfestigkeit.
Thread. Garn, Faden.
Tint (fugitive). Blendfarbe.
Tippy-dyeing. Schipprig (ungleichmäßig) färben (meist bei lichtgeschädigter Vlieswolle).
Tips. Wollhaarspitzen.
Topchroming. Nachchromieren.
Tops. Loses Material.
Tow. Kammzug.

Vat. Küpe.
Vat colours. Küpenfarbstoffe (s. d.).

Warp. Kettgarn.
Wearing quality, wear resistance. Gebrauchstüchtigkeit.
Weft. Schußgarn.
Weighting. Erschweren.
Wet out. Netzen.
Wetting out. Netzung.
Winch. Haspel- (Kufe).
Wind, winding. Spulen.
Wool grease. Wollfett.
Wrinkles. Knitter, Brüche.

Französisch

Aciduler. Säuern.
Anticryptogamique. Bakterien- und Pilzfest.
Antiglisse. Schiebefest.
Antimite. Mottenfest.

Bain. Behandlungsflüssigkeit, Färbebad.
Bain de savon de grès. Bastseifenbad.
Bain de savon de grès coupé. Gebrochenes Bastseifenbad.
Barque (en bois). Kufe, Barke (aus Holz).
Barré. Streifenförmige Unregelmäßigkeiten im Web- oder Farbbild eines Gewebes (Banden).
Blanchissure. Wetzstellen (im Seidenstück).
Bobine croisée. Kreuzspule.
Bourre (coton en bourre). Flocke (Baumwollflocke).
Bronzage. Bronzieren.

Cannette. Schußkops.
Cassure. Brüche, Knittern.
Changeant s. Erklärung des gleichen englischen Ausdrucks.
Chargé (soie chargée). Erschwert (Seide).
Chaudron. Kessel.
Chauffer. Anwärmen.
Colorants acides. Saure Farbstoffe.
Colorants à cuve. Küpenfarbstoffe (s. d.).
Colorants à soufre. Schwefelfarbstoffe (s. d.).
Coton à bourre. Baumwollflocke.
Couture. Strumpfnaht.
Couvrer. Verdecken (Unegalitäten usw. im Ausfall gefärbter Textilien).
Craquant. Seidengriff, s. d. bzw. Knirschgriff.
Craquantage. Griffigmachen.
Crêper. Kreppen, s. d.
Cuve. Kufe, Küpe.
Cuve à blanc. Blindküpe (ohne Farbstoff) s. d.

Débouillir. Abkochen.
Dégorgement. Ab-, Ausbluten.
Démontage des colorants. Abziehen von Färbungen.
Détersif. Waschmittel.
Dose. Menge.
Double-fond percé. Gelochter Doppelboden.

Échantillon. Muster.
Écru. Rohfaser, Ware im Rohzustand.
Écumer. Abschöpfen (was am Bade aufschwimmt).
Égaliser à la cheville. Chevillieren von Garnen.
Empater. Anteigen.
Encollage. Schlichte.
Ensimage. Schmälzen.
Entrer. Ins Färbebad eingehen.
Épuisé. Ausgezogen (Farbbad).
L'épuisement du bain. Ausziehen des Bades.
Essorer. Zentrifugieren, ausschleudern.
Étendre à l'air. An der Luft verhängen.
Évacuer le bain. Das Färbebad laufen lassen.
Exprimage. Quetscheffekt, Pressung.
Exprimer. Ausquetschen, abquetschen.

Fibranne. Stapelfaser.
Filés. Garne.
Foulage. Walken.
Foulardage. Klotzen.
Foulardage pigmentaire. Klotzen mit Pigmentdispersionen.
Froissement. Knittern.

Gamme. Farbtonskala, Palette.
Gonflant. Quellmittel.
Greige. Roh.

Laver. Waschen.
Lessive de soude. Natronlauge.
Lisser. Umziehen.
Lisseuse. Kammzugwaschmaschine.

Mordant. Beize.
Mouiller. Netzen.

Papier tournesol rouge. Rotes Lackmuspapier.
Plie. Gleichmäßig breit gelegte Stückware.

Porter on bouillon. Zum Kochen bringen.
Préformage. Preboarding, Fixieren von Nylonstrümpfen.

Rapport de bain. Flottenverhältnis.
Remonter. Wieder auf das Bad bringen.
Retordu. Gezwirnt.
Rétrécissement. Schrumpfen, krumpfen.
Reyonne. Kunstseide.
Rincer. Spülen.
Rongeabilité. Ätzbarkeit.
Rongeant. Ätze.
Ruban de carde. Kardenband.

Savon calcaire. Kalkseife.
Savonner. Seifen.
Semelle. Sohle (beim Strumpf).
Soie chargée. Erschwerte Seide.
Solide au frottement. Reibecht.
Solidité. Echtheit.
Sortir. Aus dem Bade nehmen.
Sulfate de soude. Glaubersalz.
Surteinture. Übersetzen (mit anderen Farbstoffen), überfärben.

Talon. Ferse (beim Strumpf).
Tamisage. Siebung.
Tartre émétique. Brechweinstein.
Teint foncée. Tiefer (dunkler) Farbton.
Température ambiante. Gewöhnliche Temperatur.
Terne. Matt, trüb.
Tissu mixte. Mischgewebe.
Top. Wickel.
Tordre. Abwringen.
Touché. Griff eines Gewebes.

Unisson. Egalisierung.

Vaporiser. Dämpfen.
Vivacité. Lebhaft.

Sachverzeichnis

Farbstoffverzeichnis

Bei englischen und amerikanischen Farbstoffen sind auch die deutschen Bezeichnungen nachzuschlagen.

Eine *kursiv* gesetzte Zahl bedeutet die Seitenzahl, auf welcher der Farbstoff als Rezeptbestandteil aufscheint, ein * vor der Seitenzahl heißt, daß das Produkt in den Vergleichstabellen (S. 730ff.) genannt ist. Die sonst angegebene Seitenzahl ist die Seite, auf der der Farbstoff erstmalig aufgeführt ist.

Die Farbstoffliste enthält vielfach neben der alten Farbstoffbezeichnung die neue, da eine vollständige Identität der Produkte vor und nach 1945 usw. nicht feststeht und darüber auch leider nichts verlautet wird. Außerdem nehmen die Farbstofferzeuger aus verkaufstechnischen Gründen öfter Umbenennungen ihrer Produkte vor.

Aus Platzgründen sind nur jeweils zwei bis drei Seitenhinweise angeführt.

Zeitfracht Medien GmbH
Ferdinand-Jühlke-Straße 7
99095 Erfurt, Deutschland
produktsicherheit@kolibri360.de